Elektrotechnische Meßkunde

Von

Dr.-Ing. P. B. Arthur Linker
Professor an der Technischen Hochschule Hannover

Vierte
völlig umgearbeitete und erweiterte Auflage

Mit 450 Textabbildungen

Springer-Verlag Berlin Heidelberg GmbH
1932

ISBN 978-3-662-35926-6 ISBN 978-3-662-36756-8 (eBook)
DOI 10.1007/978-3-662-36756-8

Ursprünglich erschienen bei Julius Springer in Berlin 1932.
Softcover reprint of the hardcover 4th edition 1932

Vorwort.

Vor 26 Jahren ist die 1. Auflage erschienen. Wie sich im Laufe dieser Zeit die elektrischen Messungen entwickelt haben, erkennt man deutlich an der gewaltigen Zunahme des Inhalts und Umfanges der vorliegenden Auflage. Dabei mußten jedoch noch zahlreiche Messungen, soweit sie durch Literaturstellen bezeichnet sind, nur kurz ihrem wesentlichen Inhalt nach behandelt werden, besonders wo es sich um Aufsätze der ETZ handelt, die ja jeder Fachgenosse besitzt oder jederzeit sich zur Einsichtnahme besorgen kann.

Ursprünglich war schon im Jahre 1922 eine Neuauflage notwendig. Aber infolge meiner großen Arbeitsüberhäufung in den Jahren 1921 bis 1923 durch Neuorganisation der Lehrfächer Elektromaschinenbau und Hochspannungstechnik sowie Bearbeitung der Unterlagen für die Herstellung und Inneneinrichtung des Hochspannungslaboratoriums an der Technischen Hochschule konnte nur ein unveränderter Neudruck erscheinen. Da dieser trotz höherer Auflage in 5 Monaten vergriffen war, wurde 1923 ein zweiter Neudruck herausgegeben.

Um nun den Stoff den neuzeitlichen Anforderungen anzupassen, mußte eine vollständige Um- und Neubearbeitung sowie starke Erweiterung des Inhalts vorgenommen werden unter Fortlassung inzwischen veralteter oder nicht mehr zeitgemäßer Messungen. Dabei sind die Meßinstrumente, wie bisher, nur so weit behandelt worden, als ihre Kenntnis für die betreffende Messung erforderlich ist, bzw. um zu zeigen, welche Ausführungen für die vorliegende Meßgröße zweckmäßig Verwendung finden können.

Die Formelgrößen sind nach didaktischen, systematischen und mnemotechnischen Grundsätzen möglichst in Übereinstimmung mit den Vorschlägen der IEC und des AEF gewählt worden. Die Phasenwinkel werden durch eine Richtungsangabe derart bezeichnet, daß sie von dem Vektor der Stromstärke J zu dem Vektor der Spannung E gezählt werden, wobei sie in Übereinstimmung mit der analytischen Darstellung positiv (für induktive Stromkreise) im Sinne der Drehrichtung der Vektoren gerechnet werden.

Den Industriefirmen, die mich durch freundliche Zuwendung von Geräten, Apparaten, Mustern für Versuchszwecke und Literatur unterstützt haben, den Fachgenossen, die mir Ratschläge, Zuschriften u. dgl. übermittelten, sowie der Verlagsbuchhandlung, die in vorbildlicher Weise die Drucklegung organisiert und in jeder Beziehung gefördert hat, möchte ich an dieser Stelle meinen verbindlichsten Dank aussprechen und um weitere Unterstützung und Entgegenkommen bitten.

Im Zeichen des silbernen Jubiläums gedenke ich noch dankbar meiner lieben Frau, die es sich nicht nehmen ließ, bei allen Auflagen und ihren Vorbereitungen mich unermüdlich durch Mithilfe, Rat und Tat zu unterstützen.

So möge das Buch, das 1907 ins Russische, 1926 ins Spanische übersetzt ist, dem Ingenieur ein Hand- und Nachschlagebuch, dem Studierenden ein gern gebrauchtes Hilfsmittel für die Erwerbung von Fachkenntnissen und ein Leitfaden im Laboratorium bleiben, und einen weiteren Kreis von Freunden gewinnen.

Hannover, im März 1932.

A. Linker.

Inhaltsverzeichnis.

II. Magnetische Messungen.

III. Messungen der Gleichstromtechnik.

IV. Messungen der Wechselstromtechnik.

Abkürzungen.

AEF = Ausschuß für Einheiten und Formelgrößen.
AEG = Allgemeine Elektrizitäts-Gesellschaft, Berlin.
Arch. Elektrotechn. = Archiv für Elektrotechnik.
Arb. elektrotechn. Inst. Karlsruhe = Arbeiten aus dem Elektrotechnischen Institut Karlsruhe.
ASEA = Allmänna Svenska Elektriska Aktiebolaget, Vesterås.
Aseas Tidn. = Aseas Tidning.
Amer. J. Sci. = The American Journal of science.
Ann. El. = Annalen der Elektrotechnik.
Ann. Physik = Annalen der Physik.
ATM = Archiv für technisches Messen.
Atti Assoc. El. Ital. = Atti della Associazione Elettrotecnica Italiana.
BBC = Brown, Boveri & Co, Mannheim
Bl. Post Telegr. = Blätter für Post und Telegraphie.
Bull. Bur. Stand. = Bulletin of the Bureau of Standards.
Bull. schweiz. elektrotechn. Ver. = Bulletin des Schweizer Elektrotechnischen Vereins.
Bull. Soc. int. Électr. = Bulletin de la Société internationale des Électriciens.
Bull. Soc. franç. Électr. = Bulletin de la Société Française des Électriciens.
CfE = Centralblatt für Elektrotechnik.
C. R. Acad. Sci., Paris = Comptes rendus hebdomadaires des séances de l'Academie des Sciences.
Der Mech. = Der Mechaniker.
Dinglers polytechn. J. = Dinglers Polytechnisches Journal.
Diss. = Dissertation.
Ecl. électr. = L'Eclairage électrique.
Electr. Engr. = The Electrical Engineer.
Electr. J. = The Electric Journal.
Electr. Rev. = Electrical Review, London.
Electr. Wld. = Electrical World, New York.
Electrician = The Electrician, London.
Électricien = L'Électricien.
Elektr. Betr. = Der Elektrische Betrieb.
Elektr. Kraftbetr. Bahn. = Elektrische Kraftbetriebe und Bahnen.
Elektr. Nachr.-Techn. = Elektrische Nachrichten-Technik.
Elektr.-Wirtsch. = Elektrizitätswirtschaft.
Elektr. u. masch. Betr. = Elektrische und maschinelle Betriebe.

Elektro-J. = Elektro-Journal.
Elektrotechn. Anz. = Elektrotechnischer Anzeiger.
Elektrotechn. u. Maschinenb. = Elektrotechnik und Maschinenbau, Wien.
Elektrotekn. T. = Elektroteknisk Tidsskrift.
Engineering = Engineering, London.
ETZ = Elektrotechnische Zeitschrift, Berlin.
Ewing = Ewing, Magnetische Induktion im Eisen usw.
Exp. Wirel. = Experimental Wireless and Wireless Engineer.
FGL = Felten & Guilleaume-Lahmeyer-Werke, Frankfurt a. M.
Forsch.-Arb. Ing. Wes. = Forschungsarbeiten auf dem Gebiet des Ingenieurwesens.
Forschg. u. Fortschr. = Forschungen und Fortschritte.
Fortschr. Physik = Fortschritte der Physik.
GEC = General Electric Co., Schenectady.
Gen. electr. Rev. = General Electric Review.
H & B = Härtmann & Braun AG, Frankfurt a. M.
Helios, Lpz. = Helios Fach- und Exportzeitschrift für Elektrotechnik, Leipzig.
Illum. Engr. = The Illuminating Engineer, London.
Ind. électr. = L'Industrie électrique.
J. Amer. Inst. electr. Engr. = Journal of the American Institute of Electrical Engineers.
J. Gas = Journal für Gasbeleuchtung.
J. Instn. electr. Engr. = Journal of the Institution of Electrical Engineers.
J. opt. Soc. Amer. = Journal of the Optical Society of America.
J. Physique Chim. = Journal de Physique et de Chimie.
J. sci. Instrum. = Journal of Scientific Instruments, London.
J. Soc. Arts = Journal of the Society of Arts.
J. télégr. = Journal Télégraphique.
Jb. drahtl. Tel. = Jahrbuch der drahtlosen Telegraphie und Telephonie.
Lum. électr. = La Lumière Électrique.
MfO. = Maschinenfabrik Örlikon, Zürich.
Mitt. Ver. Elektr.-Werk. = Mitteilungen der Vereinigung der Elektrizitäts-Werke.
Nat. physic. Lab. coll. res. = Natural physical Laboratory college researches.
Naturw. = Die Naturwissenschaften.
Philos. Mag. = The London Edinburgh and Dublin Philosophical Magazine and Journal of Science.
Philos. Trans. Roy. Soc. = Philosophical Transactions of the Royal Society, London.
Physic. Rev. = The Physical Review.
Physik. Z. = Physikalische Zeitschrift.
Pogg. Ann. = Poggendorfs Annalen.
Proc. Amer. Inst. electr. Engr. = Proceedings of the American Institute of Electrical Engineers.
Proc. Amer. Acad. = Proceedings of the American Academie.
Proc. Instn. Radio Engr. = Proceedings of the Institution of Radio Engineers.

Proc. physic. Soc. = Proceedings of the Physical Society, London.
Proc. Roy. Soc. = Proceedings of the Royal Society, London.
PTR = Physikalisch-Technische Reichsanstalt.
Rep. Tokyo physic. math. Soc. = Reports of the Tokyo Physical and Mathematical Society.
Rev. électr. = Revue Électrique.
Rev. gén. Électr. = Revue génerale de l'Électricité.
Rev. prat. Électr. = Revue pratique de l'Électricité.
Samml. el. Vortr. = Sammlung elektrischer Vorträge, Stuttgart.
Schweiz. ETZ. = Schweizer Elektrotechnische Zeitschrift, Zürich.
Sci. Pap. Bur. Stand. = Scientific Papers of the Bureau of Standards.
S & H = Siemens & Halske A.-G., Berlin-Siemensstadt.
SSW = Siemens-Schuckert-Werke A.-G., Berlin-Siemensstadt.
Siemens-Z. = Siemens-Zeitschrift.
Techn. Mon. = Techn. Monatshefte.
Traction électr. = La Traction Électrique.
Trans. Amer. Inst. electr. Engr. = Transactions of the American Institute of Electrical Engineers.
Trans. Illum. Engng. Soc. = Transactions of the Illuminating Engineering Society.
USA = United States of America.
VDE = Verband Deutscher Elektrotechniker.
VDGW = Verband Deutscher Gas- und Wasserfachmänner.
Verh. dtsch. physik. Ges. = Verhandlungen der Deutschen Physikalischen Gesellschaft.
Verh. naturf. Ges. = Verhandlungen der naturforschenden Gesellschaft.
Wied. Ann. = Wiedemanns Annalen.
Wien. Ber. = Wiener Berichte.
Wiss. Abh. physik.-techn. Reichsanst. = Wissenschaftliche Abhandlungen der Physikalisch-Technischen Reichsanstalt.
Wiss. Veröff. Siemens-Konz. = Wissenschaftliche Veröffentlichungen des Siemens-Konzerns.
Z. Beleucht. = Zeitschrift für Beleuchtungstechnik.
Z. Elektrochem. = Zeitschrift für Elektrochemie.
Z. Elektrotechn. = Zeitschrift für Elektrotechnik, Wien (bis 1905).
Z. Fernm.-Techn. = Zeitschrift für Fernmeldetechnik usw.
Z. Instrumentenkde. = Zeitschrift für Instrumentenkunde.
Z. Math. Physik = Zeitschrift für Mathematik und Physik.
Z. Physik = Zeitschrift für Physik.
Z. techn. Physik = Zeitschrift für technische Physik.
Z. VDI = Zeitschrift des Vereins Deutscher Ingenieure.

$>$ = größer als
$<$ = kleiner als
$\gg$ = groß gegen
$\ll$ = klein gegen
... = bis.

$\sim$ = proportional
$\approx$ = annähernd gleich
$\neq$ = nicht gleich
$\dot{E}$ = Symbol des Spannungsvektors E.

Einleitung.

Man unterscheidet im allgemeinen absolute und relative Messungen. Absolut ist die Messung dann, wenn sie auf den Einheiten des absoluten Maßsystems aufgebaut ist. Vergleicht man dagegen eine Größe mit einer anderen als Normal dienenden, so ist die Messung relativ. Dabei ist es von Wichtigkeit, zu wissen, mit welcher Genauigkeit bzw. welchem Fehler die Messung ausgeführt ist, so daß man auf eventuell vorhandene Fehlerquellen Rücksicht nehmen muß.

Bildet man aus einer großen Anzahl von n Ablesungen das arithmetische Mittel, so geben die Differenzen zwischen diesem und den Einzelwerten die absoluten Fehler f an. Nach der Methode der kleinsten Quadrate ist dann der mittlere Fehler

$$f_{mi} = \pm \sqrt{\frac{\Sigma f^2}{(n-1)\cdot n}}$$

und der wahrscheinliche Fehler $f_w = 0{,}674 \cdot f_{mi}$.

Hauptsächlich interessiert uns jedoch der relative Fehler, d. h. das Verhältnis des absoluten Betrages des möglichen Fehlers zum Werte der gemessenen Größe, ausgedrückt in Prozent. Fehler können nun durch die Beobachtung (Ablesegenauigkeit, persönliche Gleichung), äußere Störungen, durch die Apparate selbst (Abweichungen vom Sollwert) und durch die Methode in die Messung eintreten.

Die Größe der Beobachtungsfehler läßt sich dadurch bestimmen, daß man von mehreren unter denselben Bedingungen abgelesenen Werten das Mittel nimmt und die größte Abweichung von diesem mittleren Wert in positiver und negativer Richtung feststellt, deren Mittelwert dann den Fehler darstellt. Durch Bildung des Mittelwertes aus mehreren Ablesungen sucht man sich daher von den Ablesungsfehlern möglichst frei zu machen.

Äußere Störungen können ebenfalls Fehler hervorrufen. Sie brauchen jedoch nur dann berücksichtigt zu werden, wenn sie außerhalb der Beobachtungsfehlergrenze liegen oder Änderungen der Beobachtungen hervorrufen, deren Einfluß den zulässigen Fehler übersteigt. Sie können bedingt sein durch die gegenseitige Lage verschiedener Instrumente, durch in der Nähe befindliche Maschinen, Eisenmassen, elektrische und magnetische Felder und durch Temperatureinflüsse. Durch geeignete räumliche Anordnung der Apparate und Leitungen, Verwendung von temperaturfehlerfreien Widerständen und Instrumenten, Fernhalten elektrischer und magnetischer Felder und Maschinen lassen sich Fehler von merklichem Einfluß vermeiden. Sind dagegen in einer Messung Widerstände vorhanden, die von der Temperatur abhängig sind, z. B. bei Dynamoankern, Magnetwicklungen, Transformatorenspulen, so muß ihre Größe für die der betreffenden Belastung entsprechende Temperatur in Rechnung gezogen werden.

Durch die Apparate selbst können sogenannte Instrument- oder Eichfehler auftreten, die durch die Abweichung des abgelesenen Werts vom wirklichen Wert bedingt sind. Ihr Einfluß läßt sich unter gewissen Umständen durch geeignete Hilfsmittel (Umschaltung der Stromrichtung, Vertauschung) vermindern oder muß andernfalls experimentell ermittelt werden.

Zwischen einem Schaltungsschema und seiner praktischen Darstellung kann bisweilen infolge des nicht zu vernachlässigenden Widerstandes der Kontakte, Zuleitungen und Meßinstrumente eine so große Verschiedenheit in der Wirkungsweise vorhanden sein, daß die Methode für die Messung mancher Werte unbrauchbar werden kann. Fehler, die davon herrühren, bezeichnet man als methodische. Man kann sie nur durch Anwendung einer geeigneteren Methode, bei der solche Einflüsse nicht vorkommen, vermeiden, wenn man die Fehler durch Hilfsmessungen oder Rechnung nicht beseitigen kann.

Bei der Notierung abgelesener Werte gewöhne man sich daran, nicht mehr als eine durch Schätzung bestimmte Stelle anzugeben, so daß die vorletzte Stelle als genau angenommen werden kann.

Nachdem man sich für eine bestimmte Methode entschlossen hat, zeichnet man das Schaltungsschema für die Messung hin und führt die Schaltung mit der einfachsten Leitungsführung möglichst übersichtlich aus. Man vergesse dabei niemals, einen doppelpoligen Ausschalter und Sicherungen aufzunehmen, wenn es sich um Arbeiten mit starken Strömen und höheren Spannungen handelt. Meßinstrumente sind mit einem solchen Meßbereich zu wählen, daß die Ablesungen möglichst groß werden. Bei der Auswahl der Widerstände bestimme man durch eine Überschlagsrechnung die ungefähre Größe in Ohm aus dem Spannungsverlust und wähle die Dimensionen nach der vermutlich darin auftretenden Stromstärke und Einschaltungsdauer. Ferner ist es notwendig, sich vor Beginn des Versuchs von der Brauchbarkeit, Polarität und dem richtigen Meßbereich der Instrumente zu überzeugen, damit man nicht gezwungen ist, nach teilweiser Ausführung der Messung Auswechselungen vorzunehmen. Welche besonderen Maßregeln im einzelnen Falle anzuwenden sind, wird bei den einzelnen Messungen näher erläutert werden.

Vgl. auch den Aufsatz: „Zur Methodik und Praxis der Fehlerbestimmungen" von I. Fischer, R. v. Freydorf und H. Hausrath[1].

[1] ETZ 1928 S. 1009.

I. Elektrische Meßmethoden.

1. Messung eines Widerstandes mit der Wheatstoneschen Meßbrücke.

Die Wheatstonesche Meßbrückenschaltung gehört zu den sogenannten Nullmethoden, bei denen die zu messende Größe aus der richtigen Einstellung veränderlicher Meßelemente ermittelt wird, was dann der Fall ist, wenn das in der Brücke liegende Anzeigeinstrument keine Ablenkung oder Beeinflussung zeigt. Sie eignet sich zur Messung und zum Vergleich der verschiedenartigsten physikalischen Größen und außerdem als Hilfsmittel zur Erzeugung bestimmter Wirkungen, insbesondere bei Wechselstromkreisen. Aus diesem Grunde ist ihre Anwendung sehr vielseitig.

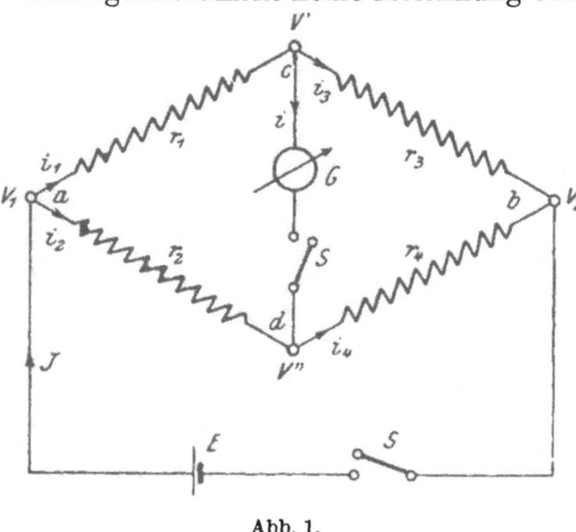

Abb. 1.

Schaltet man eine Elektrizitätsquelle E mit vier Widerständen $r_1\, r_2\, r_3\, r_4$, einem Galvanometer G nach Abb. 1, so werden bei geschlossenen Schaltern S die eingezeichneten Ströme i und Potentiale V auftreten. Ändert man nun die Widerstände so ab, daß das Potential V' bei c gleich V'' bei d wird, was man daran erkennt, daß das Galvanometer keine Ablenkung zeigt, da $V' - V'' = 0$ ist, dann ist $i = 0$.

Es gilt nun

$$V_1 - V' = i_1 \cdot r_1 \qquad V_1 - V'' = i_2 \cdot r_2$$
$$V' - V_2 = i_3 \cdot r_3 \qquad V'' - V_2 = i_4 \cdot r_4.$$

Aus $V' = V''$ folgt

$$1.\ i_1 \cdot r_1 = i_2 \cdot r_2 \qquad 2.\ i_3 \cdot r_3 = i_4 \cdot r_4$$

und durch Division: $\frac{i_1}{i_3} \cdot \frac{r_1}{r_3} = \frac{i_2}{i_4} \cdot \frac{r_2}{r_4}$.

Da nun $i = 0$ ist, so muß

$$i_1 = i_3 \text{ und } i_2 = i_4$$

sein, so daß $\frac{i_1}{i_3} = 1$ und ebenso $\frac{i_2}{i_4} = 1$

wird. Somit erhalten wir die Beziehung

$$\frac{r_1}{r_3} = \frac{r_2}{r_4} \quad \text{oder} \quad r_1 \cdot r_4 = r_2 \cdot r_3.$$

Sind drei von diesen vier Widerständen oder das Verhältnis zweier benachbarter und ein dritter bekannt, so läßt sich der vierte berechnen.

Die beiden Widerstände r_1 und r_3 kann man durch einen geradlinig ausgespannten Meßdraht von nicht zu kleinem Widerstand und verschwindendem Temperaturkoeffizienten ersetzen (Abb. 2).

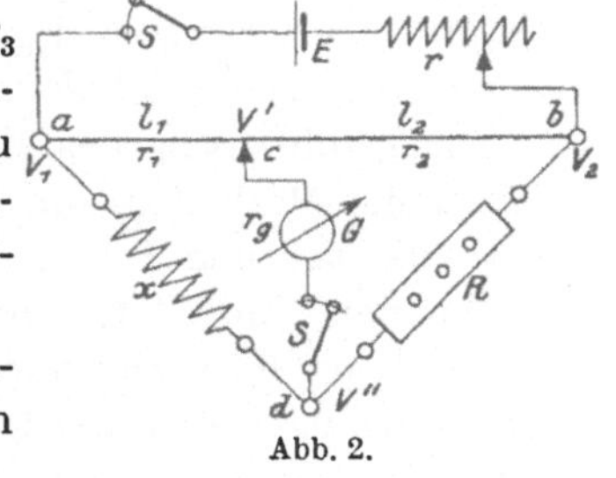
Abb. 2.

In diesem Fall ist nur ein bekannter Widerstand R notwendig, um den unbekannten Widerstand x zu messen. Den Abzweigungspunkt c bildet man als verschiebbaren schneidenförmigen Kontakt aus, um die Längen l_1 und l_2 kontinuierlich verändern zu können. G und E können auch vertauscht werden.

Ist der Draht homogen und kalibrisch, d. h. überall von gleichem Material und Querschnitt, dann ist der Widerstand r_1 zwischen $a\,c$ proportional l_1 und ebenso r_2 zwischen $c\,b$ proportional l_2 oder

$$r_1 = c \cdot l_1; \qquad r_2 = c \cdot l_2.$$

Verschiebt man nun die Schneide c so weit, bis das Galvanometer stromlos ist, dann gilt die Beziehung:

$$\frac{x}{R} = \frac{r_1}{r_2} = \frac{c \cdot l_1}{c \cdot l_2}$$

oder

$$\frac{x}{R} = \frac{l_1}{l_2}.$$

Die gebräuchlichste praktische Ausführungsform der Drahtbrücke stellt das von S & H gebaute Universalgalvanometer sowie die neue Präzisions-Stöpselmeßbrücke[1] mit neuartiger Stöpselklotzanordnung dar.

Besitzen die Widerstände (Abb. 2) Selbstinduktion, so würde auch bei richtig abgeglichenen Widerständen das Galvanometer eine Ablenkung zeigen, wenn der Schalter S der Stromquelle E nach demjenigen des Galvanometers umgelegt wird. Um Fehler zu vermeiden, schließt man daher erst den Batteriezweig. Dagegen schaltet man zuerst das Galvanometer aus. Vorteilhaft sind dabei entsprechend gebaute Doppeltasten. Die günstigste Bedingung für die Messung ergibt sich, wenn $r_1 = r_2 = x = R$ ist. Den günstigsten Galvanometerwiderstand findet man aus

$$r_g = \frac{(r_1 + x) \cdot (r_2 + R)}{r_1 + r_2 + x + R}.$$

Die Meßgenauigkeit ist am größten, wenn die Schneide c in der Mitte des Drahtes liegt. Daher soll man R nicht wesentlich verschieden von x wählen.

Zur Kalibrierung des Meßdrahts und der Spulenwiderstände dienen die Methoden von Strouhal und Barus, Guzmann, H. Hausrath und R. v. Freydorf[2].

Um den Einfluß thermoelektromotorischer Kräfte möglichst zu beseitigen, darf man nur schwache Ströme benutzen und diese nur ganz kurze Zeit durch die Brücke fließen lassen, oder man vertauscht besser Galvanometer G und Element E, darf dabei jedoch die Schneide c nicht zu weit nach den Enden des Drahtes bewegen, um eine eventuelle Erhitzung zu vermeiden. Zweckmäßig ist es ferner, den Batteriestrom zu kommutieren und aus den berechneten Widerständen das Mittel zu nehmen.

Die Methode eignet sich zur Messung von Widerständen zwischen 5 und etwa 10000 Ohm, wenn man bei kleineren Widerständen Korrektionen wegen der Zuleitungswiderstände nicht vornehmen will.

Da die Vergleichswiderstände nach internationalen Einheiten des Ohm geeicht sind, muß man bei der Umrechnung in absolutes Maß berücksichtigen, daß

$$1 \text{ int. Ohm} = 1{,}0005 \text{ abs. Ohm}$$

zu setzen ist[3].

[1] Siemens-Z. 1928 S. 264. [2] ETZ 1928 S. 1272, 1372.

[3] Philos. Trans. Roy. Soc. Bd. 214 (1914) S. 27 (Smith); Wiss. Abh. physik.-techn. Reichsanst. 1922 S. 1.

Um die Größe des bei der Messung gemachten Fehlers Δx festzustellen, verschiebt man die Schneide aus der Stellung für die vermeintliche Stromlosigkeit nach beiden Seiten so weit, daß man beiderseitig eben noch merkbare Ablenkungen des Instruments wahrnehmen kann, und rechnet dafür die zugehörigen Widerstände x_1 und x_2 aus. Der gesuchte Widerstand ist dann $x = \frac{x_1 - x_2}{2}$ und der Fehler $\Delta x = \pm \frac{x_1 - x_2}{2}$. Der Widerstand wird dann auch in der Form $x \pm \Delta x$ Ohm angegeben.

Als Anzeigeinstrumente dienen bei Gleichstrom Galvanometer hoher Empfindlichkeit, insbesondere mit Spiegel und Lichtzeigerablesung[1]. Erwähnenswert sind dabei u. a. die Galvanometer von S & H und H & B mit Stromempfindlichkeiten von etwa $\Delta i = 10^{-10} \ldots 10^{-11}$ A für 1 mm Ablenkung in 1 m Skalenabstand, von J. Moll[2] mit $\Delta i = 6 \cdot 10^{-9}$ A, das Mollsche Mikro-Galvanometer mit $\Delta i = 1{,}4 \cdot 10^{-8}$ A und das Relais-Galvanometer[3].

Zum Ablesen äußerst kleiner Drehwinkel bei Spiegelinstrumenten dient eine von Preuß[4] angegebene Anordnung mit doppelter Reflexion des Lichtstrahls.

Will man die Ablenkung eines Galvanometers sehr stark (etwa 100fach) vergrößern, so benutzt man dazu das von J. H. Moll und C. Burger[5] angegebene Thermorelais. Es enthält in einem evakuierten Glasgefäß ein Thermoelement in Form eines dünnen Bändchens, das in der Mitte aus Manganin besteht und beiderseits mit Silber an Konstantanstreifen angelötet ist. Diese liegen an den Anschlußklemmen zu einem zweiten Galvanometer. Fällt nun vom ersten Instrument ein Lichtstrahl seitlich auf eine Lötstelle, dann entsteht eine Thermo-EMK, deren Strom in dem zweiten Galvanometer eine starke Ablenkung hervorruft.

Praktische Anwendung hat die Brückenschaltung auch als elektrischer Rauchgasprüfer von S & H gefunden.

---

[1] Vgl. O. Werner: Empfindliche Galvanometer für Gleich- und Wechselstrom. 1928.

[2] P. J. Kipp & Zonen, Delft. Vertr.: E. Leybolds Nachf. A.-G., Köln.

[3] Z. Instrumentenkde. 1929 S. 114; ETZ 1929 S. 1783.

[4] ETZ 1905 S. 411.

[5] Philos. Mag. Bd. 1, Sept. 1925; Proc. Roy. Soc. Bd. 100 (1926) S. 232; Z. Physik Bd. 34 (1925) S. 109; ETZ 1927 S. 1774.

Die Wheatstonesche Brücke läßt sich auch mit Benutzung des elektrischen Rechenschiebers von A. Wright zur Lösung von algebraischen Gleichungen beliebigen Grades verwenden[1].

Zur genauen Berechnung von Meßbrücken ist von R. Underhill[2] eine analytische Methode angegeben worden.

2. Widerstandsmessung durch Vertauschung.

Für diese Messung ist besonders eine Bedingung zu erfüllen, nämlich, daß die zu benutzende Stromquelle eine konstante EMK besitzen muß.

a) Hintereinanderschaltung (Abb. 3).

Der zu messende Widerstand W wird mit einem Galvanometer G und einer Stromquelle E unter Verwendung eines Umschalters U hintereinander geschaltet. Der Vergleichswiderstand R

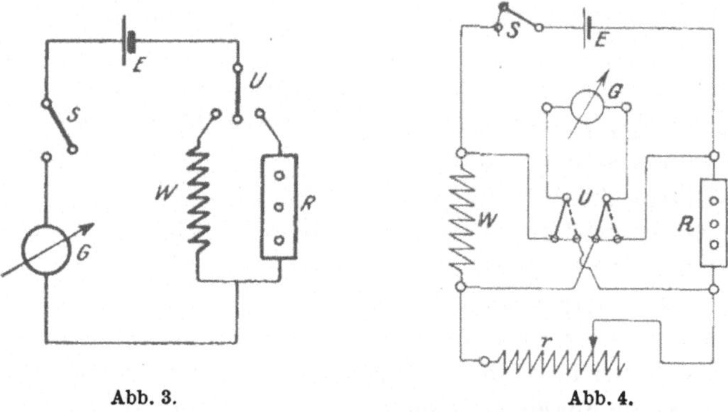

Abb. 3. Abb. 4.

wird so angelegt, daß durch Umlegen des Schalters U der Widerstand W aus-, dagegen R eingeschaltet wird. Schließt man nun beim Versuche W an, so wird das Galvanometer eine bestimmte Ablenkung zeigen. Beim Umschalten wird R so reguliert, daß dieselbe Ablenkung auftritt. Dann ist der Widerstand

$$W = R .$$

Hierbei benutzt man mit Vorteil ein Galvanometer mit kleinem Widerstand.

Diese Methode kommt besonders bei großen Widerständen, z. B.

---

[1] Bl. Post Telegr. 1909 S. 174; Electrician 1909 S. 903; ETZ 1910, S. 739.

[2] Electr. Wld. 1910 S. 29.

bei der Isolationsprüfung, zur Anwendung, wie es in Nr. 15 angegeben ist.

b) Parallelschaltung (Abb. 4).

Hierbei werden die Widerstände W und R mit einem Regulierwiderstand r in Reihe geschaltet und das Galvanometer von möglichst großem Widerstand abwechselnd parallel zu W oder R gelegt. Bei gleicher Ablenkung des Galvanometers für beide Lagen des Umschalters U ist dann

$$W = R .$$

3. Widerstandsbestimmung durch Strom- und Spannungsmessung. (Ohmsches Gesetz.)

Die Methode kann Anwendung finden bei Dynamoankern, Feldmagnet- und Transformatorenspulen, brennenden Glühlampen u. dgl. Dabei kann der Meßstrom gleichzeitig zur Erwärmung dienen.

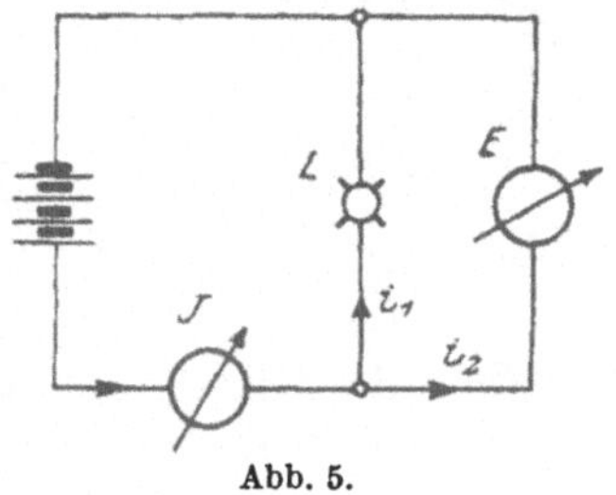

Abb. 5.

Für die praktische Ausführung sind zwei Schaltungen möglich, die jedoch beide den Widerstand nicht ohne Korrektion bestimmen lassen. Legen wir nach Abb. 5 den Strommesser J so in den Stromkreis, daß er den Strom $J = i_1 + i_2$ als Summe des Stromes i_1 in der Lampe L und i_2 im Spannungsmesser E mißt, so würden wir als Quotient $\frac{E}{J}$ den Gesamtwiderstand der Lampe und des Spannungsmessers erhalten, während der Widerstand der Lampe allein

$$R = \frac{E}{i_1} = \frac{E}{J - i_2} \quad \text{ist.}$$

Man hat demnach von der Angabe des Strommessers die Stromstärke i_2 des Spannungsmessers abzuziehen. Sie bestimmt sich aus $i_2 = \frac{E}{R_S}$, wo R_S der Widerstand des Spannungsmessers ist. Folglich ist

$$R = \frac{E \cdot R_S}{J \cdot R_S - E} .$$

Läßt man dagegen (Abb. 6) den Strommesser A nur den Lampenstrom i_1 führen, so gibt $\frac{E_1}{i_1} = \frac{E}{i_1} + \frac{E_v}{i_1} = R + r$ die Summe des Widerstandes R der Lampe und r des Strommessers an; in diesem Falle muß der Widerstand r des Instruments A von dem gefundenen Ergebnis abgezogen werden.

Aus den beiden Schaltungen erkennt man, daß Korrektionen fortfallen können, sobald bei der ersten Messung (Abb. 5) der gesuchte Widerstand R sehr klein gegenüber dem Widerstand R_S des Spannungsmessers und damit i_2 gegen i_1 zu vernachlässigen ist. Die zweite Schaltung (Abb. 6) wird man da anwenden, wo der zu messende Widerstand R so groß ist, daß der Widerstand r des Strommessers dagegen verschwindend klein (etwa $< 2^0/_{00}$) ist. Benutzt man zur Messung der Spannung statische Instrumente, Multizellularelektrometer, die auf dem Prinzip der elektrostatischen Anziehung oder Abstoßung mit ruhenden Elektrizitätsmengen versehener Leiter beruhen, so ist dafür keine Korrektion erforderlich, da hierbei der Spannungskreis die Stromverteilung nicht beeinflußt.

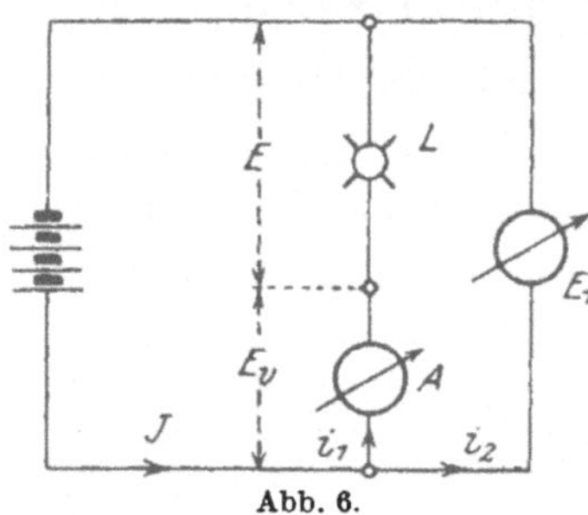

Abb. 6.

Bei der Messung der Widerstände von Magnetwicklungen an Nebenschlußmaschinen ist wegen der hohen EMK der Selbstinduktion in der Wicklung der Spannungsmesser vor dem Öffnen des Erregerstromkreises auszuschalten.

Beispiel: Es soll der Widerstand R einer Glühlampe in Abhängigkeit von der bei verschiedenen Spannungen E auftretenden Stromstärke J bestimmt werden.

a) Schaltung: Da der Widerstand der Lampe sehr groß ist, wird sie nach Abb. 6 mit dem Strommesser A und Spannungsmesser E_1 an eine Stromquelle angeschlossen. Die Spannung der Lampe wird durch einen vorgeschalteten Widerstand oder mittels Spannungsteilers (s. Abb. 188) verändert.

b) Messung: Untersucht wurde eine Kohlenfadenglühlampe für $E = 220$ V; $J = 0{,}23$ A. Der Strommesser von 1 Ohm Widerstand zeigte bei $s_i = 150$ Skalenteilen einen Strom von 0,15 A oder $c_i = 10^{-3}$ A für einen Skalenteil an. Zur Verdopplung des Meßbereichs auf 0,30 A wurde ein Umleitungswiderstand von 1 Ohm parallel geschaltet, so daß hierfür die Konstante

$$c_i = \frac{J}{s_i} = 2{,}10^{-3}\ \mathrm{A/_{Skalenteil}}$$

beträgt. Man liest am Instrument die Ablenkung s_i in Skalenteilen ab und erhält dann $J = c_i \cdot s_i$ A.

So wurden für die Lampe die in der Tabelle angegebenen Ablesungen für s_i und E ermittelt und dazu J berechnet.

s_i	E	J	s_i	E	J
Sk.	V	A	Sk.	V	A
0	0	0	65,5	148	0,131
5	14	0,010	81	173	0,162
10	26	0,020	90	187	0,180
15,5	40	0,031	100	199	0,200
24	58	0,048	114,5	217	0,229
34	82	0,068	124	227	0,248
44	107	0,088	139	240	0,278
53	124	0,106			
beobachtet		berechnet	beobachtet		berechnet

c) Auswertung: Zu den Strömen J als Abszissen werden die Spannungen E als Ordinaten in Abb. 7 aufgetragen und durch die gefundenen Punkte eine stetige Kurve $f(E, J)$ so gelegt, daß sie durch möglichst viele Punkte oder sehr nahe vorbei geht. Auf diese Weise erkennt man und vermindert zugleich die der Tabelle anhaftenden Ablesungsfehler. Aus den „abgeglichenen" Werten von E und zugehörigen J findet man den Widerstand $R = \frac{E}{J}$ durch Rechnung.

Jedoch auch zeichnerisch läßt sich R ermitteln:

Zieht man z. B. für den Punkt a den Strahl oa, der mit der Abszissenachse den $\sphericalangle\,\alpha$ einschließt, so ist $\operatorname{tg}\alpha = \frac{ab}{ob} = c \cdot \frac{E}{J} = c \cdot R$. Um die Bestimmung des Maßstabfaktors c zu umgehen, berechnet man aus den abgelesenen Werten ($E = 170$ V, $J = 0{,}158$ A) den Widerstand R (1078 Ohm) und trägt ihn in einem passenden Maßstab als Strecke bd auf ab auf. Dann zieht man durch d eine Parallele dc zur Abszissenachse und legt durch c eine Parallele cp zu oa, so daß der $\sphericalangle\,cpo = \alpha$ wird. Den Punkt p benutzt man nun als Pol zur Ermittlung der Widerstände für alle anderen Punkte der Kurve $f(E, J)$.

Zieht man z. B. für den Punkt e durch p eine Parallele pf zu oe, so ist $\triangle pof \sim \triangle ole$ und damit of ein Maß für den durch den tg des $\sphericalangle\,eol = \sphericalangle\,fpo = \alpha_e$ dargestellten Widerstandes R. Hält man nun po konstant, so stellen die von den Strahlen durch p auf der Ordinatenachse abgeschnittenen Strecken die Widerstände in dem gewählten Maßstabe des zuerst berechneten Wertes bd dar. Der Widerstand of gehört nun zum Punkt e. Wir ziehen daher durch f eine Parallele zur Abszissenachse nach g, dann ist gl der gesuchte Wert von R. Auf diese Weise bestimmt man für mehrere Punkte der Kurve $f(E, J)$ die zugehörigen Widerstandspunkte und legt durch sie ebenfalls

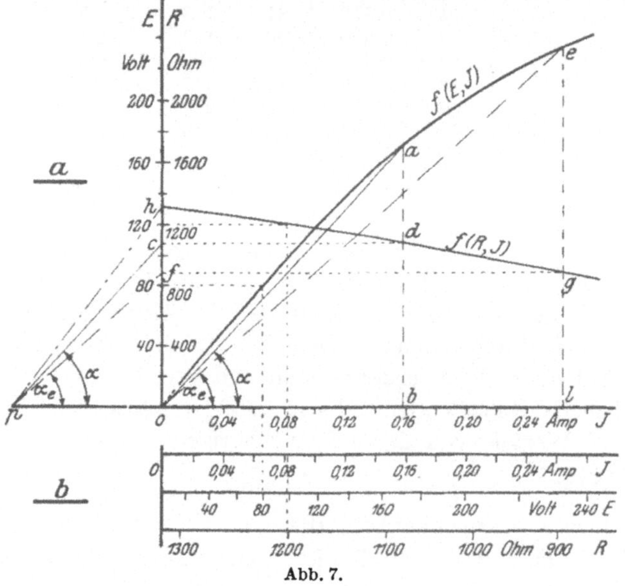

Abb. 7.

eine stetige Kurve $f(R, J)$, welche die gesuchte Abhängigkeit des Widerstandes R von der Stromstärke J darstellt.

Für den Anfangspunkt $E = 0$, $J = 0$ gäbe die Tabelle den unbestimmten Wert $R = \frac{0}{0}$. Die zeichnerische Darstellung ist in diesem Falle der Rechnung überlegen. Man braucht nur im Punkte o die Tangente an die Kurve zu legen und parallel dazu durch p den Strahl ph, so ist oh der gesuchte Widerstand R des Glühfadens in stromlosem Zustande.

Will man den Widerstand R nicht allein in Abhängigkeit von J, sondern auch von E schnell und bequem ermitteln, so empfiehlt es sich, die drei Größen in Form einer Skala (s k a l a r e Darstellung) aufzutragen.

Dazu zieht man in Abb. 7b für jede der darzustellenden Größen eine Gerade und überträgt zuerst die Teilpunkte für die Stromstärke J aus Abb. 7a. Zur Einteilung der Geraden für die Spannung E geht man von den Werten für E der Ordinatenachse horizontal hinüber zur Kurve $f(E, J)$ und von hier senkrecht nach unten zu der Linie für E in Abb. 7b. Den so erhaltenen Teilpunkt bezeichnet man mit dem auf der Ordinatenachse stehenden Wert (z. B. $E = 80$ V). In gleicher Weise findet man auch die Skala für den Widerstand R, indem man die Kurve $f(R, J)$ benutzt (z. B. $R = 1200$ Ohm).

d) Schlußfolgerungen: Der Verlauf der Widerstandskurve eines Kohlenfadens zeigt eine Abnahme mit steigendem Strom bzw. steigender Temperatur. Daraus folgt, daß der Temperaturkoeffizient negativ ist. Würde man für zwei Werte von R die Temperaturen bestimmen, so könnte man den Temperaturkoeffizienten berechnen (vgl. Nr. 22).

Ein auf dieser Methode beruhendes Meßgerät für kleine Widerstände (10^{-6} ... 5 Ohm) ist der Ducter von Evershed & Vignoles, Chiswick[1].

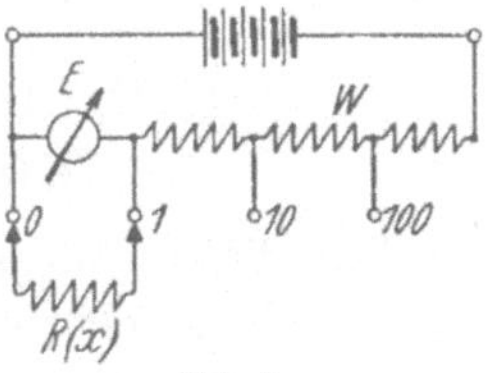

Abb. 8.

Will man die Strommessung vermeiden, so kann man Widerstände direkt mittels eines Spannungsmessers allein nach Abb. 8 bestimmen. Darin ist ein empfindliches Meßinstrument E mit großem Eigenwiderstand und entsprechendem Vorwiderstand W an eine Stromquelle von 110 oder 220 V angeschlossen.

Man eicht nun das Instrument in der Weise, daß man an seine Klemmen 0—1 einen regelbaren bekannten Widerstand R anlegt und für verschiedene Werte desselben die zugehörigen Skalenteile s des Instruments abliest. Daraus zeichnet man eine Eichkurve $f(R, s)$ oder trägt die Widerstandswerte R zu den betreffenden Skalenteilen s direkt in die Skala ein.

Legt man nun einen unbekannten Widerstand x an die Klemmen 0—1, so kann man seinen Größenwert direkt ablesen.

Zur Messung größerer Widerstände zweigt man von dem Vorwiderstand W Ableitungen (10, 100 . . .) ab, die so gelegen sind,

[1] ETZ 1912 S. 43.

daß die Ablesungen am Instrument E bzw. der Eichkurve $f(R, s)$ mit 10, 100 . . . zu multiplizieren sind.

Diese Anordnung hat den Vorteil, daß die Messungen sehr schnell ausgeführt werden können und insbesondere fehlerhafte Widerstände mit sehr kleinen Werten keine Beschädigung des Meßinstruments E verursachen können.

Ein für diese Messungen besonders wegen seines geringen Preises bei gediegener Ausführung geeignetes Instrument ist das Mavometer von P. Gossen & Co., Erlangen.

Von weiteren direkt zeigenden Widerstandsmessern seien hier nur erwähnt das einspulige „Ohmmeter" von S & H und das Kreuzspulohmmeter von H & B. Dieses läßt sich auch als Temperaturfernmesser verwenden, indem man an die für den unbekannten Widerstand bestimmten Klemmen eine in ihrem Widerstande stark von Temperaturänderungen beeinflußte Platinlegierung anschließt.

4. Widerstandsmessung mit dem Differentialgalvanometer.

Ein Differentialgalvanometer besitzt zwei zueinander parallele Spulen, die gemeinsam auf eine zwischen ihnen hängende Magnetnadel eine Kraftwirkung ausüben können. Werden die Spulen derartig vom Strom durchflossen, daß die von ihnen auf die Nadel ausgeübten Drehmomente gleich groß und entgegengesetzt gerichtet sind, so zeigt das Galvanometer keine Ablenkung. Die vier Enden der Spulen haben die mit a_1 (Anfang), e_1 (Ende) a_2, e_2 bezeichneten Klemmen.

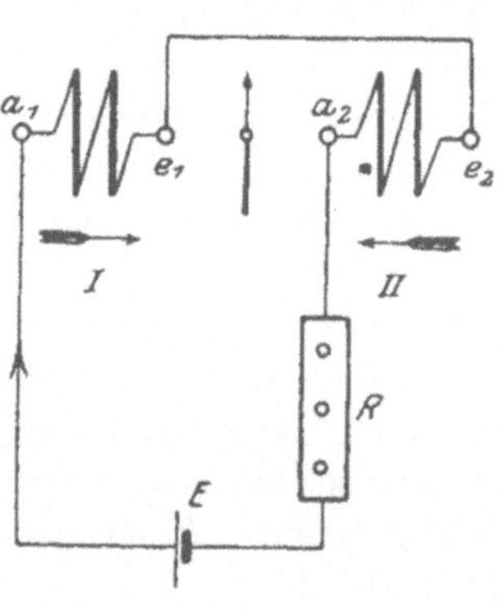

Abb. 9.

Jedes Differentialgalvanometer hat vor dem Gebrauch zur Widerstandsmessung folgenden Bedingungen zu genügen:

1. Die beiden Spulen sollen gleich große, entgegengesetzt gerichtete Drehmomente auf die Nadel ausüben.
2. Die Widerstände der Spulen müssen gleich groß oder das Verhältnis derselben bekannt sein.

3. Bei Nadelgalvanometern müssen die Spulen in die Meridianebene eingestellt werden[1].

Um zu erkennen, ob die Bedingung 1 erfüllt ist, macht man folgende Schaltung (Abb. 9).

Die gegeneinander geschalteten Spulen *I* und *II* werden unter Zwischenschaltung eines allmählich zu verkleinernden Ballastwiderstandes R mit einem Element E verbunden.

Die Spule *II* wird dabei in umgekehrter Richtung wie *I* vom Strom durchflossen, so daß nur die Differenz der Drehmomente auf die Magnetnadel zur Geltung kommt. Im allgemeinen wird diese Differenz nicht Null sein, kann aber durch Verschieben einer Spule in der Achsenrichtung auf Null gebracht werden, d. h. es darf das Instrument keine Ablenkung bei dieser Schaltung zeigen. Lassen sich nun die Spulen nicht verschieben, so kann man durch Anlegen eines großen Widerstandes ϱ (Abb. 10) in den Nebenschluß zur stärkeren Spule eine Ungleichheit in den Kraftwirkungen beseitigen.

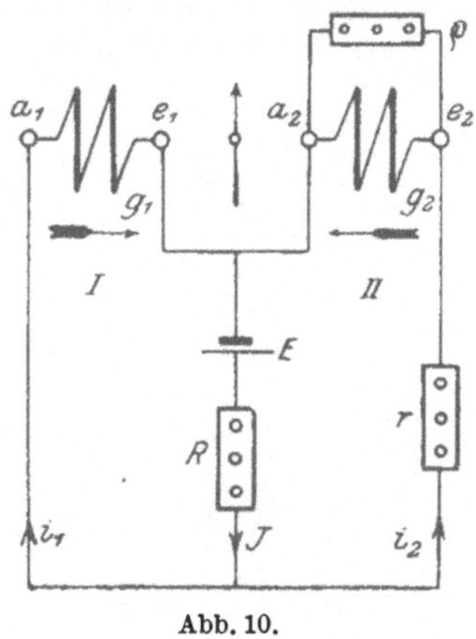

Abb. 10.

Um ferner zu prüfen, ob die Widerstände der Spulen gleich groß sind (Bedingung 2), schaltet man sie nach dem Schema Abb. 10.

Bei dieser Anordnung bestehen die Beziehungen

$$i_1 = \frac{E - J \cdot R}{g_1} \quad \text{und} \quad i_2 = \frac{E - J \cdot R}{g_2},$$

wo g_1 und g_2 die Widerstände der Spulen, eventuell mit Nebenschluß, bedeuten. Zeigt die Nadel keine Ablenkung, so müssen nach Bedingung 1 die Ströme in den Spulen gleich sein, somit $i_1 = i_2$. Dann ist auch $g_1 = g_2$. Zeigt sich eine Ablenkung, so wird dieselbe durch Einschalten eines vorgeschalteten Widerstandes r beseitigt.

Um zu erkennen, ob die Bedingung 3 erfüllt ist, macht man folgende Schaltung (Abb. 11).

Die hintereinander geschalteten Spulen *I* und *II* werden unter Zwischenschaltung eines Ballastwiderstandes R und eines doppel-

[1] Vgl. auch: Z. Instrumentenkde. 1927 S. 307 (G. Hauffe).

poligen Umschalters U mit einem Element E verbunden, so daß sich bei Stromdurchgang ihre Kraftwirkungen unterstützen. Sind beim Umlegen des Umschalters U die Ablenkungen nach beiden Richtungen gleich groß, so stehen die Spulen richtig, im anderen Falle werden sie um die Achse des Instrumentes durch Halbierung der jeweiligen Fehlerablenkung in die richtige Lage eingestellt.

Damit wäre das Instrument für die Widerstandsmessungen richtig eingestellt.

Haben die Spulen eine voneinander sehr abweichende Wicklung, so arbeitet man bequemer, wenn man das Verhältnis der Widerstände beider Spulen bestimmt. Zu dem Zweck schaltet man für die Bedingung 1 in folgender Weise (Abb. 12):

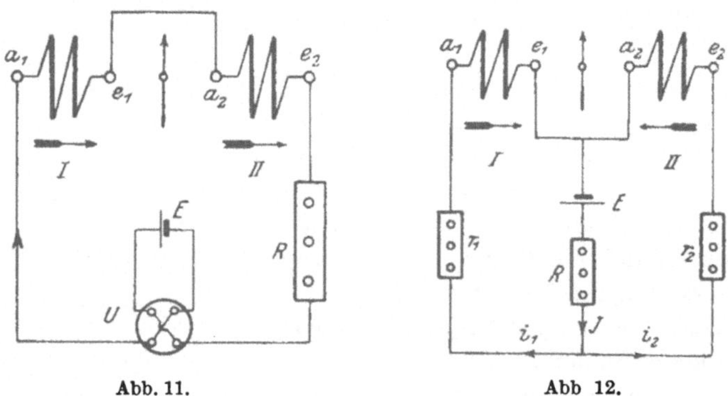

Abb. 11. Abb 12.

Die von den Spulen auf die Nadel ausgeübten Drehmomente wirken hierbei in entgegengesetzter Richtung. Tritt nun eine Ablenkung auf, so wird sie durch Verschieben einer Spule beseitigt. Setzt man das Drehmoment der ersten Spule

$$M_{d_1} = c_1 \cdot i_1,$$

wobei der Proportionalitätsfaktor von der Induktion der Nadel, den Dimensionen und der Windungszahl der Spule abhängt, und ebenso für die zweite Spule $M_{d_2} = c_2 \cdot i_2$, so ist in diesem Falle $M_{d_1} = M_{d_2}$ und $c_1 \cdot i_1 = c_2 \cdot i_2$ oder

$$\frac{i_1}{i_2} = \frac{c_2}{c_1} = c.$$

Nach dem zweiten Kirchhoffschen Satz besteht aber die Beziehung $\frac{i_1}{i_2} = \frac{g_2}{g_1}$, wobei g_1 und g_2 den Widerstand der Galvanometerspulen (einschließlich Nebenschluß) bezeichnen, so daß daraus

$$\text{I.}\quad \frac{g_2}{g_1} = c$$

folgt. Schaltet man jetzt in jeden Zweig einen bekannten Widerstand r_1 und r_2 ein, wobei die Nadel keine Ablenkung zeigt, so treten die Ströme i_1' und i_2' auf, für die dann die Beziehung

$$\text{II.}\quad \left[\frac{i_1'}{i_2'}\right] = c = \frac{g_2 + r_2}{g_1 + r_1}$$

besteht. Gleichung II umgeformt ergibt $c \cdot g_1 + c \cdot r_1 = g_2 + r_2$. Da nun aus Gleichung I $c \cdot g_1 = g_2$ ist, so hebt es sich gegen g_2 der rechten Seite fort, und es bleibt $c \cdot r_1 = r_2$ oder $c = \frac{r_2}{r_1}$, d. h. das konstante Widerstandsverhältnis $c = \frac{g_2}{g_1}$ kann durch zwei bekannte Widerstände r_2 und r_1 direkt bestimmt werden.

a) Hintereinanderschaltung.

Nachdem das Instrument in der vorher beschriebenen Weise aufgestellt und justiert ist, macht man folgende Schaltung (Abb. 13).

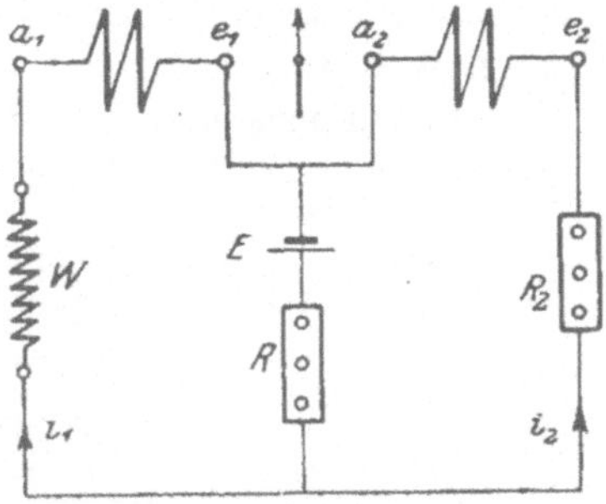

Abb. 13.

Dabei ersetzt man den Widerstand r_1 durch den zu messenden W und benutzt zur Kompensierung der dabei auftretenden Ablenkung der Nadel im anderen Zweig einen bekannten Widerstand R_2, so besteht nach früherem die Beziehung $\frac{g_2 + R_2}{g_1 + W} = c$ oder $\frac{R_2}{W} = c$. Da nun $c = \frac{r_2}{r_1}$ durch Vorversuch bestimmt ist, so rechnet sich

$$W = R_2 \cdot \frac{r_1}{r_2}.$$

Für den besonderen Fall $c = 1$ wird $\frac{r_2}{r_1} = 1$ und damit

$$W = R_2.$$

Läßt sich bei dem Versuch die Ablenkung infolge eines zu geringen Wertes von R_2 nicht beseitigen, so vertauscht man die Widerstände W und R_2 miteinander, hat aber dann den reziproken Wert der Konstanten c zu benutzen, wofür sich der Widerstand $W = R_2 \cdot \frac{r_2}{r_1}$ rechnen würde.

Diese Methode ist besonders bei großen Widerständen empfehlenswert und ist um so empfindlicher, je kleiner der Widerstand des Galvanometers im Verhältnis zum unbekannten Widerstand ist; denn dann sind die Stromänderungen in den Zweigen nur von den Änderungen der Widerstände W und R_2 abhängig, da die kleinen Spulenwiderstände bei der Hintereinanderschaltung dagegen vernachlässigt werden können. Ist wegen geringer Unterteilung von R_2 keine absolute Nullage zu erreichen, so bestimmt man den genauen Wert durch Interpolation. Liest man z. B. die Ablenkung α_1 bei einem Widerstand R_1 und α_3 für R_3 ab, so ergibt sich für die Ruhelage α_2 der entsprechende Widerstand nach der Gleichung

$$R_2 = R_1 + (\alpha_2 - \alpha_1) \cdot \frac{R_3 - R_1}{\alpha_3 - \alpha_1}.$$

b) Parallelschaltung.

α) **Einfacher Nebenschluß.** Das Schaltungsschema hierfür zeigt Abb. 14.

Der zu messende Widerstand W, ein bekannter R und ein Ballastwiderstand ϱ, der mit zunehmender Abgleichung allmählich verringert wird, werden mit einer Stromquelle E hintereinander geschaltet und die Enden der Galvanometerspulen so an die Punkte *1 . . . 4* gelegt, daß die Einwirkungen der Spulen auf die Nadel entgegengesetzt gerichtet sind. Ist R der Widerstand, für den keine Ablenkung erfolgt, so ist $\boldsymbol{W = R}$, wenn $g_1 = g_2$, d. h. die Konstante $c = 1$ ist. Man kann jedoch auch in den Fällen die Messung ausführen, wenn $W \gtrless R$ ist. Zu dem Zweck schaltet man in jede Zuleitung der Spulen Rheostate ein, um die Ablenkung im Galvanometer auf Null zu bringen. Sei dafür im Zweig I ein Wider-

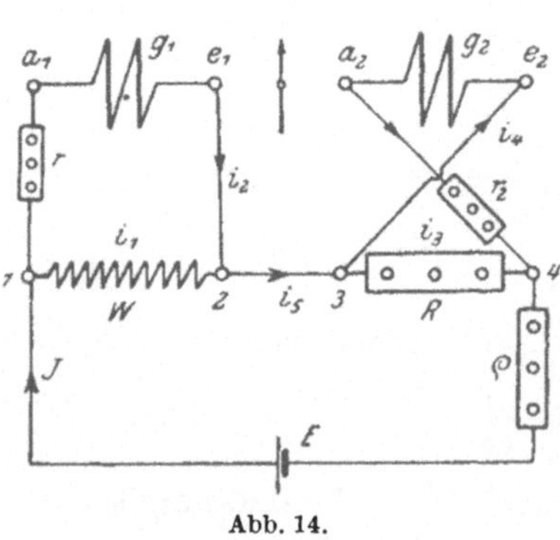

Abb. 14.

stand r gezogen, in Zweig II $r_2 = 0$, so müssen folgende Beziehungen bestehen:

$$1.\quad J = i_1 + i_2 = i_3 + i_4$$
$$2.\quad i_1 \cdot W = i_2 \cdot (r + g_1)$$
$$3.\quad i_3 \cdot R = i_4 \cdot g_2 .$$

Da nun keine Ablenkung im Galvanometer auftritt, muß die Bedingung erfüllt sein, daß die Drehmomente und damit die Ströme in beiden Spulen gleich groß sind. Demnach kommt noch die Gleichung

$$4.\quad i_2 = i_4$$

hinzu. Aus Gleichung 1 und 4 folgt außerdem

$$5.\quad i_1 = i_3 .$$

Dividieren wir jetzt Gleichung 2 und 3 durcheinander, so erhalten wir

$$\text{I.}\quad \frac{W}{R} = \frac{r + g_1}{g_2},$$

da sich die Ströme nach Gleichung 4 und 5 fortheben.

Schalten wir jetzt in Zweig I noch den Widerstand r_1 und in Zweig II r_2 ein, bis wieder die Ablenkung Null ist, dann ändern sich die Ströme i in i', und wir erhalten

$$6.\quad i_1' \cdot W = i_2' \cdot (r + r_1 + g_1)$$
$$7.\quad i_3' \cdot R = i_4' \cdot (g_2 + r_2) .$$

Durch Division ergibt sich dann

$$\text{II.}\quad \frac{W}{R} = \frac{r + r_1 + g_1}{g_2 + r_2} = \frac{(g_1 + r) \cdot \left(1 + \frac{r_1}{g_1 + r}\right)}{g_2 \cdot \left(1 + \frac{r_2}{g_2}\right)} .$$

Setzt man aus Gleichung I: $g_1 + r = g_2 \cdot \frac{W}{R}$

in Gleichung II ein, so erhält man:

$$\frac{W}{R} = \frac{g_2 \cdot \frac{W}{R} \cdot \left(1 + \frac{r}{g_1 + r}\right)}{g_2 \cdot \left(1 + \frac{r_2}{g_2}\right)} .$$

Nach Fortheben von $\frac{W}{R}$ und g_2 bleibt $1 + \frac{r_1}{g_1 + r} = 1 + \frac{r_2}{g_2}$ oder $\frac{r_1}{g_1 + r} = \frac{r_2}{g_2}$, woraus $\frac{g_1 + r}{g_2} = \frac{r_1}{r_2}$ folgt. Nun kann man aber nach Gleichung I für die linke Seite $\frac{W}{R}$ einsetzen und erhält das Ergebnis

$$\boldsymbol{\frac{W}{R} = \frac{r_1}{r_2}} .$$

Wir sehen daraus, daß die Bedingung gleicher Widerstände der Spulen und Zuleitungen nicht erfüllt zu werden braucht, da diese in der Formel nicht vorkommen. Die Übergangswiderstände können jedoch die Empfindlichkeit der Messung beeinflussen. Deshalb müssen zur Erzielung größerer Genauigkeit die Galvanometerspulen möglichst hohen Widerstand haben.

β) Übergreifender Nebenschluß. Diese Methode hat den Zweck, einwandfreie Messungen von kleinen Widerständen zu ermöglichen, wobei der Einfluß der Übergangswiderstände beseitigt ist. Sie wird in der Physikalisch-Technischen Reichsanstalt zu

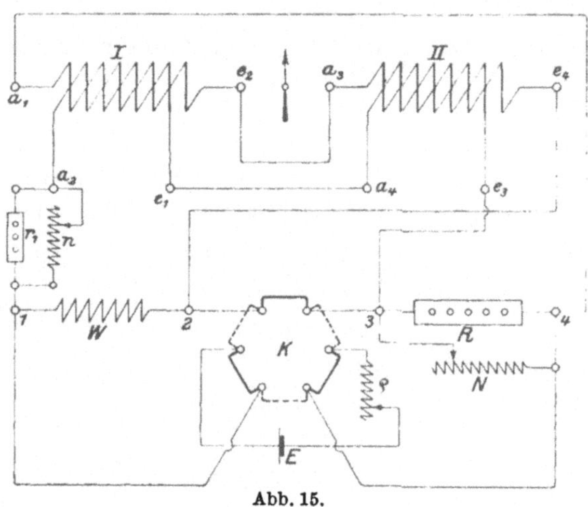

Abb. 15.

genauen Widerstandsmessungen verwandt, z. B. für Normalwiderstände mit getrennten Strom- und Spannungszuleitungen oder Quecksilbernormalen mit ziemlich großen Zuleitungswiderständen.

Bei gleich großen Widerständen macht man nach W. Jäger[1] folgende Schaltung (Abb. 15):

Je zwei Teilspulen verschiedener Rollen sind hintereinandergeschaltet und mit den freien Enden an die Klemmen *1 2 3 4* gelegt. Hierbei sind gegenüber Abb. 14 nur die Anschlüsse nach *2* und *3* vertauscht. *K* ist ein sechsnäpfiger Kommutator, bei dem für schnell hintereinander zu machende Beobachtungen in beiden (ausgezogenen und gestrichelten) Lagen die drei Bügel um eine

[1] Z. Instrumentenkde. 1904 S. 288.

Achse drehbar angeordnet werden, oder ein dreipoliger Umschalter. Für die beiden Lagen des Kommutators ergibt sich folgender Stromverlauf (Abb. 16 und 17).

Dabei wird E in Abb. 17 umgelegt und der Strom in W und R umgeschaltet. Ist nun bei Nichterfüllung der Bedingung 1 z. B. das Spulensystem $a_2 \div e_3$ stärker, so legt man einen regulierbaren Vorschaltwiderstand r_1 mit dazu parallelem Regulierwiderstand n in diesen Spulenzweig. Zur genauen Einstellung der Abgleichung schaltet man parallel zu R einen bekannten größeren Widerstand N. Dabei bewirkt eine Veränderung von N beim Umlegen des Kommutators Ablenkungen des Galvanometers von gleicher Größe, aber entgegengesetzter Richtung, dagegen

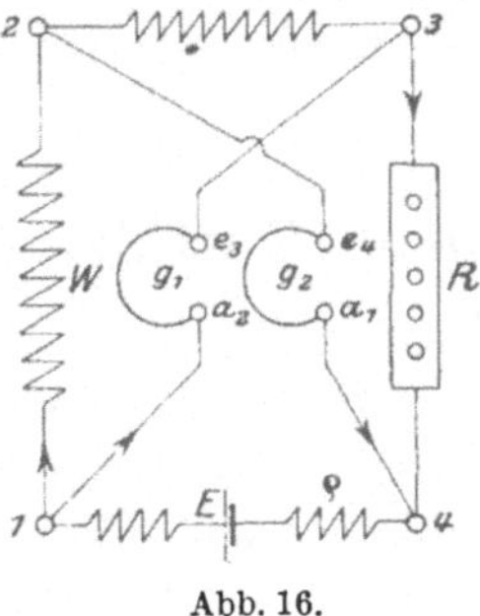

Abb. 16.

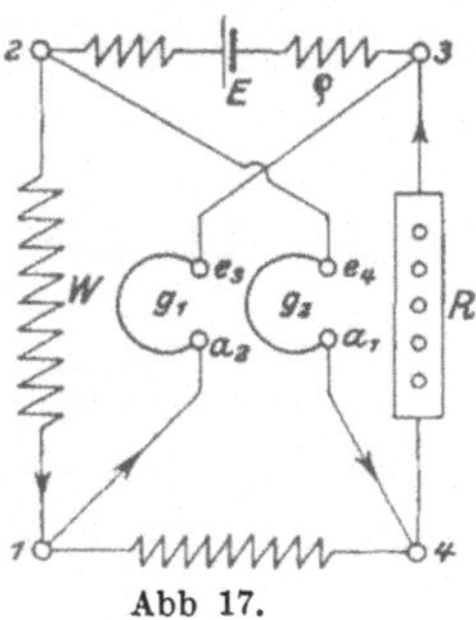

Abb 17.

eine Veränderung des Nebenschlusses n Ablenkungen gleicher Größe und Richtung. Man hat daher bei dieser Anordnung nicht nötig, vorher auf gleiche Stromwirkung und gleichen Widerstand der Spule einzustellen, wenn man nur N und n passend wählt, daß bei der Messung das Galvanometer keine oder gleich große, gleich gerichtete Ablenkungen zeigt.

In diesem Fall ist dann:

$$W = \frac{R \cdot N}{R + N}.$$

Läßt sich jedoch die Bedingung gleich großer und gleich gerichteter Ablenkungen nicht erzielen, so stellt man für zwei Widerstände N_1 und N_2 die aus beiden Lagen des Kommutators sich ergebenden mittleren Ablenkungen α_1 und α_2 nach entgegengesetzten Richtungen fest. Durch Interpolation berechnet sich der richtige Widerstand. Dabei ist es erlaubt, zwischen den Nebenschlüssen $1/N_1$ und $1/N_2$ zu interpolieren.

Die größte Empfindlichkeit der Methode ist dann vorhanden, wenn der Widerstand der Galvanometerspulen $g = W$ ist. Bei kleinen Widerständen W wird man diese Bedingung schwer erfüllen können.

Da die Messungen durch Isolationsfehler der Galvanometerwicklungen beeinflußt werden, muß der Isolationswiderstand sehr groß sein. Die bifilare Wicklung der Spulen hat dabei den Vorteil, daß man den Isolationswiderstand zwischen den Klemmen leicht bestimmen kann.

Nach H. Hausrath[1] läßt sich diese Methode auch dahin erweitern, daß man durch sogenannte „Doppelabgleichung" auch ungleiche Widerstände miteinander vergleichen kann.

Die Benutzung des Differentialgalvanometers hat den Vorzug, daß die Spannung der Stromquelle nicht beständig zu sein braucht.

5. Messung kleiner Widerstände (Matthiesen und Hockin).

Während bei der Wheatstoneschen Meßbrücke die Bestimmung kleiner Widerstände leicht durch die auftretenden Zuleitungswiderstände fehlerhaft werden kann, ist diese Methode unabhängig von den Übergangswiderständen. Das Schaltungsschema zeigt Abb. 18.

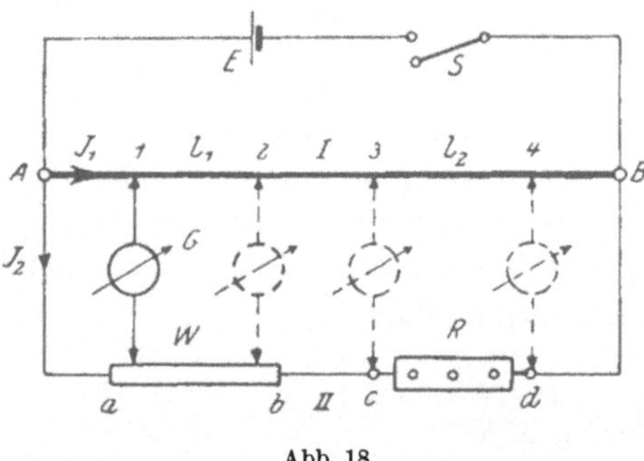

Abb. 18.

Darin ist W der unbekannte und R der bekannte Widerstand hintereinandergeschaltet und parallel zu einem Meßdraht $A \div B$ gelegt. Die Enden sind dann mit einer Stromquelle E verbunden. Nehmen wir an, daß das Potential bei A (+) höher als bei B (—) sei, so wird sich die Potentialdifferenz durch die Ströme J_1 und J_2 in den Zweigen I und II ausgleichen. Besitzt nun ein Punkt a

[1] Ann. Physik 1905 S. 134; Samml. el. Vortr. Bd. 7 S. 12: Eine Differentialmethode zur Abgleichung kleiner Widerstände.

auf dem Widerstande W das Potential V_1, so muß es auch auf dem Meßdraht einen Punkt geben, der dasselbe Potential besitzt. Dieses sei der Punkt *1*. Um nun denselben zu finden, legen wir ein mit zwei Schneiden verbundenes Galvanometer G mit der einen Schneide an a, die andere Schneide verschieben wir auf dem Meßdraht $A \div B$ so weit, bis das Galvanometer keine Ablenkung zeigt. Da in diesem Fall der Strom im Galvanometer Null sein muß, so folgt daraus, daß das Galvanometer zwischen Punkten gleichen Potentials liegt. Ebenso bestimmen wir zu den Punkten b, c, d die zugehörigen *2*, *3*, *4*. Nehmen wir an, daß die gefundenen Punkte die Potentiale $V_1 \div V_4$ besitzen, so können wir folgende Beziehungen aufstellen:

$$V_1 - V_2 = J_1 \cdot l_1 = J_2 \cdot W$$
$$V_3 - V_4 = J_1 \cdot l_2 = J_2 \cdot R\,,$$

wobei l_1 und l_2 die Widerstände zwischen den Punkten *1* und *2* bzw. *3* und *4* bezeichnen. Durch Division beider Gleichungen erhält man: $\frac{W}{R} = \frac{l_1}{l_2}$ oder $\boldsymbol{W = \frac{l_1}{l_2} \cdot R}$.

Nun kann man voraussetzen, daß der Meßdraht homogen und kalibrisch ist, d. h. für alle Punkte gleichen Querschnitt besitzt, dann vereinfacht sich die Messung dahin, daß das Widerstandsverhältnis $\frac{l_1}{l_2}$ auch durch das Verhältnis der zwischen den Punkten gelegenen Drahtlängen ersetzt werden kann.

Diese Methode ist zwar sehr genau für die Messung spezifischer Widerstände, sie erfordert jedoch eine große Anzahl zeitlich aufeinanderfolgender Operationen und Beobachtungen, so daß sie für praktische Messungen sowie zur schnellen Abgleichung von Widerständen wenig verwendet wird.

6. Messung kleiner Widerstände mit der Thomsonschen Doppelbrücke.

Die Doppelbrücke wird praktisch in verschiedenen Ausführungsformen benutzt, jedoch zeigen sie alle folgendes Schema (Abb. 19).

Hierbei ist der zu messende Widerstand $W = 1 \div 2$ mit einem Meßdraht $R = 3 \div 4$, einer Batterie E, Strommesser J und einem Regulierwiderstand ϱ in Reihe geschaltet. Vier verschiebbare Kontakte *1* ... *4* sind durch die Widerstände r und n in zwei Zweigen untereinander verbunden, zwischen denen wieder ein Galvanometer G eingeschaltet ist. Die Widerstände n sind meistens als ein Vielfaches von r gewählt, so daß die Beziehung besteht

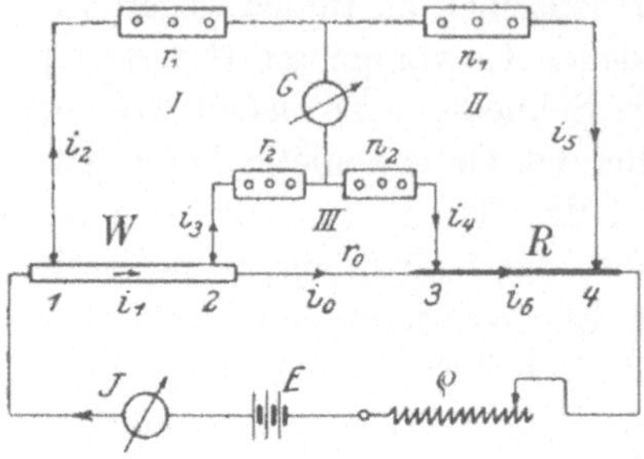

$$n = c \cdot r,$$

wobei $c = 10$ oder 100 am gebräuchlichsten ist. Die Kontakte *1, 2, 3, 4* werden nun so weit verschoben, daß im Galvanometer keine Ablenkung erfolgt; dann ist im Galvanometerzweig der Strom $i = 0$.

Abb. 19.

Daraus folgt nun, daß die Potentialdifferenzen im Zweig I zwischen *1* und den beiden Galvanometerklemmen untereinander gleich sein müssen. Dasselbe gilt für Zweig II von den Galvanometerklemmen bis *4*. Somit bestehen die Gleichungen:

$$1.\quad i_1 \cdot W + i_3 \cdot r_2 = i_2 \cdot r_1 \qquad 2.\quad i_6 \cdot R + i_4 \cdot n_2 = i_5 \cdot n_1 .$$

Durch die Ausdrücke der rechten Seiten dividiert, erhält man:

$$3.\quad \frac{i_1 \cdot W}{i_2 \cdot r_1} + \frac{i_3 \cdot r_2}{i_2 \cdot r_1} = 1 \qquad 4.\quad \frac{i_6 \cdot R}{i_5 \cdot n_1} + \frac{i_4 \cdot n_2}{i_5 \cdot n_1} = 1$$

oder

$$5.\quad \frac{i_1}{i_2} \cdot \frac{W}{r_1} = 1 - \frac{i_3}{i_2} \cdot \frac{r_2}{r_1} \qquad 6.\quad \frac{i_6}{i_5} \cdot \frac{R}{n_1} = 1 - \frac{i_4}{i_5} \cdot \frac{n_2}{n_1} .$$

Da nun $i_1 = i_6$, $i_2 = i_5$ und $i_3 = i_4$ oder $\frac{i_3}{i_2} = \frac{i_4}{i_5}$ und nach Voraussetzung $\frac{r_2}{r_1} = \frac{n_2}{n_1}$ ist, sind die rechten Seiten von *5* und *6* gleich, woraus folgt: $\frac{i_1}{i_2} \cdot \frac{W}{r_1} = \frac{i_6}{i_5} \cdot \frac{R}{n_1}$.

Darin ist ferner $\frac{i_1}{i_2} = \frac{i_6}{i_5}$, so daß sich als Endresultat ergibt:

$$\frac{W}{R} = \frac{r_1}{n_1} = \frac{1}{c} .$$

Setzt man darin $r_1 = r_2$ und $n_1 = n_2$, so kann man auch den Beweis einfacher führen. Es ist dann

$$i_1 \cdot W = (i_2 - i_3) \cdot r \qquad i_6 \cdot R = (i_5 - i_4) \cdot n$$

oder durch Division

$$\frac{W}{R} = \frac{r}{n} .$$

Als Ergebnis unserer Betrachtungen ergibt sich demnach die Tatsache, daß die Widerstände der Verbindungen keinen Einfluß auf die Messung ausüben und ebenfalls die Kontaktwiderstände gegenüber r und n vernachlässigt werden können, wenn man r und n nicht zu klein wählt.

Eine für praktische Messungen nach diesem Prinzip ausgeführte Brücke besitzt außerdem, wie aus dem Schaltungsschema Abb. 20 ersichtlich ist, eine Einrichtung zum Vertauschen der Widerstände R und W, die darin besteht, daß in die Zuleitungen der Widerstände r und n zu den Schneiden 1 . . . 4 Kupferbügel K eingeschaltet sind, wodurch man entweder die ausgezogene Verbindung I oder die gestrichelte II herstellen kann. Diese Vorrichtung besitzt den Vorteil, daß der Meßdraht nicht geeicht zu sein braucht. Nehmen wir nun an, es hätte sich bei Stromlosig-

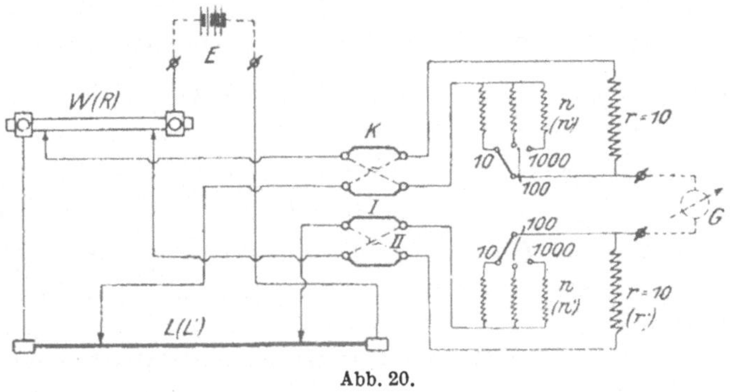

Abb. 20.

keit des Galvanometers und der Stellung I der Kupferbügel für den Widerstand W ein zugehöriger Widerstand des Meßdrahtes ergeben, welcher der Länge L entspricht, die man auf einem unter dem Draht angebrachten Maßstab ablesen kann, so besteht die Beziehung:

$$\text{I.} \quad \frac{W}{L} = \frac{r}{n},$$

wobei meistens $r_1 = r_2 = r$ und $n_1 = n_2 = n$ gemacht ist. Im allgemeinen ist W kleiner als der Widerstand des Meßdrahtes L, so daß damit auch $r < n$ sein muß. Würden wir nun den Widerstand W durch einen bekannten Normalwiderstand R ersetzen, so könnten wir damit den Meßdraht eichen. Um aber den Einfluß der Übergangswiderstände verschwindend klein zu machen, darf der Widerstand R nicht zu klein (etwa 4 bis 8 Ohm) gewählt werden. Ist in diesem Falle der Widerstand R größer als der des Meßdrahtes, so müssen, da der größere Widerstand im Schema auf der Seite von n liegen soll, die Kupferbügel in der Stellung *II* angeordnet sein.

Ergibt sich jetzt bei Stromlosigkeit des Galvanometerzweiges für die Widerstände r' und n' eine Länge L' zwischen den Kontakten des Meßdrahtes, so besteht die Beziehung:

$$\text{II.} \quad \frac{R}{L'} = \frac{n'}{r'}.$$

Aus Gleichung I und II folgt $\quad \frac{W \cdot L'}{L \cdot R} = \frac{r \cdot r'}{n \cdot n'}$; oder

$$\boldsymbol{W = R \cdot \frac{L}{L'} \cdot \frac{r \cdot r'}{n \cdot n'}}.$$

Hierbei kommt nur das Verhältnis $\frac{L}{L'}$ vor, das aus den abgelesenen Längen gebildet wird, da ja der Draht als homogen und kalibrisch angesehen werden kann.

Solange der zu messende Widerstand W (Abb. 19) nicht kleiner als 0,01 Ohm ist, übt in dem Verhältnis $\frac{r_1}{n_1} = \frac{r_2}{n_2}$ eine kleine Ungenauigkeit der Überbrückungswiderstände r_2 und n_2 keinen wesentlichen Einfluß auf das Resultat aus, sobald r_0 klein gehalten wird.

Bei Vergleichung von Widerständen unter 0,001 Ohm, die auf 10^{-6} ihres Wertes genau bestimmt werden sollen, muß man jedoch, wenn $\frac{r_1}{n_1} \gtrless \frac{r_2}{n_2}$ ist, eine Korrektion für den Fall, daß $r_0 > 0{,}001$ ist, vornehmen, die sich für Stromlosigkeit des Galvanometers entsprechend der genauen Formel

$$\frac{W}{R} - \frac{r_1}{n_1} + \frac{r_0}{R} \cdot \frac{n_2}{r_2 + n_2 + r_0} \cdot \left(\frac{r_2}{n_2} - \frac{r_1}{n_1}\right) = 0$$

ermitteln läßt.

Da r_0 gegen $r_2 + n_2$ vernachlässigbar ist, kann man das Korrektionsglied auch in der Form

$$k = \frac{r_0}{R} \cdot \frac{1}{\frac{r_2}{n_2} + 1} \cdot \left(\frac{r_2}{n_2} - \frac{r_1}{n_1}\right)$$

schreiben.

Bestimmt man die einzelnen Größen von k durch Messung z. B. nach der Methode 2 oder 15 (Vertauschung oder direkter Ausschlag) unter Benutzung eines Vergleichswiderstandes von annähernd gleicher Größenordnung ($10^{-3} \ldots 10^{-4}$ Ohm), so läßt sich k berechnen, und es ergibt sich

$$\frac{W}{R} = \frac{r_1}{n_1} - k.$$

Eingehende Versuche mit der Thomsonschen Brücke für Präzisionsarbeiten sind von W. Jäger, St. Lindeck und H. Diesselhorst[1] angegeben.

Auch für Wechselstrommessungen läßt sich die Thomsonsche Brücke verwenden. So geben H. Schering[2] und C. Déguisne[3] an, wie man damit unter Benutzung des Vibrationsgalvanometers (Nr. 12) den Phasenwinkel kleiner Widerstände ermitteln kann (vgl. auch Nr. 55).

7. Widerstand eines Galvanometers in der Brücke (W. Thomson).

Man bringt das Galvanometer G (Abb. 21) an die Stelle des unbekannten Widerstandes und behält im Brückenzweig $a \div b$ nur den Schlüssel S. Dabei wird in dem Galvanometer eine Ablenkung hervorgerufen. Ändert man nun die Widerstände r_1 r_2 und R in der Weise, daß beim Öffnen und Schließen des Schlüssels im Elementzweig die Ablenkung des Galvanometers unverändert bleibt, so ist der Brückenzweig stromlos, wofür dann die Beziehung gilt:

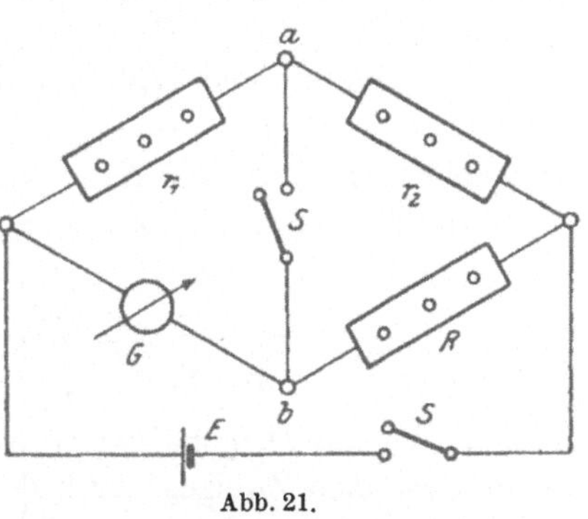

Abb. 21.

$$\frac{r_1}{r_2} = \frac{G}{R} \quad \text{oder} \quad G = R \cdot \frac{r_1}{r_2}.$$

8. Widerstand von Elementen (Mance).

Man schaltet das Element E, dessen innerer Widerstand r ist, mit drei bekannten Widerständen a, b, c in einen Stromkreis (Abb. 22).

---

[1] Z. Instrumentenkde. 1903 S. 33.

[2] ETZ 1917 S. 421, 436; 1927 S. 1362.

[3] Arch. Elektrotechn. 1917 S. 375.

In die Diagonalzweige legt man ein Galvanometer G mit großem Widerstand und einen Stromschlüssel S. Dabei wird bei geschlossenem Brückenzweig das Galvanometer eine Ablenkung infolge des in dem Zweige fließenden Stromes zeigen. Ändert sich die Ablenkung bei Öffnen und Schließen des unteren Tasters S nicht, so gilt die Beziehung:

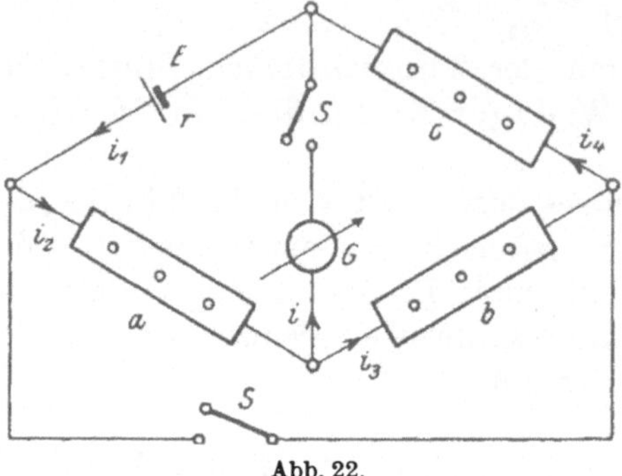

Abb. 22.

$$\frac{r}{c} = \frac{a}{b} \quad \text{oder} \quad r = \frac{a \cdot c}{b}.$$

Bezeichnen wir die Ströme in den einzelnen Zweigen mit $i_1 \ldots i_4$ bzw. i, so bestehen nach dem zweiten Kirchhoffschen Satz für die Masche mit den Widerständen r, G, a die Gleichungen:

$$\text{a)} \quad E = i_1 \cdot r + i \cdot G + i_2 \cdot a,$$

für den Kreis mit den Widerständen c, b, G:

$$\text{b)} \quad i \cdot G = i_4 \cdot c + i_3 \cdot b$$

bei geöffnetem Schlüssel S im konjugierten äußeren Zweig.

Wird S im äußeren Zweig geschlossen, so ändern sich die Ströme in $i_1' \div i_4'$ bzw. i', wofür die Beziehungen gelten müssen:

$$\text{c)} \quad E = i_1' \cdot r + i' \cdot G + i_2' \cdot a$$

$$\text{d)} \quad i' \cdot G = i_4' \cdot c + i_3' \cdot b.$$

Sind die beiden Diagonalzweige einander konjugiert, so darf der Strom des einen Zweiges durch den des anderen nicht beeinflußt werden; es muß also für diesen Fall $i = i'$ werden, d. h. das Galvanometer ändert bei Öffnen und Schließen des Tasters S im unteren Zweig seine Ablenkung nicht. Für diesen besonderen Fall $i = i'$ erhalten wir dann durch Gleichsetzen der rechten Seiten von Gleichung a) und c) bzw. b) und d)

$$i_1 \cdot r + i_2 \cdot a = i_1' \cdot r + i_2' \cdot a \quad \text{oder} \quad \text{I.} \quad (i_1 - i_1') \cdot r = (i_2' - i_2) \cdot a.$$

$$i_4 \cdot c + i_3 \cdot b = i_4' \cdot c + i_3' \cdot b \quad \text{oder} \quad \text{II.} \quad (i_4 - i_4') \cdot c = (i_3' - i_3) \cdot b.$$

Durch Division der Gleichungen I. und II. ergibt sich:

$$\frac{(i_1 - i_1') \cdot r}{(i_4 - i_4') \cdot c} = \frac{(i_2' - i_2) \cdot a}{(i_3' - i_3) \cdot b}.$$

Da nun die Gleichungen gelten müssen:

$$\text{a)}\quad i_1 = i + i_4 \quad \text{und} \quad \text{b)}\quad i_2 = i + i_3$$
$$i_1' = i + i_4' \qquad\qquad i_2' = i + i_3',$$

so folgt daraus durch Subtraktion:

$$\text{a)}\quad i_1 - i_1' = i_4 - i_4' \quad \text{und} \quad \text{b)}\quad i_2' - i_2 = i_3' - i_3,$$

so daß in der obigen Gleichung die Quotienten der Stromstärken fortfallen und die Beziehung $\frac{r}{c} = \frac{a}{b}$ übrigbleibt.

Damit ist man imstande, den Widerstand r von Elementen in Abhängigkeit von der abgegebenen Stromstärke i_1 festzustellen, und kann diese Werte von r und i_1 in ein rechtwinkliges Koordinatensystem eintragen, um ein graphisches Bild der Änderung des Widerstandes zu erhalten. Damit das Element nicht zu sehr beansprucht wird, verwendet man am besten ein Galvanometer mit nicht zu kleinem Widerstande. Die Messung wird am empfindlichsten, wenn die Ablenkungen des Galvanometers in der Nähe der Nullage liegen; deswegen führt man große Ausschläge bei Nadelinstrumenten durch einen Richtmagneten in die Nullage zurück.

9. Widerstand von Elementen (W. Nernst).

Hierfür macht man folgende Schaltung (Abb. 23).

Es bedeuten:

Ind = Induktorium; $C C_1 C_2$ = Kondensatoren; T = Telephon; $R R_1$ bekannte Widerstände; E = Element; r = innerer Widerstand desselben; J = Strommesser.

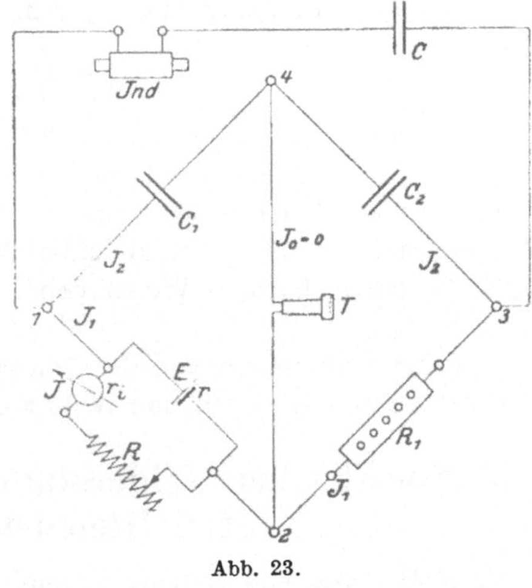

Abb. 23.

Für einen gewissen Widerstand R und Belastungsstrom J verändert man R_1 so weit, bis im Telephon ein Tonminimum oder kein Ton wahrnehmbar ist. Statt des Telephons kann man auch ein Vibrationsgalvanometer (Nr. 12) benutzen. Dann ergibt sich in ähnlicher Weise wie bei der Methode von de Sauty (Nr. 34) der Widerstand W des Zweiges *1, 2* folgendermaßen: Die Ströme seien J_1 im Zweig *1, 2, 3* und J_2 im Zweige *1, 4, 3*. Dann gilt die Beziehung:

$$E_{12} = E_{14} \quad \text{und} \quad E_{23} = E_{43}\,.$$

Ferner ist:

$$1.\ E_{12} = J_1 \cdot W \qquad 2.\ E_{23} = J_1 \cdot R_1$$

$$3.\ E_{14} = J_2 \cdot \frac{1}{\omega \cdot C_1} \qquad 4.\ E_{43} = J_2 \cdot \frac{1}{\omega \cdot C_2}\,.$$

Aus Gleichung 1 und 3 folgt:

$$J_1 \cdot W = J_2 \cdot \frac{1}{\omega \cdot C_1},$$

aus 2 und 4:

$$J_1 \cdot R_1 = J_2 \cdot \frac{1}{\omega \cdot C_2}\,.$$

Durch Division ergibt sich $\frac{W}{R_1} = \frac{C_2}{C_1}$. Da $W = \frac{r \cdot (R + r_i)}{r + R + r_i}$ ist, worin der Strommesserwiderstand r_i meistens gegen R vernachlässigt werden kann, erhält man $r = \frac{W \cdot (R + r_i)}{R + r_i - W}$.

10. Spezifischer Widerstand von Metallen.

Nach der Gleichung für den Widerstand $R = \varrho \cdot \frac{l}{q}$ eines Leiters von l m Länge und q mm Querschnitt ist der spezifische Widerstand

$$\varrho = \frac{R}{\frac{l}{q}}$$

definiert als der Widerstand der Längen- und Querschnittseinheit.

Mißt man daher R nach einer der für die Größenordnung des Widerstandes in Frage kommenden Methoden (1, 3, 4, 5, 6, 24) und die dazugehörigen Werte von l und q, so ist ϱ daraus zu berechnen.

Da der Widerstand von der Temperatur beeinflußt wird (vgl. Nr. 22), so muß diese für den Wert von ϱ stets angegeben werden.

11. Spezifischer Widerstand von Flüssigkeiten (mit Gleichstrom).

Zur Messung von R benutzt man ein zylindrisches Glasgefäß mit Metallboden b und einer verschiebbaren Metallplatte p, die gleichzeitig als Elektroden dienen (Abb. 24). Mit der zu untersuchenden Flüssigkeit wird nun das Gefäß gefüllt und mit einem Element E, Galvanometer G und Widerstand R nach Abb. 25 geschaltet. Dabei muß man berücksichtigen, daß an der oberen Elektrode, z. B. bei Kupfersulfatlösung, der Säurebestandteil, unten das Metall abgeschieden wird. Dadurch wird sich nämlich die Konzentration der Lösung nach unten hin wenig ändern, weil die schwereren Säureteilchen nach unten sinken und dadurch die Dichte der Lösung in den einzelnen Schichten regulieren. Man bringt nun die bewegliche Platte in die Stellung *1*, stellt durch den Widerstand R_1 im Galvanometer eine passende Ablenkung α ein. Dann bewegt man die Platte um das Stück l nach unten in die Stellung *2*, wodurch die Galvanometerablenkung größer wird. Diese Ablenkung vermindert man jetzt durch Vergrößern des Widerstandes R_1 in R_2 bis auf den ursprünglichen Winkel α. Dann rechnet sich für die Länge l der ausgeschalteten Flüssigkeitssäule der Widerstand

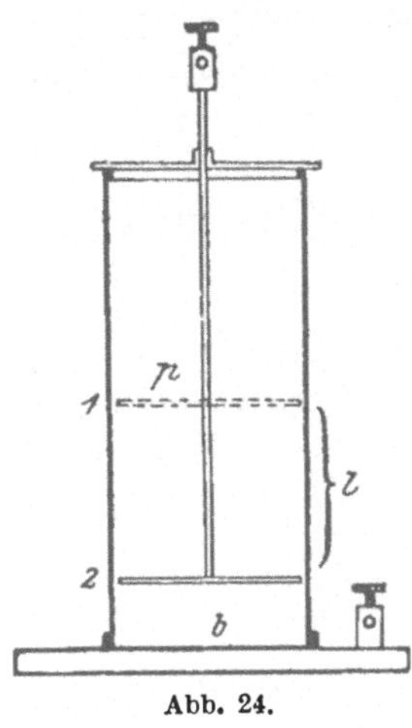

Abb. 24.

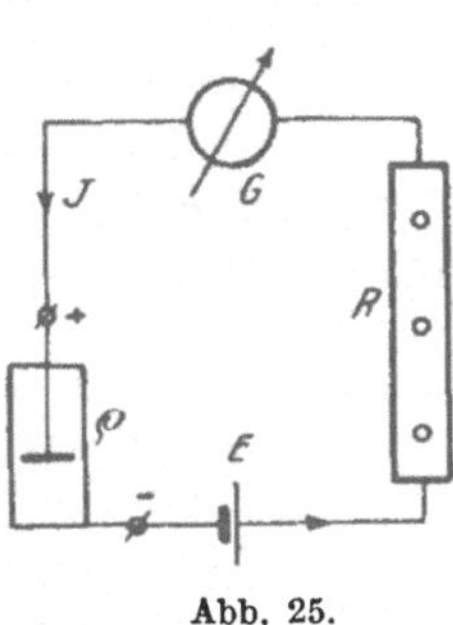

Abb. 25.

$$R = R_2 - R_1 .$$

Bezeichnet man nämlich mit e die EMK der Polarisation, so ist im ersten Falle

$$1.\quad E - e = J \cdot (R_1 + r_1),$$

wobei $R_1 + r_1$ den Widerstand des ganzen Stromkreises bedeutet. Bei der zweiten Einstellung der Platte ist für denselben Strom J die EMK der Polarisation ebenfalls e und der Widerstand des Stromkreises

$$R_2 + r_2,$$

dann ist

$$2.\quad E - e = J \cdot (R_2 + r_2).$$

Aus der Gleichung 1 und 2 folgt

$$R_1 + r_1 = R_2 + r_2$$

oder

$$R_2 - R_1 = r_1 - r_2.$$

Nun ist aber $r_1 - r_2$ der Widerstand R der ausgeschalteten Flüssigkeitssäule l, also

$$R = R_2 - R_1 .$$

Daraus ergibt sich dann

$$\varrho = \frac{R_2 - R_1}{l} \cdot q .$$

Der Querschnitt q wird bestimmt aus dem Quotient $\frac{\text{Volumen}}{\text{Länge}}$ durch Ausmessen des Volumens mit Hilfe von Wasser und der Länge des Gefäßes.

12. Spezifischer Widerstand von Flüssigkeiten (mit Wechselstrom).

Wegen der Fehler, die bei Benutzung von Gleichstrom infolge Polarisation auftreten können, ist es vorteilhafter, Wechselströme für die Messung zu benutzen und an Stelle des Galvanometers

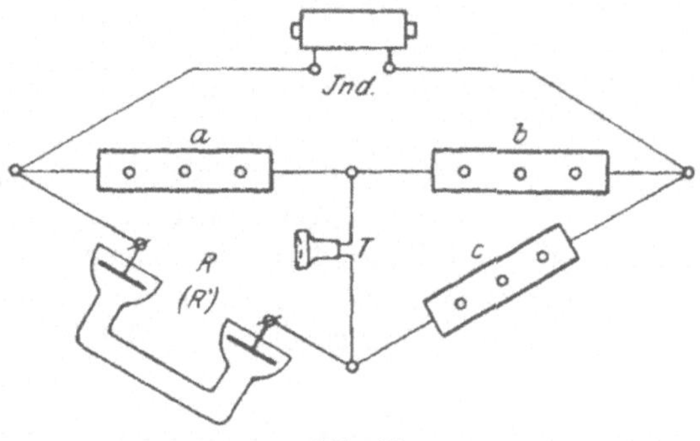

Abb. 26.

ein für diese Methode sehr brauchbares Instrument, ein Telephon. Die Schaltung ist dieselbe wie bei der Meßbrücke (Nr. 1), nur ist Batterie und Galvanometer durch ein Induktorium für Wechselströme (*Ind*) oder eine andere Wechselstromquelle und ein Telephon (*T*), gegebenenfalls mit vorgeschalteten Sperrkondensatoren, ersetzt (Abb. 26). Der Widerstand der zu messenden Flüssigkeit R kann entweder in einem Gefäß der Methode 11 bestimmt werden, oder man hat besondere Formen der Flüssigkeitsbehälter, deren Widerstandsgröße mit Hilfe einer Normallösung von bekanntem spezifischen Widerstand festgestellt wird. Sehr gebräuchlich ist ein U-förmiges Glasgefäß, welches oben von zwei mit Platinmoor mattierten Platinplatten abgeschlossen wird.

Allerdings drängt der hohe Preis des Platins seit langem dazu, billigere Metallegierungen als Ersatz zu verwenden. So erweist sich hierbei ein bromiertes Feinsilber als Elektrode dem Platin sogar noch als überlegen. Manchmal kann man auch Chromnickelstahl (Krupp) an Stelle von Platin-Iridium mit Vorteil benutzen.

Eine zweckmäßig gebaute Gleitschieber-Telephon-Meßbrücke wird von Gans & Goldschmidt, Berlin[1], hergestellt, wobei auch an Stelle des Telephons ein neuartiges Wechselstrom-Zeigergalvanometer[2] mit einer Empfindlichkeit von $\Delta i = 10^{-7}$ A zur objektiven Messung verwendet werden kann, mit dem ein Genauigkeitsgrad von etwa 0,5‰ erzielt wird. Da die an den Elektroden des Widerstandsgefäßes auftretende Polarisation mit höherer Frequenz abnimmt, erweist sich die Verwendung eines von der Firma ebenfalls hergestellten Hochfrequenzerzeugers als vorteilhaft. Die hohe Frequenz wird in ihm durch Interferenz zweier Schwingungskreise erzeugt.

Als Normallösung dient zweckmäßig eine konzentrierte Kochsalzlösung, deren Leitfähigkeit für 26,4% NaCl-Gehalt und 1,201 spezifisches Gewicht ($\vartheta = 18^0$) für die Temperatur ϑ bei 1 qmm Querschnitt und 1 m Länge

$$\lambda_1 = [215 + 4{,}8 \cdot (\vartheta - 18^0)] \cdot 10^{-7} \quad \text{Siemens}$$

beträgt (bezogen auf Quecksilber von 1,603 m Länge und 1 qmm Querschnitt bei 0° C). Das Gefäß wird mit der zu untersuchenden Lösung gefüllt und der Widerstand, falls kein Ton im Telephon vernehmbar ist,

$$R = \frac{a}{b} \cdot c$$

gefunden. Darauf wird die zu messende Flüssigkeit durch die Kochsalzlösung ersetzt, wobei sich die Ablesungen a', b' und c' ergeben. Dann ist der Widerstand der Normallösung

$$R_1 = \frac{a'}{b'} \cdot c'.$$

In beiden Fällen hatten die Flüssigkeiten gleiche Abmessungen, so daß man setzen kann

$$R = \frac{l}{q \cdot \lambda} \quad \text{und} \quad R_1 = \frac{l}{q \cdot \lambda_1},$$

[1] ETZ 1927, S. 81. [2] ETZ 1930 S. 816; 1931 S. 845.

wenn λ_1 und λ die Leitfähigkeit von Normallösung bzw. zu messender Flüssigkeit bedeuten. Somit ergibt sich

$$\frac{R_1}{R} = \frac{\lambda}{\lambda_1} \quad \text{oder} \quad \lambda = \frac{R_1}{R} \cdot \lambda_1 .$$

Der spezifische Widerstand ϱ ist nun der reziproke Wert der Leitfähigkeit, also

$$\frac{1}{\lambda} = \varrho = \frac{R}{R_1 \cdot \lambda_1} .$$

Andere Normallösungen, die man sich leicht herstellen kann, sind folgende:

Essigsäurelösung von 16,6% $C_2H_4O_2$ und spezifischem Gewicht 1,022

$$\lambda_1 = [1{,}62 + 0{,}029 \cdot (\vartheta - 18^0)] \cdot 10^{-7} \quad \text{Siemens.}$$

Bittersalzlösung von 17,3% $MgSO_4$ (wasserfrei), spezifisches Gewicht 1,187

$$\lambda_1 = [48{,}8 + 1{,}28 \cdot (\vartheta - 18^0)] \cdot 10^{-7} \quad \text{Siemens.}$$

An Stelle des Telephons kann man auch ein Vibrationsgalvanometer benutzen, wie es von Rubens[1] angegeben ist. Es besitzt eine Stahlsaite von 0,1 . . . 0,3 mm Dicke, die in einem vertikalen Rahmen straff gespannt ist. In der Mitte trägt sie das aus 20 übereinander liegenden, ca. 6 . . . 8 mm langen, 0,35 mm dicken Eisendrähten bestehende schwingende System. Zur Magnetisierung der Nadeln dienen zwei Hufeisenmagnete, deren gleichnamige Pole nebeneinanderliegen, und die auf ihren Polschuhen aus weichem Eisen die vom Wechselstrom durchflossenen Spulen tragen. Dadurch wird ein gegenüberliegendes Polpaar abwechselnd verstärkt, das andere geschwächt, so daß die Saite und mit ihr ein Spiegel Schwingungen ausführt, deren Amplitude ein Maß für die Stromstärke ist.

Vor dem Gebrauch muß der Apparat zur Erzielung der höchsten Empfindlichkeit auf Resonanz zwischen Eigenschwingung und Frequenz des Wechselstromes durch entsprechende Spannung der Saite eingestellt werden. Dabei zeigt er die vorteilhafte Eigenschaft, nur auf *eine* Frequenz anzusprechen. Bei nicht sinusförmigem Wechselstrom zeigt er daher die höheren Harmonischen nicht an, sobald er auf die Grundwelle abgestimmt ist. Er eignet sich etwa für 50 . . . 500 Hz. Für höhere Frequenzen

---

[1] Wied. Ann. 1895 S. 27; ETZ 1896 S. 111.

bis ca. 4000 benutzt man die von M. Wien[1] angegebene Form mit ca. 3 mm langen Nadeln, die in dem Spalt eines aus dünnem Eisendraht hergestellten ringförmigen Elektromagneten hängen. Die Schwingungen werden sichtbar gemacht durch das zu einem breiten Lichtbande ausgezogene Bild eines hell erleuchteten Spaltes. 1 mm Bildverbreiterung bei 1 m Spaltabstand entspricht etwa einem Strom von $3 \cdot 10^{-7}$ A bei 500 und $6 \cdot 10^{-5}$ A bei 4000 Hz. Ein Apparat mit Bifilarsystem ist von A. Campbell[2] angegeben.

Bei der neuesten Form von H. Schering und R. Schmidt[3] läßt sich die Abstimmung für eine bestimmte Frequenz elektromagnetisch durch Widerstandsänderung vornehmen. Es hat eine Empfindlichkeit von etwa 10^{-7} A für Frequenzen von 30 . . . 2000 Hz.

Erwähnenswert ist hierbei noch das Vibrationsgalvanometer nach I. H. Moll[4]. Es hat eine Empfindlichkeit $\Delta i = 3 \cdot 10^{-8}$ A bei $\nu = 250$ Hz, $3 \cdot 10^{-7}$ A bei $\nu = 1000$ Hz, $5 \cdot 10^{-7}$ A bei $\nu = 2500$ Hz. H. Greinacher[5] beschreibt ein Vibrations-Elektrometer nach Wulffschem System und seine Verwendung in der Wechselstrombrücke sowie bei Wechselstrommessungen[6], während Curtis[7] dafür das Prinzip des Quadrantenelektrometers zugrunde legt. Schließlich eignen sich auch die Oszillographen (von A. Blondel, W. Duddell[8], S & H[9]) mit Nadel- oder Bifilarsystem zur Messung, solange dieses nicht durch Öl gedämpft und seine Eigenfrequenz gleich der des verwendeten Wechselstromes ist.

Auch Wechselstrom-Galvanometer hoher Empfindlichkeit lassen sich hierfür benutzen, wie sie von S. Franklin und L. A. Freudenberger[10] sowie Vogel[11] und König[12] angegeben sind.

[1] Ann. Physik 1901 S. 439. [2] Philos. Mag. 1907 S. 494.

[3] Z. Instrumentenkde. 1918 S. 1; ETZ 1918 S. 410. Hersteller: O. Selinger, Berlin S 42.

[4] J. sci. Instrum. Bd. 2, Nr. 11, Aug. 1925.

[5] ETZ 1913 S. 1485; Arch. Elektrotechn. 1913 Heft 11.

[6] Arch. Elektrotechn. Bd. 7 (1919) S. 203.

[7] Bull. Bur. Stand. Bd. 11 S. 535; ETZ 1916 S. 460.

[8] Electrician Bd. 39 (1897) S. 636. [9] Druckschrift Nr. 126.

[10] Physic. Rev. 1907 S. 37; Electrician 1907 S. 654; Z. Instrumentenkde. 1907 S. 168.

[11] ETZ 1906 S. 467. [12] ETZ 1906 S. 1103.

Die allgemein verwendeten Induktionsapparate mit Unterbrechervorrichtung geben keinen reinen Sinusstrom, so daß der Ton im Telephon niemals verschwindet. Dagegen liefert der Summerumformer[1] von S & H (Abb. 27) fast reinen Sinusstrom von 300 ... 900 Hz.

Seine Wirkungsweise besteht darin, daß durch das unter der Membran *M* befindliche Beutelmikrophon *B* Widerstands- und damit Stromänderungen in der Primärspule *P* hervorgerufen werden, welche in der Sekundärspule *S*, an die der Verbrauchskreis angeschlossen ist (gestrichelt), Ströme von Sinusform erzeugen. Die über dem Stahlzylinder *R* liegende Spule *s* verstärkt die Bewegungen der Membran. Der Summer arbeitet daher nur bei geschlossenem Sekundärkreis, der bei obiger Messung mit seiner gestrichelten Verbindung an die Brücke an Stelle des Induktoriums (*Ind*) angeschlossen wird. Die Frequenz kann durch verschieden dicke Membranen zwischen 300 bis 900 gewählt werden. Weitere Anordnungen zur Erzeugung reiner Sinusströme sind von K. W. Wagner[2] angegeben.

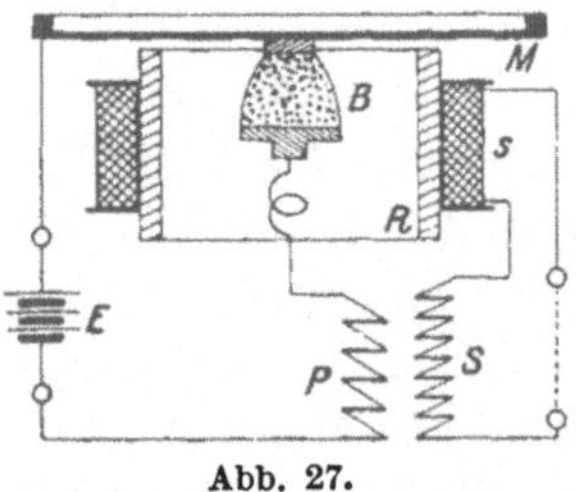

Abb. 27.

Für praktische Starkstrommessungen erweist sich die Verwendung des Wellenstromlichtbogens als Wechselstromquelle sehr brauchbar, wie es von Heinke[3] an vielen Beispielen gezeigt worden ist.

Wenn auch möglichst hohe Periodenzahlen günstig sein sollen, so äußert sich die verschiedene elektrostatische Kapazität des Flüssigkeits- und Vergleichswiderstandes gerade hierbei so stark, daß infolge der Phasenverschiedenheit der Ströme der beiden Brückenzweige im Telephon der Ton niemals verschwindet. Es wurde daher vorgeschlagen, nicht mehr als 100 Hz zu verwenden, wenn man nicht einen Kondensator parallel schaltet.

13. Messung von Erdungswiderständen.

Nach den Leitsätzen für die Schutzerdung von Hochspannungsanlagen[4] bezeichnet man als Erder metallische Leiter, die

[1] Druckschrift Nr. 105; Z. Instrumentenkde. 1903 S. 242.
[2] Arch. Elektrotechn. Bd. 3 (1914) S. 74.
[3] ETZ 1907 S. 913. [4] ETZ 1923 S. 1063; Vorschriftenbuch VDE.

in inniger Berührung mit dem Erdreich stehen. Der **Erdungswiderstand** wäre dann derjenige Widerstand des den Erder umgebenden Erdreichs, der unter einer Erdoberfläche liegt, an deren Grenze das Erdpotential gegenüber benachbarten, außerhalb liegenden Punkten sich nur unwesentlich ändert. Diese Erdoberfläche bezeichnet man als die **Sperrfläche** des Erders.

Zur Messung des Erdungswiderstandes verwendet man Wechselströme wie bei Elektrolyten, da bei Gleichstrom Polarisationserscheinungen das Ergebnis fälschen würden, und Hilfserder oder Sonden. Dafür kommen nun folgende Methoden in Frage:

a) Methode zweier Hilfserden (Nippoldt).

Als Hilfserde kann man Gas-, Wasserleitungen, eine besondere in die Erde versenkte Kupferplatte oder auch eine tief in die Erde eingeschlagene Eisenstange oder einen Erdbohrer verwenden, um die herum das Erdreich gut angefeuchtet wird.

Man schließt die Meßdrähte an den Erder mit dem zu messenden Widerstande R und eine Hilfserde H_1 an und mißt mit Hilfe einer Wechselstrommeßbrücke (Abb. 26) den Widerstand R_1 zwischen den Zuleitungsenden. Darauf entfernt man die eine Zuleitung von H_1, legt sie an die Hilfserde H_2 und bestimmt den Widerstand R_2. Ferner mißt man den Widerstand R_3 zwischen H_1 und H_2. Dann ist infolge der Hintereinanderschaltung der Widerstände der miteinander verbundenen Erdplatten $R_1 = R + H_1$, $R_2 = R + H_2$, $R_3 = H_1 + H_2$. Aus den drei gemessenen Werten erhält man dann

$$R = \frac{R_1 + R_2 - R_3}{2}.$$

Diese Methode gibt nur brauchbare Werte, wenn die Widerstände der Hilfserder nicht wesentlich verschieden sind von demjenigen des zu messenden Haupterders, was aber nur schwer zu erreichen ist.

Auch durch eine Strom- und Spannungsmessung läßt sich nach Angaben der Milwaukee Electric Railway & Light Co.[1] der Erdwiderstand ermitteln.

Zur direkten Bestimmung des Erdwiderstandes ohne Rechnung dient ein Apparat von Evershed & Vignoles[2], dessen An-

[1] Electr. Wld. Bd. 85 (1925) S. 1081.

[2] Electr. Wld. Bd. 91 S. 861; ETZ 1929 S. 903.

gaben aber nur für Hilfserder mit weniger als 3000 Ohm noch genügend genau sind.

b) Methode einer Hilfserde (Wiechert).

Man schließt nach Abb. 28 die zu messenden Erder R_1 und R_2 mit einem Vorwiderstand R an einen Meßdraht AB an.

Dann ermittelt man mittels Telephons T oder Wechselstromgalvanometers bei Verschiebung der Schneide S die zu R_2 und einer Hilfserde H gehörigen Punkte D und C gleichen Potentials. Dann gelten die Gleichungen: $\frac{l_1}{l} = \frac{R_1}{R}$; $\frac{l_2}{l} = \frac{R_2}{R}$, woraus folgt:

$$R_1 = \frac{l_1}{l} \cdot R \quad \text{und} \quad R_2 = \frac{l_2}{l} \cdot R.$$

Eine Änderung der Lage von H darf keinen merklichen Einfluß auf das Resultat ausüben, daher macht man noch einige Kontrollmessungen. Der Hilfserder H soll nämlich etwa in der Grenzzone zwischen den Sperrflächen der beiden Erder R_1 und R_2 stecken.

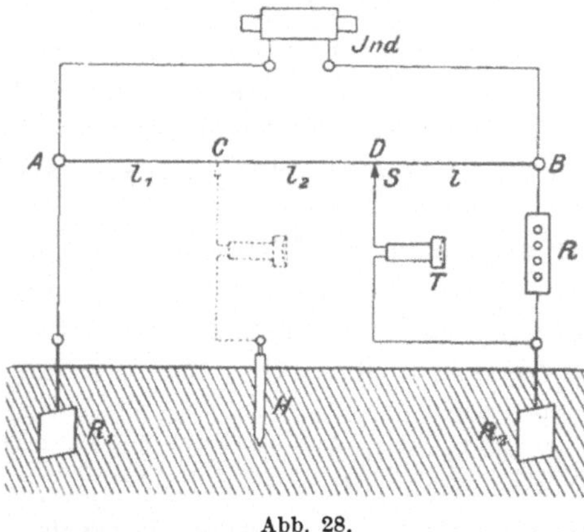

Abb. 28.

Auch für den Fall, daß nur ein Erder, z. B. R_1, vorhanden ist und gemessen werden soll, kann man diese Methode anwenden, indem man R_2 als Hilfserder bzw. Sonde ansieht, da er bei der ersten Messung stromlos ist.

Um dabei die Rechnung zu vermeiden und den Widerstand des Erders direkt an der verschiebbaren Schneide des Meßdrahts ablesen zu können, hat Zipp vor den Meßdraht noch einen weiteren festen Widerstand eingeschaltet und außerdem eine zweite bewegliche Schneide vorgesehen.

c) Methode von Behrend.

Hierbei ist der zu messende Erder mit einem Hilfserder und der Primärseite eines Stromwandlers mit dem Übersetzungsverhältnis 1 : 1 an eine Wechselstromquelle (Induktor oder Summer) angeschlossen, während die Sekundärseite des Stromwandlers den Meßdraht enthält. Das Nullinstrument liegt zwischen Schneide und einer Sonde.

Diese Anordnung ermöglicht es, das Ergebnis nach einer einzigen Einstellung direkt abzulesen, wenn der Fehlwinkel des Stromwandlers genügend klein ist, da andernfalls die Angabe des Anzeigeinstruments nicht verschwindet.

Um diesen Übelstand zu beseitigen, verwendet S & H bei dem nach dieser Methode gebauten Erdungsmesser[1] als Anzeigeinstrument ein solches mit dynamometrischem Meßwerk, dessen beide festen Teilspulen von den Strömen des Stromwandlers mit entgegengesetzter Wirkung durchflossen werden, während das bewegliche System zwischen Schneide und Sonde liegt. Als Stromquelle dient ein Kurbelinduktor, der bei 2 Umdr./sec eine Frequenz von etwa $\nu = 35$ Hz ergibt. Das Gerät arbeitet mit einer gegenüber anderen Methoden sehr großen Genauigkeit und Einfachheit.

Die Methoden zur Messung des Erdungswiderstandes eignen sich auch zur Untersuchung von

Blitzableitern

auf gute Erdung. Will man noch die ordnungsmäßige Beschaffenheit der Leitung von der Spitze zur Erdplatte ermitteln, so muß man ihren Leitungswiderstand messen. Zu dem Zweck führt man von der Auffangstange einen Meßdraht von ca. 2 bis 3 mm Durchmesser herunter und mißt den Widerstand R_1 zwischen seinem Ende und dem Anschlußpunkt zur Erdplatte nach den bekannten Methoden. Hat der Meßdraht mit Zuleitungen zum Anschlußpunkt den Widerstand R_d, so bleibt für die Leitung der Widerstand $R = R_1 - R_d$.

Neuzeitlich ausgestaltete Blitzableiter-Meßbrücken liefern u. a. die Firmen S & H, H & B, Gans & Goldschmidt[2].

14. Widerstand von Schienenstößen.

Mit Hilfe eines Differential-Drehspulen-Galvanometers G bestimmt man nach der Anordnung in Abb. 29 die dem Schienen-

[1] Siemens-Z. 1926 S. 252.

[2] Elektrotechn. Anz. 1906 S. 136; ETZ 1908 S. 34; 1911 S. 521, 593.

stoßwiderstande R gleichwertige Schienenlänge l, während die Schienen Strom führen.

Man verschiebt die Schneiden S so weit, bis das Galvanometer keine Ablenkung zeigt. Dann ist die Länge

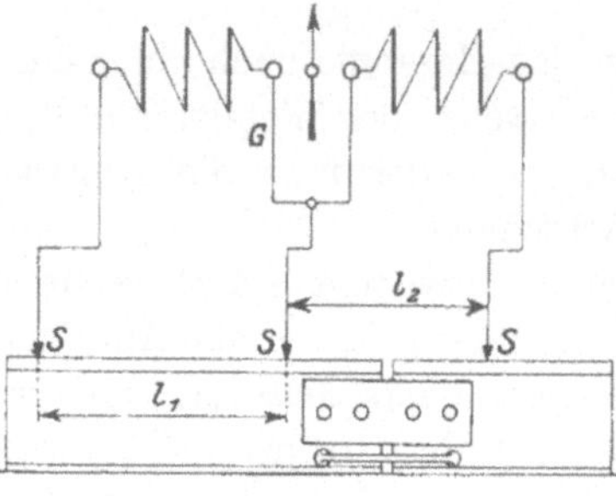

Abb. 29.

$$l_1 = l + l_2 \quad \text{oder} \quad l = l_1 - l_2.$$

Daraus folgt:

$$R = \frac{l \cdot \varrho}{q},$$

worin ϱ den spezifischen Widerstand des Schienenmaterials und q den Querschnitt bedeutet[1].

Eine andere Methode unter Benutzung der Wheatstoneschen Brücke ist von J. A. Montpellier[2] angegeben.

15. Messung sehr großer Widerstände.

Als sehr große Widerstände gelten Isolationswiderstände von Leitungsanlagen, Kabeln, Kondensatoren und die sogenannten Hochohmwiderstände (> 0,1 MOhm), die vielfach in der Hochfrequenztechnik Verwendung finden. Für die Messung kommen nun folgende Methoden in Frage:

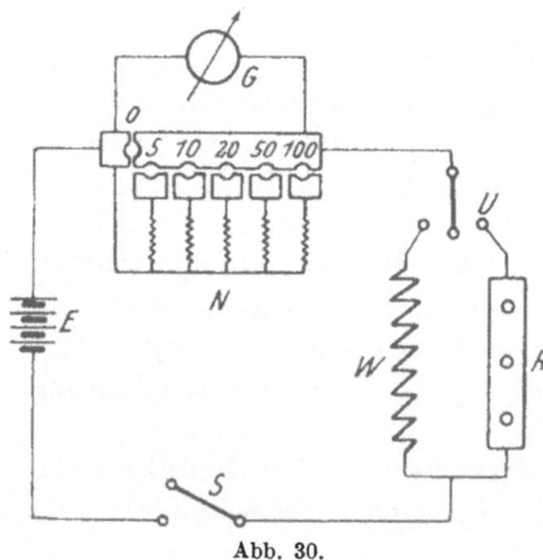

Abb. 30.

a) Methode des direkten Ausschlages.

Für sämtliche Messungen, die nach dieser Methode ausgeführt werden, müssen höhere Spannungen und bei Isolationsmessungen von installierten Leitungen möglichst die normale Betriebsspannung verwendet werden. Die Schaltung geschieht nach Abb. 30 unter Benutzung von sehr

[1] Man vgl. ferner: ETZ 1899 S. 163; 1901 S. 269, 391, 1038; 1902 S. 720, 841; 1926 S. 5; 1929 S. 1857.

[2] Electrician 1910 S. 54.

empfindlichen Spiegelgalvanometern mit entsprechenden Nebenschlüssen N zur Veränderung der Empfindlichkeit. Die Hilfsapparate, Umschalter und Zuleitungen müssen gut isoliert sein und auf Paraffinplatten oder hohen Hartgummistützen ruhen, damit die Messung keine Fehler aufweist. Ist W der zu messende Widerstand, für den der im Galvanometer fließende Strom J_1 die Ablenkung α_1 hervorruft, und R ein Vergleichswiderstand (etwa 100000 Ohm), für den der Strom J_2 und die Ablenkung α_2 auftritt, so ist

$$E = J_2 \cdot R = J_1 \cdot W$$

oder

$$\frac{W}{R} = \frac{J_2}{J_1} = \frac{\alpha_2}{\alpha_1},$$

wenn zwischen Strom und Ablenkung Proportionalität besteht.

b) Mittels Elektrometers.

Bei sehr großen Widerständen, z. B. von Kabeln, würde die Galvanometerablenkung nach der Methode a) zu gering werden. In diesem Fall benutzt man besser die Methode von Siemens. Lädt man nämlich einen Kondensator mit hohem Isolierwiderstand mit Gleichstrom auf eine Spannung E Volt, so sinkt sie beim Anlegen eines Widerstandes von R Ohm nach t_1 sec auf den mit einem daran angeschlossenen Elektrometer zu messenden Betrag $E_1 = E \cdot e^{-\frac{1}{R \cdot C} \cdot t_1}$, worin $e = 2{,}718$ die Basis der natürlichen Logarithmen und C (Farad) die Gesamtkapazität von Kondensator und Meßinstrument bedeutet. Durch Logarithmierung erhält man

$$\text{I.} \quad R = \frac{t_1}{C \cdot \ln \frac{E}{E_1}} = \frac{t_1}{C \cdot 2{,}3 \cdot \log \frac{E}{E_1}}.$$

Die Spannungen E und E_1 kann man auch durch die Ablenkungen α und α_1 eines ballistischen Galvanometers (Nr. 31) oder zur Erzielung einer verlustfreien Spannungsmessung mittels eines Röhrenspannungsmessers nach L. Weißglaß[1] (vgl. auch Nr. 27) bestimmen. C ermittelt man nach den Methoden Nr. 32...38.

Um jedoch die Messung der unbekannten Kapazität zu vermeiden, macht man nach Fischer-Hinnen[2] eine zweite Messung, bei der man zum Elektrometer einen großen bekannten

[1] ETZ 1927 S. 107; 1928 S. 796. [2] ETZ 1916 S. 105.

Widerstand R_n parallel schaltet[1]. Bei einer Anfangsspannung E' mißt man nach t_2 sec eine Spannung $E_2 = E' \cdot e^{-\frac{1}{R_2 \cdot C} \cdot t_2}$, wo jetzt $R_2 = \frac{R \cdot R_n}{R + R_n}$ der Gesamt-Entladewiderstand des Kondensators ist. Daraus folgt:

$$\text{II.} \quad R_2 = \frac{R \cdot R_n}{R + R_n} = \frac{t_2}{C \cdot \ln \frac{E'}{E_2}} = \frac{t_2}{C \cdot 2{,}3 \cdot \log \frac{E'}{E_2}}.$$

Dividiert man Gleichung I durch II, so erhält man geordnet:

$$\boldsymbol{R = R_n \cdot \left(\frac{t_1}{t_2} \cdot \frac{\log \frac{E'}{E_2}}{\log \frac{E}{E_1}} - 1 \right).}$$

Zur Vereinfachung der Rechnung kann man $\frac{E'}{E_2} = \frac{E}{E_1}$ machen, wenn man die Zeit t_2 mißt, nach der die Spannung E' auf den hieraus berechneten Wert $E_2 = E_1 \cdot \frac{E'}{E}$ gesunken ist. Dafür wird dann:

$$\boldsymbol{R = R_n \cdot \left(\frac{t_1}{t_2} - 1 \right).}$$

Für eine betriebsmäßige Prüfung äußerst hoher Widerstände, z. B. Transformatorenöl, ist von E. Kurz[2] diese Methode gemäß Abb. 31 dahin abgeändert worden, daß der zum Kondensator C bekannter Kapazität parallel geschaltete unbekannte Widerstand R über einen Stromverbraucher mit labiler Charakteristik, z. B. eine Glimmlampe Gl*, Drossel D, Vorwiderstand r, an die Gleichspannung E angeschlossen wird. Hierbei treten Kippschwingungen[3] auf, deren Anzahl entsprechend dem Aufleuchten der Glimmlampe in einem gewissen Zeitraum be-

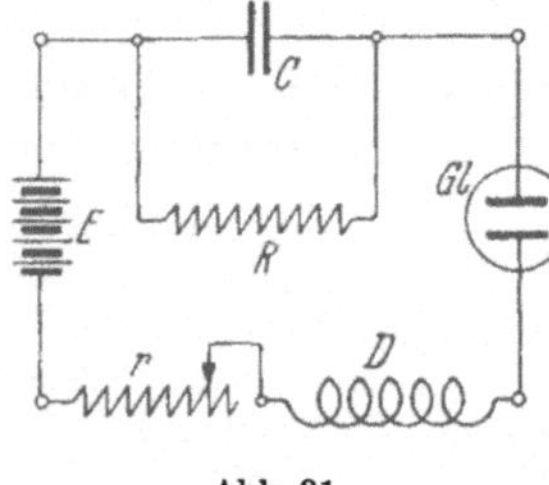

Abb. 31.

[1] Dralowid-Variator der Steatit-Magnesia A.-G., Berlin-Pankow. ETZ 1929 S. 329.

[2] Arch. Elektrotechn. Bd. 17 (1926) S. 413.

* Schröter, F.: Die Glimmlampe. ETZ 1919 S. 186.

[3] Arch. Elektrotechn. Bd. 16 (1926) S. 273; Bd. 17 (1926) S. 1, 103; Bd. 20 (1928) S. 158; Z. techn. Physik Bd. 7 (1926) S. 481 (E. Friedländer); Arch. Elektrotechn. Bd. 18 (1927) S. 373 (F. Schröter); D.R.P. 421954; Z. techn. Physik Bd. 5 (1924) S. 511; Bd. 6 (1925) S. 417; Physik. Z. Bd. 26 (1925) S. 241; Bd. 27 (1926) S. 187, 473.

stimmt werden und zur Berechnung des Widerstandes R dienen kann. Ist andererseits der Widerstand R bekannt, so läßt sich damit die unbekannte Kapazität C von Kondensatoren ermitteln.

Auf einem ähnlichen Prinzip beruht das nach Angaben von S. Strauß[1] gebaute Mekapion[2]. Es ist ein sogenanntes Röhrenohmmeter[3], dessen Prinzipschaltung Abb. 32 zeigt. Darin ist ER eine Elektronenröhre (s. Nr. 19, 3), ST ein Spartransformator, C ein Gitter-Blockkondensator, H die Heiz-, AB die Anodenbatterie. Wird der zu messende Widerstand R angeschlossen, so tritt infolge des Vorhandenseins der Gitterkapazität C_g ein periodisches Einsetzen und Verschwinden des Anodenstromes auf, das sich in einzelnen Schlägen im Fernhörer F äußert. Da hierbei ein linearer Zusammenhang zwischen der Größe der Schlagintervalle und der Widerstandsgröße R besteht, lassen sich, besonders bei Verwendung eines Anodenrelais, in einfacher Weise sehr große Widerstände bis etwa 10^{14} Ohm mittels Sekundenuhr und akustischem Signal messen.

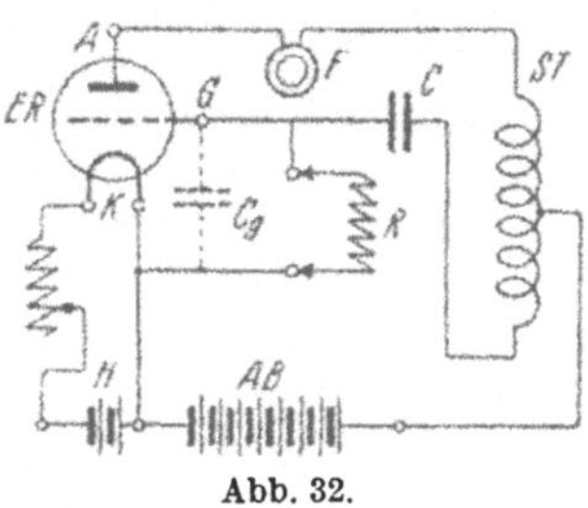

Abb. 32.

Ein transportables Widerstandsmeßgerät für niedere und hohe Widerstände wird als Universalohmmeter[4] von der Norma, Wien, hergestellt.

Zur Messung sehr hoher Widerstände bis 10^{10} Ohm dient das Megohmmeter von S & H[5].

16. Isolationsprüfung außer Betrieb befindlicher Anlagen mittels Spannungsmessers.

Sämtliche Stromverbraucher und Spannungsspulen der Zähler werden ausgeschaltet und die Sicherungen entfernt, so daß nur das Leitungsnetz, dessen Isolation geprüft werden soll, mit der Maschine in Verbindung gesetzt werden kann.

---

[1] Ö. Pat. 98599; Elektrotechn. u. Maschinenb. 1925 S. 556; 1926 S. 348.

[2] D. Bercovitz & Sohn, Berlin-Schöneberg.

[3] Jb. drahtl. Tel. Bd. 18 (1921) S. 38; Bd. 25 Heft 3 (S. Loewe u. W. Kunze); Wiss. Veröff. Siemens-Konz. Bd. 4 Heft 1 (Jaeger u. Scheffer)

[4] ETZ 1926 S. 1323.

[5] Siemens-Z. 1930 S. 620.

Nach Entfernen der beiden Hauptsicherungen zwischen den Klemmen K_1 und *1* bzw. K_2 und *2* macht man die Schaltung Abb. 33. Zuerst legt man Schalter S_2 an den Punkt *e* und S_1 an *a*. Dann legt man Schalter S an *c* und liest die Spannung E des Stromerzeugers ab, schaltet kurz danach um nach *d* und liest E_1 ab. Hat der Spannungsmesser den Widerstand R_S, so wird bei einem Isolationswiderstand R_1 der Leitung *1* gegen Erde ein Strom

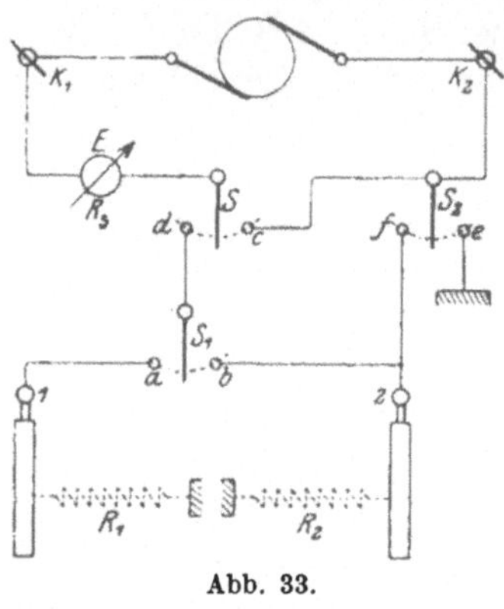

Abb. 33.

$$J_1 = \frac{E}{R_S + R_1}$$

auftreten. Setzt man darin $J_1 = \frac{E_1}{R_S}$ so ergibt sich

$$\frac{E_1}{R_S} = \frac{E}{R_S + R_1} \quad \text{und} \quad \frac{E}{E_1} = \frac{R_S + R_1}{R_S}$$

oder
$$\boldsymbol{R_1 = R_S \cdot \left(\frac{E}{E_1} - 1\right)}.$$

In derselben Weise verfährt man bei Leitung *2*, indem man Schalter S_1 an *b* legt und schnell nacheinander die Ablesungen bei den Stellungen *c* und *d* des Schalters S macht. Stellt man den Hebel von S_1 so, daß er die Kontakte *a* und *b* gleichzeitig berührt und liest bei Stellung *c* des Schalters S die Spannung E, bei der Stellung *d* die Spannung E_3 ab, so ist der Gesamtwiderstand der beiden Leitungen gegen Erde

$$R_3 = R_S \cdot \left(\frac{E}{E_3} - 1\right) = \frac{R_1 \cdot R_2}{R_1 + R_2}.$$

Will man noch die Isolation R_4 der Leitungen gegeneinander prüfen, so legt man S_2 an *f*, S_1 an *a* und S zuerst an *c*, dann an *d*, wofür sich die Ablesungen E und E_4 ergeben, so ist

$$R_4 = R_S \cdot \left(\frac{E}{E_4} - 1\right) = R_1 + R_2.$$

Der Widerstand R_S des Spannungsmessers soll etwa 100 bis 500 Ohm/V betragen.

Für den Versuch wäre nebenstehende Tabelle zweckmäßig.

An Stelle der Maschine kann man auch eine Hilfsbatterie (Trockenelemente) als Stromquelle verwenden. Dabei ist es zweckmäßig, wenn der negative Pol mit der zu prüfenden Leitung und der positive Pol mit der Erde in Verbindung steht. Infolge der elektrolytischen Wirkungen wird dann durch Reduzierung eventueller Oxydschichten an der zu messenden Leitung der Widerstand ein Minimum. Deswegen zeigt sich bei Zweileiteranlagen der Isolationswiderstand am negativen Pol meistens kleiner als am positiven.

Zur schnellen Prüfung von Isolationsfehlern benutzt man häufig sogenannte Kurbelinduktoren. Besondere Vorzüge besitzt dabei ein neuartiger Präzisions-Taschen-Isolationsprüfer der Gebr. Ruhstrat A.-G., Göttingen[1], mit Wechselstromgleichrichtung am Galvanometer und der Isolationsmesser[2] von S & H mit Induktorspannungen von 110, 220, 440 V und Meßbereichen von 20, 50, 100 Megohm.

Nr.	S_2	S_1	S	Ablesung	Widerstand
1	e	a	c d	E E_1	R_1
2	e	b	c d	E E_2	R_2
3	e	$a\,b$	c d	E E_3	$R_3 = \dfrac{R_1 \cdot R_2}{R_1 + R_2}$
4	f	a	c d	E E_4	$R_4 = R_1 + R_2$

17. Isolationsmessung außer Betrieb befindlicher Anlagen mittels statischen Spannungsmessers.

In ähnlicher Weise wie nach der Methode des direkten Ausschlages lassen sich Isolationswiderstände von Leitungen oder nicht im Betriebe befindlichen Anlagen nach folgender Schaltung (Abb. 34) unter Benutzung eines statischen Spannungsmessers bestimmen.

Die zu untersuchende Leitung wird mit einem bekannten Widerstande R in Reihe geschaltet an einen Pol der Batterie B gelegt, dessen anderer Pol zur Erde abgeleitet ist. Mißt man nun mit Hilfe des statischen Spannungsmessers E durch Anlegen des Umschalters U an Kontakt *1* die Spannung $E_1 = J \cdot (R + W)$ und für die Stellung *2* den im Isolationswiderstand W allein bei

[1] ETZ 1928 S. 476. [2] ETZ 1928 S. 1158.

demselben Strom auftretenden Spannungsabfall $E_2 = J \cdot W$, so ergibt sich

$$\frac{E_1}{E_2} = \frac{R + W}{W},$$

oder

$$W = \frac{E_2}{E_1 - E_2} \cdot R.$$

Damit E_2 gegen E_1 merkbar verschieden wird, darf R gegen W nicht zu klein gewählt werden.

Besitzen die Leitungen *1* und *2* einer Zweileiteranlage (Abb. 35) die Isolationswiderstände W_1 bzw. W_2 gegen Erde, und

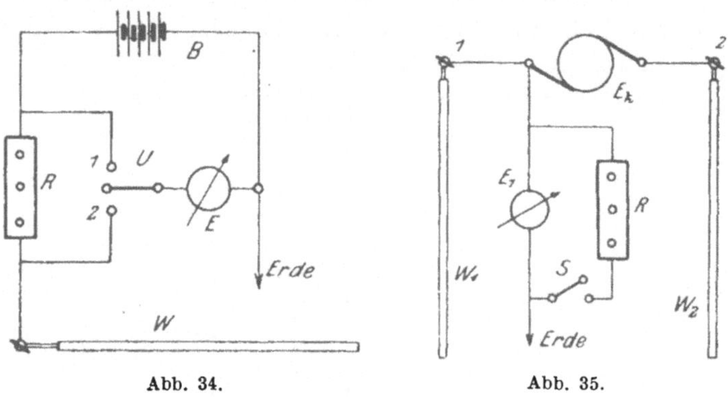

Abb. 34. Abb. 35.

herrscht zwischen ihnen eine Betriebsspannung E_k, so legt man den Spannungsmesser einmal an *1* und Erde und liest E_1 ab, dann schließt man S, wobei eine Spannung E_2 auftritt, so ist der gesamte Isolationswiderstand

$$W = R \cdot \left(\frac{E_1}{E_2} - 1\right).$$

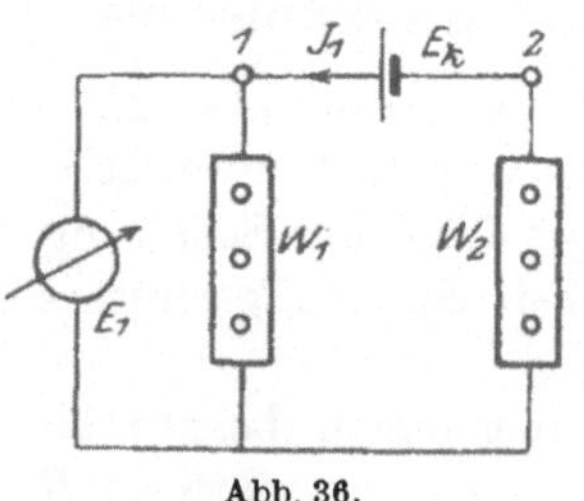

Abb. 36.

Zum Beweise dieser Gleichung zeichnen wir uns die für die Messung von E_1 in Frage kommende Schaltung in Abb. 36 vereinfacht hin.

Da hierbei W_1 und W_2 in Reihe geschaltet sind, bestehen die Beziehungen $E_k = J_1 \cdot (W_1 + W_2)$ und $E_1 = J_1 \cdot W_1$, woraus folgt:

$$\text{I.} \quad \frac{E_1}{E_k} = \frac{W_1}{W_1 + W_2}.$$

Liegt jetzt der Widerstand R parallel zu W_1 (Abb. 37), so gelten die Gleichungen:

$$E_k = J_2 \cdot \left(\frac{W_1 \cdot R}{W_1 + R} + W_2\right) = J_2 \cdot \left[\frac{R \cdot (W_1 + W_2) + W_1 \cdot W_2}{W_1 + R}\right]$$

und $E_2 = J_2 \cdot \frac{W_1 \cdot R}{W_1 + R}$. Durch Division erhält man

$$\text{II.} \quad \frac{E_2}{E_k} = \frac{W_1 \cdot R}{R \cdot (W_1 + W_2) + W_1 \cdot W_2}.$$

Aus Gleichung I und II folgt weiter:

$$\frac{E_1}{E_2} = \frac{R \cdot (W_1 + W_2) + W_1 \cdot W_2}{(W_1 + W_2) \cdot R}$$

oder $\frac{E_1 - E_2}{E_2} = \frac{W_1 \cdot W_2}{(W_1 + W_2) \cdot R} = \frac{W}{R}$, worin $W = \frac{W_1 \cdot W_2}{W_1 + W_2}$ der gesamte Isolationswiderstand der Anlage gegen Erde ist. Durch Umformen erhält man schließlich:

$$W = R \cdot \left(\frac{E_1}{E_2} - 1\right),$$

wie vorher angegeben. Da E_k gemessen werden kann, so läßt sich auch W_1 und W_2 einzeln ermitteln.

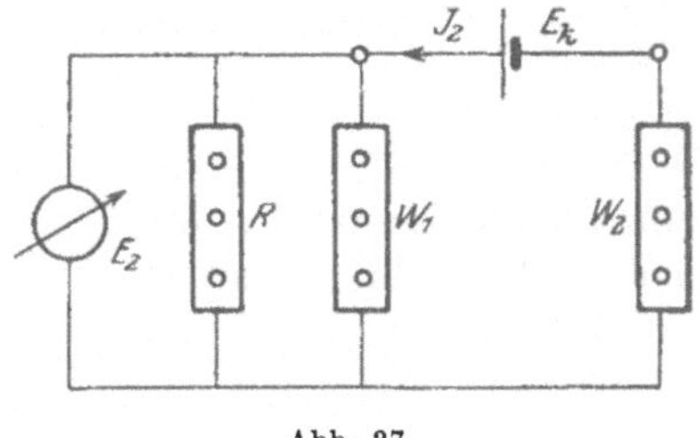

Abb. 37.

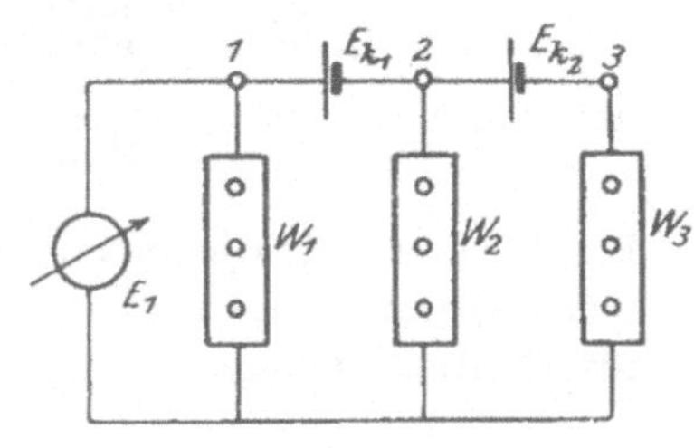

Abb. 38.

Für eine Dreileiteranlage mit den Einzelspannungen E_{k_1} und E_{k_2} (Abb. 38) erhält man dieselbe Gleichung. Legt man nämlich den Spannungsmesser an Klemme *1* an, so zeigt er eine Spannung

1. $E_1 = J_1 \cdot W_1$ an. Ferner ist
2. $E_{k_1} = J_1 \cdot W_1 + (J_1 - J_2) \cdot W_2 = J_1 \cdot (W_1 + W_2) + J_2 \cdot W_2$
3. $E_{k_2} = J_2 \cdot W_3 - (J_1 - J_2) \cdot W_2$
4. $E_{k_1} + E_{k_2} = J_1 \cdot W_1 + J_2 \cdot W_3$.

Dividiert man Gleichung 2 durch W_2 und Gleichung 4 durch W_3, so erhält man:

$$5. \quad \frac{E_{k_1}}{W_2} = J_1 \cdot \frac{W_1 + W_2}{W_2} - J_2 \qquad 6. \quad \frac{E_{k_1} + E_{k_2}}{W_3} = J_1 \cdot \frac{W_1}{W_3} + J_2.$$

Durch Addition von Gleichung 5 und 6 ergibt sich

$$7.\quad \frac{E_{k_1}}{W_2}+\frac{E_{k_1}+E_{k_2}}{W_3}=J_1\cdot\left(\frac{W_1+W_2}{W_2}+\frac{W_1}{W_3}\right).$$

Aus der Gleichung 1 und 7 folgt

$$\frac{E_1}{\dfrac{E_{k_1}}{W_2}+\dfrac{E_{k_1}+E_{k_2}}{W_3}}=\frac{W_1\cdot W_2\cdot W_3}{W_1\cdot W_3+W_2\cdot W_3+W_1\cdot W_2}=W$$

oder

$$\text{I.}\quad E_1=\left(\frac{E_{k_1}}{W_2}+\frac{E_{k_1}+E_{k_2}}{W_3}\right)\cdot W=c\cdot W.$$

Legt man jetzt parallel zum Spannungsmesser den bekannten Widerstand R, so zeigt er eine Spannung E_2 an, und wir müssen in obiger Gleichung anstatt W den Gesamtwiderstand von W und R, nämlich $\frac{W\cdot R}{W+R}$ einführen, woraus folgt

$$\text{II.}\quad E_2=c\cdot\frac{W\cdot R}{W+R}.$$

Aus Gleichung I und II erhält man dann:

$$\frac{E_1}{E_2}=\frac{W+R}{R}\quad\text{oder}\quad\frac{E_1-E_2}{E_2}=\frac{W}{R}$$

und somit wieder

$$\boldsymbol{W=R\cdot\left(\frac{E_1}{E_2}-1\right)}.$$

Hierbei lassen sich jedoch die einzelnen Widerstände W_1, W_2, W_3 nicht bestimmen. Man sieht außerdem, daß die Formel allgemein für Mehrleiteranlagen gültig ist.

18. Isolationsmessung an Leitungen während des Betriebes.

Von den zahlreichen Methoden sollen hier nur die einfachsten und gebräuchlichsten behandelt werden. Wählt man einen statischen Spannungsmesser, so vereinfachen sich die Formeln, da $\frac{1}{R_s}=0$ wird.

a) Methode von Frisch.

Hierbei wird ein Spannungsmesser vom Widerstande R_s mit einem Pol an Erde und mit dem anderen Pol abwechselnd an die beiden Leitungen des zu untersuchenden Zweileitersystems gelegt. Werden dabei die Spannungen E_1 zwischen Leiter *I* und Erde, ferner E_2 (in entgegengesetzter Richtung) zwischen *II* und

Erde, sowie die Netzspannung E gemessen[1], so bestehen die Beziehungen:

$$1.\quad E_1 = E - J_1 \cdot R_2 \qquad 2.\quad J_1 = \frac{E}{\dfrac{1}{\dfrac{1}{R_1} + \dfrac{1}{R_S}} + R_2}$$

$$3.\quad E_2 = E - J_2 \cdot R_1 \qquad 4.\quad J_2 = \frac{E}{\dfrac{1}{\dfrac{1}{R_2} + \dfrac{1}{R_S}} + R_1}.$$

Rechnet man aus Gl. 1 und 3 die Werte für J_1 und J_2 aus und setzt sie in Gl. 2 und 4 ein, so erhält man nach einigen Umformungen:

$$5.\quad \frac{E - E_1}{E_1} = \frac{R_2}{R_1} + \frac{R_2}{R_S} \quad \text{und} \quad 6.\quad \frac{E - E_2}{E_2} = R_1 \cdot \left(\frac{1}{R_2} + \frac{1}{R_S}\right)$$

oder
$$\frac{E}{E_1} = \frac{R_2 \cdot R_S + R_1 \cdot R_2}{R_1 \cdot R_S} + 1 = \frac{R_1 \cdot R_2 + R_1 \cdot R_S + R_2 \cdot R_S}{R_1 \cdot R_S}$$

$$\frac{E}{E_2} = \frac{R_1 \cdot R_S + R_1 \cdot R_2}{R_2 \cdot R_S} + 1 = \frac{R_1 \cdot R_2 + R_1 \cdot R_S + R_2 \cdot R_S}{R_2 \cdot R_S}$$

und durch Division $\dfrac{E_1}{E_2} = \dfrac{R_1}{R_2}$.

Durch Einsetzen in die Gleichungen 5 und 6 ergibt sich:

$$\frac{1}{R_1} = \frac{E_2}{(E - E_1 - E_2) \cdot R_S} \quad \text{und} \quad \frac{1}{R_2} = \frac{E_1}{(E - E_1 - E_2) \cdot R_S},$$

so daß man erhält: $\dfrac{1}{R_1} + \dfrac{1}{R_2} = \dfrac{1}{R} = \dfrac{1}{R_S} \cdot \dfrac{E_1 + E_2}{E - (E_1 + E_2)}$

oder als Gesamtisolationswiderstand beider Leitungen gegen Erde

$$\boldsymbol{R = R_S \cdot \left(\frac{E}{E_1 + E_2} - 1\right)}.$$

Zur schnellen zeichnerischen Ermittlung von R_1 und R_2 ist von O. Heinrich eine Tafel[2] mit E als Abszisse und R als Ordinate angegeben worden. Wird hierin $E_1 + E_2 > E$, dann muß man einen Spannungsmesser von geringerem Widerstande oder einen Strommesser mit Vorschaltwiderstand und Sicherung verwenden. Ist R_S gegen R sehr groß, z. B. bei großen Netzen mit $R < 50$ Ohm, dann wird der Klammerausdruck klein oder $\dfrac{E}{E_1 + E_2}$ etwas größer als 1. Ein kleiner Ablesungsfehler am Instrument

---

[1] Umschalter dazu baut D. Bercovitz & Sohn, Berlin-Schöneberg.

[2] Weston Co. Druckschrift 103 S. 9.

macht sich dann im Resultat sehr stark bemerkbar. Bei $E = 110$ V und $R = 50$ Ohm beispielsweise würde ein Ablesungsfehler von 0,5% einen Fehler von 10% im Resultat ergeben. Für Anlagen mit $R > 100$ Ohm kann $R_S > 1000$ Ohm sein.

Für Mehrleiteranlagen ohne geerdeten Mittelleiter mißt man ebenfalls die Spannung E zwischen zwei benachbarten Leitern und E_x bzw. E_y zwischen diesen und Erde, wofür sich der gesamte Isolationswiderstand R gegen Erde nach der Formel bestimmt:

$$R = R_S \cdot \left(\frac{E}{E_x - E_y} - 1\right).$$

b) Nebenschlußmethode (Fröhlich).

In Abb. 39 seien R_1 und R_2 die beiden Isolationswiderstände einer Zweileiteranlage mit der Spannung E. Mit Hilfe eines Spannungsmessers von großem bekannten Widerstande R_S mißt man zuerst die Spannung E_1 zwischen Leiter I und Erde. Fließt dabei der Strom J_1 neben dem Betriebsstrom, so bestehen die Beziehungen

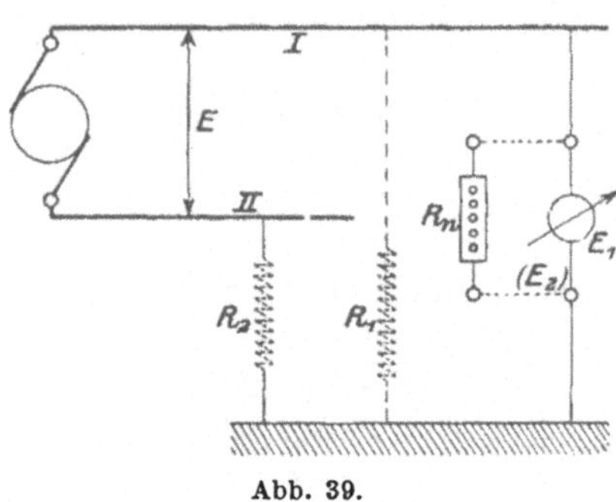

Abb. 39.

$$1.\quad E_1 = J_1 \cdot \frac{1}{\frac{1}{R_1} + \frac{1}{R_S}}$$

$$2.\quad E = E_1 + J_1 \cdot R_2 .$$

Nun legt man einen Nebenschluß R_n zum Spannungsmesser, wobei die Spannung E_2 gemessen werde und der Strom J_2 auftreten möge. Dann gilt:

$$3.\quad E_2 = J_2 \cdot \frac{1}{\frac{1}{R_1} + \frac{1}{R_S} + \frac{1}{R_n}} \qquad 4.\quad E = E_2 + J_2 \cdot R_2 .$$

Durch Fortschaffen von J_1 und J_2 erhält man

$$E_1 = \frac{E - E_1}{R_2} \cdot \frac{1}{\frac{1}{R_1} + \frac{1}{R_S}}; \qquad E_2 = \frac{E - E_2}{R_2} \cdot \frac{1}{\frac{1}{R_1} + \frac{1}{R_S} + \frac{1}{R_n}}$$

und daraus:

$$\text{I.}\quad \frac{1}{R_2} = \frac{1}{E} \cdot \frac{E_1 \cdot E_2}{(E_1 - E_2) \cdot R_n}$$

$$\text{II.}\quad \frac{1}{R_1} = \frac{E_2}{(E_1 - E_2) \cdot R_n} \cdot \left(1 - \frac{E_1}{E}\right) - \frac{1}{R_S} .$$

Der Gesamtwiderstand R beider Leitungen gegen Erde rechnet sich aus

$$\frac{1}{R} = \frac{1}{R_1} + \frac{1}{R_2} = \frac{E_2}{(E_1 - E_2)\cdot R_n} - \frac{1}{R_S}$$

zu

$$R = \frac{R_n \cdot R_S \cdot (E_1 - E_2)}{(R_n + R_S)\cdot E_2 - R_n \cdot E_1}.$$

Benutzt man einen statischen Spannungsmesser mit $R_S = \infty$ und macht durch entsprechende Wahl von R_n die Spannung

$E_2 = \frac{E_1}{2}$, dann wird $R = R_n$.

Wählt man aber $R_n = R_S$, so ergibt sich

$$R = R_S \cdot \frac{E_1 - E_2}{2\,E_2 - E_1}.$$

c) Methode von Mance-Fröhlich.

Entsprechend der unter Nr. 8 angegebenen Messung macht man folgende Schaltung (Abb. 40).

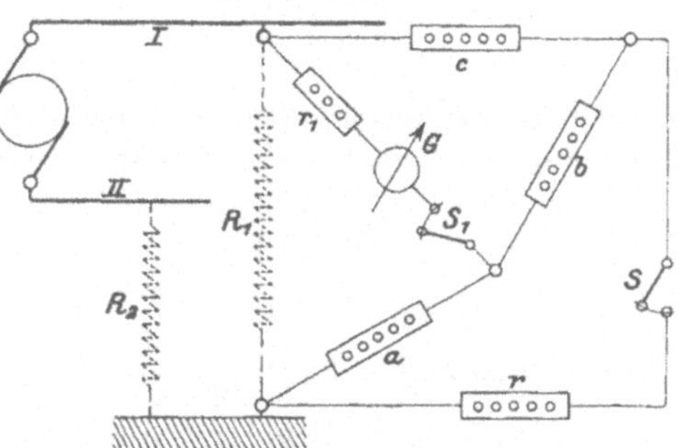

Abb. 40.

Die an den Enden von R_1 zwischen Leitung I und Erde herrschende Potentialdifferenz entspricht dem Element E in Abb. 22. Man reguliert nun die Widerstände a, b, c so, daß sich beim Schließen und Öffnen des Schalters S die Ablenkung im Galvanometer nicht ändert. Dann ist

$$R_1 = \frac{a}{b}\cdot c.$$

Durch Anlegen der Schaltung an Leiter II und Erde findet man R_2. Zur Sicherung der Meßanordnung wählt man a, b, c nicht zu klein und legt außerdem noch größere Schutzwiderstände r_1 und r in die konjugierten Zweige.

Um den dauernden Strom im Galvanometer zu vermeiden, schaltet man nach Fröhlich zur genaueren Abgleichung das Galvanometer an die Sekundärwicklung einer Induktionsspule, deren primäre Wicklung an die Stelle von G tritt. Beim Öffnen und Schließen von S darf dann das Galvanometer keine Ablenkung zeigen. Bei ausgedehnten Leitungen kann jedoch die Kapazitätswirkung störend sein.

d) Methode von Bruger (H & B).

Hierbei legt man nach Abb. 41 eine gut isolierte Hilfsbatterie E_h mit einem bekannten Widerstande r parallel zu einem Galvanometer G zwischen eine Leitung (*II*) und Erde. Maschine E und Batterie E_h müssen in Hintereinanderschaltung verbunden sein. Man reguliert nun r so weit, daß G keine Ablenkung zeigt; dann ist keine Potentialdifferenz zwischen Leitung *II* und Erde vorhanden, so daß R_2 stromlos wird und der durch R_1 fließende Fehlerstrom J_1 auch durch r geht. Es gelten dann die Beziehungen:

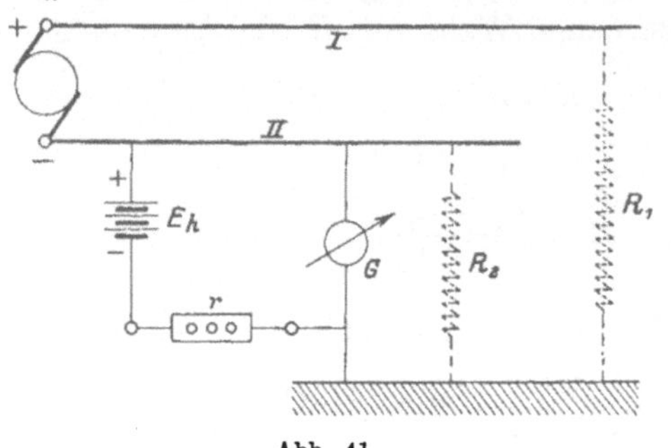

Abb. 41.

$$E = J_1 \cdot R_1 \qquad E_h = J_1 \cdot r$$

oder

$$\frac{R_1}{r} = \frac{E}{E_h}.$$

Wählt man z. B. $E_h = \frac{E}{10}$, so wird $R_1 = 10 \cdot r$.

Dieses Prinzip liegt einem von H & B gebauten Isolationsmesser zugrunde.

Auch bei Mehrleiteranlagen mit n gleichen Spannungen E ohne geerdete Leiter läßt sich der gesamte Isolationswiderstand

$$R = \frac{1}{R_1} + \frac{1}{R_2} + \cdots \frac{1}{R_n}$$

folgendermaßen bestimmen. Man ermittelt einen Widerstand r_1 mit dem Strom J_1, wenn das Galvanometer zwischen der ersten Leitung und Erde liegt, ebenso r_2 beim Strom J_2 für die zweite usw. bis r_n beim Strom J_n für die $n$te Leitung. Dann gilt:

$$\text{I.}\quad J_1 = \frac{E_h}{r_1}, \qquad J_2 = \frac{E_h}{r_2}, \ldots \quad J_n = \frac{E_h}{r_n}.$$

Bezeichnen wir die Isolationsfehlerströme mit $i_1, i_2 \ldots i_n$, so gelten die Beziehungen:

$$\text{II.}\quad J_1 = \sum_1^n (i_x) - i_1 = E \cdot \left(\frac{1}{R_1} + \frac{1}{R_2} + \cdots \frac{1}{R_n}\right) - E \cdot \frac{1}{R_1}$$

$$J_2 = \sum_1^n (i_x) - i_2 = E \cdot \sum_1^n \left(\frac{1}{R_x}\right) - E \cdot \frac{1}{R_2}$$

$$\vdots \qquad\qquad \vdots$$

$$J_n = \sum_1^n (i_x) - i_n = E \cdot \sum_1^n \left(\frac{1}{R_x}\right) - E \cdot \frac{1}{R_n}.$$

Bilden wir nun die Summen eines jeden der Gleichungssysteme I bzw. II für sich, so folgt:

$$\text{Ia.}\quad J_1 + J_2 + \cdots J_n = E_h \cdot \sum_1^n \left(\frac{1}{r_x}\right) = E_h \cdot \frac{1}{r}$$

$$\text{IIa.}\quad J_1 + J_2 + \cdots J_n = (n-1) \cdot E \cdot \sum_1^n \left(\frac{1}{R_x}\right) = (n-1) \cdot E \cdot \frac{1}{R},$$

worin $\frac{1}{r} = \frac{1}{r_1} + \frac{1}{r_2} + \cdots \frac{1}{r_n}$ ist.

Aus Gl. Ia und IIa folgt:

$$\boldsymbol{R = r \cdot (n-1) \cdot \frac{E}{E_h}}.$$

Diese Methode gestattet es nicht, bei Mehrleiteranlagen die Isolationswiderstände der einzelnen Leitungen gegen Erde zu ermitteln.

Sie ist jedoch von J. Sahulka[1] dahin erweitert worden, daß man durch zeitweise Änderung einer Teilspannung der Anlage auch die Fehlerwiderstände jeder Leitung gegen Erde bestimmen kann. Ein ähnliches Verfahren ist von G. Kapp und Coales[2] angegeben.

Die dauernde Überwachung des Isolationszustandes nicht geerdeter Gleichstromnetze läßt sich nach W. Bütow[3] mit Hilfe eines dynamometrischen Relais und Wechselstrom ermöglichen.

e) Isolationsmessung bei Straßenbahnen.

Durch die Prüfung soll der Übergangswiderstand R_1 zwischen Stromzuleitung (Fahrdraht F bei Oberleitung oder dritte Schiene) und Unterstützung (Aufhängedraht oder Sockel), sowie R_2 zwi-

[1] ETZ 1904 S. 420. [2] Electr. Engr. 14. Mai 1909.
[3] ETZ 1931 S. 502.

schen dieser und der Fahrschiene ermittelt werden. Bestimmen wir nach Abb. 42 in ähnlicher Weise, wie unter b) angegeben, mit einem Spannungsmesser vom Widerstande R_S (ca. 200 Ohm/V) die Spannungen E, E_1, E_2, so gelten folgende Gleichungen:

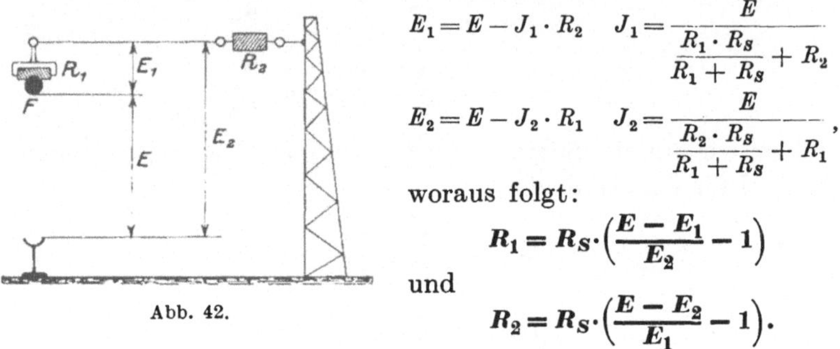

Abb. 42.

$$E_1 = E - J_1 \cdot R_2 \qquad J_1 = \frac{E}{\frac{R_1 \cdot R_S}{R_1 + R_S} + R_2}$$

$$E_2 = E - J_2 \cdot R_1 \qquad J_2 = \frac{E}{\frac{R_2 \cdot R_S}{R_1 + R_S} + R_1},$$

woraus folgt:

$$R_1 = R_S \cdot \left(\frac{E - E_1}{E_2} - 1 \right)$$

und

$$R_2 = R_S \cdot \left(\frac{E - E_2}{E_1} - 1 \right).$$

Zur Prüfung der Fahrdrahtisolation ist von Everett, Edgcumbe & Co. ein Apparat[1] gebaut, der Messungen während der Fahrt auszuführen gestattet.

f) Isolationsmessung an Akkumulatoren.

Man verbindet zuerst nacheinander jeden Pol der Batterie über eine Sicherung für kleine Ströme möglichst widerstandsfrei mit der Erde. Brennt die Sicherung durch, so ist ein den Betrieb störender Isolationsfehler vorhanden. Ist das jedoch nicht der Fall, dann legt man einen Strommesser von kleinem Widerstand zwischen den einen Pol und Erde und mißt den Strom J_1. In derselben Weise bestimmt man J_2 für den anderen Pol und Erde. Dann enthält J_1 bzw. J_2 alle Teilströme, die bei n Zellen von der Spannung e einer Zelle nach der Erde übertreten. Somit gilt bei Vernachlässigung des Spannungsverlustes im Strommesser:

$$J_1 = \frac{e}{R_1} + \frac{2e}{R_2} + \cdots \frac{(n-2) \cdot e}{R_{n-2}} + \frac{(n-1) \cdot e}{R_{n-1}} + \frac{n \cdot e}{R_n}$$

$$J_2 = \frac{n \cdot e}{R_0} + \frac{(n-1) \cdot e}{R_1} + \frac{(n-2) \cdot e}{R_2} + \cdots + \frac{2e}{R_{n-2}} + \frac{e}{R_{n-1}}$$

$$J_1 + J_2 = n \cdot e \cdot \left(\frac{1}{R_0} + \frac{1}{R_1} + \frac{1}{R_2} + \cdots \frac{1}{R_{n-2}} + \frac{1}{R_{n-1}} + \frac{1}{R_n} \right)$$

oder: $J_1 + J_2 = E \cdot \frac{1}{R}$, woraus der gesamte Isolationswider-

[1] Electr. Rev., 13. Juli 1906.

stand R gegen Erde sich ergibt zu:

$$R = \frac{E}{J_1 + J_2}.$$

Zum Schutze des Instrumentes schaltet man einen Widerstand ϱ vor, der allmählich kurzgeschlossen wird.

Bei größeren Werten von R ist für die kleinen Ströme J_1 und J_2 ein Strommesser von größerem Widerstand erforderlich. Übersteigt sein Spannungsverlust entweder infolge eigenen oder vorgeschalteten Widerstandes ϱ etwa 0,5% von E, so legt man in derselben Weise, wie unter d) (Abb. 41) angegeben, eine Hilfsbatterie E_h mit dem Strommesser J (Abb. 43) hintereinandergeschaltet und einem Galvanometer G dazu parallel zwischen den betreffenden Pol und Erde an.

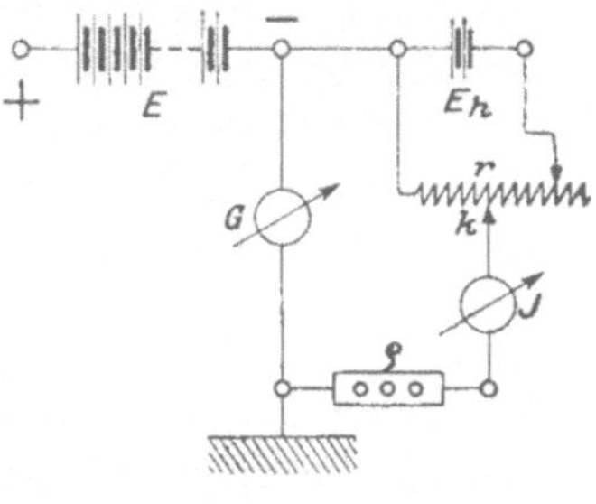

Abb. 43.

Durch Verschiebung von k oder Änderung von r kann man erreichen, daß das Galvanometer stromlos wird, wodurch die Bedingung erfüllt ist, daß der angeschlossene Pol (—) das Erdpotential besitzt. Benutzt man an Stelle von G einen Schalter, so muß beim Öffnen und Schließen der Strommesser denselben Wert anzeigen. Hat man auf diese Weise an beiden Polen die Ströme J_1 und J_2 gemessen, so ist wieder:

$$R = \frac{E}{J_1 + J_2}.$$

19. Isolationswiderstand von Fernsprechkabeln.

Hierbei muß der dielektrische Widerstand des Kabels mit Strömen hoher Frequenz und möglichst von Sinusform gemessen werden, da er bei Gleichstrom infolge des Fehlens der vom Wechselfeld hervorgerufenen Verluste viel zu klein ausfällt. Als Hochfrequenzstromquellen kommen folgende in Betracht:

1. Die Hochfrequenzmaschinen.

a) Von S & H[1] werden sogenannte Wechselstromsirenen nach den Angaben von Ad. Franke[2], M. Wien[3] und F. Dole-

[1] Druckschrift 105, März 1906. [2] ETZ 1891 S. 447.
[3] Wied. Ann. 1898 S. 871; Ann. Physik 1901 S. 426.

zalek[1] gebaut. Sie enthalten einen mit Zähnen versehenen Läufer aus Dynamoblechscheiben, der sich an einem zweiarmigen Elektromagnet vorbeibewegt. Dieser trägt auf seinen Polansätzen Spulen, in denen EMK höherer Frequenz (800 . . . 10000 Hz) von nahezu reiner Sinusform induziert werden.

b) Bauart W. Duddell[2]. Sie liefert Frequenzen bis 120000 Hz. Bei 100000 Hz ist die Stromstärke 0,1 A bei 2 V Spannung.

c) Bauart Fessenden[3]. Sie liefert $10^5 \div 4 \cdot 10^5$ Hz.

d) Bauart Hartmann-Kempf[4]. Sie liefert etwa 2500 Hz.

e) Reaktionstype nach Angaben von M. C. Spencer[5]. Eine danach gebaute Maschine ergab $\nu = 20000$ Hz bei $n = 6670$ U./min und 10 kW Leistung.

f) Bauart Alexanderson[6] und R. Goldschmidt[7]. Hierbei wird anders als in den normalen Wechselstrommaschinen, bei denen man für hohe Frequenzen nur geringe Leistungen erzielen kann, eine Vervielfachung der durch Polzahl und Drehzahl der Maschine bedingten Eigenfrequenz dadurch erzielt, daß man die elektrischen Energiemengen zum Zwecke der Frequenzerhöhung vom primären zum sekundären Teil der Maschine durch Induktion zurückführt, wobei abwechselnd Ständer und Läufer zum primären Teil werden. Es findet also gewissermaßen eine Reflexion der Energie, ähnlich wie bei Lichtstrahlen zwischen einem feststehenden und rotierenden Spiegel, statt.

Um nun eine bestimmte Frequenz herauszusieben, werden möglichst dämpfungsfreie abgestimmte Schwingungskreise im Läufer und Ständer angeschlossen, die für die zu unterdrückenden Frequenzen Kurzschlüsse bilden, dagegen für die Nutzfrequenz infolge Verstimmung einen sehr großen Widerstand bilden. Dieser Reflexionsgenerator wird von der Firma C. Lorenz A.-G., Berlin-Tempelhof, hergestellt.

g) System Lorenz[8] und W. Dornig[9]. Hierbei wird die Fre-

---

[1] Z. Instrumentenkde. 1903 S. 240.

[2] Philos. Mag. 1905 S. 299/309; Ann. El. 1906 S. 595; Z. Instrumentenkde. 1906 S. 131.

[3] ETZ 1909 S. 1003; 1911 S. 1078; 1912 S. 660.

[4] Physik. Z. 1910 Nr. 25.

[5] J. Amer. Inst. electr. Engr. Bd. 46 (1927) S. 681; ETZ 1928 S. 510.

[6] Proc. Amer. Inst. electr. Engr. Bd. 28 (1909) S. 655.

[7] ETZ 1911 S. 54. [8] ETZ 1923 S. 910.

[9] ETZ 1924 S. 1107; 1925 S. 223, 415; 1926 S. 433, 472.

quenzsteigerung außerhalb der speisenden Hochfrequenzmaschine (ca. 10000 Hz) im Gegensatz zu J. Epstein, M. Joly, Vallauri, Telefunken (s. Nr. 30e), die einen oder mehrere Transformatoren mit Vormagnetisierung verwenden, mittels einer einfachen Eisendrossel ohne Vormagnetisierung bewirkt.

2. Die Poulsen-Lampe[1].

Sie beruht auf der von W. Duddell[2] gemachten Beobachtung, daß in einem mit Selbstinduktion und Kapazität versehenen Nebenschluß zu einer Gleichstrombogenlampe (Abb. 44) Ströme hoher Frequenz entsprechend der Resonanzbedingung $\mathfrak{S}\cdot C\cdot\omega^2 = 1$ entstehen. Darin wird die Stromstärke in der Bogenlampe L durch den Widerstand R geregelt. Damit aber die in dem Schwin-

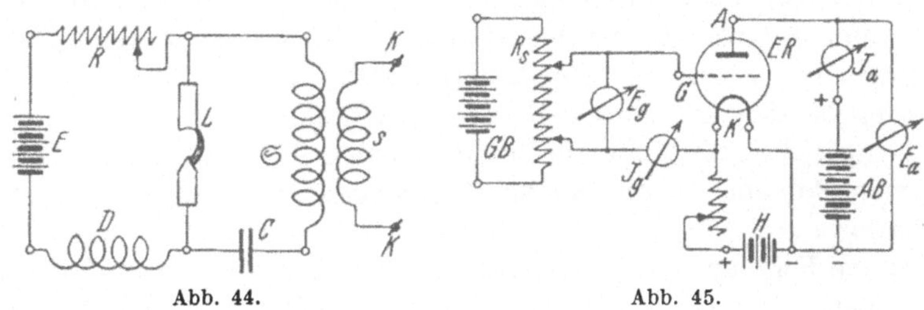

Abb. 44. Abb. 45.

gungskreis $\mathfrak{S}$, C entstehenden Hochfrequenzströme nicht in den Gleichstromzweig der Stromquelle E eindringen, ist ihnen der Weg durch die Hochfrequenzdrossel D versperrt. Die Entnahme der Hochfrequenz erfolgt an den Klemmen K einer mit $\mathfrak{S}$ induktiv gekoppelten Spule s. Man erhält damit Schwingungen bis etwa 40000 Hz, wenn der Lichtbogen in Luft brennt, und in einer abkühlenden Atmosphäre von Wasserstoff oder Leuchtgas bis zu 10^6 Hz.

3. Schwingungskreise mit Elektronenröhren.

Die Elektronenröhren ER, deren Bauart, Wirkungsweise und Verwendungszweck ausführlich von H. G. Möller, H. Barkhausen u. a. beschrieben sind, besitzen nach Abb. 45 in einem weitgehend ($<1\,\mu$Tor $= 10^{-6}$ mm Hg)* evakuierten Glasgefäß eine

[1] ETZ 1906 S. 1040. [2] Electrician 1900 S. 269, 310.
* ETZ 1930 S. 624.

Glühkathode K, allgemein in Form eines Heizfadens aus reinem Wolframdraht oder einem solchen mit Überzügen von Oxyden der Erdalkalien oder einer Legierung mit Thorium, eine Anode A aus Tantal, Wolfram, Molybdän, Nickel oder Kupfer und ein Gitter G in Form einer den Heizfaden der Kathode umgebenden Drahtspirale. Zur Aufrechterhaltung des Vakuums dient eine Verspiegelung der inneren Glaswand durch Magnesium.

Macht man nun die angegebene Schaltung und erhitzt mittels der Heizbatterie H die Kathode K, so treten aus ihr in ähnlicher Weise, wie beim Verdampfen einer Flüssigkeit die Gasteilchen, hierbei Elektronen in den umgebenden Raum[1].

Da nun die Elektronen negative Ladungen darstellen, tritt in der Nähe des Heizdrahts infolge der allmählich entstehenden Elektronenwolke eine negative Raumladung auf, die bei konstanter Temperatur des Heizdrahts schließlich ein weiteres Austreten von Elektronen aus dem Heizdraht verhindert. Diese Wirkung bezeichnet man als Raumladungseffekt.

Schließt man jetzt an den Heizdraht als Kathode den negativen Pol und an die Anode A den positiven Pol der Anodenbatterie AB an, so wird das zwischen beiden vorhandene elektrische Feld der Anodenspannung E_a die Elektronen zur Anode A treiben. Dadurch wird die Elektronenwolke und der Raumladungseffekt immer kleiner, so daß neue Elektronen den Heizdraht verlassen können. Gleichzeitig wird durch den Aufprall der Elektronen auf die Anode A ihr positives Potential verringert, so daß die Anodenbatterie AB zur Aufrechterhaltung desselben einen positiven Strom J_a zur Anode A hin liefert und dadurch die Elektronen von der Anode sozusagen absaugt. Es fließt also in der Röhre ein (negativer) Elektronenstrom von der Kathode K zur Anode A oder ein (positiver) Anodenstrom J_a von A nach K.

Macht man bei konstantem Heizstrom J_h der Kathode K die Anodenspannung E_a veränderlich und stellt die zugehörigen Anodenströme J_a in einem rechtwinkligen Koordinatensystem dar, so ergeben sich die Kurven $f(J_a, E_a), J_h = \text{konst}$ der Abb. 46. Bei einer gewissen Anodenspannung erreicht der Anodenstrom seinen Höchstwert, den Sättigungsstrom $J_{a_{\max}}$.

Legt man weiter an das Gitter G und Kathode K (Abb. 45) über einen Spannungsteiler eine veränderliche Gitterspannung E_g an,

[1] Linker, A.: Prakt. El.-Lehre, S. 15.

so wird bei **negativen** Werten derselben derjenige Teil der Anodenspannung, der auf die Strecke zwischen Gitter und Kathode entfällt, nämlich die Verschiebungsspannung $E_d = D \cdot E_a$, von E_g in seiner Wirkung auf die Elektronenbewegung, also auch auf den Anodenstrom geschwächt und schließlich aufgehoben, sobald $E_g = -E_d$ ist. Man bezeichnet D als Durchgriff. Es besteht dann die Beziehung

$$J_a = c \cdot (E_g + D \cdot E_a)^{\frac{3}{2}}, \quad \text{worin} \quad E_g + D \cdot E_a$$

die Steuerspannung heißt.

Positive Gitterspannungen E_g dagegen verstärken das Feld in der Nähe der Kathode und dadurch auch den Anodenstrom J_a, da der Raumladeeffekt verringert wird. Je näher sich das Gitter G an der Kathode K befindet, um so kräftiger wird seine Einwir-

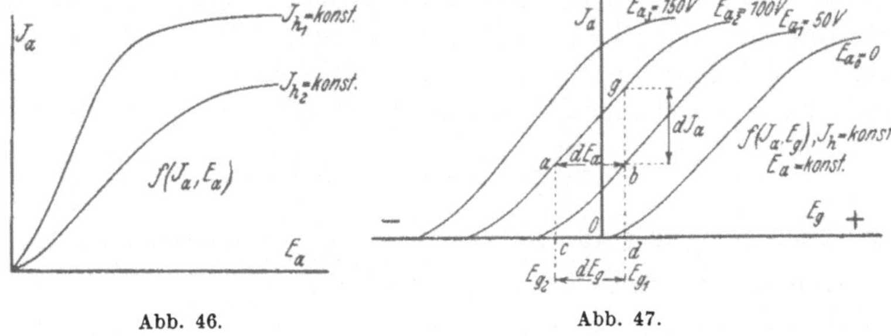

Abb. 46. Abb. 47.

kung auf den Anodenstrom J_a, so daß schon kleine Wechselspannungen am Gitter große Schwankungen des Anodenstroms und dadurch eine gewisse Verstärkerwirkung zur Folge haben. Die Elektronenröhre stellt daher ein trägheitsloses Relais dar.

Stellt man nun den Anodenstrom J_a in Abhängigkeit von der Gitterspannung E_g bei konstantem Heizstrom J_h und verschiedenen konstant gehaltenen Anodenspannungen E_a ohne Widerstand im Anodenkreis zeichnerisch dar, so erhält man die praktisch wichtige statische Röhrenkennlinie $f(J_a, E_g)$, $J_h = \text{konst}$, $E_a = \text{konst}$, wie sie Abb. 47 für mehrere Anodenspannungen E_a zeigt, wobei eine höhere Anodenspannung die Kennlinie nach links verschiebt.

Daraus lassen sich nun alle für eine Elektronenröhre charakteristischen Eigenschaften ableiten. So bestimmt sich aus der Beziehung

$$-dE_g = D \cdot dE_a \quad \text{für} \quad E_a = \text{konst}$$

der Durchgriff
$$D = -\frac{dE_g}{dE_a},$$
wenn man bei $J_a =$ konst, also waagerechtem Abstand zweier Kurven die Änderung der Anodenspannung $dE_a = ab = E_{a_1} - E_{a_2}$ und die zugehörige Änderung der Gitterspannung $dE_g = cd = E_{g_1} - E_{g_2}$ auf der Abszissenachse entnimmt, dann ist
$$D = \frac{E_{g_1} - E_{g_2}}{E_{a_2} - E_{a_1}}.$$
Von dem reziproken Wert des Durchgriffs D hängt der Verstärkungsfaktor $V = \frac{1}{D} \cdot \left(\frac{1}{1 + \frac{R_i}{R_a}}\right) \ldots$ ab, worin R_i der innere Widerstand der Röhre, R_a der äußere reine Widerstand des Anodenkreises ist. Je steiler nun eine Kennlinie für $E_a =$ konst verläuft, um so größer ist die Verstärkung der Röhre. Man wählt daher den Arbeitspunkt möglichst an der steilsten und geradlinig verlaufenden Stelle, deren Steigungswinkel ein Maß für die Steilheit
$$S = \frac{dJ_a}{dE_g} \quad \text{für} \quad E_a = \text{konst}$$
ist. So ergibt sich aus Abb. 47 $S = \frac{gb}{cd}$, gemessen in mA/V.

Nun stellt für eine konstante Gitterspannung, z. B. $E_{g_1} = Od$, der Quotient aus der Änderung der Anodenspannung $dE_a = E_{a_2} - E_{a_1}$ und der zugehörigen Anodenstromänderung $dJ_a = gb$ den inneren Widerstand der Röhre
$$R_i = \frac{dE_a}{dJ_a} \text{ Ohm für } E_g = \text{konst}$$
dar. Zwischen diesen 3 Bestimmungsgrößen der Röhre besteht als Hauptgleichung die Beziehung:
$$D \cdot S \cdot R_i = 1.$$

Arbeitet die Röhre auf einen äußeren Widerstand[1]
$$W_a = \sqrt{R_a^2 + S_{f_a}^2},$$
worin $S_{f_a} = S_a - S_{c_a} = \omega \cdot \mathfrak{S}_a - \frac{1}{\omega \cdot C_a}$ ist, dann entsteht bei einer Gitterwechselspannung von E_g Volt ein Anodenstrom
$$J_a = \frac{E_g}{D \cdot \sqrt{(R_i + R_a)^2 + S_{f_a}^2}} \text{ Amp.}$$

[1] Linker, A.: Grundl. d. Wechselstromtheorie, S. 32.

Die dabei abgegebene Leistung wird dann:

$$N_a = J_a^2 \cdot R_a = \frac{E_g^2}{D^2} \cdot \frac{R_a}{(R_i + R_a)^2 + S_{f_a}^2} \text{ Watt.}$$

Für $S_{f_a} = 0$ und $R_a = R_i$ wird die Leistung am größten, nämlich

$$N_{a_{\max}} = \frac{E_g^2}{4 \cdot D^2 \cdot R_i} \text{ Watt.}$$

Man bezeichnet nun das daraus bestimmte Verhältnis

$$\frac{4\, N_{a_{\max}}}{E_g^2} = \frac{1}{D^2 \cdot R_i} = S^2 \cdot R_i = \frac{S}{D} = G_r \ \frac{\text{Watt}}{\text{Volt}^2}$$

als Güte der Röhre, die einem Leitwert entspricht. Für die Verhältnisse, wie sie im praktischen Betrieb vorliegen, muß man die statischen und dynamischen Arbeitskennlinien ermitteln, die das Vorhandensein eines Widerstandes im Anodenkreis berücksichtigen.

Um den Raumladeeffekt zu verringern, legt man zwischen Steuergitter und Kathode ein zweites Gitter, das sogenannte Raumladegitter. Gibt man diesem ein positives Potential von etwa 10 V bezogen auf die Kathode, so kann man dadurch die Raumladung aus der Nähe der Kathode entfernen und an das Steuergitter verschieben, wo sie leichter zu steuern ist. Infolge Fehlens des Raumladeeffekts bei + 10 V Raumladegitterpotential tritt dann der Sättigungsstrom $J_{a_{\max}}$ auf. Bei starker Heizung, also großem Emissionsstrom der Kathode erhält die Kennlinie eine größere Steilheit S, so daß zum Betrieb infolge des geringeren inneren Widerstandes R_i nur eine kleine Anodenspannung ($\geqq 10$ V) notwendig ist. Derartige Doppelgitterröhren brauchen somit bei gleicher Heizleistung wie Eingitterröhren nur etwa $^1/_{10}$ der Anodenspannungen der letzteren, so daß ihre Verstärkung bei gleichen Anodenspannungen $\sqrt{10} \approx 3$fach ist.

Legt man dagegen zwischen Anode und Steuergitter ein weiteres Gitter, das sogenannte Anodenschutznetz oder Schirmgitter, dem man ein Potential von etwa 50 ... 100% desjenigen der Anode erteilt, so wird bei gleicher Steilheit der Kennlinie der Durchgriff stark verringert, was nach der Hauptgleichung gleichbedeutend mit einer wesentlichen Vergrößerung des inneren Widerstandes R_i ist. Derartige Schirmgitterröhren ergeben sehr hohe Verstärkungen V.

Zur Untersuchung der Röhren eignet sich u. a. das Röhrenprüfgerät von S & H[1].

Mit Hilfe von Elektronenröhren ist man nun imstande, Schaltungen zur Erzeugung von ungedämpften Hochfrequenzschwingungen auszuführen, von denen eine der gebräuchlichsten Abb. 48 zeigt. Hierbei wirkt der aus Spule S und Kondensator C bestehende Schwingungskreis auf die Gitterspule S_1 zurück, wodurch die Anordnung als selbsterregender Schwingungserzeuger arbeitet. Durch Koppelung des Schwingungskreises S, C mit einer Spule S_2 kann an ihren Klemmen P eine Wechselspannung

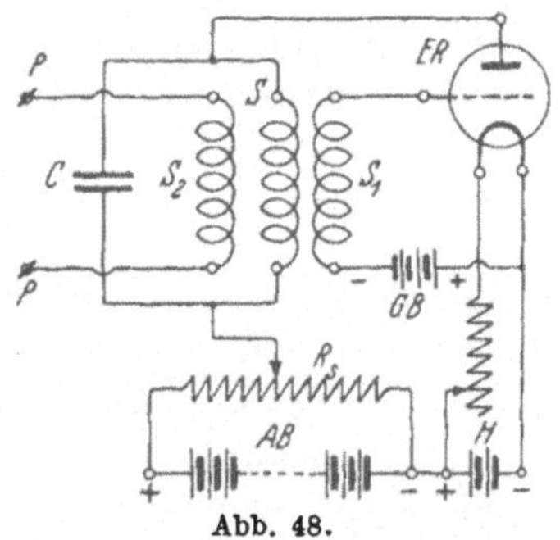

Abb. 48.

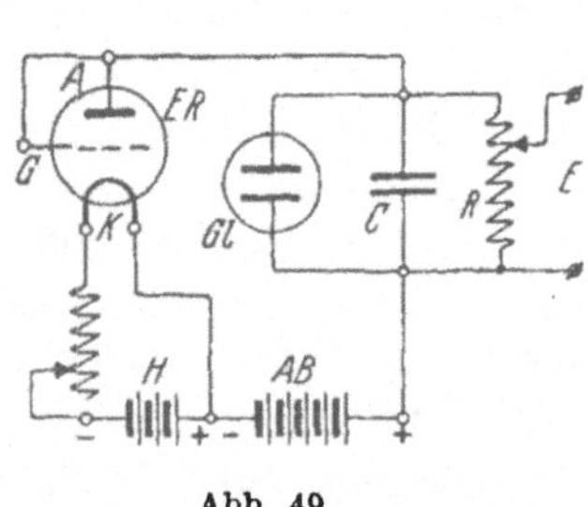

Abb. 49.

stark veränderlich einstellbarer Frequenz ν entnommen werden, die sich aus der Thomsonschen Schwingungsgleichung[2]

$$\nu = \frac{1}{2\pi \cdot \sqrt{\mathfrak{S} \cdot C}} \text{ Hertz}$$

berechnet, worin $\mathfrak{S}$ die Induktivität der Spule S in Henry ($= 10^9$ cm) und C die Kapazität in Farad ($= 9 \cdot 10^{11}$ cm) einzusetzen sind.

Liegen die Schwingungen im Hörbereich (100 . . . 4000 Hz), so nennt man solche Schaltungsanordnungen Tonsender oder Rohrsummer. S & H bauen derartige Rohrsummer, bestehend aus einer Schwingröhre und Verstärkerröhre, für Frequenzen von $\nu = 400 \ldots 3000$ Hz und 0,5 W Leistung bei 220 V Anoden- und 8 V Heizspannung.

Nach Abb. 49 kann man mit Hilfe einer Glimmlampe Gl und einer Elektronenröhre ER einen einfachen Tonsender für

[1] Siemens-Z. 1930 S. 648.

[2] Linker, A.: Grundl. d. Wechselstromtheorie, S. 33.

niederfrequente Spannungen E zusammenbauen, dessen Frequenz durch die Kapazität C geändert wird.

Für die Untersuchung des Kabels macht man nach Béla Gati[1] folgende Schaltung (Abb. 50).

Die Hochfrequenzmaschine HM kann über den in einem Zweige der Wheatstoneschen Brücke gelegenen Barretter B durch den Umschalter U an das Telephonkabel TK bzw. den induktionsfreien Widerstand R_n angeschlossen werden. D sind Drosselspulen als Schutz gegen die Hochfrequenzströme, der Widerstand r dient zum Einstellen einer passenden Ablenkung. Der Barretter B ist ein feiner Platindraht von 0,002 mm Dicke. Wegen der geringen Masse ändert sich sein Widerstand bei verschiedenen Strömen sehr stark. Der Barretter kann mit bekannten, durch Elektrodynamometer gemessenen Hochfrequenzströmen geeicht werden. Oder man bestimmt die Widerstandsänderung durch den Widerstand r und kann die Eichkurve $f(J, r)$ als Abhängigkeit des Barretterstromes J von dem Widerstande r darstellen.

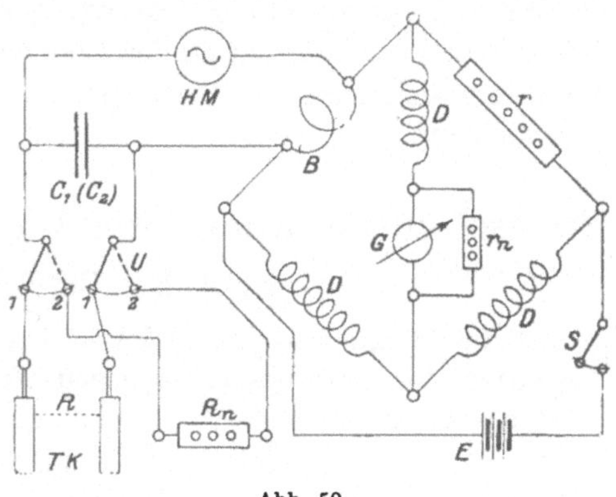

Abb. 50.

Bei der Kabelmessung ist jedoch eine vorhergehende Eichung nicht notwendig. Man legt den Umschalter U nach den Kontakten *1*, stellt im Kondensator die Kapazität C_1 ein, so daß infolge Resonanzwirkung das Galvanometer die größte Ablenkung α_1 zeigt. Dann wird U geöffnet und bei der Kapazität C_2 wieder Resonanz eingestellt, wobei die Ablenkung α_2 auftritt. Nun legt man U nach den Kontakten *2* und ändert R_n so lange, bis α_2 auf α_1 heruntergeht. Dann ist $\boldsymbol{R_n = R}$ der dielektrische oder Isolationswiderstand des Kabels.

Für die Kapazitätsmessung von Unterseekabeln eignet sich

[1] Elektrotechn. u. Maschinenb. 1908 S. 263.

die von Devaux-Charbonnel[1] angegebene Methode. Wie man ferner die Fehlerquellen bei der Messung der dielektrischen Konstanten (Widerstand und Kapazität) von Fernsprechkabeln in der Wechselstrommeßbrücke vermeidet, ist von K. W. Wagner[2] ausführlich dargelegt.

Zur Messung von Hochfrequenzwiderständen in Spulenform ist von E. Mallett und A. D. Blümelein[3] eine Methode angegeben worden. Dabei wird der zu messende Kreis lose mit einer Spule gekoppelt. Durch Änderung der Frequenz oder Abstimmung des Schwingungskreises wird das Verhältnis des Leistungswiderstandes R der Spule allein zum Wechselstromwiderstande W in gekoppeltem Zustande gemessen und in einer Art Resonanzkurve als Funktion der Frequenz ν aufgetragen, woraus durch ein zeichnerisches Verfahren der Widerstand R ermittelt werden kann.

20. Isolationsprüfung von Wechselstromanlagen.

a) Außer Betrieb.

Ist die Klemmenspannung E Volt bei ν Hertz und die Gesamtkapazität des Leitungsnetzes gegen Erde C Mikrofarad, dann wird der Ladungsstrom

$$J_c = 2\pi \cdot \nu \cdot C \cdot E \cdot 10^{-10} \text{ Amp}.$$

Der Einfluß der Kapazität läßt sich schwer beseitigen, da C bei mäßiger Isolation nicht leicht einwandfrei zu messen ist. Bei Anlagen mit großem Isolationswiderstand und geringer Kapazität, wo der Ladestrom ohne Einfluß bleiben würde, z. B. bei größeren Hausanschlüssen, zeigen die gebräuchlichen Meßinstrumente für Wechselstrom den kleinen Erdstrom nicht an.

Dieser Übelstand ist bei dem von der AEG gebauten Isolationsmesser für Wechselstrom[4] dadurch beseitigt, daß der feststehenden Spule der starke Erregerstrom J durch Transformation zugeführt wird, wie in dem Schema des Apparates (Abb. 51) angegeben.

---

[1] Rev. électr. 30. Mai 1906; J. télégr. 1908 S. 73; ETZ 1908 S. 655.
[2] ETZ 1911 S. 1001; 1912 S. 635.
[3] J. Inst. electr. Engr. Bd. 63 (1925) S. 397; ETZ 1927 S. 584.
[4] ETZ 1899 S. 410.

Der Apparat enthält einen kleinen Meßtransformator T, dessen primäre Spule I an die Klemmen des Netzes gelegt wird. Nach Anlegen der Klemme b an die Installation zeigt das Instrument den Widerstand direkt an.

Mit Hilfe eines statischen und stromverbrauchenden (dynamischen) Spannungsmessers bestimmt Dina[1] durch die Spannungen der Pole gegen Erde den Nullpunkt der Anlage zur Konstruktion eines Diagramms, mit dessen Hilfe sich neben den Isolationswiderständen auch die Kapazitäten der Leitungen ermitteln lassen.

Eine andere Methode zur Bestimmung von Isolationsfehlern in Wechselstromnetzen sowie schwachen Strömen in Hochspan-

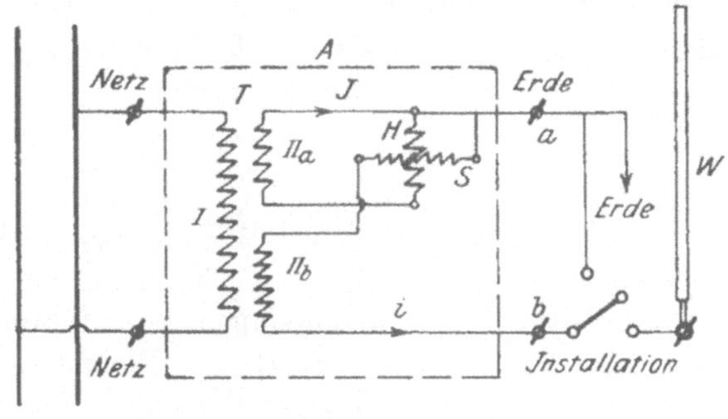

Abb. 51.

nungsanlagen ist von Dietze[2] angegeben und hat zur Konstruktion des sogenannten Anlegers (H & B) geführt.

Will man für die Isolationsmessung nicht den Wechselstrom des Netzes benutzen, so kann man während des Betriebes mittels Gleichstroms und Meßinstrumenten, die vom Wechselstrom nicht beeinflußt werden, die Messung in der Weise vornehmen, wie es in Nr. 15 angegeben ist.

b) Im Betrieb.

Zur Ermittlung der Isolationswiderstände von Wechselstromanlagen (außer dreiphasigen mit geerdetem neutralen Leiter) während des Betriebes mit übergelagertem Gleichstrom kann

[1] ETZ 1912 S. 513. [2] ETZ 1902 S. 843; 1911 S. 35; 1916 S. 235.

man die Schaltung nach Abb. 52 mit einem Drehspulinstrument J*, einem großen Vorwiderstand r**, Gleichstromquelle E und Schalter S verwenden.

Die Drosselspule D soll bei Hochspannung den durch das Instrument hindurchfließenden Wechselstrom auf einen kleinen Betrag von einigen mA verringern, der Kondensator C von 1...2 μF ein Zittern des Zeigers verhindern.

Legt man nun den Schalter S auf Kontakt 0, so zeigt das Instrument einen Strom $J_0 = \frac{E}{R}$ an, worin R der bekannte Widerstandswert von Instrument J, Vorwiderstand r und Drosselspule D ist. Schaltet man dann S nach den Kontakten *1* und *2*, so erhält man die Ströme $J_1 = \frac{E}{R + R_1}$ und $J_2 = \frac{E}{R + R_2}$.

Aus diesen Gleichungen ergeben sich dann die Isolationswiderstände

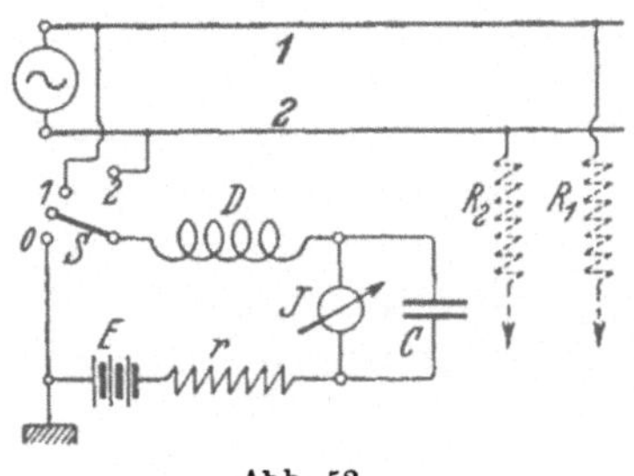

Abb. 52.

$$R_1 = R \cdot \left(\frac{J_0}{J_1} - 1\right)$$

und

$$R_2 = R \cdot \left(\frac{J_0}{J_2} - 1\right).$$

Bei Dreiphasenleitungen wären 4 Messungen auszuführen.

Statt der Gleichstrombatterie (Trockenelement, Akkumulator) kann man bei schwachen Strömen auch einen Glimmlampengleichrichter, für höhere Spannungen einen Glühkathodengleichrichter verwenden. S & H bauen derartige transportable Prüfeinrichtungen bis zu 20 kV Spannung zur Isolationsmessung an Maschinen, Transformatoren, Kabeln u. dgl., mit denen man noch Widerstände bis 10^{10} Ohm feststellen kann.

Eine weitere Methode zur Bestimmung von Isolationswiderständen in Wechselstromanlagen durch die Feststellung der Lage des Erdpotentials ist von J. Görges[1] und E. Marx[2] angegeben. Zu dem Zweck legt man einen bekannten Hilfswiderstand nach-

* Ein handliches und billiges Instrument ist das Mavometer von P. Gossen & Co., Erlangen.

** Dralowid-Widerstände (Record und Variator) der Steatit Magnesia A.-G., Berlin-Pankow.

[1] Arch. Elektrotechn. Bd. 6 (1918) S. 1; Bd. 7 (1919) S. 125.

[2] Arch. Elektrotechn. Bd. 10 (1922) S. 401; ETZ 1922 S. 1409.

einander an die einzelnen Leiter und Erde und mißt gleichzeitig die Spannungen gegen Erde vor und nach dem Anschließen des Widerstandes. Die einzelnen Widerstände lassen sich dann durch ein zeichnerisches Verfahren ermitteln.

Ein einfacher Beweis dafür und eine Methode zur Messung von Isolationswiderständen ist von T. R. Warren[1] angegeben und weiter gezeigt, wie man durch Einschalten einer bekannten regelbaren Induktivität zwischen Leiter und Erde durch Spannungsresonanz mittels statischen Spannungsmessers die Kapazität des Isolationswiderstandes ermitteln kann. Bei hohen Spannungen und großer Netzkapazität würden aber hierbei die Widerstände zu umfangreich und teuer werden.

Um während des Betriebes die Verteilung der Spannung über die Glieder einer Isolatorenkette[2] festzustellen, benutzt man die Hescho-Meßstange[3], die im Innern einen Kondensator enthält, dessen eine Belegung an die Prüfstelle angeschlossen wird, während die andere über einen großen Widerstand mit der Erde in Verbindung steht. Die durch den zur Erde fließenden Kondensatorstrom am Widerstande auftretende Spannung steuert eine Elektronenröhrenschaltung, deren Anodenstrommesser die Isolatorspannung gegen Erde angibt.

E. Reeves[4] verwendet ein Kompensationsverfahren zur Messung der Spannungsverteilung einer Isolatorenkette, bei dem ein Spannungsteiler parallel zu ihr an die Hochspannung angeschlossen ist. Mittels einer Neonröhre als Nullinstrument werden dann Punkte gleichen Potentials bestimmt. Ist ein Isolator zerstört, so muß eine dem gesunden Isolator entsprechende Kapazität zu dem zugehörigen Teil des Spannungsteilers parallel geschaltet werden, damit die Teilspannung gleiche Phase mit dem Strom erhält.

Bei Hochspannungsanlagen ist es wegen der Lebensgefahr und der großen Ladeströme schwierig, Isolationsmessungen während des Betriebes auszuführen. Man kontrolliert daher im allgemeinen nur den Isolationszustand, indem man öfters, am besten mit statischem Spannungsmesser, das Potential der einzelnen

---

[1] Electr. Rev. Bd. 93 (1923) S. 151; J. Instn. electr. Engr. Bd. 63 (1925) S. 1018; ETZ 1928 S. 108.

[2] ETZ 1920 S. 845 (A. Schwaiger). [3] ETZ 1927 S. 283.

[4] Electr. Wld. Bd. 90 S. 357; ETZ 1929 S. 476.

Leiter gegen Erde bestimmt. Bleiben die Potentiale gleich, so ist der Isolationszustand unverändert geblieben. Ist dagegen in einem Leiter das Potential gesunken, im anderen gestiegen, so kann man auf einen Fehler im ersteren schließen.

Bei Spannungen über 10000 V erhält man einen statischen Erdschlußprüfer, indem man zwischen jeden Pol und Erde einen Kondensator (Hänge-Isolator der betreffenden Anlage) mit einer dahinter geschalteten statischen Glühlampe (Geißlersche Röhre) oder Glimmlampe (Neonröhre) anschließt.

Um Isolationsfehler sogleich im Entstehen bzw. kurze Überschläge gegen Erde, sog. Wischer, anzuzeigen, verwendet man das Wischerrelais von S & H.

Zur dauernden Überwachung des Isolationszustandes von Dreiphasen-Wechselstromleitungen ohne geerdeten Nullpunkt gibt es eine große Anzahl verschiedener Mittel[1], von denen das Dreispannungsmesser-Verfahren am gebräuchlichsten ist. Dieses ist nun von S & H als Grundlage für eine Erdschluß-Anzeigevorrichtung[2] mit akustischer und optischer Signalgebung verwandt worden.

Zur sinnfälligen Darstellung der Verschiebung des Sternpunkts im Spannungsdreieck dient das Erdspannungs-Asymmeter[3] von P. Gossen & Co., Erlangen. Es enthält drei Meßwerke an den Ecken einer dreieckigen Skala, über die sie durch Kokonfäden ein rotes Scheibchen als wandernden Sternpunkt bewegen.

Zur Messung der Verluste in Freileitungen, insbesondere bei sehr hohen Spannungen, verwenden Clark und Miller[4] einen elektrodynamischen Leistungsmesser. Für die Bestimmung der Korona-Verluste ist von F. M. Denton[5] ein neues Verfahren angegeben.

21. Bestimmung des Isolationsfehlerorts.

Bevor man zur eigentlichen Ermittlung des Fehlerorts schreitet, ist es zweckmäßig, sich vorher zu vergewissern, ob und welche Leitungen, Kabel usw. Spannung führen und ob ein Isolationsfehler vorliegt.

---

[1] Siemens-Z. 1923 S. 469. [2] Siemens-Z. 1926 S. 556.

[3] ETZ 1925 S. 925; 1926 S. 913.

[4] J. Amer. Inst. electr. Engr. 1924 S. 1009; ETZ 1925 S. 853.

[5] Gen. electr. Rev. Bd. 33 (1930) S. 615.

Dazu kann man sich folgender Instrumente bedienen:

a) Osram-Spannungssucher[1].

Er enthält eine Glimmlampe[2] mit einem sehr hohen Vorwiderstand, wodurch Kurzschlüsse vermieden werden. Bei Wechselstrom leuchtet ein +-Zeichen und —-Zeichen auf, bei Gleichstrom nur eins von beiden, so daß das Instrument auch als Polsucher dienen kann. Meßbereich 100 ... 750 V.

b) Taschen-Elektroskop[3].

Es beruht auf der von A. Johnson & K. Rahbeck[4] gemachten Entdeckung, daß gewisse Halbleiter, z. B. lithographische Steine und Achat, in Verbindung mit spannungführenden Belegungen bei verschwindend kleinen Strömen große Kräfte auszulösen imstande sind. Das Instrument besteht aus einer Metallhülse mit dem wirksamen System, das an eine isolierte Spitze angeschlossen ist. Nimmt man die Hülse in die Hand und berührt mit der Spitze den zu prüfenden Gegenstand, so erscheint bei vorhandener Spannung hinter einem kleinen Fenster ein Zeichenscheibchen.

Dadurch kann man bei Spannungen bis 750 V Körperschlüsse an Apparaten, Berührung von Fernsprechleitungen mit Starkstromleitungen, Isolationsfehler, geerdete Leitungen in Dreileiteranlagen u. dgl. schnell und einfach ermitteln.

Zur Bestimmung des Fehlerorts dienen nun folgende Methoden:

1. Schleifenmethode von Murray (Nullmethode).

Man verbindet das Ende der fehlerhaften Leitung mit der meistens parallellaufenden Rückleitung oder bei Kabeln mit dem darin enthaltenen Prüfdraht bzw. einem fehlerfreien Kabel und legt die beiden anderen Enden mit zwei bekannten Widerständen a und b oder einem Schleifdraht zu einer Wheatstoneschen Brückenschaltung zusammen nach beistehendem Schema (Abb. 53).

---

[1] Osram G. m. b. H., Berlin O. 17; ETZ 1930 S. 334.

[2] ETZ 1919 S. 186; Licht u. Lampe 1919 Heft 17; Helios, Lpz. 1927 S. 1, 9, 19 (F. Schröter).

[3] D. Bercovitz & Sohn, Berlin-Schöneberg.

[4] ETZ 1921 S. 1291; 1922 S. 587.

Mit den Brückenpunkten *1* und *2* verbindet man über einen Stromschlüssel S die Stromquelle E, während Punkt *3* zu der einen Klemme des Galvanometers G geführt wird, dessen andere an Erde gelegt ist. Sollte sich infolge einer an der Fehlerquelle etwa auftretenden EMK keine bestimmte Nullage ergeben, so vertauscht man zweckmäßig Batterie und Galvanometer miteinander. Befindet sich nun bei F der Fehler, und wird der Widerstand der beiden Leitungen durch denselben im Verhältnis $\frac{x}{y}$ geteilt, so ist bei Stromlosigkeit des Galvanometers $\frac{x}{y} = \frac{a}{b}$. Mißt

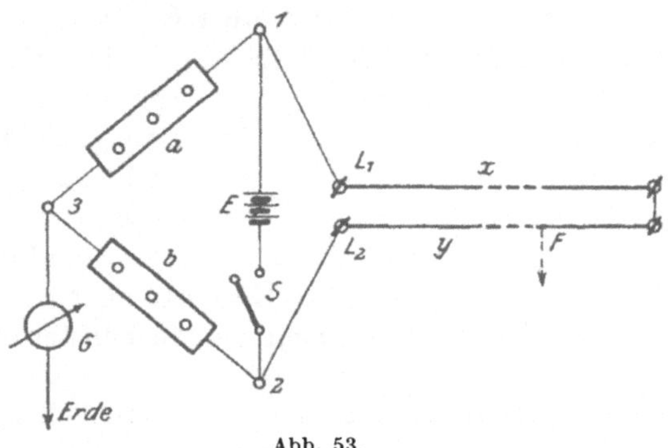

Abb. 53.

man noch den Gesamtwiderstand $x + y = c$, so kann man x und y daraus berechnen, wofür sich ergibt:

$$x = \frac{a}{a+b} \cdot c \qquad y = \frac{b}{a+b} \cdot c\,.$$

Aus den Widerständen x und y lassen sich dann die Entfernungen des Fehlers leicht berechnen.

Dabei sind jedoch die Zuleitungen $1 \div L_1$ und $2 \div L_2$ möglichst kurz oder von sehr geringem Widerstand zu wählen, andernfalls eine Korrektion an dem gemessenen Wert in der Weise vorzunehmen ist, daß man den Widerstand der Zuleitungen allein ermittelt und von den gemessenen Werten für x und y abzieht.

Will man sich vom großen Einfluß des auch von der Temperatur abhängigen Widerstandes der Zuleitungsdrähte frei machen, so legt man das Element an Stelle von G und das Galvanometer direkt an die Kabelenden L_1 und L_2. Dann sind die Widerstände $1 \div L_1$ und $2 \div L_2$ bei den Widerständen a, b zu berücksichtigen. Zweckmäßig ist es, eine zweite Messung mit vertauschten Kabelenden vorzunehmen und aus beiden Messungen den Mittelwert zu bilden.

Direkt zeigende Instrumente liefert Jul. Stephenson, Hamburg[1] und Land- und Seekabelwerke A.-G., Köln-Nippes[2].

Für mehradrige Fernsprechkabel hat Giersing[3] eine einfache Methode angegeben.

Die Schleifenmethode von Murray läßt sich auch bei Hochspannungskabeln verwenden, wenn man den Meßdraht auf eine Trommel aufwickelt, deren Drehung über einen längeren Isolierstab (etwa 1 m) erfolgt, wie es bei einem von der British Insulated Cables Ltd. hergestellten Apparat[4] geschehen ist. Die Wechselspannung wird dabei durch einen Glühkathoden-Gleichrichter umgeformt und an Stelle der Gleichstromquelle E den Brückenpunkten *1*, *2* zugeführt und so lange gesteigert, bis ein genügender Strom das Kabel durchfließt. Da die Fehlerwiderstände meistens sehr groß (etwa 1 Megohm) sind, muß man für 1 mA Kabelstrom etwa 1 kV Gleichspannung rechnen. Besonders ist dabei auf eine gute Isolierung der Meßanordnung und einen hohen Isolationswert der Hilfsleitung (x) zu achten. Eine ähnliche Einrichtung wird von S & H hergestellt.

2. Methode von Varley.

Sie ist insofern eine Modifikation der vorhergehenden, als in den Zweig $2 \div L_2$ noch ein bekannter Widerstand d aufgenommen wird. Man macht dann zwei Messungen:

1. Bestimmung von
$$\frac{x}{y+d} = \frac{a}{b}.$$

2. Messung des Widerstandes der Schleife $x + y$, indem man das Galvanometer bzw. Element zwischen die Punkte $3 \div L_2$ legt, wobei sich ergibt $x + y = \frac{a_1}{b_1} \cdot d$.

Aus beiden Messungen folgt: $\boldsymbol{y = \frac{a_1 \cdot b - a \cdot b_1}{(a+b) \cdot b_1} \cdot d}$.

3. Methode des Spannungsabfalls.

Man schaltet hierbei einen bekannten Widerstand R_1 (Stück unversehrten Kabels) vor das zu prüfende Kabel, legt an diesen

[1] ETZ 1911 S. 777. [2] ETZ 1912 S. 991. [3] ETZ 1912 S. 180.
[4] Electrician Bd. 100 (1928) S. 130.

den einen Pol der Meßbatterie von konstanter Spannung und erdet den anderen Pol; dann fließt ein Strom vom bekannten Widerstand über das Kabel zur Fehlerquelle nach der Erde. Mißt man nun mit einem Spannungsmesser von hohem Widerstand oder Galvanometer mit proportionaler Skala die Potentialdifferenzen E_1 am bekannten Widerstand R_1 und E zwischen Anfang und Ende des Kabels, so gilt, da das Kabel hinter der Fehlerstelle nur den kleinen Strom des Spannungsmessers führt,

$$\frac{R}{R_1} = \frac{E}{E_1} \quad \text{oder} \quad \boldsymbol{R = \frac{E}{E_1} \cdot R_1},$$

worin R der Widerstand des Kabels bis zur Fehlerquelle ist.

Wegen des ständig wechselnden Fehlerwiderstandes macht man mehrere Ablesungen hintereinander, bis sich beim Umschalten keine Schwankungen der Angaben zeigen.

Durch Anwendung eines Differentialspannungsmessers ließe sich diese Messung als Nullmethode ausführen.

Sind keine Rückleitungen, Prüfdrähte o. dgl. vorhanden, dann mißt man die Potentialdifferenz E_1 an R_1, ferner E_2 zwischen Anfang des Kabels und Erde, und außerdem E_3 zwischen Ende des Kabels und Erde, dann bestehen die Beziehungen

$$\frac{E_1}{E_2} = \frac{R_1}{R + F} \quad \text{und} \quad \frac{E_1}{E_3} = \frac{R_1}{F},$$

wo F den Fehler-Übergangs-Widerstand zwischen Fehlerort und Erde bedeutet.

Daraus folgt:
$$\boldsymbol{R = \frac{E_2 - E_3}{E_1} \cdot R_1}.$$

Zur Kontrolle der Konstanz des Meßstromes schaltet man zweckmäßig zwischen Batterie und unbekannten Widerstand R_1 einen Regulierwiderstand mit empfindlichem Strommesser ein.

Ein nach dieser Methode arbeitendes Spezialinstrument fertigt die Firma „Nadir“, Berlin[1].

Im allgemeinen zeigen die Schleifen- oder Nullmethoden eine größere Einfachheit und erleiden keine Fehler durch Polarisationsspannungen, die sich bei der Spannungsabfallmethode störend bemerkbar machen[2].

Über einige besondere Fälle von Fehlerortsbestimmungen sind von Simons[3] ausführliche Angaben gemacht worden, u. a. auch

---

[1] ETZ 1913 S. 972. [2] ETZ 1914 S. 51, 282.
[3] ETZ 1914 S. 708.

bei Durchschlägen von Mehrphasenkabeln, zu deren Ermittlung Ehrens[1] und v. Elwers[2] geeignete Methoden angegeben haben.

Ein einfaches praktisches Verfahren zur Auffindung von Kabelfehlern ist ferner von Wurmbach[3] angegeben.

Zu erwähnen wäre hier noch die Fehlerorts-Meßbrücke von Ch. H. Smith[4] für Hochspannungskabeluntersuchungen.

4. Leerlaufs- und Kurzschlußmessung.

Diese Methode eignet sich besonders für Hochspannungs-Freileitungen, bei denen es erwünscht ist, den Fehlerort mit einfachen Hilfsmitteln von der nächsten Schaltstation aus festzustellen bzw. eng einzugrenzen.

Der Fehler kann nun folgende Ursachen haben:

1. Reißen einer Leitung, wobei ein oder beide Bruchenden an Erde liegen.
2. Erdschluß einer Leitung.
3. Kurzschluß zwischen 2 oder 3 Leitungen.
4. Aussetzender Erdschluß infolge Beschädigung eines Isolators, Berührung mit Zweigen.
5. Trennungsstellen innerhalb der Leitung durch Lockerung von Verbindungen oder Öffnung von Trennschaltern.

In diesen Fällen versagen im allgemeinen die sonst gebräuchlichen Methoden. Auch die Messung Ohmschen (R) bzw. Wechselstromwiderstandes $W = \frac{E}{J}$ bietet keinen Vorteil, da der Einfluß des unbekannten Erdübergangswiderstandes nicht beseitigt werden kann.

Zieht man aber die vom Übergangswiderstande unabhängigen Leitungskonstanten, nämlich die Induktivität und Kapazität, zur Messung heran, so kommt man nach P. Bernett und R. Arnold[5] zu einer einfachen Fehlerortsbestimmung mit Hilfe der folgenden Messungen:

a) Leerlaufsmessung. Wenn eine Leitung gerissen und ein Bruchende isoliert ist, legt man auf der Seite des isolierten Endes eine Wechselspannung E (z. B. 220 V) an die Leitung und mißt

---

[1] ETZ 1916 S. 557. [2] Mitt. Ver. Elektr.-Werk. Bd. 14 S. 206.

[3] ETZ 1919 S. 211.

[4] Electr. Wld. Bd. 91 S. 957; ETZ 1929 S. 61.

[5] ETZ 1926 S. 665; Elektr.-Wirtsch. 1927 S. 365.

den aufgenommenen Strom J, dann ist der Wechselstrom-Leitwert der Leitung bis zum isolierten Bruchende

$$G_w = \frac{1}{W} = \frac{J}{E} \text{ Siemens}.$$

Unter der Annahme, daß dieser Leitwert der Leitungslänge proportional ist, kann der Fehlerort durch Vergleich mit dem Leitwert einer bekannten Länge durch Rechnung ermittelt werden.

b) Kurzschlußmessung. Macht man die Untersuchung von der Seite eines Leitungsbruches, der an Erde liegt, so muß man den Feldwiderstand[1] (Blindwiderstand, Reaktanz) der Leitung bis zur Bruchstelle ermitteln. Dazu mißt man außer der Spannung E und Stromstärke J noch die Leistung N oder die Feldleistung N_f*, dann ergibt sich daraus der Feldwiderstand

$$S_f = \frac{N_f}{J^2} = \frac{\sqrt{(E \cdot J)^2 - N^2}}{J^2} \text{ Ohm}.$$

Zur Bestimmung der Entfernung des Fehlers vergleicht man den gemessenen Feldwiderstand mit demjenigen einer fehlerlosen Leitung, die man am Ende geerdet hat.

Zur schnellen Ausführung derartiger Messungen durch Schaltwärter dient ein nach diesem Prinzip gebauter Reaktanzmesser. Er enthält zwei Systeme auf gemeinsamer Achse, von denen das eine durch die Feldleistung N_f, das andere durch den Strom J einen Antrieb erhält, so daß die Ablenkungen des Zeigers direkt den Feldwiderstand S_f angeben, aber auch für bestimmte Anlagen eine direkte Ablesung der Fehlerortsentfernung gestatten.

Um verschiedene Unstimmigkeiten und Fehlerquellen zu beseitigen, die einer Messung nach dieser Methode anhaften, ist bei dem von S & H entwickelten Fehlerort-Meßgerät für Hochspannungsfreileitungen nach einer Darstellung von H. Poleck[2] ein indirektes Meßverfahren angewandt, für das sich Brückenanordnungen mit Kunstschaltungen und Siebkreisen, sowie Benutzung einer betriebsfremden Frequenz von $\nu = 100$ Hz als zweckmäßig erwiesen. Durch Vergleich der Meßgrößen mit Normalien wird eine große Meßgenauigkeit unbeeinflußt durch Fremdinduktion erzielt.

---

[1] Linker, A.: Grundl. d. Wechselstromtheorie, S. 18, 27, 32.

* Linker, A.: Wechselstromtheorie, S. 43.

[2] Siemens-Z. 1930 S. 88, 153.

K. Täuber[1] beschreibt eine Einrichtung zur Prüfung von Hochspannungsanlagen auf Kurzschluß, Erdschluß, induktive und kapazitive Belastung, Isolationsfehler u. dgl. Auch mit dem Kathodenstrahl-Oszillographen lassen sich nach J. Röhrig[2] Fehlerortsbestimmungen ausführen. Neue Einrichtungen zur Fehlerortsbestimmung in Freileitungsanlagen beschreibt M. Walter[3].

22. Ermittlung des Temperaturkoeffizienten.

Entsprechend der Beziehung

$$\alpha = \frac{R_2 - R_1}{R_1 \cdot (\vartheta_2 - \vartheta_1)}$$

wird der Temperaturkoeffizient α definiert als Widerstandsänderung ($R_2 - R_1$) für 1 Ohm des ursprünglichen Widerstandes (R_1 bei $\vartheta_1{}^0$ C) und 1^0 C Temperaturänderung ($\vartheta_2 - \vartheta_1$).

Daraus ergibt sich:

$$R_2 = R_1 \cdot [1 + \alpha \cdot (\vartheta_2 - \vartheta_1)]$$

als Widerstand bei der Endtemperatur ϑ_2.

Bei Metallen wählt man ϑ_1 als Zimmertemperatur, während die Temperatur ϑ_2 durch Erwärmung in einem elektrisch geheizten Ölbad erhalten wird. Diese Messung führt man möglichst für verschiedene Temperaturen bis etwa 100^0 C aus, stellt die Widerstände R_2 als Funktion von ϑ_2 graphisch dar, berechnet aus einigen Punkten der ausgeglichenen Kurve $f(R_2, \vartheta_2)$ die Werte von α und bildet daraus den Mittelwert für das betreffende Temperaturintervall $\vartheta_1 \ldots \vartheta_2$.

23. Vergleichung von EMKen durch Kompensation (Du Bois-Reymond).

Nach der Schaltung Abb. 54 verwendet man hierbei eine konstante Hilfsstromquelle E, welche den Strom J zur Erzeugung der Kompensationsspannung liefern soll. Die beiden miteinander zu vergleichenden EMKe E_1 und E_2 werden nacheinander mit E verglichen.

Sind R_1 und R_1' die eingeschalteten Widerstände im Zweige ab und R bzw. R' in bc, so bestehen die Gleichungen:

$$\text{I.} \quad \frac{E}{E_1} = \frac{R_1 + R + r}{R_1} \qquad \text{II.} \quad \frac{E}{E_2} = \frac{R_1' + R' + r}{R_1'}.$$

[1] ETZ 1930 S. 1125. [2] ETZ 1931 S. 241. [3] ETZ 1931 S. 1056.

Daraus folgt
$$\frac{E_1}{E_2} = \frac{R_1' + R' + r}{R_1 + R + r} \cdot \frac{R_1}{R_1'}.$$

Lassen wir den Widerstand $R_1 + R = R_1' + R'$ konstant, so bleibt

$$\frac{E_1}{E_2} = \frac{R_1}{R_1'}.$$

Diese Schaltung bildet die Grundlage der in der Technik gebräuchlichen Kompensationsapparate.

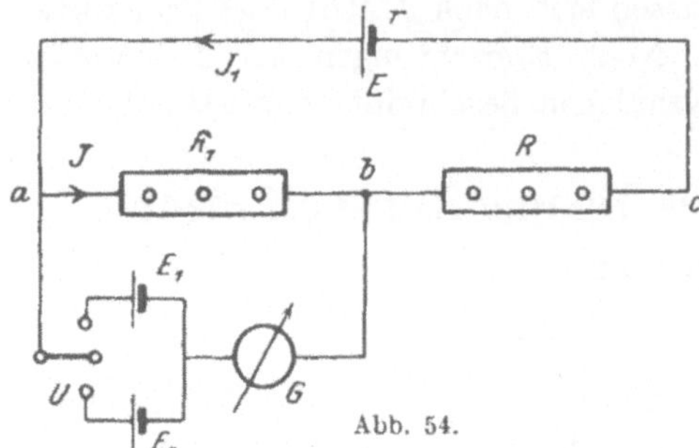

Abb. 54.

24. Messungen mit dem Kompensationsapparat.

a) Gleichstrom.

Um die Wirkungsweise eines Apparates von O. Wolff kennenzulernen, wollen wir die einfache Skizze (Abb. 55) benutzen. Sollen

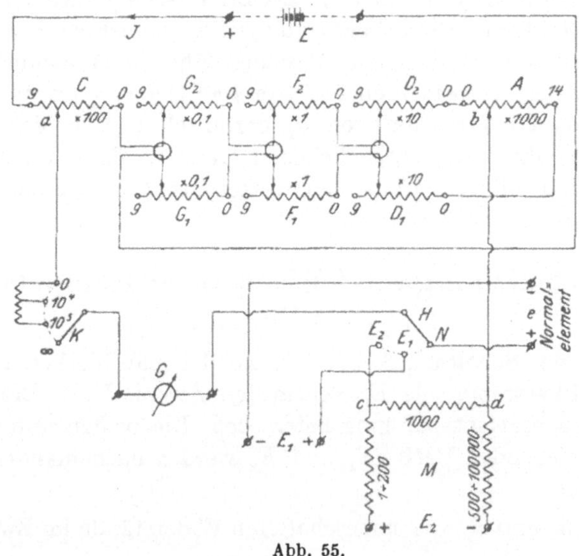

Abb. 55.

Spannungen unter 1,5 V gemessen werden, so legt man sie an die Klemmen E_1 an. Nachdem nun die Hilfsbatterie E eingeschaltet ist, wird Hebel H auf E_1 und K auf 100000 gelegt und die

Kurbeln $ACDGF$ so weit bewegt, bis das Galvanometer keine Ablenkung zeigt, dann wird K weiter nach Kontakt 0 gedreht, wodurch der Ballastwiderstand ausgeschaltet wird, der nur den Zweck hat, beim ersten Abgleichen eine zu starke Beanspruchung der Elemente zu vermeiden. Eine noch auftretende Ablenkung des Galvanometers wird durch genaues Einstellen der Widerstände beseitigt. Hierbei sei zwischen $a \div b$ an den Kurbeln C, G_2, F_2, D_2, A ein Widerstand von R_1 Ohm eingeschaltet. Bei G_1, F_1, D_1 wird nicht abgelesen, weil sie außerhalb der Abzweigung $a \div b$ liegen und nur G_2, F_2, D_2 zu 99,9 Ohm ergänzen, damit der ganze Widerstand R_0 des Hilfsstromkreises E konstant bleibt. Dann legt man Hebel K zurück auf Kontakt 100000 und H nach N und gleicht schließlich in derselben Weise wie vorher die EMK des Normalelements e durch einen Widerstand R_2 ab, dann bestehen folgende Beziehungen:

1. $E_1 = J \cdot R_1$ 2. $E = J \cdot R_0$ 3. $e = J \cdot R_2$.

Aus 1 und 2 folgt 4. $\frac{E_1}{E} = \frac{R_1}{R_0}$,

aus 2 und 3 folgt 5. $\frac{e}{E} = \frac{R_2}{R_0}$.

Durch Division der Gleichung 4 und 5 erhält man

$$\frac{E_1}{e} = \frac{R_1}{R_2} \qquad \text{oder} \qquad \boldsymbol{E_1 = \frac{R_1}{R_2} \cdot e}.$$

Ist die zu messende EMK größer als 1,5 V $= E_2$, so wird sie an den Widerstand M gelegt. Wird zur Beseitigung der Ablenkung im Galvanometer ein Widerstand R_3 zwischen $a \div b$ und R_4 (einschließlich 1000 Ohm zwischen $c \div d$) in M eingeschaltet, so besteht in den Punkten $c \div d$ eine zu kompensierende Spannung

$$E_2' = E_2 \cdot \frac{1000}{R_4}.$$

Es ist also in den früheren Formeln E_2' statt E_1 und R_3 statt R_1 zu setzen, woraus sich ergibt:

$$E_2' = E_2 \cdot \frac{1000}{R_4} = \frac{R_3}{R_2} \cdot e \qquad \text{oder} \qquad \boldsymbol{E_2 = \frac{R_3}{R_2} \cdot \frac{R_4}{1000} \cdot e}.$$

Eine neuere Ausführungsform besitzt zwei Verzweigungswiderstände 2 × 1; 10; 100; 1000 Ohm, welche leicht miteinander durch Umstecken zweier Stöpsel vertauscht werden können. Dadurch ist es möglich, den Kompensator gleichzeitig als Wheatstonesche Brücke zu benutzen. Außerdem enthält der Galvanometerumschalter einen Kontakt (10000 Ohm) mehr, da die Stufe 100000 ÷ 0 bei Galvanometern mit kleinerem Widerstand, wie sie hierbei vorteilhaft zur Verwendung kommen, zu groß ist.

Zur Vergleichung kleiner EMKe, insbesondere zur Untersuchung von Normalelementen, wurde von Wolff ein Kompensator[1] mit einem Widerstand von nur 15000 Ohm gebaut.

Zur Messung kleiner Spannungen, z. B. bei Thermoelementen, Widerstandsthermometern, Bestimmung der Wärmeleitung von Metallen u. dgl. ist von H. Diesselhorst[2] ein thermokraftfreier Apparat mit konstantem, kleinem Widerstand konstruiert worden.

Eine ausführliche Beschreibung von Kompensationsapparaten nebst Zubehör ist von H. Hausrath und Krüger[3] angegeben.

Außer der Bestimmung von EMKen lassen sich mit dem Kompensator auch Spannungsmesser eichen. Zu dem Zweck schließt man diese an die zu kompensierenden Spannungen E_1 oder E_2 (Abb. 55) an. Zur Messung von Stromstärken oder zum Eichen von Strommessern wird der betreffende Strom durch einen Präzisionswiderstand r von der in der PTR verwendeten Form geschickt (Abb. 56) und die Enden desselben mit E_1 verbunden. Findet sich dabei die Potentialdifferenz e_1 an den Enden des Widerstandes r, so ist der Strom

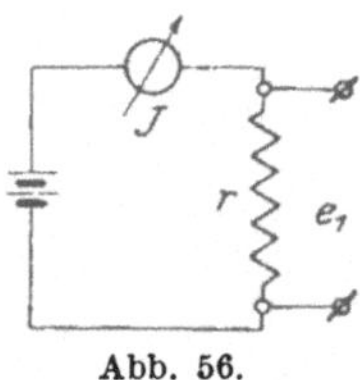

Abb. 56.

$$J = \frac{e_1}{r}.$$

Um einen Widerstand R zu messen, schaltet man ihn mit einem Präzisionswiderstand r in Reihe an eine geeignete Stromquelle. Mißt man dann die Spannung e_1 an r und E an R, so ergibt sich

$$R = \frac{E}{e_1} \cdot r.$$

Betreffs der Empfindlichkeit dieser Methode gegenüber der Wheatstoneschen Brücke und dem Differentialgalvanometer sind von W. Jäger[4] ausführliche Angaben gemacht worden.

Für manche Zwecke, wo es darauf ankommt, Strom- und Spannungsmesser am Gebrauchsorte mit einfachen Mitteln auf ihre Richtigkeit kontrollieren zu können, benutzt man eine tech-

[1] Z. Instrumentenkde. 1901 S. 227.
[2] Z. Instrumentenkde. 1906 S. 297; 1908 S. 1.
[3] Helios, Lpz. 1909 S. 429, 437, 445, 453.
[4] Z. Instrumentenkde. 1906 S. 69.

nische Kompensationseinrichtung[1] der Norma, Wien XVI*. Hierbei werden die Angaben eines Spannungs- und Strommessers durch Kompensation mit einem Normalelement und unter Benutzung eines Normalwiderstandes geprüft.

Weitere technische Kompensatoren einfacher Bauart stellen S & H, bestehend aus dem Zehnohm-Instrument mit 45 mV Spannungsabfall für den ganzen Ausschlag des Zeigers, einem Normalelement, Galvanometer, mehreren regelbaren Widerständen und Schaltern, und H & B her.

Zur Messung der Wasserstoffionen-Konzentration dient ein als Minimal-Potentiator bezeichneter Kompensator von Gans & Goldschmidt, Berlin, mit dem man in einfacher Weise noch Spannungsänderungen von 0,2 mV messen kann.

Als EMK des Weston-Normalelements rechnet man nach dem Beschluß des Internationalen Elektrotechnischen Comitees (IEC) seit Januar 1911

$$E = 1{,}01830 - 4{,}06 \cdot 10^{-5} \cdot (\vartheta - 20) - 9{,}5 \cdot 10^{-7} \cdot (\vartheta - 20)^2 + 10^{-7} \cdot (\vartheta - 20)^3$$

bei einem inneren Widerstand von 100 Ohm und einer Belastung < 100 mA, während für das Clark-Normalelement

$$E = 1{,}4324 - 119 \cdot 10^{-5} \cdot (\vartheta - 15) - 7 \cdot 10^{-6} \cdot (\vartheta - 15)^2$$

gilt.

b) Wechselstrom.

Die Kompensationsmethode für Wechselstrom ist zuerst von Ad. Franke[2] angegeben und später von Ch. V. Drysdale[3] ausführlich behandelt worden. Im Laufe der Zeit ist die Methode immer mehr verbessert worden.

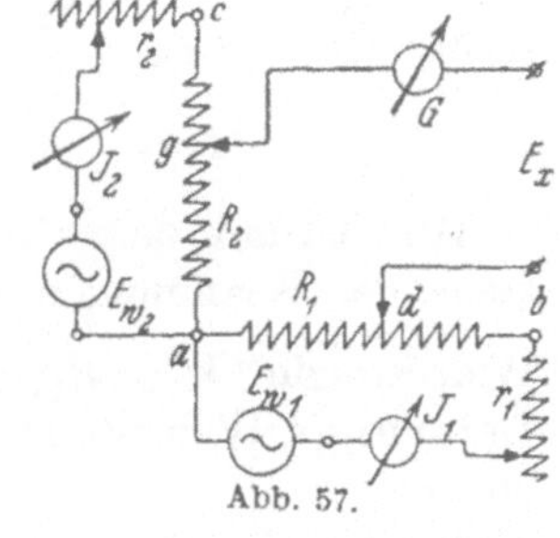

Abb. 57.

Die Grundlage des komplexen Kompensators bildet folgende Messung, Abb. 57. Danach schließt man die beiden um 90⁰ gegeneinander verschobenen Wechselspannungen E_{w_1} und E_{w_2} (Zweiphasen- oder Doppelgenerator) an die beiden reinen Widerstände *ab* und *ac* über Strommesser J_1, J_2 und Regelwiderstände. Die

[1] Elektrotechn. u. Maschinenb. 1907 Heft 39.
* Electro-J. 1926 Nr. 9. [2] ETZ 1891 S. 447.
[3] Philos. Mag. Bd. 17 (1909) S. 402; Z. Instrumentenkde. 1909 S. 356.

zu kompensierende Spannung E_x wird über ein Wechselstrom-Galvanometer (Fernhörer) G an die Kontakte d, g angeschlossen. Verschiebt man d und g so weit, bis G stromlos ist, dann gilt: $E_1 = J_1 \cdot R_1$, $E_2 = J_2 \cdot R_2$, $E_x = \sqrt{E_1^2 + E_2^2}$ bzw. $\dot{E}_x = \dot{E}_1 + j \cdot \dot{E}_2$ und nach Abb. 58: $\operatorname{tg} \varphi_1 = \frac{E_2}{E_1}$, $\operatorname{tg} \varphi_2 = \frac{E_1}{E_2}$.

Liegt E_x in einem anderen Quadranten der komplexen Ebene, dann muß J_1 oder J_2 oder beide kommutiert werden, wodurch eine Umlegung der betreffenden Phase um je 180° erfolgt.

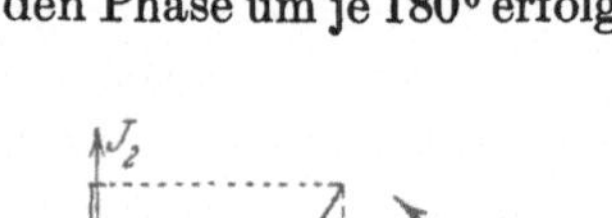

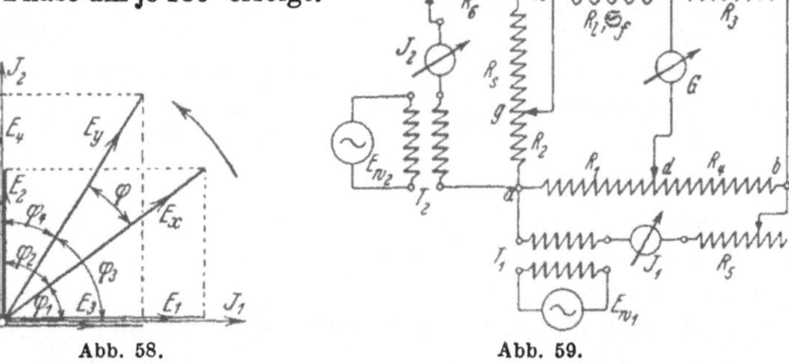

Abb. 58. Abb. 59.

Will man den Phasenwinkel φ zwischen zwei komplexen Spannungen E_x und E_y ermitteln, dann macht man nacheinander zwei Messungen in obiger Weise mit den Ablesungen für E_x, wie oben, und für E_y aus $E_3 = J_1 \cdot R_3$, $E_4 = J_2 \cdot R_4$, $E_y = \sqrt{E_3^2 + E_4^2}$, $\operatorname{tg} \varphi_3 = \frac{E_4}{E_3}$, $\operatorname{tg} \varphi_4 = \frac{E_3}{E_4}$. Daraus folgt:

$$\operatorname{tg} \varphi = \operatorname{tg}(\varphi_3 - \varphi_1) = \frac{\operatorname{tg} \varphi_3 - \operatorname{tg} \varphi_1}{1 + \operatorname{tg} \varphi_3 \cdot \operatorname{tg} \varphi_1} = \frac{E_1 \cdot E_4 - E_2 \cdot E_3}{E_1 \cdot E_3 + E_2 \cdot E_4}.$$

Auf Grund dieser Anordnung zweier senkrecht zueinander stehender Spannungen kann man nun auch Wechselstrom-Widerstände $W = \dot{R}_l \pm j \cdot \dot{S}_f = \sqrt{R_l^2 + S_f^2}$ bestehend aus dem Leistungs-Widerstand R_l und dem Feld-Widerstand $S_f = S - S_c$ messen.

Zu dem Zweck macht man nach E. Kennelly[1] folgende Schaltung (Abb. 59): Die beiden reinen Widerstände ab und ac werden wie in Abb. 57 oder über Transformatoren T_1 und T_2 an die um 90° gegeneinander verschobenen Wechselspannungen E_{w_1} und

[1] Electr. Wld. Bd. 57 (1911) S. 783.

E_{w_2} angeschlossen und der Strom $J_1 = J_2$ gemacht. Verschiebt man nun die Kontakte d und g so weit, bis das Galvanometer (Fernhörer) G stromlos ist, dann gilt:

$$\frac{R_l}{R_1} = \frac{\mathfrak{S}_f}{R_2} = \frac{R_3}{R_4}. \quad \text{Daraus folgt:} \quad R_l = R_1 \cdot \frac{R_3}{R_4}, \quad S_f = R_2 \cdot \frac{R_3}{R_4},$$

$$\operatorname{tg} \varphi = \frac{S_f}{R_l} = \frac{R_2}{R_1}.$$

Zur Messung von Wechselspannungen nach Größe und Phase verwendet man weiter folgende Schaltung (Abb. 60). Man legt die zu messende Spannung E_1 an die Klemmen K_1, die über einen Widerstandsschalter S_1, Wechselstromgalvanometer G mit zwei Schneiden eines Spannungsteilers Kad, bestehend aus Schleifdraht Ka und induktionsfreiem Präzisionswiderstand ad in Verbindung stehen. Der Spannungsteiler erhält einen nach Größe und Phase veränderlichen Strom über einen Strommesser J und Regulierwiderstand R von den Sekundärklemmen uv eines Phasenreglers Ph, der von der Hilfsstromquelle E gespeist wird. Der Phasenregler besitzt eine Zweiphasenwicklung, deren Phase II über einen induktionsfreien[1] Widerstand R_2 in Reihe oder parallel zum Kondensator C den zur Erzeugung eines Drehfeldes erforderlichen phasenverschobenen Strom erhält (sogenannte Kunstphase)[2].

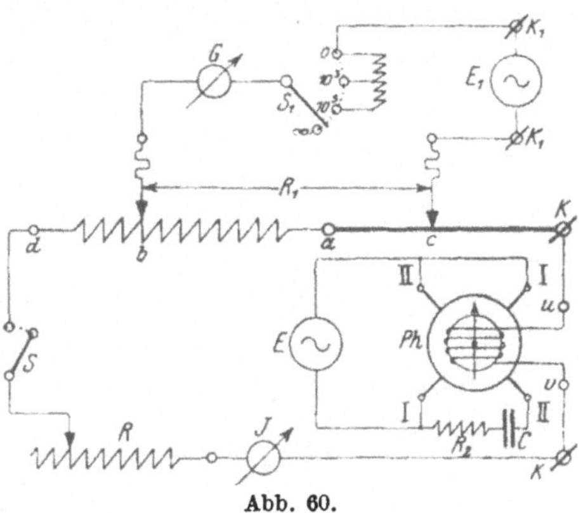

Abb. 60.

Verschiebt man nun die Schneiden b und c und stellt die Phase des Stromes J so ein, daß G keine Ablenkung zeigt, dann ist

$$\boldsymbol{E_1 = J \cdot R_1},$$

wo R_1 den Widerstand zwischen den Schneiden bedeutet.

Mit Hilfe einer Schaltung nach Abb. 56 kann man unter Verwendung eines bekannten, induktionsfreien Widerstandes r auch Stromstärken und weiter auch Leistungen messen, da ja der Phasenwinkel aus der Stellung des Phasenreglers bestimmt ist.

[1] ETZ 1912 S. 721. [2] Linker: Der Einphasenmotor, II. Abschnitt.

Bei kleineren Phasenwinkeln (bis 1^0) verwendet man die Methode von H. Schering und E. Alberti[1] oder die Anordnung von C. Déguisne[2].

Eine andere Methode zur Kompensationsmessung von Wechselspannungen hat A. Larsen[3] bei der Konstruktion seines komplexen Kompensators nach Abb. 61 benutzt. Entsprechend der komplexen Form einer Wechselspannung wird der reelle Anteil durch die Spannung E_1 an einem induktionsfreien Widerstande R_1, der imaginäre durch die EMK E_2 einer mit ihm hintereinandergeschalteten Spule mit gegenseitiger Induktivität $\mathfrak{S}_g$ kompensiert. Dabei wird die Spannung $E_1 = J \cdot R_1$ durch Ver-

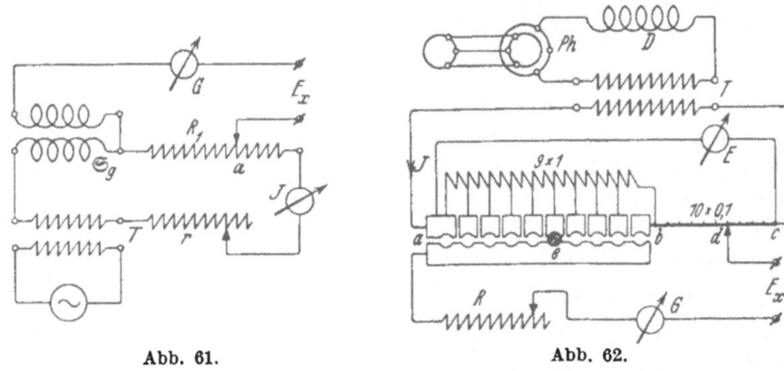

Abb. 61. Abb. 62.

schieben des Kontakts a und Änderung von R_1, die EMK $E_2 = J \cdot \omega \cdot \mathfrak{S}_g$ durch Verändern von $\mathfrak{S}_g$ eingestellt. Es gilt dann:

$$E_x = \sqrt{E_1^2 + E_2^2} = J \cdot \sqrt{R_1^2 + \omega^2 \cdot \mathfrak{S}_g^2} \quad \text{und} \quad \operatorname{tg} \varphi = \frac{E_2}{E_1} = \frac{\omega \cdot \mathfrak{S}_g}{R_1}.$$

In dem besonderen Fall der Hintereinanderschaltung eines verlustfreien Kondensators mit einer Gegeninduktionsspule kann diese Methode auch zur Messung der Periodenzahl ν eines Wechselstromes dienen.

Beide Arten der Kompensationsmessung sind von Barbagelata und Emanueli in einer Schrift[4] des Internationalen Kongresses für angewandte Elektrotechnik, Turin 1911, aus-

---

[1] Arch. Elektrotechn. 1914 S. 263.

[2] Arch. Elektrotechn. 1917 S. 303; ETZ 1919 S. 416.

[3] ETZ 1910 S. 1039.

[4] I metodi di opposizione colle correnti alternate usw. Turin: Vincenzo Bona 1912.

führlich beschrieben und ihre Theorie sowie die der verschiedenen Wechselstromgalvanometer entwickelt. U. a. ist auch ein Kompensator (Potentiometer) angegeben, der nach den Angaben von V. Drysdale[1] von Tinsley & Co., London, gebaut ist.

W. v. Krukowski[2] hat einen einfachen Wechselstromkompensator nach Abb. 62 angegeben, der einen Stöpselrheostaten ab von 9×1 Ohm und einen Meßdraht bc von 1 m Länge und 1 Ohm mit verschiebbarem Schleifkontakt d enthält, die über einen Transformator T und Drosselspule D an einen Phasenschieber Ph angeschlossen sind. Die Spannung E wird durch Änderung der Maschinenerregung konstant gehalten. Die Spannung zwischen d und Stöpsel e ist proportional dem dazwischen liegenden Widerstand R_1. Sie dient zur Kompensation der zu messenden Spannung E_x, deren Abgleichung am Vibrationsgalvanometer G (oder Telephon) als Nullinstrument festgestellt wird. Zeigt das Galvanometer G, auch wenn $E_x = J \cdot R_1 = \frac{E}{10} \cdot R_1$ ist, noch eine Ablenkung, so muß mittels Phasenschiebers Ph die Phase geändert werden.

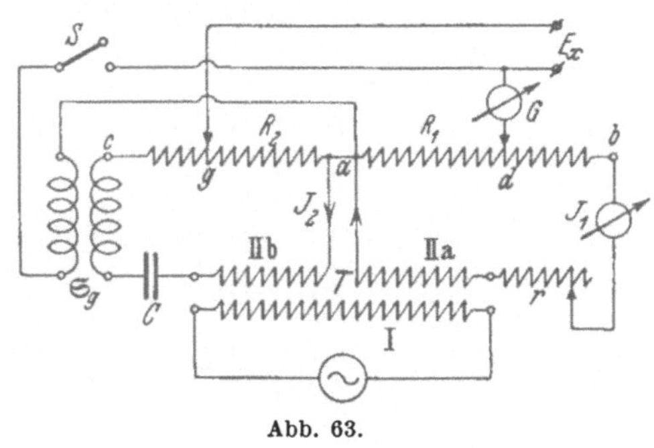

Abb. 63.

Bei einem von C. Gall[3] angegebenen Kompensator werden nach Abb. 63 die beiden Teilspannungen an zwei mit Stromwendern versehenen Kompensationswiderständen ab und ac geregelt, die von zwei um 90° gegeneinander verschobenen Strömen durchflossen werden.

Schließt man zuerst den Schalter S, verändert $\mathfrak{S}_g$ so weit, daß $\omega \cdot \mathfrak{S}_g = R_1'$ zwischen ad wird, und regelt J_1 und C, bis das Galvanometer G stromlos ist, dann ist $J_2 \cdot \omega \cdot \mathfrak{S}_g = J_1 \cdot R_1'$. Hierfür sind die Ströme $J_1 = J_2$ und um 90° gegeneinander ver-

[1] Electrician Bd. 75 S. 157; ETZ 1916 S. 656.
[2] Der Wechselstromkompensator. Berlin: Julius Springer 1920.
[3] Electrician Bd. 90 (1923) S. 360.

schoben. Nun öffnet man den Schalter S, schließt E_x an und stellt R_1 und R_2 so ein, daß G stromlos wird, dann gilt:

$$E_x = \sqrt{J_1^2 \cdot R_1^2 + J_2^2 \cdot R_2^2} = J_1 \cdot \sqrt{R_1^2 + R_2^2}\,.$$

M. Wald[1] beschreibt einen Kompensator, der aus 2 Dynamometern besteht. Ihre festen Spulen werden von Strömen mit einer gegenseitigen Phasenverschiebung von 90° gespeist, während an die in Reihe geschalteten Drehspulen, die keiner mechanischen Richtkraft im stromlosen Zustande unterliegen, die zu messende Wechselspannung angeschlossen wird.

Ohne Phasenschieber arbeitet der Schleifdrahtkompensator von W. Geyger[2] der Firma H & B. Nach Abb. 64 liegen die beiden Meßdrähte $M_1 = ab$ mit dem Widerstande r_1 und $M_2 = df$ mit dem Widerstande r_2 über einen Umschalter U an den beiden Wicklungen eines Lufttransformators T_l. Parallel zu M_1 liegt der konstante reine Widerstand R_1, in Reihe mit M_2 der regelbare R_2. Die Wechselstromquelle ist über einen Isoliertransformator T an den Primärkreis angeschlossen, dessen Strom J durch den Widerstand R eingestellt werden kann. Die Mitten gc der Meßdrähte sind leitend miteinander verbunden.

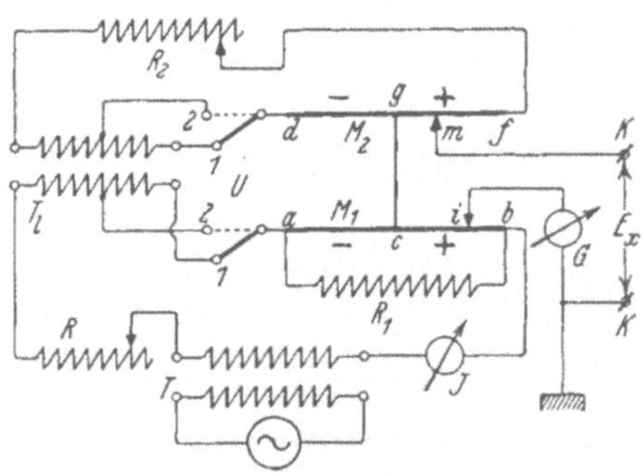

Abb. 64.

Legt man nun an die Klemmen K die zu messende Spannung E_x an und verschiebt die Schneiden i und m auf den Meßdrähten so weit, bis das Nullinstrument G keine Ablenkung (oder ein Minimum) zeigt, dann berechnet sich E_x folgendermaßen:

Bei einem Strom J Amp ist die Spannung zwischen den Punkten ab des Meßdrahts M_1

$$1. \quad E_1 = J \cdot \frac{r_1 \cdot R_1}{r_1 + R_1}\,.$$

[1] ETZ 1930 S. 1583.

[2] ETZ 1924 S. 692, 1348; 1927 S. 811; Arch. Elektrotechn. Bd. 17 (1926) S. 213; Bd. 23 (1929) S. 447; Helios, Lpz. 1926 Heft 9; Jb. drahtl. Tel. Bd. 34 S. 223.

Hat der Transformator T_l die gegenseitige Induktivität $\mathfrak{S}_g$, dann tritt bei einer Kreisfrequenz ω ($\nu = 25 \ldots 2500$ Hz) zwischen den Punkten df des Meßdrahts M_2 eine Spannung

$$2.\quad E_2 = J \cdot \omega \cdot \mathfrak{S}_g \cdot \frac{r_2}{r_2 + R_2}$$

auf, die bei geeigneten Abmessungen des Lufttransformators[1] in der Phase gegen E_1 um 90^0 (Abweichung < 1 min) verschoben ist. Durch Regeln des Widerstandes R_2 kann man

$$\frac{r_1 \cdot R_1}{r_1 + R_1} = \omega \cdot \mathfrak{S}_g \cdot \frac{r_2}{r_2 + R_2} = r$$

machen, wofür dann $E_1 = E_2$ wird.

Stellt man noch den Strom J so ein, daß jeder Längeneinheit des Meßdrahts eine passende Spannungsgröße zukommt, so geben die Abstände $ic = E'$ und $mg = E''$ die beiden Anteile der Spannung E_x, und zwar rechts von gc positiv, links davon negativ an. Es ist dann $E_x = \sqrt{E'^2 + E''^2}$ und der Phasenwinkel $\varphi = \operatorname{arc\,tg} \frac{E''}{E'}$ bezogen auf den Strom J, was auch zeichnerisch ermittelt werden kann. Der Umschalter U ermöglicht es, das Übersetzungsverhältnis bzw. die Induktivität des Lufttransformators T_l zu verändern. Die Meßgenauigkeit beträgt $< 1\%$ bei Spannungen und < 30 min bei Phasenwinkeln.

Dieser Kompensator eignet sich auch zur Untersuchung von Selenzellen[2].

Wechselstromkompensatoren können für die verschiedenartigsten Messungen Verwendung finden, wie V. Drysdale[3] gezeigt hat.

Als Meßapparate kann man im kompensierten Zweig außer dem allgemein benutzten Telephon noch das von M. Wien[4] verbesserte optische Telephon anwenden. Hierbei werden durch die magnetischen Wirkungen der Wechselströme elastische Transversalschwingungen einer Membran erzeugt, die durch Spiegel und Lichtstrahl sichtbar gemacht werden. Das Abstimmen des Instruments ist verhältnismäßig umständlich. Am geeignetsten ist aber das Vibrationsgalvanometer (s. Nr. 12).

---

[1] Arch. Elektrotechn. Bd. 12 (1923) S. 370; Bd. 14 (1925) S. 560; Bd. 15 (1925) S. 174; ETZ 1925 S. 1491, 1783.

[2] Arch. Elektrotechn. Bd. 20 (1929) S. 224 (W. Geyger).

[3] J. Instn. electr. Engr. Bd. 68 (1930) S. 339.

[4] Wied. Ann., N. F. 1891 S. 593, 681.

25. Messungen mit dem Elektrometer.

Von den verschiedenen Konstruktionen eignen sich für technische Messungen am besten die **Quadrantenelektrometer.** Das Quadrantenelektrometer besitzt vier gegeneinander sorgfältig isolierte Teile: Vier Quadranten einer durch zwei zueinander senkrechte Schnitte geteilten flachen, zylindrischen Metallbüchse, eine darin frei bewegliche, biskuitförmige Nadel und ein das ganze System gegen äußere elektrostatische Einflüsse abschließendes Gehäuse. Je zwei diametral gegenüberliegende Quadranten sind leitend miteinander verbunden und wie die Nadel und das Gehäuse mit Zuleitungsklemmen versehen.

Schematisch soll das Instrument durch das Zeichen Abb. 65 dargestellt werden. Die von seiten der Quadranten auf die Nadel ausgeübte Kraftwirkung wird durch die Direktionskraft einer bifilaren Aufhängung oder durch die Torsion eines dünnen Metallfadens (Wollastondraht) kompensiert. Zugunsten der Empfindlichkeit sind die Messungen jedoch keine absoluten, da mit der Drehung der Nadel die Konstante des Instruments sich ändert. Es muß demnach durch eine vergleichende Messung mit einem Normalelement die Eichkurve des Elektrometers bestimmt werden.

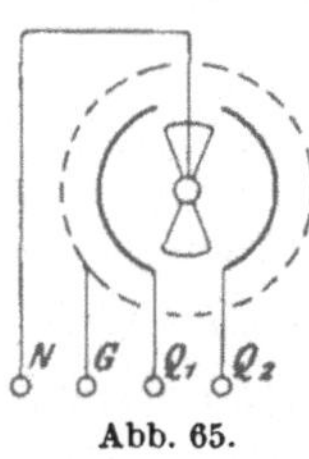

Abb. 65.

Nach M a x w e l l läßt sich die Ablenkung α (gemessen in Skalenteilen) in Abhängigkeit von den Potentialen E_1 und E_2 der beiden Quadranten und N der Nadel durch die Gleichung

$$\alpha = c \cdot (E_1 - E_2) \cdot \left(N - \frac{E_1 + E_2}{2}\right)$$

darstellen. Hierin ist allerdings der Einfluß der Kontaktpotentiale des Instruments nicht berücksichtigt. Die Nadel muß symmetrisch zu beiden Quadranten stehen. Zur Prüfung leitet man beide Quadrantenpaare nach der Erde ab, ladet die Nadel auf ein beliebiges passendes Potential und stellt durch Veränderung der Höhenlage der Nadel auf die kleinste Ablenkung ein. Nun dreht man den Torsionsknopf der Nadelaufhängung so weit, daß beim Kommutieren des Nadelpotentials entgegengesetzt gleiche Ablenkungen auftreten. Vor dem Beginn der Messung soll außerdem das Instrument längere Zeit elektrisiert stehen bleiben, damit sich die Ladung auch auf die isolierenden Stützen verteilt; andernfalls ist es schwer, eine konstante Nullage zu erhalten.

Nach neueren Untersuchungen von E. Orlich[1], in denen der Einfluß der Kontaktpotentiale berücksichtigt ist, läßt sich die allgemeine Elektrometergleichung in der Form

$$\begin{aligned} \boldsymbol{D \cdot \alpha = a_0 \cdot N^2} &\boldsymbol{+ a_1 \cdot E_1^2} &\boldsymbol{+ a_2 \cdot E_2^2} \\ \boldsymbol{+ b_0 \cdot E_1 \cdot E_2} &\boldsymbol{+ b_1 \cdot N \cdot E_1} &\boldsymbol{+ b_2 \cdot N \cdot E_2} \\ \boldsymbol{+ c_0 \cdot N} &\boldsymbol{+ c_1 \cdot E_1} &\boldsymbol{+ c_2 \cdot E_2} \end{aligned}$$

darstellen.

Hierin sind N, E_1, E_2 die Potentiale der Nadel und Quadranten gegen das Gehäuse, a, b, c Konstanten, die nach Orlich (a. a. O.) experimentell bestimmbar sind und der Bedingung genügen:

$$a_1 - a_2 = -b_1 = b_2 , \qquad c_1 = -c_2 ;$$

während

$$D = 1 + u \cdot (N - E_1) \cdot (N - E_2) + v \cdot (E_1 - E_2)^2$$

die Direktionskraft des Systems darstellt. Nach Angaben von H. Schultze[2] ist es durch eine entsprechende Justierung möglich, u und auch v zu Null zu machen. Steht die Nadel nicht

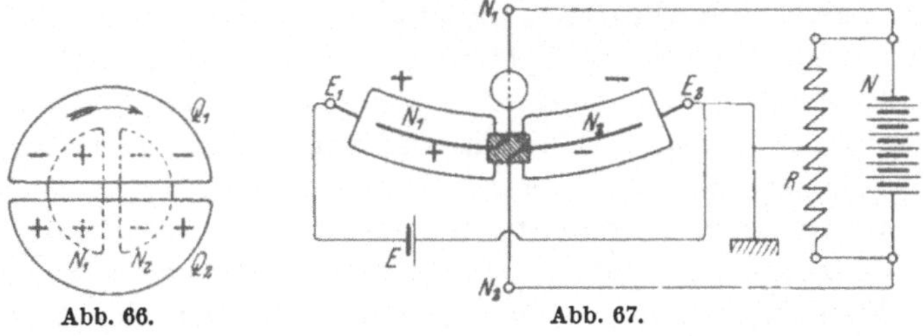

Abb. 66. Abb. 67.

symmetrisch, so macht man vier Ablesungen mit kommutierten Nadel- und Quadrantenpotentialen.

Vorteilhaft ist das von M. Curie[3] angegebene Elektrometer mit zweiteiliger Nadel und zwei Quadranten, das sogenannte Binantenelektrometer (Abb. 66). Um aber bei höheren Ladungen N ein seitliches Anpendeln der Nadel an die Quadranten zu vermeiden, sind Nadel und Quadranten zur Vergrößerung der Festigkeit als flache konzentrische Kugelschalen ausgebildet. Die am meisten gebrauchte Schaltung (Quadrantenschaltung) zeigt Abb. 67. Dafür ist nun ohne Kommutation Proportionalität

---

[1] Z. Instrumentenkde. 1903 S. 97.

[2] Z. Instrumentenkde. 1906 S. 147; 1907 S. 72; 1908 S. 144.

[3] Lum. électr. 1886 S. 148.

nach der Gleichung:

$$\alpha = c \cdot (N_1 - N_2) \cdot (E_1 - E_2).$$

Wird durch Erdung der Mitte der Nadel-Ladestromquelle $N_2 = -N_1 = \frac{N}{2}$ gemacht und ist $E = E_1 - E_2$ die zu messende Spannung, dann erhält man

$$\alpha = c \cdot N \cdot E.$$

Läßt sich die Ladestromquelle nicht teilen, so legt man einen Widerstand R (etwa $10^5 \div 10^7$ Ohm) dazu parallel und erdet seine Mitte.

Die Empfindlichkeit ist bei gleicher Kapazität der Instrumente für Nadelladungen über 200 V größer als beim gewöhnlichen Elektrometer. Das Instrument läßt sich auch für Zeigerablesung von einigen Millivolt bis 100 V gebrauchen, da Proportionalität bei niedrigen Nadelpotentialen vorhanden ist. Der Meßbereich liegt also innerhalb fünf Zehnerpotenzen. Das Instrument läßt sich auch als Leistungsmesser verwenden, wenn man die der Stromstärke entsprechende, von einem Normalwiderstande abgezweigte Spannung an die Binanten anlegt und die der Leistung zukommende Spannung auf die Nadelhälften einwirken läßt. Das Instrument wird von G. Bartels, Göttingen, nach Angaben von F. Dolezalek[1] angefertigt.

Ein ähnliches Instrument ist das Duantenelektrometer von G. Hoffmann[2], das wegen des geringen Gewichts der Nadel aus Platindraht von $^1/_{100}$ mm Durchmesser und der torsionsschwachen Aufhängung (Wollastondraht von $3\,\mu$ Dicke) eine große Empfindlichkeit besitzt (7,6 Elektronen/sec ließen sich noch bestimmen).

Sehr empfindlich ist auch das Instrument von Mully[3].

Für sehr hohe Spannungen bis 100000 V eignet sich das Elektrometer von Righi[4].

Abweichend von den bisherigen Ausführungen besitzt das Saitenelektrometer von C. W. Lutz[5] eine auf ein Hilfspoten-

[1] Ann. Physik Bd. 26 (1908) S. 312—328.

[2] Physik. Z. 1912 S. 480, 1029; 1924 S. 6; Z. Instrumentenkde. 1913 S. 229; 1919 S. 289; Ann. Physik 1913 S. 1196; 1917 S. 665.

[3] Physik. Z. 1913 S. 237; ETZ 1913 S. 750.

[4] Wied. Ann. 1883 S. 564; Z. Instrumentenkde. 1892 S. 377; Ann. Physik S. 592 (C. Müller).

[5] Physik. Z. 1912 S. 954; 1923 S. 166; Z. Instrumentenkde. 1917 S. 5.

tial geladene Saite aus Platindraht von etwa 2 μ Dicke, die zwischen zwei an die zu messende Potentialdifferenz angeschlossenen Schneiden ausgespannt ist, während das Elektrometer von W. Kohlhörster[1] statt des geraden Fadens wie beim Einfadenelektrometer von Th. Wulf[2] eine bzw. zwei Schleifen aus leitend gemachtem Quarzfaden zwischen zwei in Form eines Drahtrechtecks ausgebildeten, auf Hilfspotentiale geladenen Schneiden enthält. Die Kapazität beträgt etwa $1{,}5 \cdot 10^{-12}$ Farad (1,6 cm) bei einer Schleife und $2{,}2 \cdot 10^{-12}$ Farad (2,5 cm) bei zwei Schleifen. Mit einem geeigneten Hilfspotential läßt sich dabei eine Empfindlichkeit von 0,01 V für 1 Skalenteil erzielen.

Eine ähnliche Bauart zeigt ferner das Torsionsfadenelektrometer von E. Perucca[3], dessen Nadel aus einem vergoldeten Quarzfaden in Form einer rechteckigen Schleife an einem Torsionsfaden aus gleichem Stoff zwischen zwei den Quadranten entsprechenden Platten schwebt. Bei 20 mm Plattenabstand und einer Hilfsspannung von 80 V an den Platten beträgt die Empfindlichkeit 1 mV je Skalenteil.

Ein gut transportables Instrument zur Messung von Spannungen bis 1000 V ist das Drehspulelektrometer von B. Szilard[4]. Es kann auch zur Messung schwacher Ströme dienen[5].

Je nach dem Zweck der Messung unterscheidet man nun beim Quadrantenelektrometer die Quadranten-, Nadel- und Doppelschaltung.

a) Die Quadrantenschaltung.

Sie wird zur Messung niedriger Potentialdifferenzen E benutzt, indem man nach Abb. 68 diese an die Quadranten $Q_1\,Q_2$ anschließt, während die Nadel auf ein konstantes hohes Hilfspotential N (ca. 100 bis 150 V) über einen Spannungsteiler R_h (ca. 300000 Ohm) durch eine Hilfsbatterie H (Zambonische Säule, Akkumulator oder Trockenelemente von ca. 300 V) geladen wird. Q_2 und Gehäuse G

---

[1] Z. Instrumentenkde. 1924 S. 348, 494; Physik. Z. 1925 S. 654; ETZ 1925 S. 1122. Hersteller: Günther & Tegtmeyer, Braunschweig.

[2] Physik. Z. 1914 S. 250.

[3] Z. Instrumentenkde. 1927 S. 524. Hersteller: Dr. C. Leiss, Steglitz.

[4] C. R. Acad. Sci., Paris Bd. 156 (1913) S. 779; Z. Instrumentenkde. 1913 S. 350.

[5] C. R. Acad. Sci., Paris Bd. 157 (1913) S. 768; Z. Instrumentenkde. 1914 S. 136.

können geerdet werden. Um das Instrument für Spannungsmessungen zu eichen, schließt man an die Quadranten statt E ein Normalelement e (Weston: 1,0183 V bei 20° C; Clark: 1,4324 V bei 15° C, S. 79) an und bestimmt für die vier Lagen der Umschalter U_1 und U_2 die zugehörigen Ablenkungen α_1 bis α_4. Dann gelten, da $E_2 = 0$, $E_1 = \pm e$ ist, für die Stellungen:

U_1	U_2	die Gleichungen:
⁞ ⁞	⁞ ⁞	$D \cdot \alpha_1 = a_0 \cdot N^2 + a_1 \cdot e^2 + b_1 \cdot N \cdot e + c_0 \cdot N + c_1 \cdot e$
···· ····	⁞ ⁞	$D \cdot \alpha_2 = a_0 \cdot N^2 + a_1 \cdot e^2 - b_1 \cdot N \cdot e - c_0 \cdot N + c_1 \cdot e$
···· ····	···· ····	$D \cdot \alpha_3 = a_0 \cdot N^2 + a_1 \cdot e^2 + b_1 \cdot N \cdot e - c_0 \cdot N - c_1 \cdot e$
⁞ ⁞	···· ····	$D \cdot \alpha_4 = a_0 \cdot N^2 + a_1 \cdot e^2 - b_1 \cdot N \cdot e + c_0 \cdot N - c_1 \cdot e$

Bildet man $\alpha = \tfrac{1}{2}(\alpha_1 - \alpha_2 + \alpha_3 - \alpha_4)$,

so ergibt sich $\alpha = \dfrac{2 b_1}{D} \cdot N \cdot e$

oder $\boldsymbol{\alpha = \dfrac{1}{c_q} \cdot N \cdot e}$,

worin $c_q = \dfrac{D}{2 b_1}$

die Konstante des Elektrometers für die Quadrantenschaltung genannt wird. Nach Versuchen von H. Schultze (a. a. O.) ändert sich der Faktor c_q für Spannungen bis etwa 500 V nach der Gleichung

$$c_q = c \cdot (1 + u \cdot N^2),$$

d. h. es ist $D = 1 + u \cdot N^2$. Stellt man nun α in Abhängigkeit von verschiedenen Spannungen e, die man sich nach der Kompensationsmethode oder mittels Spannungsteilers und Normalelementen herstellt, zeichnerisch dar, so erhält man die Eichkurve $f(\alpha, e)$ des Elektrometers. Die Konstante c_q läßt sich ebenso wie c und u aus zwei Messungen mit zwei verschiedenen bekannten Nadelpotentialen N für denselben Wert von e ermitteln.

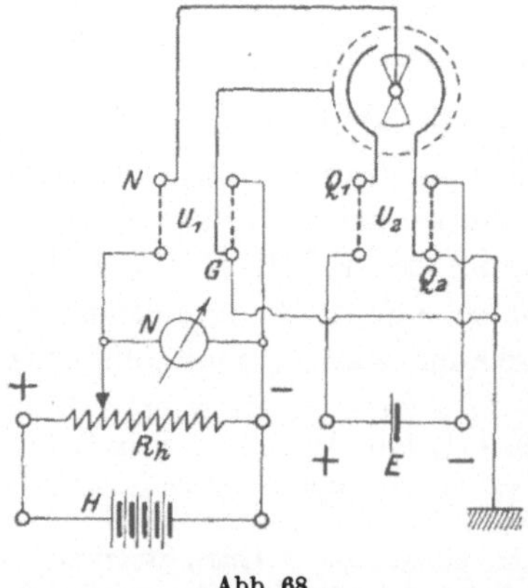

Abb. 68.

Ist die Eichkurve bei $N =$ konst eine Gerade, und ersetzt man e durch eine zu messende Spannung E, für die der Ablenkungswinkel β auftritt, dann erhält man

$$E = \frac{\beta}{\alpha} \cdot e.$$

Zur Prüfung der Beständigkeit des Nadelpotentials N kann ein kleines Hilfselektrometer oder ein Spannungsmesser verwendet werden. Für öftere Messungen mit dem Elektrometer empfiehlt es sich, die Ablenkungen direkt in Volt zu eichen, so daß man sich Umrechnungen ersparen kann.

Zur Vergleichung höherer Potentiale würde die Quadrantenschaltung zu große Ablenkungen ergeben. Daher benutzt man in diesem Fall die Umkehrung derselben, nämlich:

b) Die Nadelschaltung.

Das Schema zeigt Abb. 69. Man legt die zu untersuchende Stromquelle E von höherer Spannung an Nadel und Gehäuse und leitet dieses zur Erde ab. Die Quadranten schließt man an zwei Punkte a, b eines an eine Stromquelle bekannter Spannung oder ein Normalelement e angelegten großen Widerstandes R_0 (> 100000 Ohm) so an, daß zwischen dem Erdungspunkt m und den Anschlußstellen a, b gleiche Widerstände r liegen. Macht man wieder vier Ablesungen bei Kommutation von U_1 und U_2, so erhält man, wenn

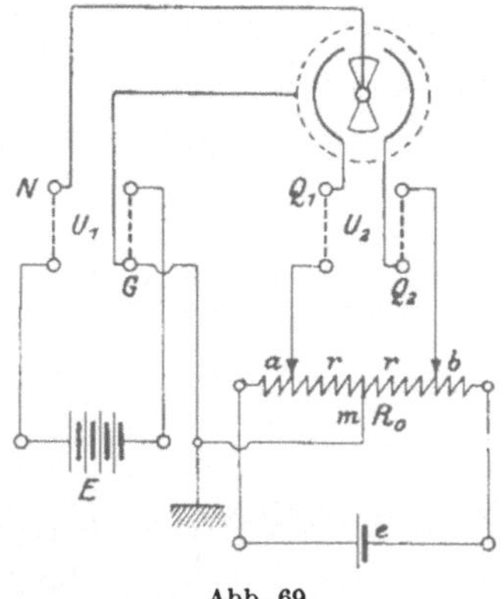

Abb. 69.

$$E_1 - E_2 = E_q = e \cdot \frac{2r}{R_0}$$

die Potentialdifferenz zwischen Q_1 und Q_2 ist und man $b_2 = - b_1$ und $c_2 = - c_1$ setzt,

$$\alpha = \frac{2b_1}{D} \cdot E \cdot E_q \quad \text{oder} \quad \boldsymbol{\alpha = \frac{1}{c_n} \cdot E \cdot E_q},$$

wo $c_n = c_q$ und $D = 1 + (4v - u) \cdot E_q^2$ ist. Die Eichung kann auch hier wieder durch eine Stromquelle bekannter Spannung E erfolgen.

Die beiden bisher angegebenen Schaltungen bezeichnet man

auch als heterostatische, da bei ihnen noch eine fremde Stromquelle benutzt wird. Will man von dieser Unbequemlichkeit frei sein, so benutzt man

c) Die Doppelschaltung

oder idiostatische, deren Schema Abb. 70 angibt. Hierbei legt man ein Quadrantenpaar (Q_1) mit der Nadel zusammen an einen Pol der Stromquelle und das andere Quadrantenpaar (Q_2) und Gehäuse (G) an den anderen Pol. Das Gehäuse wird außerdem zur Erde abgeleitet.

Dafür gelten dann die Gleichungen:

U_1	U_2	$D \cdot \alpha =$
⋮⋮	⋮⋮	$a_0 \cdot E^2 + a_1 \cdot E^2 + 0 + b_1 \cdot E^2 + 0 + c_0 \cdot E + c_1 \cdot E + 0$
⋯⋯	⋮⋮	$a_0 \cdot E^2 + 0 + a_2 \cdot E^2 + 0 + b_2 \cdot E^2 - c_0 \cdot E + 0 - c_2 \cdot E$
⋯⋯	⋯⋯	$a_0 \cdot E^2 + a_1 \cdot E^2 + 0 + b_1 \cdot E^2 + 0 - c_0 \cdot E - c_1 \cdot E + 0$
⋮⋮	⋯⋯	$a_0 \cdot E^2 + 0 + a_2 \cdot E^2 + 0 + b_2 \cdot E^2 + c_0 \cdot E + 0 + c_2 \cdot E$.

Hieraus folgt

$$D \cdot \alpha = (a_1 - a_2 + b_1 - b_2) \cdot E^2 = b_1 \cdot E^2, \quad \text{da} \quad a_1 - a_2 = b \quad \text{war},$$

oder

$$\alpha = \frac{b_1}{D} \cdot E^2 = \frac{1}{c_d} \cdot E^2,$$

worin $c_d = \frac{D}{b_1}$ die Konstante für die Doppelschaltung bedeutet.

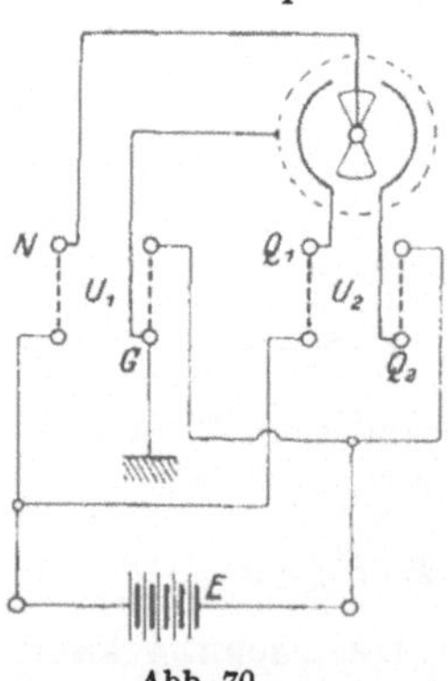

Abb. 70.

Ferner ist $D = 1 + v \cdot E^2$ etwas von E abhängig. Die Eichung erfolgt hierbei in der Weise, daß man für bekannte Spannungen E, die man sich durch eine Akkumulatorenbatterie und einen Widerstand als Spannungsteiler in verschiedener Größe herstellen kann, die dazu gehörigen Ablenkungen α bestimmt und in einer Eichkurve $f(E, \alpha)$ darstellt.

Die bei den Elektrometermessungen notwendigen Hilfsapparate (Schalter, Taster usw.) müssen natürlich ebenso sorgfältig isoliert sein wie die Quadranten des Instruments, andernfalls leicht Fehler auftreten können.

In welcher Weise elektrostatische Spannungsmesser geeicht

und zur Messung hoher Gleichspannungen verwendet werden, ist von Wm. Bender[1] angegeben worden.

d) Wechselstrommessungen.

Die Brauchbarkeit des Elektrometers für Wechselstrommessungen unter Anwendung der mit Gleichstrom gefundenen Konstanten ist von Orlich auf Grund eingehender Versuche[2] einwandfrei festgestellt worden. Man kann damit vorteilhaft Spannungen und Leistungen bestimmen. In der allgemeinen Elektrometergleichung hat man dann Mittelwerte statt der konstanten Gleichstromwerte einzusetzen.

1. Messung von Wechselspannungen. Hierzu verwendet man die Doppelschaltung, für die die Beziehung besteht:

$$\alpha = \frac{1}{T} \cdot \int_0^T \alpha_t \cdot dt = \frac{1}{c_d} \cdot \frac{1}{T} \cdot \int_0^T E_t^2 \cdot dt = \frac{1}{c_d} \cdot E^2,$$

worin E den Wert der zu messenden Wechselspannung bedeutet. Da nun die linearen Glieder verschwinden, weil der Mittelwert $\frac{1}{T}\int_0^T E_t \cdot dt = 0$ ist, so braucht man hierbei nur zwei Ablesungen zu machen, woraus man $\alpha = \alpha_1 - \alpha_2 = \alpha_3 - \alpha_2 = \alpha_3 - \alpha_4 = \alpha_1 - \alpha_4$ bildet. Es ist dann

$$E^2 = \frac{D}{b_1} \cdot \alpha.$$

Hat man das Instrument nicht nach der Schultzeschen Vorschrift justiert, so bestimmt man die Konstante $c_d = \frac{D}{b_1}$ für mehrere Spannungen und stellt sie als Funktion von α zeichnerisch dar.

Für Spannungen über 200 V ist es angebracht, einen Spannungsteiler zwischenzuschalten und zur Sicherheit einen Punkt zu erden. Damit die auf die Nadel einwirkende Teilspannung aus dem abgezweigten Widerstande einwandfrei berechnet werden kann, darf man besonders bei sehr großen Widerständen wegen der Kapazitätswirkung nur das Ende des Widerstandes erden, d. h. an das Gehäuse anschließen, die Abzweigleitung dagegen an die Nadel legen. Die zweite Ablenkung erhält man durch Kommutieren von U_2; U_1 darf nicht umgeschaltet werden.

[1] J.opt. Soc. Amer. Bd. 17 (1928) S. 72; Z. Instrumentenkde. 1929 S. 261.

[2] Z. Instrumentenkde. 1909 S. 33; ETZ 1909 S. 435.

Ein praktisch brauchbarer Spannungsteiler bis 1200 V ohne Kapazitätswirkung ist von E. Orlich und H. Schultze[1] angegeben worden. Baxmann[2] führt bis zu 75000 V die Spannungsteilung durch Kondensatoren aus.

Ist es jedoch nicht gestattet, wegen mangelnder Isolation oder veränderter Betriebsbedingungen einen Pol der Hochspannung zu erden, so legt man parallel zum Spannungsteiler einen in der Mitte geerdeten Hilfswiderstand R_e und das nicht geerdete Gehäuse G an die Mitte c des Spannungsteilers R_0, wie es in Abb. 72 im Spannungskreise angegeben ist.

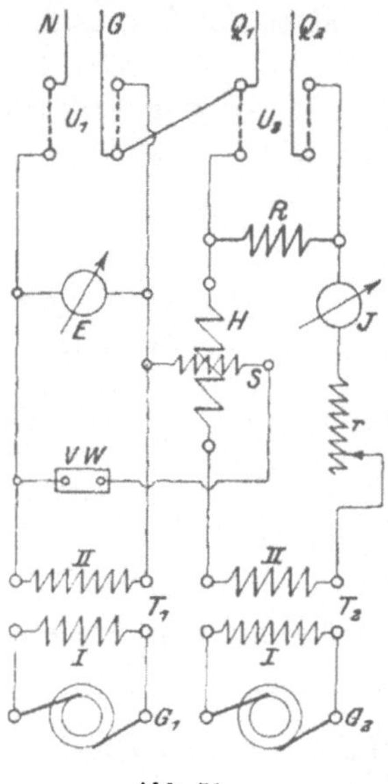

Abb. 71.

Auch durch eine Differentialschaltung des Elektrometers läßt sich nach Drewell[3] eine Wechselspannung E_w mit bekannten Gleichspannungen E_g vergleichen. Man verbindet die Nadel mit dem Gehäuse, legt E_w zwischen Gehäuse und Q_1 und kompensiert die Ablenkung durch eine Gleichspannung E_{g_1} zwischen G und Q_2. Dann vertauscht man die Pole der Gleichspannung und erhält wieder die Ablenkung Null für eine andere Spannung E_{g_2}. Beide Male kontrolliert man die Nullage in beiden Lagen des Umschalters U_2.

Infolge des Verschwindens der Konstanten erhält man dann

$$E_w^2 = E_{g_1} \cdot E_{g_2} \,.$$

Ein für die Versuche besonders geeigneter Umschalter ist ebenfalls von Orlich[4] angegeben worden.

2. Messung der Leistung von Wechselströmen. Hierbei wird das Elektrometer in der Quadrantenschaltung benutzt. Will man nun einen Leistungs- oder Arbeitsmesser mit künstlicher Belastung, d. h. getrenntem Hauptstrom- und Spannungskreis untersuchen, dann macht man nach Abb. 71 folgende Schaltung:

[1] Arch. Elektrotechn. 1912 S. 1, 88; ETZ 1913 S. 246.
[2] Physik. Z. 1912 S. 744.
[3] Z. Instrumentenkde. 1903 S. 110. [4] ETZ 1909 S. 436.

Man verbindet die Klemmen G und Q_1 miteinander, legt die [N]adel an die Hochspannungswicklung II eines Transformators T_1 [u]nd parallel dazu die Spannungsspule S des Leistungsmessers. [D]ie Hauptstromspule H schließt man mit einem induktionsfreien [W]iderstand R, einem Strommesser J und Regulierwiderstand r [a]n die Niederspannungswicklung II eines Transformators T_2 an. Die Transformatoren sind an einen Doppelgenerator[1] G_1 und G_2 angeschlossen, bei dem der Stator von G_2 gegen G_1 verdrehbar ist, um die Phase des Stromes J gegen die Spannung E verändern zu können.

Für große Stromstärken bis zu 1000 A aufwärts muß der Hilfswiderstand R möglichst induktionsfrei sein. Die günstigsten Konstruktionen sind dafür von L. Lichtenstein[2] und nach demselben Prinzip von A. Campbell[3], ferner von Orlich[4] angegeben worden. Cl. C. Paterson und E. H. Rayner[5] verwenden wassergekühlte Röhren aus Manganin mit induktionsfreien Potentialleistungen nach Campbell bis etwa 2000 A. Für stärkere Ströme wird in einer besonderen Konstruktion der PTR[6] die induktive Wirkung durch eine kleine Hilfsspule in den Potentialleitungen kompensiert.

Für die gezeichneten Lagen von U_1 und U_2 erhält man die Ablenkung

$$D \cdot \alpha_1 = a_0 \cdot M(E_t^2) + a_2 \cdot M(J_t^2 \cdot R^2) + b_2 \cdot M(E_t \cdot J_t \cdot R).$$

Legt man U_2 um, so wird

$$D \cdot \alpha_2 = a_0 \cdot M(E_t^2) + a_2 \cdot M(J_t^2 \cdot R^2) - b_2 \cdot M(E_t \cdot J_t \cdot R).$$

Daraus folgt

$$\alpha_1 - \alpha_2 = \alpha = \frac{2\,b_2}{D} \cdot R \cdot M\,(E_t \cdot J_t).$$

Setzt man für den Mittelwert $M\,(E_t \cdot J_t) = \frac{1}{T}\int_0^T E_t \cdot J_t \cdot dt$ den Wert der Leistung N ein, so erhält man

$$\alpha = \frac{R}{c_q} \cdot N$$

oder

$$\boldsymbol{N = \frac{c_q}{R} \cdot \alpha}\,.$$

---

[1] ETZ 1891 S. 447; 1902 S. 774; 1907 S. 502.

[2] Dinglers polytechn. J. 1906 Heft 7.

[3] Electr. Wld. 1904 S. 728; Electrician 1908 S. 1000; Z. Instrumentenkde. 1909 S. 87.

[4] Z. Instrumentenkde. 1909 S. 241; ETZ 1911 S. 420.

[5] J. Instn. electr. Engr. 1909 S. 455; Z. Instrumentenkde. 1909 S. 238.

[6] Z. Instrumentenkde. 1909 S. 149.

Darin wird c_q mit Gleichstrom ermittelt. Für Hochspannung macht man folgende Schaltung (Abb. 72):

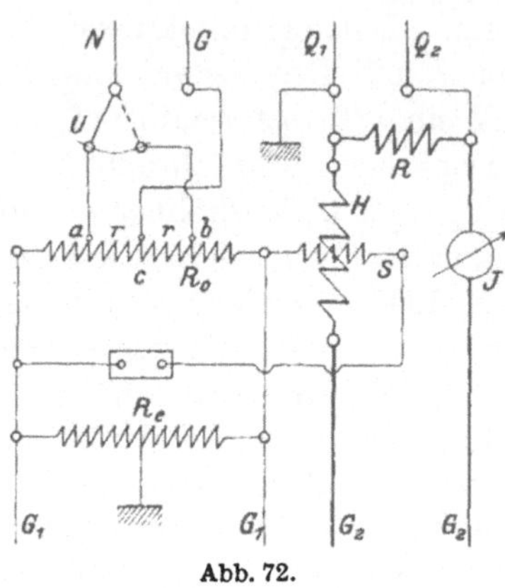

Abb. 72.

Hierbei erdet man Q_1 und legt das ungeerdete Gehäuse (G) an die Mitte c des Spannungsteilers R_0. Parallel zu R_0 legt man einen großen Hilfswiderstand R_e, dessen Mitte geerdet wird. Die Nadel schließt man an die um den Widerstand r gegen c verschobenen Punkte a und b an.

Die Ablenkungen α_1 und α_2 erhält man durch Umlegen des einzigen Umschalters U. Dann gilt die Beziehung:

$$N = \frac{c_q}{R} \cdot \frac{R_0}{r} \cdot \alpha .$$

Um die in einem Stromverbraucher ($a \div b$) umgesetzte Leistung zu messen, macht man bei Niederspannung folgende Schaltung (Abb. 73):

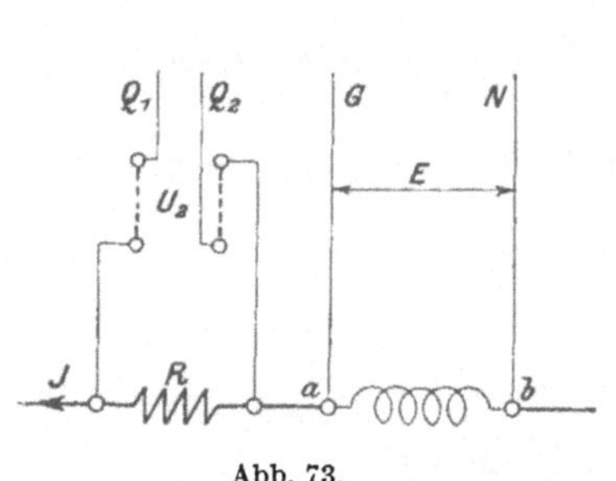

Abb. 73.

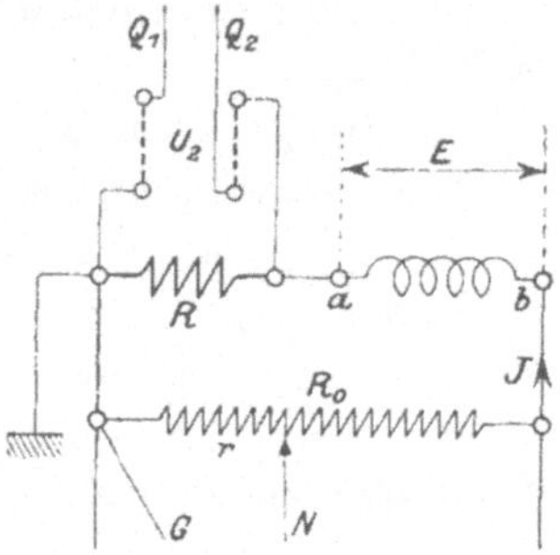

Abb. 74.

Für die beiden Lagen des einzigen Umschalters U_2 erhält man, wenn R ein induktionsfreier Hilfsmeßwiderstand ist, die Beziehungen:

$$D \cdot \alpha_1 = a_0 \cdot M(E_t^2) + a_1 \cdot M(J_t^2 \cdot R^2) + 0 + b_1 \cdot M(E_t \cdot J_t \cdot R) + 0$$

$$D \cdot \alpha_2 = a_0 \cdot M(E_t^2) + 0 + a_2 \cdot M(J_t^2 \cdot R^2) + 0 - b_2 \cdot M(E_t \cdot J_t \cdot R).$$

Daraus folgt:

$$D \cdot (\alpha_1 - \alpha_2) = D \cdot \alpha = (a_1 - a_2) \cdot M(J_t^2 \cdot R^2) + R \cdot (b_2 - b_1) \cdot M(E_t \cdot J_t)$$

oder

$$\alpha \cdot \frac{D}{R} = (a_1 - a_2) \cdot J^2 \cdot R + (b_2 - b_1) \cdot N = b_2 \cdot J^2 \cdot R + 2 b_2 \cdot N .$$

Die wirkliche Leistung zwischen $a \div b$ ist demnach bestimmt aus:

$$N = \frac{D}{2\,b_2} \cdot \frac{\alpha}{R} - \frac{1}{2} \cdot J^2 \cdot R$$

oder

$$\boldsymbol{N = c \cdot \frac{\alpha}{R} - \frac{1}{2} \cdot J^2 \cdot R.}$$

Im allgemeinen kann man das Glied $\frac{1}{2} J^2 \cdot R$ vernachlässigen.

Bei Hochspannung schließt man G und N nach Abb. 74 nicht direkt an $a \div b$, sondern an einen Spannungsteiler R_0 an, der nach W. B. Kouwenhoven[1] gewissen Bedingungen genügen muß.

Dann ist die Leistung

$$N = \frac{R_0}{r} \cdot c \cdot \alpha + \frac{R_0 - 2\,r}{2\,r} \cdot J^2 \cdot R.$$

Diese Messungen sind jedoch bei Spannungen E unter 10 V höchstens auf 1‰ genau.

Die Schaltung ist von E. H. Rayner[2] zur Messung der Energieverluste in Isoliermaterialien verwendet worden.

Weitere Angaben über die Verwendung elektrostatischer Systeme zur Leistungsmessung sind von Cl. C. Paterson, E. H. Rayner und A. Kinnes[3] und E. Mayer[4] gemacht worden.

Einige Beispiele, welche die fast allgemeine Benutzung des Elektrometers bei Wechselstrommessungen, u. a. auch zum Vergleich der Phasenwinkel von Widerständen bei hoher Frequenz (5000 Hz) und zur Messung dielektrischer Verluste, dartun, sind von Orlich[5], G. Nymann[6], W. B. Kouwenhoven und P. L. Betz[7], D. M. Simons und W. S. Brown[8] angegeben worden.

Man kann die Leistung auch nach einer Nullmethode[9] bestimmen, wobei man eine Gleichstromhilfsspannung zur Kompensation und außerdem ein Normalelement benutzt. Das Produkt aus den durch Kommutation erhaltenen zwei Kompensationsspannungen und der EMK des Normalelements ist ein Maß für die Leistung des Wechselstromes.

---

[1] Arb. elektrotechn. Inst. Karlsruhe Bd. 3 S. 139.

[2] J. Instn. electr. Engr. 1912 S. 3; ETZ 1913 S. 1350.

[3] Electrician Bd. 71 (1913) S. 126, 182; Z. Instrumentenkde. 1914 S. 29.

[4] Physik. Z. 1913 S. 394.

[5] ETZ 1909 S. 466; Z. Instrumentenkde. 1909 S. 241.

[6] Z. Physik 1926 S. 907; ETZ 1927 S. 1116.

[7] J. Amer. Inst. electr. Engr. Bd. 45 (1926) S. 652; ETZ 1927 S. 1116; Electr. Wld. Bd. 86 (1925) S. 55.

[8] Trans. Amer. Inst. electr. Engr. Bd. 43 (1924) S. 311.

[9] Z. Instrumentenkde. 1903 S. 112.

26. Strommessung mit dem Voltameter.

Voltameter sind Apparate, die es ermöglichen, aus den elektrolytischen Wirkungen des Stromes die Elektrizitätsmenge bzw. Stromstärke zu bestimmen. Fließt ein konstanter Strom von J Amp während t sec durch eine Flüssigkeit entsprechend der Elektrizitätsmenge $Q = J \cdot t$ Coulomb, so ergeben sich die von ihm abgeschiedenen Stoffmengen nach dem Faradayschen Gesetz

$$G = \varepsilon \cdot J \cdot t \quad \text{mg}.$$

Darin ist $\varepsilon = \frac{G}{J \cdot t} = \frac{G}{Q}$ definiert als die von der Einheit der Elektrizitätsmenge (1 Coulomb) abgeschiedene Stoffmenge in mg und heißt das elektrochemische Äquivalentgewicht.

Da die Valenzladung $F = 96494$ Coulomb* ein chemisches Grammäquivalent $\frac{a}{w}$ abscheidet, wo a das Verbindungs- oder chemische Äquivalent-Gewicht in g, w die Wertigkeit bedeuten, so ist $\varepsilon = \frac{a \cdot 1000}{w \cdot F}$. Für Silber ist

$$\varepsilon = \frac{107{,}88 \cdot 1000}{1 \cdot 96494} = 1{,}11800 \quad \text{mg/Coulomb};$$

für Kupfer aus $CuSO_4$ ist

$$\varepsilon = \frac{63{,}57 \cdot 1000}{2 \cdot 96494} = 0{,}3294.$$

Folgende Voltameter kommen zur Verwendung:

a) Silbervoltameter[1].

Es besteht aus einem Platintiegel als Kathode oder negativer Pol, in dem die Abscheidung des Silbers erfolgt, und einem Stab aus reinem Silber als Anode oder positiver Pol. Um zu verhindern, daß kleine Silberteilchen von der Anode abfallen und die Messung fehlerhaft machen, umwickelt man den Stab mit feiner Seide (gewaschen) oder stellt auf den Boden des Tiegels ein kleines Glasschälchen. Als Normallösung bringt man in den Tiegel nach Angaben der PTR eine Lösung von 30 g Silbernitrat ($AgNO_3$) in 100 g destilliertem chlorfreien Wasser[2]. Die Stromdichte soll an der Kathode etwa 2 A/dm^2 betragen. Man stellt nun die Schaltung nach Abb. 75 her.

* ETZ 1930, S. 586.

[1] ETZ 1913 S. 232, 1168; 1914 S. 789, 819; Z. Instrumentenkde. 1922 S. 221.

[2] ETZ 1901 S. 435.

Darin ist E ein Akkumulator von $4 \div 6$ V Spannung, R ein Regulierwiderstand, G ein Galvanoskop oder Strommesser zum Erkennen der Konstanz des Stromes oder zur Eichung, V das Voltameter, S ein Ausschalter.

Durch einen Vorversuch wird die richtige Stromdichte eingestellt, S geöffnet und der Platintiegel herausgenommen. Nachdem er mit Salpetersäure gereinigt ist, wird er mit destilliertem Wasser, dann mit Alkohol gespült und schwach geglüht. Nach Abkühlung bestimmt man das Gewicht G_1 in mg, bringt den Tiegel nach Füllung an seinen Platz und schließt S. Nach t sec öffnet man den Stromkreis, entfernt die Lösung aus dem Tiegel, spült ihn mit destilliertem Wasser so lange, bis das Spülwasser durch Salzsäurezusatz keine Trübung zeigt, und stellt nach dem Trocknen sein Gewicht G_2 fest. Das Gewicht des Niederschlages im Tiegel ist dann $G = G_2 - G_1$ mg. War der Strom J konstant, so rechnet er sich aus:

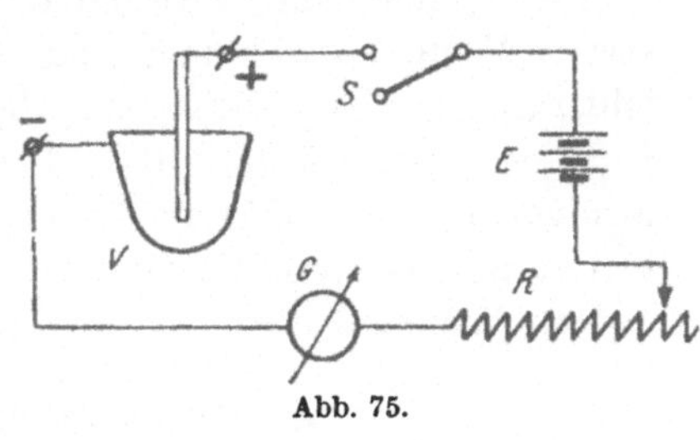

Abb. 75.

$$J = \frac{G_2 - G_1}{1{,}11800 \cdot t} \text{ Amp.}$$

Bei Schwankungen der Stromstärke würde die Formel den Mittelwert ergeben.

b) Kupfervoltameter.

Es dient zur Messung größerer Stromstärken. Als Anode verwendet man ein Blech aus Elektrolytkupfer, als Kathode ein solches aus Platin. Der Elektrolyt besteht aus:

150 g krist. Kupfersulfat,
10 g konz. Schwefelsäure,
50 g Alkohol,
1000 g dest. Wasser.

Als Stromdichte rechnet man etwa $j = 2{,}5$ A/dm^2 für die Kathodenfläche.

Nach dem Ausschalten ist die Kathode mit dem Niederschlag sofort mit destilliertem Wasser abzuspülen, zu trocknen und zu wägen, damit das gefällte Kupfer nicht oxydiert.

c) Jodvoltameter.

In einem zylindrischen Glasgefäß hängt axial eine Zinkkathode über der Anode in Form eines kegelförmigen Platindrahtnetzes. Der Elektrolyt besteht aus:

15 g Chlorzink,
5 g Jodkalium,
80 g dest. Wasser.

Als Stromquelle verwendet man einen Akkumulator von etwa 8 V mit Vorwiderstand zur Ausschaltung von Polarisationsfehlern. An der Anode scheidet sich bei einer Stromdichte $j = 0{,}04 \ldots 0{,}06$ A/dm^2 das Jod mit dem elektrochemischen Äquivalent $\varepsilon = 1{,}3154$ mg/Coulomb ab, dessen Menge durch Titration mit Natriumthiosulfat ($Na_2S_2O_3 + 5\,H_2O$) ermittelt wird. Vgl. auch die Angaben von Vinal und Bates[1].

d) Quecksilbervoltameter.

Es wird hauptsächlich als Arbeitsmesser verwendet, und zwar in der von Schott & Gen., Jena, verbesserten Form des Stiazählers[2]. Als Anode dient Quecksilber in einem Glassieb, als Kathode Iridium. Der Elektrolyt besteht aus Quecksilberjodid und Kaliumjodid in Wasser. Das ausgeschiedene Quecksilber wird in einem geeichten Glasrohr aufgefangen.

e) Knallgasvoltameter.

Als Elektroden dienen Platinbleche am unteren Ende eines oben geschlossenen, mit verdünnter Schwefelsäure von $\gamma = 1{,}13 \ldots 1{,}15$ spez. Gewicht gefüllten Glaszylinders. Die Spannung soll $> 1{,}48$ V sein. Es wird $^1/_5$ ccm Knallgas von 20° C bei einem Druck von 725 Tor ausgeschieden. Die Stromdichte kann bis zu 200 A/dm^2 betragen.

27. Messung von Wechselspannung und Stromstärke.

a) Bei niedriger Spannung (... 250 V) und Frequenz (50 Hz).

Für die gebräuchlichen Spannungen verwendet man direkt zeigende Instrumente mit Dreheisen-, elektrodynamischem, elektro-

---

[1] Bull. Bur. Stand. 1914 S. 425. [2] ETZ 1909 S. 784, 976; 1910 S. 624.

statischem oder Hitzdraht-Meßsystem, und zwar entsprechend dem Stromverbrauch am vorteilhaftesten in den Grenzen 100 ... 600 V (Dreheisen), 15 ... 60 V (dynamisch), 100 ... 200 V (statisch), 0,1 ... 50 V (Hitzdraht).

Zur Messung kleiner Werte der Spannung bis etwa 24 mV hinauf kann das Universalgalvanometer[1] der Cambridge Instr. Co. dienen, das als Gleichstrominstrument in Verbindung mit einem Vakuum-Thermoelement arbeitet. Statt dieses Hilfsgeräts enthält der Wechselspannungsmesser von S & H[2] und das Wevometer[3] für 100 μV bis 600 V bei 1 ... 2 mA Stromverbrauch einen Trocken-Gleichrichter (Kupferoxydul[4]) als elektrisches Ventil.

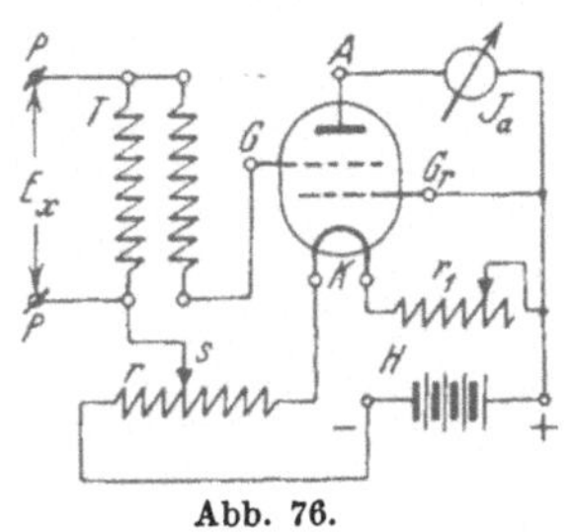

Abb. 76.

Sehr kleine Spannungen von etwa $2 \cdot 10^{-5}$ V lassen sich nach J. Brentano[5] mittels einer Brückenschaltung unter Verwendung von 2 Doppelgitterröhren störungsfrei messen, womit noch Energien von $8 \cdot 10^{-12}$ Erg angezeigt werden. C. Hütter[6] mißt mit einem fremderregten Leistungsmesser kleine Spannungen von 10 ... 150 mV.

Am einfachsten erweisen sich jedoch Schaltungen unter Zuhilfenahme von Elektronenröhren[7] zur Messung niedriger Wechselspannungen ohne wesentlichen Leistungsverbrauch und frequenzunabhängig, wie es bei den sogenannten Röhrenspannungsmessern[8] der Fall ist. Ein derartiges Instrument von S & H mit Doppelgitterröhre für Spannungen von 0,1 ... 10 V zeigt Abb. 76. Die zu messende Spannung E_x wird an die Klemmen P eines Spartransformators T angelegt, dessen freie Klemme an das Gitter G angeschlossen ist. Durch den auf dem negativen

[1] Electrician Bd. 96 (1926) S. 242; ETZ 1927 S. 505.

[2] Siemens-Z. 1930 S. 531. [3] P. Gossen & Co., Erlangen.

[4] Physic. Rev. Bd. 27 S. 813; J. Amer. Inst. electr. Engr. Bd. 46 (1927) S. 215 (L. O. Grondahl u. P. H. Geiger); ETZ 1927 S. 1738; J. sci. Instrum. 1929 S. 23; ETZ 1929 S. 721.

[5] ETZ 1928 S. 1815. [6] Helios, Lpz. 1929 S. 509.

[7] C. R. Acad. Sci., Paris Bd. 169 (1919) S. 59 (H. Abraham, E. u. L. Bloch); J. Physique Chim. Bd. 1 (1920) S. 44.

[8] Helios, Lpz. 1919 S. 193, 201; Jb. drahtl. Tel. Bd. 18 (1921) S. 38; Z. Fernm.-Techn. 1926 S. 9 (K. Hohage).

Teil des Heizwiderstandes r verschiebbaren Kontakt s kann die Gittervorspannung eingestellt werden. Das Raumladegitter G_r und die Anode A sind an die Heizbatterie (6 V) angeschlossen. Die Angaben des Anodenstrommessers J_a sind ein Maß für die Spannung E_x.

Eine andere Schaltung mit Anodengleichrichtung zur Messung von Spannungen von 1 ... 10 V zeigt Abb. 77. Mit Hilfe des Spannungsteilerwiderstandes r (ca. 10000 Ohm) ist eine solche Gittervorspannung einzustellen, daß die Röhre ($D = 10\%$) am unteren Knie der Röhrencharakteristik arbeitet. Der zu diesem Arbeitspunkt bei einer mittels Kontakts s einstellbaren Anoden-

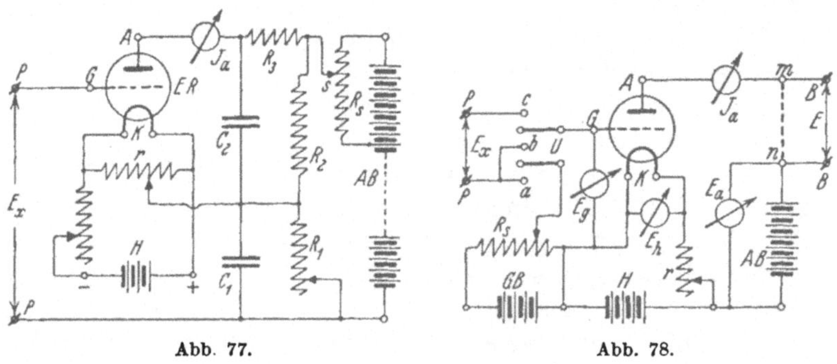

Abb. 77. Abb. 78.

spannung E_a (ca. 200 V) der Batterie (oder Netzanschlußgerät $A\,B$) auftretende Anodenstrom J_{a_0} gilt als Nullpunkt für die Eichung des Instruments in Volt. Schwankt die Spannung E_a, so ist vor jeder Messung dieser Nullpunkt einzustellen. Es kann dann die Eichung der Skala mit Niederfrequenz (50 Hz) und Spannungsteiler über die Klemmen P in bekannter Weise erfolgen, gilt dann aber auch für beliebig hohe Frequenzen. Damit die Eichung längere Zeit konstant bleibt, ist es zweckmäßig, die Röhre unter dem normalen Wert zu heizen. Vorteilhaft wählt man $R_1 = 10000$, $R_2 = 90000$, $R_3 = 100000$ Ohm, $C_1 = 1$, $C_2 = 0{,}5\,\mu$F, J_a bis ca. 10^{-3} A zeigend. Will man kleinere Spannungen als 1 V messen, so wählt man eine Röhre mit $D = 1 \ldots 2\%$ und $R_1 = 2000$, $R_3 = 2 \ldots 4 \cdot 10^6$ Ohm, $C_2 = 20000$ cm, und für $J_a = 10^{-5} \ldots 10^{-4}$ A.

Eine weitere Schaltung stellt Abb. 78 dar. Hier ist eine besondere Gitterbatterie mit Spannungsteiler R_s vorhanden. Bei der Messung von Wechselstromspannungen muß nun die Bedingung erfüllt sein, daß die Elektronenröhre als Gleichrichtventil arbeitet. Nach Abb. 47 kann das auf zweierlei Weise erreicht werden, nämlich dadurch, daß man entweder die Gittervorspannung E_g bei konstanter Anodenspannung E_a so weit verändert, bis der Anodenstrom $J_a = 0$ ist, oder bei konstanter Spannung E_g die Anodenspannung E_a ändert. Zur Eichung des Instruments legt man bei konstanter Heizfadenspannung E_h zunächst den Umschalter U auf ab und stellt am Spannungsteiler R_s eine Gitterspannung E_g so ein, daß $J_a = 0$ ist. Dann legt man U nach bc um und schließt an die Klemmen P eine Stromquelle mit bekannten, verschieden groß einstellbaren Spannungen E_x an, zu denen die Anodenströme J_a festgestellt werden. Mit Hilfe der so gefundenen Eichkurve $f(E_x, J_a)$ lassen sich dann unbekannte Spannungen E_x ermitteln. Um nun dabei kleine bekannte Spannungswerte E_x einzustellen, kann man sie von einem zwischengeschalteten Spannungsteiler mit reinem Widerstand R abgreifen und proportional den Abzweigwiderständen bestimmen. Natürlich lassen sich hiermit nur Spannungen von gleicher oder Sinusform vergleichen, da bei verschiedener Kurvenform die Gleichrichtwirkung von den Oberwellen beeinflußt und verschieden groß wird. Eine ähnliche Schaltung ist von A. L. Fitch[1] angegeben.

Um größere Werte von Wechselspannungen E zu messen, als es bei dieser Schaltung möglich ist, legt man den Umschalter nach ab und stellt am Spannungsteiler R_s eine Gitterspannung E_g ein, so daß $J_a = 0$ ist. Schließt man jetzt die zu messende Spannung E an die Klemmen B an, nachdem man vorher die Verbindung m—n geöffnet hat, dann zeigt J_a eine Ablenkung an, zu der aus der Eichkurve eine Spannung E_x entnommen wird. Da nun bei der Gitterspannung E_g beim Durchgriff D dieselbe Wirkung auftritt wie bei einer Anodenspannung $E_a = \frac{E_g}{D}$, so ergibt sich zur Spannung E_x der Eichkurve die zu messende Spannung $E = \frac{E_x}{D}$.

Eine ähnliche Schaltung besitzen die Instrumente von

---

[1] J. opt. Soc. Amer. Bd. 14 (1927) S. 348; Z. Instrumentenkde. 1928 S. 567.

E. B. Moullin[1] der Cambridge Instr. Co. für Spannungen bis 1,5 bzw. 10 V.

Weitere Schaltungen sind von S & H[2], R. A. Heising[3] und E. Bluhm[4] angegeben. Untersuchungen an Röhrenspannungsmessern sind von Suits[5] ausführlich behandelt. H. Gewecke[6] mißt Spannungen von 1 . . . 5 V und 40 . . . 60 Hz mit einem Elektrometer und Spannungswandler.

Zur Messung kleiner Wechselstromstärken bis zu 20 μA hinab dient das schon vorhin erwähnte Wevometer, die Spiegel-Dynamometer von S & H für 50 . . . 700 μA und H & B[7] mit einer Empfindlichkeit von 1 μA bei 2 m Skalenabstand sowie Thermo-Umformer bzw. Galvanometer, bei denen die Wechselstromenergie mittels Thermoelementen in Schaltungen nach Angaben von W. Duddell[8], A. Wertheim-Salomonson[9], W. Voege[10], der PTR[11], H. Schering[12], S. Guggenheimer[13] in Gleichstrom umgewandelt und von Galvanometern angezeigt wird. Man kann damit Ströme bis auf etwa 5 μA hinunter messen. Die dafür notwendigen Vakuum-Thermoelemente bauen u. a. S & H, H & B, P. I. Kipp & Zonen, Delft. Ganz besonders empfindlich sind die Thermoelemente nach C. Müller[14] aus Streifen von Gold und einer Goldpalladiumlegierung, die nur $2 \cdot 10^{-4}$ mm Stärke besitzen, so daß sie sich für schwächste Strahlungsmessungen eignen, und die Mikroelemente der PTR[15].

Zur Messung sehr kleiner Ströme verwendet R. Jaeger[16] eine Kompensationsmethode. Von Thieme[17] ist eine Konstruktion

---

[1] Wirel. Wld. 1922 S. 1; J. Instn. electr. Engr. Bd. 61 (1923) S. 295; ETZ 1924 S. 14.

[2] D.R.P. 338093 v. 13. Juni 1920.

[3] USA.-Pat. 1232919 v. 7. Sept. 1915.

[4] ETZ 1931 S. 772.

[5] Diss. Zürich 1929.

[6] Arch. Elektrotechn. Bd. 7 (1919) S. 203.

[7] Z. Instrumentenkde. 1913 S. 368.

[8] Philos. Mag. Bd. 8 (1904) S. 97; Electrician Bd. 56 (1906) S. 559; Bd. 61 (1908) S. 94.

[9] Physik. Z. 1906 S. 463; Z. Instrumentenkde. 1907 S. 149; ETZ 1912 S. 73.

[10] ETZ 1906 S. 467, 780, 1103.

[11] Z. Instrumentenkde. 1909 S. 147.

[12] Z. Instrumentenkde. 1908 S. 143; Elektrotechn. Anz. 1910 S. 588; Z. Instrumentenkde. 1912 S. 69, 101.

[13] ETZ 1912 S. 73, 95.

[14] Forschg. u. Fortschr. 1930 S. 466.

[15] Z. Instrumentenkde. 1931 S. 281.

[16] Z. Physik 1928 S. 627; ETZ 1930 S. 681.

[17] Arch. Elektrotechn. 1912 S. 309; ETZ 1912 S. 722.

angegeben, bei der ein Hitzdraht auf ein Vakuum-Thermoelement einwirkt. Seine Spannung wird nach dem Kompensationsverfahren gemessen. C. O. Gibbon[1] mißt Ströme von etwa 5 ... 100 mA mittels zweier Dynamometer in einer Brückenschaltung, indem er die Ablenkung in einem Instrument durch einen Gleichstrom kompensiert.

Für Ströme über 10 mA bis etwa 2 A verwendet man im allgemeinen Hitzdrahtinstrumente, darüber hinaus bis etwa 20 A neben diesen noch Dreheisen- und dynamische Instrumente. Bei noch höheren Stromstärken würden die Kupferquerschnitte im Instrument und Zuleitungen erhebliche Schwierigkeiten ergeben. Man mißt daher Ströme über 20 A allgemein unter Benutzung von Stromwandlern, wobei man noch den Vorteil hat, mit nur einem Instrument (bis 5 A) für verschiedene Meßbereiche des Wandlers auszukommen.

b) Bei Hochspannung und technischen Frequenzen.

Zur Messung höherer Wechselspannungen verwendet man zweckmäßig Spannungswandler bei einer Genauigkeit von 0,5 ... 1% bis etwa 60 kV, da bei höheren Werten die Abmessungen und der Preis sehr groß werden, wenn man nicht Kaskaden-Spannungswandler von S & H, Koch & Sterzel bzw. nach E. Pfiffner[2] benutzt, die bei Spannungen über 50 kV relativ billig sind und doch große Genauigkeit (Kl. E) besitzen.

Um billigere Meßeinrichtungen zu erhalten, schaltet A. Imhof[3] bei seinem Widerstands-Spannungswandler[4] einen hohen induktionsfreien Widerstand von etwa 20 MOhm in Reihe mit einem Stromwandler zwischen Hochspannungsleitung und Erde. Bei 64 kV Sternspannung (110 V verkettet) ist die Leistungsaufnahme 600 W bei einem Fehler von $\pm$ 1,25% (Kl. F) für 15 W Eigenverbrauch der angeschlossenen Instrumente unabhängig vom Einfluß der Oberwellen und Luftfeuchtigkeit.

Eine sehr einfache Bauart zeigt das Hochspannungs-Meßgerät von A. Linker[5], das man etwa als elektrostatischen

[1] Electr. Wld. Bd. 71 (1918) S. 979; ETZ 1919 S. 9.

[2] ETZ 1926 S. 44; Elektrotechn. u. Maschinenb. 1926 S. 356.

[3] Bull. schweiz. elektrotechn. Ver. 1928 S. 741; Elektrotechn. u. Maschinenb. 1928 S. 1074; ETZ 1929 S. 1591.

[4] Hersteller: Trüb, Täuber & Co., Zürich.

[5] D.R.P. 476899, 21. April 1926.

Stromwandler bezeichnen könnte. Nach Abb. 79 besteht es aus einem beiderseits kegelförmig ausgehöhlten, zylindrischen Glaskörper *a* mit hoher Dielektrizitätskonstante[1], der mit den Elektroden *b* an die Hochspannung *E* angeschlossen wird. In der Mitte befindet sich ein mit einer solenoidalen Kupferwicklung versehener Eisenring *c*, deren Enden *de* mit einem empfindlichen Instrument *J* (Wechselstromgalvanometer, Röhrenspannungsmesser, Gleichrichter-Meßgerät usw.) verbunden werden. Der im Glaskörper *a* auftretende dielektrische Verschiebungsstrom erzeugt im Eisenring ein magnetisches Wechselfeld, das in der ihn umgebenden Wicklung eine Wechsel-EMK hervorruft, die vom In-

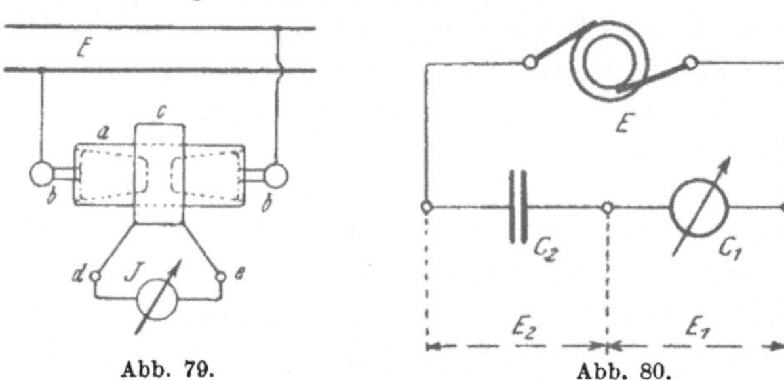

Abb. 79. Abb. 80.

strument *J* angezeigt wird und ein Maß für die Hochspannung *E* ist. Die Größe der zu messenden Spannung kann beliebig hoch sein, sie allein bestimmt nur die Länge des Körpers *a*. Die Theorie und Arbeitsweise eines derartigen Instruments ist von H. Laub[2] ausführlich behandelt worden.

Auch elektrostatische Instrumente können bei Spannungen über 5000 V in Frage kommen, wenn man zur Vergrößerung des Meßbereichs nach Ad. Franke[3] und Peukert[4] Kondensatoren in Reihen- oder Parallelschaltung verwendet.

Besitzt der statische Spannungsmesser (Abb. 80) die Kapazität C_1, der vorgeschaltete Kondensator die Größe C_2, so würden die Elektrizitätsmengen

$$Q_1 = C_1 \cdot E_1 \quad \text{und} \quad Q_2 = C_2 \cdot E_2$$

bei den Spannungen E_1 und E_2 aufgenommen. Da nun $Q_1 = Q_2$ ist, so folgt daraus $C_1 \cdot E_1 = C_2 \cdot E_2$ oder

$$\frac{E_2}{E_1} = \frac{C_1}{C_2} \quad \text{und weiter} \quad \frac{E_1 + E_2}{E_1} = \frac{C_1 + C_2}{C_2}.$$

[1] ETZ 1919 S. 443. [2] Arch. Elektrotechn. Bd. 23 (1930) S. 643.
[3] Wied. Ann. Bd. 50 (1893). [4] ETZ 1898 S. 657; 1904 S. 231.

Nun ist aber $E_1 + E_2 = E$, somit auch

$$\frac{E}{E_1} = \frac{C_1 + C_2}{C_2}$$

oder

$$E = \frac{C_1 + C_2}{C_2} \cdot E_1.$$

Wählt man $C_2 = C_1$, so wird der Meßbereich verdoppelt, da $E = 2\,E_1$ wird. Für $C_2 = \frac{1}{9}\,C_1$ wird $E = 10\,E_1$ und dadurch zehnfacher Meßbereich erzielt. Um dabei sehr kleine Kapazität zu erhalten, kann man entweder Luft als Dielektrikum verwenden oder mehrere Kondensatoren hintereinanderschalten.

Die bisherigen Anordnungen lassen sich jedoch nur insofern benutzen, als die Kapazität C_1 des Meßinstruments für beliebige Ablenkungen konstant bleibt. Das ist jedoch im allgemeinen nicht der Fall, so daß man genötigt ist, entweder die Angaben des Meßinstruments mit einem Normalinstrument zu vergleichen oder die Kapazität in Abhängigkeit von der Spannung zu bestimmen. Am besten stellt man sich diese dann durch eine Kurve zeichnerisch dar und benutzt sie bei der Messung zur Korrektion der Angaben.

Da jedoch die Kapazität sehr klein ist, so ist es schwierig, dieselbe genau zu bestimmen. Am einfachsten verfährt man in der Weise, daß man das Elektrometer unter Vorschaltung eines sehr großen, induktionsfreien Widerstandes R von mehreren Megohm an eine bekannte Wechselspannung E legt. Dann zeigt das Instrument die an seinen Klemmen herrschende Spannung E_1 an, welche gegen die des Vorschaltwiderstandes um 90^0 in der Phase verschoben ist, so daß die Gleichung besteht $E_2 = \sqrt{E^2 - E_1^2}$, woraus der Ladestrom des Kondensators $J = \frac{E_2}{R}$ sich ergibt. Da nun die Periodenzahl ν ebenfalls bekannt ist, so erhält man $C_1 = \frac{J}{E_1 \cdot \omega}$, wo $\omega = 2\pi \cdot \nu$ ist. Indem man R verändert, kann man verschiedene Spannungen E_1 erhalten und dazu die zugehörige Kapazität berechnen. A. Imhof[1] hat für derartige Messungen einen besonders gebauten, zylinderförmigen Luftkondensator angegeben.

Anstatt nun die Kondensatoren vor das Elektrometer zu schalten, kann man auch mehrere Kondensatoren von gleicher

[1] Bull. schweiz. elektrotechn. Ver. 1924 S. 62; ETZ 1925 S. 1704.

Größe hintereinanderschalten[1] (Abb. 81) und von einem derselben Zuleitungen zum Elektrometer abzweigen. Sind im ganzen n gleich große Kondensatoren, so ist die ganze Spannung $E = n \cdot E_1$. Diese Schaltung ist jedoch nur zu empfehlen, wenn sich die Kapazität durchaus nicht ändert, was selten der Fall sein wird, und wenn die Kapazität des Instruments gegen diejenige eines einzelnen Kondensators verschwindend klein ist.

H. Jenss[2] gibt an, wie man mit einer etwas abgeänderten Schaltung der Brücke von H. Schering (Nr. 35) auch hohe Spannungen messen kann.

Die Verwendung von Vorkondensatoren zur Spannungsmessung (C-Messung) über 60 kV ist nach Angaben von G. Keinath[3] von S & H weiter ausgebaut, insbesondere durch Benutzung von stromverbrauchenden Instrumenten[4] gemäß Abb. 82. Dabei

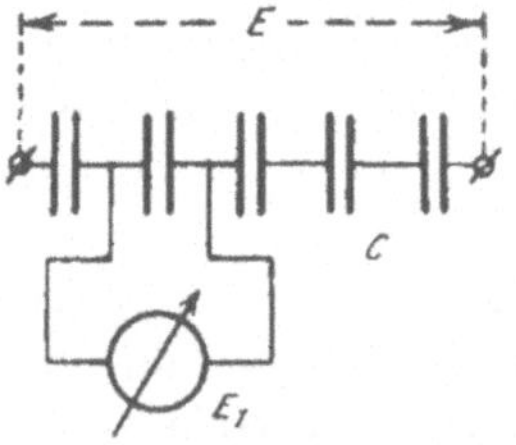

Abb. 81.

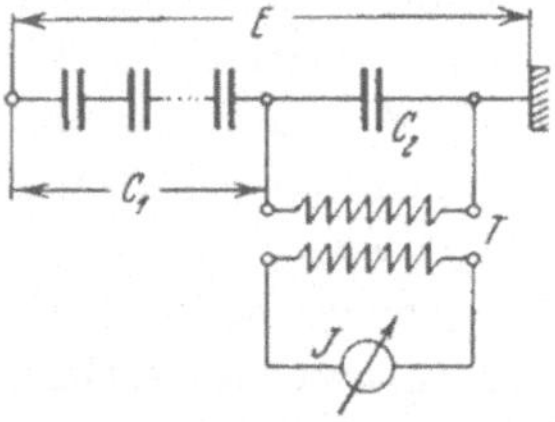

Abb. 82.

werden in Hochspannungsanlagen mit Vorteil statt der besonderen Kondensatoren die Kondensatordurchführungen selbst in der Weise benutzt, daß das Instrument, im allgemeinen unter Zwischenschaltung eines Stromwandlers, an die geerdete und davorliegende Belegung der Durchführung angeschlossen wird. Bei einer Fehlergrenze von etwa 3% ergibt diese C-Messung wirtschaftliche und bauliche Vorteile. Ursprünglich zur Erdschlußüberwachung ausgebildet, dient das Verfahren noch zur Synchronisierung parallel zu schaltender Netze, Leistungsmessung und Aufnahme von Oszillogrammen bei Hochspannung. V. B. Jones[5] gibt eine ausführliche Beschreibung einer Spannungsmeßeinrichtung mit Kondensatordurchführungen.

---

[1] ETZ 1904 S. 231; Physik. Z. 1912 S. 108; Z. Instrumentenkde. 1912 S. 174.

[2] ETZ 1931 S. 7.

[3] Siemens-Z. 1922 S. 606; 1926 S. 496, 545.

[4] D.R.P. 336563, 410309.

[5] Electr. J. Bd. 26 S. 54; ETZ 1929 S. 1449.

Hochspannungskondensatoren mit Schutzschirmen werden als Spannungsteiler auch bei dem elektrostatischen Meßgerät bis 500 kV von H & B nach A. Palm[1] verwendet. Als Anzeigeinstrument dient aber im Gegensatz zur C-Messung ein Multicellularelektrometer[2]. Durch Anschluß eines Drehkondensators und parallelgeschalteter Glimmröhre[3] lassen sich mit dem Instrument auch Messungen der Scheitelspannung bis 800 kV mit einem Fehler von $\pm 1\%$ ausführen.

Statt der Spannungsteilung durch Kondensatoren kann man nach A. Gyemant[4] auch besondere induktionsfreie Widerstände von S & H in Form von langen, mit einer geeigneten Flüssigkeit[5] gefüllten Röhren bis zu 2 m (200 kV) verwenden, die an geeigneten Punkten Abgriffe zum Anschluß eines statischen Spannungsmessers mit einem Meßbereich von 1,5 . . . 4 kV besitzen. Das Instrument eignet sich auch für hohe Gleichspannungen.

Durch besondere Hilfsmittel und zweckentsprechende Umgestaltung der auf dem Elektrometerprinzip beruhenden Instrumente hat man statische Spannungsmesser für sehr hohe Gleich- und Wechselspannungen erhalten. So kann man mit dem von Tschernyscheff[6] angegebenen Instrument, das ein Schutzringelektrometer nach W. Thomson in einem Druckluftbehälter unter 10 at Druck enthält, Spannungen bis zu 180 kV messen.

Bei einem Instrument von S & H bis 200 kV wird die eine den Zeigermechanismus bewegende und in Öl schwimmende Elektrode von der am Boden des Ölgefäßes befindlichen anderen Elektrode angezogen. Ähnlich wirkt ein statisches Instrument nach Angaben von O. Klemperer[7] für 5 . . . 80 kV, bei dem der Zeiger durch die elektrostatische Anziehung zweier Kugeln bewegt wird. O. Zdralek[8] hat einen statischen Spannungsmesser für Gleich- und Wechselspannung bis 80 kV angegeben, der auf dem Prinzip der Drehwaage von Coulomb beruht. Vgl. auch E. Lehr[9].

---

[1] ETZ 1926 S. 873, 904; 1929 S. 1394.
[2] Z. Fernm.-Techn. 1921 Heft 11. [3] Z. techn. Physik 1923 S. 233.
[4] ETZ 1928 S. 534.
[5] ETZ 1927 S. 1660; Wiss. Veröff. Siemens-Konz. Bd. 6 (1928) S. 50.
[6] Physik. Z. 1910 S. 445; Diss. Petersburg 1913; ETZ 1914 S. 656.
[7] Phys.k. Z. 1927 S. 673; Z. Instrumentenkde. 1928 S. 409.
[8] Arch. Elektrotechn. Bd. 24 (1930) S. 305.
[9] Arch. Elektrotechn. Bd. 24 (1930) S. 330.

A. Palm[1] beschreibt einen absoluten Spannungsmesser von H & B für 250 kV, bei dem die Ruhelage zweier an die zu messende Spannung angeschlossener Schutzringelektrometer durch die Gegenwirkung zweier auf dem gleichen Hebelarm befestigten, mit Gleichstrom gespeisten elektrodynamischen Stromwaagen wiederhergestellt wird. Das Meßsystem in Form eines Strommessers befindet sich in einem Bronzekörper mit 14 at Stickstoffüllung. Die Ablenkung des Strommessers ist dann ein Maß für die Spannung. Der Fehler beträgt 1% am Anfang und 0,3% am Ende des Meßbereichs.

Ein direkt zeigendes Instrument für 40 ... 250 kV baut die Firma Koch & Sterzel A.-G., Dresden[2], unter der Bezeichnung Kugel-Kilovoltmeter. Hierbei ist ein Binantenelektrometer für etwa 2 kV Meßbereich in einer isolierten Metallhohlkugel angeordnet. Aus der Kugel sind beiderseits an den Enden des waagerechten Durchmessers Kalotten von etwa 30° Zentriwinkel herausgeschnitten, die von der übrigen Kugelfläche durch einen schmalen Luftspalt getrennt und mit je einer Elektrometerklemme verbunden sind. Umgeben wird diese Kugel in einem größeren Abstande von 2 isolierten Kugelschalen vom Zentriwinkel 90° mit Ringwulsten am Rande. An diesen liegt die zu messende Spannung.

Auf dem Prinzip des Schutzring-Elektrometers beruht das Instrument von H. Starke und R. Schröder[3]. Es enthält einen Luftplattenkondensator mit gegeneinander entsprechend der Spannung verstellbaren Platten, deren eine einen in der Mitte liegenden drehbaren Flügel enthält, dessen mit Fernrohr und Skala ablesbarer Drehwinkel ein Maß für die zu messende Spannung ist. Den Vertrieb hat die Hochspannungsgesellschaft Köln-Zollstock und R. Schröder, Aachen. Ein Instrument für 500 kV wiegt etwa 350 kg.

Ebenfalls auf dem gleichen Prinzip begründet ist der Spannungsmesser des Elektrophysikalischen Laboratoriums der Techn. Hochschule München. Nach Angaben von A. Nikuradse[4] wird die zu messende Spannung an zwei gegeneinander verschiebbare, waagerechte Scheibenelektroden angelegt, deren obere in der Mitte

---

[1] Z. techn. Physik 1920 S. 137; ETZ 1921 S. 565. [2] ETZ 1924 S. 117.
[3] Arch. Elektrotechn. Bd. 20 S. 115; ETZ 1928 S. 1443.
[4] Arch. Elektrotechn. Bd. 22 (1929) S. 171; ETZ 1930 S. 250.

eine kreisförmige Öffnung enthält. In dieser schwebt leitend an einer Feder aufgehängt ein frei bewegliches Tellerchen, dessen Verschiebung im elektrischen Feld über einen Kokonfaden auf eine mit einem Spiegel versehene Achse übertragen wird. Der mittels Lichtzeiger ablesbare Drehwinkel ist der angelegten Spannung proportional. Eine Entwicklungsgeschichte elektrostatischer Hochspannungsmesser bringt A. Imhoff[1].

Bei der Untersuchung der dielektrischen Festigkeit von Isolierstoffen ist die Kenntnis des

Scheitelwerts

der verwendeten Wechselspannung notwendig, da er für den Durchschlag in Frage kommt. Zu seiner Ermittlung dient außer dem vorhin genannten statischen Meßgerät von H & B besonders die Kugel-Funkenstrecke[2], für deren Anwendung bestimmte Regeln[3] vom VDE angegeben sind.

Eine Nachprüfung der darin angegebenen Eichkurven durch H. Bechdoldt[4] ergab einige Unstimmigkeiten. Auch die Temperatur und der Luftdruck sind von Einfluß auf die Messungen[5].

Aus Untersuchungen von E. Werner[6] über die Verwendung gekreuzter Zylinder als Funkenstrecke hat sich ergeben, daß diese der Kugel-Funkenstrecke überlegen sind, da ihr Meßbereich und ihre Störungsfreiheit größer sind, so daß größere Schlagweiten zur Anwendung gelangen können. Auch die Herstellung ist billiger.

Funkenstrecken haben immer den Nachteil, daß sie keine ununterbrochenen Ablesungen ermöglichen. Benutzt man aber Oszillographen (s. IV, 18b), deren Meßschleifensystem ja auch schnellsten Schwingungen folgen kann, so ergibt sich bei Lichtzeigerablesung ein Lichtband[7], dessen Breite proportional dem Scheitelwert der Wechselspannung ist.

---

[1] Arch. Elektrotechn. Bd. 23 (1929) S. 258.

[2] Proc. Amer. Inst. electr. Engr. Bd. 33 S. 889 (F. W. Peek jr.); ETZ 1916 S. 11; W. Estorff: Forsch.-Arb. Ing.-Wes. Heft 199, Beitr. z. Kenntnis d. Kugelfunkenstrecke 1917; Elektrotechn. u. Maschinenb. 1925 S. 809, 829 (R. Edler); ETZ 1930 S. 777; 1925 S. 1650; 1926 S. 1147 (W. Reiche); Z. techn. Physik 1929 S. 317; ETZ 1930 S. 1113; 1929 S. 95 (C. Stoerk).

[3] ETZ 1926 S. 594, 863. [4] ETZ 1929 S. 1394.

[5] J. Amer. Inst. electr. Engr. 1924 S. 34.

[6] Arch. Elektrotechn. Bd. 22 (1929) S. 1.

[7] Electrician 1914 S. 690 (Simplex Wire and Cable Co., Boston).

Wie schon früher erwähnt, eignet sich die Glimmröhre nach Angaben von A. Palm[1] ganz besonders zur Messung von Scheitelspannungen. Legt man dazu nach Abb. 83 an die zu messende Spannung E gegebenenfalls unter Zwischenschaltung von Spannungswandlern oder Hochspannungs-Meßkondensatoren[2] einen Drehkondensator C_1 mit parallel dazu liegender Glimmröhre Gl und Fernhörer F in Reihe mit einem weiteren Kondensator C_2, so wird beim Verkleinern der Kapazität C_1 die Spannung $E_{1_{max}}$ steigen,

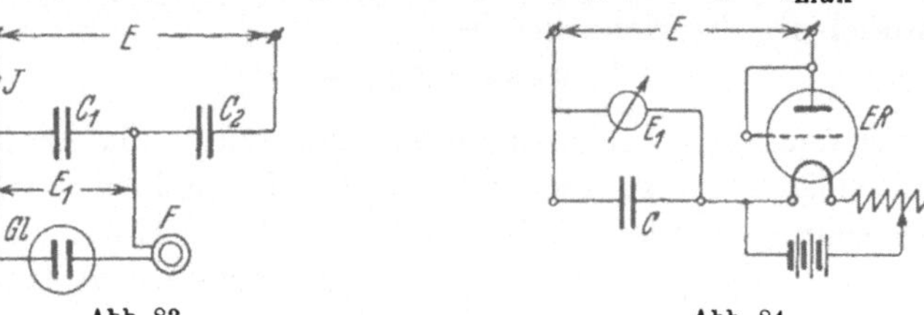

Abb. 83. Abb. 84.

bis die Glimmröhre Gl bei ihrer Zündspannung E_z zu glimmen anfängt, was sich auch im Fernhörer F durch einen Ton zu erkennen gibt. Der Ladestrom

$$J_{max} = E_{max} \cdot \omega \cdot \frac{C_1 \cdot C_2}{C_1 + C_2}$$

ist auch bestimmt aus

$$J_{max} = E_{1_{max}} \cdot \omega \cdot C_1 = E_z \cdot \omega \cdot C_1 .$$

Aus beiden Gleichungen folgt:

$$E_{max} = E_z \cdot \left(\frac{C_1}{C_2} + 1\right).$$

Nach A. Körblein[3] lassen sich mittels Glimmlampen auch kurzdauernde Stromspitzen ermitteln. Eine Erweiterung der Methode ist von S. Frank[4] angegeben. Unter Verwendung eines synchron rotierenden Umschalters, der ein in einem Kondensatorstromkreis liegendes Drehspulengerät jede halbe Periode umpolt, kann man nach Whitehead u. Isshiki[5] Augenblickswerte aufnehmen und somit auch Scheitelspannungen messen.

Auch Gleichrichtventile lassen sich für diese Messungen verwenden, wie es von I. R. Craighead[6] angegeben ist. Nach C. H. Sharp (Abb. 84) wird ein Kondensator C mit angeschlos-

[1] Z. techn. Physik. 1923 S. 233; ETZ 1924 S. 1252, 1318.

[2] ETZ 1926 S. 906; 1929 S. 1341.

[3] ETZ 1930 S. 1486. [4] ETZ 1931 S. 901.

[5] J. Amer. Inst. electr. Engr. 1920 S. 444; ETZ 1925 S. 75.

[6] Gen. electr. Rev. 1919 S. 104; ETZ 1919 S. 354.

senem statischen Spannungsmesser E_1 in Reihe mit einer Elektronenröhre *ER* (Kenotron[1]) bzw. Glühkathoden-Gleichrichter von S & H[2] als Ventil an die Meßspannung E gelegt. Da der Kondensator C auf die Höchstwerte E_{max} der zu messenden Spannung E, abzüglich des durch die in der Röhre, im Kondensator und Instrument auftretenden Verluste verursachten Spannungsabfalls, aufgeladen wird, ist E_1 ein Maß für die Scheitelspannung E_{max}. Der Kondensator muß eine kleine Kapazität zwecks schneller Aufladung besitzen und einen Ladeverlust von $< 1\%$ in 1 sec zeigen. Bei Spannungen über 500 . . . 25000 V und 60 Hz sind die Fehler weniger als 1%.

Zwei parallel geschaltete, entgegengesetzt wirkende Ventile in Reihe mit einem Kondensator verwendet L. W. Chubb[3] mit einem Gleichstrommesser in einem Ventilzweig, das den der Scheitelspannung proportionalen arithmetischen Mittelwert eines Wechsels des Ladestroms anzeigt. Daher sind die Angaben von der Frequenz abhängig. E. Haefely[4] verbindet zur Messung des Scheitelwerts die inneren Kugeln einer Doppelkugel-Funkenstrecke über einen Gleichrichter mit einem Drehspulinstrument, dessen Wicklungsmitte geerdet ist.

Will man mittels Röhrenspannungsmessers etwa nach Abb. 78 Scheitelspannungen messen, so legt man die zu messende Spannung an die Klemmen P für E_x und den Umschalter U auf ab. Nun schließt man einen Spannungsmesser E_g zwischen Gitter G und Kathode K, reguliert R_s, bis der Anodenstrom $J_a = 0$ ist, und liest dafür eine Spannung E_{g_1} ab. Legt man nun U auf bc um und vergrößert die negative Gitterspannung mittels Änderung von R_s auf einen Wert E_{g_2}, bei dem wiederum $J_a = 0$ wird, dann ist

$$E_{x_{max}} - E_{g_2} = - E_{g_1} \quad \text{oder} \quad \boldsymbol{E_{x_{max}} = E_{g_2} - E_{g_1}}.$$

Zur Feststellung und Aufzeichnung von Spannungen sehr kurzer Dauer, z. B. 10^{-7} sec, deren Anstieg schon in 10^{-8} sec vor sich geht, verwendet man den Klydonographen (Wellenschreiber), dessen Wirkung auf der Bildung der Lichtenbergschen Figuren[5] bei einer elektrischen Entladung beruht. Die erste Konstruktion stammt von I. F. Peters[6] und erwies sich nach

[1] ETZ 1916 S. 390. [2] ETZ 1926 S. 473.
[3] Proc. Amer. Inst. electr. Engr. 1916 S. 121.
[4] D.R.P. 394014 v. 11. Sept. 1923. [5] ETZ 1927 S. 1890.
[6] Electr. Wld. 1924 S. 769; ETZ 1924 S. 753.

weiteren Verbesserungen als sehr geeignet zur Untersuchung von Überspannungen, Wanderwellen u. dgl., wie I. H. Cox u. I. W. Legg[1], E. S. Lee u. C. M. Foust[2], H. Müller[3] und Müller-Hillebrand[4] gezeigt haben.

Zur Messung der Stromstärke bei Hochspannung verwendet man neben Hitzdrahtinstrumenten insbesondere Stromwandler, unter denen von etwa 50 A aufwärts die kurzschlußfesten und sprungwellensicheren Stabwandler den Vorzug verdienen.

c) Bei Hochfrequenz.

Zur Spannungsmessung bis etwa 1000 V und 50 kHz benutzt man Hitzdrahtinstrumente, darüber hinaus statische Instrumente mit Vorkondensatoren, bei niederen Spannungswerten Röhren-Spannungsmesser, deren Vorzug in der geringen Eigenkapazität (< 10 cm) besteht. M. v. Ardenne[5] beschreibt ein solches Instrument mit einer Schaltung wie Abb. 78 für Scheitelwerte bis 0,03 V und ein anderes mit dahinterliegender Verstärkerröhre und Anodenstromkompensation[6] für Scheitelwerte bis 0,003 V hinab.

Andere Konstruktionen sind von E. B. Moullin[7] und S. L. Brown und M. Y. Colby[8] angegeben, mit denen man noch Spannungsänderungen von 0,2 mV feststellen kann. D. Bercovitz[9] beschreibt Spannungsmesser für 10^6 Hz und Strommesser für kleine Ströme bei Hochfrequenz des Weston-Typs, die mit Thermoelementen arbeiten.

Stromstärken bis zu 500 A werden mit Hitzdrahtinstrumenten gemessen, die bis 50 kHz etwa 1%, bis 500 kHz 5% und darüber hinaus bis 10% Fehler haben. C. L. Fortescue und L. A. Moxon[10] beschreiben ein Instrument für 10^8 Hz mit nur 1% Fehler. Vorteilhaft verwendet man auch Thermo-Galvanometer in Verbindung mit Spezial-Hochfrequenz-Stromwandlern der GEC, wie sie von I. G. Maloff[11] angegeben sind. Für kleine und kleinste Werte unter 0,1 A verwendet man Röhren-Spannungs-

[1] J. Amer. Inst. electr. Engr. 1925 S. 1094; ETZ 1927 S. 1492.

[2] J. Amer. Inst. electr. Engr. 1927 S. 149; ETZ 1927 S. 737.

[3] Z. techn. Physik 1927 S. 94.

[4] Siemens-Z. 1927 S. 547, 605.

[5] ETZ 1928 S. 565.

[6] Arch. Elektrotechn. Bd. 12 (1923) S. 124 (Bley).

[7] J. Instn. electr. Engr. 1923 S. 295; ETZ 1924 S. 14.

[8] Physic. Rev. Bd. 29 S. 717; ETZ 1928 S. 1374.

[9] ETZ 1925 S. 848.

[10] J. Instn. electr. Engr. 1930 S. 556; ETZ 1931 S. 212.

[11] Gen. electr. Rev. Bd. 29 S. 555; ETZ 1927 S. 1117.

messer in Verbindung mit einer Induktivität oder Kapazität nach E. B. Moullin (a. a. O.) und Thermo-Umformer, wie unter a) angegeben.

Geeignet ist auch die von E. Kennelly[1] angegebene Methode, nach der die Stromstärke aus der Widerstandszunahme eines Drahtes von kleiner Masse ermittelt wird. Béla Gati[2] benutzt dazu einen Barretter von Fessenden[3] mit einem Draht von 0,5 μ bei 20 Ohm Widerstand in der Wheatstoneschen Brückenschaltung (Abb. 85).

Die Widerstände W_1, W_2, W_3, W_n und das Galvanometer G sind hochinduktiv, um dem Strom der Hochfrequenz-Wechselstromquelle HM möglichst großen Widerstand zu bieten, so daß er den Barretter B nahezu in voller Stärke durchfließt. W_1 und W_2 besitzen etwa 1000 Ohm Ohmschen Widerstand.

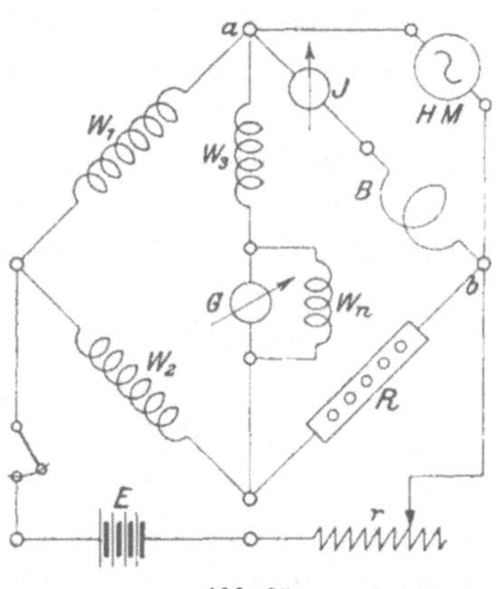

Abb. 85.

Zur Eichung der Anordnung schließt man an Stelle von HM eine Gleichstromquelle an die Punkte ab und reguliert für verschiedene bekannte Ströme J_g den induktionsfreien Widerstand R so ein, daß das Galvanometer G keine Ablenkung zeigt. Aus der Eichkurve $f(R, J_g)$ läßt sich dann bei Hochfrequenz zu den eingestellten Werten von R die Größe des Wechselstromes entnehmen. Der Widerstand r wird so bemessen, daß den Barretterzweig ein Strom J von etwa 2 mA durchfließt.

Zur Messung von Wechselströmen geringer Stärke und hoher Wechselzahl benutzt A. Larsen[4] den „komplexen" Kompensator.

Größere Spannungen und Ströme bis zu $\nu = 3 \cdot 10^6$ Hz messen L. Pungs und H. Vogler[5] nach einem neuen Verfahren unter Benutzung des elektro-optischen Kerreffekts.

---

[1] Z. Elektrotechn. 1904 Heft 41.

[2] Electr. Wld., 30. Juni 1906; Elektrotechn. u. Maschinenb. 1906 S. 462.

[3] Z. Elektrotechn. 1902 S. 39.

[4] ETZ 1910 S. 1039. [5] ETZ 1931 S. 1053.

28. Messung elektrischer Leistung.

Während bei Gleichstrom die Leistung N sich durch Messung der Spannung E (V) und Stromstärke J (A) nach der Gleichung $N = E \cdot J$ Watt ermitteln läßt, muß man bei Wechselströmen noch den Phasenwinkel φ zwischen E und J berücksichtigen, so daß hierbei die Leistung $N = E \cdot J \cdot f_l$ Watt ist, worin bei sinusförmigen Kurven der Leistungsfaktor $f_l = \cos\varphi$ wird.

Wir wollen nun im folgenden die Leistungsmessungen bei Wechselströmen betrachten. Dabei muß man verschiedene Arten der Leistung[1] unterscheiden, nämlich

die Wechselstrom-Leistung $N_w = E \cdot J = \sqrt{N^2 + N_f^2}$ Watt,

die Leistung $N = E \cdot J \cdot \cos\varphi = E \cdot J_l$ Watt,

die Feld-Leistung $N_f = E \cdot J \cdot \sin\varphi = E \cdot J_f$ Watt, die auch konventionell, aber ohne physikalischen Inhalt, als Scheinleistung (N_w), Wirkleistung (N) und Blindleistung (N_f) bezeichnet werden.

Da nun die Leistung N die älteste und gebräuchlichste Meßgröße ist, soll ihre Messung zunächst behandelt werden.

A. Die Leistung $N = E \cdot J \cdot \cos\varphi$.

I. Einphasen-Stromkreise.

Man verwendet dazu allgemein Leistungsmesser, die nach dem dynamometrischen Prinzip mit einer festen Hauptstromspule H und einer beweglichen Spannungsspule S gebaut sind, ferner solche mit Drehfeldsystem nach Ferraris, Elektrometer, Brückenschaltungen, Braunsche Röhre usw.

Wird in einem elektrodynamischen Leistungsmesser die Hauptstromspule H von einem Strom J_t beliebiger Form durchflossen und die Spannungsspule S eventuell mit Vorschaltwiderstand R an eine Wechselspannung E_t gelegt, so daß der Spannungspfad bei einem Ohmschen Widerstande R_S einen Strom $i_t = \frac{E_t}{R_S}$ aufnimmt, dann ist die auf das bewegliche System wirkende mittlere Kraft:

$$P = c_1 \cdot \frac{1}{T} \cdot \int_0^T P_t \cdot dt = c_1 \cdot \frac{1}{T} \cdot \int_0^T J_t \cdot i_t \cdot dt$$

gleich der Torsionskraft der Feder $c_2 \cdot \alpha$, oder

$$\frac{c_2}{c_1} \cdot \alpha = \frac{1}{T} \cdot \int_0^T J_t \cdot i_t \cdot dt.$$

---

[1] Linker, A.: Grundl. d. Wechselstromtheorie, S. 36.

Setzen wir $i_t = \frac{E_t}{R_S}$ ein, so erhalten wir

$$c \cdot \alpha \cdot R_S = \frac{1}{T} \cdot \int_0^T E_t \cdot J_t \cdot dt = N = E \cdot J \cdot f_l \,.$$

Diese Leistung würde auch bei Gleichstrom angezeigt werden, wenn die Spannung und Stromstärke denselben Wert besitzen, wie die Größen des Wechselstromes

$$J = \sqrt{\frac{1}{T} \cdot \int_0^T J_t^2 \cdot dt} = \sqrt{M(J_t^2)} \quad \text{und} \quad E = \sqrt{M(E_t^2)}\,.$$

Das Instrument kann daher auch mit Gleichstrom geeicht werden.

Bei den bisherigen Betrachtungen haben wir die Voraussetzung gemacht, daß Spannung und Strom des Spannungspfades in Phase sind. Diese Voraussetzung wollen wir jetzt fallen lassen und eine durch die Selbstinduktion in dem Spannungspfad hervorgerufene Phasenverschiebung δ annehmen. Das Diagramm der Ströme zeigt uns dann Abb. 86.

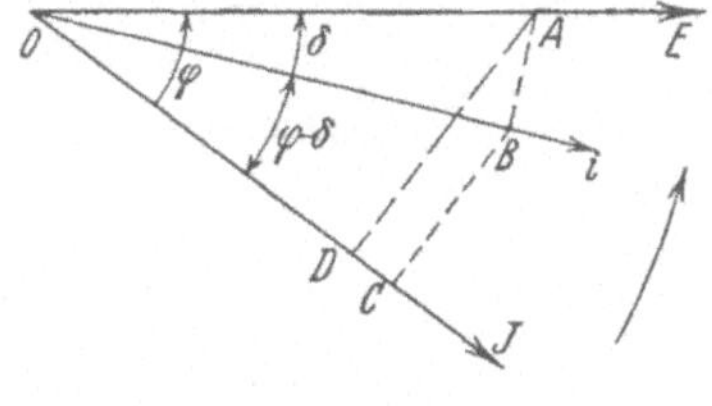

Abb. 86.

Die Leistung, welche das Instrument anzeigen soll, ist bei Sinusform $N = E \cdot J \cdot \cos\varphi$. Dagegen zeigt es: $J \cdot i \cdot \cos(\varphi - \delta) = c \cdot \alpha$. Darin können wir setzen $i = \frac{E \cdot \cos\delta}{R_s}$, woraus folgt

$$N' = c \cdot \alpha \cdot R_s = J \cdot E \cdot \cos\delta \cdot \cos(\varphi - \delta)\,.$$

Bilden wir durch Einsetzen der Werte das Verhältnis

$$\frac{N}{N'} = F_s = \frac{\cos\varphi}{\cos\delta \cdot \cos(\varphi - \delta)} = \frac{1 + \operatorname{tg}^2\delta}{1 + \operatorname{tg}\varphi \cdot \operatorname{tg}\delta}\,,$$

so gibt uns F_S das Korrektionsglied an, mit dem der abgelesene Wert $N' = c \cdot \alpha \cdot R_S$ multipliziert werden muß, um die wirkliche Leistung N zu erhalten. (Stephans Korrektionsfaktor.)

Wegen der Selbstinduktion in dem Spannungspfad müssen die Leistungsangaben außerdem noch korrigiert werden. Besser ist es jedoch, den Fehler möglichst gering zu halten. Zu dem Zweck braucht man nur in der Gleichung $\operatorname{tg}\delta = \frac{\omega \cdot \mathfrak{S}}{R_s}$, worin $\mathfrak{S}$ (ca. 5 ... 10 mH) die Induktivität des Spannungspfades bedeutet, den Nenner R_S groß zu machen dadurch, daß man das Instrument für niedrige Spannungen (ca. 5 ... 20 V) baut, wofür bei kleinem Strom i der Widerstand (ca. 150 ... 1000 Ohm) ziemlich groß wird.

Über Arbeiten mit dynamometrischen Leistungsmessern und die Berechnung der Korrektionen sind von E. Orlich[1] ausführliche Angaben gemacht worden.

Für höhere Spannungen wird der Widerstand R_S groß, wodurch $\operatorname{tg}\delta = \frac{\omega \cdot \mathfrak{S}}{R_s}$ sehr klein wird. Für höhere Spannungen und schwächere Ströme ist deswegen eine Korrektion nicht erforderlich, dagegen für niedere Spannungen und starke Ströme. Der Vorschaltwiderstand muß nun so geschaltet werden, daß besonders bei sehr hohen Spannungen zwischen zwei Punkten des Instruments keine dasselbe gefährdende Potentialdifferenz auftreten kann, wie Abb. 87 zeigt. Als einfachste Regel merke man sich dabei, daß man von einer Klemme a der Stromspule direkt zur Spannungsspule gehen muß.

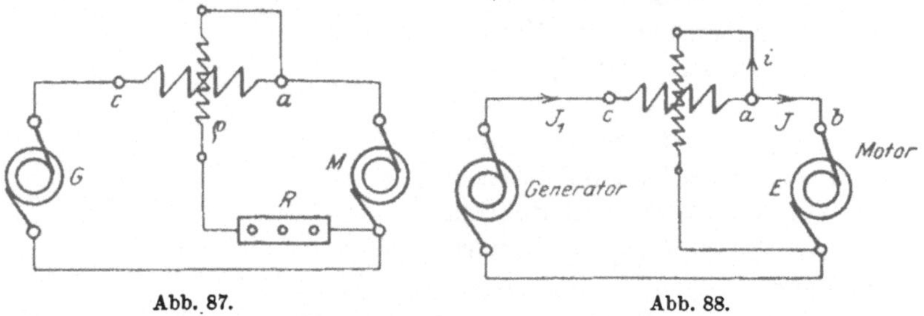

Abb. 87. Abb. 88.

In manchen Fällen, wo die gemessene Leistung sehr gering ist, müssen wir wegen des Eigenenergieverbrauchs eine Korrektion anbringen, da das Instrument denselben mitmißt. Zu dem Zweck machen wir folgende Schaltung (Abb. 88), mit welcher die Leistung des Motors $N = E \cdot J \cdot \cos\varphi$ gemessen werden soll. Der am Instrument abgelesene Wert ist dann, abgesehen von dem Einfluß der Phasenverschiebung in der Spannungsspule:

$$c \cdot \alpha = \frac{1}{T} \cdot \int_0^T J_{1_t} \cdot i_t \cdot dt = \frac{1}{T} \cdot \int_0^T (J_t + i_t) \cdot i_t \cdot dt$$

$$= \frac{1}{T} \cdot \int_0^T J_t \cdot i_t \cdot dt + \frac{1}{T} \cdot \int_0^T i_t^2 \cdot dt .$$

[1] Helios, Lpz. 1909 S. 373.

Setzen wir darin $i_t = \frac{E_t}{R_S}$, so folgt daraus

$$c \cdot \alpha \cdot R_S = N_1 = \frac{1}{T} \cdot \int_0^T J_t \cdot E_t \cdot dt + \frac{1}{T} \cdot \int_0^T i_t \cdot E_t \cdot dt = N + N',$$

worin N' die in dem Spannungspfad verbrauchte Leistung bedeutet. Unterbrechen wir die Verbindung $a \div b$ zum Motor, so zeigt das Instrument eine Ablenkung, da Strom- und Spannungsspule in Hintereinanderschaltung an die Klemmen des Stromkreises angeschlossen sind. Da hierbei annähernd derselbe Strom i wie früher die Strom- und Spannungsspule durchfließt, wird demnach die Ablenkung α' eine Leistung $c \cdot \alpha' \cdot R_S = \frac{1}{T} \cdot \int_0^T i_t \cdot E_t \cdot dt$ anzeigen. Das ist aber die Größe N', welche den Energieverbrauch darstellt. Falls jedoch die Ablenkung α' relativ klein ist, wird N' ungenau gemessen. Es empfiehlt sich dann, den Eigenverbrauch rechnerisch nach der Gleichung $N' = \frac{E^2}{R_S}$ zu ermitteln.

Legen wir das eine Ende der Spannungsspule nicht nach a, sondern nach c (Abb. 89) (bei hohen Spannungen und schwachen Strömen, vgl. auch Abb. 5 und 6), so durchfließt zwar der Motorstrom auch die Stromspule, aber der Spannungspfad erhält eine um den Spannungsverlust in der festen Spule zu hohe Spannung. Über die Zweckmäßigkeit der verschiedenen Schaltungen sind von v. Studniarski[1] Angaben gemacht worden.

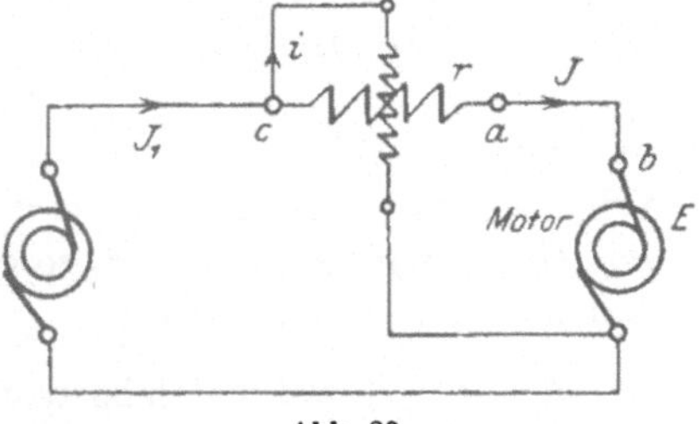

Abb. 89.

Die Ablenkung wird dann von den Strömen J und i hervorgerufen, so daß die Beziehung besteht:

$$c \cdot \alpha = \frac{1}{T} \cdot \int_0^T J_t \cdot i_t \cdot dt, \quad \text{darin ist aber} \quad i_t = \frac{E_t + J_t \cdot r}{R_S},$$

somit

$$c \cdot \alpha \cdot R_S = \frac{1}{T} \cdot \int_0^T J_t \cdot (E_t + J_t \cdot r) \cdot dt$$

$$= \frac{1}{T} \cdot \int_0^T J_t \cdot E_t \cdot dt + \frac{1}{T} \cdot \int_0^T J_t^2 \cdot r \cdot dt = N + N'',$$

[1] ETZ 1909 S. 821.

wobei
$$N'' = \frac{1}{T} \cdot \int_0^T J_t^2 \cdot r \cdot dt = J^2 \cdot r$$
den in der Hauptstromspule auftretenden Leistungsverbrauch bedeutet.

Das Instrument gibt demnach den Leistungsverbrauch des Motors um den Leistungsverlust in der Stromspule zu hoch an.

Will man den Eigenverbrauch im Spannungs- und Strompfad genauer messen, als es mit dem eigenen Instrument möglich ist, so verwendet man nach den Angaben der PTR eine Brückenschaltung[1]. Der Spannungspfad mit dem Widerstand R_S wird nach Abb. 90 mit einem großen reinen Widerstand R, einer Spule mit der gegenseitigen Induktivität $\mathfrak{S}_g$, den beiden kleineren, regel-

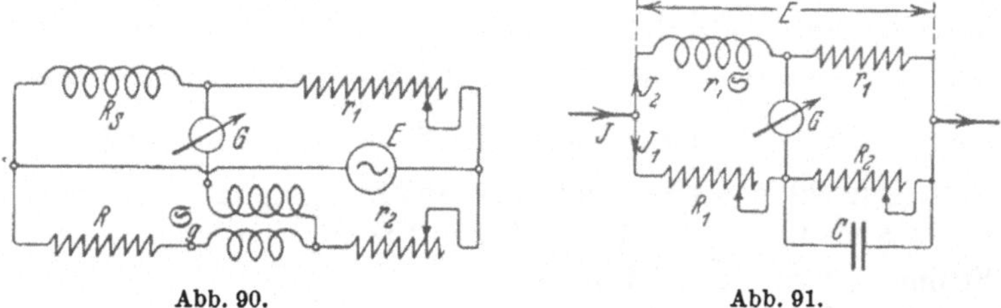

Abb. 90. Abb. 91.

baren reinen Widerständen $r_1\, r_2$ in Brückenschaltung mit einem Vibrationsgalvanometer G an eine Wechselspannung E angeschlossen. Stellt man $\mathfrak{S}_g$, r_1 und r_2 so ein, daß das Galvanometer keine Ablenkung zeigt, dann gilt:

$R_S = R \cdot \frac{r_1}{r_2}$, wofür sich bei der Spannung E Volt der Leistungsverbrauch des Spannungspfades berechnet aus:
$$N' = \frac{E^2}{R} \cdot \frac{r_2}{r_1} \text{ Watt}.$$

Um den Leistungsverbrauch der Stromspule mit dem Widerstande r zu ermitteln, macht man die Maxwell-Schaltung (I, 44) nach Abb. 91, worin r_1 ein kleiner reiner Widerstand, R_1, R_2 größere, regelbare reine Widerstände sind. C ist ein Kondensator. Beim Hindurchleiten eines Wechselstromes J unter der Spannung E und Änderung von R_1 und R_2, bis das Vibrations-

[1] Z. Instrumentenkde. 1922 S. 106; ETZ 1922 S. 1321.

galvanometer G keine Ablenkung zeigt, gilt dann (nach I, 44)

$$J_1 \cdot R_1 = J_2 \cdot \sqrt{r^2 + \omega^2 \cdot \mathfrak{S}^2} \quad \text{und} \quad J_1 \cdot \frac{R_2}{\sqrt{1 + \omega^2 \cdot R_2^2 \cdot C^2}} = J_2 \cdot r_1 .$$

Daraus folgt: $\mathfrak{S} = C \cdot r_1 \cdot R_1$ und $r = r_1 \cdot \frac{R_1}{R_2}$, wofür beim Strom J der Leistungsverbrauch der Stromspule gegeben ist durch $N'' = J^2 \cdot r_1 \cdot \frac{R_1}{R_2} \cdot$ Watt. Bei Strömen über 10 A wird r_1 über einen Stromwandler angeschlossen. Eine andere Brückenschaltung zur Leistungsmessung ist von Semm[1] angegeben.

Bei großen Phasenverschiebungen zwischen Spannung E und Strom J und kleinen Leistungen werden infolge der geringen Ablenkung die Ablesungen sehr ungenau. In diesem Fall verwendet man nach W. Spielhagen[2] eine indirekte Methode, durch die man den Leistungsfaktor $f_l = \cos\varphi$ neben den mit Meßinstrumenten bestimmten Werten von E und J mißt. Dieselbe eignet sich auch für Messungen mit Hochspannung, z. B. an Kondensatoren, Kabeln usw.

J. A. Fleming[3] bestimmt die Leistung durch Ermittlung des Leistungsfaktors $\cos\varphi$, indem er einen Kathodenstrahl-Oszillographen (Braunsche Röhre mit Wehneltkathode) verwendet, bei dem der Elektronenstrahl zwei hintereinander angeordnete Plattenpaare mit senkrecht aufeinander stehenden magnetischen und elektrostatischen Wirkungen durchläuft. Der Lichtpunkt zeichnet dann auf dem Leuchtschirm eine Ellipse mit den Halbachsen a und b und beim einzelnen Einschalten der beiden ablenkenden Spannungen ihr Achsenkreuz. Es ist dann $\varphi = 2 \cdot \operatorname{arc\,tg} \frac{b}{a}$, womit auch die Leistung berechnet werden kann. Diese Methode eignet sich ganz besonders für Hochfrequenzströme.

W. Grix[4] hat eine interessante zeichnerische und experimentelle Darstellung der Leistung N angegeben, in der er aus den in Abhängigkeit von der Zeit t aufgenommenen zusammengehörigen Kurven der Spannung E und Stromstärke J zu den verschiedenen Augenblickswerten E_t als Abszisse in einem rechtwinkligen Koordinatensystem die um eine Viertelperiode dagegen verschobenen

[1] Arch. Elektrotechn. Bd. 9 (1920) S. 30.
[2] Arch. Elektrotechn. Bd. 23 (1930) S. 609; ETZ 1930 S. 1563.
[3] J. Instn. electr. Engr. 1925 S. 1045; ETZ 1927 S. 1529.
[4] Helios, Lpz. 1920 Nr. 1 . . . 3.

Stromstärken J_t als Ordinaten einträgt. Ihre Endpunkte liegen dann auf der sog. Leistungscharakteristik $f(J_t, E_t)$, deren Flächeninhalt gleich $2\pi \cdot N$ ist. Diese Charakteristiken lassen sich experimentell mit Hilfe einer Braunschen Röhre aufnehmen und objektiv zur Darstellung bringen.

Bei den Messungen dielektrischer Verluste (Nr. 56) zeigt sich im allgemeinen ein kleiner Leistungsfaktor, wodurch die Ablesungen an dynamometrischen Instrumenten ungenau werden. In diesem Fall eignen sich dafür, zumal da hohe Spannungen verwendet werden, thermische Leistungsmesser. Von den beiden bisher bekannten Ausführungen hat der Hitzdraht-Leistungsmesser von R. Bauch[1] den Nachteil, daß die beiden Zweige unsymmetrisch belastet sind, während der Thermo-Leistungsmesser von L. Brückmann[2] dadurch günstiger arbeitet, daß er in der Ausführung von P. J. Kipp & Zonen, Delft[3], nach Abb. 92 zwei Thermo-Umformer in symmetrischer Anordnung nach J. H. Moll[4] enthält. Da hierbei die Bedingung $R_v \gg R_s + R_h$ erfüllt ist, sind die Ablenkungen des Spannungsmessers E den Leistungen N proportional, und zwar wegen der im Gegensatz zu den elektrodynamischen Instrumenten kleinen Induktivität der Apparatur unabhängig von der Frequenz ν und dem Leistungsfaktor f_l. Die Theorie des Instruments ist von G. Zickner und G. Pfestorf[5] behandelt und gezeigt, wie man es zur Leistungsmessung an großen Kondensatoren, insbesondere mit Elektrolyten als Dielektrikum[6] verwendet.

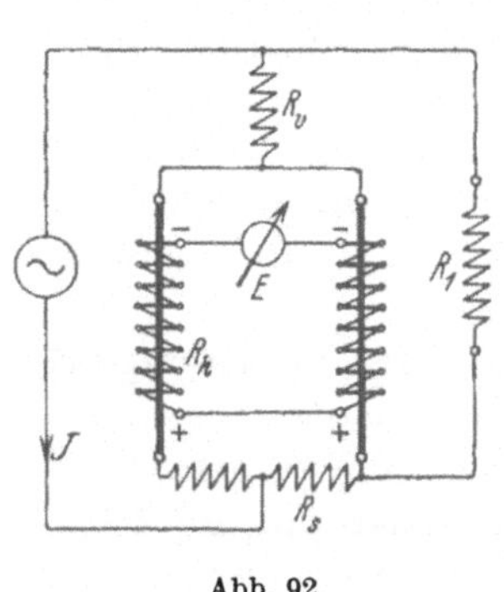

Abb. 92.

Weiter kommt dieses Instrument mit Vorteil zur Anwendung bei der Wirkungsgrad-Bestimmung von Gleichrichtern (s. IV, 17) und Einankerumformern (s. IV, 13), die bei einer abgegebenen Leistung N

[1] ETZ 1903 S. 530, 659, 692, 873, 913; vgl. auch: ETZ 1892 S. 542; 1895 S. 598 (Cahen); 1898 S. 598 (Rössler).

[2] Z. Instrumentenkde. 1928 S. 127 (E. Kühnel); ETZ 1930 S. 421 (A. Herczeg).

[3] Vertreter: E. Leybold's Nachf., Köln-Bayental.

[4] Proc. physic. Soc. Bd. 35 (1923) 15. Aug.

[5] ETZ 1930 S. 1681. [6] ETZ 1931 S. 928. (W. Hoesch.)

und eingeführten N_e nach der Gleichung $\eta = \frac{N}{N_e}$ sehr ungenau ausfallen würde, da es sich um eine Differenz nahezu gleicher Leistungen für Gleich- und Wechselstrom handelt. Formt man aber diese Gleichung um in $1 - \eta = \frac{N_e - N}{N_e}$ oder $\eta = 1 - \frac{N_e - N}{N_e}$, so braucht man nur nach Abb. 93 z. B. für einen Einankerumformer EU durch Gegeneinanderschaltung der Spannungsmesserkreise zweier Thermo-Leistungsmesser TL (für N_e und N) die Differenz $N_e - N$ und die Leistung N_e zu ermitteln.

Perry A. Borden[1] verwendet zur Messung kleiner Leistungen bei niedrigem Leistungsfaktor eine Kompensationsmethode, W. B. Kouwenhoven ein Quadranten-Elektrometer (s. Nr. 25).

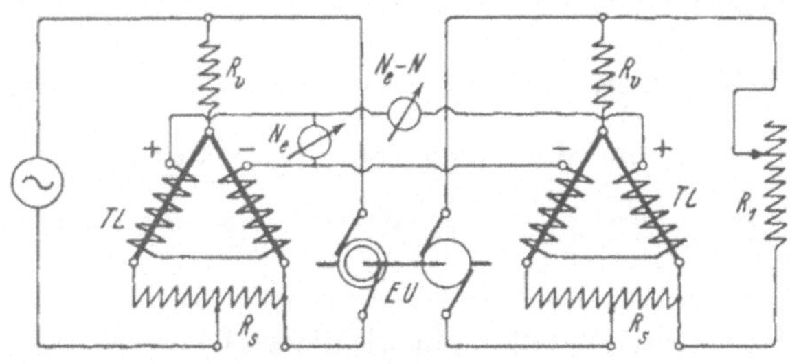

Abb. 93.

Für sehr hohe Spannungen bis 175 kV gegen Erde ohne Meßwandler ist von J. S. Caroll[2] eine Schaltung angegeben.

Zur Messung sehr kleiner Leistungen bis zu 10^{-13} W hinab dient der Vibrations-Leistungsmesser, der nach Angaben von J. Biermanns[3] aus einem Spulen-Vibrationsgalvanometer durch Einbau einer weiteren Spule für die Spannungseinwirkung erhalten wird. Bei großen Phasenverschiebungen wird die Messung aber sehr ungenau.

Erwähnenswert ist hierbei ein elektrodynamisches Meßgerät von J. Huber[4], das Leistungen, Spannungen und Stromstärken durch einfache Umschaltung rasch nacheinander zu messen gestattet.

[1] Trans. Amer. Inst. electr. Engr. 1923 S. 395.
[2] J. Amer. Inst. electr. Engr. 1925 S. 943; ETZ 1927 S. 542.
[3] Arch. Elektrotechn. Bd. 9 (1920) S. 182; ETZ 1921 S. 41.
[4] D.R.P. 485903; Ö. Pat. 112809.

Im allgemeinen wird man bei Strömen über 50 A oder Hochspannung die Hauptstromspule H des Leistungsmessers über einen Stromwandler SW und bei höheren Spannungen über 500 V den Spannungspfad mit der Spannungsspule S über einen Spannungswandler SpW anschließen. Dadurch treten natürlich Fehler Δ in die Messung ein, die durch Korrektionen k* dadurch auszugleichen sind, daß man sie zu den Instrumentangaben addiert. Zunächst ist der Eigenverbrauch[1] der Meßwandler, der sich bei den Stromwandlern quadratisch mit der Belastung ändert, zu den abgelesenen Werten hinzuzurechnen. Weiter ist ein Fehler im Übersetzungsverhältnis des Wandlers $u_e = \frac{E_{k_1}}{E_{k_2}}$ und $u_i = \frac{J_1}{J_2}$ auszugleichen, wenn der Leistungsmesser für die vorausgesetzten Nennwerte $u_{e_n} = \frac{E_{k_1}}{E_{k_{2_n}}}$ und $u_{i_n} = \frac{J_1}{J_{2_n}}$ bestimmt ist. Es sind dann in den Angaben die Übersetzungs-Fehler $\Delta u = \frac{u_n - u}{u} \cdot 100 = \left(\frac{u_n}{u} - 1\right) \cdot 100\ \%$ oder die Korrektionen $k_u = -\Delta u = \frac{u - u_n}{u} \cdot 100\%$ zu berücksichtigen.

Hat z. B. ein Wandler ein wirkliches Übersetzungsverhältnis $u_e = \frac{1000}{98}$, während auf seinem Schild die Nennübersetzung $u_{e_n} = \frac{1000}{100}$ vermerkt ist, dann ist

$$\Delta u_e = \left(\frac{E_{k_2}}{E_{k_{2_n}}} - 1\right) \cdot 100 = \left(\frac{98}{100} - 1\right) \cdot 100 = -2\%$$

und die Korrektion $k_{u_e} = +2\%$, da der Leistungsmesser zu wenig anzeigt. Bei Benutzung eines Spannungs- und Stromwandlers ist die Gesamtkorrektion $k_u = k_{u_e} + k_{u_i}\ \%$.

Auch die Fehlwinkel δ zwischen den primären und sekundären Größen der Wandler erfordern Korrektionen k_{δ_e} bzw. k_{δ_i}. Denkt man sich in dem Transformatordiagramm (Abb. 341) die sekundären Werte der Spannung E_{k_2} und Stromstärke J_2 um 180^0 umgelegt, so sollen die Fehlwinkel δ positiv gezählt werden, wenn die sekundären Größen nach Abb. 94 $E'_{k_2} = OZ$ und $J'_2 = OH$ den primären $E_{k_1} = OT$ und $J_1 = OK$ voreilen.

* ETZ 1909 S. 489. [1] Linker, A.: Elektromaschinenbau, S. 90, 92.

Bei Verwendung eines Spannungswandlers mit dem Fehlwinkel $+\delta_e$ und $u_e = 1$ zeigt der Leistungsmesser bei E_{k_1} Volt, J_1 Amp, Phasenwinkel $+\varphi_1$ (induktiv) die Leistung

$$N' = E_{k_2} \cdot J_1 \cdot \cos(E_{k_2}, J_1) = E_{k_1} \cdot J_1 \cdot \cos(\varphi_1 + \delta_e),$$

während die wirkliche Leistung $N = E_{k_1} \cdot J_1 \cdot \cos\varphi_1$ ist. Es ist dann die durch den Fehlwinkel bedingte Korrektion

$$k_{\delta_e} = -\Delta_{\delta_e} = \frac{N' - N}{N} \cdot 100\,\% \quad \text{oder}$$

$$k_{\delta_e} = \frac{\cos(\varphi_1 + \delta_e) - \cos\varphi_1}{\cos\varphi_1} \cdot 100 = (\cos\delta_e - \sin\delta_e \cdot \operatorname{tg}\varphi_1 - 1) \cdot 100\,\%.$$

Da die Fehlwinkel δ sehr klein sind ($< 1^0$), kann man $\cos\delta \approx 1$ und $\sin\delta \approx (\delta)$* setzen, wofür dann genügend genau $k_{\delta_e} \approx (\delta_e) \cdot \operatorname{tg}\varphi_1 \cdot 100\,\%$ wird. Da nun allgemein δ' in min angegeben wird und

$$(\delta) = \frac{2\pi}{360 \cdot 60} \cdot \delta' = \frac{\pi}{10800} \cdot \delta'$$

ist, so ergibt sich

$$k_{\delta_e} \approx \frac{\pi}{108} \cdot \delta_e' \cdot \operatorname{tg}\varphi_1 \approx 0{,}0291 \cdot \delta_e' \cdot \operatorname{tg}\varphi_1\ \%.$$

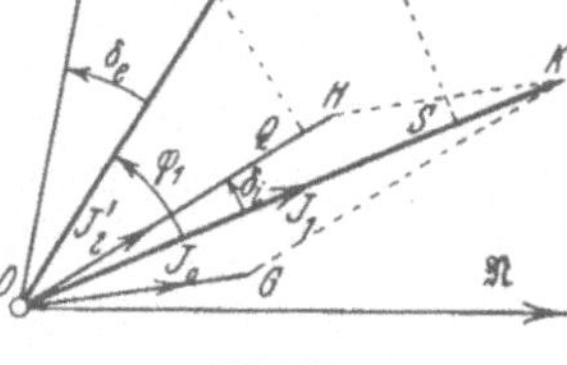

Abb. 94.

Schließt man nun die Stromspule H an einen Stromwandler mit dem Fehlwinkel $+\delta_i$ und $u_i = 1$ an, dann zeigt der Leistungsmesser

$$N'' = E_{k_1} \cdot J_2 \cdot \cos(E_{k_1}, J_2) = E_{k_1} \cdot J_1 \cdot \cos(\varphi_1 - \delta_i).$$

Es ist dann

$$k_{\delta_i} = \frac{N'' - N}{N} \cdot 100 = \frac{\cos(\varphi_1 - \delta_i) - \cos\varphi_1}{\cos\varphi_1} \cdot 100\,\%$$

oder

$$k_{\delta_i} \approx -(\delta_i) \cdot \operatorname{tg}\varphi_1 \cdot 100 \approx -\frac{\pi}{108} \cdot \delta_i' \cdot \operatorname{tg}\varphi_1\,\%.$$

Werden Meßwandler im Spannungs- und Strompfad des Leistungsmessers gleichzeitig verwendet, so ergibt sich als Korrektion

$$k_\delta = k_{\delta_e} + k_{\delta_i} \approx \frac{\pi}{108} \cdot (\delta_e' - \delta_i') \cdot \operatorname{tg}\varphi_1\,\%.$$

Fällt man in Abb. 94 die Lote ZQ und TS, dann ist $OQ = E'_{k_2} \cdot \cos(\varphi_1 + \delta_e - \delta_i)$ und

$$OQ \cdot J_2' = E'_{k_2} \cdot J_2' \cdot \cos(\varphi_1 + \delta_e - \delta_i) = N_2$$

die wirkliche Leistung auf der Sekundärseite, während $OS \cdot J_1 = E_{k_1} \cdot J_1 \cdot \cos\varphi_1 = N_1$ die Primärleistung darstellt.

* ( ) bedeutet Bogenmaß.

Tritt nun noch der Übersetzungsfehler Δ_{u_e} und Δ_{u_i} hinzu, so ist die gesamte Korrektion

$$k_{u_\delta} = k_{u_e} + k_{u_i} + k_{\delta_e} + k_{\delta_i}\,\%.$$

Zur bequemen Ermittlung von k_δ ist von G. Keinath[1] ein Nomogramm angegeben[2].

Unter Verwendung von Stromwandlern läßt sich nach W. Riegel[3] auch die Summe der Leistungen mehrerer Stromkreise mit einem Leistungsmesser ermitteln.

Für manche Fälle eignet sich zur Leistungsmessung die von Swineburne, Ayrton u. Sumpner angegebene

Methode der drei Spannungsmesser.

Danach legt man den Verbrauchsapparat A (Abb. 95) mit einem konstanten induktionsfreien Widerstand R_1 in Reihe geschaltet an eine Wechselstromquelle E_3 und mißt die drei Span-

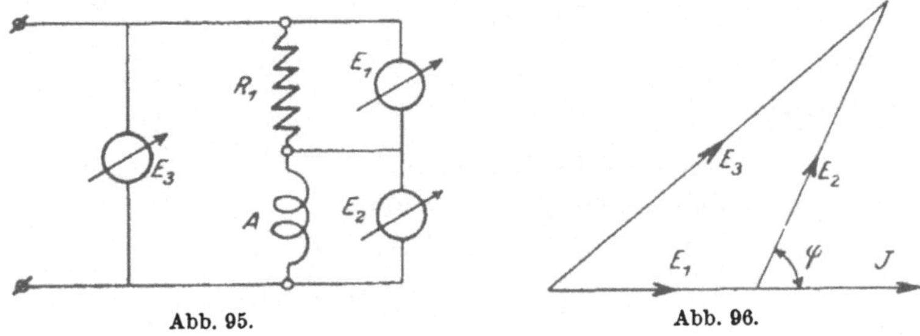

Abb. 95. Abb. 96.

nungen E_1, E_2 und E_3. Dann gilt für jeden Augenblick $E_{1_t} + E_{2_t} = E_{3_t}$. Quadriert erhält man

$$E_{1_t}^2 + E_{2_t}^2 + 2\,E_{1_t} \cdot E_{2_t} = E_{3_t}^2, \quad \text{oder, da} \quad E_1 = J_1 \cdot R_1 \quad \text{ist},$$

$$2\,J_{1_t} \cdot R_1 \cdot E_{2_t} = E_{3_t}^2 - E_{1_t}^2 - E_{2_t}^2.$$

Durch Integration ergibt sich:

$$2 \cdot R_1 \cdot \frac{1}{T} \cdot \int_0^T J_{1_t} \cdot E_{2_t} \cdot dt = \frac{1}{T} \cdot \int_0^T E_{3_t}^2 \cdot dt - \frac{1}{T} \cdot \int_0^T E_{1_t}^2 \cdot dt - \frac{1}{T} \cdot \int_0^T E_{2_t}^2 \cdot dt$$

---

[1] Siemens-Z. 1925 S. 334.

[2] Derartige „Zeitspartafeln“ werden für die verschiedenartigsten Formeln von der „Stugra“, Zentralstelle für graphische Berechnungstafeln, Berlin-Waidmannslust, und dem Verlag des Helios, Hachmeister & Thal, Leipzig, hergestellt.

[3] Sachsenwerk-Mitt. 1930 S. 141.

oder $2\,R_1 \cdot N = E_3^2 - E_1^2 - E_2^2$, woraus die in A verbrauchte Leistung $N = \frac{E_3^2 - E_1^2 - E_2^2}{2\,R_1}$ berechnet werden kann.

Behandeln wir die Aufgabe zeichnerisch, so können wir, von dem gemeinsamen Strom J als Richtlinie ausgehend, die Spannungen ihrer Größe und Richtung nach, wie Abb. 96 zeigt, hinzeichnen. E_1 ist dabei in Phase mit J, E_2 ist um den $\sphericalangle\,\varphi$ gegen J voreilend verschoben, und E_3 ist als geometrische Summe von E_1 und E_2 die Schlußlinie des Diagramms. Daraus läßt sich folgende Beziehung ableiten:

$$E_3^2 = E_1^2 + E_2^2 + 2\,E_1 \cdot E_2 \cdot \cos\varphi.$$

Setzt man $E_1 = J \cdot R_1$, so wird

$$E_3^2 = E_1^2 + E_2^2 + 2\,R_1 \cdot J \cdot E_2 \cdot \cos\varphi = E_1^2 + E_2^2 + 2\,R_1 \cdot N$$

oder

$$N = \frac{E_3^2 - (E_1^2 + E_2^2)}{2\,R_1}.$$

Diese Methode ist insofern etwas umständlich, als neben der Unbequemlichkeit einer höheren Spannung E_3 ein regulierbarer induktionsfreier Widerstand für stärkere Ströme teuer und nicht immer zur Hand ist. Sie eignet sich jedoch ganz gut zur Messung des Leistungsverbrauchs der Spannungsspule von Zählern, wenn man ein Elektrometer dazu verwendet[1].

Besser ist folgende von A. Fleming vorgeschlagene

Methode der drei Strommesser.

Hierbei schaltet man den induktionsfreien Widerstand R_1 parallel zum Stromverbraucher A (Abb. 97). Dann gilt für jeden Augenblick: $J_{3_t} = J_{1_t} + J_{2_t}$, oder nach Quadrierung

$$J_{3_t}^2 = J_{1_t}^2 + J_{2_t}^2 + 2\,J_{1_t} \cdot J_{2_t} = J_{1_t}^2 + J_{2_t}^2 + 2\,\frac{E_{2_t}}{R_1} \cdot J_{2_t},$$

da $J_{1_t} = \frac{E_{2_t}}{R_1}$ ist.

Nach Umformung bzw. aus dem Diagramm (Abb. 98) erhält man die Leistung:

$$N = \frac{R_1}{2} \cdot \left[J_3^2 - (J_1^2 + J_2^2)\right].$$

Diese beiden Methoden können um so fehlerhafter werden, je größer der Phasenwinkel φ zwischen Strom und Spannung

[1] ETZ 1901 S. 98.

im Stromverbraucher wird. Da das Resultat außerdem am genauesten wird, wenn $E_1 = E_2$ bzw. $J_1 = J_2$ gewählt wird, so ist mit dieser Messung ein erheblicher Arbeitsverbrauch verbunden. Man kann diese Messungen dadurch vereinfachen, daß man die Summe und Differenz der Spannungen E_1 und E_2 mißt

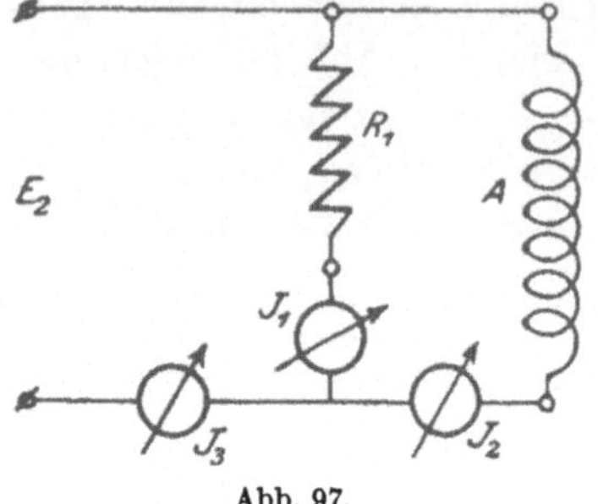

Abb. 97.

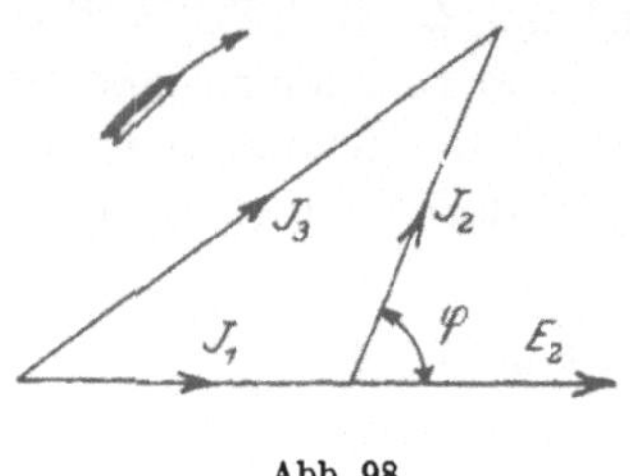

Abb. 98.

oder schließlich ein einziges als Differential-Spannungsmesser gebautes Instrument für die Messung beider Spannungen anwendet[1].

Für Hochspannungsmessungen (30000 V) eignet sich besonders der Leistungsmesser von Duddell-Mather[2].

II. Mehrphasen-Stromkreise.

Die Leistung eines Mehrphasensystems ist gleich der Summe der Leistungen der einzelnen Phasen, so daß man allgemein setzen kann: $N = N_1 + N_2 + \cdots N_n$ und für das in der Praxis am meisten gebräuchliche Dreiphasensystem: $N = N_1 + N_2 + N_3$. Für ein unverkettetes System können wir daher mit drei Instrumenten die Gesamtleistung bestimmen.

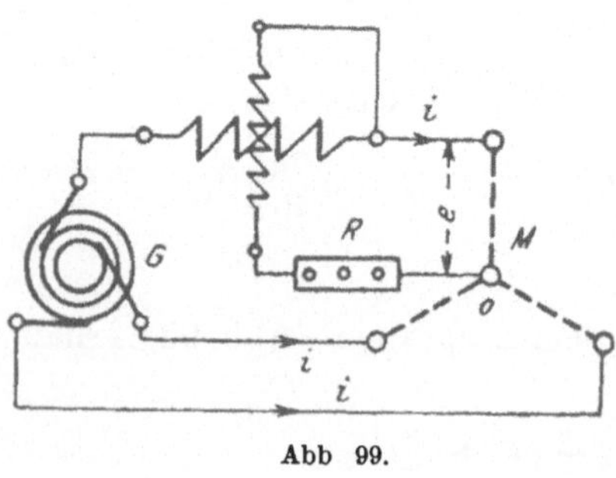

Abb 99.

Sind nun die einzelnen Phasen miteinander verkettet, so können wir dabei Stern- und Dreieckschaltung annehmen. Setzen wir vorläufig gleiche Belastung und Phasenverschiebung der drei Phasen voraus, so ist $N = 3 \cdot e \cdot i \cdot \cos\varphi$, wo e und i Spannung und Stromstärke einer Phase bedeuten.

[1] ETZ 1902 S. 221. [2] ETZ 1912 S. 1098.

Auf Grund dieser Gleichung ist es bei gleicher Belastung der drei Phasen nur nötig, die Leistung einer Phase $e \cdot i \cdot \cos \varphi$ zu bestimmen, wozu man folgende Schaltung (Abb. 99) macht, die aber nur möglich ist, wenn man den neutralen oder Sternpunkt O zum Anschluß benutzen kann.

Für den Fall, daß der Sternpunkt nicht zugänglich ist, kann man sich einen solchen künstlich herstellen, indem man nach Behn-Eschenburg zwei gleich große Widerstände r (Abb. 100) in Sternschaltung an die Außenleiter anlegt und den Sternpunkt O mit der Spannungsspule ϱ über den Vorschaltwiderstand R verbindet, wobei $R + \varrho = r$ ist. Bei Leerlaufsmessungen an asynchronen Motoren und Transformatoren sind diese Schaltungen jedoch wegen der Ungleichheit der Ströme und Spannungen nicht brauchbar. Welchen Fehler diese Meßanordnungen bei verschiedener Belastung der Phasen ergeben können, ist von K. Schmiedel[1] ausführlich erörtert worden. Dabei kann die Bestimmung des Spannungsnullpunkts bei Drehstrom-Sternschaltung nach dem Verfahren von W. Lehmann[2] und der Unsymmetrie des Spannungsdreiecks bei Benutzung von Spannungswandlern nach G. Hauffe[3] erfolgen.

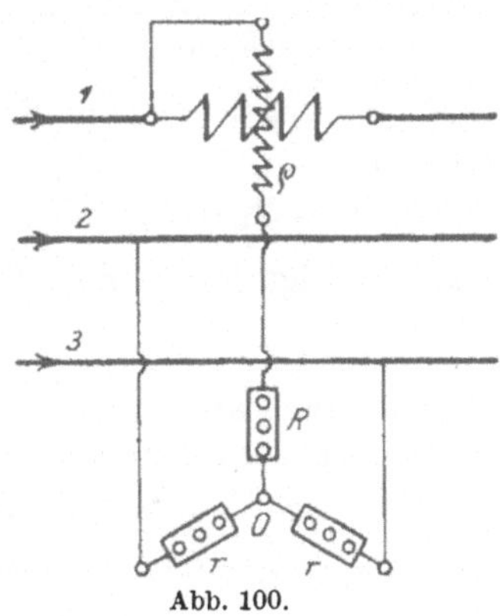

Abb. 100.

Für Dreieckschaltung müßte man zur Messung die Verbindung zweier Phasen lösen, um die Stromspule in eine Phase legen zu können, wodurch jedoch der Widerstand der einen Phase verändert würde.

Führen wir in die Gleichung der Drehstromleistung Außenleiterspannungen und Ströme (große Buchstaben) ein, so gilt bei gleicher Belastung der 3 Phasen für Sternschaltung: $E = e \cdot \sqrt{3}$, $J = i$ und für Dreieckschaltung: $E = e$, $J = i \cdot \sqrt{3}$, woraus sich ergibt:

$$N_{\curlywedge} = \frac{3E}{\sqrt{3}} \cdot J \cdot \cos \varphi = \sqrt{3} \cdot E \cdot J \cdot \cos \varphi$$

---

[1] ETZ 1913 S. 53. [2] ETZ 1924 S. 1086. [3] ETZ 1927 S. 1734.

und $$N_\triangle = \frac{3 \cdot E \cdot J}{\sqrt{3}} \cdot \cos\varphi = \sqrt{3} \cdot E \cdot J \cdot \cos\varphi,$$

wo φ den Phasenverschiebungswinkel zwischen e und i bedeutet.

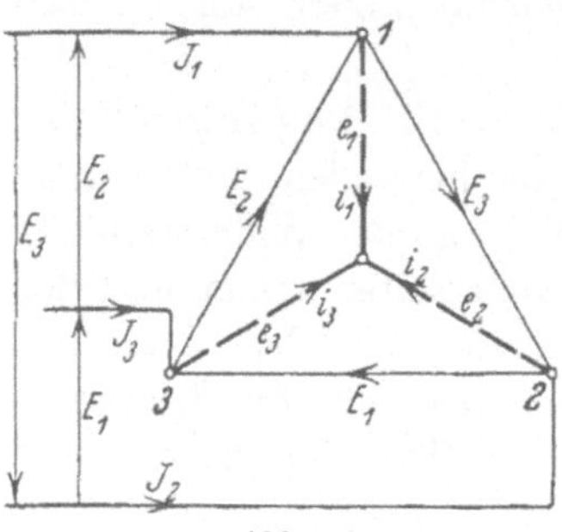

Abb. 101.

Gehen wir nun von dem allgemeinen Fall aus, daß durch drei Leitungen eine elektrische Leistung übertragen wird und der Sternpunkt nicht zugänglich ist, wobei die Stromempfänger in Sternschaltung angeschlossen sein mögen, wie Abb. 101 zeigt, so können wir bei beliebiger Belastung für einen beliebigen Zeitpunkt die Gesamtleistung N_t als Summe dreier Augenblicksleistungen in den einzelnen Phasen darstellen nach der Gleichung

$$N_t = N_{1_t} + N_{2_t} + N_{3_t} \quad \text{oder, da} \quad N_{1_t} = e_{1_t} \cdot i_{1_t} \quad \text{usw.}$$

war, so folgt durch Einsetzen

$$N_t = e_{1_t} \cdot i_{1_t} + e_{2_t} \cdot i_{2_t} + e_{3_t} \cdot i_{3_t}.$$

Wir können aber nur Spannung und Strom der Außenleiter messen, müssen demnach die Gleichung entsprechend umformen, wozu wir leicht mit Hilfe der Gleichungen

$$i_{1_t} + i_{2_t} + i_{3_t} = 0 \quad \text{und} \quad i_{1_t} = J_{1_t},\ i_{2_t} = J_{2_t},\ i_{3_t} = J_{3_t}$$

gelangen können. Setzen wir nämlich $i_{3_t} = -(i_{1_t} + i_{2_t})$ in die Gleichung der Leistung ein, so erhalten wir

$$\begin{aligned} N_t &= e_{1_t} \cdot i_{1_t} + e_{2_t} \cdot i_{2_t} - e_{3_t} \cdot (i_{1_t} + i_{2_t}) \\ &= i_{1_t} \cdot (e_{1_t} - e_{3_t}) + i_{2_t} \cdot (e_{2_t} - e_{3_t}) \end{aligned}$$

oder, da $e_{1_t} - e_{3_t} = E_{2_t}$ und $e_{2_t} - e_{3_t} = -E_{1_t}$ ist,

$$N_t = i_{1_t} \cdot E_{2_t} - i_{2_t} \cdot E_{1_t} = J_{1_t} \cdot E_{2_t} - J_{2_t} \cdot E_{1_t}.$$

Für die Zeit einer Periode ist dann die Gesamtleistung gleich der mittleren Summe der augenblicklichen Leistungen

$$\frac{1}{T} \cdot \int_0^T N_t \cdot dt = N = \frac{1}{T} \cdot \int_0^T J_{1_t} \cdot E_{2_t} \cdot dt - \frac{1}{T} \cdot \int_0^T J_{2_t} \cdot E_{1_t} \cdot dt.$$

Lassen wir nun die zugehörigen Spannungen und Ströme nach

der Zweileistungsmesser-Methode von Aron[1] auf die Spulen zweier Leistungsmesser einwirken (Abb. 102), so zeigen die beiden Leistungsmesser die Leistungen

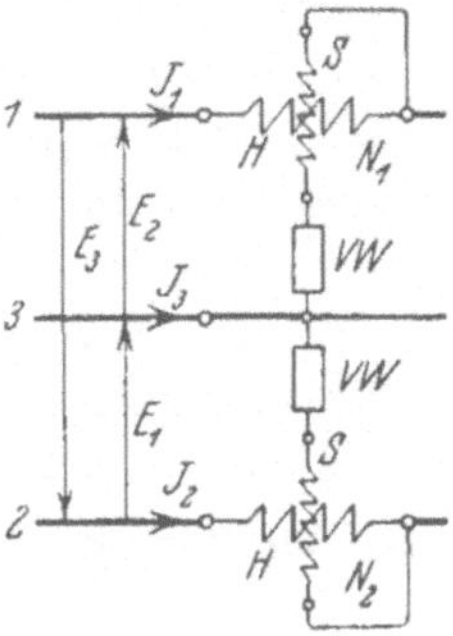

$$N_1 = c \cdot a_1 \cdot R_S = \frac{1}{T} \cdot \int_0^T J_{1_t} \cdot E_{2_t} \cdot dt$$

und
$$N_2 = c \cdot a_2 \cdot R_S = -\frac{1}{T} \cdot \int_0^T J_{2_t} \cdot E_{1_t} \cdot dt$$

an. Die gesamte Leistung des Dreiphasenstroms ist dann

$$\boldsymbol{N = N_1 + N_2 = c \cdot R_S \cdot (a_1 + a_2).}$$

Abb. 102.

Für Dreieckschaltung (Abb. 103) ergibt sich dieselbe Gleichung. Diese Methode ist auch für beliebige Kurvenform und Gestalt des Spannungsdreiecks, wie G. Hauffe[2] gezeigt hat, zu verwenden, da hierüber in der Ableitung keine Annahmen gemacht sind.

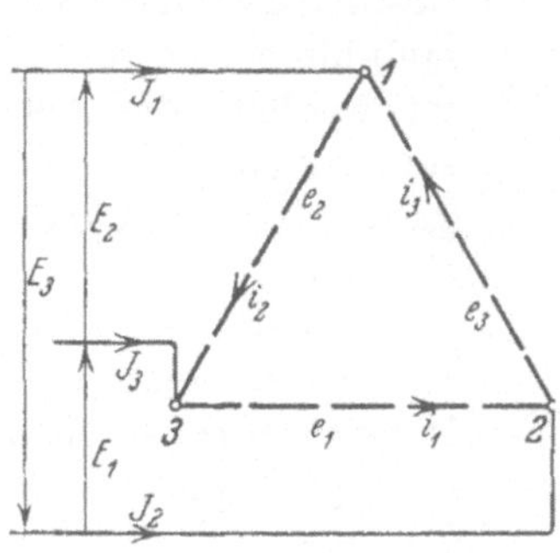

Abb. 103.

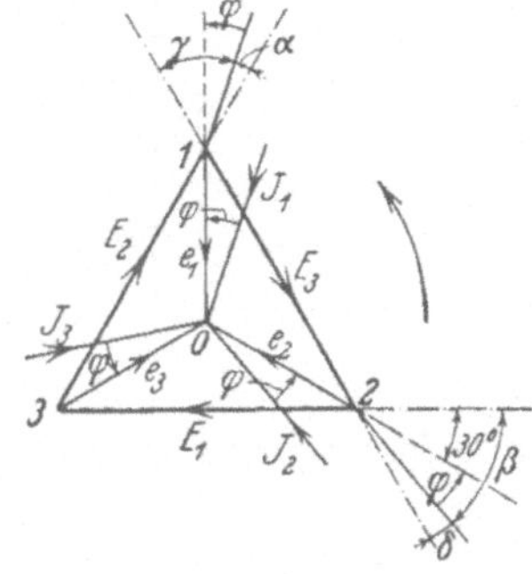

Abb. 104.

Für gleiche Belastungen in den 3 Zweigen lassen sich nun auf Grund des Diagramms (Abb. 104) die vorher angegebenen Beziehungen ebenfalls ableiten. Danach mißt bei induktiver Belastung das erste Instrument

I. $N_1 = E_2 \cdot J_1 \cdot \cos\alpha = E_2 \cdot J_1 \cdot \cos(30 - \varphi) = c \cdot R_S \cdot a_1$ Watt

und das zweite

II. $N_2 = E_1 \cdot J_2 \cdot \cos\beta = E_1 \cdot J_2 \cdot \cos(30 + \varphi) = c \cdot R_S \cdot a_2$ Watt,

worin $a_1 > a_2$ ist und c die Konstante der Instrumente, R_S den Widerstand im Spannungspfad bedeutet. Bei kapazitiver Be-

[1] ETZ 1892 S. 193; 1912 S. 836, 966, 1042. [2] ETZ 1927 S. 1298, 1784.

lastung sind die Vorzeichen der Phasenwinkel φ negativ zu nehmen, so daß $a_2 > a_1$ wird.

Stellt man die Größen $a_1 = c \cdot \cos(30 - \varphi)$ und $a_2 = c \cdot \cos(30 + \varphi)$ als Ordinaten in Abhängigkeit von den Winkeln φ als Abszissen für $c = 1$ dar, so ergeben sich die Kurven $f(a, \varphi)$ der Abb. 105. Addieren wir nun, wenn $E_1 = E_2 = E_3 = E$ und $J_1 = J_2 = J_3 = J$ gesetzt werden, beide Gleichungen I und II, dann ergibt sich

$$N = N_1 + N_2 = E \cdot J \cdot [\cos(30 - \varphi) + \cos(30 + \varphi)]$$

oder umgeformt

$$\boldsymbol{N = \sqrt{3} \cdot E \cdot J \cdot \cos\varphi = c \cdot R_S \cdot (a_1 + a_2)}.$$

Die Summe der Angaben beider Leistungsmesser ergibt somit die Leistung N des Dreiphasensystems. Wird der Winkel $\varphi > 60^0$, so wird $\cos(30 + \varphi)$ und a_2 negativ. Die Spannungsspule von N_2 muß hierbei umgeschaltet werden; die Ablesung ist dann aber negativ in die Summe einzusetzen.

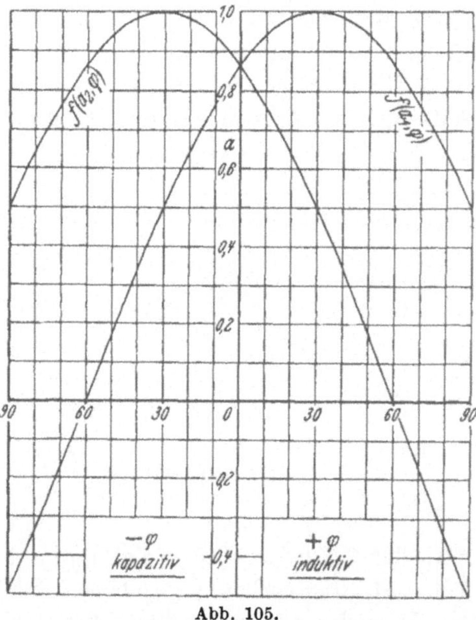

Abb. 105.

Schließt man bei Dreiphasenstrom nach H. Schöller[1] den Spannungspfad S nacheinander bei zugänglichem Nullpunkt an die Phasenspannungen e_1, e_2, e_3 an, während die Hauptstromspule H immer in der Leitung *1* mit dem Strome i_1 bzw. J_1 liegt, dann zeigt der Leistungsmesser

$$b_1 = e_1 \cdot i_1 \cdot \cos(e_1, i_1), \qquad b_2 = e_2 \cdot i_1 \cdot \cos(e_2, i_1), \qquad b_3 = e_3 \cdot i_1 \cdot \cos(e_3, i_1)$$

an. Unter der Annahme gleichmäßiger Belastung gelten dann für den $\sphericalangle (e_1, i_1) = \sphericalangle (e_2, i_2) = \sphericalangle (e_3, i_3) = \varphi$ folgende Grenzwerte:

---

[1] ETZ 1923 S. 1019.

$$\left.\begin{aligned} -\varphi &= 60\ldots 90^0 && \text{für} && b_3 > b_2 > b_1 \\ &= 30\ldots 60^0 && ,, && b_3 > b_1 > b_2 \\ &= \ \ 0\ldots 30^0 && ,, && b_1 > b_3 > b_2 \end{aligned}\right\}\text{kap.}$$

$$\left.\begin{aligned} +\varphi &= \ \ 0\ldots 30^0 && ,, && b_1 > b_2 > b_3 \\ &= 30\ldots 60^0 && ,, && b_2 > b_1 > b_3 \\ &= 60\ldots 90^0 && ,, && b_2 > b_3 > b_1 \end{aligned}\right\}\text{ind.}$$

Bei unzugänglichem Nullpunkt legt man die Spannungsspule an die Außenleiterspannungen E_3, E_1, E_2.

Hat man keine passenden Widerstände zur Herstellung eines künstlichen Nullpunkts zur Hand und ist die Belastung symmetrisch, dann kann man die Schaltung nach J. Görges verwenden, bei der nach Abb. 106 die Hauptstromspule H in Phase *1*

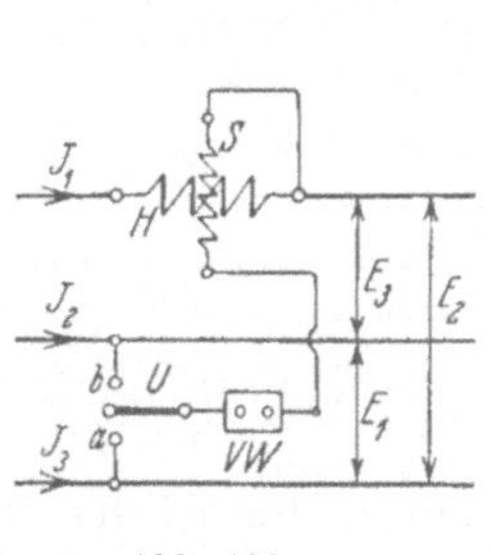

Abb. 106.

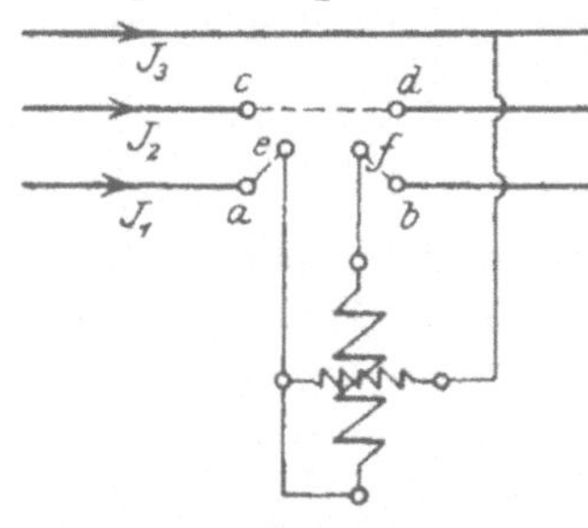

Abb. 107.

liegt, während der Spannungspfad S mittels des Umschalters U nacheinander mit der Phase *2* und *3* verbunden wird. Liegt U auf Kontakt a, dann mißt man

$$N_1 = E_2 \cdot J_1 \cdot \cos(30 - \varphi) = c \cdot R_S \cdot a_1$$

und nach Umlegen von U auf b

$$N_2 = E_3 \cdot J_1 \cdot \cos(30 + \varphi) = c \cdot R_S \cdot a_2$$

und, wenn $E_1 = E_2 = E_3 = E$, $\varphi_1 = \varphi_2 = \varphi_3 = \varphi$ gesetzt wird,

$$N_1 + N_2 = N = E \cdot J \cdot \sqrt{3} \cdot \cos\varphi = c \cdot R_S \cdot (a_1 + a_2).$$

Bei ungleicher Belastung der drei Phasen kann man anstatt zweier Leistungsmesser in der Aron-Schaltung nur ein Instrument verwenden, wenn man einen vom Verfasser angegebenen Umschalter[1] verwendet, der von S & H unter der Bezeichnung Linker-Schalter hergestellt wird. In ausführlicher Weise ist er von B. Duschnitz[2] beschrieben und zugleich eine große Anzahl verschiedener Meßschaltungen angegeben worden. Wie Abb. 107

[1] Elektrotechn. u. Maschinenb. 1928 S. 949; D.R.P. 447549 v. 16. Dez. 1925. [2] ETZ 1929 S. 1228.

schematisch zeigt, kann man mit ihm ohne Unterbrechung des Stromkreises den Leistungsmesser aus der ersten Phase in die zweite wechselweise umschalten. Zu dem Zweck wird erst *ab* kurzgeschlossen, dann *ea* und *fb* nach *ec* und *fd* umgelegt und schließlich Verbindung *cd* entfernt. Zeigen sich beim Umlegen des Schalters Ablenkungen in derselben Richtung, so müssen sie

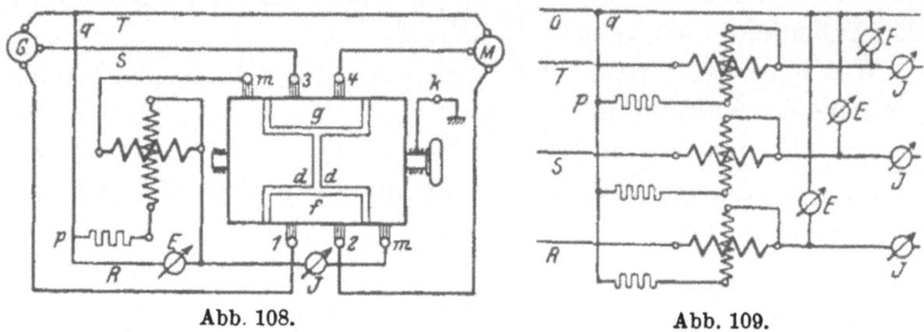

Abb. 108. Abb. 109.

addiert werden, andernfalls wird die kleinere von der größeren abgezogen. Die Messung mit dem Linker-Schalter zeigt Abb. 108.

Besitzt das Leitungsnetz jedoch noch einen vierten Leiter zwischen den Sternpunkten bei Sternschaltung, so ist allgemein die Summe der drei Ströme im neutralen Leiter nicht Null[1].

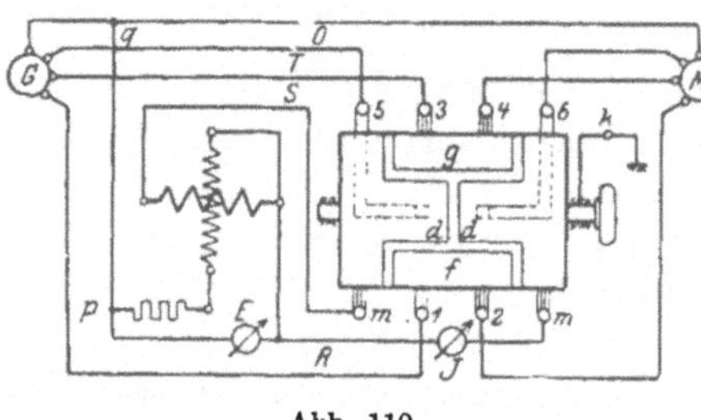

Abb. 110.

Man kann in diesem Fall ebenfalls die Leistung nach den von Aron[2] und Stern[3] angegebenen Methoden messen. Die dabei abgeleiteten Formeln sind später von E. Orlich[4] auch für den Fall ergänzt worden, daß die Summe der drei Sternspannungen nicht gleich Null ist, d. h. die Kurven höhere Harmonische besitzen, deren Ordnungszahl durch 3 teilbar ist.

Verwendet man in diesem Fall die Methode von Fröhlich[5], bei der drei Leistungsmesser nach Abb. 109 in den Hauptleitungen liegen, so muß man die zu einem Sternpunkt *p* geführten

---

[1] Bragstad, O. S.: ETZ 1900 S. 252.
[2] ETZ 1901 S. 215.
[3] ETZ 1901 S. 267; 1903 S. 976.
[4] ETZ 1907 S. 71.
[5] ETZ 1893 S. 575.

Spannungsspulen mit dem neutralen Leiter in q verbinden. Diese Schaltung ist unerläßlich bei der Messung der Leistung von Kleinmotoren oder Verbrauchern von kleinem Strom, wenn die Hauptstromspulen großen Spannungsabfall erzeugen. Bei Verwendung von zwei Leistungsmessern würde man in diesem Fall nicht den richtigen Betriebszustand erhalten. Verwendet man aber wiederum einen Linker-Schalter gemäß Abb. 110, so kommt man an Stelle von 9 Instrumenten mit nur 3 aus.

Bei Hochspannung schaltet man zwischen Leistungsmesser und Meßstromkreis Meßwandler ein (indirekte Leistungsmessung), wobei man möglichst solche der Klasse E oder F verwenden soll, deren Fehler klein sind. Trotzdem beeinflussen sie unter gewissen Umständen die gemessenen Werte, wie I. Goldstein[1], G. Hauffe[2] und H. Nützelberger[3] ausführlich dargelegt haben.

Zur zeichnerischen Ermittlung der durch Meßwandler entstehenden Fehler ist von H. Nützelberger u. R. Resch[4] ein Diagramm angegeben worden.

Auch die C-Messung von S & H läßt sich nach Angaben von G. Keinath[5] zur Leistungsmessung bei hohen Spannungen verwenden. Allerdings ist die Genauigkeit (Fehler etwa 5%) nicht so groß wie bei Meßwandlern.

B. Die Feldleistung. $N_f = E \cdot J \cdot \sin\varphi$.

I. Einphasen-Stromkreise.

Da $\cos(\varphi - 90^0) = \sin\varphi$ ist, kann man zur Messung der Feldleistung N_f einen elektrodynamischen Leistungsmesser verwenden, bei dem der Strom im Spannungspfad um 90^0 nacheilend gegenüber der Netzspannung verschoben ist. Andererseits lassen sich allgemein Drosselspulen, Kondensatoren oder sogenannte Kunstschaltungen[6] aus induktionsfreien und Feldwiderständen

---

[1] Bull. schweiz. elektrotechn. Ver. 1920 S. 304; 1921 S. 14; ETZ 1921 S. 568.

[2] Arch. Elektrotechn. Bd. 19 (1928) S. 10; ETZ 1928 S. 218.

[3] Arch. Elektrotechn. Bd. 20 (1929) S. 330; ETZ 1928 S. 1652.

[4] Arch. Elektrotechn. Bd. 24 (1930) S. 29; ETZ 1930 S. 1625.

[5] Siemens-Z. 1926 S. 547.

[6] ETZ 1898 S. 164 (J. Görges); 1905 S. 230, 254, 275 (E. Waltz); Linker, A.: Grundl. d. Wechselstromtheorie, S. 85.

verwenden. Solange diese Schaltungen aber nicht in der Nähe ihrer Resonanzfrequenz ($\nu = \nu_r$) arbeiten, besitzen sie eine gewisse Frequenzabhängigkeit. So enthält ein Instrument (Präzisions-Wirk- und -Blindleistungsmesser) der Norma, Wien[1], nach Abb. 111 außer dem für die Messung der Leistung N im Spannungspfad $E—E$ mit der Drehspule S liegenden Vorwiderstand VW eine durch Umschalter U innerhalb des Instruments umlegbare Zusatzanordnung nach Hummel, bestehend aus Drosselspule D und reinem Widerstand R, zur Messung der Feldleistung N_f. Bei geringen Abweichungen der Meßfrequenz ν' von der Eichfrequenz ν sind die Ablesungen im Verhältnis $\frac{\nu'}{\nu}$ zu korrigieren.

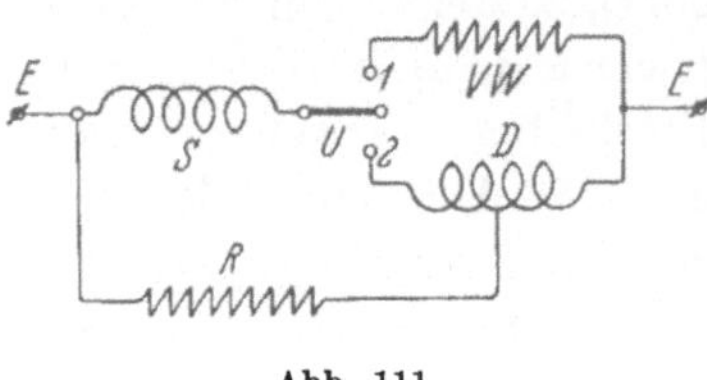

Abb. 111.

II. Mehrphasen-Stromkreise.

Bei Dreiphasenstrom und Abweichungen der Kurvenform von der Sinusform ist es schwierig, die Feldleistung N_f genau zu umschreiben[2]. Man kann also bei der Messung immerhin mit Fehlern rechnen, die meßtechnisch schwierig zu vermeiden sind.

Um nun die Feldleistung N_f bei Dreiphasenstrom und symmetrischem Spannungsdreieck ($E_1 = E_2 = E_3 = E$) zu ermitteln, müßte man die Größen (Abb. 104)

1) $N_{1_f} = E_2 \cdot J_1 \cdot \sin\alpha = E \cdot J_1 \cdot \sin(30 - \varphi)$ und

2) $N_{2_f} = E_1 \cdot J_2 \cdot \sin\beta = E \cdot J_2 \cdot \sin(30 + \varphi)$

bestimmen, aus denen dann bei gleichmäßiger Belastung ($J_1 = J_2 = J_3 = J$)

3) $N_f = N_{2_f} - N_{1_f} = E \cdot J \cdot [\sin(30 + \varphi) - \sin(30 - \varphi)] = \sqrt{3} \cdot E \cdot J \cdot \sin\varphi$

berechnet werden könnte.

Da nun N_{1_f} und N_{2_f} direkt nicht meßbar sind, muß man mittels der Schaltung Abb. 112[3] die Hilfsgrößen

4) $N_3 = E_3 \cdot J_1 \cdot \cos\gamma = E \cdot J_1 \cdot \cos(60 - \alpha) = c \cdot R_S \cdot a_3$,

5) $N_4 = E_3 \cdot J_2 \cdot \cos\delta = E \cdot J_2 \cdot \cos(60 - \beta) = c \cdot R_S \cdot a_4$

[1] Elektrotechn. u. Maschinenb. 1927 S. 437; ETZ 1929 S. 1844.

[2] Elektrotechn. u. Maschinenb. 1920 S. 561 (L. Fähnrich); Electro-J., Sept. 1921 (F. Buchholz).

[3] ETZ 1928 S. 755, 1137 (G. Hauffe); Rivista Tecnica d'Elettricità Bd. 31 (1908) Heft 23 (A. Barbagelata).

mit normal geschalteten Leistungsmessern ermitteln, indem man den Umschalter U auf die Kontakte *3, 4* legt. Da man bei der Lage des Umschalters U auf den Kontakten *1, 2* die Werte

$$6)\quad N_1 = E \cdot J_1 \cdot \cos\alpha = c \cdot R_S \cdot a_1\,,$$

$$7)\quad N_2 = E \cdot J_2 \cdot \cos\beta = c \cdot R_S \cdot a_2$$

gemessen hatte, ergibt sich weiter (Gl. 4 : Gl. 6) $\frac{N_3}{N_1} = \frac{\cos(60-\alpha)}{\cos\alpha} = \frac{a_3}{a_1}$. Entwickelt man $\cos(60-\alpha)$ und dividiert durch $\cos\alpha$, so erhält man $\operatorname{tg}\alpha = \frac{2a_3 - a_1}{a_1 \cdot \sqrt{3}}$. Ferner findet man (Gl. 6) $\cos\alpha = c \cdot R_S \cdot \frac{a_1}{E \cdot J_1}$ und hiermit $\sin\alpha = \operatorname{tg}\alpha \cdot \cos\alpha = c \cdot R_S \cdot \frac{2a_3 - a_1}{E \cdot J_1 \cdot \sqrt{3}}$ oder

$$8)\quad E \cdot J_1 \cdot \sin\alpha = N_{1_f} = c \cdot R_S \cdot \frac{2a_3 - a_1}{\sqrt{3}}.$$

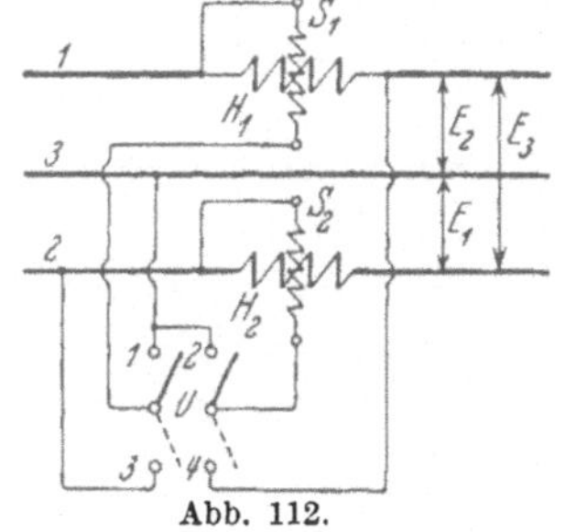

Abb. 112.

In gleicher Weise ergibt sich aus den Gl. 5 u. 7

$$9)\quad E \cdot J_2 \cdot \sin\beta = N_{2_f} = c \cdot R_S \cdot \frac{2a_4 - a_2}{\sqrt{3}}.$$

Die gesamte Feldleistung N_f (Gl. 3) bestimmt sich dann aus:

$$10)\quad N_f = \frac{c \cdot R_S}{\sqrt{3}} \cdot (2 \cdot a_4 - 2 \cdot a_3 - a_2 + a_1)\ \text{Watt}.$$

Bei gleichmäßiger Belastung der 3 Phasen kann man schon aus den Angaben a_1 und a_2 normaler Leistungsmesser nach Abb. 102 oder 106 die Feldleistung N_f folgendermaßen ermitteln. Es war (Gl. 6 u. 7):

$$c \cdot R_S \cdot a_1 = E \cdot J \cdot \cos(30 - \varphi)\,,$$

$$c \cdot R_S \cdot a_2 = E \cdot J \cdot \cos(30 + \varphi)\,,$$

woraus folgt:

$$c \cdot R_S \cdot (a_1 - a_2) = E \cdot J \cdot \sin\varphi = \frac{N_f}{\sqrt{3}}.$$

Das vorher erwähnte Instrument der Norma läßt sich auch zur Messung von N_f bei mehrphasigen Wechselströmen in den Schaltungen von Aron, Fröhlich u. a. verwenden, da die für die Leistung N aufgestellten Gleichungen ebenfalls für die Feldleistung N_f gelten, wie es G. Hauffe[1] für Dreiphasenströme

[1] ETZ 1927 S. 1298; 1928 S. 850.

angegeben hat. Allerdings ergeben die Kunstschaltungen bei unsymmetrischem Spannungsdreieck Fehler in der Messung. Zur Ersparnis an Instrumenten kann auch hier der Linker-Schalter (S. 133) benutzt werden.

Die Kunstschaltung Abb. 111 ist auch bei dem neuen Registrierapparat zum Aufschreiben von N und N_f von S & H[1] zur Anwendung gelangt.

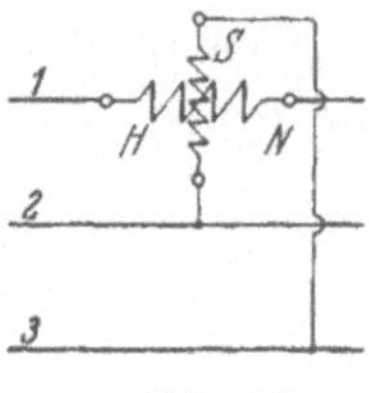

Abb. 113.

Unter Benutzung normaler Leistungsmesser läßt sich bei Dreiphasenströmen die Messung der Feldleistung N_f dadurch ermöglichen, daß man die Leistungsmesser an Abgriffe für 50% und 115,4% der Außenleiterspannung von zwischengeschalteten Spannungsteilern oder Spartransformatoren[2] anschließt. Ähnlich ist die Anordnung von H. Smith u. R. Rutter[3].

Solange man mit einem nahezu symmetrischen Spannungssystem und gleichmäßiger Belastung rechnen kann, ließe sich mit einem Instrument in der Schaltung nach Frankenfield[4] (Abb. 113) die Feldleistung N_f bestimmen, indem man die Stromspule H in eine Phase (*1*) legt, den Spannungspfad S aber an die beiden anderen (*2*, *3*) anschließt. Bei einer Ablenkung a und dem Widerstand R_S im Spannungspfad wäre dann für Dreiphasenströme

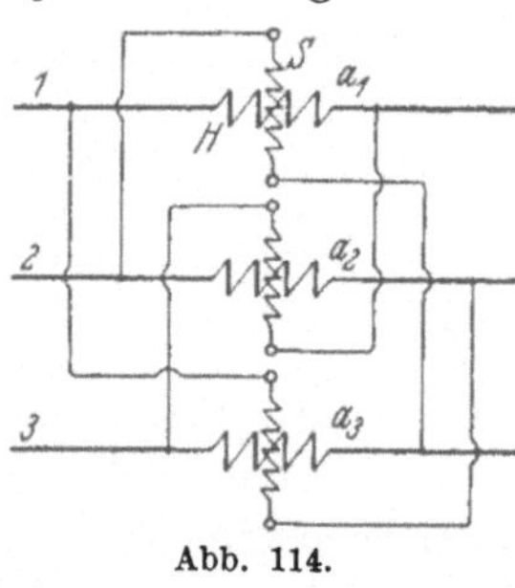

Abb. 114.

$$N_f = \sqrt{3} \cdot c \cdot R_S \cdot a \text{ Watt}.$$

G. Hauffe[5] hat dafür die Fehler der Angaben untersucht.

Verwendet man 3 Instrumente nach Abb. 114, so ergibt sich aus den einzelnen Ablesungen a_1, a_2, a_3 die gesamte Feldleistung

$$N_f = c \cdot R_S \cdot \frac{a_1 + a_2 + a_3}{\sqrt{3}} \text{ Watt}.$$

Weitere Schaltungen ohne Zuhilfenahme von phasenverschiebenden Mitteln ergeben sich nach M. Strelow[6] und A. Sengel[7]

[1] Siemens-Z. 1927 S. 230.
[2] Electr. Wld. Bd. 77 (1921) S. 1491; ETZ 1922 S. 57.
[3] J. Amer. Inst. electr. Engr. 1924 S. 441; ETZ 1924 S. 1089.
[4] Vgl. ETZ 1915 S. 507. [5] Arch. Elektrotechn. Bd. 20 (1928) S. 122.
[6] D.R.P. 247861 v. 28. Aug. 1910. [7] ETZ 1924 S. 973; 1925 S. 171.

durch Anschließen der Spannungsspulen an verschiedene Phasen von Dreiphasenleitungen oder durch Zusammensetzen halber und ganzer Außenleiterspannungen verschiedener Zweige, am bequemsten unter Benutzung von dreiphasigen Stromwandlern. Vorteilhafter ist es dabei jedoch, nach O. Schmidt[1] nur 2 Einphasenwandler zu verwenden, die Anzapfungen von 50% und 86,6% der Außenleiterspannung an der Sekundärseite besitzen.

Bei allen Messungen der Feldleistung im symmetrischen Dreiphasensystem mit normalen, dynamometrischen Leistungsmessern, deren Spannungspfade an Außenleiterspannungen angeschlossen werden, die gegenüber der Phasenspannung der Stromspule um 90° nacheilen, ist es notwendig, die richtige Phasenfolge durch einen

Drehfeld-Richtungsanzeiger

festzustellen. Schon T. W. Varley[2] und W. V. Lyon[3] haben eine Induktionsspule in Stern mit einem induktionsfreien Widerstand und einem Spannungsmesser geschaltet, dessen Ablenkung für die Phasenfolge bestimmend ist.

Ein von der AEG nach R. Schmidt[4] gebauter Apparat enthält nach Abb. 115 in Sternschaltung in 2 Zweigen (*1*, *3*) die reinen Widerstände R_1 und R_3 einschließlich der Glühlampen L_1 und L_3 (je 2500 Ohm) und im dritten Zweig (*2*) als kapazitiven Feldwiderstand S_c einen Kondensator C (1 μF).

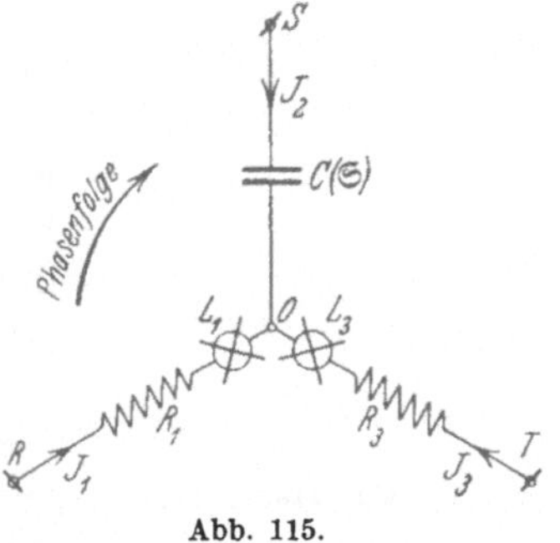

Abb. 115.

Schließt man nun die 3 Klemmen RST an ein Dreiphasensystem an, so wird bei richtiger Reihenfolge der Phasen diejenige Lampe (L_3) hell aufleuchten, deren Phase gegen die der anderen (dunkleren) Lampe (L_1) voreilt, oder Reihenfolge: Dunkellampe—Kondensator—helle Lampe. Das Umgekehrte würde eintreten, wenn man statt der Kapazität C eine Induktivität 𝔖 einschalten würde, wobei zweck-

[1] D.R.P. 418257. [2] Electr. Wld. 1917 S. 466.

[3] Electr. Wld. 1917 S. 968.

[4] D.R.P. 382647 v. 8. Febr. 1922; AEG-Mitt. 1923 S. 239.

mäßig der induktive Widerstand $S = \omega \cdot \mathfrak{S} \approx R_1 = R_3 = R$ gemacht wird.

Die Wirkungsweise beruht auf der Verschiebung des Sternpunkts O im Spannungsdreieck RST (Abb. 116) durch den Feldwiderstand S_c (bzw. S) aus dem Dreiecksschwerpunkt. Dafür gelten nun die Gleichungen:

$$1)\quad \dot{e}_1 + \dot{e}_3 = 2\,\dot{e}_0 = \dot{J}_1 \cdot R_1 + \dot{J}_3 \cdot R_3 .$$

$$2)\quad \dot{e}_2 = -j \cdot \frac{\dot{J}_2}{\omega \cdot C_2} .$$

Da $R_1 = R_3 = R$ angenommen war und $\dot{J}_1 + \dot{J}_3 = -\dot{J}_2$ ist, ergibt sich

$$3)\quad \dot{e}_0 = -\tfrac{1}{2} \cdot \dot{J}_2 \cdot R$$

und mit Gleichung 2)

$$\dot{e}_2 = j \cdot \frac{2}{\omega \cdot C_2 \cdot R} \cdot \dot{e}_0 .$$

Die Spannung $e_2 = SO$ eilt also um 90^0 gegen e_0 vor, so daß der Sternpunkt O bei veränderlichem Wert von C auf einem Halbkreise MOS über der Höhe SM des Dreiecks wandert. Infolge des großen Unterschiedes der beiden Spannungen e_3 und e_1 leuchtet die Lampe L_3 hell auf. Enthält die 2. Phase eine Induktivität $\mathfrak{S}$ anstatt C, dann bewegt sich O auf dem gestrichelten Halbkreis[1].

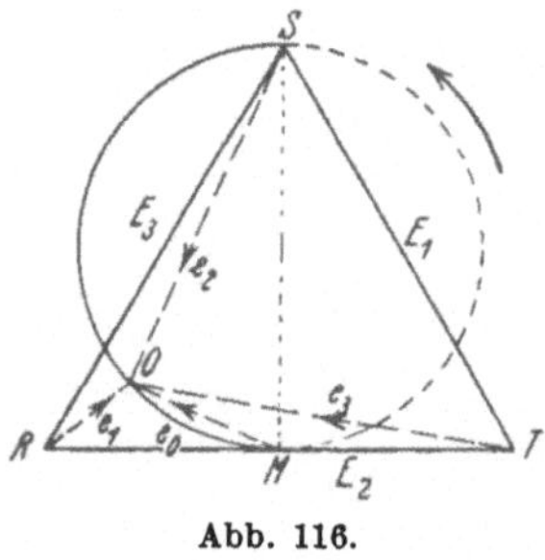

Abb. 116.

S & H[2] bauen einen Richtungsanzeiger nach dem Prinzip eines Drehfeldmotors. Er enthält 3 um 120^0 gegeneinander versetzte Magnetspulen in Sternschaltung, über denen eine Aluminiumscheibe frei drehbar angeordnet ist. Beim Anschluß der Klemmen an ein Dreiphasennetz dreht sich die Scheibe in einem gewissen Sinne, wodurch die richtige Phasenfolge kenntlich gemacht wird.

Welche Fehler bei unsymmetrischem Spannungsdreieck durch Verwendung von Kunstschaltungen bei der Messung der Feldleistung entstehen können, ist von R. Scheld[3] durch Messung

[1] Mitt. VEW. 1921 S. 413; Electr. Wld. Bd. 77 (1921) S. 928 (Kartak).
[2] ETZ 1900 S. 601. [3] Arch. Elektrotechn. Bd. 13 (1924) S. 49.

und Rechnung untersucht worden. Dabei ist zur Messung der Feldleistung die für die Leistung N gebräuchliche Elektrometermethode dadurch abgeändert, daß die dabei verwendeten reinen Widerstände durch Lufttransformatoren ersetzt wurden.

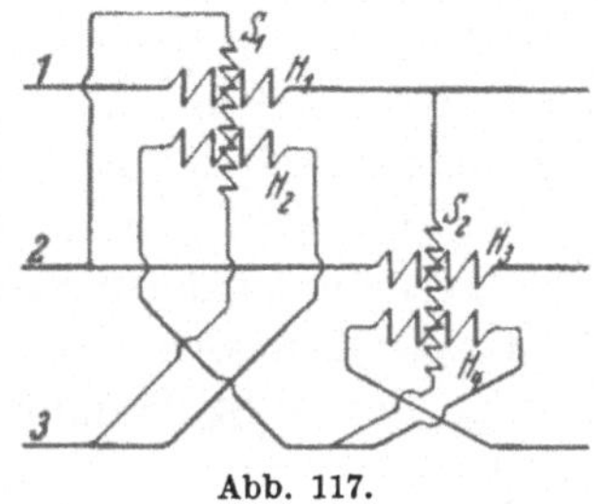

Abb. 117.

Im Gegensatz zu den Schaltungen, in denen der Spannung im Spannungspfad eine Nacheilung von 90° erteilt wurde, werden bei Instrumenten nach dem Induktionsprinzip der SSW[1] 2 messende Systeme verwendet, deren Spannungsspulen nach Abb. 117 an je eine Außenleiterspannung angeschlossen sind, während die beiden Stromspulen jedes Systems von den Strömen verschiedener Phasen durchflossen werden.

Bei Dreiphasenanlagen mit Nulleiter sind die Feldleistungen in den einzelnen Zweigen mit 3 Instrumenten zu messen und die Angaben zu addieren.

C. Die Wechselstrom-Leistung $N_w = E \cdot J$.

Über ihre Definition insbesondere für Mehrphasenströme vgl. Fußnote 2 S. 136. Rechnet man mit Spannungsschwankungen von nicht mehr als etwa $\pm 3\%$, dann kann man $E \approx$ konst annehmen, so daß $N_w = c \cdot J$ wird. Bei Dreiphasenstrom würde darin die Konstante $c_3 = \sqrt{3} \cdot c$ sein. Man kann demnach einen Strommesser zur Messung der Wechselstromleistung N_w verwenden, wie es die Firma Excelsiorwerk R. Kiesewetter, Leipzig[2], getan hat. Bei Dreiphasenstrom ungleicher Belastung sind dafür 2 Strommeßwerke auf gemeinsamer Achse befestigt, deren Drehmomente sich addieren.

Eine andere Methode beruht darauf, daß man die Spannung und Stromstärke gleichrichtet und ihre arithmetischen Mittelwerte auf die Spulen eines elektrodynamischen Leistungsmessers einwirken läßt. Die Angaben sind natürlich von der Kurvenform abhängig.

Durch Vereinigung eines Meßwerks für die Leistung N und eines zweiten für die Feldleistung N_f stellt die Firma Firchow-

[1] D.R.P. 337898 v. 5. Aug. 1919. [2] ETZ 1928 S. 355.

Landis & Gyr, Berlin, unter dem Namen Trivector[1] ein Instrument her, das die Wechselstromleistung N_w bzw. Arbeit $A_w = \int_0^T N_w \cdot dt$ bei beliebigem Leistungsfaktor und verschiedenen Belastungen mit einem größten Fehler von etwa $\pm 3\%$ anzeigt.

E. Knösel[2] überträgt die Zeigerstellungen eines Strom- und Spannungsmessers möglichst reibungslos mittels Photozellen[3] (Selen) auf Widerstände derart, daß die übertragenen Größen den Logarithmen der Instrumentangaben entsprechen. Die Summe beider Größen wird von einem geeigneten Meßinstrument angezeigt, dessen Skala dann die Wechselstromleistung $N_w = E \cdot J$ angibt.

Weitere Konstruktionen, die aber hauptsächlich als Arbeitsmesser (Zähler)[4] gebaut werden, sind folgende: Das Angus-Voltamperemeter[5] der Esterline Co., der Hebel- und Kugel-Apparat nach H. Smith u. R. Rutter[6], der Pantagraph nach Sperti u. Blecksmith[7] der Westinghouse Mfg. Co und der Kreuzzeiger-Apparat von O. Schmidt[8], dessen 2 Meßwerke für die Leistung N und Feldleistung N_f zwei sich rechtwinklig kreuzende Zeiger parallel verschieben und dabei mit einem im veränderlichen Schnittpunkt angreifenden Metallband einen dritten Zeiger drehen, der dann die Größe N_w anzeigt.

29. Ermittlung des Leistungsfaktors.

Der Leistungsfaktor eines Wechselstromes $f_l = \frac{N}{N_w} = \frac{N}{E \cdot J}$ läßt sich bei einwelligen Kurven für die Spannung E und Stromstärke J durch Messung der Größen obiger Gleichung ermitteln. Für Sinusform ist dann $f_l = \cos\varphi = \frac{N}{\sqrt{N^2 + N_f^2}}$, woraus sich weiter auch $\operatorname{tg}\varphi = \frac{N_f}{N}$ ergibt, so daß man den Phasenwinkel φ

---

[1] ETZ 1929 S. 501. [2] ETZ 1930 S. 1530.

[3] Simon-Suhrmann: Lichtelektrische Zellen usw. Berlin: Julius Springer 1932. Fleischer-Teichmann: D. lichtelektr. Zelle. Dresden 1932.

[4] Siemens-Z. 1928 S. 657.

[5] Trans. Amer. Inst. electr. Engr. 1923 S. 376 (R. C. Fryer).

[6] Trans. Amer. Inst. electr. Engr. 1924 S. 299; J. Amer. Inst. electr. Engr. 1924 S. 441; ETZ 1925 S. 597, 970.

[7] Trans. Amer. Inst. electr. Engr. 1924 S. 298.

[8] D.R.P. 418257 v. 21. Juni 1921.

auch aus der Feldleistung N_f und Leistung N berechnen kann (vgl. II. Mehrphasenströme).

Bei mehrwelligen Kurvenformen dagegen kann auch ohne Vorhandensein einer Feldleistung N_f der Leistungsfaktor $f_l < 1$ sein, wie L. Fleischmann[1] gezeigt hat. Weitere Abhandlungen über die genaue Umschreibung und Kennzeichnung des Leistungsfaktors sind von L. P. Krijger[2], M. Schenkel[3], A. Fraenkel[4], K. E. Müller[5] veröffentlicht worden, in denen teilweise noch die Einführung eines Verzerrungs- und Verschiebungsfaktors angeregt wird.

I. Einphasenströme.

Gemäß seiner Definition $f_l = \cos\varphi = \frac{N}{E \cdot J}$ wird der Leistungsfaktor allgemein durch Messung von N, E, J ermittelt. Man kann dazu nach Lulofs[6] auch einen Leistungsmesser mit einer induktiven Spule im Spannungspfad benutzen. Hat man aber N_f und N gemessen, woraus $\operatorname{tg}\varphi = \frac{N_f}{N}$ und $\cos\varphi = \frac{1}{\sqrt{1 + \left(\frac{N_f}{N}\right)^2}}$ folgt, so kann man zur schnellen Auswertung dieser Ausdrücke verschiedene zeichnerische oder mechanische Hilfsmittel anwenden.

Am einfachsten geschieht das mit Hilfe von Fluchtlinientafeln, unter denen die gleichmäßig geteilten von W. Groezinger[7] sehr geeignet sind. J. Suttner[8] verwendet dafür eine Tafel (Abb. 118), in der auf der gleichmäßig geteilten Abszisse die Feldleistung N_f, auf der Ordinate die Leistung N dargestellt wird. Die rechte Teilung enthält $\cos\varphi$, die obere $\operatorname{tg}\varphi$. Schlägt man um O den Kreisbogen durch die Endpunkte und überträgt darauf die Teilpunkte von $\cos\varphi$, so schneiden die Strahlen von O aus durch diese Teilpunkte die Werte $\operatorname{tg}\varphi$ auf der oberen Skala ab. So ergibt sich z. B. für $N_f = 50$ kW, $N = 60$ kW der Leistungsfaktor $\cos\varphi = 0{,}768$ und $\operatorname{tg}\varphi = 0{,}833$.

Zur mechanischen Einstellung von $\cos\varphi$ dient nach G. Stein-

[1] Elektr. Nachr.-Techn. 1926 S. 445.
[2] ETZ 1925 S. 48.
[3] ETZ 1925 S. 1369, 1399; 1926 S. 1005.
[4] ETZ 1928 S. 97.
[5] ETZ 1928 S. 251, 1167.
[6] ETZ 1908 S. 227.
[7] ETZ 1925 S. 663, 1896.
[8] ETZ 1927 S. 1708.

brück[1] ein Rechenschieber, dessen obere Linealskala N und Schieberskala N_f eine gleich große logarithmische Teilung trägt. Die untere Linealskala gibt dann die nach obiger Gleichung errechneten Werte für $\cos\varphi$ unter dem linken bzw. rechten Schieberindex an.

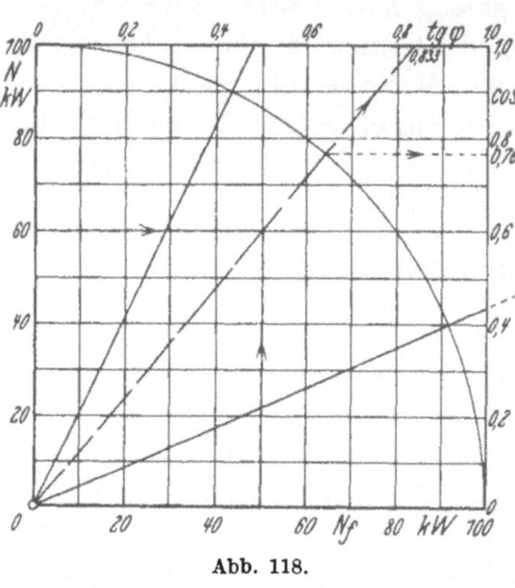

Abb. 118.

Die direkte Messung des Leistungsfaktors $f_l = \cos\varphi$ geschieht nach der Methode von W. Spielhagen[2] oder mit Hilfe von sogenannten Leistungsfaktor- oder Phasenmessern, unter denen die Konstruktionen von M. v. Dolivo-Dobrowolsky[3], Th. Bruger[4] (H & B), J. Tuma[5], O. Martienssen[6], Gino Campos[7], J. Gilfillan der Firma Everett Edgcumbe & Co.[8], The European Weston Co.[9] (D. Bercovitz & Sohn, Berlin) mit Kreuzspule in fester Stromspule, S & H (2 bewegliche Spannungsspulen in fester Stromspule), W. E. Sumpner, J. Carpentier (bewegliche Spannungsspule in 3 festen Stromspulen), H & B (bewegliche Stromspule, 2 feste Spannungsspulen) zu erwähnen sind.

Zur Verbesserung der durch Induktivitäten hervorgerufenen Phasenverschiebung verwendet man mit Vorteil Kondensatoren[10] und Feldstrommaschinen[11].

---

[1] ETZ 1927 S. 1806.

[2] Arch. Elektrotechn. Bd. 23 (1930) S. 609.

[3] ETZ 1894 S. 350.

[4] D.R.P. 96039 v. 31. Jan. 1897; ETZ 1898 S. 476; 1913 S. 998; 1923 S. 312; Physik. Z. 1903 S. 881.

[5] Sitzber. Akad. Wiss. Wien Bd. 106 (1897) S. 251; Z. Elektrotechn. 1898 S. 14, 235.

[6] Z. Elektrotechn. 1898 S. 93, 108, 117.

[7] Atti Assoc. El. Ital. 1913 S. 221.

[8] Electrician Bd. 72 (1913) S. 454 (L. Murphy).

[9] ETZ 1912 S. 1148.

[10] ETZ 1928 S. 389, 399; Siemens-Z. 1925 S. 450.

[11] Siemens-Z. 1927 S. 144, 509, 581; 1929 S. 302, 306, 339, 476.

II. Mehrphasenströme.

Bezeichnet e die Phasen- oder Sternspannung, i den Phasenstrom und φ den Phasenwinkel zwischen e und i, dann läßt sich der Leistungsfaktor allgemein darstellen durch $f_l = \frac{\sum_1^m e_x \cdot i_x \cdot \cos(e_x, i_x)}{\sum_1^m e_x \cdot i_x}$.

Da hierbei das Dreiphasensystem mit 120° Phasenwinkel (Drehstrom) hauptsächlich in Frage kommt, beziehen sich die folgenden Angaben meistens auf dieses. Es gilt dann dafür als Leistungsfaktor (für $m = 3$)

$$f_l = \frac{e_1 \cdot i_1 \cdot \cos\varphi_1 + e_2 \cdot i_2 \cdot \cos\varphi_2 + e_3 \cdot i_3 \cdot \cos\varphi_3}{e_1 \cdot i_1 + e_2 \cdot i_2 + e_3 \cdot i_3}.$$

Wird darin der Zähler mittels zweier Leistungsmesser nach Aron gemessen, so ergibt sich

$$f_l = \frac{c \cdot R_S \cdot (a_1 + a_2)}{e_1 \cdot i_1 + e_2 \cdot i_2 + e_3 \cdot i_3} = \frac{N}{N_w} = \frac{N}{\sqrt{N^2 + N_f^2}},$$

worin die Größen N, N_f, N_w die Leistungen des gesamten Dreiphasensystems bedeuten. Nach dieser Definition ist f_l durch Messung leicht zu bestimmen. Bei symmetrischem Spannungsdreieck und gleichmäßiger Belastung kann man dafür setzen (S. 132)

$$f_l = \cos\varphi = \frac{c \cdot R_S \cdot (a_1 + a_2)}{\sqrt{3} \cdot E \cdot J} = \frac{N}{\sqrt{3} \cdot E \cdot J}.$$

Man kann jedoch in diesem Falle auch ohne Messung von E und J den Leistungsfaktor direkt aus den Ablesungen a_1 und a_2 berechnen, wenn man nach Breitfeld[1] bildet:

$$\frac{N_1 - N_2}{N_1 + N_2} = \frac{a_1 - a_2}{a_1 + a_2} = \frac{\cos(30 - \varphi) - \cos(30 + \varphi)}{\cos(30 - \varphi) + \cos(30 + \varphi)} = \frac{1}{\sqrt{3}} \cdot \operatorname{tg}\varphi.$$

Daraus folgt: $\operatorname{tg}\varphi = \sqrt{3} \cdot \frac{a_1 - a_2}{a_1 + a_2}$, worin bei induktiver Last $a_1 > a_2$, bei kapazitiver $a_2 > a_1$ ist. Allerdings gilt diese Formel nur genau bei sinusförmigen Kurven. Bei verzerrten Kurvenformen ist φ der Phasenwinkel zwischen Phasenspannung und Stromstärke der Grundwelle. Auf Grund dieser Gleichung läßt sich der Leistungsfaktor $\cos\varphi$ nach Kuderna[2] bestimmen.

---

[1] ETZ 1899 S. 120.

[2] Elektrotechn. u. Maschinenb. 1907 S. 987; 1908 S. 109.

Nach Abb. 119 macht man $Oa = N_2$ und $Ob = N_1$ oder bei gleicher Konstante der Instrumente gleich a_2 bzw. a_1. Über ab errichtet man dann das gleichseitige Dreieck abc, dann ist $\sphericalangle cOb = \varphi$, da

$$\operatorname{tg}(cOb) = \frac{ce}{Oe} = \frac{\frac{N_1 - N_2}{2} \cdot \sqrt{3}}{N_2 + \frac{N_1 - N_2}{2}}$$

oder

$$\operatorname{tg}(cOb) = \sqrt{3} \cdot \frac{N_1 - N_2}{N_1 + N_2}$$

ist. Um $\cos\varphi$ direkt abgreifen zu können, zieht man einen sogenannten Einheitskreis (z. B. $O1 = 100$ mm) und verlängt Oc bis d, dann ist $fd = Og = \cos\varphi$.

Eine andere zeichnerische Darstellung dieser Formel hat E. Haidegger[1] angegeben.

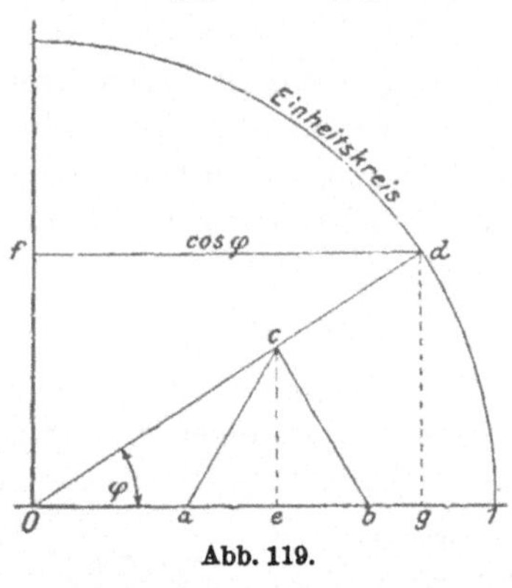

Abb. 119.

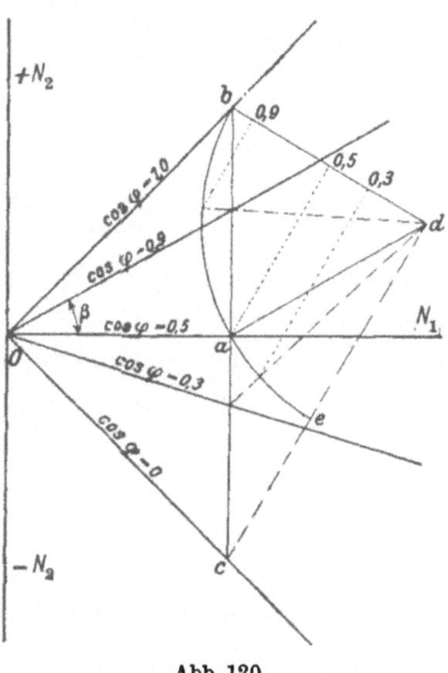

Abb. 120.

Bei einer größeren Anzahl von Ablesungen wäre eine Tafel vorteilhaft, aus der man durch Eintragung von N_1 und N_2 ohne weiteres $\cos\varphi$ ablesen kann. Man erhält sie auf folgende Weise: Setzt man $\frac{N_2}{N_1} = \frac{a_2}{a_1} = \operatorname{tg}\beta = b$ und $\operatorname{tg}\varphi = \frac{\sqrt{1 - \cos^2\varphi}}{\cos\varphi}$, so lautet die umgeformte Gleichung:

$$\cos\varphi = \frac{a_1 + a_2}{2 \cdot \sqrt{a_1^2 - a_1 \cdot a_2 + a_2^2}} = \frac{1 + b}{2 \cdot \sqrt{1 - b + b^2}},$$

[1] ETZ 1918 S. 335.

d. h. $\cos\varphi$ ist eine Funktion des Verhältnisses $\frac{N_2}{N_1}$ oder des Winkels β, der zwischen $+45$ und -45^0 gelegen sein muß. Man konstruiert sich nun umgekehrt zu verschiedenen angenommenen Werten von $\cos\varphi$ den $\sphericalangle\beta$, wie Abb. 120 zeigt.

In einem rechtwinkligen Koordinatensystem, dessen Achsen N_1 (horizontal) und N_2 (vertikal) bilden, sei Oa gleich der Einheit. Trägt man auf dem Lot in a nach oben $N_2 = ab = Oa$, und nach unten $-N_2 = ac = Oa$ an, so gilt der Strahl Ob für $\cos\varphi = 1$, da $\operatorname{tg}(aOb) = \operatorname{tg}\beta = \operatorname{tg} 45^0$ oder $b = 1$ ist. Strahl Oc gibt dann $\cos\varphi = 0$ an, da $\operatorname{tg} aOc = -\operatorname{tg}\beta = \operatorname{tg}(-45^0)$ oder $b = -1$ ist. Oa ist die Richtung für $\cos\varphi = 0{,}5$, da $N_2 = 0$ und damit $\operatorname{tg}\beta = 0$ ist. Man zeichnet nun über ab das gleichseitige Dreieck abd, dann ist $bd = Oa = N_1$ und der Kreis mit bd um d, der durch a und e geht, der Einheitskreis aus Abb. 119. Will man jetzt die Strahlen für 0,9; 0,8; 0,7 usw. oder Zwischenstrahlen zeichnen, so teilt man die Einheitsstrecke bd danach ein, geht zum Einheitskreis und zieht nach dem gefundenen Punkte des Einheitskreises von d aus einen Strahl, der die Linie cb in einem Punkte schneidet, dessen Verbindung mit O den Strahl für den zugehörigen Wert von $\cos\varphi$ ergibt. (Diese Konstruktion ist für $\cos\varphi = 0{,}9$ und $\cos\varphi = 0{,}3$ angegeben.) Diese Strahlen trägt man vorteilhaft auf Millimeterpapier auf, um darin bequem und schnell die Werte für N_1 und N_2 einzeichnen zu können. Zu jedem für dieselbe Konstante des Leistungsmessers abgelesenen Wert von N_1 und N_2 ergibt sich ein Punkt, dessen Lage auf einem Strahl den Leistungsfaktor $\cos\varphi$ ablesen läßt.

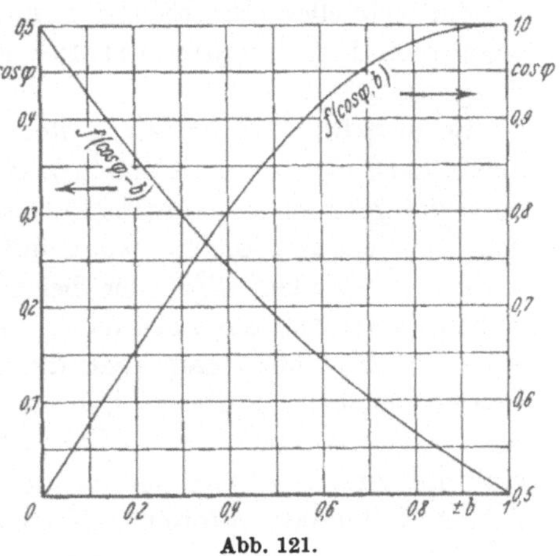

Abb. 121.

Eine andere Methode ist von Radtke[1] angegeben. Stellt

[1] Electr. Wld. 1907 S. 129; Ann. El. 1907 S. 398; ETZ 1907 S. 1177.

man danach die Gleichung $\cos\varphi = \frac{1+b}{2\cdot\sqrt{1-b+b^2}}$ als Funktion von $\pm b = \pm\frac{N_2}{N_1} = \pm\frac{a_2}{a_1}$ in einem rechtwinkligen Koordinatensystem (Abb. 121) dar[1], so kann man aus der Kurve $f(\cos\varphi, b)$ für das durch Messung gefundene Verhältnis $\frac{N_2}{N_1}$ den Leistungsfaktor $f_l = \cos\varphi$ auf der Ordinate entnehmen.

Ist $a_2 > a_1$, dann wird φ negativ (kapazitive Belastung). In diesem Fall bildet man $\frac{a_1}{a_2} = b$, wofür man aus der Kurve den Leistungsfaktor entnimmt.

Zur schnellen Ermittlung von f_l dienen die schon vorhin erwähnten Fluchtlinientafeln[2] sowie ein drehbares Vektordiagramm[3].

Bei ungleicher Belastung der Phasen kann man zwar von einem Leistungsfaktor des Mehrphasensystems sprechen, der sich nach der genauen Formel (S. 145) bestimmen läßt. Man darf aber nur $f_l = \cos\varphi_m$ setzen, wenn unter φ_m ein mittlerer Phasenwinkel verstanden wird, der bei gleichmäßiger Belastung dieselben Werte für die Leistung N und Feldleistung N_f ergeben würde. Dazu muß man aber die Phasenwinkel der einzelnen Phasen angeben. In diesem Fall ist in jeder Phase ein Leistungsmesser aufzunehmen, was aber, besonders bei Hochspannung, ein umfangreiches Instrumentarium und Herstellung eines künstlichen Nullpunkts erfordert. Nach Sauvage[4] lassen sich nun für Dreiphasenstrom mit zwei Leistungsmessern die drei Phasenwinkel folgendermaßen bestimmen:

Man mißt nach Abb. 101, 102, 104:

1. Stromstärke $i_1 = J_1$; Spannung E_2; Leistung $N_1 = E_2\cdot i_1\cdot\cos\alpha$
2. „ $i_2 = J_2$; „ E_1; „ $N_2 = E_1\cdot i_2\cdot\cos\beta$
3. „ $i_1 = J_1$; „ E_1; „ $N_3 = E_1\cdot i_1\cdot\cos\gamma$,

indem man hierbei die Spannungsspule des ersten Leistungsmessers an E_1 zwischen Phase 2 und 3 legt,

4. Stromstärke $i_3 = J_3$ zur Nachprüfung (allgemein nicht notwendig).

Nun trägt man in einem rechtwinkligen Koordinatensystem

[1] Z. Elektrotechn. 1903 Heft 18; Elektrotechn. u. Maschinenb. 1907 S. 12; ETZ 1918 S. 336.

[2] ETZ 1923 S. 178, 903; 1924 S. 534, 861; 1925 S. 598.

[3] ETZ 1926 S. 448. [4] ETZ 1913 S. 712.

(Abb. 122) außer den um 120° gegeneinander verschobenen Spannungen e_1, e_2, e_3 den Strom $i_1 = OA$ unter dem Winkel γ gegen E_1 (Abszisse) an, dann ist auch $\varphi_1 = 90 - \gamma = 30 + \alpha$ bekannt, wodurch α aus Messung 1 nachgeprüft werden kann. Dann zeichnet man $i_2 = OB$ unter dem $\sphericalangle \beta = \varphi_2 + 30$ geneigt, woraus $\sphericalangle \varphi_2$ zwischen e_2 und i_2 gefunden ist. Fällt man nun AC und BD, so ist $OC = i_1 \cdot \cos\alpha = \frac{N_1}{E_2}$ und $OD = i_2 \cdot \cos\beta = \frac{N_2}{E_1}$. Macht man also $DH = OC$, so gibt $OH = \frac{N_1}{E_2} + \frac{N_2}{E_1} = \frac{N}{E}$ ein Maß für die Gesamtleistung, wenn $E_1 = E_2 = E_3 = E$ gesetzt wird.

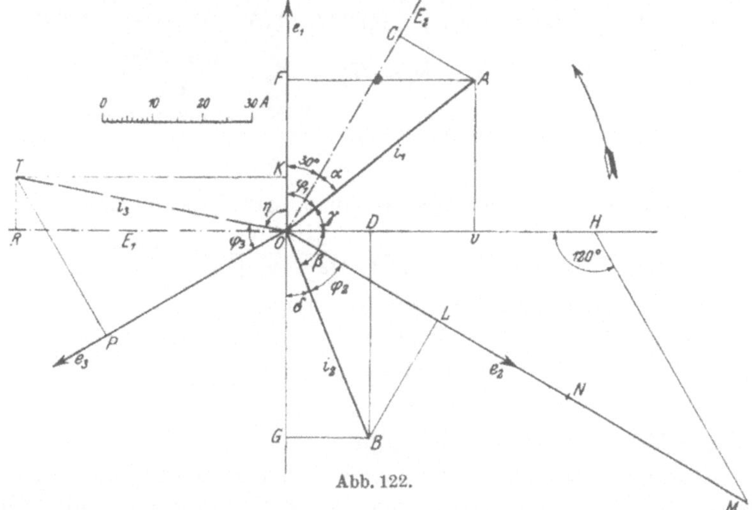

Abb. 122.

Für die Augenblickswerte, die sich als Projektionen der Stromvektoren auf eine beliebige Gerade (z. B. die Ordinatenachse) darstellen lassen, gilt aber

$$i_{1_t} + i_{2_t} + i_{3_t} = i_1 \cdot \cos\varphi_1 - i_2 \cdot \cos\delta \pm i_3 \cdot \cos\eta = OF - OG \pm OK = 0 .$$

Daraus findet man $\pm OK = OG - OF$.

Andererseits besteht aber die Beziehung:

$$N = \frac{E}{\sqrt{3}} \cdot (i_1 \cdot \cos\varphi_1 + i_2 \cdot \cos\varphi_2 + i_3 \cdot \cos\varphi_3) .$$

Fällt man also das Lot BL auf e_2, so ist $OL = i_2 \cdot \cos\varphi_2$ und $OF = i_1 \cdot \cos\varphi_1$. Setzt man noch $\frac{N}{E} = OH$ ein, so erhält man $i_3 \cdot \cos\varphi_3 = OH \cdot \sqrt{3} - (OL + OF)$. Trägt man nun in H eine

Linie unter dem $\sphericalangle 120^0$ an, welche die Verlängerung von OL in M schneidet, so ist $OM = OH \cdot \sqrt{3} = \frac{N}{E} \cdot \sqrt{3}$. Macht man $LN = OF$, so wird $NM = i_3 \cdot \cos \varphi_3$.

Auf der Richtung des Vektors e_3 wird nun $OP = NM$ eingetragen. Errichtet man nun in P das Lot und zieht durch K eine Parallele zur Abszisse, so schneiden sie sich in T. So findet man $OT = i_3$ und $\sphericalangle TOP = \varphi_3$. Fällt man die Lote AV und TR, so muß $OR = OD + OV$ sein.

Abb. 122 ist für $N_1 = 134$ kW, $N_2 = 50$ kW, $N_3 = 112$ kW, $E = 3000$ V, $e = 1732$ V, $i_1 = 48$ A, $i_2 = 44$ A gezeichnet, wofür sich $i_3 = 55$ A, $\cos \varphi_1 = 0{,}626\ (51^0 15')$, $\cos \varphi_2 = 0{,}788\ (38^0)$, $\cos \varphi_3 = 0{,}751\ (41^0 20')$, $N = N_1 + N_2 = \frac{106 \cdot 3000}{\sqrt{3}} = 184$ kW und ein mittlerer Leistungsfaktor $\frac{0{,}626 + 0{,}788 + 0{,}751}{3} = 0{,}723$ ergaben.

Genau rechnet sich dafür der mittlere Leistungsfaktor

$$f_l = \frac{N}{e(i_1 + i_2 + i_3)} = \frac{184000}{1732 \cdot (48 + 44 + 55)} = 0{,}722\,,$$

während er sich aus den beiden Ablesungen $N_1 = 134$ kW und $N_2 = 50$ kW nach der Gleichung

$$\cos \varphi = \frac{N_1 + N_2}{2 \cdot \sqrt{N_1^2 - N_1 \cdot N_2 + N_2^2}} \quad \text{zu} \quad \cos \varphi = 0{,}785\,,$$

also 8,75% zu groß ergeben hätte.

Wie notwendig es ist, die gleichmäßige Belastung durch Messung des Stromes i_3 im dritten Zweig nachzuprüfen, möge folgendes extreme Beispiel zeigen. Es seien gemessen worden: $E = 3000$ V, $e = 1732$ V, $J_1 = i_1 = 50$ A, $J_2 = i_2 = 50$ A, $a_1 = 130$, $a_2 = 130$ Skalenteile bei $R_S = 10^5$ Ohm und $c = 10^{-2}$ W/Sk. Dann wäre $N_1 = N_2 = 130$ kW und man würde dafür aus $\frac{a_2}{a_1} = 1$ einen Leistungsfaktor $f_l = \cos \varphi = 1$ berechnen. Nun ist $N_1 = E \cdot J_1 \cdot \cos(30 - \varphi_1)$ und $N_2 = E \cdot J_2 \cdot \cos(30 + \varphi_2)$, woraus nach Einsetzen obiger Werte $\cos(30 - \varphi_1) = \frac{130000}{3000 \cdot 50} = 0{,}866$ $= \cos(30 + \varphi_2)$ und $\varphi_1 = 0^0$ oder 60^0, $\varphi_2 = 0^0$ oder -60^0 erhalten wird.

Um nun den Strom $J_3 = i_3$ zu ermitteln, verfahren wir nach Annahme von φ_1 und φ_2 gemäß Abb. 122 oder wir zeichnen das Vektordiagramm der Ströme (Abb. 123) und entnehmen daraus:

$$i_3 = \sqrt{i_1^2 + i_2^2 - 2 \cdot i_1 \cdot i_2 \cdot \cos(60 + \varphi_1 - \varphi_2)}.$$

Wäre nun $\varphi_1 = 60^0$ und $\varphi_2 = 0^0$, dann erhielte man $i_3 = 86{,}6$ A, $\varphi_3 = 30^0$, wofür der wirkliche mittlere Leistungsfaktor

$$f_l = \frac{(130 + 130) \cdot 1000}{1732 \cdot (50 + 50 + 86{,}6)} = 0{,}804$$

(anstatt 1) sein würde.

Bei symmetrischem Spannungsdreieck und ungleicher Belastung der Phasen kann man aus den Gleichungen 6, 7, 10 der Messungen S. 137

$$\operatorname{tg} \varphi_m = \frac{N_f}{N} = \frac{2\,a_4 - 2\,a_3 - a_2 + a_1}{\sqrt{3} \cdot (a_1 + a_2)}$$

und daraus

$$f_l = \cos \varphi_m = \frac{1}{\sqrt{1 + \operatorname{tg}^2 \varphi_m}}$$

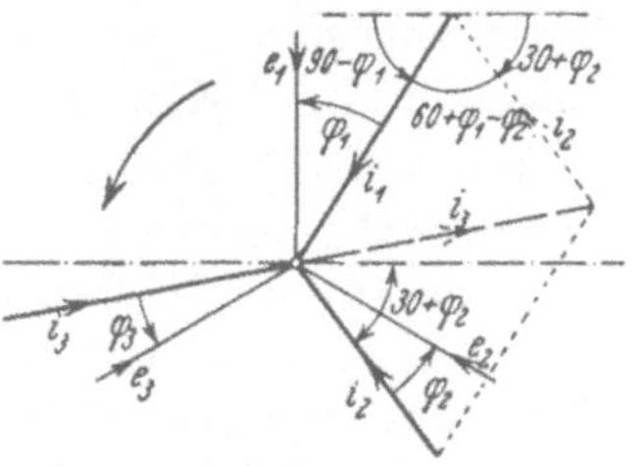

Abb. 123.

berechnen. Auch hierfür läßt sich mittels der unter I (Einphasenströme, S. 143) angegebenen Fluchtlinientafeln aus N_f und N der Leistungsfaktor f_l ermitteln.

Direkt mißt man f_l mit Hilfe von Leistungsfaktormessern, die zuerst von H & B[1] als Phasenmesser[2] mit beweglichen Kreuzspulen, dann nach Held[3] als elektrodynamische Quotientenmesser oder nach Angaben von J. Schalkhammer[4] (Weston Co), H & B[5], R. D. Gifford[6], H. Kafka[7] als elektrodynamische Instrumente, nach E. Kühnel[8], F. Conrad (Westinghouse Mfg. Co), C. L. Lipmann[9] als Dreheisen-Instrumente gebaut sind. Chamberlain & Hookham Ltd. u. S. James[10] lassen 2 Meßwerke der Aronschaltung über ein Differentialgetriebe auf einen Zeiger wirken, dessen Ablenkung den Leistungsfaktor f_l angibt. Bemerkenswert ist noch ein Kreuzzeiger-Instrument von W. Fuhrmann[11], bei dem der Leistungsfaktor

[1] D.R.P. 96039 v. 23. Jan. 1897.
[2] Helios, Lpz. 1902 S. 807 (F. Punga). [3] Rev. gén. Électr. 1924 S. 591.
[4] ETZ 1914 S. 450. [5] D.R.P. 285125 v. 15. Juni 1913.
[6] Electrician 1911 Heft 2 ... 5; Bd. 75 (1915) S. 47, 82.
[7] ETZ 1924 S. 1429. [8] ETZ 1924 S. 1002.
[9] Electrician Bd. 87 (1921) S. 458. [10] D.R.P. 401849 v. 5. Dez. 1923.
[11] ETZ 1927 S. 1376.

am Schnitt der beiden sich kreuzenden Zeiger je eines Systems zur Messung der Leistung N und der Feldleistung N_f auf einer passend ausgebildeten Kurvenskala abgelesen werden kann.

30. Frequenzmessung.

Bei Wechselstromgeneratoren für Nieder- und Mittelfrequenzen (bis etwa 4000 Hz) kann man die Frequenz $\nu = \frac{p \cdot n}{60}$ Hertz bei bekannter Polpaarzahl p indirekt durch Messung der Drehzahl n U/min ermitteln. Dafür ist von E. B. Rosa[1] eine Methode angegeben, um die Drehzahl eines Generators genau zu messen und auf Konstanz einzustellen.

Ist es nun z. B. bei kleinen Maschinen nicht angängig, einen Tourenzähler anzulegen, so kann man eine stroboskopische Methode anwenden. Dabei befestigt man auf der Welle der Maschine eine kreisförmige Scheibe mit a hellen oder dunklen radialen Strichen und stellt dieser eine von einem Hilfsmotor mit n_h U/min gedrehten Scheibe gegenüber, die b Schlitze besitzt. Blickt man durch diese auf die erste Scheibe, so werden die Striche stille zu stehen scheinen, wenn die Drehzahl der Maschine

$$n = \frac{b}{a} \cdot n_h \text{ U/min}$$

beträgt[2].

Zur verlustlosen Messung der Drehzahl n und Schlüpfung s kann man ferner nach F. Schröter u. R. Vieweg[3] eine Neon-Glimmlampe (Nr. 21, a) verwenden. E. Hudec[4] gibt eine Anordnung zu einer sehr genauen Messung der Drehzahl n und Frequenz ν an.

Eine selbsttätige Einrichtung zur Konstanthaltung der Drehzahl ist von E. Giebe[5] konstruiert worden. Nach den damit angestellten Versuchen ist die Konstanthaltung der Drehzahl bis auf einige Hunderttausendstel möglich. Ebenfalls sind von ihm (a. a. O.) ausführliche Angaben über die Theorie gemacht

---

[1] Bull. Bur. Stand. 1907 S. 557.

[2] Vgl. E. Linckh u. R. Vieweg: Arch. Elektrotechn. Bd. 15 (1926) S. 509.

[3] Arch. Elektrotechn. Bd. 12 (1923) S. 358; ETZ 1925 S. 1107.

[4] ETZ 1930 S. 1322. [5] Z. Instrumentenkde. 1909 S. 152, 205.

worden. Erwähnenswert ist noch ein Normal- und Ferntachometer nach A. Lotz[1] von Stepper & Co., Hamburg 15.

Man kann auch den Wechselstrom in einem Telephon einen Ton erzeugen lassen und diesen mit dem einer Stimmgabel vergleichen (Schwebungsmethode). Am einfachsten gestaltet sich jedoch die Messung unter Benutzung direkt zeigender

Frequenzmesser

folgender Bauarten:

a) Zungenfrequenzmesser. Sie beruhen auf dem Prinzip der mechanischen Resonanz zwischen den Eigenschwingungen elastischer Stahlzungen und denjenigen des Ankers eines durch den Wechselstrom erregten Elektromagnets. Sie werden von H & B nach Angaben von R. Kempf-Hartmann[2] und S & H nach Frahm[3] gebaut.

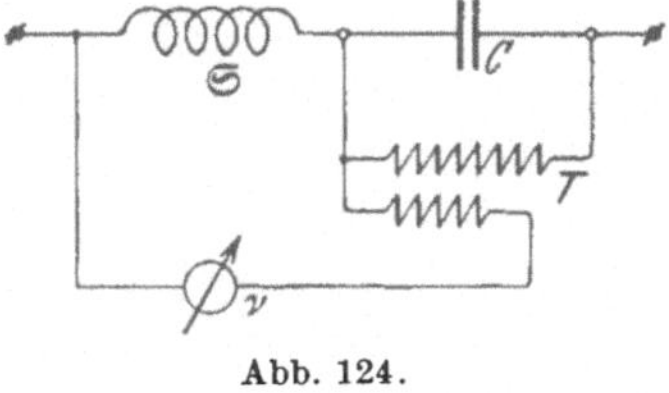

Abb. 124.

b) Elektrodynamische Instrumente. Bei dem von S & H gebauten Ferraris-Frequenzmesser von O. Martienssen[4] ist ein Kondensator in Reihe mit einer eisengeschlossenen Drosselspule geschaltet, an der ein Spannungsmesser liegt, dessen Angaben auch bei verschiedenen Werten der Gesamtspannung nur von der Frequenz ν abhängig sind. Später wurde eine Verbesserung dadurch erzielt, daß nach G. Keinath[5] etwa 20% der Kondensatorspannung über einen Transformator der Drosselspannung entgegengeschaltet wurden (Abb. 124).

W. Peukert[6] legt an eine Spule aus Eisendraht, der zur Konstanthaltung der Stromstärke bei Spannungsänderungen ein sogenannter Nernst-Widerstand, bestehend aus sehr dünnen, in Wasserstoffatmosphäre eingebetteten Eisendrähten, vorgeschaltet ist, einen Spannungsmesser, dessen Zeigerablenkung ein Maß für die Frequenz ν ist. Nachteilig ist dabei der große Stromverbrauch von etwa 1,5 A.

[1] D.R.P. 245775. [2] ETZ. 1901 S. 9; 1911 S. 576.
[3] ETZ. 1905 S. 264, 387; 1906 S. 119; vgl. auch ETZ 1911 S. 700.
[4] ETZ 1910 S. 204; Ann. Physik 1910 S. 448; ETZ 1918 S. 101 (J. Görges).
[5] ETZ 1916 S. 271. [6] ETZ 1916 S. 45.

J. Sahulka[1] mißt mit einem stromverbrauchenden Spannungsmesser außer der Spannung noch die Frequenz ν, indem er ihn in einen Stromkreis mit regelbarer Induktivität oder Kapazität einschaltet. H & B bauen ein Instrument[2], das in seinem Aufbau (Abb. 125) ihrem Phasenmesser nach Th. Bruger (S. 144) entspricht. Die 4 Pole eines ringförmigen Eisenkörpers tragen die festen Spulen *1*, *2*, *3*, *4*, in deren Feldern (*2* und *3* sind gleich-, *1* und *4* entgegengerichtet) eine Spule S sich dreht. Da z. B. mit steigender Frequenz ν der Strom i_1 wegen der Kapazität C steigt, dagegen i_2 wegen der Induktivität $\mathfrak{S}$ sinkt und die Änderung der Phasenwinkel der Ströme gleichsinnig mitwirkt, ent-

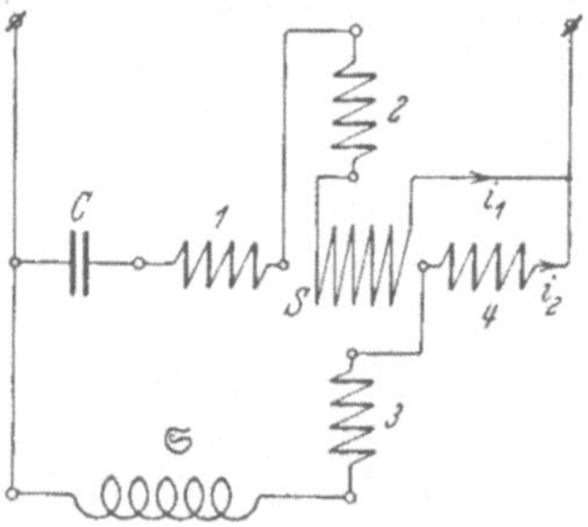

Abb. 125.

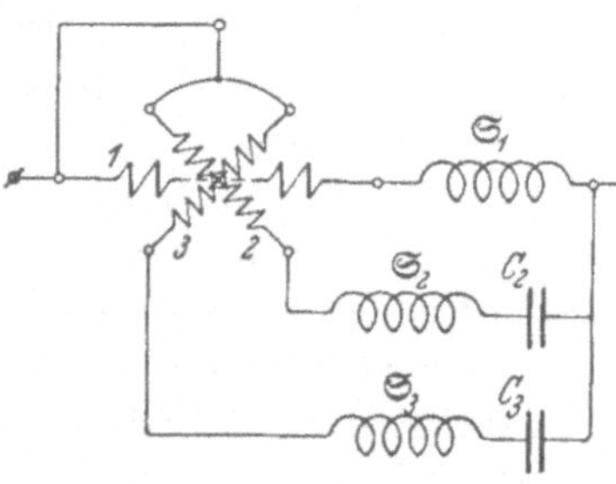

Abb. 126.

steht eine Drehung der Spule S allein abhängig von der Frequenz ν.

Will man sich von der Änderung der Spannung und Temperatur, Verschiedenheit der Wellenform und von der Einschaltdauer möglichst unabhängig machen, so empfiehlt es sich, elektrische Schwingungskreise zur Messung zu verwenden, die im Resonanzbereich oder seiner Nähe arbeiten.

Abb. 126 zeigt die Schaltung eines derartig gebauten, von der Kurvenform weitgehend unabhängigen Instruments der British Thomson Houston Co[3]. In der festen Spule *1* bewegt sich das Kreuzspulsystem *2*, *3*, das an die beiden gegenüber der Nennfrequenz verschieden abgestimmten Resonanzkreise $\mathfrak{S}_2$, C_2 und $\mathfrak{S}_3$, C_3 angeschlossen ist.

Bezüglich des Einflusses der Kurvenform gilt dasselbe für

[1] D.R.P. 283542 v. 14. Juni 1913; ETZ 1916 S. 348.
[2] ETZ 1914 S. 40. [3] Brit. Pat. 628 v. 1912.

eine ähnliche Schaltung von P. M. Lincoln[1]. Hierbei liegt die feste Spule in einem auf die mittlere Frequenz des Meßbereichs abgestimmten Schwingungskreis, während das bewegliche Kreuzspulensystem von Strömen verschiedener Phase durchflossen wird.

Eine große Genauigkeit und weitgehende Unabhängigkeit von den verschiedenen Einflüssen, insbesondere der Kurvenform, besitzt der Phasensprung-Zeigerfrequenzmesser nach G. Keinath[2] von S & H.

Nach Abb. 127 liegt die feste Spule *1* in einem auf die mittlere Frequenz des Meßbereichs abgestimmten Schwingungskreis $\mathfrak{S}_1, C_1$. Von den beiden gleichachsig liegenden Drehspulen führt Spule *2* normal einen um 90^0 voreilenden Strom, während Spule *3* über einen kleinen Widerstand R_3 und Induktivität $\mathfrak{S}_3$

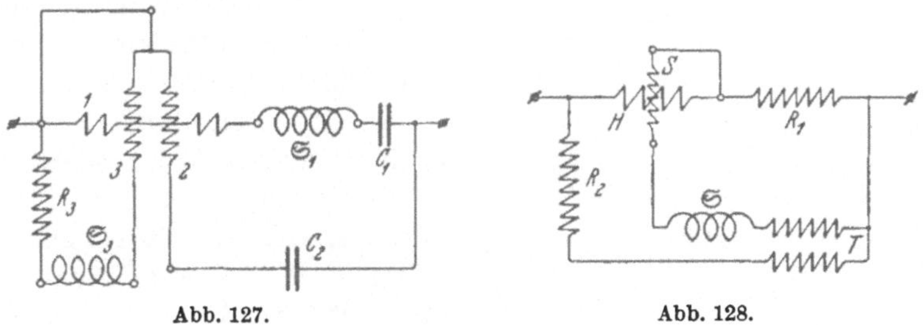

Abb. 127. Abb. 128.

in sich geschlossen ist. Infolge ihres Bestrebens, sich zur Spule *1* senkrecht zu stellen, erteilt sie dem beweglichen System die Richtkraft. Sehr gute Eigenschaften zeigt auch der neue Normal-Frequenzmesser von H & B nach E. Blamberg[3]. Einfacher ist das Instrument von H. Abraham u. I. Carpentier[4], bei dem nach Abb. 128 der Drehspule *S* die Differenz der Ströme der beiden Zweige teils direkt, teils über den Transformator *T* zugeführt wird.

Weiter kommt noch in Frage ein Zeigerfrequenzmesser nach R. C. Clinker[5] der Brit. Th. H. Co, der nach dem von E. Thomson angegebenen Repulsionsprinzip[6] arbeitet. Auf dem Eisen-

---

[1] D.R.P. 144747 v. 2. Juli 1901.
[2] Siemens-Z. 1928 S. 731; ETZ 1930 S. 435.
[3] ETZ 1931 S. 811. [4] D.R.P. 259711 v. 18. Juni 1911.
[5] ETZ 1921 S. 1235; Electrician Bd. 87 (1921) S. 172.
[6] Linker, A.: Der Einphasenmotor. S. 74.

kern einer mit dem Wechselstrom der zu messenden Frequenz gespeisten Spule ist eine bewegliche zwecks Erzielung der Resonanz durch einen Kondensator geschlossene Sekundärspule angeordnet, deren Drehbewegung um eine an ihrem Rande befindliche Achse mittels Zeiger und Skala abgelesen wird. Das Instrument kann auch als Kapazitätsmesser dienen.

c) Weicheiseninstrumente: Abb. 129 zeigt die Schaltung einer Bauart der Weston Co[1] mit den festen Spulen *1, 1* und *2, 2* und dem Eisenstäbchen *e*. Die Induktivität $\mathfrak{S}$ dient zur Abdrosselung der Oberwellen. Ähnlich gebaut ist der Frequenzmesser von O. Scheller[2] der Lorenz A.-G., Berlin, dessen gekreuzte, feste Spulen parallel zu zwei verschieden abgestimmten Schwingungskreisen liegen, während als bewegliches System ein Eisenstäbchen dient. Sein Meßbereich liegt zwischen 15 und 75 kHz.

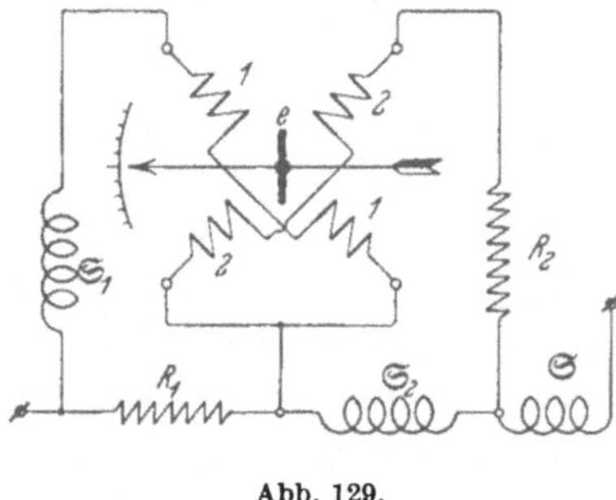

Abb. 129.

Ähnlich dem Phasenmesser nach F. Conrad der Westinghouse Co ist die Konstruktion von C. L. Lipmann[3], bei der als beweglicher Teil ein Eisenröhrchen mit daran befestigten Eisenblechsegmenten dient.

Bei der Anordnung von F. Lux[4] werden den beiden Wicklungen einer Differentialspule über einen Ohmschen Widerstand bzw. Drosselspule von der Frequenz verschieden stark abhängige Ströme zugeführt, deren Feld einen Eisenkern bewegt.

d) Kreuzzeiger-Instrumente. Sie beruhen auf der Bildung des Quotienten der Angaben zweier Instrumente, der an dem Schnittpunkt ihrer Zeiger auf einer geeigneten Kurvenskala ermittelt werden kann, wie es schon für die Messung verschiedener als Quotienten darstellbarer Größen (R, tg φ) angegeben ist. M. Carpentier, Paris, verwendet dabei zur Messung der Frequenz nach M. Ferrié[5] zwei Hitzdraht-Spannungsmesser, die in

[1] ETZ 1912 S. 1149.

[2] D.R.P. 284378 v. 8. März 1913; Jb. drahtl. Tel. Bd. 18 S. 122.

[3] Electrician Bd. 87 (1921) S. 458; ETZ 1921 S. 1428.

[4] D.R.P. 227826 v. 2. April 1909.

[5] Bull. Soc. int. El. Bd. 10 (1910) S. 79; Lum. électr. Bd. 12 (1910) S. 418; ETZ 1911 S. 474.

parallelen Zweigen mit verschiedener Zeitkonstante (Widerstand bzw. Induktivität) liegen. Das Instrument eignet sich auch für Hochfrequenz.

e) Elektrolytische Frequenzmesser. Befinden sich zwei zylindrische Silberelektroden in einer Pottasche- oder Sodalösung von 1 ... 4%, so treten bei Anschluß an Wechselstrom von 1 ... 3 A nach Rollat[1] beim Senken des Flüssigkeitsspiegels an den Elektroden abwechselnd Oxydationsringe auf, die ein Maß für die Frequenz ν sind.

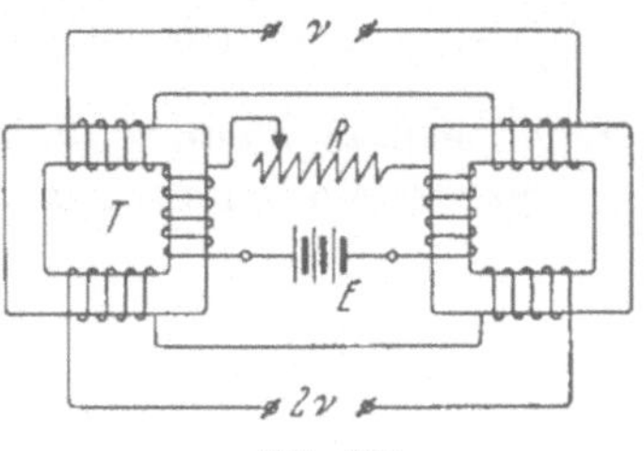

Abb. 130.

Zur Erweiterung des Meßbereichs von Frequenzmessern, an Meßbrücken und Wechselstromkompensatoren kann man einen statischen Frequenzwandler nach W. Geyger[2] von H & B verwenden. Der Apparat (Abb. 130) arbeitet nach dem von J. Epstein[3], M. Joly[4], Vallauri[5], M. Osnos[6] angegebenen Prinzip, wonach mit Hilfe einer Vormagnetisierung durch Gleichstrom eine Frequenzverdoppelung erzielt wird.

Für die Messung mittlerer und höherer Frequenzen eignen sich ganz besonders die

Brückenschaltungen,

bei denen Kapazitäten C (Farad), Induktivitäten $\mathfrak{S}$ (Henry) oder Gegeninduktivitäten $\mathfrak{S}_g$ (Henry) in Resonanzschaltung verwendet werden, die miteinander nach der Gleichung: $\nu = \frac{1}{2\pi \cdot \sqrt{\mathfrak{S} \cdot C}}$ Hertz zusammenhängen. Es wird dabei auf die unter I, Nr. 43 angegebenen Schaltungen verwiesen. Daneben kommen noch folgende Anordnungen in Frage.

1. Widerstandsbrücke von Leeds & Northrup. Abb. 131 zeigt ihr Schaltungsschema.

---

[1] Génie Civil Bd. 86 S. 46; ETZ 1925 S. 1273.
[2] ETZ 1923 S. 565. [3] D.R.P. 149761 v. 16. Aug. 1902.
[4] Franz. Pat. 418909 v. 22. Dez. 1910; Lum. électr. Bd. 14 (1911) S. 195.
[5] Electrician Bd. 68 (1912) S. 582; ETZ 1911 S. 988.
[6] ETZ 1917 S. 423.

2. Schaltung von H. Schering u. V. Engelhardt[1]. Gemäß dem Schema Abb. 132, worin $R_2 = R_4$ gemacht wird, verändert man R_3 so weit, daß das Vibrationsgalvanometer G bei entsprechend geschalteter Sekundärspule der Gegeninduktivität $\mathfrak{S}_g$ keine Ablenkung zeigt. Dann bestehen die Beziehungen:

a) $j \cdot J_3 \cdot \omega \cdot \mathfrak{S}_g = J_1 \cdot R_1 - J_2 \cdot R_2$,

b) $j \cdot J_3 \cdot \omega \cdot \mathfrak{S}_g - j \cdot J_1 \cdot \frac{1}{\omega \cdot C} = J_2 \cdot R_4$,

c) $j \cdot J_3 \cdot \omega \cdot \mathfrak{S}_3 + J_3 \cdot (r_3 + R_3) = J_1 \cdot \left(R_1 - j \cdot \frac{1}{\omega \cdot C}\right)$.

Macht man $\mathfrak{S}_3$ klein, so daß für niedrige Frequenzen $\omega \cdot \mathfrak{S}_3 \approx 0$ gesetzt werden kann, dann ergibt sich aus Gleichung c)

$$J_3 = J_1 \cdot \frac{\omega \cdot C \cdot R_1 - j}{\omega \cdot C \cdot (r_3 + R_3)}.$$

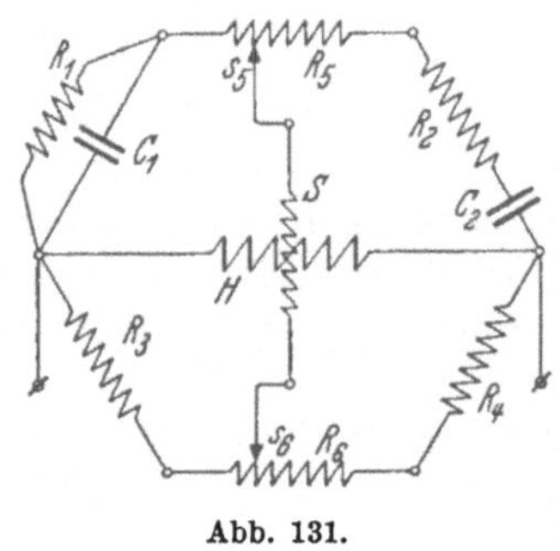

Abb. 131.

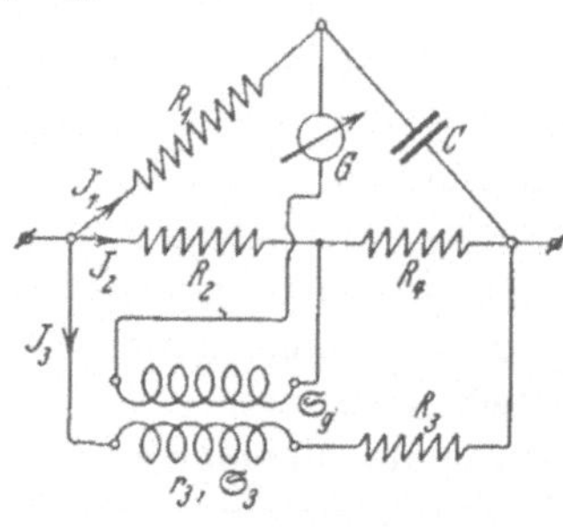

Abb. 132.

Führt man diesen Wert in die aus der Addition der Gleichungen a und b und $R_2 = R_4$ erhaltenen Gleichung

$$j \cdot J_3 \cdot 2\omega \cdot \mathfrak{S}_g - j \cdot J_1 \cdot \frac{1}{\omega \cdot C} = J_1 \cdot R_1$$

ein, so ergibt sich nach Fortheben von J_1 weiter

$$R_1 \cdot \omega \cdot C \cdot (r_3 + R_3) - j \cdot 2\omega \cdot \mathfrak{S}_g \cdot \omega \cdot C \cdot R_1 = 2\omega \cdot \mathfrak{S}_g - j \cdot (r_3 + R_3).$$

Daraus folgt: $R_1 \cdot \omega \cdot C \cdot (r_3 + R_3) = 2 \cdot \omega \cdot \mathfrak{S}_g$ oder

$$\frac{\mathfrak{S}_g}{C} = \frac{R_1 \cdot (r_3 + R_3)}{2}, \text{ ferner } \frac{2\omega \cdot \mathfrak{S}_g}{r_3 + R_3} \cdot \omega \cdot C \cdot R_1 = 1$$

oder $\frac{2\omega \cdot \mathfrak{S}_g}{r_3 + R_3} = 1$ und $\omega \cdot C \cdot R_1 = 1$.

Ist $\mathfrak{S}_g$ bekannt, so läßt sich $\omega = 2\pi \cdot \nu = \frac{r_3 + R_3}{2\mathfrak{S}_g}$ oder $\nu = \frac{r_3 + R_3}{4\pi \cdot \mathfrak{S}_g}$ durch Veränderung von R_3 allein ermitteln. Für

[1] Z. Instrumentenkde. 1920 S. 123.

$\mathfrak{S}_g = \frac{1}{4\pi}$ Henry würde $\nu = r_3 + R_3$ werden. Die Angaben sind auf 1 ‰ genau.

Eine ähnliche Schaltung ist von E. Velander[1] angegeben, die mit Fernhörer als Nullinstrument Frequenzen von 200 bis 3200 Hz, mit Detektorgleichrichter und Galvanometer noch darüber hinaus zu messen gestattet.

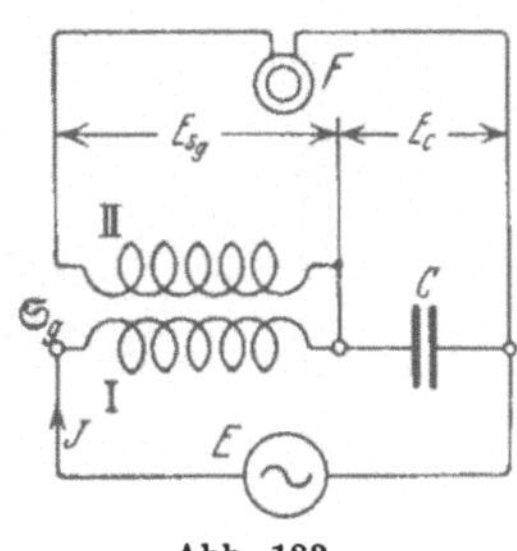

Abb. 133.

3. Schaltung von A. Campbell[2]. Man legt die Wechselspannung E, deren Frequenz ν gemessen werden soll, nach Abb. 133 an den aus der primären Spule I einer Gegeninduktivität $\mathfrak{S}_g$ und der Kapazität C bestehenden Zweig und schließt die sekundäre Spule II über einen Fernhörer F an den Kondensator C. Durch Verändern von $\mathfrak{S}_g$ oder C bringt man den Fernhörer F zum Schweigen, dann gilt hierfür beim Strome J im Hauptzweig:

$$E_{s_g} = J \cdot \omega \cdot \mathfrak{S}_g \quad \text{und} \quad E_c = J \cdot \frac{1}{\omega \cdot C} \quad \text{und} \quad E_{s_g} = E_c, \quad \text{woraus}$$

folgt: $\nu = \frac{1}{2\pi \cdot \sqrt{\mathfrak{S}_g \cdot C}}$ Hz, d. h. es ist dann Resonanz vorhanden.

Für $C = 1 \ldots 0{,}001\,\mu$F und feste Induktivität $\mathfrak{S}_g = \frac{1}{4\pi^2}$ Henry lassen sich Frequenzen von 1000 ... 2000 Hz auf 1 ‰ genau messen. Zur Messung sehr kleiner Frequenzen (< 10 Hz) ist von E. Hudec[3] eine geeignete Methode angegeben.

Zu einfachen Meßanordnungen kommt man, wenn man

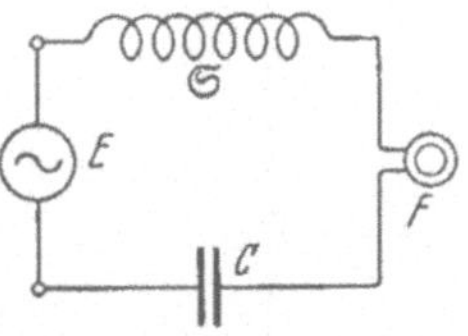

Abb. 134.

Resonanzkreise

verwendet. Schließt man nach Abb. 134 an die Wechselspannung E einen elektrischen Schwingungskreis, bestehend aus der bekannten Induktivität $\mathfrak{S}$ Henry und Kapazität C Farad, mit einem passenden Wechselstromindikator (Fernhörer oder Detektorgalvanometer) an und verändert C so weit, bis der Ton am lautesten bzw. die Galvanometerablenkung am größten ist, dann

[1] J. Amer. Inst. electr. Engr. 1921 S. 835; ETZ 1922 S. 352.
[2] Philos. Mag. Bd. 15 (1908) S. 166; Electrician Bd. 80 (1918) S. 666.
[3] ETZ 1931 S. 380.

besteht für die Meßfrequenz ν zwischen $\mathfrak{S}$ (in der auch die Induktivität des Geräts F enthalten sein soll) und C Spannungs-

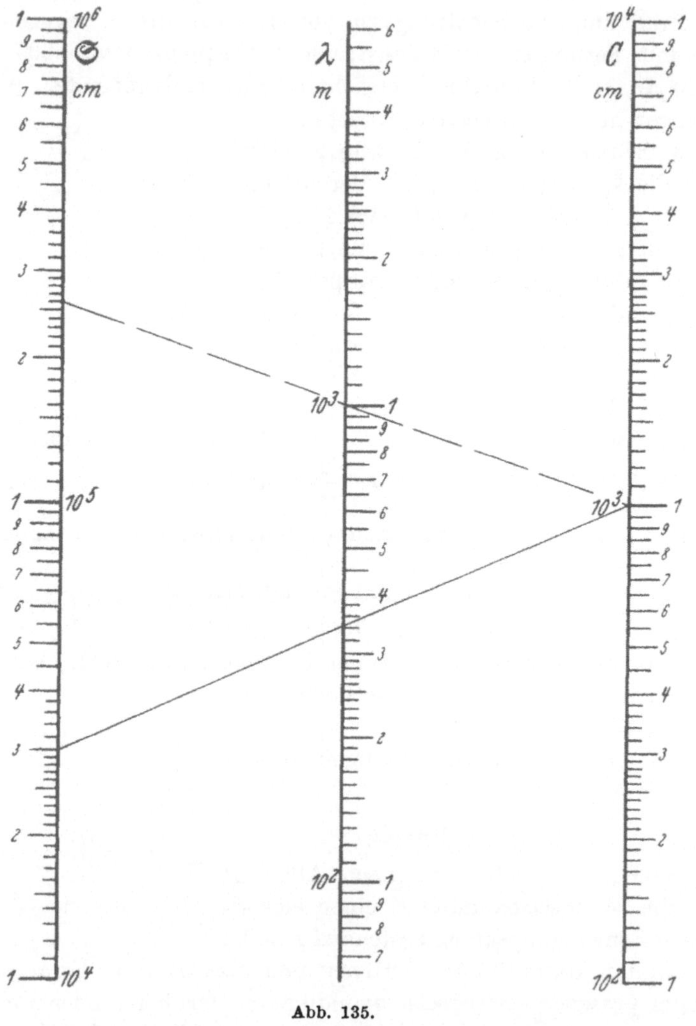

Abb. 135.

resonanz, d. h. der Kreis verhält sich wie ein *reiner* Widerstand Dafür gilt dann nach der *Thomson*schen Schwingungsgleichung[1]

---

[1] *Linker*, A.: Grundl. d. Wechselstromtheorie. S. 33.

$\omega^2 \cdot \mathfrak{S} \cdot C = 1$, woraus $\nu = \frac{1}{2\pi \cdot \sqrt{\mathfrak{S} \cdot C}}$ erhalten wird. Bei verzerrter Kurvenform lassen sich damit auch die Frequenzen der Oberwellen bestimmen.

In der Hochfrequenztechnik würde die Rechnung mit den großen Zahlenwerten für die Frequenz ν zu unbequem sein. Man verwendet deswegen als bequemeres Maß die Wellenlänge λ der Schwingungen, die sich leicht mit Hilfe der Fortpflanzungsgeschwindigkeit einer elektrischen Störung oder des Lichts von $c = 3 \cdot 10^{10}$ cm/sec * aus der Gleichung

$$\lambda = \frac{3 \cdot 10^{10}}{\nu} \text{ cm} \quad \text{bzw.} \quad \lambda = 6\pi \cdot 10^{10} \cdot \sqrt{\mathfrak{S} \cdot C} \text{ cm}$$

ermitteln läßt. Wird $\mathfrak{S}_{\mathrm{cm}}$ und C_{cm} in absolutem Maß (cm) gemessen, so ist für die Umrechnung

$$1 \text{ Henry} = 10^9 \text{ cm}, \qquad 1 \text{ Farad} = 9 \cdot 10^{11} \text{ cm}$$

einzuführen, wofür dann die Wellenlänge in Metern

$$\lambda_{\mathrm{m}} = \frac{2\pi}{100} \cdot \sqrt{\mathfrak{S}_{\mathrm{cm}} \cdot C_{\mathrm{cm}}} \text{ m}$$

erhalten wird. Eine dafür entworfene Fluchtlinientafel zeigt Abb. 135, woraus für $\mathfrak{S}_{\mathrm{cm}} = 3 \cdot 10^4$ cm und $C_{\mathrm{cm}} = 10^3$ cm $\lambda_{\mathrm{m}} = \frac{2\pi}{100} \cdot \sqrt{3 \cdot 10^4 \cdot 10^3} = 344$ m bzw. für $\mathfrak{S}_{\mathrm{cm}} = 2{,}6 \cdot 10^5$ cm und $C_{\mathrm{cm}} = 10^3$ cm $\lambda_{\mathrm{m}} = 1000$ m entnommen werden kann.

Apparate, mit denen man unter Verwendung der Schaltung (Abb. 134) λ_{m} messen kann, heißen

Wellenmesser.

Sie bestehen nach J. Dönitz[1] gemäß Abb. 136 aus einem Satz von Induktivitäten $\mathfrak{S}$ und einem veränderlichen, möglichst verlustfreien Drehkondensator C in geschlossenem Stromkreis. Die Spule $\mathfrak{S}$ wird dem Schwingungskreis, dessen Wellenlänge gemessen werden soll, genähert oder mit einer besonders dafür vorgesehenen Hilfsspule elektromagnetisch lose gekoppelt. Dreht man dann den Kondensator so weit, daß die (gestrichelt angedeutete) Glimmröhre Gl aufleuchtet, dann besteht Resonanz zwischen dem Wellenmesser und dem zu messenden Kreis. Sind $\mathfrak{S}$ und C

* Der wahrscheinlichste Wert dafür dürfte $c = 2{,}9985 \cdot 10^{10}$ cm/sec sein. Vgl. auch Geiger u. Scheel: Handb. d. Physik Bd. 2 S. 507.

[1] ETZ 1903 S. 290.

bei der Einstellung bekannt, so läßt sich daraus die Wellenlänge λ nach den vorigen Angaben ermitteln. Auch ein Strommesser J im Schwingungskreis gibt die Resonanzlage durch größte Ablenkung an.

Als Indikator der Resonanz für Wellenlängen im akustischen Bereich kann man anstatt der Glimmlampe auch eine mit $\mathfrak{S}$ lose gekoppelte Hilfsspule $\mathfrak{S}_1$ verwenden. Diese ist über einen Kristalldetektor D (Bleiglanz, Eisenpyrit, Rotzinkerz, Kupferkies, Silizium, Tellur mit Metallspitzen aus Silber, Kupfer, Neusilber, Siliziumbronze oder Gegenkristall) mit einem Fernhörer F und parallel dazu liegender Kapazität C_1 (ca. 2000 cm) verbunden. Bei Resonanz ist der Ton im Fernhörer am stärksten.

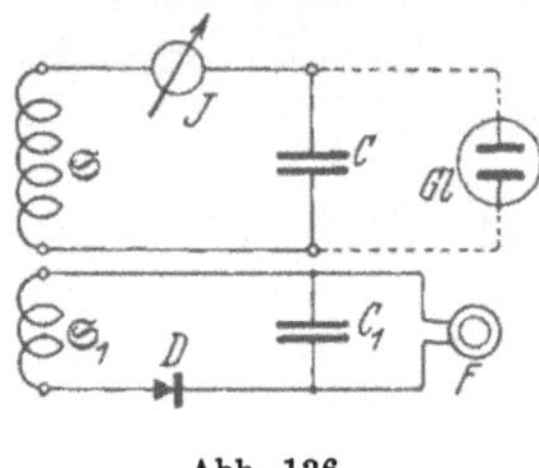

Abb. 136.

Im allgemeinen wird man die Apparate mit Normal-Wellenmessern[1] eichen und dazu eine Eichkurve $f(\lambda, s)$ zeichnen, deren Ordinaten die Wellenlänge λ in Abhängigkeit von der Skaleneinstellung s am Drehkondensator als Abszissen angeben. Direkt zeigende Instrumente mit Zeiger sind die Konstruktionen von O. Scheller, M. Ferrié (S. 156) und G. Seibt[2].

Als Normal für verschiedene Frequenzen dienen die

Quarzresonatoren.

Sie beruhen nach W. G. Cady[3] auf der von J. und P. Curie (1880) entdeckten Eigenschaft aller piezo-elektrischen Körper, daß sie in Platten- oder Stabform durch elektrische Wechselfelder in stehende elastische Longitudinalschwingungen mit bedeutender Resonanzschärfe versetzt werden. Zwischen der Wellenlänge λ und der Stablänge l des Quarzes besteht bei Resonanz die Beziehung $\lambda = 11 \cdot 10^4 \cdot l$. Der Quarzresonator in Form eines Stabes zwischen den Platten eines Kondensators wird nach Abb. 136 an Stelle der Glimmlampe Gl angeschlossen, wobei aber C weit-

[1] Z. techn. Physik 1925 S. 92, 135; Wiss. Abh. physik.-techn. Reichsanst. 1925 S. 13 (E. Giebe u. E. Alberti).

[2] Vgl. auch: Ann. Physik 1910 S. 490 (L. Mandelstam u. N. Papalexi).

[3] Physic. Rev. Bd. 17 (1921) S. 531; Proc. Instn. Radio Engr. Bd. 10 (1922) S. 83.

gehende Feineinstellung besitzen muß. Im Zustand der Resonanz zwischen Resonator und Schwingungskreis zeigt der Strommesser J entsprechend einer scharfen Senkung der Resonanzkurve einen plötzlichen Stromrückgang an. Dieses plötzliche Abfallen der Ablenkung und sofortige Ansteigen der Energie im Resonanzpunkt rührt von dem durch die Rückwirkung des Kristalls hervorgerufenen Phasensprung her, wobei der Kristall dem Schwingungskreise den größten Teil der Energie entzieht, um selbst in mechanische Schwingungen zu gelangen. Der Hauptteil des Vorganges spielt sich in einem Frequenzbereich von 1‰ ab. Im Resonanzpunkt verhält sich nach M. v. Laue[1] der Quarz wie ein reiner Widerstand.

1925 gelang es E. Giebe und A. Scheibe[2] durch Einschluß der Quarzstab-Kondensatoren in ein stark entlüftetes (10 ... 15 mm Hg) Glasgefäß mit einer Neon-Helium-Füllung, den sekundär erzeugten direkten Piezoeffekt und die damit verbundenen Schwingungen des Quarzstabes durch Leuchterscheinungen sichtbar zu machen. Derartige Leuchtresonatoren[3] eignen sich ganz besonders als Hilfsmittel zur Konstanthaltung der Wellenlänge von Rundfunksendern mit einer Genauigkeit von 0,1 ... 0,2‰. Die Kopplung erfolgt durch eine mit dem Resonator verbundene Spule.

Weitere Untersuchungen über Quarzresonatoren sind von G. Pierce[4], Dye[5] und A. Hund[6] angegeben worden[7]. Genaue Wellenmessungen kurzer Wellen ($\lambda = 14 \ldots 40$ cm) beschreibt M. Mögel[8].

31. Eichung eines ballistischen Galvanometers.

Ein ballistisches Galvanometer besitzt allgemein ein möglichst wenig gedämpftes schwingendes System, dessen einfache Schwingungsdauer T, d. h. die Zeit, welche zwischen zwei Umkehrpunkten liegt, verhältnismäßig groß ist ($T > 15$ sec für unge-

[1] Z. Physik 1925 S. 347.
[2] Z. Physik 1925 S. 335; ETZ 1926 S. 380.
[3] Hergestellt von Radiofrequenz, Berlin-Friedenau.
[4] Proc. Amer. Acad. Bd. 59 (1923) S. 104; Bd. 60 (1925) S. 271.
[5] Proc. Phys. Soc. Bd. 38 (1926) S. 399.
[6] Proc. Instn. Radio Engr. Bd. 14 (1926) S. 447; Jb. drahtl. Tel. 1926 S. 101.
[7] Vgl. auch: Jb. drahtl. Tel. 1926 S. 15 (A. Scheibe).
[8] Telefunkenztg. 1929 Nr. 52 S. 54; Nr. 53 S. 44; ETZ 1931 S. 216.

dämpfte, $T > 20$ sec für gedämpfte Schwingungen). Man benutzt es hauptsächlich zur Messung von Elektrizitätsmengen, die in so kurzer Zeit durch das Instrument fließen, daß das bewegliche System infolge des erlittenen Anstoßes erst dann sich zu bewegen beginnt, wenn die Elektrizitätsmenge bereits abgeflossen ist. Die Zeit $T' = \frac{T}{\pi}$ eines ungedämpften Ausschlags soll dabei > 5 sec sein. Für ein Nadelgalvanometer, dessen dauernder Ablenkungswinkel φ in Abhängigkeit von der Stromstärke J der Spule der Bedingung $J = c \cdot \operatorname{tg} \varphi$ genügt (wenigstens für $\varphi < 5^0$), kann man die hindurchgeflossene Elektrizitätsmenge bei ungedämpftem System

$$Q = 2c \cdot \frac{T}{\pi} \cdot \sin \frac{\varphi}{2} \quad \text{cgs-Einh.}$$

setzen, worin φ dann den ersten ballistischen Ablenkungswinkel bedeutet.

Bei Drehspulengalvanometern mit Proportionalität zwischen Ablenkung φ und Stromstärke J gilt:

$$Q = c \cdot \frac{T}{\pi} \cdot \varphi \quad \text{cgs-Einh.}$$

Diese Gleichung genügt auch für Nadelgalvanometer bei genügend kleinen Winkeln φ. Der Ablenkungswinkel φ ist gegeben durch die Anzahl der Skalenteile s bei einem Skalenabstand a (in Skalenteilen) aus der Gleichung $\operatorname{tg} 2\varphi = \frac{s}{a}$. Da für kleine Winkel $\operatorname{tg} 2\varphi = 2 \operatorname{tg} \varphi \approx 2\varphi$ gesetzt werden kann, so wird $\varphi = \frac{s}{2a}$.

Da außerdem $J = c \cdot \varphi = \frac{c}{2a} \cdot s = c_1 \cdot s$ ist, so erhält man, wenn J in A gemessen wird, für ungedämpfte Schwingungen

$$Q = c \cdot \frac{T}{\pi} \cdot \frac{s}{2a} = c_1 \cdot \frac{T}{\pi} \cdot s \quad \text{Coulomb.}$$

Die Konstante $c_1 = \frac{J}{s}$ bezeichnet man als „statische" und definiert sie als die Stromstärke in A, welche eine dauernde Ablenkung von 1 Skalenteil hervorruft.

Im allgemeinen sind die Schwingungen jedoch schon durch den Luftwiderstand gedämpft und besonders bei Drehspulengalvanometern durch elektromagnetische Induktion bei Induktions- und Eisenuntersuchungen. Diese Schwingungsbögen α nehmen dabei nach einer geometrischen Reihe ab, d. h. es ist $\frac{\alpha_1}{\alpha_2} = \frac{\alpha_2}{\alpha_3}$

usw. Das Verhältnis k zweier aufeinanderfolgender Schwingungen α ist konstant und heißt das Dämpfungsverhältnis. Somit wäre $\frac{\alpha_1}{\alpha_2} = k = \frac{\alpha_2}{\alpha_3}$ oder $\frac{\alpha_1}{\alpha_3} = k^2$ und allgemein $\frac{\alpha_m}{\alpha_n} = k^{n-m}$ oder $k = \sqrt[n-m]{\frac{\alpha_m}{\alpha_n}}$.

Den natürlichen Logarithmus von k nennt man das logarithmische Dekrement, und zwar bezeichnet man $\log k = \lambda$ und $\ln k = \Lambda = 2{,}3026 \cdot \lambda$. Für gedämpfte Schwingungen ergibt sich die Elektrizitätsmenge

$$Q_d = Q \cdot k^{\frac{1}{\pi} \cdot \operatorname{arc\,tg} \frac{\pi}{\Lambda}} = c_1 \cdot \frac{T}{\pi} \cdot \left[k^{\frac{1}{\pi} \cdot \operatorname{arc\,tg} \frac{\pi}{\Lambda}}\right] \cdot s$$

oder

$$Q_d = c_b \cdot s \,.$$

Den Wert in der Klammer bezeichnet man als Dämpfungsfaktor K. Ist $K \leqq 2$, so kann man den Faktor

$$K = 1 + 1{,}16 \cdot \log k$$

setzen und damit

$$Q_d = c_1 \cdot \frac{T}{\pi} \cdot s \cdot (1 + 1{,}16 \cdot \log k) \,.$$

Ist $k \leqq 1{,}1$, so wird $K = \sqrt{k}$ und daraus

$$Q_d = c_1 \cdot \frac{T}{\pi} \cdot s \cdot \sqrt{k} \,.$$

Zur Berechnung der ballistischen Konstanten

$$c_b = c_1 \cdot \frac{T}{\pi} \cdot \left[k^{\frac{1}{\pi} \cdot \operatorname{arc\,tg} \frac{\pi}{\Lambda}}\right]$$

ist es notwendig, die Schwingungsdauer T in sec für ungedämpftes System, sowie k bezogen auf unendlich kleine Bögen zu bestimmen.

Zu dem Zweck ermittelt man erst die Schwingungsdauer T_d bei Dämpfung, indem man die Zeit t feststellt, in welcher n Schwingungen ausgeführt werden, dann ist

$$T_d = \frac{t}{n} \text{ sec} \,.$$

Für langsame Schwingungen empfiehlt es sich dabei, die Zeitpunkte zu bestimmen, in denen das bewegte System durch die Ruhelage geht.

Die genauere Bestimmung von T_d zeigt ein Beispiel, bei dem folgende Beobachtungen der Durchgangszeiten durch die Ruhelage gemacht worden sind:

Durchgang	Zeit	Differenz
1	0,0″	
2	8,0″	8,0 sec
3	14,6″	6,6
4	22,4″	7,8
5	29,2″	6,8
6	37,0″	7,8
7	43,8″	6,8
8	51,7″	7,9
		51,7 sec

Daraus würde sich ergeben:

$$t = 51{,}7 \text{ sec} \qquad n = 7$$

oder

$$\text{I.} \quad T_d = \frac{51{,}7}{7} = 7{,}38 \text{ sec}.$$

Ein Fehler in der Ablesung von t läßt sich dabei schwer beseitigen.

Oder man teilt eine gerade Anzahl von Beobachtungen in zwei Gruppen und bildet die Differenz der in jeder Gruppe gleich gelegenen Werte, hier z. B.

$$\left.\begin{array}{rl} 5-1 = & 29{,}2 \text{ sec} \\ 6-2 = & 29{,}0 \;\; ,, \\ 7-3 = & 29{,}2 \;\; ,, \\ 8-4 = & 29{,}3 \;\; ,, \\ \hline \text{Summe} = & 116{,}7 \text{ sec} \end{array}\right\} \quad \text{Mittelwert:} \quad t = \frac{116{,}7}{4} = 29{,}175 \text{ sec}.$$

Diese Zeit t umfaßt zwischen dem 1. und 5. Durchgang $n = 4$ Schwingungen, somit ist der genauere Wert

$$\text{II.} \quad T_d = \frac{29{,}175}{4} = 7{,}26 \text{ sec}.$$

Bildet man statt der Differenz das Mittel zwischen zwei symmetrisch zur Mitte gelegenen Beobachtungen, so erhält man die Zeit zwischen zwei Umkehrpunkten, also

$$4 \div 5) \quad \frac{22{,}4 + 29{,}2}{2} = 25{,}8 \qquad 3 \div 6) \quad \frac{14{,}6 + 37}{2} = 25{,}8$$

$$2 \div 7) \quad \frac{8 + 43{,}8}{2} = 25{,}9 \qquad 1 \div 8) \quad \frac{0 + 51{,}7}{2} = 25{,}85.$$

Das Mittel ist 25,84 sec.

Man läßt nun das Galvanometer, ohne abzulesen, weiter schwingen und beginnt mit einer Ablenkung nach derselben Seite wie bei der ersten Messung eine neue Reihe von acht Schwingungen zu beobachten, wofür sich eine mittlere Zeit von 113 sec für einen neuen Umkehrpunkt ergeben möge. Dann liegt zwischen beiden Umkehrpunkten eine Zeit $t = 113 - 25{,}84 = 87{,}16$ sec. Bei einer Schwingungsdauer von ca. 7,3 sec muß die gerade Anzahl von $n = \frac{87,16}{7,3} \approx 12$ Schwingungen dazwischen liegen, woraus dann

$$\text{III.} \quad T_d = \frac{t}{n} = \frac{87,16}{12} = 7,263 \text{ sec}$$

folgt. Dazu findet man T für ungedämpfte Schwingungen aus

$$T = \frac{T_d}{\sqrt{1 + \left(\frac{A}{\pi}\right)^2}}.$$

Erfolgt die Dämpfung eines schwingenden Systems proportional der Geschwindigkeit, so besteht die dynamische Beziehung:

$$J \cdot \frac{d^2\alpha}{dt^2} + D \cdot \frac{d\alpha}{dt} + E \cdot \alpha = 0,$$

worin J das Trägheitsmoment der schwingenden Masse, D das dämpfende Moment für die Einheit der Winkelgeschwindigkeit, E das elastische Moment für die Einheit des Drehwinkels α bedeutet. Die 3 Unbekannten J, D, E der Schwingung lassen sich nun bei nicht zu kleinen Dämpfungen nach G. Bader[1] aus 3 Messungen der Schwingungszeiten T_1, T_2, T_3 ermitteln, wenn man J durch 3 bekannte Zusatzträgheitsmomente J_1, J_2, J_3 verändert. Dabei ergeben sich dann die 3 Bestimmungsgleichungen der Form:

$$\frac{16\pi^2}{T^2_{1,2,3}} \cdot (J + J_{1,2,3})^2 + 4 \cdot (J + J_{1,2,3}) \cdot E + D^2 = 0.$$

Vor der Bestimmung des Dekrements hat dieses Verfahren den Vorteil der Unabhängigkeit von dem Einfluß der Reibung des schwingenden Systems.

Zur Veränderung der Empfindlichkeit eines ballistischen Galvanometers legt man geeignete Widerstände in den Nebenschluß zu ihm. Ihre Größe kann nach M. Masius[2] und Volkmann[3] leicht berechnet werden.

Wegen der Reduktion auf sehr kleine Bögen ist ferner bei Nadelgalvanometern (mit erdmagnetischer Direktionskraft) eine Korrektion anzubringen nach der Gaußschen Formel:

$$T_{d_0} = T_d \cdot \left(1 - \frac{\alpha_m^2}{256 \cdot a^2}\right),$$

---

[1] Z. Instrumentenkde. 1915 S. 6.

[2] Physic. Rev. Bd. 25 (1925) S. 211; ETZ 1927 S. 1774.

[3] Ann. Physik Bd. 10 (1903) S. 217.

worin α_m die mittlere Ablenkung von allen bei der Bestimmung von T_d abgelesenen ist. Bei Drehspulengalvanometern ist diese Korrektion nicht notwendig, da die Schwingungsdauer T_d bei einem durch Torsion bewegten System von der Amplitude der Schwingungen unabhängig ist.

Das Dämpfungsverhältnis k bestimmt man nicht aus zwei Ablesungen allein, sondern vorteilhaft aus einer geraden Anzahl von Beobachtungen in folgender Weise:

$$\left.\begin{array}{ll} \alpha_1 = 240 & \alpha_4 = 87{,}5 \\ \alpha_2 = 171 & \alpha_5 = 62{,}0 \\ \alpha_3 = 122 & \alpha_6 = 44{,}5 \end{array}\right\}$$

Aus den Skalenablesungen s reduziert auf Bogenmaß nach der Gleichung:

$$\alpha = \frac{1}{2} \cdot \operatorname{arc\,tg} \frac{s}{a} = \frac{s}{2a} \cdot \left(1 - \frac{1}{3} \cdot \frac{s^2}{a^2} + \frac{1}{5} \cdot \frac{s^4}{a^4}\right).$$

Hieraus findet man:

$$\left.\begin{array}{ll} \frac{\alpha_1}{\alpha_4} = k^3 = 2{,}74 & k = 1{,}400 \\ \frac{\alpha_2}{\alpha_5} = k^3 = 2{,}76 & \phantom{k = {}}1{,}403 \\ \frac{\alpha_3}{\alpha_6} = k^3 = 2{,}74 & \phantom{k = {}}1{,}400 \end{array}\right\} \text{Mittel: } k = 1{,}401.$$

Es ist zweckmäßig, für verschiedene Widerstände des Schließungskreises das Dämpfungsverhältnis k zu bestimmen und aus den Werten von k als Ordinaten und den Widerständen des Schließungskreises R als Abszissen die Dämpfungskurve $f(k, R)$ aufzustellen.

Eine ausführliche Theorie des ballistischen Drehspulengalvanometers ist von H. Diesselhorst[1] und Worthing[2] angegeben worden.

Methoden zur Bestimmung von c_b.

Nach der Gleichung $c_b = \frac{Q}{s}$ ist c_b definiert als die Elektrizitätsmenge, welche 1 Skalenteil Ablenkung hervorruft.

a) Mittels Induktionsspule.

Eine im Verhältnis zum Durchmesser d sehr lange Spule ohne Eisen von der Länge l ($> 25\,d$) und dem Querschnitt F cm² sei mit einer Lage von w_1 Windungen bewickelt. Über der Mitte liegt eine dicht umschließende schmale Sekundärspule von w_2 Win-

[1] Ann. Physik 1902 S. 458. [2] Physic. Rev. Bd. 6 S. 165.

dungen, die an das ballistische Galvanometer angeschlossen wird. Führt die lange Primärspule einen Strom J_1 A, so wird beim Kommutieren auf $-J_1$ in der Zeit $0 \div t$ das Galvanometer eine Ablenkung s erleiden.

Infolge der von der langen Spule in der Mitte erzeugten Induktion

$$\mathfrak{B}_0 = \frac{4\pi}{10} \cdot \frac{J_1 \cdot w_1}{l} \quad \text{Gauß}$$

wird die Sekundärspule von einer magnetischen Kraftlinienzahl

$$\mathfrak{N} = F \cdot \mathfrak{B}_0 = \frac{4\pi}{10} \cdot \frac{J_1 \cdot w_1 \cdot F}{l} \quad \text{Maxwell}$$

getroffen. Beim Kommutieren entsteht dann in ihr eine EMK

$$\text{I.} \quad E_t = -w_2 \cdot \frac{d\mathfrak{N}}{dt} \cdot 10^{-8} = -\frac{4\pi}{10} \cdot \frac{F \cdot w_1 \cdot w_2}{l} \cdot 10^{-8} \cdot \frac{dJ_1}{dt}$$

$$= -\mathfrak{S}_g \cdot \frac{dJ_1}{dt} \quad \text{Volt.}$$

Diese erzeugt in dem Widerstande R_2 einen Strom J_{2_t}, entsprechend der Gleichung

$$\text{II.} \quad E_t = J_{2_t} \cdot R_2 + \mathfrak{S}_2 \cdot \frac{dJ_2}{dt}.$$

Aus I und II folgt:

$$-\mathfrak{S}_g \cdot dJ_1 = R_2 \cdot J_{2_t} \cdot dt + \mathfrak{S}_2 \cdot dJ_2.$$

Für den Zeitraum $0 \div t$ ist dann

$$-\mathfrak{S}_g \cdot \int_{+J_1}^{-J_1} dJ_1 = R_2 \cdot \int_0^t J_{2_t} \cdot dt + \mathfrak{S}_2 \cdot \int_0^0 dJ_2$$

oder

$$\mathfrak{S}_g \cdot 2\,J_1 = R_2 \cdot Q,$$

woraus folgt:

$$Q = \frac{2 \cdot \mathfrak{S}_g \cdot J_1}{R_2} = c_b \cdot s$$

oder

$$\boldsymbol{c_b = \frac{2 \cdot \mathfrak{S}_g \cdot J_1}{R_2 \cdot s}},$$

worin

$$\mathfrak{S}_g = \frac{4\pi}{10} \cdot \frac{F \cdot w_1 \cdot w_2}{l} \cdot 10^{-8} \quad \text{Henry} \quad \text{ist.}$$

Aus dieser Gleichung ersieht man, daß c_b von R_2 abhängig ist und daß man auch zwei beliebige Spulen, deren gegenseitiger Induktionskoeffizient $\mathfrak{S}_g$ (Henry) konstant und bekannt ist, zur Eichung des Galvanometers benutzen kann. Solche Spulen sind von Searle[1] und A. Campbell[2] angegeben worden.

---

[1] Electrician 1905 S. 318.

[2] Proc. physic. Soc. 1908 S. 69; Philos. Mag. 1908 S. 155; Z. Instrumentenkde. 1908 S. 222.

b) Mittels Kondensators.

Man lädt einen Kondensator ohne Rückstandsladung (Luft- oder Glimmerdielektrikum) von bekannter Kapazität C mit einer bestimmten Spannung E und entlädt ihn sogleich auf das ballistische Galvanometer, wobei die erste Ablenkung s (reduziert auf kleine Bögen) auftreten möge. Dann ist die aufgenommene Elektrizitätsmenge

$$Q = C \cdot E = c_{b_0} \cdot s \quad \text{oder} \quad \boldsymbol{c_{b_0} = \frac{C \cdot E}{s}}.$$

Diese Konstante gilt, solange der Galvanometerwiderstand nicht 100000 Ohm übersteigt, für die geringste Dämpfung k_0, als wenn der Galvanometerkreis offen wäre.

Arbeitet das Instrument bei einer Messung mit dem Dämpfungsfaktor k, so wird die dafür gültige Konstante

$$c_b = c_{b_0} \cdot \frac{k}{k_0}.$$

c) Mit konstantem Magnetfeld.

Zwei Magnetstäbe von gleicher Kraftlinienzahl $\mathfrak{N}$ (Maxwell) sind mit gleichnamigen Polen bei gemeinsamer Achsenrichtung einander bis auf einen kurzen Zwischenraum gegenübergestellt. Von Mitte zu Mitte der Stäbe läßt sich darüber eine Spule von w_2 Windungen verschieben. Bei schneller Bewegung der Spule erhält man dann in einem angeschlossenen Galvanometer die Ablenkung s bei einem Widerstande R_2 des Galvanometerkreises. Dann gilt die Beziehung:

$$E_t = -w_2 \cdot \frac{d\mathfrak{N}}{dt} \cdot 10^{-8} = J_{2_t} \cdot R_2 + \mathfrak{S}_2 \cdot \frac{dJ_2}{dt},$$

oder $$\int_0^t E_t \cdot dt = -w_2 \cdot 10^{-8} \cdot \int_{+\mathfrak{N}}^{-\mathfrak{N}} d\mathfrak{N} = R_2 \cdot \int_0^t J_{2_t} \cdot dt + \mathfrak{S}_2 \cdot \int_0^0 dJ_2,$$

woraus folgt $$w_2 \cdot 10^{-8} \cdot 2\,\mathfrak{N} = R_2 \cdot Q = R_2 \cdot c_b \cdot s$$

oder $$\boldsymbol{c_b = \frac{2 \cdot w_2 \cdot \mathfrak{N}}{R_2 \cdot s} \cdot 10^{-8}}.$$

32. Vergleichung von Kapazitäten (ballistisch).

Mit einem Normalkondensator[1] von der Kapazität C_1 kann man die Kapazität C_2 eines anderen bestimmen, indem man

[1] ETZ 1929 S. 319; O. Selinger, Feinmechanik, Berlin S 42.

beiden Kondensatoren mit derselben Spannung E die Elektrizitätsmengen Q_1 und Q_2 mitteilt. Dann ist $\frac{Q_1}{Q_2} = \frac{C_1 \cdot E}{C_2 \cdot E} = \frac{C_1}{C_2}$. Entlädt man dann beide Kondensatoren durch ein ballistisches Galvanometer, so ist die Elektrizitätsmenge proportional der Ablenkung α oder $Q_1 = c \cdot \alpha_1$ und $Q_2 = c \cdot \alpha_2$. Daraus folgt:

$$\frac{Q_1}{Q_2} = \frac{c \cdot \alpha_1}{c \cdot \alpha_2} = \frac{C_1}{C_2} \quad \text{oder} \quad \mathbf{\frac{C_1}{C_2} = \frac{\alpha_1}{\alpha_2}}.$$

Vor dem Versuch muß jedoch die Proportionalitätsgrenze festgestellt werden, indem man den Normalkondensator an verschiedene Spannungen legt; dann müssen bei Entladung die Ablenkungen den Spannungen proportional sein. Andernfalls muß die Eichkurve $f(Q, \alpha)$ bestimmt werden.

Besitzt der zu messende Kondensator eine Rückstandsladung, so kann bei längerem Schließen des Entladekreises eine zu große Ablenkung des Galvanometers auftreten. Um Fehler zu vermeiden, hat Zeleny[1] einen Schlüssel konstruiert, mit dessen Hilfe man imstande ist, die Entladung schnell nach Abschalten von der Stromquelle vorzunehmen und außerdem die Zeitdauer einzustellen, welche für die richtige Entladung der „freien" Elektrizitätsmengen erforderlich ist. Man wählt dabei eine Entladedauer, die zwischen anderen Zeiten gelegen ist, für welche dieselben Ablenkungen auftreten. Die einzelnen Kontakte können auch durch ein Pendel nacheinander hergestellt werden.

Sobald man für die Messung von Kapazitäten und Induktivitäten Gleichstrom verwendet, sind die gewonnenen Resultate nicht ohne weiteres für Wechselstrom richtig. Man soll daher, soweit es angängig ist, Gebilde mit Kapazitäts- oder Induktionswirkungen mit derjenigen Stromart und Frequenz untersuchen, mit der sie normalerweise arbeiten. Bei absoluten Messungen ist es notwendig, die Periodenzahl dem Gebilde anzupassen und während des Versuchs konstant zu halten. Das kann dadurch geschehen, daß man die Periodenzahl durch eine in der Tonhöhe veränderliche Stimmgabel mißt, indem man sie auf einen durch den Wechselstrom erzeugten Ton reguliert. Änderungen der Frequenz zeigen sich sogleich durch das Entstehen von Schwebungen an.

---

[1] Physic. Rev. 1906 S. 65.

33. Vergleichung von Kapazitäten durch Kompensation (W. Thomson).

Die miteinander zu vergleichenden Kondensatoren werden mit einer Batterie E, einem ballistischen Galvanometer G, zwei induktionsfreien Widerständen R_1 und R_2 und vier Stromschlüsseln S zu folgender Schaltung (Abb. 137) vereinigt.

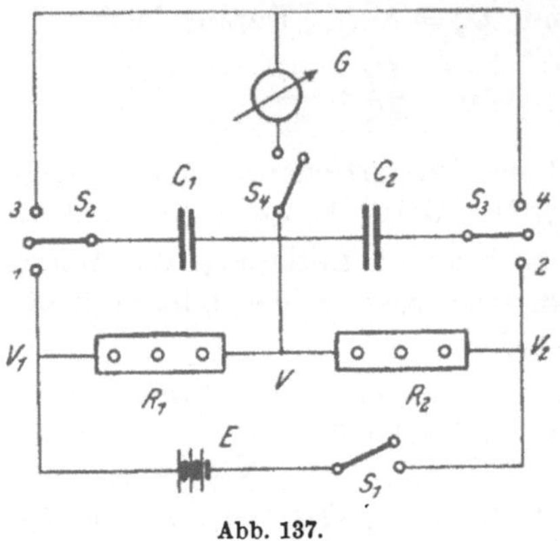

Abb. 137.

Werden die Schlüssel S_2 und S_3 (am besten von der Zelenyschen Form [S. 171]) heruntergedrückt, so nehmen die Kondensatoren die Ladungen

$$Q_1 = C_1 \cdot (V_1 - V)$$

und

$$Q_2 = C_2 \cdot (V - V_2)$$

auf. Schließt man S_4 und legt dann S_2 und S_3 an den oberen Kontakt, so entladen sich die Kondensatoren. Ist nun $Q_1 = Q_2$ gewesen, so zeigt das Galvanometer keine Ablenkung, und es folgt daraus:

$$C_1 \cdot (V_1 - V) = C_2 \cdot (V - V_2) \quad \text{oder} \quad \text{I.} \quad \frac{C_1}{C_2} = \frac{V - V_2}{V_1 - V}.$$

Bei dem Strom J, der beide Widerstände R_1 und R_2 durchfließt, muß außerdem die Gleichung bestehen

$$[J =] \frac{V_1 - V}{R_1} = \frac{V - V_2}{R_2} \quad \text{oder} \quad \text{II.} \quad \frac{V - V_2}{V_1 - V} = \frac{R_2}{R_1}.$$

Aus Gleichung I und II ergibt sich durch Gleichsetzen:

$$\mathbf{\frac{C_1}{C_2} = \frac{R_2}{R_1}}.$$

Diese Messung hat gegenüber derjenigen von de Sauty (Nr. 34) den Vorteil, daß hier die Lade- und Entladedauer beliebig groß gewählt werden kann, während dort jeder Kondensator gleichlange geladen wird, wodurch bei Kondensatoren mit verschiedenem Dielektrikum und damit verschieden großen Rückstandsladungen (elektrische Absorption) leicht Fehler auftreten können. Vorteilhaft ist es dabei, die drei Taster S_2, S_3, S_4 durch einen selbsttätigen Schalter zu ersetzen, der unter der Bezeichnung Heimscher Schlüssel[1] bekannt ist. Das modifizierte Schema zeigt

[1] ETZ 1890 S. 556.

Abb. 138. Hierbei ist der Kontaktstreifen S_4 auf einem gegen die Kontakte S_2 und S_3 verdrehbaren Zylinder angebracht, so daß man durch geeignete Einstellung von S_4 auch Kondensatoren verschiedener Entladedauer und Rückstandsladung ohne Fehler

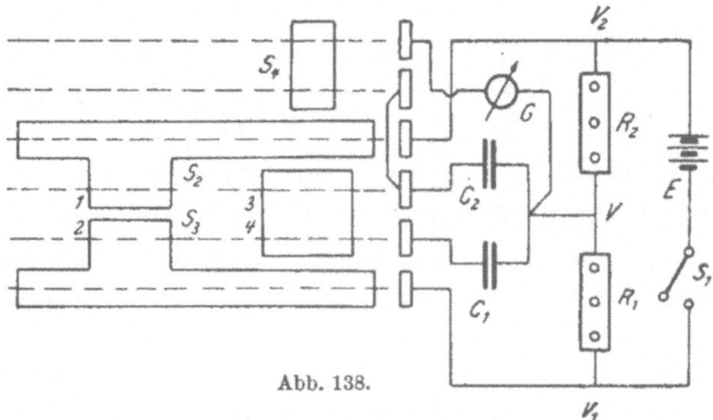

Abb. 138.

miteinander vergleichen kann. Die richtige Stellung ist dann vorhanden, wenn vor der Abgleichung bei ganz langsamem Drehen des Schalters die Ablenkung des Galvanometers am kleinsten im Verhältnis zu anderen Stellungen ist.

34. Vergleichung von Kapazitäten (de Sauty).

Der Normalkondensator mit der Kapazität C_1 und der zu vergleichende C_2 werden mit den induktionsfreien Widerständen R_1 und R_2 nach dem Schema (Abb. 139) geschaltet. Der Schalter S wird an den Kontakt *2* gelegt, dann laden sich die Kondensatoren. Durch Umlegen von S nach dem Kontakt *1* werden die Kondensatoren entladen. Sind R_1 und R_2 so abgeglichen, daß bei Ladung und Entladung das Galvanometer G keine Ablenkung zeigt, so muß das Potential $V_1 = V_2$ sein. Dann ist:

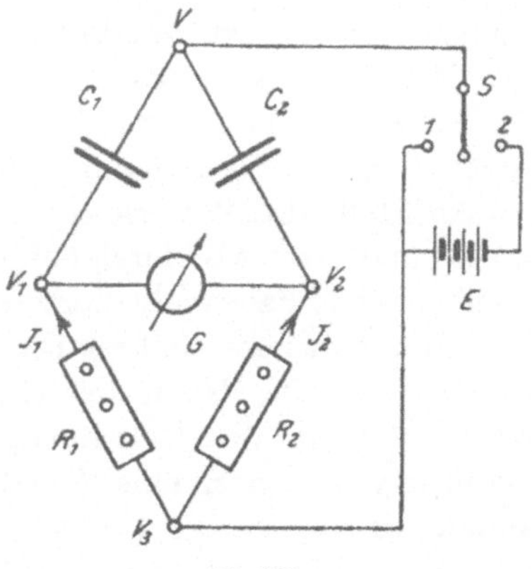

Abb. 139.

$$V_1 - V = \frac{Q_1}{C} \quad \text{und} \quad V_2 - V = \frac{Q_2}{C_2} \quad \text{und} \quad \text{I.} \quad \frac{Q_1}{C_1} = \frac{Q_2}{C_2}.$$

Andererseits muß $V_3 - V_1 = J_1 \cdot R_1$ und $V_3 - V_2 = J_2 \cdot R_2$ oder $J_1 \cdot R_1 = J_2 \cdot R_2$ sein. Multipliziert man diese Gleichung mit dt und integriert für die Zeit 0 bis t, so erhält man

$$R_1 \cdot \int_0^t J_{1_t} \cdot dt = R_2 \cdot \int_0^t J_{2_t} \cdot dt \qquad \text{oder} \qquad \text{II.} \quad R_1 \cdot Q_1 = R_2 \cdot Q_2 .$$

Aus den Gleichungen I und II ergibt sich die Beziehung

$$\frac{R_1}{R_2} = \frac{Q_2}{Q_1} = \frac{C_2}{C_1} \qquad \text{oder} \qquad \frac{C_1}{C_2} = \frac{R_2}{R_1} .$$

Auf dieser Messung beruht die Kapazitätsmeßbrücke von G. Seibt, Berlin-Schöneberg, für $C = 50 \ldots 10^5$ cm.

Zur Verfeinerung der Messung benutzt man außerdem statt des Stromschlüssels S einen rotierenden Doppelkommutator oder Sekohmmeter nach Ayrton und Perry[1].

Der Apparat enthält zwei gegeneinander um einen kleinen Winkel verschobene Stromwender BS und GS für Batterie und Galvanometer, die auf gemeinsamer Welle sitzen (Abb. 140). Der erste Stromwender verwandelt den Gleichstrom in Wechselstrom, während der zweite den zum Galvanometer fließenden Strom wieder gleichrichtet, so daß sich die Wirkungen der Stromstöße addieren, wenn die Brücke nicht stromlos ist. Man legt dabei das Element E an $a \div b$ und $V \div V_3$ an $1 \div 2$. V_1 wird mit 3 und V_2 mit 4 verbunden und das Galvanometer an $c \div d$ angeschlossen.

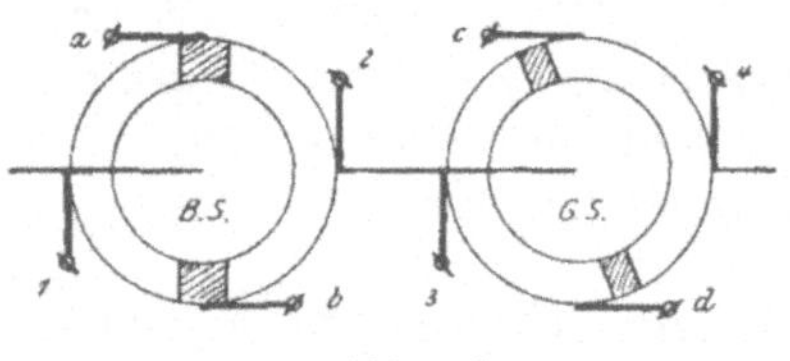

Abb. 140.

An Stelle der Batterie E legt man besser eine Wechselstromquelle und ersetzt G durch ein Telephon, Vibrationsgalvanometer oder Torsions-Fadengalvanometer von P. J. Kipp & Zonen, Delft. Bei Kondensatoren mit starker dielektrischer Absorption kann es möglich sein, daß in der Regel ein Schweigen des Telephons oder Ruhelage des Galvanometers nicht erzielt werden kann. Dann legt man nach einer Schaltung von M. Wien[2] reine Widerstände in die Zweige C_1 und C_2. Eingehende Untersuchungen über die Fehlerquellen dieser Messung sind von F. W. Grover[3],

---

[1] ETZ 1896 S. 483. [2] Wied. Ann. Bd. 44 (1891) S. 689.
[3] Bull. Bur. Stand. 1907 S. 371.

Behne[1] und E. Giebe[2] gemacht worden und von E. B. Rosa[3] Methoden zur Beseitigung derselben angegeben worden.

Als Normalkondensatoren eignen sich dabei die Konstruktionen der PTR[4]. Zur genauen Messung kleiner Kapazitäten hat die Telefunken-Gesellschaft eine besondere Wechselstrommeßbrücke[5] mit einer kleinen Änderung obiger Schaltung hergestellt.

Sehr kleine Kapazitäten, z. B. von Elektrometern, lassen sich nach Th. Wulf[6] mit einem veränderlichen Zylinderkondensator messen. Nach K. Niemeyer[7] und Angaben der PTR[8] kann man auch kleine Änderungen der Kapazität ermitteln.

Zur Bestimmung der Kapazität von Kabeln hat Howe[9] einige Versuche nach der Methode von de Sauty angestellt. Um den Ton im Telephon zum Verschwinden zu bringen, legt er in die Zuleitung zwischen Wechselstromquelle und Brückenschaltung die primäre Spule eines Variators der gegenseitigen Induktion und die Sekundärspule an einen Kondensator. Durch Veränderung der gegenseitigen Induktion kann auf Resonanz eingestellt werden, woraus annähernd sinusförmiger Strom resultiert.

Haben die Kondensatoren dielektrische Verluste, so kann man den Verlustwinkel und die Kapazität mit Hilfe der von E. B. Rosa oder M. Wien abgeänderten Schaltungen unter Beseitigung der durch die Meßanordnung hervorgerufenen Störungen ermitteln, wie F. W. Grover[10] an zahlreichen Messungen gezeigt hat. (Vgl. auch Nr. 55.)

Ersetzt man in Abb. 139 z. B. den Widerstand R_2 durch ein Kabel und legt in die Kondensatorzweige induktionsfreie Widerstände, so erhält man eine von Hay[11] angegebene Schaltung, die den Wechselstromwiderstand und den Verlustwinkel (Dämpfungskonstante) von Kabeln zu messen gestattet.

Zur Messung kleiner Kapazitäten C_x von 1 ... 100 $\mu\mu$F wird bei der Kapazitätsmeßbrücke von S & H nach Abb. 141 in einer

[1] Elektrotechn. u. Maschinenb. 1909 S. 871.
[2] Z. Instrumentenkde. 1911 Heft 1.
[3] Bull. Bur. Stand. 1907 S. 389.
[4] ETZ 1912 S. 1343; 1929 S. 31.
[5] ETZ 1904 S. 526.
[6] Physik. Z. 1925 S. 353; ETZ 1927 S. 246.
[7] Diss. Hannover 1929.
[8] ETZ 1929 S. 1277.
[9] Electrician 27. März 1908; Elektrotechn. u. Maschinenb. 1908 S. 389.
[10] Bull. Bur. Stand. 1911 S. 495; ETZ 1913 S. 42.
[11] Electrician 1912 S. 559; ETZ 1913 S. 277.

etwas abgeänderten Schaltung von M. Wien[1] der veränderliche Kondensator C_2 auf seinen Höchstwert gestellt und dann die Brücke mittels R_1, R_2 abgeglichen, wobei die Phasenkondensatoren C_{p_1} und C_{p_2} gleich groß eingestellt sind oder abgeschaltet sein können. Legt man nun durch Schließen des Schalters S die Kapazität C_x parallel zu C_2, so erhält man wieder Brückengleichheit für einen kleineren Wert C_2'. Es ist dann $C_x = C_2 - C_2'$, was bei der technischen Ausführung direkt abgelesen werden kann.

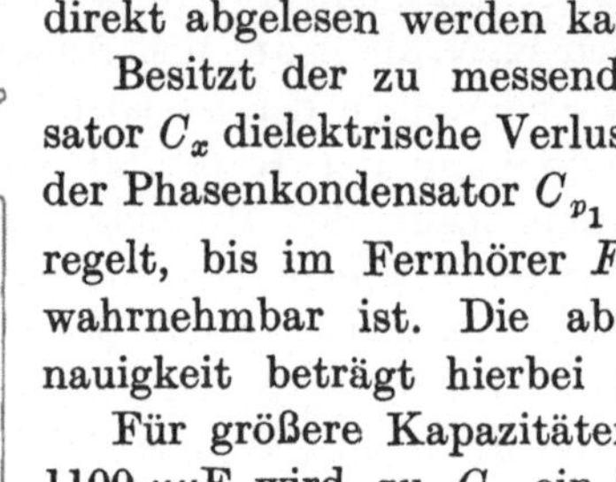
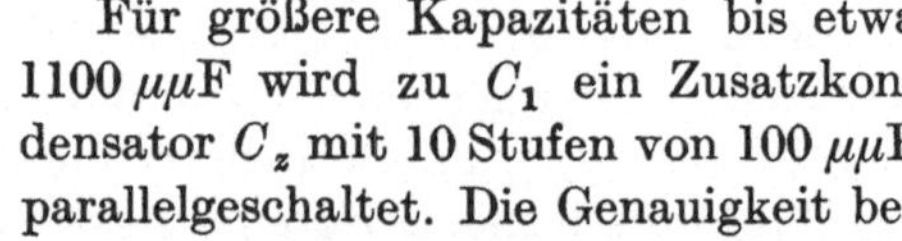
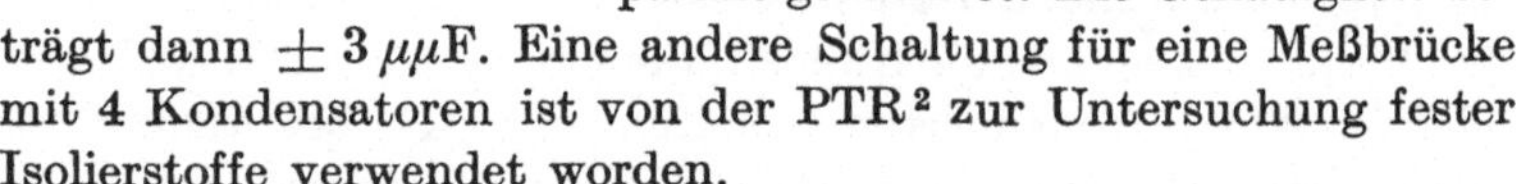

Abb. 141.

Besitzt der zu messende Kondensator C_x dielektrische Verluste, so wird der Phasenkondensator C_{p_1} so weit geregelt, bis im Fernhörer F kein Ton wahrnehmbar ist. Die absolute Genauigkeit beträgt hierbei $\pm 0{,}5\,\mu\mu$F. Für größere Kapazitäten bis etwa $1100\,\mu\mu$F wird zu C_1 ein Zusatzkondensator C_z mit 10 Stufen von $100\,\mu\mu$F parallelgeschaltet. Die Genauigkeit beträgt dann $\pm 3\,\mu\mu$F. Eine andere Schaltung für eine Meßbrücke mit 4 Kondensatoren ist von der PTR[2] zur Untersuchung fester Isolierstoffe verwendet worden.

Größere Kapazitäten bis $1\,\mu$F lassen sich mit einer nach Abb. 139 geschalteten Meßbrücke von G. Seibt ermitteln.

35. Vergleichung von Kapazitäten (Schering).

Von H & B wird eine besonders für die Messung der Kapazität und Verluste an Kabeln geeignete Hochspannungs-Meßbrücke nach Angaben von H. Schering[3] hergestellt, deren ursprüngliche Anordnung nach Abb. 142 zur Messung kleiner Kapazitäten bis $20\,\mu\mu$F herab gegenüber der Abb. 139 noch einen Kondensator C_4 parallel zu R_2 zur Phasenkompensation enthielt, während zur Messung größerer Kapazitäten die Schal-

---

[1] Ann. Physik Bd. 44 (1891) S. 704.

[2] Z. Instrumentenkde. 1925 S. 190; ETZ 1926 S. 886.

[3] Z. Instrumentenkde. 1920 S. 124; 1921 S. 139; 1924 S. 73; Arch. Elektrotechn. Bd. 9 (1920) S. 30 (A. Semm); ETZ 1924 S. 344; 1931 S. 1133.

tung nach Abb. 143 durch Einfügen des Nebenschlusses n erweitert wurde. C_1 ist die zu messende Kapazität, C_2 ein dem Luftkondensator von W. Petersen ähnlich gebauter verlustfreier Preßgas-Kondensator[1] für 90 cm ($10^{-4}\,\mu$F) mit Stickstoff von 12 at Druck. Die Widerstände $n = 0{,}3 \ldots 30$, $r = 69{,}88$ und Schleifdraht $S = 0{,}12$ Ohm haben zusammen 100 Ohm. $R_3 = 10 \times (100 + 10 + 1 + 0{,}1)$, $R_4 = \frac{1000}{\pi}$ Ohm sind induktions- und kapazitätsfrei, $C_4 = 10 \times (0{,}1 + 0{,}01 + 0{,}001)\,\mu$F ist ein Glimmerkondensator. Die Zuleitungen zu C_1 und C_2 liegen in geerdeten Metallröhren (gestrichelt), T ist ein Hochspannungstransformator, U Überspannungssicherungen. Durch Einstellen bei R_3, σ und C_4

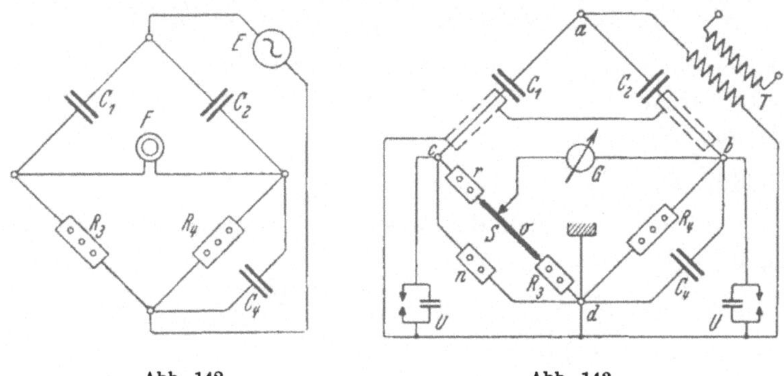

Abb. 142. Abb. 143.

wird die Brücke so weit abgeglichen, bis das Vibrationsgalvanometer G stromlos ist. Dann besteht die Beziehung:

$$\text{a)}\quad C_1 = C_2 \cdot R_4 \cdot \frac{n + r + S + R_3}{n \cdot (R_3 + \sigma)} .$$

Wenn ein Kondensator mit der Kapazität C_1 Farad keine Verluste durch dielektrische Hysteresis oder Ableitung besitzt, dann ist seine Spannung gegenüber dem Strom um den Phasenwinkel $\varphi = 90^0$ verschoben. Treten aber Verluste[2] auf, dann wird der Phasenwinkel entsprechend einem den Energieverlusten

---

[1] ETZ 1926 S. 906 (A. Palm); 1929 S. 1341; Z. techn. Physik 1928 S. 442 (H. Schering u. R. Vieweg); Z. Instrumentenkde. 1929 S. 420.

[2] Bull. Bur. Stand. Bd. 9 (1913) S. 73 (L. W. Austin); ETZ 1914 S. 391; ETZ 1913 S. 1279; Arch. Elektrotechn. Bd. 2 (1914) S. 371 (K. W. Wagner); Ann. Physik Bd. 48 (1915) S. 307 (Fr. Tank).

gleichwertigen reinen Widerstande R_v, den man sich dem verlustlos angenommenen Kondensator vorgeschaltet denken kann, um den sogenannten Verlustwinkel δ (Abb. 144) verringert in $\varphi = 90 - \delta$. Nun ist $\operatorname{tg}\varphi = \frac{S_c}{R_v} = \frac{1}{\omega \cdot C_1 \cdot R_v}$. Für $\delta = 90 - \varphi$ ergibt sich dann

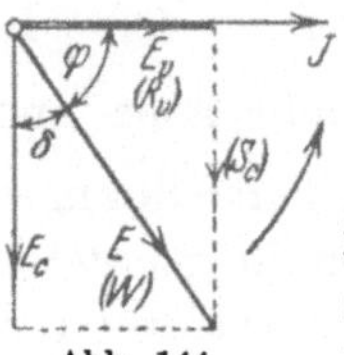

Abb. 144.

$$\text{b)} \quad \operatorname{tg}\delta = \frac{1}{\operatorname{tg}\varphi} = \omega \cdot C_1 \cdot R_v .$$

Man ist nun mit Hilfe dieser Brückenschaltung in der Lage, auch den Verlustwinkel des zu untersuchenden Kondensators oder Kabels festzustellen. Es gilt nämlich dafür:

$$\text{c)} \quad \operatorname{tg}\delta = \omega \cdot C_4 \cdot R_4 - \frac{r + S - \sigma}{R_3 + \sigma} \cdot \omega \cdot C_2 \cdot R_4 .$$

Da nun das zweite Glied praktisch sehr klein ist und gegen das erste vernachlässigt werden kann, erhält man mit genügender Genauigkeit

$$\text{d)} \quad \operatorname{tg}\delta \approx \omega \cdot C_4 \cdot R_4$$

und für $R_4 = \frac{1000}{\pi}$ der Brücke bei $\nu = 50$ Hz: $\operatorname{tg}\delta = 0{,}1 \cdot C_4 \cdot 10^6$.

Nun berechnet sich der Verlustwiderstand [aus Gleichung a), b), d)]

$$\text{e)} \quad R_v = \frac{1}{\omega \cdot C_1} \cdot \operatorname{tg}\delta \approx \frac{C_4}{C_2} \cdot \frac{n \cdot (R_3 + \sigma)}{n + r + S + R_3} \text{ Ohm}$$

und die Verlustleistung:

$$N_v = E_v \cdot J = \frac{E_v^2}{R_v} = \frac{E^2}{R_v} \cdot \sin^2\delta ,$$

$$\text{f)} \quad N_v = E^2 \cdot \frac{C_2}{C_4} \cdot \frac{n + r + S + R_3}{n\,(R_3 + \sigma)} \cdot \sin^2\delta \text{ Watt}.$$

Nach Abb. 142 ist die Schaltung der Präzisions-Meßbrücke zur Bestimmung von Kapazitäten und Verlustwinkeln[1] von der Firma O. Selinger, Berlin S 42, ausgeführt, womit Kapazitäten von $C = 1 \ldots 1000\ \mu\mu$F (mit Maschinen- oder Tonfrequenzspannung von 300 V) und bei niedrigerer Wechselspannung bis 1 μF gemessen werden. Die Meßfehler sind etwa $\Delta C \approx 0{,}01\ \mu\mu$F und $\Delta \operatorname{tg}\delta \approx 10^{-5}$.

Messungen der dielektrischen Verluste sind mit der Brücke von Schering an Hochspannungskabeln von E. Bormann u. J. Seiler[2], an Porzellanisolatoren von K. Draeger[3], an

[1] Arch. Elektrotechn. Bd. 11 (1922) S. 109 (E. Giebe u. G. Zickner).
[2] ETZ 1925 S. 114. [3] ETZ 1925 S. 683, 1789.

Hartpapierdurchführungen und Hochspannungsgeneratoren von O. Kautzmann[1] vorgenommen.

Eine ähnliche Schaltung zeigt die technische Wechselstrombrücke von H & B nach Angaben von W. Geyger[2], mit der man außerdem noch Induktivitäten messen kann.

36. Messung von Kapazitäten mittels Elektronenröhren.

Schaltet man den zu messenden Kondensator C nach Karolus u. Reuss[3] in den Anodenkreis einer Elektronenröhre, läßt ihn auf die mit einem statischen Spannungsmesser zu messende Spannung E_c Volt mit dem Sättigungsstrom $J_{a_{\max}}$ Ampere aufladen und bestimmt mit einem empfindlichen Zeitmesser[4] die Zeit t sec der Aufladung, dann ergibt sich $C = \frac{J_{a_{\max}} \cdot t}{E_c}$ Farad. Statt des Spannungsmessers kann auch eine Glimmlampe benutzt werden.

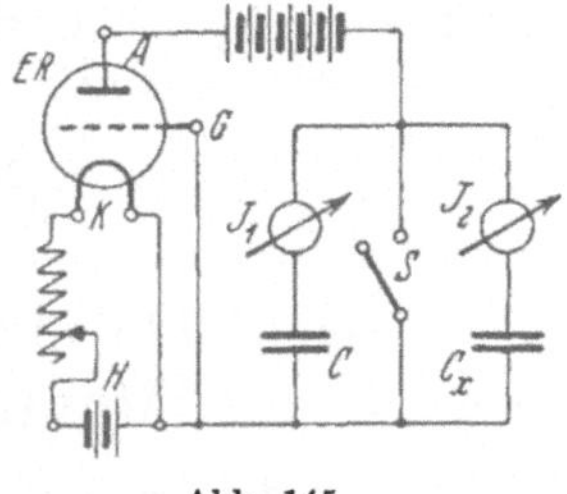

Abb. 145.

Um den Einfluß des Spannungsmessers und die Messung der Zeit zu vermeiden, verwendet man nach V. S. Kulebakin[5] gemäß Abb. 145 eine Vergleichskapazität C parallel zu C_x. Man stellt nun die Heizung der Kathode so ein, daß bei einer passenden Anodenspannung E_a und geschlossenem Schalter S der Sättigungsstrom $J_{a_{\max}}$ auftritt. Öffnet man dann S, dann werden beide Kapazitäten mit der gleichen Spannung E in der gleichen Zeit t geladen, wobei die Ströme J_1 und J_2 abgelesen werden. Es gilt dann:

$$Q = C \cdot E = \int_0^t J_{1_t} \cdot dt = J_1 \cdot t, \qquad Q_x = C_x \cdot E = \int_0^t J_{2_t} \cdot dt = J_2 \cdot t$$

und durch Division folgt: $\frac{C_x}{C} = \frac{J_2}{J_1}$.

Legt man die Kapazitäten über einen doppelpoligen Um-

[1] ETZ 1929 S. 1401.

[2] Arch. Elektrotechn. Bd. 17 (1926) S. 201; ETZ 1927 S. 811.

[3] Physik. Z. 1921 S. 362; ETZ 1921 S. 1428.

[4] ETZ 1928 S. 1651; Siemens-Z. 1928 S. 51.

[5] ETZ 1925 S. 923.

schalter in den Anodenkreis, so genügt ein Meßinstrument, mit dem man J_1 und J_2 nacheinander abliest.

Die Messung der Ströme kann man vermeiden, wenn man nach Abb. 146 in die beiden Zweige die Spulen eines Differentialgalvanometers DG einschaltet. Haben diese die Widerstände R_g und ändert man die Nebenschlüsse R_1 und R_2 so weit, daß beim Öffnen des Schalters S keine Ablenkung auftritt, dann gelten die Beziehungen:

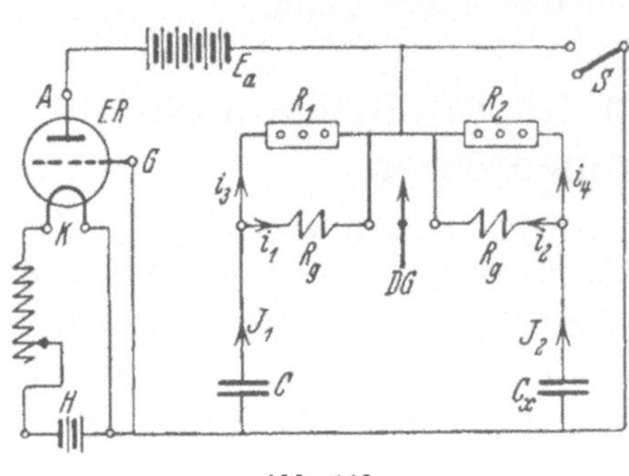

Abb. 146.

$$J_1 \cdot \frac{R_1 \cdot R_g}{R_1 + R_g} = i_1 \cdot R_g ,$$

$$J_2 \cdot \frac{R_2 \cdot R_g}{R_2 + R_g} = i_2 \cdot R_g .$$

Für die Ablenkung Null muß nun $i_1 = i_2$ oder auch $i_1 \cdot R_g = i_2 \cdot R_g$ sein. Setzt man also die linken Seiten beider Gleichungen einander gleich, so fällt R_g fort und es ist

$$\frac{J_2}{J_1} = \frac{C_x}{C} = \frac{R_1 \cdot (R_2 + R_g)}{R_2 \cdot (R_1 + R_g)} .$$

37. Absolute Messung einer Kapazität (Maxwell—J. J. Thomson)[1].

Es ist die genaueste und sicherste Methode, die Kapazität von Kondensatoren mit etwa $^1/_{100}\,^0/_{00}$ Genauigkeit zu bestimmen. Nach Abb. 147 legt man den zu messenden Kondensator C unter Zwischenschaltung eines rotierenden Umschalters U nach Kurlbaum und W. Jäger[2] oder in der verbesserten Form von E. Giebe[3] in den vierten Zweig einer Wheatstoneschen Brücke mit den induktionsfreien Widerständen R_1, R_2, R_3. Als Stromquelle benutzt man einen Akkumulator E (ca. 16 ÷ 20 V) mit Regulierwiderstand r. Die Konstanz der Unterbrechungszahl wird durch einen Tourenregler nach E. Giebe[4] gewahrt. Die Erdung

---

[1] Z. Instrumentenkde. 1901 S. 112; 1906 S. 35; Bull. Bur. Stand. 1905 S. 153.

[2] Z. Instrumentenkde. 1906 S. 325. [3] Z. Instrumentenkde. 1909 S. 274.

[4] Z. Instrumentenkde. 1909 S. 205.

des Punktes b dient dazu, die Messung von der Kapazität gegen die Umgebung unabhängig zu machen.

Werden die Widerstände so abgeglichen, daß das Galvanometer G keine Ablenkung zeigt, dann gilt nach J. J. Thomson[1]

$$C = \frac{1}{\nu} \cdot \frac{R_1}{R_2 \cdot R_3} \cdot F,$$

worin

$$F = \frac{1 - \dfrac{R_1^2}{(R_1 + R_3 + r) \cdot (R_1 + R_2 + g)}}{\left[1 + \dfrac{R_1 \cdot r}{R_2 \cdot (R_1 + R_3 + r)}\right] \cdot \left[1 + \dfrac{R_1 \cdot g}{R_3 \cdot (R_1 + R_2 + g)}\right]}$$

nahezu gleich 1 gesetzt werden kann, wenn man den Galvanometerwiderstand g klein (< 200 Ohm), R_1 klein gegen $\frac{1}{\nu \cdot C}$ und $\frac{R_1}{R_2} = \frac{1}{10} \cdots \frac{1}{100}$ macht. ν ist die Zahl der Ladungen und Entladungen in einer Sekunde durch den Unterbrecher U. Die Ableitung der Formel ist folgende:

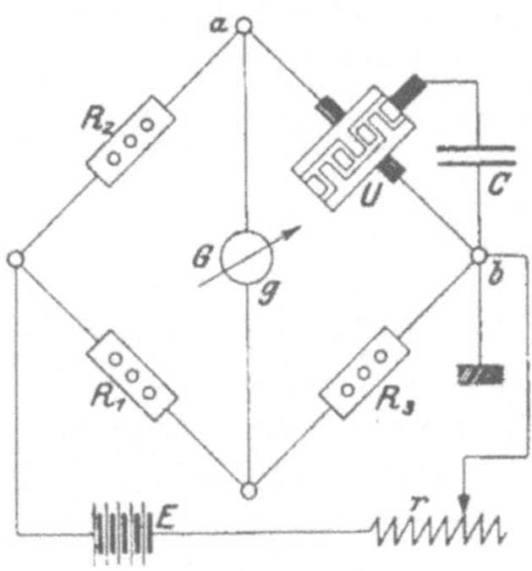

Abb. 147.

Bei jeder Ladung und Entladung des Kondensators bewegt sich eine Elektrizitätsmenge $Q = C \cdot E$. Es fließt daher zwischen den Punkten $a \div b$ bei ν Hertz ein mittlerer Strom $J_{mi} = \frac{Q}{T} = \nu \cdot C \cdot E$. Derselbe Strom würde auch auftreten, wenn man den Kondensator durch einen Widerstand R_4 und die Verzweigung zwischen $a \div b$ (einschließlich g und r) durch R ersetzte. Dafür bestände dann die Beziehung:

$$J_{mi} = \frac{E}{R_4 + R} = \nu \cdot C \cdot E$$

oder

$$\text{I.} \quad R_4 = \frac{1}{\nu \cdot C} - R.$$

Sobald das Galvanometer keine Ablenkung zeigt, gilt ferner

$$\text{II.} \quad R_4 = \frac{R_2 \cdot R_3}{R_1}.$$

[1] Philos. Trans. Roy. Soc. Bd. 174 (1884) S. 707.

Aus I und II folgt somit:

$$C = \frac{1}{\nu} \cdot \frac{1}{\frac{R_2 \cdot R_3}{R_1} + R} = \frac{1}{\nu} \cdot \frac{R_1}{R_2 \cdot R_3} \cdot \left(\frac{1}{1 + \frac{R \cdot R_1}{R_2 \cdot R_3}} \right),$$

worin der Klammerausdruck als Korrektionsglied gleich F gesetzt werden kann.

Die Methode hat den Vorzug, daß irgendwelche geringen Werte von Selbstinduktion und Kapazität in den Widerständen und Leitungen der Brücke ohne Einfluß auf das Resultat sind, solange sie die Ladung des Kondensators nicht merklich verzögern.

Um Fehler durch unvollständige Ladung des Kondensators zu vermeiden, muß der rotierende Kontaktgeber U so bemessen sein, daß die Ladezeit t zur Dauer $T = \frac{1}{\nu}$ einer Periode groß ist. Dieses Verhältnis $\frac{t}{T}$ läßt sich nach H. Diesselhorst[1], der auch einen allgemeinen Beweis der Methode angegeben hat, durch eine Messung feststellen. In diesem Fall ist dann

$$C = \frac{\frac{1}{\nu} \cdot \frac{R_1}{R_2 \cdot R_3} \cdot F}{1 - e^{-\frac{t}{T} \cdot \frac{1}{1-F}}}.$$

Inwieweit unvollkommene Isolation des Kondensators und Unterbrechers, Temperatur und Luftdruck Fehler hervorrufen, hat E. Giebe[2] analytisch dargelegt und durch Messungen erläutert.

Weitere Angaben sind von R. Skancke[3] gemacht.

38. Absolute Messung einer Kapazität. (Mittels Differentialgalvanometers.)

Man schaltet den Kondensator C unter Benutzung des in Nr. 37 angegebenen Unterbrechers U nach Abb. 148 an die eine Spule g_1 eines Differentialgalvanometers und an eine Gleichstromquelle E, während die Spule g_2 über die veränderlichen Widerstände R_1, R_2, R_3 direkt mit Gleichstrom gespeist wird.

Nachdem das Galvanometer auf die Bedingung 1 (Messung Nr. 4) eingestellt ist, wird der Kondensator durch den Unterbrecher U in der Sekunde ν mal geladen und entladen und gleich-

---

[1] Ann. Physik 1906 S. 382. [2] Z. Instrumentenkde. 1909 S. 269, 301.
[3] Z. Instrumentenkde. 1928 S. 432.

zeitig die auftretende Ablenkung durch Veränderung der Widerstände $R_{1\div 3}$ beseitigt.

Durch g_1 fließt dann ein mittlerer Strom (vgl. Nr. 37)

$$\text{I.} \quad J_1 = \nu \cdot C \cdot E .$$

Für die Spule g_2 gelten die Beziehungen:

$$1. \quad J_3 = J_2 \cdot \frac{R_2 + g_2}{R_3}; \quad E - (J_2 + J_3) \cdot R_1 = J_3 \cdot R_3 ,$$

oder

$$2. \quad J_3 = \frac{E - J_2 \cdot R_1}{R_1 + R_3} .$$

Durch Gleichsetzen von 1 und 2 erhält man

$$\text{II.} \quad J_2 = \frac{E \cdot R_3}{(R_1 + R_3) \cdot (R_2 + g_2) + R_1 \cdot R_3} .$$

Da nach Bedingung 1 der Strom $J_1 = J_2$ sein muß, so folgt aus I und II:

$$C = \frac{1}{\nu} \cdot \frac{R_3}{(R_1 + R_3) \cdot (R_2 + g_2) + R_1 \cdot R_3}$$

oder

$$\boldsymbol{C = \frac{1}{\nu} \cdot \frac{R_3}{R_1 \cdot R_2 \cdot (1 + K)}} ,$$

wo

$$K = \frac{g_2}{R_2} + R_3 \cdot \left(\frac{1}{R_1} + \frac{1}{R_2} + \frac{g_2}{R_1 \cdot R_2} \right)$$

gesetzt ist. Durch entsprechende Wahl der Widerstände kann man K klein halten.

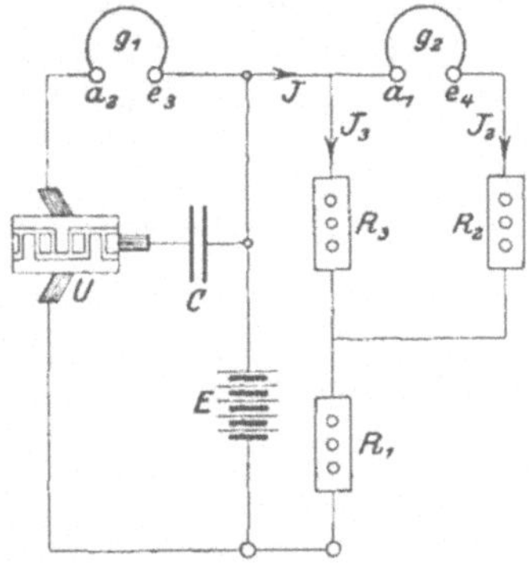

Abb. 148.

Eine zeichnerische Ableitung der Formeln für die Messung von Kapazität und Selbstinduktion hat König[1] angegeben.

39. Messung von Induktivitäten.

a) Absolute Messung (M. Wien)[2].

Schaltet man nach Abb. 149 die Induktivitäten R_1, $\mathfrak{S}_1$ und R_2, $\mathfrak{S}_2$ in die benachbarten Zweige einer Meßbrücke und legt parallel zu einer von ihnen einen reinen Widerstand r, dann ergeben sich bei Stromlosigkeit des Vibrationsgalvanometers G

---

[1] Elektrotechn. Anz. 1904 S. 367, 381.

[2] Wied. Ann. 1891 S. 689; 1894 S. 928; 1896 S. 553; 1898 S. 870.

folgende Beziehungen:

$$J_1 = J_2, \qquad J_3 = J_4, \qquad J_1 \cdot W_1 = J_3 \cdot R_3, \qquad J_2 \cdot W_2 = J_4 \cdot R_4.$$

Durch Division erhält man weiter $W_1 \cdot R_4 = W_2 \cdot R_3$.

Setzt man darin:

$$W_1 = \frac{(R_1 + j \cdot \omega \cdot \mathfrak{S}_1) \cdot r}{R_1 + r + j \cdot \omega \cdot \mathfrak{S}_1}, \qquad W_2 = R_2 + j \cdot \omega \cdot \mathfrak{S}_2$$

ein, so ergibt sich

$$(R_1 + r + j \cdot r \cdot \omega \cdot \mathfrak{S}_1) \cdot \frac{R_4}{R_3} = (R_2 + j \cdot \omega \cdot \mathfrak{S}_2) \cdot (R_1 + r + j \cdot \omega \cdot \mathfrak{S}_1)$$

und nach Auflösen der Klammern sowie Trennen der reellen und imaginären Glieder:

$$\omega^2 \cdot \mathfrak{S}_1 \cdot \mathfrak{S}_2 = (R_1 + r) \cdot R_2 - R_1 \cdot r \cdot \frac{R_4}{R_3}, \qquad \frac{\mathfrak{S}_1}{\mathfrak{S}_2} = \frac{(R_1 + r) \cdot R_3}{r \cdot R_4 - R_2 \cdot R_3},$$

woraus $\mathfrak{S}_1$ und S_2 gesondert berechnet werden können. Die Genauigkeit beträgt etwa 1‰.

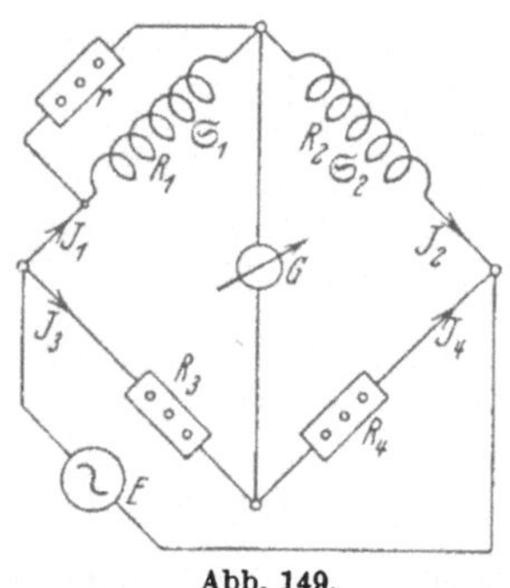

Abb. 149.

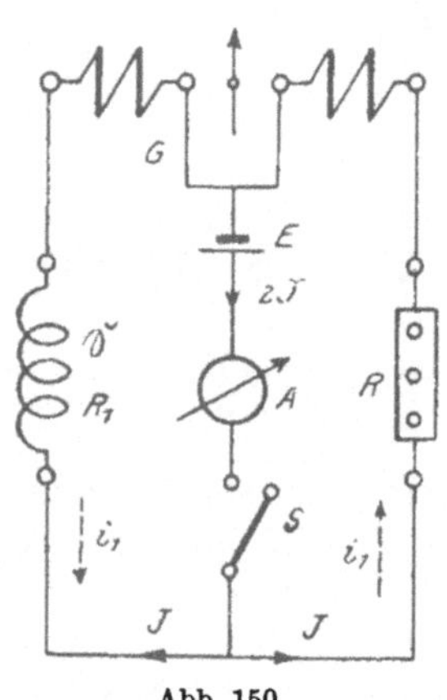

Abb. 150.

b) Mit ballistischem Differentialgalvanometer.

Die Induktivität $\mathfrak{S}$ einer eisenlosen Spule wird gemessen durch die in ihr induzierte EMK, wenn der Strom in der Zeiteinheit um die Einheit abnimmt, nach der Gleichung

$$E_{s_t} = -\mathfrak{S} \cdot \frac{dJ}{dt}.$$

Wird die Spannung in Volt und der Strom in Ampere gemessen, so erhält man $\mathfrak{S}$ in Henry $= 10^9$ cm.

Hierzu benutzen wir ein ballistisches Differentialgalvanometer und machen folgende Schaltung (Abb. 150), wobei die unter Nr. 4

angegebenen Bedingungen erfüllt sein müssen. Schließt man den Stromschlüssel S, so fließt durch den Strommesser A ein Strom $2J$, der sich gleichmäßig auf die beiden Zweige verteilt, da dieselben gleiche Widerstände haben müssen. Beim Öffnen des Stromschlüssels erzeugt der verschwindende Strom J eine EMK der Selbstinduktion

$$E_{s_t} = -\mathfrak{S} \cdot \frac{dJ}{dt},$$

die den Strom i_1 durch den Stromkreis schickt, wobei die Galvanometernadel abgelenkt wird, da die Spulen gleichsinnig von i_1 durchflossen werden. Es muß nun der Widerstand der Selbstinduktionsspule $R_1 = R$ sein, und dafür ergibt sich der Gesamtwiderstand

$$R_g = 2R + 2g,$$

wenn g den Widerstand einer Galvanometerspule bedeutet. Nun ist:

$$E_{s_t} = -\mathfrak{S} \cdot \frac{dJ}{dt} = i_{1_t} \cdot R_g \quad \text{oder} \quad -\mathfrak{S} \cdot \int_J^0 dJ = \int_0^t i_{1_t} \cdot dt \cdot R_g .$$

Daraus folgt $\mathfrak{S} \cdot J = Q \cdot R_g$ oder $\mathfrak{S} = \frac{2Q \cdot (R+g)}{J}$.

In dieser Formel kann die Elektrizitätsmenge Q aus der Ablenkung s berechnet werden nach der Gleichung (S. 165)

$$Q = c_1 \cdot \frac{T}{\pi} \cdot s \cdot \left[k^{\frac{1}{\pi} \cdot \operatorname{arc\,tg} \frac{\pi}{\Lambda}}\right]$$

oder mit Hilfe eines Kondensators. Ferner ist noch zu prüfen, ob die Selbstinduktion der Galvanometerspulen sich aufhebt, indem man an Stelle von $\mathfrak{S}$ einen induktionsfreien Widerstand einschaltet.

Mit einem gewöhnlichen Differentialgalvanometer mißt Chapin[1] die Induktivität $\mathfrak{S}$, indem er den induktiven Widerstand W_1 mit einem induktionsfreien R_2 hintereinanderschaltet und an jeden eine Spule des Galvanometers anschließt. Bei Gleichstrom zeigt das Instrument für einen bestimmten Widerstand R_2 keine Ablenkung. Bei einem Wechselstrom J dagegen wirkt in der mit W_1 verbundenen Spule die EMK $E_s = J \cdot \mathfrak{S} \cdot 2\pi \cdot \nu$, die eine Ablenkung α hervorruft, woraus

$$\mathfrak{S} = \frac{c \cdot \alpha}{J \cdot 2\pi \cdot \nu}$$

[1] Electr. Wld. 8. Febr. 1908; Elektrotechn. u. Maschinenb. 1908 S. 228.

bestimmt werden kann, wenn man die Konstante c mit einer bekannten Induktivität ermittelt hat.

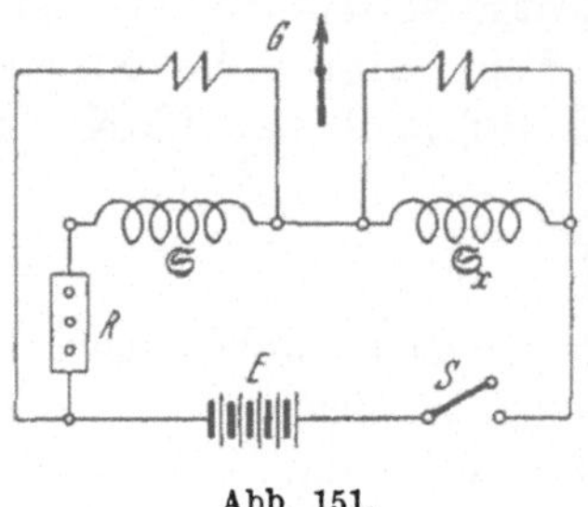

Abb. 151.

Steht ein Variator der Induktivität $\mathfrak{S}$ zur Verfügung, so kann man nach Abb. 151 damit eine unbekannte Induktivität $\mathfrak{S}_x$ ermitteln, indem man beide auf die gegeneinandergeschalteten Spulen eines ballistischen Differentialgalvanometers G einwirken läßt. Zuerst schließt man den Schalter S und gleicht an R die beiden Zweige auf gleichen Widerstand bei Ruhestrom ab. Dann stellt man $\mathfrak{S}$ so ein, daß beim Öffnen des Schalters S das Galvanometer in Ruhe bleibt, dann ist $\mathfrak{S}_x = \mathfrak{S}$.

c) Mittels Differential-Elektrometers (Joubert).

Der zu untersuchende Widerstand $W_1 = \sqrt{R_1^2 + \mathfrak{S}^2 \cdot \omega^2}$ wird mit einem induktionsfreien Widerstand R_2 in Reihe geschaltet und mit den Klemmen eines Elektrometers nach Abb. 152 verbunden.

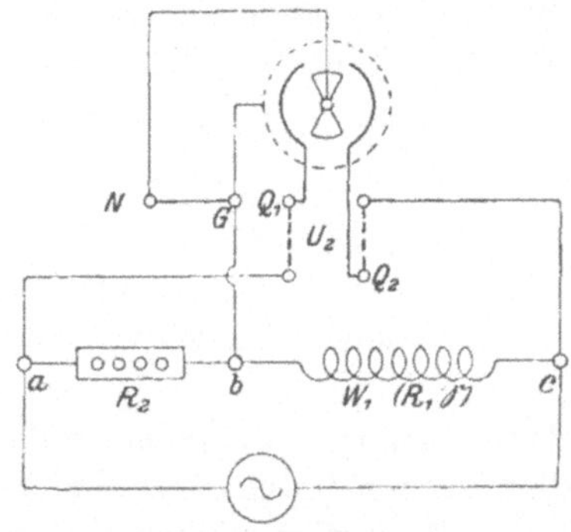

Abb. 152.

Verändert man R_2, bis das Instrument für beide Lagen von U_2 dieselbe Ablenkung zeigt, dann ist die Spannung $E_{ab} = E_{bc}$ und

$$R_2 = W_1 = \sqrt{R_1^2 + \mathfrak{S}^2 \cdot \omega^2},$$

oder

$$\mathfrak{S} = \frac{1}{\omega} \cdot \sqrt{R_2^2 - R_1^2}.$$

Die Empfindlichkeit ist gering, wenn R_1 und R_2 klein sind. Für R_2 kann man auch eine Metallsalzlösung[1] mit Elektroden aus gleichem Metall verwenden.

Ist die Kurvenform des Wechselstromes nicht sinusförmig, so muß man, wie E. B. Rosa und F. W. Grover[2] gezeigt haben,

[1] Physik. Z. 15. Sept. 1907; Ecl. électr. 1907 S. 33; Ann. El. 1907 S. 480.

[2] Bull. Bur. Stand. 1905 S. 125; Z. Instrumentenkde. 1906 S. 46.

die Amplituden der einzelnen Harmonischen des Wechselstromes J zwischen ac ermitteln.

Sind diese $J_{1_{max}}, J_{3_{max}} \ldots J_{n_{max}}$, so ist

$$E_{ab}^2 = \frac{R_2^2}{2} \cdot (J_{1_{max}}^2 + J_{3_{max}}^2 + \cdots J_{n_{max}}^2)$$

$$E_{bc}^2 = \frac{R_1^2}{2} \cdot (J_{1_{max}}^2 + J_{3_{max}}^2 + \cdots J_{n_{max}}^2),$$

$$+ \mathfrak{S}^2 \cdot \omega^2 \cdot \frac{1}{2} \cdot (J_{1_{max}}^2 + 9 J_{3_{max}}^2 + \cdots n^2 \cdot J_{n_{max}}^2).$$

Durch Gleichsetzen erhält man:

$$\mathfrak{S} = \frac{1}{\omega} \cdot \sqrt{R_2^2 - R_1^2} \cdot \sqrt{\frac{J_{1_{max}}^2 + J_{3_{max}}^2 + \cdots J_{n_{max}}^2}{J_{1_{max}}^2 + 9 \cdot J_{3_{max}}^2 + \cdots n^2 \cdot J_{n_{max}}^2}}$$

oder

$$\mathfrak{S} = \frac{1}{\omega} \cdot \sqrt{R_2^2 - R_1^2} \cdot k_s,$$

worin der Korrektionsfaktor k_s durch Analyse des Wechselstromes J bestimmt wird.

Bei geringen Abweichungen von der Sinusform lassen sich die höheren Harmonischen schwer ermitteln. Man legt in diesem Fall zweckmäßig an ac einen Kondensator C in Reihe mit einem induktionsfreien Widerstand und analysiert an diesem den Ladestrom, dessen Teilamplituden $i_{1_{max}}, i_{2_{max}}, i_{n_{max}}$ durch die Kondensatorwirkung verstärkt werden. Dabei gilt dann für die $n$te Harmonische, wenn $i_{n_{max}}$ ermittelt ist,

$$J_{n_{max}} = \frac{E_{n_{max}}}{\sqrt{(R_1 + R_2)^2 + n^2 \cdot \omega^2 \cdot \mathfrak{S}^2}}, \qquad E_{n_{max}} = \frac{i_{n_{max}}}{n \cdot \omega \cdot C},$$

oder

$$J_{n_{max}} = \frac{i_{n_{max}}}{n \cdot \omega \cdot C \cdot \sqrt{(R_1 + R_2)^2 + n^2 \cdot \omega^2 \cdot \mathfrak{S}^2}},$$

$\mathfrak{S}$ braucht jedoch nur angenähert ohne den Faktor k_s bestimmt zu sein. Ferner ist die Kenntnis von C nicht erforderlich, da es in dem Wert für k_s herausfällt, ebenso ist es nur notwendig, relative Werte von $J_{n_{max}}$ bzw. $i_{n_{max}}$ zu ermitteln, da nur ihr Verhältnis in Frage kommt.

Für höhere Periodenzahlen ist diese Methode nur anwendbar, wenn der Widerstand R_1 von der Frequenz unabhängig, d. h. ein induktionsfreier ist und keine Kapazität besitzt.

40. Messung von Induktivitäten in der Brücke (Maxwell).

Die Spule mit der Induktivität $\mathfrak{S}$ und Widerstand R_1, drei induktionsfreie Widerstände R_2, R_3, R_4, Strommesser A und Element E werden mit einem ballistischen Galvanometer G zu folgender Schaltung (Abb. 153) vereinigt:

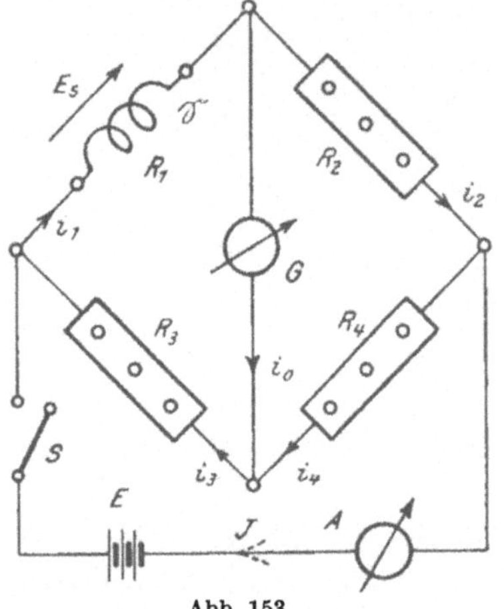

Abb. 153.

Man schließt S und gleicht die Widerstände so ab, daß das Galvanometer in Ruhe bleibt. Dann fließe der Strom J durch den Strommesser A und i durch die Induktionsspule $\mathfrak{S}$. Öffnet man den Schalter S, so erzeugt der verschwindende Strom i der Spule eine EMK der Selbstinduktion

$$E_{s_t} = -\mathfrak{S} \cdot \frac{di}{dt},$$

die eine Elektrizitätsmenge durch die Widerstände und das Galvanometer bewegt. Nennt man den im ganzen Stromkreis vorhandenen Widerstand W, so ist

$$-\mathfrak{S} \cdot \frac{di}{dt} - \mathfrak{S}_0 \cdot \frac{di_0}{dt} = i_{1_t} \cdot W,$$

wenn $\mathfrak{S}_0$ die Induktivität des Galvanometers ist und die Ströme i_1, i_2, i_3, i_4 in den Widerständen, i_0 im Galvanometer von E_s hervorgerufen werden. Der Gesamtwiderstand W besteht aus den hintereinandergeschalteten Widerständen R_1, R_3 und ϱ, wobei ϱ den Gesamtwiderstand von G und $R_2 + R_4$ bedeutet.

Es ist nun $$\frac{1}{\varrho} = \frac{1}{R_2 + R_4} + \frac{1}{G} = \frac{G + R_2 + R_4}{G \cdot (R_2 + R_4)}$$

oder $\varrho = \dfrac{G \cdot (R_2 + R_4)}{G + R_2 + R_4}$. Dann bestimmt sich

$$W = R_1 + R_3 + \varrho = R_1 + R_3 + \frac{G \cdot (R_2 + R_4)}{G + R_2 + R_4}.$$

Es müssen außerdem die Beziehungen bestehen:

$$i_{1_t} = i_{3_t} = i_{0_t} + i_{4_t} = i_{0_t} + i_{2_t}$$

und $i_{0_t} \cdot G = i_{2_t} \cdot (R_2 + R_4)$ oder, da $i_{2_t} = i_{1_t} - i_{0_t}$ ist,

$$i_{0_t} \cdot G = (i_{1_t} - i_{0_t}) \cdot (R_2 + R_4),$$

woraus folgt $$i_{1_t} = i_{0_t} \cdot \frac{(G + R_2 + R_4)}{R_2 + R_4}.$$

Setzt man nun in der Gleichung

$$-\mathfrak{S} \cdot \frac{di}{dt} - \mathfrak{S}_0 \cdot \frac{di_0}{dt} = i_{1_t} \cdot W$$

für i_1 und W die Werte ein, so erhält man

$$-\mathfrak{S} \cdot \frac{di}{dt} - \mathfrak{S}_0 \cdot \frac{di_0}{dt} = i_{0_t} \cdot \frac{G + R_2 + R_4}{R_2 + R_4} \cdot \left(R_1 + R_3 + \frac{G \cdot (R_2 + R_4)}{G + R_2 + R_4}\right).$$

Nach Multiplikation mit dt und Integration ergibt sich

$$-\mathfrak{S} \cdot \int_i^0 di - \mathfrak{S}_0 \cdot \int_0^0 di_0$$

$$= \int_0^t i_{0_t} \cdot dt \cdot \frac{G_1 + R_2 + R_4}{R_2 + R_4} \cdot \left(R_1 + R_3 + \frac{G \cdot (R_2 + R_4)}{G + R_2 + R_4}\right).$$

Setzt man

$$-\mathfrak{S} \cdot \int_i^0 di = \mathfrak{S} \cdot i, \qquad \mathfrak{S}_0 \cdot \int_0^0 di_0 = 0 \quad \text{und} \quad \int_0^t i_{0_t} \cdot dt = Q_0,$$

so findet man

$$\mathfrak{S} \cdot i = Q_0 \cdot \left(\frac{G + R_2 + R_4}{R_2 + R_4}\right) \cdot \left(R_1 + R_3 + \frac{G \cdot (R_2 + R_4)}{G + R_2 + R_4}\right)$$

oder $$\mathfrak{S} \cdot i = Q_0 \cdot (G + R_2 + R_4)\left(\frac{R_1 + R_3}{R_2 + R_4} + \frac{G}{G + R_2 + R_4}\right).$$

Darin ist $$\frac{R_1}{R_3} = \frac{R_2}{R_4} \quad \text{oder} \quad \frac{R_1 + R_3}{R_3} = \frac{R_2 + R_4}{R_4},$$

woraus folgt $$\frac{R_1 + R_3}{R_2 + R_4} = \frac{R_3}{R_4}.$$

Dieser Wert wird in die letzte Gleichung eingesetzt, dann erhält man:

$$\mathfrak{S} \cdot i = Q_0 \cdot (G + R_2 + R_4) \cdot \left(\frac{R_3}{R_4} + \frac{G}{G + R_2 + R_4}\right)$$

$$= Q_0 \cdot \frac{R_3 \cdot (G + R_2 + R_4) + G \cdot R_4}{R_4}$$

$$= Q_0 \cdot \left[\frac{G \cdot (R_3 + R_4) + R_3 \cdot (R_2 + R_4)}{R_4}\right]$$

und schließlich $\mathfrak{S} \cdot i = Q_0 \cdot R$ oder $\boldsymbol{\mathfrak{S} = \frac{Q_0 \cdot R}{i}}$,

wobei $$R = \frac{G \cdot (R_3 + R_4) + R_3 \cdot (R_2 + R_4)}{R_4} \text{ ist.}$$

Die durch das Galvanometer fließende Elektrizitätsmenge Q_0 wird durch die Ablenkung des Galvanometers gemessen. Der Strom i wird aus folgender Beziehung bestimmt: Es teile sich der bei geschlossenem Schalter vorhandene Gesamtstrom J in i und i', dann ist $J = i + i'$ und

$$i' \cdot (R_3 + R_4) = (J - i) \cdot (R_3 + R_4) = i \cdot (R_1 + R_2);$$

daraus folgt
$$i = \frac{J \cdot (R_3 + R_4)}{(R_1 + R_2 + R_3 + R_4)}.$$

Setzt man diesen Wert ein, so erhält man:

$$\mathfrak{S} = \frac{Q_0}{J} \cdot R \cdot \frac{(R_1 + R_2 + R_3 + R_4)}{R_3 + R_4},$$

worin der Strom J durch die Angaben des Strommessers gegeben ist.

Eine ähnliche Methode ist von G. Kapp[1] angegeben.

Auf experimentellem Wege ist es nach R. Rinkel[2] möglich, die für die Berechnung der Induktivität von Spulen notwendigen Faktoren zu ermitteln.

41. Vergleichung von Induktivitäten miteinander (Maxwell).

$\mathfrak{S}_1$ und $\mathfrak{S}_2$ (Abb. 154) sind die Induktivitäten zweier Spulen, r_1 und r_2 ihre reinen Widerstände, r_3, r_4, R_3, R_4 sind reine Regulierwiderstände. Setzt man

$$r_1 + r_3 = R_1 \qquad \text{und} \qquad r_2 + r_4 = R_2,$$

so muß bei Stromlosigkeit der Brücke bei Gleichstrom

$$\text{I.} \quad R_1 \cdot R_4 = R_2 \cdot R_3,$$

bei Wechselstrom
$$\text{II.} \quad W_1 \cdot R_4 = W_2 \cdot R_3$$

sein. Nun ist:

$$W_1 = \sqrt{R_1^2 + \mathfrak{S}_1^2 \cdot \omega^2} \qquad \text{und} \qquad W_2 = \sqrt{R_2^2 + \mathfrak{S}_2^2 \cdot \omega^2}.$$

Da beide Gleichungen gleichzeitig bestehen müssen, so erhält man durch Einsetzen der Werte für W_1 und W_2 in Gleichung II und Vereinigung mit Gleichung I

$$R_4 \cdot \sqrt{R_1^2 + \mathfrak{S}_1^2 \cdot \omega^2} = R_3 \cdot \sqrt{R_2^2 + \mathfrak{S}_2^2 \cdot \omega^2}$$

oder
$$R_1^2 \cdot R_4^2 + \mathfrak{S}_1^2 \cdot \omega^2 \cdot R_4^2 = R_2^2 \cdot R_3^2 + \mathfrak{S}_2^2 \cdot \omega^2 \cdot R_3^2.$$

Nach Gleichung I ist

$$R_1^2 \cdot R_4^2 = R_2^2 \cdot R_3^2,$$

[1] Electrician 18. Juni 1909.

[2] Z. techn. Physik 1925 S. 27; ETZ 1927 S. 547.

daher heben sich diese beiden Glieder fort, und es bleibt nach Fortfall von ω^2 nur $\mathfrak{S}_1^2 \cdot R_4^2 = \mathfrak{S}_2^2 \cdot R_3^2$ oder

$$\frac{\mathfrak{S}_1}{\mathfrak{S}_2} = \frac{R_3}{R_4} = \frac{R_1}{R_2}.$$

Zur genaueren Messung kann man hierbei auch an Stelle der Batterie E und des Schlüssels S_1 eine Wechselstromquelle anschließen und für das Galvanometer G ein Telephon bei Tonfrequenz- oder Sinusströmen, sonst ein Vibrationsgalvanometer verwenden. Am genauesten arbeitet auch hier die Brückenschaltung, wenn $\mathfrak{S}_1 = \mathfrak{S}_2$ und $R_3 = R_4$ wird, da eventuell in-

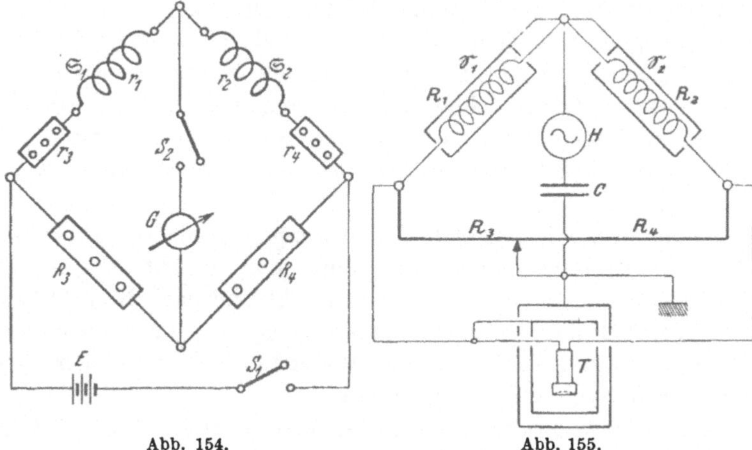

Abb. 154. Abb. 155.

folge geringer Selbstinduktion[1] der Widerstände r_3, r_4, R_3, R_4 sonst auftretende Fehler am leichtesten vermieden werden. In welcher Weise man bei kleinen Selbstinduktionen aus diesem Grunde Korrektionen anbringen muß, ist von E. Giebe[2] ausführlich beschrieben und dazu eine Bifilarmeßbrücke besonders für hohe Frequenzen und ein Verhältnis 1 : 10 der Brückenzweige konstruiert worden.

Eine zweite Fehlerquelle bildet die Kapazität der ganzen Meßanordnung gegen Erde. Um infolge der dadurch auftretenden Ladeströme Störungen zu vermeiden, umgibt man die Induktionsspulen mit leitenden Kästen[3], die man nach Abb. 155 mit

[1] Z. Instrumentenkde. 1908 S. 147.

[2] Ann. Physik 1907 S. 941; Z. Instrumentenkde. 1908 S. 196.

[3] Z. Instrumentenkde. 1909 S. 150.

geeigneten Punkten der Brücke verbindet. Die Kenntnis der Kapazität der Kästen ist nicht erforderlich, da sie zu der Schaltung parallel liegen und deswegen keinen Einfluß auf den Telephonzweig ausüben. Zweckmäßig ist es ferner, R_3 und R_4 möglichst klein zu machen und Widerstände zu benutzen, deren Rollen keine Metallröhren besitzen, oder besser R_3 und R_4 durch einen Schleifdraht zu ersetzen.

Auch das Telephon wird mit einer Schutzhülle umgeben und zur Beseitigung einer Kapazitätswirkung gegen die induktiven Zweige *1* und *2* in einen zweiten, mit der Erde verbundenen Kasten gesetzt. Durch beide Kästen wird ein Glasrohr nach dem Telephon hingeführt; die Kästen sind innen mit einer wegen der Wirbelströme unterteilten Stanniolbelegung versehen. Der Kondensator C mit Hochfrequenzstromquelle H (bis 800 Hz) dient zur Abstimmung auf Resonanz. Mit dieser Schaltung läßt sich auch die Streuinduktivität[1] von Transformatoren bestimmen (vgl. IV, 5).

Andererseits lassen sich die Störungen durch die Kapazität der Meßanordnung vermeiden, wenn man in Abb. 154 Stromquelle E und Galvanometer G vertauscht und nach K. W. Wagner[2] parallel zur Stromquelle einen zu $\mathfrak{S}_2$, R_4 ähnlichen Stromkreis aus Induktivität $\mathfrak{S}_5$ und Widerstand R_5 anschließt und die Verbindungsstelle beider erdet.

Für den praktischen Gebrauch fertigen H & B[3] und S & H[4] Apparate zur Vergleichung von Induktivitäten nach dieser Methode an, wie sie von Dolezalek[5] angegeben sind.

Als Vergleichsnormale der Induktivität verwendet man nach M. Wien[6], E. Grüneisen u. E. Giebe[7] Spulen aus fein unterteilten Litzen, die auf Marmorrollen gewickelt sind. Außerdem sind noch sogenannte Selbstinduktions-Variatoren ebenfalls von M. Wien[8] und in ähnlicher Bauart von H. Hausrath[9] gebräuchlich. Sie bestehen aus zwei Spulen, die hinter-

[1] ETZ 1910 S. 1334. [2] ETZ 1911 S. 1001. [3] ETZ 1911 S. 519.
[4] Druckschrift 105. [5] Z. Instrumentenkde. 1903 S. 245.
[6] Wied. Ann. Bd. 53 (1894) S. 935; 1896 S. 553; Ann. Physik 1903 S. 1142.
[7] Wiss. Abh. physik.-techn. Reichsanst. 1922 S. 1.
[8] Wied. Ann. 1896 S. 249; ETZ 1909 S. 560 (Kollert).
[9] Z. Instrumentenkde. 1907 S. 302.

einandergeschaltet sind und räumlich gegeneinander verschoben oder verdreht werden können. Dadurch ist man imstande, zwischen zwei Grenzen jeden beliebigen Wert zu erhalten und kontinuierlich zu verändern. H. Winter-Günther u. J. Zenneck[1] benutzen für Tonfrequenz (500 Hz) zwei auf einem Eisenkern verschiebbare Spulen.

Die Vergleichung von Induktivitäten läßt sich nach Hohage[2] auch in der Brücke mit Hilfe einer Joubertschen Scheibe und nach A. Larsen[3] mit dem komplexen Kompensator ausführen. Von Sumpner und Philipps[4] sowie C. H. Sharp und W. Crawford[5] sind ebenfalls Apparate und Methoden zur Messung von Induktionskoeffizienten und Kapazitäten angegeben worden.

Nach C. O. Gibbon[6] läßt sich diese Schaltung auch zur Messung von Wechselströmen durch Vergleichung mit Gleichstrom in einer Kompensationsschaltung verwenden.

Zum Messen von Induktivitäten von $10^{-7} \ldots 10^{-4}$ bzw. $10^{-5} \ldots 10^{-2}$ H und Verlustwiderständen dient eine Meßbrücke von S & H, die als Induktions-Vergleichsnormal eine Spule mit darin verschiebbarem, wirbelstromfreien Eisenkern besitzt.

42. Vergleichung von Induktivitäten und Kapazitäten mit dem Differentialtelephon.

Von den Land- und Seekabelwerken Köln-Nippes wird ein Apparat gebaut, der den Vergleich zweier Induktivitäten mit Hilfe des Differentialtelephons ermöglicht. Ein solches wurde zum ersten Male von Ho[7], Duane und Lory[8] benutzt.

Da die Einstellung des Differentialtelephons auf Verschwinden des Tons sehr schwierig ist, hat A. Trowbridge[9] nach Abb. 156 die beiden Differentialwicklungen *1*, *2* als Primärwindungen *I* eines Transformators angeordnet und an die sekundäre Wicklung *II* einen gewöhnlichen Fernhörer *F* angeschlossen.

---

[1] Physik. Z. 1924 S. 210; ETZ 1924 S. 1222. [2] ETZ 1903 S. 828.
[3] ETZ 1910 S. 1039. [4] Electrician 24. Juni 1910.
[5] Proc. Amer. Inst. electr. Engr. 1910, S. 1207.
[6] Electr. Wld. Bd. 71 S. 979; ETZ 1919 S. 9.
[7] Electrician 1903 S. 751; Elektrotechn. Anz. 1903 S. 1841.
[8] Physic. Rev. 1904 S. 275.
[9] Physic. Rev. 1905 S. 65; Z. Instrumentenkde. 1905 S. 220.

Man verändert darin C, R_1 und R_2 so lange, bis F tonlos ist, dann gilt die Beziehung:

$$\mathfrak{S} = (R + R_1)^2 \cdot \frac{R_2^2}{R_1^2} \cdot C \quad \text{Henry}.$$

Gibt man den Spulen I je 1000 Windungen, so lassen sich bei $E = 110$ V, $R = 10$, $R_2 = 200$ Ohm, $C = 0{,}05 \ldots 1\,\mu$F Induktivitäten $\mathfrak{S} = 5 \ldots 50$ mH damit bestimmen.

Vorteilhaft ist es, wenn man nach Abb. 157 an Stelle des Kondensators eine regelbare Normalinduktivität $\mathfrak{S}$ und einen Schwingungskreis $\mathfrak{S}_1$, C_1 verwendet, womit man auf Resonanz

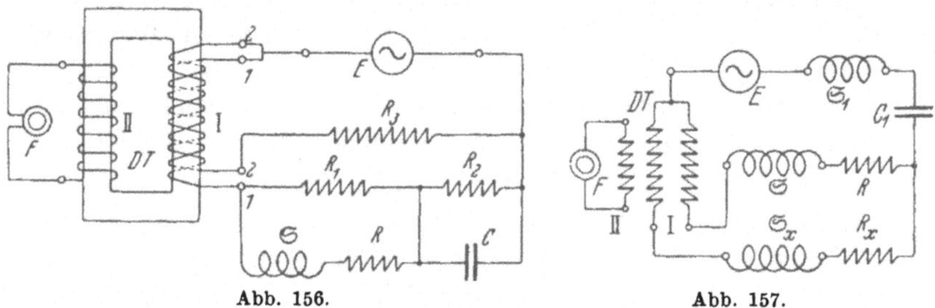

Abb. 156. Abb. 157.

mit der Meßfrequenz einstellen und dadurch stärkste Stromwirkung erzielen kann. Beim Schweigen des Fernhörers F gilt dann $\mathfrak{S}_x = \mathfrak{S}$.

Ersetzt man die Induktivitäten durch Kondensatoren, so lassen sich damit auch Kapazitäten vergleichen.

Die passend abgeänderte Differentialmethode ist von A. Hund[1] bei Hochfrequenz zur Messung dielektrischer Verluste von Kondensatoren, der wirksamen Induktivität und Widerstandserhöhung durch Hauteffekt verwendet worden.

43. Vergleichung von Induktivität und Kapazität mittels Resonanz.

a) In der Brücke.

Schaltet man nach Abb. 158 die Induktivität $\mathfrak{S}_1$, R_1 und Kapazität C_1 in einen Zweig der Brücke, während R_2, R_3, R_4 reine Widerstände sind, und regelt diese sowie C_1 so weit, bis das

[1] Arb. elektrotechn. Inst. Karlsruhe Bd. 3 S. 1.

Anzeigeinstrument G stromlos ist, dann besteht Resonanz zwischen $\mathfrak{S}_1$ und C_1, so daß in diesem Zweige nur der Widerstand R_1 wirksam ist. Es gilt dann

$$R_1 = R_2 \cdot \frac{R_3}{R_4}$$

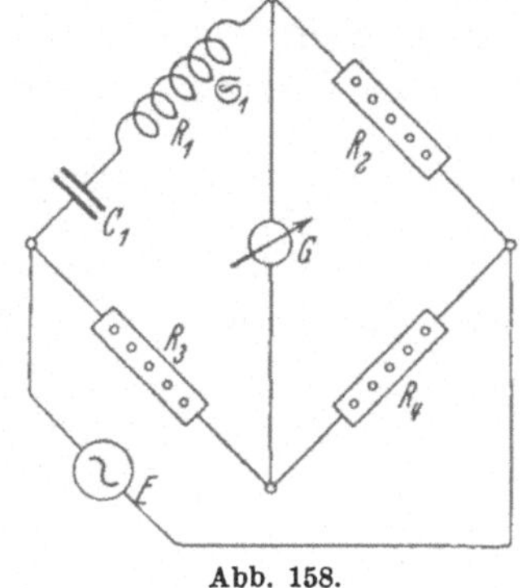

Abb. 158.

und die Schwingungsgleichung $\omega^2 \cdot \mathfrak{S}_1 \cdot C_1 = 1$, woraus $\mathfrak{S}_1$ oder C_1 ermittelt werden können, wenn die anderen Größen jeweils bekannt sind. Sind $\mathfrak{S}_1$ und C_1 bekannt, dann läßt sich damit auch die Frequenz $\nu = \frac{1}{2\pi \cdot \sqrt{\mathfrak{S}_1 \cdot C_1}}$ der Wechselspannung E bestimmen.

b) Mit dem Wellenmesser.

Die zu messende Induktivität $\mathfrak{S}_1$ vereinigt man nach Abb. 159 mit einem Kondensator C_1 zu einem Schwingungskreis und legt ihn an eine Wechselspannung E (Summer, Tonsender usw.). Dann koppelt man $\mathfrak{S}_1$ mit der Spule $\mathfrak{S}$ eines Wellenmessers (abgeänderte Schaltung von Abb. 136) und regelt C so weit, daß der Ton im Fernhörer F (bzw. Strom in einem Galvanometer) einen Höchstwert zeigt. Dann besteht Resonanz zwischen beiden Kreisen bei der gleichen Frequenz ν, wofür dann die Beziehung

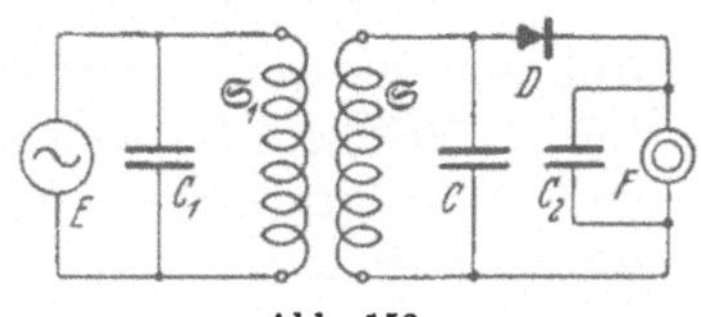

Abb. 159.

$$\nu = \frac{1}{2\pi \cdot \sqrt{\mathfrak{S}_1 \cdot C_1}} = \frac{1}{2\pi \cdot \sqrt{\mathfrak{S} \cdot C}}$$

oder $\mathfrak{S}_1 \cdot C_1 = \mathfrak{S} \cdot C$ gilt. Sind $\mathfrak{S}$, C und C_1 bekannt, dann ist $\mathfrak{S}_1$ zu berechnen. Kann man aber am Wellenmesser nur die Wellenlänge λ_m ablesen, dann rechnet sich damit (S. 161)

$$\mathfrak{S}_{cm} \cdot C_{cm} = \frac{10^4}{4\pi^2} \cdot \lambda_m^2 \quad \text{und} \quad \mathfrak{S}_1 = \frac{10^4}{4\pi^2} \cdot \lambda_m^2 \cdot \frac{1}{C_{1_{cm}}} \text{ cm}.$$

c) Im Schwingungskreis.

Schaltet man nach Abb. 160 die Induktivität $\mathfrak{S}$ mit einem regelbaren Kondensator C, gegebenenfalls mit parallelgeschaltetem C_n und vorgeschaltetem C_v (zur Verkleinerung von C), und einem Strommesser J_1 an eine Wechselspannung E_1 bekannter Frequenz ν und regelt bei geschlossenem Schalter S_1 die Kapazität C so weit, daß J_1 einen Höchstwert anzeigt, dann besteht Resonanz und es bestimmt sich

$$\mathfrak{S} = \frac{1}{(2\pi\cdot\nu)^2\cdot C}\ \text{Henry} \qquad \text{bzw.} \qquad \mathfrak{S}_{\text{cm}} = \frac{9\cdot 10^{20}}{(2\pi\cdot\nu)^2\cdot C_{\text{cm}}}\ \text{cm}\,.$$

Enthält die Induktivität $\mathfrak{S}$ einen Eisenkern, dann ändert sich ihre Größe, sobald das Eisen durch einen gleichzeitig die Spule durchfließenden Gleichstrom eine gewisse Vormagnetisierung erleidet, wie es z. B. bei den Eisendrosseln von Netzanschlußgeräten des Rundfunks der Fall ist. Um daher die Induktivität $\mathfrak{S}$ für den betreffenden Betriebszustand zu ermitteln, schließt man gemäß der rechten Seite der Abb. 160 die Gleichstromquelle E_2 über eine Eisendrossel D (ca. 150...200 H) zur Fernhaltung des Wechselstromes aus dem Gleichstromkreis, Widerstand R_2, Strommesser J_2 mittels der Schalter S_2 an $\mathfrak{S}$ an.

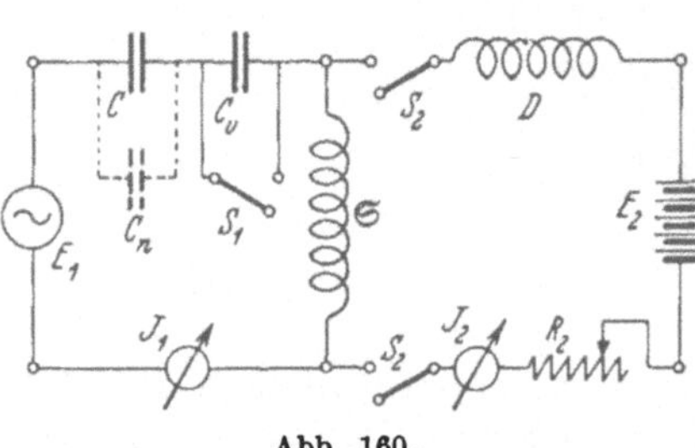

Abb. 160.

Macht man die Messung für verschiedene Gleichströme J_2, dann erhält man als $f(\mathfrak{S}, J_2), \nu =$ konst., eine Kurve, die mit größerer Stromstärke abfällt. Als Wechselstromquelle E_1 eignet sich zweckmäßig ein Tonsender nach Abb. 49. Vgl. auch Abb. 312.

44. Vergleichung von Induktivität mit Kapazität (Maxwell).

Eine Spule mit der Induktivität $\mathfrak{S}$ und dem Widerstande r wird mit vier reinen Widerständen r_1, R_2, R_3, R_4 und einem Galvanometer G zur Schaltung (Abb. 161) vereinigt. Parallel zu R_4 wird der Kondensator mit der Kapazität C gelegt. Schließt man den Schlüssel S, so muß für Gleichstrom, damit das Galvanometer keine Ablenkung zeigt, $(r + r_1)\cdot R_4 = R_2\cdot R_3$ oder, wenn man $r + r_1 = R_1$ setzt,

$$\text{I.} \quad R_1\cdot R_4 = R_2\cdot R_3$$

sein. Öffnet man den Stromkreis in S, so darf ebenfalls keine Ablenkung des Galvanometers auftreten. Es müßte auch für Wechselstrom die Beziehung bestehen

II. $W_1 \cdot W_4 = W_2 \cdot W_3$,

worin W_1 und W_4 Wechselstromwiderstände darstellen, wenn unter W_4 der Gesamtwiderstand des Widerstandes R_4 und der Kapazität C verstanden wird.

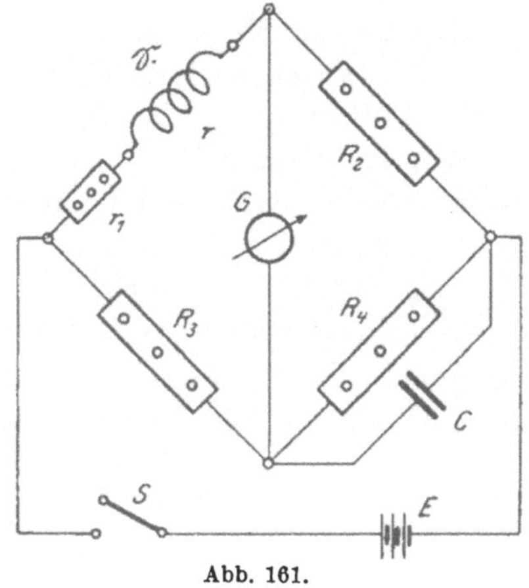

Abb. 161.

Nun ist

$$W_4 = \frac{R_4}{\sqrt{1 + C^2 \cdot \omega^2 \cdot R_4^2}},$$

$$W_2 = R_2, \quad W_3 = R_3,$$

$$W_1 = \sqrt{R_1^2 + \mathfrak{S}^2 \cdot \omega^2}.$$

Durch Einsetzen der Werte in Gleichung II und Kombination mit Gleichung I erhält man

$$\sqrt{R_1^2 + \mathfrak{S}^2 \cdot \omega^2} \cdot \frac{R_4}{\sqrt{1 + C^2 \cdot \omega^2 \cdot R_4^2}} = R_2 \cdot R_3$$

oder $$R_4^2 \cdot (R_1^2 + \mathfrak{S}^2 \cdot \omega^2) = R_2^2 \cdot R_3^2 \cdot (1 + C^2 \cdot \omega^2 \cdot R_4^2).$$

Daraus folgt durch Fortheben von

$$\omega^2 \cdot R_4^2 \quad \text{und} \quad R_2^2 \cdot R_3^2 = R_1^2 \cdot R_4^2$$

weiter $$\mathfrak{S}^2 = C^2 \cdot R_2^2 \cdot R_3^2 \quad \text{oder} \quad \boldsymbol{\mathfrak{S} = C \cdot R_2 \cdot R_3}.$$

Diese Methode ist nur brauchbar, sobald $\mathfrak{S} \cdot \omega$ groß gegen r ist. Man wählt dann am besten R_4 groß (>5000 Ohm), R_2 und R_3 niedrig (<200 Ohm) und r_1 klein und ersetzt E durch eine Wechselstromquelle und G durch ein Telephon oder Vibrationsgalvanometer. Bei kleinen Werten von $\mathfrak{S}$ und C muß man wegen der Kapazität der Normalwiderstände eine Korrektion machen. Am einfachsten geschieht das in der Weise, daß man $\mathfrak{S}$ und C entfernt und unter Zuschaltung eines dem Widerstande von $\mathfrak{S}$ äquivalenten induktionsfreien Widerstandes r die Messung ausführt. Ergibt sich dabei eine Ablenkung des Galvanometers, so ist dieselbe als Nullage für den späteren Versuch anzunehmen.

Mit dieser Schaltung wurde von J. Goldstein[1] und G. Hauffe[2]

[1] ETZ 1924 S. 1270. [2] Arch. Elektrotechn. Bd. 18 (1927) S. 679.

der Eisenverlustwinkel δ gemessen. Ersterer verwendet dabei im Galvanometerkreis noch Siebkreise zur Unterdrückung der Oberwellen.

Die störende Kapazität und Induktivität der Widerstände R_2, R_3, R_4 läßt sich nach E. Grüneisen u. E. Giebe[1] durch eine einzige Hilfsmessung beseitigen.

Man kann diese Methode auch dazu benutzen, um bei bekannter Induktivität $\mathfrak{S}$ die Kapazität C und den Verlustwinkel δ eines Kondensators zu bestimmen. Dazu macht man zuerst eine Messung mit Gleichspannung E, wobei im 4. Zweig ein Widerstand R_{4_g} eingestellt wird. Dann mißt man mit Wechselspannung und Wechselstromgalvanometer und erhält im 4. Zweig einen Wert R_{4_w}. Dann ist bei bekannter Frequenz ν

$$\operatorname{tg}\delta = \frac{R_2 \cdot R_3}{\omega \cdot \mathfrak{S}} \cdot \left(\frac{1}{R_{4_g}} - \frac{1}{R_{4_w}}\right),$$

$$C = \frac{\mathfrak{S} \cdot (1 + \operatorname{tg}^2 \delta)}{R_2 \cdot R_3}.$$

Nach Abb. 161 ist die Meßbrücke[2] von Dr. G. Seibt, Berlin, gebaut. Für R_4 sind dabei 8 Dralowid-Widerstände[3] von $10^5 \ldots 10^8$ Ohm verwendet worden. Man kann damit Induktivitäten von $\mathfrak{S} = 10^{-5} \ldots 10^{-1}$ H ($10^4 \ldots 10^8$ cm) messen. Zur Ermittlung von Kapazitäten von $C = 50\,\mu\mu\text{F} \ldots 1\,\mu\text{F}$ enthält Zweig 1 nur einen reinen Widerstand R_1. Die zu messende Kapazität C_x wird dann in Zweig 3 mit R_3 als Vorwiderstand gelegt. Bei Stromlosigkeit des Fernhörers bzw. Galvanometers gilt dann

$$C_x = \frac{R_2}{R_1} \cdot C.$$

Die Genauigkeit beträgt $1 \ldots 2\%$.

Die Schwierigkeiten bei der praktischen Benutzung der Brücke nach Abb. 161 vermeidet eine Schaltung von Forsythe[4], bei der im 4. Zweig die Selbstinduktion $\mathfrak{S}$ parallel zur Kapazität C mit je einem vorgeschalteten Widerstand liegt und dieser Verzweigung ein Widerstand vorgeschaltet ist.

---

[1] Z. Instrumentenkde. 1914 S. 160; Ann. Physik Bd. 63 (1920) S. 179.

[2] Arch. Elektrotechn. Bd. 19 (1927) S. 49 (G. Zickner); ETZ 1928 S. 63.

[3] Steatit-Magnesia A.-G., Berlin-Pankow.

[4] Physic. Rev. 1913 S. 463; ETZ 1913 S. 1466.

45. Vergleichung von Induktivität mit Kapazität (A. Anderson).

Nach Abb. 162 zeigt sich diese Methode als eine allerdings vorteilhafte Modifikation derjenigen von Maxwell (Nr. 44) durch Einfügung des Widerstandes R_5 zwischen Galvanometer und Widerstand R_4. Nachdem man mit Gleichstrom auf Stromlosigkeit von G eingestellt hat, wofür, wenn $r_1 + r = R_1$ ist,

I. $R_1 \cdot R_4 = R_2 \cdot R_3$

gilt, schaltet man eine Wechselstromquelle E und an Stelle von G ein Wechselstrominstrument ein und gleicht R_5 so weit ab, daß G keine Ablenkung zeigt; dann bestehen hierfür die Beziehungen:

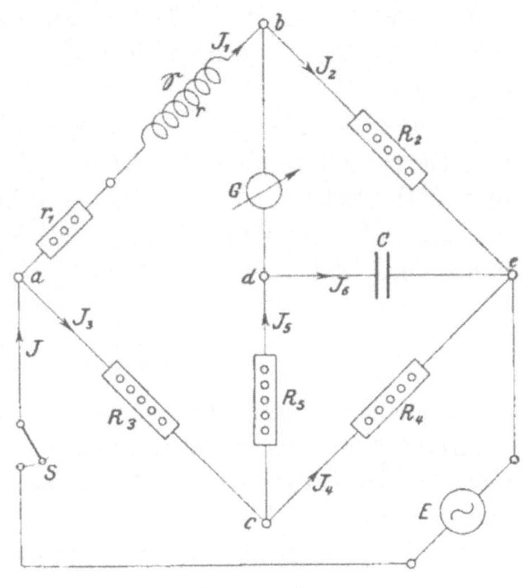

Abb. 162.

1. $E_{ab} = E_{acd}$ 2. $E_{be} = E_{de}$ 3. $E_{ce} = E_{cde}$

4. $J_{1_t} = J_{2_t}$ 5. $J_{5_t} = J_{6_t}$ 6. $J_{3_t} = J_{4_t} + J_{5_t}$.

Daraus folgt: II. $J_{1_t} \cdot R_1 + \frac{\mathfrak{S} \cdot dJ_1}{dt} = J_{3_t} \cdot R_3 + J_{5_t} \cdot R_5$

III. $J_{2_t} \cdot R_2 = \frac{1}{C} \cdot \int_0^t J_{6_t} \cdot dt$

IV. $J_{4_t} \cdot R_4 = J_{5_t} \cdot R_5 + \frac{1}{C} \cdot \int_0^t J_{6_t} \cdot dt$.

Dividiert man II durch III und ersetzt darin J_{3_t} aus Gleichung 6 und J_{4_t} aus Gleichung IV, so erhält man unter Zuhilfenahme der Gleichung I:

$$\mathfrak{S} = C \cdot R_2 \cdot \left(R_3 + R_5 \cdot \frac{R_3 + R_4}{R_4}\right) = C \cdot [R_1 \cdot R_4 + R_5 \cdot (R_1 + R_3)].$$

Bei der Gleichstromeinstellung muß R_2 und R_3 so geregelt werden, daß sie der Bedingung

$$R_2 \cdot R_3 < \frac{\mathfrak{S}}{C}$$ genügen.

Diese Methode kann man auch zum Vergleich von Kapazitäten durch Substitution verwenden, wobei auch die Kapazität gegen Erde herausfällt. Dafür ist nur r_1 und R_5 abzuändern. Eine Meßbrücke mit derartiger Schaltung ist von C. Günther[1] entworfen.

Vertauscht man in der Schaltung (Abb. 162) Stromquelle E und Galvanometer G, so erhält man die Methode von W. Stroud und I. H. Oates[2] mit derselben Gleichung. Durch Vertauschen von R_4 und C geht diese Schaltung wiederum in die von M. Jliovici[3] über, wofür die Beziehungen bestehen:

$$\text{I.} \quad R_1 \cdot R_4 = R_2 \cdot (R_3 + R_5)$$

$$\text{II.} \quad \mathfrak{S} = C \cdot R_2 \cdot R_3 \cdot \frac{R_4 + R_5}{R_4}.$$

Ähnlich ist auch eine Schaltung von S. Butterworth[4].

Als Meßinstrument kann auch ein Wechselstromgalvanometer von Taylor[5] mit Drehspulensystem oder von H. Abraham[6] dienen.

Diese Methode besitzt eine große Genauigkeit, wenn man $R_1 = R_2 = R_3 = R_4$ macht und aus dieser und einer zweiten Ablesung nach Vertauschen von R_3 und R_4 das Mittel nimmt. E. B. Rosa und F. W. Grover[7] sowie Taylor und Williams[8] haben sie dazu benutzt, die geringen Kapazitäten von Widerstandsspulen zu bestimmen und festzustellen, welchen Einfluß eine kleine Selbstinduktionswirkung von R_1 und R_2 ausübt. Unter Benutzung eines Selbstinduktionsnormals und einer bekannten Kapazität lassen sich auch Kapazitäten durch Vertauschung miteinander vergleichen.

Zur Registrierung von Kapazitätsänderungen ist eine Methode von A. Schulze u. G. Zickner[9] angegeben.

---

[1] Z. Instrumentenkde. 1926 S. 623; 1927 S. 249; ETZ 1927 S. 1886.
[2] Philos. Mag. 1903 S. 707. [3] C. R. Acad. Sci., Paris 1904 S. 1411.
[4] Proc. Physic. Soc. Bd. 24 (1912) S. 75, 210; Bd. 34 (1921) S. 1.
[5] Physic. Rev. 1907 S. 61.
[6] C. R. Acad. Sci., Paris 1906 S. 993; Z. Instrumentenkde. 1906 S. 350.
[7] Bull. Bur. Stand. 1905 S. 291, 306.
[8] Physic. Rev. 1908 S. 417; Z. Instrumentenkde. 1908 S. 313.
[9] Arch. Elektrotechn. Bd. 24 (1930) S. 111; ETZ 1930 S. 1626.

46. Messung der Gegeninduktivität.

Die Gegeninduktivität $\mathfrak{S}_g$ zwischen zwei Leitern wird (analog $\mathfrak{S}$) gemessen durch die in dem einen Leiter induzierte EMK, wenn im anderen der Strom J in der Zeiteinheit um die Einheit abnimmt nach der Gleichung $E_t = -\mathfrak{S}_g \cdot \frac{dJ}{dt}$.

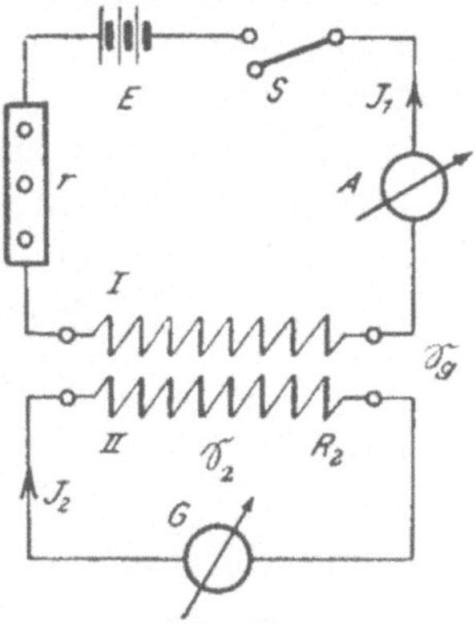

Zum Einstellen des Stromes J_1 (Abb. 163) dient ein Widerstand r; S ist ein Stromschlüssel, A ein Strommesser, R_2 der Widerstand der Spule II, G ein ballistisches Galvanometer. Öffnet man den Stromkreis der Gleichstromquelle E bei S, so erzeugt der in Spule I verschwindende Strom J_1 in Spule II eine EMK der gegenseitigen Induktion

Abb. 163.

$$E_t = -\mathfrak{S}_g \cdot \frac{dJ_1}{dt}.$$

Diese EMK hat einen Strom J_2 in der Spule II zur Folge, der einen Spannungsverlust $J_2 \cdot (R_2 + G)$ und eine EMK der Selbstinduktion

$$E_{s_t} = -\mathfrak{S}_2 \cdot \frac{dJ_2}{dt}$$

hervorruft. Es muß dann die Beziehung bestehen

$$-\mathfrak{S}_g \cdot \frac{dJ_1}{dt} = J_{2_t} \cdot (R_2 + G) - \mathfrak{S}_2 \cdot \frac{dJ_2}{dt}.$$

Durch Integration erhält man

$$-\mathfrak{S}_g \cdot \int_{J_1}^{0} dJ_1 = (R_2 + G) \cdot \int_0^t J_{2_t} \cdot dt - \mathfrak{S}_2 \cdot \int_0^0 dJ_2$$

oder $$\mathfrak{S}_g \cdot J_1 = (R_2 + G) \cdot Q, \quad \text{wo} \quad Q = \int_0^t J_{2_t} \cdot dt$$

die durch das Galvanometer geflossene Elektrizitätsmenge ist. Daraus folgt nun

$$\mathfrak{S}_g = (R_2 + G) \cdot \frac{Q}{J_1} = \frac{(R_2 + G)}{J_1} \cdot c_1 \cdot \frac{T}{\pi} \cdot s \cdot (1 + 1{,}16 \log k).$$

Benutzt man an Stelle von S einen Umschalter und ändert den Strom von $+J_1$ über 0 in $-J_1$, so gilt die Formel:

$$\mathfrak{S}_g = \frac{(R_2 + G)}{2 J_1} \cdot Q.$$

47. Messung der Gegeninduktivität (A. Trowbridge).

Zwei Spulen, deren Gegeninduktivität $\mathfrak{S}_g$ gemessen werden soll, schaltet man zuerst hintereinander, so daß ihre Felder gleiche Richtung haben, und mißt die Induktivität $\mathfrak{S}_a$ der Kombination. Dann schaltet man beide Spulen gegeneinander und mißt wieder die Induktivität $\mathfrak{S}_b$. Haben die Einzelspulen die Induktivitäten $\mathfrak{S}_1$ und $\mathfrak{S}_2$, so bestehen bei den Strömen J_1 und J_2 die Beziehungen:

$$\mathfrak{S}_a \cdot \frac{dJ_1}{dt} = \mathfrak{S}_1 \cdot \frac{dJ_1}{dt} + \mathfrak{S}_2 \cdot \frac{dJ_1}{dt} + 2 \cdot \mathfrak{S}_g \cdot \frac{dJ_1}{dt}$$

$$\mathfrak{S}_b \cdot \frac{dJ_2}{dt} = \mathfrak{S}_1 \cdot \frac{dJ_2}{dt} + \mathfrak{S}_2 \cdot \frac{dJ_2}{dt} - 2 \cdot \mathfrak{S}_g \cdot \frac{dJ_2}{dt}$$

oder

$$\mathfrak{S}_a = \mathfrak{S}_1 + \mathfrak{S}_2 + 2\,\mathfrak{S}_g$$

$$\mathfrak{S}_b = \mathfrak{S}_1 + \mathfrak{S}_2 - 2\,\mathfrak{S}_g .$$

Durch Subtraktion erhält man dann:

$$\boldsymbol{\mathfrak{S}_g = \frac{\mathfrak{S}_a - \mathfrak{S}_b}{4}} .$$

Die Messung ist um so genauer, je weniger $\mathfrak{S}_1$ von $\mathfrak{S}_2$ verschieden ist.

Ferner besteht die Beziehung $\mathfrak{S}_g = k \cdot \sqrt{\mathfrak{S}_1 \cdot \mathfrak{S}_2}$, worin $k < 1$ der Kopplungsfaktor ist. Mißt man nun $\mathfrak{S}_1$ und $\mathfrak{S}_2$, dann läßt sich auch k berechnen.

48. Vergleichung von Gegeninduktivität mit Kapazität (Pirani & Roiti).

Aus der Spule mit den Wicklungen I und II und der Gegeninduktivität $\mathfrak{S}_g$, dem Kondensator C, den reinen Widerständen R_1 und R_2, einem Galvanometer G, der Elektrizitätsquelle E und dem Stromschlüssel S wird Schaltung Abb. 164 gebildet. Wird S geschlossen, so tritt ein Strom J_1 auf, und der Kondensator C wird durch die an den Enden des Widerstandes R_1 auftretende Potentialdifferenz

$$E_1 = J_1 \cdot R_1 ,$$

die auch zwischen seinen Belegungen herrscht, mit einer Elektrizitätsmenge

$$Q_1 = E_1 \cdot C = J_1 \cdot R_1 \cdot C$$

geladen. Wird nun S geöffnet, so tritt in der Spule II eine EMK

$$E_2 = -\,\mathfrak{S}_g \cdot \frac{dJ_1}{dt}$$

auf. Gleichzeitig entlädt sich der Kondensator durch die Widerstände R_1 und R_2. Wird R_1 so weit geregelt, daß durch den Entladestrom J des Kondensators der in dem Widerstande R_2 erzeugte Spannungsabfall $J \cdot R_2$ gleich der induzierten EMK E_2 ist, so kompensieren sich beide, und das Galvanometer zeigt keine Ablenkung.

Man kann demnach diesen Vorgang in ähnlicher Weise wie bei der Bestimmung von EMKen nach der Kompensationsmethode behandeln (Abb. 165). Es muß also

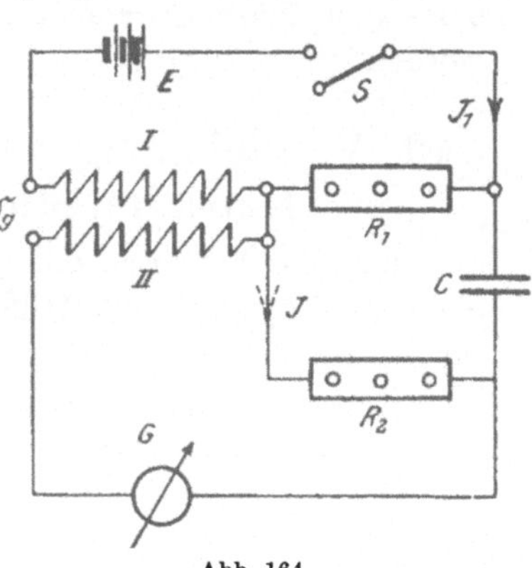

Abb. 164.

$$E_{2_t} = -\mathfrak{S}_g \cdot \frac{dJ_1}{dt} = J_t \cdot R_2$$

sein. Daraus folgt durch Integration:

$$-\mathfrak{S}_g \cdot \int_{J_1}^{0} dJ_1 = R_2 \cdot \int_0^t J_t \cdot dt$$

oder $\mathfrak{S}_g \cdot J_1 = R_2 \cdot Q$,

wobei $Q = \int_0^t J_t \cdot dt$ die vom Kondensator abgegebene Elektrizitätsmenge ist. Treten keine merklichen Verluste auf, so muß auch Q gleich der aufgenommenen Ladung Q_1 sein oder

$$Q = Q_1 = J_1 \cdot R_1 \cdot C .$$

Setzt man diesen Wert für Q ein, so erhält man

$$\mathfrak{S}_g \cdot J_1 = J_1 \cdot R_1 \cdot R_2 \cdot C \qquad \text{oder} \qquad \boldsymbol{\mathfrak{S}_g = R_1 \cdot R_2 \cdot C} .$$

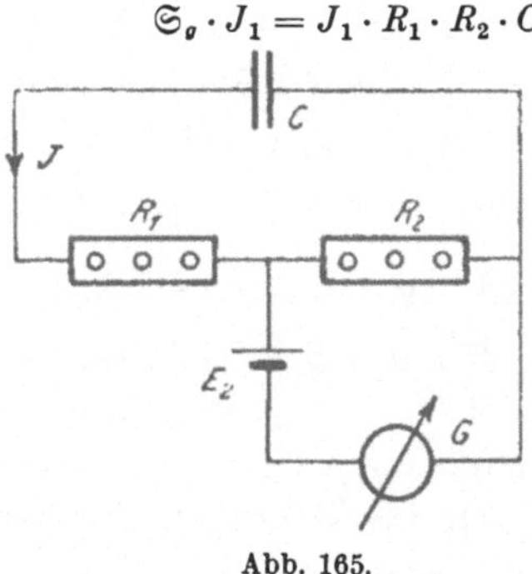

Abb. 165.

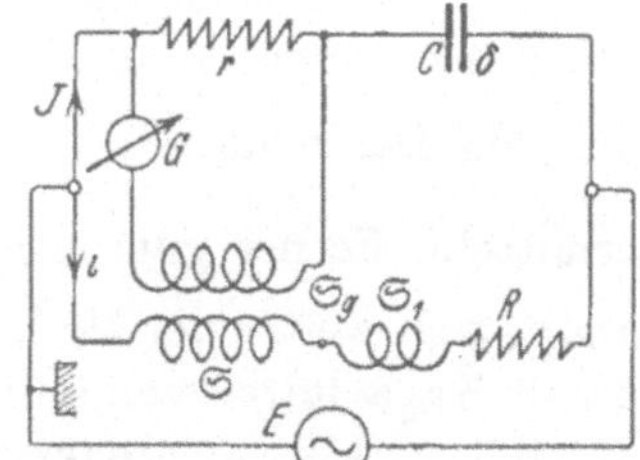

Abb. 166.

Hätte man die Induktivitäten der beiden Spulen I und II gleich $\mathfrak{S}_1$ und $\mathfrak{S}_2$ bestimmt, so ergäbe sich daraus der **Kopplungsfaktor**

$$k = \frac{\mathfrak{S}_g}{\sqrt{\mathfrak{S}_1 \cdot \mathfrak{S}_2}} .$$

Diese Methode eignet sich für kleine Werte von $\mathfrak{S}_g$ bis 10^{-2} H * bei 50 Hz. Für größere Gegeninduktivitäten wählt man zweckmäßigerweise die Schaltung Abb. 166, worin $R \gg \omega \cdot \mathfrak{S}$, $\omega \cdot C \gg \frac{1}{r}$ sein soll.

Eine ähnliche Schaltung und Messungen unter Benutzung eines Vibrationsgalvanometers sind von A. Campbell[1] angegeben worden.

49. Vergleichung von Gegeninduktivität und Kapazität durch Kompensation.

Ohne Zuhilfenahme eines Vergleichskondensators lassen sich nach W. Geyger[2] mit Hilfe einer bekannten Gegeninduktivität $\mathfrak{S}_g$ Kapazitäten und Verlustwinkel ermitteln. Abb. 166 zeigt die Grundschaltung. C ist die zu messende Kapazität mit dem Verlustwinkel δ. Gegen den Spannungsverlust $E_v = J \cdot r$ wird die EMK $E_{s_g} = i \cdot \omega \cdot \mathfrak{S}_g$ der veränderlichen, bekannten Gegeninduktivität $\mathfrak{S}_g$ eventuell durch Regeln von R kompensiert, wobei das Galvanometer G stromlos ist. Dann bestehen zwischen den Spannungen und Strömen die im Vektordiagramm Abb. 167 angegebenen Beziehungen. Da $E_v = -E_{s_g}$ sein muß und E_{s_g} gegen i um 90° nacheilt, liegt i in Phase mit E_c. Nun ist $\sphericalangle(E, E_c) = \alpha = \delta + \beta$, worin β den Verlustwinkel des Widerstandes r bedeutet. Andererseits ist auch $\sphericalangle(E, i) = \alpha$ und aus den Daten des induktiven Zweiges $\operatorname{tg} \alpha = \frac{\omega \cdot (\mathfrak{S} + \mathfrak{S}_1)}{R}$ zu ermitteln. Ferner gilt $C = \frac{\mathfrak{S}_g}{R \cdot r}$ und $\operatorname{tg} \beta = \omega \cdot C \cdot r$. Daraus ergibt sich weiter der Verlustwinkel $\delta = \alpha - \beta$. Es lassen sich damit Kapazitäten von 0,01 ... 1 μF mit 3 ... 5‰, Verlustwinkel mit 0,5 ... 1% Genauigkeit bestimmen. Durch eine abgeänderte Schaltung[3] lassen sich Vereinfachungen im Gebrauch erzielen.

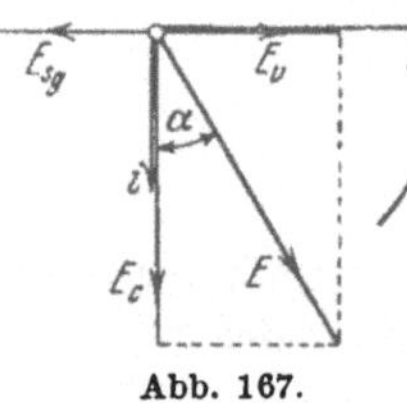

Abb. 167.

* Mitt. PTR. Z. Instrumentenkde. 1920 S. 123.

[1] Electrician 1907 S. 60; Philos. Mag. Bd. 15 (1908) S. 155; Z. Instrumentenkde. 1908 S. 223.

[2] Arch. Elektrotechn. Bd. 12 (1923) S. 370; Bd. 14 (1925) S. 560; ETZ 1923 S. 1096; 1925 S. 1491.

[3] Arch. Elektrotechn. Bd. 21 (1929) S. 259; ETZ 1929 S. 1170.

50. Vergleichung von Gegeninduktivität mit Induktivität (Maxwell).

In Abb. 168 ist die Spule *II* so anzuschließen, daß sie das Feld der Spule *I* verstärkt. Schließt man den Stromschlüssel S, so fließt durch die Spule *II* ein Strom J, der in der Spule *I* eine EMK $E_{1_t} = -\mathfrak{S}_g \cdot \frac{dJ}{dt}$ hervorruft. Der Strom J teilt sich nun in die Ströme J_1 und J_3 und erzeugt in der Spule *I* eine EMK der Selbstinduktion $E_{s_t} = -\mathfrak{S} \cdot \frac{dJ_1}{dt}$. Bei veränderlichem Strom muß demnach für die linke Masche A die Gleichung bestehen:

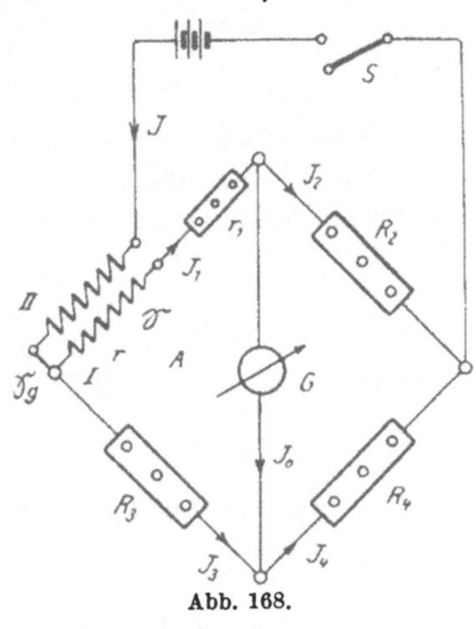

Abb. 168.

$$\mathfrak{S}_g \cdot \frac{dJ}{dt} + \frac{\mathfrak{S} \cdot dJ_1}{dt} + J_{1_t} \cdot R_1 + J_{0_t} \cdot G - \mathfrak{S}_0 \cdot \frac{dJ_0}{dt} - J_{3_t} \cdot R_3 = 0,$$

wobei $R_1 = r + r_1$ und $\mathfrak{S}_0$ die Induktivität des Galvanometers ist. Werden die Widerstände so abgeglichen, daß der Galvanometerzweig stromlos bleibt, so wird $J_0 = 0$ und damit $J_{0_t} \cdot G = 0$ und $\mathfrak{S}_0 \cdot \frac{dJ_0}{dt} = 0$. Ferner ist dafür $J_{1_t} = J_{2_t}$ und $J_{3_t} = J_{4_t}$.

Die Gleichung lautet dann

$$\text{I.} \qquad \mathfrak{S}_g \cdot \frac{dJ}{dt} + \mathfrak{S} \cdot \frac{dJ_1}{dt} + J_{1_t} \cdot R_1 - J_{3_t} \cdot R_3 = 0.$$

Für konstanten Strom müssen jedoch auch die Spannungsverluste $J_{1_t} \cdot R_1$ und $J_{3_t} \cdot R_3$ einander gleich sein oder

$$\text{II.} \qquad J_{1_t} \cdot R_1 - J_{3_t} \cdot R_3 = 0.$$

Somit bleibt von der Gleichung I noch übrig:

$$\text{III.} \qquad \mathfrak{S}_g \cdot \frac{dJ}{dt} = -\mathfrak{S} \cdot \frac{dJ_1}{dt}.$$

Darin ist $J_t = J_{1_t} + J_{3_t}$. Aus Gleichung II bestimmt sich

$$J_{3_t} = J_{1_t} \cdot \frac{R_1}{R_3}, \qquad \text{so daß jetzt} \qquad J_t = J_{1_t} \cdot \left(1 + \frac{R_1}{R_3}\right)$$

wird. Durch Einsetzen dieses Wertes in Gleichung III erhält man

$$\mathfrak{S}_g \cdot \frac{dJ_1}{dt}\left(1+\frac{R_1}{R_3}\right) = -\,\mathfrak{S}\cdot\frac{dJ_1}{dt}$$

oder
$$\mathfrak{S} = -\,\mathfrak{S}_g\cdot\left(1+\frac{R_1}{R_3}\right) = -\,\mathfrak{S}_g\cdot\left(1+\frac{R_2}{R_4}\right).$$

Hierbei kann natürlich zur Vergrößerung der Genauigkeit das Sekohmmeter verwendet werden.

Befindet sich nach A. Campbell[1] noch eine Induktivität $\mathfrak{S}_2$ im Zweig *3* außer $\mathfrak{S}_1$ in *1*, so gilt für die Gleichgewichtslage:

$$\frac{\mathfrak{S}_1+\mathfrak{S}_g}{\mathfrak{S}_2-\mathfrak{S}_g} = \frac{R_2}{R_4},$$

woraus folgt:
$$\mathfrak{S}_g = \frac{\mathfrak{S}_2\cdot R_2 - \mathfrak{S}_1\cdot R_4}{R_2+R_4}.$$

Macht man $R_2 = R_4$, so wird $\mathfrak{S}_g = \frac{\mathfrak{S}_2-\mathfrak{S}_1}{2}$.
Weitere Anwendungen dieser Methode zur Messung von Induktivitäten sind ebenfalls von A. Campbell[2] angegeben worden.

51. Vergleichung von Gegeninduktivitäten miteinander (Maxwell).

Von einem Variator der Gegeninduktivität und der zu messenden Spulenkombination mit dem Koeffizienten $\mathfrak{S}_{g_1}$ werden die primären Spulen hintereinandergeschaltet an eine Wechselstromquelle gelegt. Die sekundären Spulen werden mit einem Telephon oder Vibrationsgalvanometer so zu einem Stromkreise verbunden, daß ihre EMKe auf das Telephon gegeneinander wirken. Sobald durch Einstellung des Variators auf einen Wert $\mathfrak{S}_{g_2}$ Stromlosigkeit im Sekundärkreis auftritt, gilt die Beziehung:

$$\mathfrak{S}_{g_1} = \mathfrak{S}_{g_2}.$$

Als Variator der gegenseitigen Induktion kann eine von A. Campbell[3] angegebene Konstruktion dienen.

Benutzt man dagegen unveränderliche Normale der gegen-

[1] Philos. Mag. Bd. 15 (1908) S. 155; 1910 S. 497; Z. Instrumentenkde. 1908 S. 223; Proc. physic. Soc. Bd. 21 (1908) S. 80; Bd. 22 (1910) S. 207.

[2] Nat. physic. Lab. coll. res. 1908 S. 229; Proc. physic. Soc. Bd. 29 (1917) S. 345; Electrician Bd. 80 (1918) S. 666.

[3] Philos. Mag. Bd. 15 (1908) S. 155; Z. Instrumentenkde. 1908 S. 222.

seitigen Induktion, die aus zwei konzentrischen Spulen[1] bestehen, so macht man die Schaltung nach Abb. 169.

Die primären und sekundären Wicklungen der beiden Spulen werden mit einem Meßinstrument G, Stromquelle E, Regulierwiderstand, Stromschlüssel S und den Widerständen r_3 und r_4 in zwei Kreisen hintereinandergeschaltet.

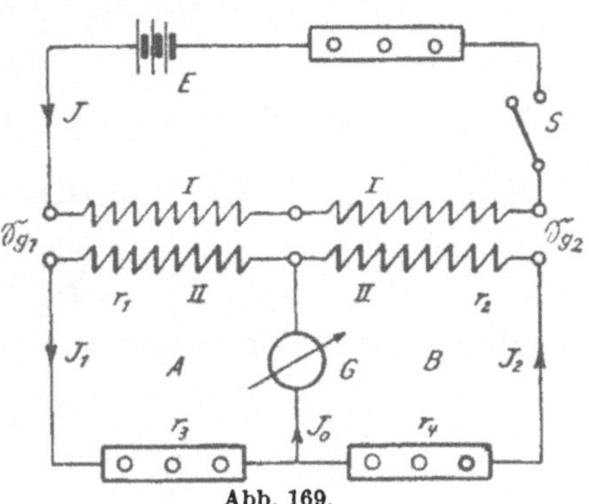

Abb. 169.

Schließt oder öffnet man S, so erzeugt der entstehende Strom J in den Spulen II die EMKe

$$E_{1_t} = -\mathfrak{S}_{g_1} \cdot \frac{dJ}{dt}$$

und

$$E_{2_t} = -\mathfrak{S}_{g_2} \cdot \frac{dJ}{dt}.$$

Diese rufen die Ströme J_1 und J_2 in den beiden Zweigen A und B und J_0 im Galvanometer hervor. Gleicht man r_3 und r_4 so ab, daß $J_0 = 0$ wird, so besteht an den Enden des Galvanometers gleiches Potential, und es ergibt sich die Beziehung:

$$\text{I.} \quad \mathfrak{S}_{g_1} \cdot \frac{dJ}{dt} = J_{1_t} \cdot R_1 \qquad \text{II.} \quad \mathfrak{S}_{g_2} \cdot \frac{dJ}{dt} = J_{2_t} \cdot R_2,$$

wobei $R_1 = r_1 + r_3$ und $R_2 = r_2 + r_4$ ist. Dividieren wir beide Gleichungen durcheinander, so erhalten wir

$$\frac{\mathfrak{S}_{g_1}}{\mathfrak{S}_{g_2}} = \frac{J_{1_t} \cdot R_1}{J_{2_t} \cdot R_2}$$

oder, da $J_{1_t} = J_{2_t}$ sein muß, weil $J_0 = 0$ ist,

$$\boldsymbol{\frac{\mathfrak{S}_{g_1}}{\mathfrak{S}_{g_2}} = \frac{R_1}{R_2} = \frac{r_1 + r_3}{r_2 + r_4}}.$$

Hierbei kann man wieder bei Gleichstrom das Sekohmmeter verwenden. Allgemein soll man r_3 und r_4 gegenüber r_1 und r_2 möglichst groß wählen.

52. Vergleichung von Gegeninduktivitäten miteinander (A. Campbell).

Nach Abb. 170 legt man zuerst die Umschalter U_1 und U_2 auf ab und gleicht R_3 und R_4 so ab, daß das Telephon schweigt.

[1] Searle: Electrician 1905 S. 318; Bull. Bur. Stand. 1908 S. 25.

Dann sind die Induktivitäten abgeglichen. Dann legt man nach *cd* um und gleicht mittels des bekannten Variators $\mathfrak{S}_{g_2}$ die Brücke wieder ab. Es gilt dann hierfür

$$1. \quad \mathfrak{S}_{g_1} \cdot \frac{dJ_1}{dt} = \mathfrak{S}_{g_2} \cdot \frac{dJ_2}{dt}.$$

Nun ist

$$2. \quad J_1 \cdot R_3 = J_2 \cdot R_4 \quad \text{oder} \quad \frac{dJ_1}{dt} : \frac{dJ_2}{dt} = R_4 : R_3.$$

Setzt man diese Werte in Gleichung 1 ein, so erhält man:

$$\frac{\mathfrak{S}_{g_1}}{\mathfrak{S}_{g_2}} = \frac{R_3}{R_4}.$$

Hierbei ist die Messung vom Temperaturkoeffizienten der Spulen unabhängig.

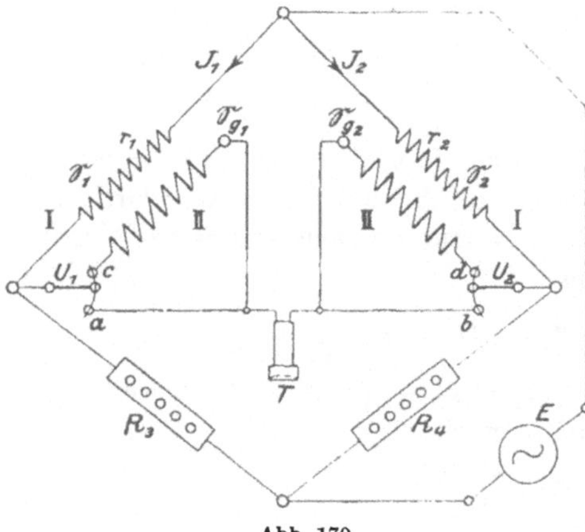

Abb. 170.

Mit einer etwas abgeänderten Schaltung ist eine praktische Kapazitäts-Meßbrücke[1] gebaut, die zur Messung von Kapazitäten $C = 1\,\mu\mu\mathrm{F} \ldots 30\,\mu\mathrm{F}$ und Induktivitäten bis $\mathfrak{S} = 300\,\mu\mathrm{H}$ mit 1% Genauigkeit dient. Für größere Induktivitäten benutzt man dabei die Methode von D. W. Dye[2]. Auf dieser Methode von A. Campbell beruhen ferner einige von W. Geyger[3] angegebene Kompensationsschaltungen zur Vergleichung von Gegeninduktivitäten.

53. Vergleichung von Induktivitäten und Kapazität miteinander (G. Carey Forster).

Nach der Abb. 171 kann man hierbei Induktivitäten $\mathfrak{S}$, Gegeninduktivitäten $\mathfrak{S}_g$ und Kapazität C miteinander vergleichen. Für

[1] Proc. physic. Soc. Bd. 39 (1927) S. 145; J. sci. Instrum. 1927 S. 305; Z. Instrumentenkde. 1928 S. 358.

[2] Exp. Wirel. Bd. 1 (1924) S. 691.

[3] Arch. Elektrotechn. Bd. 17 (1926) S. 71.

Stromlosigkeit von G gelten die Beziehungen:

$$1.\quad J_{1_t}\cdot R_1 + \mathfrak{S}_1\cdot\frac{dJ_1}{dt} + J_{1_t}\cdot R_2 = \mathfrak{S}_g\cdot\frac{dJ}{dt},$$

$$2.\quad J_{2_t}\cdot R_3 = J_{1_t}\cdot R_4 + \frac{1}{C}\cdot\int_0^t J_{1_t}\cdot dt,\qquad 3.\quad J_t = J_{1_t}' + J_{2_t}.$$

Dividiert man Gleichung 1 und 2 durcheinander und vereinigt mit Gleichung 3, so erhält man:

$$\mathfrak{S}_1 = \mathfrak{S}_g\cdot\frac{R_3 + R_4}{R_3},$$

$$C = \mathfrak{S}_g\cdot\frac{1}{R_3\cdot(R_1 + R_2)}.$$

Am bequemsten ist es dabei, für konstantes R_3 nur R_4 bzw. R_2 zu verändern. Vgl. auch A. Campbell[1], S. Butterworth[2], W. Dye[3], C. Deguisne[4].

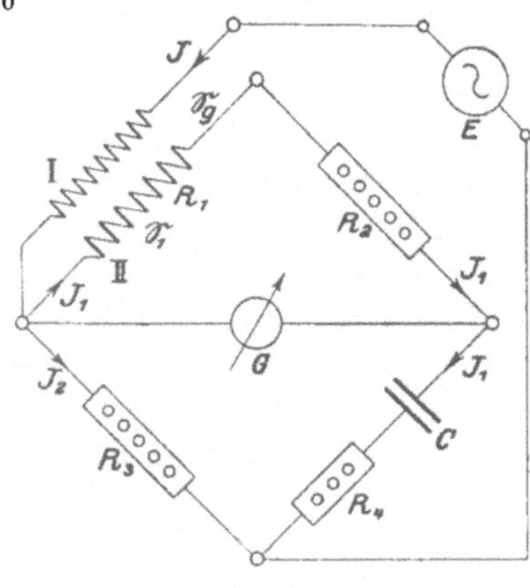

Abb. 171.

54. Meßgeräte für Kapazitäten und Induktivitäten.

a) Das Weston-Mikrofaradmeter[5].

Das Instrument besitzt ein elektrodynamisches System[6] ähnlich wie beim Leistungsfaktormesser (S. 144) in der Schaltung nach Abb. 172 für $\nu = 50$ Hz und $E = 100\ldots130$ bzw. 220 V. Der Stromverlauf ist folgender: Von E aus fließt ein Strom durch den Vergleichskondensator C über die beiden unter 90° gekreuzten Spulen a, b gleicher Windungszahl des Drehspulsystems S zur Hauptfeldspule H und einen Schutzwiderstand r.

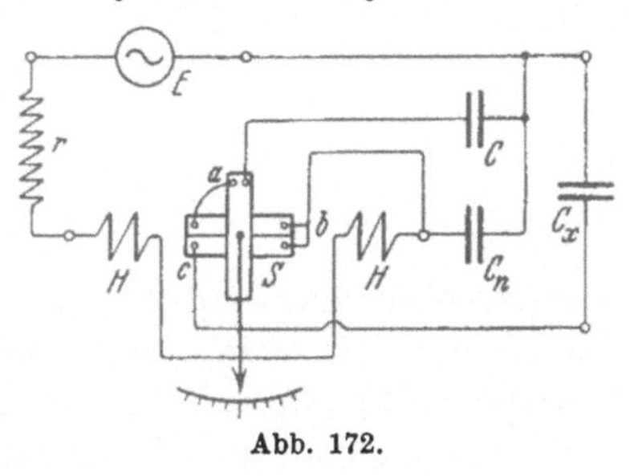

Abb. 172.

[1] Proc. Roy. Soc. Bd. 87 (1912) S. 405.
[2] Proc. physic. Soc. Bd. 33 (1921) S. 334.
[3] Electrician Bd. 87 (1921) S. 55.
[4] Arch. Elektrotechn. Bd. 14 (1925) S. 487; ETZ 1925 S. 970.
[5] Hersteller: D. Bercovitz & Sohn, Berlin.
[6] ETZ 1925 S. 312.

Der Nebenschlußkondensator C_n dient zur Verstärkung des Stromes in den Spulen H, um mit wenigen Windungen ein genügend starkes Feld zu erhalten. Ist die zu messende Kapazität C_x nicht angeschlossen, dann stellt sich S und damit der Zeiger auf die Nullstellung ein, die um 45° gegenüber der gezeichneten Lage verschoben ist. Legt man C_x an, so fließt dabei ein Strom über eine zweite, auf Spule b liegende Zusatzwicklung c, wodurch der Zeiger aus der Nullage um einen der Kapazität entsprechenden Winkel abgelenkt wird. Der Meßbereich beträgt dabei 0,05 ... 10 μF, die Genauigkeit ca. 1% bis 0,3 μF, darüber ½%.

Bei einer Schaltung für $\nu = 500$ Hz liegt die Hauptfeldspule H direkt an E ohne den Kondensator C_n, und der Strom der auf Spule b liegenden Zusatzwicklung c geht nicht durch H hindurch. Der niedrigste Meßbereich ist hierbei 0,003 μF bei 220 V.

b) Die Glimmbrücke[1].

Abb. 173 zeigt die Schaltung[2]. Darin wirkt die Gleichspannung E (ca. 120 V) über den Fernhörer F auf eine Glimmlampe Gl und Elektronenröhre ER, die entsprechend der Heizung als hoher veränderlicher Vorschaltwiderstand dient. Legt man nun Schalter S_1 auf *1* und S_2 auf g, wobei der zu messende Kondensator C_x parallel zur Glimmlampe Gl geschaltet wird, so erfolgen die Entladungen der Glimmstrecke periodisch und können in F als Ton wahrgenommen werden. Die Frequenz der Schwingungen und damit der Tonhöhe nimmt mit größerer Stromstärke, also bei stärkerer Heizung oder größerer Kapazität C_x zu und umgekehrt.

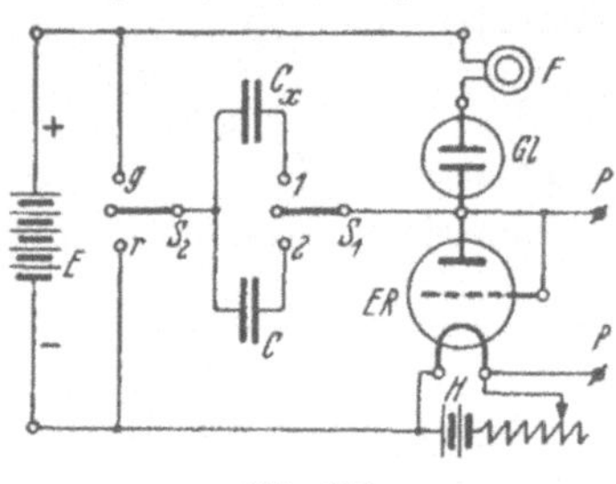

Abb. 173.

Schaltet man nun S_1 auf Kontakt *2* um und schließt dadurch einen Vergleichskondensator C an, so wird bei gleicher Größe wie C_x im Fernhörer F der gleiche Ton zu hören sein.

Wird der Schalter S_2 von g auf r umgelegt und besitzt ein Kondensator zu geringen Isolationswiderstand R_0, so fließt in-

[1] Hersteller: Kohl-Huth G. m. b. H., Berlin.

[2] Geffcken, H., u. H. Richter: Z. techn. Physik 1924 Heft 11.

folge seines Leitwerts ein zusätzlicher Strom durch Gl, wodurch der Ton erhöht wird. Beim Umlegen auf g dagegen wird der Ton tiefer, da ein Teil des Stromes an der Glimmlampe umgeleitet wird. Zeigt sich also beim Umlegen des Schalters S_2 eine Änderung der Tonhöhe, so hat der betreffende Kondensator ungenügende Isolation.

Will man mit der Glimmbrücke große Widerstände R_x bzw. R über 10^5 Ohm miteinander vergleichen, so legt man sie an die Stellen von C_x und C und schließt die Klemmen P durch einen Hilfskondensator C_h. Schalter S_2 steht auf g. Legt man dann Schalter S_1 abwechselnd auf *1* oder *2* und verändert R bis gleiche Tonhöhe vorhanden ist, dann ist $R_x = R$.

c) Kapazitätsmesser von J. Tagger[1].

Er beruht auf dem Prinzip, daß man eine Kugel, der eine kleine Elektrizitätsmenge von der zu messenden Kapazität erteilt ist, in einen mit einem Elektrometer verbundenen Becher fallen läßt und sein Potential bestimmt. Der Apparat besitzt große Meßgenauigkeit und mechanische Unempfindlichkeit.

d) Induktions-Dynamometer.

Nach A. Täuber-Gretler[2] besitzt das Instrument eine von einem Wechselstrom durchflossene Hauptfeldspule, innerhalb der eine Drehspule mit geschlossenem Kreis sich befindet. Ist der Widerstand des Drehspulkreises induktiv, dann sucht sich die Spule unter dem Einfluß des Stromes, der von der durch das Feld in ihr induzierten EMK hervorgerufen wird, so einzustellen, daß der sie durchsetzende magnetische Kraftfluß Null oder möglichst klein ist. Bei überwiegender Kapazität im Drehspulkreise dreht sich die Spule so, daß sie vom größtmöglichen magnetischen Kraftfluß durchflossen wird. Heben sich Kapazität und Induktivität in ihrer Einwirkung auf, dann ist die elektrodynamische Kraftwirkung Null. Auf diese Weise ist es möglich, Kapazitäten und Induktivitäten mit etwa 1% Genauigkeit zu messen.

---

[1] Physik. Z. 1926 S. 569; ETZ 1928 S. 144; Hersteller: Th. Edelmann & Sohn, München.

[2] Bull. schweiz. elektrotechn. Ver. Bd. 12 S. 545; Bd. 19 S. 395; ETZ 1928 S. 185; 1929 S. 1782.

55. Messung der Zeitkonstanten großer Widerstände.

Für genaue Wechselstrommessungen, besonders bei höherer Periodenzahl ν, müssen die Vergleichswiderstände frei von den Wirkungen der Selbstinduktion $\mathfrak{S}$ und Kapazität C sein. Für kleine und mittelgroße Widerstände ist eine neue Bauart von Curtis und Grover[1] und in ähnlicher Form für Hochfrequenz von K. W. Wagner und Wertheimer[2] und geeignete Meßmethoden dafür angegeben. Besonders kapazitätsarm sind die im Rundfunk benutzten Korbboden- und Ledionspulen.

Besitzt die Widerstandsspule den Gleichstromwiderstand R Ohm, die Selbstinduktion $\mathfrak{S}$ Henry und die Kapazität C Farad, so tritt bei Wechselstrom mit der Kreisfrequenz $\omega = 2\pi \cdot \nu$, da man die Kapazität als parallel geschaltet ansehen kann, zwischen ihrer Spannung und dem Strom eine Phasenverschiebung[3]

$$\operatorname{tg} \varphi = \omega \cdot \left(\frac{\mathfrak{S}}{R} - C \cdot R - \frac{\omega^2 \cdot C \cdot \mathfrak{S}^2}{R}\right)$$

auf. Da C und besonders $\mathfrak{S}$ klein sind, kann man das letzte Glied vernachlässigen und bei kleinen Winkeln

$$\operatorname{tg} \varphi \approx \varphi = \omega \cdot \left(\frac{\mathfrak{S}}{R} - C \cdot R\right) = \omega \cdot T$$

setzen, worin $$T = T_s - T_c = \frac{\mathfrak{S}}{R} - C R$$

als elektromagnetische Zeitkonstante[4] bezeichnet wird, welche eine Verschiebung des Stromes gegen die Spannung um den Winkel $\varphi < 90^0$ hervorruft, wobei man $\delta = 90 - \varphi$ als Verlustwinkel bezeichnet.

Zur Messung dieser Zeitkonstanten T macht man nach K. W. Wagner[5] folgende Schaltung (Abb. 174) mit der von E. Giebe[6] vorgeschlagenen Anordnung. Dabei sind nämlich die Zuleitungen zu den möglichst nahe aneinander liegenden Eckpunkten $A\,B\,D\,G$ der Brücke bifilar geführt bzw. verdrillt und in geerdeten Metallröhren zur Festlegung der Kapazität und Beseitigung der In-

[1] Bull. Bur. Stand. 1913 Nr. 3.
[2] ETZ 1913 S. 613, 649; 1915 S. 606, 621.
[3] Linker, A.: Grundl. d. Wechselstromtheorie. S. 56.
[4] Linker, A.: Prakt. El.-Lehre. S. 134, 174.
[5] ETZ 1911 S. 1001; 1913 S. 614. [6] Ann. Physik 1907 S. 941.

fluenz verlegt. Die Fernhörerzuleitungen sind zur Vermeidung von Induktionswirkungen räumlich senkrecht zu allen anderen Leitungen geführt. Die Kapazitäten C_3 und C_4 sind Präzisions-Luftkondensatoren.

Nach dem vereinfachten Schema (Abb. 175) sei nun W_1 der Widerstand, dessen Zeitkonstante $T_1 = (T_s - T_c)$ bestimmt werden soll. Die Konstante T_2 des Widerstandes W_2 sei be-

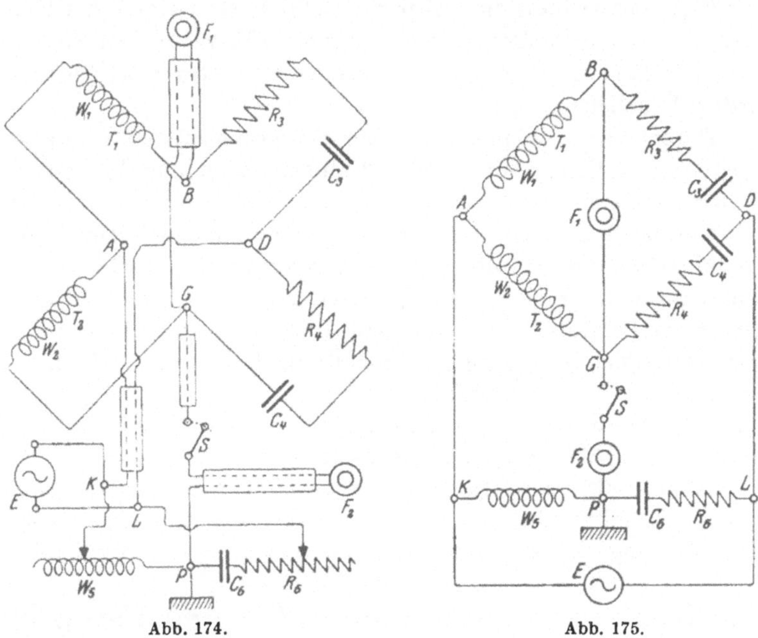

Abb. 174. Abb. 175.

kannt. Zuerst gleicht man bei offenem Schalter S die Brückenzweige annähernd ab, so daß der Ton im Hörer F_1 möglichst verschwindet. Um nun die Einflüsse der durch mangelhafte Isolation und Kapazitätswirkungen der Schalter gegen Erde bedingten Erdableitungen zu beseitigen, muß man die Punkte B und G auf das Erdpotential bringen. Dazu schließt man S und stellt im Hilfszweig KPL die Widerstände W_5 und R_6 sowie Kondensator C_6 so ein, daß im Hörer F_2 der Ton verschwindet. Nun wird S geöffnet und die Brücke genau abgeglichen. Dann gilt die Beziehung:

$$T_1 - T_2 = R_3 \cdot C_3 - R_4 \cdot C_4 .$$

Mit Hilfe dieser Schaltung lassen sich nach K. W. Wagner[1] auch die kleinen Kapazitäten und dielektrischen Ableitungen von mehradrigen Fernsprechkabeln bestimmen. S & H haben danach einen Ableitungsmesser[2] gebaut.

Als Vergleichswiderstand ohne Polarisationskapazität bis $\nu = 1000$ Per/sec haben Schering und Schmidt[3] einen Flüssigkeitswiderstand verwendet.

Butmann[4] bestimmt Kapazität und Verlustwinkel bei Kondensatoren in einer Brückenschaltung nach M. Wien (vgl. Nr. 34), deren Meßstrom von einem Hochspannungstransformator bis 10000 V geliefert wird.

Durch Vergleich mit Normalen der gegenseitigen Induktion bestimmt A. Campbell[5] kleine Induktivitäten und Verluste in Kondensatoren.

Um bei Spulen von sehr großem Widerstand und sehr großer Induktivität die verteilte Kapazität zu ermitteln, bestimmt man am besten die Eigenfrequenz, wobei man besondere Vorsichtsmaßregeln ergreifen muß, um ein Durchschlagen der Isolation zu vermeiden. Eine geeignete Schaltung dafür ist von E. Marx u. A. Karolus[6] angegeben.

Ferner kann man die Kapazität von Widerständen und Spulen nach M. Jezewski[7] mittels einer Resonanzmethode ermitteln, indem man sie zu einem geeigneten Schwingungskreis parallel schaltet. Auch die Differentialmethode (Nr. 42) läßt sich zur Messung der Zeitkonstanten bei Hochfrequenz verwenden.

56. Bestimmung von Konstanten und Verlusten der Dielektrika.

Bei flüssigem Dielektrikum bestimmt man die Konstante ε in der Weise, daß man die Elektrizitätsmenge Q_1 oder Kapazität C_1 eines Luftkondensators ermittelt, der am besten aus drei konzentrischen, unten abgeschlossenen Zylindern[8] von geringem Abstand besteht, in deren beiden Zwischenräumen zwei andere

[1] ETZ 1912 S. 635. [2] ETZ 1922 S. 318.
[3] Arch. Elektrotechn. 1912 S. 423.
[4] Electr. Wld. Bd. 71 S. 502; ETZ 1919 S. 366.
[5] Electrician Bd. 80 S. 666; ETZ 1919 S. 389.
[6] Physik. Z. 1923 S. 67; ETZ 1927 S. 246.
[7] Z. Physik 1928 S. 123; ETZ 1931 S. 389. [8] ETZ 1896 S. 500.

Zylinder, konzentrisch gelagert, die andere Belegung bilden. Füllt man die Zwischenräume mit dem zu untersuchenden Material und bestimmt wieder dafür die Menge Q_2 oder Kapazität C_2 bei derselben Spannung E, dann ist

$$Q_1 = C_1 \cdot E \qquad Q_2 = C_2 \cdot E = \varepsilon \cdot Q_1,$$

woraus folgt
$$\frac{Q_2}{Q_1} = \varepsilon = \frac{C_2}{C_1}.$$

Diesen Versuch wiederholt man für verschiedene Temperaturen ϑ und stellt die Abhängigkeit der Größe ε von der Temperatur ϑ als $f(\varepsilon, \vartheta)$ zeichnerisch dar, wofür sich im allgemeinen eine Gerade ergibt.

Bei festen Körpern benutzt man Plattenkondensatoren, in deren engen Zwischenraum die zu untersuchenden Körper in Plattenform eingelegt werden. Ist der Plattenabstand a, die Dicke der dielektrischen Platte d, die Dielektrizitätskonstante für Luft[1] $\varepsilon_0 = 1{,}000576$ und Platte ε, so gilt für Luft allein

$$\frac{1}{C_0} = \frac{4\pi \cdot a}{\varepsilon_0}$$

und beim Vorhandensein des Dielektrikums

$$\frac{1}{C} = \frac{1}{C_1} + \frac{1}{C_2} = \frac{4\pi \cdot (a-d)}{\varepsilon_0} + \frac{4\pi \cdot d}{\varepsilon} = \frac{4\pi}{\varepsilon_0 \cdot \varepsilon} \cdot [(a-d) \cdot \varepsilon + d \cdot \varepsilon_0].$$

Aus beiden Gleichungen folgt

$$\frac{C}{C_0} = \frac{a \cdot \varepsilon}{(a-d) \cdot \varepsilon + d \cdot \varepsilon_0}.$$

Infolge der Randwirkung und Teilkapazität gegen die Erde bekommt man jedoch zu kleine Werte. Besser ist jedoch die von Grüneisen und E. Giebe[2] angegebene Methode unter Benutzung eines Dreiplatten-Kondensators mit geerdeten äußeren Platten.

Ist der Isolationswiderstand nicht hervorragend gut oder treten im Gebrauch bei Wechselströmen dielektrische Verluste auf, dann ist die Kapazität eine Funktion der Frequenz ν und die Dielektrizitätskonstante wird zweckmäßig in einer Wechselstrombrücke mit der Gebrauchsfrequenz gemessen. Eine Schaltung dafür ist für flüssige Stoffe von W. Nernst[3] angegeben, die für feste Stoffe in etwas abgeänderter Form auch von der PTR (S. 176) verwendet wird.

---

[1] ETZ 1914 S. 656. [2] Verh. dtsch. physik. Ges. 1912 S. 921.

[3] Wied. Ann. Bd. 60 (1897) S. 600; Ann. Physik Bd. 15 (1904) S. 836; Bd. 60 (1919) S. 570 (H. Joachim).

Abb. 176 zeigt eine Brückenschaltung[1], die auch zur Messung der dielektrischen Verluste von Isolierstoffen dient. Nach Angaben der PTR besitzen die Schaltelemente folgende Größenwerte: $R_1 = R_2 = 20000$ Ohm; C_1 (Minoskondensator) $= 100 \cdot 10^{-6}\,\mu$F, um die Anfangskapazität des Drehkondensators $C_2 = 1100 \cdot 10^{-6}\,\mu$F zu kompensieren, dem noch Minoskondensatoren von 1000 . . . 2000 $\times 10^{-6}\,\mu$F mittels Stecker parallel geschaltet werden können, $C_4 = 250 \ldots 600$ cm mit Feineinstellung. Die Schutzringelektrode von C_3 hat eine über den mittleren Durchmesser des unbelegten Ringes gemessene Kreisfläche von $F = 40\,\pi\,\text{cm}^2$ mit geerdetem Schutzring. Auf diese wird die zu untersuchende Isolierstoffplatte von der Dicke d cm gelegt und mit der oberen Elektrode und einem Aufsatzgewicht beschwert. Die Stromquelle E hat eine Spannung von etwa 100 V und $\nu = 800$ Hz. Die Abgleichung der Brücke erfolgt an C_2 und C_4, bis der über einen Transformator angeschlossene Fernhörer F keinen Ton abgibt.

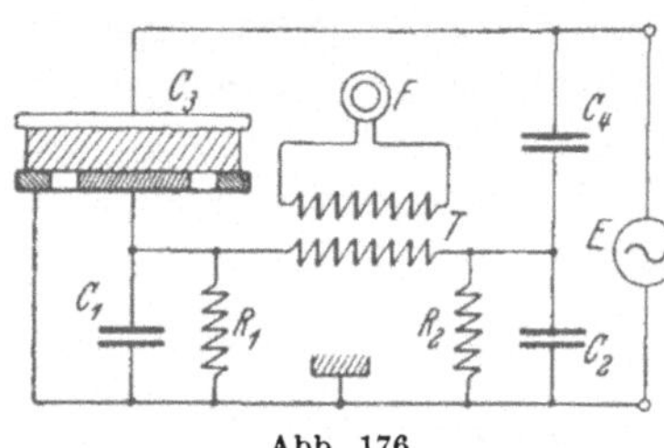

Abb. 176.

Dann ergibt sich die Dielektrizitätskonstante: $\varepsilon = C_4 \cdot \frac{4\pi \cdot d}{F}$, worin C_4 in Zentimeter einzusetzen ist, und der Verlustwinkel: $\operatorname{tg} \delta = \omega \cdot R_2 \cdot (C_2 - C_1)$, worin C_2 und C_1 die wirksamen Kapazitäten parallel zu R_2 und R_1 sind. Ähnlich ist eine Schaltung von W. Petersen[2].

Bei leitendem Dielektrikum kann man auch eine Stromresonanzschaltung[3] zur Messung von ε verwenden.

Ist die Leitfähigkeit sehr groß, z. B. bei Salzlösungen (Grisson-Kondensator), dann kann man nach P. Drude[4] die Messung mit Hilfe von Hertzschen Wellen vornehmen. Man mißt nämlich die Wellenlängen eines Lecherschen Systems in Luft λ_0 und in der Lösung λ, dann ergibt sich nach der Maxwellschen Lichttheorie $\varepsilon = \left(\frac{\lambda_0}{\lambda}\right)^2$.

---

[1] Z. Instrumentenkde. 1927 S. 284; ETZ 1927 S. 1086.

[2] ETZ 1925 S. 1906. [3] Physik. Z. 1916 S. 114.

[4] Wied. Ann. Bd. 61 (1897) S. 470; Ann. Physik Bd. 8 (1902) S. 336; Bd. 16 (1905) S. 116.

Zur direkten Messung der Dielektrizitätskonstanten ε kann man nach K. Schlesinger[1] eine Meßeinrichtung verwenden, die eine Meßbrücke mit 4 Kondensatoren in den Zweigen enthält und mit Hochfrequenz von $10^5 \ldots 10^7$ Hz eines Röhrengenerators gespeist wird. Durch eine 1000fache Verstärkung wird eine scharfe Einstellung der Nullage bei etwa 1 ... 2% Genauigkeit erreicht.

57. Untersuchung von Isolierstoffen.

Gemäß den Vorschriften des VDE unterscheidet man hauptsächlich drei Gruppen der Untersuchung, nämlich auf mechanische, thermische und elektrische Festigkeit.

Die Prüfung der mechanischen Festigkeit erfolgt durch Werkstoffprüfmaschinen besonders angepaßter Bauart. Genauere Angaben darüber finden sich in der Schrift von W. Demuth[2].

Zur Untersuchung auf thermische Festigkeit kann ein von O. Edelmann[3] angegebener Apparat dienen. Die Frage der Feuer-, Schaltfeuer- und Glutsicherheit ist von G. J. Meyer[4] eingehend behandelt. Ein dafür geeigneter Apparat ist von W. Schramm[5] angegeben.

Am umfangreichsten jedoch sind die Methoden zur Prüfung der elektrischen Festigkeit vornehmlich fester Isolierstoffe, die zwar in den Vorschriften und Leitsätzen des VDE[6] behandelt sind, hier aber noch durch Angaben weiterer Arbeiten und Abhandlungen ergänzt werden sollen.

1. Oberflächenwiderstand.

Die Messung wird ausgeführt mit einer Vorrichtung, die zwei schneidenförmige Elektroden von 10 cm Länge und 1 cm Abstand besitzt. Diese werden auf die Isolierplatte aufgesetzt und an eine Gleichspannung von 1000 V angeschlossen. Nach 1 min erfolgt die Ablesung an einem in den Stromkreis geschalteten Galvanometer. Zur schnellen und vereinfachten Prüfung der Oberfläche von Isolierstoffen eignet sich ein von G. J. Meyer[7] angegebener Prüftaster.

---

[1] ETZ 1931 S. 533.

[2] Die Materialprüfung der Isolierstoffe der Elektrotechnik. 2. Aufl. Berlin: Julius Springer 1923.

[3] ETZ 1925 S. 147. [4] ETZ 1928 S. 1148. [5] ETZ 1928 S. 601.

[6] ETZ 1929 S. 364. [7] ETZ 1923 S. 10.

2. Widerstand im Innern.

Zwei schwach konische Metallstöpsel von 5 mm Durchmesser werden in Bohrungen eingesetzt, die mit einem Mittenabstand von 15 mm durch den Isolierstoff gehen. Zwischen diesen Elektroden wird der Widerstand 20 oder 60 sec nach Anlegen einer Gleichspannung von 110, 220 oder 1000 V mittels Galvanometer gemessen.

Bei harten Stoffen empfiehlt es sich, die Messung zwischen zwei mit Quecksilber gefüllten Löchern von 5 mm Durchmesser mit 15 mm Mittenabstand und einer Tiefe von etwa $^2/_3$ Dicke des Isolierstoffs, höchstens 10 mm, vorzunehmen.

3. Durchgangswiderstand.

Hierbei wird der Versuchskörper mit zweckentsprechend angebrachten Belegungen versehen und an diese eine Gleichspannung von 1000 V angelegt, wobei die Ablesung des Stromes an einem Galvanometer oder dgl. nach 60 sec erfolgt. Diese Messung dient auch zur Ermittlung des spezifischen Widerstandes ϱ.

Haben die Isolierstoffe, z. B. Hartgummi, Quarz, Pyrexglas, einen äußerst großen Widerstand, dann sind die zu messenden Ströme in der Größenordnung von $10^{-12} \ldots 10^{-18}$ A, wofür man mit Vorteil ein Quadrantenelektrometer verwenden kann. Um dabei die durch die Drehung der Nadel hervorgerufenen Änderungen der Kapazität zu vermeiden, benutzt es H. Race[1] als Nullinstrument in einer Brückenschaltung. Die Schwierigkeiten bei der Messung sehr großer Widerstände überwindet G. Hoffmann[2] dadurch, daß er ein Vakuum-Elektrometer nach Gerlach und eine Kompensationsschaltung verwendet.

Zur Messung des Durchgangs-, Oberflächen- und spezifischen Widerstandes von Isolatoren hat Curtis[3] eine ballistische und Elektrometermethode angegeben.

4. Stromdurchgangsprobe.

Zur qualitativen Feststellung des Stromdurchgangs wird in Reihe mit dem Prüfkörper eine Glimmlampe für 110 oder 220 V

[1] J. Amer. Inst. electr. Engr. 1928 S. 788; ETZ 1930 S. 92.
[2] Physik. Z. 1925 S. 913; ETZ 1927 S. 1849.
[3] Bull. Bur. Stand. Bd. 11 S. 359; ETZ 1916 S. 469.

Prüfspannung geschaltet. Leuchtet die Lampe schwach oder vollständig, so ist eine merkliche Leitfähigkeit vorhanden.

5. Spitzentasterprobe.

Zeigen die Isolierstoffe eine besondere Empfindlichkeit für Feuchtigkeit, womit Kriechströme verbunden sind, so daß Gefahren für das Bedienungspersonal bzw. schleichende Erdschlüsse entstehen können, dann empfiehlt sich eine Prüfung mittels Spitzentaster[1], der über einen genormten Apparat an eine Wechselspannung angeschlossen wird. Sobald der Taster auf den Isolierstoff gesetzt wird, zeigt das Sinken der Spannung an einem Spannungsmesser einen Stromübergang zwischen den Spitzen an.

6. Durchschlagsfestigkeit.

Bei plattenförmigen Isolierstoffen bestimmt man die Durchschlagsfestigkeit H_d Volt/cm als Quotient der Durchschlagsspannung E_d Volt und der Plattendicke d cm gemäß $H_d = \frac{E_d}{d}$ Volt/cm. Die Ausführung der Messung geschieht nach den Vorschriften des VDE. Dabei ist es jedoch sehr schwierig, die Elektroden so anzubringen, daß keine Störungen des homogenen Feldes auftreten. Zweckmäßige Elektrodenformen und Apparate sind dafür von G. Pfestorf[2] sowie von E. Marx[3] angegeben. Von letzterem sind auch Untersuchungen über den Durchschlag zusammengesetzter Anordnungen verschiedener Dielektrizitätskonstante[4] gemacht und eine besondere Schaltung zur Erzeugung von Spannungsstößen verwendet worden. R. Dieterle[5] hat einen neuen Normalapparat zur Prüfung flüssiger und vergießbarer Isolierstoffe und Versuche damit angegeben.

Zur Untersuchung von Porzellanisolatoren, wie sie in Hochspannungsanlagen Verwendung finden, dienen besondere Prüfmethoden[6]. Für die Prüfung werden meistens Hochspannungstransformatoren benutzt. Bemerkenswert ist dafür das Versuchsfeld der Hermsdorf-Schomburg-Isolatoren GmbH.[7].

Zur schnellen Prüfung von Isoliermaterialien hat die Firma Koch & Sterzel, Dresden einen tragbaren Prüftransformator[8] für 500, 1000, 1500 V Spannung gebaut.

[1] ETZ 1928 S. 1151. [2] ETZ 1930 S. 275. [3] ETZ 1929 S. 41. [4] ETZ 1928 S. 50. [5] ETZ 1924 S. 513. [6] ETZ 1927 S. 372. [7] ETZ 1927 S. 512. [8] ETZ 1913 S. 535.

Da nun die Isolatoren im Betriebe ihre stärkste Beanspruchung durch Spannungsstöße erleiden, ist es notwendig geworden, sie auf elektrische Stoßfestigkeit zu prüfen. Um solche schnell über das Maß der Durchschlagsspannung ansteigende Spannungsstöße zu erzeugen, bedient man sich dabei geeigneter Schaltungen von Kondensatoren und Funkenstrecken.

Derartige Anordnungen sind zuerst von W. Petersen und Grünewald[1] angegeben worden. Weitere Untersuchungen über die Formen von Wanderwellen und die Stoßprüfung von Isolatoren stammen von W. Bucksath[2], M. Toepler[3], W. Reiche[4], E. Marx[5] mit einer einfachen Schaltung unter Verwendung eines mechanischen Gleichrichters und L. Binder[6].

Eine Stoßprüfanlage für 500 kV Spannung ist von Koch & Sterzel A.-G., Dresden, für die Porzellanfabrik Hentschel & Müller, Meuselwitz (Thür.)[7] geliefert worden. In der Schaltung werden 2 Nadelgleichrichter (nach Delon) benutzt, weitere Stoßprüfanlagen für 2000 kV sind von obiger Firma sowie der AEG gebaut.

C. Moerder[8] gibt eine symmetrische Schaltung für Spannungsstoßprüfung an, die mit elektrischen Ventilröhren arbeitet. Als Schutz der hochempfindlichen Instrumente bei diesen Prüfungen wird zum Abfangen der Überströme ein Galvanometerschutz in Form einer Ventilröhren- und Widerstands-Anordnung verwendet.

Bei der Untersuchung der Eigenschaften von Isolatoren spielt auch die Ermittlung der Spannungsverteilung über die Oberfläche des Isolators eine wichtige Rolle, um festzustellen, ob etwa Unregelmäßigkeiten vorliegen. P. Pulides und A. L. Müller[9] haben die bisher dafür gebräuchlichen Methoden beschrieben und ein neues einfaches Verfahren angegeben, bei dem die Untersuchung mittels Elektronenröhren und Lautsprecher mit genügender Genauigkeit ausgeführt wird.

Auch für Kettenisolatoren ist die Bestimmung der Verteilung der Spannung auf die einzelnen Glieder von Bedeutung. Der-

---

[1] ETZ 1921 S. 1377. [2] ETZ 1923 S. 943, 975, 1103.
[3] ETZ 1924 S. 1045. [4] ETZ 1925 S. 1314. [5] ETZ 1924 S. 652.
[6] ETZ 1925 S. 137. [7] Mitt. Okt. 1925.
[8] Arch. Elektrotechn. Bd. 24 (1930) S. 174; ETZ 1931 S. 358.
[9] ETZ 1928 S. 1648.

artige Messungen sind von E. Marx[1] ausgeführt und eingehend behandelt worden.

Bei Hochfrequenz werden die festen Isolatoren schon bei niedrigeren Spannungen als bei technischen Frequenzen durchschlagen. Als Ursachen dürften dabei wohl die größere Wärmeentwicklung, Ionisationsvorgänge und Glimmentladungen zu gelten haben. Versuche von L. Inge und A. Walther[2] haben eine Bestätigung dieser Annahmen ergeben. Auch Messungen von H. Kühlewein[3] haben gezeigt, daß die Dielektrizitätskonstante und Leitfähigkeit der Isolierstoffe stark von der Frequenz abhängt. B. L. Goodlet[4] behandelt die verschiedenen Arten der Prüfung von Porzellanisolatoren und bringt einen Vergleich der Prüfmethoden der verschiedenen Länder.

Unter den flüssigen Isolierstoffen sind es besonders die Isolieröle, z. B. von Transformatoren und Schaltern, deren Untersuchung auf Durchschlagsfestigkeit von Bedeutung ist. Einfach in der Bedienung ist die Ölprüfeinrichtung von S & H[5] mit einem Transformator für 50 kV, wobei mittels des aus Porzellan gebauten Prüfgefäßes mit fest eingebauten pilzförmigen Elektroden als Normal-Ölfunkenstrecke Durchschlagsfestigkeiten bis zu $H_d = 175$ kV/cm ermittelt werden können.

H. Wommelsdorf[6] verwendet für eine transportable Prüfeinrichtung von Transformatorenöl eine Kondensatormaschine[7] von 85 kV Gleichspannung, womit Durchschlagsfestigkeiten bis zu $H_d = 230$ kV/cm bestimmt werden können.

Sehr einfach gestaltet sich die Untersuchung von Ölen mittels des Hochspannungs-Isolationsmessers nach S. Strauss (siehe Abb. 32). Die dauernde Überwachung der Isolieröle im Betrieb ist nur mit Hilfe von Funkenstrecken möglich, die unmittelbar in den Ölkessel eingebaut sind. Eine einfache Konstruktion ist dafür von F. Förster[8] angegeben, bei der abweichend von den Vorschriften des VDE die Meßfunkenstrecke aus Kugeln von 12,5 mm Durchmesser und 2,25 mm Abstand besteht.

---

[1] ETZ 1925 S. 81.

[2] Arch. Elektrotechn. Bd. 21 (1929) S. 209; ETZ 1929 S. 620.

[3] Z. techn. Phys. 1929 S. 28; ETZ 1931 S. 1451.

[4] J. Instn. electr. Engr. 1929 S. 1177, 1209; ETZ 1931 S. 48.

[5] Siemens-Z. 1928 S. 563, 743.

[6] ETZ 1929 S. 305, 1069.

[7] ETZ 1914 S. 61; 1920 S. 726.

[8] ETZ 1930 S. 452.

7. Dielektrische Verluste.

Zur Kennzeichnung der dielektrischen Verluste dient der Verlustfaktor tg δ (s. S. 178), der als absolute Zahl in Tausendstel anzugeben ist. Die Messung der Verluste erfolgt nach den früher angegebenen Methoden (s. d.), meistens in Brückenschaltungen. Um dabei Meßfehler wegen ungleicher Erdkapazitäten der einzelnen Brückenzweige zu vermeiden, ist in Abänderung der Schaltung von H. Schering von F. Beldi[1] eine Hochspannungsmeßbrücke angegeben, die im Zweige *3* noch ein Variometer enthält, während im Zweig *4* der Kondensator C_4 fehlt. Abb. 177 zeigt das Schaltungsschema mit einem Hilfszweig (*5*, *6*), wie bei der Brücke Abb. 175. $C_x = C_1$ enthält den zu untersuchenden Isolierstoff. C_5, R_6, $\mathfrak{S}_6$ brauchen nicht bekannt oder verlustlos zu sein. Man legt zuerst den Schalter S auf *1*. Dann wird die Brücke mittels der Zweige *3* und *4* abgeglichen, der Schalter S auf *2* gelegt und Hilfszweig *5*, *6* mit *2*, *4* abgeglichen. Dadurch wird Punkt b auf Erdpotential gebracht. Nun wird S umgelegt auf *1* und ohne Veränderung von Zweig *2* und *4* die Brücke mittels $\mathfrak{S}_3$ auf Stromlosigkeit des Galvanometers G abgestimmt. Dann hat auch a Erdpotential wie b, ohne daß sie elektrisch mit der Erde in Verbindung stehen. Dafür gilt dann

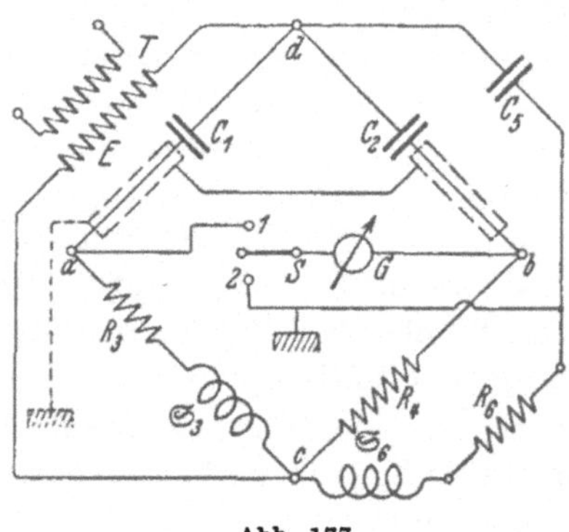

Abb. 177.

$$\operatorname{tg}\delta = \frac{\omega \cdot \mathfrak{S}_3}{R_3}.$$

Bei hohen Spannungen messen Clark und Shanklin[2] die Verluste mit einem Leistungsmesser unter Benutzung eines verlustlosen Vergleichskondensators. Die Schaltung ist dann von A. Roth[3] weiter ausgestaltet worden. Zur betriebsmäßigen Kontrolle des Verlustfaktors eignet sich ferner der Thermo-Leistungsmesser von L. Brückmann (s. S. 122) und eine Meß-

[1] Bull. schweiz. elektrotechn. Ver. Bd. 31 (1930) S. 197.

[2] Gen. electr. Rev. Okt. 1916.

[3] Hochspannungstechnik. S. 136. Berlin: Julius Springer 1927.

anordnung von A. Täuber-Gretler[1] mit einem empfindlichen elektrodynamischen Leistungsmesser.

C. L. Dawes und P. H. Humphries[2] haben eine Hochspannungs-Brückenschaltung zur Untersuchung von Glasscheiben, insbesondere „Pyrex", einer hitzebeständigen Glassorte, angegeben, bei der Schutzringkondensatoren zur Aufnahme der Probe und als Vergleichnormal verwendet werden.

Mit hohen Frequenzen von 200 ... 600 kHz untersucht G. E. Owen[3] die Isolierstoffe in der Weise, daß die dabei entstehende Verlustwärme mit der durch einen bekannten Strom in einem Ohmschen Widerstand erzeugten Wärme verglichen wird. Die Methode eignet sich besonders zur Untersuchung kleiner Proben.

Weitere Untersuchungen mit Frequenzen von $\nu = 2 \ldots 100$ MHz ($\lambda = 150 \ldots 3$ m) sind von E. Darmstaedter[4] angegeben.

Zur Messung des Verlustfaktors von Isolierölen, Petroleum, Vaselin in der Scheringschen Brücke ist von P. Wiegand[5] ein besonders gebauter Prüfkondensator verwendet worden, mit dem man geringe Stoffmengen unter sehr hohen Feldstärken und unter Druck untersuchen kann. Von dem Bureau of Standards werden ähnliche Prüfungen an Isolierstoffen vorgenommen, die sich auf die Bestimmung der verschiedenen elektrischen Eigenschaften erstrecken[6].

Zur Untersuchung von Isolierstoffen dienen verschiedenartige

8. Prüfeinrichtungen.

Da hierbei hohe Spannungen zur Anwendung kommen, spielt die passende Stromquelle eine wichtige Rolle. Überall da, wo konstante, hohe Gleichspannungen verlangt werden, eignet sich vor allem der Akkumulator auch für Spannungen bis 10 kV hinauf, wenn die einzelnen Zellen nach Zehnder[7] durch eine Ölschicht gegen Erde isoliert werden.

---

[1] Bull. schweiz. elektrotechn. Ver. Bd. 18 (1927) S. 543; ETZ 1928 S. 185.

[2] Electr. Wld. Bd. 91 (1928) S. 1331; ETZ 1929 S. 1061.

[3] Physic. Rev. Bd. 34 (1929) S. 1035; ETZ 1930 S. 746.

[4] Arch. Elektrotechn. Bd. 23 (1929) S. 701. [5] ETZ 1928 S. 570.

[6] Rev. gén. Électr. Bd. 15 S. 479; ETZ 1924 S. 1088.

[7] ETZ 1928 S. 481.

Für die Erzeugung höherer Gleichspannungen empfiehlt es sich, Wechselströme gleichzurichten (vgl. IV, 17). Da die Glühkathoden-Elektronenröhren elektrische Ströme nur in einer Richtung (Anode—Kathode) hindurchlassen, eignen sie sich als elektrische Ventile ganz besonders zur Gleichrichtung. Abb. 178 zeigt eine damit arbeitende Einröhren- oder Halbwellenschaltung. Die Kathode der Röhre *ER* wird von der Hilfswicklung *h* des Transformators *T* geheizt, dessen Spannung E_w an der Sekundärseite *II* in die gleichgerichtete Spannung *E* umgewandelt wird. Um die der Kurvenform entsprechenden Schwankungen zu beseitigen, ist ein Kondensator *C* parallel zu den Abnahmeklemmen gelegt. Es ist dann $E = \sqrt{2} \cdot E_w$. Doch erfolgt die Ladung des Kondensators nur in der halben Zeit einer Periode (Einweg-Gleichrichter). Mit Rücksicht auf Glimm- und Sprühentladungen der Röhre, wodurch die Konstanz der Gleichspannung beeinträchtigt wird, geht man hierbei nicht über 50 kV hinaus.

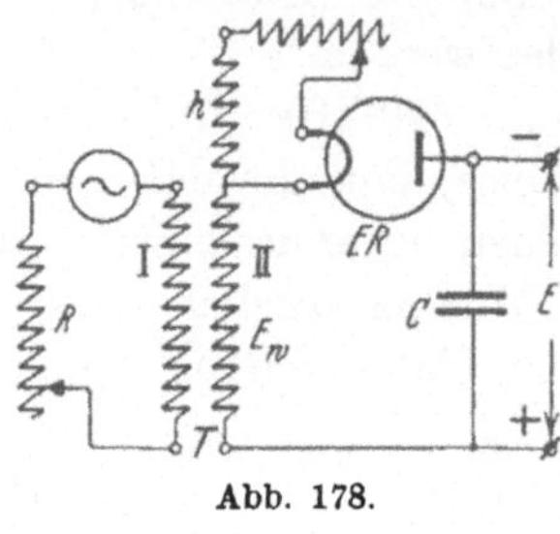

Abb. 178.

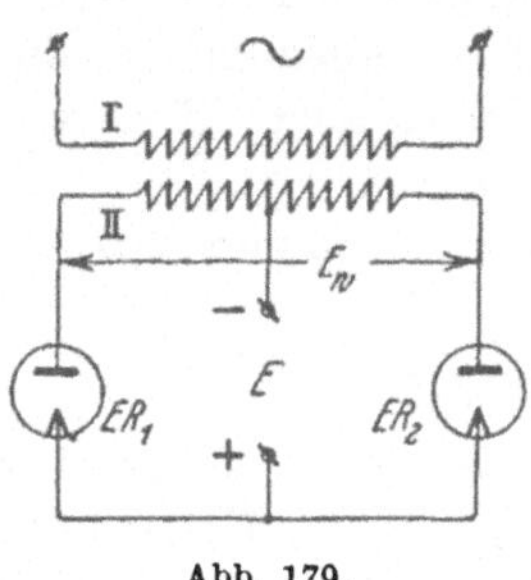

Abb. 179.

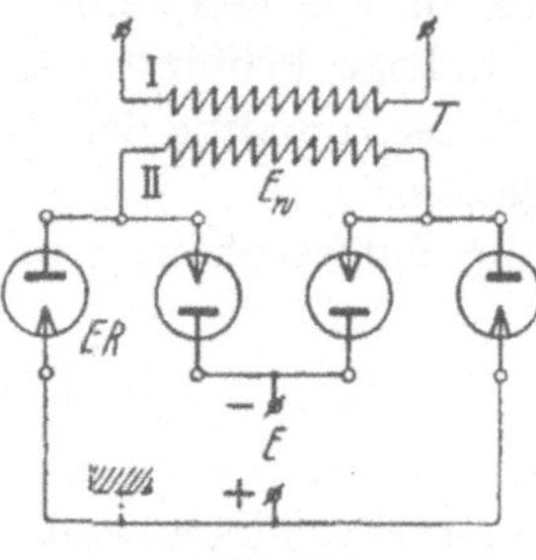

Abb. 180.

Um auch die zweite Halbwelle der Wechselspannung auszunutzen, verwendet man die Graetz-Schaltungen nach Abb. 179 mit 2, nach Abb. 180 mit 4 Ventilröhren (Doppelweg-Gleichrichter). In Abb. 179 wird jede der beiden Transformatorenwicklungen nur während einer halben Periode mit Strom belastet. Ist E_w die Gesamtspannung der Sekundärwicklung, dann wird $E = \frac{1}{2} \cdot \sqrt{2} \cdot E_w$. Die Spannungsbeanspruchung der Ventilröhre ist wie bei der Halbwellenschaltung gleich $2E$. Die Grenze für diese Schaltung ist also etwa 120 kV.

Bei der Vierröhrenschaltung nach Abb. 180 werden die Röhren nur mit der Gleichspannung $E = \sqrt{2} \cdot E_w$ beansprucht und die Transformatorwicklung über die ganze Periode belastet. Bei Erdung (gestrichelt) ist der Transformator nur für die Spannung E_w zu isolieren. Als Grenze für diese Schaltung kann etwa 250 kV gelten. Hierbei sei noch erwähnt, daß die Ventilröhre sich nach M. Schenkel[1] auch zur Messung von Überspannungen an Leitungen und Maschinen verwenden läßt.

Zur Entnahme kleiner Ströme bis 40 mA und Spannungen bis 25 kV dient der Proton-Apparat[2] mit einer Schaltung von H. Greinacher[3] zur Spannungsverdoppelung nach Abb. 181. Die am Transformator T sekundär erzeugte hohe Wechselspannung wird über die Ventilröhren ER und Kondensatoren C in hohe Gleichspannung E umgewandelt, die zwischen den Punkten b und d abgenommen werden kann; h sind die Heizwicklungen der Kathode. Durch Vorschaltwiderstände im Niederspannungskreis I des Transformators kann die Spannung E bis auf 17 kV hinunter verändert werden. R sind Schutz- oder Dämpfungswiderstände. Für höhere Spannungen bis 75 kV werden 3 Apparate in Reihe geschaltet, darüber hinaus kommen Vortransformatoren in Dessauer-Schaltung (s. d.) in Frage[4].

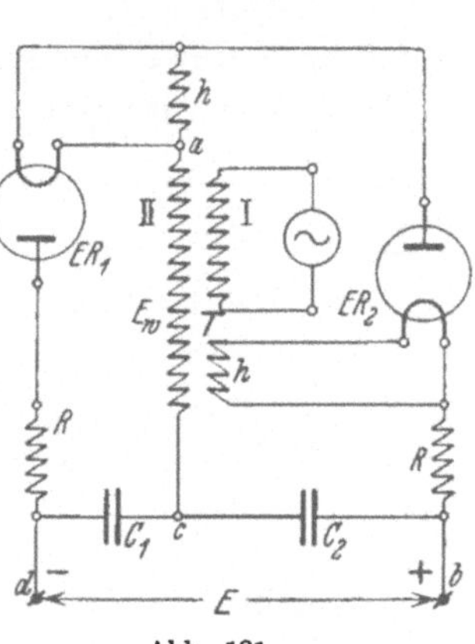

Abb. 181.

Ohne Ventile zur Spannungsverdopplung arbeitet die Villard-Schaltung[5]. Auch ohne Anwendung von Transformatoren lassen sich nach M. Schenkel[6] hohe Gleichspannungen gemäß Abb. 182

[1] ETZ 1924 S. 490. [2] P. J. Kipp & Zonen, Delft.

[3] Verh. dtsch. physik. Ges. Bd. 16 (1914) S. 320; Arch. Elektrotechn. Bd. 13 (1914). S. 330; Physik. Z. 1916 S. 343; ETZ 1917 S. 225; Bull. schweiz. elektrotechn. Ver. Bd. 9 (1918) S. 85.

[4] Z. techn. Physik 1926 S. 84; ETZ 1928 S. 443.

[5] J. Physique Chim. Bd. 10 (1901) S. 28.

[6] ETZ 1919 S. 333; D.R.P. 310356 (S & H).

bis zu sehr hohen Werten herstellen, deren Grenze durch die Isolierung gegeben ist, wenn es sich um Abgabe kleiner Stromstärken handelt. Hierbei zeigt jedes Glied, gebildet aus Kondensator C und Elektronenröhre ER, eine mit der Anzahl der Glieder um den Wert $\sqrt{2}\cdot E_w$ steigende Gleichspannung E, so daß bei n Gliedern $E = n\cdot\sqrt{2}\cdot E_w$ ist.

Durch Regelung von E_w der Wechselspannung läßt sich E bequem ändern. Die Anordnung hat jedoch den Nachteil, daß der letzte Kondensator die volle Spannung führt. Durch vervielfachte Anwendung von Ventilen und Kondensatoren in einer von der früheren abweichenden Anordnung hat H. Greinacher[1] neue Schaltungen erhalten, die von den vorhin erwähnten Nachteilen frei sind.

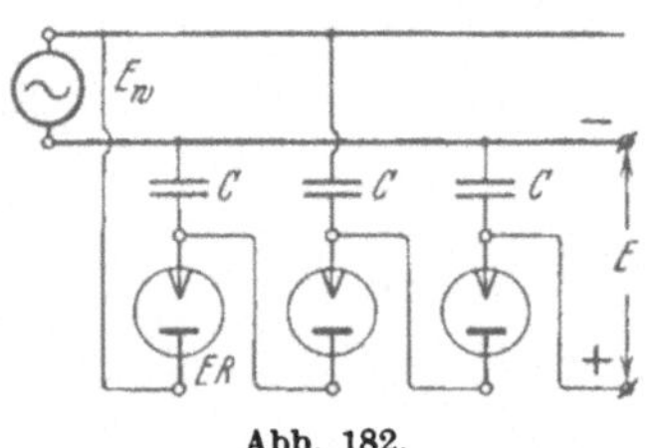

Abb. 182.

M. Schenkel[2] schaltet mehrere Kondensatoren hintereinander und lädt sie unter Verwendung von mechanischen Gleichrichtern nach Delon nacheinander mittels gleichgerichteter Wechselspannung. Diese Anordnung läßt sich nach A. Gemant[3] auch in umgekehrter Richtung als allgemeiner Gleichstrom-Transformator verwenden. Eine andere Ausführung des Kondensator-Umformers ist von B. L. Rosing[4] angegeben, die auch für die Umformung großer Leistungen dienen kann, wenn man Elektrolyt-Kondensatoren nach A. Soulier[5] verwendet, deren Bau, Wirkungsweise und Verwendung von W. Hoesch[6] eingehend behandelt ist.

Schließlich kann man nach E. Marx[7] als Ventile auch Funkenstrecken Spitze—Platte[8] anwenden, um dadurch mit Hilfe von Widerständen und Kondensatoren beliebig hohe Wechselspannungen gleichzurichten. Derartige Anordnungen werden von der AEG gebaut.

[1] Bull. schweiz. elektrotechn. Ver. Bd. 11 (1920) S. 59; ETZ 1920 S. 759; Z. Physik 1921 S. 195.

[2] ETZ 1919 S. 334.

[3] Arch. Elektrotechn. Bd. 23 (1929) S. 695; ETZ 1931 S. 356.

[4] Elektritschestwo 1930 S. 559; Elektrotechn. u. Maschinenb. 1931 S. 71.

[5] Rev. gén. Électr. 1926 S. 175.

[6] ETZ 1931 S. 928.

[7] ETZ 1930 S. 1089.

[8] ETZ 1930 S. 1164.

Mit sehr einfachen Mitteln arbeitet eine der Schaltung von Schenkel prinzipiell ähnliche Anordnung von E. Oppen[1] der Oski A.-G., Hannover, zur Erzeugung hoher Gleichspannung, z. B. für Zwecke der elektrischen Gasreinigung. Durch einen isoliert aufgestellten Magnetzünder für 4 Kerzen werden nacheinander bei jeder Umdrehung 4 hintereinander geschaltete Kondensatoren aufgeladen, wobei man zwischen Erde (+) und Sprühelektrode für Gasreinigung etwa 30 kV Gleichspannung bei 300 . . . 500 mA erhält. Für höhere Spannungen hätte man einen Magnetzünder für 6 oder mehr Abnahmestellen zu wählen. Die Kondensatoren können klein sein, da keine große Leistungen verlangt werden. Außerdem besteht keine Zünd- oder Lebensgefahr.

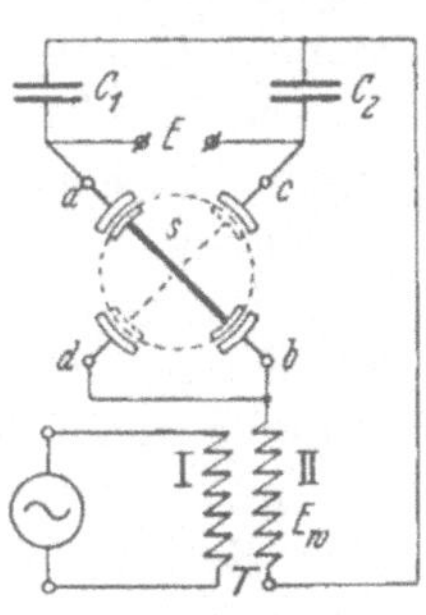

Abb. 183.

Für größere Leistungen eignet sich die von J. Delon[2] angegebene Anordnung nach Abb. 183. Darin werden von einem Transformator T die Kondensatoren C über eine synchron rotierende Gleichrichtvorrichtung *abcd* abwechselnd so aufgeladen, daß zwischen den Punkten *ac* der doppelte Scheitelwert der Sekundärspannung E_w auftritt, so daß bei Sinusform $E = 2 \cdot \sqrt{2} \cdot E_w$ wird. Der Gleichrichter enthält einen isolierten, von einem Synchronmotor angetriebenen Stab *s*, der mit seinen Enden in dem Augenblick der Erreichung des Scheitelwerts von E_w an den Zuleitungen *ab* vorbeistreicht, wodurch C_1 eine Ladung erhält. Unter der Annahme eines vierpoligen Motors, der bei einer Periode ½ Umdrehung macht, kommt der Stab (gestrichelt) nach 90° Drehung, entsprechend ½ Periode, mit den Zuleitungen *cd* zur Berührung. Dabei hat der Scheitelwert der Wechselspannung sein Vorzeichen gewechselt, so daß der Kondensator C_2 in umgekehrter Richtung geladen wird. Nach einer gewissen Zeit (ca. 1 min) ist jeder Kondensator auf die Scheitelspannung aufgeladen.

Auch für Dreiphasen-Wechselstrom ist von der Metallgesellschaft A.-G. nach Angaben von W. Deutsch und W. Hoss[3]

---

[1] D.R.P. 452121 v. 24. Sept. 1925.

[2] Bull. Soc. int. Électr. Bd. 10 (1910) S. 613; ETZ 1912 S. 1179; 1914 S. 1008; Siemens-Z. 1927 S. 528.

[3] ETZ 1930 S. 1480.

ein mechanischer Gleichrichter konstruiert worden, der gegenüber dem Einphasen-Gleichrichter von Delon verschiedene Vorteile besitzt.

Da bei den gebräuchlichen mechanischen Gleichrichtern der Stromschluß zwischen rotierendem Stab *s* und den Zuleitungen *a* . . . *d* wegen der kleinen Luftstrecken in Form von Funken stattfindet, treten leicht Geräusche, Spannungsverluste, Überspannungen und Hochfrequenzschwingungen auf, so daß man sie hauptsächlich für Stoßspannungsschaltungen zur laufenden Stückprüfung von Porzellanisolatoren in der Fabrik benutzt. Für Laboratoriumsprüfungen und wissenschaftliche Untersuchungen dagegen bevorzugt man Schaltungen mit Glühkathoden-Elektronenröhren oder elektrischen Ventilen (s. auch IV, 17).

Die Schaltungen von Greinacher, Schenkel und Delon ergeben Gleichspannungen, denen durch das Auftreten von Glimmentladungen und Sprühverluste praktisch bald eine Grenze gesetzt ist. Diesen Übelstand beseitigt C. Müller[1] dadurch, daß er die Kondensatoren durch entsprechende Formgebung und Anordnung zugleich zur elektrostatischen Abschirmung der Leiter hohen Potentials heranzieht. Untersuchungen von M. Brenzinger[2] über die verschiedenen Ventil-Kondensatorschaltungen haben ergeben, daß die Graetz-Schaltung den anderen bezüglich Gleichförmigkeit der Spannung überlegen ist.

Als einfachster Erzeuger hoher Gleichspannung kann ein sogenannter Riemengenerator dienen, bei dem ein Lederriemen mit großer Geschwindigkeit mittels eiserner Riemenscheiben bewegt wird. Infolge des Riemenschlupfs entstehen durch Reibung elektrische Ladungen, die dem Riemen ein mit der Entfernung von den Scheiben entsprechend der Abnahme der Kapazität steigendes Potential gegen Erde erteilen. So fand Ugrimoff[3] bei 20 m/sec Riemengeschwindigkeit Spannungen von 80 kV, bei denen Dauerströme von 2 mA entsprechend einer Leistung von 160 W entnommen werden konnten. C. E. Magnusson[4] benutzte einen Riemengenerator zur Erzeugung von Stoßspannungen bei der Untersuchung der Entstehung und Eigenschaften der Lichtenbergschen Figuren (s. Klydonograph, S. 113).

---

[1] Z. techn. Physik 1926 S. 148; ETZ 1928 S. 443.

[2] Arch. Elekt.otechn. Bd. 18 (1927) S. 354.

[3] ETZ 1925 S. 1237.

[4] J. Amer. Inst. electr. Engr. 1928 S. 828; ETZ 1929 S. 1860.

Die wichtigsten Spannungsquellen zur Untersuchung von Isolierstoffen, insbesondere Porzellanisolatoren, sind Generatoren zur Erzeugung von **Spannungsstößen**, die in möglichst kurzer Zeit ($10^{-7} \ldots 10^{-6}$ sec) ihren Höchstwert erreichen und Sprung- oder Wanderwellen-Charakter besitzen. Abb. 184 zeigt die einfachste Anordnung eines **Spannungsstoß-Generators**. Dabei wird von einer Spannungsquelle E vorhin beschriebener Art mit einer veränderlichen hohen Gleichspannung über Dämpfungswiderstände R zum Schutz des Generators ein Kondensator C auf die für den an K anzuschließenden Prüfling erforderliche hohe Spannung aufgeladen. Zur Erzielung der stoßartigen Wirkung entlädt man den Kondensator über kurze dicke Leitungen ohne wesentliche Induktivität durch Schaltfunkenstrecken SF. Zur Messung der Prüfspannung dient dabei die Meßfunkenstrecke MF.

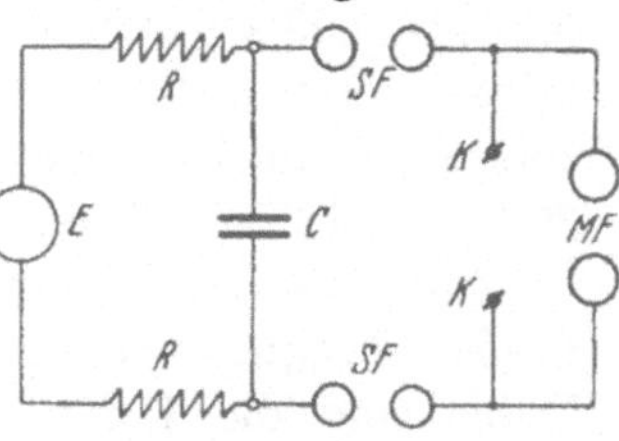

Abb. 184.

Es hat sich nun bei der Herstellung sehr hoher Stoßspannungen als zweckmäßig erwiesen, 2 Kondensatoren in der Ver-

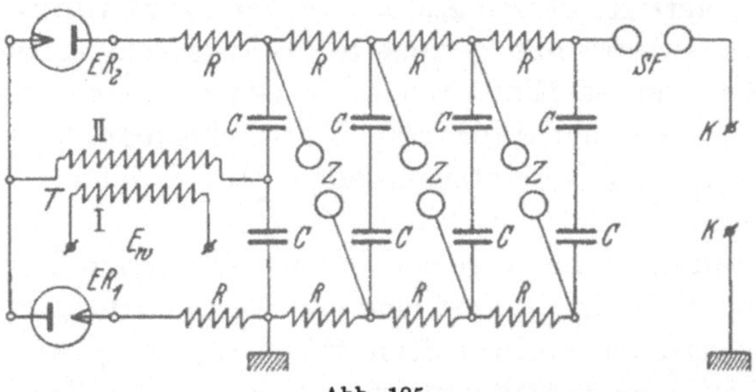

Abb. 185.

doppelungsschaltung (Abb. 181) zu verwenden. Mit Hilfe dieser Grundschaltung und den von E. **Marx**[1] unter Zuhilfenahme daran angeschlossener Schwingungskreise ausgebildeten Vervielfachungsschaltungen gemäß Abb. 185 sind von S & H[2], Koch & Sterzel A.-G.[3], Westinghouse Mfg Co[4] Generatoren für hohe

[1] ETZ 1924 S. 652; 1925 S. 1298; 1928 S. 199.
[2] Siemens-Z. 1927 S. 529; 1930 S. 612. [3] Mitteilungen 1927 H. 11.
[4] Electr. J. Bd. 23 (S. 596); Bd. 24 S. 287.

Gleich- bzw. Stoßspannungen von 500 . . . 2000 kV gebaut worden, bei denen es möglich ist, sehr hohe Spannungen mit verhältnismäßig niedrigen Primärspannungen zu erzeugen. Darin sind *R* Dämpfungswiderstände, *Z* Zündfunkenstrecken, *SF* Schaltfunkenstrecken, *K* Klemmen für den Prüfling. Eine derartige Anlage für 2000 kV befindet sich u. a. im Versuchsfeld der Porzellanfabrik Hermsdorf[1], die durch Anschluß eines Tesla-Transformators auch zur Erzeugung hochfrequenter Hochspannung von 30 kHz bei 2000 kV gegen Erde fähig ist.

Zur direkten Erzeugung hoher Wechselspannungen technischer Frequenz dienen Höchstspannungs-Transformatoren. Dabei sind die Lufttransformatoren am billigsten in der Anschaffung und für die höchsten Spannungen betriebssicher, wenn die Wicklungen nach K. Fischer[2] ähnlich wie die Kondensatordurchführungen hergestellt sind. K. Poschenrieder[3] beschreibt eine Anlage mit einem derartig gebauten Transformator für 500 kV der Hochspannungs-Ges. Köln-Zollstock, die Transformatoren mit Fischer-Schaltung bis zu 3000 kV und 10000 kW baut[4].

Die Koch & Sterzel A.-G., Dresden, hat einen Öl-Transformator angefertigt, dessen Aufbau in der Kaskaden-Schaltung von F. Dessauer[5] mit gesteuerter Beanspruchung des Isoliermaterials erfolgt ist. Eine ähnliche Bauart zeigt ein von der GEC gebauter Transformator für 2100 kV, bestehend aus 6 Abteilungen von je 350 kV, im Laboratorium der Leland Stanford Universität in Kalifornien[6].

Während man im allgemeinen zur Erzeugung hoher Spannungen mehrere Einzeltransformatoren verwendet, baut die AEG Öltransformatoren in einer Stufe bis zu 1000 kV gegen Erde und 1000 kW Leistung[7]. Dadurch ist es möglich, den Transformator auch im Freien aufstellen zu können. Der mittlere Schenkel der

---

[1] ETZ 1930 S. 341.

[2] ETZ 1925 S. 186; 1931 S. 1084; Elektrotechn. u. Maschinenb. 1930 S. 810.

[3] ETZ 1928 S. 207.

[4] Vgl. auch: ETZ 1931 S. 1084 (W. Hüter); Elektrotechn. u. Maschinenb. 1931 S. 809 (W. Gauster).

[5] ETZ 1923 S. 1087.

[6] Electr. Wld. Bd. 88 (1926) S. 1263; ETZ 1927 S. 1273.

[7] Crämer, R.: AEG-Mitt. 1930 S. 491; ETZ 1930 S. 1751.

Manteltype trägt eine nach Art der Kondensatordurchführungen angeordnete Wicklung.

Besitzen die Prüfstücke größere Kapazität, so kann man den durch diese und die Eigenkapazität des Transformators bedingten voreilenden Strom dadurch kompensieren, daß man an die Unterspannungswicklung eine auf Resonanz abgestimmte Drosselspule anschließt. Hierdurch wird die speisende Stromquelle vom Feldstrom entlastet und außerdem die Verzerrung der Form der Spannungskurve vermieden.

Bemerkenswert ist ein Bericht von I. Reyval[1], in dem verschiedene neuere Laboratorien, Transformatorkonstruktionen und Anordnungen zur Erzeugung hoher Gleichspannungen und hochfrequenter Hochspannung behandelt werden.

Zur Erzeugung von Prüfspannungen beliebiger Dauer kann man einen Mikrozeitschalter nach L. Binder[2] verwenden, der aus Funkenstrecken, Widerständen und Kondensatoren besteht.

58. Messungen an Hochspannungskabeln.

Die Untersuchung von Kabeln erstreckt sich u. a. auf folgende Messungen:

a) Isolationswiderstand.

Da der Widerstand des Isoliermittels von Kabeln groß ist, können nur Methoden zur Bestimmung sehr hoher Widerstände in Frage kommen, insbesondere Nr. 15, a. Die Meßanordnung hierfür zeigt Abb. 186.

Dabei ist R der Vergleichs-, W der Isolationswiderstand gegen Erde. Um die Isolation der Versuchsanordnung zu berücksichtigen, läßt man den Umschalter U zwischen den Kontakten a und b stehen, so daß W und R ausgeschaltet sind, und bestimmt durch Niederdrücken des Stromschlüssels S den Ablenkungswinkel α_0. Ergaben sich für die Widerstände R und W die Ablenkungen α_1 bzw. α_2, so gilt folgende Beziehung:

$$\frac{W}{R} = \frac{\alpha_2 - \alpha_0}{\alpha_1 - \alpha_0}.$$

---

[1] Rev. gén. Électr. Bd. 17 S. 848; ETZ 1926 S. 832.

[2] ETZ 1931 S. 899.

Hat man beim Galvanometer durch Anlegen des Nebenschlusses den Meßbereich auf das *m*fache vergrößert, wobei $m > 1$ ist, so würde die Gleichung lauten:

$$\frac{W}{R} = \frac{m_2 \cdot \alpha_2 - m_0 \cdot \alpha_0}{m_1 \cdot \alpha_1 - m_0 \cdot \alpha_0}.$$

Bei allen Isolationsmessungen an Kabeln oder Apparaten, die Kapazität besitzen, muß das Galvanometer vor jedem Schließen und Öffnen des Stromschlüssels durch den Stöpsel *K* kurzgeschlossen werden, damit eventuell auftretende Ladungs- oder Entladungsströme das Galvanometer nicht beschädigen. Ferner ist der Isolationswiderstand von der Zeitdauer des Stromschlusses, Temperatur, Feuchtigkeit und Spannung abhängig, so daß man für Vergleiche dieselben immer angeben muß. Hat das Kabel eine Länge von *l* km, so ist der Widerstand für 1 km

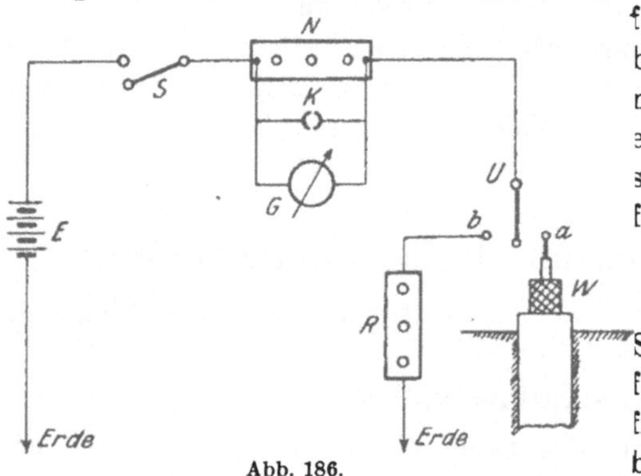

Abb. 186.

$$W_1 = l \cdot W.$$

Um eine eventuelle Störung infolge Oberflächenleitung von den freien Enden des Kabels zum Galvanometer zu beseitigen, legt man einen Schutzdraht oder Ring um die Isolation des Kabelendes und verbindet ihn mit dem Schalter *S* bzw. der Galvanometerklemme, die mit der Stromquelle in Verbindung steht. Ein Strom, der sonst über die Oberfläche nach der Erde oder dem geerdeten Wassertrog das Galvanometer durchfließen müßte, wird auf diese Weise um das Instrument herumgeleitet.

Werden die Galvanometerablenkungen zu gering, dann benutzt man besser die Methode von Siemens (Nr. 15, b). Während des ganzen Versuchs ist die Temperatur zu messen und möglichst konstant zu halten.

Sollen Messungen an Ort und Stelle vorgenommen werden, so benutzt man bei geringeren Genauigkeitsansprüchen tragbare Meßanordnungen, sonst Kabelmeßwagen (s. unter c).

b) Kapazität und dielektrische Verluste.

Zur Messung der Kapazität, Dielektrizitätskonstanten und dielektrischen Verluste verwendet man die unter Nr. 35, 46, 56, 57 angegebenen Methoden, insbesondere unter Verwendung von Hochspannung. Zur unmitelbaren Messung der betriebsmäßigen Kapazität und Ableitung von Kabeln dient eine von E. Wellmann[1] abgeänderte Schaltung der Wienschen Meßbrücke.

Bei der Messung der dielektrischen Verluste sind von C. L. Dawes, L. Hoover und H. Reichard[2] Schutzschaltungen der benutzten Brückenanordnung angegeben, und E. H. Salter[3] zeigte, durch welche Maßnahmen Glimm- und Sprühverluste bei Hochspannungskabeln vermieden werden. Weitere Methoden zur Messung der dielektrischen Verluste in Kabeln sind von Perry A. Borden[4] und De la Gorce[5] angegeben.

Während die Ermittlung der dielektrischen Verluste in Einphasenkabeln nach den angegebenen Methoden einfach durchzuführen ist, bestehen bei Messungen an Dreiphasenkabeln Schwierigkeiten, die bisher dadurch umgangen wurden, daß man angenäherte Messungen mit einphasigen Wechselspannungen ausführte. E. Bormann und J. Seiler[6], sowie K. Potthoff[7] zeigen nun, wie man Verlustmessungen an Dreiphasenkabeln unter betriebsmäßiger Spannungsbeanspruchung mittels der Scheringschen Brücke vornimmt. Ein transportabler Vergleichskondensator für derartige Messungen ist von der PTR[8] angegeben. Kleine Verlustwinkel lassen sich sehr genau nach Angaben von E.H. Rayner[9] ermitteln.

c) Isolationsfestigkeit und Fehlerort.

Schon während der Fabrikation des Kabels ist zu prüfen, ob die verwendeten Isolierstoffe die notwendigen Eigenschaften besitzen, insbesondere in welchem Zustande sich das Kabel während der Herstellung befindet. Da der Zustand bis zur voll-

[1] ETZ 1923 S. 457.
[2] J. Amer. Inst. electr. Engr. 1929 S. 450; ETZ 1930 S. 214.
[3] J. Amer. Inst. electr. Engr. 1929 S. 444; ETZ 1930 S. 214.
[4] Trans. Amer. Inst. electr. Engr. 1923 S. 395.
[5] Bull. Soc. int. Électr. Bd. 5 (1925) S. 917.
[6] ETZ 1928 S. 239. [7] ETZ 1931 S. 474. [8] ETZ 1926 S. 887.
[9] J. Instn. electr. Engr. 1930 S. 1132.

ständigen Tränkung und Trocknung der Papierschichten sich dauernd verändert, muß er durch laufende Messungen überwacht werden. P. Junius[1] hat dafür die Meßbrücke von K. W. Wagner (Abb. 175) mit dem Kabel im 4. Zweig verwendet und gezeigt, wie sich in einfacher Weise die Trocknungs- und Tränkzeiten bestimmen lassen.

Zur Prüfung verlegter Kabelstrecken auf Isolationsfestigkeit verwendet man Transformatoren, die entweder von einem Generator oder nach L. Tschiassny[2] über einen Induktionsregler von dem Betriebsnetz gespeist werden. In dem Aufsatz wird die Prüfschaltung für ein Dreiphasenkabel und Gleichungen für die Arbeitsweise des Induktionsreglers angegeben. A. Levi u. G. Erényi[3] beschreiben eine Kabelprüfanlage für 500 kV und 450 kW. Die Regelung der Drehzahl des Antriebsmotors erfolgt durch einen Leonard-Umformer[4].

Für eine umfangreiche Kabelanlage würde die praktische Wechselspannungsprüfung infolge der großen Wechselstromleistung des Transformators sehr schwierig oder unmöglich sein. Man hat daher dafür eine gleichwertige Prüfung mit hoher Gleichspannung eingeführt, die den Vorteil des geringen Leistungsbedarfs zur Deckung der Ableitungsverluste allein besitzt und dazu noch eine höhere Beanspruchung der Oberflächenisolation und leichtere Überwindung der Kriechwege ermöglicht, was besonders für die Prüfung der Endverschlüsse und Muffen wichtig ist. Für diesen Zweck hat die AEG einen transportablen Hochspannungs-Glühkathoden-Gleichrichter gebaut, dessen Spannung sich mittels Induktionsreglers stetig von 0 . . . 200 kV ändern läßt. Die Gleichrichtung erfolgt nach der Brückenschaltung von Graetz (Abb. 180).

S & H stellen Kabelprüfeinrichtungen[5] für Gleichspannungen von 20, 30, 50 kV und einen Kabelprüfwagen für 150 kV her, die ebenfalls mit Glühkathoden-Gleichrichtern arbeiten. Die GEC[6] hat einen Kabelprüfwagen mit umschaltbarem 4-Röhren-Gleichrichtersatz für 50, 100, 200 kV und 50 kW gebaut.

Die hohe Gleichspannung kann man auch zur Fehlerortsbestimmung bei Phasen- oder Erdschluß dort anwenden, wo die

---

[1] ETZ 1928 S. 59. [2] ETZ 1930 S. 392. [3] AEG-Mitt. 1928 S. 440.
[4] ETZ 1902 Heft 44. [5] Siemens-Z. 1927 S. 181; 1928 S. 536, 590.
[6] Gen. electr. Rev. Bd. 31 (1928) S. 592; ETZ 1930 S. 1530.

bekannten Niederspannungsmeßverfahren (Nr. 21) nicht zum Ziel führen, weil der Isolationsfehler einen sehr hohen Widerstand besitzt. Legt man aber die Hochspannung an, so läßt sich der Fehler ausbrennen, so daß er verschwindet oder einen niedrigen Widerstandswert annimmt und dann mit Niederspannung ermittelt werden kann. Zweckmäßig würde es sein, wenn man während der Einwirkung der Hochspannung gleichzeitig die Messung durchführen könnte. Dafür ist nun von S & H eine geeignete Hochspannungs-Meßbrücke zur Fehlerortsbestimmung[1] hergestellt.

Besteht der Kabelfehler in einem Leiterbruch, dann ermittelt man den Fehlerort durch eine Kapazitätsmessung. Will man ein verlegtes Kabel auf seinen Spannungszustand prüfen, z. B. bevor es angeschnitten werden soll, dann kann man einen Spannungssucher von S & H[2] verwenden. Er besteht aus einer mit Eisenkern versehenen Induktionsspule und daran angeschlossenem Zweiröhrenverstärker mit Kopfhörer zum Abhören der in einer senkrecht zum Kabel gelegten Spule induzierten Ströme. Damit lassen sich auch leerlaufende und sogar von Gleichstrommaschinen gespeiste Kabel untersuchen, da die Verlustströme bzw. die vom Stromwender herrührenden Oberschwingungen genügend starke Induktionswirkungen hervorrufen. Schließlich kann man mit dem Gerät auch den Verlauf eines Kabels im Erdboden genau verfolgen.

59. Untersuchung von Strom- und Spannungsmessern.

1. Eichung.

Für Strommesser macht man folgende Schaltung (Abb. 187). Man verändert dabei den der Stromquelle E entnommenen Strom von Null an bis zu dem Höchstwert des zu eichenden Instruments J in solchen Abständen, daß man kleinere Beträge durch proportionale Teilung genügend genau feststellen kann. Für jede Zeigerstellung macht man einen kleinen Strich auf dem Skalenpapier und zeichnet danach die wirkliche Skala.

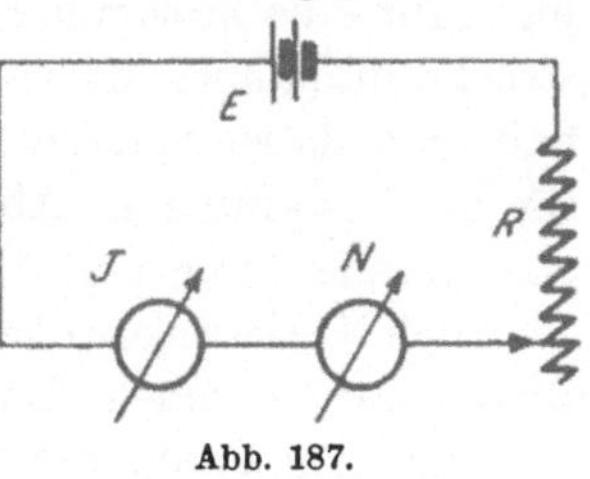

Abb. 187.

[1] Druckschrift Ms. 35 S. 30. [2] Siemens-Z. 1928 S. 741.

Ist die Skala schon mit gleichmäßiger Teilung versehen, so notiert man sich zu den Angaben des Normalinstruments N die Ablenkung des Instruments in Skalenteilen, trägt die Angaben von J als Ordinaten zu denjenigen von N als Abszissen in ein rechtwinkliges Koordinatensystem ein und zeichnet sich daraus die Eichkurve mit einem stetig verlaufenden Linienzug ohne Sprünge. Die Kurve benutzt man dann zur Zeichnung der Skala.

Ist das Instrument ein Spannungsmesser, so erfolgt die Eichung in derselben Weise, jedoch mit folgender Schaltung (Abb. 188). Mit Hilfe des an die Batterie B angelegten Spannungsteilers R_s ($>$ 10 Ohm/V) stellt man zwischen den Punkten cd ungefähr die gewünschte Spannung ein und benutzt den kleinen Hilfswiderstand R zur feineren Änderung. Diese Anordnung hat den Vorteil, daß man gegenüber einem direkten Vor-

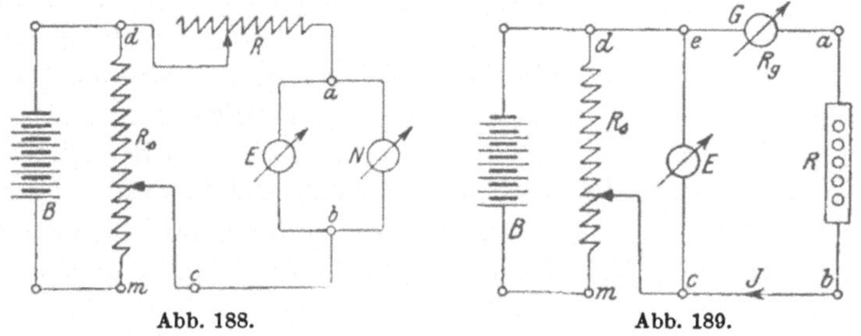

Abb. 188. Abb. 189.

schaltwiderstande von hohem Betrage nur zwei verhältnismäßig kleine Widerstände braucht und wesentlich mehr Spannungswerte einstellen kann.

Bei der Eichung von Spannungsmessern für Hochspannung mittels Funkenschlagweiten empfiehlt Clarkson[1], das Instrument für eine bestimmte Spannung einzustellen und die Funkenstrecke allmählich zu verkürzen, bis Überschlag erfolgt. Vorteilhaft sind dabei Spitzenelektroden (Nadelfunkenstrecke), da hierfür die Spannung in Abhängigkeit von der Schlagweite nahezu eine gerade Linie ergibt.

Auch Galvanometer lassen sich folgendermaßen für kleine Stromstärken eichen: Da die Ablenkungen s besonders bei Drehspuleninstrumenten den Stromstärken J proportional sind, besteht die Beziehung $J = c \cdot s$, worin die Konstante $c = \frac{J}{s}$

[1] Electr. Wld. 1912 S. 1307; ETZ 1913 S. 535.

die Empfindlichkeit des Instruments angibt. In diesem Fall ist die Eichkurve $f(J, s)$ eine Gerade. Zu ihrer Ermittlung macht man nun folgende Schaltung (Abb. 189): Man stellt mittels Spannungsteilers R_s zwischen ce eine passende Spannung E ein und verändert den Präzisionswiderstand R, so daß das Galvanometer verschiedene Ablenkungen s zeigt. Ist R_g der vorher gemessene Galvanometerwiderstand, so kann man $J = \frac{E}{R + R_g}$ berechnen. Aus den zusammengehörigen Werten von J und s zeichnet man dann nach Ausgleichung der Fehler die Eichkurve.

2. Prüfung.

Nach öfterem Gebrauch besonders technischer Meßinstrumente zeigt es sich, daß dieselben von den richtigen Werten über den zulässigen Fehler hinaus abweichen. Will man dabei keine neue Skala herstellen, so fertigt man auf Grund einer Prüfung eine Korrektionskurve an. Sie ist eine zeichnerische Darstellung der Korrektionen oder negativ genommenen Fehler in Abhängigkeit von dem jeweilig abgelesenen Wert.

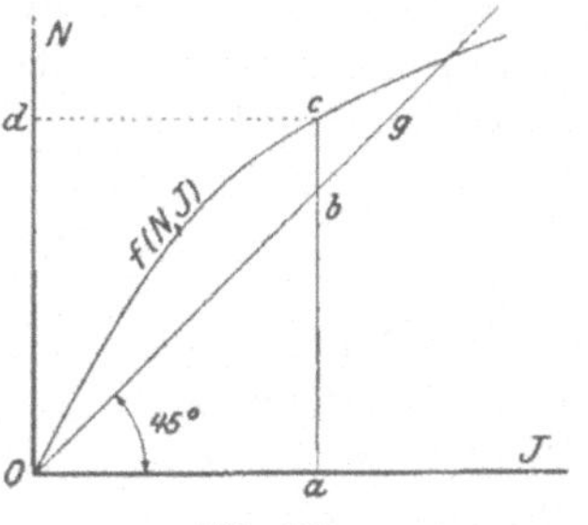

Abb. 190.

a) Strommesser. Da die Instrumente einen relativ kleinen Eigenwiderstand besitzen, kann die Spannung der Stromquelle relativ niedrig sein, d. h. es genügen eine oder zwei Akkumulatorenzellen (2 bis 4 V). Die Größe der Zellen wächst mit der anzuwendenden Stromstärke. Der Regulierwiderstand R muß so gebaut sein, daß er den Höchstwert des Meßstromes aushält.

Der Strom wird nun stufenweise von Null an verstärkt und die dabei auftretenden Ablesungen in einer Beobachtungstabelle festgelegt.

Nach dieser Tabelle zeichnet man sich dann eine Kurve $f(N, J)$, in welcher die Abhängigkeit der wirklichen Stromstärke N von der am fehlerhaften Instrument abgelesenen J zeichnerisch dargestellt ist (Abb. 190).

Die Differenz $N - J = i$ ist die Korrektion, welche man zu den Angaben J des Instruments addieren muß, um den wirklichen Wert N des Stromes zu erhalten, entsprechend der Gleichung $J + i = N$. Die Korrektion i läßt sich nun leicht zeichnerisch aus der Kurve bestimmen.

Zieht man nämlich bei gleichem Maßstab für J und N eine Gerade Og unter 45⁰ und für eine Ablesung $J = Oa$ am fehlerhaften Instrument die Ordinaten ac, so ist $ac = N$ der zugehörige wirkliche Wert. Zerlegt man ac in ab und bc, so gilt die Beziehung $bc = ac - ab$. Da nun $ac = N$ und $ab = Oa = J$ war und daraus $bc = N - J = i$ folgt, so stellen die Ordinatenabschnitte bc die Korrektion i dar.

Stellt man jetzt die Abschnitte $bc = i$, die zwischen der Geraden Og und der aufgenommenen Kurve $f(N, J)$ liegen, in Abhängigkeit von J zeichnerisch dar, so erhält man die Korrektionskurve $f(i, J)$. Ergibt sich für die Korrektionskurve eine unter einem Winkel α gegen die Abszissenachse geneigte Gerade, so kann man die Korrektion p in Prozenten des abgelesenen Wertes J angeben nach der Gleichung:

$$i = \frac{p}{100} \cdot J = J \cdot \operatorname{tg} \alpha .$$

Am einfachsten findet man p, indem man zu einer Abszisse von 100 mm Länge die zugehörige Ordinate aufsucht; dann gibt die Länge der Ordinate in Millimetern direkt den Wert p an.

Für Wechselstrominstrumente muß bei der Prüfung die Periodenzahl des Meßstromes ebenso groß sein wie diejenige, für welche das Instrument verwendet werden soll. Ferner darf auch die Kurvenform des Eichstromes nur unwesentlich von derjenigen des zu messenden Stromes abweichen.

Zur Erzeugung der niedrigen Spannung bei entsprechend großer Stromstärke verwendet man Spartransformatoren mit einer Wicklung und einer Anzahl Abzweigstellen oder Transformatoren mit getrennter Primär- und Sekundärwicklung.

b) Spannungsmesser. Die Schaltung wird nach Abb. 188 hergestellt. Die Messung geschieht in derselben Weise, wie bei a angegeben. Ebenso findet man die Korrektionskurve $f(e, E)$ nach der Gleichung $e = N - E$.

60. Untersuchung von Leistungs- und Arbeitsmessern (Zählern).

Wegen des den beiden Meßinstrumenten gleichen Grundprinzips, mit Hilfe einer Hauptstromspule H und einer Spannungsspule S die in Frage kommenden Größen zu messen, wollen wir beide Arten gemeinsam an Hand der Schaltung der Arbeitsmesser oder Elektrizitätszähler behandeln.

In den Fällen, wo es nicht auf äußerste Genauigkeit ankommt, kann man die Prüfung durch Vergleich mit einem Normal-Arbeits- oder Leistungsmesser vornehmen. Besser ist es jedoch, die zu messende Größe $N = E \cdot J \cdot \cos\varphi$ oder $A = E \cdot J \cdot \cos\varphi \cdot t = N \cdot t$ aus einer Spannungs-, Strom- und Leistungs- bzw. Zeitmessung zu ermitteln, wenn es sich nicht um Massenprüfungen gleichartiger Instrumente handelt, die man mit einem sogenannten Normal-Eichzähler[1] auch bei hohen Stromstärken[2] ausführen kann. Die Untersuchung der Arbeitsmesser erstreckt sich dabei auf folgende Punkte:

a) Leerlauf. Die Spannungsspule liegt allein an der Stromquelle. Der Einfluß der verschiedenen Spannungen (bis 120%) mit Angabe der Leerlaufsleistung (evtl. bei Erschütterungen) ist festzustellen.

b) Anlauf. Bei der normalen Spannung ist zu untersuchen, mit welchem kleinsten Strom, gemessen in Prozent des normalen, der Zähler sicher anläuft.

c) Konstante. Die Änderungen der Konstante gegenüber dem Sollwert sind bei verschiedenen Belastungsströmen (z. B. 5, 10, 20, 50, 100, 120% von J) zu untersuchen. Bei Wechselstromzählern ist außerdem die Konstante mit normaler Stromstärke J bei verschiedenem Leistungsfaktor $\cos\varphi$ (0,2; 0,5; 0,8; 1) für Nach- und Voreilung zu untersuchen. Bei normaler Spannung (und Periodenzahl für Wechselstrom) soll der Konstantenfehler gewisse Grenzen gemäß den Vorschriften des VDE nicht überschreiten.

d) Überlastung. Starke Ströme in den Hauptstromspulen dürfen durch ihr Feld die Stärke des Stahlmagnets der Wirbelstromdämpfung nicht beeinflussen. Schließt man daher den Be-

---

[1] Z. Instrumentenkde. 1908 S. 154.

[2] Electr. Wld. 1912 S. 1309; ETZ 1913 S. 1324.

lastungskreis kurz, so darf die Konstante danach keine Änderungen zeigen.

Bei den Untersuchungen muß nun die Spannungsspule so geschaltet sein, daß die von ihr verbrauchte Leistung nicht mitgemessen wird. Zweckmäßig benutzt man bei der Prüfung zwei besondere Stromquellen, nämlich eine solche mit niedriger Spannung und genügender Stromstärke für die Hauptstromspule und eine andere mit der für die Spannungsspule erforderlichen höheren Spannung, die nur kleine Ströme zu liefern hat. Bei Wechselstrom schließt man die Spule an entsprechende Transformatoren an und legt in den Spannungskreis zur Veränderung der Phase einen sogenannten Phasenregler[1]. Es ist ein nach Art eines Dreiphasenmotors mit dem Übersetzungsverhältnis $u = 1$ gebauter Transformator, dessen sekundäre (Läufer-)Wicklung durch Schneckentrieb festgehalten bzw. gedreht werden kann (vgl. auch Abb. 57).

Um die Zähler auch während des Betriebs prüfen zu können, besitzen diese sogenannte Prüfklemmen.

Entsprechend der Bauart der Arbeitsmesser nach dem Pendel- oder Motorprinzip kann man folgende Methoden der Prüfung unterscheiden:

1. Gleichstrominstrumente.

a) Motorzähler. Bei kleinen Zählern wird von den Elektrizitätswerken meistens volle Spannung E und ein besonderer Belastungswiderstand R zur Prüfung benutzt (Abb. 191). Der Generator wird an die Klemmen M, die Belastung an L angeschlossen. Zur Prüfung der Konstanten zählt man die Anzahl der Umdrehungen U, welche die Motorachse in t Sekunden ausführt, und liest die während der Messung konstant zu haltende Spannung E sowie den Strom J ab. Im allgemeinen ge-

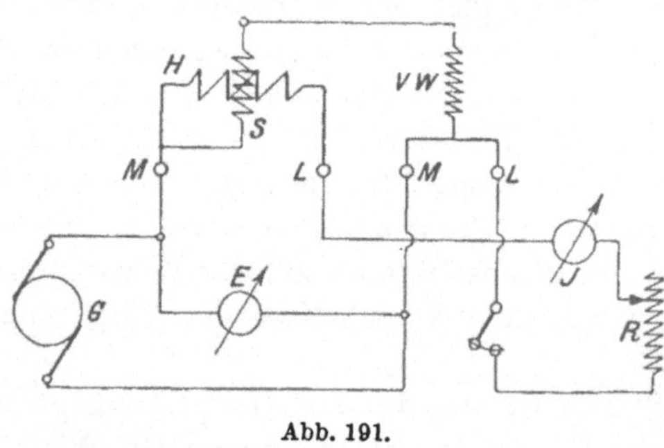

Abb. 191.

[1] ETZ 1902 S. 774.

nügt eine Zeit von etwa 3 Minuten, nur bei geringer Belastung wählt man sie länger (bei Leerlauf ist etwa 1 Stunde erforderlich). Die Zeit t mißt man mit einer Stoppuhr (H & B) oder einem Doppelzeitschreiber. Zur genauen selbsttätigen Aufzeichnung der Drehgeschwindigkeit haben Gewecke und v. Krukowski[1] ein besonderes Verfahren unter Benutzung einer Selenzelle als Zweig einer Brückenschaltung angegeben.

Das mit der Ankerwelle verbundene Zählwerk hat nun ein unveränderliches Übersetzungsverhältnis. Zwischen der Umlaufszahl und der Eichung des Zählwerks in elektrischen Arbeitseinheiten besteht nun die Beziehung, die man als die Konstante c des Zählers bezeichnet. Nach der Gleichung $c = \frac{U}{A_z}$ ist sie definiert als die Anzahl der Umdrehungen für die Arbeitseinheit (kWh).

Für U Umläufe in t sec zeigt nun der Zähler eine Arbeit

$$A_z = \frac{1}{c} \cdot U \text{ kWh}.$$

Gemessen wurde dagegen

$$A = \frac{E \cdot J \cdot t}{3600 \cdot 100} \text{ kWh},$$

worin E und J konstante oder mittlere Werte der Ablesungen sind. Zeigt der Zähler richtig, so ist $A = A_z$ oder

$$\frac{\boldsymbol{E \cdot J \cdot t}}{\boldsymbol{3{,}6 \cdot 10^6 \cdot U}} \cdot \boldsymbol{c = 1}.$$

Ist die rechte Seite nicht gleich 1, sondern m, dann ist der Fehler $1 - m$. Die Korrektion ist der negative Fehler und beträgt in Prozent ausgedrückt $a = (m - 1) \cdot 100$.

Ist die richtige Konstante c_r, so gilt dafür

$$\frac{E \cdot J \cdot t}{3{,}6 \cdot 10^6 \cdot U} \cdot c_r = 1,$$

während für die Instrumentenkonstante c die Gleichung besteht:

$$\frac{E \cdot J \cdot t}{3{,}6 \cdot 10^6 \cdot U} \cdot c = m.$$

Aus beiden Gleichungen folgt $c_r = \frac{c}{m}$. Da nun auch $a = \frac{A - A_z}{A_z} \cdot 100$ ist und $A = \frac{1}{c_r} \cdot U$, die Zählerangabe

[1] ETZ 1918 S. 356.

$A_z = \frac{1}{c} \cdot U$ gesetzt werden kann, so wird

$$a = \frac{\frac{U}{c_r} - \frac{U}{c}}{\frac{U}{c}} \cdot 100 = \frac{c - c_r}{c_r} \cdot 100 .$$

Ist $c_r > c$, so zeigt der Zähler zu viel an, da die Korrektion negativ ist.

Stellt man die prozentualen Korrektionen a in Abhängigkeit von dem Belastungsstrom J zeichnerisch dar, so erhält man die Korrektionskurve $f(a, J)$. Vorteilhafter ist es dabei, wenn die Kurve positive und negative Werte zeigt, anstatt nur auf einer Seite der Abszissenachse zu verlaufen. Der mittlere Fehler soll im allgemeinen $\pm$ 1% nicht übersteigen.

Simons[1] schlägt vor, die Prüfung bei verschiedenen Belastungsströmen mit gleicher Drehzahl der Spannungsspule vorzunehmen und gibt ein neues Verfahren zur Zeichnung einer Korrektionskurve an.

Arbeitsmesser für stärkere Ströme prüft man mit getrennten Strom- und Spannungskreisen, d. h. mit künstlicher Belastung.

Bei der Prüfung einer größeren Anzahl von Arbeitsmessern empfiehlt es sich, selbsttätige Umdrehungszählvorrichtungen zu verwenden. G. Thompson[2] ordnet dafür auf der umlaufenden Bremsscheibe eine Metallspitze an, der an einer Stelle eine feste, mit dem Zählwerk über eine Hochspannungsquelle (10000 V) verbundene Spitze gegenübersteht, wobei ein Funken zwischen den Spitzen überspringt, durch den ein Doppelzeitschreiber mittels eines Relais betätigt wird. Ähnlich ist die Anordnung von Fitch und Huber[3] mit 3000 V Funkenspannung. Abgesehen von der Unannehmlichkeit, mit Hochspannung zu arbeiten, haben diese Vorrichtungen den Vorzug der Genauigkeit und Einfachheit. Der Fehler dürfte kleiner als 1% sein. F. Estel[4] verwendet einen mechanischen Kontakt auf der Bremsscheibe, der bei jeder Umdrehung über eine anstreichende Metallfeder oder eine Quecksilberkuppe auf ein Registrierinstrument einwirkt.

Wesentlich einfacher und genauer ist die Anwendung einer stroboskopischen Eichmethode, wie sie insbesondere in der

---

[1] ETZ 1916 S. 260. [2] Electr. Wld. Bd. 61 (1913) S. 246; ETZ 1913 S. 722.
[3] Bull. Bur. Stand. Bd. 10 (1913) S. 174.
[4] ETZ 1920 S. 269; D.R.P. 298753.

von O. T. Bláthy[1] angegebenen Anordnung praktische Bedeutung gewonnen hat. Hierbei wird ein sehr genau geeichter Normal-Arbeitsmesser, dessen Bremsscheibe am Rande eine gewisse Anzahl gleich weit voneinander entfernter Löcher besitzt, senkrecht über dem zu eichenden Zähler angeordnet. Seine Scheibe hat am Rande die gleiche Zahl von weißen Punkten. Um den Einfluß von Belastungsschwankungen zu beseitigen, werden die Hauptstromspulen beider Instrumente in Reihe, die Spannungspfade parallel geschaltet. Läßt man nun von oben durch die Scheibe des Normalzählers Lichtstrahlen auf die untere Scheibe fallen, so entsteht auf dieser ein stroboskopisches Bild. Erscheint dieses stillstehend, dann laufen beide Scheiben synchron, andernfalls wandert das Bild. Die Eichung kann somit sehr schnell ausgeführt werden und ist sehr genau, da Änderungen von 1‰ der Umlaufszahl noch festgestellt werden können.

Eine Verbesserung dieser Methode ist von H. P. Sparkes[2] angegeben und hat zu einer von der Westinghouse Mfg. Co gebauten Apparatur geführt. Die Firma hat dieses Verfahren noch dadurch erweitert, daß sie nach S. Aronoff u. D. A. Young[3] einen Lichtstrahl durch Löcher oder Zähne der Bremsscheibe des Normalzählers auf eine Photozelle[4] gegebenenfalls mit Verstärker[5] fallen läßt, wodurch mittels eines Relais eine Neonlampe einzelne Lichtblitze auf die Scheibe des zu eichenden Instruments aussendet, so daß diese bei gleicher Drehzahl stillzustehen scheint. Die Genauigkeit beträgt schon bei Beobachtung einer einzigen Umdrehung etwa 2,5‰. Die Photozellen beruhen auf dem von W. Hallwachs[6] entdeckten Photoeffekt, d. h. der Eigenschaft einiger Metalle (z. B. Zink, Alkalimetalle), bei Bestrahlung mit kurzwelligem Licht Elektronen abzugeben und dadurch eine positive Ladung anzunehmen. Die ersten brauchbaren Zellen mit einer Alkalimetall-Elektrode sind von I. Elster u. H. Geitel[7] angegeben. Sie bedürfen aber noch einer Hilfs- oder Saugspannung. Besser sind die mit einem unipolaren Halbleiter (z. B. Kupferoxydul Cu_2O) arbeitenden Sperrschicht-

[1] ETZ 1922 S. 1507; Ö. Pat. 75633 v. 25. Febr. 1919; D.R.P. 294117, 348013, 359220 v. 23. April 1920; ETZ 1926 S. 1261 (G. Tenzer).

[2] J. Amer. Inst. electr. Engr. 1927 S. 356; ETZ 1928 S. 103.

[3] Electr. J. Bd. 26 S. 255.

[4] Naturw. 1931 S. 103, 128 (B. Lange).

[5] ETZ 1931 S. 264.

[6] Wied. Ann. Bd. 53 (1888) S. 301.

[7] Wied. Ann. Bd. 43 (1891) S. 225.

Photozellen nach W. Schottky[1]. Diese Oxydulzellen enthalten nach Abb. 192 eine Kupferplatte a, auf der eine dünne Oxydschicht b erzeugt ist. Diese ist dann durch eine dünne lichtdurchlässige Kupferhaut c abgedeckt. Fällt Licht auf die Schicht c, so werden photoelektrisch aus der an der Grenze zwischen Kupferplatte a und Oxydul b liegenden sogenannten Sperrschicht Elektronen ausgelöst, die zur Platte a fließen und sie negativ laden, während c dabei von Elektronen entblößt, also positiv wird. Diese Zelle gibt eine unmittelbare Umwandlung von Licht in Elektrizität, und zwar etwa $J = 10^{-4}$ A/Lux.

Auch die umgekehrte Wirkungsweise ist bei den sogenannten Vorderwand-Zellen vorhanden, bei denen a eine Kohleschicht ist und die Elektronen vom Kupferoxydul zur dünnen Kupferhaut c, also entgegen dem Licht wandern (Schottky), so daß Kohle a +-Pol, der vordere Kupferring d —-Pol ist.

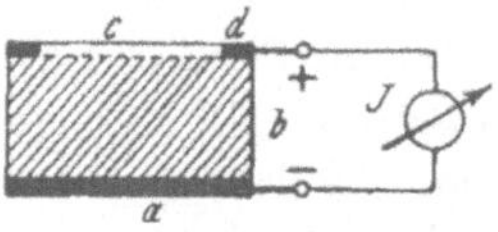

Abb. 192.

b) Pendelzähler von Aron. Eine direkte Beobachtung der Ablesung am Zählwerk ist nur bei großen Stromstärken möglich. Dabei muß man jedoch bei den neueren Instrumenten 2 Umschaltperioden abwarten, d. h. 20 min lang prüfen. Will man jedoch die Zeit der Messung abkürzen, besonders wenn die Belastung gering ist, so schlägt man folgendes Verfahren ein: Bei den älteren Zählern setzt man vorläufig ein Pendel still und stellt fest, daß s_1 Schwingungen des anderen Pendels A_z kWh des Zählwerks entsprechen; dann ist die Konstante $c = \frac{s_1}{A_z}$. Schaltet man nun einen Strom J eine Zeit von t sec ein, so zeigt sich zwischen beiden schwingenden Pendeln eine Schwingungsdifferenz s, die man aus den Koinzidenzen, d. h. den Lagen ermitteln kann, in denen beide Pendel nur einen Schlag hören lassen. Zwischen zwei Koinzidenzen liegt dann eine Differenzschwingung. Die Korrektion bestimmt sich dann ähnlich wie vorher aus:

$$a = (m - 1) \cdot 100, \quad \text{worin} \quad m = \frac{E \cdot J \cdot t \cdot s_1}{3{,}6 \cdot 10^6 \cdot s \cdot A_z} \quad \text{ist.}$$

Bei den neueren Zählern ist das rechte Pendel länger als das linke und macht $s_r = \frac{222{,}5}{9}$ gegenüber $s_l = \frac{227{,}5}{9}$ Schwin-

[1] Physik. Z. 1930 S. 964, s. auch S. 142.

gungen des linken oder ein ganzes Vielfaches davon, um eine Umdrehung des Zeigers für den kleinsten Meßbereich hervorzurufen. Bei unbelasteten Hauptstromspulen möge ferner das rechte Pendel p_r, das linke p_l Schwingungen in 1 sec ausführen. Beim Stromdurchgang hätte man p_r' und p_l' Schwingungen in 1 sec gezählt, wobei $p_l' > p_l$ (Beschleunigung) und $p_r' < p_r$ (Verzögerung) sein möge. Dann hat das linke Pendel den Zeiger um $\frac{p_l'}{s_l}$, das rechte um $-\frac{p_r'}{s_r}$ in 1 sec vorwärts gedreht. Beide zusammen ergeben also $\frac{p_l'}{s_l} - \frac{p_r'}{s_r}$ Umdrehungen des Zeigers in 1 sec. Nach der Umschaltung seien p_l'' und p_r'' Schwingungen in 1 sec gezählt, wobei $p_l'' < p_l$ und $p_r'' > p_r$ ist. Außerdem ist die Drehrichtung des Zeigers umgeschaltet. Er macht dann $\frac{p_r''}{s_r} - \frac{p_l''}{s_l}$ Umdrehungen in 1 sec. Ist T die Zeitdauer einer Umschaltperiode, so hat der Zeiger nach 2 Umschaltungen, also in $2\,T$ Sekunden

$$T \cdot \left(\frac{p_l'}{s_l} - \frac{p_r'}{s_r} + \frac{p_r''}{s_r} - \frac{p_l''}{s_l}\right)$$

Umdrehungen vorwärts gemacht. Hat der Zähler die Konstante $c = \frac{U}{A_z}$ Umdr/kWh, so zeigt er nach 2 Umschaltungen die Arbeit

$$A_z = \frac{U}{c} = \frac{T}{c} \cdot \left(\frac{p_l'}{s_l} - \frac{p_r'}{s_r} + \frac{p_r''}{s_r} - \frac{p_l''}{s_l}\right) \text{ kWh}$$

an. Gemessen wurde dabei

$$A = \frac{E \cdot J \cdot 2\,T}{3{,}6 \cdot 10^6} \text{ kWh}.$$

Aus der Gleichung $A = A_z$ für den Richtiggang folgt:

$$\text{I.} \qquad \frac{E \cdot J \cdot 2 \cdot c}{3{,}6 \cdot 10^6 \cdot \left(\frac{p_l'}{s_l} - \frac{p_r'}{s_r} + \frac{p_r''}{s_r} - \frac{p_l''}{s_l}\right)} = 1.$$

Da man die raschen Schwingungen schwer zählen kann, führen wir dafür die Zeit t zwischen zwei Koindizenzen ein, die man leicht ermitteln kann. Für die erste Umschaltperiode bei t' sec zwischen zwei Koindizenzen haben nämlich beide Pendel die Schwingungen

$$q_l' = p_l' \cdot t' \quad \text{und} \quad q_r' = p_r' \cdot t'$$

gemacht. Da ihre Differenz gleich 1 Schwingung ist, so ergibt sich

$$1 = q_l' - q_r' = t' \cdot (p_l' - p_r')$$

oder

$$p_l' - p_r' = \frac{1}{t'}\,.$$

Ebenso erhält man analog

$$p_r'' - p_l'' = \frac{1}{t''}\,.$$

Führt man $p_r' = p_l' - \frac{1}{t'}$ und $p_r'' = p_l'' + \frac{1}{t''}$ in die Gleichung ein, so erhält man nach Umformung

$$\text{II.} \qquad \frac{E \cdot J \cdot 2 \cdot c \cdot s_r}{3{,}6 \cdot 10^6 \cdot \left[\frac{1}{t'} + \frac{1}{t''} + (p_l' - p_l'') \cdot \left(\frac{s_r}{s_l} - 1\right)\right]} = 1\,.$$

Setzt man nach Aron

$$p_l' = p_l \cdot \left(1 + \frac{k}{2} \cdot N - k' \cdot N^2\right)$$

$$p_l'' = p_l \cdot \left(1 - \frac{k}{2} \cdot N - k' \cdot N^2\right),$$

wo $N = E \cdot J$ die Leistung bedeutet, so wird

$$p_l' - p_l'' = p_l \cdot k \cdot N = K \cdot N\,.$$

Außerdem ist

$$\frac{s_r}{s_l} = \frac{89}{91} \quad \text{und} \quad \frac{s_r}{s_l} - 1 = -\frac{2}{91}\,.$$

Führt man diese Werte ein, so ergibt sich bei fehlerhafter Angabe

$$\frac{\boldsymbol{E \cdot J \cdot s_r \cdot c}}{\boldsymbol{3{,}6 \cdot 10^6 \cdot \left(\frac{1}{t'} + \frac{1}{t''} - \frac{2}{91} \cdot K \cdot N\right)}} = \boldsymbol{m}\,.$$

Die richtige Konstante ist dann wieder, wie vorher, $c_r = \frac{c}{m}$ und die Korrektion

$$a = (m - 1) \cdot 100\,\%\,.$$

Die einzelnen Größen der Gleichung bestimmt man nun folgendermaßen:

E und J werden abgelesen, woraus N ebenfalls bekannt ist. s_r wird vor der Messung bei unbelastetem Zähler gemessen, indem man das linke Pendel festhält. Hat man z. B. 50 Schwingungen des rechten Pendels für eine Umdrehung des Zeigers ermittelt, so ist

$$s_r = x \cdot \frac{222{,}5}{9} = 50\,.$$

Da x eine ganze Zahl sein muß, erhält man

$$x = \frac{9 \cdot 50}{222{,}5} = \sim 2, \quad \text{d. h.} \quad s_r = \frac{445}{9}.$$

c ist aus dem Übersetzungsverhältnis des Zählwerks bestimmt.

t' und t'' findet man, indem man bei der betr. Belastung für jede Umschaltperiode n Koinzidenzen (ungleichsinnige) in t sec beobachtet; dann ist t' bzw. t'' gleich dem Quotienten $\frac{t}{n}$ der zusammengehörigen Werte. Es kann dabei vorkommen, daß t'' negativ wird, da das rechte längere Pendel trotz der Beschleunigung langsamer schwingen kann als das verzögerte linke. Für die Konstante $K = \frac{p_l' - p_l''}{E \cdot J}$ findet man p_l' und p_l'', indem man bei Belastung für jede Umschaltperiode die Schwingungszahl des linken Pendels z_l in einer bestimmten Zeit t (sec) feststellt und beide Werte durch einander dividiert $\left(p_l = \frac{z_l}{t}\right)$*.

2. Instrumente für Einphasen-Wechselstrom.

Außer dem Spannungs- und Strommesser ist noch ein Leistungsmesser N zur Bestimmung der Leistung und Phasenverschiebung aufzunehmen. Im übrigen geschieht die Messung, wie bei 1. angegeben. Für größere Stromstärken trennt man Strom- und Spannungskreis(Abb.193). Am besten verwendet man dabei als Stromquelle einen Drehstromgenerator DG, da man ihn dann gleichzeitig zur Erregung des Phasenreglers Ph benutzen kann. An den durch Schneckengetriebe verstellbaren Sekundärteil II des Reglers wird

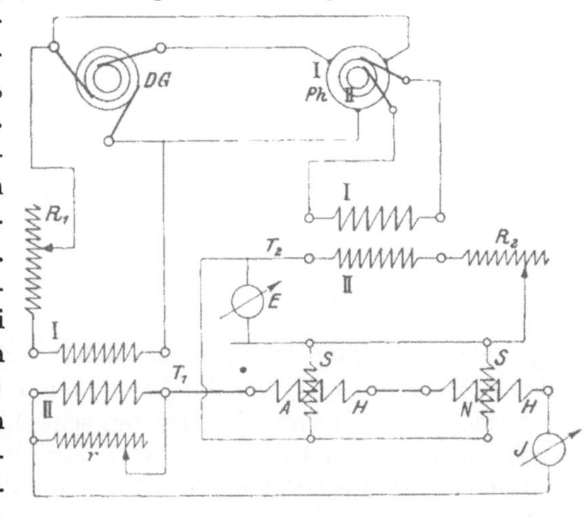

Abb. 193.

* Vgl. auch Arch. Elektrotechn. 1920 S. 167.

ein Transformator T_2 angeschlossen, an dessen Sekundärwicklung II die Spannungskreise S des Arbeitsmessers A und Leistungsmessers N liegen. Da nun bei Regulierung der Phase die Spannung E sich ändert, dient der Widerstand R_2 zur genauen endgültigen Einstellung derselben. Die Hauptstromspulen H sind an die Sekundärseite II des Transformators T_1 angelegt. Der Widerstand R_1 dient dabei zur groben, r zur feineren Einstellung des Stromes J. Bei dieser künstlichen Belastung ist die Gleichheit der Kurvenform der Transformatoren anzustreben. Sonst kann der Fall eintreten, daß bei Phasengleichheit zwischen E und J doch $N < E \cdot J$ werden kann, wie E. Orlich[1] gezeigt hat.

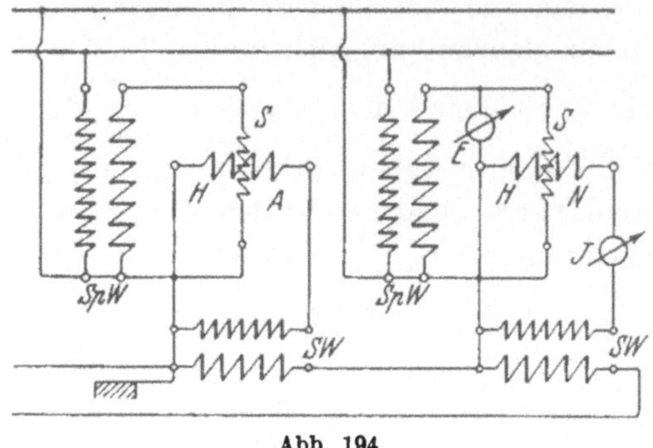

Abb. 194.

Bei Hochspannung schaltet man nach Abb. 194 Stromwandler SW und Spannungswandler SpW vor die betreffenden Spulen der Meßgeräte und erdet je einen Pol der Meßwandler beiderseitig (primär und sekundär) sowie das Gehäuse des Arbeitsmessers A. Wichtig ist ferner die direkte Verbindung je eines Pols der Spannungs- (S) und Stromspulen (H), um schädliche Potentialdifferenzen zwischen den Wicklungen und statische Ladungen zu vermeiden. Abb. 195 zeigt die Schaltung für direkte Belastung der Hochspannungsleitung.

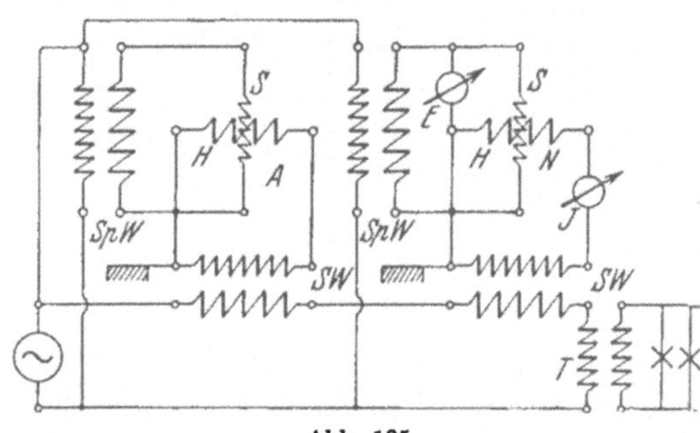

Abb. 195.

[1] ETZ 1902 S. 543.

3. Instrumente für Dreiphasen-Wechselstrom.

Hierbei macht man die für Leistungsmesser angegebene Aronsche Schaltung (S. 131) unter Zwischenschaltung von Dreiphasen-Transformatoren. Als Stromquelle empfiehlt sich ein Doppel-Drehstromgenerator[1] (vgl. auch S. 95). Zur Prüfung des richtigen Anschlusses der verschiedenen Phasen kann man eine Hilfsfigur, in der die Phasen- und Außenleiter-Stromstärken und Spannungen dargestellt sind, anwenden, wie sie von E. Orlich[2] angegeben ist, sowie einen Drehfeldrichtungsanzeiger (S. 139) anwenden.

Eine ausführliche Darstellung von Dreiphasen-Arbeitsmessern mit den Zählerprüfeinrichtungen von S & H ist von H. Mehlhorn[3] angegeben. Dabei ist besonders auf eine richtige Schaltung der Spulen der Instrumente und Meßwandler zu achten, da andernfalls Fehlmessungen auftreten, wie H. Ziemendorff[4], Dehrmann[5] und U. Möllinger[6] gezeigt haben.

Besteht in einer Dreiphasenanlage Spannungssymmetrie und gleiche Belastung der Phasen, so kann man zur Messung der Arbeit A auch einen einsystemigen, auf 60^0 im Spannungspfad abgeglichenen Arbeitsmesser verwenden, dessen Eichung von F. Bergtold[7] erläutert ist.

In welcher Weise bei Dreiphasen-Dreileiter-Zählern in Aron-Schaltung mit Hilfe eines einphasigen Belastungswiderstandes eine gleichseitige Belastung erzielt werden kann, zeigt C. Doericht[8], während W. Beetz[9] dafür eine Ersatzschaltung für die Eichung angibt.

4. Instrumente zur Messung anderer Leistungs- und Arbeitsgrößen.

Instrumente, mit denen die Feldleistung $N_f = E \cdot J \cdot \sin\varphi$ bzw. Feldarbeit $N_f = E \cdot J \cdot \sin\varphi \cdot t$ sowie die Wechselstromleistung $N_w = E \cdot J$ und Wechselstromarbeit $A_w = E \cdot J \cdot t$ gemessen werden, sind in denselben Schaltungen zu eichen, wie es für die Messung dieser Wechselstromgrößen (Nr. 28, B, C)

[1] ETZ 1907 S. 502; 1909 S. 436.
[2] ETZ 1901 S. 97.
[3] Siemens-Z. 1926 S. 220.
[4] ETZ 1924 S. 952.
[5] Elektr. Betr. 1924 S. 1.
[6] Siemens-Z. 1927 S. 161.
[7] ETZ 1927 S. 167, 1132.
[8] ETZ 1928 S. 180, 1135.
[9] ETZ 1929 S. 1835.

angegeben ist. W. Beetz[1] gibt eine ausführliche Beschreibung von sogenannten „Scheinverbrauchszählern" zur Messung der Wechselstromarbeit A_w.

61. Untersuchung von Meßwandlern.

Um Meßgeräte, Schaltapparate, Relais usw. in einer Wechselstromanlage von Hochspannung frei zu halten oder große Stromstärken auf gangbare Niederspannungsapparate wirken zu lassen, schaltet man Meßwandler dazwischen, die nach bestimmten Gesichtspunkten gebaute Transformatoren sind. Dabei unterscheidet man Spannungs- und Stromwandler. Bei Verwendung in Hochspannungsanlagen empfiehlt es sich, je eine Klemme ihrer Sekundärwicklung, ihre Eisenkerne sowie die Metallgehäuse der angeschlossenen Apparate zu erden, um bei Isolationsfehlern das Auftreten gefährlicher Spannungen für die bedienende Person und statische Ladungen zu vermeiden.

Damit bei Messungen Proportionalität zwischen Anzeige und Meßwert besteht, muß das Übersetzungsverhältnis u bei allen Betriebszuständen über den ganzen Meßbereich des Wandlers gleich groß bleiben und der Fehlwinkel δ klein sein. Diesen Bedingungen entsprechen die Wandler der Klasse E*. Eine neuzeitliche Bauart besitzen die Trocken-Meßwandler der Koch & Sterzel A.-G., Dresden[2], insbesondere wegen der zwangsmäßigen Potentialsteuerung des das Fenster ausfüllenden Spulengebildes und der Ausbildung des Sprung- und Wanderwellenschutzes.

Für Spannungen bis 220 kV baut die AEG nach J. Biermanns[3] einen sogenannten Drosselspulen-Wandler, der nur einen oder zwei Eisenkernstümpfe besitzt.

1. Spannungswandler.

Sie sind Transformatoren für kleine Leistungen und mit geringen Verlusten. Dementsprechend kann man sie als nahezu im Leerlauf befindlich betrachten.

Für den Spannungswandler gilt nun das Transformatordiagramm Abb. 341. Unter der Annahme einer Übersetzung $u = 1$

---

[1] Siemens-Z. 1928 S. 657.
[2] Mitteilungen T 17 u. 18.
* ETZ 1921 S. 209, 212, 836.
[3] ETZ 1931 S. 378.

wird der auf die Primärseite bezogene Sekundärstrom $J_2' = J_2$. Läßt man noch die für die Untersuchung des Wandlers entbehrlichen Linien fort und stellt zur besseren Anschaulichkeit die Spannungsabfälle übertrieben vergrößert dar, so erhält man das vereinfachte Spannungsdiagramm Abb. 196 mit positiven Werten von δ gemäß S. 124 und Abb. 94. Da der $\sphericalangle (E_{k_2}, E_2) = \sigma < 30$ min ist, kann man $\sphericalangle (E_{k_2}, \mathfrak{N}) = 90 + \sigma \approx 90^0$ machen. Ist der sekundäre Phasenwinkel $\varphi_2 = 0$ oder klein und die Streuung (S_1, S_2) groß, so kann δ_e auch negativ werden. Projiziert man $OT = E_{k_1}$ auf die Richtung von $OZ = E_{k_2}'$ unter dem $\sphericalangle \delta_e$ (anstatt um O mit OT einen Kreisbogen zu schlagen), dann ist bei dem kleinen Winkel δ_e die Strecke $OV = E_{k_1} \cdot \cos \delta_e \approx E_{k_1}$. (Bei $\delta_e = 1^0$, $\cos \delta_e = 0{,}9998$ wird der Fehler nur 0,2‰.)

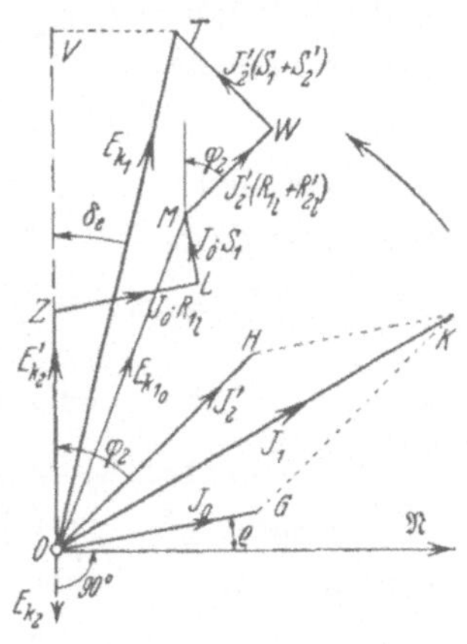

Abb. 196.

Die für die Zeichnung des Diagramms notwendigen Größen werden nach den für Transformatoren (IV, 5, 6) üblichen Meßmethoden folgendermaßen ermittelt:

a) Durch einen Leerlaufsversuch (IV, 6b) mißt man nach Abb. 353 auf der Sekundärseite mit einer Spannung E_{k_2}, $\nu =$ konst, bei der primär die Nennspannung E_{k_1}, gemessen mit einem statischen Instrument ohne Stromverbrauch, auftritt, den aufgenommenen Strom J_0'', die Leerlaufsleistung $N_0 = N_{hw} + J_0''^2 \cdot R_2$ unter Berücksichtigung des Eigenverbrauchs im Instrument, und mittels Gleichstrom die Kupferwiderstände R_1 und R_2.

b) Durch einen Kurzschlußversuch (Abb. 344) von der Primärseite aus bestimmt man die primäre Spannung E_k, bei der sekundär die Nennstromstärke J_2 auftritt. Dabei stellt man den Primärstrom J_1 und die Leistung N_k fest.

Aus diesen Messungen ergibt sich nun: Die Übersetzung $u = \frac{E_{k_1}}{E_{k_2}} \approx \frac{w_1}{w_2}$; der Leerlaufstrom $J_0 = J_0'' \cdot \frac{w_2}{w_1}$. Da das magnetische Feld beim Kurzschlußversuch sehr klein ist, sind die Eisenverluste zu vernachlässigen, so daß $N_k = J_2^2 \cdot \left(\frac{R_{1_l}}{u^2} + R_{2_l}\right) = J_2^2 \cdot R_l''$ die **Kupferverluste** in den Leistungswiderständen R_{1_l} und R_{2_l} angibt. Daraus folgt: $R_l'' = \frac{R_{1_l}}{u^2} + R_{2_l} = \frac{N_k}{J_2^2}$. Aus der Gleichstrommessung ergab sich $R'' = \frac{R_1}{u^2} + R_2$. Bildet man nun daraus $\frac{R_l''}{R''} = k_l$, dann kann man setzen:

$$R_{1_l} = k_l \cdot R_1 \quad \text{bzw.} \quad R_{2_l} = k_l \cdot R_2$$

und erhält weiter den gesamten Leistungswiderstand bezogen auf die Primärseite:

$$R_l' = R_{1_l} + R_{2_l}' = R_{1_l} + u^2 \cdot R_{2_l}.$$

Nun bestimmt man die Eisenverluste $N_{hw} = N_0 - J_0''^2 \cdot R_{2_l}$, berechnet daraus den äquivalenten Leistungsanteil des Leerlaufstromes $J_{0_l} = J_{hw} = \frac{N_{hw}}{E_{k_1}}$ sowie den Feldanteil $J_{0_s} = \sqrt{J_0^2 - J_{0_l}^2}$ und den Winkel ϱ zwischen J_0 und $\mathfrak{R}$ aus $\operatorname{tg} \varrho = \frac{J_{0_l}}{J_{0_s}}$.

Aus dem charakteristischen Dreieck des Transformators ergibt sich ferner: $E_k^2 = J_2^2 \cdot \left(R_l''^2 + S''^2\right)$, woraus man den gesamten **induktiven** Feldwiderstand bezogen auf die Sekundärseite

$$S'' = \frac{S_1}{u^2} + S_2 = \frac{1}{J} \cdot \sqrt{E_k^2 - J_2^2 \cdot R_l''^2}$$

erhält. Durch eine Streuungsmessung (IV, 5 b) nach W. **Rogowski**[1] kann man auch die Feldwiderstände S_1 und S_2 der beiden Wicklungen getrennt bestimmen.

Da der Teil des Diagramms (Abb. 196) unterhalb Z im Verhältnis zu dem darüberliegenden für die weiteren Untersuchungen des Spannungswandlers unwesentlich ist, denken wir uns wie bei dem Diagramm von J. **Möllinger** u. H. **Gewecke**[2] durch Z als Abszissenachse eine Parallele zu $\mathfrak{R}$ und als Ordinatenachse die Verlängerung von E_{k_2}' gezeichnet (Abb. 197). Für die gegebene Belastung N_{w_2} ist $J_2 = \frac{N_{w_2}}{E_{k_2}}$ und $J_2' = \frac{J_2}{u_e}$ bekannt.

---

[1] ETZ 1910 S. 1033. [2] ETZ 1911 S. 922.

Man trägt nun die Richtung von J_0 unter dem $\sphericalangle\, \varrho$ ein, zeichnet dazu in Phase $ZL = J_0 \cdot R_{1_l}$ im Maßstabe von E_{k_1}, den man auf der Ordinatenachse aufträgt, und senkrecht dazu $LM = J_0 \cdot S_1$. Für den sekundären Phasenwinkel $\varphi_2 = 0$ liegt nun $J_2{}'$ in Phase mit E_{k_2}'. Somit macht man $MW = J_2{}' \cdot (R_{1_l} + R_{2_l}')$ parallel zur Ordinatenachse und senkrecht dazu $WT = J_2{}' \cdot (S_1 + S_2{}')$. Dann ist T der Endpunkt von E_{k_1}. Da nun $\sphericalangle (E_{k_1}, E_{k_2}') = \sphericalangle\, \delta_e < 1^0$ ist, konnte man E_{k_1} auf die Ordinatenachse projizieren, so daß $E_{k_1} \approx E_{k_2}' + VZ$ gesetzt werden kann. Es ist demnach $VZ = \Delta E = E_{k_1} - E_{k_2}'$.

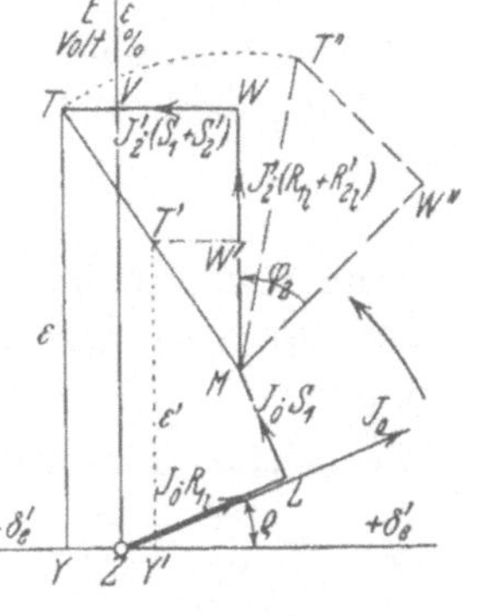

Abb. 197.

Bezogen auf E_{k_2}' wird dann die prozentuale Spannungsänderung

$$\varepsilon = \frac{\Delta E}{E_{k_2}'} \cdot 100 = \frac{E_{k_1} - E_{k_2}'}{E_{k_2}'} \cdot 100\%$$

durch die Strecke VZ bzw. die Ordinate $\varepsilon = TY$ des Endpunkts T von E_{k_1} dargestellt. Da MW ein Maß für den Belastungsstrom J_2 ist, kann man es für einen anderen Sekundärstrom im Verhältnis der Ströme teilen und durch diesen Teilpunkt W' eine Parallele zu WT bis T' ziehen, dann ist die Ordinate $T'Y' = \varepsilon'$ die dazugehörige Spannungsänderung.

Ändert sich bei konstanter Belastung J_2 der sekundäre Phasenwinkel von Null auf φ_2, dann dreht sich das Dreieck MTW nach $MT''W''$, so daß der Punkt T sich auf einem Kreisbogen um M nach T'' bewegt.

Mit Hilfe des Diagramms läßt sich nun die Übersetzung

$$u_e = \frac{E_{k_1}}{E_{k_2}} = \frac{E_{k_1}}{E_{k_2}' \cdot \frac{w_2}{w_1}} = \frac{w_1}{w_2} \cdot \frac{E_{k_1}}{E_{k_2}'} = \frac{w_1}{w_2} \cdot \left(1 + \frac{\varepsilon}{100}\right)$$

berechnen. Weiter bestimmt man den Übersetzungsfehler Δu_e

folgendermaßen: Es gilt bei der Nennübersetzung u_n:

$$\Delta u = \frac{u_n - u}{u} \cdot 100 = \frac{E_{k_2} - E_{k_{2n}}}{E_{k_{2n}}} \cdot 100 = \frac{E_{k_2} - \frac{E_{k_1}}{u_n}}{\frac{E_{k_1}}{u_n}} \cdot 100$$

$$= \frac{E_{k_2} \cdot u_n - E_{k_1}}{E_{k_1}} \cdot 100\,\%.$$

Setzt man darin $u_n \approx \frac{w_1}{w_2}$ und $E_{k_2} \cdot u_n \approx \frac{E_{k_1}}{1 + \frac{\varepsilon}{100}}$, so ergibt sich der Übersetzungsfehler:

$$\Delta u_e \approx - \frac{\varepsilon}{100 + \varepsilon}\,\%.$$

Die Bestimmung des Fehlwinkels δ_e erfolgt aus der Beziehung (Abb. 196):

$$\operatorname{tg} \delta_e = \frac{VT}{OV} = \frac{VT}{E'_{k_2} + ZV},$$

wenn man VT im Spannungsmaßstab der Ordinate (E_{k_1}) mißt. Nun ist nach Abb. 197 VT gleich der Abszisse $ZY = x$ des Punktes T in Einheiten der Ordinatenachse. Vernachlässigt man die kleine Strecke ZV gegenüber E'_{k_2}, dann wird auch $\operatorname{tg} \delta_e \approx \frac{ZY}{E'_{k_2}} = \frac{x}{E'_{k_2}}$. Da nun für einen Winkel δ' in Minuten im Einheitskreis der Bogen $(\delta) = \frac{2\pi}{360 \cdot 60} \cdot \delta' = 0{,}00029 \cdot \delta'$ ist und für kleine Winkel $\operatorname{tg} \delta = (\delta)$ gesetzt werden kann, so wird $\operatorname{tg} \delta_e = 0{,}00029 \cdot \delta_e' \approx \frac{x}{E'_{k_2}}$ oder der Fehlwinkel $\delta_e' \approx 3440 \cdot \frac{x}{E'_{k_2}}$. Damit ist für die Abszissen x der Maßstab bekannt.

Für Dreiphasen-Spannungswandler ist ein ähnliches Diagramm von H. Gewecke[1] angegeben.

Nach den Vorschriften des VDE[2] sollen Wandler der Klasse E bei $\cos \varphi_2 = 0{,}5 \ldots 1$ der angeschlossenen Meßinstrumente und $80 \ldots 120\,\%$ der Nennspannung einen Übersetzungsfehler $\Delta u_e = \pm 0{,}5\,\%$, Fehlwinkel $\delta_e' = \pm 20$ min für $N_{w_2} = 0 \ldots 30$ W Belastung nicht überschreiten. Für

[1] ETZ 1915 S. 253.

[2] ETZ 1913 S. 690; vgl. auch ETZ 1931 S. 657.

Klasse F bei $\cos\varphi_2 = 0{,}6 \ldots 1$ und $90 \ldots 110\%$ der Nennspannung gelten die Werte $\varDelta u_e = \pm 1{,}5\%$ und $\delta_e' = \pm 60\,\text{min}$.

2. Stromwandler.

Man kann sie zu den Transformatoren rechnen, die im Kurzschluß oder in seiner Nähe arbeiten, da sie sekundär nur durch den sehr kleinen Widerstand von Meßinstrumenten geschlossen sind. Sie enthalten daher ein sehr schwaches, mit der Belastung veränderliches Magnetfeld, infolgedessen werden Feldstrom J_{0_s} und Eisenverluststrom $J_{hw} = J_{0_l}$, die zusammen beim Spannungswandler den Leerlaufsstrom J_0 ergeben, kleine Werte zeigen. **Niemals** darf ein Stromwandler mit sekundär offenem Stromkreis arbeiten, da er infolge zu starken magnetischen Kraftflusses $\mathfrak{N}$ beschädigt würde. Dagegen ist er beim Kurzschluß am schwächsten belastet.

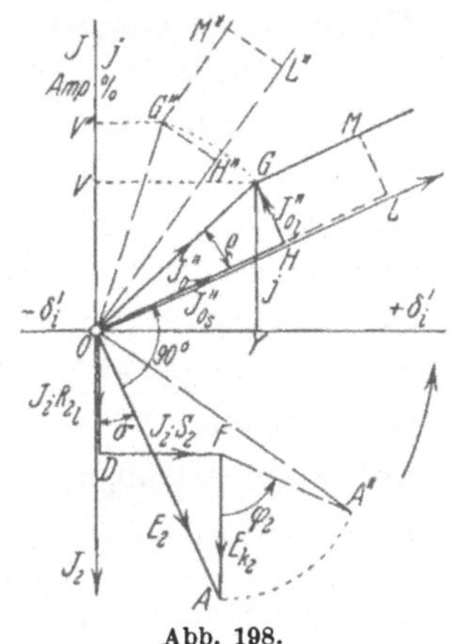

Abb. 198.

Betrachten wir das Transformatordiagramm Abb. 341, so können wir unter Fortlassung der entbehrlichen Linien und bei einem Windungsverhältnis $\frac{w_1}{w_2} = 1$ für den Stromwandler das vereinfachte Diagramm Abb. 198 zeichnen, indem wir von der Richtung des Sekundärstromes J_2 ausgehen und für $\varphi_2 = 0$ das Spannungsdiagramm $ODFA$ in einem bestimmten Maßstab eintragen. Da der äußere Belastungswiderstand $W_a(R_a, \mathfrak{S}_a)$ klein ist, wird auch die Spannung $E_{k_2} = J_2 \cdot W_a$ keinen großen Wert besitzen, sondern sich in der Größenordnung der Spannungsabfälle $J_2 \cdot R_{2_l}$ und $J_2 \cdot S_2$ halten. Der Winkel $DOA = \sigma$ ist daher hier nicht zu vernachlässigen.

Gegen $E_2 = OA$ um 90^0 voreilend liegt das Feld $\mathfrak{N}$ in der Richtung OL. In Phase mit ihm trägt man im Maßstab von J_2 von dem auf die Sekundärseite bezogenen Leerlaufsstrom J_0'' den Feldstrom $J_{0_s}'' = OH$ und senkrecht dazu den Leistungsanteil $J_{0_l}'' = HG$ ab, dann ist $OG = J_0''$. Die Schlußlinie zwischen dem (weit unten liegenden) Endpunkt von J_2 und G ergäbe dann J_1''. Da nun der $\sphericalangle(J_2, J_1'') = \delta_i$ sehr klein ist, kann man J_1'' auf die als Ordinatenachse dienende Verlängerung von J_2 projizieren, so daß auch $J_1'' = J_2 + VO$ gesetzt werden kann. Es ist demnach $VO = \Delta J = J_1'' - J_2$.

Bezogen auf J_2 wird dann der prozentuale Stromverlust $j = \frac{\Delta J}{J_2} \cdot 100 = \frac{J_1'' - J_2}{J_2} \cdot 100\%$ durch die Strecke VO oder, wenn man durch O die Senkrechte zu J_2 als Abszisse des Koordinatensystems zieht, durch die Ordinate $j = GY$ des Endpunkts G des Stromes J_1'' dargestellt. Ähnlich ist das Diagramm von J. Möllinger u. H. Gewecke[1].

Zur Zeichnung des Diagramms bestimmt man in bekannter Weise R_{2_l} und S_2 mittels Messungen, bei denen das resultierende Feld im Stromwandler möglichst klein ist (Gegenschaltung, Kurzschlußmethode, Wechselstrombrücke, Widerstandsmessung). Weiter mißt man zur Zeichnung der Leerlaufsstrom-Charakteristiken $f(J_0, E_2)$ bzw. $f(J_{0_s}, E_2)$ und $f(J_{0_l}, E_2)$ den Leerlaufsstrom J_0 und seinen Phasenwinkel ϱ bzw. seine beiden Anteile J_{0_s} und J_{0_l} in Abhängigkeit von der sekundär induzierten EMK E_2. Eine Leerlaufsmessung würde dabei ungenau sein, da sie nicht bei dem für die Belastung auftretenden Felde ausgeführt wird. Den gleichen Nachteil besitzt die Messung mit dem Wechselstromkompensator[2] (s. Nr. 24, b).

In einfacherer Weise gestaltet sich die Messung der für die Zeichnung des Stromwandlerdiagramms notwendigen Größen nach einem Verfahren von K. Gocht[3], bei dem der Sekundärstrom durch Zuschaltung eines induktionsfreien und eines induktiven Widerstandes verändert wird.

Für andere Belastungen würde E_2 bei gleicher Richtung seine Länge ändern. Um nun eine Umzeichnung zu vermeiden, denkt man sich nun den Strommaßstab im umgekehrten Verhältnis der Last verändert, d. h. man trägt die Leerlaufsströme bei kleineren

---

[1] ETZ 1912 S. 270.

[2] Möllinger, J.: Wirkungsweise d. Motorzähler u. Meßwandler, S. 185. Berlin: Julius Springer 1917.

[3] ETZ 1929 S. 1653.

Belastungen in proportional vergrößertem Maßstabe ein, dann behält die Ordinate die gleiche Teilung für alle Ströme J_2.

So entnimmt man beispielsweise für den Strom $\frac{J_2}{2}$ der Leerlaufsstromcharakteristik für die EMK $\frac{E_2}{2}$ den zugehörigen Strom J_{0_s}'' und trägt ihn in doppelter Größe gleich OL ein. Da J_{0_l}'' sich proportional mit E_2 ändert, wird er für $\frac{E_2'}{2}$ den halben Nennwert und mit verdoppelter Länge wieder die Größe $LM = HG$ erhalten. M ist dann der Endpunkt des Stromes J_1'' für die halbe Last $\frac{J_2}{2}$. Der geometrische Ort für die Endpunkte der Primärströme J_1'' bei verschiedenen Belastungen J_2 ist demnach die Parallele durch G zu dem Strahl $\mathfrak{R}$ in Richtung von OL.

Für andere Phasenwinkel $\varphi_2 > 0$ und gleicher Nennlast J_2 bleibt der Linienzug ODF bestehen, nur $E_{k_2} = FA$ ist um den $\sphericalangle \varphi_2$ voreilend gedreht, so daß OA nach OA'' und dementsprechend OGM nach $OG''M''$ gelangt.

Mit Hilfe des Diagramms findet sich in ähnlicher Weise wie unter 1 die Übersetzung

$$u_i = \frac{J_1}{J_2} = \frac{J_1'' \cdot \frac{w_2}{w_1}}{J_2} = \frac{w_2}{w_1} \cdot \left(1 + \frac{j}{100}\right),$$

der Übersetzungsfehler $\Delta u_i \approx -\frac{j}{100 + j}\,\%$ und

$$\operatorname{tg} \delta_i = \frac{VG}{J_2 + OV} \approx \frac{OY}{J_2} = \frac{x}{J_2} = 0{,}00029 \cdot \delta_i',$$

worin x in Einheiten der Ordinatenachse gemessen ist, so daß daraus der Fehlwinkel $\delta_i' \approx 3440 \cdot \frac{x}{J_2}$ gefunden wird.

Nach den Vorschriften des VDE soll bis zu einer Nennlast $N_{w_2} = 15$ W bei 20 ... 100% Nennstrom der Übersetzungsfehler $\Delta u_i = \pm 0{,}5\%$, der Fehlwinkel $\delta_i' = \pm 40$ min und bei 10 ... 20% Nennstrom $\Delta u_i = \pm 1{,}0\%$, $\delta_i' = \pm 60$ min nicht überschreiten. Durch ein von A. Berghahn[1] angegebenes Verfahren, das auf der Umkehrung des Diagramms von J. Möllinger beruht, lassen sich in einfacher Weise die Streuinduktivi-

[1] ETZ 1931 S. 605.

täten $\mathfrak{S}_1$, $\mathfrak{S}_2$, Windungsverhältnisabweichung und Leerlaufcharakteristik ermitteln.

3. Messung von u, Δu und δ.

Die direkte Messung der primären und sekundären Größen zur Bestimmung der Übersetzung u bzw. von Δu ergibt eine Genauigkeit von nur 0,3 . . . 0,4%, so daß sie nicht in Frage kommen kann. Besser eignen sich dafür verschiedene Nullmethoden mit Elektrometer, Spiegeldynamometer oder Vibrationsgalvanometer als Nullinstrumente. Für den richtigen Anschluß prüft man erst

a) Die Klemmenbezeichnung.

Sie ist nach Abb. 199 dann richtig, wenn die EMKe den eingezeichneten, entgegengesetzten Verlauf haben, so daß die Klemmen U und u gewissermaßen gleiche Polarität besitzen. Schließt man also an I eine kleine Gleichspannung mit den Polen $+U$ und $-U$ an und an II ein wenig gedämpftes Galvanometer, so muß das Instrument beim Einschalten von I eine Ablenkung mit den Polen $+u$ und $-v$ zeigen.

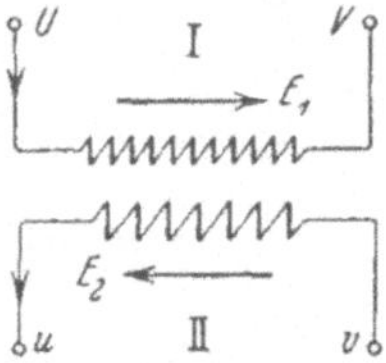

Abb. 199.

Nachdem man auf diese Weise oder durch eine Nullmethode die Klemmen genau bezeichnet hat, kann man damit weitere Meßwandler nach Abb. 200 für Spannungswandler, Abb. 201

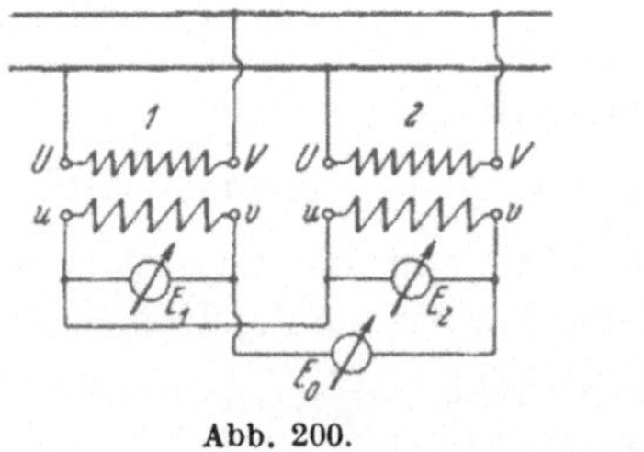

Abb. 200.

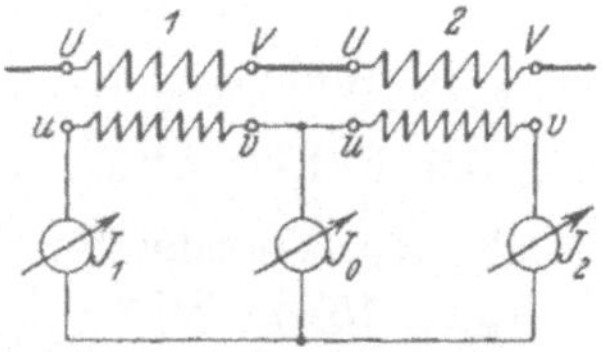

Abb. 201.

für Stromwandler vergleichen. Da die sekundären Größen phasengleich sind, müssen bei richtiger Klemmenbezeichnung die Instrumente $E_0 = E_1 - E_2$ bzw. $J_0 = J_1 - J_2$ die Differenz der beiden anderen Meßwerte bzw. sehr kleine Ablenkungen angeben.

Bei gleichartigen Wandlern genügen die Instrumente E_0 bzw. J_0. In dieser Schaltung lassen sich nach Brooks[1] auch Spannungswandler im Betriebe einfach und schnell mit Normalwandlern gleicher Art untersuchen. Sind keine Abweichungen vorhanden, dann wird $E_0 = 0$ bzw. $J_0 = 0$.

Zur Bestimmung der Übersetzung u bzw. Δu und des Fehlwinkels δ' dienen folgende Messungen:

b) Elektrometermethoden[2].

Für Spannungswandler macht man die Schaltung Abb. 202, wobei das Elektrometer in Quadrantenschaltung angeschlossen

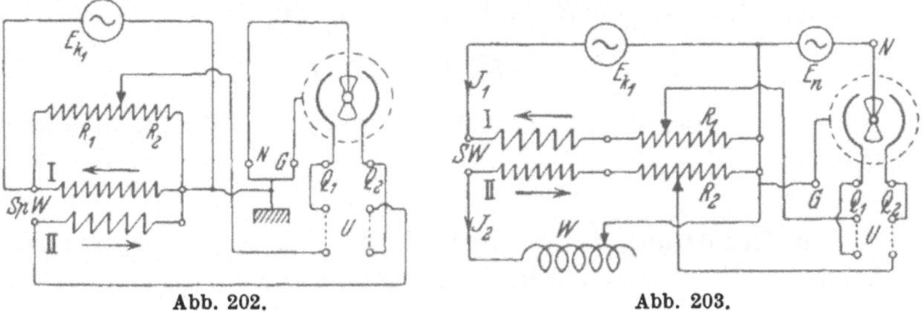

Abb. 202. Abb. 203.

ist. Auf die Quadranten Q_1 wirkt über den Spannungsteiler R_1, R_2 die Spannung $E_1 = E_{k_1} \cdot \frac{R_2}{R_1 + R_2}$, auf Q_2 die Spannung $E_2 = E_{k_2}$. Für die Ablenkung α gilt dann die Beziehung:

$$D \cdot \alpha = \frac{1}{2} \cdot (E_1^2 - E_2^2) = \frac{1}{2} \cdot \left[E_{k_1}^2 \cdot \frac{R_2}{(R_1 + R_2)^2} - E_{k_2}^2 \right].$$

Verändert man R_2, bis beim Umschalten von U die Ablenkung $\alpha = 0$ ist, dann ergibt sich die Übersetzung

$$u_e = \frac{E_{k_1}}{E_{k_2}} = \frac{R_1 + R_2}{R_2}.$$

Zur Ermittlung des Fehlwinkels δ_e' legt man zwischen Nadel N und Gehäuse G eine zu E_{k_2} senkrecht stehende Hilfsspannung E_n Doppelgenerator oder Phasenregler). Die Phase von 90° kann dadurch festgestellt werden, daß man die Hauptstromspule eines

[1] Bull. Bur. Stand. 1914; Electr. Wld. 1913 S. 898.

[2] ETZ 1909 S. 435; Z. Instrumentenkde. 1911 S. 332.

Leistungsmessers in die Sekundärwicklung II und die Spannungsspule an die Hilfsspannung E_n legt, wobei keine Ablenkung auftreten soll. Es gilt dann

$$c_q \cdot \alpha = E_n \cdot E_{k_2} \cdot \sin \delta_e = E_n \cdot \frac{E_{k_1}}{u_e} \cdot \frac{\delta_e'}{3440},$$

woraus δ_e' berechnet werden kann.

Für den Stromwandler macht man die Schaltung[1] Abb. 203, indem man mit den reinen Widerständen R_1 und R_2 nahezu gleiche Spannungen E_1, $\dot{E}_2$ an den Quadranten erzeugt, wobei W als sekundäre Bürde zur Einstellung des Stromes J_2 dient. Zwischen Nadel und Gehäuse schaltet man die mit J_1 in Phase liegende Hilfsspannung E_n. An den Quadranten wirkt die Differenz der Spannungen E_1 und E_2. Dann gilt:

$$c_q \cdot \alpha = \frac{1}{2} \cdot (E_1^2 - E_2^2) + E_n \cdot (J_1 \cdot R_1 - J_2 \cdot R_2).$$

Bringt man die Ablenkung auf den Wert $\alpha = 0$, dann erhält man:

$$u_i = \frac{J_1}{J_2} = \frac{R_2}{R_1}.$$

Zur Ermittlung des Fehlwinkels δ_i muß wieder E_n um 90^0 gegen J_1 verschoben werden, dann ergibt sich

$$c_q \cdot \alpha = E_n \cdot J_2 \cdot R_2 \cdot \sin \delta_i = E_n \cdot J_2 \cdot R_2 \cdot \frac{\delta_i'}{3440},$$

woraus δ_i' berechnet werden kann.

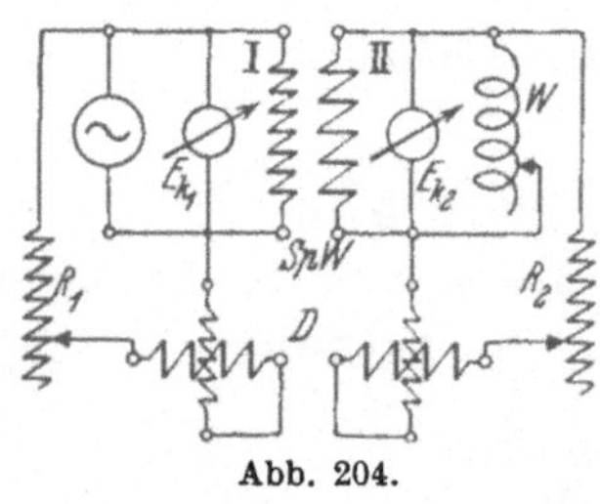

Abb. 204.

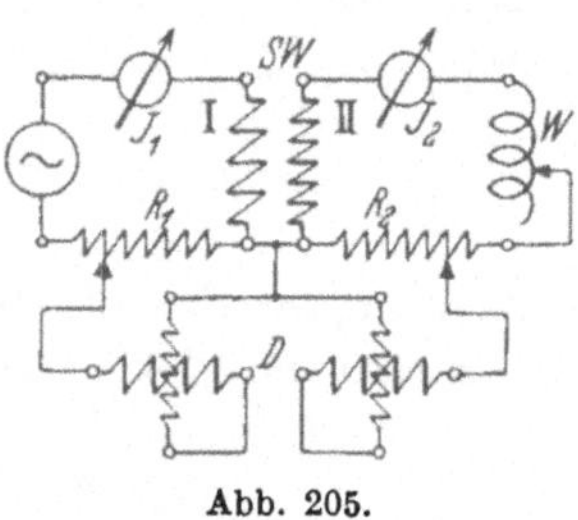

Abb. 205.

c) Dynamometermethoden.

E. B. Rosa u. Lloyd[2] verwenden ein Differentialdynamometer D nach Abb. 204 für Spannungswandler, nach Abb. 205 für Stromwandler. Die beweglichen Spulen liegen auf einer ge-

[1] Electrician Bd. 58 (1906) S. 160, 199 (Drysdale); ETZ 1909 S. 468.
[2] Bull. Bur. Stand. Bd. 6 (1909) Nr. 1.

meinsamen Achse, wirken aber gegeneinander. Verändert man die reinen Widerstände R_1 und R_2, so daß die Ablenkung Null wird, dann gilt

$$u_e = \frac{E_{k_1}}{E_{k_2}} = \frac{R_1}{R_2}$$

und

$$u_i = \frac{J_1}{J_2} = \frac{R_2}{E_1}.$$

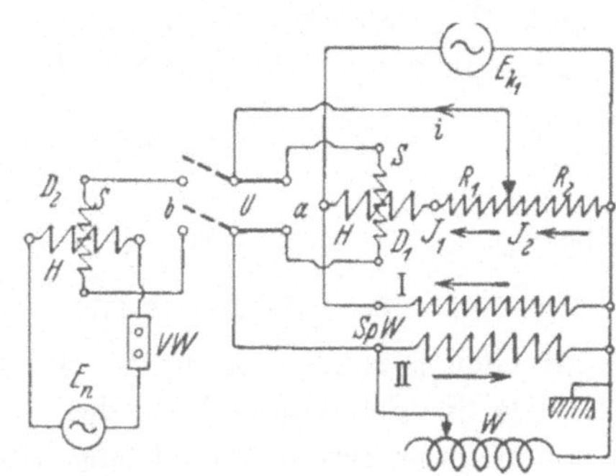

Abb. 206.

A. Palm[1] benutzt ein Spiegel-Elektrodynamometer.

An Stelle des Elektrometers der Abb. 202 und 203 verwenden L. T. Robinson[2], F. G. Agnew u. Fitch[3] Dynamometer nach Abb. 206 für Spannungswandler, nach Abb. 207 für Stromwandler. Diese Schaltungen sind, z. T. etwas geändert, auch bei uns in Gebrauch. Legt man den Umschalter U auf a, so daß Dynamometer D_1 eingeschaltet ist, und verändert R_1 und R_2, bis die Ablenkung verschwindet, dann gilt (nach Abb. 206 wird $J_1 \approx J_2$ gesetzt, da $i \ll J_1$ ist) gemäß Abb. 211:

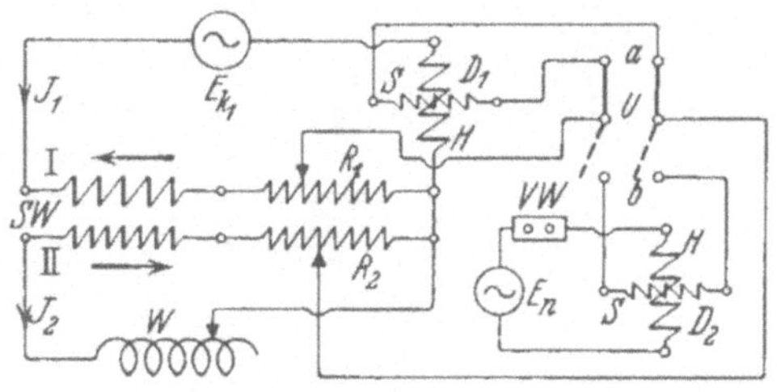

Abb. 207.

$$E_{k_2} \cdot \cos \delta_e = J_2 \cdot R_2 \approx J_1 \cdot R_2 \approx \frac{E_{k_1}}{R_1 + R_2} \cdot R_2$$

oder, da $\cos \delta_e \approx 1$ ist,

$$u_e = \frac{E_{k_1}}{E_{k_2}} \approx \frac{R_1 + R_2}{R_2}.$$

Nach Abb. 207 ist

$$J_1 \cdot R_1 \approx J_2 \cdot R_2 \qquad \text{oder} \qquad u_i = \frac{J_1}{J_2} \approx \frac{R_2}{R_1}.$$

[1] Z. Instrumentenkde. 1914 S. 281.

[2] Proc. Amer. Inst. electr. Engr. 1909 S. 981.

[3] Bull. Bur. Stand. Bd. 6 (1910) S. 281; Bd. 7 (1911) S. 423.

Legt man den Umschalter U nach b um und schließt dadurch die zu E_{k_1} um 90^0 verschobene Hilfsspannung E_n an die Stromspule des Dynamometers D_2, dann zeigt die bewegliche Spannungsspule eine Ablenkung α_e bzw. α_i gemäß den Gleichungen:

$$c_e \cdot \alpha_e = E_n \cdot E_{k_2} \cdot \sin \delta_e = E_n \cdot \frac{E_{k_1}}{u_e} \cdot \frac{\delta_e'}{3440},$$

bzw.
$$c_i \cdot \alpha_i = E_n \cdot J_2 \cdot R_2 \cdot \sin \delta_i = E_n \cdot J_2 \cdot R_2 \cdot \frac{\delta_i'}{3440}.$$

Bestimmt man die Konstanten c_e bzw. c_i des Dynamometers mit Gleichstrom, so kann δ_e' und δ_i' berechnet werden.

Da die Fehlwinkel δ bei den Wandlern derselben Type wenig voneinander abweichen, ist eine Untersuchung daraufhin im Prüf-

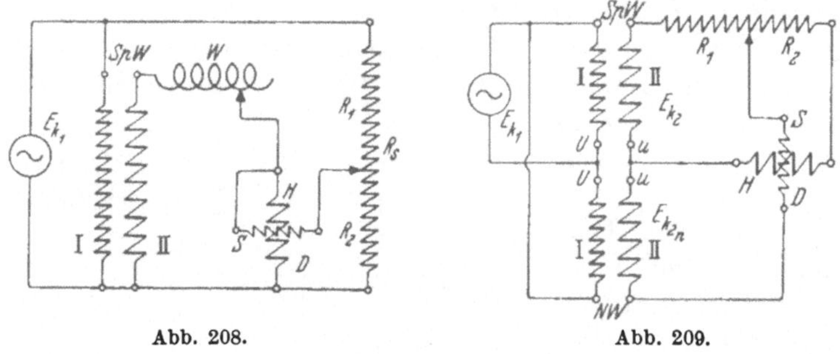

Abb. 208. Abb. 209.

feld nicht nötig. Es genügt daher die Feststellung der Übersetzung u, wofür folgende vereinfachte Messungen in Frage kommen. Spannungswandler schaltet man nach Agnew-Fitch[1] gemäß Abb. 208. Verschiebt man den Schleifkontakt auf dem Spannungsteiler R_s so weit, daß D keine Ablenkung zeigt, dann gilt, wie in Abb. 206, $u_e = \frac{E_{k_1}}{E_{k_2}} \approx \frac{R_1 + R_2}{R_2}$. Dabei herrscht zwar an der Spannungsspule eine kleine Spannung e, die aber um 90^0 gegen den Strom in der Hauptstromspule verschoben ist. (Vgl. Abb. 211.)

An Stelle des Dynamometers schaltet Robinson[1] in den Zweig, der sonst die Spannungsspule enthalten würde, einen von einem Synchronmotor angetriebenen vierteiligen Stromwender ein und führt den pulsierenden Gleichstrom einem Galvanometer

[1] a. a. O.

zu oder benutzt ein Differential-Thermoelement mit Galvanometer als Anzeigeinstrument.

Will man Spannungswandler *SpW* mit einem Normalwandler *NW* bekannter Übersetzung u_n vergleichen, so schaltet man sie nach Abb. 209 gegeneinander (Differentialschaltung). Für die Ablenkung Null im Dynamometer *D* gilt dann

$$\frac{E_{k_{2n}}}{E_{k_2}} = \frac{R_2}{R_1 + R_2}, \qquad E_{k_{2n}} = \frac{E_{k_1}}{u_n}$$

und daraus

$$\frac{E_{k_1}}{u_n \cdot E_{k_2}} = \frac{u}{u_n} = \frac{R_2}{R_1 + R_2} \qquad \text{oder} \qquad u = u_n \cdot \frac{R_2}{R_1 + R_2}.$$

In diesem Falle wäre $u < u_n$. $R_2 = R_1 + R_2$ ergäbe $u = u_n$.

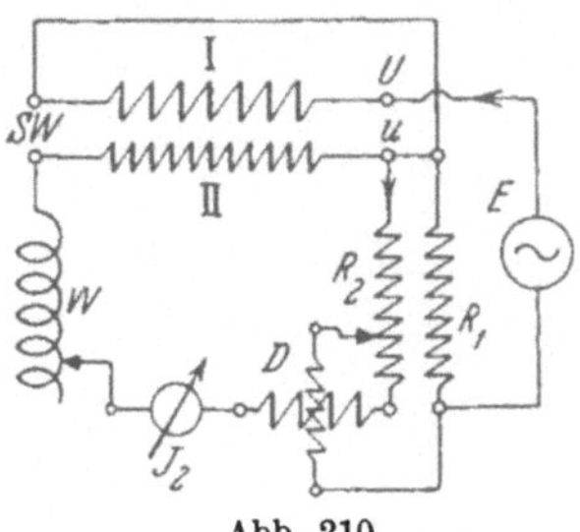

Abb. 210.

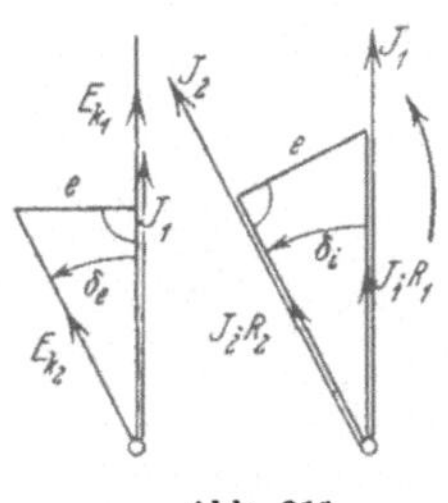

Abb. 211.

Ist $u > u_n$, also $E_{k_2} < E_{k_{2n}}$, dann muß man die Spannungswandler vertauschen.

S t r o m wandler untersucht man in der Schaltung Abb. 210. Verändert man R_2, bis das Dynamometer *D* keine Ablenkung zeigt, dann gilt (Abb. 211)

$$J_2 \cdot R_2 = J_1 \cdot R_1 \cdot \cos \delta_i \approx J_1 \cdot R_1 ,$$

da für einen Fehlwinkel $\delta_i' = 40$ min der F e h l e r nur

$$\frac{J_1 \cdot R_1 - J_1 \cdot R_1 \cdot \cos \delta}{J_1 \cdot R_1} \cdot 100 = (1 - \cos \delta) \cdot 100\% = 0{,}1\%$$

betragen würde. Somit ergibt sich $u_i = \frac{J_1}{J_2} \approx \frac{R_2}{R_1}$. Man konnte *D* auch in den Primärkreis *I* legen.

Trotzdem die hier angegebenen Schaltungen auf der Abgleichung zweier gegeneinander wirkender Spannungen beruhen, sind die Spannungspfade der Dynamometer nicht vollständig stromlos, sondern besitzen eine kleine Spannung *e* (Abb. 211), die aber keine Ablenkung verursacht, da sie gegenüber dem Strom in der Hauptstromspule um 90° verschoben ist.

d) Kompensationsmethoden.

Beseitigt man die kleine Differenzspannung e durch eine gleich große entgegengerichtete EMK E', dann wird das Meßinstrument stromlos, da die zu vergleichenden Spannungen gleiche Größe und Phase haben.

Nach L. T. Robinson[1] kann die Zusatz-EMK E' durch eine Gegeninduktivität $\mathfrak{S}_g$ (Abb. 212) erzeugt werden (vgl. Abb. 208), die der Restspannung e entgegengeschaltet wird. Verschiebt man

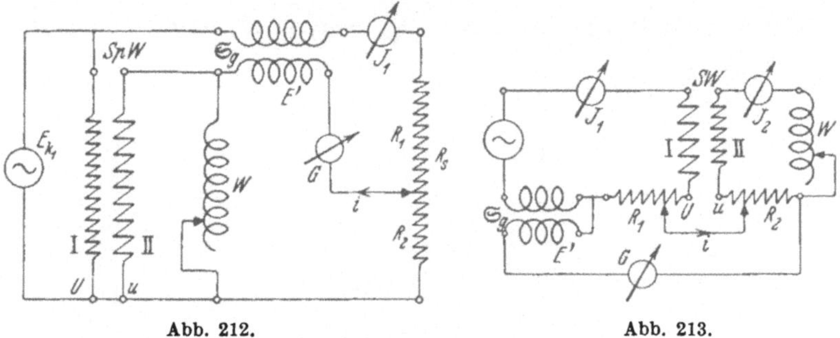

Abb. 212. Abb. 213.

den Schleifkontakt auf R_s, bis das Vibrationsgalvanometer G keine Ablenkung zeigt, also $i = 0$ ist, dann gilt genau für die Übersetzung: $u_e = \frac{E_{k_1}}{E_{k_2}} = \frac{R_1 + R_2}{R_2}$. Weiter ist nach Abb. 211 $\operatorname{tg} \delta_e = \frac{e}{J_1 \cdot R_2} = \frac{J_1 \cdot \omega \cdot \mathfrak{S}_g}{J_1 \cdot R_2}$, so daß sich für den Fehlwinkel

$$\operatorname{tg} \delta_e = \frac{\omega \cdot \mathfrak{S}_g}{R_2} \quad \text{oder} \quad \delta_e' = 3440 \cdot \frac{\omega \cdot \mathfrak{S}_g}{R_2} \text{ min}$$

ergibt.

Stromwandler schaltet man nach Abb. 213. Da die Zusatzspannung $-e = E' = J_1 \cdot \omega \cdot \mathfrak{S}_g$ um 90° gegen J_1 verschoben ist, besteht für $i = 0$ die Beziehung: $J_1 \cdot \sqrt{R_1^2 + \omega^2 \cdot \mathfrak{S}_g^2} = J_2 \cdot R_2$. Daraus folgt:

$$u_i = \frac{J_1}{J_2} = \frac{R_2}{\sqrt{R_1^2 + \omega^2 \cdot \mathfrak{S}_g^2}} \quad \text{und} \quad \operatorname{tg} \delta_i = \frac{E'}{J_1 \cdot R_1} = \frac{\omega \cdot \mathfrak{S}_g}{R_1}$$

bzw.

$$\delta_i' = 3440 \cdot \frac{\omega \cdot \mathfrak{S}_g}{R_1} \text{ min}.$$

[1] a. a. Ort.

Diese Methode der Kompensation mit Hilfe einer Gegeninduktivität ist von Cl. Sharp u. W. Crawford[1] dahin geändert, daß an Stelle des Vibrationsgalvanometers eine von einem Synchronmotor angetriebene Kontaktvorrichtung mit Gleichstromgalvanometer benutzt wurde.

Von H & B, S & H, O. Wolff, Berlin, werden zur Untersuchung von Spannungswandlern nach Angaben der PTR Anordnungen mit der Schaltung Abb. 214 gebaut. Die Primärseite I von SpW liegt an der Spannungsquelle E_{k_1} zugleich mit einem reinen Hochspannungswiderstand[2] R_h. Die Sekundärseite II ist über einen Spannungsteiler R_s mit dem Teilwiderstand r gegen die an r_1 herrschende Spannung des an R_1 liegenden Widerstandes $R = r_2 + r_3$ kompensiert. Der zu $r_4 = ef$ parallel geschaltete Kondensator C dient zur Phaseneinstellung des Stromes im Kompensationszweig af. Der Spannungsteiler R_s mit den Anzapfungen $1 = 10000$, $2 = 11000$, $3 = 15000$, $4 = 19000$, $5 = 22000$ Ohm wird mit demjenigen Betrag an die Wicklung II gelegt, der dem 100fachen Wert der sekundären Nennspannung E_{k_2}, also Zahlenwert $[R_s] = 100 \cdot E_{k_{2n}}$ entspricht. Dann stellt man r so ein, daß sein Zahlenwert $[r] = \frac{1}{100} \cdot E_{k_1}$ wird. Nun verschiebt man den Schleifkontakt auf dem Meßdraht bc und verändert die Kapazität C (Farad) so weit, bis das Vibrationsgalvanometer G keine Ablenkung zeigt, dann gilt für einen positiven Fehlwinkel δ_e, wenn $\varphi_4 = r_4 \cdot \omega \cdot C$ gesetzt wird,

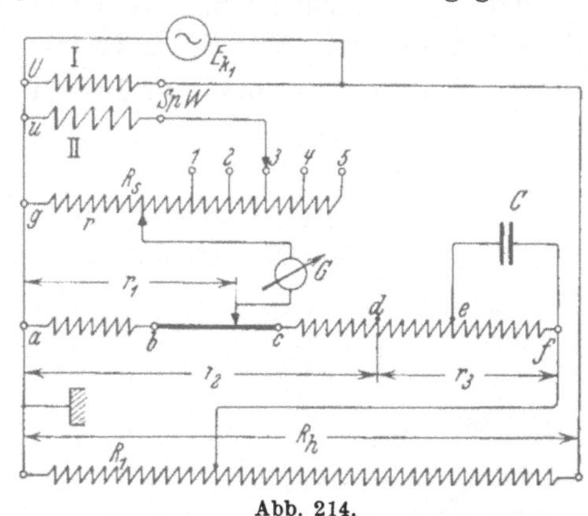

Abb. 214.

$$E_{k_2} \cdot \frac{r}{R_s} = E_{k_1} \cdot \frac{r_1 \cdot R \cdot \sqrt{1 + \varphi_4^2}}{\sqrt{4 \cdot R^2 \cdot R_h^2 + \left[2 R \cdot R_h - r_4 \cdot \left(\frac{R}{2} + R_h\right)\right]^2 \cdot \varphi_4^2}} .$$

[1] Proc. Amer. Inst. electr. Engr. 1910 S. 1207.
[2] Z. Instrumentenkde. 1927 S. 280.

Im allgemeinen kann man $\varphi_4 \approx 0$ setzen, so daß genügend genau auch: $E_{k_2} \cdot \frac{r}{R_s} \approx E_{k_1} \cdot \frac{r_1}{2 \cdot R_h}$ gilt. Demnach erhält man die Übersetzung: $u_{e_1} = \frac{E_{k_1}}{E_{k_2}} \approx \frac{2 \cdot R_h}{R_s} \cdot \frac{r}{r_1}$ und den Übersetzungsfehler (S. 253):

$$\Delta u_{e_1} = \left(\frac{u_{e_n} \cdot E_{k_2}}{E_{k_1}} - 1\right) \cdot 100 = \left(\frac{E_{k_1}}{E_{k_{2_n}}} \cdot \frac{R_s \cdot r_1}{2 \cdot R_h \cdot r} - 1\right) \cdot 100\,\% .$$

Die Meßeinrichtung von H & B enthält folgende Widerstände: $ab = 98$; Schleifdraht $bc = 4$; $cd = 1{,}4$; $de = 92{,}2$; $ef = r_4 = 304{,}4$; $r_2 = 103{,}4$; $r_3 = 396{,}6$; $af = R = r_2 + r_3 = 500$; $R_1 = 500$; $R_h = 50000$ Ohm bei $E_{k1} \leqq 4000$ V, $R_h = 500000$ Ohm bei $E_{k_1} \leqq 22000$ V. Mit diesen Meßgrößen und $R_h = 500000$ Ohm wird dann

$$u_{e_1} = \frac{10000}{E_{k_{2_n}}} \cdot \frac{r}{r_1} \quad \text{und} \quad \Delta u_{e_1} = r_1 - 100\,\% .$$

Für negative Fehlwinkel δ_e muß man den Kondensator C an $ad = r_2$ anschließen. Dann gilt dafür, wenn $\varphi_2 = r_2 \cdot \omega \cdot C$ gesetzt wird,

$$E_{k_2} \cdot \frac{r}{R_s} = E_{k_1} \cdot \frac{r_1 \cdot R}{\sqrt{4 \cdot R^2 \cdot R_h^2 + \left[2 \cdot R \cdot R_h - r_2 \cdot \left(\frac{R}{2} + R_h\right)\right]^2 \cdot \varphi_2^2}}$$

oder für $\varphi_2 \approx 0$: $E_{k_2} \cdot \frac{r}{R_s} \approx E_{k_1} \cdot \frac{r_1}{2 \cdot R_h}$, wie vorher. Somit wird $u_{e_2} = u_{e_1} = u_e$.

Für den positiven Fehlwinkel δ_{e_1} gilt

$$\operatorname{tg} \delta_{e_1} = \frac{\varphi_4 \cdot r_4 \cdot \left(R_h + \frac{R}{2}\right)}{r_4 \cdot \left(R_h + \frac{R}{2}\right) + \left[2\,R \cdot R_h - r_4 \cdot \left(R_h + \frac{R}{2}\right)\right] \cdot (1 + \varphi_4^2)}$$

oder für $\varphi_4^2 \approx 0$: $\operatorname{tg} \delta_{e_1} \approx \frac{\varphi_4 \cdot r_4 \cdot \left(R_h + \frac{R}{2}\right)}{2 \cdot R \cdot R_h}$ bzw.

$$\operatorname{tg} \delta_{e_1} \approx \frac{r_4^2 \cdot 2\,\pi \cdot \nu \cdot C}{2 \cdot R}, \quad \text{wenn} \quad \frac{R}{2} \ll R_h \text{ ist.}$$

Für den negativen Fehlwinkel δ_{e_2} gilt:

$$\operatorname{tg} \delta_{e_2} = -\varphi_2 \cdot \left[1 - \frac{r_2 \cdot \left(R_h + \frac{R}{2}\right)}{2 \cdot R \cdot R_h}\right] \quad \text{oder, für} \quad \frac{R}{2} \ll R_h ,$$

$$\operatorname{tg} \delta_{e_2} \approx -r_2 \cdot 2\,\pi \cdot \nu \cdot C \cdot \left(1 - \frac{r_2}{2\,R}\right).$$

Setzt man die Widerstandswerte der obigen Meßeinrichtung und $C' = C \cdot 10^{-6}$ in Mikrofarad ein, so ergibt sich:

$$\delta'_{e_1} = 3 \cdot C' \cdot \nu \text{ min} \qquad \text{und} \qquad \delta'_{e_2} = -2 \cdot C' \cdot \nu \text{ min}.$$

Für den Fall, daß ein Wandler einen Fehler $\Delta u_e > \pm 1{,}9\%$ besitzt, stellt man r_1 zuerst auf 100 Ohm am Schleifkontakt ein, verändert r und C, bis G nahezu stromlos ist, und gleicht dann auf bc genau ab. Zum schnellen Vergleichen von Spannungswandlern mit Normalwandlern hat die Firma H & B diese Meßeinrichtung passend umgestaltet.

Für Stromwandler zeigt Abb. 215 eine Meßeinrichtung der PTR nach Angaben von H. Schering u. E. Alberti[1] in der

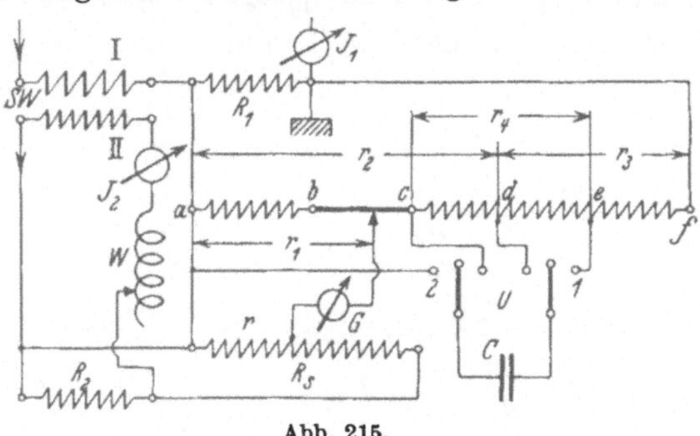

Abb. 215.

Ausführung von H & B. An dem primären Normalwiderstand R_1 liegt der Kompensationszweig af mit dem Widerstand $R = r_2 + r_3$, gegen dessen Teilspannung am Widerstand r_1 die am sekundären Normalwiderstand R_2 vorhandene Potentialdifferenz $J_2 \cdot R_2$ über den Widerstand r des Spannungsteilers R_s kompensiert wird.

Bei positiven Fehlwinkeln δ_{i_1} legt man C mit dem Umschalter U auf Klemme *1* an $r_4 = ce$ und verändert r_1 und C, bis das Vibrationsgalvanometer G stromlos ist. Dann gilt:

$$J_2 \cdot \frac{r}{R_s} \cdot \frac{R_2 \cdot R_s}{R_2 + R_s} = J_1 \cdot \frac{R_1 \cdot r_1 \cdot \sqrt{1 + \varphi_4^2}}{\sqrt{(R_1 + R)^2 + (R_1 + R - r_4)^2 \cdot \varphi_4^2}}.$$

Für $\varphi_4 \approx 0$ wird angenähert $J_2 \cdot \frac{R_2 \cdot r}{R_2 + R_s} \approx J_1 \cdot \frac{R_1 \cdot r_1}{R_1 + R}$ und

[1] Arch. Elektrotechn. Bd. 2 (1914) S. 263; ETZ 1915 S. 360; 1919 S. 587.

daraus die Übersetzung: $u_{i_1} = \frac{J_1}{J_2} \approx \frac{R_1 + R}{R_2 + R_s} \cdot \frac{R_2 \cdot r}{R_1 \cdot r_1}$. Der positive Fehlwinkel ergibt sich aus:

$$\operatorname{tg} \delta_{i_1} = \frac{r_4 \cdot \varphi_4}{R_1 + R + (R_1 + R - r_4) \cdot \varphi_4^2} \quad \text{und für} \quad \varphi_4^2 \approx 0,$$

$$\operatorname{tg} \delta_{i_1} \approx \frac{r_4^2 \cdot 2\pi \cdot \nu \cdot C}{R_1 + R}.$$

Setzt man $C' = C \cdot 10^{-6}$ in Mikrofarad ein, so wird

$$\delta_{i_1}' \approx 3440 \cdot \frac{r_4^2 \cdot 2\pi \cdot \nu \cdot C' \cdot 10^{-6}}{R_1 + R} = 0{,}0216 \cdot \frac{r_4^2 \cdot \nu \cdot C'}{R_1 + R} \text{ min}.$$

Bei negativen Fehlwinkeln δ_{i_2} legt man U nach Kontakt *2*, so daß C an $r_2 = ad$ liegt, wofür gilt:

$$J_2 \cdot \frac{R_2 \cdot r}{R_2 + R_s} = J_1 \cdot \frac{R_1 \cdot r_1}{\sqrt{r_2^2 + 2 r_2 \cdot (R_1 + R - r_2) + (R_1 + R - r_2)^2 \cdot (1 + \varphi_2)^2}}$$

oder für $\varphi_2 \approx 0$,

$$J_2 \cdot \frac{R_2 \cdot r}{R_2 + R_s} \approx J_1 \cdot \frac{R_1 \cdot r_1}{R_1 + R},$$

wie vorher. Somit wird $u_{i_2} = u_{i_1} = u_i$. Weiter ergibt sich:

$$\operatorname{tg} \delta_{i_2} = -\frac{(R_1 + R - r_2) \cdot \varphi_2}{R_1 + R} = -\frac{R_1 + R - r_2}{R_1 + R} \cdot r_2 \cdot 2\pi \cdot \nu \cdot C$$

und, wenn man $C' = C \cdot 10^{-6}$ in Mikrofarad einführt,

$$\delta_{i_2}' = -0{,}0216 \cdot \frac{R_1 + R - r_2}{R_1 + R} \cdot r_2 \cdot \nu \cdot C' \text{ min}.$$

Die Meßeinrichtung von H & B enthält folgende Widerstände: $R_2 = 0{,}1001$ Ohm für $J_2 = 5$ und 10 A, 1,01 Ohm für 0,5 und 1 A; $ab = 48$; Schleifdraht $bc = 4$; $cd = 20{,}8$; $de = 115{,}3$; $ef = 11{,}9$; $r_2 = 72{,}8$; $r_4 = ce = 136{,}1$; $r_3 = 127{,}2$; $af = R = r_2 + r_3 = 200$; $R_s = 100$ Ohm. Die allgemein wassergekühlten Normalwiderstände R_1 werden so gewählt, daß bei $J_1 \leqq 1000$ A der Spannungsverlust in ihnen etwa 2 V, bei $J_1 = 1000 \ldots 3000$ A etwa 1,2 V erreicht. Um wassergekühlte Widerstände zu vermeiden, legt man bei $J_1 > 200$ A das primäre Normal R_1 nicht in den Primärkreis, sondern sekundärseitig an einen Hilfs-Normalwandler[1]. Die Genauigkeit dieser Meßanordnung beträgt bei u etwa 0,1%, bei δ etwa 2 . . . 3 min.

---

[1] D.R.P. 422920 (S & H).

Man kann sie nach M. Arnold[1] für u auf 0,01%, δ auf 0,1 min steigern, wenn man die Normale R_1 und R_2 direkt ohne Zwischenschaltung von Spannungsteilern über das Galvanometer gegeneinanderschaltet und die Abgleichung bei u durch einen hohen reinen Widerstand parallel zu R_2, bei δ mit einem Kondensator bewirkt. Doch lassen sich die Fehler hierbei nicht direkt ablesen.

Um bei den Prüfeinrichtungen das Vorhandensein störender Einflüsse festzustellen bzw. zu beseitigen, ist von F. Ahrberg[2] ein einfaches Verfahren angegeben.

e) Sonstige Prüfmethoden.

Eine einfache Meßvorrichtung zur betriebsmäßigen Prüfung von Meßwandlern mit einfachen Mitteln ergibt sich nach D. Bercovitz[3] durch Verwendung eines als Dynamometer ausgebildeten Differentialspannungsmessers unter Zuhilfenahme eines Normalwandlers mit gleicher Übersetzung wie beim Prüfgegenstand. Um mit einer möglichst geringen Zahl von Normalwandlern auszukommen, empfiehlt es sich, solche mit mehrfacher Umschaltung im-Primärkreis zu verwenden. Die Meßgenauigkeit beträgt bei u etwa 0,01%, bei δ etwa 0,2 min.

Zum Vergleichen eines Meßwandlers mit einem Normalwandler gleicher Übersetzung verwendet P. G. Agnew[4] zwei Induktionszähler. Die Meßgenauigkeit beträgt bei u etwa 0,02 ... 0,03%, bei δ etwa 1 ... 2 min. Um den hierbei erforderlichen Phasentransformator zu vermeiden, hat J. Slavik[5] diese Methode dadurch verbessert, daß er außer dem Normalwandler zwei Zweisystemzähler verwendet, die je ein System für die Leistung N und für die Feldleistung N_f besitzen. Bei großer Genauigkeit erfordert die Messung nur einfache und billige Instrumente, so daß sie sich auch für betriebsmäßige Untersuchungen eignet.

62. Untersuchung von Akkumulatoren[6].

Der Akkumulator wird mit verdünnter Schwefelsäure vom spez. Gewicht 1,18 gefüllt und gemäß Schaltung Abb. 216, wobei

[1] J. Instn. electr. Engr. 1930 S. 898; ETZ 1930 S. 1687.
[2] ETZ 1925 S. 500. [3] ETZ 1928 S. 95.
[4] Bull. Bur. Stand. Bd. 11 (1915) S. 347; ETZ 1916 S. 335.
[5] ETZ 1929 S. 1360. [6] Linker, A.: Prakt. El.-Lehre S. 72.

der Schalter S auf Kontakt *2* liegt, vollständig aufgeladen, bis er starke Gasblasen erzeugt und die EMK nicht mehr steigt. Meistens besitzt dann eine Zelle eine EMK $E_1 = 2{,}7$ V. Vor Beginn des Entladeversuches ist es dabei zweckmäßig, die infolge der höheren Konzentration und Gasbelag entstandene Überspannung von etwa 0,6 V, welche nach einigen Stunden von selbst verschwinden würde, in kurzer Zeit zu beseitigen, indem man den Akkumulator etwa 1 min lang mit dem Nennstrom belastet. Die EMK sinkt dann etwa auf 2,1 V und kann als die Entladespannung gelten, wenn sie ohne Belastung nicht weiter sinkt. Nun legen wir S nach Kontakt *1* um und stellen den Widerstand R so ein, daß dem Akkumulator A der normale Entladestrom J_1 entnommen wird, für den wir die Untersuchung machen wollen, und beobachten nun die Klemmenspannung E_{k_1} unter Konstanthaltung des Stromes J_1.

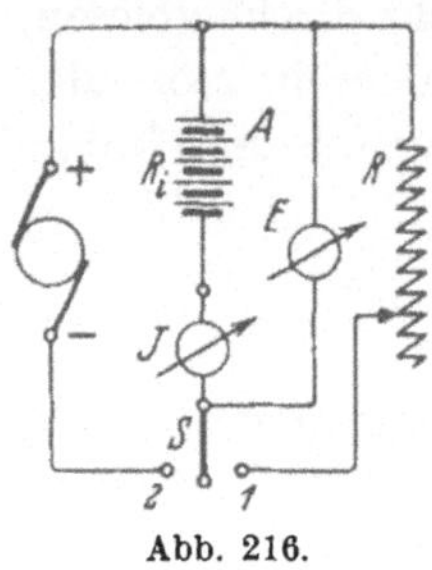

Abb. 216.

Stellt man E_{k_1} in Abhängigkeit von der Entladezeit t zeichnerisch dar, so erhält man die Entladekurve $f(E_{k_1}, t)$ für $J_1 =$ konst (Abb. 217). Die Entladung gilt als beendet, wenn die Klemmenspannung E_{k_1} einer Zelle bei Nennstrom 1,83 V erreicht.

Darauf legen wir S nach *2* um, laden mit dem Nennstrom J_2 und stellen uns ähnlich der vorigen Messung aus der Ladespannung E_{k_2} und der Zeit t die Ladekurve $f(E_{k_2}, t)$ (Abb. 218) dar. Die Ladung gilt als beendet, wenn die EMK (nicht Klemmenspannung!) auf etwa 2,7 V gestiegen ist. Zur Ablesung schaltet man den Strom J_2 kurzzeitig aus.

Diese Kurven verwerten wir nun folgendermaßen: Für einen schmalen Streifen f_{e_1} der Spannungskurve (Abb. 217) gilt

$$c_{e_1} \cdot f_{e_1} = E_{k_1} \cdot dt.$$

Da $J_1 =$ konst ist, erhält man durch Multiplikation und Summierung bzw. Integration

$$c_{e_1} \cdot J_1 \cdot \int_0^{T_1} f_{e_1} = \int_0^{T_1} E_{k_1} \cdot J_1 \cdot dt = \int_0^{T_1} N_1 \cdot dt = A_1 \quad \text{Wh}$$

oder

$$c_{e_1} \cdot J_1 \cdot [F_{e_1}]_0^{T_1} = A_1 \quad \text{Wh}.$$

Ebenso ergibt sich aus der Ladekurve (Abb. 218)

$$\int_0^{T_2} E_{k_2} \cdot J_2 \cdot dt = c_{e_2} \cdot J_2 \cdot [F_{e_2}]_0^{T_2} = A_2 \quad \text{Wh}.$$

Das Verhältnis

$$\eta = \frac{A_1}{A_2} = \frac{c_{e_1}}{c_{e_2}} \cdot \frac{F_{e_1}}{F_{e_2}} \cdot \frac{J_1}{J_2}$$

stellt den praktisch wichtigen Wirkungsgrad (für Blei 0,8 ÷ 0,9) dar. Der Faktor $c_e = \frac{E_k \cdot dt}{f_e} \frac{\text{V h}}{\text{qcm}}$ bestimmt sich aus den Maßstäben der Koordinaten. Ist z. B. auf der Abszisse $10\,\text{cm} = 2\,h$, auf der Ordinate $1\,\text{cm} = 0{,}1\,\text{V}$, dann entsprechen $1 \cdot 10\,\text{qcm} = 2 \cdot 0{,}1\,\text{V}$, woraus $c_e = \frac{0{,}2}{10} = 0{,}02 \frac{\text{V h}}{\text{qcm}}$ folgt. Für $c_{e_1} = c_{e_2}$ läßt sich η durch Ausmessen der Flächen oder einfacher durch Zeichnen der Integralkurve (vgl. Abb. 244) ermitteln. Die Flächen zwischen

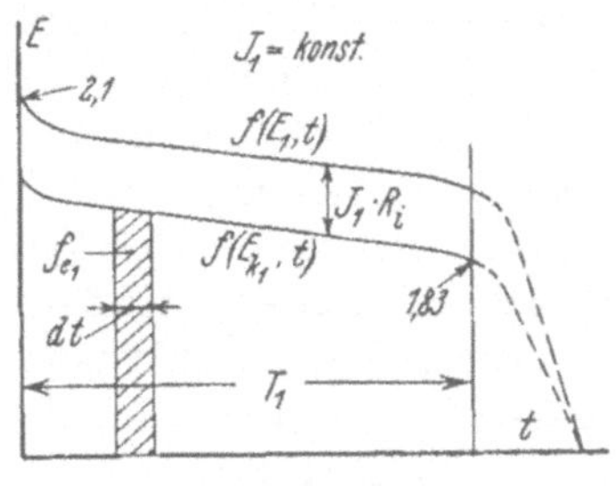

Abb. 217.

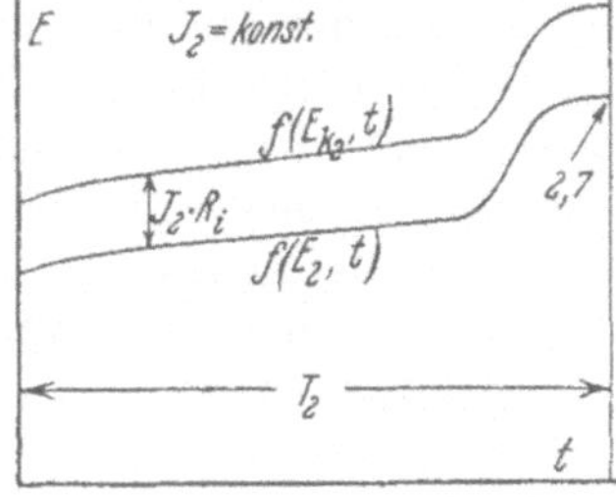

Abb. 218.

den E- und E_k-Kurven stellen den Leistungsverlust im inneren Widerstande R_i dar. Die Größe $Q_1 = J_1 \cdot T_1$ Ah gibt die Kapazität des Akkumulators an. Das Verhältnis $\eta_e = \frac{Q_1}{Q_2} = \frac{J_1 \cdot T_1}{J_2 \cdot T_2}$ heißt das elektrische Güteverhältnis (ca. 0,94 . . . 0,97). Schließlich kann man sich die Mühe der punktweisen Aufnahme der Kurven ersparen, wenn man registrierende Spannungsmesser verwendet.

Über den Ladezustand eines Sammlers kann man sich auch aus der Säuredichte ein relatives Urteil bilden. Es müssen daher öfters Dichtemessungen vorgenommen werden. Die Grenzen für die Dichte werden von den Fabriken in der Bedienungsvorschrift angegeben. Im allgemeinen beträgt die Änderung etwa 3%. Angaben über den Ladezustand der einzelnen Platten erhält man durch Messung des Potentials derselben aus der Potentialdifferenz gegen eine neutrale Zwischenelektrode. Am besten ist dabei ein Stück einer gut geladenen Sammlerplatte, die außerhalb der Platten in das Gefäß eingesenkt wird. Zink- oder Kadmiumplatten[1] zeigen wegen der nicht aufgeklärten Konzentration der Ionen etwas schwankende Werte.

Bei mehreren zu einer Batterie zusammengestellten Zellen muß man die Untersuchungen hin und wieder auch an den einzelnen Zellen vornehmen, insbesondere wenn sich ein abweichendes Verhalten der ganzen Batterie gegenüber dem Anfangszustande zeigen sollte. Die Spannung der Lademaschine muß sich dabei etwa um 50% gegen den Anfangswert steigern lassen. Bei großen Stromstärken wählt man zur Belastung einen Flüssigkeitswiderstand mit Soda- oder Pottaschelösung. Zur Prüfung der Selbstentladung ermittelt man die Elektrizitätsmengen gleich nach der Ladung und später, nachdem der Sammler aufgeladen ist und etwa eine Woche unbenutzt gestanden hat. Die Bestimmung des Widerstandes geschieht nach den vorher angegebenen Methoden, welche die Polarisation berücksichtigen.

Akkumulatoren, deren Flüssigkeit beim Schütteln oder Umkippen nicht ausfließen soll, versieht man mit einer gelatinösen Schwefelsäure, bestehend aus einem Gemisch von 1 Teil Wasserglaslösung ($\gamma = 1{,}2$) und 4 Teilen Schwefelsäure ($\gamma = 1{,}25$), das gleich nach dem Mischen in die Gefäße gefüllt wird.

W. Germershausen[2] gibt eine ausführliche Beschreibung von Oxyd-Glühkathoden-Gleichrichtern und ihre Schaltung zur selbsttätigen Ladung von Akkumulatoren, insbesondere für Elektro-Fahrzeuge. Weitere Schaltungen zur selbsttätigen Ladung von Batterien sind von W. Schulz[3] angegeben.

63. Untersuchung einer Thermosäule.

Am meisten in der Praxis gebräuchlich ist die mit Leuchtgas betriebene Thermosäule von Pintsch, Berlin. Nachdem die Gasleitung unter Zwischenschaltung eines Gasmessers angeschlossen und das Gas entzündet ist, wartet man eine Weile den stationären Zustand ab und nimmt dann die äußere Charakteristik

---

[1] Z. Elektrochem. 1902 S. 616 (Liebenow); Electrician 1910 S. 48 (Holland); El. Wld. Bd. 57 (1911) S. 566; ETZ 1911 S. 105.

[2] ETZ 1930 S. 1257. [3] Siemens-Z. 1927 S. 88; 1928 S. 506.

$f(E_k, J)$, d. h. die Klemmenspannung E_k in Abhängigkeit vom Strom J bzw. äußeren Widerstande R auf, die man zeichnerisch darstellt. Dann bildet man die abgegebene Leistung $N_a = E_k \cdot J$ und stellt sie als $f(N_a, J)$ ebenfalls dar. Diese Kurve gibt an, für welchen Strom die Leistung am größten ist. Bildet man ferner $\frac{E - E_k}{J} = R_i$, so erhält man den inneren Widerstand R_i, wenn E die EMK oder Klemmenspannung für $J = 0$ ist.

Um den thermischen Wirkungsgrad η_{th} zu bestimmen, messen wir für einen konstanten äußeren Widerstand R bzw. Strom J die Klemmenspannung E_k, den Gasverbrauch V in Litern sowie die Zeitdauer der Energieabgabe t in sec.

Bei einem Heizwert $H \frac{\text{cal}}{\text{l}}$ des Gases beträgt die eingeführte Arbeit

$$A_e = 4{,}184 \cdot V \cdot H \quad \text{Joule.}$$

Die abgegebene elektrische Arbeit ist

$$A = E_k \cdot J \cdot t \quad \text{Joule,}$$

somit ist der Wirkungsgrad

$$\eta_{th} = 0{,}239 \cdot \frac{E_k \cdot J \cdot t}{V \cdot H}.$$

Für die Praxis ist jedoch wichtiger die Beantwortung der Frage, wieviel die Kosten K der elektrischen Energie in Pf. für 1 kWh betragen. Dafür gilt die Beziehung

$$K = \frac{k \cdot V \cdot 3{,}6 \cdot 10^3}{E_k \cdot J \cdot t} \quad \text{Pf/kWh,}$$

worin k den Preis in Pf. für 1 cbm Gas angibt und V in Litern gemessen ist.

64. Untersuchung eines elektrischen Kochers.

Zunächst will man die Kosten für den Elektrizitätsverbrauch beim elektrischen Kochen bestimmen oder, um Vergleiche zwischen verschiedenen Apparaten anzustellen, wieviel die Erwärmung eines Liters Wasser von 0^0 auf 100^0 C kostet. Dazu macht man einen Kochversuch. Andererseits hat man noch den Wirkungsgrad $\eta = \frac{A}{A_e}$ zu ermitteln, der sich als das Verhältnis der in Dampf umgesetzten Arbeit A zu der eingeleiteten elektrischen Arbeit A_e darstellt. Dazu dient der Verdampfungsversuch.

a) Kochversuch. Man schließt den mit G Gramm Wasser gefüllten Kochapparat mit einem Strommesser J und Vorschaltwiderstand R an eine Stromquelle an und hält mit diesem die Spannung E an seinen Klemmen konstant. Beim Einschalten des Stromes zur Zeit t_1 sei die Temperatur des Wassers ϑ_1 °C. Nun nimmt man die (zuerst stark sinkende) Stromstärke J in Abhängigkeit von der Zeit t auf. Zur Zeit t_2 sei die Temperatur des Wassers auf ϑ_2 °C (etwa 95 ... 97°) gestiegen. Bestimmt man nun aus der Stromkurve $f(J, t)$ den Mittelwert

$$J_{mi} = \frac{1}{t_2 - t_1} \cdot \int_{t_1}^{t_2} J \cdot dt,$$

so verbrauchte das Kochgefäß eine elektrische Arbeit

$$A = \frac{E \cdot J_{mi} \cdot (t_2 - t_1)}{1000 \cdot 3600} \text{ kWh},$$

wenn t in sec gemessen ist. (Man kann auch

$$Q = J_{mi} \cdot (t_2 - t_1) = \int_{t_1}^{t_2} J \cdot dt$$

aus der Integralkurve [vgl. Abb. 244] bestimmen.) Hiermit wurden $G \cdot (\vartheta_2 - \vartheta_1)$ cal erzeugt. Beträgt der Elektrizitätspreis k Pf/kWh, so kostet die Erwärmung von 1 l Wasser um 100° C, d. h. die Erzeugung von 10^5 cal

$$\boldsymbol{K = \frac{E \cdot J_{mi} \cdot (t_2 \cdot t_1) \cdot k}{36 \cdot G \cdot (\vartheta_2 - \vartheta_1)}} \textbf{ Pfennige.}$$

b) Verdampfungsversuch. Man stellt das Kochgefäß auf eine Waage und bringt das Wasser zum Sieden. Bei konstanter Spannung E Volt und Stromstärke J Amp. stellt man zur Zeit t_1 das Gesamtgewicht G_1 Gramm und nach einer Weile zur Zeit t_2 das Gewicht G_2 fest. Dann sind in der Zeit $t = t_2 - t_1$ sec $G = G_1 - G_2$ Gramm Wasser verdampft. Nun beträgt die Verdampfungswärme des Wassers 535,9 cal/g bei 100° C. Demnach sind $A = 535{,}9 \cdot G$ cal als Dampf abgegeben. Zugeführt wurden $A_e = E \cdot J \cdot t$ Joule $= 0{,}239 \cdot E \cdot J \cdot t$ cal. Somit ergibt sich der Wirkungsgrad

$$\boldsymbol{\frac{A}{A_e} = \eta = 2250 \cdot \frac{G_1 - G_2}{E \cdot J \cdot (t_2 - t_1)}}.$$

Zur Feststellung der Güte von Heißwasserspeichern benutzt man die Zeitkonstante T, die als Subtangente an die Abkühlungskurve $f(\vartheta, t)$ gefunden wird[1]. Die Prüfung elektrischer Kochplatten kann nach Angaben von J. Opacki[2] vorgenommen werden.

[1] Siemens-Z. 1927 S. 736.

[2] Elektrotechn. u. Maschinenb. 1930 S. 614; ETZ 1931 S. 355.

II. Magnetische Messungen.

Zur Bestimmung der magnetischen Eigenschaften des Eisens dienen folgende Messungen:

1. Magnetometrische Methode.

In diesem Fall können nur magnetisierte Stäbe untersucht werden oder wenigstens solche Formen, welche freie Pole besitzen, die Ringform ist daher ausgeschlossen. Als Instrument zur Untersuchung benutzen wir ein Magnetometer, d. h. eine an einem feinen Kokonfaden frei unter dem Einfluß der Erdkraft schwingende kleine Magnetnadel, deren Ablenkungswinkel durch Spiegel und Fernrohr oder objektiv durch einen reflektierten Lichtstrahl beobachtet werden kann. Der zu untersuchende Stab von der Länge l wird nun in einer Entfernung L von dem Magnetometer in eine lange Spule gelegt, so daß er sich in derselben Horizontalebene mit der Nadel ns (Abb. 219) befindet und senkrecht zur Richtung des Meridians steht. Schickt man jetzt einen Strom durch die Spule, so wird der Stab zu einem Magnet, der die Nadel um den Winkel φ ablenkt. Um den Einfluß des Polabstandes[1] zu beseitigen, machen wir noch eine zweite Messung bei der Länge L_1, für welche sich der $\sphericalangle\, \varphi_1$ ergibt. Dann besteht die Beziehung

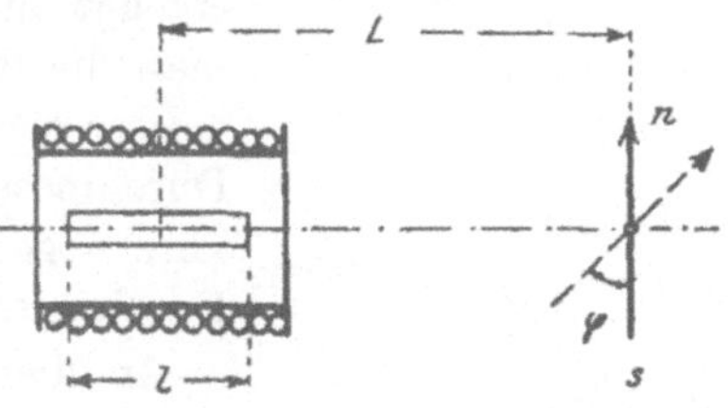

Abb. 219.

$$\frac{M}{\mathfrak{B}_e} = \frac{1}{2} \cdot \frac{L^5 \cdot \operatorname{tg} \varphi - L_1^5 \cdot \operatorname{tg} \varphi_1}{L^2 - L_1^2},$$

woraus sich das magnetische Moment ($\mathfrak{B}_e$ = magnetische Induktion des Erdfeldes)

$$M = \mathfrak{B}_e \cdot \frac{1}{2} \cdot \frac{L^5 \cdot \operatorname{tg} \varphi - L_1^5 \cdot \operatorname{tg} \varphi_1}{L^2 - L_1^2}$$

berechnet. Nun ist die Intensität der Magnetisierung oder das

[1] ETZ 1907, S. 528.

magnetische Moment für 1 ccm Volumen $m = \frac{M}{V}$, und wir erhalten dann

$$m = \frac{\mathfrak{B}_e}{V} \cdot \frac{1}{2} \cdot \frac{L^5 \cdot \operatorname{tg} \varphi - L_1^5 \cdot \operatorname{tg} \varphi_1}{L^2 - L_1^2}.$$

Sind die $\sphericalangle \varphi$ klein, so daß die trigonometrische Tangente gleich dem Bogen gesetzt werden kann, dann läßt sich $\operatorname{tg} \varphi$ durch die Anzahl der Skalenteile s ersetzen. Ist $\mathfrak{B}_e$ bekannt, so kann man m bzw. $\mathfrak{J} = 4\pi \cdot m$ und nach der Gleichung $\mathfrak{B} = \mathfrak{B}_0 + \mathfrak{J}$ auch die magnetische Induktion $\mathfrak{B}$ Gauß berechnen, da die magnetische Induktion $\mathfrak{B}_0$ aus den Maßen der Magnetisierungsspule gegeben ist. Damit das Feld $\mathfrak{H}$ der Spule, welches die Induktion $\mathfrak{B}_0$ in Luft erzeugt, möglichst gleichmäßig wird, macht man die Spule im Verhältnis zum Durchmesser sehr lang (z. B. 40 cm lang, 1 cm Durchmesser). Der Eisenstab wird etwas kürzer gewählt (etwa 30 cm) bei einem Durchmesser $d = 2$ bis 3 mm.

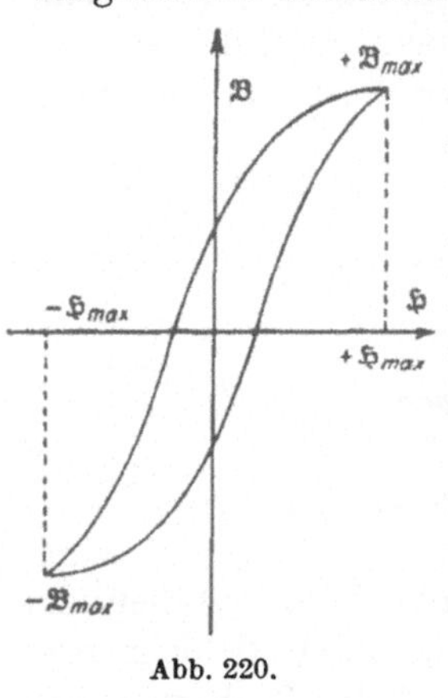

Abb. 220.

In diesem Fall kann man die im Innern der Spule herrschende **Feldstärke** $\mathfrak{H} = \frac{J \cdot w}{l}$ AW/cm und die **Induktion** in Luft

$$\mathfrak{B}_0 = \frac{4\pi}{10} \cdot \frac{J \cdot w}{l} \text{ Gauß}$$

aus der Stromstärke J Ampere, w Windungen und der Länge der Spule l cm berechnen.

Trägt man jetzt die Werte von $\mathfrak{B}$ als Ordinaten zu $\mathfrak{H}$ als Abszissen in ein Koordinatensystem ein, so erhält man die **Magnetisierungskurve** $f(\mathfrak{B}, \mathfrak{H})$.

In derselben Weise verfahren wir, um eine **Hysteresisschleife** aufzunehmen, wobei wir die Feldstärke von 0 bis $+\mathfrak{H}_{max}$ steigern (Abb. 220), dann über $\mathfrak{H} = 0$ bis $-\mathfrak{H}_{max}$ abnehmen lassen und von da wieder bis $+\mathfrak{H}_{max}$ steigern. So können wir viele Schleifen aufnehmen und erhalten durch stetige Verbindung aller Schleifen mit dem Koordinatenanfang ebenfalls die Magnetisierungskurve.

Diese Aufnahmen sind jedoch insofern nicht ganz der Wirklichkeit entsprechend, als die auf den Stab wirkende Induktion nicht gleich der aus den Maßen der Spule berechneten ist, wie sie auftreten würde, wenn der Magnet nicht in der Spule vorhanden wäre. Durch sein Vorhandensein üben nämlich seine mit freiem Magnetismus belegten Enden einen entmagnetisierenden Einfluß auf das Feld aus, da seine Pole denen der Spule entgegenwirken, so daß die wirkliche Feldstärke $\mathfrak{H}_w$ kleiner als die berechnete $\mathfrak{H}$ ist. Je länger der Stab ist, um so geringer ist seine Einwirkung auf das Feld.

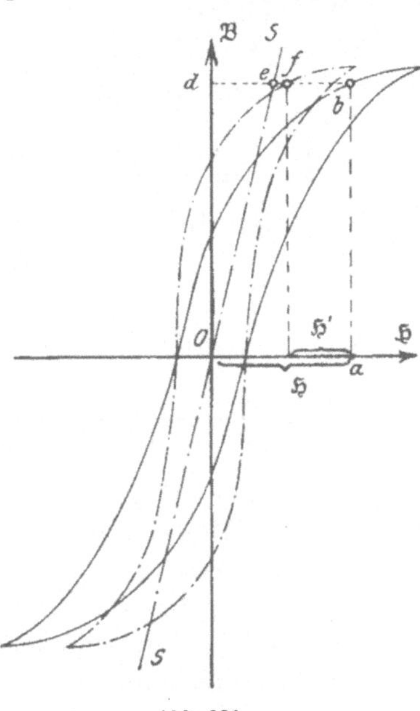

Abb. 221.

Um den Einfluß der freien Pole einer Berechnung zugänglich zu machen, müssen wir annehmen, daß die Form des Körpers ein Ellipsoid ist. Bei anderen Formen, z. B. bei kurzen zylindrischen Stäben mit ebenen Endflächen, ist die exakte Lösung der Aufgabe schon sehr schwierig. Lange Stäbe kann man dagegen als gestreckte Ellipsoide ansehen. In einem Ellipsoid ist nämlich[1] die Magnetisierung $\mathfrak{J} = \mathfrak{B} - \mathfrak{B}_0 = \varkappa \cdot \mathfrak{B}_0$ eine gleichförmige, so daß also jede Volumeneinheit dieselbe Einwirkung ausübt. Erzeugt nun die Spule ohne Eisenstab ein Feld $\mathfrak{H} = \frac{J \cdot w}{l}$ AW/cm, so wird der eingelegte Eisenstab infolge seiner Magnetisierung dasselbe um einen Betrag $\mathfrak{H}'$ (Abb. 221) schwächen, so daß die wirksame Feldstärke $\mathfrak{H}_w$, welche für die Erzeugung des Kraftflusses in Frage kommt, sich aus $\mathfrak{H}_w = \mathfrak{H} - \mathfrak{H}'$ bestimmt. Das entmagnetisierende Feld $\mathfrak{H}'$ kann man der Magnetisierung $\mathfrak{J}$ proportional setzen, woraus für c als Entmagnetisierungsfaktor folgt

$$\mathfrak{H}' = c \cdot \mathfrak{J} \quad \text{oder} \quad \boldsymbol{\mathfrak{H}_w = \mathfrak{H} - c \cdot \mathfrak{J}}.$$

Nun ist $\mathfrak{B} = \mu \cdot \mathfrak{B}_0 = \mu \cdot M_0 \cdot \mathfrak{H}$ Gauß, worin für die Induktionskonstante M_0 gemäß ihrer Definitionsgleichung

[1] Linker, A.: Prakt. El.-Lehre S. 106, 110, 125.

$\int_0 \mathfrak{B} \cdot dl = M_0 \cdot D_e$ bei der Durchflutung $D_e = \Sigma (J \cdot w)$ Ampere der Wert $M_0 = \frac{\int \mathfrak{B} \cdot dl}{D_e} = 1{,}256 \frac{\text{Gauß} \cdot \text{cm}}{\text{Ampere}}$ ermittelt worden ist. Setzt man nun $\mathfrak{J} = \varkappa \cdot \mathfrak{B}_0 = \varkappa \cdot M_0 \cdot \mathfrak{H}_w$, worin $\varkappa = \mu - 1$ ist, in obige Gleichung ein, so erhält man

$$\mathfrak{H}_w = \frac{\mathfrak{H}}{1 + c \cdot \varkappa \cdot M_0} \text{ A/cm} \quad \text{und} \quad \mathfrak{J} = \frac{\varkappa \cdot M_0 \cdot \mathfrak{H}}{1 + c \cdot \varkappa \cdot M_0} \text{ Gauß}.$$

Für ein Rotationsellipsoid mit den Achsen $2a$, $2b$ und der numerischen Exzentrizität

$$e = \sqrt{1 - \frac{b^2}{a^2}} \quad \text{wird} \quad c = 4\pi \cdot \left(\frac{1}{e^2} - 1\right) \cdot \left(\frac{1}{2e} \cdot \ln \frac{1+e}{1-e} - 1\right)$$

und für langgestreckte Formen angenähert

$$c' \approx 4\pi \cdot \frac{b^2}{a^2} \cdot \left(\ln \frac{2a}{b} - 1\right).$$

Folgende Tabelle zeigt einige Werte für c:

a/b	50	100	200	300	400	500
c	0,01817	0,00540	0,00157	0,00075	0,00045	0,00030

Daraus ist ersichtlich, daß für Stäbe, deren Länge mehr als die 300fache des Durchmessers beträgt, der Einfluß der mit freiem Magnetismus versehenen Enden zu vernachlässigen ist.

Anstatt nun die Korrektionen für jeden einzelnen Wert von $\mathfrak{J}$ oder $\mathfrak{B}$ rechnerisch vorzunehmen, kann man auch die Methode der **Rückscherung** anwenden, um die wahre Magnetisierung ohne Rücksicht auf die Gestalt des Körpers zu bestimmen. Ist die Kurve $f(\mathfrak{B}, \mathfrak{H})$ aufgenommen, so kann man daraus eine $f(\mathfrak{J}, \mathfrak{H})$ bilden, wenn man $\mathfrak{J} = \mathfrak{B} - \mathfrak{B}_0$ berechnet. Multipliziert man jetzt z. B. den zu ab (Abb. 221) gehörigen Wert von $\mathfrak{J}$ mit dem aus den Dimensionen des Stabes berechneten Faktor c, so hat man daraus die für diesen Wert von $\mathfrak{J}$ auftretende entmagnetisierende Feldstärke $\mathfrak{H}' = c \cdot \mathfrak{J} = de$, so daß als wirksames Feld $\mathfrak{H}_w = \mathfrak{H} - \mathfrak{H}' = Oa - de = be$ übrig bleibt. Um nun die richtige Kurve zu erhalten, trägt man $bf = de$ von b aus ab, so ist f ein Punkt derselben. So könnte man für alle anderen Punkte die Konstruktion wiederholen. Zur Umgehung der einzelnen Rechnungen brauchen wir jedoch nur durch die Punkte e und O die Gerade SS, welche man als Scherungslinie bezeichnet, zu legen, so geben uns die horizontalen Stücke zwischen Ordinatenachse und der Linie SS die Strecken an, um welche die in derselben Höhe liegenden Punkte der Hysteresisschleife zurückgeschert werden müssen, so daß sich als Verbindungslinie derselben die strichpunktierte Kurve ergibt. Auf den Flächeninhalt der Schleife übt die Rückscherung keinen Einfluß aus.

Diese Methode ist nur für Laboratorien geeignet, wo es darauf ankommt, magnetische Normale in absolutem Maß zu eichen oder magnetische Untersuchungsapparate auf ihre Genauigkeit zu prüfen.

Als Instrument verwendet man zweckmäßig das von F. Kohlrausch und Holborn[1] angegebene störungsfreie Magnetometer und benutzt zur Regulierung des Magnetisierungsstromes möglichst stetig veränderliche Flüssigkeitsrheostaten, da sich bei sprungweiser Magnetisierung leicht andere Eigenschaften herausstellen[2]. Für kleine Abmessungen des Probekörpers ist von Haupt[3] ein besonders konstruiertes Magnetometer angegeben worden.

Wird der untersuchte Gegenstand sehr nahe an das Magnetometer herangebracht, wodurch die Ablenkung leicht über die Skala hinausgehen kann, dann empfiehlt es sich, die Nadel durch einen permanenten Stabmagnet nach der Ruhelage hin eine Strecke zurückzuführen. Er darf aber dabei keine richtende sondern nur eine ablenkende Wirkung besitzen, d. h. er soll einen Teil der Wirkung des Magnetstabes aufheben, muß demnach senkrecht zum Meridian in der Verlängerung des Magnetstabes liegen. Der Winkel bzw. die Zahl der Skalenteile, um welche die Nadel vom Kompensationsmagnet zurückgedreht wurde, sind zu den abgelesenen Werten zu addieren. Besonders bei der Untersuchung von Stäben im oberen Teil der Magnetisierungskurve ist dieses Verfahren zu empfehlen.

An Stelle des permanenten Magnets kann man auch eine Kompensationsspule anwenden, deren Wicklungen von demselben Strom durchflossen werden wie die Magnetisierungsspule. Für den besonderen Fall, daß sich die Wirkungen der beiden Spulen auf die Magnetnadel aufheben, ist die Ablenkung nur von der

---

[1] Ann. Physik 1903 S. 287.

[2] ETZ 1900 S. 233; 1901 S. 691; 1906 S. 988.

[3] ETZ 1907 S. 1069; 1908 S. 352.

Magnetisierung des Eisens allein abhängig, so daß die von der Magnetisierungsspule erzeugte Induktion der Luft nicht mit gemessen wird. Diese Anordnung kommt besonders bei kurzen Stäben und beim Differentialmagnetometer zur Anwendung.

Ein sehr empfindliches astatisches Torsions-Magnetometer beschreibt R. Dieterle[1].

Für sehr lange Stäbe oder Drähte empfiehlt es sich, die sogenannte unipolare Methode zu benutzen, bei welcher der Stab in eine vertikale Magnetisierungsspule hineingesteckt wird. Ein auf dieser Anordnung beruhendes Instrument zur direkten Messung der Suszeptibilität ist von Murdoch[2] angegeben.

Zur objektiven Darstellung der nach dieser Methode aufzunehmenden Hysteresisschleifen ordnete Ångström[3] eine Braunsche Röhre zwischen zwei gleichachsig oder parallel gelegenen Magnetisierungsspulen und dazu senkrecht stehenden Hilfsspulen an, wobei der Eisenstab in eine Magnetisierungsspule gelegt war. Versuche mit Gleich- und Wechselstrom zeigten den Einfluß der abrundenden Wirkung der Wirbelströme auf die Spitzen der Schleife (s. Nr. II, 13).

Daß die Ummagnetisierung des Eisens eine Drehung der Magnetonen bewirkt, hat H. Barkhausen[4] mit Hilfe eines Elektronenröhrenverstärkers experimentell wahrnehmbar gemacht.

Wollen wir die Einwirkung der freien Enden auf die Magnetisierung beseitigen, so müssen wir dem magnetisierten Stück die Form eines Ringes geben. Da nämlich ein Ring keine freien Pole besitzt, so wird die magnetisierende Kraft, welche auf ihn einwirkt, von seinem Magnetismus nicht beeinflußt, d. h. er übt keine Rückwirkung auf das magnetisierende Feld aus. Eine solche Form ohne freie Pole ist jedoch für die magnetometrische Messung unbrauchbar. Dazu benutzen wir die folgende Methode.

2. Ballistische Methoden.

Hierbei kann man jede Änderung der magnetischen Induktion durch die Elektrizitätsmenge des Stromstoßes messen, der in einer um den Ring gewickelten Spule erzeugt wird, indem

[1] Z. Instrumentenkde 1921 S. 89.
[2] Electrician 1913 S. 976.
[3] Z. Instrumentenkde. 1900 S. 222.
[4] Physik. Z. 1919 S. 401.

man dazu wegen der nur kurze Zeit dauernden Stromstöße ein ballistisches Galvanometer (I, 31) verwendet. Für unsere Untersuchung wählen wir einen Ring aus homogenem Material, wenn möglich nicht geschweißt, und umgeben ihn mit einer gleichmäßigen Drahtwicklung (*I*), die auch nach J. Möllinger[1] unter Benutzung von Steckkontakten abnehmbar sein kann und den Magnetisierungsstrom J führen soll (Abb. 222). Darüber wickeln wir eine kurze (sekundäre) Spule (*II*) aus vielen Windungen dünnen Drahtes und verbinden die Enden unter Zwischenschaltung eines großen Widerstandes mit den Klemmen des ballistischen Galvanometers *BG*. Die Spule *II* muß dicht auf das Eisen gewickelt sein, sonst würde man für $\mathfrak{B}$ im Eisen einen zu großen Wert erhalten. Die primäre Spule wird in Hintereinanderschaltung mit dem Widerstand R_1, einem Stromwender U und einem Strommesser J an eine Stromquelle E gelegt. Ist der Ring (Torroid) schon einmal magnetisch gewesen, so wird er vor dem Versuch entweder durch Einschalten eines Kommutators und Flüssigkeitsrheostats oder durch allmählich schwächer werdenden Wechselstrom entmagnetisiert. Zur Bestimmung der Hysteresisschleife bzw. Magnetisierungskurve nach der Methode von Weber und Rowland verfahren wir nun folgendermaßen:

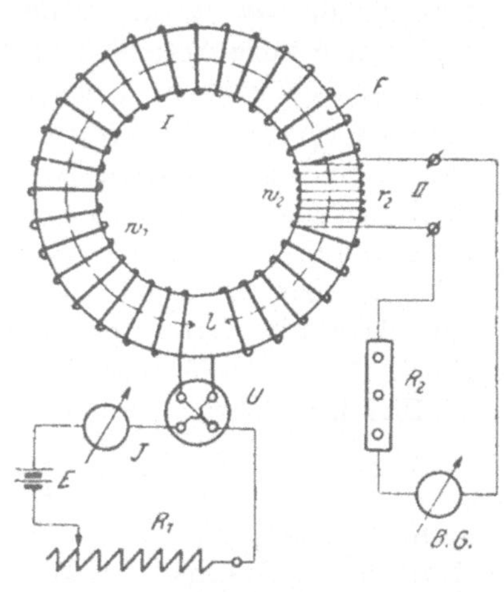

Abb. 222.

Nachdem durch einen Vorversuch der Vorschaltwiderstand des ballistischen Galvanometers eingestellt ist, wird der Ring entmagnetisiert. Nun schaltet man den Widerstand R_1 ein, so daß ein Strom J die Magnetisierungsspule durchfließt. Dabei entsteht in dem Ring ein Feld, dessen Kraftlinien die Windungen w_2 der sekundären Spule schneiden, wobei in ihr eine EMK auftritt, die entsprechend dem Widerstand des Sekundärkreises eine

[1] ETZ 1901 S. 379.

Elektrizitätsmenge und damit eine Ablenkung im Galvanometer hervorruft. So ist die Ablenkung ein Maß für den entstandenen magnetischen Kraftfluß. Nun bringen wir das Galvanometer durch augenblicklichen Kurzschluß oder Gaußschen Induktor, d. h. eine im Stromkreis liegende Spule, in der durch Vorschiebung eines Magnetstabes eine EMK induziert wird, auf Null zurück, verringern den Widerstand R_1 um einen gewissen Betrag und beobachten wieder die dazugehörige Ablenkung. In dieser Weise verfahren wir bis zu einem Strom J_{max}, dann lassen wir den Strom stufenweise durch Null bis $-J_{max}$ abnehmen und vergrößern ihn von da an wieder bis $+J_{max}$. So durchläuft der Strom eine volle Periode und die Magnetisierung einen Zyklus. Notieren wir jetzt zu den gemessenen Strömen die Ablenkung des Galvanometers, so können wir durch Rechnung die Größen $\mathfrak{H}$ und $\mathfrak{B}$ finden und daraus die Hysteresisschleife zeichnen. Der für irgendeinen Zustand vorhandene Magnetismus ist in diesem Falle durch die Summe aller vorangegangenen Ablenkungen bekannt. Zur Erhöhung der Meßgenauigkeit kann man auch die Multiplikationsmethode anwenden. Ein selbsttätiger Umschalter ist dafür von Guillet[1] angegeben worden.

Hat der Ring die mittlere Länge l und w_1 Windungen, so ist

$$\mathfrak{H} = \frac{J \cdot w_1}{l} \text{ AW/cm},$$

wenn J in Ampere gemessen ist. Infolge dieser magnetisierenden Kraft der Spule erhält der Eisenring eine Induktion $\mathfrak{B}$ Gauß bei einem Querschnitt F qcm, und es ist der gesamte Kraftfluß $\mathfrak{N} = F \cdot \mathfrak{B}$ Maxwell. Ändert sich nun infolge des Stromes J der Kraftfluß des Ringes in der Zeit dt um $d\mathfrak{N}$, so tritt nach dem Grundgesetz der elektromagnetischen Induktion $\left(E_t = -w \cdot \frac{d\mathfrak{N}}{dt}\right)$ eine EMK in der sekundären Spule auf von der Größe $e_t = w \cdot \frac{d\mathfrak{N}}{dt}$, wenn wir das Vorzeichen unberücksichtigt lassen, da es nur die Richtung des Induktionsstromes angibt. Diese EMK erzeugt im Gesamtwiderstande R des Sekundärkreises (Vorschalt-, Galvanometer- und Sekundärwicklungswiderstand) einen Strom $i_t = \frac{e_t}{R}$, woraus durch Einsetzung in obige Gleichung $d\mathfrak{N} = \frac{R}{w_2} \cdot i_t \cdot dt$

[1] C. R. Acad. Sci., Paris 1908 S. 45; Z. Instrumentenkde. 1909 S. 202.

folgt, oder auch

$$e_t \cdot dt = R \cdot i_t \cdot dt = R \cdot dQ .$$

Änderte sich der Strom J in der Zeit $t_1 \cdots t_2$, so ist die gesamte Kraftflußänderung $\mathfrak{N}$ gleich der Summe der Einzelwerte $d\mathfrak{N}$ oder

$$\mathfrak{N} = \int_{t_1}^{t_2} d\mathfrak{N} = \frac{R}{w_2} \cdot \int_{t_1}^{t_2} i_t \cdot dt = \frac{R}{w_2} \cdot Q .$$

Die in dieser Zeit dem Galvanometer, welches um s Skalenteile aus seiner Ruhelage bewegt wird, mitgeteilte Elektrizitätsmenge ist nach den beim ballistischen Galvanometer (S. 165) gemachten Angaben bei der Dämpfung K bestimmt durch

$$Q = Q_d = c_1 \cdot \frac{T}{\pi} \cdot s \cdot K = c_2 \cdot s \cdot K .$$

Setzen wir nun für Q den Wert in dic Gleichung für $\mathfrak{N}$ ein, so ergibt sich:

$$\boldsymbol{\mathfrak{N} = \frac{R}{w_2} \cdot c_2 \cdot s \cdot K} .$$

Da bei der Eisenuntersuchung die Schwingungen des Galvanometers gedämpft sind, so würde sich eine dieser Gleichung entsprechende Anordnung besser zur Bestimmung der Konstanten c_2 eignen als ein Kondensator. Zu dem Zweck umwickeln wir einen Holzring vom Querschnitt F_3 und der mittleren Länge l_3 mit w_3 Windungen in $1 \cdots 2$ Lagen und darüber mit einer schmalen Spule von w_4 Windungen ähnlich wie beim Torroid. Wird jetzt ein Strom von J_3 Ampere durch die primäre Spule geschickt, so entsteht ein Kraftfluß

$$\mathfrak{N}_3 = F_3 \cdot \mathfrak{B}_{0_3} = \frac{4\pi}{10} \cdot \frac{J_3 \cdot w_3 \cdot F_3}{l_3} ,$$

der auch die sekundäre Hilfsspule durchdringt und bei seinem Entstehen oder Verschwinden im ballistischen Galvanometer die Ablenkung s_3 bei einem Widerstande R_3 des Sekundärkreises erzeugt. Somit ist

$$[\mathfrak{N}_3 =] \frac{R_3}{w_4} \cdot c_2 \cdot s_3 \cdot K_3 = \frac{4\pi}{10} \cdot \frac{J_3 \cdot w_3 \cdot F_3}{l_3}$$

oder

$$\boldsymbol{c_2 = \left[\frac{4\pi}{10} \cdot \frac{w_3 \cdot w_4 \cdot F_3}{l_3}\right] \cdot \frac{J_3}{R_3 \cdot s_3 \cdot K_3}} .$$

Ferner ermittelt man K_3 für verschiedene Widerstände R_3 und die dazugehörige Kurve $f(K_3, R_3)$. Ist die Ablenkung s_3 zu klein, so kann man die Genauigkeit dadurch vergrößern, daß man den Strom von $+J_3$ nach $-J_3$ kommutiert. Da nun beim Verschwinden des Stromes die Ablenkung s_3' und beim Ansteigen auf $-J_3$ in derselben Richtung ein neuer Zuwachs von s_3'' Skalenteilen auftritt, so entspricht der Stromänderung $2\,J_3$ eine gesamte Ablenkung $s_{3_g} = s_3' + s_3''$, woraus man für den Strom J_3 die Ablenkung $s_3 = \frac{s_{3_g}}{2} = \frac{s_3' + s_3''}{2}$ findet.

Die Änderung des Kraftflusses in dem zu untersuchenden Eisenring kann man aus den Ablenkungen s, welche sie erzeugt, nach der Gleichung

$$\mathfrak{N} = \frac{R}{w_2} \cdot c_2 \cdot s \cdot K$$

bestimmen, worin K den Dämpfungsfaktor zu dem Widerstande R des Sekundärkreises (mit Galvanometer) bedeutet.

Nach Königsberger[1] kann man zur Messung von Q ein ballistisches Elektrometer anwenden, indem man

$$R \cdot Q = \int_{t_1}^{t_2} e_t \cdot dt = c_e \cdot s_e \cdot K$$

durch den ballistischen Ausschlag s_e bestimmt.

Ist nun die sekundäre Spule direkt auf das Eisen gewickelt, so wird $\mathfrak{B} = \frac{\mathfrak{N}}{F}$. Liegt sie aber über der primären, so ist die Induktion im Eisen

$$\mathfrak{B} = \frac{\mathfrak{N} - (F_3 - F) \cdot \mathfrak{B}_0}{F},$$

da ein Teil des Kraftflusses innerhalb des ringförmigen Luftraumes zwischen Eisen und Sekundärspule verläuft. Diese Korrektion ist aber im allgemeinen sehr klein, so daß sie vernachlässigt werden kann.

Die Methode hat den Vorteil, daß jede auch noch so kleine Änderung des Kraftflusses sich genau bestimmen läßt, aber den Nachteil, daß ein bei den Einzelablenkungen gemachter Fehler sich durch die ganze Messung hinzieht und damit sämtliche folgenden Punkte der Hysteresisschleife beeinflußt. Man hat jedoch noch eine Kontrolle für die Richtigkeit der Aufnahme durch die Tatsache, daß bei mehrmaliger zyklischer Magnetisierung zwischen denselben Grenzen die gleichen Hysteresisschleifen erscheinen müssen.

---

[1] Ann. Physik 1901 S. 506; Z. Instrumentenkde. 1902 S. 287.

Ist eine Schleife in dieser Weise aufgenommen, so empfiehlt es sich, die Magnetisierung bis zu einem Wert $+ \mathfrak{H}_{1\max}$ zu steigern und eine neue Kurve zwischen den Grenzen $+ \mathfrak{H}_{1\max}$ und $- \mathfrak{H}_{1\max}$ aufzunehmen. So würde man eine Schar von ineinanderliegenden Hysteresisschleifen erhalten. Die Verbindung der Schleifenspitzen durch eine stetige Kurve ergibt dann die Magnetisierungskurve $f(\mathfrak{B}, \mathfrak{H})$. Eine Verbesserung dieser Methode ist von A. Ytterberg[1] angegeben.

Eine andere Methode beruht darauf, den Strom in der Magnetisierungsspule von $+J$ auf $-J$ umzuschalten. Es wird daher die für diesen Strom auftretende Magnetisierung annähernd durch die Hälfte der gemessenen Ablenkung bestimmt.

Allerdings erhält man hierbei keine Hysteresisschleife, sondern eine mittlere Magnetisierungskurve. Außerdem muß man vor jeder Aufnahme eines neuen Punktes der Kurve zur Errichtung eines stationären Zustandes mehrmals kommutieren, bis die Galvanometerablenkung konstant ist. Dabei muß die Schwingungsdauer des Galvanometers sehr groß sein. Zweckmäßig ist es daher, die Klemmenspannung E_k groß zu wählen und einen großen Vorschaltwiderstand aufzunehmen.

Bei starken Selbstinduktionswirkungen schließt man parallel zur Primärspule einschließlich Strommesser einen großen Widerstand als Ausgleichskreis an.

Evershed und Vignoles[2] umgehen die Nachteile der Methode von Weber und Rowland durch folgende Anordnung: Die Primärwicklung besteht aus zwei gleichförmig verteilten Magnetisierungsspulen, von denen die eine w_1', die andere doppelt soviel Windungen $w_1'' = 2\,w_1'$ erhält. In der ersten Spule wird ein dem negativen Höchstwert $-\mathfrak{B}_{\max}$ entsprechender Strom J' konstant gehalten. Schickt man nun durch die zweite Spule (w_1'') einen Strom J'' von gleicher Größe, aber entgegengesetzter Wirkung wie J', dann erhält man den positiven Höchstwert der Induktion $+\mathfrak{B}_{\max}$. Unterbricht man J'', dann durchläuft der magnetische Zustand alle Werte von $+\mathfrak{B}_{\max}$ bis $-\mathfrak{B}_{\max}$. Schickt man nun einen kleinen Strom J'' durch die zweite Spule, so erhält man eine Ablenkung im Galvanometer entsprechend der Ab-

[1] Arch. Elektrotechn. 1914 S. 339; ETZ 1915 S. 375.

[2] Electrician Bd. 29 (1892) S. 583; ETZ 1894 S. 111, 672.

nahme der Induktion und daraus einen Punkt der Magnetisierungskurve $f(\mathfrak{B}, \mathfrak{H})$. Vor der Aufnahme eines neuen Punktes läßt man den magnetischen Zustand immer erst einen halben Zyklus durchlaufen, indem man $J'' = J'$ macht und unterbricht. In gleicher Weise macht man die Aufnahmen mit umgekehrten Stromrichtungen $-J'$ und $-J''$.

Eine Abänderung dieser Methode ist von Holm[1] angegeben.

Unsere bisherige Annahme, daß die Induktion $\mathfrak{B}$ im Ring sich aus dem durch die Ablenkung des ballistischen Galvanometers gefundenen Kraftfluß $\mathfrak{N}$ durch Division mit dem Ringquerschnitt F nach der Gleichung $B = \frac{\mathfrak{N}}{F}$ berechnen läßt, ist nur bei gleichmäßiger Verteilung des Feldes über den ganzen Querschnitt richtig. Das ist jedoch bei Ringen im allgemeinen nicht der Fall, weil die magnetisierende Kraft mit größerer Entfernung von der Achse des Ringes abnimmt. Hat die Spule nämlich w_1 Windungen, so ist die Feldstärke

$$\mathfrak{H}_1 = \frac{J_1 \cdot w_1}{2\pi \cdot r_1} = \frac{c}{r_1}$$

für den inneren Radius r_1 (Abb. 223). Für den äußeren Radius r_2 dagegen wird

$$\mathfrak{H}_2 = \frac{J_1 \cdot w_1}{2\pi \cdot r_2} = \frac{c}{r_2}.$$

Da nun $r_2 > r_1$ ist, so muß $\mathfrak{H}_2 < \mathfrak{H}_1$ werden und damit die Induktion am äußeren Rande $\mathfrak{B}_2 < \mathfrak{B}_1$ am inneren Rande sein. Darin liegt ein Nachteil dieser Form des untersuchten Körpers, deren Einfluß wir aber dadurch vermindern können, daß wir die Differenz $r_2 - r_1$, d. h. die Dicke des Ringes gegenüber dem Radius r_1 möglichst klein machen. Im allgemeinen wählt man

$$\frac{r_2 - r_1}{r_1} \leq \frac{1}{25}.$$

Um dabei keinen zu kleinen Querschnitt zu erhalten, empfiehlt es sich, denselben rechteckig mit abgerundeten Kanten anzuordnen, wie Abb. 224 zeigt.

Andernfalls ist bei größerer Dicke des Ringes zur Bestimmung der Feldstärke $\mathfrak{H}$ die mittlere Länge

$$l_{mi} = \frac{2\pi \cdot (r_2 - r_1)}{\ln \frac{r_2}{r_1}}$$

[1] Diss. Berlin 1912 S. 12.

einzuführen. Besser ist es jedoch, bei sehr breiten Ringen die Methode nach O. Lehmann[1] zu verwenden, wonach auch hohe Induktionen bei Feldstärken bis zu $\mathfrak{H} = 10000$ AW/cm ermittelt werden können.

Für den Werkstattsgebrauch ist von C. V. Drysdale[2] ein auf dieser Methode beruhendes Permeameter gebaut worden, dessen neuere Form[3] von Ducretet & Roger, Paris ausgeführt wird. Es ist dem Wunsche entsprungen, an den zur Konstruktion verwendeten Materialien direkt die Messungen vornehmen zu können. Dazu wird in das zu prüfende Eisen ein Loch von 2 cm Tiefe und 4 mm Durchmesser mit dazu passendem Fräser gebohrt und in dieses ein oben schwach konischer Stöpsel, der die Primär- und Sekundärwicklung enthält, dicht schließend eingesteckt. Der

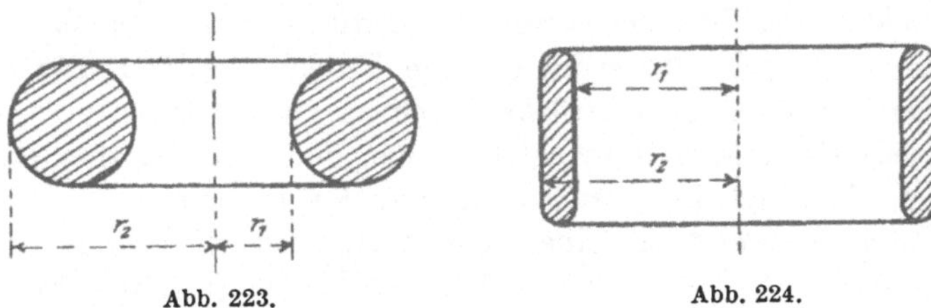

Abb. 223. Abb. 224.

durch die Primärspule gesandte Strom wird kommutiert und der sekundär auftretende Stromstoß mit einem daran angeschlossenen sogenannten „Fluxmeter“ oder Kriechgalvanometer gemessen, das die Induktion $\mathfrak{B}$ direkt abzulesen gestattet. Die Anbohrungen können z. B. an Stellen vorgenommen werden, wo später Löcher oder Schraubengewinde vorhanden sein sollen.

Über die Anwendung und Eichung des Kriechgalvanometers sind von H. Busch[4] ausführliche Angaben gemacht.

Einige meßtechnische Erleichterungen verbindet die Methode von M. Schleicher[5] mit dem Vorteil, daß jeder Punkt der Schleife unabhängig vom anderen wiederholt aufgenommen werden kann.

---

[1] Arch. Elektrotechn. Bd. 24 (1930) S. 804; ETZ 1931 S. 1393.

[2] Electrician 1901 S. 267; J. Instn. electr. Engr. 1902 S. 283; Z. Instrumentenkde. 1902 S. 130.

[3] Elektrotechn. Anz. 1909 S. 971; Rev. prat. Électr. 1910 S. 257; Ann. El. 1910 S. 139; Der Mech. 1909 S. 220.

[4] Z. techn. Physik 1926 S. 361; ETZ 1928 S. 402. [5] ETZ 1918 S. 393.

3. Isthmusmethode (Ewing).

Zur Untersuchung stärkerer Induktionen (> 20000 Gauß), die man mit den bisher verwendeten Hilfsmitteln nicht erreichen kann, ist obige von Ewing und Low[1] angegebene Methode besonders geeignet. Das zu prüfende Eisenstück wird als „Isthmus" oder Brücke zwischen die kegelförmigen Polschuhe eines kräftigen Magnets eingeschaltet. Die kleine zylindrische Eisenprobe trägt eine an ein ballistisches Galvanometer angeschlossene Induktionsspule. Um den Kraftfluß in der Spule zu bestimmen, wird derselbe nicht durch Ausschalten des Magnetisierungsstromes zum Verschwinden, sondern auf den entgegengesetzten Wert durch Drehen des Eisenstücks um 180° gebracht. Der Nachteil des dafür gebauten Apparates bestand darin, daß aus jedem Probestück die beiden drehbar gelagerten Kegelstücke mit dem Isthmus zusammen hergestellt werden mußten. Ferner war die an der Verengung herrschende Feldstärke $\mathfrak{H}$ schwer zu ermitteln.

Diese Übelstände sind bei dem von der PTR für den praktischen Gebrauch hergestellten Apparat[2] vermieden.

Unter Verwendung eines Du Boisschen Halbringelektromagnets (H & B) lassen sich Feldstärken bis zu $\mathfrak{H} = 4000$ AW/cm und durch Aufschieben von schmalen Ringen auf den Probestab zur Verkürzung des Isthmus sogar solche bis zu 6000 AW/cm herstellen. Dabei besteht noch der Vorteil, daß man andererseits bis auf $\mathfrak{H} = 100$ AW/cm heruntergehen kann, wodurch eine Vergleichung der Werte mit denjenigen einer Schlußjochmessung ermöglicht ist.

4. Eisenuntersuchung mit dem Schlußjoch (Hopkinson).

J. Hopkinson beseitigte die Übelstände der vorigen Methoden dadurch, daß er die Enden des Probestabes (Abb. 225) in den Ausbohrungen eines massiven Rahmens oder Jochs von großem Querschnitt endigen ließ. Dieser Rahmen diente daher als magnetischer Schluß für den Kraftfluß des Stabes, so daß auch hier, abgesehen von dem Einfluß der Trennungsfugen, ein geschlossener

[1] Proc. Roy. Soc., März 1887; Philos. Trans. Roy. Soc. 1889 A S. 221.
[2] ETZ 1909 S. 1065, 1096.

magnetischer Kreis vorhanden ist. Um dabei den Widerstand des Schlußjochs gegenüber dem des Stabes vernachlässigen zu können, muß es neben dem großen Querschnitt eine gute Leitfähigkeit oder große Permeabilität μ besitzen, daher aus feinstem geglühten Eisen bestehen; oder es dürfen nur Stäbe von relativ kleiner Permeabilität, z. B. aus Stahl oder hartem Eisen, nach dieser Methode untersucht werden. Man vermindert den durch die Trennungsfugen bedingten Fehler durch Anwendung kegelförmiger Klemmbacken für die Ausbohrungen.

Über dem Stabe befindet sich nun der ganzen Länge nach die Magnetisierungsspule von w_1 Windungen und der Länge l_1, deren mittlerer Teil über oder besser innerhalb der Primärspule die Sekundärspule aus w_2 Windungen sehr feinen Drahtes trägt.

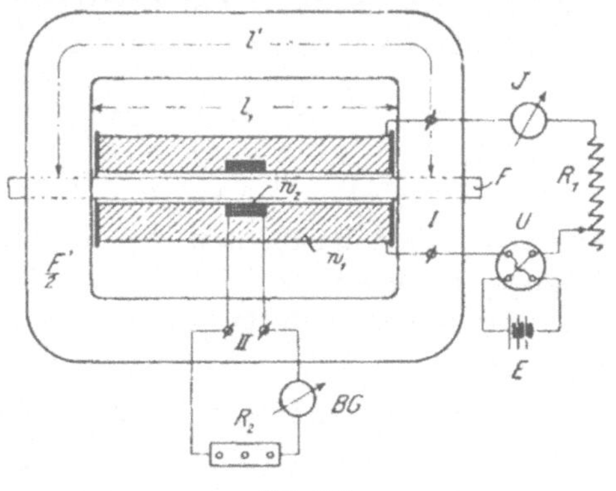

Abb. 225.

Zur Messung verbindet man die Primärspule (I) unter Zwischenschaltung eines Stromwenders U, Widerstandes R_1 und eines Strommessers J mit einer Stromquelle E. Die Sekundärspule (II) wird über einen Vorschaltwiderstand R_2 an ein ballistisches Galvanometer BG angeschlossen. Die Messung wird nun in derselben Weise vorgenommen, wie bei der ballistischen Methode mit der Ringspule angegeben ist. Jedoch ist bei der Angabe der aufgenommenen Kurven noch eine Rückscherung vorzunehmen, da zur Magnetisierung des Jochs und des Luftspalts schon eine magnetomotorische Kraft verbraucht wird, infolgedessen wird die auf den Stab wirkende Feldstärke $\mathfrak{H}_w$ kleiner als $\mathfrak{H} = \frac{J \cdot w_1}{l_1}$ AW/cm sein. Besitzt nämlich jede Jochhälfte den Querschnitt $\frac{F'}{2}$ und eine mittlere Länge l', so wird nach dem Hopkinsonschen Gesetz für einen geschlossenen magnetischen Kreis:

$$\text{MMK} = \text{Kraftfluß} \times \text{magn. Widerstand} \qquad \text{oder} \qquad \mathfrak{M} = \mathfrak{N} \cdot \mathfrak{R}$$

die Beziehung bestehen:

$$J \cdot w_1 = \mathfrak{N} \cdot \frac{10}{4\pi}\left[\frac{l_1}{F \cdot \mu} + \frac{l'}{F' \cdot \mu'} + \frac{\delta}{F''}\right],$$

worin δ und F'' Länge und Querschnitt des äquivalenten Luftspalts darstellen. Der Kraftfluß $\mathfrak{N} = \mathfrak{B} \cdot F$ wird durch die Ablenkung des ballistischen Galvanometers gemessen. Setzen wir diesen Wert ein, so ergibt sich

$$J \cdot w_1 = 0{,}8 \cdot \left[\frac{\mathfrak{B} \cdot l_1}{\mu} + \mathfrak{B} \cdot \frac{l' \cdot F}{F' \cdot \mu'} + \mathfrak{B} \cdot \frac{\delta \cdot F}{F''}\right].$$

Dividiert man die Gleichung durch l_1 und setzt $\frac{\mathfrak{B}}{\mu} = \mathfrak{B}_0 = \frac{1}{0{,}8} \cdot \mathfrak{H}_w$, so folgt daraus:

$$\mathfrak{H}_w = \frac{J \cdot w_1}{l_1} - \mathfrak{B} \cdot 0{,}8 \cdot \frac{l' \cdot F}{l_1 \cdot F' \cdot \mu'} - \mathfrak{B} \cdot 0{,}8 \cdot \frac{\delta \cdot F}{l_1 \cdot F''}$$

$$= \mathfrak{H} - \mathfrak{B} \cdot (c_1 + c_2) = \mathfrak{H} - \mathfrak{H}'.$$

Das erste Glied der rechten Seite ist leicht zu bestimmen. Ist die Magnetisierungskurve des Jochmaterials gegeben, so ist auch μ' bekannt, woraus sich das zweite Glied ebenfalls berechnen läßt, da die anderen Größen meßbar sind. Im letzten Glied ist δ und F'' schwer zu bestimmen. Man kann jedoch den Fehler klein halten, wenn man μ', F und F'' groß und δ klein macht, d. h. feinstes Material und großen Querschnitt wählt und außerdem die Stabenden möglichst sorgfältig mit dem Joch vereinigt. Im allgemeinen wird man sich jedoch für genaue Messungen die Scherungslinien $f(\mathfrak{H}', \mathfrak{B})$ des Jochs vorher experimentell bestimmen und bei späteren Versuchen verwerten, wenn auch die in dem Faktor c_1 enthaltene Größe μ' nicht absolut konstant bleibt, sondern als Funktion von $\mathfrak{B}$ in geringem Maße von den vorhergehenden Magnetisierungen abhängig ist.

Die Viskosität des magnetischen Materials kann bewirken, daß die Induktion bei sehr weichem Material, schwachem Feld, großem Querschnitt des Stabes und kleinen Sprüngen gegenüber den durch direkte Kommutierung bestimmten Werten um mehrere Prozent zu klein ausfällt, da wegen der relativ kleinen Schwingungsdauer des Galvanometers im Vergleich zur Zeit der Nachwirkung des magnetischen Zustandes ein Teil der Kraftlinien nicht gemessen wird. Daher ist es richtiger, die Hysteresisschleife auf den mit der gleichen höchsten magnetisierenden Kraft durch Kommutation gefundenen Wert zu beziehen, da dieser frei von dem Einfluß der Viskosität zu sein scheint.

Durch magnetometrische Bestimmung der Koerzitivkraft läßt sich ferner nach Gumlich und Schmidt[1] für die Maximalpermeabilität die Scherungskurve ermitteln.

Trotz dieser Erhöhung der Genauigkeit steht die allerdings praktische und bequeme Jochmessung hinter der magnetometrischen und Ringmethode zurück. Doch sind die Resultate für die Praxis genügend genau, da die durch die Ungleichmäßigkeit des betreffenden Materials entstehenden Fehler größer als die methodischen sind.

Um den Einfluß des Schlußjochs und der Luftzwischenräume zu beseitigen, verwendet Ewing[2] zwei Stäbe aus dem zu prüfenden Material, die durch zwei Jochstücke miteinander verbunden werden. Für die Entfernung l_1 der Joche und w_1 magnetisierende Windungen findet man bei verschiedenen Strömen J mit Hilfe einer Sekundärspule durch ballistischen Ausschlag die Induktionen $\mathfrak{B}$ zu den Feldstärken $\mathfrak{H}_1 = \frac{J \cdot w_1}{l_1}$ AW/cm, woraus man eine Kurve $f(\mathfrak{B}, \mathfrak{H}_1)$ zeichnet. Nun wechselt man die Magnetisierungsspulen gegen solche von $w_2 = \frac{w_1}{2}$ Windungen und der Länge $l_2 = \frac{l_1}{2}$ aus und verschiebt die Joche auf die Länge $l_2 = \frac{l_1}{2}$. Dafür bestimmt man dann eine neue Kurve $f(\mathfrak{B}, \mathfrak{H}_2)$.

Bedeutet $\mathfrak{H} \cdot l_1$ bzw. $\mathfrak{H} \cdot l_2$ in beiden Fällen die bei gleicher Induktion $\mathfrak{B}$ für die Stäbe allein und $\mathfrak{m}$ die für die Jochstücke einschließlich Luftfugen erforderliche MMK, dann gelten die Gleichungen

$$1. \quad \mathfrak{H}_1 \cdot l_1 = \mathfrak{H} \cdot l_1 + \mathfrak{m}$$
$$2. \quad \mathfrak{H}_2 \cdot l_2 = \mathfrak{H} \cdot l_2 + \mathfrak{m}.$$

Setzt man $l_2 = \frac{l_1}{2}$ und subtrahiert Gleichung 2 von 1, so erhält man

$$3. \quad \mathfrak{H}_2 - \mathfrak{H}_1 = \frac{\mathfrak{m}}{l_1}.$$

Aus Gleichung 3 und 1 folgt dann

$$\mathfrak{H} = \mathfrak{H}_1 - (\mathfrak{H}_2 - \mathfrak{H}_1).$$

Man findet demnach die wahre Magnetisierungskurve $f(\mathfrak{B}, \mathfrak{H})$ der Stäbe, wenn man für denselben Wert von $\mathfrak{B}$ die Abszissendiffe-

[1] ETZ 1901 S. 696. [2] ETZ 1897 S. 8.

renz $\mathfrak{H}_2 - \mathfrak{H}_1$ von dem zu $\mathfrak{B}$ gehörenden Abszissenwert der Kurve $f(\mathfrak{B}, \mathfrak{H}_1)$ abzieht, d. h. die zuerst aufgenommene Kurve um die zwischen beiden Kurven gelegenen Stücke zurückschert.

Ähnlich ist eine von Burrows[1] angegebene Anordnung.

Auf einem anderen, schon von Schmoller[2] angegebenen Prinzip beruht das Permeameter von Picou[3].

Bei dem Torsionspermeameter von Baily[4], das von Carpentier ausgeführt ist, besitzt das Schlußjoch eine Aussparung, in der eine Magnetnadel drehbar gelagert ist. Die von dem Magnetfeld hervorgerufene Drehung kann durch eine Torsionsfeder ausgeglichen werden.

Lamb und Walker[5] bestimmen die Permeabilität mit einem Joch, in welchem der magnetische Widerstand des Probestabes durch den eines verstellbaren Luftschlitzes ausgeglichen wird.

Zur Bestimmung hoher Induktionen unter Erzielung von Feldstärken bis 6000 AW/cm wendet Gumlich[6] die Isthmusmethode auf die Jochmessung an.

J. Schneider[7] untersucht die verschiedenen Ring- und Jochmethoden und gibt eine Jochanordnung für Wechselstrommessungen an.

5. Zugkraftmethode.

Da die magnetische Zugkraft in bestimmter Beziehung zu der magnetischen Induktion $\mathfrak{B}$ steht, konstruierte S. Thompson[8] eine Vorrichtung, die er als Permeameter bezeichnete.

Der zu untersuchende Eisenstab s steht vertikal in der Ausbohrung eines Schlußjochs S (Abb. 226) und berührt mit seinem unteren sorgfältig geschliffenen Ende die innere ebenso bearbeitete Fläche. Die Magnetisierung wird dabei durch eine Spule Sp erzeugt. Oben hängt der Stab an einer Federwaage f. Ist die Spule stromlos, so zeigt die Federwaage nur das Gewicht P_1 des Stabes an. Schickt man jetzt einen Strom hindurch, so wird der Stab magnetisch und

[1] ETZ 1917 S. 10. [2] ETZ 1892 S. 406.
[3] Electrician 9. Nov. 1906; Elektrotechn. u. Maschinenb. 1907 S. 36.
[4] Electrician 1901 S. 172; Z. Instrumentenkde. 1902 S. 258.
[5] ETZ 1901 S. 967; J. Instn. electr. Engr. Bd. 30 S. 930.
[6] Arch. Elektrotechn. Bd. 2 (1914) S. 461; ETZ 1916 S. 123.
[7] Arch. Elektrotechn. Bd. 24 (1930) S. 651.
[8] J. Soc. Arts Sept. 1890.

haftet am Joch fest an. Beim Senken des Jochs wird die Federwaage immer mehr gespannt, bis schließlich der Stab abgerissen wird, wobei die Zugkraft P_2 abgelesen wurde. Die Zugkraft der magnetischen Wirkung beträgt dann $P = P_2 - P_1$.

Nach Maxwell beträgt die Zugkraft eines Magnetstabes

$$P = \frac{F \cdot \mathfrak{B}^2}{8\pi \cdot 981 \cdot 10^3} \text{ kg},$$

wenn wir die Entmagnetisierung und Streuung als verschwindend klein annehmen. Sind P und F in kg bzw. qcm gemessen, so kann

$$\mathfrak{B} = \sqrt{8\pi \cdot 981 \cdot 10^3} \cdot \sqrt{\frac{P}{F}} = 4963 \cdot \sqrt{\frac{P}{F}} \text{ Gauß}$$

berechnet werden.

In unserem Fall, wo die Magnetisierungsspule noch eine Induktion von $\mathfrak{B}_0$ Gauß erzeugt, ist die Zugkraft nur von der Größe $\mathfrak{B} - \mathfrak{B}_0$ abhängig, da die Spule beim Abziehen des Stabes nicht fortgezogen wird, so daß für den Apparat

$$P = \frac{F \cdot (\mathfrak{B} - \mathfrak{B}_0)^2}{8\pi \cdot 981 \cdot 10^3}$$

oder

$$\mathfrak{B} = 4963 \cdot \sqrt{\frac{P}{F}} + \mathfrak{B}_0$$

gesetzt werden muß.

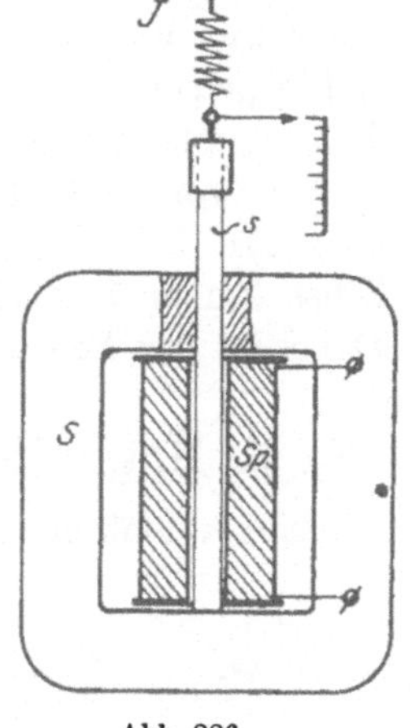

Abb. 226.

Infolge des veränderlichen Widerstandes der Trennungsfuge und des unregelmäßigen Verlaufs der Induktionslinien vom dünnen Stab nach dem breiten Joch ist die Genauigkeit des Apparates nicht sehr groß, jedoch ist die Methode bequem für schnelle und vergleichende Messungen einzelner Eisenproben.

G. Kapp[1] änderte diese Vorrichtung insofern, als er den Schnitt in den Stab hineinlegte und nicht den ganzen Probestab, sondern nur den unteren Teil desselben abzog und diesen zur Verminderung der Reibungswiderstände in einer sauber gearbeiteten Bronzeführung anordnete. Trotzdem sind die Resultate höchstens bis auf 5% genau, wenn die Induktion $\mathfrak{B} > 10000$ ist.

[1] Electrician Bd. 32 S. 498; Lum. électr. Bd. 51 S. 584; ETZ 1894 S. 264.

Der Apparat kann erst dann einwandfreie Resultate liefern, wenn kein Abreißen zweier sich berührender Eisenteile stattfindet. Ein solcher ist z. B. die von H. du Bois angegebene magnetische Waage[1].

W. Gill[2] änderte diese Methode dahin, daß er die magnetisierende Spule von einem Stabe abzieht und wieder aufschiebt. Dabei beschreibt der magnetische Zustand eine halbe Periode der Ummagnetisierung. Denselben Vorgang wiederholt er mit umgekehrter Stromrichtung. Durch eine sehr sinnreiche Vorrichtung werden die für die Bewegung notwendigen Kräfte registriert und durch einen mechanischen Integrator der Arbeitsverlust durch Hysteresis direkt angegeben. Das Instrument ist allerdings nur brauchbar, solange der magnetische Widerstand der Luft gegen den des Probestabes groß ist, d. h. für den proportionalen Teil der Magnetisierungskurve.

Die von S & H ausgeführte magnetische Präzisionswaage nach Du Bois eignet sich dazu, Eisenuntersuchungen in möglichst kurzer Zeit ohne umständliche Hilfsmittel vorzunehmen. Dabei ist der Fehler der Messungen etwa 1%.

6. Magnetisierungsapparat nach Köpsel.

Die Ablenkung eines Strommessers mit beweglicher Spule in einem magnetischen Felde läßt sich ausdrücken durch die Gleichung $\alpha = c \cdot i \cdot \mathfrak{B}$. Hält man dabei den Strom i der Spule konstant, so sind die Ablenkungen nur der Induktion $\mathfrak{B}$ proportional ($\alpha = c \cdot \mathfrak{B}$), und man kann ein solches Instrument zur Messung magnetischer Felder benutzen, wie es beim Köpselschen Apparat[3] von S & H geschieht. Die Schaltung zeigt Abb. 227.

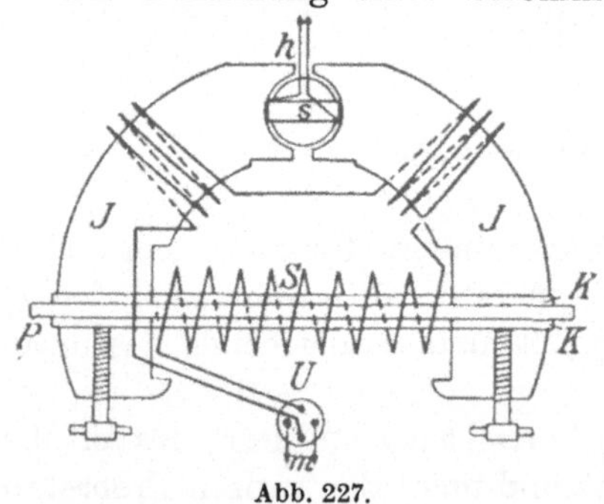

Abb. 227.

[1] Electrician 1892 S. 448, 501; Z. Instrumentenkde. 1892 S. 404; ETZ 1892 S. 579; Z. Instrumentenkde. 1896 S. 353; ETZ 1897 S. 208; Z. Instrumentenkde. 1900 S. 113, 129.

[2] Electrician 24. Sept. 1897; ETZ 1898 S. 5.

[3] ETZ 1894 S. 214; 1898 S. 411; Z. Instrumentenkde. 1898 S. 39.

7. Der magnetische Spannungsmesser.

Die magnetische Spannung $\mathfrak{M}$, gemessen in Amperewindungen (AW) zwischen zwei l cm entfernten Punkten eines magnetischen Feldes, ist das Linienintegral der magnetischen Feldstärke über die Länge l des Kraftlinienweges, nämlich $\mathfrak{M} = \int_0^l \mathfrak{H}_x \cdot dx$. Bringt man nun in das Feld eine eisenlose Spule von der Länge l, w gleichmäßig dicht bewickelten Windungen und einem überall gleich großen, so kleinen Querschnitt F qcm, daß man in ihm eine gleichmäßige Induktion $\mathfrak{B}_{0_x}$ in der Achsenrichtung der Spule annehmen kann, dann geht durch eine Windung der magnetische Kraftfluß $\mathfrak{N}_x = F \cdot \mathfrak{B}_{0_x}$ hindurch. Bezogen auf die ganze Länge l der Spule ist der mit allen w Windungen verkettete mittlere Kraftfluß

$$\mathfrak{N} = \frac{1}{l} \cdot \int_0^l \mathfrak{N}_x \cdot dx = \frac{F}{l} \cdot \int_0^l \mathfrak{B}_{0_x} \cdot dx = \frac{4\pi}{10} \cdot \frac{F}{l} \cdot \int_0^l \mathfrak{H}_x \cdot dx = \frac{4\pi}{10} \cdot \frac{F}{l} \cdot \mathfrak{M}.$$

Daraus rechnet sich die Kraftflußverkettung

$$\mathfrak{V} = \mathfrak{N} \cdot w = \frac{4\pi}{10} \cdot F \cdot \frac{w}{l} \cdot \mathfrak{M}.$$

Es ergibt sich dann die magnetische Spannung

$$\boldsymbol{\mathfrak{M} = \frac{10}{4\pi} \cdot \frac{l}{F \cdot w} \cdot \mathfrak{V}}.$$

Bestimmt man $\mathfrak{V}$ durch die Ablenkung s Skalenteile eines an die Spule angeschlossenen ballistischen Galvanometers, die man durch Kommutieren der magnetischen Erregung des zu untersuchenden Feldes hervorgerufen hat, dann ist

$$\boldsymbol{\mathfrak{M} = c_m \cdot s} \quad \text{Amperewindungen.}$$

Eine derartige Spule ist unter der Bezeichnung magnetischer Spannungsmesser von W. Rogowski und W. Steinhaus[1] angegeben und wird von S & H hergestellt. Die Konstante c_m AW/Skalenteil kann durch eine Eichspule von bekannter Windungszahl ermittelt werden.

Die Anwendung des Instruments zur Eisenprüfung beschreiben ausführlich F. Goltze[2], A. Wolmann[3], H. Gries und

---

[1] Arch. Elektrotechn. Bd. 1 (1912) S. 141, 511.

[2] Arch. Elektrotechn. Bd. 2 (1914) S. 303.

[3] Arch. Elektrotechn. Bd. 19 (1928) S. 385.

H. Esser[1] und seine Eichung mit Wechselstrom behandeln E. Alberti und V. Vieweg[2] und W. Engelhardt[3].

8. Messung magnetischer Felder mit der Wismutspirale.

Die von Righi entdeckte Eigenschaft des Wismuts, seinen elektrischen Widerstand beim Einführen in ein magnetisches Feld gemäß dem Hallschen Phänomen zu ändern, kann man zur Messung der Induktion von magnetischen Feldern benutzen, wenn man einen unvollkommen geschlossenen magnetischen Kreis untersuchen will, wie es z. B. bei Dynamomaschinen der Fall ist. Diese Eigenschaft ist zum ersten Male von Leduc[4] zur Messung magnetischer Felder benutzt worden, jedoch stellten Lenard und Howard[5] erst ein praktisch brauchbares Instrument her, indem sie chemisch reinen gepreßten Wismutdraht von 0,5 mm Dicke isoliert zu einer bifilaren Flachspirale aufwickelten und zum Schutz zwischen zwei Glimmerplättchen einkitteten. Die Enden der Spirale sind mit flachen Kupferstäben verlötet, welche in einen Hartgummigriff mit zwei daran befindlichen Anschlußklemmen endigen. Die Dicke der Spirale einschließlich Schutzkapsel beträgt ungefähr 1 mm, so daß sie auch in sehr schmale Lufträume an elektrischen Maschinen eingeführt werden kann.

Als Maß für die Induktion dient die Änderung des Widerstandes, und zwar entspricht einer Induktion von $\mathfrak{B} = 1000$ Gauß im Mittel etwa 5% Zunahme des Widerstandes. Zur genauen Bestimmung der Felder wird von der Firma H & B, welche diese Spiralen herstellt, jedem Instrument eine Eichkurve beigegeben.

Auch zur Untersuchung der Eisenproben nach der Schlußjochmethode wird von H & B die Wismutspirale benutzt. Dieselbe ist in der Mitte der Magnetisierungsspule so angeordnet, daß der aus zwei Teilen bestehende Prüfstab die Spirale zwischen den gut geschliffenen Enden einschließt und der in ihm erzeugte Kraftfluß die Fläche der Spirale senkrecht durchsetzt.

---

[1] Arch. Elektrotechn. Bd. 22 (1929) S. 145.
[2] Arch. Elektrotechn. Bd. 2 (1913) S. 208.
[3] Z. Instrumentenkde. 1922 S. 109.
[4] J. Physique Chim. 1887 S. 184 Serie 6. [5] ETZ 1888 S. 340.

Zur Messung der Widerstandszunahme

$$Z = \frac{R_f - R_0}{R_0}$$

benutzt man zweckmäßig folgende Brückenanordnung (Abb. 228): An einen Meßdraht bc mit den Schleifkontakten S_1 und S_2 schließen sich die Widerstände $ba = 1$ Ohm und ae gleich dem Spiralenwiderstand bei niedrigster Temperatur, dann ein zweiter Meßdraht ed mit dem Schleifkontakt S_3 an. Nun wird S_1 auf Null, S_2 auf die der herrschenden Temperatur ϑ entsprechende Zahl eingestellt und S_3 so weit verschoben, bis Gleichgewicht in der Brücke herrscht. Nach Einlegen der Spirale in das zu messende Feld wird S_1 nach f verschoben, bis wieder Gleichgewicht eintritt. Dann stellt $of = Z$ die Widerstandszunahme dar, welche direkt an der Skala ablesbar ist. Bei Benutzung derselben Spirale kann die Skala gleich in dem Maß der Induktion, d. h. in Gauß, geeicht werden.

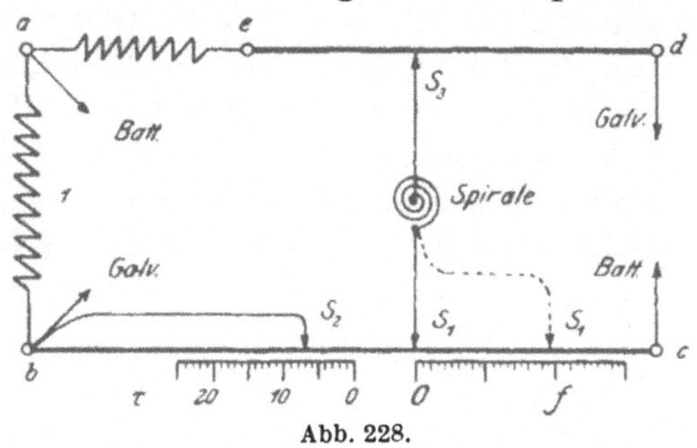

Abb. 228.

9. Nullmethoden zur Eisenuntersuchung.

Da für den magnetischen Ausgleich ähnliche Beziehungen wie für den elektrischen bestehen, so kann man ähnlich den Brückenschaltungen von Wheatstone magnetische Materialen in ähnlicher Schaltung untersuchen. Dabei lassen sich zwei Methoden anwenden. Entweder man macht die beiden MMKe der miteinander zu vergleichenden Eisenkörper gleich groß und verändert den magnetischen Widerstand des einen Körpers, bis eine in den Streufluß beider Zweige gebrachte Nadel keine Ablenkung zeigt, oder man bestimmt zu den verschiedenen magnetischen Widerständen der Stäbe von gleichen Dimensionen die MMKe, welche derselben Bedingung genügen. Auf dem ersten Prinzip beruht das Differentialmagnetometer von Eickemeyer[1], auf

[1] ETZ 1891 S. 381.

dem zweiten die Permeabilitätsbrücken von Ewing und Holden.

Genauer und mit verhältnismäßig einfachen Mitteln auszuführen ist die von R. Goldschmidt[1] angegebene Methode.

Sie beruht im Prinzip auf folgender Anordnung (Abb. 229): Zwei Erregerspulen S_1 und S_2 enthalten die beiden Eisenstücke *I* und *II*, deren Enden zwei Hilfsspulen s_1 und s_2 mit w_1 bzw. w_2 Windungen tragen. Beide Spulen sind so geschaltet, daß die in ihnen beim Verschwinden des Feldes induzierten EMKe sich entgegenwirken, was an einem in dem Stromkreis liegenden Spannungsmesser festgestellt werden kann. Zur Veränderung der Windungszahlen w_1 und w_2 dienen zwei miteinander leitend ver-

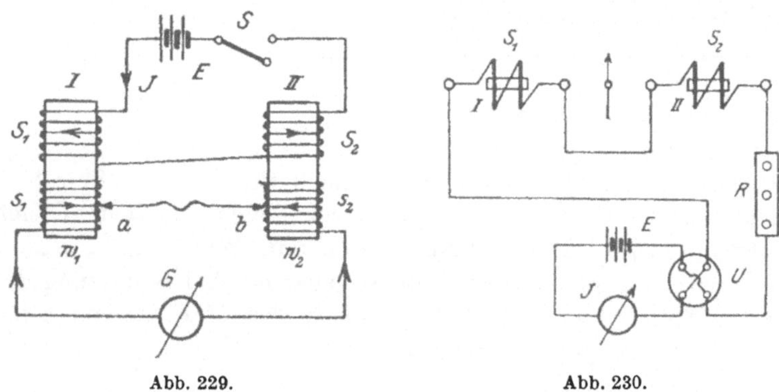

Abb. 229. Abb. 230.

bundene Nadeln *a b*, mit denen man die Isolation leicht durchstechen kann. Treten in den Eisenkörpern die Kraftflüsse $\mathfrak{N}_1$ und $\mathfrak{N}_2$ auf, so sind die in den Spulen s_1 und s_2 induzierten EMKe

$$E_{1_t} = -w_1 \cdot \frac{d\mathfrak{N}_1}{dt} \quad \text{und} \quad E_{2_t} = -w_2 \cdot \frac{d\mathfrak{N}_2}{dt},$$

woraus folgt

$$\int_0^t E_{1_t} \cdot dt = -w_1 \cdot \int_0^{\mathfrak{N}_1} d\mathfrak{N}_1 = -w_1 \cdot \mathfrak{N}_1$$

und

$$\int_0^t E_{2_t} \cdot dt = -w_2 \cdot \int_0^{\mathfrak{N}_2} d\mathfrak{N}_2 = -w_2 \cdot \mathfrak{N}_2.$$

Wird nun die Windungszahl so eingestellt, daß beim Ausschalten der Erregung der Spannungsmesser keine Ablenkung zeigt, so ist

$$E_1 = E_2 \quad \text{und damit} \quad w_1 \cdot \mathfrak{N}_1 = w_2 \cdot \mathfrak{N}_2$$

oder

$$\frac{\mathfrak{N}_1}{\mathfrak{N}_2} = \frac{w_2}{w_1},$$

[1] ETZ 1902 S. 314.

d. h. die Felder verhalten sich umgekehrt wie die Windungszahlen der Hilfsspulen. Obige Gleichung ist jedoch nur richtig, wenn die Zeitdauer des Verschwindens der Kraftlinien gegenüber der Schwingungsdauer des beweglichen Systems im Instrument klein ist, was aber meistens der Fall sein wird.

Zur schnellen Vergleichung von Eisenproben wird von Th. Edelmann, München, ein Differentialmagnetometer gebaut, das im Prinzip dem Differentialgalvanometer entspricht. Nach Abb. 230 sind dabei die auf die Magnetnadel einwirkenden Eisenproben horizontal in die Spulen S_1 und S_2 eingelegt, so daß bei entsprechender Schaltung nur die Differenz derKraftwirkungen zur Geltung kommt. Darin sind S_1 und S_2 die beiden Magnetisierungsspulen, R ein Regulierwiderstand, U ein Umschalter, E die Stromquelle und J ein Strommesser. Die Ablesung geschieht durch Fernrohr oder Lichtzeiger. Nachdem die Spulenebenen in die Meridianrichtung eingestellt sind (s. Differentialgalvanometer), werden die Spulen so geschaltet, daß sie bei demselben Strom einander entgegenwirken, und so weit durch Verschieben reguliert, bis die Ablenkung der Nadel bei verschiedenen Stromstärken Null ist.

Nun wird in die Spule S_1 das Normaleisen I und in Spule S_2 die Probe II mit gleichen Dimensionen wie I eingelegt. Durch Veränderung des Widerstandes R wird dann der magnetisierende Strom J zwischen einem positiven und negativen Maximum geändert und die zu den einzelnen Werten gehörenden Ablenkungen α notiert. Die zeichnerische Darstellung der $f(\alpha, J)$ stellt eine allerdings nur relative Hysteresisschleife dar, deren Flächeninhalt die Differenz der Güte beider Eisensorten angibt. Um festzustellen, welches Eisen besser ist, entfernt man den Probestab aus der Spule; wird dabei die vorhandene Ablenkung größer, so ist die Probe schlechter und umgekehrt. Je geringer die Abweichungen sind, um so mehr nähert sich die Kurve der Abszissenachse (Abb. 231 und 232) und fällt schließlich bei gleichen Eigenschaften mit ihr zusammen. Diese Methode ist sehr bequem und schnell auszuführen bei Untersuchung von Neusendungen, zur Kontrolle von Blechtafeln in bezug auf Gleichmäßigkeit an verschiedenen Stellen und zur Beurteilung von Glühprozessen.

Zur Messung schwacher Felder bis 80 AW/cm ist von Voege[1]

[1] ETZ 1909 S. 871.

ein leicht zu bedienender, einfach gebauter Apparat konstruiert worden.

Durch Anwendung zweier festen und einer beweglichen von Gleichstrom durchflossenen Hilfsspulen in Verbindung mit einem Differentialmagnetometer kann man nach Kaufmann[1] bei Magnetisierung durch Wechselstrom den Verlauf der Induktion $\mathfrak{B}_t$

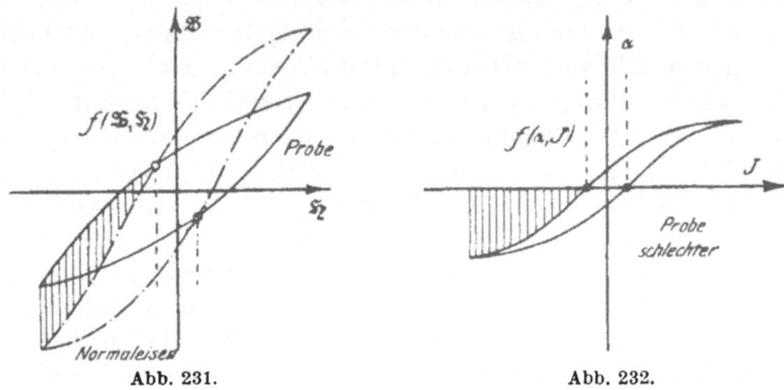

Abb. 231. Abb. 232.

in Abhängigkeit von der Zeit t bzw. dem Strom J_t aufnehmen (s. auch Nr. 13).

W. Steinhaus[2] gibt eine Wechselstrom-Nullmethode bei kleinen Materialmengen zur Messung hoher Anfangspermeabilitäten an, wie sie bei neueren magnetischen Legierungen[3], z. B. Permalloy, Hipernik usw. vorkommen. Eine andere Methode beschreibt H. Laub[4].

10. Bestimmung des Streuungskoeffizienten.

Im Eisengestell einer Dynamomaschine (Abb. 233) entsteht in dem Magnetpol als Folge einer MMK ein magnetischer Kraftfluß, der sich durch den Luftraum zwischen Pol und Anker, das Ankereisen und das Joch schließt. Infolge des magnetischen

[1] Verh. dtsch. physik. Ges. 1899 S. 42.

[2] Z. techn. Physik 1926 S. 492.

[3] Electrician 1923 S. 672; ETZ 1928 S. 828; Elektr. Nachr.-Techn. 1928 S. 83; 1930 S. 231; Bull. Soc. int. Électr. Bd. 9 S. 1091; ATM Z. 913—2; Electrician Bd. 104 (1930) S. 330, 438; ETZ 1931 S. 1582; Engineering Bd. 129 S. 567; ETZ 1932 S. 43.

[4] Arch. Elektrotechn. 1930 S. 656.

Nebenschlusses, welches die das Gestell umgebende Luft bildet, wird ein Teil der Kraftlinien sich durch die Luft schließen, so daß von allen im Pol erzeugten Kraftlinien $\mathfrak{N}_m$ nur ein Teil $\mathfrak{N}$ in den Anker eintritt, der zur Erzeugung der EMK im Anker dient. Die Differenz $\mathfrak{N}_m - \mathfrak{N} = \mathfrak{N}_s$ gibt dann diejenigen Linien an, welche für die induzierte EMK verlorengehen. Diesen Betrag bezeichnet man im allgemeinen als Streulinien und die Erscheinung als **Streuung.** Für die logarithmische Rechnung ist es jedoch bequemer, statt der Differenz $\mathfrak{N}_m - \mathfrak{N}$ den Quotienten $\frac{\mathfrak{N}_m}{\mathfrak{N}} = \sigma$ zu benutzen, worin σ der Streuungskoeffizient der betreffenden Type genannt wird und natürlich größer als 1 ist. Dieser Koeffizient ist jedoch keine Konstante, sondern ändert sich mit der Induktion im Eisen.

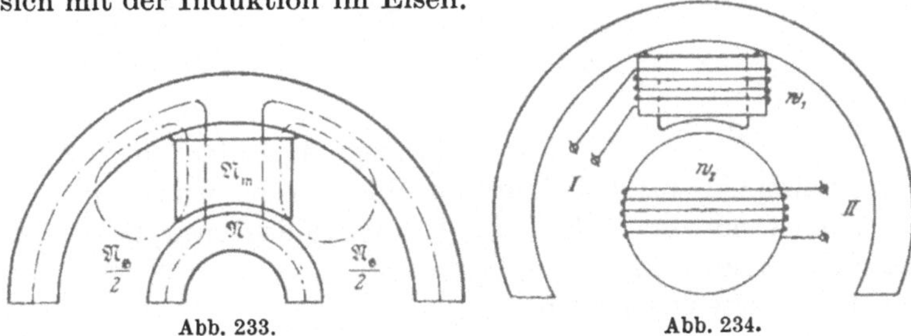

Abb. 233. Abb. 234.

Es empfiehlt sich daher bei Dynamomaschinen, den Streuungskoeffizienten bei verschiedenem Ankerstrom J_a als $f(\sigma, J_a)$ festzustellen, weil sich mit der Belastung auch das Feld der Maschine ändert.

Zur Messung des Koeffizienten hätte man nach seiner Definitionsgleichung nur die beiden Felder $\mathfrak{N}_m$ und $\mathfrak{N}$ zu bestimmen. Am besten eignet sich dazu die ballistische Methode, indem wir um die Wicklung des Magnetpols und ebenso um den Anker Hilfsspulen *I* und *II* von einigen Windungen legen (Abb. 234), in denen beim Entstehen oder Verschwinden des Kraftflusses EMKe induziert werden. Verbindet man die Klemmen der Spulen über einen Umschalter *U* mit einem ballistischen Galvanometer *B G* (Abb. 235) unter Zwischenschaltung eines Regulierwiderstandes *R*, so wird beim Ausschalten des Feldes, wenn Spule *I* mit w_1 Windungen eingeschaltet ist, eine Ablenkung s_1 im Galvanometer auftreten, die in einfacher Beziehung zum Felde $\mathfrak{N}_m$ steht nach der Gleichung

$$\mathfrak{N}_m = c \cdot \frac{R_1}{w_1} \cdot s_1 .$$

Nach Umlegen des Umschalters auf Kontakt *2* wirkt beim Ausschalten des Feldes die Spule *II* mit w_2 Windungen auf das Galvanometer und erzeugt die Ablenkung s_2, wobei

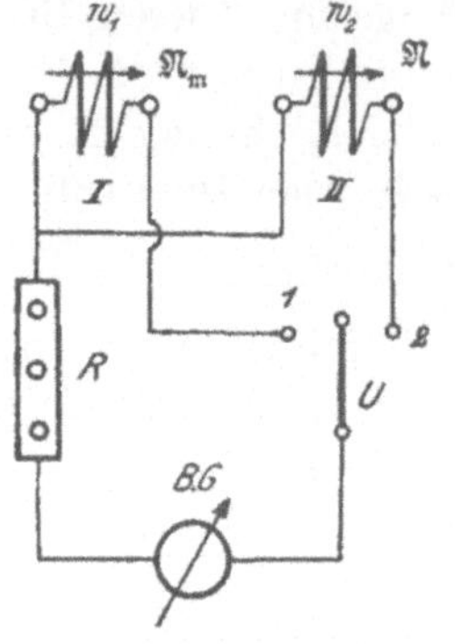

Abb. 235.

$$\mathfrak{N} = c \cdot \frac{R_2}{w_2} \cdot s_2$$

ist. Darin bedeuten R_1 und R_2 die Gesamtwiderstände der Kreise *I* bzw. *II*. Durch Division der beiden Gleichungen folgt:

$$\sigma = \frac{\mathfrak{N}_m}{\mathfrak{N}} = \frac{R_1}{R_2} \cdot \frac{w_2}{w_1} \cdot \frac{s_1}{s_2}$$

oder, wenn $R_1 = R_2$ und $w_1 = w_2$ gemacht ist,

$$\sigma = \frac{s_1}{s_2} .$$

Für mehrpolige Maschinen umfaßt die Ankerhilfsspule eine Polteilung und liegt in der neutralen Zone.

Anstatt nun die Felder durch ihre ballistischen Wirkungen miteinander zu vergleichen, kann man auch nach Rotth[1] die von ihnen erzeugten EMKe:

$$E_1 = c \cdot w_1 \cdot \mathfrak{N}_m \quad \text{und} \quad E_2 = c \cdot w_2 \cdot \mathfrak{N}$$

nach der Kompensationsmethode bestimmen, indem man folgende Schaltung (Abb. 236) nach Bosscha ausführt:

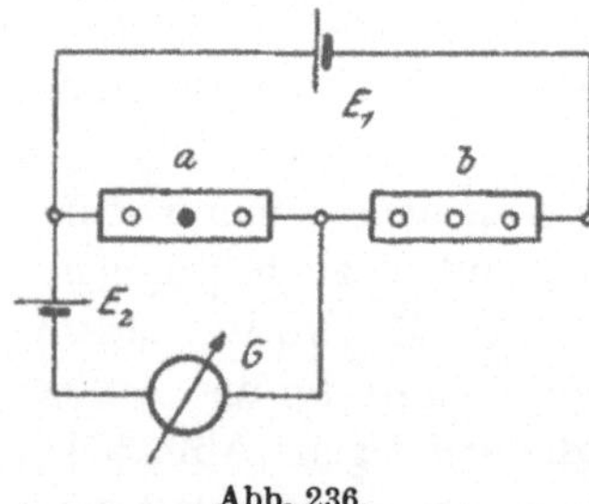

Abb. 236.

Nachdem die richtige Polarität festgestellt ist, wird die Spule *I* (höhere EMK E_1) mit einem sehr großen Widerstand $a + b$ verbunden und Spule *II* (E_2) in den Kompensationszweig mit einem Galvanometer *G* gelegt. Nun werden die Schleifkontakte so eingestellt, daß beim Ausschalten des Feldes im Galvanometer *G* keine Ablenkung auftritt. Dann besteht unter Vernachlässigung des Spulen- und Zuleitungswiderstandes die Beziehung

$$\frac{E_1}{E_2} = \frac{a + b}{a} ,$$

[1] ETZ 1902 S. 654.

woraus folgt $$\frac{w_1 \cdot \mathfrak{N}_m}{w_2 \cdot \mathfrak{N}} = \frac{w_1}{w_2} \cdot \sigma = \frac{a+b}{a}$$

oder $$\sigma = \frac{a+b}{a} \cdot \frac{w_2}{w_1} \quad \text{bzw.} \quad \sigma = \frac{a+b}{a},$$

wenn $w_1 = w_2$ gemacht ist.

Eine absolute Nullage des Galvanometers während der ganzen Entladezeit wird selten zu erreichen sein, da wegen des allmählich abnehmenden Feldes der Streuungskoeffizient sich ändert und damit das Verhältnis der EMKe für die ganze Entladezeit nicht konstant bleibt. Man beobachtet daher nur, ob im Zeitpunkt des Ausschaltens das Galvanometer in Ruhe bleibt.

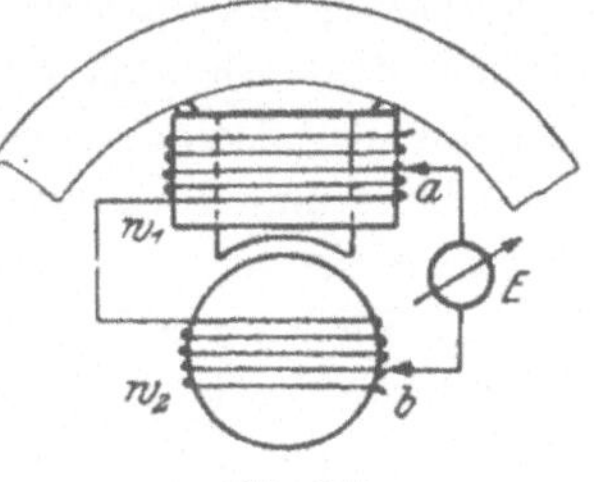

Abb. 237.

Die in Nr. 9 angegebene Methode von Goldschmidt läßt sich auch zur Streuungsmessung benutzen. Zu dem Zweck legt man um die Magnetwicklung (Abb. 237) und den Anker einige Drahtwindungen und schließt sie durch einen empfindlichen Spannungsmesser E, so daß sie mit ihren EMKen gegeneinandergeschaltet sind. Stellt man die Nadelkontakte $a\,b$ so ein, daß keine Ablenkung des Instruments beim Ausschalten des Feldes auftritt, wobei w_1 bzw. w_2 Windungen im Hilfsstromkreis liegen, dann ist

$$\frac{\mathfrak{N}_m}{\mathfrak{N}} = \sigma = \frac{w_1}{w_2}.$$

Auch zur Zentrierung des Ankers einer Gleichstrommaschine (besonders bei Parallelschaltung) und zur Bestimmung der entmagnetisierenden (Gegen-)Windungen des Ankers läßt sich diese Methode verwenden.

Eine Zusammenstellung einiger bequemer Methoden zur Messung von Streuungskoeffizienten ist ferner von R. Pohl[1] angegeben.

11. Praktische Hysteresismesser.

Die bisherigen Methoden gestatten zwar die Aufnahme von Hysteresisschleifen, sind jedoch für den Werkstattgebrauch zu fein oder infolge der durch Störungen hervorgerufenen Fehler

[1] Ecl. électr. 1907 S. 93; Ann. El. 1907 S. 354.

unbrauchbar. Es ist daher von Ewing[1] ein Apparat zur bequemen Messung des Hysteresisverlustes angegeben worden, der folgendermaßen arbeitet:

Zwischen den Polen eines auf Schneiden montierten und mit Zeiger versehenen Hufeisenmagnets ist ein schmales Blechbündel der zu prüfenden Sorte von 1,6 × 7,6 cm Fläche drehbar angeordnet. Die den magnetischen Schluß des Magnets bildenden Bleche erleiden bei der Drehung eine Ummagnetisierung. Die Folge davon ist, daß die hierdurch verbrauchte Hysteresisarbeit ein Drehmoment auf den Magnet ausübt, da bei jeder halben Umdrehung des Bündels die anziehende Wirkung des einen Poles größer ist als die abstoßende des anderen Poles gegenüber einem Pol des Hufeisenmagnets. Die an einer Skala ablesbare Größe der Ablenkung des Zeigers ist ein Maß für den Hysteresisverlust der Blechprobe.

Zur Eichung des Apparates benutzt man Normalbleche mit bekanntem Verlust, deren Ablenkungen man als Abszissen, die dazugehörigen Hysteresisverluste als Ordinaten zeichnerisch zu einer Kurve zusammengestellt. Ist A der Arbeitsverlust in Erg/ccm für eine Periode, dann gilt die Beziehung

$$M_d \cdot \omega = A \cdot \nu \quad \text{Erg/sec für 1 ccm}\,.$$

Setzt man hierin für $\omega = \frac{2\pi \cdot n}{60}$ und für die Periodenzahl $\nu = \frac{n}{60}$ bei zwei Polen, so wird das Drehmoment

$$M_d = \frac{A}{2\pi} = c \cdot \alpha \quad \text{Erg/ccm}\,,$$

d. h. der Drehwinkel α ist von der Drehzahl unabhängig, solange sie nicht so hoch ist, daß im Eisen merkliche Wirbelströme induziert werden.

Auf einem ähnlichen Prinzip beruht der Hysteresismesser von A. Blondel (Carpentier)[2]. Nur dreht sich hierbei ein Hufeisenmagnet um eine vertikale Achse, während die zu untersuchende Probe in Form eines kleinen Ringes oder eines schmalen rechteckigen Bündels auf einer vertikalen Achse drehbar gelagert ist, die durch eine Spiralfeder in einer gewissen Lage gehalten wird. Wird bei der Drehung in einer Richtung die Ablenkung α_1, in

---

[1] ETZ 1895 S. 292; Electrician 1895, 26. April.

[2] ETZ 1899 S. 178; Z. Instrumentenkde. 1899 S. 259:

der entgegengesetzten der Winkel α_2 abgelesen, dann ist die Hysteresisarbeit

$$A = 2\pi \cdot c \cdot (\alpha_1 - \alpha_2) \text{ Erg/ccm}.$$

Ist der Torsionskoeffizient c der Feder durch Beobachtung der Schwingungsdauer in CGS-Einheiten (Erg für 1° Ablenkung) ermittelt, so lassen sich mit dem Apparat auch absolute Messungen ausführen. Zur Kontrolle dient ein geeichter Probekörper.

Cotton[1] mißt die Kraftwirkung P, welche eine Seite von der Länge l einer von konstantem Strom i Ampere durchflossenen Spule in dem zu untersuchenden Magnetfeld erleidet, wobei die Kraft $P = \frac{\mathfrak{B} \cdot i \cdot l}{10 \cdot g}$ Gramm ist. Dabei hat die an dem einen Ende eines Waagebalkens befestigte Spule eine kreisbogenförmige Gestalt, damit die nach dem Drehpunkt der Waage einwirkenden Kräfte der gebogenen Spulenseiten keinen Einfluß auf die Einstellung ausüben.

F. Schröter[2] beschreibt einen neuen Apparat, mit dem man magnetische Induktionen bis zu 10 Gauß hinab nach Größe und Richtung messen kann. Er enthält einen dünnen stromdurchflossenen Leiter, dessen Durchbiegung im Magnetfeld ein Maß für die Stärke desselben ist.

12. Praktische Eisenuntersuchung mit dem Epstein-Eisenprüfer.

Die Konstruktion des von Epstein[3] angegebenen Apparats ist folgende: Auf einer Holzplatte werden vier als Seiten eines Quadrates angeordnete Blechpakete von Holzbacken fest zusammengehalten. Für die Eisenkerne werden die Bleche mindestens vier Tafeln entnommen und in Streifen von 500 × 30 mm mit Zwischenlagen von Seidenpapier, ca. 25 mm hoch, bei einem Mindestgewicht von 2½ kg jedes Kernes so übereinandergeschichtet, daß an keiner Stelle eine Berührung eintritt. Nach dem Zusammenpressen im Schraubstock und Umschnüren mit Isolierband werden die vier Kerne unter Zwischenlegen von 0,15 mm dickem Preßspan an den Stoßfugen zu einem magne-

[1] J. Physique Chim. 1900 S. 383; Z. Instrumentenkde. 1900 S. 307.
[2] Arch. Elektrotechn. Bd. 14 (1925) S. 354.
[3] ETZ 1900 S. 303; 1903 S. 684.

tischen Kreis vereinigt. Über jeden Kern wird eine Preßspanspule 38×38 mm lichter Weite und 435 mm Länge geschoben, die mit 150 Windungen Kupferdrahtes von 14 qmm Querschnitt (zwei parallele Flachkantdrähte von $2 \times 3{,}5$ mm) gleichmäßig bewickelt ist. Die Streuung ist dabei infolge der gleichmäßigen Magnetisierung auf das geringst mögliche Maß herabgedrückt.

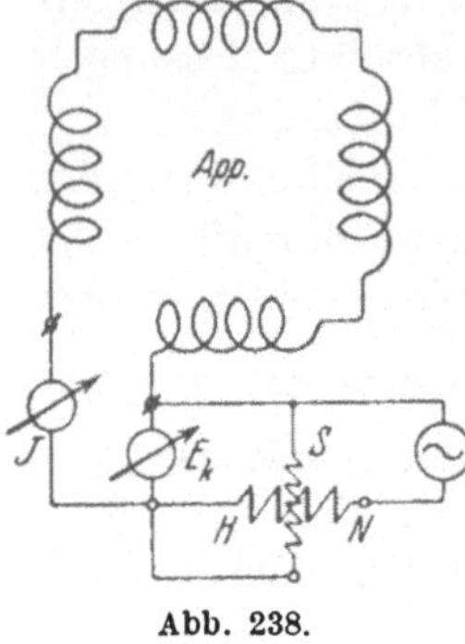

Abb. 238.

Die vier Spulen werden nun hintereinandergeschaltet und nach Abb. 238 unter Benutzung eines Strom-, Spannungs- und Leistungsmessers an eine Wechselstromquelle von nicht zu kleiner Leistung angelegt, damit die durch das Anlegen des Eisenprüfers eventuell auftretende Verzerrung der Spannungskurve bei verschiedenen Strömen konstant bleibt.

Nach den Vorschriften[1] des VDE soll nun der Gesamtverlust im Eisen für 1 kg bei einer Induktion $\mathfrak{B}_{max} = 10000$ und 15000 Gauß und $\nu = 50$ Hz für eine Temperatur von $\vartheta = 20^0$ C angegeben werden. Diese Zahl, bezogen auf sinusförmigen Verlauf der Spannungskurve, heißt „Verlustziffer" (V_{10} bzw. V_{15}).

Nun ist die Induktion $\mathfrak{B}$ von der EMK E der Spule abhängig. Bedeutet

w = Windungszahl des Apparats,
r = Widerstand aller Spulen,
F = Eisenquerschnitt eines Kerns,
ν = Periodenzahl des Wechselstroms in Hertz,
f_e = Formfaktor der Spannungskurve bei dem Versuch,
$\mathfrak{B}_{max}$ = Höchste Induktion im Eisen,

so kann man aus

$$E = 4 \cdot f_e \cdot \nu \cdot w \cdot F \cdot \mathfrak{B}_{max} \cdot 10^{-8} \text{ Volt}$$

zu einem gegebenen $\mathfrak{B}_{max}$ die EMK E berechnen, wenn durch eine Methode (IV, 19) der Formfaktor $f_e = \frac{E}{E_{mi}}$ bestimmt worden ist. Der Querschnitt F wird dabei am besten aus dem Gewicht G, dem spezifischen Gewicht γ und der Länge l der vier

[1] ETZ 1914 S. 512.

Kerne berechnet, wobei $\gamma = 7{,}7$ für Dynamoblech, 7,5 für legiertes Blech zu setzen ist, wenn keine besonderen Messungen vorliegen.

Die Messung wird nun in folgender Weise durchgeführt: Durch einen Vorversuch mit einer für $\mathfrak{B}_{\max} = 10\,000$ Gauß und einem Formfaktor $f_e' = 1{,}11$ berechneten Klemmenspannung $E_k' = E'$ wird die Leistung N', Strom J' und der Verlauf der Spannungskurve ermittelt, woraus $\cos\varphi' = \frac{N'}{E_k' \cdot J'}$ und der Formfaktor f_e sich ergibt. Nun berechnet man (vgl. Abb. 240) die erforderliche Klemmenspannung

$$E_k \approx E + J' \cdot r \cdot \cos\varphi',$$

indem man E für den wirklichen Formfaktor f_e bestimmt. Mit dieser direkt an den Klemmen der Spule gemessenen Spannung E_k, die im allgemeinen nur wenig von E_k' abweichen wird, wiederholt man die Messung und findet die Stromstärke J, Leistung N und $\cos\varphi$. In welcher Weise diese Aufnahmen zur Ermittlung des Ergebnisses benutzt werden, soll an einem Zahlenbeispiel erläutert werden. Dafür sei gefunden:

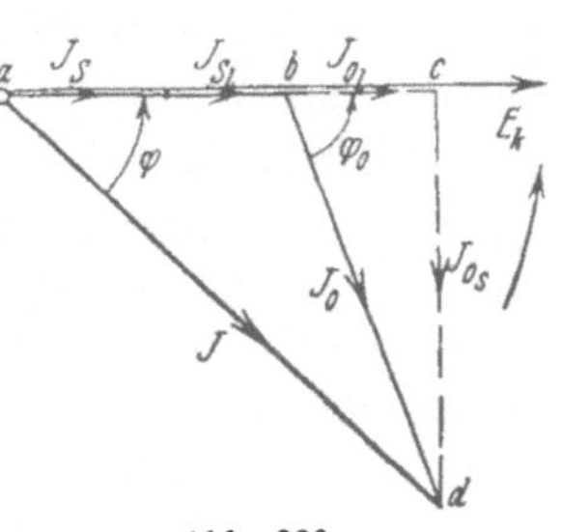

Abb. 239.

$$E_k = 95 \text{ Volt} \qquad J = 4{,}21 \text{ Amp} \qquad N = 44 \text{ Watt}$$
$$r = 0{,}16 \text{ Ohm} \qquad F = 7{,}0 \text{ qcm} \qquad l = 200 \text{ cm}$$
$$G = 10{,}8 \text{ kg.} \qquad f_{e_1} = 1{,}13. \qquad \nu = 50 \text{ Hz.} \qquad \vartheta' = 34^0 \text{ C.}$$

$$\cos\varphi = \frac{N}{E_k \cdot J} = \frac{44}{95 \cdot 4{,}21} = 0{,}11.$$

$R_S = 3200$ Ohm Widerstand des Spannungsmessers,

$R_{S_l} = 5400$ Ohm Widerstand des Spannungspfades S des Leistungsmessers.

Den in der Magnetisierungsspule fließenden Strom J_0 erhält man nach Abb. 239 durch geometrische Subtraktion der in R_S und R_{S_l} fließenden Ströme

$$J_S = \frac{E_k}{R_S} = \frac{95}{3200} = 0{,}029 \text{ A}$$

und

$$J_{S_l} = \frac{E_k}{R_{S_l}} = \frac{95}{5400} = 0{,}017 \text{ A},$$

die man hinreichend genau in Phase mit E_k eintragen kann, vom Gesamtstrom J durch Konstruktion des Dreiecks abd aus $ab = J_S + J_{S_l}$, $ad = J$ und dem $\sphericalangle \varphi = \sphericalangle bad$. Den Punkt d

könnte man auch bestimmen, indem man $ac = J \cdot \cos\varphi$ aufträgt und das Lot in c zum Schnitt mit dem Kreisbogen um a mit dem Radius J bringt. Analytisch wäre

$$J_0 = \sqrt{J^2 + (J_s + J_{s_l})^2 - 2 \cdot J \cdot (J_s + J_{s_l}) \cdot \cos\varphi}$$

oder nach dem binomischen Lehrsatz entwickelt und vereinfacht

$$J_0 \approx J - (J_s + J_{s_l}) \cdot \cos\varphi + \frac{(J_s + J_{s_l})^2}{2J} \cdot (1 - \cos^2\varphi)$$

und in Zahlen:

$$J_0 \approx 4{,}21 - 0{,}005 + 0{,}000025 = 4{,}205\,.$$

Bei der praktischen Untersuchung ist daher diese Korrektion nicht notwendig, solange $J_S + J_{S_l} \ll J$ ist. Die zur Induktion $\mathfrak{B}_{\max}$ gehörige EMK E rechnet sich nach Abb. 240 aus

$$E = \sqrt{E_k^2 + E_v^2 - 2 \cdot E_k \cdot E_v \cdot \cos\varphi_0}$$

wofür man, da der in der Spule auftretende Spannungsverlust $E_v = J_0 \cdot r = 4{,}205 \cdot 0{,}16 = 0{,}76\,\mathrm{V}$ relativ klein und φ_0 groß ist,

$$E \approx E_k - E_v \cdot \cos\varphi_0$$

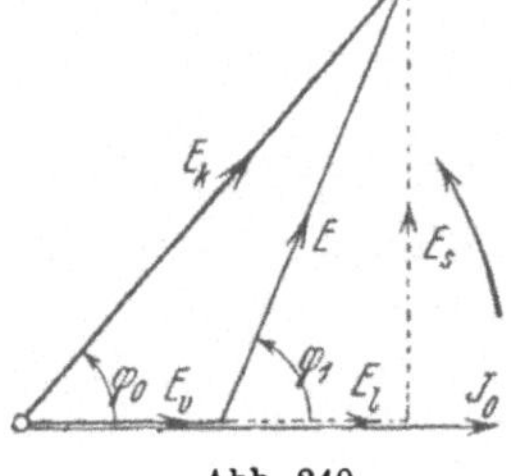

Abb. 240.

setzen kann. Ist N_e die in den Apparat eingeführte Leistung, so wird

$$\cos\varphi_0 = \frac{N_e}{E_k \cdot J_0}\,.$$

Man findet N_e nach Abzug der in R_S und R_{S_l} verbrauchten Leistungen zu

$$N_e = N - \frac{E_k^2}{R_S} - \frac{E_k^2}{R_{S_l}} = 44 - \frac{95^2}{3200} - \frac{95^2}{5400} = 39{,}5\ \mathrm{W}$$

und

$$\cos\varphi_0 = \frac{39{,}5}{95 \cdot 4{,}205} = 0{,}099\,.$$

Somit wird $E \approx 95 - 0{,}67 \cdot 0099 = 94{,}93\ \mathrm{V}$,

d. h. man kann praktisch $E = E_k$ setzen.

Daraus folgt nun

$$\mathfrak{B}_{\max} = \frac{E \cdot 10^8}{4 \cdot f_{e_1} \cdot \nu \cdot w \cdot F} = \frac{94{,}93 \cdot 10^8}{4 \cdot 1{,}13 \cdot 50 \cdot 600 \cdot 7} = 9920\ \text{Gauß},$$

d. h. nur 0,8% kleiner, als gefordert wird. Die im Eisen verbrauchte Leistung ist ferner

$$N_0' = N_e - J_0^2 \cdot r = 39{,}5 - 2{,}84 = 36{,}66\ \mathrm{W}\,.$$

Demnach erhält man als Verlustziffer

$$V'_{10} = \frac{N'_0}{G} = \frac{36,66}{10,8} = 3,4 \text{ W/kg} \quad \text{bei} \quad \vartheta' = 34^0 \text{ C}.$$

Da nach den „Normalien zur Prüfung von Eisenblech“ die Ziffer auf $\vartheta = 20^0$ C bezogen werden soll, ist deswegen eine Korrektion anzubringen. Nun übt die Temperatur besonders auf den Verlust durch Wirbelströme N_w, d. h. auf das zweite Glied des durch die Gleichung von Steinmetz[1]

$$N_0 = N_h + N_w = (\eta_h \cdot \nu \cdot \mathfrak{B}_{max}^{1,6} + \xi \cdot \nu^2 \cdot \mathfrak{B}_{max}^2) \cdot V \cdot 10^{-7} \text{ Watt}$$

dargestellten Gesamtverlustes einen zu berücksichtigenden Einfluß aus, indem nämlich der elektrische Widerstand des Eisens mit höherer Temperatur zunimmt, wodurch N_w kleiner wird.

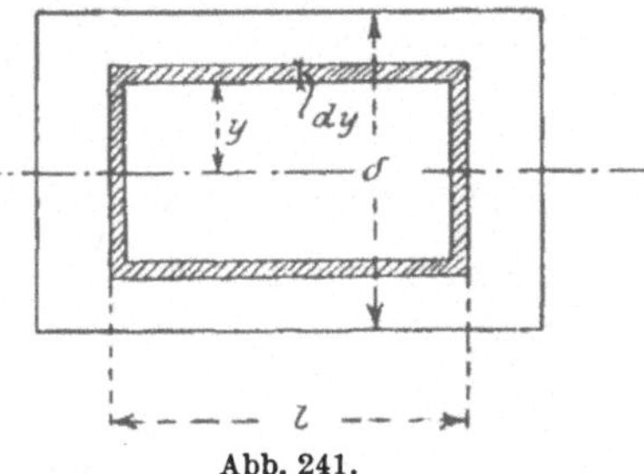

Abb. 241.

In welcher Weise N_w sich mit der Temperatur ändert, zeigt die durch die folgende Ableitung gewonnene Endformel:

Denkt man sich ein einzelnes dünnes Blech von der Dicke δ cm vom magnetischen Kraftfluß mit der überall gleich groß angenommenen Induktion $\mathfrak{B}_{max}$ Gauß in der Richtung senkrecht zur Zeichenebene durchsetzt. Dann werden EMKe und von diesen Ströme erzeugt, welche im Eisen in geschlossenen Bahnen verlaufen. Greifen wir davon (Abb. 241) einen Stromfaden von rechteckiger Form mit der Dicke dy und der Länge l heraus, der im Abstand y parallel zur Mittellinie des Bleches verläuft, so umschließt der oberhalb der Mittellinie liegende Teil eine Fläche $F = l \cdot y$, und die in dem Stromfaden induzierte EMK ist (in CGS-Einheiten)

$$dE = 4 \cdot f_e \cdot \nu \cdot F \cdot \mathfrak{B}_{max} = 4 \cdot f_e \cdot \nu \cdot l \cdot y \cdot \mathfrak{B}_{max}.$$

Der elektrische Widerstand der Strombahn in absolutem Maß ist

$$dR = \frac{(l + 2y) \cdot \varrho \cdot (1 + \alpha \cdot \vartheta) \cdot 10^5}{b \cdot dy},$$

[1] R. Richter schlägt dafür (ETZ 1910 S. 1241) vor:

$$N_0 = a \cdot \mathfrak{B}_{max} + (b + c) \cdot \mathfrak{B}_{max}^2;$$

vgl. auch: Arch. Elektrotechn. Bd. 6 (1918) S. 437.

worin b die in der Richtung der Kraftlinien gemessene Breite und ϱ der spezifische Widerstand in Ohm bei 0° C für 1 m/qmm derselben ist (1 Ohm/m, qmm $= \frac{10^9}{10^2 \cdot 10^2} = 10^5$ abs. Einh/cm/qcm). Daraus rechnet sich unter Vernachlässigung von $2y$ gegenüber l der Leistungsverlust

$$dN_w = \frac{(dE)^2}{dR} = \frac{16 \cdot f_e^2 \cdot \nu^2 \cdot \mathfrak{B}_{max}^2 \cdot l \cdot b \cdot y^2 \cdot dy}{\varrho \cdot (1 + \alpha \cdot \vartheta) \cdot 10^5}$$

oder für das ganze Blech, wenn δ in mm gemessen ist,

$$N_w = \frac{16 \cdot f_e^2 \cdot \nu^2 \cdot \mathfrak{B}_{max}^2 \cdot l \cdot b}{\varrho \cdot (1 + \alpha \cdot \vartheta) \cdot 10^5} \cdot \int_{-\frac{\delta}{2}}^{+\frac{\delta}{2}} y^2 \cdot dy$$

$$= \frac{4}{3} \cdot \frac{f_e^2 \cdot \nu^2 \cdot \mathfrak{B}_{max}^2 \cdot l \cdot b \cdot \delta^3 \cdot 10^{-8}}{\varrho \cdot (1 + \alpha \cdot \vartheta)} \text{ Erg/sec.}$$

Die Wirbelstromverluste sind demnach proportional $(f_e \cdot \mathfrak{B}_{max})^2$. Setzt man noch für $l \cdot b \cdot \frac{\delta}{10}$ das Volumen V in ccm ein, so wird

$$N_w = \frac{4}{3} \cdot \frac{f_e^2 \cdot \delta^2 \cdot \nu^2}{\varrho \cdot (1 + \alpha \cdot \vartheta)} \cdot \mathfrak{B}_{max}^2 \cdot V \cdot 10^{-7} = \xi \cdot \nu^2 \cdot \mathfrak{B}_{max}^2 \cdot V \text{ Erg/sec}$$

$$= \boldsymbol{\xi \cdot \nu^2 \cdot \mathfrak{B}_{max}^2 \cdot V \cdot 10^{-7}} \textbf{ Watt,}$$

worin

$$\xi = \frac{4}{3} \cdot \frac{f_e^2}{\varrho \cdot (1 + \alpha \cdot \vartheta)} \cdot \delta^2 \cdot 10^{-7} \text{ Erg/sec für } \nu = 1 \text{ Hz und } \mathfrak{B}_{max} = 1 \text{ Gauß}$$

von der Temperatur ϑ der Bleche abhängig ist, wenn α den Temperaturkoeffizienten des Eisens bedeutet. Sind N_{w_1} und N_{w_2} die Verluste bei den Temperaturen ϑ_1 und ϑ_2, dann besteht zwischen ihnen die Beziehung:

$$\frac{N_{w_1}}{N_{w_2}} = \frac{\xi_1}{\xi_2} = \frac{1 + \alpha \cdot \vartheta_2}{1 + \alpha \cdot \vartheta_1}$$

oder

$$\boldsymbol{N_{w_1} = N_{w_2} \cdot \frac{1 + \alpha \cdot \vartheta_2}{1 + \alpha \cdot \vartheta_1}}.$$

Zur **Trennung der Eisenverluste** in Hysteresisverluste N_h und Wirbelstromverluste N_w nehmen wir für $\mathfrak{B}_{max} \approx 10000$ den Gesamtverlust N_{hw} bei verschiedener Periodenzahl ν und möglichst gleicher Temperatur ϑ auf. Bildet man nun $A = \frac{N_{hw}}{\nu}$ und stellt $f(A, \nu)$ zeichnerisch dar, so erhält man eine Gerade (Abb. 242).

Ist dagegen die Temperatur gestiegen, so biegt die Kurve mit höherer Periodenzahl allmählich von der Geraden nach unten ab, da N_w relativ kleiner wird als bei konstanter Temperatur. In diesem Fall legen wir durch die niedrigsten Punkte eine Gerade tangential zum Kurvenanfang.

Nun stellt für $\mathfrak{B}_{max}$ = konst der Quotient

$$A = \frac{N_{hw}}{\nu} = \frac{N_h}{\nu} + \frac{N_w}{\nu} = h + w \cdot \nu$$

die Gleichung einer Geraden dar, deren Ordinatenachsenabschnitt $h = \frac{N_h}{\nu}$, d. h. die Hysteresisverluste einer Periode angibt, da für $\nu = 0$ auch $\frac{N_w}{\nu} = 0$ sein muß. Darin ist

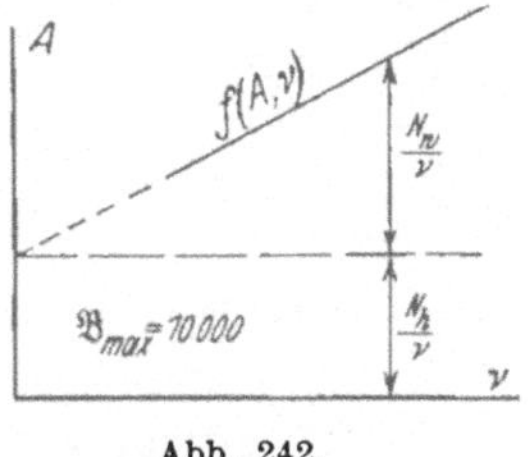

Abb. 242.

$$h = \eta_h \cdot \mathfrak{B}_{max}^{1,6} \cdot V \cdot 10^{-7} \text{ Watt/Hz} \quad \text{und} \quad w = \xi \cdot \mathfrak{B}_{max}^{2} \cdot V \cdot 10^{-7} \text{ Watt/Hz}$$

gesetzt, woraus η_h und ξ berechnet werden können.

Ein Beispiel möge diese Messung erläutern:

Für eine bestimmte Eisensorte ($\gamma = 7{,}61$ g/ccm) seien die in folgender Tabelle enthaltenen Werte bei konstanter Temperatur $\vartheta = 34^0$ C aufgenommen ($G = 100$ kg):

$\mathfrak{B}_{max}$	ν	E_k	J	N_e	$J^2 \cdot r$	N_{hw}	$A = \frac{N_{hw}}{\nu}$	
	50	113,10	2,61	82,8	1,70	81,10	8,42	
10000	40	90,65	2,58	60,7	1,65	59,05	7,66	W/Hz
	35	79,50	2,58	50,7	1,65	49,10	7,27	für
=	30	68,10	2,52	41,3	1,56	39,79	6,88	
konst	25	56,65	2,50	32,5	1,50	31,00	6,45	100 kg
	20	45,35	2,42	24,6	1,44	23,16	6,00	
beobachtet					berechnet			

Die aus den berechneten Werten gezeichnete Gerade $f(A, \nu)$ in Abb. 242 ergibt nun als Schnitt mit der Ordinatenachse

$$h = \frac{N_h}{\nu} = 4{,}38 \text{ W/Hz für 100 kg.}$$

Für $\nu = 50$ ist dann $w \cdot \nu = \frac{N_w}{\nu} = 8{,}42 - 4{,}38 = 4{,}04$ W/Hz und $w = 8{,}08 \cdot 10^{-2}$ für 100 kg.

Multiplizieren wir die Werte h und $w \cdot \nu$ mit den verschiedenen Periodenzahlen, so erhalten wir N_h und N_w, deren Abhängigkeit von der Periodenzahl bei der Temperatur $\vartheta = 34^0\,\mathrm{C}$ (Abb. 243) darstellt.

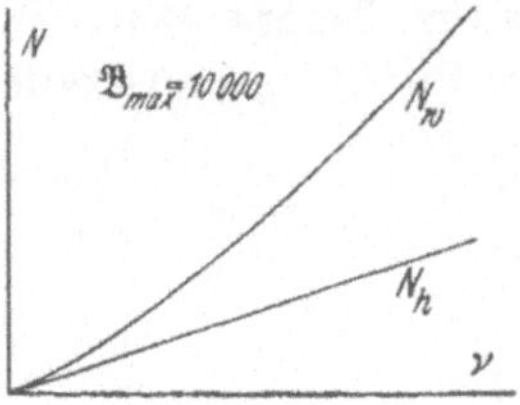

Abb. 243.

In derselben Weise kann man für mehrere Induktionen $\mathfrak{B}_{\max}$ verfahren und erhält eine Kurvenschar, aus welcher die Verluste (für 100 kg) für konstante Periodenzahl ν als Funktion der Induktion, nämlich $f(N_h, \mathfrak{B}_{\max})$ bzw. $f(N_w, \mathfrak{B}_{\max})$ entnommen werden können.

Dem Gewicht von 100 kg entspricht ein Volumen

$$V = \frac{G \cdot 1000}{\gamma}\,\mathrm{ccm} = \frac{100 \cdot 1000}{7{,}61} = 13\,160\ \mathrm{ccm},$$

woraus sich jetzt auch

$$\eta_h = \frac{h \cdot 10^7}{V \cdot \mathfrak{B}_{\max}^{1,6}} = \frac{4{,}38 \cdot 10^7}{13\,160 \cdot 10^{6,4}} = 1{,}33 \cdot 10^{-3} \quad \mathrm{Erg/ccm}$$

und
$$\xi = \frac{w \cdot 10^7}{V \cdot \mathfrak{B}_{\max}^2} = \frac{8{,}08 \cdot 10^{-2} \cdot 10^7}{13160 \cdot 10^8} = 6{,}22 \cdot 10^{-7}\ \mathrm{Erg/ccm}$$

bestimmen läßt.

Nach dieser Methode sei nun der Eisenverlust (S. 308) $N_0' = N_h + N_w' = 36{,}66\,\mathrm{W}$ in $N_h = 19{,}30\,\mathrm{W}$ und $N_w' = 17{,}36\,\mathrm{W}$ getrennt worden. Nun ist $N_w = N_w' \cdot \frac{1 + \alpha \cdot \vartheta'}{1 + \alpha \cdot \vartheta}$ und

$$N_0'' = N_h + N_w' \cdot \frac{1 + \alpha \cdot \vartheta'}{1 + \alpha \cdot \vartheta} = N_0' - N_w' + N_w' \cdot \frac{1 + \alpha \cdot \vartheta'}{1 + \alpha \cdot \vartheta}$$

oder
$$\boldsymbol{N_0'' = N_0' + N_w' \cdot \frac{\alpha \cdot (\vartheta' - \vartheta)}{1 + \alpha \cdot \vartheta}}.$$

Setzt man $\alpha = 4{,}5 \cdot 10^{-3}$ und $\vartheta = 20^0\,\mathrm{C}$, so erhält man

$$N_0'' = N_0' + 4{,}1 \cdot 10^{-3} \cdot N_w' \cdot (\vartheta' - 20) = 36{,}66 + 0{,}99 = 37{,}65\ \mathrm{W}$$
$$\text{und} \quad N_w = 18{,}35\ \mathrm{W}.$$

Somit ergibt sich die Verlustziffer

$$V_{10}'' = \frac{N_0''}{G} = \frac{37.65}{10{,}8} = 3{,}5\ \mathrm{W/kg} \quad \text{bei} \quad \vartheta = 20^0\,\mathrm{C}.$$

Eine zweite Korrektion ist dafür erforderlich, daß die Leistung N_1 für eine Induktion B_1 gemessen ist, während die wirkliche Leistung N_0 für eine Induktion $\mathfrak{B}$ ermittelt werden soll. Die Differenz $b = \mathfrak{B} - \mathfrak{B}_1$ ist jedoch klein, so daß man die wirkliche Leistung

$$N_0 = [\eta_h \cdot \nu \cdot (\mathfrak{B}_1 + b)^{1,6} + \xi \cdot \nu^2 \cdot (\mathfrak{B}_1 + b)^2] \cdot V \cdot 10^{-7}$$

oder

$$N_0 = \left[\eta_h \cdot \nu \cdot \mathfrak{B}_1^{1,6} \cdot \left(1 + \frac{b}{\mathfrak{B}_1}\right)^{1,6} + \xi \cdot \nu^2 \cdot \mathfrak{B}_1^2 \cdot \left(1 + \frac{b}{\mathfrak{B}_1}\right)^2\right] \cdot V \cdot 10^{-7}$$

nach dem Binomialsatz entwickeln kann und unter alleiniger Berücksichtigung der linearen Glieder

$$N_0 = \left(\eta_h \cdot \nu \cdot \mathfrak{B}_1^{1,6} + \xi \cdot \nu^2 \cdot \mathfrak{B}_1^2 + 1{,}6 \frac{b}{\mathfrak{B}_1} \cdot \eta_h \cdot \nu \cdot \mathfrak{B}_1^{1,6} + 2 \frac{b}{\mathfrak{B}_1} \cdot \xi \cdot \nu^2 \cdot \mathfrak{B}_1^2\right) \cdot V \cdot 10^{-7}$$

erhält. Die beiden ersten Glieder entsprechen N_1, das dritte und vierte sind die Korrektionsglieder. Es ist demnach

$$\boldsymbol{N_0 = N_{h_1} \cdot \left(1 + 1{,}6 \cdot \frac{b}{\mathfrak{B}_1}\right) + N_{w_1} \cdot \left(1 + \frac{2b}{\mathfrak{B}_1}\right)}.$$

In unserem Beispiel war $\mathfrak{B}_1 = 9920$ Gauß, somit $b = 80$ und

$$N_0 = 19{,}3 \cdot \left(1 + 1{,}6 \cdot \frac{8}{992}\right) + 18{,}35 \cdot \left(1 + 2 \cdot \frac{8}{992}\right)$$

oder $$N_0 = 19{,}55 + 18{,}65 = 38{,}20 \text{ W},$$

woraus folgt:

$$V_{10} = \frac{N_0}{G} = \frac{38{,}20}{10{,}8} = 3{,}54 \text{ W/kg} \quad \text{für} \quad \mathfrak{B} = 10000 \text{ Gauß.}$$

Eine Änderung der Periodenzahl ν in ν_1 bei $\mathfrak{B}_{\max} = $ konst ergibt eine gemessene Leistung $N_1 = N_{h_1} + N_{w_1}$. Da nun $N_h = \frac{\nu}{\nu_1} \cdot N_{h_1}$ und $N_w = \left(\frac{\nu}{\nu_1}\right)^2 \cdot N_{w_1}$ ist, so ergibt sich der zu ν gehörende Leistungsverbrauch

$$\boldsymbol{N_h + N_w = N_0 = \frac{\nu}{\nu_1} \cdot N_{h_1} + \left(\frac{\nu}{\nu_1}\right)^2 \cdot N_{w_1}}.$$

Eine Änderung des Formfaktors f_e erfordert folgende Korrektion: Da nach früherem $N_w = c \cdot f_e^2$ war und $N_w = N_{w_1} \cdot \left(\frac{f_e}{f_{e_1}}\right)^2$,

so wird $$\boldsymbol{N_0 = N_{h_1} + N_{w_1} \cdot \left(\frac{f_e}{f_{e_1}}\right)^2},$$

wenn man N_{w_1} für f_{e_1} ermittelt hat.

In unserem Beispiel ist nun $f_{e_1} = 1{,}13$ statt $f_e = 1{,}11$ für Sinusform. Somit erhält man

$$N_0 = 19{,}55 + 18{,}65 \cdot \left(\frac{1{,}11}{1{,}13}\right)^2 = 19{,}55 + 18{,}0 = 37{,}55 \text{ W}$$

und $$V_{10} = \frac{37{,}55}{10{,}8} = 3{,}47 \text{ W/kg für } \vartheta = 20^0 \text{ C}; \ \mathfrak{B} = 10000 \text{ G}; \ f_e = 1{,}11.$$

Eine Änderung des Formfaktors um +1,8% ruft nun eine Änderung der Verlustziffer um ÷2% hervor. Es ist daher möglichst eine Sinuslinie als Spannungskurve bei den Untersuchungen anzustreben. Aus diesem Grunde sind im Hauptstromkreise die Spannungsabfälle klein zu halten. Nach Untersuchungen am Epstein-Apparat durch Goltze[1] übt dabei die Stromspule des dynamometrischen Leistungsmessers einen großen Einfluß auf den Formfaktor aus. Um daher diesen Fehler zu beseitigen, empfiehlt es sich, zur Spannungs- und Leistungsmessung Quadrantenelektrometer zu verwenden, wie Schmiedel[2] gezeigt hat.

Da nach den Verbandsvorschriften auch die Magnetisierbarkeit des Eisens als $f(\mathfrak{B}, \mathfrak{H})$ geprüft werden soll, hat Epstein[3] außer einer Unterteilung der Magnetisierungsspule noch eine Hilfswicklung über den Eisenbündeln angebracht, die dazu dient, mit Hilfe eines ballistischen Galvanometers bei Gleichstromerregung die statische Magnetisierungskurve aufzunehmen. Gegen die Unterteilung wenden sich E. Gumlich und W. Rogowski[4] und zeigen an einer neuen Anordnung[5], daß es durch Einbau von flachen Hilfsspulen zwischen Magnetisierungsspule und Eisen möglich ist, die in der Mitte der Eisenbündel herrschende Feldstärke in ähnlicher Weise wie bei der Isthmusmethode (S. 288) zu bestimmen und damit eine absolute Messung der Permeabilität zu erzielen. Versuche von Goltze[6] an einem von der AEG gebauten Apparat haben die Einfachheit dieser Methode dargetan.

Zur Messung der wahren Remanenz und Koerzitivkraft sind ferner einige Methoden von W. Steinhaus[7] angegeben, mit denen man auch die Güteziffer von Hufeisenmagneten bestimmen kann.

Durch Erweiterung der Methode zur Vergleichung von Koeffizienten der gegenseitigen Induktion (S. 206, Abb. 169) hat Longhuyzen[8] eine ballistische Nullmethode zur Bestimmung der Permeabilität des Eisens mit Hilfe einer Normalprobe von

---

[1] ETZ 1913 S. 967. [2] ETZ 1912 S. 370.
[3] ETZ 1911 S. 334, 363. [4] ETZ 1911 S. 613, 1314.
[5] ETZ 1912 S. 262, 1180; 1913 S. 146, 147.
[6] Arch. Elektrotechn. 1913 S. 148; ETZ 1914 S. 474.
[7] Z. techn. Physik 1926 S. 492. [8] ETZ 1911 S. 1131.

bekannten Eigenschaften erhalten. Um nun bei der Ermittlung der Verlustziffer schwierige Umrechnungen zu vermeiden und dadurch den Apparat auch für ungeschulte Arbeiter geeignet zu machen, wurde ein besonders gebauter Differentialleistungsmesser bei dem neuen Apparat von S & H verwendet[1]. Damit erzielt diese Messung eine große Genauigkeit, Einfachheit und Schnelligkeit.

Untersuchungen über die dabei unter Umständen auftretenden Fehler und dafür anzuwendende Korrektionen sind von F. Wever und H. Lange[2] gemacht worden.

Ähnlich ist eine von Angermann[3] angegebene Methode.

Zur Untersuchung fertiger Eisenkörper, z. B. gestanzter Blechringe, eignet sich der von J. Möllinger[4] angegebene Apparat. Will man die Eigenschaften von Eisenblechen untersuchen, ohne die Blechtafeln zu zerschneiden, so kann man den von R. Richter[5] konstruierten Apparat benutzen. Vergleichende Versuche mit diesen drei Apparaten sind von E. Gumlich und Rose[6] in der PTR gemacht und nur geringe Abweichungen in den Angaben derselben gefunden worden. Ebenso ist von ihnen[7] das Verhältnis der Magnetisierung mit Gleich- und Wechselstrom eingehend geprüft worden.

Durch Vergleich der Selbstinduktion einer den Eisenkörper enthaltenden Spule mit einer bekannten Selbstinduktion mittels Differentialtransformators bestimmt Hund[8] die Induktion und Magnetisierungskurve.

Bei Maschinen und Transformatoren wird die Messung der Verluste mit Leistungsmessern wegen der großen Phasenverschiebung φ_0 ungenau (ca. 5% Fehler). In diesem Fall verwendet man mit Vorteil die Brückenschaltung von Maxwell (s. I, 44 [Goldstein]).

13. Aufnahme charakteristischer Kurven des Eisens mit Wechselstrom.

Diese Messung läßt sich im Anschluß an die in Nr. 12 angegebene Eisenprüfung vornehmen, so daß man die Schaltung

[1] ETZ 1912 S. 531. [2] Arch. Elektrotechn. Bd. 22 (1929) S. 509.
[3] ETZ 1912 S. 631, 669. [4] ETZ 1901 S. 379.
[5] ETZ 1902 S. 491; 1903 S. 341. [6] ETZ 1905 S. 403.
[7] ETZ 1905 S. 503; Wiss. Abh. physik.-techn. Reichsanst. 1905 S. 207.
[8] Elektrotechn. u. Maschinenb. 1917 S. 53; ETZ 1919 S. 22.

Abb. 238 beibehalten kann. Dazu ist noch vor den Apparat ein induktionsfreier Widerstand R vorzuschalten, der in Verbindung mit einem Kontaktapparat (IV, 18) auch die Stromkurve $f(J_{0_t}, t)$ neben der Kurve der Klemmenspannung $f(E_{k_t}, t)$ aufzunehmen gestattet. (R darf nicht zu groß sein, da sonst die Kurvenform verändert wird.)

Beide Kurven seien in Abb. 244 dargestellt. Multipliziert man die Augenblickswerte J_{0_t} mit dem Widerstande r der Magne-

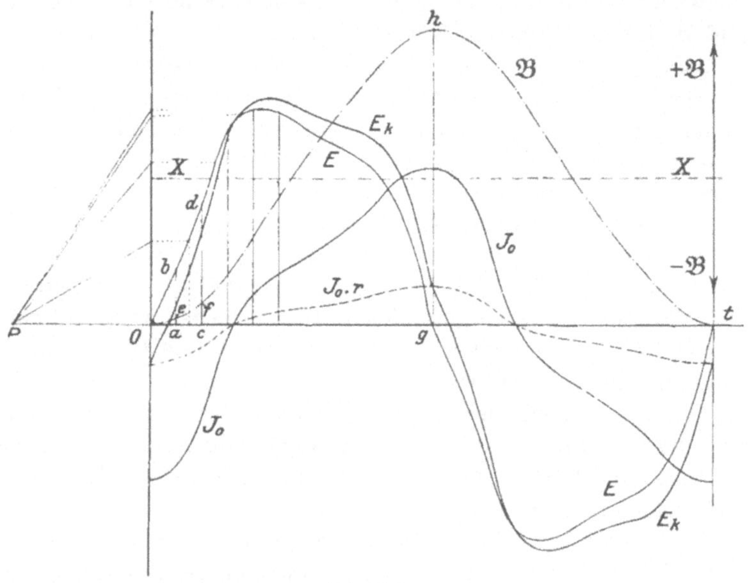

Abb. 244.

tisierungsspule, so erhält man die Kurve des Spannungsverlusts $f(J_{0_t} \cdot r, t)$ im Maßstabe von E_k, deren Ordinaten von denjenigen der $f(E_{k_t}, t)$ abgezogen werden. Dadurch findet man die EMK-Kurve $f(E_t, t)$, aus deren Verlauf die Kurve der Induktion $f(\mathfrak{B}_t, t)$ folgendermaßen erhalten wird. Nach dem Faraday-Maxwellschen Induktionsgesetz ergibt sich für unsere Versuchsanordnung die Gleichung:

$$\int_0^{\frac{T}{2}} E_t \cdot dt = w \cdot v \cdot F \cdot 10^{-8} \cdot \int_{-\mathfrak{B}_{max}}^{+\mathfrak{B}_{max}} d\mathfrak{B} = w \cdot v \cdot F \cdot 10^{-8} \cdot 2\,\mathfrak{B}_{max}\,.$$

Es ist demnach die Induktionskurve die Integralkurve der $f(E_t, t)$. Setzt man den Flächeninhalt der EMK-Kurve für ½ Periode gleich F_E qcm, so wird

$$c \cdot F_E = w \cdot v \cdot F \cdot 10^{-8} \cdot 2 \cdot \mathfrak{B}_{\max}$$

oder
$$\mathfrak{B}_{\max} = \frac{c \cdot F_E \cdot 10^8}{2 \cdot w \cdot v \cdot F}\,\text{Gauß} = \frac{c \cdot F_E}{2 \cdot w \cdot v \cdot F}\,\text{Voltsec/qcm},$$

da 1 Gauß $= 10^{-8}$ Voltsec/cm² ist[1]. Darin ist c in Voltsec/cm² als Maßstabsfaktor aus den Maßstäben für E_t und t zu ermitteln (vgl. S. 271).

Die Integration kann nun mittels Integraphen oder zeichnerisch[2] ausgeführt werden, indem man auf der Abszisse einen beliebigen Pol P annimmt und die Fläche durch die Ordinaten ab, cd usw. in schmale Streifen zerlegt. Dann zieht man von P Strahlen zu den auf die Ordinatenachse projizierten Endpunkten der mittleren Ordinate eines jeden Streifens und dazu die Parallelen oe, ef usw. Legt man durch diesen Linienzug eine stetig verlaufende Kurve, so stellt diese $f(\mathfrak{B}_t, t)$ dar. Die größte Ordinate gh ist ein Maß für den Flächeninhalt F_E der EMK-Kurve, und zwar ist

$$F_E = gh \cdot PO.$$

Daraus ergibt sich nun

$$\mathfrak{B}_{\max} = \frac{c \cdot gh \cdot PO \cdot 10^8}{2\,w \cdot v \cdot F},$$

womit auch der Maßstab für die Ordinaten der $f(\mathfrak{B}_t, t)$ bestimmt ist. Trägt man die zu gleichen Zeiten t gehörenden Ordinaten von J_{0_t} als Abszissen, $\mathfrak{B}_t$ (gemessen von einer durch die Mitte von gh gehenden Linie xx) als Ordinaten in ein rechtwinkliges Koordinatensystem ein, so erhält man als Kurve eine dynamische Hysteresisschleife.

Der Inhalt der Schleife stellt den Wert

$$\int_{-J_{0\max}}^{+J_{0\max}} d\mathfrak{B} \cdot J_{0_t} = \int_{-J_{0\max}}^{+J_{0\max}} E_t \cdot dt \cdot J_{0_t} = A$$

dar, d. h. die bei einer Ummagnetisierung vom Strom J_0 bei der Spannung E geleistete Arbeit durch Hysteresis und Wirbelströme. Gegenüber den statischen Hysteresisschleifen sind diese Kurven

[1] Linker, A.: Prakt. El.-Lehre, S. 125.

[2] Integrant von Naatz. Z. VDI 1919 S. 826. Kartesische und Polarintegraphen behandelt das Buch: E. Pascal: I miei integrafi per equazioni differenziali.

etwas verbreitert und an den Spitzen abgerundet, da wegen der Wirbelstromdämpfung die Induktion $\mathfrak{B}$ bei ansteigendem Strom relativ kleiner, bei sinkendem Strom größer ist. In gleicher Weise nimmt man mehrere solcher Schleifen auf.

Um daraus die dynamische Magnetisierungskurve zu erhalten, müssen wir berücksichtigen, daß sie die Abhängigkeit der Eiseninduktion $\mathfrak{B}_{max}$ von der Feldstärke $\mathfrak{H}$ darstellt. Nun ist

$$\mathfrak{H} = J_{0_s} \cdot \frac{w}{l},$$

worin $$J_{0_s} = J_0 \cdot \sin\varphi_0 = \frac{J_{0\,max}}{s_i} \cdot \sin\varphi_0 = \sqrt{J_0^2 - \frac{N_0}{E_k}}$$

die zur Magnetisierung erforderliche Komponente des Stromes J_0 (Abb. 239) mit dem Scheitelfaktor s_i ist und sich aus den Kurven- und Leistungsaufnahmen bestimmen läßt.

Zu den Feldstärken $\mathfrak{H}$ als Abszissen trägt man nun als Ordinaten die zu den Spitzen der Schleifen gehörigen Werte von $\mathfrak{B}_{max}$ auf (in Wirklichkeit fällt J_{0max} mit $\mathfrak{B}_{max}$ nicht ganz zusammen) und erhält daraus durch stetige Verbindung der Punkte die dynamische Magnetisierungskurve. Die Induktion $\mathfrak{B}_{max}$ kann man auch aus der in einer auf den Eisenkörper gewickelten Sekundärspule induzierten EMK E_2 ermitteln, deren Klemmenspannung E_{k_2} gemessen wird. Es ist dann

$$E_2 \approx E_{k_2} + \frac{E_{k_2}}{R_{s_2}} \cdot r_2 .$$

Darin bedeuten R_{s_2} den Widerstand des Spannungsmessers und r_2 den Widerstand der Sekundärspule.

Die auf diese Weise aufgenommenen Magnetisierungskurven können bis zu 70% von der statischen Kurve abweichen, wie O. S. Bragstad und Liska[1] in einem Aufsatz gezeigt haben, in welchem sie außerdem eine Methode zur Bestimmung der Magnetisierungskurve für die Grundwelle und die höheren Harmonischen aus der dynamischen Kurve angeben. Zur Eisenprüfung bei Hochfrequenz bis 200000 Hz sind einige Methoden von Alexanderson[2] und P. Glebow[3] angegeben.

H. Seydel[4] verwendet bei $\nu = 10$ kHz eine Braunsche Röhre. Eine Verbesserung dieser auch schon von anderer Seite

[1] ETZ 1908 S. 713; 1911 S. 611. [2] ETZ 1911 S. 1078.
[3] ETZ 1931 S. 205. [4] ETZ 1927 S. 1849.

angewandten Methode geben K. Krüger und H. Plendl[1]. J. B. Johnson[2] benutzt zur Aufnahme von Hysteresisschleifen mit Wechselstrom eine Braunsche Röhre in Form eines Kathodenstrahl-Oszillographen in Verbindung mit einem Röhrenverstärker, wobei man mit einem Fehler von etwa 4% rechnen kann.

14. Aufnahme von Feldverteilungskurven elektrischer Maschinen (Poldiagramm).

Die Feldverteilungskurven $f(\mathfrak{B}, \alpha)$ stellen die Abhängigkeit der Induktion $\mathfrak{B}$ in der Nähe der Ankeroberfläche von dem Bogen α des Ankerumfanges dar. Man benutzt dazu Methoden, mit denen man die Induktion $\mathfrak{B}$ bestimmen kann.

a) Mit der Wismutspirale (vgl. S. 296).

Man befestigt die Spirale an einem beweglichen Arm, der an einer in Grad geteilten Scheibe entlang parallel zur Achse der Maschine bewegt werden kann, und führt die Spirale bei stillstehender und normal erregter Maschine in den Luftspalt zwischen Anker und Polschuh ein. Die für die verschiedenen Stellungen bzw. Drehwinkel α aus der Eichkurve der Spirale ermittelten Werte von $\mathfrak{B}_0$ stellt man nun in Abhängigkeit von α dar, wie Abb. 245 zeigt. Außerdem wird die Lage der Pole in demselben Maß bestimmt und mit der Bürstenstellung und Drehrichtung des Ankers in das Diagramm eingetragen. In gleicher Weise läßt sich die Kurve für das Ankerfeld $f(\mathfrak{B}_a, \alpha)$ allein aufnehmen, wenn man bei unerregtem Felde den der betreffenden Belastung entsprechenden Strom J_a durch den stillstehenden Anker leitet. (Bei selbsterregten Nebenschlußmaschinen ist $J_a = J + J_n$.) Will

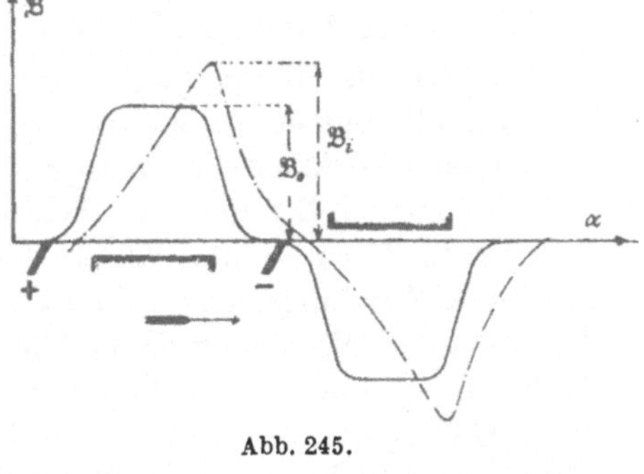

Abb. 245.

[1] Arch. Elektrotechn. Bd. 17 (1927) S. 416; Jb. drahtl. Tel. Bd. 27 S. 155; ETZ 1927 S. 1531.

[2] Bell Syst. techn. J. Bd. 8 S. 286; ETZ 1930 S. 1276.

man ferner die Feldverteilung für den normalen Betrieb mit belastetem Anker ermitteln, so kann man die Ordinaten $\mathfrak{B}_0$ und $\mathfrak{B}_a$ der beiden Kurven addieren oder auch die Feldkurve bei Belastung $f(\mathfrak{B}_i, \alpha)$ (gestrichelt) experimentell aufnehmen, indem man den Anker bei voller Erregung festklemmt und ihm nur eine Spannung gleich dem Spannungsverlust E_{v_a} im Anker liefert, die den betreffenden Strom im Anker bei Stillstand erzeugt.

Bei der Messung ist möglichst die Temperatur einzuhalten, für welche die Spirale geeicht ist.

b) Mittels schmaler Prüfspule.

Auch hierbei muß die Maschine still stehen. Die Methode hat ebenso wie die unter a) angegebene den Vorteil, daß man die Untersuchungen auch für Bürstenstellungen ausführen kann, bei denen die Maschine sonst feuern würde. Man befestigt an dem beweglichen Arm eine schmale ⊔-förmige Messingschiene als Führung für eine darin befindliche schmale (ca. 5—8 mm) Prüfspule von der Länge des Ankers.

Schließt man die Spule an ein geeichtes ballistisches Galvanometer und zieht sie schnell aus dem Luftspalt heraus, dann ist die ballistische Ablenkung s ein Maß für die in dem von der Spule umschlungenen Streifen des Feldes herrschende mittlere Induktion $\mathfrak{B}$. Der absolute Wert läßt sich bei bekannter Windungszahl und Windungsfläche ebenfalls berechnen. In gleicher Weise kann man die Messung des von dem Ankerstrom erzeugten Ankerfeldes ohne und mit voller Erregung durchführen. Morphy und Oschwald[1] bestimmen in ähnlicher Weise die relative Dichte und Richtung des Feldes mittels schmaler Prüfspule.

Will man den Einfluß des remanenten Feldes auf das bei unerregter Magnetwicklung vorhandene Ankerfeld beseitigen, so muß man bei stromlosem Anker ohne Felderregung die Kurve des remanenten Feldes $f(B_r, \alpha)$ aufnehmen und die Ordinaten von denen der $f(\mathfrak{B}_a, \alpha)$ abziehen. Anstatt die Spule aus dem Felde herauszuziehen, kann man sie bei größeren Lufträumen auch um ihre Achse um 180^0 umlegen, wobei die doppelte Ablenkung $2s$ sich ergibt.

---

[1] Electrician 1912 S. 583; ETZ 1912 S. 462.

c) Mit zwei verschiebbaren Hilfsbürsten.

Zwei dünne schmale Bürsten möglichst aus hartem Kupferblech (zur Vermeidung von Thermo-EMKen) sind auf einem beweglichen Arm befestigt, der wie bei a) und b) an einer Scheibe mit Gradeinteilung verschiebbar ist. Die beiden Bürsten (Abb. 246) *b*, *b* sind über einen Umschalter *U* mit einem Spannungsmesser *e* verbunden.

Die Entfernung zwischen den Bürsten ist so zu wählen, daß sie die gleichliegenden Kanten derjenigen Lamellen berühren, die um den Kommutatorschritt y_k gegeneinander verschoben sind. Der Schritt y_k oder die Entfernung zwischen den Kommutatorlamellen, welche eine Spule begrenzen, ist entsprechend der Schaltung verschieden. Wenn man nun für Schleifen- und Spiralwicklungen die Hilfsbürsten um eine bzw. *m* (für *m*-fache Parallelschaltung) Lamellenbreiten gegeneinander verschoben einstellen muß, so ist bei Wellenwicklungen, bei denen eine Spule zwischen y_k Lamellen oder *p* Spulen zwischen *a* Lamellen liegen und das Verhältnis $\frac{p}{a}$ (2*p* Pole, 2*a* Ankerzweige) eine ganze Zahl ist, die Spannung zwischen y_k (angenähert auch zwischen benachbarten) Lamellen zu messen, dagegen beträgt die Entfernung der Hilfsbürsten, wenn $\frac{p}{a}$ ein Bruch ist, *a* Lamellen. Im letzteren Fall mißt man jedoch den Mittelwert aller Komponenten des Feldes, welches von *p* Spulen umschlossen wird, die außerdem vor verschiedenen Polen liegen, so daß man die mittlere Feldstärke von *p* Polen erhält. Läßt man jetzt die Maschine mit normaler und konstanter Erregung laufen, so werden die einzelnen Ankerspulen entsprechend ihrer Stellung α (bezogen auf irgendeine Anfangslage) zum Feld verschieden große EMKe aufweisen, von denen aber nur die mit den Bürsten verbundenen auf den Spannungsmesser einwirken können. Derselbe zeigt dann eine Ablenkung, welche beim Verlassen der in diesem Augenblick wirksamen Spule von der EMK der nächstfolgenden aufrechterhalten wird. Dreht man den Arm mit den Bürsten um ein Stück weiter, so erhält man die EMK

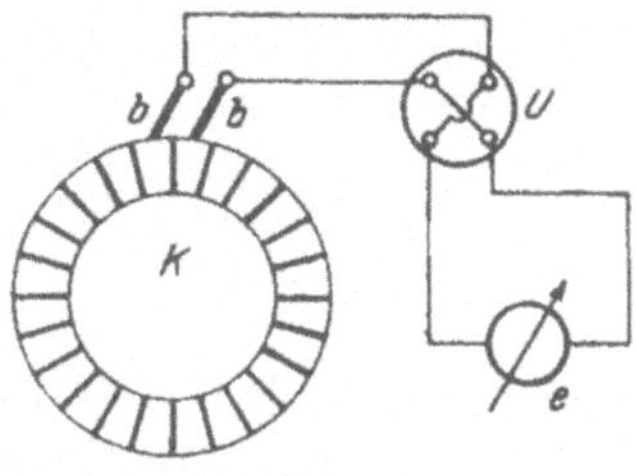

Abb. 246.

für eine andere Stellung α der Spule im Felde. Durch Darstellung der abgelesenen Werte e als Funktion von α erhält man die Kurven der Verteilung des Feldes im Spannungsmaßstab für Leerlauf. In derselben Weise werden auch noch Kurven bei verschiedenem Belastungsstrome aufgenommen. Da die Spule Strom führt, so ist zur gemessenen Spannung noch der in ihr auftretende positive oder negative Spannungsverlust zu addieren, je nachdem Strom und induzierte EMK der betreffenden Ankerspule gleiche oder entgegengesetzte Richtung haben.

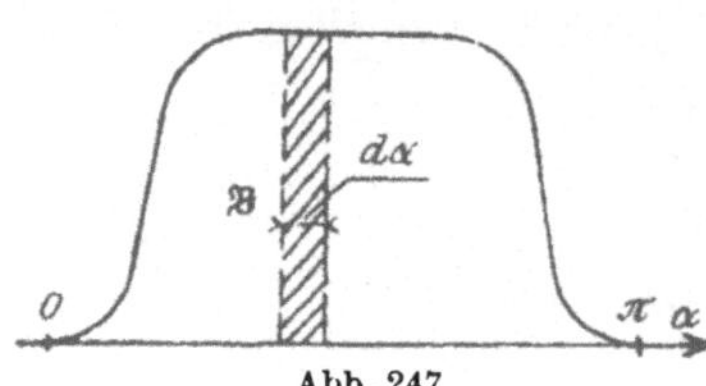

Abb. 247.

Es ist die von der Kurve eingeschlossene Fläche ein Maß für den gesamten Kraftfluß $\mathfrak{N}$ eines Pols.

Für einen schmalen Streifen (Abb. 247) von der Breite $d\alpha$ und der Höhe $\mathfrak{B}$ ist der Inhalt desselben $\mathfrak{B} \cdot d\alpha$ der Kraftfluß, welcher für 1 cm Ankerlänge und den Winkel $d\alpha$ in den Anker eintritt. Für die Ankerlänge l ist dann

$$l \cdot \mathfrak{B} \cdot d\alpha = d\mathfrak{N}$$

die zum Winkel $d\alpha$ gehörige Linienzahl, und für eine Polteilung ist, bezogen auf eine zweipolige Maschine,

$$\int_0^\pi l \cdot \mathfrak{B} \cdot d\alpha = \int_0^{\mathfrak{N}} d\mathfrak{N} = \mathfrak{N} \text{ Maxwell}$$

der von einem Pol in den Anker eintretende Kraftfluß. Zieht man l als Konstante vor das Integralzeichen, so stellt $\int_0^\pi \mathfrak{B} \cdot d\alpha$ den Inhalt F der Kurvenfläche dar, folglich ist $\mathfrak{N} = l \cdot F$. Die Fläche ist also ein Maß für $\mathfrak{N}$.

Um den Einfluß der Quermagnetisierung allein festzustellen, muß man die Wirkung der Entmagnetisierung beseitigen, indem man die Erregung für Belastung so weit vergrößert, daß die im Anker induzierte EMK E_a' gleich der bei Leerlauf auftretenden E_a ist, d. h. es muß

$$E_k = E_a \mp J_a \cdot (R_a + R_u) = c \mp J_a \cdot (R_a + R_u)$$

sein, worin das $+$-Zeichen für einen Motor gilt und R_a den Ankerwiderstand, R_u den Übergangswiderstand zwischen Kommutator und Bürsten bedeutet.

Im allgemeinen ist es nicht notwendig, die Kurven im Induktionsmaßstab zu zeichnen, da für manche Zwecke (z. B. Wirkungsgrad) nur das Verhältnis $\frac{\mathfrak{B}_i}{\mathfrak{B}_0}$, welches gleich $\frac{e_i}{e_0}$ ist, in Frage kommt.

Will man die Kurven nicht relativ, sondern absolut als $f(\mathfrak{B}, \alpha)$ bestimmen, so muß man bei der Aufnahme berücksichtigen, daß das Instrument nicht die wirkliche EMK e, sondern einen etwas kleineren Wert e' angibt. Dieser Fehler ist zwar sehr geringfügig, kann aber bei dicken Isolationsschichten zwischen den Kommutatorlamellen und niedriger Drehzahl von Einfluß sein, und zwar rührt er davon her, daß entweder bei größerer Auflagefläche der Hilfsbürsten die induzierte Spule zeitweise kurzgeschlossen oder, wenn das bei schmalen Bürsten nicht der Fall sein sollte, der Stromkreis des Instruments für kurze Zeit unterbrochen wird, so daß der Spannungsmesser nicht einen kontinuierlichen Gleichstrom erhält, für den er geeicht ist, sondern einen pulsierenden, dessen Mittelwert e' vom Instrument angezeigt wird. Zur Vermeidung dieses Fehlers eicht man vorher den Spannungsmesser für die betreffende Unterbrechungszahl, indem man (Abb. 248) parallel zu den beiden Punkten ab, deren Spannung e bekannt und beliebig regulierbar ist, den Spannungsmesser e' in Reihe mit den Hilfsbürsten anlegt, und die zu verschiedenen Werten von e abgelesenen Spannungen e' zeichnerisch darstellt. Damit außerdem die infolge von Remanenz in den Ankerspulen induzierten EMKe die Angaben nicht beeinflussen, wird das Feld so weit in entgegengesetzter Richtung erregt, daß ein an den Hauptbürsten liegender Spannungsmesser E keine Ablenkung zeigt.

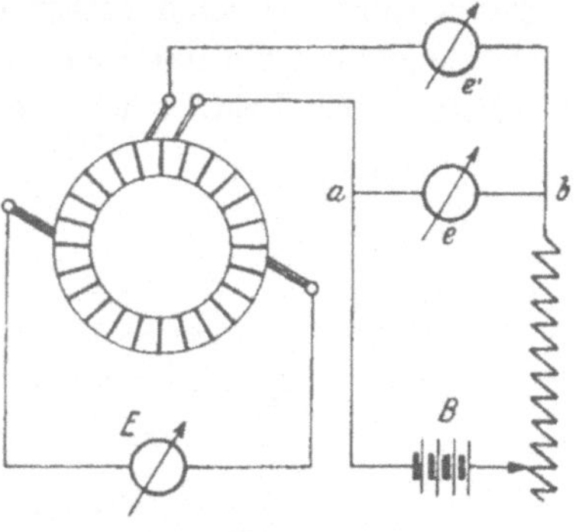

Abb. 248.

Diese Methode ist jedoch nur in dem einzigen Falle zur genauen Aufnahme der Feldstärke verwendbar, wenn der Anker Durchmesserwicklung hat, d. h. die Spulenweite gleich der Polteilung ist. Bei Sehnenwicklungen mit stark verkürztem Schritt ist daher nur eine relative Messung des Feldes möglich.

d) Mit rotierender Hilfsspule.

Für genaue Messungen empfiehlt es sich, eine Hilfsspule von der Weite einer Polteilung und einigen Windungen um den Anker zu wickeln und die Enden zu zwei Schleifringen zu führen. Für die in verschiedenen Stellungen der Spule zum Feld auftretende EMK können die Augenblickswerte dann durch einen drehbaren Kontaktgeber (Joubertsche Scheibe) und ein ballistisches Galvanometer aufgenommen werden (IV, 18a).

Auch der Verlauf des Ankerfeldes allein kann auf diese Weise genau festgestellt werden, indem man dazu den vom normalen Strom durchflossenen Anker bei unerregtem Feld rotieren läßt. Der Anker erzeugt dann ein zu dem Magnetfeld senkrechtes, aber stillstehendes Feld, welches die Ankerleiter bzw. die Hilfsspule

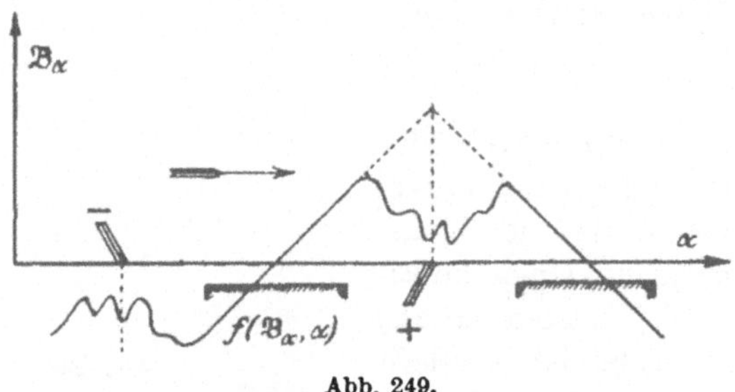

Abb. 249.

schneidet und daher in ihnen eine EMK induziert. Die absoluten Werte von e bzw. $\mathfrak{B}$ können nach Abb. 248 durch Eichung ermittelt werden. Das Diagramm $f(\mathfrak{B}_a, \alpha)$ dieses Feldes (Abb. 249) zeigt um die neutrale Zone bzw. Bürstenlage herum einen zackigen Verlauf, der von dem Einfluß der kurzgeschlossenen bzw. aus dem Kurzschluß austretenden Spule herrührt.

Will man den Einfluß der Quermagnetisierung auf das Feld allein feststellen, so ist die Wirkung der Entmagnetisierung in der unter c) angegebenen Weise aufzuheben.

e) Mittels des Oszillographen.

Die unter *d* angegebene Hilfsspule läßt man auf eine Meßschleife eines Oszillographen (IV, 18b) einwirken. Zur Einstellung der Ablenkung des schwingenden Spiegels dient ein Vorschaltwiderstand. Den Maßstab der Ordinaten erhält man, indem man durch Umschalten auf eine bekannte Spannung E bei unveränderlichem Widerstand der Meßleitung eine zur Abszisse parallele Linie aufzeichnen läßt.

f) Aus der Potentialkurve des Kommutators.

Nimmt man die Potentialdifferenz e_1 zwischen einer feststehenden Hauptbürste und verschiedenen Punkten des Kommutators nach Abb. 250 auf, indem man den Spannungsmesser zwischen eine Hauptbürste (—) und eine Hilfsbürste legt, so ergibt die zeichnerische Darstellung eine Kurve, die man als **Potentialkurve** des Kommutators $f(e_1, \alpha)$ bezeichnet (Abb. 251).

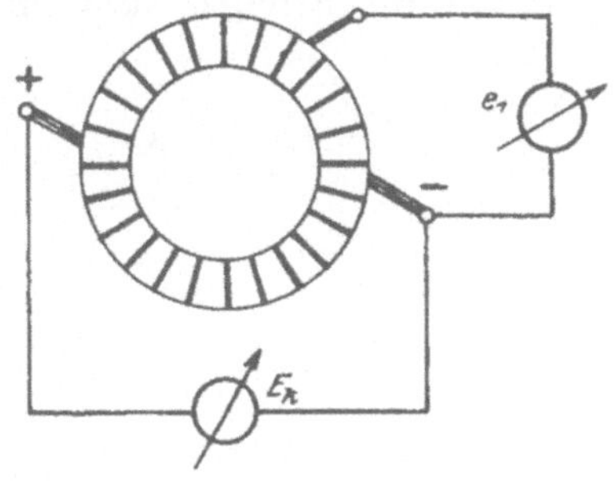

Abb. 250.

Die Differenz zwischen dem Höchst- und Niedrigstwert der Kurve ist gleich der Klemmenspannung E_k. Die Belastungskurve ist bei einem Generator in der Drehrichtung, beim Motor entgegengesetzt derselben verschoben. Die Verschiebung rührt von der Ankerrückwirkung des Ankerstromes her.

Die Ordinaten der Kurve stellen sich dar als die Summe aller Einzelpotentiale e_k des Kommutators zwischen der Haupt-

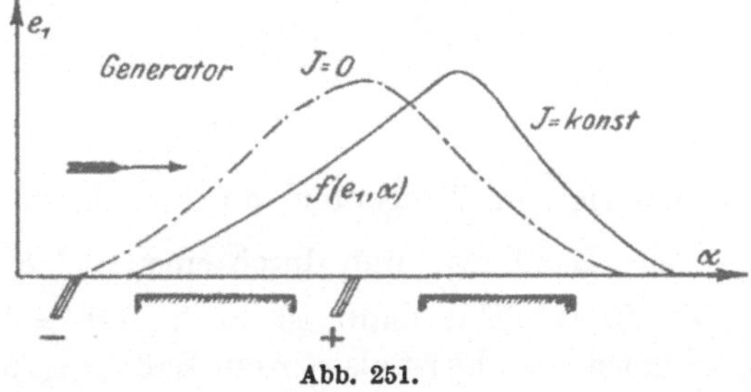

Abb. 251.

bürste und dem zu der betreffenden Ordinate gehörenden Punkt des Kommutators. Stellt man die Einzelpotentiale als Funktion des Kommutatorumfanges α zeichnerisch dar, so erhält man die sogenannte **Kommutatorkurve** $f(e_k, \alpha)$ (Abb. 252). Da nun $e_1 = \sum_0^\alpha e_k$

oder für unendlich kleine Winkel α auch $e_1 = \int_0^\alpha e_k \cdot d\alpha$ gesetzt werden kann, so ist $e_k = \frac{d e_1}{d\alpha}$ und die Kurve $f(e_k, \alpha) = f\left(\frac{d e_1}{d\alpha}, \alpha\right)$. Die Kommutatorkurve ist demnach die Differentialkurve der Potentialkurve und läßt sich aus ihr nach folgender geometrischen Methode ableiten (Abb. 252), welche die Umkehrung der in Abb. 244 angegebenen ist. Man teilt die Fläche in schmale, senkrechte Streifen, legt in den Ordinatenendpunkten $abil$

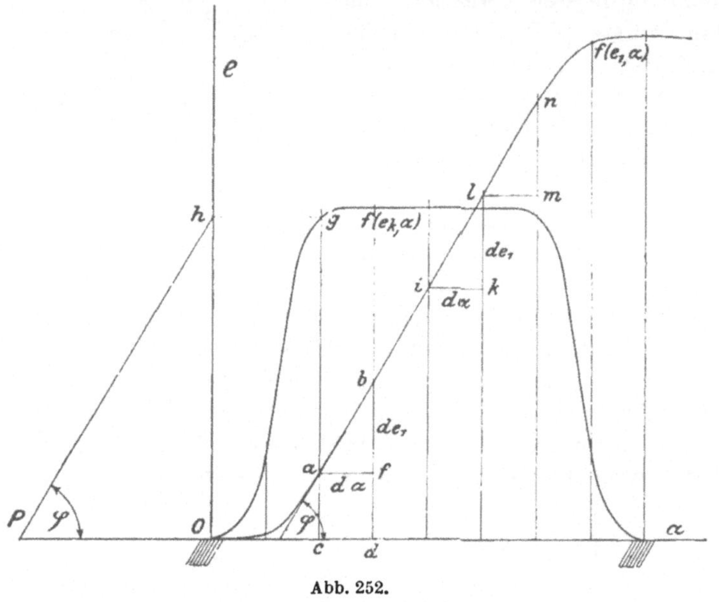

Abb. 252.

usw. die geometrischen Tangenten an die Kurve, dann ist $\operatorname{tg} \varphi = \frac{d e_1}{d\alpha} = e_k$. Zieht man nun durch einen Pol P unter dem Winkel φ den Strahl Ph, dann ist auch $Oh = PO \cdot \operatorname{tg} \varphi =$ konst $\cdot \operatorname{tg} \varphi =$ konst $\cdot\, e_k$. Es ist also Oh ein Maß für e_k, dessen Maßstab durch die Länge von PO gegeben ist. Trägt man $cg = Oh$ auf der durch a gehenden Ordinate ab, so ist g ein Punkt der gesuchten Kurve $f(e_k, \alpha)$.

Diese ließe sich auch dadurch bestimmen, daß man durch die Punkte a, b, i, l usw. die Horizontalen af, ik, lm zieht und die dadurch entstehenden Ordinatendifferenzen de_1 z. B. fb, *kl*, *mn* usw. von der Abszissenachse aus aufträgt, solange die Breite *cd* klein ist.

Zur Ermittlung der Differentialkurve kann man den Spiegelderivator[1] von Ernecke, Berlin, das Spiegellineal von Reusch[2] und zum Zeichnen von Tangenten, Differential- und Integralkurven die Vorrichtungen von A. Pflüger[3] und U. Knorr[4] sowie den Prismen-Derivator der Askania-Werke, Berlin, verwenden.

Man kann jedoch auch die Kommutatorkurve $f(e_k, \alpha)$ experimentell direkt aufnehmen, indem man mittels der unter c) angegebenen Hilfsbürsten die Potentialdifferenz zwischen zwei benachbarten Lamellen aufnimmt. Da sich nun nach derselben Methode die Feldkurve bestimmen ließ, so stellt die Kommutatorkurve auch die Feldkurve wenigstens für die Spiral-Schleifen- und Wellenwicklung $\left(\text{jedoch nur bei } \frac{p}{a} = \text{ganze Zahl}\right)$ dar.

g) Mit einem Kristall-Meßgerät.

Ordnet man einen magnetisch anisotropen Kristall, z. B. den rhomboedrisch kristallisierenden Spateisenstein ($FeCO_3$), dessen Permeabilität in zwei zueinander senkrechten Richtungen $0{,}104 \cdot 10^{-3}$ bzw. $0{,}057 \cdot 10^{-3}$ bei 17 °C beträgt, in einem Magnetfeld um eine passende Achse drehbar an, so erleidet er ein Drehmoment $M_d = c' \cdot \mathfrak{B}^2$, das durch den Drehwinkel α eines Torsionssystems angezeigt werden kann, so daß $\alpha = c \cdot \mathfrak{B}^2$ ist. Auf diesem Prinzip beruht ein von M. G. Dupouy[5] angegebenes Gerät von Chauvin & Arnoux zur direkten Messung magnetischer Induktionen in Gauß.

III. Messungen der Gleichstromtechnik.

Sie erstrecken sich hauptsächlich auf die Untersuchung der elektrischen Maschinen und ihres Zusammenarbeitens mit Akkumulatoren oder anderen Maschinen.

Vor Beginn der Messung ist festzustellen, ob die Maschine sich in dem für die Untersuchung erforderlichen Zustand befindet.

---

[1] Physik. Z. 1909 S. 57 (Wagener); Z. Instrumentenkde. 1909 S. 122.
[2] ETZ 1927 S. 621. [3] D.R.P. 275752 v. 27. Juni 1913.
[4] D.R.P. 286519 v. 6. Jan. 1914; 340239 v. 23. Okt. 1920.
[5] Bull. Soc. franç. Électr. Bd. 9 S. 348; ETZ 1930 S. 1173.

Insbesondere ist die Bürstenlage, Drehrichtung und die Schaltung zu prüfen. Zeigen die Maschinen für hohe Drehzahlen Schwingungen, so kann ihre Größe und Richtung durch einen Schwingungsanzeiger[1] gemessen werden. Dafür dient auch das Vibrometer von Peter Davy, New York, mit dem man auch die kritischen Drehzahlen ermitteln kann. Die Bürsten sollen auf denjenigen Lamellen des Kommutators aufliegen, zwischen denen die höchste Potentialdifferenz oder Klemmenspannung auftritt, ohne zu feuern. Zum Ausschaben des Glimmers zwischen den Lamellen dient der Auskratzer der Dynamobürstenfabrik Ringsdorff-Werke A.-G., Mehlem a. Rh.

Ist bei einem Versuch die Spannung innerhalb weiter Grenzen zu verändern, so benutzt man bei kleinen Leistungen Vorschaltwiderstände. Bei größeren Energiemengen ist es jedoch zweckmäßiger, die Schaltung von Ward Leonard[2] anzuwenden. Man verbindet dabei mit einer Klemme des Netzes einen Pol eines durch einen vom Netz gespeisten Motor angetriebenen Generators; dann erhält man zwischen den anderen beiden freien Klemmen von Netz und Generator eine Spannung, die sich aus der Summe oder Differenz der Spannungen des Netzes und Generators zusammensetzt, je nachdem man die Erregung des Generators positiv oder negativ wählt. Bei negativer Erregung arbeitet die Zusatzmaschine als Motor und gibt die Leistung über den generatorisch wirkenden Antriebsmotor ans Netz zurück.

Mit Hilfe dieser Schaltung ist es möglich, Hauptschlußmotoren ohne Vorschaltwiderstand lediglich durch Änderung der Erregung des Generators anzulassen. Sollen Spannungsschwankungen selbsttätig ausgeglichen werden, so kann man dazu einen von E. Beckmann[3] angegebenen Ausgleichs-Maschinensatz verwenden.

1. Aufnahme der charakteristischen Kurven.

Die Gleichstrommaschinen lassen sich nach der Erzeugung ihres Magnetfeldes in zwei Gruppen einteilen, und zwar in solche mit Fremderregung oder Selbsterregung. Zu den letzteren ge-

[1] Pat. Thyssen, Mülheim-Ruhr, hergestellt von Lehmann & Michels Hamburg-Altona.

[2] Z. VDI 1902 S. 1794; ETZ 1902 Heft 44; 1914 S. 458, 916.

[3] ETZ 1913 S. 376.

hören die Nebenschluß-, Hauptschluß- und Doppelschlußmaschinen.

Besitzen die Maschinen Wendepole, so ist zu berücksichtigen, daß bei Verschiebung der Bürsten in der Drehrichtung bei Generatoren die EMK, bei Motoren die Drehzahl sinkt.

Die Vorgänge, welche sich nun beim Betriebe in den Maschinen abspielen, lassen sich experimentell aufnehmen und am besten durch Diagramme, sogenannte Charakteristiken, darstellen.

a) Fremderregte Generatoren.

α) Leerlaufscharakteristik:

$$f(E_a, J_e), \quad J = 0, \quad n = \text{konst}.$$

Sie gibt die Abhängigkeit der im Anker induzierten EMK E_a bei Leerlauf ($J = 0$) von der MMK oder Durchflutung des Feldes $\mathfrak{M}_f$ oder vom Erregerstrom J_e an, da $J_e = c \cdot \mathfrak{M}_f$ ist. Die Drehzahl n ist während des ganzen Versuches konstant zu halten. Die Schaltung zur Aufnahme der Charakteristik zeigt Abb. 253.

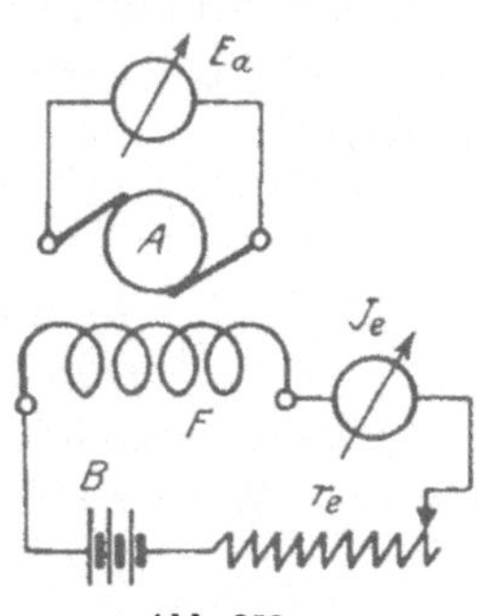

Abb. 253.

An die Feldwicklung F wird die Erregerstromquelle B mit Regler r_e und Strommesser J_e angeschlossen und an den Anker A ein Spannungsmesser E_a. Nachdem die Maschine in Betrieb gesetzt ist, wird bei einer beliebigen Erregung die richtige Bürstenlage eingestellt, wobei nämlich der Spannungsmesser für funkenfreien Gang die größte Ablenkung zeigen muß. Dann schaltet man den Erregerstrom J_e wieder aus, reguliert auf die normale Drehzahl und liest die EMK E_a ab, welche vom remanenten Felde ($J_e = 0$) erzeugt wird. Nun schaltet man den Strom J_e ein, steigert ihn allmählich bis zu einem Höchstwert, der über dem normalen liegen kann, und bestimmt die zugehörigen Werte der EMK E_a. Geht man jetzt mit der Erregerstromstärke herunter, so erhält man eine neue Reihe von Werten für E_a, die infolge der Hysteresis höher als die zuerst aufgenommenen sind.

Nach der Tabelle

J_e	E_a

$n = \text{konst}, \quad J = 0$

stellt man den Verlauf der EMK E_a abhängig von J_e als stetige Kurve dar (Abb. 254) mit der (gestrichelten) Leerlaufscharakteristik, welche aus dem Mittelwert der gezeichneten ausgeglichenen Kurven gebildet ist.

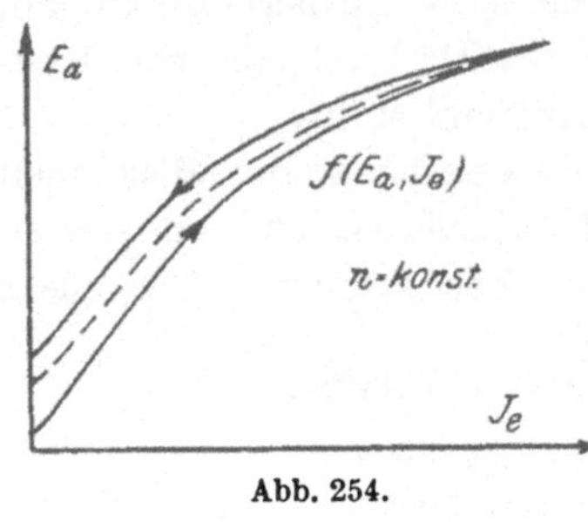

Abb. 254.

Da nun $E_a = c \cdot \mathfrak{B}_a$ ist, so stellt $f(E_a, J_e)$ in einem anderen Maßstabe auch die Abhängigkeit der Ankerinduktion $\mathfrak{B}_a$ von der Erregung dar. Man nennt daher die $f\left(\frac{E_a}{c}, J_e\right)$ auch die Magnetisierungskurve der Maschine. Dieselbe ist im Gegensatz zur Leerlaufscharakteristik von der Drehzahl unabhängig, da diese in der Konstanten c enthalten ist.

Kann die Drehzahl nicht konstant gehalten werden, so muß man die gefundenen Werte E_a' auf die normale Drehzahl umrechnen. Da nämlich $E_a = c \cdot n$ und $E_a' = c \cdot n'$ ist, so folgt daraus

$$\frac{E_a}{E_a'} = \frac{n}{n'} \quad \text{oder} \quad \boldsymbol{E_a = E_a' \cdot \frac{n}{n'}}.$$

β) Belastungscharakteristik:

$$\boldsymbol{f(E_k, J_e), \quad J = \text{konst}, \quad n = \text{konst}.}$$

Lassen wir die Maschine nach Abb. 255 geschaltet auf einen äußeren Widerstand R arbeiten und regulieren R so ein, daß bei

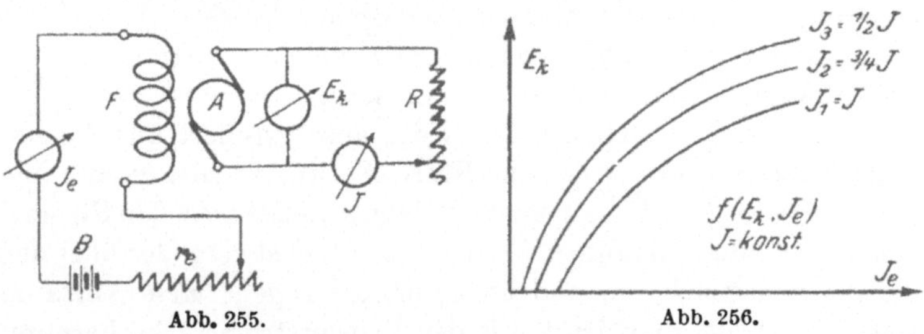

Abb. 255. Abb. 256.

veränderlicher Stromstärke J_e der Belastungsstrom J konstant bleibt und lesen die zu J_e gehörige Klemmspannung E_k ab, so ergibt sich die Tabelle

$$| J_e | E_k | \quad n = \text{konst}, \quad J = \text{konst}.$$

und daraus die Belastungscharakteristik $\boldsymbol{f(E_k, J_e)}$, $\boldsymbol{J = \text{konst}}$ für den normalen Strom (Abb. 256).

In derselben Weise kann man auch für andere Belastungen $J_2 = \frac{3}{4} J$, $J_3 = \frac{1}{2} J$ usw. Kurven aufnehmen. Für $E_k = 0$ muß $\frac{E_k}{J} = R$ ebenfalls Null werden, d. h. wir beginnen die Aufnahme, indem wir R kurzschließen.

γ) Äußere Charakteristik:

$f(E_k, J)$, $n =$ konst.

Sie gibt die Abhängigkeit der Klemmenspannung E_k von dem Belastungsstrom J an, wobei durch einen Vorversuch der Regulierwiderstand r_e so eingestellt wird, daß bei dem normalen Strom J die normale Klemmspannung E_k auftritt, und es bleibt der Widerstand während der ganzen Aufnahme unverändert. Nach Ausschalten der Belastung ändern wir nun bei derselben Schaltung wie in Abb. 255 den äußeren Widerstand R allmählich von seinem höchsten Wert beginnend und lesen zu den verschiedenen Belastungsströmen J die Klemmenspannung E_k ab, woraus sich die Tabelle

$J \mid E_k \mid$ $r_e =$ konst, $n =$ konst.

und die Kurve Abb. 257 ergibt.

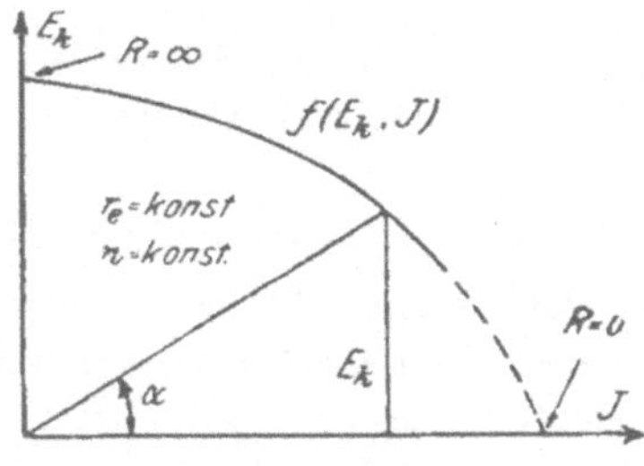

Abb. 257.

Zieht man darin von einem beliebigen Punkt der Kurve einen Strahl nach dem Koordinatenanfang, der den ∢ α mit der Abszissenachse einschließt, so ist

$$\operatorname{tg} \alpha = \frac{E_k}{J} = R\,.$$

Für $J = 0$ ist $\alpha = 90^0$ und damit $R = \infty$. Der Belastungswiderstand R muß also von seinem größten Wert allmählich abnehmen, bis für $R = 0$ die Maschine kurzgeschlossen wäre. Diesen Zustand wird man jedoch niemals einstellen, da sonst der Belastungsstrom J einen unzulässig hohen Wert (ca. den fünffachen) annehmen würde, wodurch die Maschine beschädigt werden könnte. Die Kurve läßt sich auch aus einer Schar von Belastungscharakteristiken ermitteln, indem man für den betreffenden Erregerstrom J_e eine Ordinate zieht und die zu den Kurven hierfür gehörenden Spannungen E_k als Funktion der den Kurven entsprechenden Ströme J zeichnerisch darstellt.

Bestimmt man durch Spannungs- und Strommessung oder genauer nach den bei der Wirkungsgradbestimmung (Nr. 6) gemachten Angaben für verschiedene Ströme J den Widerstand $R_a + R_u$ für den Anker und Übergang von den Bürsten zum Kommutator, so kann man $E_{v_k} = J \cdot (R_a + R_u)$ als Funktion von J bilden (Abb. 258) und nach der Gleichung $E_a = E_k + J \cdot (R_a + R_u)$ auch die Kurve $f(E_a, J)$, indem man die Ordinaten von $f(E_k, J)$ und $f(E_{v_k}, J)$ addiert.

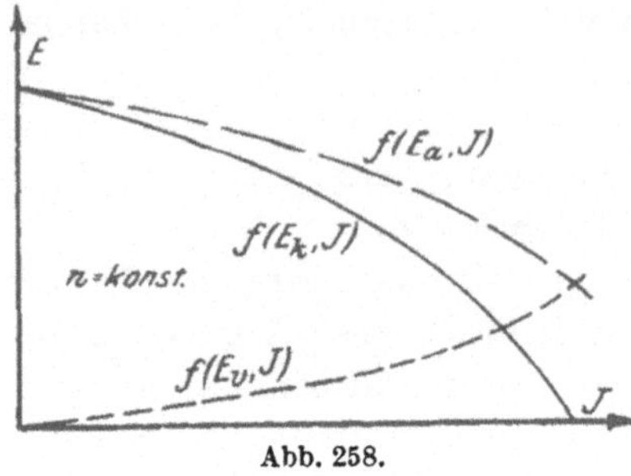

Abb. 258.

Diese Kurve $f(E_a, J)$, $n =$ **konst.** bezeichnet man als innere Charakteristik.

b) Nebenschlußgeneratoren.

Mit einigen kleinen Änderungen der Schaltung lassen sich hierbei die charakteristischen Kurven genau wie bei der fremderregten Maschine aufnehmen, so daß hier nur die Tabellen und Schaltung (Abb. 259) angegeben werden sollen.

α) Leerlaufscharakteristik:

$$f(E_a, J_n), \quad J = 0, \quad n = \text{konst.}$$

Hierbei läßt man den äußeren Stromkreis ausgeschaltet, d. h. $R = \infty$.

Die Aufnahme wird nun entsprechend der Tabelle

$$| J_n | E_a | \qquad n = \text{konst.}$$

ausgeführt, woraus sich ähnliche Kurven wie in Abb. 254 ergeben.

β) Belastungscharakteristik:

$$f(E_k, J_n), \quad J = \text{konst}, \quad n = \text{konst.}$$

Hierbei schaltet man den Widerstand R so ein, daß bei veränderlichem Strom J_n der äußere Strom J konstant bleibt. Nach der Tabelle

$$| J_n | E_k | \qquad n = \text{konst}, \qquad J = \text{konst}.$$

erhält man dann Kurven, wie in Abb. 256 angegeben.

γ) Äußere Charakteristik:

$f(E_k, J)$, r_n = konst, n = konst.

Mit derselben Schaltung (Abb. 259) wird auch diese Kurve aufgenommen, indem man durch einen Vorversuch r_n so einstellt, daß beim Nennstrom J die Nennspannung E_k auftritt, worauf die Belastung allmählich ausgeschaltet und die eigentliche Messung bei $J = 0$ begonnen wird. Aus der Tabelle

$| J | E_k |$ r_n = konst., n = konst.

ergibt sich dann eine Kurve (Abb. 260), welche von der bei Fremderregung aufgenommenen stark abweicht. Es ergeben sich nämlich zu einer bestimmten Stromstärke J zwei verschiedene Werte

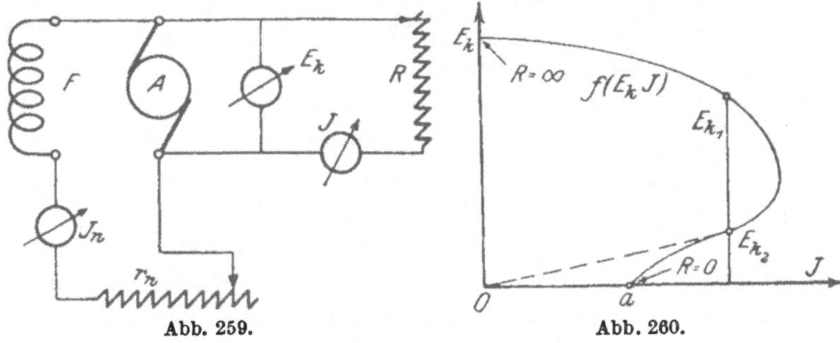

Abb. 259. Abb. 260.

der Klemmenspannung E_k, von denen der größere, E_{k_1}, zu einem größeren Belastungswiderstande R_1 gehört. Für $E_k = 0$ bzw. $R = 0$ ist der Strom $J = Oa$. Derselbe würde verschwinden, wenn kein remanentes Feld vorhanden wäre (punktierte Kurve). Jedenfalls ist aber Oa kleiner als der normale Strom, so daß bei einer Nebenschlußmaschine ein allmählich eintretender Kurzschluß für die Wicklung ungefährlich ist.

Aus der Aufnahme läßt sich auch die Spannungsänderung $\frac{E_{k_0} - E_k}{E_k} \cdot 100\%$ ermitteln. Die äußere Charakteristik ließe sich auch aus einer Schar von Belastungscharakteristiken konstruieren, indem man in Abb. 256 vom Koordinatenanfang aus eine sogenannte Widerstandsgerade zieht, deren Neigung φ die Bedingung erfüllt, daß $\operatorname{tg} \varphi = \frac{E_k}{J_n} = r_n$ ist. Die zu den Schnittpunkten der Geraden mit den Kurven gehörenden Klemmenspannungen E_k

werden dann als Ordinaten zu den den Kurven zugehörigen Belastungsströmen J zeichnerisch dargestellt.

Besondere Vorsicht ist beim Ausschalten des Feldes eines fremderregten oder Nebenschlußgenerators zu beachten. Geschieht das plötzlich, dann entsteht eine zwar schnell verschwindende, aber unter Umständen sehr hohe induzierte EMK, durch die ein angeschlossener Spannungsmesser beschädigt werden kann.

Derartig kurzzeitig wirkende Spannungen E lassen sich dadurch messen, daß man sie auf einen hohen, induktionsfreien Widerstand R einwirken läßt und an einen Teil R_1 desselben eine Glimmlampe (s. S. 42) anschließt, an dem sie mit ihrer Grenzspannung E_1, die durch Messung festgestellt werden kann, gerade zum Aufleuchten kommt. Dann ist

$$E = E_1 \cdot \frac{R}{R_1}.$$

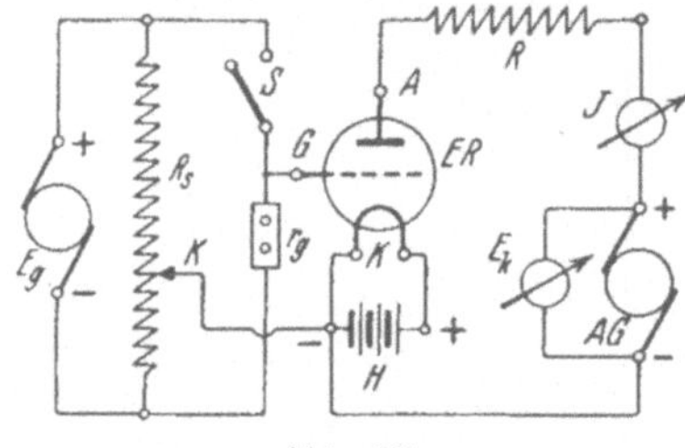

Abb. 261.

Bei den für Telegraphiesender verwendeten Hochspannungs-Anodengeneratoren ist es wichtig festzustellen, wie sie sich beim Tastbetrieb verhalten, da hierbei besonders starke Belastungsschwankungen vorliegen. Es empfiehlt sich dabei, zur funkenlosen Unterbrechung eine Elektronenröhre als Ventil zu verwenden und ihrem Gitter im Takt der Sendung ein passendes Potential zu erteilen. Für eine praktische Untersuchung ergab sich beispielsweise folgende Schaltung (Abb. 261) für einen Generator AG von $N = 5$ kW, $E_k = 5000$ V, $J = 1$ A. Als Ventilröhre ER wurden dabei zwei parallelgeschaltete Senderöhren RS 215 g von Telefunken mit einer Leistung von je 1,8 kW bei $E_a = 4000$ V, Heizspannung $E_h = 22$ V, Heizstrom $J_h = 24{,}5$ A, Durchgriff $D = 2\%$ benutzt. Der Gitterspannungsgenerator arbeitete mit $E_g = 300$ V auf einen Spannungsteiler R_s (ca. 3000 Ohm), dessen Schiebekontakt K so eingestellt war, daß bei offener Taste S über den Gitterableitwiderstand r_g (Silitstab 25 000 Ohm) das Gitter G ein Potential von etwa -100 V, beim Schließen von S ein solches von $+200$ V erhielt. Hierbei wurde der Stromkreis über den Belastungswiderstand R geschlossen, der bei dem kleinen Widerstand der Ventilröhren den größten Teil der abgegebenen Leistung verbrauchte.

Zur Regelung der Spannung von Gleichstromgeneratoren kann man nach W. Taeger[1] und J. Voorhoeve[2] Elektronen- oder Glühkathodenröhren verwenden (vgl. auch Nr. 4b).

c) Hauptschlußgeneratoren.

Da hierbei die Leerlaufs- und Belastungscharakteristiken für Selbsterregung nicht aufgenommen werden können, so verwendet man Fremderregung, wofür dann dieselben Schaltungen und Vorschriften wie für die fremderregten Generatoren gelten.

Zur Aufnahme der äußeren Charakteristik $f(E_k, J)$, $n =$ **konst.** macht man die Schaltung Abb. 262 und nimmt nach folgender Tabelle

| J | E_k | $n =$ konst.

durch Veränderung des äußeren Widerstandes R die Klemmenspannung E_k für verschiedene Stromstärken J auf, woraus sich

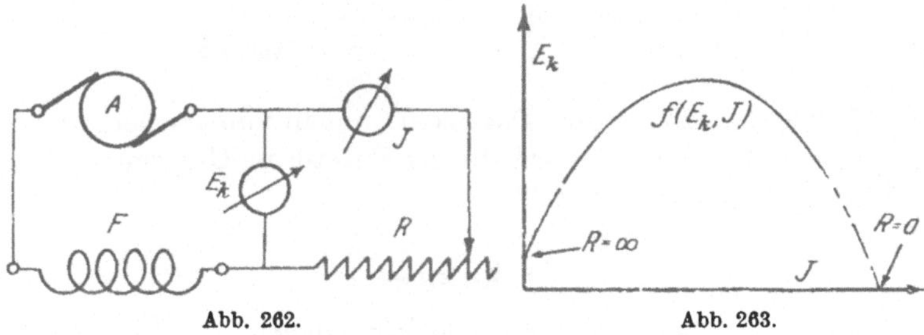

Abb. 262. Abb. 263.

die Kurve Abb. 263 ergibt. Für $J = 0$ muß $R = \infty$ werden, für $R = 0$, d. h. bei Kurzschluß der Klemmen, würde der Strom J sehr groß, so daß er die Maschine beschädigen könnte.

d) Doppelschlußgeneratoren.

Diese Maschinen sind im Prinzip Nebenschlußgeneratoren und besitzen zum Ausgleich des bei Belastung auftretenden Spannungsabfalls eine den Nebenschluß unterstützende Hauptschlußwicklung. Wir hätten demnach hier nur noch die Aufnahme der äußeren Charakteristik $f(E_k, J)$, $n =$ **konst** zu besprechen, für welche folgende Schaltung (Abb. 264) gemacht

[1] ETZ 1924 S. 96, 1407.

[2] Arch. Elektrotechn. Bd. 21 (1929) S. 228; ETZ 1929 S. 1059.

wird. Nun wird der Nebenschlußregulator r_n so eingestellt, daß für Leerlauf ($J = 0$) die normale Spannung E_k auftritt. Darauf wird R für eine bestimmte Stellung des Hauptschlußregulators r_c allmählich verkleinert und zu den verschiedenen Werten von J die Spannung E_k abgelesen, woraus sich nach folgender Tabelle

$$| J \,|\, E_k | \qquad n = \text{konst}\,,\quad r_n = \text{konst}\,,\quad r_s = \text{konst.}$$

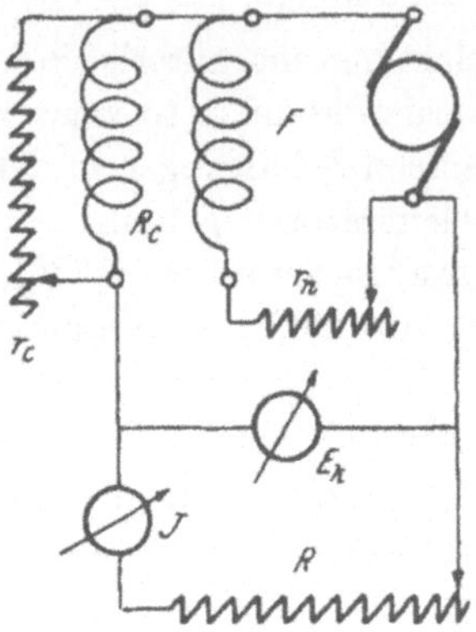

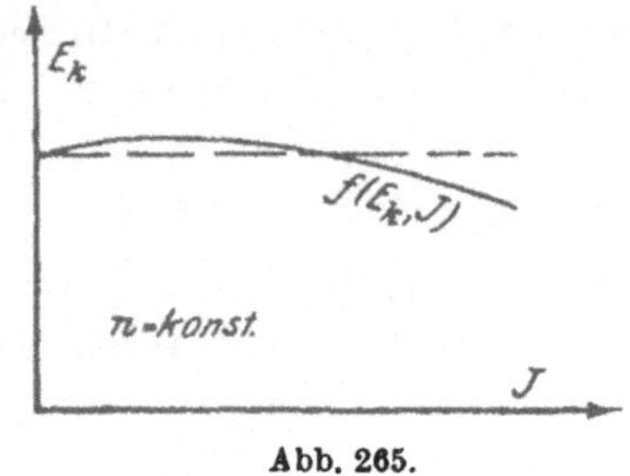

Abb. 264. Abb. 265.

die Kurve Abb. 265 ergibt. Daraus kann man nun ersehen, ob die Doppelschlußwicklung innerhalb der zulässigen Grenzen ($\pm 1\%$) die Spannung konstant hält.

e) Motoren.

Legt man einen Motor an eine Klemmspannung E_k, so wird er einen Strom J_a im Anker aufnehmen und bei bestimmtem Felde mit einer konstanten Drehzahl n laufen. Infolge dieser Bewegung wird in dem Anker eine EMK E' induziert, wie wenn die Maschine von außen als Generator angetrieben würde. Für den Stromkreis des rotierenden Motors muß demnach auf Grund des zweiten Kirchhoffschen Gesetzes $\Sigma E = \Sigma J \cdot R$ die Beziehung bestehen

$$E_k + E' = J_a \cdot (R_a + R_u)\,.$$

Nach dem Lenzschen Gesetz wirkt E' der Klemmenspannung E entgegen. Man bezeichnet daher $E' = -E_g$ als die elektromotorische Gegenkraft des Ankers. Dieselbe ist demnach der Ursache nach mit der EMK E_a eines Generators identisch. Für einen Motor gilt daher die Beziehung allgemein:

$$E_k - E_g = J_a \cdot (R_a + R_u) \quad \text{oder} \quad \boldsymbol{E_g = E_k - J_a \cdot (R_a + R_u)}\,,$$

während für einen Hauptschlußmotor mit dem Widerstande R_h in der Magnetwicklung

$$E_g = E_k - J \cdot (R_a + R_u + R_h) \quad \text{wird.}$$

Wie bei den Generatoren kann man auch hierfür Charakteristiken aufnehmen.

α) Hauptschlußmotoren.

Hauptsächlich interessiert uns die Aufnahme der äußeren Charakteristik

$$f(E_k, J), \quad n = \text{konst},$$

da sie die Grundlage für die Konstruktion der anderen Kurven bietet.

Zu dem Zweck machen wir folgende Schaltung (Abb. 266) und belasten den Motor durch einen Generator oder Bremsvor-

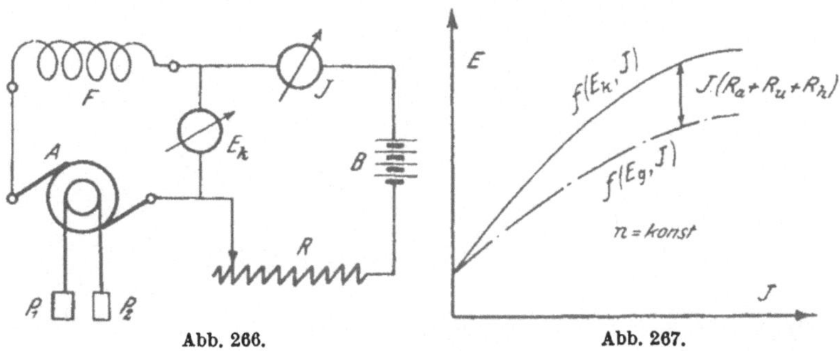

Abb. 266. Abb. 267.

richtung, so daß für verschiedene Spannungen E_k die Drehzahl n konstant bleibt, und lesen dazu den Strom J ab. Außerdem messen wir bei Stillstand die Spannungsverluste $E_{v_k} = J \cdot (R_a + R_u)$ und $E_{v_h} = J \cdot R_h$ als Funktion von J und vermerken alle Werte nach folgender Tabelle

$$| J | E_k | E_{v_k} | E_{v_h} | \quad \text{für } n = \text{konst}.$$

Bildet man daraus $f(E_k, J)$ (Abb. 267) und subtrahiert von dieser Kurve $J \cdot (R_a + R_u + R_h) = E_{v_k} + E_{v_h}$, so ergibt sich eine neue Kurve $f(E_g, J)$ für $n =$ konst, die man als innere Charakteristik bezeichnet.

Aus dieser Kurve kann dann durch Zeichnung die Geschwindigkeitskurve des Motors $f(J, n)$, $E_k = \text{konst}$, d. h. die Abhängigkeit der Drehzahl n vom Belastungsstrom J bei konstanter Klemmspannung E_k gefunden werden. Dazu ziehen wir für die Nennspannung E_k eine Parallele zur Abszisse (Abb. 268) und tragen für verschiedene Ströme J von den Ordinaten die zugehörigen Stücke $E_{v_k} + E_{v_h}$ ab, woraus die Kurve $f(E_{g_x}, J)$, $n_x =$ variabel folgt. Nun wird für den Strom $J_1 = Oa$ ein Lot errichtet, welches die beiden Kurven in b und c schneidet. Es ist

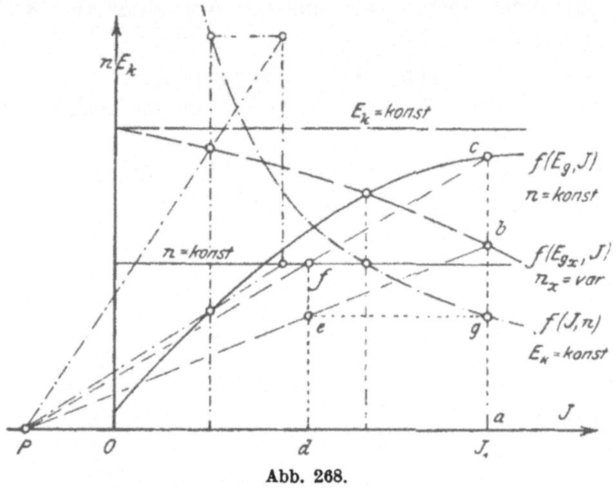

Abb. 268.

dann $ac = E_g$ für $n =$ konst, und $ab = E_{g_1}$ für die zu suchende Drehzahl $n_x = n_1$.

Nach früherem muß aber die Beziehung bestehen

$$\frac{n_1}{n} = \frac{E_{g_1}}{E_g} = \frac{a\,b}{a\,c}, \quad \text{woraus} \quad n_1 = \frac{a\,b}{a\,c} \cdot n$$

folgt. Dieses Verhältnis kann man zeichnerisch finden, indem man von einem beliebigen Pol P Strahlen nach b und c zieht und vom Schnitt f des Strahles Pc mit einer Horizontalen für die zu $f(E_g, J)$ gehörende Drehzahl n das Lot fd fällt, welches von Pb in e geschnitten wird. Dann gilt

$$\frac{de}{n} = \left[\frac{a\,b}{a\,c}\right] = \frac{n_1}{n}, \quad \text{oder} \quad \boldsymbol{de = n_1}.$$

Trägt man $ag = de$ in J_1 auf, so ist g ein Punkt der Geschwindigkeitskurve $f(J, n)$, deren andere Punkte auf dieselbe Weise gefunden werden können.

Ebenso kann die **Drehmomentkurve** $f(M_d, J)$ aus der inneren Motorcharakteristik $f(E_g, J)$, $n =$ konst zeichnerisch ermittelt werden. Die auf den Anker übertragene elektrische Leistung

$$E_g \cdot J = 9{,}81 \cdot M_d \cdot \omega$$

äußert sich als Drehmoment M_d kgm bei der Winkelgeschwindigkeit $\omega = 2\pi \cdot \frac{n}{60}$. Daraus ergibt sich

$$M_d = \frac{E_g \cdot J}{9{,}81 \cdot \omega} = c \cdot E_g \cdot J.$$

Es ist demnach das aus den zusammengehörigen Koordinaten E_g und J eines Punktes der $f(E_g, J)$ gebildete Produkt ein Maß für das Drehmoment M_d.

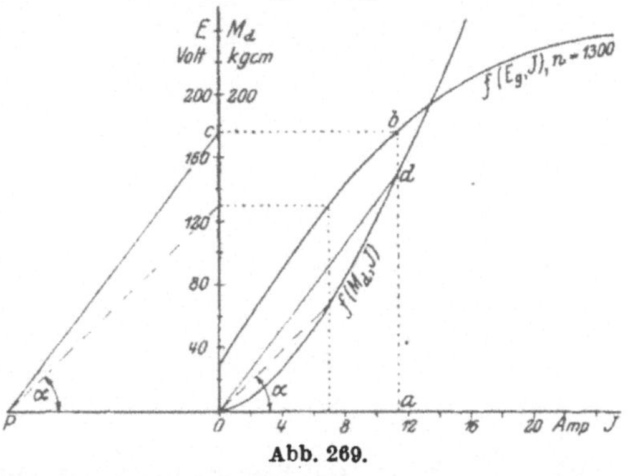

Abb. 269.

Zeichnerisch läßt sich danach $f(M_d, J)$ folgendermaßen bestimmen (Abb. 269):

Von einem Punkt b der $f(E_g, J)$, $n=$konst, geht man horizontal nach c zur Ordinatenachse hinüber, zieht von einem festen Pol P den Strahl Pc und durch den Koordinatenanfang O eine Parallele Od zu Pc, welche die Ordinate ab in d schneidet. Dann ist d ein Punkt der Drehmomentkurve $f(M_d, J)$. Da $\triangle Oad \sim \triangle POc$ ist, folgt $ad : Oa = Oc : PO$ oder $ad = \frac{Oc \cdot Oa}{OP} = \frac{E_g \cdot J}{OP}$. Setzt man $E_g \cdot J = 9{,}81 \cdot \omega \cdot M_d$ ein, so ergibt sich $ad = \frac{9{,}81 \cdot \omega}{PO} \cdot M_d$ oder $\boldsymbol{M_d = c \cdot ad}$, wo $c = \frac{PO}{9{,}81 \cdot \omega}$ ist.

Um den Maßstab von vornherein festzulegen, berechnet man für einen Punkt b das Drehmoment M_d und trägt dafür die Strecke ad auf. Dann verbindet man d mit O und zieht von c aus eine Parallele cP zu dO, wodurch der Pol P für die weitere Zeichnung der anderen Punkte festgelegt ist. Ferner läßt sich die innere Motorcharakteristik auch dazu benutzen, die in Gleichstrommaschinen auftretenden Verluste zu trennen[1].

[1] J. Instn. electr. Engr. 1906 S. 79.

β) Doppelschlußmotoren.

Man unterscheidet hierbei zwei Arten:

1. Nebenschlußmotoren mit zusätzlicher Hauptschlußwicklung.

2. Hauptschlußmotoren mit einer zusätzlichen Nebenschlußwicklung, die den Zweck hat, die Drehzahl des leerlaufenden Motors nach oben hin auf einen für ihn ungefährlichen Wert zu begrenzen, wobei er dann gewissermaßen nur mit dem Nebenschlußfeld arbeitet, da das Hauptschlußfeld klein ist.

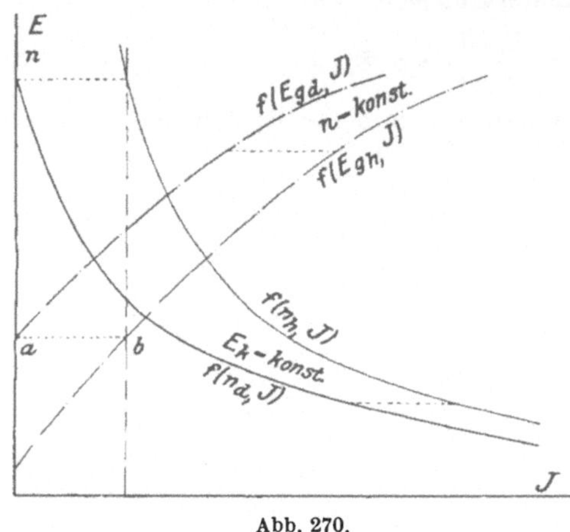

Abb. 270.

Bei dieser Art verschiebt sich (Abb. 270) die innere Charakteristik um einen dem Hilfsfeld entsprechenden Betrag ab nach links und ebenso die Geschwindigkeitskurve. Infolge des Zusatzfeldes wird auch das Drehmoment größer, da $f(E_{g_d}, J)$ höher liegt.

2. Bestimmung der Ankerrückwirkung.

Betrachtet man für einen Generator die Leerlaufs- und Belastungscharakteristik (Abb. 271), so zeigt sich, daß für eine bestimmte Erregung Oa die Spannung bei Belastung um ein zwischen den Kurven gelegenes Stück bc kleiner ist, welches man als Spannungsabfall bezeichnet. Trägt man nun den Spannungsverlust

$$J_a \cdot (R_a + R_u) = E_{v_k}$$

als Strecke bd ein, so bleibt noch ein Stück $dc = E_r$ übrig, welches der EMK entspricht, die infolge des durch Ankerrückwirkung verlorenen Feldes im Anker nicht induziert wird. Es stellt demnach ad die bei Belastung induzierte EMK E_a dar. Durch Verschiebung der Belastungscharakteristik um das Stück $bd = E_{v_k}$ erhält man daher eine (gestrichelte) Kurve $f(E_a, J_e)$, welche die induzierte EMK als Funktion der Erregung für konstanten Belastungsstrom angibt. Die Ordinatendifferenzen zwischen dieser Kurve und der Leerlaufscharakteristik geben dann die Ankerrückwirkung E_r bei verschiedener Erregung im Spannungsmaßstab an.

Für die Vorausberechnung ist es jedoch vorteilhafter, die der Spannung E_r gleiche MMK $\mathfrak{M}_r$ zu kennen. Zu dem Zweck ziehen wir durch b eine Parallele bg zur Abszisse und fällen das Lot ge, so sind zur Erzeugung der Spannung $ge = ab$ bei Leerlauf Oe, bei Belastung Oa Amperewindungen erforderlich. Die Differenz $Oa - Oe = ea$ entspricht demnach der Amperewindungszahl zur Kompensierung des gesamten Spannungsabfalls bc. Legt man nun die Horizontale dh und fällt das Lot hf, so gibt $fa = dh$ die durch Ankerrückwirkung unwirksam gemachte MMK $\mathfrak{M}_r$ und ef die dem Spannungsverlust $E_{v_k} = bd$ entsprechende an.

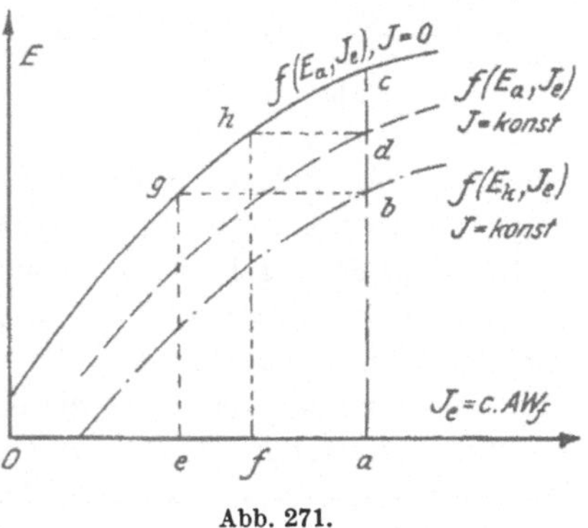

Abb. 271.

Eine andere Methode, $\mathfrak{M}_r$ direkt durch Messung des Erregerstromes und der Windungszahl zu bestimmen, ist folgende: Man läßt die Maschine bei der Nenndrehzahl laufen und erregt (am besten fremd) das Feld so weit, daß bei Leerlauf die normale Spannung E_{k_0} auftritt, wofür $E_{k_0} = E_a$ ist. Bei Belastung würde nun das Feld geschwächt, so daß die induzierte EMK $E_a' < E_a$ bei Leerlauf wird. Die Differenz $E_a - E_a' = E_r$, welche durch die Ankerrückwirkung verlorengeht, gleichen wir nun dadurch aus, daß wir die Erregung um einen Betrag $\mathfrak{M}_r$ vergrößern, so daß $E_a' = E_a$ wird. Das kann aber nur dann der Fall sein, wenn die Klemmenspannung bei Belastung $E_k = E_{k_0} - J_a \cdot (R_a + R_u)$ ist. Wir rechnen daher für verschiedene Ströme J_a die Spannungen E_k aus und nehmen nach folgender Tabelle

J_a	E_k	J_e

$E_a = \text{konst}$, $n = \text{konst}$

für verschiedene Belastungen J_a die Erregungen J_e auf. Dann gibt die Differenz zweier aufeinanderfolgender Werte von J mit der Windungszahl w_e multipliziert die Ankerrückwirkung $\mathfrak{M}_r$ an, welche, als Funktion von J_a dargestellt, die Kurve $f(\mathfrak{M}_r, J_a)$ (Abb. 272) ergibt.

Hält man bei diesem Versuch nicht E_a, sondern E_k konstant bei

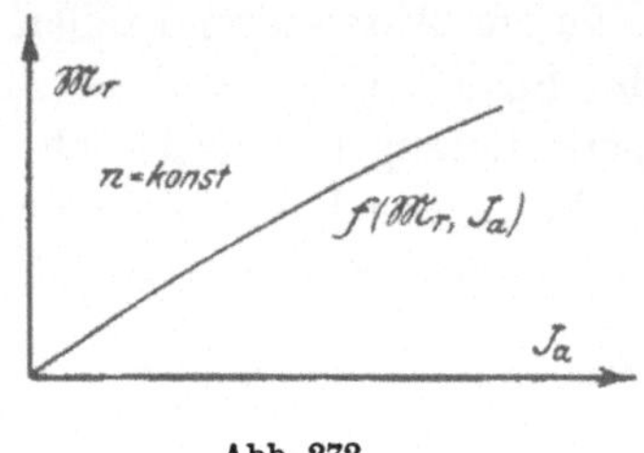

Abb. 272.

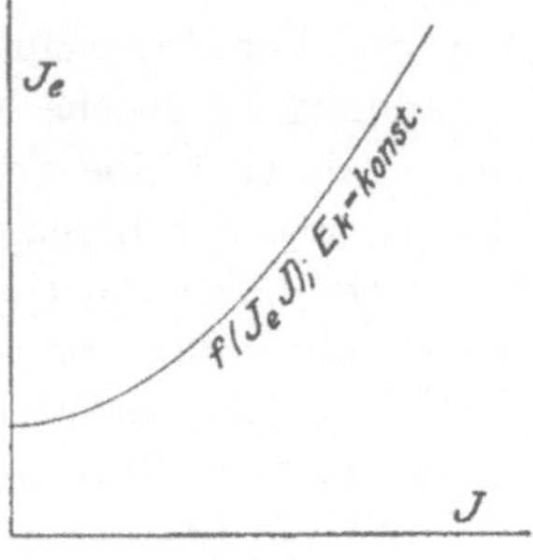

Abb. 273.

verschiedenem Belastungsstrom J, so erhält man die sogenannte Regulierungskurve $f(J_e, J), E_k =$ **konst.** (Abb. 273.)

Die Regulierungskurve läßt sich auch zeichnerisch darstellen, indem man in Abb. 256 für eine gewisse Klemmenspannung E_k eine Horizontale zieht, die die Belastungscharakteristiken in Punkten schneidet, deren Abszissenwerte J_e als Ordinaten zu den für die betreffende Kurve gültigen Belastungsströmen J als Abszissen eingetragen werden. Die Verbindungslinie der Endpunkte ergibt dann die in Abb. 273 dargestellte Kurve.

3. Messung des Drehmoments von Motoren.

Das Drehmoment ist entsprechend der Gleichung

$$M_d = c \cdot J_a \cdot \mathfrak{N}$$

vom Ankerstrom J_a, dem Feld $\mathfrak{N}$ und einer Konstanten c abhängig, welche durch die Daten des Motors gegeben ist. $M_d = P \cdot r$ kgm kann als Produkt der Umfangskraft P (kg) und des Radius $r = \frac{d}{2}$ in m der Riemenscheibe einschließlich der halben Riemendicke bestimmt werden, indem man um die Riemenscheibe bei kleineren Motoren einen Lederriemen schlingt, von dem das eine Ende mit der Scheibe fest verbunden, das andere an eine Federwaage (f) angeschlossen ist (Abb. 274). Für größere Motoren befestigt man an der Welle einen Hebel, dessen Ende auf eine Teller- oder Dezimalwaage einwirkt (Abb. 275). Wird dabei für den Hebelarm $\frac{d'}{2}$ die Kraft P' angezeigt, so ist, bezogen auf den Umfang der Riemenscheibe $P = \frac{P' \cdot d'}{d}$. Ist der Hebel nicht ausbalanciert, so muß man den Anfangswert bei stromlosem Motor von den beim Stromdurchgang abgelesenen Werten abziehen, um P' zu erhalten.

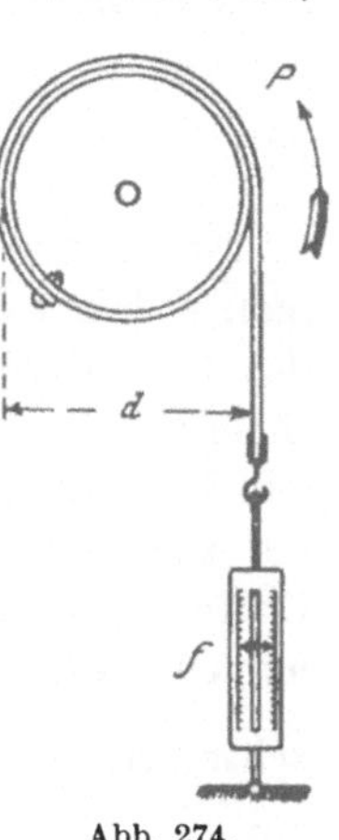

Abb. 274.

Infolge der Reibung in den Lagern und an den Bürsten kann jedoch die Umfangskraft P nicht direkt bestimmt werden, sondern wird mehr oder weniger von der Reibungskraft P_ϱ gefälscht; auch die Nutenteilung beeinflußt die Messung, indem der Anker immer diejenigen Lagen einzunehmen sucht, in welchen dem Kraftfluß der geringste magnetische Widerstand geboten wird. Besonders stark tritt diese Erscheinung bei Maschinen mit wenigen Nuten eines Pols auf und verschwindet bei glatten Ankern. Man kann aber die beiden Werte P und P_ϱ gesondert aufnehmen, wenn man einmal $P_m = P + P_\varrho$ und dann $P_0 = P - P_\varrho$ bestimmt. Dreht man nämlich den Anker etwas in der Richtung der Umfangskraft und läßt ihn dann allmählich von der Feder zurückziehen, so wird ein Gleichgewichtszustand eintreten, wenn die Federkraft P_m gleich der Summe von Umfangskraft P und Reibung P_ϱ ist, wofür die Gleichung $P_m = P + P_\varrho$ gilt.

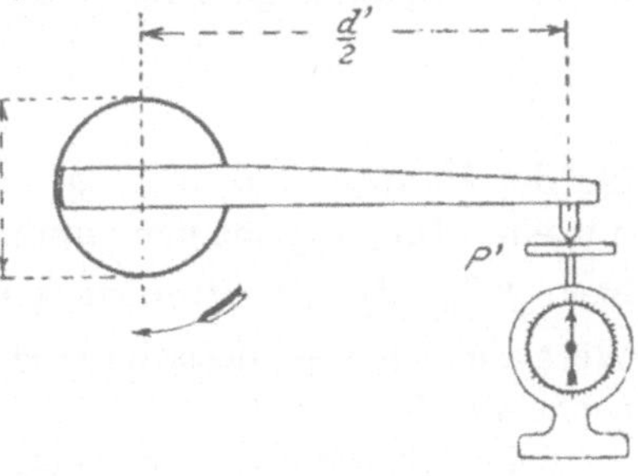

Abb. 275.

Jetzt wird der Anker ein Stück in entgegengesetzter Richtung gedreht; dann hat die Umfangskraft P, durch welche man den Anker allmählich zurückdrehen läßt, die widerstrebende Reibung P_ϱ und die Federkraft P_0 zu überwinden, woraus folgt $P = P_0 + P_\varrho$, oder der an der Waage abgelesene Betrag $P_0 = P - P_\varrho$. Aus den beiden gefundenen

Werten P_m und P_0 erhält man dann

$$P = \frac{P_m + P_0}{2} \quad \text{und} \quad P_\varrho = \frac{P_m - P_0}{2}.$$

Für diese Aufnahme ist eine Spannung notwendig, die wegen des Widerstandes der Verbindungsleitungen nur wenig größer ist als der für den größten Strom im Anker auftretende Spannungsverlust

$$E_{v_{kh}} = J \cdot (R_a + R_u + R_h) \quad \text{bei Hauptschluß-}$$

und

$$E_{v_k} = J_a \cdot (R_a + R_u) \quad \text{bei Nebenschlußmotoren.}$$

Am besten zeichnet man die beiden zwischen den aufgenommenen Werten ausgeglichenen Kurven $f(P_m, J_a)$, die oberhalb des Koordinatenanfanges beginnt, und $f(P_0, J_a)$, die um $2\,P_\varrho$ tiefer liegt, und trägt die Mittelkurve beider dazwischen als $f(P, J_a)$ ein. Um das Gewicht des Hebelarms abzuziehen, verschiebt man die Abszissenachse bis zum Schnittpunkt der Mittelkurve mit der Ordinatenachse. Will man nun aus der Kurve $f(P, J_a)$ die Drehmomente ablesen, so multipliziert man die Werte P der Ordinatenachse mit dem Hebelarm $\frac{d'}{2}$ und trägt sie neben P als Ordinaten auf.

Gleichzeitig mit der Aufnahme des Drehmoments kann man den Widerstand

$$R_a + R_u = \frac{E_{v_k}}{J_a}$$

aus dem Spannungsverlust E_{v_k} des Ankers und gegebenenfalls

$$R_h = \frac{E_{v_h}}{J}$$

für die Hauptschlußwicklung in Abhängigkeit vom Strome ermitteln. Im allgemeinen nimmt man die Kurven $f(E_{v_k}, J_a)$ bzw. $f(E_{v_h}, J)$ für Stromstärken bis zum doppelten normalen Wert auf. Die zeichnerische Bestimmung der Widerstände erfolgt nach Abb. 7.

Bei großen Motoren für Gleich- oder Wechselstrom verwendet man zur Erzeugung eines gleichbleibenden Drehmoments nach H. E. Linckh[1] eine Gleichstrommaschine in Gegenschaltung mit einer anderen Stromquelle.

---

[1] ETZ 1930 S. 1101.

a) Hauptschlußmotoren.

Für den Versuch macht man folgende Schaltung (Abb. 276) und ändert mit dem Widerstand R nur den Strom J_a stufenweise, da $\mathfrak{N} = f(J_a)$ und damit auch $M_d = c \cdot J_a \cdot f(J_a)$ hauptsächlich von J_a abhängig ist. Gleichzeitig liest man die zugehörigen Werte von P_m und P_0 ab, zeichnet nach folgender Tabelle

$$| J_a | P_m | P_0 | E_{v_k} | E_{v_h} |$$

die ausgeglichenen Kurven für P_m, P_0, E_{v_k}, E_{v_h} und ermittelt daraus die Umfangskraft P und die Reibungskraft P_ϱ sowie

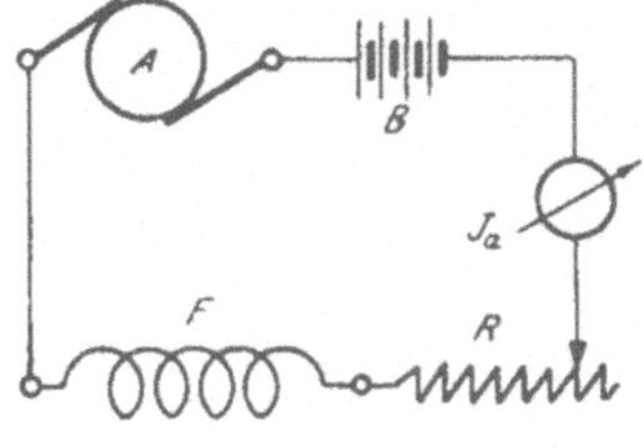

Abb. 276.

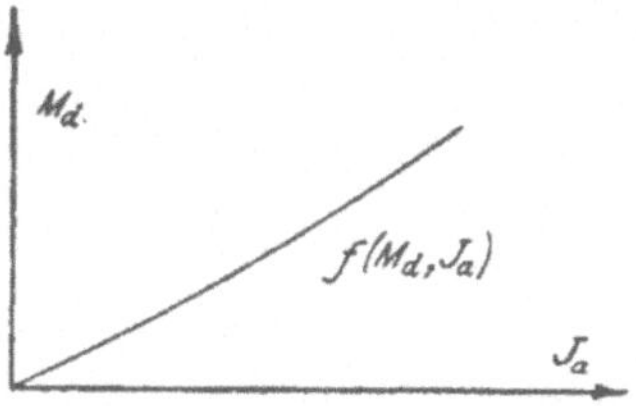

Abb. 277.

$R_a + R_u$ und R_h. Nach Multiplikation der Ordinaten von P bzw. P_ϱ mit $\frac{d'}{2}$ erhält man aus der $f(P, J_a)$ bzw. $f(P_\varrho, J_a)$ die Drehmomente M_d und M_{d_ϱ} als Funktion vom Ankerstrom J_a (Abb. 277).

In derselben Weise werden auch Doppelschlußmotoren untersucht, nur muß der Nebenschluß eine besondere Erregung haben.

b) Nebenschlußmotoren.

Da das Feld $\mathfrak{N} = f(J_n)$ vom Erregerstrom J_n der Stromquelle $\mathfrak{B}_e$ (Abb. 278) abhängig ist, so kann man das Drehmoment M_d als Funktion vom Ankerstrom J_a nach Gleichung

$$M_d = c \cdot J_a \cdot f(J_n)$$

für verschiedene Erregungen nach folgender Tabelle

$$J_a \mid P_m \mid P_0 \mid E_{v_k} \mid \quad \text{für} \quad J_n = \text{konst},$$

aufnehmen und erhält damit eine Kurvenschar $f(M_d, J_a)$ für $J_n = \text{konst}$, wie sie in Abb. 279 dargestellt ist.

Zieht man darin für einen bestimmten Strom J_a, z. B. den normalen, eine Vertikale und trägt die Abschnitte derselben von

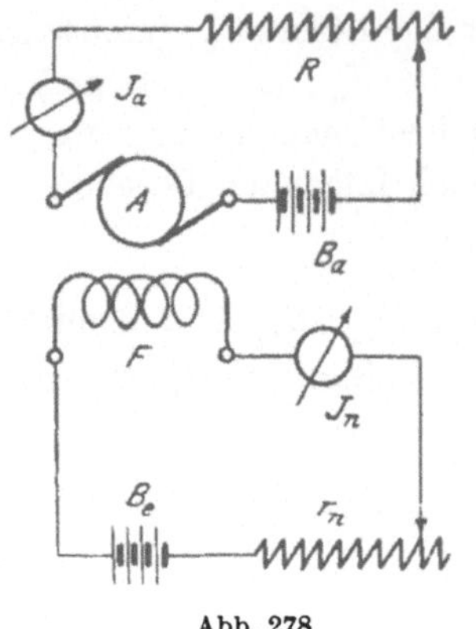

Abb. 278.

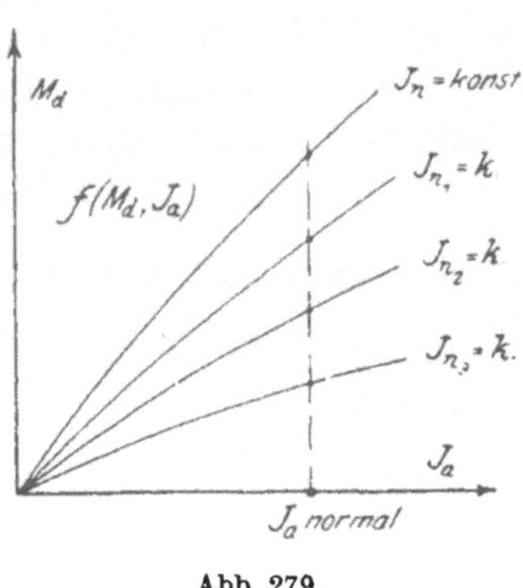

Abb. 279.

der Abszissenachse gerechnet als Funktion von J_a auf, so erhält man eine Kurve

$$f(M_d, J_n) \quad \text{für} \quad J_a = \text{konst.},$$

welche angibt, wie sich das Drehmoment beim Nennstrom mit der Erregung ändert.

4. Aufnahme von Geschwindigkeitskurven.

Die Geschwindigkeitskurve $\boldsymbol{f(n, J_a)}$, $\boldsymbol{E_k = \text{konst.}}$ stellt die Abhängigkeit der Drehzahl eines Motors von der Ankerstromstärke J_a bei konstanter Klemmenspannung E_k dar.

Würde man einen Motor an die volle Spannung E_k direkt anschließen, so würde er im ersten Augenblick einen Strom $J_a' = \frac{E_k}{R_a + R_u}$ * aufnehmen, der bei dem kleinen Widerstand sehr groß sein und daher den Kommutator und die Bürsten beschädigen könnte. Man muß daher einen Widerstand dem Anker vorschalten, der einen Teil der Spannung vernichtet, so daß höchstens der doppelte Nennstrom auftreten kann. Beim Hauptschlußmotor wird durch den Strom gleichzeitig das Feld erregt, wodurch ein Drehmoment auftritt, das den Anker in Drehung versetzt. Ein Neben-

* Für einen Hauptschlußmotor ist im folgenden immer $R_a + R_u + R_h$ zu setzen.

schlußmotor dagegen muß erst vorher erregt werden. Bei der Bewegung des Ankers wird nun eine elektromotorische Gegenkraft E_g erzeugt, welche ähnlich der EMK E_a eines Generators der Drehzahl n und dem bei Belastung vorhandenen Felde $\mathfrak{N} = \mathfrak{N}_0 - \mathfrak{N}_r$ proportional ist nach der Gleichung

$$E_g = c \cdot \mathfrak{N} \cdot n = c \cdot (\mathfrak{N}_0 - \mathfrak{N}_r) \cdot n .$$

Setzen wir $$E_g = E_k - J_a \cdot (R_a + R_u),$$

so ergibt sich

$$E_k - J_a \cdot (R_a + R_u) = c \cdot (\mathfrak{N}_0 - \mathfrak{N}_r) \cdot n$$

oder $$n = \frac{E_k - J_a \cdot (R_a + R_u)}{c \cdot (\mathfrak{N}_0 - \mathfrak{N}_r)} .$$

Die Drehzahl ist auch von der Bürstenstellung abhängig. Verschiebt man die Bürsten des Motors gegen die Drehrichtung, so läuft er wegen der entmagnetisierenden Wirkung des Ankerfeldes schneller, bei Verschiebung in der Drehrichtung sinkt die Drehzahl, da das Hauptfeld durch die längsmagnetisierende Komponente verstärkt wird. In erhöhtem Maße zeigt sich diese Erscheinung noch beim Vorhandensein von Wendepolen.

Dabei kann es sich ereignen, daß bei starkem Wendefeld, geringer Belastung und genügender Bürstenverstellung gegen die Drehrichtung Pendelerscheinungen auftreten können.

a) Hauptschlußmotoren.

Nachdem die Schaltung (Abb. 280) ausgeführt ist, legt man um die Riemenscheibe ein Bremsband oder Pronyschen Zaum, oder schließt eine Wirbelstrombremse (vgl. Nr. 6b) an, mit denen man den Motor beliebig belasten kann, wobei die an der Riemenscheibe geleistete Arbeit durch Reibung oder durch Induktion in Wärme umgesetzt wird. Dann wird der Anlaßwiderstand R eingeschaltet und bei etwas angezogener Bremse allmählich so weit verkleinert, bis die normale Klemmenspannung E_k vorhanden ist, welche während des ganzen Versuches konstant gehalten wird. (Unbelastet würde der Motor eine sehr hohe Drehzahl annehmen.)

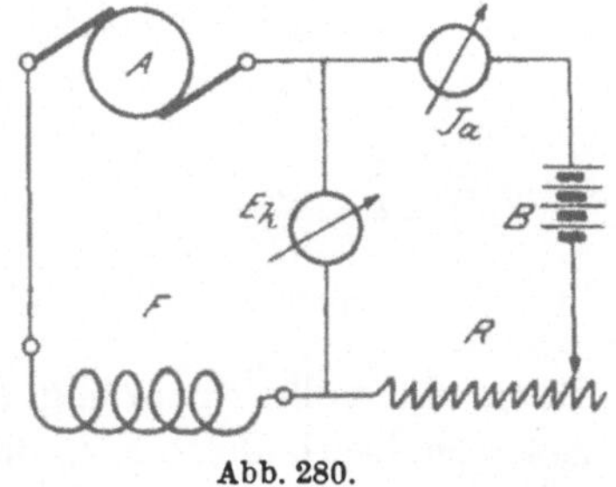

Abb. 280.

Entsprechend der Tabelle $|J_a|n|\ E_k = \text{konst.}$ wird jetzt der Strom $J_a = J$ und die Drehzahl n abgelesen und dasselbe für andere Ströme durchgeführt, indem man durch stärkeres Anziehen der Bremse den Motor immer mehr belastet. Die zeichnerische Darstellung dieser Werte ergibt dann (Abb. 281) eine Kurve $f(n, J_a)$, welche ungefähr die Form einer Hyperbel besitzt.

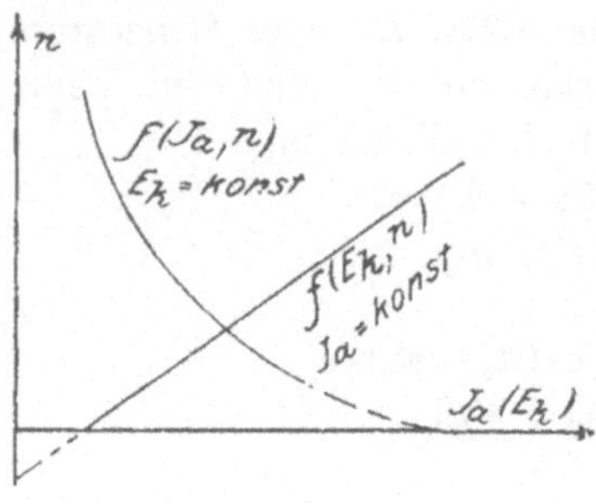

Abb. 281.

Hält man J_a konstant und ändert E_k, so wird die Geschwindigkeitskurve $f(n, E_k)$ eine Gerade; für $n = 0$ ist dabei $E_k = J_a \cdot (R_a + R_u + R_h) = E_{v_k} + E_{v_h}$.

b) Nebenschlußmotoren.

Die Schaltung für die Messung zeigt Abb. 282. Hierbei liegt das Feld unter Vorschaltung eines Nebenschlußreglers r_n direkt an der Stromquelle oder Batterie B. Nachdem das Feld normal erregt ist, wird der Widerstand R so weit eingeschaltet, bis der

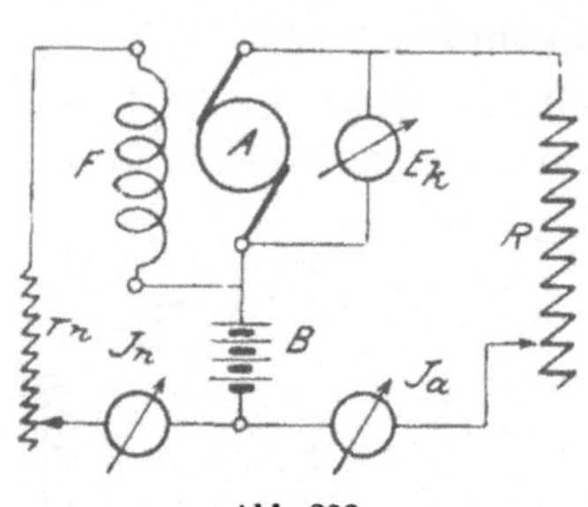

Abb. 282.

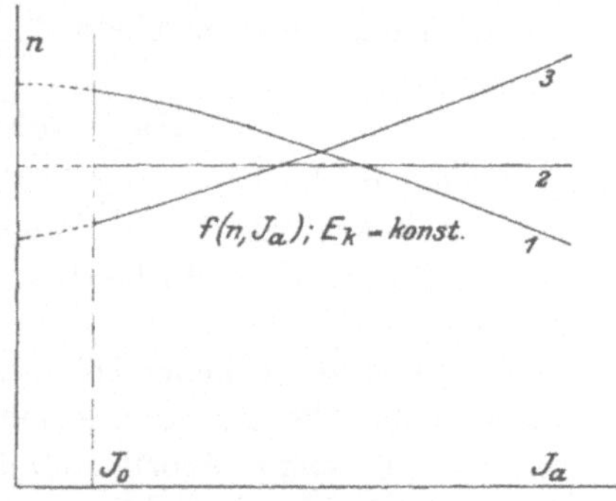

Abb. 283.

Motor die volle Spannung E_k erhält. Er wird dann für einen gewissen Leerlaufstrom J_0 die Drehzahl n_0 annehmen. Nun wird durch Bremsung die Stromaufnahme J_a stufenweise gesteigert und die dazugehörige Drehzahl n abgelesen. Die zeichnerische Darstellung der Größen n als Funktion von J_a (Abb. 283) zeigt jedoch, daß dabei je nach der Bauart der Maschine eine der drei Kurven sich ergeben kann, und zwar gilt *1* für stark gesättigte

Maschinen, bei welchen der Einfluß der Ankerrückwirkung gegenüber der tourenerniedrigenden Wirkung des Spannungsverlustes klein ist. Umgekehrt ist es bei Kurve *2*, welche für schwach gesättigte Maschinen gilt. Für mittlere Sättigung, für welche der Einfluß von Ankerrückwirkung und Spannungsverlust sich aufheben, erhalten wir nahezu konstante Drehzahl (*2*) bei veränderlicher Belastung.

Zur Regelung der Drehzahl von Motoren verwendet man nach F. W. Meyer[1] und E. Reimann[2] mit Vorteil Elektronenröhren. Für Motoren kleiner Leistung beschreibt S. Hecht[3] einen Geschwindigkeitsregler.

5. Parallelschaltung von Generatoren.

Angenommen, es gäbe ein Nebenschlußgenerator *I* schon Strom an die Sammelschienen eines Leitungsnetzes ab, dann wird der Generator *II* entsprechend der Abb. 284 unter Zwischenschaltung eines Strommessers J_2 und des Ausschalters S_2 so an die Schienen angeschlossen, daß gleiche Pole zusammenliegen. (Bei Elektrizitätswerken sind noch Arbeitsmesser oder Zähler in dem Stromkreis vorhanden.)

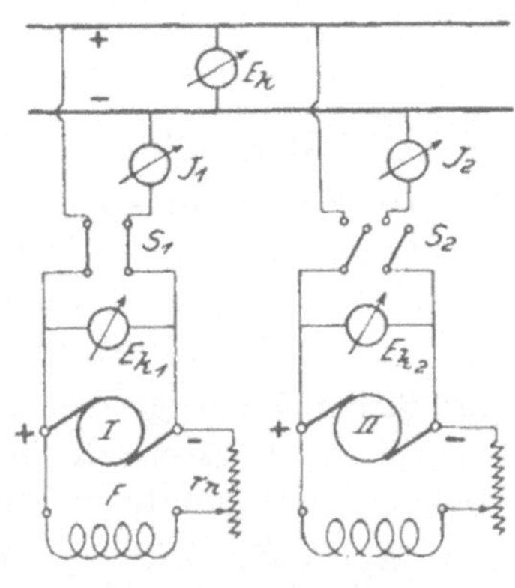

Abb. 284.

Damit nun beim Einschalten die Maschine *II* weder einen Strom aufnehmen noch abgeben soll, um schädliche Stromstöße zu vermeiden, müssen die miteinander zu verbindenden Punkte gleiches Potential besitzen. Es wird daher die zuzuschaltende Maschine in Betrieb gesetzt und so weit erregt, daß ihre EMK E_{a_2} gleich der Spannung E_k an den Sammelschienen ist. Zur genauen Messung schließt man an die Unterbrechungsstelle eines Trennmessers

[1] ETZ 1921 S. 689, 725, 1526; 1922 S. 981, 1004, 1034; Elektrotechn. u. Maschinenb. 1922 S. 325, 350.

[2] Wiss. Veröff. Siemens-Konz. Bd. 6 Heft 2 S. 1.

[3] J. Instn. electr. Engr. 1931 S. 83; ETZ 1931 S. 1149.

einen Spannungsmesser E_d (bis etwa 10 V mit Ausschalter) und legt das andere Trennmesser ein. Zeigt $E_d = E_{a_2} - E_k = 0$, so legt man den Schalter S_2 ein. Es wird dann der Generator *II* noch keinen Strom abgeben, da seine EMK von der Spannung E_k kompensiert wird. Erregt man aber das Magnetfeld stärker, so daß $E_{a_2} > E_k$ wird, dann muß naturgemäß die Maschine *II* ebenfalls Strom an das Netz abgeben.

Zur Untersuchung dieser Vorgänge wollen wir annehmen, daß beide Maschinen bei gleichem Anker- und Zuleitungswiderstand R bis zu den Sammelschienen den gleichen Strom J abgeben, so müßte auch $E_{a_1} = E_{a_2}$ sein. Der Einfachheit wegen zeichnen wir uns die Schaltung in Abb. 285 noch einmal schematisch hin, woraus wir erkennen, daß die Maschinen durch die Zuleitungen unter sich gegeneinandergeschaltet sind. Wird jetzt E_{a_1} vergrößert, so muß nach dem zweiten Kirchhoffschen Satz $\Sigma E = \Sigma J \cdot R$ die Gleichung bestehen

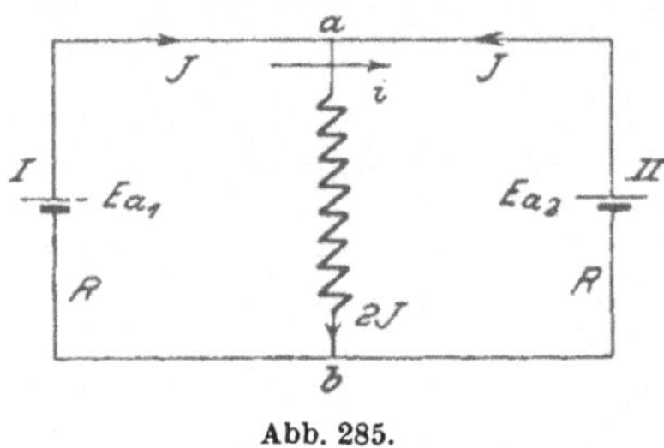

Abb. 285.

$$E_{a_1} - E_{a_2} = (J + i) \cdot R - (J - i) \cdot R$$

oder

$$E_{a_1} - (J + i) \cdot R = E_{a_2} - (J - i) \cdot R .$$

Der Strom i erzeugt demnach in dem Zweige der Maschine *I* einen Spannungsverlust, in dem Zweige *II* eine Spannungserhöhung, so daß die Klemmenspannungen $E_{k_1} = E_{a_1} - (J + i) \cdot R$ und $E_{k_2} = E_{a_2} - (J - i) \cdot R$ werden. Da aber nach Obigem die rechten Seiten gleich sind, so muß auch $E_{k_1} = E_{k_2} = E_k$ sein. Der Strom i entlastet also die Maschine *II* und bewirkt, daß die Klemmenspannung E_k an den Punkten $a \div b$ der Sammelschienen für beide Maschinen gleich groß wird; wir wollen ihn daher als Ausgleichsstrom bezeichnen.

So kann man E_{a_1} immer mehr steigern, bis für Maschine *II* $J - i = 0$ wird. Dieses Verfahren hat aber zur Folge, daß damit gleichzeitig die Klemmenspannung E_k an den Punkten ab steigt. Für $E_{a_1} = E_{a_2}$ wäre nämlich

$$E_k = E_{a_1} - J \cdot R = E_{a_2} - J \cdot R .$$

Da E_{a_2} konstant bleiben soll, so wird für den Ausgleichsstrom i die Spannung zwischen ab

$$E_{k_2} = E_{a_2} - J \cdot R + i \cdot R$$

um den Betrag $i \cdot R$ größer sein als E_k.

Um beim Verändern der Belastung die Spannung E_k konstant zu halten, wird man daher zweckmäßig E_{a_1} um so viel steigern, als man E_{a_2} verringert und umgekehrt.

6. Bestimmung des Wirkungsgrades von Gleichstrommaschinen.

Allgemein läßt sich der Wirkungsgrad η einer Maschine definieren als das Verhältnis der abgegebenen Leistung N_a zu der eingeführten N_e nach der Gleichung

$$1. \quad \eta = \frac{N_a}{N_e}.$$

Danach hätte man N_a und N_e direkt durch Messung zu bestimmen, was bei kleinen Maschinen leicht durchzuführen ist. Bei großen dagegen wäre es unter Umständen schwierig, die zum Antrieb notwendige Energie zu erzeugen und sie dann wieder mit geeigneten Hilfsmitteln zu verbrauchen.

Außerdem würde ein solcher Versuch ziemlich teuer werden, so daß man sich nach anderen Methoden umsehen muß, welche eine bequemere und billigere Arbeitsweise ermöglichen. Zerlegt man z. B. die eingeführte Leistung N_e in die abgegebene N_a und die zum Ausgleich der Verluste notwendige N_v nach der Gleichung $N_e = N_a + N_v$, so ließe sich der Wirkungsgrad auch in der Form

$$2. \quad \eta = \frac{N_a}{N_a + N_v}$$

bestimmen. Setzen wir ferner $N_a = N_e - N_v$ in die ursprüngliche Gleichung ein, so ergibt sich

$$3. \quad \eta = \frac{N_e - N_v}{N_e}.$$

Gerade diese beiden letzten Gleichungen sind für die Praxis bequemer, da in den meisten Fällen die abgegebene oder eingeführte Leistung N_a bzw. N_e gegeben sind und für diese Leistungen der Wirkungsgrad bestimmt werden soll. Man hätte dann nur die Verluste N_v festzustellen, was im allgemeinen mit geringerem

Energieverbrauch und kleineren Kosten verbunden ist. Man unterscheidet demnach direkte

$$\eta = \frac{N_a}{N_e}$$

und indirekte

$$\eta = \frac{N_a}{N_a + N_v} = \frac{N_e - N_v}{N_e}$$

Methoden der Wirkungsgradbestimmung. Richtlinien dafür sind in den Vorschriften des VDE (REM. 30)[1] enthalten. Einen Vergleich mit den IEC-Regeln gibt M. Kloß[2].

Bevor wir nun auf die einzelnen Methoden eingehen, wollen wir erst die Verluste[3] betrachten:

1. Leerverluste $N_{h w_m}$.

Diese enthalten die durch Ummagnetisierung des Eisens entstehenden Hysteresisverluste N_h und die durch Drehung der Eisenmassen und Metallteile in einem magnetischen Felde sowie durch Fluktuationen des Kraftflusses bei Nutenankern in den Polschuhen hervorgerufenen Wirbelstromverluste N_w bei Leerlauf. Die Summe $N_{hw} = N_h + N_w$ bezeichnet man als Eisenverluste. Dazu kommen die mechanischen Verluste N_m die sich aus den Verlusten N_ϱ durch Lagerreibung, N_b durch Bürstenreibung und N_l durch Luftreibung und Belüftung gemäß $N_m = N_\varrho + N_b + N_l$ zusammensetzen, so daß man $N_{h w_m} = N_{hw} + N_m$ setzen kann.

2. Erregungsverluste $N_{R_e} = J^2 \cdot R_e$.

Entsprechend den verschiedenen Schaltungen der Magnetwicklung zum Anker unterscheidet man dabei die Stromwärmeverluste

$$N_{R_h} = J^2 \cdot R_h = E_{v_h} \cdot J \quad \text{bei Hauptschluß-}$$

$$N_{R_n} = J_n^2 \cdot R_n \quad \text{bei Nebenschluß-}$$

$$N_{R_w} = J^2 \cdot R_w \quad \text{bei Wendepolwicklungen}$$

in den Widerständen R_e bzw. R_h, R_n, R_w der betreffenden Erregerwicklungen. Die Summe $N_0 = N_{h w_m} + N_{R_e}$ ergibt die Leerlaufsverluste.

---

[1] ETZ 1929 S. 838. [2] ETZ 1931 S. 825.

[3] Linker, A.: Elektromaschinenbau, S. 36.

3. Lastverluste.

Dazu gehören: Die Stromwärmeverluste

$$N_{R_a} = J_a^2 \cdot R_a = E_{v_a} \cdot J_a \quad \text{im Ankerwiderstand } R_a,$$

Übergangsverluste am Stromwender

$$N_{R_u} = J_a^2 \cdot R_u = 2 \cdot J_a \cdot e_u = E_u \cdot J_a,$$

worin bei der Berechnung der Verluste für einen Bürstenstift $e_u = 1$ V bei Kohlen- und Graphitbürsten $= 0{,}3$ V bei metallhaltigen Bürsten einzusetzen ist.

Zusatzverluste N_z. Sie enthalten alle vorhin nicht genannten Verluste, die durch Feldverzerrungen bei Belastung, Wirbelströme in den Leitern und dgl. entstehen können. Sie werden nur rechnerisch mit einem Betrage von 1%, bei kompensierten Maschinen von ½% der Abgabe bei Generatoren, der Aufnahme bei Motoren eingesetzt. Die Änderung der Eisenverluste mit der Belastung wird nicht berücksichtigt, wenn die Induktion $\mathfrak{B}$ die gleiche bleibt, soweit sie ein Maß für die induzierte EMK ist.

Zur Messung des Widerstandes R_a verwendet man allgemein die Thomsonsche Doppelbrücke, indem man den Strom an zwei bestimmten Stegen des Kommutators zuführt und von hier auch die Spannungsdrähte der Brücke fortführt. Ein dafür geeigneter von H & B gebauter Taster ist von H. Schering[1] angegeben.

Der Meßschritt y_m oder die Entfernung zwischen den beiden Stegen, durch welche die Wicklung in zwei gleiche Teile zerlegt wird, lassen sich nach der Tabelle[2] auf S. 354 bestimmen, wenn man die Schaltung kennt.

Darin ist K die Stegzahl, $y_k = \frac{y_1 \pm y_2}{2}$ der Stegschritt, wobei $y_1 + y_2$ bei Wellen- und $y_1 - y_2$ bei Schleifenwicklungen benutzt werden muß.

Hat man auf Grund einer solchen Messung den Widerstand zwischen den oben bezeichneten Stegen gleich r gefunden, so ist der ganze Widerstand aller hintereinandergeschalteten Spulen $4\,r$ und demnach der Ankerwiderstand $R_a = \frac{4\,r}{(2\,a)^2} = \frac{r}{a^2}$ für einfach und $R_a = \frac{r}{a^2} \cdot \frac{1}{m}$ für m-fach geschlossene Wicklungen

[1] ETZ 1923 S. 11.

[2] Wettler, A.: ETZ 1902 S. 8; Sequenz, H.: Elektrotechn. u. Maschinenb. 1928 Heft 12; ETZ 1928 S. 750, 1217, 1400, 1660.

Wicklung	Stegzahl $\frac{K}{m}$	Stegschritt $\frac{y_k}{m}$	y_m
Parallel-, Reihen- und Reihen-Parallelschaltung	gerade	ungerade	$\frac{K}{2}$
Reihen und Reihen-Parallel	ungerade	gerade	$\frac{\pm y_k}{2}$
		ungerade	$\frac{K \pm y_k}{2}$
Parallel-schaltung einfache	ungerade	± 1	$\frac{K \pm 1}{2}$
Parallel-schaltung mehrfache (m)	ungerade	gerade	$\pm \frac{y_k}{2}$
		ungerade	$\frac{K \pm y_k}{2}$

worin $2a$ die Anzahl der Ankerzweige bedeutet. Am besten führt man diese Messungen nach einer Belastungsprobe aus oder nachdem der Meßstrom einige Zeit den Anker durchflossen hat, wobei es vorteilhaft ist, den Widerstand in Abhängigkeit vom Ankerstrom als $f(R_a, J_a)$ durch mehrere Versuche zu bestimmen.

Der Bürstenübergangswiderstand R_u kann in folgender Weise gemessen werden: Auf einen Bürstenstift wird eine Bürste direkt und eine isoliert aufgesetzt und bei normaler Umdrehungszahl ein Meßstrom J durch beide hindurchgeleitet. Mißt man noch den an den positiven und negativen Bürstenstiften auftretenden Spannungsverlust E_b, so ergibt sich der Übergangswiderstand eines Bürstenstifts $R_{u_1} = \frac{E_b}{2J}$. Wichtig ist dabei, daß neben richtiger Drehrichtung beide Bürsten gut eingelaufen sind, und daß R_{u_1} für verschiedene Stromstärken J bestimmt wird, so daß man durch zeichnerische Darstellung eine Kurve $f(R_{u_1}, J)$ erhält.

Besitzt die Maschine mehr als zwei Bürstenstifte, so schließt man zwei Bürstenstifte gleicher Polarität nach Lösung ihres Verbindungsstückes an eine Stromquelle an, schickt einen Meßstrom J hindurch und mißt die zwischen den Bürsten auftretende Potentialdifferenz E_b bei normaler Geschwindigkeit des Kommutators, woraus bei z_b Bürsten/Stift der Widerstand $r_{u_1} = \frac{E_b \cdot z_b}{2J}$ einer Bürste folgt. Sind im ganzen s Stifte gleicher Polarität vorhanden, so erhält man als Übergangswiderstand $R_u = \frac{2 \cdot r_{u_1}}{s \cdot z_b} = \frac{E_b}{J \cdot s}$. Bei dieser Messung ist allerdings noch eine Ankerspule vom Meßstrom durchflossen, deren Widerstand als verschwindend kleiner Teil des Gesamtwiderstandes vernachlässigt werden kann. Diese Windung beeinflußt auch die Messung gar nicht, da sie in der neutralen Zone gelegen ist. Will man jedoch ganz sicher gehen, so mißt man mit kommutiertem Strome und nimmt das Mittel aus beiden Werten. Diese Messung führt man auch an den anderen Bürstenstiften aus und nimmt das Mittel aus allen Beobachtungen.

Sitzen $z_b = 2$ oder mehr Bürsten auf einem Stift, dann kann man nach E. Müllendorff[1], M. Riepe[2] und H. Sequenz[3] die Widerstände R_a und R_u mit Hilfe von zwei einfachen Messungen ermitteln.

Im allgemeinen wird man jedoch davon absehen können, die Widerstände R_a und R_u getrennt zu bestimmen, besonders wenn man den Wirkungsgrad größerer installierter Maschinen an Ort und Stelle bestimmen soll, und umständliche Hilfsmittel wie Doppelbrücke, Galvanometer usw. nicht zur Verfügung stehen. In diesem Falle bestimmen wir den Gesamtwiderstand $R_k = R_a + R_u$ zwischen den Ankerklemmen, indem wir die Maschine mit normaler Drehzahl laufen lassen, wobei an den Klemmen eine remanente Spannung e' auftreten wird. Schicken wir dann einen Meßstrom $+J$ durch die Wicklung, so kommt noch ein Spannungsverlust $E_{v_k} = J \cdot (R_a + R_u)$ dazu, so daß wir im ganzen $e_1 = e' + E_{v_k}$ am Spannungsmesser ablesen, wenn das Instrument mehr anzeigt, als wenn der Meßstrom J Null ist. Kommutieren wir jetzt den Meßstrom, so entspricht die Ablesung nach derselben Seite dem Werte $e_2 = e' - E_{v_k}$.

Daraus rechnet sich dann

$$E_{v_k} = \frac{e_1 - e_2}{2} \quad \text{und damit} \quad R_a + R_u = R_k = \frac{e_1 - e_2}{2J}.$$

Auch hierbei wird man den Widerstand in Abhängigkeit von dem für den Wirkungsgrad maßgebenden Strom feststellen, da

---

[1] ETZ 1925 S. 1081. [2] ETZ 1926 S. 1163. [3] ETZ 1930 S. 736.

speziell der Übergangswiderstand R_u wesentlich vom Strome abhängt, weil sich der spezifische Widerstand der Kohle mit der Stromdichte sehr stark ändert, und zwar mit kleiner Stromdichte größer wird.

Will man sich vom Einfluß der Remanenz freimachen, so kann man dieselbe durch ein gleich großes entgegengesetztes Feld vernichten, indem man die Magnetwicklung durch eine besondere Stromquelle von einem solchen Strom durchfließen läßt, daß der Spannungsmesser bei normaler Umdrehungszahl der Maschine keine Ablenkung zeigt.

Würden diese Messungen des Widerstandes R_a und R_u dazu benutzt, um daraus für die belastete Maschine die Verluste N_{R_a} und N_{R_u} zu berechnen, so würden die zusätzlichen Verluste durch Wirbelströme im Ankerkupfer N_{w_a}, die infolge des Ankerfeldes auftreten, nicht berücksichtigt sein. Es empfiehlt sich daher, für genaue Messungen den effektiven Widerstand $R_a + R_u$ durch Messung der Kurzschlußleistung N_k bei verschiedenen Stromstärken J_a zu bestimmen, woraus dann $R_a + R_u = \frac{N_k}{J_a^2}$ folgt.

Sind diese Messungen an einer Maschine ausgeführt, so findet man daraus die Leistungsverluste

$N_{R_a} = J_a^2 \cdot R_a$ und $N_{R_u} = J_a^2 \cdot R_u$ bzw. ihre Summe $N_{R_k} = N_{R_a} + N_{R_u}$

und damit den Wirkungsgrad eines Generators

$$\eta_g = \frac{E_k \cdot J}{E_k \cdot J + N_{R_a} + N_{R_u} + N_{hw} + N_{R_e} + N_z}$$

und eines Motors

$$\eta_m = \frac{E_k \cdot J - (N_{R_a} + N_{R_u} + N_{hw} + N_{R_e} + N_z)}{E_k \cdot J}.$$

a) Direkte elektrische Methode (Leistungsmeß-Verfahren).

Sie läßt sich in den Fällen anwenden, wo man N_a und N_e mit elektrischen Meßinstrumenten direkt bestimmen kann, also bei Motorgeneratoren, rotierenden Umformern und, wie wir später sehen werden, auch bei Transformatoren.

Zu dem Zweck schließen wir den als Motor wirkenden Teil (M) der Maschine mit entsprechenden Anlaßvorrichtungen an eine

Elektrizitätsquelle E (Abb. 286) unter Zwischenschaltung eines Strommessers J_1 an und verbinden die Generatorklemmen G mit einem Belastungswiderstand R. Gibt der Generator dann den Strom J_2 bei einer Klemmenspannung E_{k_2} an den Stromverbraucher R ab, und nimmt der Motor den Gesamtstrom J_1 bei der Spannung E_{k_1} auf, so ist der Wirkungsgrad des Aggregats

$$\eta = \frac{E_{k_2} \cdot J_2}{E_{k_1} \cdot J_1}.$$

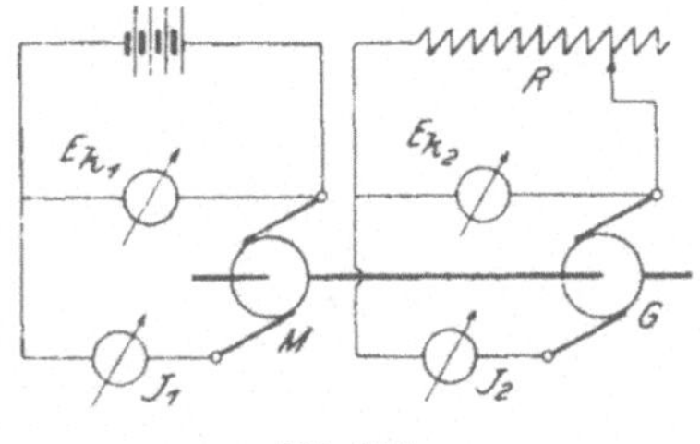

Abb. 286.

Zweckmäßig ist es dabei, den Wirkungsgrad bei E_{k_1} = konst. in Abhängigkeit von der Leistung $N_2 = E_{k_2} \cdot J_2$ zu bestimmen und als $f(\eta, N_2)$ in ein rechtwinkliges Koordinatensystem einzutragen. Will man außerdem den Wirkungsgrad jeder einzelnen Maschine ermitteln, so bestimmt man die auf den Generator übertragene Leistung für die Spannung E_{k_1}, Stromstärke J_1 und Drehzahl n, die bei der betreffenden Belastung auftrat, nach einer der späteren Methoden.

In derselben Weise verfahren wir auch bei Einankerumformern.

b) Bremsmethode.

Dieselbe kommt mehr in Verwendung bei Motoren und ist ausnahmsweise zulässig für kleinere Generatoren, wenn die Verhältnisse so gewählt werden, daß die magnetische, mechanische und elektrische Beanspruchung bei der Prüfung als Motor möglichst wenig von den entsprechenden Größen beim Arbeiten als Generator abweichen. Wie man die betreffenden Beanspruchungen beurteilt, wird bei der Leerlaufsmethode (Abs. d) angegeben werden.

Für die Bremsung der Motoren verwendet man entweder ein Seil, Bremsband (Differentialbandbremse nach Amsler), den Pronyschen Zaum, Bremsdynamometer nach Brauer[1], Hubert[2], Fischinger (Pöge, Chemnitz), v. Hefner-Alteneck, Torsionsdynamometer von R. Packer und D. N. Jackmann[3], O. S. Bragstad[4], nach Vieweg (Bamag, Dessau), Spiegeltorsions-

[1] Z. VDI 1888 S. 56. [2] ETZ 1901 S. 340. [3] ETZ 1928 S. 579.
[4] Elektrotekn. T. 1922.

messer von J. Görges[1] und Amsler[2], Wirbelstrombremsen[3] von Pasqualini[4], Grau[5], Feußner[6], S & H, Rieter[7], Flüssigkeitsbremsen[8], Kreiselpumpen als Wasserbremsen[9] bis 8000 kW und 4000 Uml/min (F. Krupp, Germaniawerft, Kiel), einen Gleichstromgenerator, dessen Wirkungsgrad bekannt ist (indirekte Bremsmethode), oder eine elektrische Pendelmaschine[10], die von Garbe, Lahmeyer, Aachen (Druckschrift 46), Dr. M. Levy, Berlin, MfO. u. a. bis zu 600 kW Bremsleistung gebaut werden.

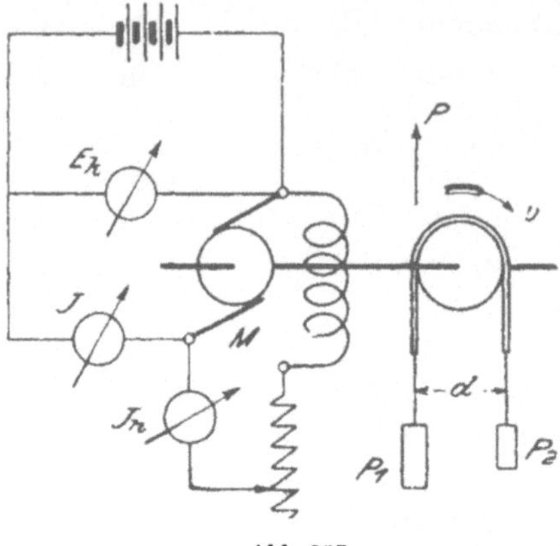

Abb. 287.

Nachdem der Anker durch allmähliches Kurzschließen des Anlaßwiderstandes in Gang gesetzt ist, wird mittels eines im Hauptstromkreise liegenden Regelwiderstandes die Spannung E_k eingestellt und konstant gehalten.

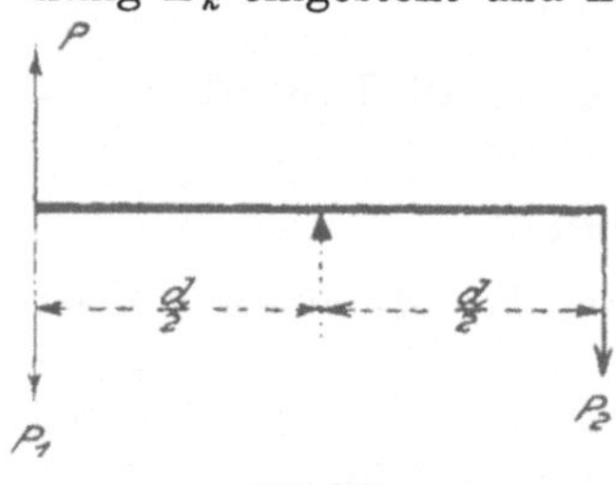

Abb. 288.

Die an der Riemenscheibe abgegebene Leistung (Abb. 287) ist $N_a = P \cdot v$ kgm/sec $= P \cdot v \cdot 9{,}81$ Watt, wenn P in kg und v in m/sec gemessen werden. Der Umfangskraft P wirkt nun die Reibungskraft des Bremsbandes entgegen, und für die Gleichgewichtslage der Gewichte P_1 und P_2 muß dann bei gleichen Momenten und Hebelarmen (Abb. 288) die Beziehung bestehen $P = P_1 - P_2$.

Die Umfangsgeschwindigkeit rechnet sich nach der Gleichung

$$v = \frac{\pi \cdot d \cdot n}{60} \text{ m/sec},$$

[1] ETZ 1913 S. 701, 739. [2] Z. VDI 1912 S. 1326; 1913 S. 1227.
[3] J. Instn. electr. Engr. 1904 S. 445; ETZ 1926 S. 36.
[4] Fortschr. Physik 1892 S. 421. [5] ETZ 1900 S. 365; 1902 S. 467.
[6] ETZ 1901 S. 608. [7] ETZ 1901 S. 194. [8] Z. VDI 1907 S. 607.
[9] Z. VDI 1913 S. 1083. [10] Z. VDI 1914 S. 41.

wenn d der in m gemessene Durchmesser, n die Drehzahl in der Minute der Riemenscheibe bedeuten. Durch Einsetzen dieser Größen ergibt sich dann der Wirkungsgrad des Motors

$$\eta = \frac{(P_1 - P_2) \cdot \pi \cdot d \cdot n \cdot 9{,}81}{E_k \cdot J \cdot 60} = \frac{P' \cdot d' \cdot \pi \cdot n \cdot 9{,}81}{E_k \cdot J \cdot 60}.$$

Liegen die Angriffspunkte der Kräfte nicht am Umfange der Riemenscheibe, sondern außerhalb derselben, wie es z. B. bei Bändern mit Holzleisten und noch mehr beim Pronyschen Zaum (Abb. 289) vorkommt, so ist die am Umfang der Riemenscheibe wirkende Kraft

$$P = \frac{P' \cdot d'}{d}.$$

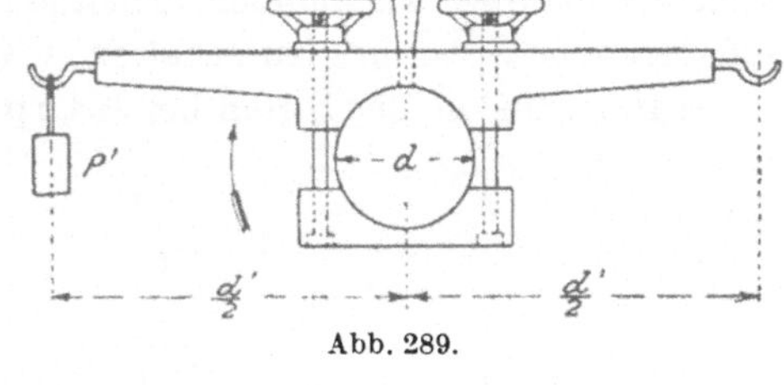

Abb. 289.

Aus den beobachteten Werten J_a, P', P, und n berechnet man dann die Umfangskraft P, die Gesamtstromstärke

$$J = J_a + J_n,$$

die abgegebene Leistung $N_a = \frac{P' \cdot d'}{102} \cdot \frac{\pi \cdot n}{60}$ kWatt und den Wirkungsgrad η.

Der Übersicht wegen trägt man alle Werte in Abhängigkeit von der abgegebenen Leistung N_a oder Stromstärke J_a in ein rechtwinkliges Koordinatensystem ein.

Zur Erzielung einer größeren Genauigkeit ordnet man alle Instrumente auf einem Brett an und photographiert die Angaben für die verschiedenen Belastungen.

c) Differential- oder Rückarbeits-Verfahren.

Voraussetzung ist dabei, daß mindestens zwei Maschinen derselben Bauart, Spannung und Leistung zur Verfügung stehen, wie es besonders bei einer Massenfabrikation oder auch bei Straßenbahnmotoren der Fall ist.

Die beiden Maschinen werden miteinander mechanisch und elektrisch so gekuppelt, daß eine von ihnen als Motor, die andere als Generator arbeitet. Der Antrieb erfolgt durch einen geeichten Hilfsmotor[1].

[1] ETZ 1909 S. 866.

Da hierbei die beiden Maschinen verschiedenartig magnetisch und elektrisch beansprucht werden, erhält man nur angenäherte Werte für η_g und η_m des Generators und Motors, die um so fehlerhafter werden, je kleiner die Leistung wird, welche die beiden Maschinen unterhalb der normalen Belastung liefern. Die Methode ist daher von G. Kapp dahin abgeändert worden, daß er den Hilfsmotor fortläßt und die eine Maschine als Motor direkt vom Netz aus antreibt (Abb. 290), so daß die beiden Maschinen gewissermaßen parallel zueinander arbeiten. Um eine bequeme Regulierung der Spannung zu erhalten, wählt man am besten Fremderregung, für die der Strom bei Hauptschlußmaschinen einer Hilfsbatterie von niedriger Spannung entnommen wird.

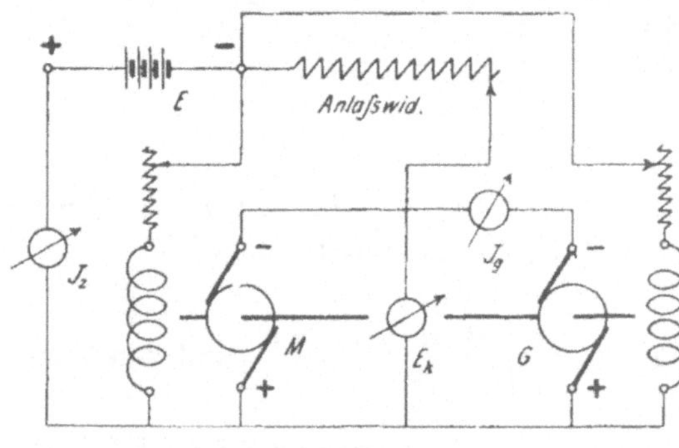

Abb. 290.

Nachdem die Magnetfelder erregt sind, können beide Maschinen auch zu gleicher Zeit mittels des Anlaßwiderstandes eingeschaltet werden, und es wird dann die Erregung des Generators stärker als die des Motors reguliert, so daß die normale Drehzahl, Spannung und die mittlere Stromstärke auftritt. Sobald der stationäre Zustand erreicht ist, liest man die Spannung E_k und die Ströme J_g und J_z ab. Dann würde der Wirkungsgrad der ganzen Anordnung allgemein durch die Gleichung

$$\eta_g \cdot \eta_m = \frac{E_{k_g} \cdot J_g}{E_{k_m} \cdot J_g + E \cdot J_z}$$

dargestellt werden können, worin E_{k_g} die Klemmenspannung des Generators, E_{k_m} die des Motors bedeutet. In diesem Fall ist $E_{k_g} = E_{k_m} = E_k = E$, so daß wir unter der allerdings nicht ganz einwandfreien Annahme, daß $\eta_g \approx \eta_m \approx \eta$ ist, erhalten

$$\eta \approx \sqrt{\frac{J_g}{J_g + J_z}}.$$

Sind die Maschinen nicht direkt gekuppelt, sondern durch Riemen oder Transmissionen miteinander verbunden, so muß auch der Wirkungsgrad der Übertragung η_u berücksichtigt werden, wofür dann $\eta \approx \sqrt{\frac{J_g}{(J_g+J_z)\cdot\eta_u}}$ wird.

Da bei dieser Methode die vom Motor aufgenommene Leistung zum größten Teil durch den Generator an das Netz zurückgegeben wird, so sind nur die Verluste in beiden Maschinen von der Stromquelle zu bestreiten. Daher eignet sich diese Methode auch für größere Maschinen nicht nur für die Bestimmung des Wirkungsgrades, sondern auch für Belastungsproben, weswegen sie in den

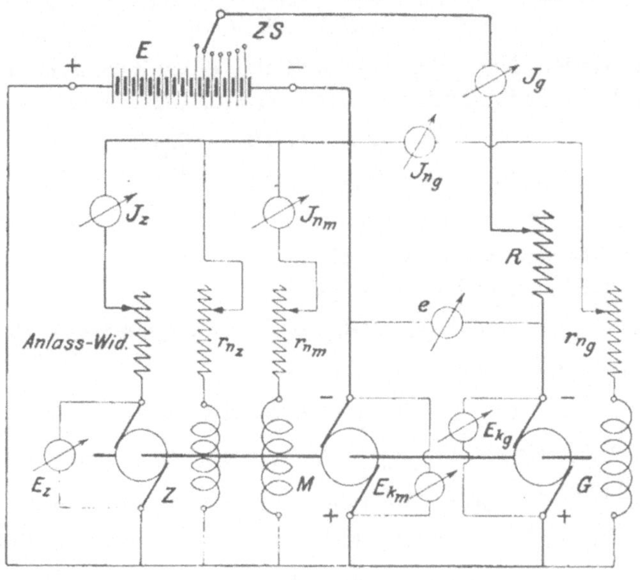

Abb. 291.

Fabriken ziemlich gebräuchlich ist, trotzdem die Genauigkeit der Messung keine sehr große ist, da die Stromstärke im Motor $J_m = J_g + J_z - (J_{n_g} + J_{n_m})$ größer als J_g im Generator ist und dieser wieder eine höhere magnetische Beanspruchung als der Motor erleidet. Hierbei ist es auch möglich, die beiden Maschinen gegeneinandergeschaltet ans Netz anzuschließen. French[1] benutzt für Bahnmotoren zur Konstanthaltung der Motorspannung und Ausgleich aller Verluste zwei fremderregte Hilfsmaschinen.

[1] Electrician 1913 S. 729; ETZ 1913 S. 597.

Erst A. **Blondel** hat durch Verbesserung der ersten Hopkinsonschen Anordnung eine einwandfreie Methode nach Abb. 291 erhalten, wobei beide Maschinen elektrisch und magnetisch normal beansprucht werden.

Die beiden Maschinen werden zuerst von einem geeichten Zusatzmotor Z angetrieben und auf gleiche EMKe $E_g = E_a$ (d. h. $E_{k_m} = E_{k_g}$) für $J_g = 0$ $(R = \infty)$ erregt. (E_g = elektromotorische Gegenkraft des Motors, E_a = EMK des Generators). Der Motor hat dann die Leerverluste

$$2 \cdot (N_{hw} + N_m) = E_z \cdot J_z \cdot \eta_z$$

zu überwinden. Nun schließt man R über einen Zellenschalter ZS und stellt den erforderlichen Strom J_g ein. Dann wird

$$E_{k_g} = E_a - E_{r_g} - J_g \cdot (R_{a_g} + R_{u_g})$$
$$E_{k_m} = E_g - E_{r_m} + J_g \cdot (R_{a_m} + R_{u_m}),$$

worin E_{r_g} und E_{r_m} den Spannungsabfall infolge Rückwirkung (und eventueller Bürstenverstellung) bedeuten.

Aus beiden Gleichungen folgt:

$$E_{k_m} - E_{k_g} = e = J_g \cdot [(R_{a_g} + R_{u_g}) + (R_{a_m} + R_{u_m})] + (E_{r_g} - E_{r_m})$$

oder, wenn man $E_{r_g} = E_{r_m}$ setzt,

$$e = J_g \cdot [(R_{a_g} + R_{u_g}) + (R_{a_m} + R_{u_m})] = E_{v_{k_g}} + E_{v_{k_m}}.$$

Die im Ankerwiderstand $R_a + R_u$ verbrauchte Leistung ist dann $N_{R_k} = \frac{e \cdot J_g}{2}$ für jede Maschine, wenn man die Ankerwiderstände R_{k_g} und R_{k_m} gleich groß setzt. Zur **Erregung** sind

$$N_{R_{n_m}} = E \cdot J_{n_m} \quad \text{und} \quad N_{R_{n_g}} = E \cdot J_{n_g} \text{ Watt}$$

verbraucht.

Es rechnet sich daher der Wirkungsgrad (nach Gl. 3, S. 351) für den **Motor**

$$\eta_m = \frac{E_{k_m} \cdot J_g - \frac{e \cdot J_g + E_z \cdot J_z \cdot \eta_z}{2}}{E_{k_m} \cdot J_g + E \cdot J_{n_m}}$$

und für den **Generator** (Gl. 2, S. 351)

$$\eta_g = \frac{E_{k_g} \cdot J_g}{E_{k_g} \cdot J_g + \frac{e \cdot J_g + E_z \cdot J_z \cdot \eta_z}{2}}.$$

Diese Methode ist ebenfalls für Dauerversuche zur Feststellung der Temperaturerhöhung brauchbar. Wenn sie auch die Bestimmung des Wirkungsgrades mit großer Genauigkeit zuläßt, so ist sie doch wegen des mechanischen Antriebs etwas umständlich. Man wird daher allgemein aus praktischen Gründen die einfachere Methode von Hutchinson[1] anwenden.

d) Leerlaufs- und Kurzschlußversuch.

Man ist von der Voraussetzung ausgegangen, daß sich die Verluste einer belasteten Maschine mit ausreichender Genauigkeit durch Superposition der Leerlaufs- und Kurzschlußverluste bestimmen lassen[2].

α) **Leerlaufsversuch** (Motorverfahren). Legt man einen Motor an eine Stromquelle an, so wird der Anker bei der Spannung E_k für Leerlauf einen Strom J_0 aufnehmen. Da er an der Riemenscheibe keine Leistung abgibt, so dient die aufgenommene Leistung $N_0' = E_{k_0} \cdot J_0$ zum Ausgleich der bei Leerlauf auftretenden Verluste. Diese setzen sich nun bei Belastung aus folgenden Teilen zusammen:

1. Mechanische Verluste N_m,
2. Eisenverluste N_{hw},
3. Erregungsverluste für das Magnetfeld N_{R_e} bzw. N_{R_h} oder N_n.
4. Stromwärmeverlust $N_{R_k} = E_{v_k} \cdot J_a = J_a^2 \cdot (R_a + R_u) = J_a^2 \cdot R_k$,
5. Zusatzverluste N_z.

Nun ist $$N_0' = E_{k_0} \cdot J_0 = J_0^2 \cdot R_k + N_m + N_{hw}$$

oder $$N_m + N_{hw} = E_{k_0} \cdot J_0 - J_0^2 \cdot R_k = N_0 .$$

Die auf diese Weise gemessenen Verluste können jedoch nur den bei Belastung auftretenden gleichgesetzt werden, wenn die Ursachen, von denen sie hervorgerufen werden, dieselben geblieben sind.

Nun sind die mechanischen Verluste von der Drehzahl n, die Eisenverluste von der magnetischen Induktion $\mathfrak{B}_a$ im Ankereisen und der Periodenzahl ν der Ummagnetisierung abhängig. Da die Periodenzahl $\nu = \frac{p \cdot n}{60}$ der Drehzahl proportional ist, so müssen

[1] ETZ 1909 S. 866. [2] ETZ 1903 S. 476.

wir beim Leerlaufsversuch dieselbe Drehzahl n und dieselbe magnetische Induktion $\mathfrak{B}_a$ im Anker wie bei Belastung haben.

Die Ermittlung der Drehzahl n geschieht nach Methode g, 2. Die Induktion können wir zwar direkt nicht messen, sie ist aber bestimmend für die Größe der im Anker induzierten EMK, und diese steht in einem einfachen Zusammenhang mit der Klemmenspannung E_k der Maschine. Dabei muß man natürlich berücksichtigen, ob ein Motor oder Generator untersucht werden soll. Für einen Motor ist die induzierte EMK bei Belastung $E_{g_b} = E_k - J_a \cdot R_k$ und bei Leerlauf $E_{g_0} = E_{k_0} - J_0 \cdot R_k$.

Da nun $E_g = c \cdot \mathfrak{B}_a$ ist und $\mathfrak{B}_a$ konstant bleiben soll, so muß $E_{g_0} = E_{g_b}$ sein, woraus folgt:

$$E_{k_0} - J_0 \cdot R_k = E_k - J_a \cdot R_k = E_k - E_{v_k}.$$

Es muß demnach dem Motor bei dem Versuch zur Feststellung der Verluste eine Klemmenspannung bei Leerlauf

$$\boldsymbol{E_{k_0} = E_k - J_a \cdot R_k + J_0 \cdot R_k}$$

geboten werden.

J_0 läßt sich durch einen Vorversuch bestimmen, indem man den Motor bei der Spannung $E_k - J_a \cdot R_k$ laufen läßt. Man kann aber nach REM § 59, 1 auch $J_0 \cdot R_k$ vernachlässigen und $E_{k_0} \approx E_k - J_a \cdot R_k$ setzen.

Ist die zu untersuchende Maschine ein Generator, so kann N_0 ebenfalls aus der Leistung gefunden werden, welche der als Motor laufende Generator bei Leerlauf aufnimmt. Da in diesem Fall als belasteter Generator

$$E_{a_b} = E_k + J_a \cdot R_k$$

und als leerlaufender Motor

$$E_{g_0} = E_{k_0} - J_0 \cdot R_k$$

ist, so folgt aus der Beziehung

$$E_{g_0} = E_{a_b} \quad \text{auch} \quad E_{k_0} - J_0 \cdot R_k = E_k + J_a \cdot R_k,$$

oder dem als Motor laufenden Generator muß die Klemmenspannung

$$\boldsymbol{E_{k_0} = E_k + J_a \cdot R_k + J_0 \cdot R_k}$$

geboten werden, worin J_0 ebenfalls durch einen Vorversuch bei der Spannung $E_k + J_a \cdot R_k$ festgestellt werden oder $E_{k_0} \approx E_k + J_a \cdot R_k$ gesetzt werden kann.

Die Verluste $N_{R_k} = N_{R_a} + N_{R_u} = J_a^2 \cdot R_k$ werden aus $f(E_{v_k}, J_a)$ durch Multiplikation zusammengehöriger Koordinaten (gemäß Abb. 269) und N_{R_e} nach S. 352 berechnet. Dann ist

$$\eta = \frac{N_e - N_v}{N_e} = \frac{N_a}{N_a + N_v},$$

wo N_v sich als Summe der meßbaren Verluste $N_m + N_{hw}$ und der berechneten Verluste $N_{R_a} + N_{R_u} + N_{R_e} + N_z$ bestimmt. Zur Ausführung der Messung benutzt man zweckmäßig folgende Tabelle:

Gegeben: $E_k =$ konst, J, J_e, $n =$ konst für einen Generator
$E_k =$ konst, J_a, J_e, n (nach Methode g, 2) für einen Motor.
Vorher ist gemessen: $f(E_{v_k}, J_a)$.

J	J_a	n_0	E_{k_0}	J_0	N_0'	$J_0^2 \cdot R_k$	N_0	N_{R_k}	N_{R_e}	N_z	N_v	N_a	N_e	η_g	η_m
1	1	2	3	4	5	6	7	8	9	10	11	12	13	14	15
vorher berechnet				gemessen	Z 3 · 4	$f(E_{v_k}, J_a)$	Z 5 − 6	$f(E_{v_k}, J_a)$	$E_e \cdot J_e$	s. S. 353	Z 7+8+9+10	Generator	Motor	$\frac{12}{12+11}$	$\frac{13-11}{13}$

Will man jedoch N_z zusammen mit N_{R_k} experimentell bestimmen, so dient dazu

β) Der Kurzschlußversuch: Ein Hilfsmotor wird für verschiedene Belastung geeicht, d. h. sein Wirkungsgrad in Abhängigkeit von der eingeführten elektrischen Leistung N_e bzw. Stromstärke J_a bestimmt und dann mit der zu untersuchenden Maschine gekuppelt, die er mit der normalen Drehzahl als Generator im richtigen Sinne antreibt. Schließt man die Klemmen durch einen Strommesser kurz und erregt das Feld, falls die Remanenz nicht ausreichen sollte, durch eine Hilfsbatterie so weit, bis der für den Wirkungsgrad in Frage kommende Strom J_a vom Anker abgegeben wird, dann verbraucht der Generator beim Kurzschluß die Leistung N_k', welche aus der eingeführten des Motors mit Hilfe der Eichkurve oder des Wirkungsgrades leicht bestimmt werden kann. In diesem Wert N_k' sind nach der Gleichung

$$N_k' = N_{R_a} + N_{R_u} + N_m + N_{hw}' + N_z$$

sämtliche Verluste enthalten, wobei N_{hw}' ein ganz kleiner Eisenverlust infolge der schwachen Erregung ist.

Hierbei sei darauf hingewiesen, daß die Bürsten keinesfalls in Motorstellung, d. h. gegen die Drehrichtung verschoben stehen dürfen. Wie gefährlich das werden kann, zeigt sich aus der Tatsache, daß bei einem 1100 kW-Generator, der bei voller Drehzahl ($n = 90$) ohne Erregung kurzgeschlossen wurde, in demselben Augenblick das Ankerkreuz durchbrach, da die Maschine infolge der längsmagnetisierenden Wirkung der Ankerströme ein starkes Feld erzeugte und sich mit ungewöhnlich hoher Stromstärke im Anker fast plötzlich bremste.

Nun öffnen wir den Kurzschluß und erhalten aus Ablesung und Eichkurve eine andere dem Generator zugeführte Leistung

$$N_k'' = N_m + N_{hw}',$$

die nur die mechanischen und Eisenverluste der Kurzschlußleistung N_k enthält. Aus beiden Werten folgt dann:

$$N_k = N_k' - N_k'' = N_{R_a} + N_{R_u} + N_z.$$

Dieser Versuch wird für einen Motor oder Generator in gleicher Weise ausgeführt, und erhalten wir dann als Ergebnis den Wirkungsgrad für einen Generator

$$\eta_g = \frac{E_k \cdot J}{E_k \cdot J + N_k + N_0 + N_{R_e}}$$

und für einen Motor

$$\eta_m = \frac{E_k \cdot J - (N_k + N_0 + N_{R_e})}{E_k \cdot J},$$

wenn E_k in beiden Fällen die Klemmenspannung und $J = J_a - J_n$ den Netzstrom für den Generator, dagegen $J = J_a + J_n$ den Gesamtstrom beim Motor mit Nebenschlußschaltung bezeichnet.

In ähnlicher Weise könnte man vermittels des Hilfsmotors auch die Verluste $N_m + N_{hw}$ bestimmen, wenn sich in einzelnen Fällen (z. B. bei Wechselstrommaschinen) der direkten Bestimmung Schwierigkeiten entgegenstellen oder eine gleichartige Stromquelle, wie sie die zu untersuchende Maschine erfordert, nicht vorhanden ist. (Vgl. Hilfsmotormethode g.)

e) Trennungsmethode.

Läßt man eine Maschine als Motor leer laufen, so nimmt sie eine Leistung $N_0' = E_{k_0} \cdot J_0$ bei einer bestimmten Drehzahl n

auf, aus der man

$$N_0 = N_0' - J_0^2 \cdot R_k = N_m + N_{hw}$$

bestimmen kann. Verringert man E_{k_0} und hält durch Schwächung des Feldes die Drehzahl konstant, so erhält man neue Werte für N_0. Trägt man diese in Abhängigkeit von E_{k_0} in ein rechtwinkliges Koordinatensystem ein (Abb. 292), so erhält man als $f(N_0, E_{k_0})$ ein Kurvenstück, welches seiner Form nach zwischen einer Geraden und einer Parabel gelegen ist. Wird nun diese Kurve bis zum Schnitt a mit der Ordinatenachse verlängert, dann stellt die Strecke Oa den Verlust dar, der bei normaler Drehzahl für die Spannung $E_{k_0} = 0$ auftritt. Da in diesem Falle keine Eisenverluste vorhanden sind, muß die Strecke Oa die mechanischen Verluste N_m darstellen. Um diese Werte möglichst

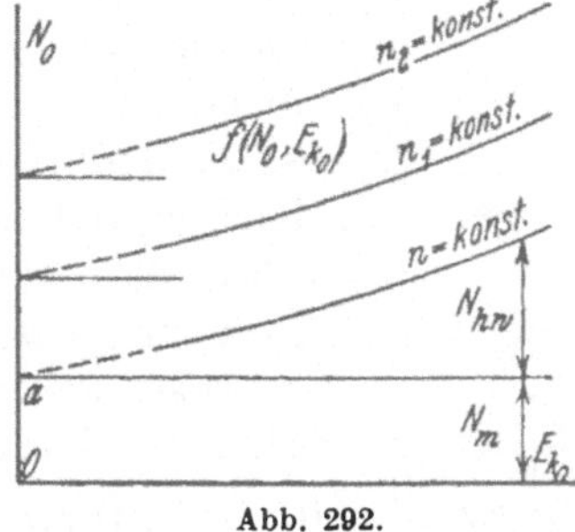

Abb. 292.

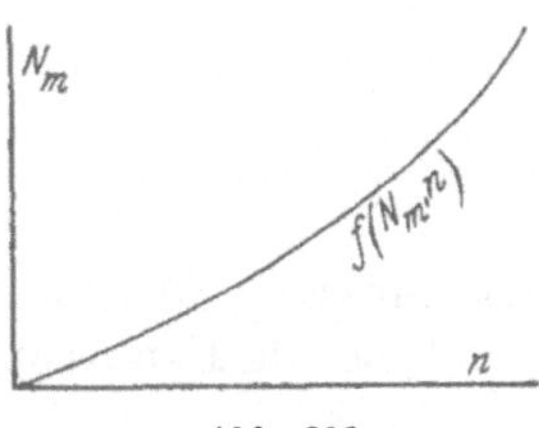

Abb. 293.

genau zu erhalten, empfiehlt es sich, mit der Spannung E_{k_0} so weit als möglich herunterzugehen. Zur Erhöhung der Genauigkeit trägt man N_0 als Funktion von $E_{k_0}^2$ auf, wodurch die Punkte für Spannungen unterhalb der Einheit näher an die Ordinatenachse heranrücken und die Kurve im allgemeinen in eine Gerade übergeht.

In derselben Weise werden nun für andere Drehzahlen n_1, n_2 usw. die zugehörigen Kurven aufgenommen und die Werte N_{m_1}, N_{m_2} usw. bestimmt. Durch Eintragen des Reibungsverlustes als Funktion der Drehzahl n in ein rechtwinkliges Koordinatensystem erhält man dann (Abb. 293) als $f(N_m, n)$ eine Kurve, die ungefähr der 1,5. Potenz von n proportional ist nach der Gleichung

$$\mathbf{N_m = c \cdot n^{1,5}}\,.$$

In manchen Fällen ist es verhältnismäßig schwierig, die oben angegebenen Kurven $f(N_0, E_{k_0})$ für konstante Drehzahl bei veränderlicher Erregung so weit aufzunehmen, daß aus ihrer Verlängerung die Reibungsverluste genau festgestellt werden können.

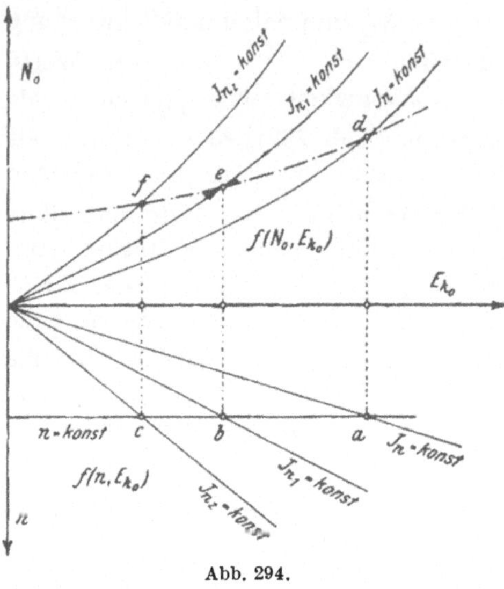

Abb. 294.

Außerdem lassen sich die Kurven schlecht zur Trennung von N_h und N_w benutzen. Dann kann man sich dadurch helfen, daß man bei Leerlauf die Leistungen N_0 als Funktion der Klemmenspannung E_{k_0} bei konstanter Erregung J_e und veränderlicher Drehzahl n bestimmt und entsprechend verschiedenen Erregerstromstärken eine Schar von Kurven aufnimmt (Abb. 294), die natürlich im Koordinatenanfang endigen müssen. Gleichzeitig notiert man die Ankerströme J_0 und trägt sie als Funktion von E_{k_0} zeichnerisch auf (Abb. 295).

Um nun N_0 bei konstanter Drehzahl und veränderlicher Erregung zu erhalten, zeichnen wir uns in Abb. 294 die Kurven $f(n, E_{k_0})$, J_n = konst. hin, ziehen für eine bestimmte Drehzahl n = konst eine Parallele zur Abszissenachse, welche die Drehzahlkurven in a, b, c schneidet. Von diesen Punkten ziehen wir vertikale Linien bis zum Schnitt d, e, f mit den zugehörigen Kurven, so ergibt uns eine stetige Verbindung der Schnittpunkte die verlangte (strichpunktierte) Kurve $f(N_0, E_{k_0})$ für konstante Drehzahl bei veränderlicher Erregung. Dieselbe Konstruktion

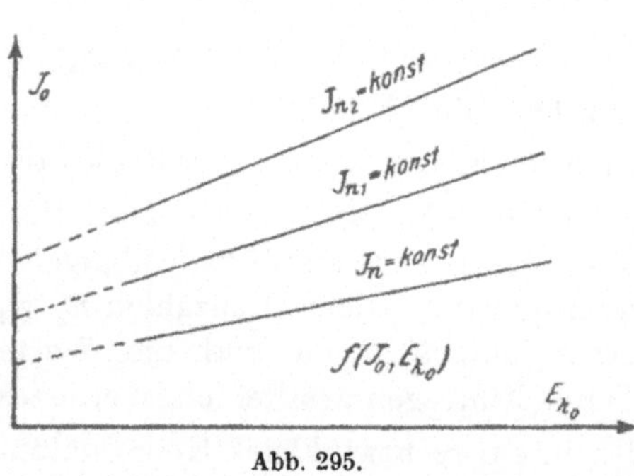

Abb. 295.

führen wir für die Drehzahlen n_1, n_2 usw. aus. Am besten zeichnet man sich die Kurven besonders heraus und bestimmt nach den früheren Erklärungen die Kurve der mechanischen Verluste als Funktion der Drehzahl $f(N_m, n)$, wie sie in Abb. 293 angegeben ist.

Zur weiteren Trennung der Eisenverluste in Hysteresis- und Wirbelstromverluste kann man folgenden Weg einschlagen:

Man zeichnet die Kurven der Ankerströme J_0 als Funktion von E_{k_0} auf, von denen vorläufig nur eine für die normale Erregung $J_n =$ konst. betrachtet werden soll (Abb. 296). In diesem Strom J_0 sind die den Leistungsverlusten $J_0^2 \cdot R_k$, N_m, N_h und N_w gleichwertigen Stromstärken J_r, J_ϱ, J_h, J_w enthalten, und zwar ist $J_r = \frac{J_0^2 \cdot R_k}{E_{k_0}}$. Nun berechnen wir für verschiedene Spannungen E_{k_0} und Ströme J_0 diesen Wert und verkürzen die Ordinaten um die zugehörigen Stücke von J_r, woraus sich die Kurve ab ergibt. Im allgemeinen kann man J_r wegen des geringen Einflusses vernachlässigen. Zur Bestimmung von J_ϱ wählt man einige Spannungen aus und entnimmt der Abb. 294 die dazugehörigen Drehzahlen. Für diese ergeben sich dann aus Abb. 293 die Verluste N_m, woraus nach der Gleichung $J_\varrho = \frac{N_m}{E_{k_0}}$ die dem Verlust entsprechende Stromstärke gefunden wird. Subtrahiert man von den Ordinaten der Linie ab die Größen J_ϱ, so erhält man durch Verbindung der gefundenen Punkte eine annähernd gerade Linie $cd = f(J_{hw}, E_{k_0})$, deren Verlängerung die Ordinatenachse in c schneidet.

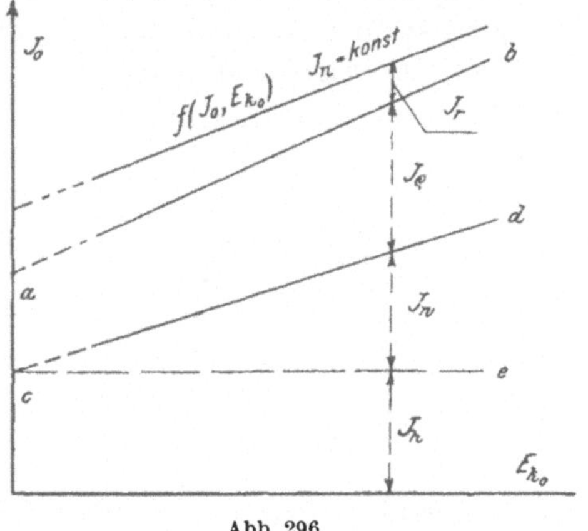

Abb. 296.

Für konstante Erregung ist darin $J_h =$ konst, J_w dagegen ändert sich proportional mit E_{k_0}. Denn es ist $N_w = E_{k_0} \cdot J_w = \frac{E_{k_0}^2}{r_w}$, worin r_w den Widerstand des Wirbelstromkreises bedeutet. Daraus folgt $J_w = \frac{1}{r_w} \cdot E_{k_0} = c \cdot E_{k_0}$. Addiert man auf beiden Seiten J_h, so ergibt sich

$$J_w + J_h = c \cdot E_{k_0} + J_h$$

als Gleichung einer Geraden, deren Ordinatenachsenabschnitt gleich J_h sein muß, da für $E_{k_0} = 0$ die Wirbelstromverluste verschwinden. Es stellt somit die Strecke Oc den zum Ausgleich der Hysteresisverluste notwendigen Strom J_h dar. Zieht man zur Abszissenachse die Parallele ce, so entsprechen die Ordinaten zwischen den Linien ce und cd den Strömen J_w.

Multipliziert man die so gefundenen Ströme mit den zugehörigen Klemmenspannungen und trägt die Produkte als Funktion von E_{k_0} auf, so erhält man übersichtlichere Kurven (Abb. 297),

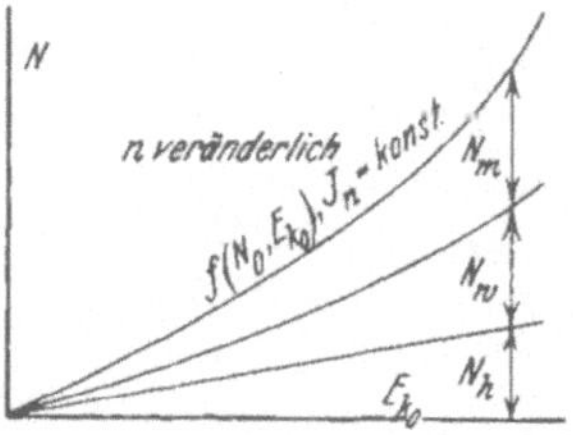

Abb. 297.

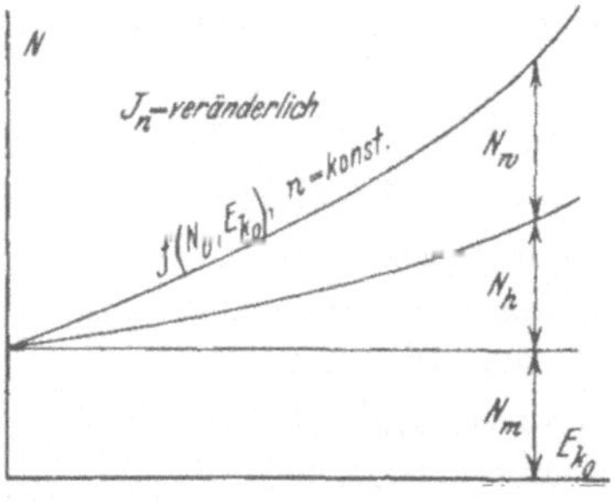

Abb. 298.

welche direkt die Verluste in Watt für konstante Erregung bei veränderlicher Drehzahl angeben. In derselben Weise kann man nun die Konstruktion für die anderen Erregungen durchführen und erhält dann eine Kurvenschar, aus der man die zu einer konstanten Drehzahl bei veränderlicher Erregung gehörenden Verluste entnehmen kann. Trägt man die so gefundenen Werte als Funktion von E_{k_0} auf, so erhält man folgende Kurven (Abb. 298), die dann leicht zur Bestimmung des Wirkungsgrades dienen können.

f) Auslaufsmethode.

Wird einem um eine Achse drehbaren Körper durch eine äußere Kraft eine bestimmte Winkelgeschwindigkeit erteilt, so besitzt er nach Aufhören der Einwirkung eine gewisse kinetische

Energie oder Arbeitsfähigkeit. Überläßt man nun den Körper sich selbst, so wird die kinetische Energie verbraucht, um die bei der Drehung auftretenden Verluste auszugleichen, so daß der Körper eine immer mehr abnehmende Drehzahl zeigt und allmählich zur Ruhe kommt. Die Zeit, welche dabei verfließt, bezeichnet man als Auslaufszeit. Da die kinetische Energie von der Umdrehungszahl des Körpers abhängig ist, so wird uns eine Kurve, welche die Drehzahl n als Funktion der Auslaufszeit t darstellt, auch für jeden Augenblick die dem System innewohnende Energie angeben. Man bezeichnet diese Funktion als **Auslaufskurve $f(n, t)$.**

Hat der gedrehte Körper die Masse m, das Trägheitsmoment J bezogen auf die Drehachse und die Geschwindigkeit v für den Punkt, in dem wir uns die Masse vereinigt denken, so ist seine Arbeitsfähigkeit $A = m \cdot \frac{v^2}{2} = \frac{J \cdot \omega^2}{2}$ kgm.

Ändert sich nun die kinetische Energie in der Zeit dt um den kleinen Betrag $-dA$, so ist die dabei abgegebene Leistung oder der Leistungsverlust

$$N = -\frac{dA}{dt} \text{ kgm/sec.}$$

Werten wir den Differentialquotienten aus, so wird der bei der Drehzahl n auftretende Leistungsverlust

$$N = -J \cdot \omega \cdot \frac{d\omega}{dt} = -J \cdot \left(\frac{\pi}{30}\right)^2 \cdot n \cdot \frac{dn}{dt} \text{ kgm/sec},$$

da $\omega = \pi \cdot \frac{n}{30}$ ist. Für einen bestimmten Körper ist $c = J \cdot \left(\frac{\pi}{30}\right)^2$ kgmsec² eine Konstante, so daß man schreiben kann:

$$\boldsymbol{N = -c \cdot n \cdot \frac{dn}{dt}} \text{ kgm/sec.}$$

Diese Gleichung setzt uns auch in die Lage, c und daraus das Trägheitsmoment bzw. Schwungmoment eines Körpers experimentell zu ermitteln.

Wollen wir N in Watt erhalten, so müssen wir

$$c = 9{,}81 \cdot J \cdot \left(\frac{\pi}{30}\right)^2 \text{Joulesec}^2 \quad \text{und} \quad N = -9{,}81 \cdot J \cdot \left(\frac{\pi}{30}\right)^2 \cdot n \cdot \frac{dn}{dt} \text{ Watt}$$

setzen. Bei einfachen Hohlzylindern ist c leicht zu bestimmen, da

$$J = \frac{G}{g} \cdot \left(R^2 + \frac{h^2}{4}\right) \text{ kgmsec}^2$$

ist, wenn G das Gewicht in kg, $g = 9{,}81\ \mathrm{m/sec^2}$ die Erdbeschleunigung, R der Radius für den Schwerpunkt des Querschnitts und h die radiale Dicke der Zylinderwandung in m gemessen ist (Abb. 299) Bei elektrischen Maschinen führt man zweckmäßig das Schwungmoment $GD^2 = 4g \cdot J$ kgm² ein, worin G das Gewicht des umlaufenden Körpers in kg und D in m der Trägheitsdurchmesser ist. Dann gilt

$$N = -G \cdot D^2 \cdot \left(\frac{\pi}{60}\right)^2 \cdot n \cdot \frac{dn}{dt} = -2{,}74 \cdot 10^{-3} \cdot G \cdot D^2 \cdot N \cdot n \cdot \frac{dn}{dt} \text{ Watt.}$$

Die Konstante c läßt sich experimentell auf folgende Weise bestimmen:

Legt man den Anker an eine Klemmenspannung E_{k_0}, so wird er bei n U/min einen Strom J_0 aufnehmen. Dann dient die eingeführte Leistung $N_0' = E_{k_0} \cdot J_0$ dazu, die Verluste

$N_{R_{k_0}} = J_0^2 \cdot R_k$ durch Stromwärme, N_m durch Reibung,

N_h durch Hysteresis, N_w durch Wirbelströme

auszugleichen, woraus folgt:

$$N_0' - N_{R_{k_0}} = N_0 = N_m + N_h + N_w .$$

Diese Leistung N_0 verbraucht nun die kinetische Energie $-c \cdot n \cdot \frac{dn}{dt}$ des Systems, und es muß daher in jedem Augenblick

$$-c \cdot n \cdot \frac{dn}{dt} = N_m + N_h + N_w$$

sein. Die Größe $\frac{dn}{dt}$ ist aus der Auslaufskurve $f(n, t)$ zu bestimmen.

Zur Aufnahme derselben versetzen wir den Anker der Maschine durch irgendeine äußere Kraft oder durch den elektrischen Strom in Drehung, indem wir das Magnetfeld mit dem im Betriebe normalen Strom J_e erregen. Sobald der Anker die normale Drehzahl n erreicht hat, wird die äußere Energiezufuhr unterbrochen und von diesem Augenblick an zu verschiedenen Zeiten t (in sec) des Auslaufens die dazugehörige Drehzahl n bestimmt. (Im allgemeinen steigert man anfangs die Drehzahl etwas über den normalen Betrag.) Diese Werte stellt man zeichnerisch dar (Abb. 300) und erhält daraus die Auslaufskurve $f(n, t)$ für $J_e =$ konst. In derselben Weise nehmen wir auch für $J_e = 0$, d. h. ohne Erregung eine neue Kurve auf.

Am leichtesten und schnellsten werden diese Kurven mit einem registrierenden Tachometer oder Tachographen ermittelt. Da derselbe jedoch nicht immer zur Hand sein wird, so kann man sich auch in folgender Weise helfen:

Man legt einen Spannungsmesser an die Klemmen des Ankers, mißt die induzierte EMK E_a desselben in Abhängigkeit von der Auslaufszeit t und erhält als zeichnerische Darstellung eine nur durch den Maßstab von der Auslaufskurve verschiedene Kurve, da $E_a = c \cdot n$ für $J_e =$ konst ist. Nun treibt man die Maschine durch einen Hilfsmotor bei derselben Erregung an und bestimmt für verschiedene EMKe E_a die zugehörige Drehzahl n (es genügen schon wenige Punkte, da $f(E_a, n)$ geradlinig ist). Aus dieser Aufnahme entnimmt man nun die zu den Grö-

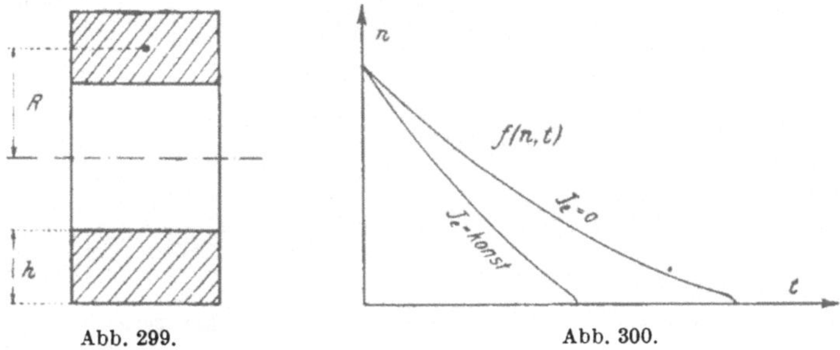

Abb. 299. Abb. 300.

ßen E_a der $f(E_a, t)$ gehörenden Werte von n und erhält damit auch $f(n, t)$. Bei unerregtem Felde genügt der remanente Magnetismus, wenn man ein entsprechend empfindliches Instrument benutzt.

Zur Prüfung der mit dem Tachometer festgestellten Auslaufskurven mißt man die vom Augenblick des Abschaltens an zurückgelegten Umdrehungen u für verschiedene Zeiten mit Hilfe eines einfachen Tourenzählers und trägt sie als Funktion der Zeit t in sec auf (Abb. 301). Es gibt dann die Endordinate der Kurve für die Zeit t, in welcher der Anker zur Ruhe kommt, die gesamte Umdrehungszahl $u_{\max}$ während des Auslaufs an. Diese Ordinate steht aber in einer bestimmten Beziehung zur Auslaufskurve. Für einen schmalen Streifen der Auslaufskurve $f(n, t)$ von der Breite dt (Abb. 302) ist die Fläche in einem bestimmten Maß $c_1 \cdot df = n \cdot dt = du$. Die von den Ordinaten $t = 0$ und

$t = t_1$ eingeschlossene Fläche *abcd* stellt demnach

$$\int c_1 \cdot df = c_1 \cdot f = \int_0^{t_1} n \cdot dt = \int_0^{t_1} du = [u]_0^{t_1},$$

d. h. die in der vom Beginn des Auslaufs an verflossenen Zeit t_1 gemessene Umdrehungszahl u_{max} dar. Da nun die Ordinaten der Umdrehungszahlkurve $f(u, t)$ den Inhalt des entsprechenden Flächenstücks der Auslaufskurve angeben, so stellen sie das Integral des betreffenden Kurvenstücks dar. Die Umdrehungszahlkurve $f(u, t)$ ist daher die Integralkurve $\int f(n, t) \cdot dt$ der Auslaufskurve $f(n, t)$. Hat man die $f(u, t)$ aufgenommen und legt

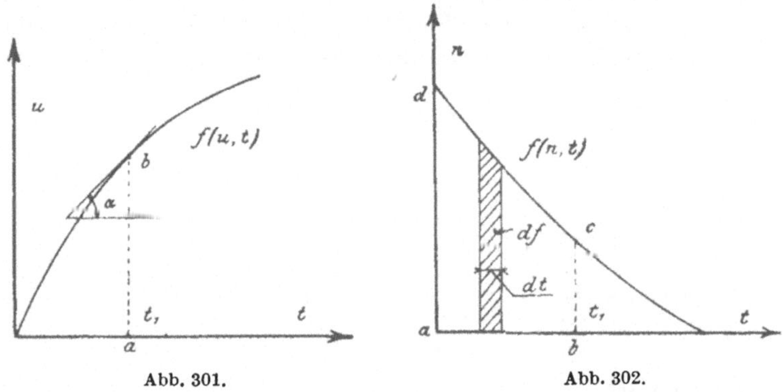

Abb. 301. Abb. 302.

(Abb. 301) für die Zeit $t_1 = Oa$ und $u_1 = ab$ eine Tangente in b an die Kurve, so ist

$$\operatorname{tg} \alpha = \frac{du}{dt} = \frac{n \cdot dt}{dt} = n$$

in dem betreffenden Maß die zu $t_1 = ab$ (Abb. 302) gehörende Drehzahl/min $cb = n$. Man findet daher zeichnerisch (s. Abb. 252) die Auslaufskurve $f(n, t)$ als Differentialkurve $d\frac{f(u, t)}{dt}$ der Umdrehungszahlkurve $f(u, t)$.

Für kleine Motoren, bei denen die Auslaufszeit unter etwa 15 sec liegt, kann man nach W. Linke[1] aus der gesamten Auslaufszeit und der bei Leerlauf und konstanter Erregung für verschiedene Drehzahlen n aufgenommenen Leistungskurve $f(N_0, n)$ die Auslaufskurve ermitteln.

---

[1] ETZ 1905 S. 610.

Legt man nun (Abb. 303) an die Auslaufskurve für normale Erregung J_e in einem beliebigen Punkt f eine Tangente fc, errichtet in f die Normale fb und fällt das Lot fa, so wird

$$\operatorname{tg}(f c a) = \operatorname{tg}\gamma = -\frac{dn}{dt},$$

wenn n und t in gleichem Maßstab aufgetragen sind. Bedeutet aber 1 cm Ordinate $= p$ U/min und 1 cm Abszisse $= q$ sec, dann ist für diese Kurve $\operatorname{tg}\alpha = -\frac{p}{q}\cdot\frac{dn}{dt} = \frac{p}{q}\cdot\operatorname{tg}\gamma$, worin α der Neigungswinkel der geometrischen Tangente an diese Kurve ist.

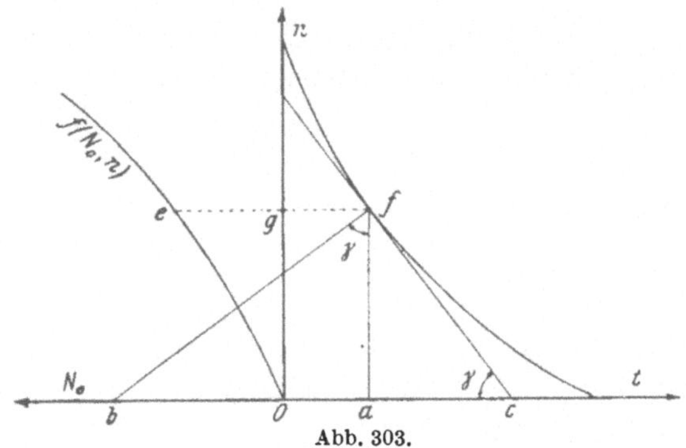

Abb. 303.

In dem Dreieck abf ist aber $\operatorname{tg}\gamma = \frac{ab}{af} = \frac{ab}{n}$. Aus dieser und der Gleichung für $\operatorname{tg}\gamma$ folgt: $\frac{ab}{n} = -\frac{dn}{dt}$ oder die Subnormale $\boldsymbol{ab = -n\cdot\frac{dn}{dt}}$.

Bestimmen wir demnach aus der Auslaufskurve für irgendeinen Punkt die Subnormale ab, so könnten wir die in dem Augenblick abgegebene Leistung $N_0 = N_m + N_h + N_w = c\cdot ab$ sofort berechnen, wenn die Konstante c bekannt wäre.

Nach der Formel hat ab die Dimension $\frac{n^2}{t}$. Da aber aus dem Diagramm ab in Sekunden (t) abgelesen wird, so müssen wir den abgelesenen Wert mit $\left(\frac{n}{t}\right)^2$ multiplizieren, um die richtige Dimension zu erhalten. Das Verhältnis $\frac{n}{t}$ ist uns durch den Maßstab des Koordinatensystems (p, q) gegeben. Es wäre also ab mit $\left(\frac{p}{q}\right)^2$ zu multiplizieren.

Würde man ab in cm einsetzen, so hätte man mit $\frac{p^2}{q}$ zu multiplizieren, da ab sec $= q \cdot ab$ cm sind. Es gilt somit die Beziehung: $\boldsymbol{N = c \cdot ab \cdot \left(\frac{p}{q}\right)^2}$ **Watt**, wenn ab in sec eingesetzt wird. Ferner ergibt sich:

$$N = 0{,}137 \cdot 10^{-2} \cdot G \cdot D^2 \cdot n \cdot \operatorname{tg}\gamma = 0{,}137 \cdot 10^{-2} \cdot G \cdot D^2 \cdot n \cdot \frac{q}{p} \cdot \operatorname{tg}\alpha \text{ Watt.}$$

Zur Bestimmung der Konstanten c nehmen wir eine Kurve $f(N_0, n)$ an der Maschine auf, welche die Leistung $N_0 = E_{k_0} \cdot J_0 - J_0^2 \cdot R_k$ als Funktion der Drehzahl n angibt, indem wir dem Motor bei konstanter Erregung eine veränderliche Spannung E_{k_0} liefern und den aufgenommenen Strom J_0 und die Drehzahl n notieren. Die daraus gebildete Kurve $f(N_0, n)$ wird in Abb. 303 nach links so eingetragen, daß N_0 als Abszisse, n als Ordinate erscheint. Daraus entnimmt man die zu der Drehzahl fa gehörige Leistung ge, so daß nach der Gleichung $ge = c \cdot ab$ die Konstante aus $c = \frac{ge}{ab} \cdot \left(\frac{q}{p}\right)^2$ bestimmt ist.

In derselben Weise verfahren wir mit anderen Punkten $f_1, f_2, \ldots, f_n$ und erhalten daraus mehrere Werte für c, aus denen dann das Mittel genommen wird.

Da nun die Verluste in der Nähe der Betriebsdrehzahl nahezu quadratischen bis kubischen Verlauf zeigen, eignet sich die Auslaufskurve für diesen Bereich sehr schlecht wegen der ungenauen Zeichnung der Tangenten. In diesem Fall ist es vorteilhafter, statt der Auslaufskurve $f(n, t)$ die Teilzeitlinie $f(\Delta t, n_m)$ aufzunehmen, deren Ordinaten $\Delta t = t_x - t_{x-1}$ die Teilzeit zwischen den beim Auslauf gemessenen Drehzahlen n_{x-1} und n_x, deren Abszissen die mittlere Drehzahl $n_m = \frac{n_{x-1} + n_x}{2}$ darstellen. J. Wicher[1] zeigt nun in einigen Beispielen ausführlich, wie man diese Teilzeitlinien aufnehmen und für die Bestimmung der Verluste auswerten kann. Dabei findet man aber, daß diese Methode gegen den unteren Ast der Auslaufskurve mehr und mehr an Genauigkeit einbüßt.

Die Güte der Methode hängt also davon ab, mit welcher Genauigkeit es möglich ist, die Lage der Tangente an die Auslaufs-

---

[1] ETZ 1930 S. 1426.

kurve bzw. ihre Neigung $\operatorname{tg}\gamma = -\frac{dn}{dt}$, die der Verzögerung der Schwungmassen entspricht, zu ermitteln.

Nach A. Engler u. A. Zeidler[1] läßt sich nun die Bestimmung der Tangente umgehen, wenn man eine Kurve $f(n, u)$, die leicht mit einem Tachographen aufgezeichnet werden kann, aufnimmt, bei der die Drehzahl n in Abhängigkeit von der vom Anfang des Auslaufs $(n = n_0)$ an gerechneten Umlaufszahl u dargestellt wird.

Nun ist $du = \frac{n}{60} \cdot dt$ oder $\frac{du}{dn} = \frac{n}{60} \cdot \frac{dt}{dn}$, woraus folgt: $\frac{dn}{dt} = \frac{n}{60} \cdot \frac{dn}{du}$. Führen wir diesen Wert in die frühere Gleichung für die Leistung N bei der Drehzahl n (S. 371) ein, so erhalten wir, wenn $J = \frac{G \cdot D^2}{4 \cdot g}$ gesetzt wird,

$$N = -9{,}81 \cdot J \cdot \left(\frac{\pi}{30}\right)^2 \cdot \frac{n^2}{60} \cdot \frac{dn}{du} = -45{,}6 \cdot 10^{-6} \cdot G \cdot D^2 \cdot n^2 \cdot \frac{dn}{du} \text{ Watt.}$$

Verläuft nun die Kurve $f(n, u)$ nach einer Geraden, dann ist $-\frac{dn}{du} = \frac{n_0}{u_{\max}} = \text{konst}$, und es wäre hierfür

$$N = 45{,}6 \cdot 10^{-6} \cdot G \cdot D^2 \cdot n^2 \cdot \frac{n_0}{u_{\max}} = \text{konst} \cdot n^2 \text{ Watt.}$$

Im allgemeinen werden die Verluste nicht proportional n^2 verlaufen, so daß die Kurve $f(n, u)$ von einer Geraden etwas abweichen wird. In diesem Fall müßten dann die Tangenten doch gezeichnet werden, aber ihre Konstruktion ist wegen des flacheren Verlaufs genauer als bei der Auslaufskurve $f(n, t)$.

Verwendet man zur genauen Aufnahme der Auslaufskurve $f(n, t)$ einen Zeitschreiber (Chronograph), auf dessen mit konstanter Geschwindigkeit ablaufendem Papierstreifen durch eine mit konstanter Frequenz schwingende Stimmgabel die Zeit t und gleichzeitig daneben die Drehzahl n der Welle aufgezeichnet wird, so kann man nach E. Charlton und D. Ketchum[2] die Größe $\operatorname{tg}\gamma = -\frac{dn}{dt}$ für eine Drehzahl n folgendermaßen be-

[1] Bull. schweiz. elektrotechn. Ver. Bd. 20 (1929) S. 217; ETZ 1929 S. 1589.

[2] J. Amer. Inst. electr. Engr. 1930 S. 428; ETZ 1931 S. 49.

rechnen, indem man aus den Aufnahmen nachstehende Tabelle bildet.

t	n	Δa	Δb	$\dots$	Δk
t_0	n_0				
		a_0			
t_1	n_1		b_0		
		a_1		$\dots$	k_0
t_2	n_2		b_1		
.	.	a_2	.	$\dots$	k_1
.	.	.	.		.
.	.	.	.	$\dots$	.
.	.	.	b_{m-3}		.
.	.	a_{m-2}			.
t_{m-1}	n_{m-1}			$\dots$	k_{m-k}
			b_{m-2}		
		a_{m-1}			
t_m	n_m				

Die Zeitunterschiede $h = t_1 - t_0 = t_2 - t_1 \dots$ wählt man gleich groß. Die Differenzen

$$a_0 = n_1 - n_0,$$
$$a_1 = n_2 - n_1 \dots$$
$$a_{m-1} = n_m - n_{m-1}$$

der Spalte Δa,

$$b_0 = a_1 - a_0,$$
$$b_1 = a_2 - a_1 \dots$$
$$b_{m-2} = a_{m-1} - a_{m-2}$$

der Spalte Δb usw.

bildet man so lange, bis in einer Spalte Δk die Werte $k_0 \approx k_1 \approx k_2 \dots \approx k_{m-k}$ einander gleich werden. Es ergibt sich dann nach der Interpolationsformel von Newton die Neigung der Tangente

$$\operatorname{tg}\gamma = \frac{1}{h}\cdot\Big[a_0 + (2m-1)\cdot\frac{b_0}{2!} + (3m^2 - 6m + 2)\cdot\frac{c_0}{3!} + (4m^3 - 18m^2 + 22m - 6)\cdot\frac{d_0}{4!} + \cdots\Big].$$

Für die Betriebszahl n_0 wird dann:

$$\operatorname{tg}\gamma_0 = \frac{1}{h}\Big(a_0 - \frac{b_0}{2} + \frac{c_0}{3} - \frac{d_0}{4} + \cdots\Big),$$

für n_1: $$\operatorname{tg}\gamma_1 = \frac{1}{h}\cdot\Big(a_1 - \frac{b_1}{2} + \frac{c_1}{3} - \frac{d_1}{4} + \cdots\Big),$$

für n_k: $$\operatorname{tg}\gamma_k = \frac{1}{h}\cdot\Big(a_k - \frac{b_k}{2} + \frac{c_k}{3} - \frac{d_k}{4} + \cdots\Big).$$

Sind nun für eine Maschine die Verluste N_v für eine Drehzahl n bekannt, so kann man aus der Auslaufskurve $f(n, t)$ auch für andere Drehzahlen n_x die Verluste bestimmen aus $N_{v_x} = N_v \cdot \frac{n_x}{n} \cdot \frac{\operatorname{tg}\gamma_x}{\operatorname{tg}\gamma}$. Ist das Schwungmoment $G \cdot D^2$ bekannt, so genügt danach zur Bestimmung der Verlustkurve $f(N_v, n)$ über den ganzen Drehzahlbereich allein die Aufnahme der Auslaufskurve $f(n, t)$, was besonders für große Maschinen von Vorteil ist.

Die Konstante c läßt sich auch rechnerisch in folgender Weise bestimmen:

Hat man aus dem Auslaufsversuch für eine bestimmte Zeit t_1 die Drehzahl n_1 und für t_2 die entsprechende n_2 entnommen, so ist der Tourennachlaß $n_1 - n_2$ in der Zeit $t_2 - t_1$ ein Maß für die abgegebene Leistung. Ist die in dem Augenblick t_1 zum Lauf des Motors mit der Drehzahl n_1 notwendige Leistung N_0 aus der experimentell aufgenommenen Kurve $f(N_0, n)$ bekannt, so wird nach der Gleichung

$$\int_{t_1}^{t_2} N_0 \cdot dt = -c \cdot \int_{n_1}^{n_2} n \cdot dn \qquad \text{oder} \qquad N_0 \cdot [t]_{t_1}^{t_2} = -\frac{c}{2} \cdot [n^2]_{n_1}^{n_2}$$

bzw.

$$N_0 = \frac{c}{2} \cdot \frac{n_1^2 - n_2^2}{t_2 - t_1}$$

die Konstante

$$c = \frac{2 \cdot N_0}{n_1^2 - n_2^2} \cdot (t_2 - t_1) .$$

Nach O. S. Bragstad[1] läßt sich bei Maschinen mit Kugellagern die Konstante c durch Beobachtung der Schwingungszeit T (sec) des Ankers bestimmen, der durch ein Gewicht G (kg) im Abstand r (cm) von der Drehachse in Pendelschwingungen versetzt wird. Dann ist das Trägheitsmoment

$$J = \pi \cdot \sqrt{\frac{T}{G \cdot r}} \qquad \text{und} \qquad c = 9{,}81 \cdot \left(\frac{\pi}{30}\right)^2 \cdot J .$$

Ähnlich ist eine Methode[2], bei der man den Anker mit Stahldrähten oder Bändern an einem schneidenartigen Träger aufhängt und ihn dann in Schwingungen versetzt. Eine Erweiterung dieser Methoden ist von F. Knauer[3] angegeben.

Kuhlmann[4] stellt die Auslaufskurve als arithmetische Reihe 3. Ordnung mit der Bildungsfunktion $n = n_0 + a \cdot t + b \cdot t^2 + d \cdot t^3$ dar und berechnet dafür aus 3 Werten von n die Konstanten a, b, d. Nun ist für $t = 0$ die Leistung $N = E_{k_0} \cdot J_0$ und $n = n_0$, $\left[\frac{dn}{dt}\right]_{t=0} = a$, so daß man $E_{k_0} \cdot J_0 = -c \cdot n_0 \cdot a$ oder $c = \frac{E_{k_0} \cdot J_0}{n_0 \cdot a}$ erhält. Dazu ergibt sich dann die Leistung

$$N_t = -c \cdot n \cdot (a + b \cdot t + d \cdot t^2) ,$$

wofür man die Drehzahl n zu dem zugehörigen Wert von t aus der Auslaufskurve entnimmt. So ermittelt man zu verschiedenen

---

[1] Elektrotechn. u. Maschinenb. 1905 S. 381.
[2] ETZ 1912 S. 1160; 1917 S. 182, 263 (W. Welsch).
[3] ETZ 1922 S. 1307, 1357. [4] ETZ 1901 S. 443.

Zeiten t bzw. n die Werte von N_t bzw. N_n und kann daraus die Leistungskurve $f(N_t, t)$ bzw. (N_n, n) zeichnen.

Um nun die Verluste N_m festzustellen, nimmt man eine zweite Auslaufskurve für die unerregte Maschine $(J_e = 0)$ auf und

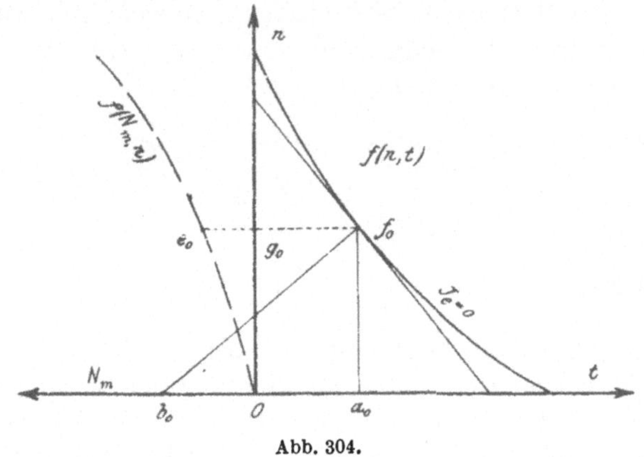

Abb. 304.

bildet dazu für verschiedene Punkte f_0 (Abb. 304) die Subnormale $a_0 b_0$, so ist

$$c \cdot a_0 b_0 = N_m = e_0 g_0$$

der Reibungsverlust, da bei unerregter Maschine nur geringe Eisenverluste vorhanden sind. Diese Werte tragen wir als Funktion der betreffenden Drehzahl $f_0 a_0$ zeichnerisch auf und erhalten durch Verbindung der gefundenen Punkte eine neue Kurve, nämlich $f(N_m, n)$, die wir in Abb. 304 links einzeichnen. Die beiden Kurven $f(N_0, n)$ und $f(N_m, n)$ ergeben durch Subtraktion der Ordinaten (Abb. 305) die Eisenverluste als Funktion der Drehzahl $f(N_{hw}, n)$ für $J_n = \text{konst}$. Die Trennung dieser Verluste geschieht folgendermaßen: Nach Steinmetz (S. 309) sind die Eisenverluste

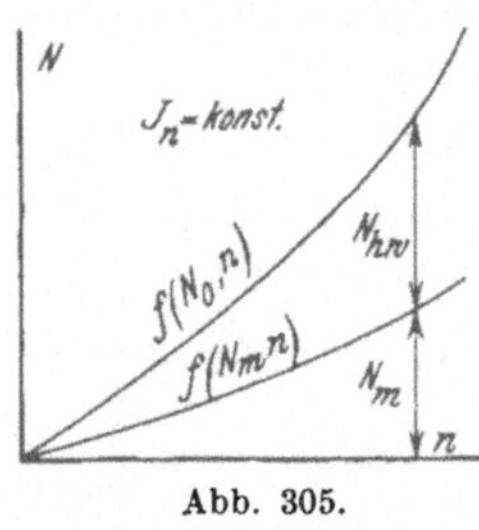

Abb. 305.

$$N_h + N_w = (\eta_h \cdot \nu \cdot \mathfrak{B}_{\max}^{1,6} + \xi \cdot \nu^2 \cdot \mathfrak{B}_{\max}^2) \cdot V \cdot 10^{-7} \text{ Watt},$$

worin V das Volumen in ccm, η_h und ξ Eisenkonstanten, $\nu = \frac{p \cdot n}{60}$ die Periodenzahl der Ummagnetisierung und $\mathfrak{B}_{\max}$ die höchste Induktion im Eisen bedeuten. Für veränderliche Drehzahl n und konstante Induktion $\mathfrak{B}_{max}$ könnte man die Gleichung in folgender Form schreiben:

$$N_h + N_w = h \cdot n + w \cdot n^2,$$

worin
$$h = \eta_h \cdot \mathfrak{B}_{max}^{1,6} \cdot \frac{p}{60} \cdot V \cdot 10^{-7}$$

und
$$w = \xi \cdot \left(\frac{p}{60}\right)^2 \cdot \mathfrak{B}_{max}^2 \cdot V \cdot 10^{-7}$$

gesetzt ist.

Da für eine Kurve die Erregung $J_n =$ konst. war, so ist in diesem Falle $\mathfrak{B}_{max} =$ konst, und wir können diese Gleichung zur Trennung der Eisenverluste benutzen, indem wir sie durch n dividieren.

Wir erhalten dann

$$\frac{N_h}{n} + \frac{N_w}{n} = h + w \cdot n,$$

d. h. die $f\left(\frac{N_{hw}}{n}, n\right)$ ist eine gerade Linie, deren Ordinatenachsen-

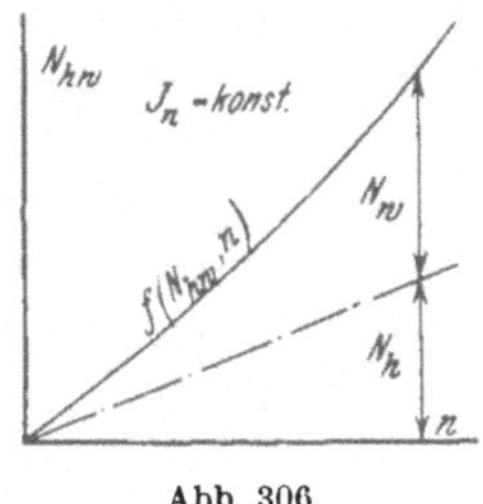

Abb. 306.

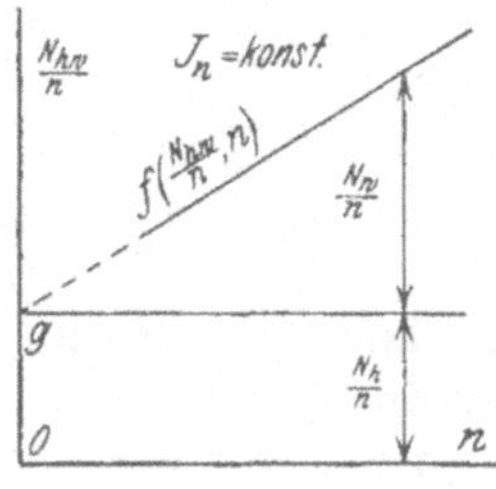

Abb. 307.

abschnitt h uns den Verlust $\frac{N_h}{n}$ oder den Hysteresisverlust für die Drehzahl Eins angibt.

Wir stellen uns nun aus Abb. 305 die Verluste N_{hw} als Funktion von n dar (Abb. 306), dividieren die Ordinaten durch die zugehörige Drehzahl und tragen diese Quotienten $\frac{N_{hw}}{n}$ als Funktion von n (Abb. 307) auf, woraus sich eine Gerade ergibt, deren Verlängerung von der Ordinatenachse die Strecke

$$O\,g = h = \frac{N_h}{n}$$

abschneidet. Die Ordinatenabschnitte zwischen der Parallelen zur Abszissenachse durch g und der Geraden stellen dann die Größe $w \cdot n = \frac{N_w}{n}$ oder den Verlust durch Wirbelströme für eine

Umdrehung/min dar. Multiplizieren wir jetzt den Wert $Og = h$ mit der normalen Drehzahl n, so erhalten wir den Hysteresisverlust N_h für die betreffende Erregung und Drehzahl. Diesen Wert von N_h tragen wir als Funktion von n in Abb. 306 ein (gestrichelte Gerade), dann ergeben die Ordinatenstücke zwischen dieser und der ursprünglichen Kurve die Verluste durch Wirbelströme N_w für $J_n =$ konst.

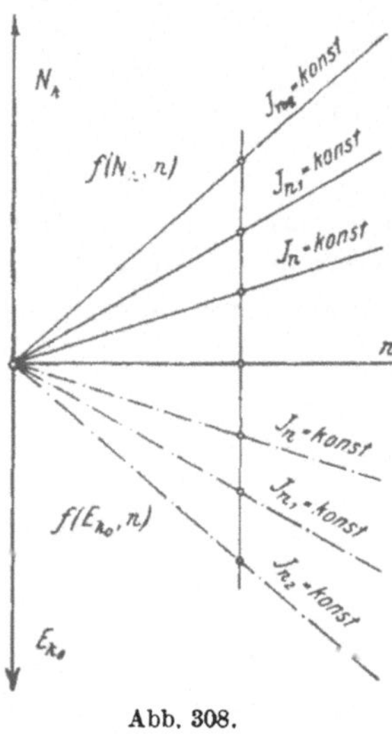

Abb. 308.

Sind mehrere Auslaufskurven für verschiedene Erregungen aufgenommen, so kann man in derselben Weise die Einzelverluste auch für andere Erregungen trennen und zeichnerisch darstellen (Abb. 308 und 309).

Zieht man darin z. B. für die normale Drehzahl n eine Vertikale, so geben die Abschnitte derselben zwischen Abszisse und den einzelnen Kurven die Größen N_h bzw. N_w als Funktion der Erregung J_n für $n =$ konst an. Für die Berechnung des Wirkungsgrades ist es jedoch notwendig, die Verluste in Abhängigkeit von der Klemmenspannung E_{k_0} zu kennen. Diese Umrechnung kann man zeichnerisch leicht ausführen, wenn man in Abb. 308 aus den aufgenommenen Werten die Spannungen E_{k_0} als Funktion von n für verschiedene Erregungen $J_n =$ konst. nach unten aufzeichnet, dann geben die Abschnitte der nach unten verlängerten Vertikalen die den einzelnen Erregungen zukommenden Spannungen E_{k_0} an. Trägt man die Verluste N_h, N_w und N_m als Funktion dieser Spannungen auf (s. Abb. 298), so erhält man Kurven, welche die Verluste

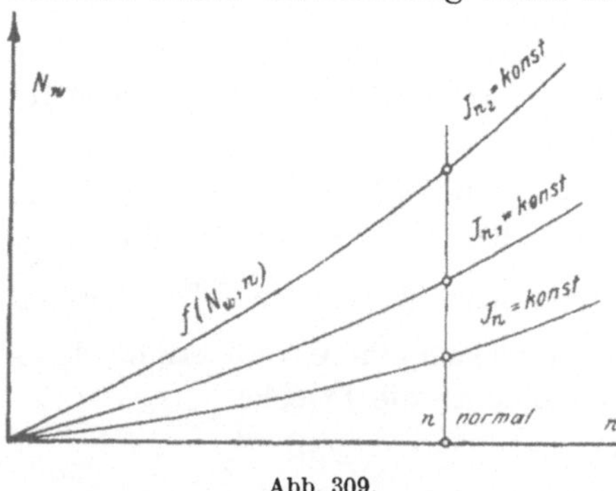

Abb. 309.

bei konstanter Drehzahl und veränderlicher Erregung oder Spannung darstellen.

Die vollständige Auswertung der Auslaufskurve zur Ermittlung der Auslaufskonstanten ergibt nur ihren mittleren Wert. Die Methode zeigt daher Abweichungen von den unmittelbar gemessenen Werten infolge der Unsicherheit der Bestimmung der Subnormalen und der Abweichungen zwischen den bei unstabilem Lauf (Drehzahländerung) aufgenommenen und den im stabilen Zustand der Maschine wirklich auftretenden Verlusten. Diese Nachteile vermeidet eine von Honsu[1] angegebene Methode, bei der die Trennung der Verluste ohne Bestimmung der Konstanten leicht durchführbar ist.

A. Ytterberg[2] benutzt außer dem auf S. 373 zur Bestimmung der Drehzahl n verwendeten Spannungsmesser noch einen Kondensator mit einem in seinem Stromkreis liegenden empfindlichen Strommesser, dessen Angaben dem Drehmoment M_d proportional sind. Zur genauen Aufzeichnung der Auslaufskurve empfiehlt sich hierbei die kinematographische oder oszillographische Aufnahme der Instrumentenablesungen.

g) Hilfsmotormethode.

Diese Methode hat vor den vorher behandelten den Vorzug, daß sie für Maschinen beliebiger Stromart und Schaltung auch dann anwendbar ist, wenn keine gleichartige Stromquelle zur Verfügung steht. Nur in den Fällen, wo die Drehzahl labil ist, d. h. wenn das beschleunigende Drehmoment bei Steigerung der Drehzahl zunimmt (Dreiphasenmotor im Anlauf) oder das bremsende Moment abnimmt (Wirbelstrombremse bei zu großer Drehzahl), versagt diese Methode. Ihr Prinzip läßt sich nun kurz folgendermaßen darlegen: Die zu untersuchende Maschine wird möglichst durch direkte Kupplung mit dem geeichten Hilfsmotor für Gleichstrom mit Nebenschlußerregung verbunden. Ist dieses wegen der verschiedenartigen Drehzahl nicht angängig, so muß ein Riemen- oder Rädervorgelege zwischengeschaltet werden, deren Verluste zu ermitteln sind bzw. geschätzt werden müssen.

Die Eichung des Motors hat den Zweck, festzustellen, welche Leistung er an der Welle bei gegebener Energieaufnahme an

[1] ETZ 1918 S. 435. [2] ETZ 1912 S. 1158.

seinen Klemmen abgibt. Sie würde also darauf hinauslaufen, das Umsetzungsverhältnis η' des Motors in Abhängigkeit von der eingeführten Leistung N_e zu bestimmen, was nach der Leerlaufsmethode leicht zu bewerkstelligen ist, da die passende Stromquelle ja zur Verfügung steht.

Läßt man den Motor erst mit der Maschine zusammen laufen, dann ohne diese, so werden die Leistungsaufnahmen des Motors verschieden sein. Ihre Differenz ist dann der Reibungsverlust N_m. Erregt man nun die Maschine, so ist die Mehraufnahme an Leistung ein Maß für die Eisenverluste N_{hw} und zusätzlichen Verluste N_z. Schließt man dagegen, ohne das Feld zu erregen, die Ankerklemmen kurz und mißt die Leistungsaufnahme bei Kurzschluß und offenem Anker, so gibt die Differenz der Leistungsaufnahmen die Größe des Verlustes $N_{R_k} = J_a^2 \cdot R_k$ bei dem im Anker auftretenden Kurzschlußstrom J_a an.

Der Verlust durch Erregung N_{R_e} kann durch eine Strom- und Spannungsmessung bestimmt werden. In welcher Weise die Messungen durchzuführen sind, soll nun gezeigt werden.

1. Generatoren.

Von einem Generator für E_k Volt Klemmenspannung, J Amp Stromstärke, n U/min ist der Wirkungsgrad η in Abhängigkeit von der abgegebenen Leistung $N_a = E_k \cdot J$ bzw. dem Strom J zu ermitteln.

Für die Versuche ist nun zuerst das Umsetzungsverhältnis η' des Hilfsmotors zu bestimmen. Es ist definiert durch die Gleichung

$$1. \quad \eta' = \frac{N_{a_m}}{N_{e_m}},$$

worin N_{a_m} bzw. N_{e_m} die abgegebene bzw. eingeführte Leistung des Motors bedeuten.

Man mißt nun bei konstanter Erregung des Magnetfeldes, wie sie bei den späteren Versuchen vorhanden sein soll, die eingeführte Leistung bei Leerlauf $N_0 = E_{0_m} \cdot J_0$ bei verschiedenen Drehzahlen n, d. h. bei verschiedenen Klemmenspannungen E_{0_m}, dann ist

$$2. \quad N_0' = N_{m_m} + N_{hw_m} + J_0^2 \cdot R_{k_m}.$$

worin N_{m_m} = Reibungsverluste, N_{hw_m} = Eisenverluste, $J_0^2 \cdot R_{k_m}$ = Stromwärmeverluste des Hilfsmotors bedeuten. Man ermittelt also den Widerstand R_{k_m} und zieht das Glied $J_0^2 \cdot R_{k_m}$ von N_0' ab, so erhält man als Rest

$$N_0' - J_0^2 \cdot R_{k_m} = N_0 = N_{m_m} + N_{hw_m}.$$

N_{m_m} ist nur von der Drehzahl n bei gegebener Maschine abhängig, dagegen N_{hw_m} auch von der im Anker vorhandenen Induktion $\mathfrak{B}_{\max}$, für welche die dem Motor gebotene Klemmenspannung E_m ein Maß ist. Da jedoch, wie wir später sehen werden, für die Drehzahl n bei konstantem Feld nur die im Anker induzierte elektromotorische Gegenkraft

$$3. \qquad E_{g_m} = E_m - J_m \cdot R_{k_m}$$

bestimmend ist, so können wir die gefundenen Verluste $N_{m_m} + N_{hw_m} = N_0$ als Funktion von E_{g_m} darstellen und für den belasteten Motor in Rechnung ziehen.

Setzt man $N_{a_m} = N_{e_m} - N_{v_m}$ und die im Motor bei dem betreffenden Belastungsstrom J_m und der Spannung E_m auftretenden Verluste

$$4. \qquad N_{v_m} = N_{hw_m} + N_{m_m} + J_m^2 \cdot R_{k_m} = N_0 + J_m^2 \cdot R_{k_m},$$

so wird

$$5. \qquad \eta' = \frac{E_m \cdot J_m - N_0 - J_m^2 \cdot R_{k_m}}{E_m \cdot J_m}.$$

Man könnte jedoch auch ohne die Berechnung von η' auskommen, indem man direkt die abgegebene Leistung des Motors

$$N_{a_m} = E_m \cdot J_m - N_0 - J_m^2 \cdot R_{k_m}$$

berechnet.

Für eine beliebige Spannung E_m und Stromstärke J_m läßt sich die zugehörige EMK E_{g_m} nach Gleichung 3 ermitteln. Dazu entnimmt man dann aus der Kurve $f(N_0, E_{g_m})$ den Wert von N_0.

α) **Das Feld sei mit Hauptschlußwicklung versehen.** Der Hilfsmotor wird nun allein mit der dem Generator entsprechenden Drehzahl n angetrieben, wobei er einen Strom J_{0_m} bei E_{0_m} Volt Spannung aufnimmt. Die Leistung $N_{0_m} = E_{0_m} \cdot J_{0_m}$ dient zum Ausgleich der in dem Hilfsmotor auftretenden Verluste, da er ja keine Leistung abgibt.

Nun kuppelt man den Generator mit dem Motor, der jetzt bei E_{1_m} Volt und J_{1_m} Amp. eine Leistung

$$6. \quad N_{1_m} = E_{1_m} \cdot J_{1_m}$$

aufnimmt. Diese dient dazu, die Motorverluste N_{v_m} auszugleichen und den Reibungsverlust N_m des Generators zu überwinden, woraus folgt:

$$7. \quad N_{1_m} = N_{v_m} + N_m .$$

Hat sich die Leistung N_1 gegenüber N_0 nur wenig geändert, wie es bei großem Hilfsmotor und kleinem Generator der Fall wäre, dann kann man ohne nennenswerten Fehler $N_{v_m} = N_{0_m}$ wählen, so daß man angenähert

$$8. \quad N_m \approx N_{1_m} - N_{0_m}$$

erhalten würde. Ist jedoch diese Annahme nicht zulässig, dann muß man aus der eingeführten Leistung N_{1_m} und dem Umsetzungsverhältnis η' oder den Verlusten im Motor $N_{v_m} = N_0 + J_m^2 \cdot R_{k_m}$ die dazugehörige abgegebene Leistung $N_{a_1} = \eta' \cdot N_{1_m} = N_{1_m} - N_{v_m}$ ermitteln und erhält somit

$$9. \quad N_m \approx N_{a_1} .$$

Zur Bestimmung der Eisenverluste N_{hw} und zusätzlichen Verluste N_z erregt man das Feld durch eine Hilfsstromquelle, deren Spannung wegen der Zuleitungswiderstände nur etwas größer als der in dem Widerstande R_h der Feldwicklung auftretende Spannungsverlust

$$10. \quad E_{r_h} = J \cdot R_h$$

zu sein braucht. Damit nun die Verluste dieselbe Größe wie bei der belasteten Maschine besitzen, muß die Periodenzahl ν der Ummagnetisierung und die magnetische Induktion $\mathfrak{B}_{max}$ im Ankereisen die gleiche Größe wie bei derjenigen Belastung J der Maschine besitzen, für die der Wirkungsgrad bestimmt werden soll (vgl. Leerlaufs- und Kurzschlußversuch S. 363).

Nun ist bei belasteter Maschine für die Klemmenspannung E_k die im Anker induzierte EMK

$$11. \quad E_a = E_k + J \cdot (R_a + R_u + R_h) .$$

Sollen daher die durch den Versuch gefundenen Verluste gleich denjenigen der mit einem gewissen Strom J belasteten Maschine sein, dann muß die EMK E_{a_0} beim Versuch gleich der EMK E_a bei Belastung sein.

Nach Gleichung 11 erhält man dann

$$12.\quad E_a = E_{a_0} = E_k + J\cdot(R_a + R_u + R_h).$$

Nachdem nun das Magnetfeld so weit erregt ist, daß im Anker die gewünschte EMK E_{a_0} bei normaler Drehzahl n auftritt, ermittelt man die Leistungsaufnahme des Motors

$$13.\quad N_{2_m} = E_{2_m}\cdot J_{2_m}$$

aus den Angaben der Instrumente. Die daraus sich ergebende, auf den Generator übertragene Leistung $N_{a_2} = \eta'\cdot N_{2_m}$ enthält dann die mechanischen Verluste N_m, Eisenverluste N_{hw} und zusätzlichen Verluste N_z in den Ankerleitern und Metallmassen nach der Gleichung

$$14.\quad N_{a_2} = N_m + N_{hw} + N_z.$$

Durch Subtraktion der Gleichungen 9 und 14 erhält man somit die Verluste

$$15.\quad N_{hw} + N_z = N_{a_2} - N_{a_1}.$$

Die noch fehlenden Verluste in dem Widerstand R_k zwischen den Klemmen $N_{R_k} = J^2\cdot R_k$ und der Feldwicklung $N_{R_h} = J^2\cdot R_h$ lassen sich leicht berechnen, da man J kennt und $R_k = R_a + R_u$ sowie R_h vorher gemessen sind. (Vgl. auch unter β.)

β) **Das Feld besitzt Nebenschluß-Wicklung.** Die Ermittlung der Reibungs-, Eisen- und Wirbelstromverluste $N_m + N_{hw} + N_z$ geschieht, wie vorher angegeben. Die Verluste N_{R_k} im Anker- und Bürstenwiderstand ließen sich ebenfalls durch Rechnung finden. Dabei kann jedoch leicht ein Fehler auftreten, der davon herrührt, daß man R_k bei ruhendem Anker gemessen hat.

Nun zeigt der Widerstand aber wegen der veränderlichen Lage der Bürsten auf den Lamellen des Kommutators verschiedene Werte, so daß es richtiger ist, ihn bei sich drehendem Anker festzustellen, was nach S. 355 möglich ist. Einfacher gestaltet sich die Ermittlung von R_k durch Bestimmung des Leistungsverlustes $N_{R_k} = J_a^2\cdot R_k$ auf Grund einer Kurzschlußmessung, worin $J_a = J + J_n$ ist, wenn J_n den Nebenschlußstrom bedeutet.

Zu dem Zweck schließt man den Anker durch einen Strommesser von geringem Eigenverbrauch kurz (Bürsten nicht in Motorstellung!) und erregt das Magnetfeld, falls die Remanenz nicht genügen sollte, durch einen kleinen Strom so weit, daß der gewünschte Ankerstrom J_a auftritt. Der Motor nimmt dann die Leistung $N_{3_m} = E_{3_m} \cdot J_{3_m}$ auf entsprechend einer übertragenen Leistung $N_{a_3} = \eta' \cdot N_{3_m}$, welche die mechanischen Verluste N_m, geringe Eisenverluste N''_{hw} und die Stromwärmeverluste N_{R_k} enthält nach der Gleichung

$$16. \quad N_{a_3} = N_m + N''_{hw} + N_{R_k}.$$

Öffnet man darauf den Kurzschluß, so nimmt der Motor eine Leistung $N_{4_m} = E_{4_m} \cdot J_{4_m}$ auf, bei einer Leistungsabgabe

$$17. \quad N_{a_4} = N_m + N''_{hw}.$$

Aus Gleichung 16 und 17 folgt demnach

$$18. \quad N_{R_k} = N_{a_3} - N_{a_4}.$$

Will man jedoch die infolge des Ankerfeldes auftretende Steigerung der höchsten Induktion $\mathfrak{B}_{max}$ und die damit zusammenhängenden zusätzlichen Eisenverluste N'_{hw} bei Belastung berücksichtigen, so könnte man $N'_{hw} \approx N''_{hw}$ setzen; dann würde man nach Gleichung 9 und 16 bzw. 17 erhalten:

$$19. \quad N_{R_k} + N'_{hw} = N_{a_3} - N_{a_1}$$

bzw.

$$20. \quad N''_{hw} = N_{a_4} - N_{a_1}.$$

Zur Bestimmung des **Leistungsverlustes** für die **Felderregung** ist es erforderlich, den bei dem Belastungsstrom J_a und der zugehörigen EMK E_a notwendigen Nebenschlußstrom J_n zu kennen.

Nun wird aber das von der Erregerwicklung erzeugte Feld durch die Ankerrückwirkung insofern beeinflußt, als zur Erzielung eines gewissen Kraftflusses im Anker für die Induzierung der bei Belastung erforderlichen EMK E_a eine größere MMK und damit ein größerer Nebenschlußstrom J_n erforderlich ist, als wenn die Wirkung des Ankerfeldes nicht vorhanden oder beseitigt wäre. Dieser Einfluß des Stromes ist jedoch nur zu berücksichtigen, wenn die Bürsten aus der geometrisch neutralen Zone verschoben sind und keine Kompensationswicklung vorhanden ist. Liegen die Bürsten dagegen in der neutralen Zone, so kommt für die Erregung ein Strom J_n in Frage, der sonst bei Leerlauf eine EMK $E_{a_0} = E_k + J_a \cdot R_k = E_k + J \cdot R_k + J_n \cdot R_k$ erzeugen würde.

Hierin wird J_n durch einen Vorversuch annähernd bestimmt. Das Glied $J_n \cdot R_k$ übt keinen großen Einfluß auf E_{a_0} aus, da beide Faktoren klein sind. Ist die Leerlaufscharakteristik $f(E_a, J_n)$, $n =$ konst. aufgenommen, so kann man J_n schätzen und für den betreffenden Strom J_a die EMK E_{a_0} berechnen, wozu sich dann aus der Kurve ein gewisser Wert für den Nebenschlußstrom J_n ablesen läßt. Dieser muß möglichst mit dem geschätzten übereinstimmen.

Sind dagegen die Bürsten verschoben, so kann man J_n nur genau bestimmen, wenn die Regulierungskurve $f(J_n, J_a), E_k =$ konst. aufgenommen ist, was jedoch nur bei belasteter Maschine direkt möglich ist. Man kann sich nun dadurch helfen, daß man den zusätzlichen Erregerstrom i_n zum Ausgleich der Ankerrückwirkung schätzungsweise etwa zu $5 \div 2\%$ des für die EMK E_a erforderlichen Stromes J_n' annimmt, so daß $J_n = J_n' + i_n = (1{,}05 \cdots 1{,}02) \cdot J_n'$ gesetzt werden kann. Eine Ungenauigkeit in der Schätzung übt nur einen geringen Einfluß auf das Ergebnis aus, zumal der Erregerverlust nur einen kleinen Teil der gesamten Verluste ausmacht. Der Verlust infolge der Erregung des Feldes wäre demnach

$$21. \quad N_{R_n} = E_k \cdot J_n .$$

γ) **Das Feld besitzt Doppelschlußwicklung.** Hierbei sind die Messungen für eine Wicklung so auszuführen, wie unter α oder β angegeben. Dazu sind dann die Verluste in der Zusatzwicklung zu addieren.

2. Motoren.

Die Aufgabe würde hierfür lauten: Es ist der Wirkungsgrad eines Motors für E_k Volt Spannung bei J_a Amp im Anker und n Umdr/min zu bestimmen.

Der Wirkungsgrad eines Motors ist

$$\eta = \frac{N_a}{N_a + N_v} \quad \text{oder} \quad \eta = \frac{N_e - N_v}{N_e}$$

entweder als Funktion der abgegebenen $f(\eta, N_a)$ oder der eingeführten Leistung $f(\eta, N_e)$ zu bestimmen. Im ersten Falle ist es schwierig, den aufgenommenen Strom festzustellen, da er von dem erst zu suchenden Wirkungsgrad abhängig ist. Es ist daher einfacher, den eingeführten Strom J anzunehmen. Ist erst die

Kurve des Wirkungsgrades für verschiedene Leistungsaufnahme N_e bzw. zugeführte Ströme J bestimmt, dann läßt sich aus $N_e \cdot \eta = N_a$ auch eine Kurve $f(\eta, N_a)$ ableiten.

Eine zweite Schwierigkeit bei der Bestimmung der Verluste besteht noch darin, daß man die dem betreffenden Belastungsstrom J_a zukommende Drehzahl n nicht kennt. Man muß sich daher erst die Geschwindigkeitskurve $f(n, J_a)$ für $E_k =$ konst ermitteln. Im allgemeinen stehen die Bürsten bei einem Motor in der geometrisch neutralen Zone oder nur wenig dagegen verschoben, so daß eine Schwächung des Feldes durch Ankerrückwirkung unberücksichtigt bleiben kann.

α) **Hauptschlußmotoren.** Die Bestimmung der mechanischen Verluste N_m sind von der Drehzahl n abhängig, und diese ist eine Funktion des Belastungsstromes J nach der Gleichung (S. 347)

$$22. \quad n = \frac{E_k - J \cdot (R_a + R_u + R_h)}{c \cdot (\mathfrak{N}_0 - \mathfrak{N}_r)}.$$

Man muß demnach für die Untersuchung die jeweilige Drehzahl n kennen, die sich aus der nach Abb. 268 konstruierten Geschwindigkeitskurve $f(n, J)$ ermitteln läßt. Dabei ist es zulässig, die äußere Motorcharakteristik $f(E_k, J)$ $n =$ konst zur Konstruktion der $f(n, J)$ für eine kleinere Drehzahl $\frac{n}{3} \cdots \frac{n}{4}$ aufzunehmen, wie in einem Beispiel[1] gezeigt ist.

Der Verlust N_m ist dann für die verschiedenen Drehzahlen n entsprechend den dazugehörenden Belastungsströmen J in der früher angegebenen Weise zu bestimmen.

Die Bestimmung von N_{hw} und N_z geschieht in der Weise, daß man den Anker des Motors vom Hilfsmotor mit der dem Belastungsstrom entsprechenden Drehzahl antreibt und das Feld durch eine Stromquelle niedriger Spannung so weit erregt, daß die auftretenden Verluste gleich denjenigen des belasteten Motors werden. Das ist nun der Fall, wenn die im Anker als Generator induzierte EMK E_{a_0} gleich der elektromotorischen Gegenkraft

$$23. \quad E_g = E_k - J \cdot (R_a + R_u + R_h)$$

des belasteten Motors ist, oder

$$24. \quad E_{a_0} = E_k - J \cdot (R_a + R_u + R_h).$$

Die Berechnung von $N_{hw} + N_z$ aus dem Versuch geschieht dann wie in Gleichung 15 angegeben.

---

[1] Linker, A.: Elektr. u. masch. Betr. 1911 S. 46.

Die Stromwärmeverluste $N_{R_k} = J^2 \cdot R_k$ werden durch den Kurzschlußversuch entsprechend Gleichung 18 ermittelt. Sie können nicht zusammen mit den Erregerverlusten des Feldes gemessen werden, da die Maschine bei Kurzschluß nicht voll erregt sein darf. Man rechnet daher die Verluste im Magnetfeld $N_{R_h} = J^2 \cdot R_h$ aus dem Strom J und dem vorher gemessenen Widerstand R_h der Feldwicklung. (Temperatur berücksichtigen!)

β) **Nebenschlußmotoren.** Auch hierbei muß man zuerst die Geschwindigkeitskurve $f(n, J_a)$, $E_k =$ konst kennen, bevor man zur Feststellung der Verluste schreiten kann. Da die Bürsten nur wenig verschoben sind und die Sättigung der Polschuhe sehr groß ist, kann man den Einfluß der Ankerrückwirkung auf die Drehzahl vernachlässigen.

Nun verhalten sich die Drehzahlen n annähernd wie die im Motor bei den verschiedenen Belastungsströmen induzierten EM-Gegenkräfte E_g, wenn man die Ankerrückwirkung vernachlässigt. Bedeuten n_0 und E_{g_0} die Drehzahl und Gegenkraft bei Leerlauf mit dem Ankerstrom J_0, dagegen n und E_g die entsprechenden Größen beim Strom J_a, so ist

$$25.\qquad \frac{n}{n_0} = \frac{E_g}{E_{g_0}} \cdot \frac{\mathfrak{N}_0}{\mathfrak{N}_0 - \mathfrak{N}_r} \approx \frac{E_g}{E_{g_0}},$$

wenn man das rückwirkende Feld $\mathfrak{N}_r \approx 0$ setzt.

Bestimmt man also bei einer Klemmenspannung E_k und konstantem Nebenschlußstrom J_n die Drehzahl n und Stromstärke J_a für Leerlauf, so gilt auch

$$26.\qquad E_{g_0} = E_k - J_0 \cdot (R_a + R_u),$$

und für Belastung

$$27.\qquad E_g = E_k - J_a \cdot (R_a + R_u).$$

Man trägt nun die EMK E_g in Abhängigkeit von J_a in ein rechtwinkliges Koordinatensystem als $f(E_g, J_a)$ ein, indem man (Abb. 310) von $E_k =$ konst. die Werte $E_{v_a} = J_a \cdot (R_a + R_u)$ der Kurve $f(E_{v_a}, J_a)$ abzieht.

Dann zieht man im Abstand $Oa = J_0$ die Ordinate bis zum Schnitt b mit der $f(E_g, J_a)$ und legt durch b eine Horizontale, so ist $ab = E_{g_0} = E_k - J_0 \cdot (R_a + R_u)$. Nun trägt man $Oc = n_0$ in einem bestimmten Maßstab ab und zieht durch c eine Horizontale. Will man für einen Belastungsstrom $J_a = Od$ die

zugehörige Drehzahl n ermitteln, so errichtet man in d die Ordinate, verbindet deren Schnitte e und f mit O, fällt vom Schnittpunkt g ein Lot, welches den Strahl Of in h schneidet, und geht horizontal hinüber nach i. Dann verhält sich $\frac{kh}{kg} = \frac{df}{de} = \frac{E_g}{E_{g_0}}$.
Da nun $kh = di$ und $kg = n_0$ ist, so erhält man $\frac{di}{n_0} = \frac{E_g}{E_{g_0}}$ oder $di = n$.

So bestimmt man für verschiedene Ströme J_a die zugehörigen Drehzahlen n durch die Punkte i; dann ist die Verbindungslinie

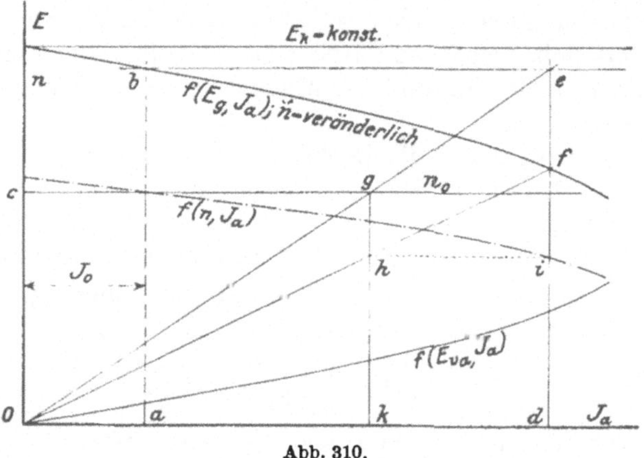

Abb. 310.

der Punkte i die gesuchte Geschwindigkeitskurve $f(n, J_a)$, $E_k = \text{konst}$, $J_n = \text{konst}$.

Ist nun für die normale Belastung die Drehzahl n vorgeschrieben, so ermittelt man die zugehörige Erregerstromstärke J_n dadurch, daß man die Leerlaufcharakteristik $f(E_a, J_n)$ beim Betriebe als Generator zu der gewünschten Drehzahl $n = \text{konst.}$ aufnimmt und für eine EMK E_a gleich der EM-Gegenkraft E_g bei normalem Strom J_a die zugehörige Erregerstromstärke J_n aus der gezeichneten Kurve abliest (s. auch S. 388).

Nun lassen sich die Verluste in entsprechender Weise wie beim Hauptschlußmotor ermitteln. Bei der Bestimmung der Verluste $N_{hw} + N_z$ hat man jedoch darauf zu achten, daß die Maschine als Generator mit der EMK $E_a = E_g = E_k - J_a \cdot (R_a + R_u)$ arbeitet.

Die Hilfsmotormethode dient auch zur Bestimmung der Leerverluste nach dem Generatorverfahren gemäß § 59, 2 REM 30.

7. Erwärmung von Gleichstrommaschinen.

Für die Bestimmung der Enderwärmung Θ ist die Maschine nach § 32 einem Probelauf zu unterziehen. Dabei dürfen betriebsmäßig vorgesehene Umhüllungen, Abdeckungen usw. nicht entfernt werden. Da nun bei Dauerbetrieb die Messung der Erwärmung ϑ gegen Ende der Probe Schwankungen unterliegt, bestimmt man nach § 32 die Enderwärmung Θ durch Extrapolation unter Benutzung der möglichst weit aufgenommenen Erwärmungskurve $f(\vartheta, t)$. Durch Auftragen der zu gleichen Zeitabschnitten Δt gehörenden Differenzen $\Delta\vartheta$ in Abhängigkeit von den Ordinaten ϑ erhält man die Differenzenlinie $f(\Delta\vartheta, \vartheta)$, deren geradlinige Verlängerung die Größe Θ auf der Ordinatenachse abschneidet. Diese Methode hat nur dann Gültigkeit, wenn die Maschine eine einheitliche Wärme-Zeitkonstante T_w besitzt, die folgendermaßen bestimmt wird:

Führt man einem homogenen Körper vom Gewicht G kg eine gleichbleibende Wärmeleistung N_v Watt zu, so wird bei einer spezifischen Wärme $c \ \frac{\text{Joule}}{{}^0\text{C, kg}}$ in der Zeit t sec ein Teil dA_1 Joule der Wärmearbeit $dA_v = N_v \cdot dt$ Joule zur Erwärmung des Körpers um $d\vartheta\,{}^0$C verbraucht, wobei $dA_1 = c \cdot G \cdot d\vartheta$ ist. Der übrige Teil $dA_2 = O \cdot \alpha \cdot \vartheta_t \cdot dt$ Joule wird an das umgebende Kühlmittel durch Strahlung, Leitung und Konvektion abgegeben, worin O qcm die gesamte Kühlfläche, $\alpha \ \frac{\text{Watt}}{{}^0\text{C, qcm}}$ die spezifische Wärmeabgabe (reziproker Wert der im Elektromaschinenbau benutzten Erwärmungszahl C_x) bedeuten. Es gilt dann

$$dA_v = dA_1 + dA_2 \quad \text{oder} \quad \boldsymbol{N_v \cdot dt = c \cdot G \cdot d\vartheta + O \cdot \alpha \cdot \vartheta_t \cdot dt}.$$

Nun wird zu dem Zeitpunkt, in welchem der Körper seine höchste Erwärmung $\vartheta = \vartheta_{\max}$ erreicht hat, $dA_1 = 0$, d. h. $dA_v = dA_2$, so daß die zugeführte Arbeit vollständig fortgeführt wird. Somit kann man hierfür setzen: $N_v = O \cdot \alpha \cdot \vartheta_{\max}$, so daß man durch Einsetzen von $O \cdot \alpha = \frac{N_v}{\vartheta_{\max}}$ und Division der Gleichung mit $\frac{N_v}{\vartheta_{\max}} \cdot dt$ erhält:

$$\vartheta_{\max} = \frac{c \cdot G \cdot \vartheta_{\max}}{N_v} \cdot \frac{d\vartheta}{dt} + \vartheta_t.$$

Setzt man darin die Zeitkonstante $T_w = \frac{c \cdot G \cdot \vartheta_{\max}}{N_v}$ sec ein, dann wird $\vartheta_{\max} = T_w \cdot \frac{d\vartheta}{dt} + \vartheta_t$, deren Integration

$$\vartheta_t = \vartheta_{\max} \cdot \left(1 - e^{-\frac{t}{T_w}}\right)$$

ergibt.

Da nun die Erwärmung elektrischer Maschinen im allgemeinen nicht unter den vorhin gemachten Annahmen stattfindet, zeigt die Erwärmungskurve einen von der Exponentialkurve abweichenden Verlauf.

H. Osborne[1] hat nun nachgewiesen, daß bei elektrischen Maschinen, auch den gekapselten, die Erwärmungskurve $f(\vartheta, t)$ oberhalb 60% von $\Theta = \vartheta_{\max}$ logarithmischen Verlauf besitzt, so daß die Differenzenlinie $f(\Delta\vartheta, \vartheta)$ eine Gerade wird und man die Extrapolation hierbei anwenden kann.

Die Enderwärmung Θ läßt sich auch bei nicht vollständig zu Ende geführter Erwärmungsprobe aus einigen zusammengehörigen Wertepaaren $\vartheta_1 t_1$, $\vartheta_2 t_2$, ... ermitteln, doch sind die dafür bisher angegebenen Verfahren[2] wenig genau und umständlich. Wesentlich einfacher ist das Verfahren von F. Ratkovszky[3], bei dem mit Hilfe eines einfach zu zeichnenden Diagramms und zweier beliebig gewählter Wertepaare $\vartheta_x t_x$ die Enderwärmung Θ und die Zeitkonstante T_w ermittelt werden können.

Ist die Maschine im Betrieb hohen Belastungsstößen ausgesetzt, dann zeigt die Erwärmungskurve einen von der Exponentialkurve stark abweichenden Verlauf. In diesem Fall besteht die Erwärmungskurve aus 2 Exponentialkurven, deren Konstanten nach Angaben von H. Jehle[4] rechnerisch und experimentell ermittelt werden können.

Die Erwärmung von Wicklungen wird durch Widerstandsmessung oder mit dem Thermometer nach § 33 ... 37 ermittelt. Ist R_{e_1} der bei ϑ_1 °C durch Messung der Erregerspannung E_e und des Erregerstromes J_e, R_{e_2} der bei ϑ_2 °C gefundene Widerstand, so ergibt sich

$$R_{e_2} = R_{e_1} \cdot [1 + \alpha \cdot (\vartheta_2 - \vartheta_1)],$$

---

[1] ETZ 1930 S. 902.

[2] ETZ 1915 S. 667; 1922 S. 666; Elektrotechn. u. Maschinenb. 1915 S. 21; 1922 S. 545.

[3] ETZ 1924 S. 527. [4] ETZ 1930 S. 1166.

oder bei $\alpha_{Cu} = \frac{1}{235 + \vartheta}$ für Kupfer die Erwärmung

$$\vartheta_2 - \vartheta_1 = \Theta = \frac{R_{e_2} - R_{e_1}}{R_{e_1}} \cdot (235 + \vartheta_1) - (\vartheta_{Kühlm} - \vartheta_1)$$

der Maschinen für Dauer- und aussetzenden Betrieb.

Die Kommutator- und Ankertemperatur wird direkt durch ein auf einen Zahn oder eine Lamelle gelegtes Thermometer bestimmt, dessen Kugel zur Erzielung einer guten Wärmeleitung mit Stanniol umgeben und durch Watte oder Putzwolle gegen Strahlung geschützt wird. Die Differenz $\vartheta_2 - \vartheta_1$ zwischen höchster gemessener Temperatur ϑ_2 an der Maschine und der in Höhe der Maschinenmitte für 1 ... 2 m Abstand gefundenen Lufttemperatur ϑ_1 stellt die Erwärmung dar.

Eine Messung der Erwärmung von Kommutatoren oder umlaufenden Maschinenteilen während des Betriebes, für die schon E. Hinlein[1] eine Methode angegeben hat, ist nach A. Schliephake[2] dadurch möglich, daß man mit dem umlaufenden Maschinenteil ein Thermometer verbindet und dieses durch eine stroboskopische Scheibe beobachtet. Ist es jedoch nicht immer möglich oder zu umständlich, diese Anordnung auszuführen, dann kann man auch in einem Bürstenhalter einen Thermometerbehälter mit kupfernem Bodenkörper verwenden, der sehr nahe über der Kommutatoroberfläche liegt und dadurch eine ziemlich gute Übertragung der Wärme auf das darüber befindliche Thermometer herbeiführt.

Zur Erzeugung der im normalen Betriebe auftretenden Temperatur würde mit einer Dauerprobe bei großen Maschinen eine beträchtliche Energievergeudung verbunden sein. Es empfiehlt sich dann, die Rückarbeitsmethode (s. S. 359) anzuwenden oder, wenn das nicht möglich ist, künstliche Belastung vorzunehmen[3].

8. Untersuchung der Kommutation.

Dieser Versuch hat den Zweck, festzustellen, in welcher Weise die Kommutation der Maschine sich gestaltet. Insbesondere kann man danach die richtige Auswahl der Bürstensorte treffen. Feuert eine Maschine, so kann es möglich sein, daß eine Ankerspule

---

[1] Diss. München 1909; Z. VDI 1911 S. 730.
[2] ETZ 1930 S. 1128. [3] Ind. électr. 1907 S. 320.

unterbrochen ist. Der Ort des Fehlers kann dabei folgendermaßen[1] ermittelt werden.

Man trennt ein Ableitungskabel von der Maschine und legt die Bürsten an eine Stromquelle. Es werden dann nur die unversehrten Ankerzweige von einem Strom durchflossen. Mittels eines empfindlichen Strommessers oder Galvanoskops prüft man, ob zwischen zwei benachbarten Lamellen eine Potentialdifferenz vor-

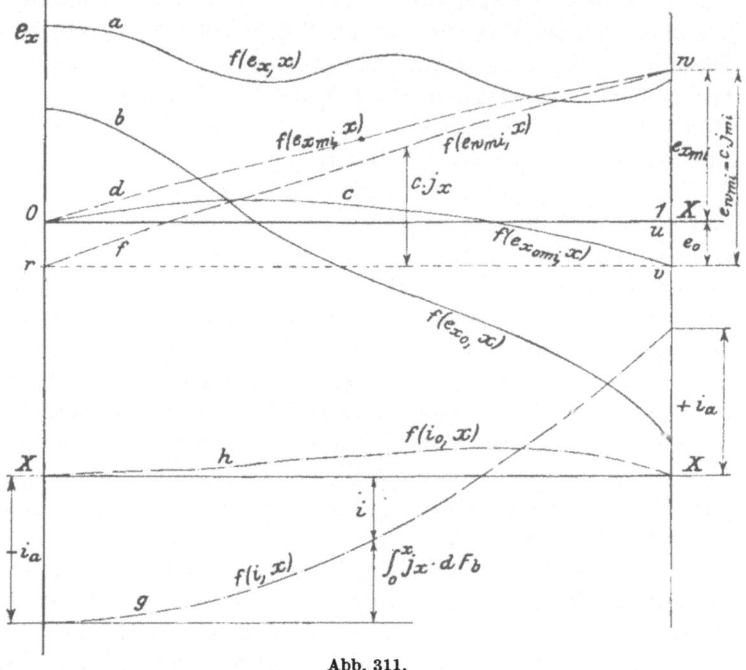

Abb. 311.

handen ist oder nicht. Zeigt das Instrument keine Ablenkung, so befindet man sich im fehlerhaften Ankerzweig. Tritt nun in diesem zwischen 2 Lamellen eine starke Ablenkung auf, so liegt zwischen diesen die beschädigte Spule, da auf das Galvanoskop jetzt fast die ganze Spannung der Stromquelle einwirkt.

Ist der Anker in Ordnung befunden, dann kann ein Feuern eventuell durch richtige Bürstenstellung beseitigt werden. Hat dieses Mittel jedoch nicht den erhofften Erfolg, so wird man die

[1] Electrician 1907 S. 88.

Kommutation untersuchen. Zu diesem Zweck nehmen wir die mittleren örtlichen **Bürstenpotentialkurven** $f(e_x, x)$ auf, indem wir mittels Spannungsmessers und zweier Kontaktnadeln die mittlere örtliche Potentialdifferenz e_x zwischen einem Punkt des innerhalb der Kanten einer Bürste gelegenen Kommutatorumfangs und einem radial gegenüberliegenden Punkt der Bürste messen. Die Entfernung x für die einzelnen Punkte wird von der auflaufenden Kante $(x = 0)$ an gemessen (ablaufende Kante $x_1 = 1$). Für normale Belastung sei z. B. folgende in Abb. **311** mit a bezeichnete Kurve für einen Generator mit einer Bürstenverschiebung in der Drehrichtung aufgenommen.

Bezeichnet j_x die mittlere örtliche Stromdichte an dem Punkt x und r_u den Übergangswiderstand zwischen Bürste und Kommutator für 1 qcm der Bürstenfläche F_b, dann läßt sich

$$1.\qquad e_x = j_x \cdot r_u$$

darstellen, worin nach Kahn[1]

$$2.\qquad r_u = \frac{e_0}{j_x} + \frac{e_w}{j} = \frac{e_0}{j_x} + r_w \qquad \text{und} \qquad 3.\qquad j_x = \frac{di}{dF_b}$$

gesetzt werden kann (r_w ist eine Konstante). Hierin sind e_0 und e_w konstante, vom Bürstenmaterial abhängige Werte.

$$3\text{a}.\qquad j = f_t \cdot j_{mi}$$

stellt den zur mittleren Stromdichte

$$j_{mi} = \frac{1}{F_b} \cdot \int_{x=0}^{x_1=1} j_x \cdot dF_b = \frac{1}{x_1} \cdot \int_{x=0}^{x_1=1} j_x \cdot dx$$

gehörigen Effektivwert der für die einzelnen Punkte gültigen Augenblickswerte j_{x_t} der örtlichen Stromdichten j_x dar.

Aus Gleichung 1 und 2 folgt:

$$4.\qquad e_x = e_0 + r_w \cdot j_x .$$

Der Mittelwert $e_{x_{mi}}$ aller Potentiale e_x über die Bürstenbreite ist

$$5.\qquad \frac{1}{x_1} \cdot \int_0^1 e_x \cdot dx = e_0 + \frac{1}{x_1} \cdot \int_0^1 r_w \cdot j_x \cdot dx .$$

Hierin ist das zweite Glied der rechten Seite auch

$$r_w \cdot \frac{1}{x_1} \cdot \int_0^1 j_x \cdot dx = r_w \cdot j_{mi} ,$$

[1] Übergangswiderstand bei Kohlebürsten, Samml. el. Vortr. III, 12.

somit erhält man

6. $$e_{x_{mi}} = e_0 + r_w \cdot j_{mi} = e_0 + e_{w_{mi}}.$$

Für Leerlauf ist nun die mittlere Stromdichte j_{mi} über die ganze Bürstenbreite gleich Null, wofür $e_0 = e_{x_{0_{mi}}}$ wird.

Man nimmt daher noch die Potentialkurve bei Leerlauf $f(e_{x_0}, x)$ auf (Kurve b), dann erhält man durch Planimetrierung der Kurvenfläche die mittlere Ordinate e_0. Bildet man den Flächeninhalt durch zeichnerische Ermittlung der Integralkurve (c), so ist ihre Endordinate $uv = e_0$ (s. S. 317).

Aus Gleichung 6 folgt ferner

7. $$e_{x_{mi}} - e_0 = r_w \cdot j_{mi} = e_{w_{mi}}.$$

Bestimmt man daher zur Kurve $f(e_x, x)$ bei Belastung zeichnerisch die Integralkurve (d), so stellt die Endordinate $uw = e_{x_{mi}}$ dar. Addiert man dazu $-e_0 = uv$, so ist vw die mittlere Potentialdifferenz $e_{w_{mi}}$ im Maßstab von e_x.

Denselben Wert würde man auch erhalten, wenn man die Integralkurve (f) von der um die Strecke e_0 verschobenen Achse rv gezeichnet hätte.

Da nun r_w eine Konstante ist, so stellt Kurve f als Integralkurve $f(e_{w_{mi}}, x)$ der um e_0 verschobenen Potentialkurve (a) auch die Kurve $f(j_x, x)$ der mittleren örtlichen Stromdichten dar. Zur Bestimmung des Maßstabes müßte man $r_w = \frac{e_{w_{mi}}}{j_{mi}}$ berechnen. Nun ist, wenn $-i_a$ den Anfangswert, $+i_a$ den Endwert des Kurzschlußstromes i bedeuten,

8. $$\int_{x=0}^{x_1=1} j_x \cdot dF_b = \int_{-i_a}^{+i_a} di$$

oder 9. $$j_{mi} \cdot F_b = 2 \cdot i_a.$$

Hieraus folgt 10. $$j_{mi} = \frac{2 \cdot i_a}{F_b},$$

worin der Strom eines Ankerzweiges $i_a = \frac{J_a}{2a}$ durch die Belastungsstromstärke J_a und die Zahl der Ankerzweige $2a$ gegeben ist. Andererseits ist daraus ersichtlich, daß der Maßstab der Kurve $f(j_x, x)$ direkt gegeben ist durch die Beziehung

$$\frac{1}{r_w} \cdot e_{w_{mi}} = c \cdot e_{w_{mi}} = j_{mi} = c \cdot wv.$$

Für einen beliebigen Punkt x rechnet sich der Kurzschlußstrom i aus der Gleichung

$$11. \quad \int_{-i_a}^{i} di = \int_0^x j_x \cdot dF_b$$

bzw.

$$12. \quad i + i_a = \int_0^x j_x \cdot dF_b$$

oder

$$13. \quad i = -i_a + \int_0^x j_x \cdot dF_b .$$

Die Kurzschlußstromkurve $f(i, x)$ ist daher nach Gleichung 11 die Integralkurve (g) der Kurve (f) der mittleren örtlichen Stromdichten $f(j_x, x)$.

Die Konstruktion ergibt jedoch nur dann den richtigen Verlauf der $f(i, x)$, wenn (Gleichung 3) $j_x = \frac{di}{dF_b}$ gültig ist. Das ist der Fall, sobald die Bürste eine größere Lamellenzahl gleichzeitig bedeckt, d. h. das Verhältnis $k_b = \frac{\beta}{b}$ von Bürstenbreite β zur Lamellenbreite b groß ist; je kleiner k_b ist, um so mehr weicht die hiernach ermittelte Kurzschlußstromkurve von der wirklichen ab, da die Gleichung 3 für die Grenzen $x = 0$ und $x_1 = 1$ nur angenähert gilt.

Um weiter den Übergangswiderstand r_u in Gleichung 2 zu ermitteln, berechnen wir darin

$$14. \quad e_w = j \cdot r_w = f_i \cdot j_{mi} \cdot r_w ,$$

worin der Formfaktor

$$f_i = \frac{\sqrt{\frac{1}{x} \cdot \int_{x=0}^{x_1=1} j_x^2 \cdot dx}}{j_{mi}}$$

aus der Form der Kurve $f(j_x, x)$ nach einer der im Abschnitt IV, Nr. 19a, angegebenen Methoden bestimmt wird.

Der „Widerstand r_u“ stellt keinen eigentlichen Gleichstromwiderstand dar, da er von der Stromdichte unter der Bürste abhängig ist.

Bezeichnet E_b die Übergangsspannung zwischen Bürste und Kommutator beim Strom $2\, i_a$ einer Bürste, dann ließe sich

$$r_u = \frac{E_b \cdot F_b}{2\, i_a} = \frac{E_b}{j_{mi}}$$

durch direkte Messung von E_b (nach S. 354) ermitteln.

Diese Messung führt man für verschiedene Ströme i_a bzw. j_{mi} durch und zeichnet dazu die Bürstencharakteristiken $f(E_b, i_a)$ bzw. $f(E_b, j_{mi})$ oder $f(r_u, j_{mi})$.

Aus den aufgenommenen Kurven und Werten für e_0 und e_w läßt sich nun der Leistungsübergangsverlust N_u folgendermaßen berechnen:

Für eine Bürste ist

$$15. \quad N_{u_1} = \frac{1}{x_1} \cdot \int_0^i \int_{x=0}^{x_1=1} e_x \cdot i \cdot dx = \frac{1}{x_1} \cdot \int_0^1 \int_0^{F_b} e_x \cdot j_x \cdot dF_b \cdot dx$$

oder

$$16. \quad N_{u_1} = \frac{1}{x_1} \cdot \int_0^1 \int_0^{F_b} e_0 \cdot j_x \cdot dF_b \cdot dx + \frac{1}{x_1} \cdot \int_0^1 \int_0^{F_b} \frac{e_w}{j} \cdot j_x^2 \cdot dF_b \cdot dx.$$

Führt man die Integration über die Bürstenfläche F_b aus und zieht konstante Faktoren heraus, so erhält man:

$$17. \quad N_{u_1} = e_0 \cdot F_b \cdot \frac{1}{x_1} \cdot \int_0^1 j_x \cdot dx + \frac{e_w}{j} \cdot F_b \cdot \frac{1}{x_1} \cdot \int_0^1 j_x^2 \cdot dx$$

$$= e_0 \cdot F_b \cdot j_{mi} + \frac{e_w}{j} \cdot F_b \cdot j^2 = F_b \cdot j_{mi} \cdot (e_0 + e_w \cdot f_i).$$

Setzt man nach Gleichung 9 für $F_b \cdot j_{mi} = 2\, i_a$, so wird

$$\boldsymbol{N_{u_1} = 2\, i_a \cdot (e_0 + e_w \cdot f_i)}\,.$$

Für Spiral- und Schleifenwicklung verteilt sich der gesamte Strom J_a gleichmäßig auf $2\,a$ Ankerzweige.

Daher ist $J_a = 2\,a \cdot i_a$. Der gesamte Bürstenübergangsverlust für $2\,a$ Bürsten ist dann

$$N_u = 2\,a \cdot N_{u_1} = 4\,a \cdot i_a \cdot (e_0 + e_w \cdot f_i)$$

oder

$$\boldsymbol{N_u = 2 \cdot J_a \cdot (e_0 + e_w \cdot f_i)}.$$

Für Wellenwicklungen mit selektiver Stromverteilung müßte man für jede Bürste den Verlust einzeln berechnen und

$$N_u = \sum_0^{2a} N_{u_1}$$

bilden, da die Kurve der mittleren örtlichen Stromdichte und damit f_i für die einzelnen Bürsten verschieden ist.

Bei gleichmäßiger Stromdichte ist $f_i = 1$.

Durch die Aufnahme der Bürstenpotentialkurven $f(e_x, x)$ ist man ferner imstande, sich ein Urteil über die Güte der Kommutation zu bilden. Man nennt sie daher auch „Kommutationsdiagramme“.

Im allgemeinen kann man als Funkengrenze für Kupferbürsten $e_x = 0{,}25$ V, für Kohlebürsten $e_x = 2 \div 3$ V je nach der Kohlensorte und Kommutatortemperatur annehmen.

Um ferner aus dem Kurzschlußversuch ein richtiges Urteil über die Kommutation bei verschiedenen Belastungsströmen zu erhalten, müßte man den Kommutierungsvorgang in einem zusätzlichen Felde untersuchen, das der Feldänderung zwischen Leerlauf und normaler Belastung entspricht. Dieses Feld erhält man, wenn der Kurzschlußstrom die Hälfte des normalen Stromes beträgt und die Bürsten in der für den halben Normalstrom richtigen Lage stehen. Will man die Maschine unter den für den normalen Betrieb ungünstigsten Bedingungen untersuchen, so stellt man die Bürsten in die neutrale Zone und läßt sie bei Kurzschluß mit dem normalen Strome längere Zeit laufen. So prüft die Maschinenfabrik Örlikon (Schweiz) ihre Maschinen in dieser Weise, wobei sie 6 Stunden lang funkenfrei laufen müssen.

Weitere Versuche zur Bestimmung der Kommutierungskonstanten ζ_k sind von K. Pichelmayer[1] angegeben. Eine Zusammenstellung sämtlicher Kommutationsuntersuchungen enthält das Buch von Mauduit[2].

IV. Messungen der Wechselstromtechnik.

Vor Beginn aller Messungen sind die Apparate und Maschinen auf ihren ordnungsmäßigen Aufbau, Unversehrtheit der Zuleitungen und Einzelteile, Isolationsfestigkeit und dgl. zu untersuchen. Sollen wechselweise verschiedene Stromquellen und Stromverbraucher beliebig miteinander in rascher Folge zusammengeschaltet werden, so empfiehlt sich dafür ganz besonders ein Kreuzschienen-Verteiler neuester Bauart von A. Linker[3], der gegenüber den bisherigen Ausführungen viele Vorzüge dadurch aufweist, daß er in seinen Abmessungen sehr klein ist und eine rasche Schaltung mit nur einem Verbindungsstöpsel bei beliebiger Leitungszahl der zusammenzuschaltenden Systeme ohne Verschraubung ermöglicht.

---

[1] ETZ 1912 S. 1100, 1129.

[2] Rech. expér. et theorie sur la commutation. Paris: Dunod et Penat 1912.

[3] D.R.P. 530107 v. 18. Dez. 1929 und Auslandspatente. Herstellerin für Deutschland und Österreich ist die Siemens & Halske A.-G., Berlin.

1. Untersuchung von Wechselstromwiderständen.

Schließt man eine Drosselspule D mit Eisenkern an eine Wechselstromquelle mit sinusförmiger Spannungskurve an, so wird sie einen Strom $J = \frac{E}{W}$, eine Leistung $N = E \cdot J \cdot \cos\varphi$ bei der Spannung E und dem Wechselstromwiderstande $W = \sqrt{R_l^2 + S^2}$ aufnehmen.

Der gleichwertige Leistungswiderstand $R_l = \frac{N}{J_2}$ ist infolge des Vorhandenseins von Hysteresis- und Wirbelstromverlusten im Eisen N_{hw} und der Kupferwicklung N_{w_k} sowie wegen des Hauteffektes N_ν größer als der mit Gleichstrom bestimmte Spulenwiderstand R, so daß man setzen kann:

$$R_l = R + R_{hw} + R_{w_k} + R_\nu = k_w \cdot R\,,$$

worin $k_w = \frac{R_l}{R}$ der Wirbelstromfaktor heißt.

Nun ist $S = \omega \cdot \mathfrak{S} = 2\pi \cdot \nu \cdot \mathfrak{S}$, so daß man auf diese Weise die Induktivität $\mathfrak{S}$ erhält aus

$$\mathfrak{S} = \frac{1}{2\pi \cdot \nu} \cdot \sqrt{W^2 - R_l^2} = \frac{1}{2\pi \cdot \nu} \cdot \sqrt{\frac{E^2}{J^2} - \frac{N^2}{J^4}}$$

oder

$$\mathfrak{S} = \frac{\sqrt{E^2 \cdot J^2 - N^2}}{2\pi \cdot \nu \cdot J^2}\,.$$

Im allgemeinen wird man $\mathfrak{S}$ in Abhängigkeit von der Stromstärke J darstellen wollen. Man muß dann entweder $E =$ konst. oder $\nu =$ konst. einstellen und erhält auf diese Weise je eine Kurvenschar für

$f(\mathfrak{S}, J)$; $E =$ konst. bei verschiedenen Periodenzahlen ν Hertz,

$f(\mathfrak{S}, J)$; $\nu =$ konst. bei veränderlichen Werten der Klemmenspannung E.

Soll schließlich noch die Induktion $\mathfrak{B}$ im Eisen konstant bleiben, so muß man (vgl. S. 306 u. 308) nach der Gleichung $E \approx 4\, f_e \cdot \nu \cdot w \cdot F \cdot \mathfrak{B} \cdot 10^{-8}$ bei veränderlicher Periodenzahl ν den Quotienten $\frac{E}{\nu}$ auf gleicher Höhe halten, was man annähernd durch konstante Erregung der Wechselstrommaschine erreichen kann.

Zeigt die Spannung der Maschine keine reine Sinusform, so erhält man für den induktiven Widerstand S infolge des Vorhandenseins der Oberwellen zu große Werte nach der vorigen Gleichung. Wegen der verschiedenen Kurvenform von Spannung E und Stromstärke J wird demnach $\mathfrak{S} = \frac{\sqrt{E^2 \cdot J^2 - N^2}}{2\pi \cdot \nu \cdot J^2} \cdot f_{0_s}'$, wo der infolge der Oberwellen hinzukommende Berichtigungsfaktor f_{0_s}'* sich berechnet aus

$$f_{0_s}' = \sqrt{\frac{\sum_1^n \left(\frac{1}{k} \cdot E_k\right)^2}{\sum_1^n (E_k)^2}}$$

$$= \sqrt{\frac{E_1^2 + \frac{1}{4} \cdot E_2^2 + \frac{1}{9} \cdot E_3^2 + \cdots + \frac{1}{k^2} \cdot E_k^2 + \cdots + \frac{1}{n^2} \cdot E_n^2}{E_1^2 + E_2^2 + E_3^2 + \cdots + E_k^2 + \cdots + E_n^2}}.$$

Praktisch kann man jedoch $f_{0_s}' \approx 1$ setzen, solange die Kurve der Spannung nicht sehr stark verzerrt ist, da außerdem die Stromkurve wegen der dämpfenden Wirkung der Selbstinduktion nur wenig von der Sinusform abweicht.

Northrup[1] mißt den Wechselstromwiderstand mittels Leistungsmessers und Vergleichswiderstandes. Eine Verbesserung dieser Leistungsmesser-Methode zur Bestimmung des induktiven und kapazitiven Feldwiderstandes S bzw. S_c hat C. V. Drysdale[2] angegeben. Dagegen bestimmt Burgess[3] den Feldwiderstand, indem er vor den Wechselstromwiderstand W mit dem induktiven Widerstand S und Leistungswiderstand R_l einen induktionsfreien Widerstand R_v vorschaltet. Wird die Spannung E konstant gehalten, so tritt bei Änderung von R_v in Abhängigkeit von S ein Höchstwert der Leistung

$$N_S = E \cdot J \cdot \cos\varphi = E \cdot \frac{E}{W} \cdot \frac{R_v + R_l}{W} = \frac{E^2 \cdot (R_v + R_l)}{(R_v + R_l)^2 + S^2} \quad \text{für } R_v + R_l = S$$

auf, nämlich $N_{S_{\max}} = \frac{E^2}{2 \cdot S}$, woraus $S = \frac{E^2}{2 N_{S_{\max}}}$ folgt.

Sind die Drosselspulen mit Gleichstrom vorbelastet, so ist ihre Induktivität $\mathfrak{S}$ von der Magnetisierung abhängig. In der

---

* Linker, A.: Grundl. d. Wechselstromtheorie, S. 115.

[1] Proc. Amer. Inst. electr. Engr. 1912 S. 1311; ETZ 1913 S. 363.

[2] Electrician 1910 S. 643. [3] Electrician 1913 S. 102; ETZ 1914 S. 21.

Meßanordnung muß nun der Gleichstrom den Drosselspulen zugeführt werden, wobei seine Absperrung gegen die Wechselstromquelle durch Kondensatoren, des Wechselstromes gegen die Gleichstromseite durch Drosseln oder Sperrkreise erfolgt. Derartige Drosselspulen werden z. B. in Netzanschlußgeräten des Rundfunks verwendet. Da hierbei keine hohen Stromstärken (30 ... 200 mA) zu messen sind, benutzt man dafür Drehspulinstrumente in einer Verzweigung mit Ventilröhren (ER) gemäß Abb. 312. Auf den Strommesser J_1 wirkt der Mittelwert $J_{mi} = f_m \cdot J_{\max}$ des Wechselstromes J während einer halben Periode ein. Infolge der Massenträgheit des beweglichen Systems wird sich für eine ganze Periode eine Dauerablenkung entsprechend einem mittleren Strom $J_1 = \frac{1}{2} \cdot J_{mi} = \frac{1}{2} \cdot f_m\, J_{\max}$ einstellen.

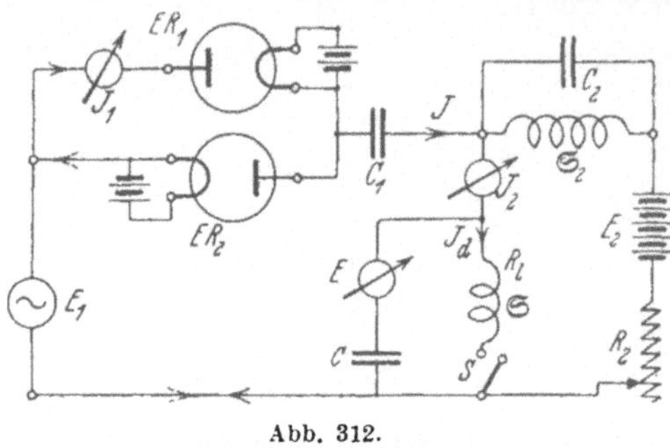

Abb. 312.

Setzt man $J_{\max} = f_s \cdot J$, so erhält man $J = \frac{2}{f_m \cdot f_s} \cdot J_1 = 2 \cdot f \cdot J_1$, worin f der Formfaktor ist. Für Sinusform ist $f_m = \frac{2}{\pi}$, $f_s = \sqrt{2}$, $f = \frac{\pi}{2 \cdot \sqrt{2}} = 1{,}11$, also $J = 2{,}22 \cdot J_1$.

Die Kondensatoren C_1 (ca. 5 ... 15 μF) und C riegeln den Gleichstrom, der Sperrkreis C_2, $\mathfrak{S}_2$ den Wechselstrom ab. Dieser wird so eingestellt, daß J_1 für den betreffenden Gleichstrom J_2 (Drehspulinstrument) ein Minimum anzeigt. Da nun der Gleichstromzweig (E_2, R_2) und der Spannungsmesser E einen kleinen Wechselstromanteil J' um die zu prüfende Drosselspule (R_l, $\mathfrak{S}$) herumleiten, bestimmt man J' dadurch, daß man den Schalter S öffnet und für gleiche Spannung E am Instrument J_1 den Betrag J_1' abliest. Dann kann man den Strom in der Drosselspule $J_d \approx 2{,}22 \cdot (J_1 - J_1')$ setzen und erhält dafür:

$$W = \frac{E}{J_d} \quad \text{bzw.} \quad \mathfrak{S} = \frac{1}{2\pi \cdot \nu} \cdot \sqrt{\frac{E^2}{J_d^2} - R_l^2} \ \text{Henry,}$$

worin R_l durch eine Leistungsmessung ermittelt wird. Vgl. auch S. 196, Abb. 160 und ETZ 1932 S. 103.

2. Messung der Kapazität von Wechselstromapparaten.

Zu den kondensatorähnlich wirkenden Wechselstromapparaten gehören Fernleitungskabel, elektrolytische Zellen und übererregte Synchronmotoren. Während man bei einem Kondensator mit hoher Isolation und verschwindend kleinen dielektrischen Verlusten den aufgenommenen Strom J annähernd gleich dem Verschiebungsstrom J_c dem absoluten Betrage nach setzen kann, ist das bei den technischen Kondensatoren nicht zulässig. In diesem Fall muß man zur Messung der Kapazität C noch einen Leistungsmesser N aufnehmen.

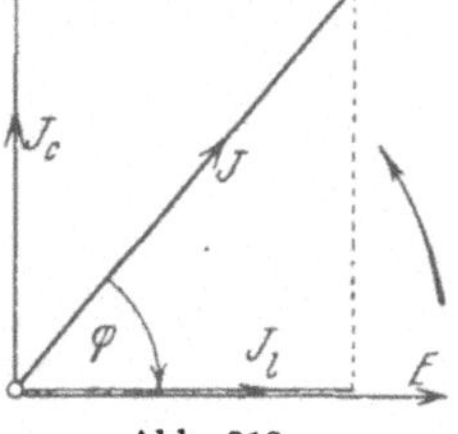

Abb. 313.

Zeigt dieser die Leistung N' an, so ist davon der Eigenverbrauch in der Spannungsspule sowie der des Spannungsmessers (s. S. 308) abzuziehen, und man erhält dann die im Kondensator verbrauchte Leistung N. (Bei Verwendung eines statischen Spannungsmessers ist für ihn keine Korrektion erforderlich.) Aus den abgelesenen Werten von E und J ergibt sich dann $\cos\varphi = \frac{N}{E \cdot J}$ und damit auch der Winkel φ oder auch der Leistungsstrom $J \cdot \cos\varphi = J_l = \frac{N}{E}$. Daraus kann man unter der Annahme, daß die Leistung N in einem zum verlustlosen Kondensator parallelen Widerstande $R_l = \frac{E}{J_l}$ verbraucht wird, das Diagramm Abb. 313 zeichnen und findet den Kondensatorstrom J_c, der um 90^0 der Spannung E voreilt.

Bei sinusförmiger Spannungskurve ist dann der kapazitive Widerstand

$$S_c = \frac{E}{J_c} = \frac{1}{2\pi \cdot \nu \cdot C}.$$

Setzt man $J_c^2 = J^2 - J_l^2$, so folgt

$$C = \frac{1}{2\pi \cdot \nu} \cdot \frac{J_c}{E} = \frac{1}{2\pi \cdot \nu} \cdot \frac{\sqrt{E^2 \cdot J^2 - N^2}}{E^2}.$$

Rein analytisch würde man C unter der Annahme eines vorgeschalteten Widerstandes r_l folgendermaßen finden: Da

$$\frac{E}{J} = W = \sqrt{r_l^2 + S_c^2}$$

ist, und $r_l = \frac{N}{J^2}$ berechnet werden kann, so wird

$$S_c = \sqrt{\frac{E^2}{J^2} - \frac{N^2}{J^4}} = \frac{1}{2\pi \cdot \nu \cdot C}$$

oder

$$C = \frac{J^2}{2\pi \cdot \nu \cdot \sqrt{E^2 \cdot J^2 - N^2}}.$$

Hat die Spannungskurve keine reine Sinusform, dann bilden sich im Gegensatz zur Wirkung eines induktiven Widerstandes in der Stromkurve die Oberwellen sehr kräftig aus, so daß die Stromkurve stark verzerrt ist.

In diesem Fall wird

$$C = \frac{J^2}{2\pi \cdot \nu \cdot \sqrt{E^2 \cdot J^2 - N^2}} \cdot \frac{1}{f_{0_c}'},$$

worin der Berichtigungsfaktor[1] sich berechnet aus:

$$f_{0_c}' = \sqrt{\frac{\sum_1^n (k \cdot E_k)^2}{\sum_1^n (E_k)^2}} = \sqrt{\frac{E_1^2 + 4 \cdot E_2^2 + 9 \cdot E_3^2 + \cdots + k^2 \cdot E_k^2 + \cdots + n^2 \cdot E_n^2}{E_1^2 + E_2^2 + E_3^2 + \cdots + E_k^2 + \cdots + E_n^2}}$$

und durch Aufnahme der Spannungskurve ermittelt werden kann. Da bei stark ausgeprägten Oberschwingungen der Zähler bedeutend größer als der Nenner wird, muß man f_{0_c}' berücksichtigen, andernfalls leicht Fehler bis zu 60% und mehr auftreten können, d. h. die Kapazität C viel zu groß erhalten wird.

Man kann jedoch den Fehler klein halten, wenn man zur Abdämpfung der Oberschwingungen einen möglichst großen induktiven Widerstand in den Kondensatorkreis einschaltet, so daß man in diesem Falle die Aufnahme der Spannungskurve vermeiden kann.

Ein anderes Mittel, die Wirkung der Oberwellen verschwindend klein zu machen, besteht darin, durch Resonanz die Grundschwingung E_1 der Stromkurve besonders stark hervortreten zu

[1] Linker, A.: Grundl. d. Wechselstromtheorie, S. 116.

lassen, so daß der Gesamtstrom J nur in geringem Maße von den Oberschwingungen beeinflußt wird.

Allgemein versteht man nun unter elektrischer Resonanz zwischen einer Selbstinduktion und Kapazität den wechselseitigen Ausgleich ihrer beiden entgegengesetzt gerichteten Wirkungen. Entsprechend der Schaltung unterscheidet man dabei 2 Arten der Resonanz.

a) Spannungsresonanz.

Schaltet man den zu messenden Kondensator C, R_{l_2} mit einer Induktionsspule S, R_{l_1} hintereinander an eine Wechselstromquelle (Abb. 314), dann besteht zwischen den Punkten ac eine Spannung

$$E = J \cdot \sqrt{R_l^2 + \left(\omega \cdot \mathfrak{S} - \frac{1}{\omega \cdot C}\right)^2},$$

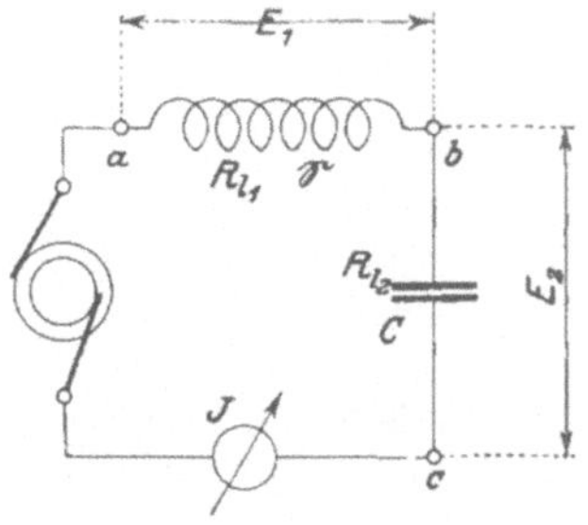

Abb. 314.

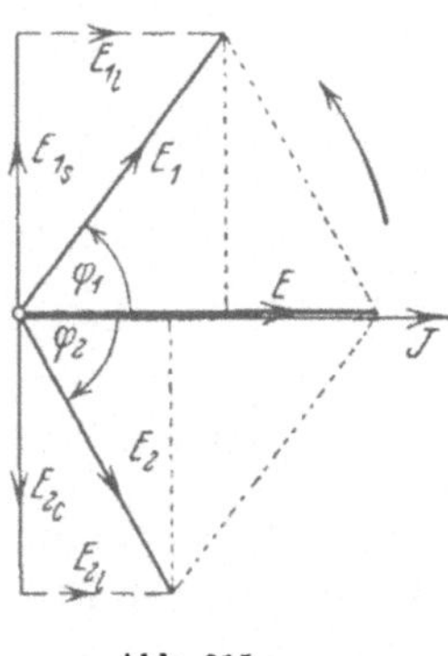

Abb. 315.

wo $R_l = R_{l_1} + R_{l_2}$ ist. Hält man $E = \text{konst}$, so wird J ein Maximum, wenn sich die Wirkungen der Selbstinduktion und Kapazität aufheben oder

$$\omega \cdot \mathfrak{S} = \frac{1}{\omega \cdot C}$$

ist. Daraus ergibt sich die für das Zustandekommen der Resonanz erforderliche Periodenzahl

$$\nu_r = \frac{1}{2\pi \cdot \sqrt{\mathfrak{S} \cdot C}}.$$

Diese Schaltung wendet man daher zweckmäßig an bei kleinen Kapazitäten C in Verbindung mit Spulen von großer Induktivität $\mathfrak{S}$.

Nach Abb. 315 setzen sich nun bei Resonanz die Teilspannungen E_1 und E_2 zur Resultierenden E in der Weise zusammen, daß $E_{1_s} = E_{2_c}$ ist. Die Klemmenspannungen E_1 und E_2 sind dagegen wegen der verschiedenen Leistungsspannungen E_{1_l} und E_{2_l} nicht genau gleich groß.

Um nun die Resonanzperiodenzahl ν_r zu ermitteln, bestimmt man für eine Spannung $E =$ konst den Verlauf des Stromes J in Abhängigkeit von der Periodenzahl ν (Abb. 316). Trägt man außerdem die Kurven der Teilspannungen E_1 und E_2 ein, so erkennt man, daß das Maximum des Stromes J annähernd für diejenige Periodenzahl auftritt, bei der die Teilspannungskurven sich schneiden. Mit Hilfe von E und der aus Abb. 316 zu der

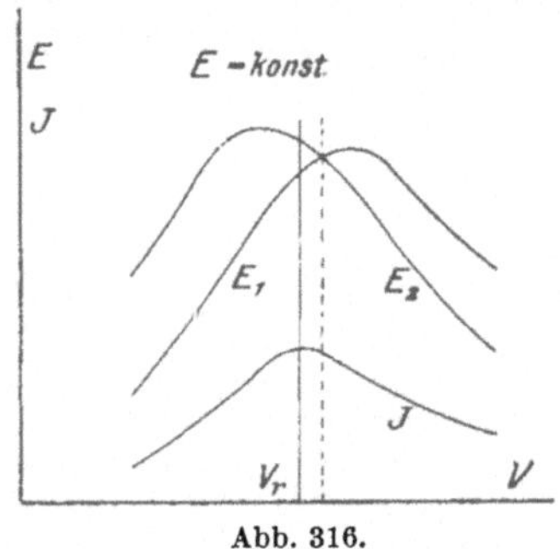

Abb. 316.

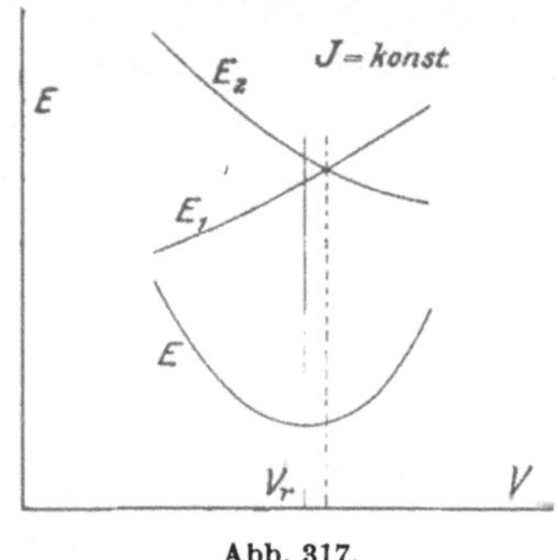

Abb. 317.

Periodenzahl ν_r entnommenen Spannungen E_1 und E_2 läßt sich das Diagramm Abb. 315 zeichnen und daraus E_{2_c} sowie E_{1_l} und E_{2_l} entnehmen. Es ist dann

$$E_{2_c} = \frac{J}{\omega_r \cdot C} \qquad \text{oder} \qquad C = \frac{J}{2\pi \cdot \nu_r \cdot E_{2c}}.$$

Zur Messung der Spannungen bedient man sich hierbei zweckmäßig statischer Spannungsmesser. Benutzt man eine Spule mit bekannter Induktivität $\mathfrak{S}$, dann könnte man ohne Zeichnung des Diagramms schon aus Abb. 316 den Wert ν_r entnehmen und nach S. 407 aus $\omega_r \cdot \mathfrak{S} = \frac{1}{\omega_r \cdot C}$ die Kapazität

$$C = \frac{1}{4\pi^2 \cdot \nu_r^2 \cdot \mathfrak{S}}$$

berechnen.

Die Resonanzperiodenzahl ν_r läßt sich auch dadurch ermitteln, daß man bei konstantem Strom J den Verlauf der Klemmenspannung E bei veränderlicher Periodenzahl ν aufnimmt (Abb. 317).

b) Stromresonanz.

Bei größeren Kapazitäten und Spulen mit kleiner Selbstinduktion bildet man die Resonanz zwischen den Strömen durch Parallelschaltung derselben nach Abb. 318.

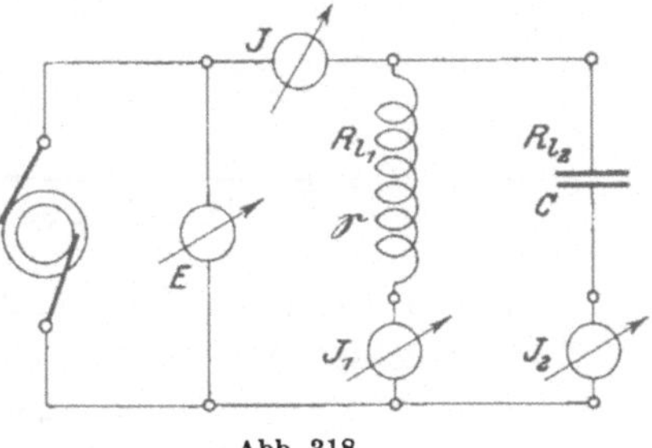

Abb. 318.

Als Strommesser verwendet man dabei zweckmäßig induktionsfreie Hitzdrahtinstrumente. Man nimmt nun entweder für $E =$ konst. die Ströme J, J_1 und J_2 (Abb. 319) oder für $J =$ konst. die Ströme J_1 und J_2 sowie E in Abhängigkeit von der Periodenzahl ν auf (Abb. 320).

In diesem Fall gilt die Beziehung $J = E \cdot \frac{1}{W}$

$$= E \cdot \sqrt{\left(\frac{R_{l_1}}{R_{l_1}^2 + S^2} + \frac{R_{l_2}}{R_{l_2}^2 + \frac{1}{\omega^2 \cdot C^2}}\right)^2 + \left(\frac{S}{R_{l_1}^2 + S^2} - \frac{\frac{1}{\omega \cdot C}}{R_{l_2}^2 + \frac{1}{\omega^2 \cdot C^2}}\right)^2}.$$

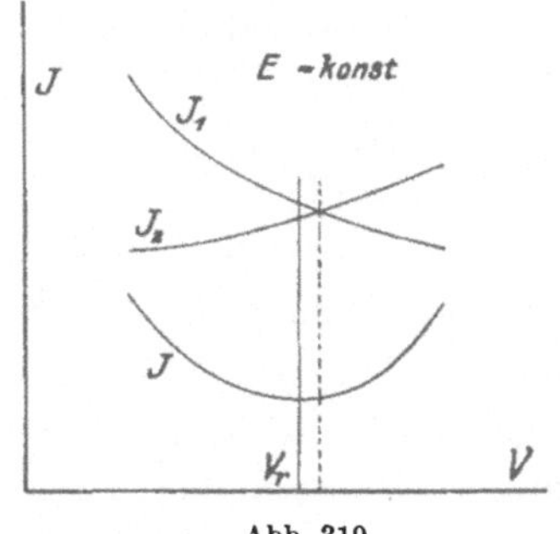

Abb. 319.

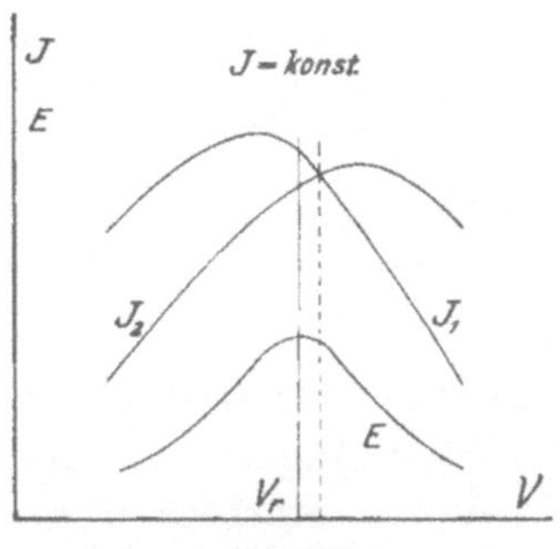

Abb. 320.

Der Strom J wird bei $E =$ konst ein Minimum, wenn Resonanz bei der Periodenzahl ν_r vorhanden ist, d. h. das zweite Glied der Wurzel verschwindet. Es ist dann

$$\frac{S}{R_{l_1}^2 + S^2} = \frac{\frac{1}{\omega \cdot C}}{R_{l_2}^2 + \frac{1}{\omega^2 \cdot C^2}}.$$

Setzt man $\frac{1}{\omega \cdot C} = S_c$, so erhält man $\frac{S}{R_{l_1}^2 + S^2} = \frac{S_c}{R_{l_2}^2 + S_c^2}$,

woraus folgt:

$$S_c = \frac{1}{\omega_r \cdot C} = \frac{R_{l_1}^2 + S^2 + \sqrt{(R_{l_1}^2 + S^2)^2 - 4 \cdot S^2 \cdot R_{l_2}^2}}{2 \cdot S}$$

oder
$$C = \frac{1}{2\pi \cdot \nu_r} \cdot \frac{2S}{R_{l_1}^2 + S^2 + \sqrt{(R_{l_1}^2 + S^2)^2 - 4 \cdot S^2 \cdot R_{l_2}^2}} .$$

Das Diagramm (Abb. 321) stellt die Stromverteilung bei Stromresonanz dar. Man erkennt daraus, daß der gesamte Strom $J = J_{1_l} + J_{2_l}$ nur Leistungsstrom ist, während $J_{2_s} - J_{1_c} = 0$ ist, d. h. der Kondensator liefert der Induktionsspule den Feldstrom. Besitzt der Kondensator keine Verluste, so daß $R_{l_2} \approx 0$ gesetzt werden kann, dann vereinfacht sich die Gleichung in

$$C = \frac{1}{2\pi \cdot \nu_r} \cdot \frac{S}{R_{l_1}^2 + S^2} .$$

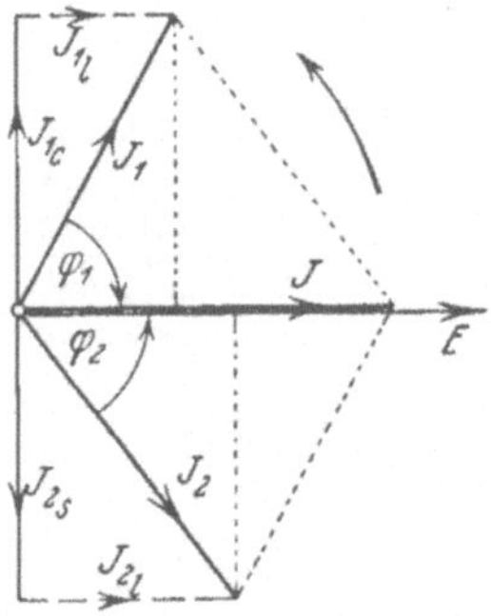

Abb. 321.

Aus den aufgenommenen Strömen läßt sich das Diagramm zeichnen und daraus J_{1_c} entnehmen. Aus Abb. 320 ergibt sich ν_r und dazu E, so daß man

$$C = \frac{J_{1_c}}{2\pi \cdot \nu_r \cdot E}$$

berechnen kann. Ist dagegen S und R_{l_1} bzw. R_{l_2} bekannt, so läßt sich C direkt aus den obigen Gleichungen ermitteln.

Nach Angaben von Akemann[1] läßt sich die wirksame Kapazität von Starkstromkabeln auch mit Gleichstrom bestimmen.

Am einfachsten kann man eine Kapazität C mit Hilfe einer veränderlichen Induktivität $\mathfrak{S}$, die ja sehr genau gemessen werden kann, dadurch ermitteln, daß man beide in Hintereinanderschaltung in einen Wechselstromkreis legt und $\mathfrak{S}$ in Resonanz mit C für die Grundwelle ν bringt. Dann gilt:

$$\omega \cdot \mathfrak{S} = \frac{1}{\omega \cdot C} \quad \text{oder} \quad C = \frac{1}{\omega^2 \cdot \mathfrak{S}} \text{ Farad.}$$

[1] ETZ 1907 S. 6.

3. Untersuchung von Transformatoren.

Dazu gehören folgende Feststellungen:

a) Dauerbelastung.

Die direkte normale Belastung eines Transformators im Probelauf nach § 34 RET 30[1] würde einen großen Energieverbrauch und außerdem der Spannung entsprechende Belastungswiderstände erfordern, deren Beschaffung unter Umständen schwer möglich wäre. Für den Fall, daß zwei Transformatoren gleicher Größe und Spannung vorhanden sind, kann man dieselben nach der Rückarbeitsmethode (s. Nr. 6a) so schalten, daß nur ein Energieverbrauch stattfindet, der den gesamten Verlusten entspricht.

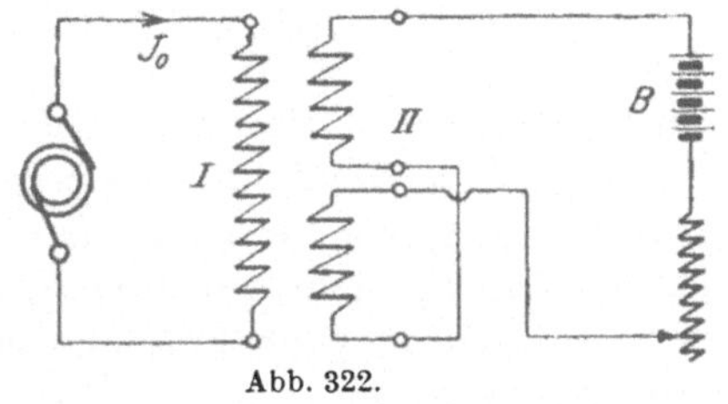

Abb. 322.

Der Probelauf hat außerdem den Zweck, die Erwärmung zu bestimmen. In diesem Fall kann man mit einer geringen Energiemenge auskommen, wenn man den Belastungsstrom möglichst leistungslos, d. h. mit großer Phasenverschiebung, durch stark induktive Widerstände entnimmt.

Ein anderes Mittel besteht in der künstlichen Belastung durch Gleichstrom, wie sie von Goldschmidt[2] angegeben ist.

Für Einphasentransformatoren läßt sich diese Methode nur in dem Fall anwenden, wo die sekundäre Wicklung aus einer geraden Anzahl von einzelnen Spulen besteht. Man schließt dann die primäre Seite an die Wechselstromquelle (Abb. 322), schaltet die sekundäre in zwei gleichen Hälften gegeneinander und schickt aus einer Batterie *B* Gleichstrom von der Größe des normalen Wechselstromes hindurch. Dann erwärmt dieser das Kupfer, während das Eisen durch die Ummagnetisierung infolge des Leerlaufstromes J_0 auf die entsprechende Temperatur gebracht wird.

Zahlreicher sind die Schaltungen zur Erwärmung der Dreiphasentransformatoren mit Gleichstrom. Dabei wird die primäre Wicklung (Abb. 323) in Dreieckschaltung unter Einfügung von Widerständen *r* an die Stromquelle gelegt und zwi-

[1] ETZ 1929 S. 794. [2] ETZ 1901 S. 682.

schen a und b von der Gleichstrombatterie gespeist. Für 120° Phasenverschiebung ist nun die Summe der drei Phasenspannungen in jedem Augenblick Null, d. h. zwischen den Punkten a und b ist keine Potentialdifferenz vorhanden, welche durch die Batterie einen Wechselstrom schicken könnte. Der Gleichstrom J_1 belastet den Generator nicht, da nur Ströme und Spannungen gleicher Periodenzahl sich zu einer Leistung zusammensetzen können (vgl. Nr. 19a). Die Widerstände r schützen den Generator vor zu starkem Anwachsen des Gleichstromes, während sie für den kleinen Leerlaufstrom J_0 nur einen geringen Spannungsabfall hervorrufen.

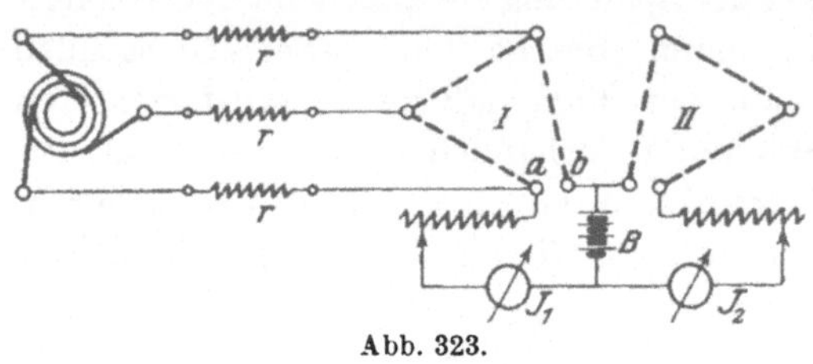

Abb. 323.

Besteht die Wicklung eines jeden Schenkels aus einer geraden Anzahl von Spulen, so kann man die Vorschaltwiderstände vermeiden, wenn man die primären Spulen in zwei parallelen Gruppen in Stern schaltet (Abb. 324) und den Gleichstrom zwischen den neutralen Punkten einführt. Die Sekundärseite wird dabei in Dreieck wie vorher angeschlossen. Die primäre Spannung beträgt in diesem Fall natürlich nur die Hälfte der normalen.

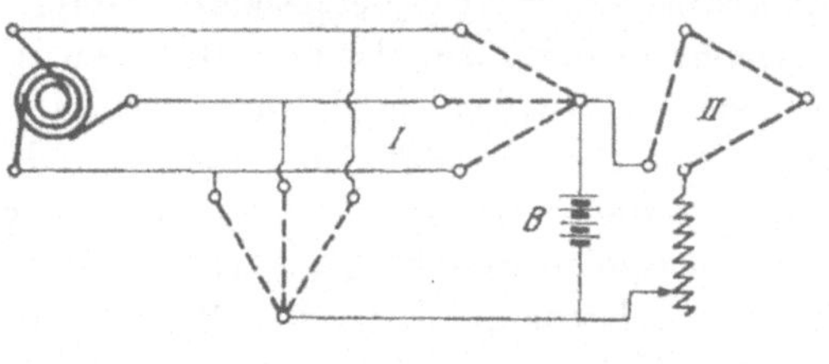

Abb. 324.

Für die gleichzeitige Belastung von zwei oder mehr gleich großen Transformatoren führt man die Schaltung in derselben Weise aus, wobei die primären Seiten jedoch immer in Sternschaltung parallel zueinander angeschlossen werden müssen. Die sekundären Spulen dagegen können in Sternschaltung (Abb. 325) parallel zueinander oder in Dreieck (Abb. 326) hintereinander geschaltet an die Gleichstrombatterie angeschlossen werden.

Als Nachteil der Goldschmidtschen Methode ist die besondere Regulierung der Ströme in der Hoch- und Niederspannungswicklung anzusehen, was besonders bei großen Leistungen unangenehm ist, da die Batterie die dreifachen Phasenströme für jede Wicklung liefern muß.

Benutzt man jedoch nach Molnar[1] statt des Gleichstroms Wechselstrom, so kann man schon mit einer kleinen Stromquelle Transformatoren für große Leistungen untersuchen. Nach Abb. 327 hat die Hilfsstromquelle E_h hierbei nur den dreifachen Phasen-

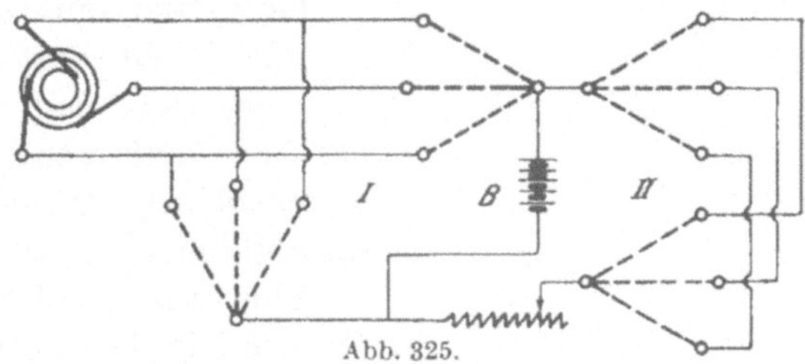

Abb. 325.

strom bei Sternschaltung und eine etwa 20% mehr als die Kurzschlußspannung betragende Klemmenspannung zu liefern. Dabei wählt man zum Anschluß diejenige Seite der Transformatoren, deren Spannung zu der Hilfsstromquelle paßt. Zweckmäßig legt man die Stromquelle E_h an die Nullpunkte der Hochspannungsseite und schließt die Nullpunkte der Niederspannungsseite durch eine allen Phasen gemeinsame Rückleitung. In gleicher Weise läßt sich diese Schaltung auch bei Zweiphasen-Transformatoren verwenden.

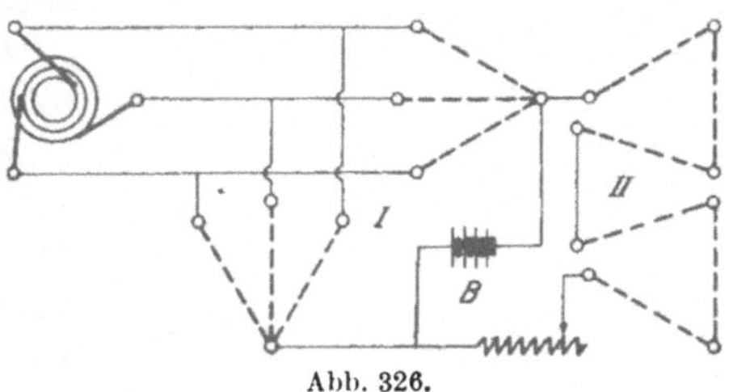

Abb. 326.

Bei Dreieckschaltung der einen oder beider Seiten legt man nach Abb. 328 die zur Aufnahme des Magnetisierungsstroms bestimmten Seiten in Parallelschaltung an die normale Stromquelle E, die anderen in Dreieck geschalteten Wicklungen an die Hilfsstromquelle E_h in der Weise an, daß man je einen Eckpunkt des Dreiecks öffnet und die beiden Enden in Parallelschaltung an die Klemmen anschließt.

Auf diese Weise ist es auch möglich, einzelne Transformatoren künstlich zu belasten, indem man in Abb. 328 den zweiten Transformator fortläßt.

[1] ETZ 1909 S. 450.

Will man keine Hilfsstromquelle verwenden, so kann man nach Gustrin[1] eine Selbstbelastungsschaltung dadurch herstellen, daß man den normal angeschlossenen Transformator sekundär in Dreieck schaltet, wobei man eine Phase mit geringerer Windungszahl arbeiten läßt.

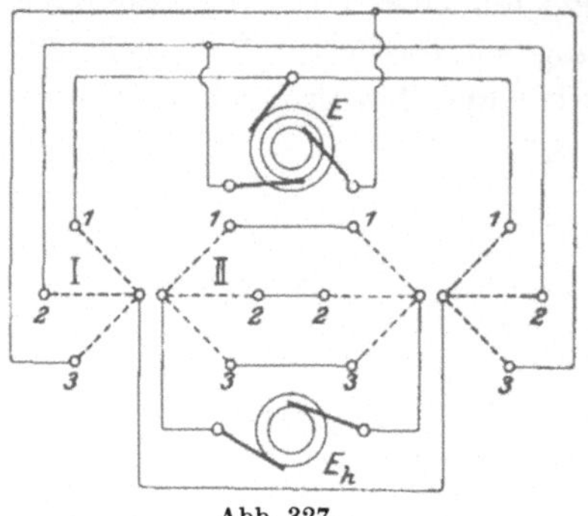

Abb. 327.

Ist jedoch eine solche Anzapfung nicht ausführbar, so kann man sich dadurch helfen, daß man auf eine Phase eine entsprechende Anzahl von Zusatzwindungen wickelt.

Eine andere Methode, die Erwärmung bei normaler Belastung zu bestimmen, besteht darin, die Übertemperaturen bei einem Dauerversuch für Leerlauf und Kurzschluß zu bestimmen und zu addieren. Dieser Wert ist gewöhnlich etwas zu hoch, so daß man den Versuch hauptsächlich zur schnellen Kontrolle einer großen Zahl von Transformatoren benutzen wird, wenn für ein Stück der genaue Betrag ermittelt ist.

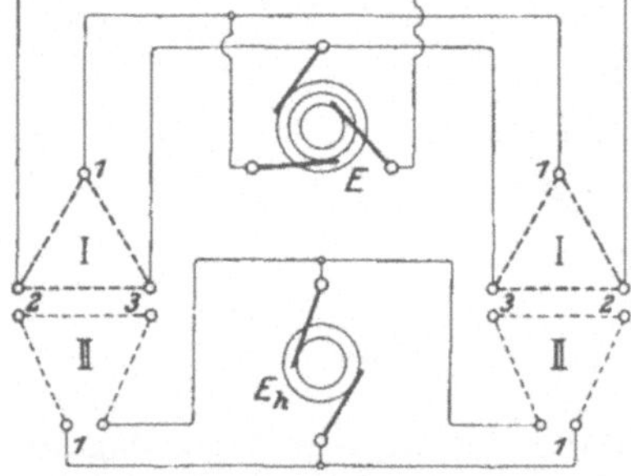

Abb. 328.

Die Messung der Erwärmung erfolgt nach § 32 ... 45 der RET.

Zum selbsttätigen Anzeigen unzulässiger Erwärmung dient der Thermo-Gefahrmelder (System Bewag) mit einem Bimetallstreifen[2]. Umfangreicher in seinem Schutzbereich ist jedoch das Buchholz-Schutzsystem[3], da es schon bei kleinen Fehlern im Transformator ein Zeichen gibt und bei gefährlichen Fehlern den Apparat außer Betrieb setzt. Es spricht auch an bei schlechten Verbindungen, mangelhaften Kontakten, Kriechwegen nach Erde und Eisenbränden. Diese verhütet auch der Differentialschutz nach

[1] ETZ 1907 S. 574, 911.

[2] ETZ 1927 S. 1146; Electr. J. Bd. 26 S. 288 (E. Cobb); ETZ 1929 S. 95.

[3] Elektr.-Wirtsch. 1927 Nr. 430/431; ETZ 1928 S. 1257.

Merz-Price[1] von S & H mit einem Differential-Leistungsmesser als Relais[2], der gleichzeitig auch die jeweilig vorhandenen Eisenverluste anzeigt.

S S W bauen einen Maximal-Belastungsanzeiger[3], an dem eine Gefährdung durch zu hohe Last leicht festgestellt werden kann.

b) Windungszahl und Isolierfestigkeit.

Schon während der Fabrikation empfiehlt es sich, die einzelnen Spulen zuerst auf ihre richtige Windungszahl zu untersuchen. Zu dem Zweck schiebt man nach Abb. 329 über eine beispielsweise in einen Tisch eingelassene Primärspule *I* mit Eisenkern die Normalspule mit w Windungen und die zu prüfende mit w_x Windungen. Legt man dann Spannungsmesser an die Spulen und stellt mit dem Widerstande *R* der Wechselspannung E_w passende Ablenkungen E und E_x ein, dann ist

$$w_x = w \cdot \frac{E_x}{E}.$$

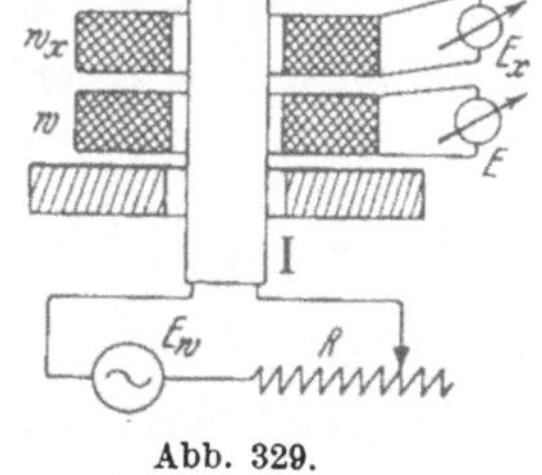

Abb. 329.

Die Windungszahlen zweier Spulen lassen sich auch dadurch vergleichen, daß man die Spulen auf eine mit Gleichstrom gespeiste lange Spule, möglichst in die Mitte, schiebt und nacheinander beim Kommutieren des Gleichstromes an einem ballistischen Galvanometer die Ablenkungen s bzw. s_x feststellt, dann ist $w_x = w \cdot \frac{s_x}{s}$. Für die Untersuchung von Spulen gleicher Windungszahl $w = w_x$ kann man sie in Gegeneinanderschaltung auf das ballistische Galvanometer einwirken lassen, das dann keine Ablenkung zeigen soll.

Weiter prüft man die Spulen auf Isolationsfehler bzw. Windungsschluß, sog. Windungsprobe, indem man sie z. B. nach Abb. 330 als sekundäre Wicklung *II* eines Transformators schaltet, dessen Eisenrahmen geteilt ist[4].

Besitzt die Spule einen starken Isolationsfehler, so ruft die in den Windungen erzeugte EMK einen Strom hervor, der sich nicht nur durch starke Erwärmung der schadhaften Stellen kenntlich macht, sondern auch die primäre Stromaufnahme erhöht.

---

[1] Arch. Elektrotechn. Bd. 1 (1912) S. 110; Siemens-Z. 1926 S. 275.
[2] Siemens-Z. 1926 S. 36, 78, 158. [3] Siemens-Z. 1931 S. 483.
[4] ETZ 1907, S. 1133.

Eine Wechselstrom-Brückenschaltung verwendet Täuber-Gretler[1] bei dem Apparat von Trüb, Täuber & Co., Zürich, zur Feststellung von Windungsschlüssen. Mit Hilfe gedämpfter Hochfrequenz-Schwingungen von $\nu = 10\,..\,200$ kHz prüft die Westinghouse Mfg. Co. nach J. L. Rylander[2] die Transformatoren- und Maschinenspulen auf Windungsschluß und Fehler in der Wicklung.

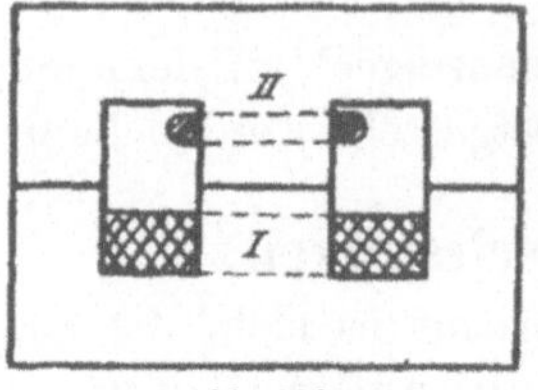

Abb. 330.

Für einen fertigen Transformator hat die Untersuchung der Isolierfestigkeit allgemein bei normaler Erwärmung, d. h. im Anschluß an eine Belastungsprobe, nach § 46 ... 49 der RET bezüglich der Wicklungs-, Sprungwellen- und Windungsprobe zu erfolgen.

c) Übersetzung.

Nach § 11 der RET ist die Übersetzung gegeben durch das Windungsverhältnis $u_w = \frac{w_1}{w_2}$, worin w_1 und w_2 die Windungszahlen einer Phase der Ober- bzw. Unterspannungswicklung sind. Ausgedrückt durch das Verhältnis der Spannungen bei Leerlauf wird für Phasenspannungen die Übersetzung $u_e = \frac{E_{k_1}}{E_{2_0}}$ und für verkettete Spannungen $u_{e_v} = \frac{E_{k_I}}{E_{II_0}}$, worin E_{k_1} und E_{2_0} Volt als Phasenspannungen, E_{k_I} und E_{II_0} als verkettete oder Außenleiterspannungen gelten. Vernachlässigt man den Spannungsabfall primär infolge des Leerlaufstromes J_0, dann kann man bei Einphasen- und Dreiphasen-Transformatoren mit den Schaltarten A_1, A_2, B_1, B_2 angenähert $u_e \approx u_w$ setzen. Für die anderen Schaltarten ergibt sich

$$u_e = \frac{2}{\sqrt{3}} \cdot u_w, \qquad u_{e_v} = \frac{2}{3} \cdot u_w \quad \text{für } A_3, B_3$$

$$u_e = u_w, \qquad u_{e_v} = \frac{1}{\sqrt{3}} \cdot u_w \quad \text{für } C_1, D_1$$

$$u_e = u_w, \qquad u_{e_v} = \sqrt{3} \cdot u_w \quad \text{für } C_2, D_2$$

$$u_e = \frac{2}{\sqrt{3}} \cdot u_w, \qquad u_{e_v} = \frac{2}{\sqrt{3}} \cdot u_w \quad \text{für } C_3, D_3.$$

[1] Bull. schweiz. elektrotechn. Ver. 1921 S. 217; 1928 S. 373.
[2] Electr. J. Bd. 25 S. 10; ETZ 1929 S. 1668.

Durch Messung der Spannungen E_{k_1}, E_{2_0}, E_{k_I}, E_{II_0} läßt sich also u_e und u_{e_v} ermitteln oder durch eine Brückenschaltung nach H. Schering u. Burmester[1].

d) Parallelbetrieb.

Die Untersuchung hat sich hierbei darauf zu erstrecken, ob die zusammenzuschaltenden Transformatoren den Bedingungen der § 60 ... 62 der RET entsprechen, nämlich:

1. Gleichheit der Nennspannung primär und sekundär.
2. Gleiche Schaltgruppe.
3. Verbindung gleichnamiger Klemmen.
4. Nennleistungsverhältnis nicht größer als 3 : 1.
5. Abweichung der Nenn-Kurzschlußspannung E_k nicht mehr als $\pm$ 10% vom Mittel der Kurzschlußspannungen der zusammenarbeitenden Transformatoren.

Diese Bedingungen für einen einwandfreien Betrieb sind erfüllt, wenn die parallel arbeitenden Transformatoren gleiche Spannung nach Größe und Phase haben, und eine den Nennleistungen proportionale und phasengleiche Lastverteilung wird erzielt, wenn die Übersetzungen u_{e_v}, die Spannungsverluste $E_v = J \cdot R_l$ und induktiven Spannungsabfälle $E_s = J \cdot S$ übereinstimmen.

Sind die Nenn-Kurzschlußspannungen E_k nicht gleich, so stellt sich die Belastung der einzelnen Transformatoren so ein, daß überall die gleiche Kurzschlußspannung auftritt. Diese ändert sich proportional mit dem Belastungsstrom, und die Leistungen verteilen sich umgekehrt proportional den Spannungen E_k. Folgende Beispiele mögen das Gesagte erläutern:

1. Beispiel. Verteilung der Last auf 3 parallel arbeitende Transformatoren, deren Nenn-Wechselstromleistungen $N_{w_a} = 600$, $N_{w_b} = 300$, $N_{w_c} = 200$ kW, prozentuale Nenn-Kurzschlußspannungen

$$e_{k_a} = \frac{E_{k_a}}{E_{k_I}} \cdot 100\% = 3\%, \qquad e_{k_b} = 4\%, \qquad e_{k_c} = 5\%$$

sind, und gesamte Leistungsabgabe.

Liefert Transformator		a	die Nennleistung	600 kW,
dann gibt	„	b	$\frac{3}{4} \cdot 300 =$	225 „
und	„	c	$\frac{3}{5} \cdot 200 =$	120 „
			Insgesamt	945 kW.

[1] Z. Instrumentenkde. 1924 S. 97.

Will man die gesamte Nenn-Wechselstromleistung von $N_w = 1100$ kW ohne irgendwelche Hilfsmittel erzielen, dann müßten die Transformatoren folgende einzelnen Leistungen abgeben:

$$\left.\begin{array}{ll} \text{a)} & \frac{1100}{945} \cdot 600 = 698\,\text{kW} = 116{,}4\,\% \\ \text{b)} & \frac{1100}{945} \cdot 225 = 262 \quad ,, \quad = 87{,}4\,\% \\ \text{c)} & \frac{1100}{945} \cdot 120 = 140 \quad ,, \quad = 70{,}0\,\% \end{array}\right\} \text{ ihrer Nennlast.}$$

2. Beispiel. Verteilung der Last auf 3 parallel arbeitende Transformatoren gleicher Nenn-Wechselstromleistung

$$N_{w_a} = N_{w_b} = N_{w_c} = 600\,\text{kW}$$

und verschiedenen prozentualen Nenn-Kurzschlußspannungen

$$e_{k_a} = 3\,\%, \quad e_{k_b} = 3{,}5\,\%, \quad e_{k_c} = 4\,\%.$$

Liefert Transformator a die Nennleistung 600 kW,

so gibt ,, b $\frac{3}{3{,}5} \cdot 600 =$ 515 ,,

und ,, c $\frac{3}{4} \cdot 600 =$ 450 ,,

Insgesamt 1565 kW.

Für eine gesamte Nennleistung von $N_w = 1800$ kW wären folgende Leistungen abzugeben:

$$\left.\begin{array}{ll} \text{a)} & \frac{1800}{1565} \cdot 600 = 690\,\text{kW} = 115\,\% \\ \text{b)} & \frac{1800}{1565} \cdot 515 = 592 \quad ,, \quad = 98{,}7\,\% \\ \text{c)} & \frac{1800}{1565} \cdot 450 = 518 \quad ,, \quad = 86{,}4\,\% \end{array}\right\} \text{ ihrer Nennlast.}$$

Als besondere Hilfsmittel zur Erzielung einer möglichst normalen Lastverteilung dienen Drosselspulen, die den Transformatoren mit den kleineren Kurzschlußspannungen vorgeschaltet werden.

Die Parallelschaltung der Einphasen-Transformatoren erfolgt in der Weise, daß man die Primärseiten parallel schaltet und auf den Sekundärseiten zuerst je eine Klemme x, u direkt miteinander verbindet und zwischen die beiden freien Klemmen (y, v) einen Spannungsmesser (oder Glühlampe) für die doppelte

Nennspannung anschließt. Tritt keine Ablenkung (oder Leuchten) auf, so ist y mit v zu verbinden, andernfalls ist x an v und y an u anzuschließen. Dreiphasen-Transformatoren zeigen nach den Schaltungen des § 8 der RET bestimmte Phasenlagen zwischen den Primär- und Sekundärspannungen, die aus den Vektorbildern ersichtlich sind, und zwar:

Gruppe A: Gleiche Phase. Gruppe C: Verschiebung 110°.
,, B: Verschiebung 180°. ,, D: ,, 30°.

Danach lassen sich parallel schalten:

1. Transformatoren der gleichen Schaltgruppe unter sich durch Verbindung gleichnamiger Klemmen.

2. Transformatoren der Gruppen A und B nur nach Vertauschen von Anfang und Ende jeder Phase der Primär- oder Sekundärwicklung.

3. Transformatoren der Gruppen C und D nur nach Umschaltung gemäß Punkt 2 oder nach dem in § 8 angegebenen Schema.

Sollen nun die Klemmenbezeichnungen bei einem fertiggestellten Transformator durch eine Prüfung ermittelt werden, so schließt man ihn primär an das Netz an, verbindet dann eine seiner Sekundärklemmen, z. B. x, mit u des sekundären Netzes und mißt die Spannungen uy, vy, wy und uz, vz, wz. Ergibt sich dabei $vy = 0$ und $wy = 0$, so gehört der zuzuschaltende Transformator der gleichen Gruppe wie der des Netzes an, und es ist $x = u$, $y = v$, $z = w$ zu bezeichnen. Sind die Spannungen nicht Null, so zeichnet man mit diesen Ablesungen ein Potentialbild. Abb. 331 zeigt eine Anzahl verschiedener Potentialbilder, in denen das Potentialbild uvw des Netzes festliegt, während die anderen Strahlen von den Endpunkten aus abgetragen sind. Daraus kann nun die Gruppenzugehörigkeit des Transformators folgendermaßen ermittelt werden: Aus den Ablesungen $uy \neq 0$, $vy \neq 0$, $wy = 0$; $uz \neq 0$, $vz = 0$, $wz = vy$ ergibt sich Abb. 331 a. Man erkennt daraus, daß $y = w$, $z = v$ sein muß und die Transformatoren der gleichen Schaltgruppe angehören.

Für $uy \neq 0$, $vy \neq 0$, $wy = 2\,uy$; $uz \neq 0$, $vz \neq 0$, $wz \neq 0$ erhält man Abb. 331 b und durch Verschieben von xyz bis zur Deckung mit uvw findet man für b: $x = w$, $y = u$, $z = v$ und für c: $x = v$, $y = u$, $z = w$, also gleiche Schaltgruppe. Weiter zeigen die Potentialbilder *d* und *e*, daß der zuzuschaltende Transformator eine Verschiebung des Spannungssystems von 180° besitzt. Zur

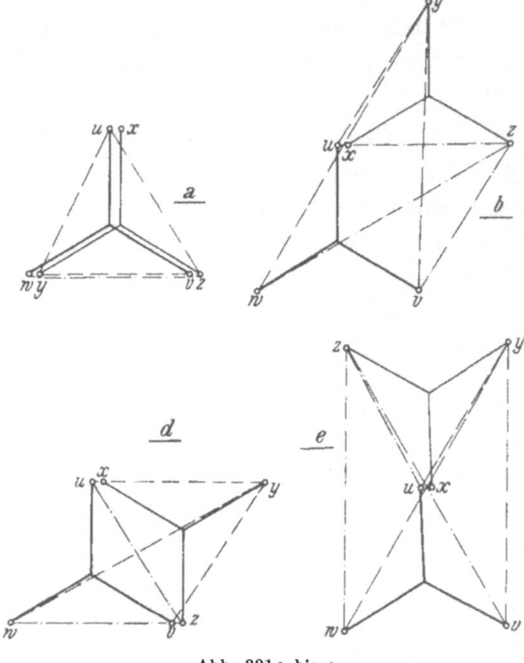

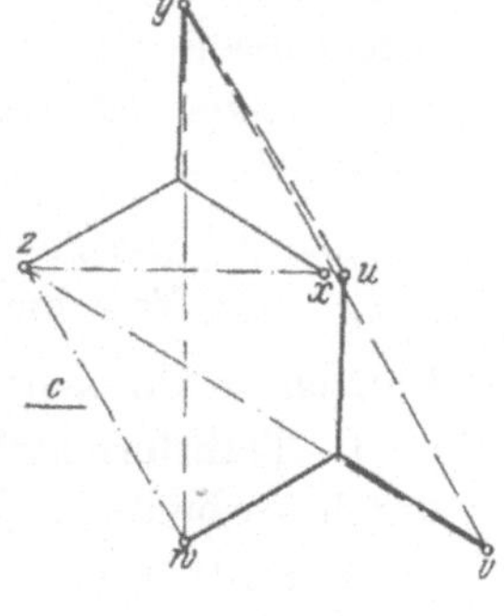

Abb. 331a bis e.

Parallelschaltung müssen demnach, wenn es sich um die Gruppen A und B handelt, Anfänge und Enden jeder Phase vertauscht werden. Dasselbe hätte man auch bei den Gruppen C und D zu tun, könnte aber dafür auch auf der Primärseite bequemer nur 2 Phasen vertauschen.

Untersuchungen und Angaben über den Parallelbetrieb sind von M. Vidmar[1] und A. Zelewski[2] gemacht worden.

e) Verluste, Streuung, Erwärmung, Ölprüfung.

Die Eisen-Verluste werden entweder mit dem Leistungsmesser (S. 305) oder mittels einer Brückenschaltung (S. 197) gemessen. Bei Hochfrequenz verwendet man eine Resonanzschaltung nach Abb. 332. Man schließt dafür die Unterspannungswicklung (*II*) des Transformators *T* über den Strommesser *J* an die Wechselspannung E_w und liest bei der Nennspannung *E* den Leerlaufsstrom J_0 ab. Dann schließt man den Schalter *S* und

[1] Elektrotechn. u. Maschinenb. 1927 S. 457; ETZ 1928 S. 21.
[2] ETZ 1929 S. 1797.

regelt den Kondensator C, bis J ein Minimum zeigt, dann ist Strom-Resonanz vorhanden[1], wofür der Strom in Phase mit der Spannung E ist, also nur den Leistungsstrom J_{0_l} infolge der Verluste $N_{hw} + J_0^2 \cdot R_2 \approx N_{hw}$ darstellt, so daß der Eisenverlust $N_{hw} \approx E \cdot J_{0_l}$ ist. Weiter ergibt sich der Leistungsfaktor bei Leerlauf $\cos \varphi_0 = \frac{J_{0_l}}{J_0}$.

Zur Messung der dielektrischen Verluste kann man Brückenschaltungen (I, 56, 57) verwenden. Für Transformatoren ist noch eine Schaltung von W. Petersen[2] angegeben.

Bei Dreiphasen-Transformatoren lassen sich die Stromwärme-Verluste $N_R = \frac{3}{2} \cdot J^2 \cdot R$ unabhängig von der Schaltung berechnen[3], worin J der Außenleiterstrom und R der zwischen den Außenleitern gemessene Widerstand ist.

Die Streuung bestimmt man nach I, 41, 42 oder S. 252. Nach G. C. Dahl[4] lassen sich auch Einzelstreuungen ermitteln. (S. auch IV, 5, b.)

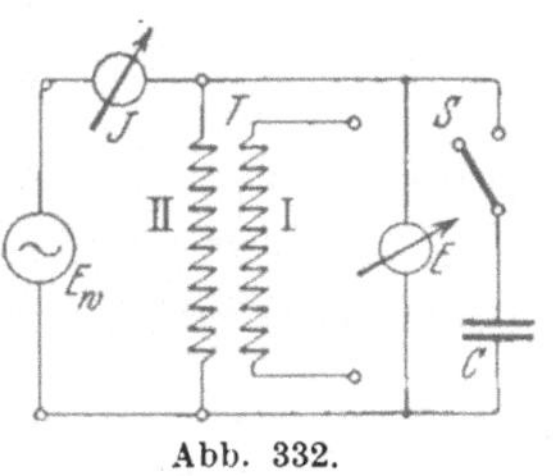

Abb. 332.

Die Erwärmung bestimmt man gemäß § 33 . . . 45 der RET. Die Untersuchung des Öls erfolgt nach den Vorschriften für Transformatoren- und Schalter-Öle[5].

Zur Prüfung von Transformatoren ist es von Wichtigkeit, ein zweckmäßig eingerichtetes Prüffeld zu haben, wie es beispielsweise von S & H für das Städtische Elektrizitätswerk in Dresden[6] eingerichtet ist. Für den Betrieb empfiehlt es sich, Vorsichtsmaßnahmen zum Schutz des Transformators gegen den Eintritt von Sprungwellen zu treffen. Dafür eignet sich u. a. auch der sogenannte Ferranti-Stoßwellenschlucker bis 220 kV, der nach E. T. Norris[7] aus einer mit einer Eisenhülle umschlossenen Spule besteht und dadurch in Reihe geschaltet mit der Leitung die Wellenstirn der Sprungwellen stark abschleift, ohne die Leitung direkt zu erden.

---

[1] Linker, A.: Grundl. d. Wechselstromtheorie, S. 56.
[2] ETZ 1925 S. 1907. [3] ETZ 1928 S. 825.
[4] J. Amer. Inst. electr. Engr. 1925 S. 735; ETZ 1925 S. 1918.
[5] ETZ 1927 S. 473, 858. [6] Siemens-Z. 1928 S. 453.
[7] Electr. Rev. Bd. 10 S. 60; ETZ 1930 S. 1597; 1931 S. 461 (Concordia G. m. b. H., Stuttgart).

4. Das Transformatordiagramm.

Ein Transformator besteht aus mehreren Spulen, die durch einen gemeinsamen magnetischen Kraftfluß miteinander verkettet sind. Als die für unsere Betrachtungen einfachste Form wählen wir (Abb. 333) einen Eisenring, der eine primäre Spule (I) von w_1 und eine sekundäre (II) von w_2 Windungen trägt. Bei Mehrphasen-Transformatoren beziehen sich die Angaben auf eine Phase.

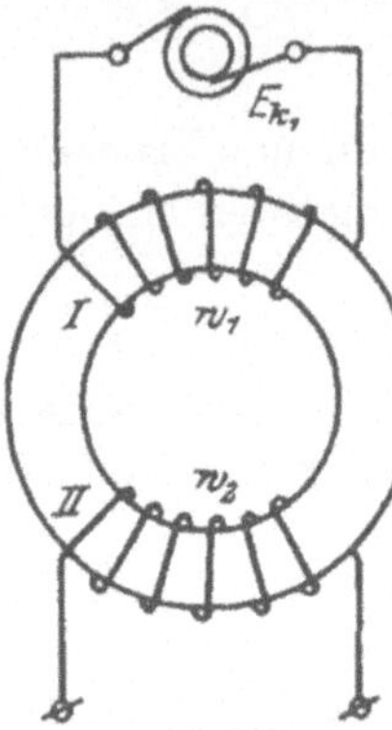

Abb. 333.

Wird die Spule I an eine Wechselspannung E_{k_1} angelegt, so nimmt sie einen Strom J_0 auf, der in dem Eisenring ein magnetisches Wechselfeld $\mathfrak{N}_0$ erzeugt. Da dieses Feld die Windungen der Spule I schneidet, so wird in ihr nach dem Faraday-Maxwellschen Induktionsgesetz eine EMK $E_{i_t} = -w_1 \cdot \frac{d\mathfrak{N}_0}{dt}$ induziert.

Unter der Annahme, daß der Kraftfluß $\mathfrak{N}_0$ sinusartig verläuft, wird die von ihm induzierte EMK

$$E_{i_t} = -w_1 \cdot \frac{d(\mathfrak{N}_{0_{\max}} \cdot \sin \omega t)}{dt}$$

oder

$$E_{i_t} = w_1 \cdot N_{0_{\max}} \cdot \omega \cdot \sin(\omega t - 90^0).$$

Nach dem zweiten Kirchhoffschen Satz muß nun für den primären Stromkreis in jedem Augenblick die Beziehung bestehen: $E_{k_{1_t}} + E_{i_t} = J_{0_t} \cdot R_1$, wo R_1 der Leistungswiderstand der Spule I ist, oder

$$E_{k_{1_t}} = -E_{i_t} + J_{0_t} \cdot R_1.$$

Setzt man darin

$$-E_{i_t} = E_{1_t},$$

so wird

$$E_{k_{1_t}} = E_{1_t} + J_{0_t} \cdot R_1.$$

Dabei ist $R_1 = \frac{N_{0_1}}{J_0^2}$ mit Hilfe eines Leistungsmessers zu ermitteln.

Von der Klemmenspannung E_{k_1} kommt demnach nur ein Teil E_1 zur Erzeugung des Magnetfeldes $\mathfrak{N}_0$ in Frage, und zwar ist E_1 dann um 90^0 gegen $\mathfrak{N}_0$ voreilend.

Man kann sich nun für die Feststellung der bei den magnetischen Induktionserscheinungen auftretenden Verschiebung folgende Regel merken:

Ist eine Größe die Folge einer anderen, so folgt sie der Ursache zeitlich um einen Verschiebungswinkel von 90° nach.

Um nun die Gleichung der Primärseite zeichnerisch darstellen zu können, muß noch der Verlauf von J_0 festgestellt werden, da $J_0 \cdot R_1$ mit J_0 in Phase ist. Unter der Annahme eines sinusartigen Feldes $\mathfrak{N}_0$ wird bei Vorhandensein von Hysteresis im Eisen die Kurve des magnetisierenden Stromes J_m von der Sinusform abweichen[1].

Nach Abb. 334 eilt deswegen J_m gegen $\mathfrak{N}_0$ um den Winkel γ vor, gegen E_1 um den Winkel $\lambda = 90 - \gamma$ nach. Es gilt also

$$J_h = J_m \cdot \cos\lambda, \quad J_{0_s} = J_m \cdot \sin\lambda \quad \text{und} \quad J_h = \frac{N_h}{E_1}.$$

Durch die Lage des Magnetisierungsstromes J_m ist dann auch $\gamma = 90 - \lambda$ als Winkel zwischen J_m und $\mathfrak{N}_0$ bekannt, da $\mathfrak{N}_0$ als Folge von E_1 um 90° nacheilt. Zu diesem Verlust kommt aber noch ein solcher durch Wirbelströme im Eisen und Kupfer sowie durch Hauteffekt N_w, welcher einen Stromverbrauch $J_w = \frac{N_w}{E_1}$ zur Folge hat. Da er dem Leistungsverbrauch direkt proportional ist, so ist er in Phase mit E_1. Trägt man daher $BD = J_w$ parallel zu E_1 an J_m an, so gibt die Schlußlinie $OD = J_0$ den Leerlaufsstrom an, welchen der Transformator aufnimmt, wenn die sekundäre Spule offen ist. Dieser Strom J_0 wirkt mit seiner MMK

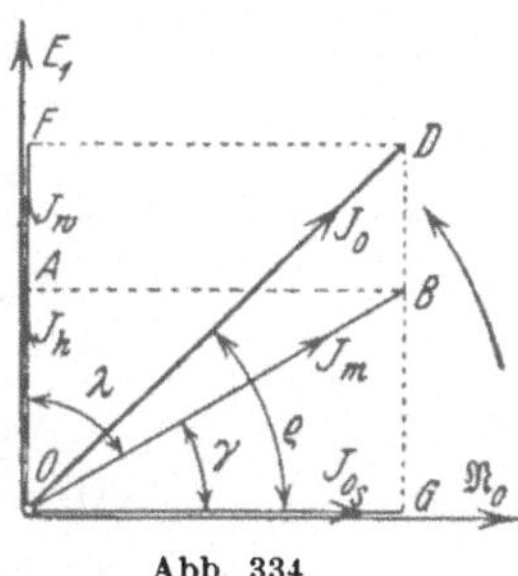

Abb. 334.

$$\mathfrak{M}_0 = J_0 \cdot w_1$$

auf das Eisen ein, wobei aber das entstehende Magnetfeld infolge der Koerzitivkraft des Eisens und des nach dem Lenzschen Gesetz entgegenwirkenden Feldes der Wirbelströme um einen Betrag verringert wird, der einem gleichwertigen Strom J_{hw} entspricht.

Zerlegt man demnach den Gesamtstrom J_0 in den mit E_1 in Phase befindlichen Leistungsstrom $J_{0_l} = J_{hw}$ und einen dazu senkrecht stehenden Feldstrom J_{0_s}, so ist J_{0_s} der Strom, welcher das wirklich vorhandene Magnetfeld $\mathfrak{N}_0$ hervorruft. Die Leistung

[1] Linker, A.: Grundl. d. Wechselstromtheorie, S. 105.

dieses Feldstromes J_{0_s} ist

$$N_s = E_1 \cdot J_{0_s} \cdot \cos 90^0 = 0,$$

d. h. **zur Aufrechterhaltung eines Magnetfeldes wird keine Leistung verbraucht.**

Ferner gilt $$J_0 = \sqrt{J_{0_l}^2 + J_{0_s}^2}.$$

Zur Darstellung des Leerlaufsdiagramms gehen wir von dem Felde $\mathfrak{N}_0$ aus (Abb. 335) und zeichnen dazu senkrecht um 90° voreilend E_1 ein. In Phase mit E_1 wird J_{hw} und in der Richtung von $\mathfrak{N}_0$ die Feldkomponente J_s eingezeichnet, deren Resultante J_0 ist. Im Endpunkt von E_1 wird $E_{v_0} = J_0 \cdot R_1$ parallel zu J_0 angetragen; dann gibt die Schlußlinie die primäre Klemmenspannung E_{k_1} an. Das Feld $\mathfrak{N}_0$ induziert in der Sekundärwicklung die EMK E_2, welche, ihrem Wesen nach mit E_1 identisch, als Folge des Feldes um 90° nacheilend gegen dieses eingetragen ist.

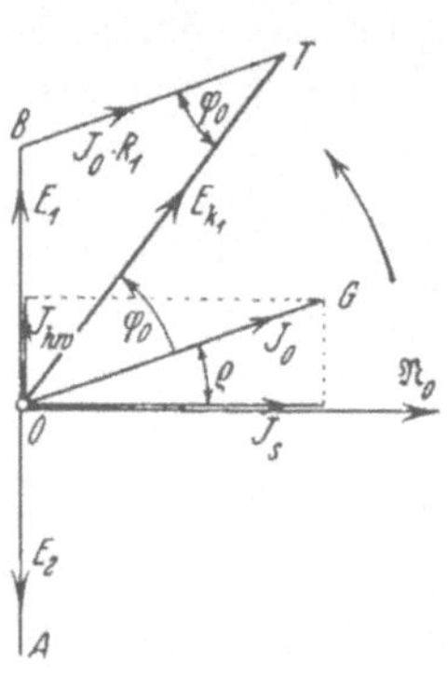

Abb. 335.

Für den Leerlauf des Transformators kann man nun den Spannungsverlust $J_0 \cdot R_1$ gegenüber E_1 vernachlässigen, so daß

$$E_1 \approx E_{k_1} = 4 f_e \cdot \nu \cdot \mathfrak{N}_{0_{\max}} \cdot w_1 \cdot 10^{-8} \quad \text{Volt}$$

gesetzt werden kann. Für die sekundäre EMK gilt ebenfalls

$$E_{2_0} = 4 f_e \cdot \nu \cdot \mathfrak{N}_{0_{\max}} \cdot w_2 \cdot 10^{-8},$$

woraus folgt: $$u = \frac{E_{k_1}}{E_{2_0}} \approx \frac{w_1}{w_2}.$$

Die Größe u, welche sich jedoch mit der Belastung ändert, heißt dabei die Übersetzung bei Leerlauf.

Um nun beim Zeichnen der Diagramme die Verschiedenheit der Maßstäbe zu umgehen, sollen dieselben fortan im Maßstabe der Sekundärseite mit der Übersetzung $u = 1$ dargestellt werden.

Schließt man die sekundäre Seite durch einen Widerstand, so erzeugt die EMK

$$E_{2_t} = - w_2 \cdot \frac{d\mathfrak{N}_0}{dt}$$

einen Strom J_{2_t}. Dieser ruft eine MMK

$$\mathfrak{M}_2 = J_2 \cdot w_2$$

und demnach ein Feld $\mathfrak{N}_2$ hervor, welches nach dem Lenzschen Gesetz dem primären Feld $\mathfrak{N}_0$ entgegenwirkt. Das resultierende Feld hätte aber eine kleinere EMK E_1 zur Folge, wodurch der Strom J_0 auf J_1 anwächst, dessen MMK $\mathfrak{M}_1 = J_1 \cdot w_1$ das Feld $\mathfrak{N}_0$ auf $\mathfrak{N}_1$ erhöht, so daß das resultierende Feld

$$\mathfrak{N} = \mathfrak{N}_1 - \mathfrak{N}_2$$

wird. Demnach lautet jetzt die Gleichung des Primärkreises für den belasteten Transformator

$$\boldsymbol{E_{k_{1_t}} = w_1 \cdot \frac{d\mathfrak{N}}{dt} + J_{1_t} \cdot R_1 .}$$

Da nun der Spannungsverlust $E_{v_1} = J_1 \cdot R_1$ praktisch kleiner als 1 % ist, so wird für $E_{k_1} =$ konst. das Glied

$$w_1 \cdot \frac{d\mathfrak{N}}{dt} \quad \text{nahezu gleich} \quad w_1 \cdot \frac{d\mathfrak{N}_0}{dt}$$

sein, oder $\mathfrak{N} \approx \mathfrak{N}_0$. Wir können daher mit großer Annäherung

$$\mathfrak{N}_1 - \mathfrak{N}_2 = \mathfrak{N}_0$$

setzen. Streng genommen müßten die beiden Felder $\mathfrak{N}_1$ und $\mathfrak{N}_2$ geometrisch subtrahiert werden, da sie aber nahezu um 180° gegeneinander verschoben sind, so ergibt sich der absoluten Größe nach bei algebraischer Subtraktion kein großer Fehler. Ersetzt man darin die Felder durch die gleichwertigen MMKe, so erhält man

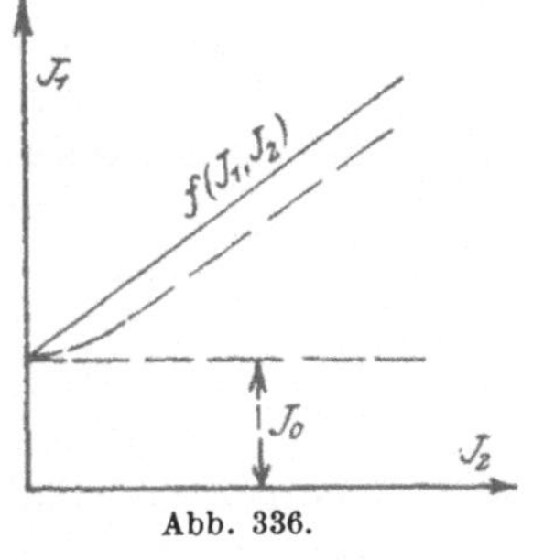

Abb. 336.

$$J_1 \cdot w_1 - J_2 \cdot w_2 = J_0 \cdot w_1$$

oder

$$\boldsymbol{J_1 = J_0 + J_2 \cdot \frac{w_2}{w_1}},$$

eine Gleichung, welche die Abhängigkeit des Primärstromes vom Sekundärstrom J_2 angibt, wie Abb. 336 zeigt. In Wirklichkeit ist es keine Gerade, sondern eine Kurve (gestrichelt), welche etwas tiefer liegt, da $\mathfrak{N}_0 > \mathfrak{N}$ ist, und infolgedessen bei Belastung der zur Erzeugung des Feldes und Kompensierung der Eisenverluste notwendige Strom gegenüber dem Leerlaufsstrom J_0 kleiner ist.

$$J_2' = J_2 \cdot \frac{w_2}{w_1} = \frac{J_2}{u}$$

ist der auf die primäre Wicklung reduzierte Sekundärstrom, welcher mit dem Strom J_1 nach der Gleichung

$$J_1 - J_2' = J_1 - \frac{J_2}{u} = J_0$$

den Leerstrom J_0 ergibt.

Bei der genauen Darstellung im Diagramm $(u = 1)$ werden wir jedoch J_0 als Resultante von J_1 und J_2 bilden.

Für die Sekundärseite kann man nun ebenfalls die Spannungsgleichung aufstellen, indem man berücksichtigt, daß der Strom J_2 einen Spannungsverlust $E_{v_2} = J_2 \cdot R_2$ sekundär hervorruft, so daß man

$$-w_2 \cdot \frac{d\mathfrak{N}}{dt} = E_{k_{2_t}} + J_{2_t} \cdot R_2$$

erhält.

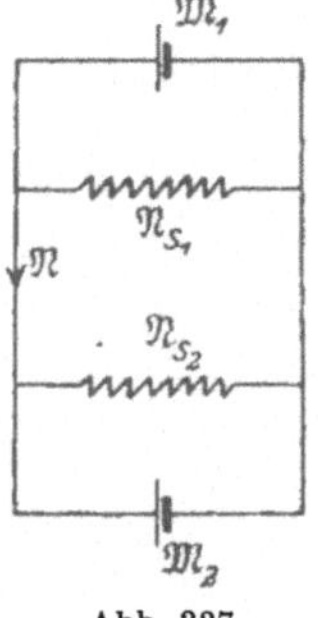

Abb. 337.

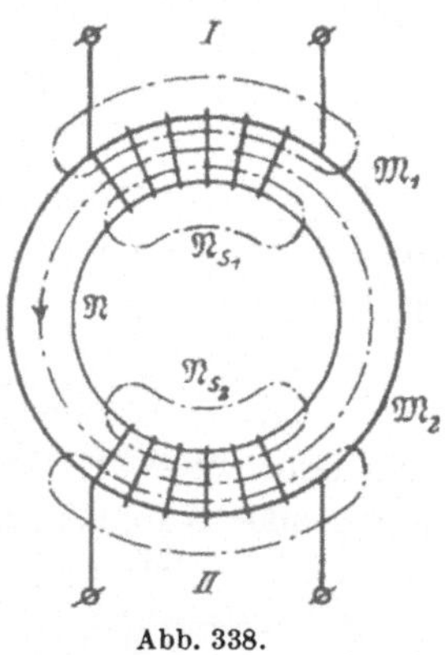

Abb. 338.

Die bisherigen Betrachtungen waren unter der Annahme angestellt, daß das primäre Feld $\mathfrak{N}_1$ sich vollständig mit dem sekundären $\mathfrak{N}_2$ zu dem resultierenden $\mathfrak{N}$ zusammensetzt. Das ist jedoch nicht der Fall. Da nämlich die den Eisenrahmen umgebende Luft ebenfalls Kraftlinien leitet, so bildet sie gewissermaßen einen magnetischen Isolationsfehler oder Nebenschluß zum Eisen. Von dem ganzen Felde $\mathfrak{N}_1$ vereinigt sich daher (Abb. 337 und 338) nur ein Teil $\mathfrak{N}'$ mit einem Teil $\mathfrak{N}''$ von $\mathfrak{N}_2$ zu dem wirksamen Felde $\mathfrak{N}$, während $\mathfrak{N}_1 - \mathfrak{N}' = \mathfrak{N}_{s_1}$ und $\mathfrak{N}_2 - \mathfrak{N}'' = \mathfrak{N}_{s_2}$ sich durch die Luft schließen und für die Induktion verlorengehen. Man nennt daher $\mathfrak{N}_{s_1}$ und $\mathfrak{N}_{s_2}$ die Streufelder und die von ihnen induzierten EMKe

$$-w_1 \cdot \frac{d\mathfrak{N}_{s_1}}{dt} \quad \text{bzw.} \quad -w_2 \cdot \frac{d\mathfrak{N}_{s_2}}{dt}$$

die Streuspannungen, welche von gleichgroßen, aber entgegengesetzten Spannungen $E_{s_{1_t}}$ bzw. $E_{s_{2_t}}$ kompensiert werden müssen.

Mit Berücksichtigung der Streuung lauten demnach die Gleichungen des Transformators

$$\text{I.}\quad E_{k_{1_t}} = w_1 \cdot \frac{d\mathfrak{N}}{dt} + J_{1_t} \cdot R_1 + w_1 \cdot \frac{d\mathfrak{N}_{s_1}}{dt} = E_{1_t} + E_{v_{1_t}} + E_{s_{1_t}}$$

und

$$-w_2 \cdot \frac{d\mathfrak{N}}{dt} = E_{k_{2_t}} + J_{2_t} \cdot R_2 + w_2 \cdot \frac{d\mathfrak{N}_{s_2}}{dt}$$

oder

$$\text{II.}\quad E_{2_t} = E_{k_{2_t}} + E_{v_{2_t}} + E_{s_{2_t}},$$

die wir abgekürzt folgendermaßen schreiben wollen:

$$\text{I.}\quad E_{k_1} = \Sigma\,(E_1,\ E_{v_1},\ E_{s_1})$$

$$\text{II.}\quad E_2 = \Sigma\,(E_{k_2},\ E_{v_2},\ E_{s_2}),$$

worin $\Sigma\,(\ldots)$ angibt, daß die in der Klammer befindlichen Größen geometrisch summiert werden sollen.

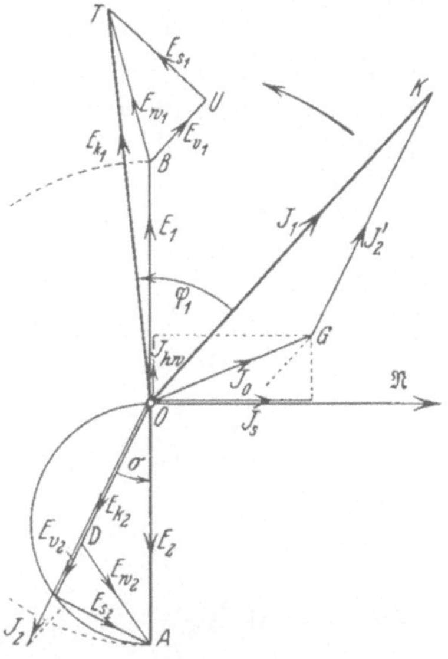

Abb. 339.

Es soll nun das Diagramm des induktionsfrei belasteten Transformators mit Streuung gezeichnet werden. Ausgehend von dem gemeinsamen Feld $\mathfrak{N}$ (Abb. 339) zeichnet man erst das sekundäre Diagramm und trägt deswegen E_2 um 90⁰ nach rechts gedreht an. Da für induktionsfreie Belastung J_2 und E_{k_2} in Phase sind, so müssen E_{k_2} und E_{v_2} in derselben Richtung verlaufen. E_{s_2} dient zur Kompensation der von dem Streufeld $\mathfrak{N}_{s_2}$ erzeugten Spannung E_{i_2}; da diese aber um 90⁰ nacheilend gegen das Feld und damit auch gegen den Strom J_2, welcher $\mathfrak{N}_{s_2}$ hervorruft, verschoben sein müßte, so wird E_{s_2} gegenüber J_2 um 90⁰ voreilend oder nach links gedreht einzutragen sein. Es bildet somit E_2, E_{k_2}, E_{v_2} und E_{s_2} ein rechtwinkliges Dreieck, welches man darstellen kann, indem man über E_2 einen Halbkreis schlägt und von O aus als Sehne $E_{k_2} + E_{v_2}$ einträgt; dann ist die andere Kathete gleich der

Spannung E_{s_2}. In Phase mit E_{v_2} wird J_2 eingezeichnet, woraus J_1 aus J_0 und J_2 bzw. J_2' bestimmt werden kann.

Nun wird E_1 senkrecht zu $\mathfrak{N}$ um 90⁰ voreilend eingetragen und $E_{v_1} = J_1 \cdot R_1$ parallel zu J_1 daran angeschlossen. Senkrecht zu J_1 mit Voreilung steht E_{s_1} als Kompensation zu der vom Streufeld induzierten Spannung E_{i_1}, welche dem Felde $\mathfrak{N}_{s_1}$ und damit auch J_1 gegenüber um 90⁰ nacheilend wäre. Die Schlußlinie ist dann die Klemmenspannung E_{k_1}.

Denkt man sich das sekundäre Diagramm um 180⁰ umgelegt, dann fällt bei $u = 1$ das Potential des Punktes A mit B zusammen. Vernachlässigt man noch J_0 gegen J_1, so fällt $J_2' = -J_2$ mit J_1 zusammen und es läßt sich das vereinfachte Potentialdiagramm (Abb. 340) folgendermaßen zeichnen:

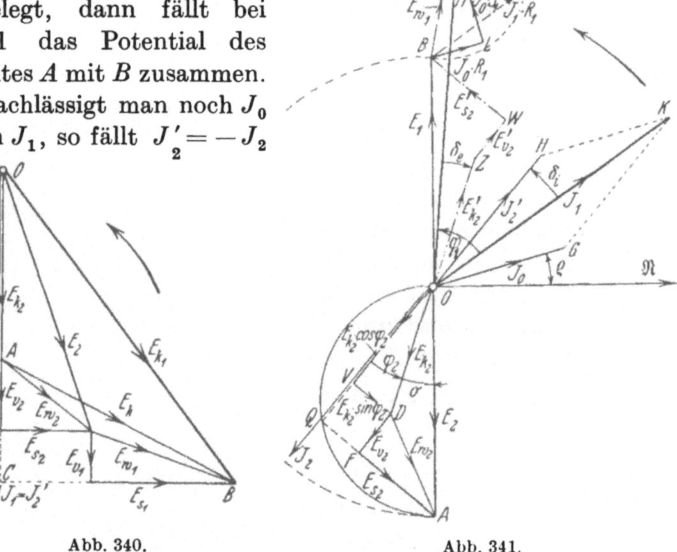

Abb. 340. Abb. 341.

Gehen wir dabei von dem Strom $J_1 \approx J_2'$ als Richtlinie aus, so ist E_{k_2} und $E_{v_2} = J_2' \cdot R_2$ in der Richtung von J_2' und senkrecht dazu E_{s_2} einzutragen. Die Schlußlinie ist dann E_2. Daran wird $E_{v_1} = J_1 \cdot R_1$ parallel zu J_1 und E_{s_1} senkrecht zu J_1 angeschlossen; dann ist $OB = E_{k_1}$. Verbinden wir A mit B und verlängern E_{s_1} bis C, so stellt AC die Summe der Spannungsverluste

$$J_1 \cdot R_1 + J_2' \cdot R_2 \approx J_1 \cdot (R_1 + R_2)$$

und $CB = E_{s_1} + E_{s_2}$ die gesamte Streuspannung des Transformators dar. $AB = E_k$ entspricht dann dem gesamten Spannungsabfall. Daraus folgt nun $E_{k_1} = \Sigma(E_{k_2}, E_k)$. Ist darin $E_{k_2} = 0$, so wird $E_{k_1} = E_k$, d. h. E_k ist diejenige Klemmenspannung, welche primär erforderlich ist, um für $E_{k_2} = 0$, d. h. Kurzschluß des Transformators, sekundär den normalen Strom J_2 zu erzeugen. E_k heißt die Kurzschlußspannung.

Für induktive Belastung mit einer Phasenverschiebung φ_2 zwischen E_{k_2} und J_2 ändert sich nur das Diagramm der Sekundär-

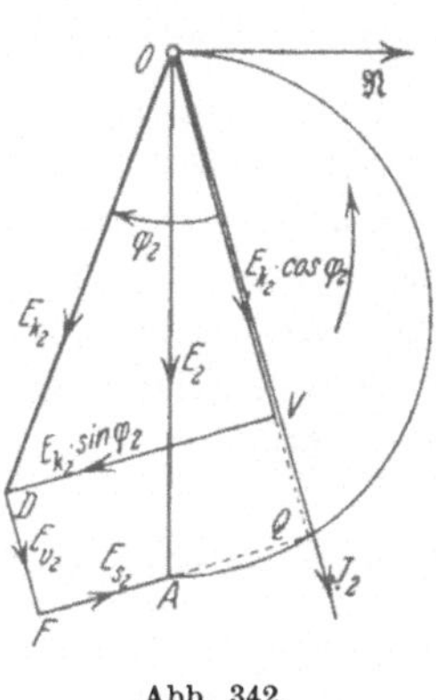

Abb. 342.

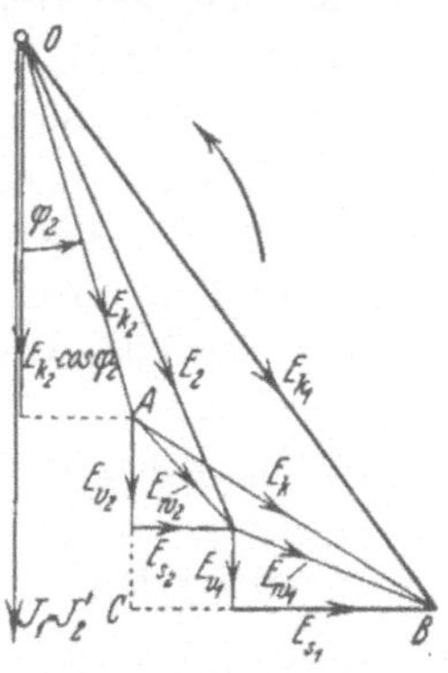

Abb. 343.

seite (Abb. 341). Gehen wir wiederum vom Felde $\mathfrak{N}$ aus, so wird $OA = E_2 = \Sigma(E_{k_2}, E_{v_2}, E_{s_2})$ um 90^0 nacheilend gegen $\mathfrak{N}$ eingezeichnet. In Phase mit J_2 ist jedoch nicht E_{k_2}, sondern $OV = E_{k_2} \cdot \cos \varphi_2$, während die andere Komponente $VD = E_{k_2} \cdot \sin \varphi_2$ senkrecht dazu, also in Phase mit E_{s_2} ist. Man schlägt nun einen Halbkreis über E_2, trägt von O aus $OQ = E_{k_2} \cdot \cos \varphi_2 + E_{v_2}$ als Sehne ein, dann ist die andere Kathete $QA = E_{s_2} + E_{k_2} \cdot \sin \varphi_2$. Zieht man noch die Lote VD und FD, so ist die Klemmenspannung $E_{k_2} = OD$. Das Primärdiagramm ist ähnlich wie früher, jedoch mit aufgeteilten Spannungsverlusten und Streuspannungen gezeichnet.

Für eine negative Phasenverschiebung, wie sie bei Belastung durch eine Kapazität vorkommt, wird $\cos(-\varphi_2) = \cos\varphi_2$, aber
$$\sin(-\varphi_2) = -\sin\varphi_2 .$$
Es wird dann
$$E_{k_2}\cdot\cos\varphi_2 + E_{r_2} = OQ$$
als Sehne in dem Kreise über E_2 auf der linken oder rechten Seite liegen, je nachdem $QA = E_{s_2} + E_{k_2}\cdot\sin\varphi_2$ positiv oder negativ zu E_{s_2} ist (Abb. 342).

Nehmen wir wieder
$$J_2' \approx J_1$$
an, so ergibt sich folgendes vereinfachte Potentialdiagramm (Abb. 343) für eine Phasenverschiebung $+\varphi_2$. Darin wird E_{k_2} unter dem Winkel φ_2 gegen J_2' eingetragen und die anderen Stücke genau wie in Abb. 340 eingezeichnet.

Verbindet man A mit B und verlängert E_{s_1} bis C, so zeigt sich, daß das Dreieck ABC von der Phasenverschiebung φ_2 unabhängig ist und nur durch den sekundären Belastungsstrom J_2 und die Streuverhältnisse des Transformators beeinflußt wird. Da es die Eigenschaft des Transformators charakterisiert, so nennt man es das **„charakteristische Dreieck"**. Das Diagramm kann nach A. Thomälen[1] auch mit Hilfe der symbolischen Darstellung und Inversion als Kreisdiagramm gezeichnet werden.

5. Spannungsänderung eines Transformators.

Der Spannungsabfall ΔE eines Transformators ist die Differenz $\Delta E = E_{2_0} - E_{k_2}$ der sekundären Klemmenspannung E_{2_0} bei Leerlauf und E_{k_2} bei Belastung, wenn E_{k_1} konstant gehalten wird, und sein prozentualer Wert, bezogen auf die Spannung E_{2_0},
$$\varepsilon = \frac{\Delta E}{E_{2_0}}\cdot 100 = \frac{E_{2_0} - E_{k_2}}{E_{2_0}}\cdot 100\,\%$$
heißt die Spannungsänderung.

Die Übersetzung u bestimmt man, indem man bei konstanter Periodenzahl ν primär die Spannung E_{k_1} so weit reguliert, daß sekundär die Nennspannung E_{2_0} vorhanden ist, wofür
$$u = \frac{E_{k_1}}{E_{2_0}} \quad \text{wird.}$$

[1] ETZ 1916 S. 17.

Zur direkten Bestimmung der Spannungsänderung ε würde man bei konstanter Primärspannung E_{k_1} und normaler Periodenzahl durch veränderliche Belastung der Sekundärseite die äußere Charakteristik $f(E_{k_2}, J_2)$ aufnehmen, wobei die Phasenverschiebung φ_2 konstant gehalten wird, indem man als Widerstand Drosselspulen mit veränderlichem Luftspalt oder Synchronmotoren anwendet, da letztere die Eigenschaft haben, daß sich durch verschiedene Erregung die Phase des aufgenommenen Stromes ebenfalls regulieren läßt. Abgesehen von dem großen Energieverbrauch hat diese Methode den Nachteil, daß bei der geringen Empfindlichkeit der Hochspannungsinstrumente die Ablesungen ungenau werden und damit der Wert

$$\varepsilon = \frac{\frac{E_{k_1}}{u} - E_{k_2}}{\frac{E_{k_1}}{u}} \cdot 100\%$$

fehlerhaft wird, wenn man nicht für Hoch- und Niederspannung zwei genau zusammenpassende Instrumente benutzt.

Einfacher und genauer stellt sich die indirekte Bestimmung der Spannungsänderung durch den

a) Leerlaufs- und Kurzschlußversuch.

Die vereinfachten Potentialdiagramme zeigen, daß zu ihrer Konstruktion neben dem Übersetzungsverhältnis u die Kenntnis des charakteristischen Dreiecks erforderlich ist. Ersteres ergibt sich aus dem Leerlaufs-, letzteres aus dem Kurzschlußversuch, wie er von G. Kapp[1] angegeben ist. Zur Aufnahme des charakteristischen Dreiecks schließt man die Sekundärwicklung kurz oder auch durch einen Strommesser J_2 (Abb. 344) von sehr kleinem Widerstande und steigert die primäre Spannung E_k, bis primär der Nennstrom J_1 auftritt, wofür angenähert sekundär der Nennstrom $J_2 \approx J_1 \cdot u$ abgelesen werden kann. Die Leistung sei N_k. Für die Konstruktion des Diagramms reduzieren wir sämtliche primär gemessenen Größen auf die Se-

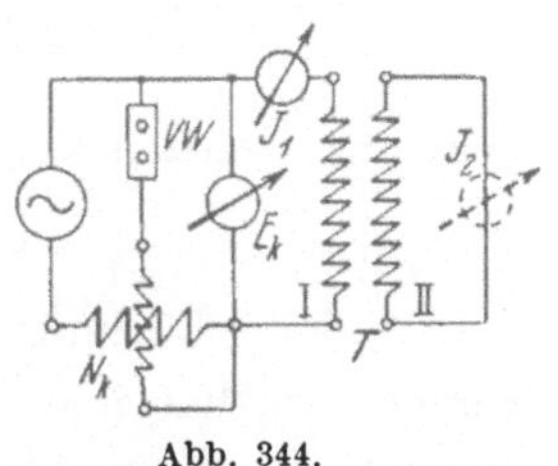

Abb. 344.

[1] ETZ 1895 S. 260.

kundärseite und unterscheiden diese durch zwei Striche, z. B.

$$E_k'' = \frac{E_k}{u}.$$

Bezogen auf die sekundäre Seite ist der primäre Widerstand

$$R_1'' = \frac{E_{v_1}''}{J_1''} = \frac{\frac{E_{v_1}}{u}}{J_1 \cdot u} = \frac{E_{v_1}}{J_1 \cdot u^2} = \frac{R_1}{u^2},$$

wenn E_{v_1}, J_1 und R_1 primär gemessen sind. Die Leistung N_k stellt nur die Kupferverluste dar und ist dann, da $J_2 \approx J_1 \cdot u = J_1''$ war,

$$N_k = J_1''^2 \cdot R_1'' + J_2^2 \cdot R_2 = J_2^2 \cdot \left(\frac{R_1}{u^2} + R_2\right) = J_2^2 \cdot R'',$$

wobei R'' der auf die sekundäre Seite bezogene Gesamtwiderstand ist. Würde man R_1 und R_2 mit Gleichstrom messen, so erhielte man für R'' einen kleineren Wert als den beim Kurzschluß gefundenen Quotienten $\frac{N_k}{J_2^2}$.

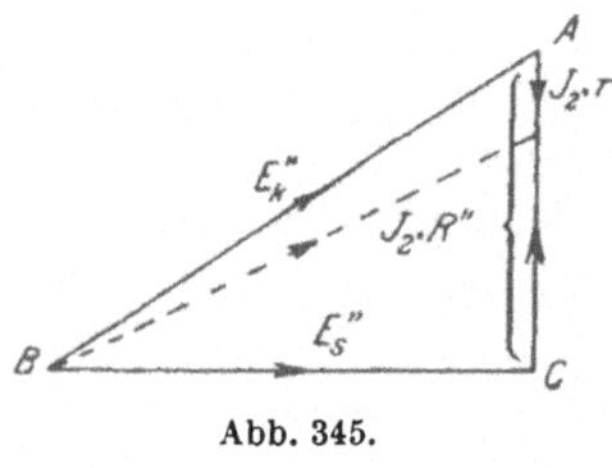

Abb. 345.

Aus $E_k'' = \frac{E_k}{u}$ als Hypotenuse und $J_2 \cdot R'' = \frac{N_k}{J_2}$ läßt sich das charakteristische Dreieck (Abb. 345) zeichnen, woraus auch die Streuspannung

$$E_s'' = E_{s_1}'' + E_{s_2} = \frac{E_{s_1}}{u} + E_{s_2}$$

berechnet werden kann nach der Gleichung

$$E_s'' = \sqrt{(E_k'')^2 - (J_2 \cdot R'')^2}.$$

Ist der Widerstand des Strommessers r nicht zu vernachlässigen, so hat man von $J_2 \cdot R''$ den Spannungsverlust $J_2 \cdot r$ abzuziehen; dann ist die gestrichelte Linie der wirkliche Wert von E_k''.

Schlägt man um B mit $E_{2_0} = E_{k_1}'' = \frac{E_{k_1}}{u}$ einen Kreis (Abb. 346) und verlängert CA bis zum Schnitt D desselben, dann ist für induktionsfreie Belastung $DA = E_{k_2}$ und $BD = E_{2_0}$. Trägt man $DA = DE$ von DB ab, so ist EB der Spannungsabfall. Diese Konstruktion ist jedoch für die Bestimmung des Spannungsabfalls in Abhängigkeit vom Belastungsstrom zu um-

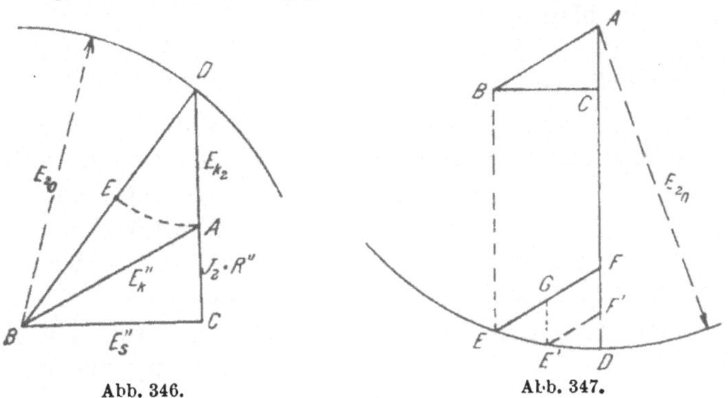

Abb. 346. Abb. 347.

ständlich, daher schlagen wir (Abb. 347) mit E_{2_0} um A einen Kreisbogen, verlängern AC bis D, ziehen durch B zu AD eine Parallele $BE = E_{k_2}$ und durch E eine solche EF zu BA; dann ist $FD = AD - AF = E_{2_0} - E_{k_2} = \Delta E$ der Spannungsabfall für den normalen Strom J_2. Da die Seiten AC und BC dem Strome J_2 proportional sind, so muß AB für verschiedene Belastungen auf Grund der Ähnlichkeit der Dreiecke seine Neigung behalten und ebenfalls J_2 proportional sein.

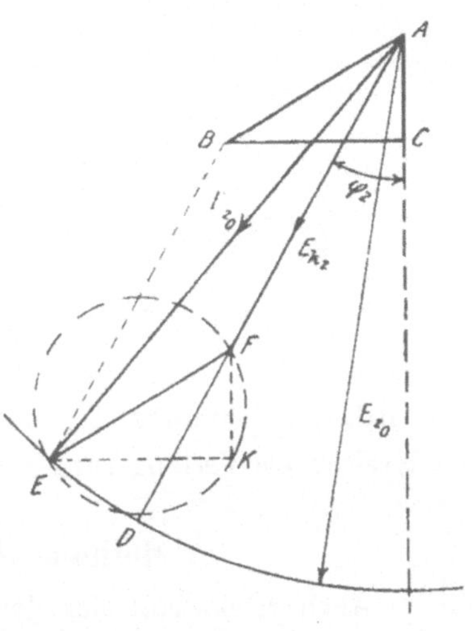

Abb. 348.

Für den halben normalen Strom hätten wir daher durch die Mitte von AB bzw. EF eine Parallele GE' zu AD, und durch E' eine solche $E'F'$ zu EF zu ziehen, denn E' soll auf dem Kreisbogen und F' auf AD liegen. Dann ist $F'D$ der Spannungsabfall und AF' die sekundäre Klemmenspannung E_{k_2} für $\frac{J_2}{2}$.

Für einen konstanten Phasenverschiebungswinkel φ_2 wird (Abb. 348) AD um den $\sphericalangle\, \varphi_2$ gegen AC verschoben gezeichnet und die Linie EF parallel zu AB so eingetragen, daß E auf dem Kreisbogen und F auf dem Strahl AD liegt. Dann ist FD der Spannungsabfall.

In ähnlicher Weise bestimmen wir für Unter- und Überbelastung die Größen $\varDelta E = E_{2_0} - E_{k_2}$.

Für konstanten Belastungsstrom J_2 und veränderliche Phasenverschiebung φ_2 bleibt das Dreieck ABC unverändert und damit EF gleich und parallel BA. Außerdem muß F immer auf AD liegen, wobei sich jedoch AF mit φ_2 ändert. Verlängert man daher (Abb. 349) BA, macht $AH = BA$ und schlägt um H mit E_{2_0} einen Kreisbogen, dann ist die Parallele FE zu AH für jeden beliebigen $\sphericalangle \varphi_2 = \sphericalangle FAC$ gleich AH und auch gleich AB, da $AE = HF = E_{2_0}$ gemacht ist. Es stellt somit der Strahl AF, welcher von A nach dem um H geschlagenen Kreisbogen gezogen wird, die Spannung E_{k_2} und die Strecke FD zwischen beiden Kreisen als Verlängerung von AF den Spannungsabfall $\varDelta E$ dar.

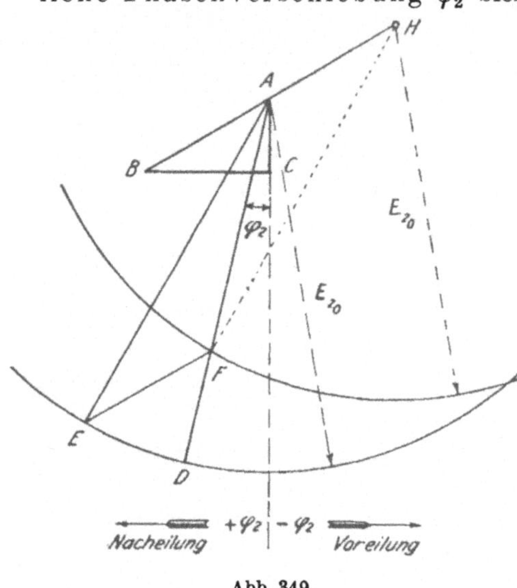

Abb. 349.

b) Methode der Gegenschaltung.

Auch direkt läßt sich der Spannungsabfall nach O. S. Bragstad[1] folgendermaßen bestimmen:

Nehmen wir zuerst einen Transformator (Abb. 350) mit dem Übersetzungsverhältnis $u = \frac{E_{k_1}}{E_{2_0}} = 1$ an und belasten ihn sekundär bei konstanter Primärspannung $E_{k_1} = E_{2_0}$, so wird

[1] ETZ 1901 S. 821; 1905 S. 828.

der Spannungsmesser je nach der Schaltung die vektorielle Summe oder Differenz der Spannungen $E_{k_1} = E_{2_0}$ und E_{k_2} anzeigen. Sind die Wicklungen gegeneinander geschaltet, dann ist E_k die geometrische Differenz von E_{k_1} und E_{k_2}, also

$$E_k = J_2 \cdot W = J_2 \cdot \sqrt{R^2 + S^2}$$

des Transformaters, wobei W den Wechselstromwiderstand, R den Leistungs- und $S = \omega \cdot \mathfrak{S}$ den induktiven Widerstand der beiden Wicklungen bedeutet. Dividiert man daher die Gleichung durch J_2, so folgt daraus

$$\frac{E_k}{J_2} = W = \sqrt{R^2 + S^2}.$$

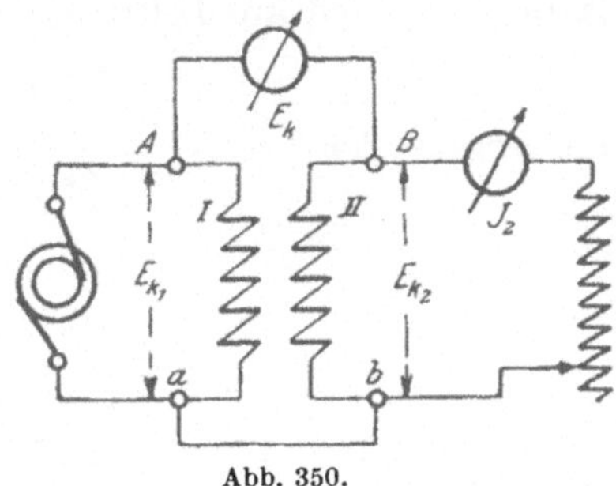

Abb. 350.

Die Größe $E_k = J_2 \cdot W$ bildet mit $J_2 \cdot R$ und $J_2 \cdot S$ ein rechtwinkliges Dreieck, welches dem charakteristischen entspricht. Legt man noch die Stromspule eines Leistungsmessers in die Sekundärseite II und schließt die Spannungsspule desselben an AB an, so zeigt das Instrument eine Leistung

$$N_k = E_k \cdot J_2 \cdot \cos(E_k, J_2) = E_k \cdot J_2 \cdot \cos\beta$$

an, worin $\sphericalangle \beta = \sphericalangle BAC$ ist. Nun ist $E_k \cdot \cos\beta = J_2 \cdot R$ und damit $N_k = J_2^2 \cdot R$. Der Leistungsmesser gibt also den gesamten Kupferverlust des Transformators an, aus dem dann die eine Kathete $J_2 \cdot R = \frac{N_k}{J_2}$ bestimmt und zusammen mit E_k das charakteristische Dreieck gezeichnet werden kann.

Hat der Transformator das Übersetzungsverhältnis $u > 1$, so würde ein Meßfehler das Resultat stark beeinflussen. Jedoch läßt sich diese Methode sinngemäß auch verwenden, wenn man die Wicklung I als die sekundäre eines Hilfstransformators von gleichem Übersetzungsverhältnis ansieht. Da dieser nur den Zweck hat, die primäre Spannung E_{k_1}, auf das Übersetzungsverhältnis $u = 1$ bezogen, auf die Wicklung II zu reduzieren, so kann man dafür einen kleinen Meßtransformator von geringer Leistung benutzen.

Für diese Messung macht man folgende Schaltung (Abb. 351): Die Sekundärwicklung *I* des Hilfstransformators *HT* wird mit der Sekundärseite *II* des zu untersuchenden Transformators gegeneinander geschaltet. Bei konstanter Primärspannung E_{k_1} stellt man dann den normalen Belastungsstrom J_2 mit Hilfe der Drosselspule *D* und eines induktionsfreien Widerstandes ein und liest in Stellung *1* des Spannungsmesser-Umschalters *SU* außer dem Strom J_2 die Klemmenspannung des Transformators bei Belastung E_{k_2} und am Leistungsmesser

$$N_2 = E_{k_2} \cdot J_2 \cdot \cos \varphi_2$$

ab, woraus sich $\cos \varphi_2 = \frac{N_2}{E_{k_2} \cdot J_2}$ ergibt.

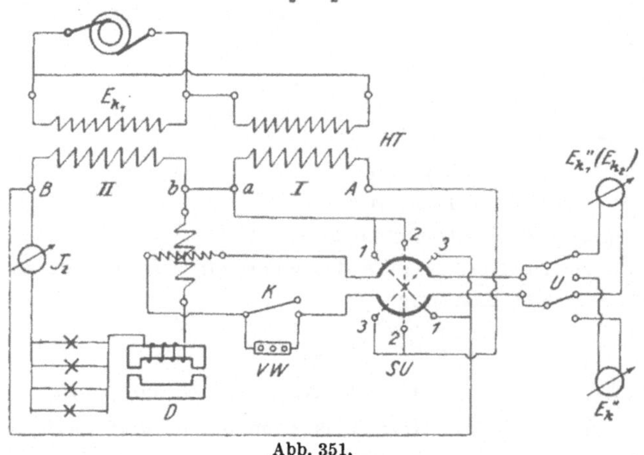

Abb. 351.

In Stellung *2* wird $E_{k_1}'' = \frac{E_{k_1}}{u} = E_{2_0}$ und in Stellung *3* nach Kurzschließen des Vorschaltwiderstandes *VW* durch den Hebel *K* die Leistung $N_k = J_2^2 \cdot R''$ und Spannung $E_k'' = J_2 \cdot W''$ bestimmt. Es ist dann $J_2 \cdot R'' = \frac{N_k}{J_2}$ und $\varDelta E = E_{2_0} - E_{k_2}$ für den Strom J_2 und die Phasenverschiebung φ_2 bekannt.

So könnte man für verschiedene Phasenwinkel φ_2 bei konstantem Strom J_2 oder verschiedene Ströme J_2 bei konstanter Phasenverschiebung φ_2 die zugehörigen Werte direkt aufnehmen. Bequemer ist es jedoch, aus den abgelesenen Daten das charakteristische Dreieck zu zeichnen und damit das ganze Diagramm für die Bestimmung des Spannungsabfalls ΔE zu verwenden, wie es vorher beschrieben ist.

Nach § 16 der RET wird die Spannungsänderung berechnet aus:

$$\varepsilon = \varepsilon' + 1 - \sqrt{1 - \varepsilon''^2} = \varepsilon' + 0{,}5 \cdot \varepsilon''^2,$$

worin

$$e' = e_v \cdot \cos\varphi + e_s \cdot \sin\varphi\,, \qquad \varepsilon'' = e_v \cdot \sin\varphi - e_s \cdot \cos\varphi\,,$$

$$e_v = \frac{E_v''}{E_{2_0}} \cdot 100\ \% \quad \text{der prozentuale Spannungsverlust,}$$

$$e_k = \frac{E_k''}{E_{2_0}} \cdot 100\ \% \quad \text{die prozentuale Kurzschlußspannung,}$$

$$e_s = \frac{E_s''}{E_{2_0}} \cdot 100\ \% = \sqrt{e_k^2 - e_v^2} \quad \text{die prozentuale Streuspannung}$$

ist. Für $e_s \leqq 4\%$ kann man $\varepsilon \approx \varepsilon'$ setzen.

Zur Bestimmung der Streuspannung E_s muß man nach Rogowski[1] beiden Wicklungen Strom zuführen und durch Gegenschaltung (bei $u = 1$) oder Hilfstransformator das Gesamtfeld zum Verschwinden bringen. Dann erhält man nur die Wirkung der Streufelder, die mittels Strom-, Spannungs- und Leistungsmessung oder mit der Wechselstrombrücke (I, 41, 42) ermittelt werden kann.

Eine direkte Methode zur Bestimmung der Streuspannung ist von L. Brückmann und W. Engelenburg[2] angegeben.

6. Wirkungsgrad eines Transformators.

Bestimmt man nach der Gleichung $\eta = \frac{N_a}{N_e}$ den Wirkungsgrad, so treten zwei Nachteile auf:

Erstens sind die Leistungen zu erzeugen und dann zu verbrauchen, zweitens würde ein Meßfehler sich vollständig in das Meßresultat übertragen, zumal der Wirkungsgrad eines Transformators im allgemeinen größer als 90% ist. Der Fehler wird relativ größer, je größer der Wirkungsgrad ist.

Deswegen ist es vorteilhafter, die indirekten Methoden anzuwenden, bei denen nach der Gleichung

$$\eta = \frac{N_a}{N_a + N_v} = \frac{N_e - N_v}{N_e}$$

[1] ETZ 1910 S. 1033. [2] ETZ 1931 S. 1171; 1932 S. 93.

bei gegebenen Leistungen N_a oder N_e nur der Leistungsverlust N_v, bestehend (§ 52, 53 der RET) aus Leerlaufsverlust

$$N_0 = N_{hw} + J_0^2 \cdot R_1$$

und Wicklungsverlust

$$N_k = J_1^2 \cdot R_1 + J_2^2 \cdot R_2 = J_1^2 \cdot R'$$

zu bestimmen ist. Hierbei ergibt ein Fehler von 5% bei N_v nur einen Fehler von $-{}^1/_3$% bei η.

Zur Bestimmung des Leistungsverlustes N_v verwendet man folgende Methoden:

a) Rückarbeitsverfahren (Sumpner).

Der zu untersuchende Transformator wird mit einem anderen gleichgroßen als Glied eines Energiekreislaufes (Abb. 352) untersucht, wobei gleichzeitig auch eine Dauerprobe gemacht werden kann. Hierbei werden sämtliche Messungen nur auf der Niederspannungsseite gemacht, was besonders für die Bestimmung der Leistung von Vorteil ist.

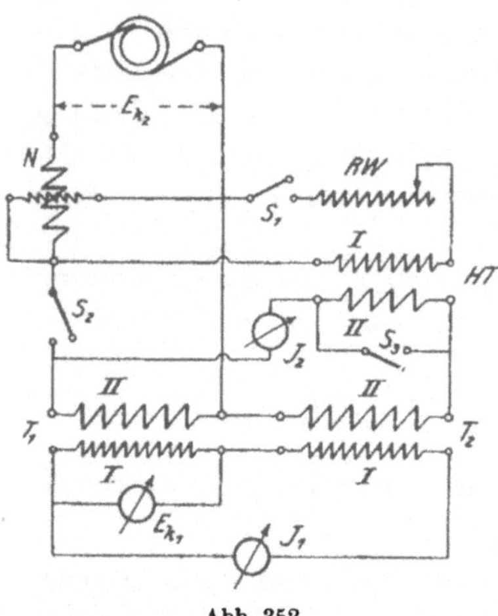

Abb. 352.

Die beiden Transformatoren T_1 und T_2 sind mit ihren Primärwicklungen gegeneinander geschaltet. Schließt man die Schalter S_2 und S_3, so wird bei der Klemmenspannung E_{k_2} der Strommesser J_1 bei vollkommen gleichen Transformatoren keine Ablenkung zeigen. Der Leistungsmesser zeigt dann nur eine Leistung $N_0 \approx 2\,N_{hw}$, entsprechend den Eisenverlusten der beiden Transformatoren, an. Nun öffnet man den Kurzschlußschalter S_3 des Hilfstransformators HT, schließt S_1 und stellt den Regulierwiderstand RW so ein, daß der normale Strom J_2 bzw. J_1 erscheint. Dann verbrauchen beide Transformatoren nur so viel Energie, als ihren Gesamtverlusten entspricht. Statt HT und RW kann man auch einen Regel-Transformator einschalten.

Zeigt der Leistungsmesser den Betrag N' an und ist der für den Strom J_2 vorher bestimmte Leistungsverbrauch des Hilfstransformators HT einschl. Regulierwiderstand N'', dann ergibt sich unter der Annahme einer gleichmäßigen Verteilung der Verluste auf beide Transformatoren der einzelne Verlust

$$N_v = \frac{N' - N''}{2}.$$

Für die angenommenen Werte von E_{k_2}, J_2, $\cos\varphi_2$ ergibt sich dann der Wirkungsgrad des einzelnen Transformators

$$\eta = \frac{E_{k_2} \cdot J_2 \cdot \cos\varphi_2}{E_{k_2} \cdot J_2 \cdot \cos\varphi_2 + N_v}.$$

Öffnet man den Schalter S_2 und führt der Sekundärseite den Strom J_2 zu, so entstehen nur Verluste durch Stromwärme im Kupfer $N_k = J_2^2 \cdot R''$, welche der Hilfstransformator zu bestreiten hat. Zeigt in diesem Fall der Leistungsmesser den Wert N_k' an, so wird $N_k = N_k' - N''$.

Wiederholt man diesen Versuch für andere Stromstärken J_2, so kann man den Wirkungsgrad als Funktion des Belastungsstromes durch eine Kurve $f(\eta, J_2)$ zeichnerisch darstellen.

Bei Dreiphasen-Transformatoren sind zwei Leistungsmesser aufzunehmen und die Parallelschaltung der einzelnen Phasen von T_1 und T_2 gemäß Nr. IV, 9 durchzuführen.

Ist nun die Nennspannung E_{k_2} und Stromstärke J_2 eingestellt, wofür sich an den beiden Leistungsmessern die Ablesungen N_1 und N_2 ergeben, dann ist

$$N_v = \frac{N_1 + N_2 - N''}{2}$$

und

$$N_{mi} \approx \sqrt{3} \cdot E_{k_2} \cdot J_2.$$

Daraus folgt $N_e \approx N_{mi} + N_v$ und $N_a \approx N_{mi} - N_v$,

somit wird

$$\eta \approx \sqrt{\frac{N_{mi} - N_v}{N_{mi} + N_v}}.$$

b) Leerlaufs- und Kurzschlußversuch.

Ist die sekundäre Leistung N_a eines Transformators durch Spannung, Strom und Phasenverschiebung gegeben, so haben wir nur den Verlust N_v zu bestimmen, um den Wirkungsgrad nach der Gleichung $\eta = \frac{N_v}{N_a + N_v}$ berechnen zu können.

Der Verbrauch N_v setzt sich aus den Leerlaufsverlusten $N_0 = N_{hw} + J_0^2 \cdot R_1$ und den Kupferverlusten N_k zusammen. Legt man die Sekundärwicklung des Transformators an eine Stromquelle mit der Spannung E_{2_0} (Abb. 353) an, so nimmt sie bei offener Primärwicklung einen Leerlaufstrom J_0'' und eine Leistung N_0' auf, von der man den Eigenverbrauch der Instrumente N_i abzuziehen hat, so daß $N_0 = N_0' - N_i$ ist.

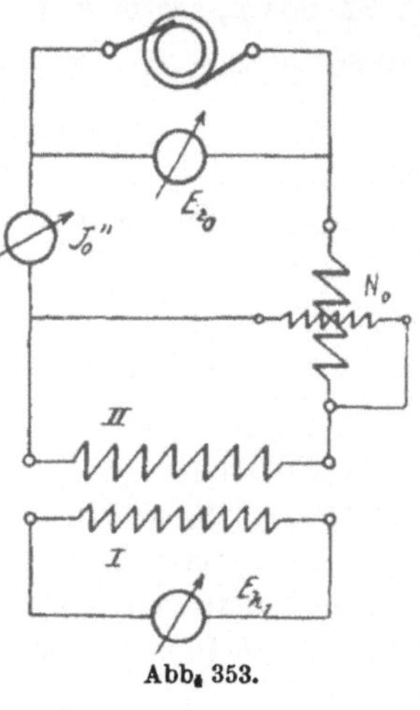

Abb. 353.

Wird primär die Spannung E_{k_1} abgelesen, so hat man auch das Übersetzungsverhältnis $u = \frac{E_{k_1}}{E_{2_0}}$. Nun wird die sekundäre Seite mit einem Strommesser kurzgeschlossen und primär die Spannung bei der Schaltung Abb. 344 so weit gesteigert, daß primär der Nennstrom J_1 bzw. sekundär J_2 auftritt, wofür nach Abzug des Eigenverbrauchs eine Leistung

$$N_k = J_1^2 \cdot R' = J_2^2 \cdot R''$$

als Wicklungsverlust erhalten wird.

Dann ergibt sich

$$N_v = N_0 + N_k$$

und der Wirkungsgrad $\eta = \frac{N_a}{N_a + N_0 + N_k}$.

Eine ausführliche Darstellung des Leerlaufs- und Kurzschlußversuchs mit Nomogrammen ist von O. S. Bragstad[1] angegeben.

Drehtransformatoren

oder Induktionsregler[2] sind Dreiphasen-Transformatoren in der Bauart von Induktionsmotoren mit gegeneinander verdrehbaren Wicklungen. Dementsprechend erfolgt die Untersuchung sowohl nach den RET als auch REM.

---

[1] Determination of efficiency and phase displacement in transformers etc.

[2] Schait, H. F.: D. Induktionsregler. Berlin: Julius Springer 1927.

7. Aufnahme von charakteristischen Kurven an Synchrongeneratoren.

Wie wir schon früher gesehen haben, läßt sich eine elektrische Maschine durch Aufnahme von charakteristischen Kurven u. a. in bezug auf Spannungsänderung, Ankerrückwirkung und Überlastungsfähigkeit direkt untersuchen. Am einfachsten bestimmt sich

a) die Leerlaufscharakteristik

$f(E_a, J_e)$, $J = 0$, $\nu = c \cdot n =$ konst.

Der Generator wird nach der Schaltung Abb. 354 erregt und für den ganzen Versuch mit konstanter Drehzahl n angetrieben.

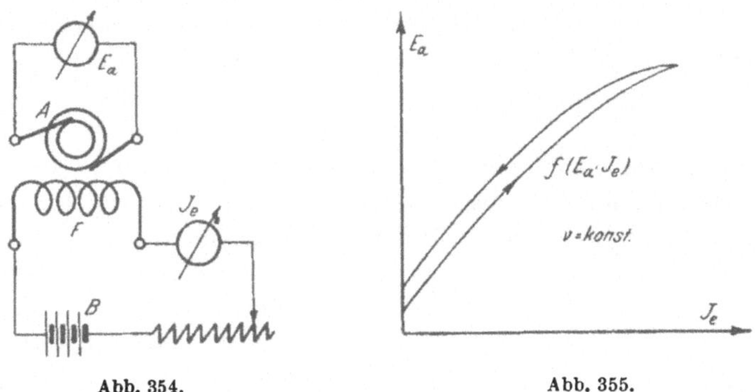

Abb. 354. Abb. 355.

Dabei ist die Periodenzahl $\nu = \frac{p \cdot n}{60}$ Hertz, worin p die Anzahl der Polpaare oder gleichnamigen Pole bedeutet. Ändert man die Erregung von $J_e = 0$ bis zu einem Höchstwert und liest dazu E_a ab, so erhält man durch zeichnerische Darstellung der Werte E_a als Funktion von J_e die Leerlaufscharakteristik (Abb. 355) in der schon bei Gleichstrom bekannten Form.

Bei Mehrphasenmaschinen mißt man für die verschiedenen Phasen die Spannungen, wodurch man gleichzeitig die Wicklung auf Symmetrie und richtige Schaltung prüft.

b) Belastungscharakteristik.

$f(E_k, J_e)$, $J =$ konst, $\nu =$ konst, $\cos\varphi =$ konst.

Schließt man die Klemmen durch einen Widerstand R mit eingeschaltetem Strommesser J, so gibt die Maschine einen Strom

J (Abb. 356) ab. Als Belastung verwendet man induktionsfreie, induktive und kapazitive Widerstände. Zu ersteren rechnet man im allgemeinen Glühlampen, Wasserwiderstände und bifilar- oder zickzackförmig gewickelte Drähte, wobei der Strom J mit der Spannung E_k nahezu in Phase ist. Zu den induktiven Widerständen gehören Drosselspulen und Transformatoren. Kondensatoren wirken kapazitiv, Synchronmotoren gelten als Universalwiderstände, mit denen durch Änderung der Erregung positive oder negative Phasenverschiebungen erzeugt werden können. Zur Energierückgewinnung läßt man durch den Synchronmotor einen Gleichstromgenerator antreiben, der auf das Netz zurückarbeitet, von dem der Gleichstrom-Antriebsmotor gespeist wird. Es ist daher bei Wechselstrommessungen erforderlich, noch einen Leistungs- oder Phasenmesser N zur Bestimmung der Phasenverschiebung φ in den Stromkreis einzuschalten.

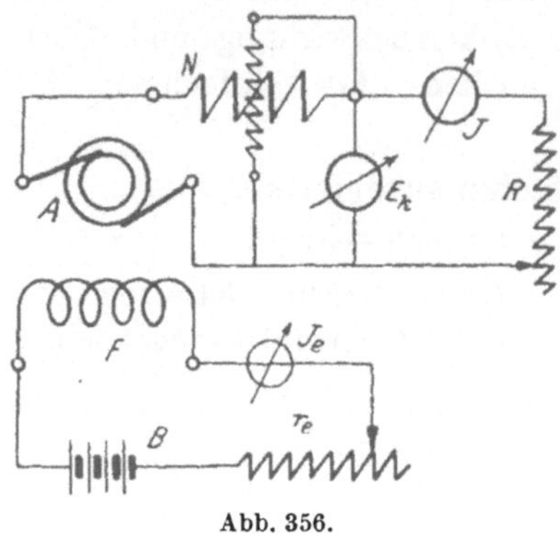

Abb. 356.

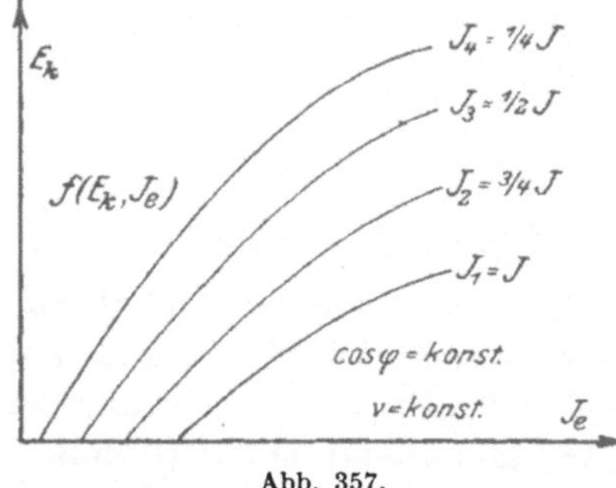

Abb. 357.

Natürlich muß für die Aufnahme einer Kurve außer dem Strom J die Phasenverschiebung konstant gehalten werden. Das geschieht am einfachsten durch Parallelschaltung einer Drosselspule zu einem induktionsfreien Widerstande als Belastungswiderstand R. Zweckmäßig nimmt man Kurven für $\cos\varphi = 1$ und $\cos\varphi = 0{,}3$ auf, indem man, von kleinem Widerstande R ausgehend, J_e steigert und dazu E_k abliest, wofür sich das Protokoll

J_e	E_k	N	$J = \text{konst}, \quad \cos\varphi = \text{konst}, \quad v = \text{konst}.$

und Diagramm (Abb. 357) ergibt.

Für die Bestimmung der höheren Harmonischen des Stromes eines Synchronmotors sowie der Spannungsänderung der Synchrongeneratoren ist die Belastungscharakteristik $f(E_k, J_e)$ bei $J = \text{konst}$ und $\cos\varphi = 0$ $(\varphi = \pm 90^0)$ von Wichtigkeit.

Zur Aufnahme dieser Charakteristik benutzt man vorteilhaft einen zweiten Generator von gleicher Spannung und Stromstärke, den man durch einen Gleichstrommotor antreibt. Man stellt nun bei der zu untersuchenden Maschine die der Leerlaufspannung entsprechende Erregung ein, reguliert dann den Antriebsmotor der zweiten Maschine so, daß der Leistungsmesser immer auf Null steht, dann kann man durch Veränderung der Erregung des Hilfsgenerators den gewünschten konstanten Strom einstellen, und zwar nacheilenden bei schwächerer, voreilenden bei stärkerer Erregung.

c) Äußere Charakteristik

$f(E_k, J)$, $r_e = \text{konst}$, $\nu = \text{konst}$, $\cos\varphi = \text{konst}$.

Nachdem die Schaltung (Abb. 358) ausgeführt ist, wird der Erregerwiderstand so eingestellt, daß für den normalen Be-

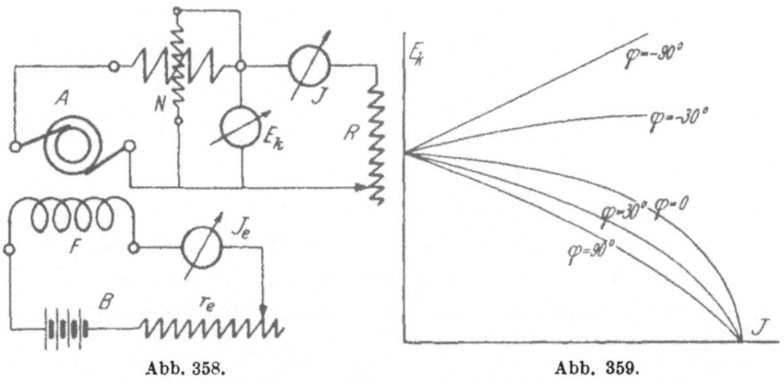

Abb. 358. Abb. 359.

lastungsstrom J bei entsprechendem $\cos\varphi$ die gewünschte Spannung E_k auftritt. Durch stufenweise Verkleinerung des Widerstandes R von ∞ ab wird nun der Belastungsstrom J gesteigert und dazu E_k und N abgelesen. Die nach dem Protokoll

J	E_k	N	$\cos\varphi$, ν, $r_e = \text{konst}$

aufgenommenen Charakteristiken für $\cos\varphi = 1$, 0,8, 0 zeigt Abb. 359. Man kann auch $f(N, J)$ noch eintragen, woraus die Belastungsfähigkeit der Maschine ersichtlich ist.

Die äußere Charakteristik gibt ein direktes Maß für die prozentuale Spannungsänderung

$$\varepsilon = \frac{E_{k_0} - E_k}{E_k} \cdot 100\%$$

gemäß §72 der REM.

d) Kurzschlußcharakteristik

$f(J_k, J_e)$, ν = konst.

Schließt man die Klemmen des Generators durch einen Strommesser von sehr kleinem Widerstande kurz (Abb. 360) und steigert die Erregung J_e von Null bis zu einem Höchstwert, dann gibt die Maschine bei konstanter Periodenzahl ν einen Strom J_k (Kurzschlußstrom genannt) ab, dessen Abhängigkeit von J_e nach dem Protokoll

$$| J_e | J_k | \quad \nu = \text{konst}$$

in Abb. 361 dargestellt ist.

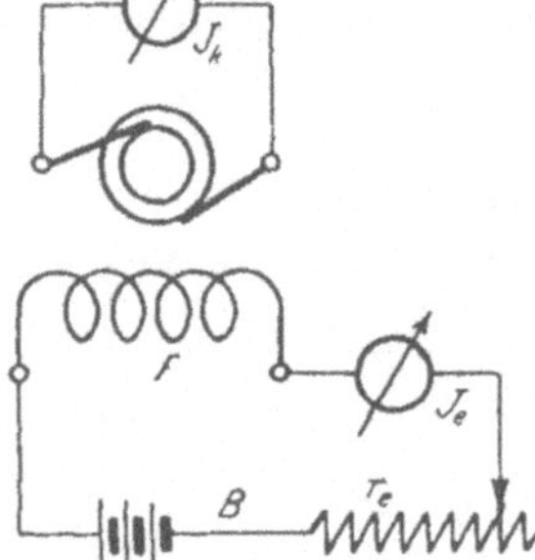

Abb. 360.

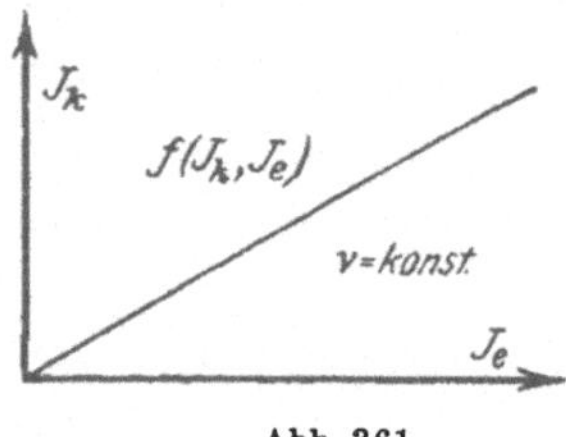

Abb. 361.

Diese Kurve verläuft für niedrige Sättigungen, soweit die Magnetisierungskurve noch geradlinig ist, als gerade Linie; für höhere Induktionen neigt sie jedoch mehr der Abszissenachse zu.

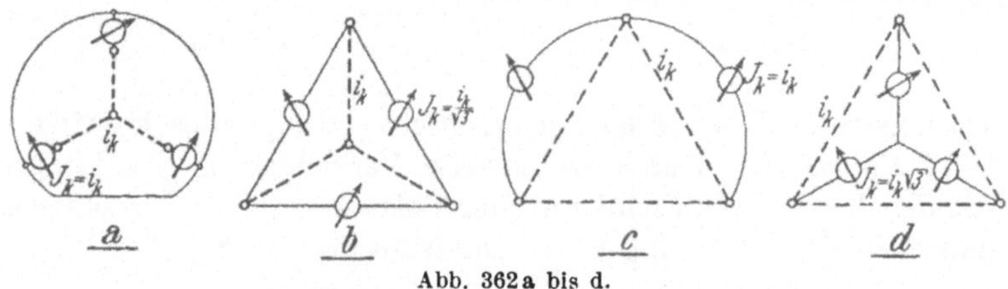

Abb. 362a bis d.

Bei Dreiphasengeneratoren sind zur Aufnahme der Charakteristik Schaltungen nach Abb. 362 vorzunehmen, wobei die Instrumente vollkommen gleiche Widerstände besitzen müssen.

e) Regulierungskurve

$f(J_e, J)$, E_k = konst, ν = konst, $\cos\varphi$ = konst.

Sie stellt die Abhängigkeit des Erregerstromes J_e vom Belastungsstrom J dar, wenn die Klemmenspannung E_k und der Leistungsfaktor $\cos\varphi$ konstant gehalten werden. Die Aufnahme derselben geschieht nach der Schaltung Abb. 358, woraus zu ersehen ist, daß diese Kurve am besten im Anschluß an die äußere Charakteristik bestimmt wird.

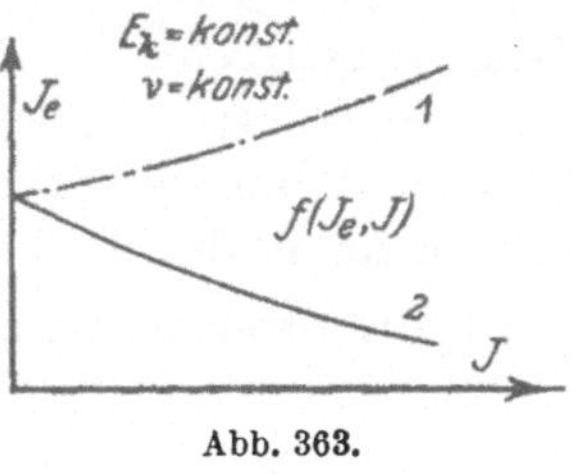

Abb. 363.

Nach dem Protokoll

| J | J_e | N | E_k, ν, $\cos\varphi$ = konst

ergeben sich dann Kurven (Abb. 363), von denen *1* für Phasennacheilung, *2* für starke Voreilung gilt.

8. Spannungsänderung von Generatoren.

Bezeichnet bei Mehrphasen-Generatoren E die verkettete, E_{k_1} die Phasenspannung bei Belastung, E_0 und E_a die EMKe einer Phase bei Leerlauf und Belastung, dann ist die prozentuale Spannungsänderung $\varepsilon = \frac{E_0 - E_{k_1}}{E_{k_1}} \cdot 100\,\%$. Sie läßt sich direkt aus der äußeren Charakteristik (S. 443) ermitteln.

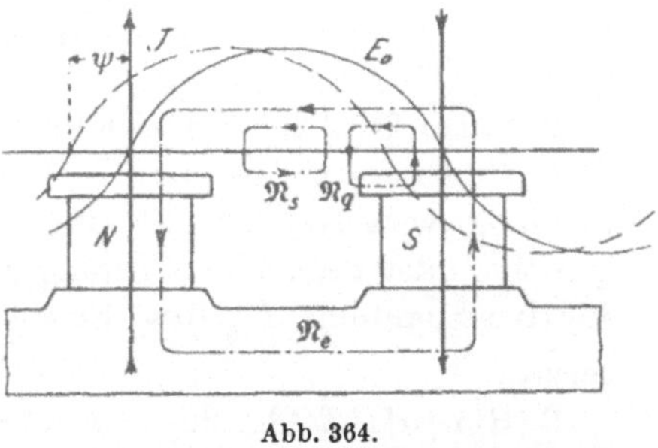

Man kann sie jedoch auch indirekt durch eine Leerlaufs- und Kurzschlußmessung bestimmen. Dazu wollen wir aber erst die Ursache der Spannungsänderung feststellen[1].

Abb. 364.

Von dem umlaufenden Magnetfeld $\mathfrak{N}_0 = OR$ (Abb. 364 und 365)[2] wird in dem Anker eine EMK $E_0 = OA$ induziert, welche bei geschlossenem Ankerstromkreis einen Strom J hervorruft. Dieser erzeugt um seinen eigenen Leiter einen Ankerstreufluß $\mathfrak{N}_{a_s}$,

[1] Linker, A.: Elektromaschinenbau. S. 160.

[2] Vgl. auch: ETZ 1925 S. 1109 (R. Edler).

dessen Verwendung aber für die weiteren Untersuchungen insofern unbequem ist, als sein magnetischer Widerstand an verschiedenen Stellen nicht gleich groß ist, da er aus Materialien von verschiedener Permeabilität besteht. Es ist daher zweckmäßiger, $\mathfrak{N}_{a_s}$ entsprechend den verschiedenen Leitfähigkeiten in folgende Teile zu zerlegen:

1. Streufluß $\mathfrak{N}_s$, der sich durch die Nut, über die Zahnköpfe und um die Stirnverbindungen der Spulen schließt. Er ruft im Anker die induktive Spannung E_{i_1} hervor, zu deren Ausgleich die Streuspannung $E_s = -E_{i_1} = DC$ dient.

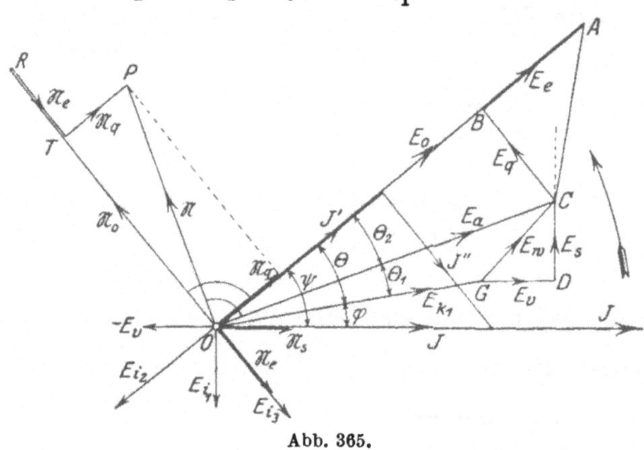

Abb. 365.

2. Streufluß $\mathfrak{N}_e$, der sich durch die Lufträume benachbarter Pole, Magnetkerne und das Joch schließt und mit der Erregerwicklung verkettet ist. Er übt eine längsmagnetisierende (positive oder negative) Wirkung aus und ruft im Anker die induktive Spannung E_{i_2} bzw. Streuspannung $E_e = -E_{i_2} = BA$ hervor.

3. Streufluß $\mathfrak{N}_q$, der sich durch den Luftraum eines Pols, den Polschuh und Kern schließt, ohne mit der Erregerwicklung verkettet zu sein. Er wirkt quermagnetisierend und erzeugt E_{i_3} bzw. die Streuspannung $E_q = -E_{i_3} = CB$.

Der Streufluß $\mathfrak{N}_s$ ist immer vorhanden, auch wenn das Magnetfeld entfernt ist. Aus den Feldern $\mathfrak{N}_0$, $\mathfrak{N}_e$ und $\mathfrak{N}_q$ ergibt sich das Feld $\mathfrak{N} = OP$ bei Belastung. Dieses induziert die EMK $E_a = OC$ bei Belastung, die sich aus E_0, E_e und E_q zusammensetzt. Zieht man davon $E_s = DC$ und $E_v = J \cdot R_{a_l} = GD$ ab, so erhält man als Klemmenspannung $E_{k_1} = OG$.

Zerlegt man nun den Ankerstrom J unter dem $\sphericalangle \psi$ zwischen J und E_0 in die beiden Anteile J' in Phase mit E_0 und J'' senkrecht dazu, so kann man sich $\mathfrak{R}_q$ von J' und $\mathfrak{R}_e$ von J'' erzeugt denken, d. h. J' wirkt quermagnetisierend, J'' längsmagnetisierend bzw. in der Abbildung entmagnetisierend, da er dem mit $\mathfrak{R}_0$ in Phase befindlichen Erregerstrom J_e entgegenwirkt. Ist ψ negativ oder gegen E_0 voreilend, dann wirkt J'' magnetisierend. Für $\psi = 0$ wird die Quermagnetisierung $\mathfrak{R}_q$ am stärksten, da hierbei $J' = J$ ist.

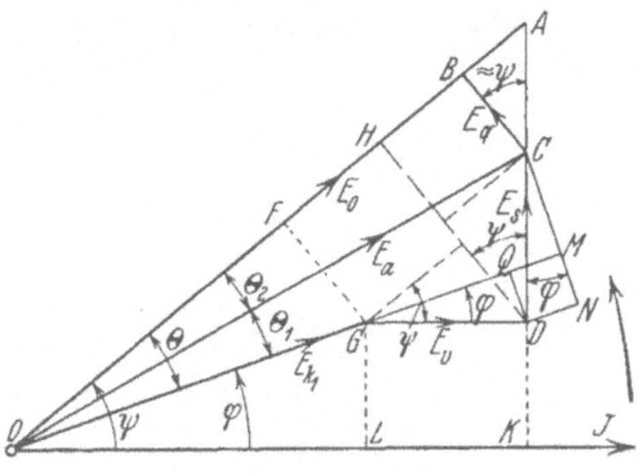

Abb. 366.

Betrachten wir vorläufig die Vorgänge in einem Drehstromgenerator (für einen Motor ist der Strom und alle damit zusammenhängenden Erscheinungen negativ zu setzen), so müssen die im Anker induzierten Ströme nach dem Lenzschen Gesetz eine solche Richtung haben, daß sie der Ursache ihres Entstehens, nämlich dem erregenden Felde, entgegenwirken. Da das in jedem Augenblick der Fall ist, so muß das Ankerdrehfeld sich mit derselben Geschwindigkeit wie das Erregerfeld bewegen, d. h. es steht dem Hauptfeld $\mathfrak{R}$ gegenüber relativ still. Die gegenseitige Lage kann sich jedoch entsprechend der Phasenverschiebung ψ verschieben.

Der Einfachheit wegen kann man auch bei Einphasenmaschinen das Wechselfeld des Ankers in zwei Drehfelder zerlegen, von denen sich das eine synchron mit dem Magnetfeld, das andere inverse dagegen in entgegengesetzter Richtung mit gleicher Geschwindigkeit bewegt. Der Höchstwert eines jeden der beiden Felder ist gleich der Hälfte des Höchstwerts des Wechselfeldes. Während das synchrone Drehfeld die Rückwirkung hervorruft, kommt das inverse wenig zur Geltung, da es mit der doppelten Drehzahl rotiert und infolgedessen Ströme doppelter Periodenzahl im Magnetfeld erzeugt, durch welche es sehr stark gedämpft wird. Wir werden es später durch einen besonderen Faktor berücksichtigen. Bei Mehrphasenmaschinen werden die Verluste durch Wirbelströme im Magnetsystem sehr klein sein.

Die prozentuale Spannungsänderung ist demnach:

$$\varepsilon = \frac{E_0 - E_{k_1}}{E_{k_1}} \cdot 100 = \frac{OA - OG}{OG} \cdot 100\,\%.$$

Setzt man $OA = OB + E_e$, so wird

$$\varepsilon = \frac{E_e + OB - OG}{OG} \cdot 100\,\%.$$

Zur Bestimmung von $OB - OG$ zeichnen wir uns den Linienzug $OGDCA$ besonders heraus (Abb. 366). Da $\sphericalangle \Theta$ klein

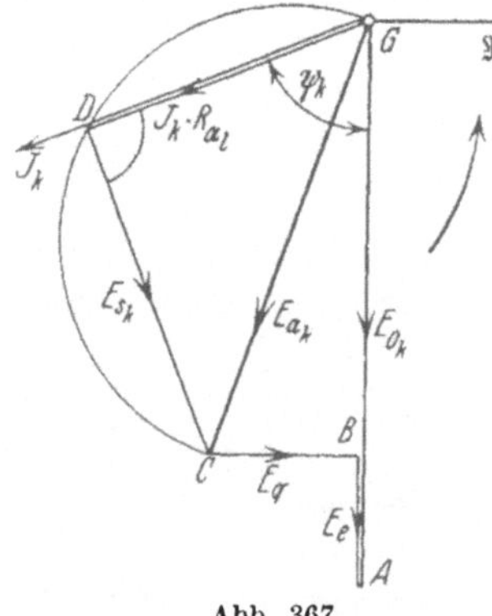

Abb. 367.

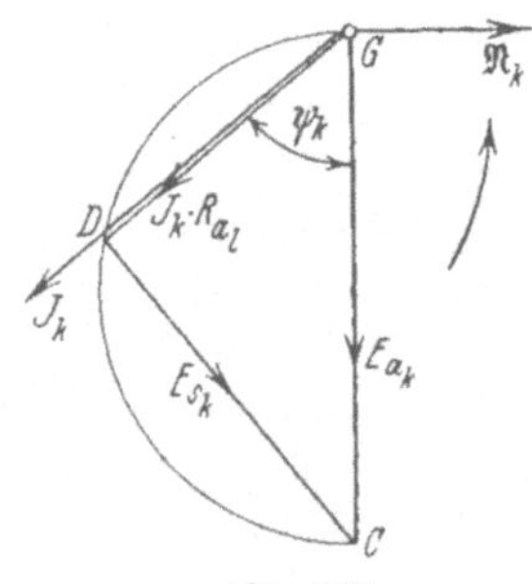

Abb. 368.

und $\psi \approx \varphi$ ist, kann man $OF \approx OG$ setzen, so daß

$$OB - OG \approx OB - OF = E_v \cdot \cos\varphi + E_s \cdot \sin\varphi$$

wird. Dann gilt

$$\varepsilon = \frac{E_e + E_v \cdot \cos\varphi + E_s \cdot \sin\varphi}{E_{k_1}} \cdot 100\,\%.$$

Die Größen R_{a_l} und E_s lassen sich nun experimentell durch einen Kurzschlußversuch bestimmen.

Schließt man bei einem bestimmten Erregerstrom J_{e_k} die Klemmen des Generators durch einen Strommesser kurz, so wird die Klemmenspannung $E_{k_1} = 0$, und das Diagramm (Abb. 365) erhält folgende Form (Abb. 367): Darin ist der Winkel ψ_k nur wenig geringer als 90^0, d. h. der Kurzschlußstrom J_k wirkt, wie wir früher gesehen haben, fast vollständig entmagnetisierend, es kann daher $E_a \approx 0$ gesetzt werden. Dann fällt aber GC mit GB zusammen, und das Diagramm nimmt folgende einfache Gestalt an (Abb. 368), woraus $E_{s_k} = \sqrt{E_{a_k}^2 - (J_k \cdot R_{a_l})^2}$ folgt.

Wird bei dem Kurzschlußversuch der Leistungsverlust N_{R_a} nach einer der dafür in Frage kommenden Methoden (IV, 14) bestimmt, so ergibt sich $J_k \cdot R_{a_l} = \frac{N_{R_a}}{J_k}$. Zur Ermittlung der bei Kurzschluß auftretenden EMK E_{a_k} benutzen wir die Leerlaufs- und Kurzschlußcharakteristik (Abb. 369).

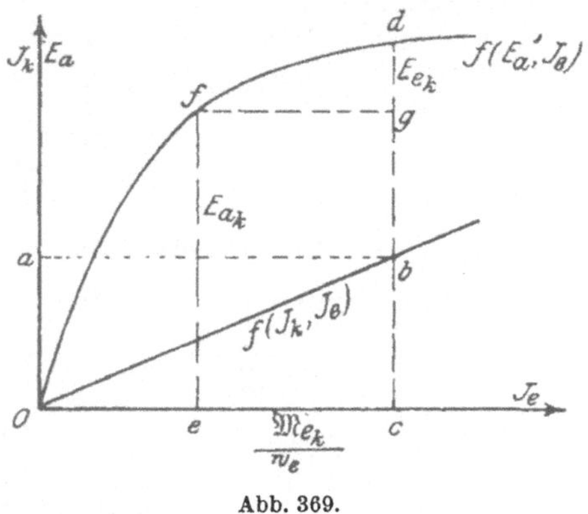

Abb. 369.

Zieht man im Abstande $Oa = J_k$ eine Parallele zur Abszissenachse bis zum Schnitt b mit der Kurzschlußcharakteristik $f(J_k, J_e)$ und fällt das Lot bc, so stellt Oc den zur Erzeugung von J_k erforderlichen Erregerstrom des Magnetfeldes J_{e_k} dar. Die im Anker induzierte EMK E_{a_k}' würde für diese Erregung gleich der Ordinate cd sein, erreicht diesen Betrag aber nicht, da infolge der entmagnetisierenden Wirkung des Stromes $J_k \cdot \sin\psi_k = J_k''$ eine gleichwertige EMK E_{e_k} verlorengeht, so daß $E_{a_k} = E_{a_k}' - E_{e_k} = ef$ wird. Nun kann man E_{e_k} zwar nicht direkt, wohl aber die derselben gleichwertige MMK nach der Gleichung[1]

$$\mathfrak{M}_{e_k} = k_e \cdot f_1 \cdot m \cdot w \cdot J_k \cdot \sin\psi_k$$

berechnen. Darin bedeuten: k_e = Faktor der MMK der Ankerwicklung, f_1 = Spulenfaktor, m = Phasenzahl, w = Windungszahl einer Phase.

Für Kurzschluß kann $\sin\psi_k$ zwischen 0,96 und 1, im Mittel gleich 0,98 angesetzt werden.

[1] Arnold, E.: Wechselstromtechnik IV, S. 62.

Der Spulenfaktor f_1 bestimmt sich aus folgenden Gleichungen[1]:

1. Einphasenmaschinen:

$g_p = \frac{Z}{2p}$ Nuten für einen Pol, von denen g bewickelt sind:

$$f_1 = \frac{\sin\left(\frac{g}{g_p} \cdot 90^0\right)}{g \cdot \sin \frac{90^0}{g_p}}.$$

g	2	3	4
f_1	0,923	0,91	0,906

2. Verteilte Gleichstromwicklungen: Spulenweite y, Polteilung τ, $\alpha_s = \frac{y}{\tau}$:

$$f_1 = \frac{\sin(\alpha_s \cdot 90^0)}{\alpha_s \cdot \frac{\pi}{2}}$$

α_s	1	$\frac{2}{3}$	$\frac{1}{2}$	$\frac{1}{3}$	m
f_1	0,636	—	0,901	—	1,2
	0,636	0,830	—	0,956	3

3. Mehrphasenwicklungen: dafür ist bei m Phasen $g = \frac{g_p}{m}$ für einen Pol und Phase, somit:

$$f_1 = \frac{\sin \frac{90^0}{m}}{g \cdot \sin \frac{90^0}{m \cdot g}}$$

g	2	3	4	m
f_1	0,923	0,91	0,906	2
	0,966	0,96	0,958	3

Der Faktor $k_e = 0{,}9 \cdot \frac{\sin(\alpha \cdot 90^0)}{\alpha \cdot \frac{\pi}{2}}$ kann aus der Tabelle S. 451 entnommen werden.

Trägt man
$$\frac{\mathfrak{M}_{e_k}}{w_e} = c\,e$$
(Abb. 369) auf der Abszissenachse ab, so ist die Ordinate
$$e\,f = E_{a_k} \quad \text{und} \quad d\,g = E_{ek}.$$
Ist der Kurzschlußstrom J_k gleich dem Belastungsstrom J, so sind die Größen $J \cdot R_{a_l}$ und E_s aus dem Kurzschlußversuch gegeben. Es fehlt dann nur noch E_e für normale Belastung. Da diese Spannung aber von $\mathfrak{R}_e$ und dieses von J_e bzw. $\mathfrak{M}_e$ nach der Gleichung
$$\mathfrak{M}_e = k_e \cdot f_1 \cdot m \cdot w \cdot J \cdot \sin\psi$$
von dem Winkel $\psi = \varphi + \Theta$ abhängt, so muß erst Θ bestimmt werden.

---

[1] Linker, A.: Elektromaschinenbau. S. 96, 150.

Verlängert man in Abb. 366 OG und fällt darauf das Lot CM und auf dieses von D aus DN, so ist

$$\Theta = \sphericalangle MOC + \sphericalangle COA = \Theta_1 + \Theta_2.$$

Nun ist $\operatorname{tg}\Theta_1 = \frac{CM}{OM}$ und $\operatorname{tg}\Theta_2 = \frac{CB}{OB}$,

wobei für die sehr kleinen Winkel die Tangente durch den Bogen ohne merklichen Fehler ersetzt werden kann. Es wird dann

$$\Theta_1 + \Theta_2 = \Theta = \frac{180^0}{\pi} \cdot \left(\frac{CM}{OM} + \frac{CB}{OB}\right), \quad \text{oder da}$$

$$OB \approx OM = OG + GM = E_{k_1} + E_v \cdot \cos\varphi + E_s \cdot \sin\varphi = E_a = OC$$

ist, so ergibt sich

$$\Theta = \frac{180^0}{\pi} \cdot \frac{CM + CB}{OM} = 57{,}3 \cdot \frac{CN - NM + CB}{E_a}$$

$$\boldsymbol{\Theta = 57{,}3 \cdot \frac{E_s \cdot \cos\varphi - E_v \cdot \sin\varphi + E_q}{E_{k_1} + E_v \cdot \cos\varphi + E_s \cdot \sin\varphi}}.$$

Hierin ist noch E_q zu bestimmen. Auch diese Größe ist wie E_e der Rechnung direkt nicht zugänglich, wohl aber ihre gleichwertige MMK

$$\boldsymbol{\mathfrak{M}_q = k_q' \cdot f_1 \cdot m \cdot w \cdot J \cdot \cos\psi}$$

$$\approx k_q' \cdot f_1 \cdot m \cdot w \cdot J \cdot \cos(\varphi + 15^0),$$

da $\psi = \varphi + \Theta$ war, und $\Theta \approx 15^0$ angenommen werden kann.

Hierin ist $k_q' = 0{,}9 \cdot \frac{\alpha_f \cdot \pi - \sin(\alpha_f \cdot 180^0) + \frac{2}{3} \cdot \cos(\alpha_f \cdot 90^0)}{4 \cdot \sin(\alpha_f \cdot 90^0)}$

und $\alpha_f \approx \alpha = \frac{b}{\tau}$*.

α_f	1	0,9	0,8	0,75	0,7	0,65	0,55	0,45
k_e	0,57	0,63	0,66	0,70	0,73	0,75	0,79	0,83
k_q'	0,706	0,599	0,504	0,462	0,427	0,395	0,347	0,322

Der Faktor k_q' kann dabei aus vorstehender Tabelle entnommen werden. Darin bedeuten: b = Polbogen des Magnetpols in cm, τ = Polteilung, α_f = Feldfaktor.

Zu dem nach der Formel berechneten Wert von $\mathfrak{M}_q$ ergibt sich aus der Leerlaufscharakteristik $f(E_a, J_e)$ für einen Strom

$$J_{e_q} = \frac{\mathfrak{M}_q}{w_e} = Oa$$

* Linker, A.: Elektromaschinenbau. S. 166.

(Abb. 370) die EMK $ab = E_q$, und zwar muß dieselbe für den geradlinigen Teil der Kurve abgelesen werden, wo das Feld dem Erregerstrom proportional, d. h. die Permeabilität konstant ist. Das ist aber für den Kraftfluß $\mathfrak{N}_q$ der Fall, da er hauptsächlich in der Luft und sehr wenig im Eisen verläuft, dessen magnetischer Widerstand gegenüber demjenigen der Luft vernachlässigt werden kann.

Hat man auf diese Weise E_q und damit Θ bestimmt, so kann auch
$$\mathfrak{M}_e = k_e \cdot f_1 \cdot m \cdot w \cdot J \cdot \sin(\varphi + \Theta)$$
berechnet werden. Der dazugehörige Wert von E_e muß aber für denjenigen Teil der Kurve ermittelt werden, bei welchem die der induzierten EMK E_a entsprechende Sättigung des Magnetfeldes vorhanden ist.

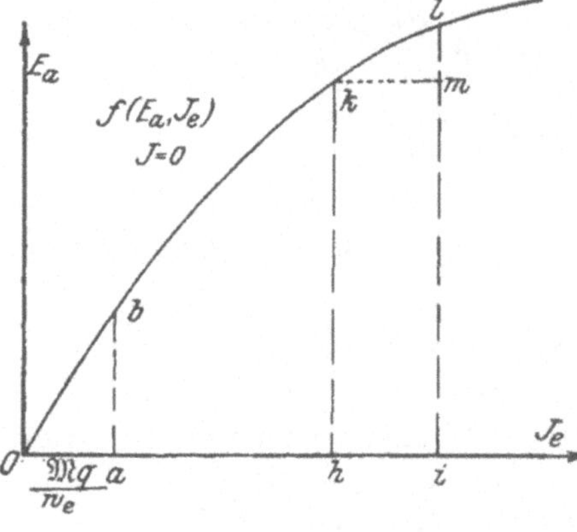

Abb. 370.

Für die Spannungsänderung ε ist E_e zu
$$E_a = E_{k_1} + E_v \cdot \cos\varphi + E_s \cdot \sin\varphi$$
zu addieren. Ist $hk = E_a$ nach dieser Gleichung berechnet, so vergrößert man die dazugehörende Erregung Oh um die Strecke $hi = \frac{\mathfrak{M}_e}{w_e} = J_{e_e}$, dann ist $il = E_0$ die bei Leerlauf induzierte EMK und $li - hk = lm$ die Spannung E_e. Wird ψ negativ, so ändert auch $\mathfrak{M}_e$ seine Richtung, d. h. hi ist dafür in entgegengesetztem Sinne wie früher angegeben einzutragen.

Man kann ψ auch direkt nach der Abb. **366** ermitteln aus:
$$\operatorname{tg}\psi = \frac{KA}{OK} = \frac{KD + DC + CA}{OL + LK} \quad \text{oder} \quad \operatorname{tg}\psi = \frac{E_{k_1} \cdot \sin\varphi + E_s + \frac{E_q}{\cos\psi}}{E_{k_1} \cdot \cos\varphi + E_v},$$
worin $\psi = \varphi + \Theta \approx \varphi + (15 \ldots 20^0)$ gesetzt werden kann.

Für **Einphasenmaschinen** gelten diese Ableitungen ebenfalls für das synchrone Drehfeld. Da aber noch ein inverses vorhanden ist, so müssen wir den Einfluß desselben mit berücksichtigen. Zu dem Zweck schickt man einen Wechselstrom von doppelter Periodenzahl durch die Armatur bei stillstehendem Magnetsystem und bestimmt den kleinsten induktiven Widerstand $S_{\min}$ für die Stellung der Ankerspulen in der neutralen Zone und darauf den Höchstwert $S_{\max}$, wenn die Spulen vor der Mitte des Polschuhs liegen. Das Mittel daraus ist

$$S_{mi} = \frac{S_{\max} + S_{\min}}{2}.$$

Wegen des inversen Drehfeldes vergrößert sich dieser Widerstand um einen gewissen Betrag, der von dem Teil des Wechselfeldes doppelter Periodenzahl herrührt, welcher sich durch das Eisen des Magnetsystems schließt. Da die Stärke des inversen Drehfeldes nur die Hälfte des normalen beträgt, so ist der Zuschlag zum niedrigsten Wert $S_{\min}$ nur gleich der Hälfte der Differenz zwischen Mittel- und Niedrigstwert.

Anstatt des experimentell gefundenen Wertes von E_s hat man bei der Bestimmung der Spannungsänderung von Einphasenmaschinen die Streuspannung $E_{s_1} = k_{e_1} \cdot E_s$ einzuführen, worin der Faktor k_{e_1} durch die Gleichung

$$k_{e_1} = 1 + \frac{S_{mi} - S_{\min}}{2 \cdot S_{\min}} = \frac{1}{2} + \frac{S_{mi}}{2 \cdot S_{\min}}$$

gegeben ist. Ist k_{e_1} für eine Maschine nicht bekannt, so kann man mit einem Näherungswert $k_{e_1} = 1{,}2$ rechnen.

Beispiel: Dreiphasen-Generator:
$N_a = 300$ kW bei $\cos\varphi = 0{,}8$; $E = 2200$ V; $E_{k_1} = 1270$ V; $J = 100$ A. $\nu = 50$ Hz; $n = 94$ U/min; Polbogen $b = 11{,}0$ cm, Polteilung $\tau = 20{,}1$ cm, $\alpha = 0{,}55$, $w = 448$ Windungen einer Phase, $g = 2$, Feld $w_e = 3072$ Windungen.

Zur Bestimmung der prozentualen Spannungsänderung sind die Leerlaufs- (*1*), Kurzschlußcharakteristik (*2*) und die induktive Regulierungskurve (*3*) $f(J_e, J)$, $E_{k_1} = 1270$ V = konst für $\cos\varphi = 0$ aufgenommen und nach untenstehender Tabelle für ν = konst in Abb. 371 gezeichnet.

J_e	20	30	37,5	40	50	60	80	90
E_0	780	1080	—	1330	1540	1690	1910	1990
J_k	47	72	—	96	120	143	—	—
J	—	—	0	8	34	55	90	107

Außerdem ist durch den Kurzschlußversuch nach der Hilfsmotormethode (III, 6g) der Verlust durch Stromwärme für den Nennstrom

$$J_k = J = 100\text{ A} \quad \text{zu} \quad N_{R_a} = 9400\text{ W}$$

gefunden, woraus sich der Leistungswiderstand einer Phase

$$R_{a_l} = \frac{9400}{100^2} = 0{,}94\text{ Ohm}$$

berechnet. Der mit Gleichstrom gemessene Widerstand ist

$$R_a = 0{,}545\text{ Ohm},$$

woraus $k_w = \dfrac{R_{a_l}}{R_a} = \dfrac{0{,}94}{0{,}545} = 1{,}72$ folgt.

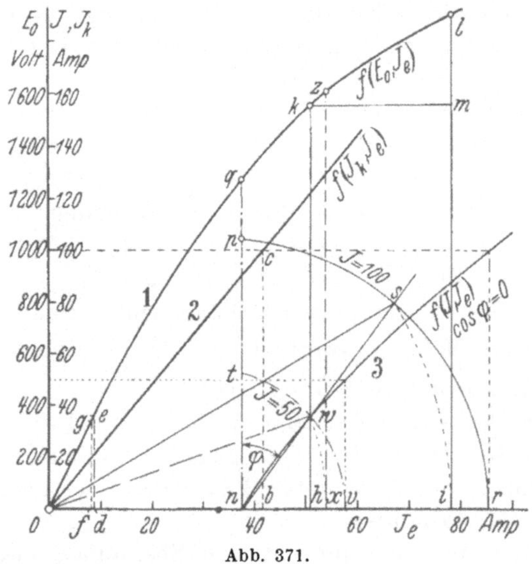

Abb. 371.

Für den Nennstrom $J = 100\text{ A} = J_k = cb$ (Abb. 371) bei Kurzschluß ergibt sich $Ob = J_{e_k} = 41{,}8$ A. Nun ist

$$\mathfrak{M}_{e_k} = k_e \cdot f_1 \cdot m \cdot w \cdot J_k \cdot \sin\psi_k$$
$$= 0{,}79 \cdot 0{,}966 \cdot 3 \cdot 448 \cdot 100 \cdot 0{,}99 = 101\,500,$$

und dafür

$$J_{e_{e_k}} = \frac{\mathfrak{M}_{e_k}}{w_e} = \frac{101\,500}{3072} = 33{,}2\text{ A}.$$

Das diesem Strom $J_{e_{e_k}} = bd$ gleichwertige Feld geht durch die Entmagnetisierung für die Erzeugung einer EMK verloren, so daß die bei Kurzschluß tatsächlich induzierte EMK nur

$$E_{a_k} = de = 360\ \mathrm{V}$$

wird. Nach Früherem ist nun

$$E_s = E_{s_k} = \sqrt{E_{a_k}^2 - (J_k \cdot R_{a_l})^2} = \sqrt{360^2 - (100 \cdot 0{,}94)^2} = 348\ \mathrm{V},$$

woraus sich auch die Streuinduktivität des Ankers

$$\mathfrak{S} = \frac{E_s}{2\pi \cdot \nu} = \frac{348}{2 \cdot 3{,}14 \cdot 50} = 1{,}11\ \mathrm{H}$$

ergibt. Nun bestimmt man

$$\mathfrak{M}_q \approx k_q' \cdot f_1 \cdot m \cdot w \cdot J \cdot \cos(\varphi + 20^0)$$
$$= 0{,}347 \cdot 0{,}966 \cdot 3 \cdot 448 \cdot 100 \cdot 0{,}547 = 24600\ \mathrm{AW}.$$

Aus der Leerlaufscharakteristik findet man dazu für

$$J_{e_q} = \frac{\mathfrak{M}_q}{w_e} = \frac{24600}{3072} = 8\ \mathrm{A} = 0f$$

eine EMK $fg = E_q = 340$ V.

Für eine Nennspannung $E_{k_1} = 1270$ V ergibt sich durch Einsetzen der entsprechenden Werte:

$$\Theta = 57{,}3 \cdot \frac{E_s \cdot \cos\varphi - E_v \cdot \sin\varphi + E_q}{E_{k_1} + E_v \cdot \cos\varphi + E_s \cdot \sin\varphi}$$
$$= 57{,}3 \cdot \frac{348 \cdot 0{,}8 - 94 \cdot 0{,}6 + 340}{1270 + 94 \cdot 0{,}8 + 348 \cdot 0{,}6} = 57{,}3 \cdot \frac{561}{1554} = 20{,}6^0,$$

$$\Theta = 20^0\,36' \quad \text{und} \quad \psi = \varphi + \Theta = 36^0\,50' + 20^0\,36' = 57^0\,76',$$

$$\mathfrak{M}_e = k_e \cdot f_1 \cdot m \cdot w \cdot J \cdot \sin\psi = 0{,}79 \cdot 0{,}966 \cdot 3 \cdot 448 \cdot 100 \cdot 0{,}842 = 86000.$$

Dieser MMK der Entmagnetisierung entspricht ein Erregerstrom $J_e = \frac{\mathfrak{M}_e}{w_e} = \frac{86000}{3072} = 28$ A, der als Strecke hi zu dem Erregerstrom Oh der EMK $E_a = 1554\ \mathrm{V} = hk$ addiert die EMK $il = E_0 = 1890$ V ergibt. Es ist dann

$$E_e \approx E_0 - E_a = lm = 335\ \mathrm{V}.$$

Aus den auf diese Weise gefundenen Größen erhalten wir nun die prozentuale Spannungsänderung

$$\varepsilon = \frac{E_e + E_v \cdot \cos\varphi + E_s \cdot \sin\varphi}{E_{k_1}} \cdot 100\ \%$$
$$= \frac{335 + 94 \cdot 0{,}8 + 348 \cdot 0{,}6}{1270} \cdot 100\ \% = \frac{619}{1270} \cdot 100 = 48{,}7\ \%.$$

Direkt ergibt sich $\varepsilon = \frac{E_0 - E_{k_1}}{E_{k_1}} \cdot 100 = \frac{1890 - 1270}{1270} = 48{,}7\ \%$.

Wären bei der Konstruktion der Leerlaufscharakteristik verkettete Spannungen abgelesen, so hätte man die aus der Kurve entnommenen EMKe durch $\sqrt{3}$ zu dividieren.

Mit Hilfe der induktiven Regulierungskurve (*3*) $f(J_e, J)$, $E_{k_1} = \text{konst}$, $\nu = \text{konst}$, $\cos\varphi = 0$ kann man für die Spannungsänderung ε die EMK E_0 zeichnerisch leicht ermitteln. Dazu errichtet man (Abb. 371) in dem Anfangspunkt n der Kurve *3* ein Lot und trägt darauf z. B. für den Nennstrom $J = 100$ A in dem Maßstab von J_e die Strecke $np = 1{,}25 \cdot J_{e_k} = 52{,}2$ A ab. $J_{e_k} = ob = 41{,}8$ A ist mit Hilfe der Kurzschlußcharakteristik *2* für $J = J_k = 100 \text{ A} = bc$ zu bestimmen.

Zu dem gleichen Strom $J = 100$ A ermittelt man aus Kurve *3* den Erregerstrom $J_e' = or = 85{,}7$ A. Durch p und r legt man nun einen Kreis, dessen Mittelpunkt auf der Abszisse J_e liegt. Dann gibt jeder Strahl von o aus, z. B. os, zu einem Punkt (s) des Kreises den Erregerstrom J_e an, der bei der Klemmenspannung E_{k_1} den Belastungsstrom J für einen Phasenwinkel $\varphi = \sphericalangle pns$ erzeugt.

In unserem Beispiel ist nun ns unter dem $\sphericalangle \varphi = 36^0 50'$ gegen np geneigt, es ist also dafür $\cos\varphi = 0{,}8$ und $os = J_e = 78{,}2$ A. Schlägt man nun mit $os = oi$ einen Kreis und zieht in i die Ordinate il bis zur Leerlaufscharakteristik *1*, dann ist $il = E_0 = 1890$ V die zu der Erregung J_e gehörende EMK bei Leerlauf. Demnach wird jetzt

$$\varepsilon_{100} = \frac{1890 - 1270}{1270} \cdot 100 = 48{,}7\ \% ,$$

wie vorher.

In gleicher Weise bestimmt man für den halben Nennstrom $J = 50$ A den Strom $J_{e_k} = 21$ A (Kurve *2*), $nt = 1{,}25 \cdot 21 = 26{,}2$ A und $ov = 57{,}7$ A (Kurve *3*). Dann ist $ow = ox = J_e = 54$ A und dafür aus Kurve *1* die Ordinate $xz = E_0 = 1610$ V. Somit ergibt sich $\varepsilon_{50} = \frac{1610 - 1270}{1270} \cdot 100 = 26{,}8\ \%$.

9. Parallelschaltung von Wechselstrommaschinen.

Nehmen wir an, daß eine Maschine mit Belastung schon auf ein Netz arbeitet, so läßt sich eine andere in ähnlicher Weise wie bei Gleichstrom dazu parallel schalten (Abb. 372). Unter der

Voraussetzung nämlich, daß der Wechselstrom in einer unendlich kleinen Zeit als Gleichstrom behandelt werden kann, müssen die für das Zuschalten von Gleichstromgeneratoren geforderten Bedingungen in jedem Augenblick auch hier erfüllt sein.

Als einzige Regel galt dabei folgende:

Die Spannungen der miteinander zu vereinigenden Maschinen müssen an der Einschaltstelle gleich groß und einander entgegengesetzt gerichtet sein, damit beim Zuschalten kein schädlicher Stromstoß auftritt.

Bezogen auf Wechselstrom sagt dieser Satz aus, daß die zu gleicher Zeit auftretenden Augenblickswerte E_{1_t} und E_{2_t} der beiden Spannungskurven (Abb. 373) gleich groß und entgegen-

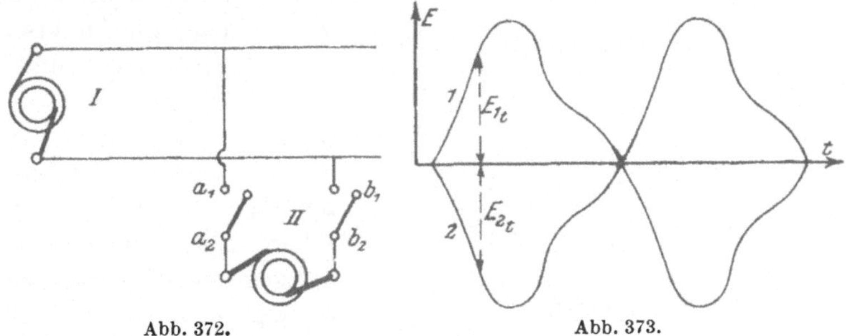

Abb. 372. Abb. 373.

gesetzt gerichtet sein müssen. Hat die Spannungskurve der belasteten Maschine die Form *1*, so muß die andere Kurve (*2*) das Spiegelbild der ersten, d. h. gleich der um 180° verschobenen Kurve *1* sein. Nun kann man mit den gebräuchlichen Instrumenten die Augenblickswerte nicht untereinander vergleichen; trotzdem ist es möglich, Regeln für die Kritik der Schaltung aufzustellen. Aus der Übereinstimmung der beiden Kurvenformen folgt nämlich, daß

1. die gemessene Spannung E zwischen $a_1 b_1$ und $a_2 b_2$ (Abb. 372),

2. der Formfaktor $f_e = \frac{E}{E_{mi}}$,

3. die Periodenzahl $\nu = \frac{p \cdot n}{60}$ für beide Maschinen gleich groß sein müssen, und

4. die Phasenverschiebung, bezogen auf den eigenen Stromkreis der beiden Generatoren, 180° betragen muß.

In bezug auf das Netz oder räumlich sind dann die Maschinen in Phase.

Zu 1. Zur Feststellung der Bedingung 1 dienen die an jeder Maschine befindlichen Spannungsmesser.

Zu 2. Damit der Formfaktor gleich ist, müssen die beiden Maschinen möglichst gleichartig gebaut sein.

Zu 3. Bedingung 3 ist erfüllt, wenn die Drehzahl richtig eingestellt und konstant gehalten wird. Außerdem müssen die Antriebsmaschinen den gleichen Ungleichförmigkeitsgrad und für jeden Augenblick relativ gleiche Kurbellage besitzen.

Zu 4. Die Phasengleichheit ist dann vorhanden, wenn beide Spannungskurven zu gleicher Zeit ihren Höchstwert oder den Nullwert erreichen. Es müssen demnach die Punkte a_1 und a_2 bzw. b_1 und b_2 (Abb. 372) in jedem Augenblick ein gleich hohes Potential zeigen. Verbindet man b_1 mit b_2 und legt zwischen $a_1\,a_2$ einen Spannungsmesser E_p (Abb. 374), so zeigt er in diesem Falle keine Ablenkung, da an seinen Klemmen keine Potentialdifferenz herrscht. An Stelle des als Phasenindikator dienenden Instruments kann auch eine Glühlampe L, allgemein Phasenlampe genannt, oder beide zusammen verwendet werden. Letzteres ist vorteilhafter, da beim Durchbrennen der Lampe der richtige Zeitpunkt der Phasengleichheit am Instrument noch abgelesen werden kann.

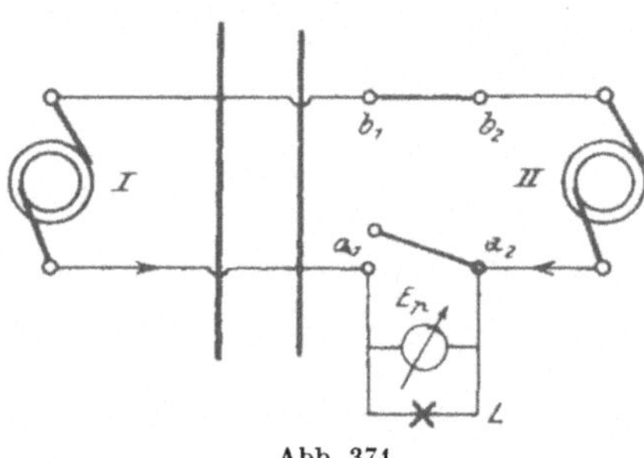

Abb. 374.

Bleibt die Lampe längere Zeit dunkel und der Zeiger des Instruments in der Nullage, so ist das ein Zeichen, daß sämtliche vier Bedingungen erfüllt sind. Man kann jetzt den Hebel bei $a_1 \div a_2$ einschalten, wodurch die Maschine *II* zu *I* parallelgeschaltet ist.

Bevor jedoch dieser Zustand erreicht ist, spielen sich innerhalb des Stromkreises der beiden Maschinen manche Vorgänge ab, die auf den Phaseninduktor in solcher Weise einwirken, daß nach seinen Angaben die richtigen Maßnahmen getroffen werden können. Da sich aber beide Maschinen dem äußeren Stromkreis gegenüber gleichmäßig verhalten und die Größe der Belastung ohne Einfluß auf das Zusammenarbeiten ist, so sollen sie für die weiteren Betrachtungen als unbelastet angesehen werden, woraus sich obige Schaltung (Abb. 375) ergibt.

Wird nun die Bedingung 1 nicht erfüllt sein, indem durch zu große Felderregung die EMK $E_1 > E_2$ gemacht ist, dann ergeben die beiden EMKe $E_{1_t} = E_{1_{\max}} \cdot \sin \omega t$ und

$$E_{2_t} = E_{2_{\max}} \cdot \sin(\omega t + \pi) = -E_{2_{\max}} \cdot \sin \omega t$$

nach dem zweiten Kirchhoffschen Satz die Resultierende

$$E_{r_t} = E_{1_t} + E_{2_t} = (E_{1_{\max}} - E_{2_{\max}}) \cdot \sin \omega t ,$$

deren geometrisches Bild (Abb. 376) durch algebraische Addition der Ordinaten beider Kurven erhalten wird. Die Spannung E_r

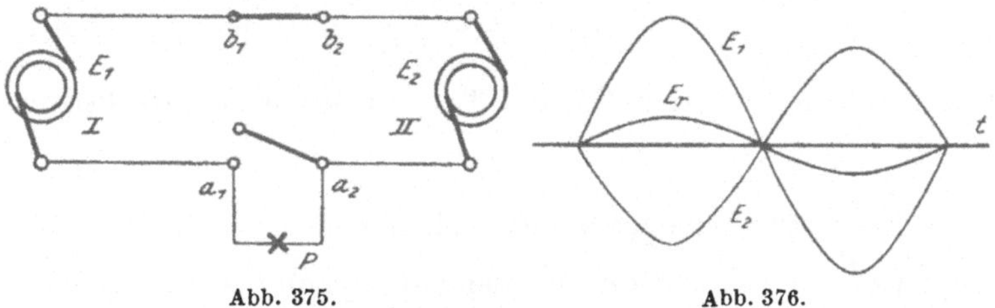

Abb. 375. Abb. 376.

bleibt danach für jede Periode konstant und damit auch die der Phasenlampe zugeführte Leistung. Die Lampe wird daher, falls die Spannung E genügen sollte, um den Faden zum Glühen zu bringen, konstante Helligkeit zeigen; der Spannungsmesser zeigt konstante Ablenkung.

Haben die beiden Maschinen verschiedene Kurvenform bei gleichen Höchstwerten entsprechend den Gleichungen

$$E_{1_t} = E_{1_{\max}} \cdot \sin \omega t \pm E_{3_{\max}} \cdot \sin 3 \omega t , \qquad E_{2_t} = -E_{2_{\max}} \cdot \sin \omega t ,$$

so tritt ebenfalls eine resultierende Spannung

$$E_{r_t} = (E_{1_{\max}} - E_{2_{\max}}) \cdot \sin \omega t \pm E_{3_{\max}} \cdot \sin 3 \omega t$$

auf, welche die Lampe in gleicher Weise wie im vorigen Fall zum konstanten Leuchten bringt.

Sind alle anderen Bedingungen erfüllt, aber keine gleiche Periodenzahl vorhanden, dann verlaufen die Spannungen nach den Gleichungen

$$E_{1_t} = E_{1_{\max}} \cdot \sin(\omega + d\omega) t \quad \text{und} \quad E_{2_t} = -E_{2_{\max}} \cdot \sin \omega t ,$$

und die Resultierende wird dann, da nach der Voraussetzung

$$E_{1_{max}} = E_{2_{max}}$$

sein soll, $E_{r_t} = E_{1_t} + E_{2_t} = E_{max} \cdot [\sin(\omega + d\omega)t - \sin\omega t]$

oder $E_{r_t} = 2E_{max} \cdot \sin\left(\frac{d\omega}{2}\right)t \cdot \cos\left(\omega + \frac{d\omega}{2}\right)t$.

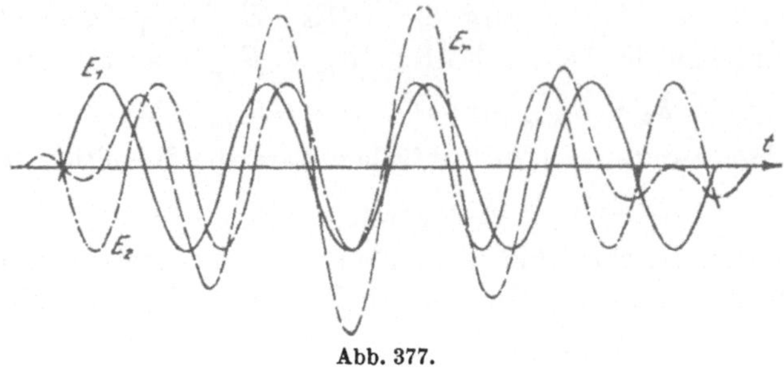

Abb. 377.

Darin ist, wie aus Abb. 377 und 378 ersichtlich, der Höchstwert

$$2E_{max} \cdot \sin\left(\frac{d\omega}{2} \cdot t\right)$$

keine Konstante, sondern ändert sich sinusförmig mit der Kreisfrequenz $\frac{d\omega}{2}$, während die resultierende Spannung mit der mittleren Kreisfrequenz $\omega + \frac{d\omega}{2}$ schwingt. Der Phasenlampe wird daher in jeder Periode eine andere Leistung zugeführt, so daß

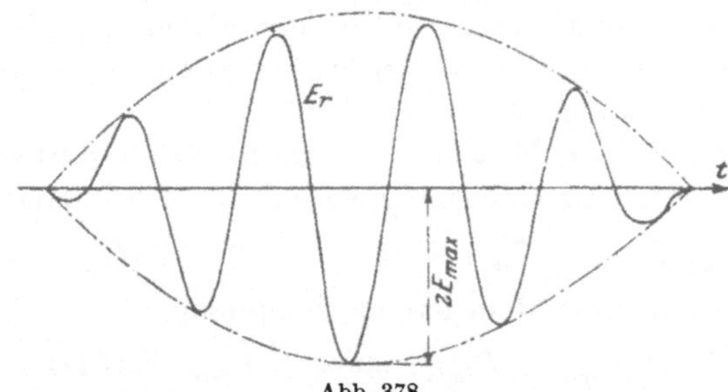

Abb. 378.

ihre Leuchtkraft nicht konstant bleibt, sondern entsprechend der Änderung des Spannungshöchstwerts periodische Schwebungen zeigt, welche durch Änderung der Drehzahl beseitigt werden können. Da die Spannung der Lampe zwischen Null und $2E$ schwankt, so muß man entweder zwei Lampen mit der

Spannung E hintereinanderschalten oder eine von der doppelten Maschinenspannung verwenden.

Als vierten Fall wollen wir annehmen, daß die Phasen nicht übereinstimmen, sondern räumlich um den Winkel φ (elektr. Grad, d. h. bezogen auf 2 Pole) oder zeitlich um $180 - \varphi$ verschoben sind. Die Gleichungen der beiden Kurven

$$E_{1_t} = E_{1_{\max}} \cdot \sin(\omega t + \varphi)$$

und

$$E_{2_t} = - E_{2_{\max}} \cdot \sin \omega t$$

ergeben für

$$E_{1_{\max}} = E_{2_{\max}}$$

eine Resultierende

$$E_{r_t} = E_{\max} \cdot [\sin(\omega t + \varphi) - \sin \omega t] = 2\, E_{\max} \cdot \sin \frac{\varphi}{2} \cdot \cos\left(\omega t + \frac{\varphi}{2}\right),$$

deren zeichnerische Darstellung Abb. 379 zeigt.

Der Höchstwert der resultierenden Schwingung $2 \cdot E_{\max} \cdot \sin \frac{\varphi}{2}$ ist von dem Phasenunterschied φ abhängig. Ist φ konstant, so zeigt die Phasenlampe gleichmäßige Helligkeit. Für $\varphi = 180^0$ wird

$$E_{r_t} = 2 E_{\max} \cdot \cos(\omega t + 90^0) = 2 E_{\max} \cdot \sin \omega t,$$

d. h. die Kurven decken sich, was dem Zustande der Hintereinanderschaltung entspricht, so daß die Lampen hell brennen.

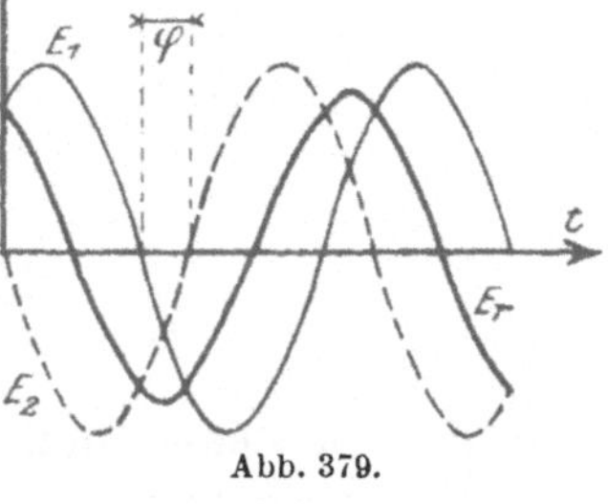

Abb. 379.

Im allgemeinen werden mehrere dieser Abweichungen zu gleicher Zeit auftreten, wodurch sich die vorher besprochenen Erscheinungen etwas verwickelter gestalten. Da nun die Lampen bzw. der Phasenindikator einen sehr großen Widerstand besitzen, so wird die resultierende Spannung E_r nur einen kleinen Strom hervorrufen, der auf die Wirkungsweise der Maschinen bzw. Stromempfänger von geringem Einfluß ist.

Nach diesen Erörterungen wollen wir dazu übergehen, einige in der Praxis gebräuchliche Schaltungen zu besprechen.

Für Hochspannungsanlagen sind sämtliche Meßinstrumente und Phasenlampen von der Hochspannung durch zwischengeschaltete Meßtransformatoren MT zu trennen, wie Abb. 380 für eine Maschine zeigt.

Die Phasenlampen P sind an eine besondere Hilfsleitung angeschlossen, außerdem erhält jede Maschine einen Leistungsmesser N_1 bzw. N_2. Vertauscht man die Anschlußleitungen der Phasenlampe II, so brennen die Lampen hell, wenn die Maschinen in gleicher Phase sind. Diese Anordnung hat einen Vorzug vor der anderen, da das Aufleuchten der Lampen zu erkennen gibt, daß die Schaltung richtig ausgeführt ist.

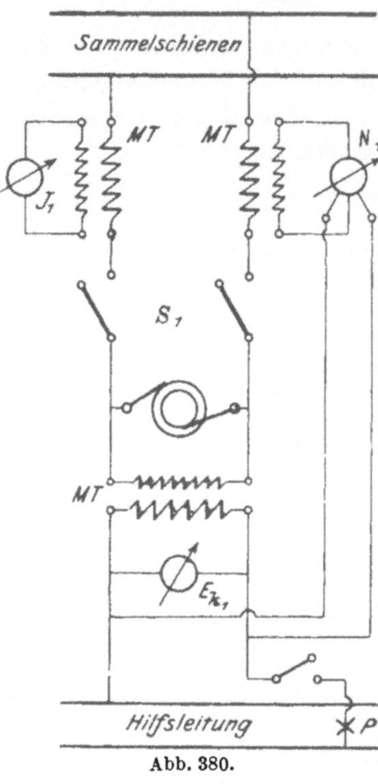

Abb. 380.

Selten wird man die vier Bedingungen vollständig erfüllen können, daß beim Einschalten kein Stromstoß auftritt. Um in einem solchen Fall die Hauptsicherungen nicht zu beschädigen, verwendet die Société de l'Industrie Electrique in Genf folgende Schaltung (Abb. 381).

Hierbei sind die Sammel- und Hilfsschienen zu Meßtransformatoren (MT) geführt, deren Sekundärseiten hintereinandergeschaltet sind, so daß die Phasenlampen P bei Phasengleichheit hell leuchten.

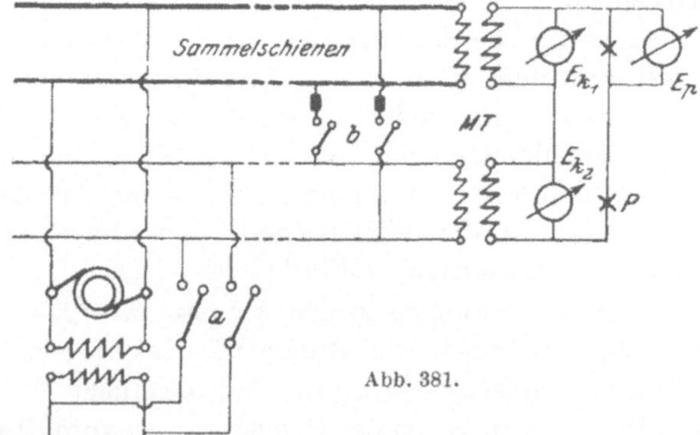

Abb. 381.

Man gibt der zuzuschaltenden Maschine bei offenem Hauptschalter normale Drehzahl und Spannung und schließt den Ausschalter a. Mit Hilfe der Phasenlampen P sowie der Spannungsmesser E_{k_1} und E_{k_2} reguliert man dann genauer und schließt den Hilfsschalter b. Tritt ein Stromstoß auf, so brennen die verhältnismäßig kleinen Sicherungen bei b durch. Erst wenn die Maschine richtig angeschlossen ist, wird der Hauptschalter eingelegt.

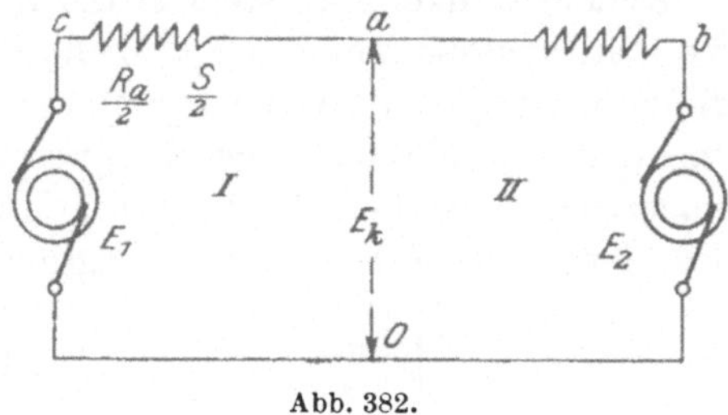

Abb. 382.

Wie wir schon bei der Schaltung der Gleichstromgeneratoren gesehen haben, erzeugten die Maschinen innerhalb ihres eigenen Stromkreises keinen Strom, wenn die EMKe gleich waren. Durch Veränderung der Erregung arbeitete die stärker erregte als Generator, die andere als Motor, wenn kein Strom vom Netz abgenommen wurde. Nehmen wir nun an, daß in der Schaltung (Abb. 382) infolge verschiedener Erregung die EMK $E_1 > E_2$ gemacht wurde, dann ist $E_1 - E_2$ nicht Null.

Stellt man sich jetzt (Abb. 383) die EMK-Vektoren E_1 und E_2 zeichnerisch dar, so müssen sie zeitlich um 180⁰ verschoben sein

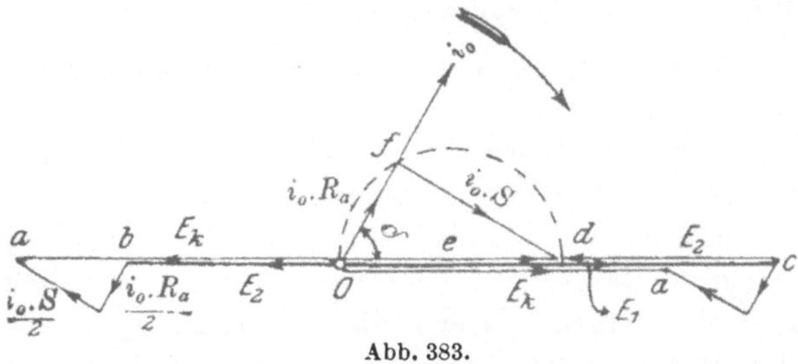

Abb. 383.

und die in dem Kreise herrschende EMK $e = E_1 - E_2$ wird durch die Strecke $Od = Oc - Ob$ ihrer Größe und Richtung nach bestimmt. Hat jeder Generator den Leistungswiderstand $\frac{R_a}{2}$ und den induktiven $\frac{S}{2}$, welche wir uns in den Zweigen ca und ba liegend denken wollen, so tritt, wenn der Zuleitungswiderstand nicht berücksichtigt wird, ein Strom

$$i_0 = \frac{e}{\sqrt{R_a^2 + S^2}}$$

auf, dessen Größe nur von $e = E_1 - E_2$ abhängig ist, während die Richtung durch den Winkel $\delta = \operatorname{arc\,tg} \frac{S}{R_a}$ gegeben ist und daher in diesem Fall nahezu konstant bleibt.

Schlägt man über Od einen Kreis und zieht einen Strahl von O unter dem Winkel δ, so stellt er die Richtung von i_0 dar, auf der die Leistungsspannung $Of = i_0 \cdot R_a$ liegt, während $fd = i_0 \cdot S$ die zum Ausgleich der Feldspannung erforderliche Komponente von e ist. Sie muß daher gegen i_0 voreilend (nach rechts gedreht) eingezeichnet werden. Dieser Strom erzeugt in dem Widerstande des Generators I einen Spannungsabfall

$$i_0 \cdot \sqrt{\left(\frac{R_a}{2}\right)^2 + \left(\frac{S}{2}\right)^2} = \frac{i_0}{2} \cdot \sqrt{R_a^2 + S^2} = c\,a,$$

im Generator II eine Spannungserhöhung ba von derselben Größe. Er bewirkt daher, daß zwischen den Punkten Oa (Abb. 382) die Klemmenspannung E_k für beide Stromkreise gleich groß wird. Im Gegensatz zu dem Ausgleichsstrom in Gleichstromgeneratoren belastet er jedoch die Maschine mit höherer EMK nicht. Da nämlich der induktive Widerstand S sehr viel größer als R_a ist, wird Of klein gegenüber fd werden und damit $\sphericalangle\, \delta$ nahezu 90^0.

Die Leistung $$e \cdot i_0 \cdot \cos \delta = i_0^2 \cdot R_a$$

ist daher klein entsprechend den Verlusten durch Stromwärme, Hysteresis und Wirbelströme.

Durch Veränderung der Erregung erhält man demnach in dem Stromkreis nur einen nahezu leistungslosen, gegen die EMK E_1 nacheilenden Ausgleichsstrom i_0, der das Feld der stärker erregten Maschine I schwächt, das der schwächer erregten dagegen verstärkt, da er in ihr gegenüber E_2 voreilt.

Soll die Maschine II jetzt eine elektrische Leistung abgeben, so muß ihr durch die Antriebsmaschine naturgemäß eine mechanische Leistung zugeführt werden. Vergrößert man daher ihre Energiezufuhr, so sucht der Generator II eine größere Drehzahl anzunehmen, wodurch die EMK E_2 eine gewisse Voreilung γ erhält. Als Folge der gegeneinander verschobenen EMKe tritt, auch wenn $E_1 = E_2$ ist, eine resultierende EMK e_r auf (Abb. 384), welche in dem Widerstande der beiden Maschinen einen Strom i_l hervorruft. Derselbe wird, wie vorher angegeben, um den Winkel δ nacheilend gegen e_r eingezeichnet. Da δ nahezu 90^0 ist, so fällt i_l

fast mit E_2 zusammen, belastet demnach als Leistungsstrom den Generator *II*. Weil nun der Strom die Maschine *I* in entgegengesetzter Richtung durchfließt, so entlastet er sie, falls sie Strom ins Netz liefert, oder treibt sie als Motor an.

Durch Veränderung der Energiezufuhr tritt demnach in der voreilenden Maschine ein Leistungsstrom i_l auf, so daß sie eine elektrische Leistung abgibt und dadurch gebremst wird. Dieser Strom i_l hat demnach das Bestreben, die Wicklungen der beiden Maschinen relativ in derselben Lage zum Magnetsystem zu halten, wodurch die rotierenden Teile gezwungen werden, gleiche Geschwindigkeit anzunehmen, d. h. synchron zu laufen. Diese vom Strom hervorgerufene synchronisierende Kraft ist daher die Grundbedingung für das Zusammenarbeiten zweier oder mehrerer Wechselstrommaschinen. Sie nimmt mit größerem Winkel δ bzw. Verhältnis $\frac{S}{R_a}$ zu. Vgl. auch die Ausführungen zum Parallelbetrieb von M. Schenkel[1].

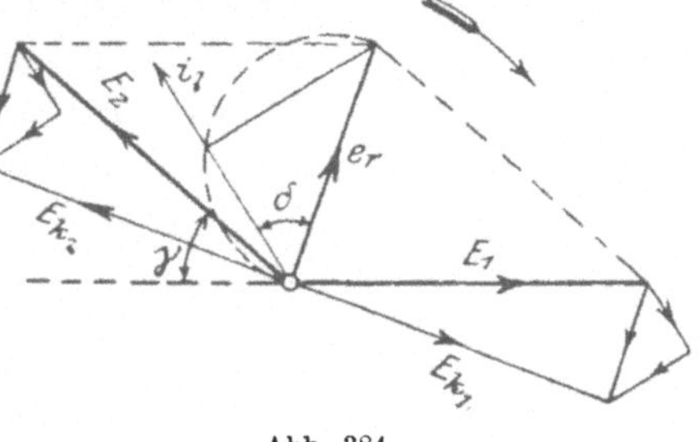

Abb. 384.

Zur Prüfung der beiden Ausgleichsströme i_0 und i_l erhält die Schaltung noch einen Leistungsmesser oder einen Phasenmesser. Man regelt dann die Erregung so, daß die Phasenmesser die kleinste Ablenkung zeigen.

Beim Abschalten eines Generators verfährt man in umgekehrter Weise, indem man zuerst die Belastung auf Null bringt, dann durch Änderung der Magnetisierung den Feldstrom i_0 beseitigt, worauf man den Ausschalter öffnen und die Antriebsmaschine anhalten kann.

Sind Mehrphasengeneratoren parallel zu schalten, so gelten die vorher angegebenen Vorschriften für jede einzelne Phase. Dabei muß jedoch berücksichtigt werden, daß die Phasen in der richtigen Reihenfolge mit den Sammelschienen verbunden sind, wofür eine gleiche Bewegungsrichtung der Drehfelder auftritt. Zweckmäßig ist dabei die Verwendung eines Drehfeld-Richtungs-

[1] Siemens-Z. 1931 S. 253, 308.

anzeigers (S. 139). Außerdem verbindet man entweder die neutralen Punkte oder die Klemmen derjenigen Phasen, welche an gleichen Sammelschienen liegen, durch eine möglichst widerstandslose Leitung.

Für Hochspannung werden wieder Meßtransformatoren zwischengeschaltet, wie Abb. 385 zeigt. Dabei kann man durch den Umschalter U die sekundären Spannungen der Meßtransformatoren so schalten, daß die Lampen bei Phasengleichheit hell brennen oder dunkel bleiben.

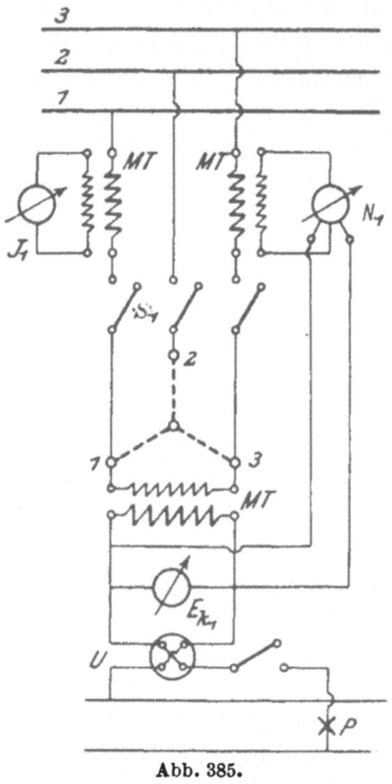

Abb. 385.

Verwendet man für jede Phase eine Lampe (Abb. 386), so müssen bei richtiger Schaltung der drei Phasen alle Lampen zu gleicher Zeit dunkel werden oder gleichmäßig leuchten. Diese Anordnung läßt jedoch nicht erkennen, welche von beiden Maschinen schneller läuft. Für diesen Fall wird folgende Schaltung[1] angewendet (Abb. 387), wobei die Lampe b zwischen I_2 und II_3, die Lampe c zwischen I_3 und II_2 liegt. Hierbei erglühen und erlöschen die Lampen in einer bestimmten Reihenfolge nacheinander, und zwar ergibt sich dafür folgende Regel: „Läuft die zuzuschaltende Maschine (II) zu langsam, so leuchten die Lampen in der Reihenfolge auf, wie die Phasen der Maschine II denjenigen von I folgen.“

Ordnet man die drei Lampen hinter einer Mattscheibe als Ecken eines gleichseitigen Dreiecks an, so würde sich in diesem Fall der Schein in der Richtung a, c, b, also nach links, bewegen. Eilt die Maschine II vor, so dreht sich der Lichtschein umgekehrt. Bei Phasengleichheit erlischt die Lampe a, während b und c mit konstanter Helligkeit entsprechend der Außenleiterspannung

[1] ETZ 1896 S. 573.

brennen. Bei Hochspannungsanlagen über 13000 V ohne Meßtransformatoren verwendet die General El. Co.[1] elektrostatische Glühlampen (Geißlersche Röhren u. dgl.) mit beiderseits vorgeschalteten Kondensatoren (Hängeisolatoren) nach Abb. 387. Eine große Anzahl anderer Synchronisierschaltungen sind von Teichmüller[2] angegeben worden.

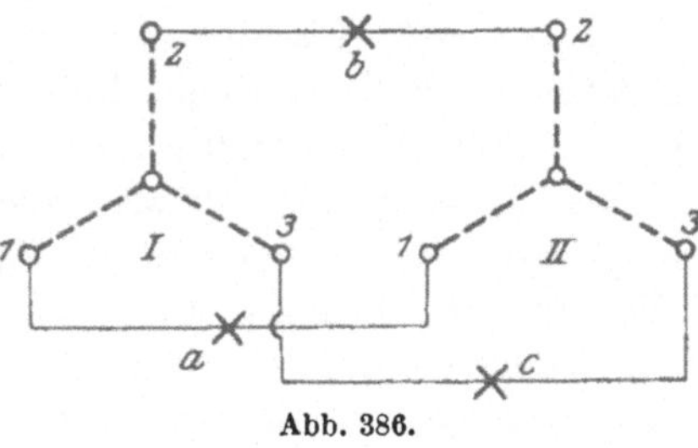

Abb. 386.

An Stelle der drei Lampen kann man auch einen elektromagnetischen Apparat[3] einschalten. Er enthält sechs Eisenkerne (Abb. 388), deren Wicklungen wie vorher in Abb. 387 mit den entsprechenden Phasen der beiden Maschinen verbunden werden. Über dem Kerne ist frei drehbar ein Eisenanker eingeordnet, dessen Drehung durch einen mit ihm verbundenen Zeiger auf einer weißen Scheibe mit den Bezeichnungen „zu schnell" und „zu langsam" angibt, in welcher Weise die zuzuschaltende Maschine reguliert werden soll. Steht der Zeiger still, so ist Periodengleichheit vorhanden. Die Phasengleichheit muß trotzdem durch Lampen oder Phasenindikator festgestellt werden. Andere Synchronisierungsanzeiger werden nach Frahm von H & B[4], nach Besag[5]

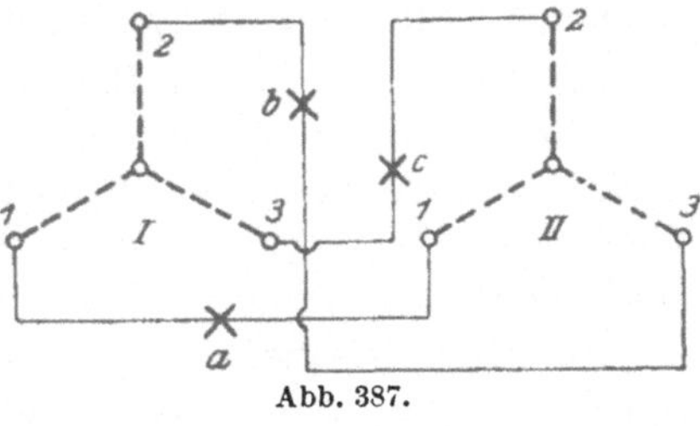

Abb. 387.

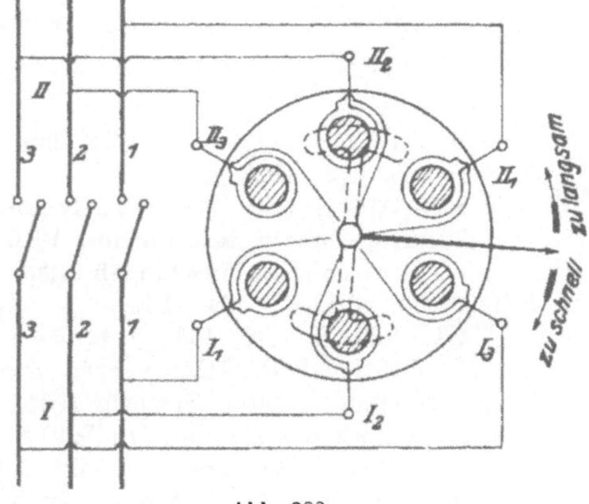

Abb. 388.

[1] Power Bd. 42 S. 271; ETZ 1916 S. 137. [2] ETZ 1909 S. 1039; L. d. Schaltungsschemata, II. [3] ETZ 1903 S. 422. [4] ETZ 1910 S. 1307. [5] ETZ 1912 S. 135.

von Voigt & Häffner, nach Weston[1], W. Gorgas[2] von BBC, S & H und Koch & Sterzel[3] gebaut.

Lassen sich Maschinen schwer parallel schalten, so muß man gegebenenfalls ihren Ungleichförmigkeitsgrad nach J. Oelschläger[4] mittels Torsiograph bestimmen.

Bei ausgeführten Anlagen sucht man die Parallelschaltung möglichst durch selbsttätige Apparate[5] zu bewerkstelligen. Weitere Einrichtungen für völligen Gleichlauf mit zahlreichen Schaltungen sind u. a. von Wolff[6] angegeben worden. Zur selbsttätigen Konstanthaltung der Spannung eignen sich dabei der Tirrill-Regulator[7], die Regler von BBC, Pintsch, Elcona[8], Fuß u. a.[9]. Die Spannungsregelung kann nach J. Voorhoeve[10] auch mit Hilfe von Elektronenröhren erfolgen.

Für Spannungen über 100 kV werden die zur Synchronisierung erforderlichen Spannungswandler zu teuer. Man verwendet daher an ihrer Stelle Kondensatordurchführungen (S. 108), wie sie von S & H[11], Westinghouse Mfg. Co.[12] und der GEC[13], die noch Verstärkerröhren zwischenschaltet, angegeben sind.

Besondere Schwierigkeiten ergeben sich beim Parallelschalten von Hochfrequenz-Generatoren infolge ihrer großen Induktivität, wodurch die synchronisierende Kraft klein ist. J. L. Finch[14] zeigt nun, wie man mit Hilfe von Kondensatoren diese Schwierigkeit beseitigt. Wie man eine Schnellsynchronisierung großer Maschineneinheiten, z. B. in Pumpspeicheranlagen, vornimmt, ist von W. Peters[15] ausführlich dargestellt.

---

[1] ETZ 1912 S. 1147. [2] ETZ 1923 S. 1011. [3] ETZ 1929 S. 743.

[4] Helios, Lpz. 1928 S. 273.

[5] ETZ 1899 S. 416; 1900 S. 7; Techn. Mon. 1912 S. 262.

[6] Elektrotechn. u. Maschinenb. 1910 S. 239.

[7] Elektrotechn. u. Maschinenb. 1906 S. 764; ETZ 1903 S. 795; 1906 S. 325; 1907 S. 1202, 1224, 1236.

[8] ETZ 1925 S. 1695; 1930 S. 1101.

[9] E. Juillard-F. Ollendorff: Die selbsttätige Regelung elektr. Maschinen. Berlin: Julius Springer 1931.

[10] Arch. Elektrotechn. Bd. 21 (1929) S. 228; ETZ 1929 S. 1059.

[11] Wiss. Veröff. Siemens-Konz. Bd. 5 S. 69.

[12] J. Amer. Inst. electr. Engr. 1928 S. 205; ETZ 1929 S. 823.

[13] Power Bd. 66 S. 263.

[14] Gen. electr. Rev. Bd. 28 S. 315; ETZ 1927 S. 848.

[15] ETZ 1931 S. 753.

10. Untersuchung eines Synchronmotors.

Legt man den Anker eines Wechselstromgenerators an eine Wechselstromquelle, so wird er einen Strom J aufnehmen, welcher aber trotz des vorhandenen Feldes $\mathfrak{N}$ kein Drehmoment M_d hervorruft, da

$$M_{d_t} = c \cdot J_t \cdot \mathfrak{N} = c \cdot J_{\max} \cdot \mathfrak{N} \cdot \sin \omega t$$

sinusförmig verläuft, so daß das mittlere Drehmoment einer Periode Null ist. Bewegt man jedoch den Anker, so ändert auch das Feld $\mathfrak{N}$ gegenüber den stromdurchflossenen Leitern seine Richtung. Erfolgt die Änderung des Feldes gleichzeitig mit der Umkehr des Stromes, so behält das Drehmoment immer dieselbe Richtung und die Maschine läuft als Motor. Hat der Wechselstrom die Periodenzahl $\nu_1 = \frac{p_1 \cdot n_1}{60}$, wo n_1 und p_1 Drehzahl und Polpaarzahl des Wechselstromerzeugers sind, so ändert der Strom seine Richtung $2\nu_1$ mal in der Sekunde. Hat der Motor $2p$ Pole, so ändert sich bei einer Umdrehung das Feld gegenüber einem Stromleiter $2p$ mal, bei einer Drehzahl $\frac{n}{60}$ U/sec ist die Gesamtänderung $2\nu = \frac{2p \cdot n}{60}$. Da nun die sekundliche Änderung des Stromes gleich der des Feldes sein muß, so folgt daraus

$$2\nu = 2\nu_1 \quad \text{oder} \quad \frac{p \cdot n}{60} = \frac{p_1 \cdot n_1}{60}$$

und daraus die Drehzahl des Motors $n = \frac{p_1 \cdot n_1}{p}$. Nun entspricht aber n der synchronen Drehzahl, mit welcher die Maschine laufen müßte, um als Generator einen Wechselstrom von derselben Periodenzahl ν zu erzeugen. Man bezeichnet daher diesen Motor als Synchronmotor. Da er nur dann ein Drehmoment erzeugt, wenn er synchron läuft, so muß seine Drehzahl bei jeder Belastung konstant bleiben. Wird die Belastung größer als das entwickelte Drehmoment, so bleibt er ziemlich schnell stehen, man sagt dann, er sei aus dem Tritt gekommen. Hätte man den rotierenden Teil in der umgekehrten Richtung bewegt, so würde der Motor in dieser Richtung ebenfalls laufen.

Der einphasige Synchronmotor läuft also von selbst nicht an, sondern muß erst durch eine äußere Kraft auf Synchronismus gebracht werden. Die Drehrichtung ist beliebig.

Hat der Anker eine Dreiphasen-Wicklung, so erzeugt er ein Drehfeld, welches mit der Drehzahl $n = \frac{\nu \cdot 60}{p}$ rotiert. Da aber infolge des rotierenden Feldes die magnetische Induktion an der Stelle eines Ankerleiters ihre Größe und Richtung mit der Periodenzahl ν ändert, so können wir das Drehfeld durch ein feststehendes Wechselfeld und dieses durch einen gleichwertigen Wechselstrom ersetzt denken, der in einer als Einphasenanker gedachten Wicklung fließt. Es muß sich demnach der Dreiphasen-Synchronmotor genau so verhalten, wie der Einphasenmotor, d. h. er läuft von selbst nicht an, sondern muß erst auf Synchronismus gebracht werden. Schaltet man eine Phase der Drehstromleitung ab, so läuft er als Einphasenmotor mit derselben Drehzahl weiter.

Da sich die Wicklung in einem Magnetfelde bewegt, so wird in ihr wie in einem Generator eine EMK E_g induziert, welche mit der elektromotorischen Gegenkraft eines Nebenschlußmotors vergleichbar ist. Würde man den Motor ohne weiteres an das Netz anschließen, dann würde je nach dem Phasen- und Größenunterschied der Klemmenspannung E_k und der EMK E_g unter Umständen eine starke Stromschwankung im Netz auftreten. Man muß daher den Anschluß nach den für das Parallelschalten von Generatoren angegebenen Vorschriften ausführen. Der Motor wird zu dem Zweck durch einen besonderen Antriebsmechanismus auf normale Drehzahl gebracht, das Magnetfeld so weit eingestellt, daß $E_g = E_k$ ist, und der Schalter eingelegt, wenn die Phasenlampe durch Erlöschen anzeigt, daß E_g gegen E_k um 180^0 verschoben ist. Schaltet man den mechanischen Antrieb ab, so läuft der Motor synchron weiter. Wäre er ein idealer Motor, d. h. ein solcher ohne Verluste, so würde er keinen Strom aufnehmen, da er keine Leistung abgibt, sondern leerläuft. Nun treten aber in einem praktisch ausgeführten Motor Verluste durch Reibung und im Eisen auf, welche eine Aufnahme von elektrischer Energie bewirken. Infolgedessen muß der Motor einen Strom aufnehmen, was jedoch nur möglich ist, wenn die Summe der in dem Kreise des Motors vorhandenen EMKe nicht Null ist. Da aber die gemessenen Werte von E_k und E_g gleich groß waren, so kann die Resultante der beiden nur dann von Null verschieden sein, wenn die Phasenverschiebung kleiner als 180^0 wird, d. h. E_g

der Spannung E_k nacheilt. Dieses Ergebnis haben wir aber schon im vorigen Versuch gefunden. Die Phase von E_g ändert sich mit der Stellung der Feldmagnete relativ zur Ankerwicklung, es muß demnach der rotierende Teil gegenüber dem feststehenden mit größerer Belastung eine immer größer werdende Relativverschiebung bei konstanter Drehzahl annehmen.

Dieser Verdrehungswinkel kann nach H. E. Linckh und R. Vieweg[1] mittels eines stroboskopischen Nonius-Verfahrens ermittelt werden.

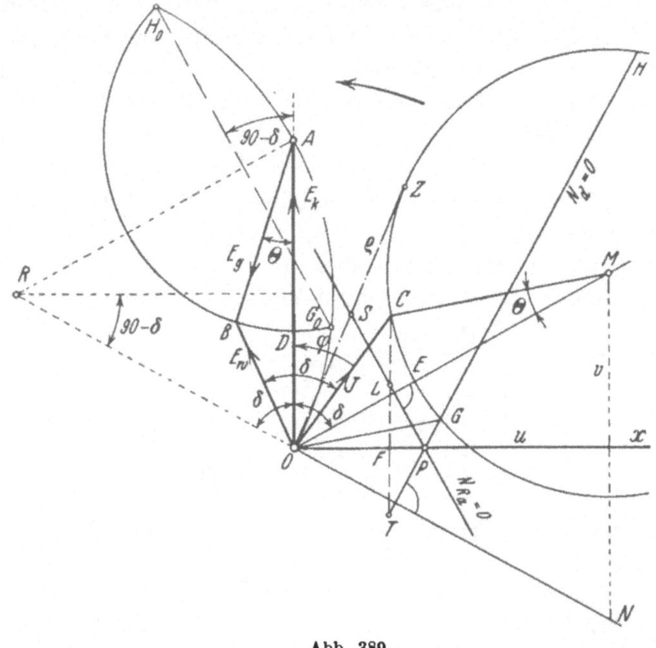

Abb. 389.

Diese physikalischen Vorgänge lassen sich nach A. Blondel bequem zeichnerisch behandeln. Gehen wir dabei (Abb. 389) von der konstanten Klemmenspannung E_k aus, so würde bei absolutem Leerlauf (d. h. ohne Verluste) E_g genau um 180° dagegen verschoben sein. Ist der Wechselstromwiderstand $W = \sqrt{R_a^2 + S^2}$ und $\operatorname{tg} \delta = \frac{S}{R_a}$ gegeben, und wird eine bestimmte Erregung

[1] Arch. Elektrotechn. Bd. 23 (1930) S. 77.

konstant gehalten, so muß E_g bei verschiedener Belastung um den $\sphericalangle\, \Theta$ gegen E_k nacheilen und der Endpunkt B sich auf einem Kreise um A bewegen. Die Resultierende OB ist dann gleich der Spannung $E_w = J \cdot W$, welche bei dem Widerstand W den Strom J erzeugt. Die Strecke OB ist daher ein Maß für den Strom, welcher um den $\sphericalangle\, \delta$ nacheilend einzuzeichnen ist. Da nun δ konstant bleibt und B sich auf einem Kreise bewegt, so liegt auch der Endpunkt C des Stromes $J = OC$ auf einem Kreise, dessen Mittelpunkt M folgendermaßen bestimmt wird:

Für die resultierende Spannung OD wird J ein Minimum gleich OE. Der Mittelpunkt M liegt also auf der Verlängerung von OE, d. h. auf einer um den $\sphericalangle\, \delta$ gegen $E_k = OA$ geneigten Geraden. Nun sind die Dreiecke MCO und ABO einander ähnlich; denn es ist

$$\sphericalangle\, COM = \sphericalangle\, BOA\,,$$

da sie sich mit dem $\sphericalangle\, \varphi$ zu δ ergänzen, $\sphericalangle\, MCO = \sphericalangle\, ABO$, folglich auch $\sphericalangle\, CMO = \sphericalangle\, BAO = \Theta$

Für ähnliche Dreiecke gilt aber die Beziehung, daß die homologen Seiten in einem bestimmten Verhältnis zueinander stehen.

Hierbei war $$\frac{CO}{OB} = \frac{J}{J \cdot W} = \frac{1}{W}\,,$$

folglich ist auch $$\frac{CM}{AB} = \frac{1}{W} \quad \text{und} \quad \frac{OM}{OA} = \frac{1}{W}$$

oder $$\boldsymbol{CM = \frac{E_g}{W}} \quad \text{und} \quad \boldsymbol{OM = \frac{E_k}{W}}.$$

Damit ist auch die Strecke OM bekannt, da E_k und W gegebene Größen sind.

Aus diesem Blondelschen Diagramm kann man jetzt alle für die Arbeitsweise des Synchronmotors in Frage kommenden Größen entnehmen, man bezeichnet es daher auch als

a) Arbeitsdiagramm des Synchronmotors für konstante Klemmenspannung und Erregung bei veränderlicher Belastung.

Darin stellen alle Strahlen OC von O nach dem Kreise um M den aufgenommenen Strom J dar. Der $\sphericalangle\, COA$ zwischen J und E_k ist gleich φ. Die eingeführte Leistung

$$N_e = E_k \cdot J \cdot \cos\varphi = c \cdot J \cdot \cos\varphi = c \cdot J_l$$

ist proportional dem Leistungsstrome, welcher durch die Strecke $CF = OC \cdot \cos\varphi = J_l$ dargestellt wird.

Die dem Drehmoment, welches zwischen Feld und Anker auftritt, entsprechende Leistung in Watt ist in jedem Augenblick durch die Gleichung $N_{d_t} = c \cdot \mathfrak{N}_t \cdot J_t = E_{g_t} \cdot J_t$ gegeben.

Für verschiedene Belastungen eilt E_g gegen J um den $\sphericalangle\,\psi$ nach, so daß für einen Strom $J_t = J_{\max} \cdot \sin\omega t$ die induzierte EMK nach der Gleichung

$$E_{g_t} = E_{g_{\max}} \cdot \sin(\omega t - \psi)$$

verlaufen muß. Durch Einsetzen dieser Werte wird

$$N_{d_t} = E_{g_{\max}} \cdot J_{\max} \cdot \sin\omega t \cdot \sin(\omega t - \psi)$$

und die mittlere Leistung

$$N_d = \frac{1}{T}\int_0^T N_{d_t} \cdot dt = E_{g_{\max}} \cdot J_{\max} \cdot \frac{1}{T} \cdot \int_0^T \sin\omega t \cdot \sin(\omega - \psi) \cdot dt\,,$$

$$N_d = \frac{E_{g_{\max}} \cdot J_{\max}}{2} \cdot \cos\psi = E_g \cdot J \cdot \cos\psi \quad \text{Watt.}$$

E_g war im Diagramm konstant, also wird das in Watt ausgedrückte Drehmoment proportional $J \cdot \cos\psi$.

Da J niemals Null werden kann, so wird $M_d = 0$, wenn $\psi = 90^0$ ist. Dafür muß E_g auf J senkrecht stehen, oder mit $J \cdot W$ den $\sphericalangle\, 90^0 + \delta$ einschließen. Das ist nur möglich, wenn der Endpunkt von E_g auf einem Kreisbogen über der Sehne OA liegt, dessen Peripheriewinkel im entgegengesetzten Kreisabschnitt gleich $90^0 - \delta$, oder dessen Zentriwinkel $2 \cdot (90^0 - \delta)$ ist.

Man errichtet daher in OA das Mittellot und zieht von O aus einen Strahl unter dem $\sphericalangle\,\delta$ gegen OA geneigt, so schneidet er das Lot in R, dann ist $\sphericalangle\, ARO = 2 \cdot (90^0 - \delta)$. Der mit RO um R beschriebene Kreis schneidet den Spannungskreis in G_0 und H_0, für welche Punkte das Drehmoment $M_d = 0$ und damit auch $N_d = 0$ wird. Die dazugehörigen Ströme lassen sich dadurch bestimmen, daß man Strahlen OG und OH zieht, welche um den $\sphericalangle\,\delta$ gegen OG_0 und OH_0 geneigt sind.

Zur zeichnerischen Darstellung des Drehmoments in dieser Abbildung bedienen wir uns folgender Konstruktionen: Es sei in Abb. 390 der geometrische Ort des Stromvektors J ein Kreis, dessen Gleichung allgemein

$$(x - u)^2 + (y - v)^2 = R^2$$

sein soll, dann ist der in einem Widerstande R_a auftretende Stromwärmeverlust

$$J^2 \cdot R_a = (x^2 + y^2) \cdot R_a .$$

Ersetzt man darin $x^2 + y^2$ aus obiger Gleichung durch

$$R^2 - u^2 - v^2 + 2x \cdot u + 2y \cdot v = 2x \cdot u + 2y \cdot v - \varrho^2,$$

worin

$$-\varrho^2 = R^2 - u^2 - v^2$$

gesetzt ist, so ergibt sich

$$J^2 \cdot R_a = 2 \cdot v \cdot R_a \cdot \left(y + \frac{u}{v} \cdot x - \frac{\varrho^2}{2v}\right) = 2 \cdot v \cdot R_a \cdot (y - y_1) .$$

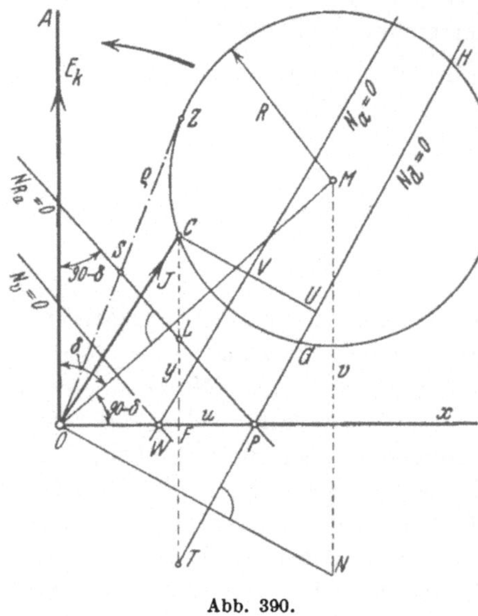

Abb. 390.

Hierin ist

$$-y_1 = \frac{u}{v} \cdot x - \frac{\varrho^2}{2v}$$

oder

$$x \cdot u + y_1 \cdot v - \frac{\varrho^2}{2} = 0$$

die Gleichung einer Geraden mit den Koordinaten x und y_1.

Diese Gerade (die sogenannte Halbpolare) steht senkrecht zur Zentrale OM $\left(y_3 = \frac{v}{u} \cdot x\right)$, da ihr Richtungskoeffizient negativ reziprok ist, halbiert die Tangente

$$\varrho = \sqrt{u^2 + v^2 - R^2}$$

an den Kreis und schneidet die Abszisse in einem Punkt P, dessen Abstand von O gegeben ist durch

$$x_1 = \frac{\varrho^2}{2 \cdot u} .$$

Geometrisch findet man $OP = x_1$ nach der Gleichung $x_1 : \frac{\varrho}{2} = \varrho : u$ mit Hilfe des Sekantensatzes, indem man durch die Endpunkte von ϱ (Punkt Z), u und den Mittelpunkt S von ϱ einen Kreis legt, der die x-Achse in P schneidet.

Diese Linie bezeichnen wir als Stromwärme-Verlustlinie ($N_{Ra} = 0$). Dann gibt die Differenz der Ordinaten $y - y_1 = CL$

multipliziert mit $2 \cdot v \cdot R_a$ den Verlust durch Stromwärme für den zugehörigen Strom $J = OC$ an. Man kann jedoch auch den Abstand des Punktes C von der Verlustlinie $N_{R_a} = 0$ als Maß des Stromwärmeverlustes ansehen. Ist der Winkel zwischen E_k und OM gleich δ, so wird $\sphericalangle MOP = 90^0 - \delta$, folglich schneidet die Verlustlinie den Vektor von E_k ebenfalls unter dem $\sphericalangle 90^0 - \delta$. Da nun die Linie G_0H_0 in Abb. 389 ebenfalls unter dem $\sphericalangle 90^0 - \delta$ gegen E_k geneigt ist, so muß die Verlustlinie zu G_0H_0 parallel laufen.

Die auf den Anker zur Erzeugung des Drehmoments M_d übertragene Leistung
$$N_d = E_g \cdot J \cdot \cos\psi$$
läßt sich ausdrücken durch die eingeführte Leistung N_e und den Stromwärmeverlust N_{R_a} nach der Gleichung
$$N_d = N_e - N_{R_a} = E_k \cdot J \cdot \cos\varphi - J^2 \cdot R_a ,$$
worin $\varphi = \sphericalangle (E_k, J) = \sphericalangle AOC$ ist.

Die Leistungskomponente des Stromes ist nach Abb. 390 $J \cdot \cos\varphi = y$, so daß
$$N_d = E_k \cdot y - 2 \cdot v \cdot y \cdot R_a - 2u \cdot x \cdot R_a + \varrho^2 \cdot R_a$$
$$= (E_k - 2v \cdot R_a) \cdot \left[y - \frac{2u}{\frac{E_k}{R_a} - 2v} \cdot x + \frac{\varrho^2}{\frac{E_k}{R_a} - 2v} \right]$$
wird, oder
$$N_d = (E_k - 2v \cdot R_a) \cdot (y - y_2),$$
worin sich
$$y_2 = \frac{2u}{\frac{E_k}{R_a} - 2v} \cdot x - \frac{\varrho^2}{\frac{E_k}{R_a} - 2v}$$
als die Gleichung einer Geraden mit den Koordinaten x und y_2 darstellt, deren Richtungskoeffizient $\frac{u}{\frac{E_k}{2R_a} - v}$ ist. Sie steht daher senkrecht auf einer Geraden durch O, deren Richtung durch
$$x_2 = u \quad \text{und} \quad y_2 = -\left(\frac{E_k}{2R_a} - v\right) = v - \frac{E_k}{2R_a}$$
gegeben ist, und schneidet die Abszissenachse in einem Punkt
$$x_2 = \frac{\varrho^2}{2u} = x_1 ,$$
d. h. sie geht durch denselben Punkt P wie die Verlustlinie $N_{R_a} = 0$ in Abb. 390. Die Ordinatendifferenz $y - y_2 = CT$ zwischen dem Kreis und dieser Linie (Abb. 389) multipliziert mit

$(E_k - 2\,v \cdot R_a)$ gibt die dem Drehmoment M_d entsprechende Leistung

$$N_d = C\,T \cdot (E_k - 2\,v \cdot R_a)$$

an, man bezeichnet deswegen diese Gerade als **Drehmomentlinie** $(N_d = 0)$. Da für die Schnittpunkte G und H der Wert $N_d = 0$ ist, so sind sie mit den in Abb. 389 auf andere Weise (S. 473) gefundenen identisch. Wir können nun die Drehmomentlinie dadurch erhalten, daß wir $M\,N = \frac{E_k}{2\,R_a}$ nach unten abtragen, N mit O verbinden und darauf eine Senkrechte errichten, welche durch P geht.

Der konstante Faktor $E_k - 2\,v \cdot R_a$, mit dem die in Ampere gemessenen Ordinatendifferenzen $C\,T$ multipliziert werden, um die Leistung zu erhalten, kann auch in den Ausdruck $E_k \cdot (1 - 2 \cdot \cos^2 \delta)$ umgeformt werden, da

$$v = O\,M \cdot \sin\left(\frac{\pi}{2} - \delta\right) = \frac{E_k}{W} \cdot \cos\delta \quad \text{und} \quad R_a = W \cdot \cos\delta$$

ist. Man kann jedoch auch das von C auf die Drehmomentlinie gefällte Lot $C\,U$ (Abb. 390) als Maß für das Drehmoment ansehen, denn der $\sphericalangle\, U\,C\,T$ bleibt für alle Punkte C konstant und ist gleich dem Winkel zwischen $M_d = 0$ und der x-Achse von der Größe $180^0 - 2\,\delta$, da sich beide mit $\sphericalangle\, C\,T\,U$ zu 90^0 ergänzen.

Aus dem $\triangle\, U\,C\,T$ folgt:

$$U\,C = C\,T \cdot \cos(\pi - 2\,\delta) = \frac{N_d}{E_k - 2\,v \cdot R_a} \cdot \cos(\pi - 2\,\delta)$$

woraus $N_d = U\,C \cdot \frac{E_k - 2\,v \cdot R_a}{\cos(\pi - 2\,\delta)} = U\,C \cdot \frac{E_k \cdot (1 - 2\cos^2\delta)}{-\cos 2\,\delta}$

oder

$$\boldsymbol{N_d = U\,C \cdot E_k} \text{ Watt}$$

folgt, da $1 - 2\cos^2\delta = -\cos 2\,\delta$ ist.

Von der für die Erzeugung des Drehmoments erforderlichen Leistung geht ein Teil $N_m + N_{hw}$ durch Reibung, Hysteresis und Wirbelströme im Eisen und Kupfer verloren, so daß die an der Riemenscheibe des Motors abgegebene Leistung

$$N_a = N_d - (N_m + N_{hw})$$

wird. Um N_a zu erhalten, müssen wir in Abb. 390 die Strecke

$C\,T$ um ein Stück $\frac{N_m + N_{hw}}{E_k \cdot (1 - 2\cos^2\delta)}$

oder $C\,U$ um eine Strecke $U\,V = \frac{N_m + N_{hw}}{E_k}$

verkürzen. Da der Eisenverlust bei konstanter EMK E_g von dem Feldstrom $J_s = J \cdot \sin\varphi$ allein abhängig ist, so wird er mit stärkerer Belastung etwas sinken, weil mit steigendem Strom die Sättigung des Eisens abnimmt. Die Stücke UV bleiben daher nicht konstant, so daß die Leistungslinie $N_a = 0$ gegen $N_d = 0$ eine ganz geringe Neigung besitzt. Sie trifft die Abszisse im Punkt W. Um nun die Verlustlinie $N_v = 0$ zu erhalten, zieht man durch W eine Linie, welche gegen $N_{R_a} = 0$ entsprechend den allmählich kleiner werdenden Eisenverlusten nach oben hin ganz schwach geneigt ist.

Schließlich soll noch das elektrische Güteverhältnis und der Wirkungsgrad bestimmt werden.

Das elektrische Güteverhältnis wird definiert durch die Gleichung

$$\eta_e = \frac{N_d}{N_e} = \frac{N_e - N_{R_a}}{N_e}.$$

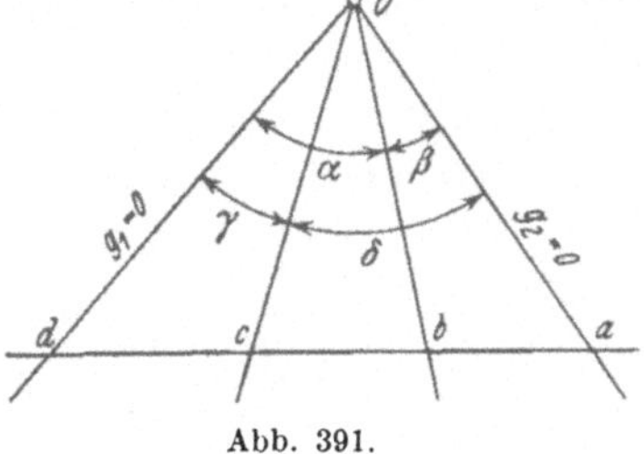

Abb. 391.

Um diesen Ausdruck zeichnerisch darstellen zu können, benutzen wir einen Hilfssatz, welcher das Doppelverhältnis einer von einem Strahlenbündel geschnittenen Geraden behandelt.

In Abb. 391 seien die beiden Geraden Od und Oa durch die Gleichungen $g_1 = 0$ und $g_2 = 0$ gegeben. Dann wird eine andere Gerade Ob, welche durch den Schnittpunkt O geht, durch die Gleichung $g_1 - p \cdot g_2 = 0$ dargestellt. Die Richtung ist vom Parameter p abhängig. Wird $p = 1$, so erhält man eine Linie Oc, welche als Einheitslinie bezeichnet wird, während g_1 und g_2 Grundlinien heißen. Der Parameter p stellt das Verhältnis der Abstände der Geraden g_1 und g_2 von einem Punkte der Linie Ob dar. Es ist demnach allgemein $\frac{\sin\alpha}{\sin\beta} = c \cdot p$

und für die Einheitslinie, wo $p = 1$ ist, gilt $\frac{\sin\gamma}{\sin\delta} = c$,

woraus man durch Kombination beider Gleichungen

$$\frac{\sin\alpha}{\sin\beta} : \frac{\sin\gamma}{\sin\delta} = p$$

erhält. Werden diese 4 Strahlen von einer Geraden in a, b, c, d

geschnitten, so verhält sich

$$\frac{bd}{cd} = \frac{\triangle bod}{\triangle cod} = \frac{od \cdot ob \cdot \sin\alpha}{od \cdot oc \cdot \sin\gamma}$$

und

$$\frac{ab}{ac} = \frac{\triangle aob}{\triangle aoc} = \frac{ao \cdot ob \cdot \sin\beta}{ao \cdot oc \cdot \sin\delta}.$$

Durch Division folgt daraus

$$\frac{bd}{cd} : \frac{ab}{ac} = \frac{\sin\alpha}{\sin\beta} : \frac{\sin\gamma}{\sin\delta} = p.$$

Wandert der Punkt a immer weiter bis ins Unendliche, so wird

$$\frac{ab}{ac} = 1 \quad \text{und} \quad \frac{bd}{cd} = p.$$

Besitzt cd die Länge 1, so wird die zu dem Strahl ob gehörige Größe p durch bd dargestellt, wobei dann die Linie cd parallel zu oa ist.

Ersetzen wir nun in der Gleichung für η_e die Leistungen durch ihre Gleichungen, so ergibt sich

$$\eta_e = \frac{(E_k - 2 \cdot v \cdot R_a) \cdot (y - y_2)}{E_k \cdot y}$$

$$= \frac{E_k - 2v \cdot R_a}{E_k \cdot y} \cdot \left[y - \frac{2u}{\frac{E_k}{R_a} - 2v} \cdot x + \frac{\varrho^2}{\frac{E_k}{R_a} - 2v} \right].$$

Durch Multiplikation mit $y \cdot \frac{1}{1 - \frac{2v \cdot R_a}{E_k}}$ erhält man

$$y - \frac{2u \cdot x}{\frac{E_k}{R_a} - 2v} + \frac{\varrho^2}{\frac{E_k}{R_a} - 2v} - \eta_e \cdot \frac{y}{1 - \frac{2v \cdot R_a}{E_k}} = 0.$$

Setzt man darin

$$0 = y - \frac{2u \cdot x}{\frac{E_k}{R_a} - 2v} + \frac{\varrho^2}{\frac{E_k}{R_a} - 2v} = g_1$$

und

$$0 = \frac{y}{1 - \frac{2v \cdot R_a}{E_k}} = g_2,$$

so wird die Gleichung die Form $g_1 - \eta_e \cdot g_2 = 0$ annehmen, woraus nach den früheren Ableitungen die dem Parameter p entsprechende Größe

$$\eta_e = \frac{\text{Abschnitt zwischen } g_1 = 0 \text{ und einem Strahl durch } O}{\text{Abschnitt zwischen } g_1 = 0 \text{ und der Einheitslinie } g_1 - g_2 = 0}$$

zeichnerisch gefunden werden kann.

Es ist nämlich die Gleichung $g_1 = 0$ die Drehmomentlinie ($N_d = 0$), während $g_2 = 0$ als zweite Grundlinie der Konstruktion die Abszissenachse darstellt. Für $\eta_e = 1$ wird

$$g_1 - g_2 = 0 = y \cdot v + u \cdot x - \frac{\varrho^2}{2}$$

die Einheitslinie, welche in diesem Fall gleich der Verlustlinie ($N_{R_a} = 0$) ist.

Zieht man daher zur Abszissenachse eine Parallele (Abb. 392), welche von der Drehmoment- und Verlustlinie in d und c geschnitten wird, und macht man dc gleich der Einheit, so schneidet

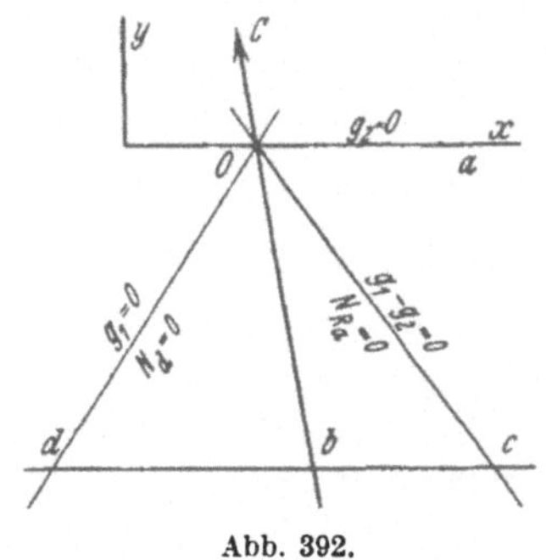

Abb. 392.

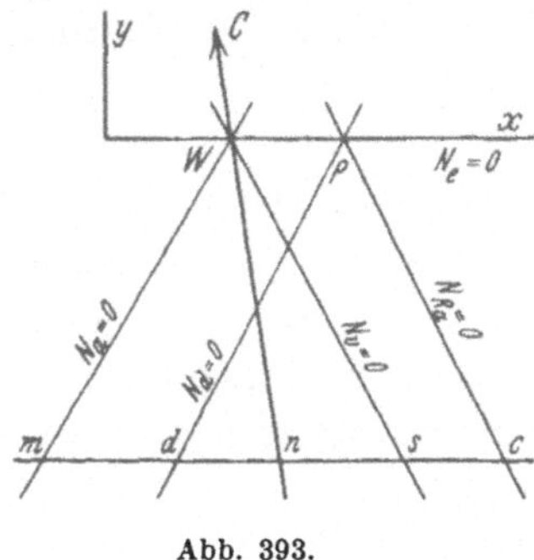

Abb. 393.

ein von C aus durch O gelegter Strahl Ob die Strecke $db = \eta_e$ ab. Der Schnittpunkt O entspricht in unserem Arbeitsdiagramm (Abb. 389) dem Punkte P.

Ähnlich ist der Wirkungsgrad

$$\eta = \frac{N_a}{N_e} = \frac{N_e - N_v}{N_e}$$

zu bilden. Er wird daher in Abb. 393 dargestellt durch den Abschnitt mn einer Parallelen ms zur Abszisse von der Länge 1 zwischen der Leistungslinie $N_a = 0$ und der Linie $N_v = 0$ des gesamten Verlustes, welchen ein von C aus durch den Scheitel W gelegter Strahl Wn abschneidet. Da hierbei der Erregerverlust N_{R_e} nicht berücksichtigt ist, so wird der Wirkungsgrad

$$\eta = mn \cdot \frac{N_e}{N_e + N_{R_e}}\,.$$

Auf diese Weise kann man die wichtigsten Betriebseigenschaften des Motors aus dem Diagramm entnehmen und der

Übersichtlichkeit wegen in einem rechtwinkligen Koordinatensystem als Funktion des aufgenommenen Stromes J darstellen.

Zur Bestimmung des Diagramms nimmt man folgende Größen bei konstanter Periodenzahl ν auf:

1. Die Klemmenspannung E_k und Leerlaufscharakteristik $f(E_g, J_e)$ zur Bestimmung von E_g für die im Betrieb erforderliche Erregung $J_e = \text{konst}$.

2. Den Wechselstromwiderstand $W = \frac{E_w}{J}$, indem man bei stillstehendem Motor für verschiedene Ströme J die Spannung E_w und die Leistung N_{R_a} bestimmt.

3. Den Leistungswiderstand

$$R_a = \frac{N_{R_a}}{J^2}.$$

4. Den Leistungsverlust

$$N_m + N_{hw} = N_0 - J_0^2 \cdot R_a.$$

5. Den Strom J_0 und die Phasenverschiebung φ_0 (zur Prüfung der Konstruktion) durch Leerlaufs- und Kurzschlußversuche oder mit einem geeichten Hilfsmotor (s. Hilfsmotormethode S. 383).

Zum Anlassen der Synchronmotoren können verschiedene Methoden entsprechend den vorhandenen Hilfsmitteln angewendet werden.

Ist der Motor ein Teil eines Gleichstrom-Umformeraggregats oder mit einer Gleichstrommaschine gekuppelt, so benutzt man den Gleichstromgenerator als Motor, wenn eine Akkumulatorenbatterie oder eine Gleichstromquelle zur Verfügung stehen.

Treibt der Synchronmotor dagegen allein eine Transmission, so kuppelt man ihn mit einem kleinen Asynchronmotor, dessen Leistung ca. 10 ÷ 15% der normalen beträgt. Da dieser aber wegen der Schlüpfung niemals die synchrone Drehzahl erreichen kann, so erhält er zwei Pole weniger als der Synchronmotor. Die richtige Drehzahl wird durch Veränderung des Anlaßwiderstandes eingestellt.

Auch als Asynchronmotor kann ein Dreiphasen-Synchronmotor angelassen werden. Man schließt die Erregerwicklung kurz, um gefährliche Spannungen zu vermeiden, und gibt dem Motor am besten durch einen Spartransformator eine kleine Spannung, so daß der Ankerstrom den zulässigen Wert nicht übersteigt. In der Nähe des Synchronismus angelangt, öffnet man den Kurzschluß der Erregung und erregt mit Gleichstrom, wodurch der Motor in Synchronismus hineinläuft.

b) Verhalten des Synchronmotors bei konstanter Klemmenspannung E_k, Drehmoment M_d = konst. und veränderlicher Erregung.

Bisher war für die Untersuchung des Synchronmotors angenommen, daß die elektromotorische Gegenkraft E_g und damit der Erregerstrom konstant blieb. Es soll nun festgestellt werden, wie J beeinflußt wird, wenn man den Erregerstrom J_e und damit E_g bei konstanter Spannung E_k und konstantem Drehmoment M_d verändert. Dazu verwenden wir das von A. Blondel angegebene bipolare Diagramm.

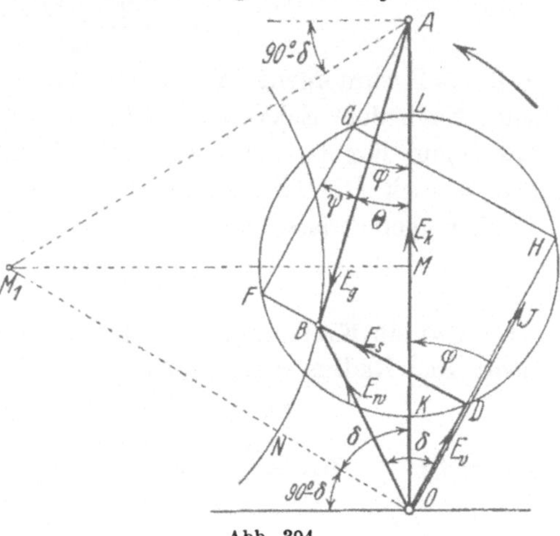

Abb. 394.

Gehen wir dabei wieder (Abb. 394) von einer Vertikalen $OA = E_k$ aus, ziehen unter einem beliebigen $\sphericalangle \Theta$ die Linie $AB = E_g$, dann ist die Resultierende $OB = E_w = J \cdot W$. Ist in

$$W = \sqrt{R_a^2 + S^2}$$

der Leistungswiderstand R_a gegeben, so ist die Richtung von J ebenfalls bestimmt, und zwar ist J um einen $\sphericalangle \delta = \arccos \frac{R_a}{W}$ gegen OB oder einen $\sphericalangle \varphi$ gegen E_k nacheilend. Außerdem ist damit $OD = E_v = J \cdot R_a$ und $DB = E_s = J \cdot S$ bestimmt. Da $\psi = \varphi - \Theta$ (Motor) und die Drehmoment-Leistung (gemessen in Watt)

$$N_d = E_g \cdot J \cdot \cos \psi = J \cdot (E_g \cdot \cos \psi)$$

war, so kann man diese durch ein Rechteck darstellen, dessen Seiten zu J und $E_g \cdot \cos \psi$ in einfacher Beziehung stehen. Zieht man zu dem Zweck von A eine Parallele zur Richtung von J, so schneidet sie die Verlängerung von DB in F, so daß

$$AF = E_g \cdot \cos\psi$$

ist. Die Größe J ist der Linie OD proportional, und zwar

$$J = \frac{OD}{R_a}, \quad \text{folglich wird} \quad N_d = \frac{OD \cdot AF}{R_a}.$$

Trägt man auf AF die Strecke $AG = OD$ ab und zieht durch G eine Parallele GH zu FD, so wird $OH = AF$ und damit

$$N_d = \frac{OD \cdot OH}{R_a}.$$

Soll das Drehmoment konstant bleiben, so muß $OD \cdot OH = \text{konst}$ sein. Nach dem Sekantensatz liegen dann die Punkte D und H auf einem Kreise, der auch durch G und F gehen muß, damit das Viereck $DHGF$ für jede Lage von OD rechtwinklig bleibt.

Der geometrische Ort für die Endpunkte aller Ströme

$$J = \frac{OD}{R_a}$$

wird also ein Kreis, dessen Mittelpunkt M auf der Mitte von OA liegt. Der Radius r ergibt sich aus folgender Betrachtung:

$$OK \cdot OL = OD \cdot OH = N_d \cdot R_a.$$

Darin ist $\quad OK = \frac{E_k}{2} - r \quad$ und $\quad OL = \frac{E_k}{2} + r,$

woraus folgt $\quad \left(\frac{E_k}{2} - r\right) \cdot \left(\frac{E_k}{2} + r\right) = N_d \cdot R_a$

und $\quad \frac{E_k^2}{4} - r^2 = N_d \cdot R_a \quad$ oder $\quad r = \sqrt{\frac{E_k^2}{4} - N_d \cdot R_a}.$

Da sich der Punkt D auf einem Kreise bewegt, so ist bei dem

$$\sphericalangle DOB = \delta = \text{konst.}$$

der geometrische Ort für den Endpunkt B des Spannungsabfalls OB auch ein Kreis. Sein Mittelpunkt M_1 muß, wie im Arbeitsdiagramm für den Mittelpunkt M des Stromkreises schon erklärt worden ist, aus Symmetriegründen auf den von O und A aus um den $\sphericalangle \delta$ gegen OA geneigten Strahlen OM_1 und AM_1 liegen. Da M_1 senkrecht über M liegt, so ist die Entfernung

$$OM_1 = \frac{OM}{\cos\delta} = \frac{E_k}{2 \cdot \cos\delta}.$$

Aus diesem Diagramm erkennt man, daß der Strom J für verschiedene Erregungen seine Größe und Richtung ändert und für eine bestimmte mittlere Erregung ein Minimum und außerdem in Phase mit der Klemmenspannung E_k ist. Für Untererregung wirkt also der Synchronmotor wie eine Selbstinduktion, wobei φ nacheilend ist, für Übererregung dagegen wie eine Kapazität, die eine Voreilung des Stromes J gegen die Spannung E_k hervorruft. Man kann daher den übererregten Synchronmotor zum Ausgleich der in einer mit vielen kleinen Asynchronmotoren belasteten Fernleitung auftretenden Phasennacheilung mit Vorteil verwenden.

Stellt man die diesem Diagramm entnommenen Werte von J als Funktion der EMK E_g (Abb. 395) zeichnerisch dar, so erhält man als

$$f(J, E_g),\ M_d = \text{konst.}$$

V-ähnliche Kurven. Die Gleichung dieser V-Kurven kann nach Simons[1] mittels des Signierungsprinzips von Reuschle dargestellt werden.

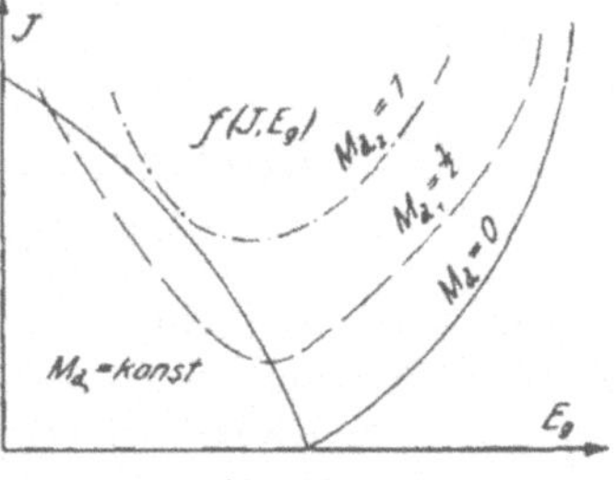

Abb. 395.

In derselben Weise bestimmt man für einen oder mehrere andere Werte des Drehmoments die Kurven. Für $M_d = 0$ werden die beiden Zweige Stücke von zwei aufeinander mit ihren Achsen senkrecht stehenden Ellipsen, wenn der induktive Widerstand S bei verschiedenen Belastungen konstant bleibt und die Spannungs- und Stromkurven sinusförmig verlaufen. Beides trifft in Wirklichkeit nicht zu. Infolgedessen erhält man beim Minimalstrom nicht $\cos\varphi = 1$, sondern einen Höchstwert des Leistungsfaktors, der kleiner als 1 ist, wegen des Einflusses der höheren Harmonischen.

Ist die Leerlaufscharakteristik $f(E_g, J_e)$ des Motors bekannt, so kann man zu den Werten E_g die entsprechenden von J_e entnehmen und die Kurven als $f(J, J_e)$ darstellen. Anfangs stimmen sie mit den in Abb. 395 angegebenen überein, mit zunehmender Sättigung weichen sie jedoch etwas davon ab.

Zur Bestimmung des für die Ermittlung der V-Kurven erforderlichen Diagramms sind folgende Aufnahmen notwendig:

1. Die Klemmenspannung E_k.

[1] ETZ 1912 S. 562.

2. Die dem Motor bei einem bestimmten Drehmoment M_d zugeführte Leistung N_e und der Strom J, woraus

$$\cos\varphi = \frac{N_e}{E_k \cdot J} \quad \text{bestimmt werden kann.}$$

3. Der Wechselstromwiderstand $W = \sqrt{R_a^2 + S^2}$ und der Leistungswiderstand R_a.

4. Die Leerlaufscharakteristik $f(E_g, J_e)$, $\nu =$ konst.

Man kann auch die V-Kurven direkt durch Messung bestimmen, indem man den Motor zur bequemen Regulierung und Konstanthaltung des Drehmoments am besten mit einem direkt gekuppelten Gleichstromgenerator belastet und für verschiedene Erregungen J_e die Ankerströme J des Motors abliest. Allerdings ist damit ein großer Energieverbrauch verbunden.

11. Untersuchung eines asynchronen Mehrphasenmotors.

Das Verhalten eines asynchronen Mehrphasenmotors läßt sich aus der Wirkungsweise des allgemeinen Transformators ableiten. Nach den Arbeiten von Heyland[1], Ossanna[2], Moser[3], Hemmeter[4], Sumec[5] haben sich die Diagramme von Heyland und Ossanna als zweckmäßig erwiesen.

a) Das Diagramm von Heyland.

Es galten für den Transformator folgende Gleichungen:

$$\text{I.} \quad E_{k_{1_t}} = J_{1_t} \cdot R_1 + w_1 \cdot \frac{d\mathfrak{N}}{dt} + w_1 \cdot \frac{d\mathfrak{N}_{s_1}}{dt}.$$

$$\text{II.} \quad -w_2 \cdot \frac{d\mathfrak{N}}{dt} = J_{2_t} \cdot R_2 + E_{k_{2_t}} + w_2 \cdot \frac{d\mathfrak{N}_{s_2}}{dt}.$$

Bezogen auf den Drehstrommotor bedeuten darin $\mathfrak{N}$ das beiden Wicklungen gemeinsame Drehfeld für eine Phase, $\mathfrak{N}_{s_1}$ und $\mathfrak{N}_{s_2}$

[1] ETZ 1894 S. 561; 1895 S. 649; 1896 S. 138, 632; Electrician, April 1896; Exp. Untersuch. a. Induktionsmotoren, Samml. el. Vortr. II, 2; ETZ 1928 S. 1509.

[2] Z. Elektrotechn. 1899 S. 223; ETZ 1900 S. 712.

[3] Bull. schweiz. elektrotechn. Ver. Bd. 14 (1923) Nr. 11; Elektrotechn. u. Maschinenb. 1924 S. 280.

[4] Arch. Elektrotechn. Bd. 18 (1927) S. 29, 257, 449, 652; ETZ 1927 S. 1115, 1774.

[5] ETZ 1927 S. 836.

die vom primären und sekundären Teil erzeugten pulsierenden Streufelder.

Machen wir vorläufig die Vereinfachung, daß der Spannungsverlust $E_{v_1} = J_1 \cdot R_1$ nicht berücksichtigt werden soll, dann wird im Diagramm E_{s_1} und E_{v_1} zusammenfallen und das Primärdiagramm erhält folgende Form (Abb. 396), entsprechend der Gleichung

$$E_{k_{1_t}} \approx w_1 \cdot \frac{d\mathfrak{N}}{dt} + w_1 \cdot \frac{d\mathfrak{N}_{s_1}}{dt} \approx E_{1_t} + E_{s_{1_t}}.$$

Für einen Läufer (Rotor) mit einem Kurzschlußanker ist die

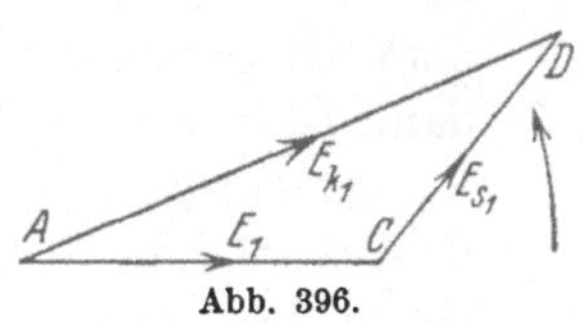

Abb. 396.

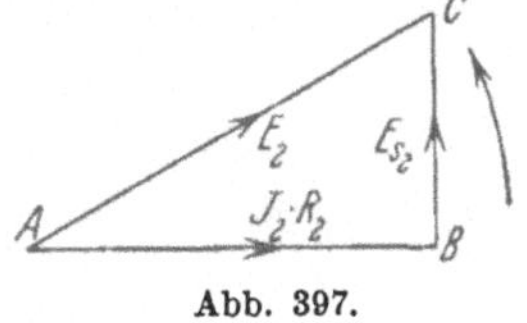

Abb. 397.

Klemmenspannung $E_{k_2} = 0$. Da ferner keine Selbstinduktion vorhanden ist, so ergibt sich für die sekundäre Seite nach der Gleichung

$$-w_2 \cdot \frac{d\mathfrak{N}}{dt} = J_{2_t} \cdot R_2 + w_2 \cdot \frac{d\mathfrak{N}_{s_2}}{dt}$$

oder $$E_{2_t} = J_{2_t} \cdot R_2 + E_{s_{2_t}}$$

als Diagramm die Abb. 397.

Infolge der Verschiedenheit der Windungszahlen sind die Maßstäbe beider Diagramme jedoch verschieden. Wir können sie aber miteinander vereinigen, wenn wir die Spannungen durch ihre gleichwertigen Felder ersetzen. Da nun ein Feld, welches die Ursache einer Spannung ist, derselben um 90° voreilt, so würden alle Größen um 90° gedreht erscheinen, d. h. die Form der Diagramme würde unverändert bleiben. Man kann daher die EMKe direkt als die Felder ansehen und erhält, da das den EMKen E_1 und E_2 entsprechende Feld $\mathfrak{N}$ beiden Seiten gemeinsam ist, als Felddiagramm des Motors Abb. 398.

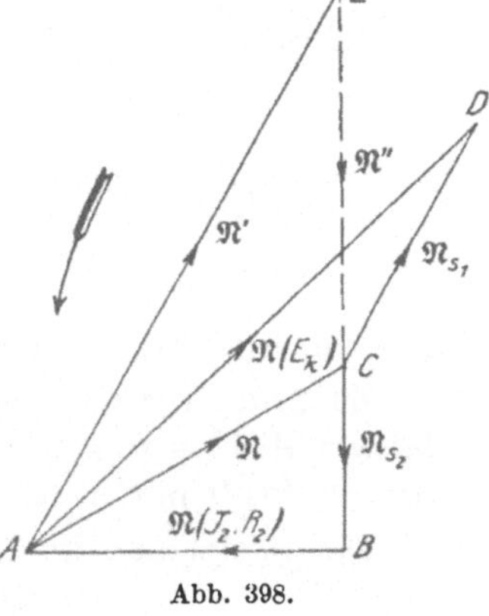

Abb. 398.

Zu der Erzeugung des Feldes $\mathfrak{N}$ liefert, wie wir früher gesehen haben, der primäre Teil einen Beitrag $\mathfrak{N}'$ und der sekundäre einen solchen von der Größe $\mathfrak{N}''$. Diese beiden Komponenten von $\mathfrak{N}$ lassen sich nun bestimmen, da $\mathfrak{N}'$ mit $\mathfrak{N}_{s_1}$ und $\mathfrak{N}''$ mit $\mathfrak{N}_{s_2}$ dieselbe Richtung haben müssen. Verlängert man daher CB und zieht durch A eine Parallele zu $\mathfrak{N}_{s_1} = CD$ bis zum Schnittpunkt E, so ist $AE = \mathfrak{N}'$ und $EC = \mathfrak{N}''$. Um das gesamte Primärfeld

$$\mathfrak{N}_1 = \mathfrak{N}' + \mathfrak{N}_{s_1}$$

zu erhalten, zieht man (Abb. 399) durch D eine Parallele zu CE bis zum Schnitt F mit der Verlängerung von AE, dann ist

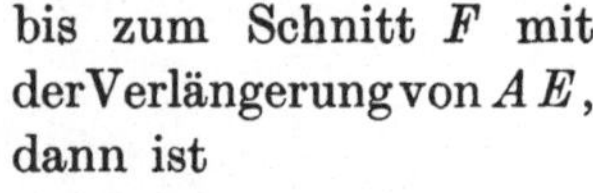

$$AF = \mathfrak{N}_1 = c \cdot J_1,$$

d. h. diese Linie stellt in einem bestimmten Maß den Primärstrom J_1 nach Größe und Richtung dar. Bleibt $\mathfrak{N}(E_k)$ und damit auch die Klemmenspannung E_k konstant, so ändert sich mit der Belastung der Sekundärstrom J_2 und das sekundäre Teilfeld $\mathfrak{N}''$. Es wird sich dadurch auch der Punkt F verschieben. Es soll nun der geometrische Ort des Punktes F für verschiedene Belastung bei konstanter Klemmenspannung des Motors ermittelt werden.

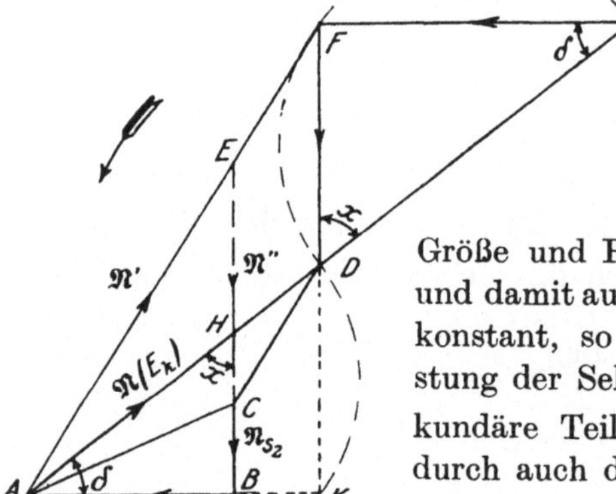

Abb. 399.

Zu dem Zweck errichtet man in F ein Lot auf FD und verlängert AD bis zum Schnittpunkt G mit diesem. Bezeichnet man den $\sphericalangle FGD$ mit δ, so ist er gleich dem $\sphericalangle DAB$.

Dann folgt aus dem Diagramm

$$1. \quad \sin\delta = \sin DGF = \frac{FD}{DG} = \frac{\mathfrak{N}''}{DG}$$

und

$$2a. \quad \sin\delta = \sin HAB = \frac{BH}{HA}.$$

Setzt man darin

$$BH = EB - EH, \quad HA = AD \cdot \frac{AE}{AF} \quad \text{und} \quad EH = FD \cdot \frac{AE}{AF},$$

da $\triangle FDA \sim \triangle EHA$ ist, so ergibt sich

$$\sin\delta = \frac{EB - FD \cdot \frac{AE}{AF}}{AD \cdot \frac{AE}{AF}} = \frac{\mathfrak{N}_2 - \mathfrak{N}'' \cdot \frac{\mathfrak{N}'}{\mathfrak{N}_1}}{\mathfrak{N}(E_k) \cdot \frac{\mathfrak{N}'}{\mathfrak{N}_1}}.$$

Durch die Erweiterung der Gleichung mit $\frac{\mathfrak{N}''}{\mathfrak{N}_2}$ erhält man:

$$\sin\delta = \frac{\mathfrak{N}'' \cdot \left(1 - \frac{\mathfrak{N}'}{\mathfrak{N}_1} \cdot \frac{\mathfrak{N}''}{\mathfrak{N}_2}\right)}{\mathfrak{N}(E_k) \cdot \frac{\mathfrak{N}'}{\mathfrak{N}_1} \cdot \frac{\mathfrak{N}''}{\mathfrak{N}_2}}.$$

Das Verhältnis $\frac{\mathfrak{N}'}{\mathfrak{N}_1} = v_1$ und $\frac{\mathfrak{N}''}{\mathfrak{N}_2} = v_2$

gibt an, welcher Anteil an den Feldern $\mathfrak{N}_1$ und $\mathfrak{N}_2$ nutzbar gemacht und wieviel durch Streuung verlorengegangen ist. v_1 und v_2 sind etwa 0,94 . . . 0,96 und werden nach A. Blondel[1] als Streufaktoren bezeichnet. Durch Einsetzen in obige Gleichung folgt:

$$2. \quad \sin\delta = \frac{\mathfrak{N}'' \cdot (1 - v_1 \cdot v_2)}{\mathfrak{N}(E_k) \cdot v_1 \cdot v_2}.$$

Aus Gleichung 1 und 2 erhält man

$$DG = \mathfrak{N}(E_k) \cdot \frac{v_1 \cdot v_2}{1 - v_1 \cdot v_2}.$$

Da der magnetische Widerstand des Kraftlinienweges innerhalb der Belastungsgrenzen hauptsächlich von dem des Luftweges abhängig ist, so wird die Permeabilität sich mit der Belastung nur wenig ändern. Man kann daher v_1 und v_2 als nahezu konstant ansehen, so daß damit bei konstanter Klemmenspannung E_k auch $DG =$ konst. wird, d. h. der geometrische Ort des Punktes F ist ein Kreis, der sogenannte Heylandsche, über DG als Durchmesser, da $\sphericalangle DFG = 90^0$ ist.

Setzt man nach Blondel den Streuungskoeffizienten

$$\tau = \frac{1 - v_1 \cdot v_2}{v_1 \cdot v_2} = \frac{1}{v_1 \cdot v_2} - 1, \quad \text{so wird} \quad DG = \frac{\mathfrak{N}(E_k)}{\tau} = \frac{AD}{\tau},$$

oder

$$\tau = \frac{AD}{DG}.$$

worin z. B. für $v_1 = v_2 = 0{,}96$ der Faktor $\tau = 0{,}085$ eine kleine Zahl ist.

[1] Ecl. électr. 1895 S. 597; ETZ 1895 S. 625.

Heyland bezeichnet als Streufaktor das Verhältnis des Streufeldes $\mathfrak{N}_s$ zum Nutzfeld $\mathfrak{N}'$ bzw. $\mathfrak{N}''$, und zwar

$$\tau_1 = \frac{\mathfrak{N}_{s_1}}{\mathfrak{N}'} \quad \text{und} \quad \tau_2 = \frac{\mathfrak{N}_{s_2}}{\mathfrak{N}''}.$$

Setzt man $\mathfrak{N}_{s_1} = \mathfrak{N}_1 - \mathfrak{N}'$ und $\mathfrak{N}_{s_2} = \mathfrak{N}_2 - \mathfrak{N}''$, so folgt daraus

$$\tau_1 = \frac{\mathfrak{N}_1}{\mathfrak{N}'} - 1 = \frac{1}{v_1} - 1 \quad \text{und} \quad \tau_2 = \frac{\mathfrak{N}_2}{\mathfrak{N}''} - 1 = \frac{1}{v_2} - 1$$

oder
$$v_1 = \frac{1}{1+\tau_1} \quad \text{und} \quad v_2 = \frac{1}{1+\tau_2}.$$

Durch die Heylandschen Streufaktoren ausgedrückt, kann man daher

$$1 + \tau = (1 + \tau_1) \cdot (1 + \tau_2) \quad \text{und} \quad \tau = \tau_1 + \tau_2 + \tau_1 \cdot \tau_2$$

schreiben. Hopkinson bezeichnet als Streufaktor

$$\nu_1 = 1 + \tau_1 = \frac{1}{v_1} \quad \text{und} \quad \nu_2 = 1 + \tau_2 = \frac{1}{v_2}, \quad \text{so daß} \quad \tau = \nu_1 \cdot \nu_2 - 1 \quad \text{ist.}$$

Die Berechnung von τ ist von Hobart[1] angegeben.

Verlängert man FD und AB bis zum Schnittpunkt K, so stellt das Dreieck ADK das sekundäre Diagramm dar, wobei der geometrische Ort für den Punkt K ebenfalls ein Kreis ist, da $\sphericalangle DKA$ immer 90^0 ist.

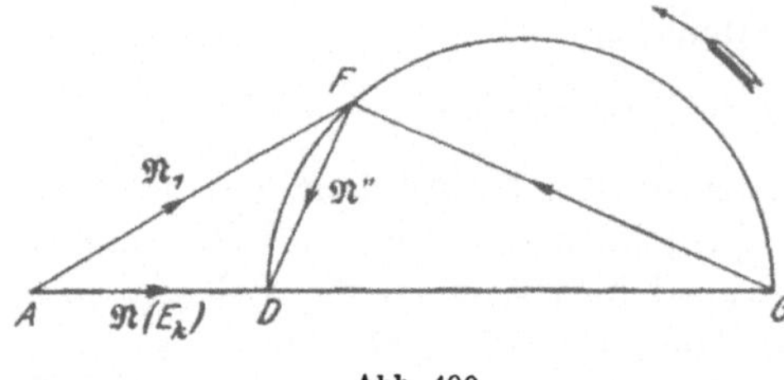

Abb. 400.

Für unsere weiteren Betrachtungen beschränken wir uns vorläufig auf das Dreieck AGF, da es alle primären Größen enthält, durch welche die Betriebseigenschaften des Drehstrommotors ermittelt werden können.

Legen wir die Seite AG horizontal (Abb. 400) und schlagen über DG einen Halbkreis, so ist

$$AF = \mathfrak{N}_1 = c_1 \cdot J_1$$

und
$$FD = \mathfrak{N}'' = v_2 \cdot \mathfrak{N}_2 = v_2 \cdot c_2 \cdot J_2.$$

Wird $FD = 0$, so fällt AF mit AD zusammen und das von der Spannung E_k erzeugte Feld AD wird dann von einem pri-

[1] ETZ 1903 S. 933; 1904 S. 340.

mären Strom J_0 erzeugt, welcher auftritt, wenn FD oder J_2 gleich Null ist. Die Strecke AD ist daher dem Leerlaufstrom J_0 proportional oder $AD = c_1 \cdot J_0$. Abgesehen vom Maßstab kann man daher für die Felder die Ströme einsetzen, woraus sich Abb. 401 ergibt. Die Richtung der Klemmenspannung E_k wird darin durch die Senkrechte in A angegeben, da E_k als Ursache des Feldes $\mathfrak{N}(E_k)$ demselben um 90^0 voreilt.

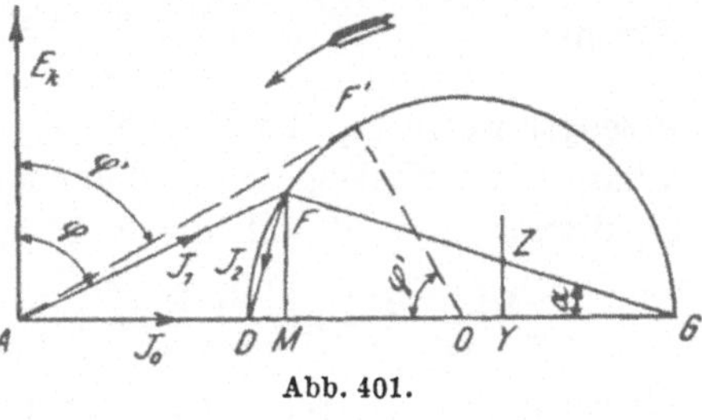

Abb. 401.

Dadurch ist man schon imstande, den Phasenverschiebungswinkel φ zwischen E_k und J_1 zu bestimmen. Der Leistungsfaktor $\cos\varphi$ wird nun ein Maximum für einen $\sphericalangle\, \varphi'$, wenn AF' Tangente an den Kreis wird. Zieht man den Radius $F'O$, so ist

$$\sphericalangle\, F'OA = \varphi' \quad \text{und} \quad (\cos\varphi)_{\max} = \cos\varphi' = \frac{F'O}{AO}.$$

Nun ist
$$F'O = \frac{DG}{2} = \frac{\mathfrak{N}(E_k)}{2\tau} = \frac{J_0}{2\tau}$$

und
$$AO = AD + DO = \mathfrak{N}(E_k) + \frac{\mathfrak{N}(E_k)}{2\tau}$$

und daraus
$$\cos\varphi' = \frac{\frac{\mathfrak{N}(E_k)}{2\tau}}{\mathfrak{N}(E_k) + \frac{\mathfrak{N}(E_k)}{2\tau}} = \frac{1}{1+2\tau} = (\cos\varphi)_{\max}.$$

Die Größe des Leistungsfaktors ist, wie man sieht, nur von den Streufaktoren v_1 und v_2 und diese von dem Material, der Form des magnetischen Kreises und von den Abmessungen der Nuten und des Luftraumes abhängig.

Die eingeführte Leistung ist

$$N_e = 3 \cdot E_k \cdot J_1 \cdot \cos\varphi = c \cdot J_1 \cdot \cos\varphi = c \cdot FM,$$

da
$$FM = J_1 \cdot \cos\varphi$$

ist, wobei c immer einen Proportionalitätsfaktor bezeichnen soll. Nun hatten wir $J_1 \cdot R_1 \approx 0$ gesetzt; es wird daher, wenn wir vorläufig auch die Eisenverluste N_{hw} vernachlässigen, auch die als Drehmoment zur Geltung kommende Leistung $N_d = N_e - [3 \cdot J_1^2 \cdot R_1 + N_{hw}] \approx N_e$

und das **Drehmoment**

$$M_d \approx \frac{N_e}{9{,}81 \cdot \omega_1} \approx c \cdot FM \text{ kgm.}$$

Unter dem Einfluß des dem Strome J_2 gleichwertigen Drehfeldes $\mathfrak{R}(J_2 \cdot R_2)$ wird in dem Kurzschlußanker oder Läufer ein

Strom
$$J_2 = \frac{p \cdot (\omega_1 - \omega_2)}{R_2 \cdot 2 \cdot \sqrt{2}} \cdot \mathfrak{R}(J_2 \cdot R_2)$$

erzeugt, worin $2\,p$ die Polzahl, R_2 und ω_2 den Widerstand einer Phase bzw. Winkelgeschwindigkeit des Läufers bedeuten. Durch ω_1 dividiert ergibt sich die **Schlüpfung**

$$\frac{\omega_1 - \omega_2}{\omega_1} = s = \frac{R_2 \cdot 2 \cdot \sqrt{2}}{p \cdot \omega_1} \cdot \frac{J_2}{\mathfrak{R}(J_2 \cdot R_2)} = c \cdot \frac{J_2}{\mathfrak{R}(J_2 \cdot R_2)}.$$

Hierin muß erst $\mathfrak{R}(J_2 \cdot R_2)$ durch eine Linie festgelegt werden. Nun war in Abb. 399 die Strecke $AB = \mathfrak{R}(J_2 \cdot R_2)$

und $\frac{AB}{AK} = \frac{AE}{AF}$ oder $AB = AK \cdot \frac{AE}{AF}$.

Weiter folgt $\frac{AK}{FG} = \frac{AD}{DG}$ und $AK = FG \cdot \frac{AD}{DG}$.

Durch Einsetzen dieses Wertes erhält man

$$AB = \mathfrak{R}(J_2 \cdot R_2) = FG \cdot \frac{AD}{DG} \cdot \frac{AE}{AF} = FG \cdot \tau \cdot \frac{\mathfrak{R}'}{\mathfrak{R}_1} \quad \text{oder}$$

$$FG = \mathfrak{R}(J_2 \cdot R_2) \cdot \frac{1}{\tau} \cdot \frac{1}{v_1} = \mathfrak{R}(J_2 \cdot R_2) \cdot \frac{v_2}{1 - v_1 \cdot v_2} = c \cdot \mathfrak{R}(J_2 \cdot R_2).$$

Die Linie FG stellt demnach das Läuferfeld dar. Daher kann man jetzt in Abb. 401 setzen

$$s = c \cdot \frac{FD}{FG} = c \cdot \operatorname{tg} \alpha.$$

Errichtet man in einem beliebigen Punkt Y ein Lot YZ, so ist

$$\frac{YZ}{YG} = \operatorname{tg} \alpha = s \cdot \text{konst}$$

und, wenn YG konstant gehalten wird, $YZ = c \cdot s$ ein relatives Maß für die Schlüpfung.

Auch die auf den Läufer übertragene oder **theoretische Leistung** des Läufers N_2 kann man durch eine Linie darstellen.

Bei einem Drehmoment M_d und einer Winkelgeschwindigkeit ω_2 ist dieselbe $N_2 = 9{,}81 \cdot M_d \cdot \omega_2 = N_d \cdot \omega_2 = N_e \cdot \frac{\omega_2}{\omega_1}$.

Nun war $N_e = c \cdot FM$, folglich wird $N_2 = c \cdot FM \cdot \frac{\omega_2}{\omega_1}$.

Teilt man die Linie FG in P (Abb. 402), so daß $\frac{PG}{FG} = \frac{\omega_2}{\omega_1}$ ist, und fällt das Lot PN, so verhält sich $\frac{PN}{FM} = \frac{PG}{FG} = \frac{\omega_2}{\omega_1}$ oder $PN = FM \cdot \frac{\omega_2}{\omega_1} = \frac{N_2}{c}$. Somit wird $N_2 = c \cdot PN$.

Die Ordinatendifferenz $FM - PN$ stellt demnach den Stromwärmeverlust im Ständer und Läufer dar.

Verbindet man nun P mit D und bezeichnet den $\sphericalangle FDP$ mit β, so wird
$$\frac{FP}{FG} = \frac{FG - PG}{FG} = \frac{\omega_1 - \omega_2}{\omega_1} = s.$$

Vorher war aber
$$s = c \cdot \operatorname{tg} \alpha = c \cdot \frac{DF}{FG},$$

folglich
$$\frac{FP}{FG} = c \cdot \frac{DF}{FG} \quad \text{oder} \quad \frac{FP}{DF} = \text{konst}.$$

Nach der Abbildung ist aber das Verhältnis $\frac{FP}{DF} = \operatorname{tg} \beta$, somit ist $\operatorname{tg} \beta = c$ oder $\beta = \text{konst}$. Der geometrische Ort für P ist demnach ein Kreis durch die Punkte DPG.

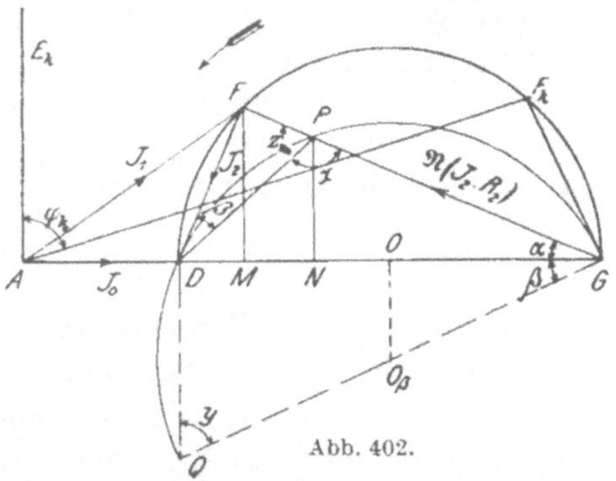

Abb. 402.

Zur Konstruktion desselben zieht man unter dem $\sphericalangle \beta$ gegen DG geneigt einen Strahl, errichtet das Mittellot OO_β, so ist $O_\beta G$ der Radius dieses Kreises. Nimmt man an, daß der Kreis durch P geht, so muß bewiesen werden, daß $\sphericalangle OGO_\beta = \sphericalangle FDP$ ist. Verlängert man GO_β bis Q und zieht die Linie DQ, so ist $QDPG$ ein Kreisviereck, in dem die Summe je zweier gegenüberliegender Winkel z. B. $x + y = 180^0$ beträgt. Da außerdem $x + z = 180^0$ ist, so wird $z = y$. Die $\sphericalangle QDG$ und DFP sind rechte, daher wird
$$\sphericalangle DGQ = \sphericalangle FDP = \beta.$$

Die theoretische Leistung des Läufers $N_2 = c \cdot PN$ steigt anfangs an und nimmt dann ab. Fällt P nach G, so wird $N_2 = 0$. Einen solchen Zustand, in dem der Motor unter voller Spannung still steht, bezeichnet man als Kurzschluß. Hierfür fällt F nach F_k und die Linie $F_k G$ wird Tangente an den Kreis um O_β, so daß $\sphericalangle \beta$ durch das Lot in G auf $F_k G$ erhalten werden kann.

Zur Konstruktion des Diagramms bestimmt man bei konstanter Klemmenspannung E_k Volt einer Phase und Periodenzahl ν_1:

1. bei Leerlauf: die Stromstärke J_0, Leistungsaufnahme N_0 und daraus $\sphericalangle \varphi_0$,

2. bei Kurzschluß, d. h. Stillstand des Läufers: den Kurzschlußstrom J_k, die Leistung N_k und daraus $\sphericalangle \varphi_k$ und mißt

3. den Widerstand einer Phase R_1*.

Zu dem Punkt 2 ist noch zu bemerken, daß man den Kurzschlußversuch bei großen Motoren nicht mit voller Klemmenspannung E_k ausführen wird, sondern mit einer niedrigeren E_k', die bei Kurzschluß einen Strom J_k' von der Größe des normalen Stromes und eine Leistung N_k' hervorruft. Man kann nun bei nahezu geradlinigem Verlauf der Kurzschlußcharakteristik Proportionalität zwischen Spannung und Strom sowie $\cos\varphi_k \approx$ konst annehmen (diese Annahme ist wegen der Änderung der Streufelder mit der Belastung nicht ganz zutreffend), so daß man als wirklichen Kurzschlußstrom

$$J_k = \frac{E_k}{E_k'} \cdot J_k'$$

erhält. Wegen des Vorhandenseins der Nuten ist J_k' von der gegenseitigen Lage derselben abhängig. Man bestimmt daher J_k' als Mittelwert aus mehreren Ablesungen für verschiedene Lagen des Läufers zum Ständer oder besser noch, indem man den Läufer langsam gegen das Drehfeld bewegt.

Daraus läßt sich nun das Diagramm folgendermaßen zeichnen: Man berechnet zuerst

$$\cos\varphi_0 = \frac{N_0}{3 \cdot E_k \cdot J_0} \quad \text{und} \quad \cos\varphi_k = \frac{N_k'}{3 \cdot E_k' \cdot J_k'}.$$

Von dem Punkt A eines Koordinatenkreuzes (Abb. 403) zieht man unter dem $\sphericalangle \varphi_0$ und φ_k gegen die Vertikale Strahlen und trägt auf diesen in einem bestimmten Maßstabe die Ströme

$$J_0 = A\,F_0 \quad \text{und} \quad J_k = A\,F_k$$

---

* Vgl. ETZ 1928 S. 825.

ab. Durch die Punkte F_0 und F_k legt man einen Kreisbogen, dessen Mittelpunkt auf der Horizontalen liegt; derselbe schneidet die Abszisse in DG. Darauf verbindet man F_k mit G und errichtet dazu in G ein Lot, welches von dem Mittellot auf DG in O_β geschnitten wird. Um O_β wird mit $O_\beta G$ ein Halbkreis geschlagen. Das Lot $F_0 M_0$ stellt dann die Leistungsaufnahme zum Ausgleich der Reibungs- und Eisenverluste $N_0 = N_m + N_{hw}$ dar und bestimmt damit auch den Maßstab für die eingeführte Leistung $N_e \sim FM$. Mißt man FM in Amp, d. h. im Maßstab

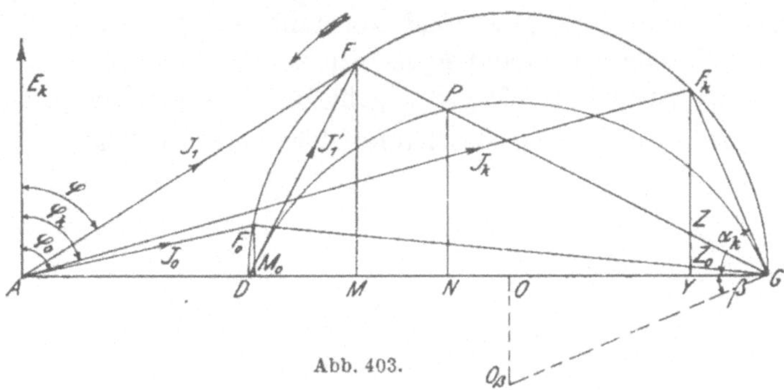

Abb. 403.

von AF_0, so wird $N_e = 3\,E_k \cdot FM$. Da nun die dem Drehmoment entsprechende Leistung

$$N_d = \frac{N_e}{\omega_1} = \frac{N_e \cdot p}{2 \cdot \pi \cdot \nu} \text{ Watt}$$

war, so ist uns durch N_e auch der Maßstab von N_d gegeben. Soll M_d in kgm erhalten werden, so lautet die Gleichung

$$M_d = \frac{N_d}{9{,}81} = N_e \cdot \frac{p}{2\pi \cdot \nu} \cdot \frac{1}{9{,}81} \text{ kgm}.$$

In dem Maßstab von N_e ist auch die theoretische Leistung $N_2 \sim PN$ bestimmt.

Fällt man von F_k das Lot $F_k Y$ und hält YG konstant, so stellt es die Schlüpfung $s_k = \operatorname{tg} \alpha_k$ bei Kurzschluß dar, womit der Maßstab von s gegeben ist, da $F_k Y = 100\%$ beträgt. Bei Leerlauf ist dann schon eine Schlüpfung YZ_0 vorhanden.

Während in Abb. 402 der Leerlaufstrom $AD = J_0$ war, ist es jetzt AF_0 wegen der im Motor auftretenden Verluste. Es kann daher $AM_0 \approx AD \approx J_s$ als Feld- oder Magnetisierungsstrom angesehen werden. Die Strecke DF stellt den Sekundärstrom J_2

oder mit umgekehrtem Vorzeichen die Komponente J_1' des Primärstromes J_1 zum Ausgleich von J_2 dar. Man kann somit $J_{1_t} = J_{1_t}' + J_{s_t}$ setzen und erhält als Gleichung des Primärkreises $\mathfrak{N}(E_{k_t}) - \mathfrak{N}(J_{s_t} \cdot R_1) = \mathfrak{N}(J_{1_t}' \cdot R_1) + \mathfrak{N}_t + \mathfrak{N}_{s_{1_t}}$.

Da das Feld $\mathfrak{N}(E_{k_t})$ in unseren Betrachtungen nicht vorkommt, so brauchen wir die Berichtigung infolge des Feldes $\mathfrak{N}(J_{s_t} \cdot R_1)$ nicht einzuführen, außerdem ist die linke Seite der Gleichung eine Konstante und das Diagramm behält seine Richtigkeit, solange das Hauptfeld konstant bleibt, was man bei kleinem Ständerwiderstand R_1 nahezu annehmen kann, wenn die Belastung normal ist. Dagegen geht der Teil des Hauptfeldes $\mathfrak{N}(J_{1_t}' \cdot R_1)$ zur Bildung des Läuferfeldes verloren. Das von der

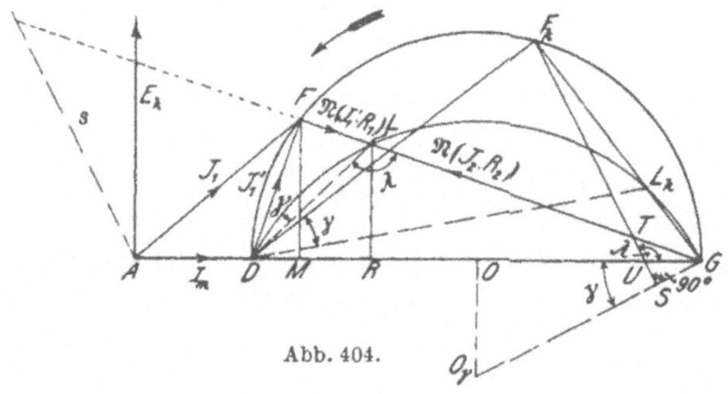

Abb. 404.

Spannung $J_1' \cdot R_1$ erzeugte Feld ist nun um 90° nacheilend gleich FL (Abb. 404) einzuzeichnen, so daß das berichtigte Läuferfeld mit Berücksichtigung der Leistungskomponente des primären Spannungsverlustes gleich GL wird. Im allgemeinen kann man auch $J_1' \cdot R_1 \approx J_1 \cdot R_1$ setzen. Der primäre Ohmsche Spannungsverlust $J_1 \cdot R_1$ äußert sich demnach als eine Verminderung des wirksamen magnetischen Feldes.

Die Ordinatendifferenz $FM - LR$ stellt demnach den Stromwärmeverlust im Ständer, $LR - PN$ denjenigen im Läufer dar.

Auch für den Punkt L läßt sich ein geometrischer Ort konstruieren. In dem Dreieck DFL sind nämlich die beiden Seiten DF und FL dem Strom J_1' proportional und der $\sphericalangle DFL = 90°$ für jede beliebige Lage des Punktes F, folglich bleibt der

$\sphericalangle \gamma = \sphericalangle FDL$ konstant. Es muß also der geometrische Ort des Punktes L ebenfalls ein Kreis sein, der durch die Punkte DLG geht. Um diesen Kreis zu zeichnen, bestimmen wir erst am besten den Kurzschlußpunkt L_k. Dafür ist nun

$$F_k L_k = \mathfrak{R}(J_k \cdot R_1)\,.$$

Da wir vorher die Spannungen durch Felder ersetzt haben, so können wir jetzt umgekehrt ein Feld auch im Spannungsmaßstab ausdrücken. Dazu muß jedoch erst festgestellt werden, welchen Betrag die Strecke $F_k G$ von dem Hauptfeld $\mathfrak{R}\,(E_k)$ ausmacht. Nun ist nach S. 490 $F_k G = \mathfrak{R}\,(J_{2_k} \cdot R_2) \cdot \frac{v_2}{1 - v_1 \cdot v_2}$ das Läuferfeld bei Kurzschluß, ferner $AD = \mathfrak{R}\,(E_k)$

und $$DG = \frac{\mathfrak{R}(E_k)}{\tau} = \mathfrak{R}(E_k) \cdot \frac{v_1 \cdot v_2}{1 - v_1 \cdot v_2}\,,$$ woraus

$$AD + DG = AG = \mathfrak{R}(E_k) + \frac{\mathfrak{R}(E_k)}{\tau} = \mathfrak{R}(E_k) \cdot \frac{1}{1 - v_1 \cdot v_2}$$

folgt. Somit wird $$\frac{\mathfrak{R}(J_{2_k} \cdot R_2)}{\mathfrak{R}(E_k)} = \frac{F_k G}{AG} \cdot \frac{1}{v_2} \approx \frac{F_k G}{AG}\,,$$

wenn $v_2 \approx 1$ gesetzt wird.

Im Spannungsmaßstab ist dann

$$\mathfrak{R}(J_{2_k} \cdot R_2) = \frac{F_k G}{AG} \cdot E_k \quad \text{Volt},$$

worin $F_k G$ und AG dem Diagramm entnommen werden können.

Ist z. B. für eine verkettete Spannung

$$E_k \cdot \sqrt{3} = 120\,\text{V}\,, \qquad AG = 139\,\text{mm}\,, \qquad F_k G = 85\,\text{mm}$$

gemessen, so wird ohne Berichtigung das Läuferfeld

$$\mathfrak{R}(J_{2_k} \cdot R_2) = \frac{85 \cdot 120}{139 \cdot \sqrt{3}} = 42{,}5\,\text{V} \quad \text{für eine Phase.}$$

Bei einem Widerstand $R_1 = 0{,}344$ Ohm und einem primären Kurzschlußstrom $J_k = 55$ Amp ergibt sich

$$J_k \cdot R_1 = 55 \cdot 0{,}344 = 18{,}9\,\text{V}$$

und daraus $$F_k L_k = \frac{18{,}9}{42{,}5} \cdot 85 = 38\,\text{mm}\,.$$

Damit ist der Punkt L_k bestimmt und der Kreis DL_kG mit dem Mittelpunkt O_γ für die Berichtigung des Läuferfeldes.

Diese Berichtigung muß nun ebenfalls für alle Größen eingeführt werden, welche von dem wirksamen Läuferfeld

$$LG = \mathfrak{R}(J_2 \cdot R_2)$$

abhängen, nämlich das Drehmoment und die Schlüpfung.

Die dem auf den Läufer ausgeübten Drehmoment entsprechende Leistung N_d ist proportional dem Produkt aus dem wirksamen Läuferfeld $\mathfrak{R}(J_2 \cdot R_2)$ und dem Läuferstrom J_2 nach der Gleichung

$$N_d = c \cdot J_2 \cdot \mathfrak{R}(J_2 \cdot R_2) = c \cdot DF \cdot LG\,.$$

Darin stellt $DF \cdot LG$ den Inhalt des Dreiecks GLD dar, welcher auch durch $DG \cdot LR$ ersetzt werden kann. Es wird daher die berichtigte Drehmoment-Leistung

$$N_d = c \cdot DG \cdot LR = c \cdot LR \quad \text{im Maßstabe von} \quad FM\,.$$

Die Schlüpfung ist gegeben durch

$$s = c \cdot \frac{J_2}{\mathfrak{R}(J_2 \cdot R_2)} = c \cdot \frac{DF}{LG} = \frac{c \cdot DL \cdot \cos\gamma}{LG} = \text{konst} \cdot \frac{DL}{LG}\,.$$

Das Verhältnis $\frac{DL}{LG}$ läßt sich nun durch eine Linie darstellen. Zieht man nämlich durch F_k eine Linie $F_k U$, welche gegen DG um den $\sphericalangle \gamma = \sphericalangle DLG$ geneigt ist, so sind die beiden Dreiecke DLG und TUG ähnlich, da die drei Winkel einander gleich sind. Es ist demnach auch

$$\frac{DL}{LG} = \frac{TU}{UG} = \frac{TU}{\text{konst}}$$

und damit die Schlüpfung $s = c \cdot TU$. Für kleine Schlüpfungen empfiehlt es sich, durch A eine Parallele zu $F_k U$ zu ziehen, auf der s durch den Strahl GF in größerem Maßstabe abgeschnitten wird.

Verlängert man $F_k U$ bis S, so ist $\triangle USG \sim \triangle LFD$, da die Winkel bei D und G gleich γ und die Außenwinkel bei L und U gleich λ sind. Daraus folgt, daß $\sphericalangle USG = 90^0$ ist. Die Neigung der Linie $F_k U$ kann man daher in der Weise finden, daß man auf den Radius $O_\gamma G$ ein Lot $F_k S$ fällt.

In den bisherigen Betrachtungen waren die Reibungs- und Eisenverluste $N_m + N_{hw}$ vernachlässigt worden. Sie müssen daher noch an denjenigen Größen berücksichtigt werden, auf welche sie Einfluß haben, nämlich an der abgegebenen Leistung N_a und dem Wirkungsgrad η.

Diese Verluste sind nun bei Leerlauf gleich $F_0 M_0$ (Abb. 405) bestimmt worden. Bei Belastung werden die Reibungsverluste mit größerer Schlüpfung kleiner, dagegen nehmen die Eisenverluste im Läufer mit der Schlüpfung zu. Man kann daher die

Summe $N_0 = N_m + N_{hw}$ für jede Belastung als annähernd konstant ansehen.

Zieht man nun eine Parallele zur Abszisse durch F_0, so würde LR' die einem an der Riemenscheibe auftretenden Drehmoment M_{d_r} entsprechende Leistung N_{d_r} sein, wenn der Läuferwiderstand $R_2 \approx 0$ wäre. Mit Berücksichtigung von R_2 und des in ihm auftretenden Verlustes $J_2^2 \cdot R_2 \sim LR - PN$ war die auf den Anker übertragene theoretische Leistung N_2 proportional PN, daher wird die an der Riemenscheibe abgegebene oder

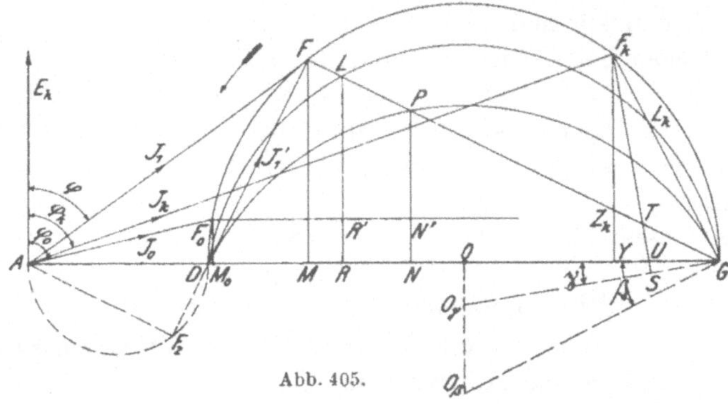

Abb. 405.

Nutzleistung $N_a = N_2 - N_0 = c \cdot PN'$, und das abgegebene oder Nutzdrehmoment

$$M_d = \frac{N_a}{\omega_2 \cdot 9{,}81} = \frac{N_a \cdot 60}{2\pi \cdot n \cdot 9{,}81} \text{ kgm}.$$

Der Wirkungsgrad ergibt sich ferner als $\eta = \frac{PN'}{FM}$.

Auch das elektrische Güteverhältnis $\eta_e = \frac{N_e - N_{R_a}}{N_e} = \frac{N_2}{N_e}$ läßt sich durch eine Linie darstellen, nämlich $F_k Z_k$. Der Übersicht wegen sollen nun alle Größen noch einmal zusammengestellt werden:

$N_e \sim FM$; $\quad J_1 \sim AF$; $\quad \cos\varphi = \frac{FM}{AF}$;

$N_d \sim LR$; $\quad N_{d_r} \sim LR'$; $\quad N_2 \sim PN$;

$N_a \sim PN'$; $\quad s \sim TU$;

$\eta_e = \frac{PN}{FM} \sim F_k Z_k$; $\quad \eta = \frac{PN'}{FM}$.

Diese Größen trägt man nun am besten als Funktion der Stromstärke J_1 in ein rechtwinkliges Koordinatensystem ein. Zur Prüfung des Drehmoments kann man noch das bei Kurzschluß oder Stillstand unter voller Spannung auftretende Anlaufsmoment direkt messen.

Das Diagramm von Heyland berücksichtigt zwar nur die Leistungskomponente des primären Stromes beim Spannungsabfall im Ständer; trotzdem ist es genügend genau bei größeren Motoren mit relativ kleinem Ständerwiderstand R_1. Wegen seiner Einfachheit wird es daher in den meisten Fällen Verwendung finden können.

Dagegen bei kleinen Motoren mit größerem Widerstand R_1 und bei größeren Motoren, deren Verhalten in der Nähe des größten Drehmoments untersucht werden soll, ist der Einfluß des primären Spannungsabfalls nicht mehr zu vernachlässigen.

In diesem Fall verwendet man zweckmäßig

b) Das Diagramm von Ossanna.

Es ist streng richtig und gilt auch für das Vorhandensein von Selbstinduktion und Kapazität im Ständer und Läufer. Ferner ist die Bestimmung des Drehmoments M_d, der Schlüpfung s, der abgegebenen Leistung N_a und des Wirkungsgrades η einfacher als im Heyland-Diagramm.

G. Ossanna und O. S. Bragstad haben gezeigt, daß auch bei veränderlichem Hauptkraftfluß bzw. Gegen-EMK der Endpunkt des primären Stromvektors J_1 auf einem Kreise liegt, der jetzt allgemein als Ossanna-Kreis bezeichnet wird. Statt der ursprünglich von Ossanna angegebenen rechnerischen Ermittelung des Kreismittelpunkts und Halbmessers wählt man jedoch besser die zeichnerischen Methoden, wie sie von Thomälen[1], Grob[2], Sumec[3], Bloch[4], Kammerer[5] u. a. veröffentlicht sind.

In welcher Weise nun das Diagramm entworfen wird, soll in der Reihenfolge der nacheinander auszuführenden Arbeiten erläutert werden:

---

[1] ETZ 1903 S. 972; 1911 S. 131.

[2] ETZ 1904 S. 447, 474; Z. Elektrotechn. 1904 S. 63; ETZ 1918 S. 123.

[3] ETZ 1910 S. 110, 230. [4] ETZ 1918 S. 34, 42. [5] ETZ 1925 S. 1838.

Für die normale Klemmenspannung E_k einer Phase und Periodenzahl ν_1 macht man folgende Messungen am Ständer:

1. bei Leerlauf: Stromstärke J_0; Leistung N_0.
2. bei synchronem Leerlauf: Stromstärke J_{00}; Leistung N_{00}.
3. bei Kurzschluß mit einer Spannung E_k': Stromstärke $J_k' = J$; Leistung N_k'.
4. Widerstand einer Phase R_1.

Aus Versuch 1 und 3 berechnet man φ_0, φ_k und J_k, wie auf S. 492 angegeben ist. Bei der Messung 2 öffnet man bei Phasenankern einen Augenblick den Läuferkreis und liest möglichst schnell die angegebenen Werte ab. Vernachlässigt man die bei der kleinen Schlüpfung auftretenden geringen Eisenverluste im Läufer, so enthält N_{00} nur die Eisenverluste im Ständer und geringe Stromwärmeverluste. Bei Kurzschlußankern macht man die Messung mit synchron angetriebenem Läufer.

Die Differenz $N_0 - N_{00} = N_m$ entspricht den mechanischen Verlusten, solange die Kurvenform der Klemmenspannung sinusförmig ist. Sind dagegen höhere Harmonische von größerem Einfluß vorhanden, so enthält N_0 noch die Kurzschlußleistung der im Läufer infolge seiner starken Schlüpfung gegenüber den Oberschwingungen von diesen induzierten Ströme, die den Leerlaufstrom J_0 nicht unbeträchtlich vergrößern. Man erkennt eine von der Sinusform abweichende Kurve daran, daß die Stromstärke J_{00} bei synchronem Leerlauf wesentlich kleiner ist als J_0 bei normalem Leerlauf. N_{00} ist im allgemeinen wegen des Hysteresisdrehmoments nicht eindeutig bestimmt, wie Lehmann[1] gezeigt hat (Zahlenbeispiel s. unter c).

Man trägt nun den synchronen Leerlaufstrom J_{00}, den Leerlaufstrom J_0 und Kurzschlußstrom J_k unter den Phasenwinkeln φ_{00}, φ_0 bzw. φ_k gerechnet von der als Ordinate gezeichneten Klemmenspannung E_k auf (Abb. 406). Der erste geometrische Ort des Mittelpunktes O_0 des Ossanna-Kreises ist das Mittellot in F_0F_k (genauer in $F_{00}F_k$). Der zweite Ort wird unter der Annahme, daß $R_1 = R_2'$ und $S_1 = S_2'$ ist, gefunden, indem man durch F_0 die Ordinate zieht, die AF_k in a schneidet. Durch die Mitte b von aF_0 legt man eine Parallele zur Abszissenachse,

[1] ETZ 1903 S. 735; 1911 S. 1249.

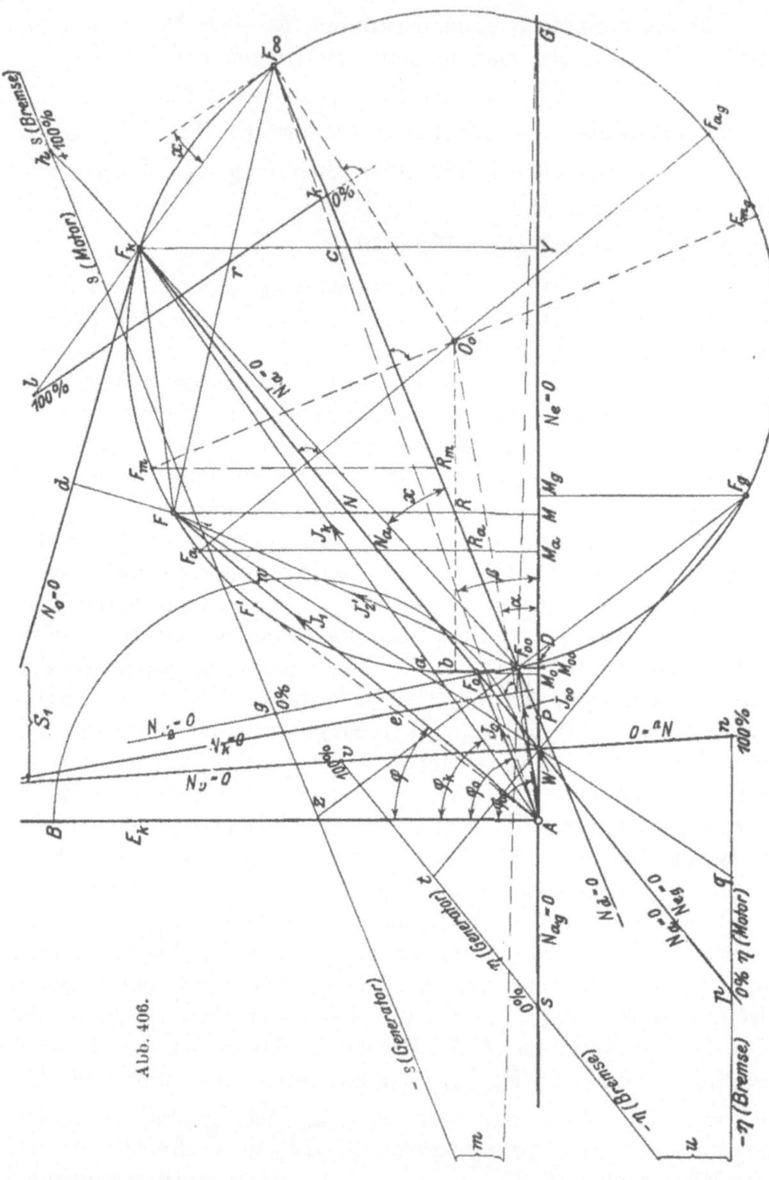

Abb. 406.

dann ist ihr Schnittpunkt O_0 mit dem Mittellot der Mittelpunkt des Ossanna-Kreises mit dem Halbmesser O_0F_0.

Ferner findet man nach W. Petersen[1] einfach den Mittelpunkt O_0, indem man den Winkel $F_{00} F_k O_0 = 90^0 - \varphi_k$ anträgt und den Schenkel $F_k O_0$ zum Schnitt mit dem Mittellot in $F_{00} F_k$ bringt.

Der Ossanna-Kreis läßt sich auch mit Hilfe des Heyland-Kreises zeichnerisch ermitteln, wie es von Pichelmayer[2], Silberberg[3] und Moser[4] angegeben ist.

Analytisch ließe sich der Punkt O_0 bestimmen, indem man den $\sphericalangle\,\alpha$ zwischen AO_0 und der Abszissenachse nach La Cour[5] aus der Gleichung

$$\operatorname{tg}\alpha = \frac{J_{0_l}\cdot\sin\varphi_k + J_{0_s}\cdot\cos\varphi_k}{J_k + J_{0_s}\cdot\sin\varphi_k - J_{0_l}\cdot\cos\varphi_k}$$

berechnet, worin der Leistungsanteil des Leerlaufsstromes $J_{0_l} = J_0\cdot\cos\varphi_0 = F_0 M_0$, der Feldanteil $J_{0_s} = J_0\cdot\sin\varphi_0 = AM_0$ ist.

Nun wäre noch der Punkt F_∞ zu ermitteln, für den die Schlüpfung $s = \infty$ sein müßte. Zeichnerisch läßt er sich bestimmen, indem man von A aus den Strahl AF_∞ durch die Mitte c der Ordinate $F_k Y$ zieht, wobei wieder angenommen ist, daß die Widerstände des Ständers R_1 bzw. S_1 und Läufers R_2' bzw. S_2' bezogen auf die primäre Wicklung gleich groß sind und die Hälfte der primär bei Kurzschluß gemessenen R_k bzw. S_k betragen. Analytisch würde man F_∞ finden, indem man den $\sphericalangle\,\beta$ aus der Gleichung

$$\operatorname{tg}\beta = \frac{\frac{1}{2}J_{k_l} + \frac{1}{4}J_{0_l}\cdot\sin^2\varphi_k}{J_{k_s}}$$

berechnet ($J_{k_l} = F_k Y$; $J_{k_s} = AY$).

Um den synchronen Punkt F_{00} zu erhalten, zieht man einen Strahl AF_{00} unter dem Winkel φ_{00} oder verkürzt bei sinusförmiger Klemmenspannung die Ordinate $F_0 M_0$ des Punktes F_0 um den auf andere Weise (Auslaufsmethode) gemessenen mechanischen Verlust N_m. Die Länge AF_{00} müßte dann dem gemessenen Wert von J_{00} entsprechen.

Für einen beliebigen Punkt F stellte nun $AF = c\cdot J_1$ den Ständerstrom, $FF_{00} = c\cdot J_2'$ den auf die primäre Wicklung be-

---

[1] ETZ 1910 S. 328.
[2] Elektrotechn. u. Maschinenb. 1907 S. 1022; ETZ 1908 S. 217 (Stehr).
[3] ETZ 1911 S. 323. [4] ETZ 1911 S. 428. [5] Z. Elektrotechn. 1904.

zogenen Läuferstrom dar. Multipliziert man die drei Seiten des Dreiecks AFF_k mit dem Kurzschlußwiderstand W_k, so ist $AF_k = J_k \cdot W_k = E_k$ ein Maß für die primäre Klemmenspannung E_k, $AF = J_1 \cdot W_k$ ein Maß für den gesamten Spannungsabfall im Motor, und FF_k ein Maß für die der Läuferleistung entsprechende Sekundärspannung E_{k_2}.

Zieht man nun die Tangente $N_0 = 0$ in F_k an den Kreis, so stellt der Abstand Fd eines Punktes F von ihr die bei Leerlauf auftretenden Verluste $N_0 = N_m + N_{hw}$ dar.

Um ferner die Linie $N_k = 0$ der Stromwärmeverluste im Ständer- und Läuferwiderstand zu erhalten, zeichnet man die Halbpolare des Punktes A in bezug auf den Kreis (s. S. 474), indem man durch den Halbierungspunkt e der Tangente AF' eine Senkrechte zu AO_0 zieht. $N_0 = 0$ und $N_k = 0$ schneiden sich in S_1.

Aus dem Diagramm kann man nun die wichtigsten Eigenschaften des Motors folgendermaßen ermitteln:

Ständerstrom J_1: Er ist bestimmt durch die Strahlen vom Koordinatenanfang A nach dem Kreispunkt F.

Eingeführte Leistung N_e: Sie ist bestimmt durch den Abstand FM von der Abszissenachse, da $N_e = 3 \cdot E_k \cdot J_1 \cdot \cos\varphi = c \cdot J_1 \cdot \cos\varphi$ oder $N_e = \mathbf{c \cdot FM}$ ist. Für die Punkte D und G ist $N_e = 0$, so daß man die Linie ADG als Linie der eingeführten Leistung $N_e = 0$ bezeichnet. Der Maßstab ist entweder durch J_1 in Amp oder zur Prüfung durch $N_k = F_k Y$ in Watt gegeben.

Drehmomentleistung N_d: Die auf den Läufer übertragene und dem Drehmoment entsprechende Leistung N_d ist bei Synchronismus für $s = 0$, d. h. in F_{00} und für $s = \infty$, d. h. in F_∞ gleich Null. Die durch die beiden Punkte gelegte Gerade $N_d = 0$ heißt daher die Drehmomentlinie. Somit ist $N_d = \mathbf{c \cdot FR}$ im Maßstabe von FM.

Will man noch das allgemein vernachlässigbare Hysteresisdrehmoment M_{d_h} des Läufers berücksichtigen, das man annähernd gleich der Hälfte des Eisenverlustes bei Leerlauf setzen und als konstant ansehen darf, so halbiert man die Ordinate von F_{00} und legt durch den Halbierungspunkt eine Parallele zu $F_{00}F_\infty$. Zieht man von O_0 das Lot O_0F_m zu $N_d = 0$, so ist F_mR_m das größtmögliche Drehmoment und $F_mF_{m_g}$ die Stabilitätsgrenze. Über F_m hinaus bleibt der Motor stehen, über F_{m_g} hinaus geht er als Generator durch.

Abgegebene Leistung N_a: Dieselbe ist im Punkte F_0 und F_k gleich Null. Die Gerade $F_0 F_k$ heißt die Leistungslinie $N_a = 0$. Somit ist $N_a = \boldsymbol{c} \cdot \boldsymbol{FN}$. Verbindet man dagegen F_k mit F_{00}, so stellen die Ordinatenabschnitte zwischen einem Kreispunkt und der Geraden $F_{00} F_k$ oder $N_a' = 0$ die Leistung $N_a' = N_a + N_m$ des Läufers ohne Berücksichtigung der Eisenverluste dar.

Ferner erkennt man, daß der Motor zwischen den Punkten F_0 und D elektrische Energie zum Ausgleich der Verluste aufnimmt, er wirkt dann als Bremse. Dasselbe gilt für die Punkte zwischen F_k und G. Unterhalb der Abszissenachse $N_e = 0$ wirkt die Maschine als Generator, da die Leistungskomponente des aufgenommenen Stromes negativ wird. Die Feldkomponente bleibt dagegen positiv, d. h. der asynchrone Generator kann sich nicht selbst erregen.

Schlüpfung s: Bezeichnet N_{r_2} den Stromwärmeverlust im Widerstande R_2 des Läufers, so ist

$$s = \frac{N_{r_2}}{N_d} = \frac{N_d - N_a'}{N_d}.$$

Entsprechend der Bestimmung von η_e auf S. 477 ist demnach

$$s = \frac{\text{Abschnitt zwischen } N_{r_2} = 0 \text{ und einem Strahl durch } F_{00}}{\text{Abschnitt zwischen } N_{r_2} = 0 \text{ und der Einheitslinie } N_a' = 0},$$

wenn $N_d = 0$ als Grundlinie angesehen wird.

Darin ist noch die Verlustlinie $N_{r_2} = 0$ zu bestimmen. Nun ist $N_{r_2} = m_2 \cdot J_2' \cdot R_2' = c \cdot F_{00} F$. Es ist daher $N_{r_2} = 0$ als Halbpolare des Punktes F_{00} in bezug auf den Kreis gleichbedeutend mit der Tangente in F_{00} an den Kreis, da F_{00} auf dem Kreise liegt.

Betrachtet man nun $N_d = 0$ als Grundlinie der Konstruktion von s, so hätte man dazu eine beliebige Parallele gh zu legen, dann schneidet ein Strahl, der F_{00} und F verbindet, die Strecke gh im Verhältnis $s = \frac{gi}{gh}$. Setzt man $gh = 100\%$, so wird

$$\boldsymbol{s = gi\ \%}.$$

Trägt man die gleiche Teilung $gm = -100\%$ von g aus nach links bis Punkt m ab, durch den auch die Verlängerung von GF_{00} gehen muß, so erhält man die negativen Schlüpfungen

($-s$) für den Betrieb als Asynchrongenerator ($-s=0\ldots-100\%$). Über $-s=-100\%$, d. h. über m hinaus nach links arbeitet der Generator als Bremse, über $s=+100\%$, d. h. über h hinaus nach rechts findet man die Schlüpfung für das Arbeiten des Motors als Bremse ($s=1\ldots+\infty$).

Für kleine Schlüpfungen schneiden die von F_{00} gezogenen Strahlen den Kreis unter sehr kleinen Winkeln, wodurch die Bestimmung von s ungenau wird. Man wählt daher zweckmäßig folgende Konstruktion: Man ziehe durch F_k und F_∞ eine Gerade und durch einen beliebigen Punkt k eine Parallele kl zur Tangente in F_∞, oder durch einen beliebigen Punkt l ein Lot zu O_0F_∞. Dann schneiden die von F nach F_∞ gezogenen Strahlen das Verhältnis $s=\frac{kr}{kl}$ aus. Für $kl=100\%$ wird $\boldsymbol{s=kr\%}$. Es ist nämlich $\sphericalangle F_kF_\infty F=\sphericalangle F_kF_{00}F$ über demselben Bogen, $\sphericalangle FF_\infty F_{00}=FF_{00}g$ als Peripherie- und Tangenten-Sehnenwinkel und $\sphericalangle F_\infty lk=\sphericalangle F_{00}hg$ als Wechselwinkel zu den gleich großen Winkeln x. Daraus folgt: $\triangle lF_\infty k\sim\triangle hF_{00}g$ und $\triangle rF_\infty k\sim\triangle iF_{00}g$, so daß die Beziehung besteht:

$$\frac{kr}{kl}=\frac{gi}{gh}=s.$$

Wirkungsgrad η: Nach der Gleichung:

$$\eta=\frac{N_a}{N_e}=\frac{N_e-N_v}{N_e}$$

läßt sich der Wirkungsgrad η ähnlich wie die Schlüpfung s mit Hilfe eines Strahlenbüschels, bestehend aus den Linien $N_a=0$, $N_v=0$ und $N_e=0$ als Grundlinie bestimmen. Da $N_v=N_0+N_k$ ist, muß $N_v=0$ einerseits durch den Schnittpunkt S_1 von $N_0=0$ und $N_k=0$, andererseits durch den Schnittpunkt W von N_a und N_e gehen, da $N_v=N_e-N_a$ ist.

Zieht man eine Parallele pn zu $N_e=0$ zwischen $N_a=0$ und $N_v=0$, so wird sie von einem Strahl FW in q im Verhältnis $\eta=\frac{pq}{pn}$ geteilt. Setzt man $pn=100\%$, so wird

$$\boldsymbol{\eta=pq\ \%}.$$

Für die zwischen F_k und F_∞ gelegenen Punkte würde η negativ werden. Da die Maschine als Bremse arbeitet, so bedeutet der Wirkungsgrad in diesem Fall das Verhältnis der mechanisch zugeführten zur elektrisch zugeführten Leistung.

Für den Generator liegt die abgegebene elektrische Leistung unterhalb $N_e = 0$, die eingeführte mechanische Leistung unterhalb $N_a = 0$. Zur Bestimmung des Wirkungsgrades

$$\eta_g = \frac{N_{a_g}}{N_{e_g}} = \frac{N_{e_g} - N_v}{N_{e_g}}$$

gilt $N_{e_g} = 0$ als Grundlinie der Konstruktion, da $N_{a_g} = 0$ mit $N_e = 0$ und $N_{e_g} = 0$ mit $N_a = 0$ zusammenfällt. Wir ziehen daher eine Parallele $s v$ zu $N_{e_g} = 0$ zwischen $N_{a_g} = 0$ und $N_v = 0$, so teilt ein Strahl $F_g W t$ sie im Verhältnis $\eta_g = \frac{s t}{s v}$ und es wird

$$\eta_g = s t\ \%,$$

wenn $s v = 100\%$ ist.

Für die zwischen F_∞ und G sowie zwischen F_0 und D gelegenen Punkte, die man noch zu dem generatorischen Wirkungskreis der Maschine rechnen muß, wird η wegen der Bremswirkung negativ und bedeutet das Verhältnis der elektrisch zugeführten zur mechanisch zugeführten Leistung, also umgekehrt wie für die Punkte zwischen F_k und F_∞. Im Schnittpunkt u der beiden Wirkungsgradlinien ist die elektrisch zugeführte Leistung gleich der mechanisch zugeführten.

Elektrisches Güteverhältnis η_e: Es läßt sich in ähnlicher Weise wie η nach der Gleichung

$$\eta_e = \frac{N_d}{N_e} = \frac{N_e - N_{v_e}}{N_e}$$

bestimmen, wenn man die für die elektrischen Verluste N_{v_e} maßgebende Verlustlinie $N_{v_e} = 0$ zeichnet, die sich aus den Linien $N_r = 0$ für die Ständer- und Läuferkupferverluste und $N_{hw} = 0$ für die Eisenverluste ergibt und durch den Schnittpunkt P der Linien $N_e = 0$ und $N_d = 0$ geht.

Leistungsfaktor $\cos\varphi$: Er ist gegeben durch den Kosinus des Winkels zwischen E_k und J_1. Man kann ihn durch eine Linie darstellen, wenn man über $AB = 1$ als Durchmesser einen Kreisbogen schlägt. Es ist dann die durch F gelegte Sehne

$$A w = \cos\varphi .$$

Eine Übereinstimmung zwischen den aus dem Diagramm entnommenen Eigenschaften des Motors und den wirklich bestehenden findet nur statt, wenn die Eigeninduktivität und Streuinduktivität konstant sind, d. h. der Kurzschlußstrom als Funktion der Klemmenspannung eine gerade Linie ist (s. S. 492). Ist das nicht der Fall, so läßt sich nach L. Dreyfus[1] auf Grund experimenteller Aufnahmen bei normaler Belastung ein empirischer Kreisbogen bestimmen und daraus das Verhalten des Motors ableiten.

c) Bestimmung des Streuungskoeffizienten τ.

Experimentell läßt sich die Streuung in einfacher Weise nach L. Dreyfus[2] dadurch bestimmen, daß man im Lauf die Zuleitung einer Phase der in Stern geschalteten Ständerwicklung unterbricht und außer der verketteten Spannung E des einphasig weiterlaufenden Motors die in der offenen Phase induzierte EMK E_0 mißt. Dann ist $\tau = \frac{E - E_0 \cdot \sqrt{3}}{E + E_0 \cdot \sqrt{3}}$.

Nach S. 487 war ferner

$$\tau = \frac{1}{v_1 \cdot v_2} - 1. \tag{1}$$

Man hätte danach also nur die beiden Streufaktoren

$$\frac{1}{1+\tau_1} = v_1 = \frac{\mathfrak{N}'}{\mathfrak{N}_1} \tag{2}$$ und $$\frac{1}{1+\tau_2} = v_2 = \frac{\mathfrak{N}''}{\mathfrak{N}_2} \tag{3}$$

durch Spannungsmessungen von der Ständer- und Läuferseite aus zu ermitteln. Bei unseren Betrachtungen wählen wir kleine Buchstaben für Phasengrößen, große für Außenleiterwerte. Legt man bei ruhendem und offenem Läufer an den Ständer möglichst die normale Klemmenspannung e_{k_1}', so nimmt er einen Strom i_0' auf und es zeigt sich am Läufer die EMK e_2'. Dann führt man dem Läufer die Spannung e_{k_2}'' (etwa um den Spannungsverlust im Läufer größer als e_2', um möglichst gleiche Induktion bei beiden Messungen zu haben), wobei er den Strom i_0'' aufnimmt und im offenen Ständer die EMK e_1'' hervorruft. Da nun die EMKe den Feldern proportional sind, kann man setzen:

$$e_1' = c \cdot \mathfrak{N}_1 \cdot w_1 \tag{4}$$ $$e_2' = c \cdot \mathfrak{N}' \cdot w_2 \tag{5}$$

$$e_2'' = c \cdot \mathfrak{N}_2 \cdot w_2 \tag{6}$$ $$e_1'' = c \cdot \mathfrak{N}'' \cdot w_1 \tag{7}$$

[1] Arch. Elektrotechn. Bd. 1 (1912) S. 124.

[2] Elektrotechn. u. Maschinenb. 1921 S. 149.

und erhält aus Gleichung 2, 4 und 5:

$$v_1 = \frac{e_2' \cdot w_1}{w_2 \cdot e_1'} = \frac{e_2'}{e_1'} \cdot u_w, \tag{8}$$

wo $u_w = \frac{w_1}{w_2}$ das Windungsverhältnis bezeichnet. In gleicher Weise ergibt sich aus Gleichung 3, 6 und 7:

$$v_2 = \frac{e_1'' \cdot w_2}{w_1 \cdot e_2''} = \frac{e_1''}{e_2'' \cdot u_w}. \tag{9}$$

Führt man diese Werte für v_1 und v_2 aus Gleichung 8 und 9 in Gleichung 2, 3 und 1 ein, so folgt:

$$\tau_1 = \frac{1}{v_1} - 1 = \frac{e_1'}{e_2' \cdot u_w} - 1 \tag{10}$$

$$\tau_2 = \frac{1}{v_2} - 1 = \frac{e_2'' \cdot u_w}{e_1''} - 1. \tag{11}$$

$$\boldsymbol{\tau = \frac{e_1' \cdot e_2''}{e_2' \cdot e_1''} - 1.} \tag{12}$$

Hat man gleichzeitig die Leistungen $N_0' = m_1 \cdot e_{k_1}' \cdot i_0' \cdot \cos\varphi_0'$ und $N_0'' = m_2 \cdot e_{k_2}'' \cdot i_0'' \cdot \cos\varphi_0''$ gemessen, so sind die Phasenwinkel φ_0' und φ_0'' bekannt, die wegen der gesamten Eisenverluste bei Stillstand und primärer Nennfrequenz ν kleiner als φ_0 sind.

Formt man noch die Gleichungen um, indem man die Klemmenspannungen einführt und nach Abb. 335

$$e_1' \approx e_{k_1}' - i_0' \cdot r_1 \cdot \cos\varphi_0', \qquad e_2'' \approx e_{k_2}'' - i_0'' \cdot r_2 \cdot \cos\varphi_0''$$

setzt, so erhält man:

$$\tau = \frac{(e_{k_1}' - i_0' \cdot r_1 \cdot \cos\varphi_0') \cdot (e_{k_2}'' - i_0'' \cdot r_2 \cdot \cos\varphi_0'')}{e_2' \cdot e_1''} - 1. \tag{13}$$

Vorteilhaft ist es bei der Streuungsmessung, wenn sämtliche Phasenspannungen und Ströme sehr genau gemessen und etwaige Ungleichmäßigkeiten durch Bildung von Mittelwerten ausgeglichen werden.

Durch den Koeffizienten τ ist auch die Überlastbarkeit u_m des Motors bestimmt aus

$$\frac{M_{d_{\max}}}{M_d} = u_m = \frac{J_0}{2\tau \cdot J_b \cdot (\cos\varphi)_{\max}} = \frac{J_0}{J_b} \cdot \frac{1 + 2\tau}{2\tau} \tag{14}$$

worin $J_b = \sqrt{J_0 \cdot J_k}$ der Belastungsstrom ist, für den der größte Leistungsfaktor auftritt.

Beispiel: An einem beiderseits in Stern geschalteten Motor $N = 4{,}8$ kW, $E_k = 220$ V, $J = 16{,}5$ A, $\nu = 50$ Hz, $n = 1440$ U/min $\cos\varphi = 0{,}85$ wurden folgende Größen gemessen:

a) Für das Diagramm (S. 499):

1) $J_0 = 6{,}6$ A; $N_0 = 360$ W. 2) $J_{00} = 5{,}8$ A; $N_{00} = 220$ W.

3) $E_k' = 43{,}5$ V für $J_k' = 16{,}5$ A; $N_k' = 535$ W.

4) $r_1 = 0{,}279$ Ohm für $\vartheta_1 = 60^0$ C.

b) Streuungskoeffizient:

1) $E_{k_1}' = 220$ V; $i_0' = J_0' = 6{,}0$ A; $E_2' = 87$ V; $r_1 = 0{,}258$ Ohm;

$N_0' = 450$ W; $\cos\varphi_0' = 0{,}197$: $u_w = 2{,}4$.

2) $E_{k_2}'' = 88$ V; $i_0'' = J_0'' = 15$ A; $E_1'' = 201$ V; $r_2 = 0{,}053$ Ohm;

$N_0'' = 434$ W; $\cos\varphi_0'' = 0{,}189$.

Zu a:

1) $$\cos\varphi_0 = \frac{360}{\sqrt{3}\cdot 220\cdot 6{,}6} = 0{,}143; \qquad \varphi_0 = 81^0\ 47';$$

2) $$\cos\varphi_{00} = \frac{220}{\sqrt{3}\cdot 220\cdot 5{,}8} = 0{,}0995; \qquad \varphi_{00} = 84^0\ 17';$$

$$N_m = N_0 - N_{00} = 140 \text{ W}.$$

3) $$\cos\varphi_k = \frac{535}{\sqrt{3}\cdot 43{,}5\cdot 16{,}5} = 0{,}43; \qquad \varphi_k = 64^0\ 30';$$

$$J_k = \frac{220}{43{,}5}\cdot 16{,}5 = 83{,}5 \text{ A}.$$

Zu b:

$$e_1' = \frac{220}{\sqrt{3}} - 6{,}0\cdot 0{,}258\cdot 0.197 = 126{,}6 \text{ V}; \qquad e_2' = \frac{87}{\sqrt{3}} = 50{,}3 \text{ V}.$$

$$e_2'' = \frac{88}{\sqrt{3}} - 15\cdot 0{,}053\cdot 0{,}189 = 50{,}6 \text{ V}; \qquad e_1'' = \frac{201}{\sqrt{3}} = 116 \text{ V}.$$

Nach Gl. 10, 11, 13 wird

$$\tau_1 = \frac{126{,}6}{50{,}3\cdot 2{,}4} - 1 = 0{,}048,$$

$$\tau_2 = \frac{50{,}6\cdot 2{,}4}{116} - 1 = 0{,}048,$$

$$\tau = \frac{126{,}6\cdot 50{,}6}{50{,}3\cdot 116} - 1 = 0{,}096 \quad \text{bzw.} \quad \tau = \tau_1 + \tau_2 + \tau_1\cdot\tau_2 = 0{,}0962$$

und nach S. 489 $$(\cos\varphi)_{\max} = \frac{1}{1{,}192} = 0{,}84.$$

Die Überlastbarkeit ergibt sich nach Gleichung 14:

$$u_m = \frac{6{,}6\cdot 1{,}192}{23{,}4\cdot 0{,}192} = 1{,}75.$$

Zeichnet man nach den unter a) ermittelten Werten das Ossanna-Diagramm, so ergeben sich aus ihm folgende Werte für den normalen Strom $J = 16{,}5$ A:

$\cos\varphi = 0{,}84$; $(\cos\varphi)_{max} = 0{,}87$; $J_b = 24$ A; $s = 4{,}3\%$
oder $n = 1435$ U/min; usw.

Da nun bei wachsender Belastung das Verhältnis von Streuwiderstand zum Luftzwischenraumwiderstand größer wird und deswegen die Streuung mit zunehmender Sättigung der Zahnstege abnimmt, so ist τ über den ganzen Arbeitsbereich des Motors von $s = 0$ bis $s = 1$ nicht konstant. Man müßte daher normalerweise für jeden Betriebszustand einen neuen Diagrammkreis zeichnen, da der Durchmesser des Kreises vom Streuungskoeffizienten τ abhängig ist. Da das Diagramm jedoch die normalen Betriebseigenschaften zur Darstellung bringen soll, so genügt es, den Koeffizienten τ für den normalen Belastungsstrom J zu ermitteln. Auf den Koeffizienten τ üben die Eisenverluste keinen Einfluß aus, wohl aber die Widerstände der Wicklungen, wie Moser[1] gezeigt hat.

d) Messung der Schlüpfung s.

Bezeichnet $\nu_1 = \frac{p \cdot n_1}{60}$ die Periodenzahl des Ständerstromes, so würde ein Motor von $2\,p$-Polen ohne Schlüpfung mit der synchronen Drehzahl n_1 laufen. Tatsächlich ist die Läuferdrehzahl $n < n_1$ und die Schlüpfung

$$s = \frac{n_1 - n}{n_1} \cdot 100\%\,.$$

Die direkte Bestimmung der Größen n_1 und n würde bei der geringen Differenz $n_d = n_1 - n$ wegen der Ablesungsfehler keinen genauen Wert von s ergeben. Es ist daher vorteilhafter, n und die Differenz n_d zu messen und nach der Gleichung

$$s = \frac{n_d}{n_1} \cdot 100 = \frac{n_d}{n + n_d} \cdot 100\ \%$$

die Schlüpfung zu ermitteln.

Nach Samojloff[2] befestigt man dazu auf der Welle des zu untersuchenden $2\,p$-poligen Motors eine schwarze Scheibe mit einem weißen radialen Strich und beleuchtet sie durch eine von der Stromquelle des Motors gespeiste Bogenlampe. Dann erscheint auf ihr ein $2\,p$-strahliger Stern, der sich scheinbar rückwärts bewegt. Zählt man nun in t sec u Umläufe des Sterns und mißt

[1] ETZ 1905 S. 2. [2] Ann. Physik Bd. 3 (1900) S. 353.

gleichzeitig die Drehzahl n des Läufers, so ist

$$n_d = \frac{60 \cdot u}{t}$$

und
$$s = \frac{60 \cdot u}{t \cdot n + 60 \cdot u} \cdot 100\% .$$

Bei größeren Polzahlen ist die Bestimmung von u wegen der vielen Strahlen schwierig und ermüdend. Zur Verringerung der beobachteten Bilder schaltet A. Brückmann[1] eine Aluminiumzelle in den Lampenkreis, während H. Kohrs[2] dem Bogenlampenwechselstrom einen Gleichstrom überlagert.

Bequemer und genauer arbeitet der nach derselben Methode von G. Benischke[3] konstruierte stroboskopische Schlüpfungsmesser der AEG, da man die Zeit nicht zu berücksichtigen hat.

Auf der Welle eines kleinen, vom Wechselstrom direkt gespeisten $2\,p_s$-poligen Synchronmotors ist eine Scheibe mit k radialen Schlitzen befestigt. Betrachtet man durch die Schlitze der synchron rotierenden Scheibe eine mit r weißen Strahlen versehene und an der Welle des zu untersuchenden $2\,p$-poligen Motors befestigte Scheibe, so scheinen die weißen Strahlen sich langsam rückwärts zu drehen. Man schaltet nun das Zählwerk des Hilfsmotors eine beliebige Zeit t ein, die man nicht zu messen braucht, und zählt in dieser q Vorbeigänge eines weißen Strahls gegen einen festen Punkt, während das Zählwerk in der gleichen Zeit $u_1 = n_1 \cdot t$ Umläufe der Schlitzscheibe anzeigt. Dann ist die Zahl der geschlüpften Umläufe $u = \frac{q}{r} \cdot \frac{p}{p_s} \cdot k = n_d \cdot t$ und daraus

$$s = \frac{n_d}{n_1} \cdot 100 = \frac{q \cdot p \cdot k}{r \cdot p_s \cdot u_1} \cdot 100\% .$$

Im allgemeinen wählt man $r = 2\,p$ für kleine und $r = 1$ für große Schlüpfungen. Schillo[4] benutzt das Stroboskop auch zur Messung sehr hoher Drehzahlen (40000 U/min).

Eine Vereinigung der beiden Methoden ist von G. Kapp[5] angegeben. Man kann damit für zwei Pole und $\nu = 50$ Hz noch Schlüpfungen bis zu 6% genau bestimmen.

---

[1] ETZ 1911 S. 219. [2] ETZ 1925 S. 1954.
[3] ETZ 1899 S. 142; 1904 S. 392; Ann. Physik Bd. 6 (1901) S. 487.
[4] ETZ 1912 S. 159. [5] ETZ 1909 S. 418, 621.

Eine andere einfache Methode hat Angermann[1] angegeben. v. Hoor[2] mißt die Periodenzahl des Läuferstromes bei Phasenankern, indem er eine zum Anlasser führende oder zwischen zwei Schleifringe gelegte Leitung um eine Spule schlingt, die an ein Telephon angeschlossen ist. Bei jeder Periode hört man zwei Töne. Zählt man in t sec q Töne, so ist die geschlüpfte Drehzahl $n_d = \frac{60\,q}{2\,p \cdot t}$. Ist gleichzeitig die Läuferdrehzahl n U/min oder die Periodenzahl $\nu = \frac{p \cdot n_1}{60}$ der Stromquelle gemessen, so erhält man

$$s = \frac{30\,q}{30\,q + p \cdot t \cdot n} \cdot 100\% \quad \text{bzw.} \quad s = \frac{q}{2\,\nu \cdot t} \cdot 100\%.$$

Bequemer ist die Verwendung des Anlegers von Dietze (S. 65). Rosenberg[3] hat gezeigt, daß man auf diese Weise s auch bei Käfigankern ermitteln kann, indem man die Induktionsspule in das axiale mit der Schlüpfungsfrequenz pulsierende Streufeld des Läufers bringt.

Die Periodenzahl der Schlüpfung läßt sich nach Behn-Eschenburg[4] auch dadurch bestimmen, daß man parallel zum Ständer eine Glühlampe, einen Spannungsmesser oder einen Morseapparat anschließt, in deren Zuleitungen sich ein vom Läufer angetriebener Kontaktmacher oder eine Joubertsche Scheibe (s. Kap. 18) befindet. Dabei zeigt die Lampe Schwebungen der Leuchtkraft, das Instrument Zeigerschwingungen und der Morseschreiber einzelne Punkte, die den Halbperioden der Schlüpfung entsprechen. Die Ermittlung von s geschieht in derselben Weise wie vorher. Will man die Messung der Zeit t umgehen, so kann man nach G. Seibt[5] die Kontaktscheibe auf der Welle eines Umdrehungszählers anbringen. Mißt man in der Zeit, während der der Zähler an die Welle gedrückt wird, q Schwebungen der Lampe und am Zählwerk u Umläufe, dann ist

$$s = \frac{q}{q + 2\,p \cdot u} \cdot 100\%.$$

Bianchi[6] hat den Seibtschen Apparat insofern verbessert, als er die Läuferdrehzahl n und die geschlüpfte Drehzahl n_d durch Zeiger direkt anzeigen läßt. Schleicher[7] verwendet eine strobo-

[1] ETZ 1912 S. 60, 280. [2] Z. Instrumentenkde. 1899 S. 211.
[3] Z. Elektrotechn. 1899. [4] ETZ 1896 S. 484. [5] ETZ 1901 S. 194.
[6] ETZ 1903 S. 1046; 1904 S. 118. [7] ETZ 1917 S. 587.

skopische Scheibe mit Zungenfrequenzmesser, R. Vieweg und E. Linckh[1] kleine Unipolarmaschinen (sehr genau), F. Schröter[2] Glimmlampen (s. auch S. 152).

Von den praktisch ausgeführten Apparaten, mit denen man direkt die beiden Größen n und n_d mißt, seien erwähnt der Differential-Tourenzähler von S & H[3], der Schlüpfungszähler von Schwartzkopff, Berlin, nach Angaben von Ziehl[4], das Asynchronometer von Horschitz[5] und der „Schlupfzähler" von Schneckenberg[6], eine Konstruktion auf Grund der von Andrault angegebenen Methode. Diese besteht darin, daß auf einer mit Jodstärke getränkten und mit einem Pol des Motors verbundenen Papierscheibe, die vom Motor mit $n_2 = n$ U/min gedreht wird, durch einen an den anderen Pol angeschlossenen Eisenstift bei radialer Bewegung desselben blaue spiralförmige Kreisbögen gezeichnet werden. Hat man b Bögen für u Umdrehungen der Scheibe gezählt, so ist

$$s = \frac{b - 2u \cdot p}{b} \cdot 100\% .$$

Die Messung der Periodenzahl ν kann nach einer der von Vanni[7], Martienßen[8] und Keinath[9] angegebenen Methoden erfolgen.

e) Messung von Anlaufsstrom und Drehmoment.

Zur Ermittlung des Anlaufsstromes kann ein Strommesser von H & B dienen, der einen kleinen Zeigermitnehmer besitzt, mit dem man dem Zeiger eine Vorablenkung in der Nähe des zu erwartenden Stromwerts erteilt, so daß er sich nur noch eine kleine Strecke weiterzubewegen hat bzw. nur eine eben bemerkbare Ablenkung zeigt. Ähnlich arbeitet ein Strommesser der Westinghouse Mfg. Co. nach B. H. Smith[10].

M. Kloß[11] zeigt, wie man das Drehmoment aus dem Heylanddiagramm mit Hilfe eines neuen Kennwerts, nämlich der Abfallschlüpfung s_{max}, die zum Höchst- oder Kipp-Drehmoment

[1] ETZ 1925 S. 1107. [2] Arch. Elektrotechn. Bd. 12 (1923) S. 358.
[3] ETZ 1899 S. 764. [4] ETZ 1901 S. 1026.
[5] Elektr. Kraftbetr. Bahn. 1909 S. 461; ETZ 1910 S. 276.
[6] ETZ 1911 S. 1162. [7] Elettricista, Febr. 1903; ETZ 1903 S. 223.
[8] Elektr. Kraftbetr. Bahn. 1910 S. 372; ETZ 1910 S. 204.
[9] ETZ 1916 S. 271. [10] Electr. Wld. Bd. 94 (1929) S. 1267.
[11] Arch. Elektrotechn. Bd. 5 (1916) S. 59.

$M_{d_{max}}$ gehört, ermitteln kann. Die Aufnahme des Drehmoments in Abhängigkeit von der Zeit t oder Drehzahl n kann nach A. Ytterberg (s. S. 383) mit Hilfe einer Tachometermaschine und Kondensators erfolgen. Ähnlich ist das Verfahren von F. Heiles[1], das im Gegensatz zu dem mechanischen Verfahren von W. Stiel[2] die oszillographische Aufnahme des Drehmoments ermöglicht. R. Brüderlin[3] verwendet zur direkten Messung der Anlaufsmomente einen Dreiphasen-Induktionsmotor mit doppelter Speisung in Ständer und Läufer bei gleicher Drehrichtung der Felder.

Da bei Induktionsmotoren der Teil des Drehmoments vom Anlauf bis zum Höchstwert unstabil ist, kann er durch Bremsung nicht bestimmt werden. Zwar läßt sich dafür der Motor durch einen geeichten Gleichstrommotor antreiben, um ihm die betreffende Drehzahl aufzudrücken, doch ist dies Verfahren ungenau, zeitraubend und sogar gefährlich für den Motor.

Diese Übelstände vermeidet nach R. Elsässer[4] ein bei den SSW verwendetes Verfahren, bei dem man den Motor mit einer großen Masse hochlaufen läßt und oszillographisch die Drehzahl n und den Strom J in Abhängigkeit von der Zeit t aufnimmt, woraus dann $f(M_d, n)$ berechnet werden kann.

f) Doppeltgespeiste und kompensierte Motoren.

Speist man nach M. Kloß und Grob[5] Ständer und Läufer vom Netz, so daß sich die Drehfelder in entgegengesetzten Richtungen bewegen, dann erhält man einen synchron laufenden Motor doppelter Feldgeschwindigkeit und Drehzahl. Bei gleicher Feldrichtung des doppelt gespeisten Motors erhält man außer der Geschwindigkeit Null auch einen asynchronen Lauf, für den nach A. Tolwinski und M. Hochberg[6] Kreisdiagramme aus Leerlaufs- und Kurzschlußversuch gezeichnet werden können.

Um den Leistungsfaktor der Induktionsmotoren zu verbessern, versieht man sie mit Kompensationswicklungen[7]. Die Un-

[1] Richter, R.: Arb. elektrotechn. Inst. Karlsruhe Bd. 4 S. 327.
[2] Forsch.-Arb. Ing.-Wes. 1919 Heft 212.
[3] Elektrotechn. u. Maschinenb. 1924 S. 57.
[4] Siemens-Z. 1930 S. 188. [5] ETZ 1901 S. 211.
[6] Arch. Elektrotechn. Bd. 20 (1928) S. 162; ETZ 1928 S. 1271.
[7] Linker, A.: Elektromaschinenbau, S. 272.

tersuchung derartiger kompensierter Motoren läßt sich nach J. Thieme[1] auf Grund von Leerlaufsmessungen vornehmen, wobei die Betriebsweise aus Kreisdiagrammen abgeleitet werden kann.

12. Untersuchung eines asynchronen Einphasenmotors.

Auch hierfür ist von A. Heyland ein Diagramm aufgestellt. F. Punga[2] gibt ein zeichnerisches Verfahren an, um das Kreisdiagramm des Einphasen-Induktionsmotors aus dem Heyland-Diagramm des äquivalenten Dreiphasenmotors zu erhalten. Zur Untersuchung bestimmen wir am besten

Das Ossanna-Diagramm.

Dafür macht man bei der normalen Klemmenspannung E_k und Periodenzahl ν folgende Aufnahmen:

1. Bei offenem, stillstehendem Läufer: Ständerstrom J_0' und Leistung N_0', Widerstand R_1.

2. Bei synchronem Gang des Läufers: Stromstärke J_{00}, Leistung N_{00}.

3. Bei Leerlauf: Stromstärke J_0, Leistung N_0.

4. Bei Kurzschluß, d. h. Stillstand des Läufers unter einer Spannung $E_k' < E_k$; Stromstärke $J_k' \approx J$; Leistung N_k'.

Aus Messung 1 (nur bei Phasenankern möglich) findet man den Ständer-Feldstrom: $J_{s_1} = \sqrt{(J_0')^2 - \left(\frac{N_0'}{E_k}\right)^2}$,

bei Kurzschlußankern setzt man $J_{s_1} \approx \frac{J_0}{2}$. Zu 2: Der Läufer muß synchron angetrieben werden. Man erhält dabei

$$\cos\varphi_{00} = \frac{N_{00}}{E_k \cdot J_{00}}.$$

Aus Versuch 3 folgt:

$$\cos\varphi_0 = \frac{N_0}{E_k \cdot J_0} \quad \text{und} \quad N_m = N_0 - N_{00}.$$

Aus Messung 4 ergibt sich:

$$J_k = J_k' \cdot \frac{E_k}{E_k'} \quad \text{und} \quad \cos\varphi_k = \frac{N_k}{E_k' \cdot J_k'}.$$

---

[1] ETZ 1928 S. 90; 1929 S. 1151. [2] ETZ 1928 S. 603.

Zur Konstruktion des Diagramms (Abb. 407) zeichnet man die Strahlen $AF_0 = J_0$ unter dem $\sphericalangle \varphi_0$ und $AF_k = J_k$ unter dem $\sphericalangle \varphi_k$ gegen E_k geneigt. Den Mittelpunkt O_0 findet man mit großer Annäherung wie beim Drehstrommotor, während in Wirklichkeit die Linie F_0a um einen kleinen $\sphericalangle \varphi_2$ gegen die Ordinatenachse geneigt sein müßte, da im Läufer außer dem Leistungsstrom noch ein Feldstrom erzeugt wird. Setzt man $\varphi_2 \approx 0$, so wird

$$\operatorname{tg} \alpha \approx \frac{\frac{1}{2} \cdot J_{0_l} \cdot \sin \varphi_k + \frac{3}{2} \cdot J_{0_s} \cdot \cos \varphi_k}{J_{0_s} \cdot \sin \varphi_k - J_{0_l} \cdot \cos \varphi_k + J_k}.$$

Halbiert man die Ordinate $F_k Y$ in c, so **trifft** ein von A aus durch c gelegter Strahl den Kreis in F_∞, wofür angenähert

$$\operatorname{tg} \beta \approx \frac{\frac{1}{2} \cdot J_{k_l}}{J_{k_s}}$$

ist. Der Synchronpunkt F_{00} ergibt sich ebenso wie vorher (S. 501). Die **eingeführte Leistung** ist bestimmt durch $\boldsymbol{N_e \sim FM}$ im Maßstab von $N_0 \sim F_0 M_0$.

Die **abgegebene Leistung** ist $\boldsymbol{N_a \sim FN}$.

Der **Ständerstrom** ist gegeben durch den Strahl $\boldsymbol{J_1 = AF}$.

Trägt man $J_{s_1} = AC$ ab, so ist der **Läuferstrom** $\boldsymbol{J_r = FC}$.

Leistungsfaktor: Schlägt man über $AB = 1$ einen Halbkreis, dann ist die vom Strahl AF abgeschnittene Sehne $\boldsymbol{Aw = \cos \varphi}$.

Schlüpfung s: Man kann sie nicht direkt wie beim Dreiphasenmotor ermitteln, sondern teils aus dem Diagramm, teils durch Rechnung. Bedeutet $n_1 = \frac{60 \cdot \nu_1}{p}$ die synchrone Drehzahl und n diejenige des Läufers, so läßt sich in der Gleichung

$$s = \frac{n_1 - n}{n_1} = 1 - \frac{n}{n_1}$$

nur das Glied $\left(\frac{n}{n_1}\right)^2$ aus dem Diagramm nach derselben Konstruktion wie beim Dreiphasenmotor entnehmen. Zieht man nämlich eine Linie durch $F_\infty F_k$ und durch einen Punkt l auf ihr eine Parallele $lk = 100\%$ zur Tangente in F_∞, so teilt ein von F nach F_∞ gelegter Strahl die Parallele im Punkt r im Verhältnis $\frac{lr}{lk} = \left(\frac{n}{n_1}\right)^2$, woraus $\frac{n}{n_1}$ und s berechnet werden kann.

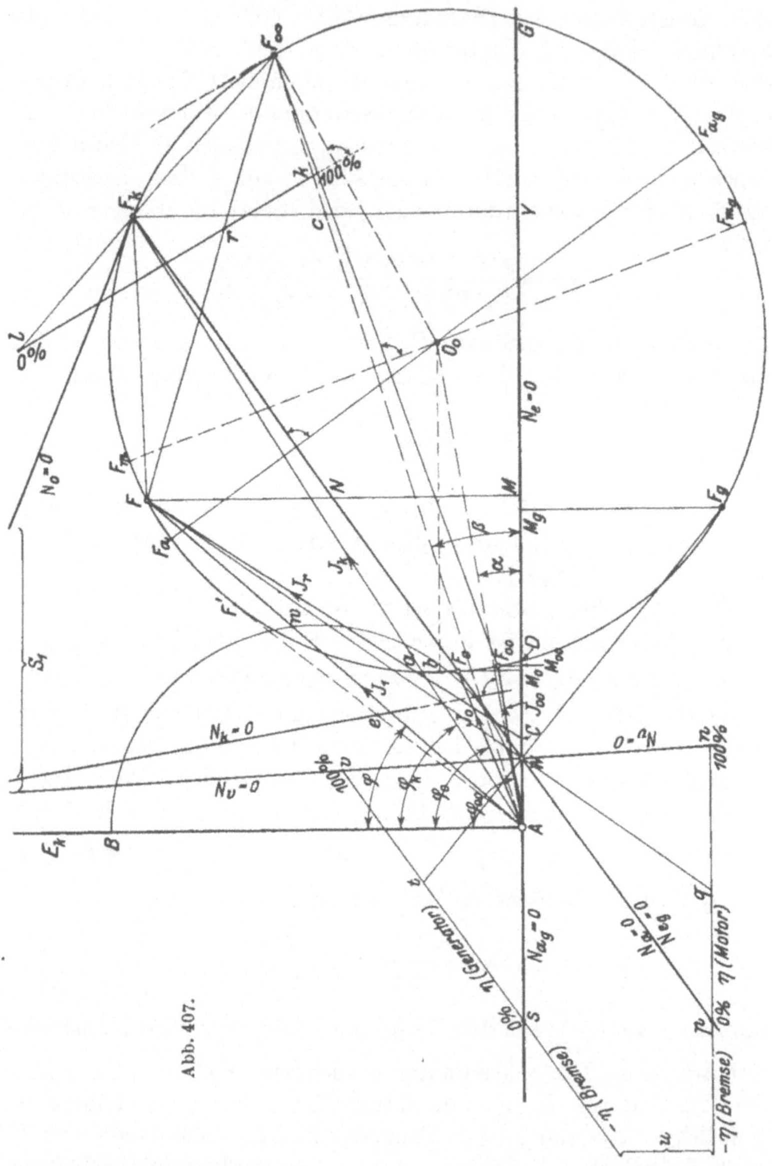

Abb. 407.

Drehmomentleistung N_d: Auch diese läßt sich nicht direkt bestimmen, da eine Linie $N_d = 0$, die sie darstellen sollte, durch F_0, F_k und F_∞ gehen müßte. Sie ergibt sich daher nur rechnungsmäßig aus der Gleichung

$$N_d = \frac{N_a}{\frac{n}{n_1}}.$$

Wirkungsgrad η: Dafür zeichnen wir die Verlustlinien $N_0=0$, $N_k=0$ (S. 502), $N_v=0$ (S. 504) und die Parallele pn zu $N_e=0$, dann ist die von einem durch W gehenden Strahl Fq abgeschnittene Strecke $\boldsymbol{pq} = \eta$, wenn $pn = 100\,\%$ bedeutet.

Zur Verbesserung der Phase und des Anlaufs von Einphasenmotoren kann man nach H. Wolff[1] einen Kondensator in die Hilfsphase legen. Die Wirkungsweise wird durch ein Diagramm erläutert.

13. Untersuchung von Umformern.

a) Einanker-Umformer.

Allgemein benutzt man den Einankerumformer dazu, als Synchronmotor laufend Wechselstrom in Gleichstrom umzuformen. Er ist daher nach den für Synchrongeneratoren geltenden Grundsätzen an die Stromquelle anzuschließen, indem man ihn von der Gleichstromseite antreibt. Weiter kann man ihn auch durch einen Anwurfmotor oder durch asynchronen Anlauf anlassen. Dabei ist darauf zu achten, daß sich die richtige Polarität einstellt[2].

Auf die Größe der Gleichspannung kann man nur durch die Veränderung der Wechselspannung einwirken. Dies kann nun entweder durch einen Transformator mit veränderlichem Übersetzungsverhältnis, Drehtransformator oder eine Zusatz-EMK erfolgen oder durch die Einwirkung phasenverschobener Ströme auf die Selbstinduktion der Wechselstromleitungen oder einer in ihnen liegenden Drosselspule.

Die von einem Wechselstrom hervorgerufene Feldspannung oder EMK der Selbstinduktion ist um 90° gegen denselben nacheilend. Schickt man nun durch die Drosselspule einen um 90° nacheilenden Strom, wie es z. B. der Ausgleichsstrom i_0 des Synchronmotors bei Untererregung ist (s. S. 464), so ist die von ihm

[1] Arch. Elektrotechn. Bd. 23 (1930) S. 459.

[2] Vgl. Siemens-Z. 1928 S. 364.

hervorgerufene EMK der Selbstinduktion gegen die Klemmenspannung E_k um $90^0 + 90^0 = 180^0$ nacheilend, d. h. sie wirkt der Spannung E_k direkt entgegen. Durch Schwächung des Feldes im Umformer wird demnach die dem Motor gebotene primäre Spannung verringert und damit auch die Spannung der Gleichstromseite niedriger. Verstärkt man dagegen das Feld, so daß der Ausgleichsstrom i_0 der Klemmenspannung voreilt, so ist die in der Drosselspule von ihm erzeugte EMK der Selbstinduktion um $90^0 - 90^0 = 0^0$ nacheilend, d. h. in Phase mit E_k, sie addiert sich daher zu E_k, so daß die Klemmenspannung des Motors und damit auch die Gleichspannung steigt. Praktisch ist natürlich die Phasenverschiebung des Ausgleichsstromes i_0 immer kleiner als 90^0, so daß nur eine Komponente die oben angegebene Wirkung ausübt. Die Folge der Änderung des Magnetfeldes äußert sich demnach in derselben Weise wie bei einem Gleichstromgenerator. Ihrem Wesen nach ist diese Erscheinung aber von der im Gleichstromgenerator auftretenden durchaus verschieden.

Die Untersuchung eines Umformers erstreckt sich nun auf folgende Punkte:

1. Man bestimmt die Arbeitskurven, indem man bei konstanter Erregung das Arbeitsdiagramm wie bei einem Synchronmotor (S. 472) aufnimmt.

2. Zur Aufnahme der V-Kurven $f(J_1, E_g)$ bzw. $f(J_1, J_e)$ für $M_d =$ konst. läßt man die Maschine auf ein Gleichstromnetz zurückarbeiten oder belastet sie mit einem Widerstand, so daß die abgegebene Leistung N_2 für eine Kurve konstant bleibt. Gleichzeitig ermittelt man auch den Leistungsfaktor $\cos\varphi$ und stellt ihn als $f(\cos\varphi, J_e)$ dar.

3. Zur Untersuchung der Spannungsänderung nimmt man bei konstanter Wechselspannung E_{k_1}, Periodenzahl ν und Erregerwiderstand J_e die äußere Charakteristik $f(E_{k_2}, J_2)$ auf. Aus der Kurve ergibt sich dann für die Spannung bei Leerlauf $E_{k_{2_0}}$ und bei Nennlast E_{k_2} nach § 73, 74 der REM die prozentuale Spannungsänderung

$$\varepsilon = \frac{E_{k_{2_0}} - E_{k_2}}{E_{k_2}} \cdot 100\,\%.$$

Zwischen der Schleifringspannung E_{w_m} eines m-phasigen Umformers und der Gleichspannung E_g besteht die Beziehung[1] $E_{w_m} = \frac{E_g}{f_s} \cdot \sin \frac{180^0}{m}$, worin f_s der Scheitelfaktor der Spannungskurve und für Einphasenstrom $m = 2$ zu setzen ist.

Der Leistungsanteil des Linienstromes J_{1_l} bestimmt sich aus dem Gleichstrom J_g zu $J_{1_l} = \frac{2 \cdot f_s}{m} \cdot J_g$ oder mit Berücksichtigung des Wirkungsgrades η, der Klemmenspannung E_g und der Leistung N kW der Gleichstromseite $J_{1_l} = \frac{2 \cdot \sqrt{2} \cdot N \cdot 10^3}{m \cdot E_g \cdot \eta}$ Amp.

Geeignete Formeln für die verschiedensten Fälle der Spannungsänderung sind von K. Faye-Hansen[2] auch für Kaskaden-Umformer und Doppel-Generatoren angegeben.

Die Rücksichtnahme auf den Spannungsabfall macht es z. B. im Bahnbetrieb erforderlich, die über die Strecke verteilten Umformer nur gemäß der notwendigen Belastung an die Leitung anzuschließen. Aus Gründen der Wirtschaftlichkeit empfehlen sich dafür selbsttätige oder ferngesteuerte Schalteinrichtungen für den Anschluß von Umformern, wie sie von der AEG und nach K. Krieg[3] von den SSW gebaut werden.

4. Bestimmung des Wirkungsgrades (§ 54 ... 64 REM). Die direkte Ermittlung ist allgemein nicht zu empfehlen, da Ablesungsfehler das Ergebnis stark fälschen können. Am genauesten ist das Einzelverlustverfahren. Dabei ist jedoch zu berücksichtigen, daß die Stromwärmeverluste im Anker sich berechnen aus

$$N_{R_a} = k_u \cdot J_g^2 \cdot R_a \cdot 10^{-3} \text{ kWatt},$$

worin R_a den auf die Gleichstromseite bezogenen Ankerwiderstand, J_g die Gleichstromstärke und k_u einen Faktor bezeichnen, der vom Leistungsfaktor $\cos\varphi$ abhängt und für $\cos\varphi = 1$ der Tabelle (§ 61, Abs. 2 REM) entnommen werden kann.

Für die Untersuchung rotierender Dreiphasenumformer macht man nach dem Rückarbeitsverfahren folgende Schaltung (Abb. 408):

Die Gleichstromseiten I und II werden an eine Hilfsbatterie E gelegt, deren Spannung gleich E_{k_g} sein muß. Sie braucht je-

[1] Linker, A.: Elektromaschinenbau, S. 190.
[2] Arch. Elektrotechn. Bd. 24 (1930) S. 323.
[3] Siemens-Z. 1928 S. 325, 363, 469.

doch nur eine Leistung abzugeben, die etwas größer ist als die Summe sämtlicher Verluste. Nachdem die Umformer auf gleiche Spannung und Phase gebracht sind, werden die Schalthebel S geschlossen, wobei die Sekundärwicklung 2 der Autotransformatoren A vorher ausgeschaltet sein muß; damit ist bei richtiger Einstellung der abgegebene Wechselstrom $J_w = 0$. Nun verändert man mittels der Autotransformatoren die Wechselspannung E_{k_w} so weit, bis der normale Strom J_w bzw. J_g auftritt. Dieser Strom ist ein reiner Leistungsstrom. Ändert man die Erregung, so tritt noch ein Feldstrom dazu, so daß man auf diese Weise auch eine beliebige Phasenverschiebung erzielen kann. Liefert nun der Akkumulator den Strom J_v, so dient die Leistung

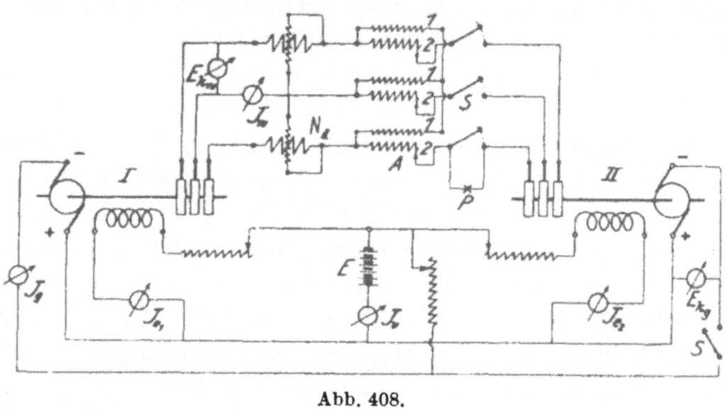

Abb. 408.

$N_v = E_{k_g} \cdot J_v$ zum Ausgleich sämtlicher Verluste einschließlich Erregung. Ist der Eigenverbrauch der Autotransformatoren N_T durch einen Vorversuch bestimmt, so beträgt bei gleichmäßiger Verteilung der Leistungen auf beide Umformer der Verlust in einer Maschine allein $\dfrac{N_v - N_T}{2}$.

Beträgt die Leistung der Gleichstromseite $N_g = E_{k_g} \cdot J_g$,

so ergibt sich der Wirkungsgrad $$\eta = \sqrt{\frac{E_{k_g} \cdot J_g - \dfrac{N_v - N_T}{2}}{E_{k_g} \cdot J_g + \dfrac{N_v - N_T}{2}}}.$$

Mißt man noch die Leistung N_d mit zwei Leistungsmessern, so enthält diese die Differenz der Leistungen auf der Wechselstromseite beider Maschinen, d. h. die Stromwärmeverluste N_{R_a} und die Verluste der Autotransformatoren N_T, daraus ergibt sich der Kupferverlust für einen Umformer $N_{R_a} = \frac{N_d - N_T}{2}$ und der Leistungswiderstand des Ankers

$$R_{a_l} = \frac{N_d - N_T}{2 \cdot J_w^2}.$$

Diese Anordnung ergibt den Wirkungsgrad mit großer Genauigkeit, jedoch nur in dem Fall, wenn die Erregungen voneinander wenig abweichen.

Die Bestimmung des Wirkungsgrades kann auch nach der Hilfsmotor-Methode (s. IV, 14b) erfolgen.

b) Kaskaden-Umformer.

Er besteht[1] aus einem elektrisch und mechanisch mit einem Induktionsmotor gekuppelten Gleichstromgenerator. Besitzt der Motor p_i, der Generator p_g Polpaare, dann ist bei ν Hertz die synchrone Drehzahl des Umformers $n = \frac{60 \cdot \nu}{p_i + p_g}$ U/min, also ebenso groß wie die eines Synchronmotors, dessen Polzahl $2p$ gleich der Summe beider Polzahlen, also $p = p_i + p_g$ ist.

Das Anlassen des Kaskaden-Umformers geschieht nach J. Jensen[2] mit einem Synchronisier-Widerstand oder nach M. Liwschitz[3] mit dreiphasiger Drosselspule. Im ersteren Fall nimmt der Umformer die richtige Polarität an, weil er sich mit seiner Remanenz von eindeutiger Richtung selbst erregt und erst synchron geschaltet wird, wenn er im normal erregten Zustand aus dem Übersynchronismus heruntergeht. Beim Anlassen mit der Drosselspule dagegen sind die erforderlichen Maßnahmen[4] für die Einstellung der richtigen Polarität zu beobachten, indem man in die Gleichstromseite einen doppelpoligen Umschalter aufnimmt (bei kleinen Leistungen) oder wechselstromseitig kurzzeitig ab- und wieder zuschaltet, oder das Feld umpolarisiert.

Bezüglich der Selbstanlaufvorrichtungen und sonstigen Messungen der Spannungsänderung und des Wirkungsgrades vergleiche man die Angaben unter a).

---

[1] Linker, A.: Elektromaschinenbau, S. 198.

[2] ETZ 1913 S. 382. [3] Siemens-Z. 1928 S. 471.

[4] Siemens-Z. 1928 S. 364, 473.

14. Bestimmung des Wirkungsgrades von Synchronmaschinen und Induktionsmotoren.

Abgesehen von den bisher betrachteten Möglichkeiten, mit Hilfe von Diagrammen den Wirkungsgrad festzustellen, wollen wir in diesem Abschnitt noch einige andere Methoden besprechen.

a) Rückarbeitsverfahren.

Hierbei müssen mindestens zwei gleich große Maschinen von gleicher Spannung vorhanden sein. Die beiden Maschinen werden mechanisch mittels verstellbarer Kupplung direkt oder durch

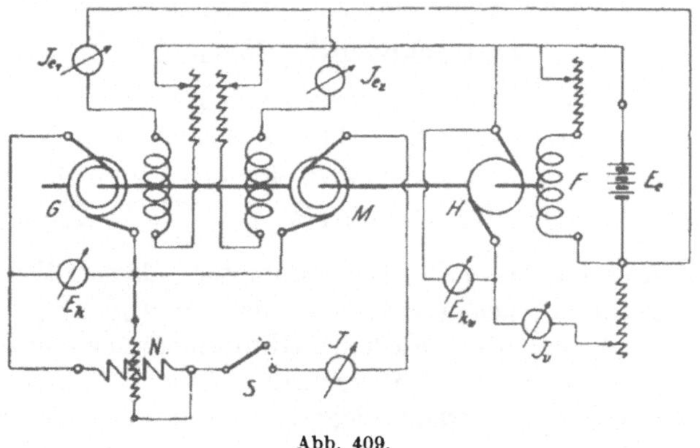

Abb. 409.

Riemen miteinander gekuppelt und durch einen Hilfs-Gleichstrommotor H angetrieben (Abb. 409).

Nun vereinigt man auch elektrisch beide nach den Regeln für das Parallelschalten von Wechselstrommaschinen, dann wird die eine als Generator G, die andere als Motor M laufen. Entsprechend einer bestimmten relativen Verschiebung der beiden Anker gegeneinander wird sich dann ein gewisser Leistungsstrom einstellen, während durch die Änderung der Erregung nur der Feldstrom und damit der Leistungsfaktor $\cos \varphi$ beeinflußt wird. Auf diese Weise kann jeder beliebige Belastungsstrom J und Phasenverschiebung φ erhalten werden. Da sich das System die vom Leistungsmesser N angezeigte elektrische Leistung zum Betriebe selbst erzeugt, so hat der Hilfsmotor H nur die zur Kompensierung der Verluste notwendige Leistung N_v an die Transmission zu liefern. Bewegt sich eine Leistung N bei einer Spannung E_k und einem Strom J innerhalb der beiden Maschinen und nehmen wir an, daß die Verluste gleich groß sind, so erhält der Motor an den Klemmen die Leistung N und gibt an der Welle $N_a = N - \frac{N_v}{2}$ ab. Dem Generator wird nun

$$N_e = N_a + N_v = N + \frac{N_v}{2}$$

zugeführt, so daß der Gesamtwirkungsgrad

$$\eta_g \cdot \eta_m = \frac{N_a}{N_e + N_{R_e}} = \frac{N - \frac{N_v}{2}}{N + \frac{N_v}{2} + E_e \cdot (J_{e_1} + J_{e_2})}$$

oder für $\eta_g = \eta_m = \eta$ der Einzelwirkungsgrad

$$\eta = \sqrt{\frac{N - \frac{N_v}{2}}{N + \frac{N_v}{2} + E_e \cdot (J_{e_1} + J_{e_2})}}$$

wird. Die Leistung N_v wird aus Spannung E_{k_v}, Strom J_v und dem Wirkungsgrad η_h des Hilfsmotors H aus $N_v = \eta_h \cdot E_{k_v} \cdot J_v$ bestimmt, daher ist es vorteilhaft, ihn vorher für verschiedene Belastungen zu eichen.

Die Genauigkeit der Methode ist nicht sehr groß, da infolge der verschiedenen induzierten EMKe im Motor und Generator Eisenverluste auftreten, die bei normalem Betrieb nicht vorhanden sind. Man benutzt diese Anordnung aber in der Praxis gleichzeitig zur Dauerbelastung und Bestimmung der Erwärmung.

Auf Induktionsmotoren läßt sich das Rückarbeitsverfahren ebenfalls anwenden, wobei man außer dem Wirkungsgrad noch den Leistungsfaktor, das Drehmoment und die Schlüpfung mitbestimmen kann, wie Fletscher[1] gezeigt hat. Ebenso lassen sich dafür auch die Zusatzverluste nach A. Tolwinski und M. Hochberg (S. 513), E. Rolf[2] und A. M. Bambas[3] unter Zuhilfenahme beiderseitiger Speisung von Ständer und Läufer ermitteln.

[1] Electr. Rev. 1910 S. 206.

[2] Diss. Hannover 1929; ETZ 1931 S. 447.

[3] Elektrotechn. u. Maschinenb. 1931 S. 86.

b) Hilfsmotormethode.

Ähnlich wie bei den Gleichstrommaschinen (vgl. S. 383) kann man die Verluste N_m und N_{hw} aus einer Leerlaufmessung, die Stromwärme $N_{R_a} = J^2 \cdot R_a$ und zusätzlichen Verluste N_z aus einer Kurzschlußmessung feststellen.

Zu dem Zweck treiben wir den Generator unerregt durch einen geeichten Gleichstrommotor an, dessen Eigenverbrauch bzw. Umsetzungsverhältnis $\eta' = \frac{N_{a_m}}{N_{e_m}}$ bekannt sein soll; dann gibt er bei einer Spannung E_{1_m} und einem aufgenommenen Strom J_{1_m} an der Welle eine Leistung N_{a_1} ab, welche allein den mechanischen Verlust N_m auszugleichen hat.

Dann ist $N_m = N_{a_1}$.

Nun erregt man das Magnetfeld der Wechselstrommaschine, so daß eine Klemmenspannung E_{k_0} erzeugt wird, welche gleich der bei dem Strome J und der Klemmenspannung E_k auftretenden EMK E_a ist.

Für induktionsfreie Belastung war

$$E_a = \sqrt{(E_k + J \cdot R_a)^2 + (J \cdot S)^2}$$

oder in eine Reihe entwickelt $E_a = E_k + J \cdot R_a + \frac{(J \cdot S)^2}{2 E_k}$.

Dabei nimmt der Hilfsmotor eine Leistung $N_2 = E_{2_m} \cdot J_{2_m}$ auf und überträgt auf den Generator $N_{a_2} = \eta' \cdot N_2$. Es ist dann $N_{a_2} = N_m + N_{hw} + N_z'$, wo N_z' die Wirbelstromverluste in den Ankerleitern bedeutet. Es ist dann $N_{hw} + N_z' = N_{a_2} - N_{a_1}$ bestimmt, worin allerdings N_z' zu vernachlässigen ist.

Die Kurzschlußmessung zur Ermittlung der Stromwärmeverluste $N_{R_a} = m \cdot J^2 \cdot R_a$ bei m Phasen des Ankers und Zusatzverluste N_z erfolgt in derselben Weise, wie es auf S. 387 angegeben ist. Ist bei $m = 3$ die Schaltung unbekannt, so mißt man den Widerstand R_a' zwischen 2 Klemmen. Dann ist[1] bei einem Linienstrom J_1 der Stromwärmeverlust bei Dreiphasenwicklungen allgemein $N_{R_a} = 1{,}5 \cdot J_1^2 \cdot R_a'$.

[1] ETZ 1928 S. 285.

Schließlich ist noch der Erregerverlust $N_{R_e} = J_e^2 \cdot R_e$ und Übergangsverlust N_u zu bestimmen. Der für die normale Klemmenspannung E_k bei einem Belastungsstrom J und dem Phasenwinkel φ erforderliche Erregerstrom wird der Regulierungskurve

$$f(J_e, J), \quad E_k = \text{konst}, \quad \varphi = \text{konst}$$

entnommen. Ist diese jedoch nicht aufgenommen, so kann man J_e folgendermaßen auf Grund der beim Versuch gefundenen Diagramme berechnen:

Die Klemmenspannung E_k erfordert eine EMK

$$E_a = E_k + J \cdot R_a \cdot \cos\varphi + J \cdot S \cdot \sin\varphi,$$

worin J, R_a, S und φ bekannt sind. Ist die Leerlaufscharakteristik $f(E_a, J_e)$, $J = 0$ ermittelt, so erhält man daraus für die obige EMK E_a einen Erregerstrom J_e'. Infolge der entmagnetisierenden Kraft des Ankers geht eine MMK

$$\mathfrak{M}_e = k_e \cdot f_1 \cdot m \cdot w \cdot J \cdot \sin\psi$$

entsprechend einem Erregerstrom

$$J_e'' = \frac{\mathfrak{M}_e}{w_e}$$

verloren. Da nun $\mathfrak{M}_e$ berechnet werden kann und die Erregerwindungszahl w_e gegeben ist, so ist auch J_e'' bekannt und damit $J_e = J_e' + J_e''$ und daraus $N_{R_e} = J_e^2\ R_e$ gefunden.

Weiter sind noch im Erregerkreis die Übergangsverluste an den Schleifringen N_u zu berücksichtigen, die sich aus der Übergangsspannung E_u (1 V bei Kohle, 0,3 V bei metallhaltigen Bürsten) bei m_s Schleifringen errechnet zu

$$N_u = m_s \cdot E_u \cdot J_e \text{ Watt.}$$

Die Zusatzverluste (§ 62 REM) in Synchronmaschinen sind von R. Rüdenberg[1] genau untersucht worden und ihre Einzelmessung nach dem Hilfsmotorverfahren angegeben. Bei Induktionsmaschinen sind die Zusatzverluste N_z von den SSW[2] nach verschiedenen Verfahren untersucht und dabei gefunden worden, daß das Kurzschlußverfahren am einfachsten und genauesten ist. Dabei wird die Maschine mit der Nenndrehzahl durch einen geeichten Gleichstrommotor angetrieben, die Ständerwicklung kurzgeschlossen und vom Läufer aus auf Nennstromstärke erregt.

---

[1] ETZ 1924 S. 37, 59. [2] Siemens-Z. 1927 S. 223.

Ist dabei die Leistung N_1 auf die Induktionsmaschine übertragen, die mechanischen Verluste N_m und Stromwärmeverluste N_{R_a} anderweitig bestimmt, dann ergeben sich unter Vernachlässigung der geringen Eisenverluste die Zusatzverluste

$$N_z = N_1 - (N_m + N_{R_a}).$$

Der Wirkungsgrad für normale Belastung und Phasenverschiebung ergibt sich dann aus der Gleichung

$$\eta = \frac{N_a}{N_a + N_{a_2} + N_{R_a} + N_{R_e} + N_u + N_z}.$$

Um auch für andere Belastungen J den Wirkungsgrad zu erhalten, nimmt man die Leistungsverluste als Funktion des Ankerstromes J bei $\cos\varphi =$ konst. auf.

Bei der Leerlaufsmessung kann man auch den Synchronmotor ohne Benutzung des Hilfsmotors als Synchronmotor laufen lassen und die aufgenommene Leistung

$$N_0 = N_m + N_{hw} + N_z' + m \cdot J_0^2 \cdot R_a$$

mittels Leistungsmessers bestimmen, woraus der Verlust

$$N_m + N_{hw} + N_z' = N_0 - m \cdot J_0^2 \cdot R_a$$

berechnet wird.

In gleicher Weise wird ein Einankerumformer untersucht, indem man ihn als Gleichstrommotor leer laufen läßt (vgl. S. 363).

O. S. Bragstad und Bache-Wiig[1] benutzen diese Methode auch zur **Trennung der Verluste** eines Asynchronmotors in folgender Weise:

Man treibt den Läufer mittels des konstant erregten Hilfsmotors an und mißt für einige Punkte unterhalb und oberhalb des Synchronismus die Leistung in Abhängigkeit von der Drehzahl n, und zwar:

1. Die Ständer- und Läuferwicklungen sind offen. Der Hilfsmotor gibt nach Abzug des Eigenverbrauchs die Leistungen N_{a_1} an den Läufer ab (Abb. 410, Kurve *1*).

2. Bei erregtem Ständer und offenem Läufer werden vom Hilfsmotor die Leistungen N_{a_2} übertragen (Kurve *2*) und dem Ständer N_0 elektrisch zugeführt (Kurve *3*).

[1] Z. Elektrotechn. 1905 S. 381, 713; ETZ 1906 S. 106.

Bei Motoren mit Kurzschlußanker kann man die Messungen ebenfalls ausführen, doch sind die Leistungen außerhalb des Synchronismus um die geringen Läuferkupferverluste zu groß.

Die Kurven *2* und *3* zeigen im Synchronismus je einen Sprung $hf = bd$, der von dem Läufer-Hysteresisdrehmoment[1] herrührt, da die Wirbelströme Null sind. Es entspricht daher

$$bc = \frac{bd}{2} = fg = \frac{fh}{2}$$

den Hysteresis-Verlusten N_{h_2} im Läufer. ae stellt die mechanischen Verluste N_m dar. $ac = N_{hw_1} + m_1 \cdot J_0^2 \cdot R_1$ sind die Eisenverluste des Ständers durch Hysteresis und Wirbelströme und Stromwärmeverluste bei Leerlauf. $eg = N'_{hw}$ kann man dann als zusätzliche Eisenverluste bezeichnen. Sie werden dadurch hervorgerufen, daß bei dem Vorbeigang der Läuferzähne vor den Ständerzähnen die Induktion in den Zähnen mit ziemlich hoher Periodenzahl pulsiert. Da sie durch die Drehung des Läufers entstehen, können sie in der Leistungsaufnahme L_0 des Ständers nicht enthalten sein. Untersuchungen über das Wesen und die Entstehung dieser Verluste sind von O. S. Bragstad und A. Fränckel[2] gemacht worden. In gleicher Weise lassen sich die einzelnen Verluste als Funktion der Schlüpfung $s \gtrless 0$ ermitteln und zeichnerisch darstellen.

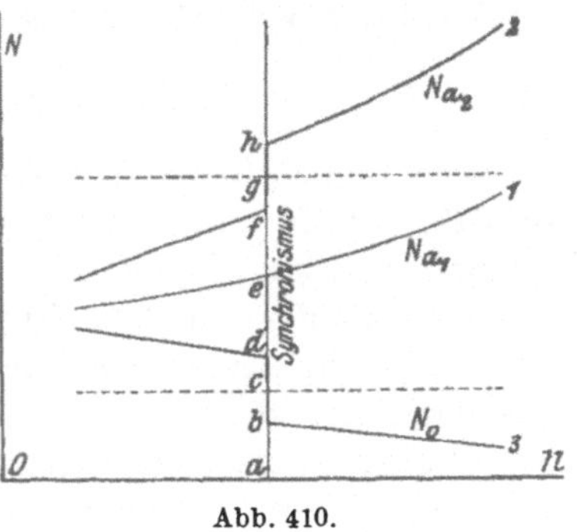

Abb. 410.

Nach H. Voigt[3] kann man die Aufnahme des Hysteresissprunges auch zur Ermittlung des Läuferwiderstandes verwenden.

Ein sehr einfaches Verfahren zur Trennung und Bestimmung aller Einzelverluste in Induktionsmotoren mit Schleifringanker ist von R. Richter[4] angegeben. Dabei werden 5 bzw.

[1] Ecl. électr. 1898 S. 489; ETZ 1903 S. 35, 507, 692, 735; 1910 S. 1249; 1911 S. 652.

[2] ETZ 1908 S. 1074, 1102.

[3] Elektrotechn. u. Maschinenb. 1930 S. 925.

[4] ETZ 1921 S. 1.

7 Messungen am Motor bei verschiedenen Schaltungen ausgeführt und daraus die einzelnen Verluste berechnet.

Bei Synchronmaschinen trennt man die Verluste auch in folgender Weise: Man nimmt für verschiedene Periodenzahlen ν die Eisenverluste N_{hw} des Ankers bei konstantem Erregerstrom J_e auf. Bildet man daraus den Quotienten $\frac{N_{hw}}{\nu}$ und stellt diesen Wert als Funktion von ν zeichnerisch dar, so erhält man annähernd gerade Linien, deren Schnitt mit der Ordinatenachse die Größe $h = \frac{N_h}{\nu}$ angibt. Die Ordinatendifferenz zwischen h und den einzelnen Kurvenpunkten ist dann $w \cdot \nu$, wie es auf S. 311 angegeben ist. Da die Kurven in der Nähe der Ordinatenachse etwas nach unten abbiegen, ist es vorteilhaft, einige Kurvenpunkte bei möglichst niedriger Periodenzahl aufzunehmen.

c) Auslaufsmethode.

Sie läßt sich in gleicher Weise wie bei Gleichstrommaschinen (S. 370) zur Trennung der Verluste verwenden.

Bei Induktionsmaschinen ist sie jedoch nur anwendbar, wenn der Läufer mit Schleifringen versehen ist. Nach Bragstad und La Cour[1] führt man dem Läufer eine konstante Gleichstromerregung J_e zu und nimmt dafür die Auslaufkurve $f(\nu, t)$ auf. Dabei ist es gleichgültig, ob man den Strom durch zwei Phasen in Hintereinanderschaltung leitet oder durch eine Phase in Reihe mit den beiden anderen parallel geschalteten. Darauf treibt man ihn mit derselben Erregung als Synchronmotor für verschiedene Periodenzahl an und mißt die dabei aufgenommene Leerlaufsleistung N_0 als Funktion der Periodenzahl ν, wobei die dem Ständer zugeführte Spannung so reguliert wird, daß die Stromaufnahme J_0 ein Minimum wird. Hierbei ist die Rückwirkung auf das Läuferfeld verschwindend klein, so daß die Auslaufsverluste gleich den im Ständer gemessenen gesetzt werden können. Aus diesem Versuch läßt sich dann die Konstante c (s. S. 371) bestimmen. Hat man durch einen Vorversuch bei mechanischem Antrieb des Läufers die Leerlaufscharakteristik $f(E_a, J_e)$ als Funktion der im Ständer induzierten EMK E_a und des Läuferstroms J_e bei derselben Periodenzahl ν aufgenommen,

[1] ETZ 1903 S. 34.

dann kann daraus die zu der Auslaufskurve gehörige EMK entnommen werden. Wird nun noch die Auslaufskurve $f(\nu_0, t_0)$ ohne Erregung des Läufers ermittelt, so läßt sich mit Hilfe von c und der hierdurch bestimmten Subnormalen der mechanische Verlust N_m berechnen. Dann sind die Eisenverluste

$$N_{hw} = N_0 - N_m$$

als Funktion von ν ebenfalls bekannt, und ihre Trennung kann in einfacher Weise erfolgen. Man kann jedoch auch den Motor leer mit kurzgeschlossenem Läufer elektrisch vom Ständer aus bei verschiedener Periodenzahl, aber konstanter Induktion $\mathfrak{B}_{\max}$ laufen lassen, d. h. die Spannung E_k muß proportional der Periodenzahl ν geändert werden, da für

$$\mathfrak{B}_{\max} = \text{konst}\,, \qquad E_k = c \cdot \nu$$

ist. Am einfachsten geschieht das in der Weise, daß bei konstanter Erregung nur die Drehzahl des Generators reguliert wird. Die hierbei aufgenommene Leistung ist dann ebenfalls

$$N_0 = N_m + N_{hw}\,.$$

Zieht man davon die vorher gefundenen Verluste N_m ab, so erhält man N_{hw} allein.

Hat der Asynchronmotor einen Käfig- oder Kurzschlußanker, dann ist die Auslaufsmethode nicht ausführbar.

Damit die beim Synchronbetrieb gemessenen Verluste gleich den beim Auslauf gefundenen gesetzt werden dürfen, mußte der im Eisen vorhandene magnetische Zustand vollständig vom Läufer erzeugt werden. Da nun wegen der Streuung die primäre Phasenverschiebung nur ein Niedrigstwert und nicht Null ist, liefert der Ständer auch ein Feld, so daß die Konstante c etwas zu groß erhalten wird.

Die Konstante c läßt sich auch folgendermaßen ermitteln: Man nimmt bei kurzgeschlossenem Läufer und normaler Klemmenspannung des Ständers die Anlaufskurve $f(n_1, t)$ des leerlaufenden Motors und ebenso bei offenem Läufer und derselben Spannung die Auslaufskurve $f(n_2, t)$ auf, woraus für dieselbe Drehzahl $n = n_1 = n_2$ die Subtangenten $a_1 b_1$ bzw. $a_2 b_2$ sich ergeben. Beim Anlauf wirkt die dem Drehmoment M_d der Läuferströme entsprechende Leistung N_d und die dem Drehmoment der Hysteresis und Wirbelströme im Läufer gehörende Leistung N_{hw_2} beschleunigend, die Ständer-Eisenverluste N_{hw_1} und mechanischen

Verluste N_m verzögernd. Daher ist

$$N_d + N_{hw_2} - N_{hw_1} - N_m = c \cdot n \cdot \frac{dn_1}{dt}.$$

Beim Auslauf wirkt $N_{hw_1} + N_m$ verzögernd, N_{hw_2} beschleunigend, wofür die Beziehung besteht:

$$N_{hw_1} + N_m - N_{hw_2} = - c \cdot n \cdot \frac{dn_2}{dt}.$$

Aus beiden Gleichungen folgt:

$$N_d = c \cdot n \cdot \left(\frac{dn_1}{dt} - \frac{dn_2}{dt}\right) = c \cdot n \cdot \left(\frac{n}{a_1 b_1} - \frac{n}{a_2 b_2}\right)$$

oder

$$\boldsymbol{N_d = c \cdot n^2 \cdot \left(\frac{1}{a_1 b_1} - \frac{1}{a_2 b_2}\right)}.$$

Die Drehmomentleistung N_d kann man darin aus dem für den beim Auslauf vorhandenen Läuferwiderstand durch Leerlauf- und Kurzschlußversuch erhaltenen Diagramm als Funktion der Drehzahl entnehmen.

Die zeichnerische Behandlung der Verluste von Mehrphasenmotoren ist von Hellmund[1] in ausführlicher Weise geschildert worden.

d) Einzelverlustverfahren.

Gemäß § 58, III REM werden die Verluste einzeln ermittelt, und zwar:

1. Leerverluste $N_0 = N_m + N_{hw}$ nach dem Motor- bzw. Generator-Verfahren oder mittels der vorher unter b) angegebenen Messungen.

2. Stromwärmeverluste $N_{Ra} = m \cdot J^2 \cdot R_a$ durch Ermittlung des Widerstandes R_a mit Gleichstrom. Bei Induktionsmaschinen mißt man die Widerstände R_1 bzw. R_2 im Ständer bzw. Läufer. Doch können die Läuferverluste auch aus der Schlüpfung berechnet werden.

3. Zusatzverluste N_z. Ihre Ermittlung ist schon unter b) angegeben. Bei Induktionsmaschinen ist dafür nach § 63, 4 vorläufig ½ % einzusetzen.

Beide Verluste unter 2 und 3 zusammen können auch nach § 62 II durch das Übererregungsverfahren (§ 58 II) bestimmt werden.

---

[1] J. Instn. electr. Engr. 1910 S. 239.

4. Erregungsverluste. Sie setzen sich aus dem Stromwärmeverlust in der Erregerwicklung R_e und im Hauptstromregler r_e gemäß Gleichung $N_{R_e} = J_e^2 \cdot (R_e + r_e)$ bzw. bei Eigenerregung aus dem Verbrauch $N_E = \frac{N_{R_e}}{\eta_e}$ der Erregermaschine bei einem Wirkungsgrad η_e derselben und den Übergangsverlusten an den Schleifringen $N_u = m_s \cdot E_u \cdot J_e$ zusammen.

15. Isolierfestigkeit und Erwärmung von Wechselstrommaschinen.

a) Isolierfestigkeit.

Nach § 48 ... 53 REM sind dafür folgende Messungen vorzunehmen: Die Wicklungsprobe, die Sprungwellenproben, die Windungsprobe, wie sie in den Vorschriften beschrieben sind. Synchronmaschinen haben nach § 47 noch eine Kurzschlußprobe auszuhalten.

Bei betriebsmäßig arbeitenden Maschinen erscheint es zweckmäßig, von Zeit zu Zeit laufend den Isolationszustand der Wicklungen dadurch nachzuprüfen, daß man[1] die dielektrischen Verluste mittels Leistungsmessers oder der Brückenanordnung nach H. Schering (s. d.) ermittelt.

b) Erwärmung.

Diese wird nach § 31 ... 41 REM in ähnlicher Weise ermittelt, wie es schon bei den Gleichstrommaschinen (III, 7) angegeben ist.

Zur Temperaturüberwachung der Erregerwicklung eines Generators während des Betriebes kann ein Kreuzspul-Instrument[2] dienen, auf dessen Spulen die Erregerspannung E_e und der Erregerstrom J_e einwirken, wobei ihr Quotient $R_e = \frac{E_e}{J_e}$ den jeweiligen Widerstand der Erregerwicklung und damit auch ihre Temperatur angibt. Die Skala ist dementsprechend in Temperaturgraden geeicht.

Vor der Messung ist die Maschine entsprechend den Angaben der REM zu belasten. Dabei dürfen betriebsmäßig vorgesehene Umhüllungen, Abdeckungen usw. nicht entfernt werden.

[1] ETZ 1929 S. 1402. [2] Siemens-Z. 1927 S. 558.

Bei Synchronmaschinen mit Gleichstromerregung wird die Erwärmung ϑ der Magnetspulen durch Widerstandsmessung, die Ankertemperatur durch Thermometer bestimmt, wie es bei den Gleichstrommaschinen (S. 394) angegeben ist.

Auch aus den Erwärmungen ϑ_0 bei Leerlauf und ϑ_k bei Kurzschluß läßt sich die Erwärmung ϑ durch einfache Addition $\vartheta = \vartheta_0 + \vartheta_k$ bestimmen, da nämlich die Erwärmung nahezu proportional den Verlusten ist und der Gesamtverlust bei normaler Belastung sich als Summe der Leerlaufs- und Kurzschlußverluste darstellt. Allgemein ist dieser Wert von ϑ etwas zu groß, so daß man bei dieser Methode sicher ist, den zulässigen Wert nicht überschritten zu haben.

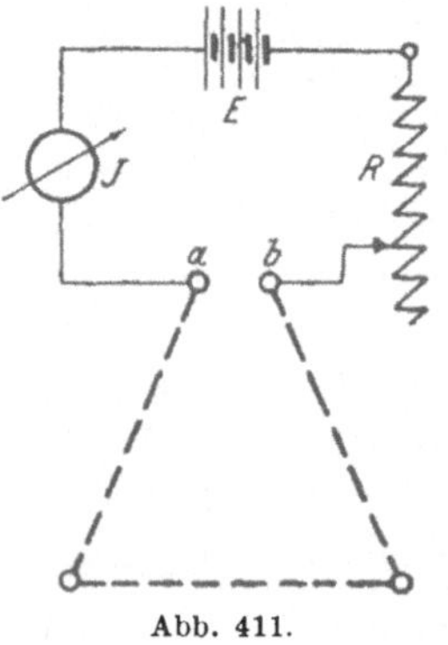

Abb. 411.

Bei großen Maschinen wäre eine Dauerprobe mit einer beträchtlichen Arbeitsvergeudung verbunden. Es empfiehlt sich dann, entweder das Rückarbeitsverfahren (IV, 14a) anzuwenden oder, wenn das nicht möglich sein sollte, künstliche Belastung vorzunehmen.

Goldschmidt[1] läßt die Maschine mit normaler Spannung leer laufen, wodurch das Eisen infolge der Hysteresis- und Wirbelstromverluste geheizt wird, während für die Erwärmung des Ankerkupfers Gleichstrom durch die Wicklung geleitet wird, ohne daß jedoch die Gleichstromquelle Wechselstrom erhält. Am bequemsten läßt sich das bei Drehstrommaschinen mit Dreieckschaltung ausführen, indem man die geschlossene Wicklung an den Punkten a und b (Abb. 411) öffnet und daselbst den Gleichstrom einführt. Das geschieht am besten vor der Erregung der Wechselstrommaschine auf normale Spannung. Bei Hochspannungsmaschinen verbindet man außerdem einen Pol der Hilfsquelle mit dem Gestell, damit bei mangelhafter Isolation keine Beschädigung derselben eintritt. Eine Sternschaltung ist dabei in Dreieckschaltung umzuwandeln. Da die Gleichstromquelle nur die Kupferverluste auszugleichen hat, so braucht ihre Leistung nur 2 ÷ 4% von der Maschinenleistung zu betragen. Ein Nachteil der Methode besteht darin, daß die künstliche Belastung nicht den wirklichen Verhältnissen entspricht.

[1] ETZ 1901 S. 652.

Mordey belastet die Maschine durch den eigenen Wechselstrom, indem er die induzierten Spulen des Ankers in zwei ungleichen Teilen gegeneinanderschaltet, so daß die Differenz der EMKe den erforderlichen Strom hervorruft.

Ayrton nahm eine ähnliche Schaltung an den Magnetspulen des Feldes vor, während Behrend[1] die Zahl der parallel geschalteten Spulen gleich groß machte und die beiden Zweige verschieden stark erregte. Da nun die Spulen des einen Zweiges generatorisch, die des anderen motorisch wirken, entsteht ein wechselnder magnetischer Zug bei der Drehung. Will man daher bei den beiden Methoden der Feldumschaltung für gewisse Erregungen starke Schwingungen und damit gefährliche mechanische Beanspruchungen vermeiden, so muß man nach Smith[2] die Spulen der beiden Zweige so miteinander erregen, daß sie symmetrisch auf den Ankerumfang verteilt sind.

Da die Methode der Polumschaltung nur für Maschinen mit mindestens 60 Polen und vierfacher Unterteilung anwendbar ist, wenn die Verluste sich nahezu wie bei Vollast verteilen sollen, haben Hobart und F. Punga[3] eine Prüfungsmethode angegeben, die keine Veränderung der Schaltung erfordert und bei der die Erwärmung wie bei der wirklichen Belastung auftreten soll, ohne daß eine größere Energie aufgewendet werden muß, als zur Deckung der Verluste erforderlich ist. Dabei müssen die Einzelverluste bekannt sein.

16. Untersuchung von Wechselstrom-Kommutatormotoren.

Von den verschiedenen Ausführungsformen, deren Entwicklung, Arbeitsweise und Klassifikation in verschiedenen Arbeiten behandelt ist, wollen wir uns hier nur mit der Untersuchung der für die praktischen Zwecke aussichtsreichsten Arten[4] beschäftigen und sie nach den beiden Gruppen für Einphasen- und Mehrphasenwechselstrom einteilen. Ihre Betriebseigenschaften lassen sich durch Kreisdiagramme darstellen, deren Zeichnung in den meisten Fällen nach der experimentellen Bestimmung gewisser

---

[1] Electr. Wld. 31. Okt. 1903; ETZ 1903 S. 314.

[2] Electrician 14. Juli 1905. [3] ETZ 1905 S. 441.

[4] Linker, A.: Elektromaschinenbau, S. 211.

charakteristischer Größen möglich ist. Werden außerdem die Kurzschlußströme, die auf den Leistungsfaktor und die Drehzahl einen großen Einfluß ausüben, durch Wendepole so weit begrenzt, daß ihre Einwirkung gering bleibt, so weicht das Verhalten der Motoren nur wenig von dem durch die Diagramme gefundenen ab.

a) Einphasen-Motoren.

1. Der Hauptschlußmotor.

Die Bauart entspricht derjenigen der Gleichstrommotoren mit dem Unterschied, daß wegen der Wechselstrommagnetisierung Joch und Magnetpole ebenso wie der Anker aus Blechen hergestellt sind. Trotzdem würde der Leistungsfaktor sehr klein

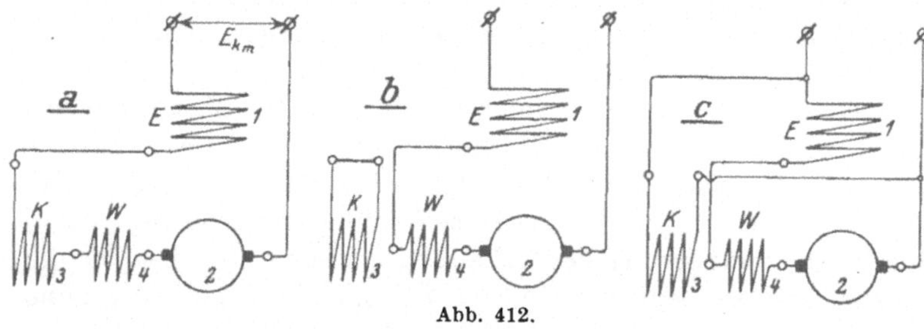

Abb. 412.

sein, da nach Abb. 412 die Wicklung des Magnetfeldes (Erregerwicklung) im Ständer (*1*) und die Ankerwicklung im Läufer (*2*) Felder erzeugen, die große EMKe der Selbstinduktion hervorrufen. Nun trägt aber das Ankerfeld (Querfeld) nicht zur Bildung des Drehmoments bei, daher wird es durch eine in der Bürstenachse wirkende Kompensationswicklung (*3*) aufgehoben. Die Wendepolwicklung (*4*) dient zur Verbesserung der Stromwendung. Am vollständigsten ist die Kompensation, wenn der Anker keine ausgeprägten Pole besitzt und die Kompensationswicklung gleichmäßig am Umfang verteilt ist (SSW[1], MfO[2], ASEA, Westinghouse Co., GEC). Entsprechend der verschiedenen Anordnung der Kompensationswicklung (*3*) ergeben sich demnach für die Hauptschlußmotoren folgende 3 Schaltungen (Abb. 412*a*, *b*, *c*).

Die Arbeitsweise des Motors läßt sich nun durch ein Kreisdiagramm veranschaulichen, wie wir es schon bei asynchronen Motoren kennengelernt haben. Da aber zwischen Feld und Strom

[1] ETZ 1906 S. 537. [2] ETZ 1908 S. 925.

infolge der verschiedenen Sättigung und Veränderlichkeit der Verluste im Eisen und den kurzgeschlossenen Spulen keine Proportionalität besteht, bleibt die Phasenverschiebung α zwischen Kraftfluß $\mathfrak{N}$ und Strom J nicht konstant, so daß das Diagramm nur für ein bestimmtes Arbeitsgebiet genau ist, außerhalb desselben aber nur angenähert gilt. Es kommt daher nur in Frage, wenn man sich ein allgemeines Bild von der Wirkungsweise des Motors machen will. Da nun der Motor gewissermaßen als eine Induktionsspule aufzufassen ist, bei der die dem Ankerdrehmoment entsprechende Leistung durch eine in einem induktionsfreien Widerstand verbrauchte Leistung ersetzt werden kann, so daß die dazugehörige durch die Drehung des Ankers entstehende EMK E_d mit dem Strome gleiche Phase besitzt, so ergibt sich ein sehr einfaches Diagramm.

Zur Darstellung des Diagramms für konstante Klemmenspannung E_k und Periodenzahl ν bestimmt man:

1. bei synchronem Lauf: Leistung N_{00}, Stromstärke J_{00} und Drehmoment M_{d_s} (in kgm);

2. bei Kurzschluß (Stillstand): Leistung N_k' und Stromstärke $J_k' = J$ bei einer Klemmenspannung $E_k' < E_k$.

3. Widerstand R zwischen den Klemmen des Motors.

Daraus berechnet man:

$$\cos\varphi_{00} = \frac{N_{00}}{E_k \cdot J_{00}}, \qquad \cos\varphi_k = \frac{N_k'}{E_k' \cdot J_k'}, \qquad J_k = \frac{E_k}{E_k'} \cdot J_k'.$$

Nun trägt man von dem Anfangspunkt A (Abb. 413) eines rechtwinkligen Koordinatenkreuzes in einem bestimmten Maß die Strecken $AF_s = J_{00}$ unter dem Winkel φ_{00} und $AF_k = J_k$ unter dem Winkel φ_k gegen die Ordinatenachse E_k geneigt an. Der Schnittpunkt der Mittellote auf diesen beiden Strahlen ist der Mittelpunkt O des Diagrammkreises. Zieht man den Strahl AO, so ist sein Neigungswinkel α gegen die Abszissenachse die Verschiebung zwischen dem Strom J und Kraftfluß $\mathfrak{N}_1$, hervorgerufen durch die Eisenverluste N_{hw} und Stromwärmeverluste N_{r_k} in den durch die Bürsten kurzgeschlossenen Spulen des Ankers. Nun ist die beim Stillstand aufgenommene Leistung

$$F_k Y = N_k = J_k^2 \cdot R + N_{hw} + N_{r_k}.$$

Zieht man $J_k^2 \cdot R = F_k Z$ auf $F_k Y$ ab, so ist $YZ = N_{hw} + N_{r_k}$.

Durch Ermittelung eines Mittelwertes des den verschiedenen Sättigungen entsprechenden Winkels α ließe sich daher das Diagramm auch anders zeichnen.

Errichtet man nun in einem beliebigen Punkt B des Strahls AO ein Lot und verlängert AF_s bis D, so stellt die Strecke CD die synchrone Drehzahl $n_s = 100\,\%$ der Drehzahl n dar. Da $F_k Y = N_k$ war, ist auch der Maßstab für die eingeführte Leistung N_e gegeben. Ferner ist $F_s M_s = N_{00}$ die bei synchronem

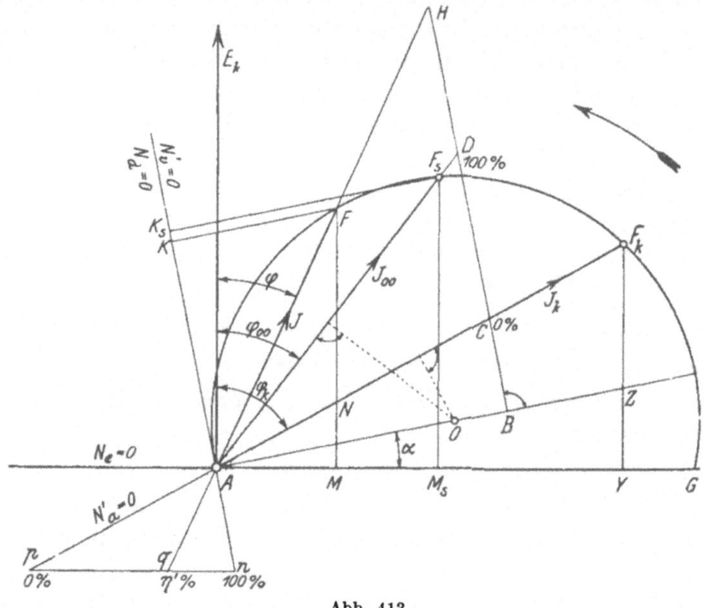

Abb. 413.

Lauf eingeführte Leistung. Die Abszissenachse ist demnach die Linie $N_e = 0$ der eingeführten Leistung.

Für die Punkte F_k und A ist das Drehmoment 0. Die Tangente im Punkte A an den Kreis ist dann die Drehmomentlinie $N_d = 0$. Die Drehmomentleistung ist $N_d = c \cdot J^2$. Dasselbe gilt auch für die elektrischen Verluste

$$N_v' = N_v - N_m = J^2 \cdot R + N_{hw} + N_{r_k},$$

so daß die Tangente in A auch die Verlustlinie $N_v' = 0$ darstellt. Zieht man von der durch die Ordinaten eines Kreispunktes dargestellten eingeführten Leistung FM die Abschnitte MN unterhalb der Linie AF_k, welche die Verluste $N_v' = N_v - N_m$ angeben, ab, so stellen die Ordinaten FN oberhalb der Linie AF_k die abgegebene Leistung $N_a' = N_a + N_m$ dar. Die Linie AF_k ist demnach die Leistungslinie $N_a' = 0$.

Für eine beliebige Belastung kann man demnach folgende Größen aus dem Diagramm entnehmen:

Stromstärke: $J \sim AF$ im Maßstab von J_k oder J_{00}.

Eingeführte Leistung: $N_e \sim FM$ im Maßstabe von $F_s M_s$ oder $F_k Y$.

Drehzahl: $n \sim CH$, gemessen an $CD = n_s = 100\%$ von n.

Drehmomentleistung: $N_d \sim FK$ in Watt oder kgm, gemessen an $F_s K_s = M_{d_s}$.

Abgegebene Leistung (mit mechanischen Verlusten): $N_a' = N_a + N_m \sim FN$ im Maßstabe von N_e.

Wirkungsgrad (ohne Berücksichtigung der mechanischen Verluste:

Zieht man eine Parallele zur Abszissenachse $N_e = 0$, so wird nach der Gleichung $\eta' = \frac{N_a'}{N_e} = \frac{N_e - N_v'}{N_e}$ auf ihr von den Linien $N_a' = 0$ und $N_v' = 0$ ein Stück pn abgeschnitten, welches den Wirkungsgrad $\eta' = 100\%$ darstellt. Für den Strom $J = AF$ schneidet die Verlängerung Aq des Strahls FA die Strecke pq ab. Es ist dann $\eta' = pq$ in %. Ist N_m bekannt, so wird $\eta = pq \cdot \frac{N_e}{N_e + N_m}$ (s. S. 479).

Ein ähnliches Diagramm ist von Breslauer[1] angegeben.

Der Hauptschlußmotor der SSW mit Ankerkompensation und Widerstandsverbindungen zum Kommutator[2] zeigt für fast alle Belastungen und Drehzahlen einen Leistungsfaktor $\cos\varphi = 1$.

Zur praktischen, raschen Prüfung eignet sich nach K. Krauß[3] auch das Rückarbeitsverfahren oder der Kreisbetrieb.

2. Der Repulsionsmotor (Indirekt gespeister Hauptschlußmotor).

Werden Erregerwicklung *1* (Abb. 412a) und Kompensationswicklung *3* hintereinandergeschaltet an die Klemmenspannung E_k

[1] ETZ 1906 S. 406. [2] Richter, R.: ETZ 1906 S. 537; 1907 S. 827.
[3] ETZ 1926 S. 70.

gelegt und die Bürsten des Ankers *2* kurzgeschlossen, so erhält man eine schon von Atkinson und Déri angegebene Schaltung (Abb. 414), während die ältesten Formen von E. Thomson und E. Arnold nur eine gegen die Bürstenachse geneigte Ständerwicklung besaßen. Da die Wicklung *3* durch Transformation in dem Anker *2* den Arbeitsstrom J_2 erzeugt, so bezeichnet man sie auch als Ständer-Arbeitswicklung. Die Erregerwicklung *1* liefert mit dem Strom J_2 den Drehmoment-Kraftfluß oder das Treibfeld $\mathfrak{N}_1$. Infolge der Reihenschaltung der Wicklungen *1* und *3* behält auch dieser Motor die Eigenschaften der Hauptschlußmotoren bezüglich der Änderung der Drehzahl n und des Drehmoments M_d mit der Belastung. Die beiden Ständerwicklungen *1* und *3* werden meistens zu einer vereinigt, deren Achse gegen die Bürstenachse geneigt ist[1].

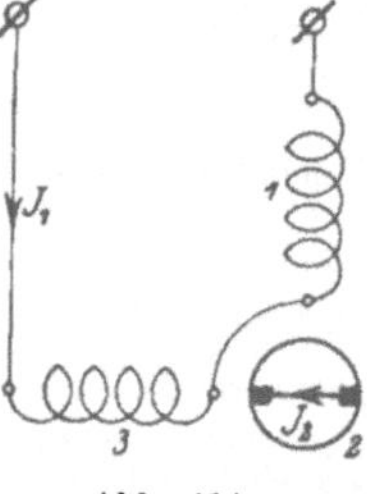

Abb. 414.

Der Anlauf erfolgt durch Bürstenverschiebung in vollkommener Weise, und zwar aus einer Lage, die mit dem Ständerfeld einen Winkel von $\varepsilon = 90^0$ bildet. Die Drehrichtung ist entgegengesetzt der Bürstenverschiebung aus der Ruhelage. Allerdings darf man den Motor mit einfachem Bürstensatz in dieser Stellung nicht längere Zeit am Netz liegen lassen, da in den kurzgeschlossenen Spulen starke Ströme induziert werden. Im Gegensatz dazu zeigen die Motoren mit doppeltem Bürstensatz (Déri, Latour, Lundell) keine inneren Ströme.

Vernachlässigt man den Läuferwiderstand, so ergibt sich nach Moser[2] folgendes vereinfachte Diagramm (Abb. 415) für verschiedene Bürstenstellungen ε zur Richtung des Ständerfeldes.

Man nimmt dafür bei normaler Klemmenspannung E_k für die Bürstenstellung $\varepsilon = 0$ den Feldstrom J_s im Ständer bei geöffnetem Kurzschluß und den Kurzschlußstrom J_k (bei großen Motoren J_k' [nach S. 492] mit verringerter Spannung E_k') auf und macht $AD = J_s$ und $AG = J_k$. Nun schlägt man über DG einen Halbkreis (Synchronismuskreis), zeichnet die Sehne GP unter dem Bürstenwinkel ε ein, zieht den Strahl APF_s, errichtet darauf das Mittellot, dessen Schnittpunkt O mit der Abszissenachse den Mittelpunkt des Arbeitskreises darstellt. Errichtet man

[1] Linker, A.: Elektromaschinenbau, S. 239.

[2] Elektrotechn. u. Maschinenb. 1914 S. 669, 752; ETZ 1916 S. 53.

in einem beliebigen Punkt C ein Lot und verlängert AF_s bis zum Schnitt D mit ihm, so ist $CD = n_s = 100\%$ der Drehzahl n. Für irgendeinen Punkt F lassen sich nun aus dem Diagramm ermitteln:

Stromstärke: $J_1 \sim AF$ im Maßstabe von J_s oder J_k.

Eingeführte Leistung: $N_e \sim FM$ im Stromstärkemaß oder, mit der Spannung E_k multipliziert, im Leistungsmaß.

Drehzahl: $n \sim CH$ gemessen an $CD = n_s = 100\%$.

Drehmomentleistung: $N_d \sim ML$, gemessen im Maß von N_e oder $M_d = \frac{N_d}{9{,}81} = \frac{E_k \cdot p}{9{,}81 \cdot 2\pi \cdot \nu} \cdot ML$ in kgm, wenn ML in Amp eingesetzt wird (vgl. S. 493).

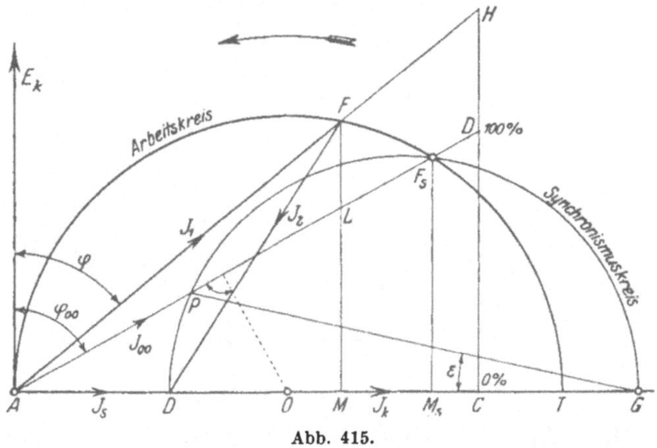

Abb. 415.

Führt man dem Anker (*2*) Strom zu und schließt die beiden Ständerwicklungen (*1*, *3*) kurz, so erhält man den sogenannten umgekehrten Repulsionsmotor, dessen Eigenschaften dadurch gegenüber der normalen Form etwas verbessert werden.

3. Der kompensierte Repulsionsmotor.
(Indirekt gespeister Hauptschlußmotor mit Läufererregung.)

Hierbei wird der Drehmoment-Kraftfluß nach Abb. 416 vom Läufer und nicht wie in Abb. 414 vom Ständer erregt. Die Ständerwicklung *3* ist in diesem Fall die Arbeitswicklung, die im Läufer den Arbeitsstrom durch Transformation (statische Induktion) erzeugt. Da in der Läuferwicklung die vom Drehmomentfluß *1* induzierte EMK E_i durch die im Transformatorfluß *3* durch Drehung (dynamische Induktion) erzeugte EMK E_d bei passender Einstellung beider Felder aufgehoben wird, tritt eine Verringerung der Phasenverschiebung auf. Bei Synchronismus ist der Phasenausgleich vollständig. Bei übersynchronem Betrieb wird $E_d > E_i$, so daß die Phasenverschiebung positiv ist und der Motor wie ein Kondensator einen voreilenden Strom aufnimmt. Diese von Winter und Eichberg[1] angegebene Form hat aber erst besondere praktische Brauchbarkeit durch den Erreger-Hauptstromtransformator *E T* von Eichberg erhalten (Abb. 417). Dadurch wird es möglich, beim Anlauf ein Drehmoment mit

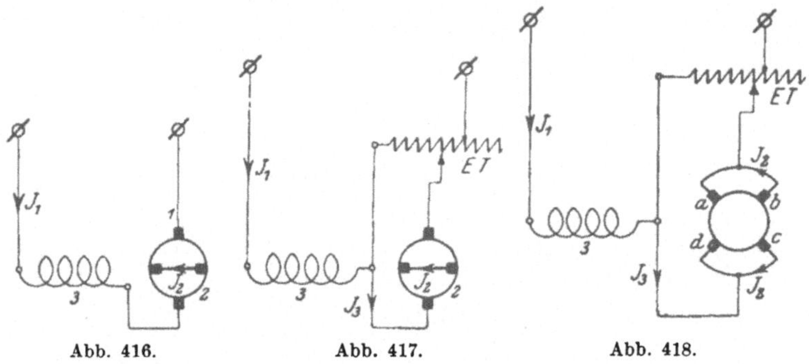

Abb. 416. Abb. 417. Abb. 418.

großem Läuferstrom J_2 und kleinem Erregerstrom J_3 bzw. Drehmomentfluß $\mathfrak{N}_1$, beim Lauf aber das Umgekehrte zu erzeugen, was in beiden Fällen für die Kommutation günstig ist.

Wesentlich bessere Feldbedingungen, kleinste Streuung und eine Verteilung des Höchstwerts der Sättigung über einen breiteren Gürtel erzielen M. Latour[2] und Milch durch eine Verbindung der Erreger- und Arbeitsbürsten (Abb. 418). Allerdings werden dabei die Bürsten verschieden beansprucht, und die in der Drehrichtung aus der neutralen Zone des Drehmomentflusses $\mathfrak{N}_1$ verschobenen Bürsten liegen bezüglich der Stromwendung ungünstig.

Alle Motoren dieser Art besitzen Hauptschlußcharakter, und ihre Arbeitsweise ist u. a. von M. Latour[3], Osnos[4], Da-

---

[1] ETZ 1904 S. 75, 918; 1905 S. 767; 1906 S. 769. [2] ETZ 1904 S. 952.
[3] ETZ 1903 S. 877. [4] ETZ 1903 S. 934; 1904 S. 209; 1908 S. 33.

nielson[1] behandelt, wobei es sich gezeigt hat, daß das Stromdiagramm für konstante Klemmenspannung kein Kreis, sondern eine Kardioide (Herzkurve) ist, die jedoch nur punktweise aufgenommen werden kann und keine Leistungs- oder Verlustlinien aufweist. Es hat daher keine praktische Bedeutung.

4. Der doppelt gespeiste Hauptschlußmotor.

Zur Verbesserung des Leistungsfaktors und der Kommutation speist man nicht nur den Ständer, sondern auch den Läufer im allgemeinen über einen Transformator oder Spannungsteiler, wobei es zweckmäßig ist, die Erregung auf den Ständer zu legen, und erhält folgende Ausführungsformen für die doppeltgespeisten Motoren, welche den Vorteil haben, daß sich in ihnen

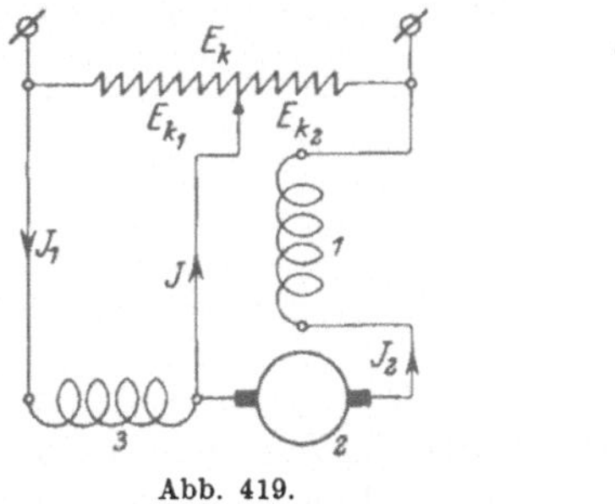

Abb. 419.

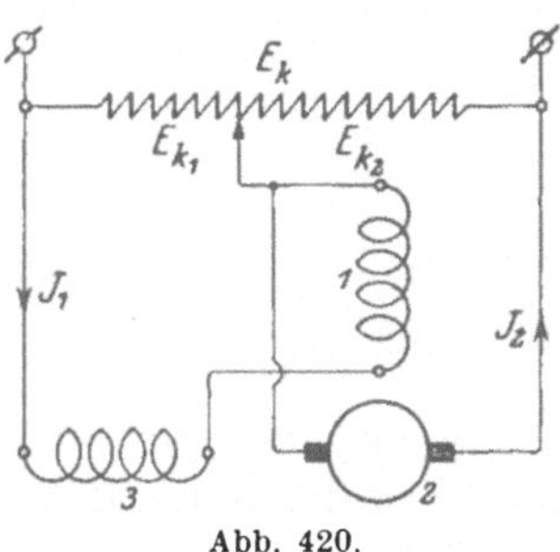

Abb. 420.

ein für die Kommutation günstiges Drehfeld ausbildet und sie auch bei Übersynchronismus günstig arbeiten.

Abb. 419 zeigt die Schaltung der Bahnmotoren der SSW. Abb. 420 (E. Arnold 1892) ist in ähnlicher Schaltung von M. Latour[2] und ihre Vorzüge von F. Punga[3] angegeben. Nach Abb. 421 (Osnos) werden die Motoren der FGL geschaltet, womit der beste Phasenausgleich ($\cos\varphi = 1$) erzielt wird. Der Hauptvorzug dieser Schaltungen besteht darin, daß man durch beliebige Wahl der Teilspannung E_{k_1} in der Arbeitsachse einen Kraftfluß hervorrufen kann, der eine zur Aufhebung der Kurzschluß-EMK erforderliche EMK durch Drehung erzeugt. Da die Erregerwicklung in allen 3 Fällen vom Arbeitsstrom durchflossen

[1] ETZ 1905 S. 322; 1907 S. 550. [2] ETZ 1906 S. 89, 354.
[3] ETZ 1906 S. 267.

wird, ist der Drehmomentfluß von der Belastung abhängig, wodurch die Motoren die Hauptschlußcharakteristik zeigen.

Auch ein Motor der GEC und ASEA arbeitet in der von Alexanderson[1] angegebenen Schaltung nach Abb. 419, besitzt aber für den Anlauf noch einen Kurzschlußschalter im Läufer, wobei er als indirekt gespeister oder Repulsionsmotor wirkt. Schließlich wäre noch ein doppelt gespeister Motor mit Läufererregung zu erwähnen, der von der AEG für übersynchronen

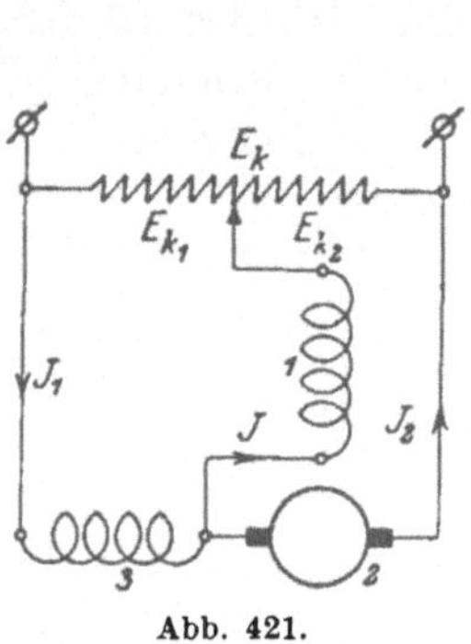

Abb. 421.

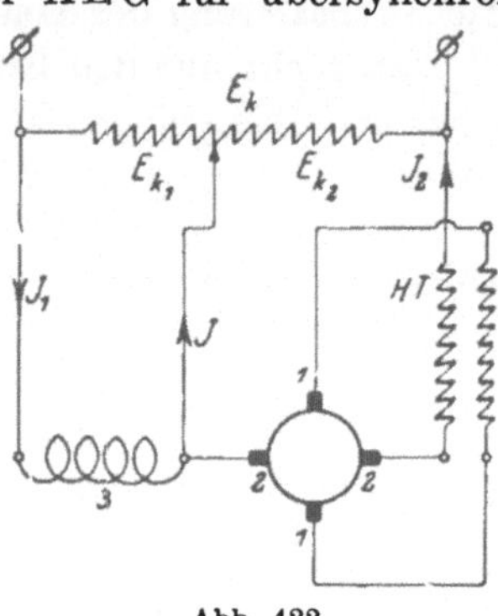

Abb. 422.

Betrieb verwendet wird (Abb. 422). Dabei sind die Erregerbürsten *1 ÷ 1* durch den Erreger-Hauptschluß-Transformator *H T* mit den Arbeitsbürsten *2 ÷ 2* hintereinandergeschaltet. Die Verluste im Läufer werden allerdings dadurch vergrößert.

Die Arbeitsweise der doppeltgespeisten Motoren läßt sich ebenfalls durch Kreisdiagramme darstellen. Da aber der Drehmomentfluß nicht konstant bleibt und die Motoren mit hohen Sättigungen arbeiten, haben die Diagramme nur theoretischen Wert.

5. Der Nebenschlußmotor.
(Motor mit unabhängiger Erregung.)

Die den Gleichstrommotoren nachgebildeten direkt gespeisten Nebenschlußmotoren erzeugen wegen der Phasenverschiebung zwischen Drehmomentfluß und Läuferstrom nur ein geringes Drehmoment beim Lauf. Daher wählt man besser die indirekte Speisung entweder mit kurzgeschlossenen Erreger-

[1] Proc. Amer. Inst. electr. Engr. 1908 S. 93; ETZ 1908 S. 809.

bürsten (Kommutatorinduktionsmotor) oder mit Parallelschaltung (direkt oder induktiv) des Erregerkreises zum Ständer (Abb. 423), wodurch man den kompensierten Nebenschlußmotor von Latour erhält, dessen Stromdiagramm nach Martin[1] eine Parabel ist. Da hierbei das Drehmoment beim Anlauf gering ist, läßt man die Motoren als kompensierte Repulsionsmotoren (Winter-Eichberg) mit offenem Schalter S oder als einfache Repulsionsmotoren mit Bürstenverschiebung anlaufen. Alle Nebenschlußmotoren haben infolge der Unabhängigkeit der Erregung bei verschiedenen Belastungen nur geringe Änderungen der nahezu konstanten Drehzahl aufzuweisen, deren Größe nur von der Schaltanordnung abhängig ist.

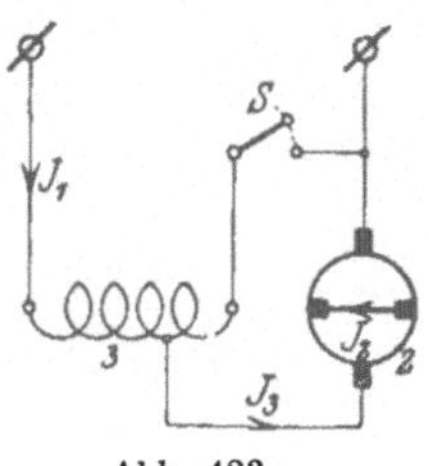

Abb. 423.

Zur Verbesserung des Leistungsfaktors, Wirkungsgrades und leichten Veränderung der Leerlaufsdrehzahl verwendet man eine aus abhängiger und unabhängiger Erregung bestehende gemischte Erregung und nennt diese Art von Maschinen deswegen Doppelschlußmotoren. Der erste brauchbare Motor dieser Bauart ist von E. Arnold und la Cour (BBC) (D.R.P. 165053)

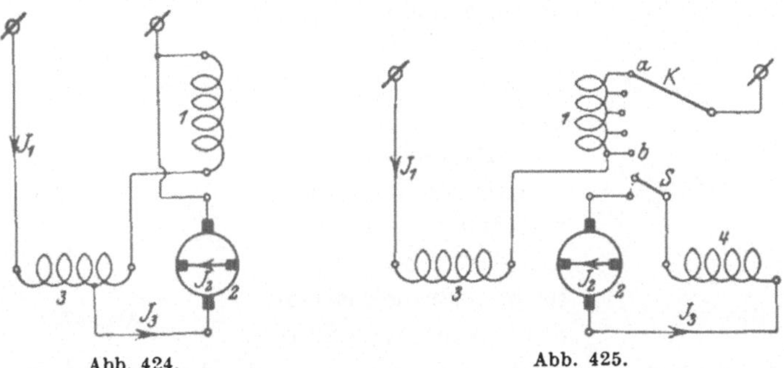

Abb. 424. Abb. 425.

angegeben (Abb. 424). Die Ständer und Läufererregerwicklungen sind gegeneinandergeschaltet, wodurch die Leerlaufsdrehzahl untersynchron wird. Die Drehzahländerung ist größer als beim reinen Nebenschlußmotor, da der Arbeitsstrom auch die Erregerwicklung des Ständers durchfließt.

[1] Lum. électr. 8. März 1913.

Abb. 425 zeigt einen Doppelschlußmotor von V. Fynn[1], der mit offenem Schalter S als Repulsionsmotor mit den Wicklungen *1* und *3* anläuft. Durch Verschieben des Kontaktes K von a nach b wird die Erregerwicklung *1* abgeschaltet und dann durch Schließen von S die mit *3* gleichachsige Wicklung *4* eingeschaltet. Osnos[2] (FGL) erreicht eine gleichbleibende Drehzahl und, ebenso wie die vorigen Schaltungen, einen Leistungsfaktor $\cos\varphi \approx 1$ nur durch die Ständerhilfswicklung *4* (Abb. 426) ohne die Ständererregerwicklung *1*. Der Anlauf erfolgt bei offenem Schalter S als Reihenschlußmotor. Er eignet sich ganz besonders für Bahnzwecke wegen seiner einfachen Drehzahländerung (beim Anlauf) und Energierückgewinnung, sowie als Aufzugsmotor. Schließlich genügt es auch schon, Widerstände in den Erregerkreis einzuschalten, um den Charakter des Motors zu ändern, wie Abb. 427 bei einer Ausführung der ASEA zeigt. Je größer W gemacht wird, um so stärker wird die Änderung der Drehzahl mit der Belastung. Der Motor zeigt ein starkes Drehmoment beim Anlauf und eine begrenzte Drehzahl beim Leerlauf.

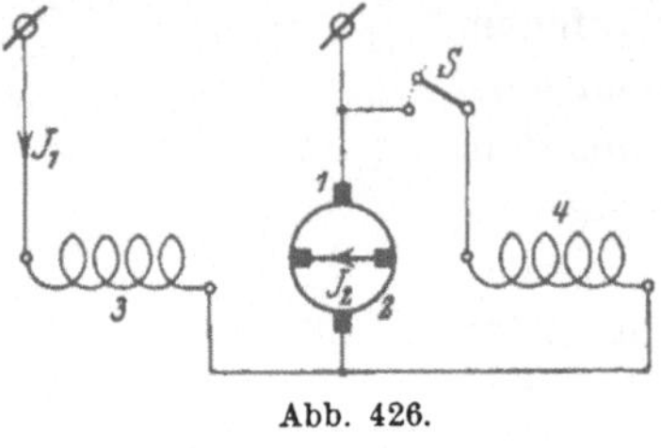

Abb. 426.

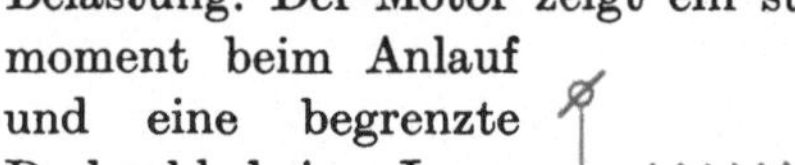

Will man die Leerlaufsumdrehungszahl willkürlich einstellen und dadurch die praktische Brauchbarkeit des Nebenschlußmotors erweitern, so muß man das Querfeld ($\mathfrak{N}_q$) willkürlich einstellen, indem man den Läufer ebenfalls speist. So zeigt Abb. 428 einen doppelt gespeisten Nebenschlußmotor mit Läufererregung nach Winter-Eichberg[3]. Legt man in den Erregerkreis noch eine auf dem Ständer befindliche Erregerwicklung mit veränderlicher Windungszahl, wie es von F. Punga[4] an-

Abb. 427.

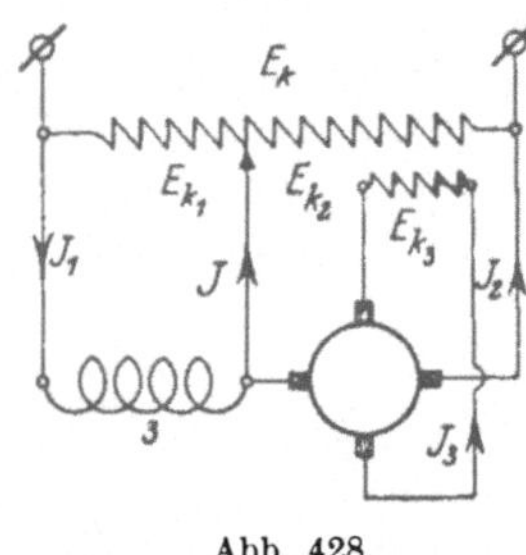

Abb. 428.

[1] ETZ 1906 S. 681, 894.
[2] ETZ 1907 S. 338.
[3] ETZ 1908 S. 859.
[4] ETZ 1906 S. 267.

gegeben ist, so erhält man eine umfangreichere Einstellung der Drehzahl und geringere Funkenbildung bei starker Entfernung vom Synchronismus.

A. Heyland[1] hat einen Motor angegeben, der eine Verbindung von Haupt- oder Nebenschlußmotor mit einem Repulsionsmotor darstellt, für Bahnbetrieb geeignet ist und Nutzbremsung gestattet.

b) Mehrphasen-Motoren.

Die ersten Mehrphasen-Kommutatormotoren sind von Wilson[2] und J. Görges[3] angegeben worden. Sie lassen sich als Hauptschluß-, Nebenschluß- und Doppelschlußmotoren und bei Übersynchronismus auch als selbsterregte Generatoren betreiben. Ihre Drehzahl ist beliebig und kann in sehr einfacher Weise verlustlos durch Bürstenverschiebung, Spannungsregulierung oder Feldänderung eingestellt werden. Weiter besitzen diese Motoren den Vorzug eines einfach zu erzielenden Phasenausgleichs.

1. Der Hauptschlußmotor[4].

Mit Rücksicht auf die jeder Motorgröße entsprechende, für die Kommutierung günstigste Spannung des Läufers ist es notwendig, den ganzen Motor an einen Transformator (Vordertransformator) anzuschließen, oder besser nur dem Läufer durch einen Zwischentransformator (HT) erniedrigte Spannung zuzuführen (Abbild. 429). Der Motor zählt daher zu den doppelt gespeisten. Beim Anlauf stehen die Bürsten in der Stellung $\varepsilon = 0$, und das Drehmoment ist Null. Verschiebt man sie gegen die Drehrichtung, so nimmt das Drehmoment zu bis zu einem Höchstwert

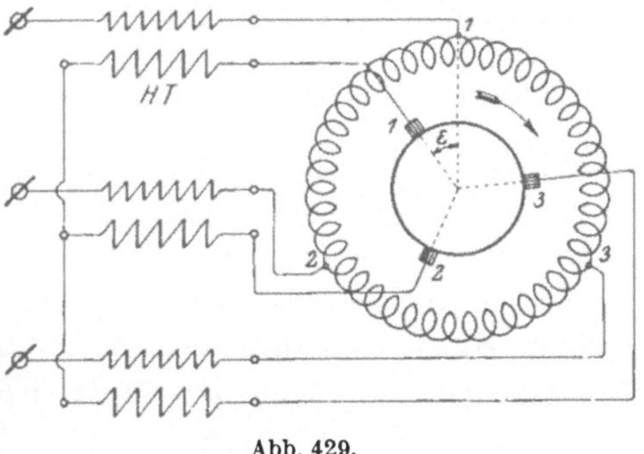

Abb. 429.

[1] ETZ 1913 S. 843. [2] Engl. Pat. 18525 von 1888.
[3] D.R.P. 61951; ETZ 1891 S. 699.
[4] Linker, A.: Elektromaschinenbau, S. 255.

und von da wieder ab auf Null für $\varepsilon = 180^0$ (Kurzschluß), wobei das resultierende Feld verschwindet. Durch die Läufererregung ist es nun möglich, das Drehfeld durch einen kleinen Strom bei geringer EMK vom Läufer aus zu erzeugen und dadurch den Ständer von dem stark phasenverschobenen Feld- oder Magnetisierungsstrom zu entlasten. Vergrößert man die MMK des Läufers, so läßt sich bei verschiedenen Geschwindigkeiten ein Phasenausgleich erzielen. Bei einem großen Übersetzungsverhältnis $u_2 = \frac{E_{k_2}}{E_{k_1}}$ der Läufer- zu den Ständerwindungen bleibt aber der Motor für niedrige Drehzahlen leicht stehen, d. h. sein Lauf ist nicht stabil. Es widersprechen sich demnach die Bedingungen für Phasenausgleich und Stabilität bzw. guten Wirkungsgrad. Dieser Übelstand ist bei dem nach Angaben von M. Schenkel[1] gebauten Motor mit doppeltem Bürstensatz der SSW beseitigt (Abbild. 430).

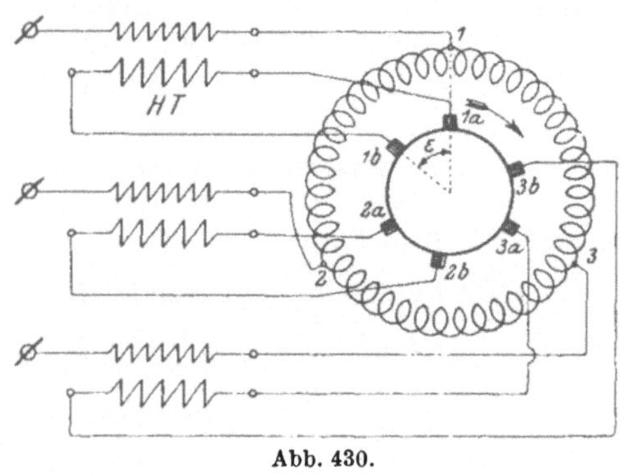

Abb. 430.

Eine ausführliche Konstruktion des Diagramms auf Grund experimenteller und theoretischer Untersuchungen nach der Methode des allgemeinen Transformators ist von M. Kostenko und D. Sawalischin[2] angegeben.

Zur Konstruktion des Diagramms eines Motors mit einfachem Bürstensatz macht man folgende Messungen (Bürstenwinkel ε) am Ständer bei konstanter Klemmenspannung E_k einer Phase und Periodenzahl ν_1:

1. Bei synchronem Lauf: Stromstärke J_{00}, Leistung N_{00}, Drehmoment M_{d_s} in kgm.

2. Bei Kurzschluß (Stillstand) mit einer verringerten Spannung E_k': Stromstärke $J_k' = J$, Leistung N_k'.

3. Bei Stillstand und Öffnung der Verbindungen vom

[1] ETZ 1912 S. 473. [2] Elektrotechn. u. Maschinenb. 1931 S. 101.

Läufer zum Ständer: Sekundäres Übersetzungsverhältnis $u_2 = \frac{E_{k_2}}{E_{k_1}}$, wo eine Spannung E_{k_2} an den Läufer gelegt und an den anderen Enden der Unterbrechungsstelle E_{k_1} gemessen wird. Dabei ist dann der Transformator mit berücksichtigt.

Aus den Messungen 1 und 2 bestimmt man (S. 492) nun φ_{00}, J_k, φ_k und trägt wie in Abb. 413 von dem Anfangspunkt A eines rechtwinkligen Koordinatensystems $AF_s = J_{00}$ unter dem $\sphericalangle\, \varphi_{00}$ und $AF_k = J_k$ unter dem $\sphericalangle\, \varphi_k$ gegen die Ordinatenachse E_k geneigt in einem bestimmten Maßstabe an. Der Schnittpunkt der beiden Mittellote dieser Strahlen ist der Mittelpunkt O des Diagrammkreises. Der Halbmesser AO ist gegen die Abszissenachse um den $\sphericalangle\, \alpha$ geneigt, worin $90^0 - \alpha$ die Verschiebung zwischen der EMK des Läufers E_2 und dem Strom J bedeutet. Nun besteht aber die Beziehung: $\operatorname{tg}(90^0 - \alpha) = -\frac{u_2 + \cos\varepsilon}{\sin\varepsilon}$, woraus $90^0 - \alpha$ berechnet werden kann, da u_2 aus Messung 3 und Bürstenverschiebungswinkel ε bekannt sind. Der Winkel α dient also zur Nachprüfung der Messungen 1 und 2. Da die Zeichnung des Diagramms weiter mit derjenigen des Einphasenmotors (Abb. 413) übereinstimmt, so lassen sich darin die einzelnen Größen ebenso wie dort auch für den Mehrphasenmotor darstellen. Auch hierbei gilt die Einschränkung, daß wegen der verschiedenen Sättigung das Diagramm nicht über den ganzen Arbeitsbereich genau gilt.

2. Der Repulsionsmotor.

Um den Zwischentransformator des Hauptschlußmotors zu vermeiden, hat A. Heyland[1] einen Repulsionsmotor konstruiert, der auf der einachsigen Felderregung des Einphasenmotors beruht. Die Ständerwicklung ist in diesem Fall mit Sehnenwicklung versehen, und der Läuferkurzschluß wird für jede Phase durch einen Doppelbürstensatz erzeugt. Ebenso läßt sich die Anordnung nach Déri mit einem festen und einem beweglichen Bürstensatz ausführen. Trotz der dreiachsigen Erregung des Ständers bildet sich doch infolge des in dem Raum zwischen den kurzgeschlossenen Spulen des Läufers entstehenden Feldes ein

[1] ETZ 1914 S. 85.

einachsiges Feld innerhalb jedes Bürstenpaares aus. Der Charakter des Motors entspricht nur beim Anlauf dem der Hauptschlußmotoren, nimmt aber beim Lauf die Eigenschaften des Drehfeldmotors an, besitzt also nicht die Neigung zum Durchgehen bei geringer Belastung. Auch die Gefahr der Selbsterregung ist gering. Eine ausführliche Behandlung des Repulsionsmotors ist von O. Bloch[1] angegeben.

3. Der Nebenschlußmotor.

Das Schaltungsschema (Abb. 431) zeigt, daß hierbei der Läufer ebenfalls vom Netz Energie zugeführt erhält, und zwar über einen Nebenschlußtransformator NT, da der Läufer nur mit niedriger Spannung arbeiten darf. Der Motor ist also ebenfalls doppelt gespeist. Die Geschwindigkeit ändert sich nur wenig mit der Belastung, da sie wie bei Gleichstrom nur von der zugeführten Spannung abhängt. Gegenüber dem Hauptschlußmotor brauchen aber die Ströme in den Wicklungen des Ständers und Läufers nicht die gleiche Phase zu haben. Der Motor kann daher bei irgendeiner Drehzahl leer laufen, was durch Einstellung einer gewissen Läuferspannung am Transformator erreicht werden kann. Bei Übersynchronismus ist die Richtung umzukehren. Durch Verschiebung der Bürsten um einen $\sphericalangle \varepsilon$ gegen die Drehrichtung läßt sich auch ein Phasenausgleich und durch Erhöhung der Drehzahl ein Arbeiten als Generator erzielen.

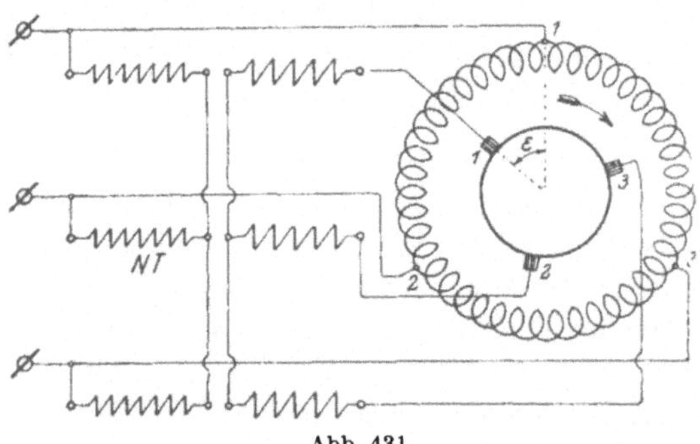

Abb. 431.

Die Arbeitsweise der Nebenschlußmotoren ist u. a. von O. S. Bragstad[2], Dreyfuß und Hillebrand[3], Hillebrand[4],

[1] Arch. Elektrotechn. Bd. 4 (1916) Heft 12; 1917 Heft 5; Schweiz. ETZ 1917.

[2] ETZ 1903 S. 368.

[3] Elektrotechn. u. Maschinenb. 1910 S. 881.

[4] Arch. Elektrotechn. 1912 S. 179, 258; ETZ 1913 S. 1210.

E. Arnold behandelt und zeichnerisch durch Kreisdiagramme dargestellt worden.

Zur Zeichnung des Diagramms eines Nebenschlußmotors für konstante Ständerspannung E_{k_1}, Läuferspannung E_{k_2} einer Phase, Periodenzahl ν_1 und Bürstenwinkel ε macht man folgende Messungen:

a) Mit kurzgeschlossenen Bürsten wie bei einem Drehfeld-Induktionsmotor (S. 499) bei der Spannung E_{k_1}.

1. Bei Leerlauf: Stromstärke J_{1_0}, Leistung N_{1_0} bzw. bei Synchronismus: $J_{1_{00}}$ und $N_{1_{00}}$.

2. Bei Kurzschluß (Stillstand) mit verminderter Spannung E_{k_1}': Stromstärke $J_{1_k}' = J_1$, Leistung N_{1_k}'.

b) Bei kurzgeschlossener Ständerwicklung wird an den Läufer bei ν_1 Hz und Bürstenwinkel $\varepsilon = 0$ eine Spannung angelegt und

3. bei verschiedenen Drehzahlen n oder Schlüpfungen $\pm s$ (Läufer durch Motor angetrieben) mit konstanter normaler Stromstärke J_2 des Läufers: die Spannungen $E_{k_{2_n}}$ und Leistungen N_{2_n} im Läufer,

4. bei Stillstand: Spannung $E_{k_{2_k}}$, Stromstärke $J_{2_k} = J_2$, Leistung N_{2_k} gemessen.

5. Man ermittelt noch die mechanischen Verluste N_m nach der Hilfsmotor- oder Auslaufsmethode. (Diese Bestimmung kann fortfallen, wenn die Messung 1 bei Synchronismus gemacht ist.)

Aus Versuch 1, 2, 4 und 5 bestimmt man:

$$\cos\varphi_{1_{00}} = \frac{N_{1_0} - N_m}{3 \cdot E_{k_1} \cdot J_{1_0}}, \quad \text{da } J_{1_0} \approx J_{1_{00}} \text{ gesetzt werden kann;}$$

$$\cos\varphi_{1_k} = \frac{N_{1_k}'}{3 \cdot E_{k_1}' \cdot J_{1_k}'}; \qquad J_{1_k} = \frac{E_{k_1}}{E_{k_1}'} \cdot J_{1_k}';$$

$$\cos\varphi_{2_k} = \frac{N_{2_k}}{3 \cdot E_{k_{2_k}} \cdot J_{2_k}}.$$

Aus Versuch 3 läßt sich $E_{k_{2_{00}}}$ als Spannung beim Synchronlauf und $\cos\varphi_{2_{00}}$ nicht direkt ermitteln, da die infolge der Kommutation auftretenden Spannungen höherer Periodenzahl E_h die induktive Spannung $J_2 \cdot S_2$ vergrößern und sich quadratisch zur Grundschwingung addieren. Es gilt danach die Beziehung:

$$E_{k_{2_n}} = \sqrt{(J_2 \cdot R_2)^2 + (J_2 \cdot S_2)^2 + \sum (E_h)^2}\,.$$

Zerlegt man nun $E_{k_{2_n}}$ in $J_2 \cdot R_2 = \frac{N_{2_n}}{3 \cdot J_2} = a$ und

$$\sqrt{(J_2 \cdot S_2)^2 + \sum (E_h)^2} = \frac{\sqrt{(3 J_2 \cdot E_{k_{2_n}})^2 - N_{2_n}^2}}{3 J_2} = b$$

(oder auch zeichnerisch als Kathete b aus einem rechtwinkligen Dreieck mit der Hypotenuse $E_{k_{2_n}}$ und der Kathete a) und trägt a und b in Abhängigkeit von der Schlüpfung $\pm s$ oder der Drehzahl n in ein rechtwinkliges Koordinatensystem ein (Abb. 432), so geben die Ordinaten der Symmetrielinie (strichpunktiert) für die Werte von b die induktiven Teilspannungen $J_2 \cdot S_2$ ohne die höheren Harmonischen an. Für Synchronismus ($s = 0$) entnimmt man die Ordinaten a_0 und b_0 und bestimmt daraus

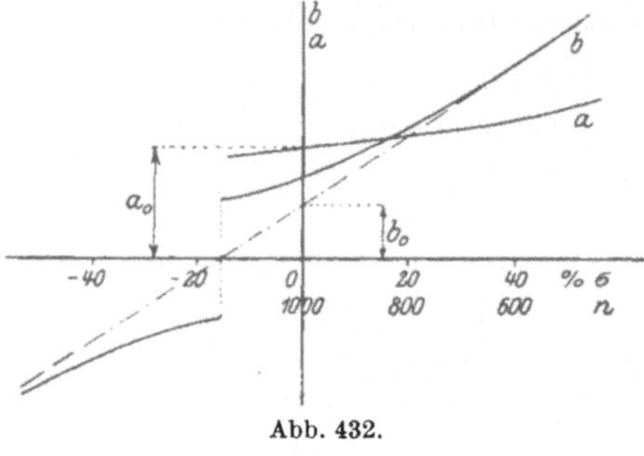

Abb. 432.

$$\operatorname{tg} \varphi_{2_{00}} = \frac{b_0}{a_0} \quad \text{und} \quad E_{k_{2_{00}}} = \sqrt{a_0^2 + b_0^2}\,.$$

Man trägt nun in einem rechtwinkligen Koordinatensystem (Abb. 433) von A aus die Ströme $J_{1_k} = A F_{1_k}$ unter dem $\measuredangle \varphi_{1k}$ und $J_{1_{00}} \approx J_{1_0} = A F_{1_{00}}$ unter dem $\measuredangle \varphi_{1_{00}}$ gegen E_{k_1} geneigt an. Der Mittelpunkt O_0 ist wie beim Induktionsmotor bestimmt durch das Mittellot in $F_{1_{00}} F_{1_k}$ und einen Strahl $F_{1_{00}} O_0$ unter dem $\measuredangle \lambda = \varphi_{2_{00}} - \delta$ gegen die Abszissenachse, wo die Winkel $\varphi_{2_{00}}$ aus Versuch 3 und $\measuredangle \delta = \measuredangle A F_{1_k} F_{1_{00}}$ gegeben sind.

Um den Punkt F_{1_∞} zu erhalten, ziehen wir einen Strahl $F_{1_{00}} F_{1_\infty}$ unter dem $\measuredangle x$ gegen $F_{1_{00}} F_{1_k}$, der sich bestimmt aus:

$$\operatorname{tg} x = \frac{E_{k_{2_{00}}} \cdot \sin(\varphi_{2_k} - \varphi_{2_{00}})}{E_{k_{2_k}} - E_{k_{2_{00}}} \cdot \cos(\varphi_{2_k} - \varphi_{2_{00}})}\,.$$

Nun zieht man von F_{1_k} aus einen Strahl unter dem $\measuredangle \varepsilon + \frac{\delta}{2}$

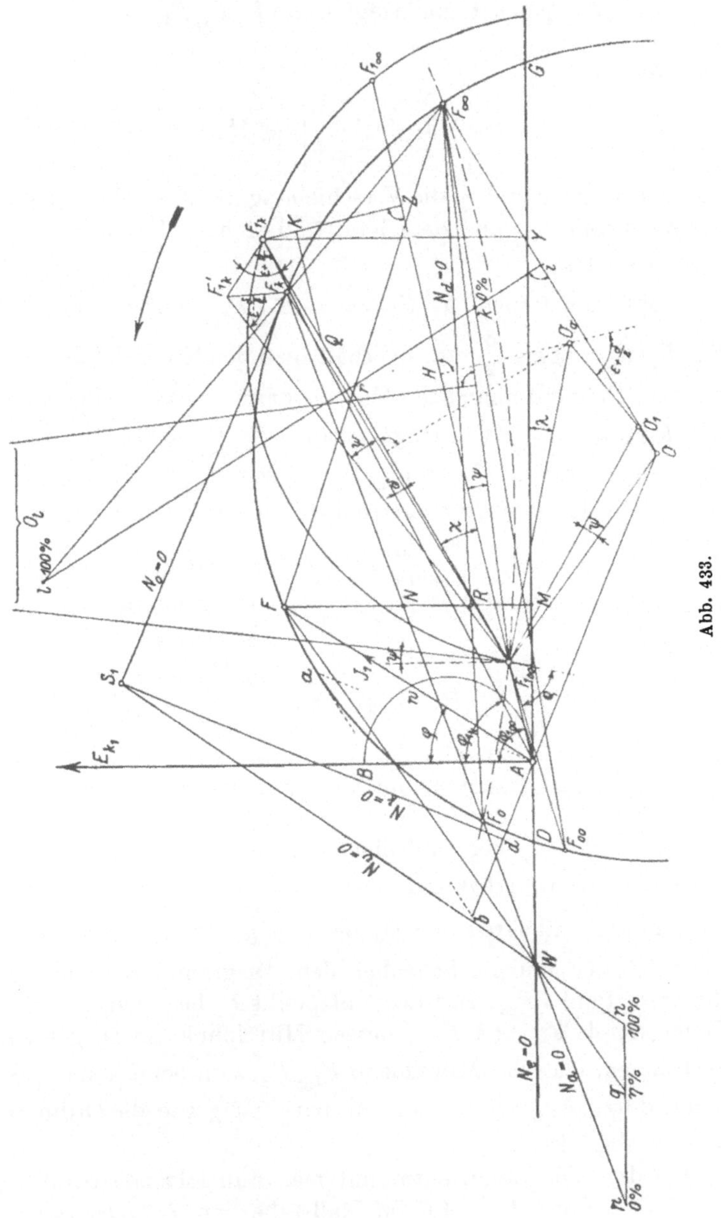

Abb. 433.

gegen $F_{1_{00}}F_{1_k}$ geneigt und trägt darauf $F_{1_k}F_{1_k}' = k \cdot u_2 \cdot F_{1_{00}}F_{1_k}$ ab, wo $u_2 = \frac{E_{k_2}}{E_{k_1}}$ und

$$k = \sqrt{\left[1 + \frac{J_{1_m} \cdot (S_1 \cdot \cos\gamma + R_1 \cdot \sin\gamma)}{E_1}\right]^2 + \left[\frac{J_{1_m} \cdot (R_1 \cdot \cos\gamma - S_1 \cdot \sin\gamma)}{E_1}\right]^2} \approx 1{,}1$$

ist. Darin gibt der $\sphericalangle\gamma$ die Verschiebung zwischen dem Magnetisierungsstrom J_{1_m} und dem Kraftfluß $\mathfrak{N}$ bzw. Feldstrom J_{1_s} an (vgl. Abb. 334).

Trägt man ferner $F_{1_k}'F_k = k \cdot u_2 \cdot F_{1_{00}}F_{1_k}'$ unter dem Winkel $F_{1_{00}}F_{1_k}'F_k = \sphericalangle\varepsilon - \frac{\delta}{2}$ an, so erhält man den Kurzschlußpunkt F_k des dem Netz entnommenen Motorstromes J_1. Nun fällt man das Lot $F_{1_k}Z$ auf $F_{1_{00}}F_{1\infty}$, trägt darauf $F_{1_k}K = \frac{1}{2}F_{1_k}F_{1_k}'$ ab und zieht eine Parallele KQ zu $F_{1_{00}}F_{1\infty}$. Um nun den Mittelpunkt O_1 des Kreises für den Ständerstrom J_1' zu ermitteln, trägt man in O_0 den Strahl $O_0O_1 = \frac{F_{1_k}F_{1_k}'}{2 \cdot \sin x} = F_{1_k}Q$ unter dem $\sphericalangle\varepsilon + \frac{\delta}{2}$ geneigt gegen das Lot O_0H auf $F_{1_{00}}F_{1\infty}$ an. Zeichnet man weiter ein dem $\triangle F_{1_{00}}F_{1_k}'F_k$ ähnliches $\triangle F_{1_{00}}O_1O$, indem man $\sphericalangle O_1F_{1_{00}}O = \sphericalangle F_{1_k}'F_{1_{00}}F_k = \sphericalangle\psi$ und $\frac{F_{1_{00}}O}{F_{1_{00}}O_1} = \frac{F_{1_{00}}F_k}{F_{1_{00}}F_{1_k}'}$ macht, so ist O der Mittelpunkt des Diagrammkreises des Motorstromes J_1, den man nun mit dem bekannten Halbmesser OF_k zeichnet.

Der Punkt F_∞ liegt auf einem um den $\sphericalangle\psi$ gegen $F_{1_{00}}F_{1\infty}$ geneigten Strahl. Trägt man ferner an die Tangente im Punkte $F_{1_{00}}$ an den Hilfskreis um O_0 den $\sphericalangle\varrho = \varepsilon + \frac{\delta}{2} + \psi$ an, so schneidet der andere Schenkel den Diagrammkreis im synchronen Punkt F_{00}. Der Leerlaufspunkt F_0 liegt nun auf einem Kreise durch F_∞ und $F_{1_{00}}$, dessen Mittelpunkt in O_l gefunden wird, indem man das Mittellot in $F_{1_{00}}F_\infty$ zum Schnitt mit einem Strahl durch $F_{1_{00}}$ bringt, der um den $\sphericalangle\psi$ gegen die Ordinatenachse geneigt ist.

Aus dem Diagramm entnimmt man nun folgende Größen:

Ständerstrom: $\boldsymbol{J_1 \sim AF}$ im Maßstabe von J_{1_k} oder $J_{1_{00}}$.

Eingeführte Leistung: $\boldsymbol{N_e \sim FM}$ im Maßstabe von $F_{1_k}Y = N_{1_k}$. Die Abszissenachse DAG ist dann die Linie der eingeführten Leistung $N_e = 0$.

Schlüpfung: Errichtet man in einem beliebigen Punkte i des Halbmessers OF_∞ ein Lot und bringt es zum Schnitt l mit dem Strahl $F_\infty F_k$, so stellt die Strecke lk bis zur Linie $F_\infty F_{00}$ die Schlüpfung $s = 100\%$ dar. Ein Strahl $F_\infty F$ schneidet diese Linie in r, dann ist $\boldsymbol{s = kr\%}$.

Drehmomentleistung: $\boldsymbol{N_d \sim FR}$ in Watt im Maßstabe von N_e, gemessen bis zur Drehmomentlinie $N_d = 0$, die durch F_0 und F_∞ geht, da in diesen Punkten E_1 und J_2 um 90^0 verschoben sind.

Abgegebene Leistung: $\boldsymbol{N_a \sim FN}$ im Maßstabe von N_e gemessen bis zur Leistungslinie F_0F_k oder $N_a = 0$.

Wirkungsgrad: Nach der Gleichung $\eta = \frac{N_a}{N_e} = \frac{N_e - N_v}{N_e}$ muß man noch die Verlustlinie $N_v = 0$ darstellen. Nun ist $N_v = N_0 + N_k$. Man findet $N_0 = 0$ (S. 502) als Tangente in F_k an den Kreis. $N_k = 0$ ist die Halbpolare des Punktes A in bezug auf den Diagrammkreis. Zu ihrer Ermittlung errichtet man auf dem Halbmesser in A das Lot Aa bis zum Schnitt a mit dem Kreis und zieht die Tangente in a bis zum Schnitt b mit dem verlängerten Radius. Dann ist b als vierter harmonischer Punkt der Fußpunkt der Polaren des Punktes A. Halbiert man Ab in d und errichtet darin ein Lot, so stellt dieses die Verlustlinie $N_k = 0$ dar. Der Schnitt S_1 von $N_k = 0$ mit $N_0 = 0$ ist ein Punkt der Linie $N_v = 0$. Einen anderen Punkt findet man in W als Schnitt von $N_a = 0$ mit $N_e = 0$. Zieht man nun durch irgendeinen Punkt p der Linie $N_a = 0$ eine Parallele zu $N_e = 0$, so schneidet der Strahl $N_v = 0$ auf ihr eine Strecke pn ab, die den Wirkungsgrad $\eta = 100\%$ darstellt. Für einen Strom $J = AF$ schneidet dann der Strahl FW den Wirkungsgrad $\boldsymbol{\eta = pq\%}$ ab.

Leistungsfaktor: Schlägt man über AB als Einheit einen Kreis, so wird von den Strahlen AF für den Strom J_1 eine Strecke Aw unter dem $\sphericalangle\, \varphi$ angeschnitten, so daß $\boldsymbol{Aw = \cos\varphi}$ ist.

Bei Belastungen, die stark vom Synchronismus entfernt liegen, weichen die wirklichen Werte von den dem Diagramm entnommenen ab, da die Kurzschlußströme eine Verzerrung des Diagramms von der Kreisform ergeben würden. Ferner wirken die Kurzschlußströme unterhalb des Synchronismus motorisch, oberhalb desselben generatorisch oder bremsend. Somit wird die Drehzahl in Wirklichkeit bei Leerlauf, wenn sie untersynchron ist, höher, dagegen wenn sie übersynchron ist, tiefer liegen, als im Diagramm angegeben.

Auch der Nebenschlußmotor wird nach Patenten von Winter und F. Eichberg[1] mit zweiteiliger Ständerwicklung gebaut (direkt gespeister Motor).

A. Heyland[2] führt dem Läufer von einem Teil der Ständerwicklung den Erregerstrom zu, wobei die Bürsten um einen Winkel von etwa 90° gegen die Nullstellung verschoben sind. Dadurch erzielt er einen guten Phasenausgleich und wegen des stärkeren vom Läufer erregten Feldes eine größere Überlastungsfähigkeit. Infolge der Widerstandsverbindungen zwischen den Kommutatorlamellen erfolgt die Stromwendung funkenfrei.

Um für die Regelung der Drehzahl keine kostspieligen Regler, sondern einfache Bürstenverstellung anwenden zu können, baut die ASEA nach Angaben von Schrage[3] einen Nebenschlußmotor mit besonderer Regelungswicklung im Läufer. Die über Schleifringe am Netz liegende Primärwicklung befindet sich ebenfalls auf ihm, während die sonst bewegliche Sekundärwicklung auf dem feststehenden Teil angeordnet ist und in drei getrennten Phasen über doppelte Bürsten von der Regelungswicklung gespeist wird.

4. Der Doppelschlußmotor.

Um die Drehzahländerung eines Nebenschlußmotors aufzuheben oder zu vergrößern, verwendet BBC nach Angaben von A. Scherbius[4] zwei Erregerwicklungen in einer solchen Anordnung, daß Hauptschluß- und Nebenschlußerregung Kraftflüsse erzeugen, die nicht miteinander verkettet sind, wobei das Feld ausgeprägte Pole besitzt. Andererseits läßt sich auch eine gemeinsame Erregerwicklung verwenden, die von den hintereinandergeschalteten Sekundärwicklungen je eines Hauptschluß- und eines Nebenschluß-Erregertransformators gespeist werden.

---

[1] D.R.P. 153730; ETZ 1910 S. 749.

[2] ETZ 1901, 1902, 1903.

[3] ETZ 1914 S. 89.

[4] Engl. Pat. 18817 (1906); Schw. Pat. 38638 (1906).

Das Diagramm ließe sich aus dem des Hauptschlußmotors als Kreis ermitteln. Es gibt jedoch nur annähernd die Eigenschaften des Motors wieder, da die Sättigungs-, Streuungs- und Eisenverluständerungen (ausgeprägte Pole) nicht berücksichtigt werden können. Man nimmt es daher am besten punktweise auf. Die Maschine kann auch als Generator Verwendung finden, besitzt dann aber ebenfalls die Eigenschaft der Selbsterregung wie der Hauptschlußmotor (S. 545).

5. Der Kommutator-Phasenschieber.

Im allgemeinen verwendet man zur Verbesserung des Leistungsfaktors Synchronmotoren oder Kondensatoren, die auf den Ständerstrom der Induktionsmotoren einwirken. Will man aber die Kompensierung vom Läufer aus vornehmen, was für manche Zwecke erwünscht ist, so ordnet man einen Kommutator-Phasenschieber an, der die zur Erzeugung des Magnetisierungsstromes erforderliche niedrige Kompensationsspannung liefern soll. Bauart und Wirkungsweise sind von A. Scherbius[1], G. Kapp[2], F. Niethammer[3], R. Rüdenberg[4], J. Fischer-Hinnen[5], H. Nehlsen[6], T. Schmitz[7] ausführlich beschrieben.

Da nun im normalen Betrieb der Phasenschieber von dem Läuferstrom des Induktionsmotors durchflossen wird, läßt sich eine Untersuchung auf dem Prüffelde nicht durchführen, weil im allgemeinen die geeignete Belastung fehlt. Man kann sich aber in diesem Fall leicht dadurch helfen, daß man einen Frequenzwandler nach Angaben von Leblanc[8], A. Heyland[9], W. Seiz[10] u. a. verwendet.

Zur Untersuchung macht man nun folgende Schaltung (Abb. 434): Der von einem regelbaren Motor M_1 angetriebene Phasenschieber PS wird mit der Stromwenderseite des vom Motor M_2 angetriebenen Frequenzwandlers FW elektrisch verbunden. Den Schleifringen von FW wird vom Dreiphasennetz

[1] ETZ 1912 S. 1079. [2] ETZ 1913 S. 931.
[3] Elektrotechn. u. Maschinenb. 1913 S. 1089.
[4] Elektr. Kraftbetr. Bahn. 1914 S. 425.
[5] Elektrotechn. u. Maschinenb. 1916 S. 341.
[6] ETZ 1917 S. 584. [7] ETZ 1927 S. 1800. [8] ETZ 1890 S. 42.
[9] ETZ 1908 S. 353; 1911 S. 1054.
[10] Arb. elektrotechn. Inst. Karlsruhe Bd. 3 S. 187.

mit der Frequenz ν Hertz direkt oder über einen Transformator eine durch Drehtransformator *DT* regelbare Spannung zugeführt. Durch die aufgenommenen Feldströme wird ein Drehfeld erzeugt. Treibt man den Frequenzwandler bei $2\,p$ Polen mit der Drehzahl n U/min entgegen der Drehrichtung des Drehfeldes an, so kann von seinen Bürsten eine Wechselspannung veränderlicher Frequenz $\nu_w = \nu - \frac{p \cdot n}{60}$ abgenommen werden, deren Größe außerdem durch Regelung der zugeführten Schleifringspannung verändert werden kann. Auf diese Weise lassen sich dem eigen-

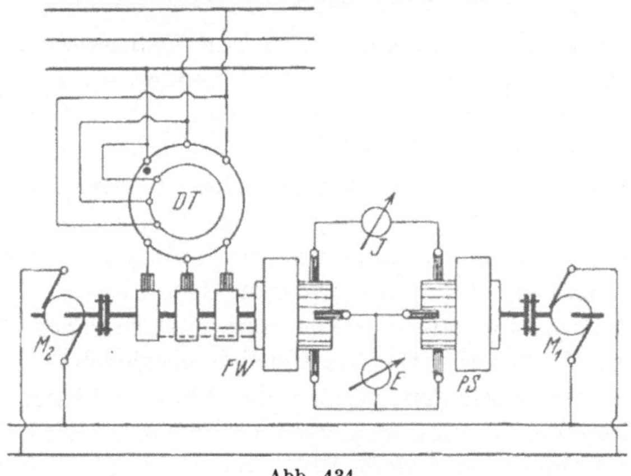

Abb. 434.

erregten Phasenschieber *PS* die für die Untersuchung verschiedenartiger Arbeitsbedingungen erforderlichen Spannungen E und Ströme J passender Frequenz ν_w zuführen. Die Leistung des Motors M_2 braucht nicht groß zu sein, da er nur die mechanischen Verluste von *FW* zu decken hat.

17. Untersuchungen an Gleichrichtern.

Gleichrichter dienen zur Umformung von Wechselspannung in Gleichspannung. Einzelne Anordnungen sind schon vorher (I, 57, 8) behandelt worden, soweit sie mit den dort angegebenen Untersuchungen im Zusammenhang standen. Sie liefern im allgemeinen keine Spannung zeitlich gleichbleibender Größe, sondern eine solche, die eine durch die Wechselspannung bedingte Welligkeit aufweist, aber für technische Zwecke als genügend konstant angesehen werden kann, besonders wenn sie noch durch Siebkreise oder Drosselketten geglättet wird.

Man unterscheidet nun dabei folgende Klassen:

1. Mechanische Gleichrichter.

Sie besitzen nach Angaben von Pollak[1], Liebenow[2], P. Stein[3] einen synchron angetriebenen Stromwender, der über Schleifringe mit der Wechselstromquelle verbunden ist. Für kleine Leistungen dienen die oszillierenden oder Pendel-Gleichrichter nach Koch[4], Falkenthal, Hydrawerk u. a. Durch Anwendung besonderer Schaltungen ergeben sich nach B. Schäfer[5] höhere Leistungen, die sich weiter durch rotierende Anordnung des Kontaktgebers steigern lassen. Da nun Abweichungen der Frequenz die Funkenbildung begünstigen, ordnet F. Tellert[6] zwei Pendel an.

Ein flüssiges Pendel in Form eines Quecksilberstrahls verwendet J. Hartmann[7] bei dem von ihm erfundenen Strahl-Gleichrichter, der bisher für Leistungen von 100 kW bei 250 V Gleichspannung mit $\eta = 90\ldots 92\%$ Wirkungsgrad bei Belastungen von 30...100% gebaut ist. Zeitweise waren Überlastungen bis 50% möglich.

Zur wechselweisen Umformung von Dreiphasen-Wechselspannung in Gleichspannung und umgekehrt dient der von J. E. Calvertey und W. E. Highfield[8] angegebene Transverter[9] für Gleichspannungen bis 100 kV und 2000 kW Leistung. Er besteht aus einer größeren Anzahl von Transformatoren mit weitgehend unterteilten und auf die drei Phasen verteilten Spulen, deren Enden an Stege feststehender Kommutatoren geführt sind. Über diese werden von einem Synchronmotor Bürsten bewegt, die zur Abnahme der Gleichspannung dienen.

---

[1] ETZ 1894 S. 109; 1898 S. 80.

[2] D.R.P. 73053. [3] ETZ 1912 S. 56.

[4] ETZ 1901 S. 853; 1903 S. 843; 1908 S. 41.

[5] ETZ 1923 S. 561. [6] ETZ 1927 S. 460.

[7] Engineering Bd. 124 S. 338, 377; ETZ 1928 S. 1224; 1931 S. 177; J. Instn. electr. Engr. 1930 S. 945; Z. techn. Physik 1931 S. 4; ETZ 1932 S. 98.

[8] Electrician Nr. 567 v. 9. Mai 1924.

[9] Engineering Bd. 117 S. 563; ETZ 1912 S. 56; 1923 S. 561; 1924 S. 659; 1927 S. 697; 1931 S. 701; Arch. Elektrotechn. Bd. 19 (1927) S. 579; Bd. 25 (1931) S. 227; ETZ 1931 S. 1389; Physik. Z. 1930 S. 375, 1390.

2. Elektrolyt-Gleichrichter.

Bei diesen Apparaten sind keine bewegten Teile. Ihre Wirkung beruht auf der von Wöhler entdeckten unipolaren Leitung des Aluminiums, welches als positiver Pol oder Anode in einer elektrolytischen Zelle keinen Strom in der Richtung zur Kathode (Blei oder Kohle) hindurchläßt, sondern nur, wenn es selbst Kathode ist. Die erste praktische Anordnung ist von Pollak[1] und gleichzeitig von Graetz[2] angegeben. Weitere Verbesserungen machten Wilson[3], König[4] und Grisson[5], so daß schließlich auch Apparate für den praktischen Gebrauch in Dauerschaltung[6] gebaut werden konnten. Der Wirkungsgrad beträgt etwa 60 bis 80% und steigt nach A. Güntherschulze[7] mit der Gleichspannung bis zu 85%.

Als Elektrolyt dient am besten eine Lösung von Diammoniumphosphat $(NH_4)_2PO_4$ oder saurem borsaurem Ammonium $(NH_4)HBO_2$. Nachteilig ist die Empfindlichkeit gegen Verunreinigungen des Aluminiums (Spuren von Eisen beim Walzen).

Besser ist der Tantal- oder Balkite-Gleichrichter[8] der Fansteel Co und S & H. Er enthält eine Tantal- und Blei-Elektrode in 25% Schwefelsäure ($\gamma = 1{,}25$), der 0,8 % Eisensulfat zugesetzt ist, um eine Zerstörung des Tantals durch den an ihm freiwerdenden Wasserstoff zu verhindern. Die Verdunstung wird durch eine Schicht aus dünnem Nähmaschinenöl aufgehalten. Der Stromdurchgang findet nur in der Richtung vom Blei (Pb) durch den Elektrolyt zum Tantal (Ta) statt, solange die Spannung 35 V nicht übersteigt; normal < 15 V. Vorteilhaft ist der Anschluß an einen Transformator T mit Mittelabgriff und Vollweggleichrichtung durch zwei Tantalstreifen (0,1 mm dick) in einem Gefäß (Abb. 435). Der Wirkungsgrad mit Transformator für 6 V und 2,5 A Gleichstrom bei ca. 10 cm² aktiver Tantalfläche, zehnfacher Bleifläche und 700 cm³ Elektrolyt beträgt etwa 30%. Nachteilig ist die Entwicklung von Knallgas bei allen Gleichrichtern.

---

[1] ETZ 1897 S. 358. [2] ETZ 1897 S. 423. [3] ETZ 1898 S. 615.
[4] ETZ 1902 S. 474. [5] ETZ 1903 S. 432; 1908 S. 959.
[6] ETZ 1912 S. 889; 1913 S. 970, 1466; Jacob: Samml. el. Vortr. 1906 Bd. 9.
[7] Arch. Elektrotechn. Bd. 3 (1915) S. 43; Helios, Lpz. 1920 S. 125.
[8] Z. Instrumentenkde. 1927 S. 240; Helios, Lpz. 1928 S. 118.

Eine besondere Ausbildung zeigt der Kolloid-Gleichrichter durch die Verwendung kolloidaler Metallsalzlösungen, insbesondere des Silbers nach M. André[1] der Raytheon Mfg Co. Die Silber-Anode befindet sich in einer konzentrierten Paste aus Schwefelsäure (H_2SO_4) und kolloidalem Silber mit reinem Silberstaub. Dahinein ragt die Kathode in Form einer Platte aus einer Aluminiumlegierung oder oxydiertem Nickel. Der Stromdurchgang findet von der Silberplatte durch das Kolloid zur Nickelplatte statt. Da die kolloidale Elektrode die Silberanode direkt berührt, wird der innere Widerstand klein und ein Wirkungsgrad $\eta = 60\%$ bei 6 V und 2,5 A Gleichstrom erreicht. Bei einem Durchschlag regeneriert sich die Zelle selbsttätig im Gegensatz zu den Trockenplatten-Gleichrichtern (s. unter 6).

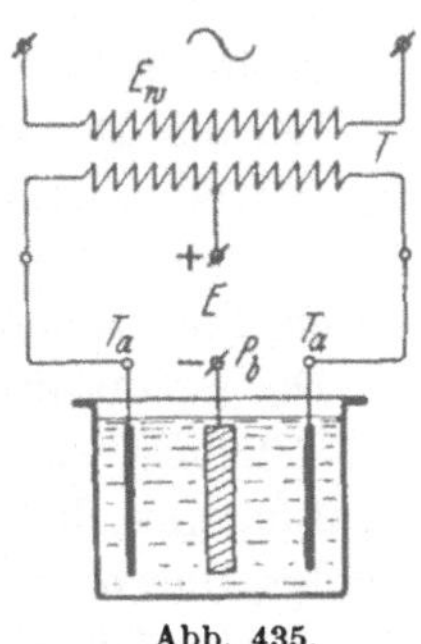

Abb. 435.

3. Lichtbogen-Gleichrichter.

Die unipolare Leitung wird in diesem Fall durch einen Lichtbogen von Quecksilberdampf im Vakuum bewirkt und ist zuerst von Cooper-Hewitt[2] (Westinghouse Co.) und L. Arons[3] für einen praktisch brauchbaren Gleichrichter verwendet worden. Dabei zeigte es sich, daß der Quecksilberdampf nur dann einen Strom hindurchläßt, wenn die Stahlelektrode die Anode (+) und Quecksilber die Kathode bildete.

Untersuchungen über die Eigenschaften und den Mechanismus des Quecksilberlichtbogens und Gleichrichters sind von Steinmetz[4], Polak[5], Hahn[6], Schulze[7], Hechler[8], Tschudy[9], Nielsen[10], F. Kleeberg[11], D. C. Prince[12], R. Schuhmacher[13],

[1] Helios, Lpz. 1928 S. 120; Bull. Soc. int. Électr. Bd. 9 S. 961; ETZ 1931 S. 1178.

[2] Proc. Amer. Inst. electr. Engr. 12. April 1901; ETZ 1903 S. 188; D.R.P. 161808.

[3] Wied. Ann. Bd. 47 (1899) S. 767.

[4] Proc. Amer. Inst. electr. Engr. 1905 S. 743.

[5] ETZ 1907 S. 733.

[6] ETZ 1908 S. 178.

[7] ETZ 1909 S. 373; 1910 S. 28; Arch. Elektrotechn. 1913 S. 491.

[8] ETZ 1910 S. 1053.

[9] ETZ 1917 S. 6, 23.

[10] ETZ 1919 S. 224, 681; 1920 S. 323.

[11] ETZ 1920 S. 145, 171.

[12] J. Amer. Inst. electr. Engr. 1924 S. 1021.

[13] ETZ 1926 S. 354.

A. Partsch[1], R. Seeliger[2], J. v. Issendorff[3] u. a. angestellt worden und haben gezeigt, daß der Quecksilberdampf-Gleichrichter bei höheren Spannungen Wirkungsgrade erreicht, die man sonst nur bei Transformatoren erhalten konnte.

Bei der Bogenentladung findet eine Elektronenbefreiung aus der Kathode hauptsächlich dadurch statt, daß die Kathode durch den Ionenaufprall auf hohe Temperatur erhitzt wird und thermisch Elektronen ausstrahlt.

Der Spannungsabfall im Lichtbogen beträgt unabhängig von der Stromstärke und Netzspannung 10 . . . 15 V, der gesamte Spannungsverlust ca. 15 . . . 20 V. Die Erregung des Lichtbogens erfolgt durch eine Hilfsfunkenstrecke nach Weintraub[4] oder durch ein Zündsolenoid.

Durch Verwendung von Stahlzylindern für das Vakuumgefäß und weitere Verbesserungen an den Elektroden, der Dichtung und Zündung ist es B. Schäfer[5] und der Industrie gelungen, Großgleichrichter für große Leistungen und Spannungen zu bauen.

Der Wirkungsgrad beträgt dabei für 110 V 85%, 1000 V 98%. Für größere Leistungen kann eine Parallelschaltung[6] durch Stromteilerdrosselspulen erfolgen.

Die Untersuchungen an Gleichrichtern der vorhergenannten drei Bauarten erstrecken sich auf folgende Größen:

1. Transformationswirkungsgrad η_1.
2. Gefäßwirkungsgrad η_2.
3. Gleichrichterwirkungsgrad η.
4. Leistungsverlust im Gefäß N_v.

Für Einphasen-Wechselstrom macht man nun folgende Schaltung (Abb. 436):

Liest man an der Primärseite I des Transformators T die Leistung N_1' ab und ist r_1 der Widerstand der Leistungsmesser-Stromspule und des Strommessers J_1, R_{s_1} der des Spannungsmessers E_1, so erhält der Transformator primär die Leistung

$$1. \quad N_1 = N_1' - J_1^2 \cdot r_1 - \frac{E_1^2}{R_{s_1}}.$$

[1] ETZ 1926 S. 1056. [2] ETZ 1928 S. 853.
[3] ETZ 1929 S. 1079, 1099. [4] Philos. Mag. 1904 S. 95.
[5] ETZ 1911 S. 2; 1912 S. 1164; 1913 S. 253, 284; 1917 S. 89, 107.
[6] ETZ 1918 S. 321; D.R.P. 238754.

Zeigen die Leistungsmesser sekundär die Werte N_2' und N_2'', so erhält der Gleichrichter *Gl* an den Elektroden *ab* die Leistung

$$2. \quad N_2 = N_2' + N_2'' - 2 \cdot J_2^2 \cdot r_2 ,$$

wo r_2 die Widerstände der Leistungsmesser-Stromspulen und des Strommessers J_2 bedeuten. Die vom Gleichrichter zwischen den Klemmen *cd* abgegebene Leistung ist, wenn die Wellenspannung E_{3_w} und der Wellenstrom J_{3_w} mit Wechselstrom-Instrumenten gemessen werden,

$$3. \quad N_{3_w} = N_3' + E_{3_w}^2 \cdot \left(\frac{1}{R_{s_3}} + \frac{1}{\varrho_3}\right),$$

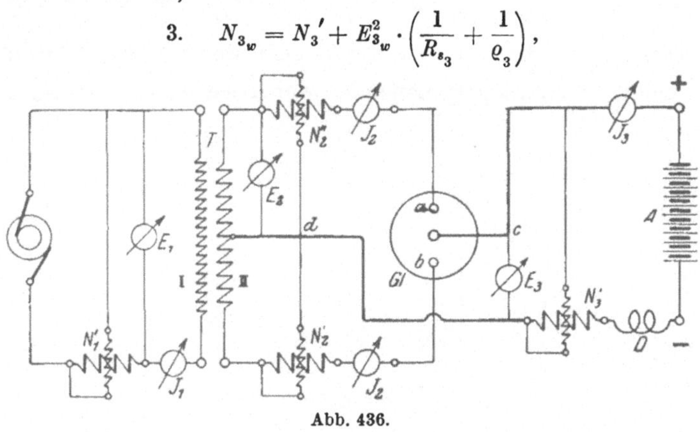

Abb. 436.

worin R_{s_3} und ϱ_3 die Widerstände des Spannungsmessers E_3 und des Spannungspfades des Leistungsmessers N_3' sind. Mißt man aber E_{3_g} und J_{3_g} mit Gleichstrom-Instrumenten (Drehspulenart), so erhält man die vom Gleichrichter abgegebene Gleichstromleistung

$$4. \quad N_{3_g} = E_{3_g} \cdot J_{3_g} + E_{3_g}^2 \cdot \left(\frac{1}{R_{s_3}} + \frac{1}{\varrho_3}\right).$$

Die Größe des hindurchgelassenen oder dem Gleichstrom J_{3_g} überlagerten reinen Wechselstroms J_{3_u} ist dann $J_{3_u} = \sqrt{J_{3_w}^2 - J_{3_g}^2}$. Derselbe läßt sich nach W. Geyger[1] mittels einer Kompensationsmethode bestimmen.

Es ergibt sich nun aus Gl. 1 und 3 der Transformationswirkungsgrad

$$5. \quad \eta_1 = \frac{N_{3_w}}{N_1},$$

[1] Arch. Elektrotechn. Bd. 18 (1927) S. 641.

aus Gl. 2 und 3 der Gefäßwirkungsgrad

$$6.\quad \eta_2 = \frac{N_{3_w}}{N_2},$$

aus Gl. 1 und 4 der Gleichrichterwirkungsgrad

$$7.\quad \eta = \frac{N_{3_g}}{N_1}$$

und aus Gl. 2 und 3 der Leistungsverlust

$$8.\quad N_v = N_2 - N_{3_w}.$$

Dieser Verlust kann auch direkt gemessen werden, wenn man die beiden Spannungsspulenenden der Leistungsmesser N_2' und

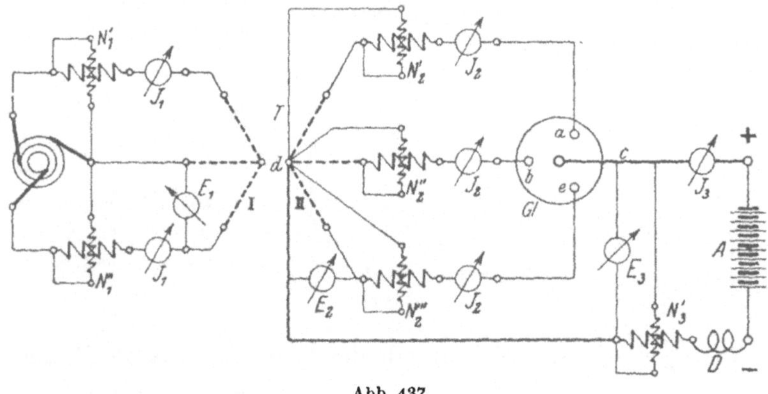

Abb. 437.

N_2'' von dem Punkt *d* an den Punkt *c* anlegt. Es ist jedoch nicht gleichgültig für das Verhalten des Gleichrichters, ob die Belastung durch einen Stromverbraucher mit oder ohne Gegen-EMK, also z. B. Akkumulatorenbetrieb, Motoren oder Elektrolyse von Kupfersulfat erfolgt. Es muß daher bei dem Wirkungsgrad auch die zugehörige Belastungsart angegeben werden.

Bei Verwendung von Leistungsmessern mit unterteilten Stromspulen lassen sich nach K. Fischer[1] auch mit einem Instrument Messungen vornehmen.

Für Dreiphasen-Wechselstrom macht man folgende Schaltung (Abb. 437):

[1] ETZ 1929 S. 113.

Bei denselben Bezeichnungen für die Widerstände der Spannungs-, Strom- und Leistungsmesser-Spulen erhält man dann:

$$1.\quad N_1 = N_1' + N_1'' - 2\cdot J_1^2\cdot r_1 - \frac{E_1^2}{R_{s_1}}$$

$$2.\quad N_2 = N_2' + N_2'' + N_2''' - 3\cdot J_2^2\cdot r_2$$

$$3.\quad N_{3_w} = N_3' + E_{3_w}^2\cdot\left(\frac{1}{R_{s_3}} + \frac{1}{\varrho_3}\right)$$

$$4.\quad N_{3_g} = E_{3_g}\cdot J_{3_g} + E_{3_g}^2\cdot\left(\frac{1}{R_{s_3}} + \frac{1}{\varrho_3}\right).$$

Es ergeben sich dann die zu bestimmenden Wirkungsgrade und der Leistungsverlust im Gefäß, wie vorher, aus den Gleichungen 5...8.

Die Drosselspule D hat den Zweck, die gleichgerichtete Spannung zwischen Leerlauf und Vollast möglichst konstant zu halten. Außerdem kann man durch geeignete Größe der Drosselspule den Spannungsabfall so groß (5...15%) einstellen, daß eine Parallelschaltung mit Gleichstrommaschinen möglich ist. Die Spannungsregelung erfolgt durch Induktionsregler, Stufentransformatoren oder bei Akkumulatorenladung durch Regulier-Drosselspulen mit Tauchkern zwischen Transformator-Sekundärwicklung und Anoden. Die Prüfung des Vakuums geschieht durch Mc Leodsche Vakuummeter oder elektrische von B. Schäfer[1], W. Menger[2], L. Smede[3], Pirani[4] angegebene Meßvorrichtungen.

Infolge der Abweichung des Transformatorstromes von der Sinuskurve darf man den Leistungsfaktor f_l des Gleichrichters nur dann mit einem Phasenwinkel φ zwischen Spannung und Strom in Beziehung setzen, wenn die zugehörigen Kurven ähnliche Figuren sind. Andernfalls ist $f_l = \frac{N}{E\cdot J}$ nicht mehr als Maß für die Feldleistung $N_f = \sqrt{E^2\cdot J^2 - N^2}$ zu benutzen. N_f ist vielmehr durch dafür geeignete Leistungsmesser zu ermitteln.

Ausführliche Darlegungen über diese Größen und ihre Messung sind von W. Müller[5], L. P. Krijger[6], W. Dällenbach und E. Gerecke[7], M. Schenkel[8], L. Fleischmann[9] gemacht worden.

[1] ETZ 1912 S. 1167. [2] ETZ 1928 S. 1512.
[3] Electr. J. Bd. 25 S. 437; ETZ 1929 S. 1782.
[4] Siemens-Z. 1930 S. 53. [5] ETZ 1924 S. 624. [6] ETZ 1925 S. 48.
[7] Arch. Elektrotechn. Bd. 14 (1925) S. 171.
[8] ETZ 1925 S. 1369, 1399. [9] ETZ 1927 S. 12.

Die Berechnung der nach Abb. 436 vom Transformator sekundär zu liefernden Spannung $2\,E_2$ ist folgende: Soll der Akkumulator beim Ende der Ladung seine höchste Klemmenspannung E_k erhalten, und tritt in der Drosselspule ein Spannungsverlust E_{v_d} (15 ... 18 V), im Gleichrichter E_v (15 ... 20 V) auf, dann ist

$$E_{2_{\max}} = E_k + E_v + E_{v_d} \quad \text{und} \quad 2\,E_2 = \sqrt{2}\cdot(E_k + E_v + E_{v_d})\,.$$

Die Abmessungen des Transformators können nach Hellmuth[1] ermittelt werden.

Mit Hilfe von Quecksilberdampf-Gleichrichtern, deren Anoden von einem besonderen Steuergitter umgeben sind, den sogenannten Thyratron-Röhren, ist es nach D. C. Prince[2] möglich, Gleichstrom-Transformatoren herzustellen bzw. Gleichstrom in Wechselstrom umzuformen.

Untersuchungen von F. Skaupy[3] über den Lichtbogen zwischen Wolfram-Elektroden haben gezeigt, daß eine Wolframbogenlampe auch als Gleichrichter verwendet werden kann, wenn die Anode auf so niedriger Temperatur gehalten wird, daß sie keine Elektronen aussenden kann, und der Gasdruck der Argonfüllung so bemessen ist, daß keine Glimmentladung eintritt. Weiter kann damit Gleichstrom in Wechselstrom (Inverter) und Wechselstrom niedriger Frequenz in solchen höherer Frequenz (Frequenzumformer) umgewandelt werden.

Da der Quecksilberdampfgleichrichter für Ströme unter 3 A nicht mehr imstande ist, den Lichtbogen aufrechtzuerhalten, lag die Frage nach einem Klein-Gleichrichter nahe. Ein solcher wird nach Angaben von F. Schröter[4] für den Meßbereich 0,5 bis 3 A hergestellt. Die Kathode besteht dabei aus einem verdampfbaren Metall[5] (Kalium, Natrium oder deren Legierungen). Zur Erhöhung der Verdampfungsfähigkeit ist das Gefäß mit einem Edelgas (Neon) angefüllt, so daß eine selbständige Entladung eintritt.

Eine andere Ausführungsart ist der Argonal-Gleichrichter[6] mit Argongas-Füllung, dessen Kathode aus einer Legierung von Natrium, Kalium und Quecksilber besteht. Die untere Stromgrenze ist 0,3 A.

[1] ETZ 1925 S. 458.
[2] Gen. electr. Rev. Bd. 31 S. 347; ETZ 1929 S. 902.
[3] ETZ 1927 S. 1797. [4] ETZ 1919 S. 685. [5] ETZ 1915 S. 77, 677, 689.
[6] ETZ 1922 S. 921; 1924 S. 579; 1929 S. 1255.

4. Glühkathoden-Gleichrichter.

Sie beruhen auf dem Vorgang, daß ein glühendes Metall (z. B. Wolfram) oder Erdalkalioxyd (z. B. Kalziumoxyd) Elektronen aussendet und nur als Kathode Strom von einer positiv geladenen Elektrode, der Anode, hindurchläßt, dagegen bei umgekehrter Polarität sperrt. Ihre Entladung ist demnach eine unselbständige. Dafür gibt es nun zwei Ausführungen:

a) Mit Hochvakuum.

Der erste derartige Gleichrichter ist von Wehnelt angegeben (Abb. 438). Er besitzt eine Iridiumkathode mit einem Oxydüberzug. Der Anschluß an die Wechselspannung erfolgt über einen Transformator mit sekundärer Mittelanzapfung (negativer Pol). Man ist damit imstande, Gleichspannungen bis etwa 10 kV herzustellen. Weitere Verbesserungen sind nach M. Bareiss[1] von der Osram-Gesellschaft gemacht worden. S & H verwenden nach R. Strigel[2] als Kathode einen Wolframdraht in Haarnadelform mit Mittel- oder Außenstütze, um die Wirkungen elektrostatischer Kräfte und Lastkurzschlüsse unschädlich zu machen, wodurch es möglich geworden ist, Ventile für 100 kV und mehr zu bauen. Die Heizung wird allgemein durch eine besondere Heizwicklung des Transformators bewirkt.

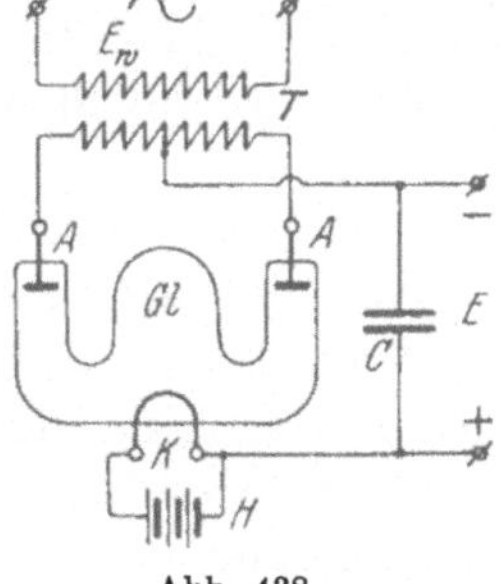

Abb. 438.

b) Mit Gasfüllung.

Die Kathoden bestehen hierbei aus einem spiralförmigen Draht von Wolfram, Molybdän, Iridium, Nickel mit einem Überzug von Thorium- oder Erdalkali-Oxyd. Als Füllgas wird reines Argon oder Neon verwendet. Für kleine Leistungen sind dabei zu erwähnen[3] der Rectigon der Westinghouse Mfg. Co., Tungar der GEC und Ramar der AEG mit Argongas. Vorteilhaft ist der geringe Spannungsverlust von 7 . . . 11 V, dagegen ist die Leistungsgrenze schon bei etwa 75 V, 6 A für eine Anode in

[1] Z. techn. Physik 1927 S. 449. [2] Siemens-Z. 1929 S. 448, 487.
[3] ETZ 1925 S. 1730.

einem Glaskörper mit einem Wirkungsgrad von $\eta = 50\%$. Gegenüber den Gleichrichtern mit einer Glühkathode aus thoriertem Wolframdraht besitzt derjenige von S & H[1] eine Glühkathode aus thoriertem Molybdän. Die Anoden bestehen aus Tantalblech. Dadurch erhält er manche Vorzüge bei der Herstellung und im Betrieb.

c) Mit Quecksilberdampffüllung.

In ausführlicher Weise beschreibt A. Glaser[2] die physikalische Wirkungsweise der Hochvakuum- und Quecksilberdampf-Gleichrichter und ihre Unterschiede. Dabei ist es möglich, Röhren mit großen Leistungen zu bauen. So zeigt ein Gleichrichter der AEG eine höchste Sperrspannung von 20000 V bei einem Scheitelwert des Stromes von 10 A.

5. Glimmlicht-Gleichrichter.

Sie sind edelgasgefüllte Röhren mit selbständiger, durch die Wirkung des elektrischen Feldes bedingten Entladung ohne geheizte Kathode, die nach F. Schröter[3] am besten aus einem stark elektropositiven Metall, z. B. Alkalimetall, besteht und zur Verringerung des Spannungsabfalls möglichst großflächig ausgeführt wird. Die Anode ist stiftförmig[4]. Die durchlässige Richtung ist also Spitze—Platte. Zur Verbesserung der Stromverhältnisse wird aber neben dem Größenunterschied der Elektroden noch folgende Erscheinung ausgenutzt: Je kleiner die Ablösearbeit der Elektronen an der Kathode, d. h. je unedler das benutzte Metall ist, um so niedriger wird der Kathodenfall und um so größer die Entladestromstärke. Dabei genügt es, wenn allein die Oberfläche der Kathode aus unedlem Metall (Cäsium, Kalium, Natrium, Barium, Magnesium) besteht. Den Kern macht man meistens aus Nickel. Bei Verwendung eines Natrium-Überzuges in Argongas und ca. 10 V Spannungsverlust in der Gasstrecke beträgt der gesamte Spannungsabfall ca. 96 V.

G. Seibt[5] ordnet neben der ersten eine zweite Stiftanode an

---

[1] Siemens-Z. 1927 S. 559. [2] ETZ 1931 S. 829.

[3] ETZ 1915 S. 77, 677, 689; 1919 S. 685; Mitt. Ver. Elektr.-Werk. Bd. 20 S. 181; Z. Fernm.-Techn. Bd. 4 S. 67.

[4] Helios, Lpz. 1925 Heft 3, 4; Siemens-Z. 1926 S. 1.

[5] ETZ 1928 S. 1077.

und erhält dadurch eine Doppelweg-Gleichrichtung. Das so gebaute Anotron ist imstande, Gleichspannungen bis zu 1000 V bei 250 mA zu liefern. Auf Grund der Arbeiten der Raytheon Mfg. Co., Cambridge, USA, zeigten sich nach Angaben von H. Simon und M. Bareiss[1] weitere Vorteile durch Verwendung von Erdalkalioxyden (Bariumoxyd) als Überzug der Kathode bei der Raytheon-Röhre der Osram-Ges. für Spannungen bis etwa 300 V bei 100 mA.

6. Trocken-Gleichrichter.

Sie wirken wie Kristalldetektoren, bei denen eine Metall- oder Kristallspitze auf einen Kristall drückt, wodurch in einer Stromrichtung eine stärkere Durchlässigkeit als in der anderen auftritt. Auf diesem Prinzip beruht der Stab-Gleichrichter von K. Brodowski, der aus einer kristallinischen Sulfat-Elektrode und einer Gegenelektrode aus einer Legierung von Aluminium, Zink und Magnesium besteht. Jedenfalls kommen noch thermoelektrische Wirkungen hinzu, da die Gleichrichtung erst im warmen Zustande einsetzt. Damit lassen sich Spannungen bis etwa 12 V bei Strömen bis 30 A mit $\eta = 80\%$ gleichrichten.

Höhere Leistungen und größere Dauerhaftigkeit ergibt die Verwendung von Großoberflächen-Trockenplatten mit verschiedenartigen Schichten oder Überzügen. So besteht der Elkon-Gleichrichter der Deutschen Telephonwerke, Berlin, für 6 V und 0,15 A aus einer gepreßten Scheibe von Kupfersulfür und Zinksulfid mit einer Gegenelektrode von Magnesium, die zwischen Kupferplatten stark zusammengepreßt werden. Die durchlässige Richtung ist Kupfersulfür—Magnesium[2].

Wesentlich geringere innere Widerstände zeigt der Kupferoxyd-Gleichrichter nach L. O. Grondahl und P. H. Geiger[3], der zu besonders hoher Vollkommenheit von S & H unter der Bezeichnung Protos-Gleichrichter[4] ausgestaltet ist. Hierbei besteht ein Gleichrichterelement aus einer Kupferplatte mit einer chemisch darauf erzeugten Schicht von Kupferoxydul und einer

[1] ETZ 1928 S. 1604.

[2] Vgl. auch: Physic. Rev. Bd. 29 (1927) S. 367 (J. E. Lilienfeld u. D. H. Thomas).

[3] J. Amer. Inst. electr. Engr. 1927 S. 215; ETZ 1927 S. 1738.

[4] Siemens-Z. 1928 S. 293.

Gegenelektrode. Die durchlässige Richtung ist Kupferoxydul—Kupfer. Unter Verwendung eines Transformators mit großer Streuung ist der aus diesen Elementen für 8 V, 0,5 A zusammengebaute Gleichrichter kurzschlußsicher. Sein Wirkungsgrad liegt bei etwa 65 . . . 70% je nach der Belastung durch einen reinen oder induktiven Widerstand oder eine Gegen-EMK (Akkumulator). Ausführliche Angaben und Untersuchungen darüber sind von O. Irion[1] gemacht worden.

Einen weiteren Fortschritt im Bau von Trockengleichrichtern für höhere Spannungen bis 500 V und Ströme bis 20 A zeigt der SAF-Selen-Gleichrichter der Süddeutschen Apparate-Fabrik, vormals Tekade, Nürnberg, bei einem sehr geringen Rückstrom von höchstens 5 mA. Der Aufbau eines Ventils ist folgender: Gegen eine Kühlplatte legt sich eine nickelplattierte Eisenscheibe, die mit der Selenschicht versehen ist. Darauf kommt eine Bleifolie, Gummischeibe mit U-förmiger Anschluß-Bleifolie und Messinglamelle. Die durchlässige Richtung ist Selen—Eisen. Eine Neukonstruktion[2], die zur Speisung der Erregerwicklung eines elektrodynamischen Lautsprechers dient, kann ohne Transformator direkt an 220 V Wechselspannung angeschlossen werden und liefert etwa 160 V Gleichspannung bei 60 . . . 70 mA.

Für die Herstellung kleiner Gleichspannungen bei hohen Stromstärken eignet sich besonders der Salpeter-Gleichrichter. Er enthält nach H. Mackensen und F. Hellmuth[3] eine Aluminium- und Eisenelektrode, die gemeinsam in (bei 350. . .400° C) geschmolzenen Salpeter eintauchen. Die Durchlässigkeit liegt in der Richtung Eisen—Aluminium.

Da die Gleichrichter im allgemeinen eine Wellenspannung liefern, die als Oberwellen Wechselspannungen neben der konstanten Gleichspannung enthält, sind zur Glättung und Reinigung der Wellenspannung, z. B. als Anodenspannung von Rundfunkgeräten, Siebkreise[4] in Form von Drosselketten zwischenzuschalten. Als Spannungsteiler zur Abnahme verschieden hoher Spannungen eignet sich dafür nach Angaben von L. Körös[5] der Glimmstrecken-Spannungsteiler der C. Lorenz A.-G., Berlin. — Die Untersuchung der Gleichrichter erfolgt allgemein, wie unter 3 angegeben worden ist.

---

[1] ETZ 1930 S. 993. [2] ETZ 1931 S. 295. [3] Helios, Lpz. 1932 S. 25.
[4] Linker, A.: Grundl. d. Wechselstromtheorie, S. 218. [5] ETZ 1929 S. 786.

18. Aufnahme von Wechselstromkurven.

Bestimmt man für verschiedene Stellungen α des Magnetfeldes zum Anker eines Wechselstromgenerators die in den einzelnen Augenblicken induzierten EMKe E_t, so kann man zu den Winkeln α oder Zeiten t als Abszissen die abgelesenen Werte von E_t als Ordinaten zeichnerisch darstellen und erhält daraus den Verlauf der EMK als $f(E_\alpha, \alpha)$ bzw. $f(E_t, t)$.

Zur Aufnahme der Kurven dienen folgende Apparate:

a) Mechanischer Kontaktmacher nach Joubert.

Er besteht (Abb. 439) aus einer mit der Welle des Generators verbundenen und deswegen synchron rotierenden Scheibe aus Isoliermaterial, welche am Umfang einen ca. 2 bis 3° breiten Metallstreifen K enthält. Von diesem führt eine Ableitung zu einem auf der Achse sitzenden Schleifring S. Zwei Schleiffedern, *1* und *2*, dienen als Stromleitung vom Kontakt und Schleifring zu den Klemmen a und b. Feder *1* ist außerdem an einem um die Achse drehbaren Arm $\mathfrak{A}$ befestigt, dessen Stellung an einer Skala mit Gradeinteilung abgelesen werden kann.

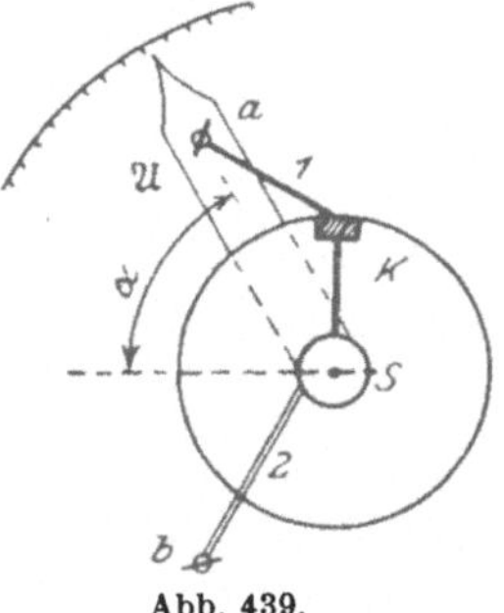

Abb. 439.

Die beiden Schleiffedern können auch nebeneinander auf dem drehbaren Arm befestigt sein.

Bedeutend vollkommener arbeitet der Kontaktgeber von Schade[1] mit gesteuertem Kontakt.

Zur punktweisen Aufnahme der Spannungskurven macht man nun folgende Schaltung (Abb. 440). Der Kontaktgeber wird mit einem Elektrometer oder einem Galvanometer G und einem großen Vorschaltwiderstand R in Reihe geschaltet an die Klemmen des Generators angeschlossen. Ist dabei das Galvanometer noch zu empfindlich, so kann ein Widerstand R_1 parallel dazu gelegt werden. Derselbe bietet außerdem bei Drehspuleninstrumenten den Vorteil, Schwankungen der Ablenkungen des Galvanometers infolge der dämpfenden Wirkung zu verringern. Wird der Generator jetzt mit konstanter Erregung und

[1] Arnold, E.: Gl.-Masch. 2. Aufl. Bd. 1 S. 785. München: Edelmann.

Drehzahl betrieben, so erhält das Instrument bei jeder Umdrehung einen Stromstoß, welcher bei einer bestimmten Stellung α der Bürste *1* in Abb. 439 immer dieselbe Richtung und Größe beibehält. Das Meßinstrument durchfließt demnach ein pulsierender Gleichstrom, der eine konstante Ablenkung φ hervorruft. Dreht man die Bürste *1* in andere Stellungen und notiert zu den Drehwinkeln α die dazugehörigen Ablenkungen φ des Galvanometers, so kann man daraus die Kurven $f(\varphi, \alpha)$ zeichnen. Zur Beruhigung des Galvanometers schaltet man bei großen Schwankungen der Ablesung einen Kondensator parallel, wobei das Instrument annähernd Gleichstrom erhält.

Genauer, aber zeitraubender wird die Messung, wenn man statt des Galvanometers direkt einen Kondensator einschaltet und ihn nach der Ladung auf ein ballistisches Galvanometer durch Umlegen eines Schalters entlädt (s. Abb. 444).

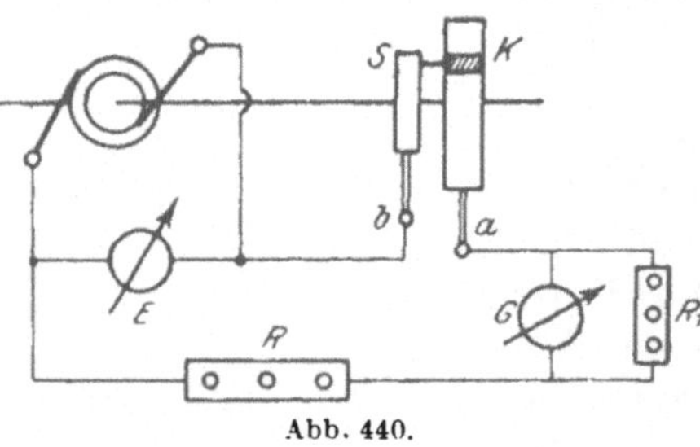

Abb. 440.

Diese Aufnahmen geben jedoch nur relative Werte, will man aber absolute erhalten, so benutzt man einen möglichst wenig gedämpften Spannungsmesser mit großem Widerstand, am besten ein statisches Instrument, das man vor dem Versuch für die betreffende Unterbrechungszahl eicht, indem man nach Abb. 441 den Spannungsmesser E' mit dem Kontaktapparat K parallel zu einer bekannten, beliebig veränderlichen Spannung E legt und unter Veränderung des Vorschaltwiderstandes R zu den abgelesenen Werten E' die wirklichen, an den Punkten $a \div b$ herrschenden Spannungen E notiert, woraus sich die Eichkurve $f(E', E)$ ergibt.

Genauer, aber ebenfalls zeitraubend, ist die Anwendung der Kompensationsmethode[1] zur Messung der Augenblickswerte der EMK. Dabei wird nach Abb. 442 die Maschine unter Zwischenschaltung des Kontaktgebers K mit einem großen Widerstand AB verbunden und der in einem Teil a auftretende Spannungsverlust durch ein Normalelement E_n kompensiert.

[1] ETZ 1895 S. 112 (Bragstad).

Ist der ganze Widerstand $a + b$, so ergibt sich:

$$E_t = \frac{a+b}{a} \cdot E_n .$$

Dieser Methode haftet der Nachteil an, daß dabei dauernd ein Strom verbraucht wird und leicht phasenverschobene Kurven erhalten werden können, wenn die Widerstände nicht absolut in-

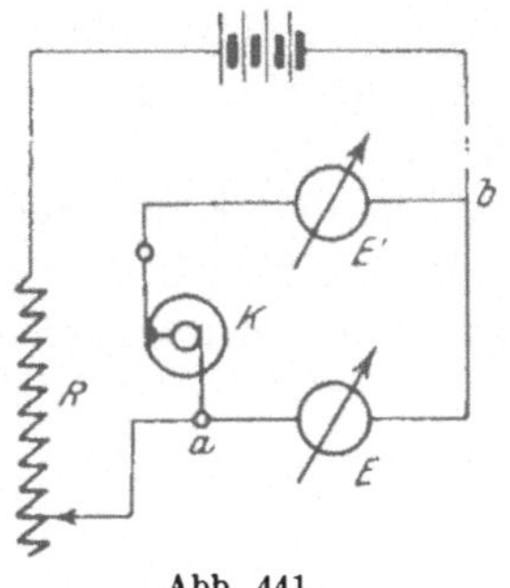

Abb. 441.

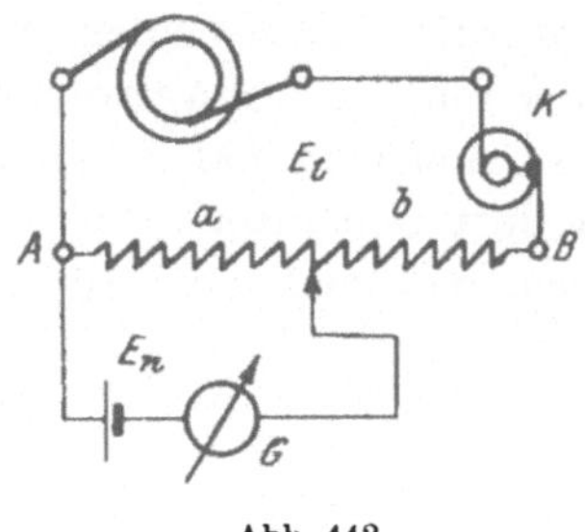

Abb. 442.

duktionsfrei sind. Außerdem beeinflußt die Güte und Zeitdauer des Kontakts an der Scheibe die Messung so sehr, daß es schwierig ist, das Galvanometer längere Zeit in der Nullage zu erhalten.

Eine Abart der Joubertschen Scheibe ist von A. Blondel[1] angegeben. Dabei besitzt die Scheibe zwei um etwas mehr als Bürstenbreite gegeneinander verschobene Kontaktstreifen *1* und *2*

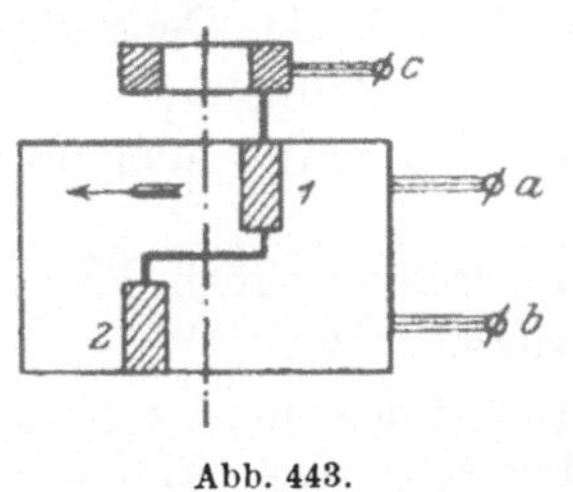

Abb. 443.

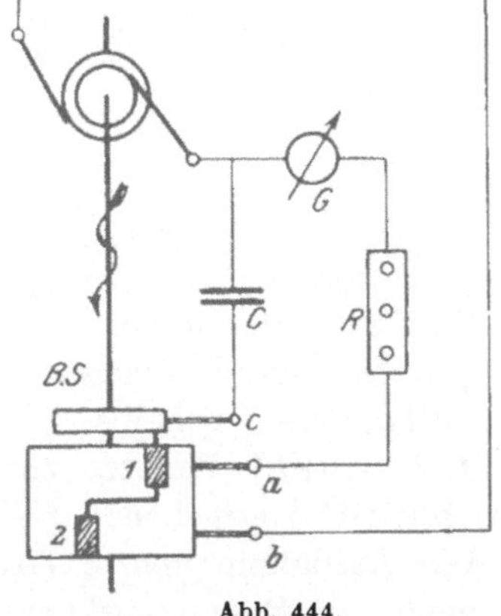

Abb. 444.

(Abb. **443**), die untereinander und mit dem Schleifring leitend verbunden sind. Mit den Kontakten treten die Bürsten *a* und *b* zeitlich nacheinander in Berührung. Schaltet man nun die Blondelsche Scheibe *BS* nach Abb. **444** mit einem Kondensator *C*,

[1] Lum. électr. 1891 S. 401.

Galvanometer G und Widerstand R an die Klemmen des Generators, so wird bei der angegebenen Drehrichtung zuerst Kontakt *2* die Bürste b berühren, und damit ist der Kondensator geladen. Bei weiterer Drehung öffnet sich dieser Stromkreis und Bürste a entlädt den Kondensator über den Kontakt *1* auf das Galvanometer.

Um die Störungen, die der mechanische Augenblickskontakt hervorruft, zu vermeiden, ersetzten Goldschmidt[1] und Ryan[2] ihn durch einen magnetischen Kontakt.

In manchen Fällen ist es nicht möglich, den Kontaktgeber mit dem Generator direkt zu kuppeln. Man hilft sich dann dadurch, daß man den Apparat an einen Synchronmotor an-

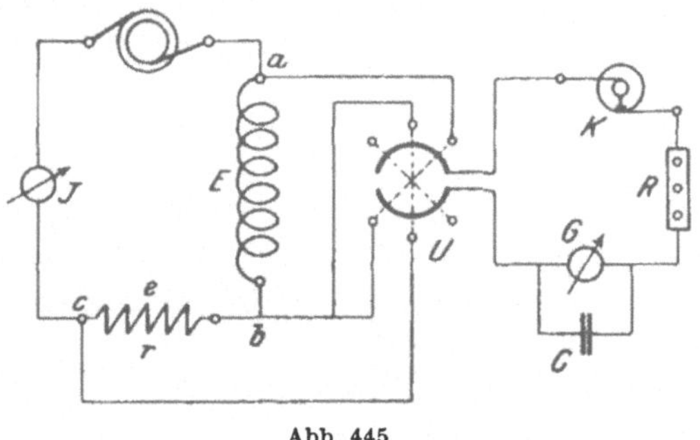

Abb. 445.

schließt, der von der zu untersuchenden Maschine angetrieben wird, wie es von Michalke[3] angegeben ist. Empfehlenswert ist diese Anordnung besonders bei großer Polzahl des Generators.

W. Geyger[4] benutzt für die punktweise Aufnahme einen Oszillographen in Verbindung mit einer synchron umlaufenden stroboskopischen Scheibe.

J. Sahulka[5] benutzt zur Kurvenanalyse einen auch von Townsend[6] angegebenen Halbperiodenkontakt.

Die Aufnahme von Stromkurven führt man zurück auf diejenige von Spannungskurven, indem man nach Abb. 445 den Verlauf der Spannung e an einem induktionsfreien, von dem

[1] ETZ 1902 S. 496; Z. Instrumentenkde. 1902 S. 347.
[2] Trans. Amer. Inst. electr. Engr. 1900 S. 345.
[3] ETZ 1896 S. 462. [4] Physik. Z. 1922 S. 102.
[5] Z. Elektrotechn. 1898 S. 4; ETZ 1907 S. 986.
[6] Trans. Amer. Inst. electr. Engr. 1900.

Strom J des zu untersuchenden Wechselstromapparates durchflossenen Widerstande r aufnimmt. Da der Strom J in r in Phase mit der Spannung e ist, so sind die Augenblickswerte J_t den Spannungen e_t proportional, so daß $J_t = \frac{e_t}{r}$ wird. Dividiert man daher die Ordinaten der Spannungskurve $f(e_t, \alpha)$ durch r, so erhält man die Stromkurve $f(J_t, \alpha)$, die auch zu der Spannung E zwischen $a \div b$ gehört. Nimmt man mit Hilfe des Umschalters U gleichzeitig die Spannungen zwischen $a \div b$ und $b \div c$ auf, so kann man aus den auf diese Weise erhaltenen Kurven auch die Leistung und Phasenverschiebung bestimmen.

Wir wollen nun annehmen, daß eine relative Spannungskurve $f(\varphi, \alpha)$ aufgenommen ist, so kann man den Maßstab in Volt leicht finden, wenn die Spannung E gleichzeitig gemessen ist.

Der sogenannte Effektivwert oder die Wechselspannung E wird nämlich durch die Gleichung

$$E = \sqrt{\frac{1}{2\pi} \cdot \int_0^{2\pi} E_\alpha^2 \cdot d\alpha}$$

definiert. Quadrieren wir demnach die Ordinaten φ der Kurve und planimetrieren die von der Kurve ihrer Endpunkte eingeschlossene Fläche, so stellt diese den Wert $\int_0^{2\pi} \varphi^2 \cdot d\alpha$ dar. Das gleichgroße Rechteck besitzt dann die Höhe $\frac{1}{2\pi} \cdot \int_0^{2\pi} \varphi^2 \cdot d\alpha$ und die Quadratwurzel daraus ist

$$\Phi = \sqrt{\frac{1}{2\pi} \cdot \int_0^{2\pi} \varphi^2 \cdot d\alpha}$$

Wäre φ in Volt gemessen, so würde Φ direkt der Effektivwert der Kurve sein. Es wird also $\Phi = E$, womit auch der Maßstab der Augenblickswerte festgelegt ist.

Nach H. Adler[1] kann man die Effektivwerte auch mit einem Spezial-Planimeter ermitteln.

Stellt man die Kurve in Polarkoordinaten (Abb. 446) dar und betrachtet von der Fläche einen schmalen Streifen Oab mit dem Zentriwinkel $d\alpha$, so ist der Inhalt dieses Flächenelements

[1] ETZ 1931 S. 1387.

$df = \frac{\varphi^2}{2} \cdot d\alpha$ und der Inhalt der ganzen Kurvenfläche

$$F = \int_0^{2\pi} df = \frac{1}{2} \cdot \int_0^{2\pi} \varphi^2 \cdot d\alpha.$$

Verwandelt man diese Fläche F in einen gleichgroßen Kreis vom Radius R, dann muß

$$\pi \cdot R^2 = \frac{1}{2} \cdot \int_0^{2\pi} \varphi^2 \cdot d\alpha$$

oder

$$R = \sqrt{\frac{1}{2\pi} \cdot \int_0^{2\pi} \varphi^2 \cdot d\alpha} = \Phi$$

sein. Da nun $\Phi = E$ war, so stellt der Radius $R = E$ den Effektivwert der Spannungskurve dar, dessen Maßstab durch die gemessene Spannung E bestimmt ist. Bei der Stromstärke verfährt man natürlich in derselben Weise.

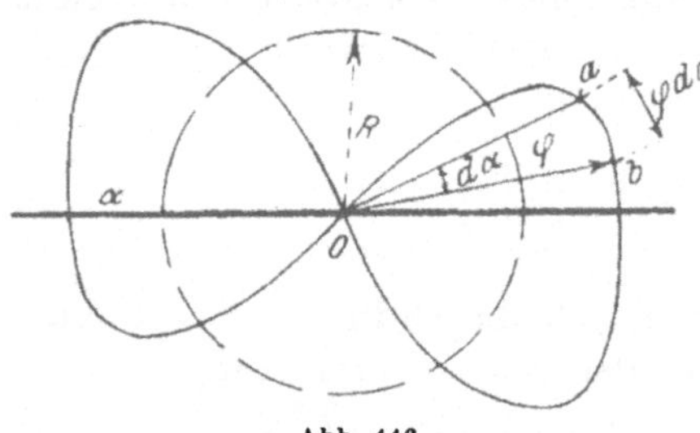

Abb. 446.

Nach Fleischmann[1] läßt sich auch die Theorie zur Bestimmung des Schwerpunkts von Flächen für die Ermittlung des Effektivwertes E verwenden.

Für die Aufnahme von Kurven höherer Frequenz ist von F. Eisner[2] eine Schaltung mit Doppelgitter-Elektronenröhren angegeben. Bei hohen Wechselspannungen kann man die Methoden von F. Bedell[3] bzw. Whitehead und Jsshiki (S. 112) verwenden, die von R. Schimpf[4] auf ihre Brauchbarkeit untersucht sind.

b) Mechanische Oszillographen[5].

Weisen die Wechselstromkurven zeitliche Veränderungen ihrer Form auf, wie sie z. B. die Kurve des Sekundärstromes eines Asynchronmotors infolge der Schlüpfung erleidet, so sind

[1] ETZ 1897 S. 35.

[2] Diss. Berlin 1928; Arch. Elektrotechn. Bd. 20 (1928) S. 473; ETZ 1928 S. 165.

[3] J. Franklin Inst. 1913 S. 385.

[4] ETZ 1925 S. 75.

[5] Z. Instrumentenkde. 1901 S. 239 (Theorie); Nature (Lond.) 1900 S. 63, 142.

die punktweise arbeitenden Apparate unbrauchbar. In diesem Fall benutzt man kontinuierliche Kurven zeichnende, sogenannte Oszillographen, d. h. Galvanometer mit einem beweglichen System geringer Trägheit und genügender Dämpfung.

Nach einer von A. Blondel[1] als Nadeloszillograph angegebenen Konstruktion beruht der von W. Duddell vervollkommnete Apparat (Bifilaroszillograph) auf folgendem Prinzip (Abb. 447): Zwischen den Polen $N \div S$ eines kräftigen Stahlmagnets ist eine Drahtschleife straff ausgespannt, welche einen kleinen Spiegel trägt und in zwei Klemmen *a* und *b* endigt. Durchfließt die Schleife ein Strom, so wird durch die elektromagnetische Wirkung der eine Draht nach vorne, der andere nach hinten gedrückt, und der Spiegel *s* dreht sich um eine vertikale Achse. Bei kleinen Ausschlägen ist der Ablenkungswinkel dem Strom proportional. Das Instrument muß sich natürlich für jeden Stromwert so schnell als möglich und dazu aperiodisch einstellen. Dazu ist es erforderlich, daß seine Schwingungsdauer gegenüber der Zeit einer Periode verschwindend klein ist und daß eine gute Dämpfung vorhanden ist.

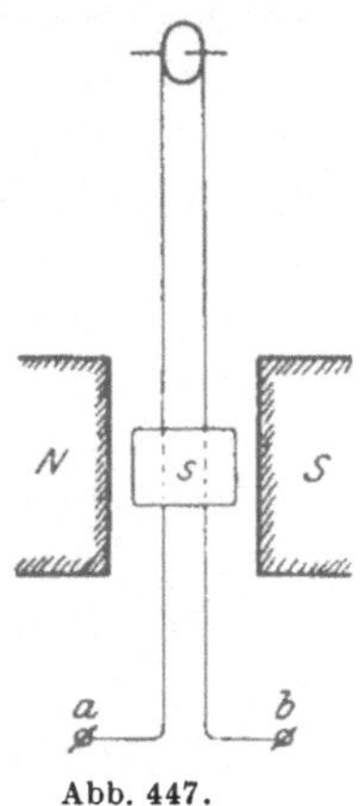

Abb. 447.

Bei einem von Duddell und Marchant[2] gebauten Apparat beträgt die Zeit der Eigenschwingung $\frac{1}{1000}$ sec. Die Bewegung des Spiegels wird durch einen reflektierten Lichtstrahl auf einer schnell bewegten photographischen Platte oder Film fixiert oder durch einen rotierenden Spiegel objektiv dargestellt. Im allgemeinen sind, insbesondere bei den Neukonstruktionen von S & H[3], mehrere Schleifen nebeneinander angeordnet, um verschiedene zusammengehörige Kurven gleichzeitig aufnehmen zu können. Ganz besonders eignen sich diese Instrumente zur Beobachtung rasch verlaufender veränderlicher Erscheinungen.

Eine einfachere Form des Duddellschen Instruments ist von Wehnelt[4] angegeben worden.

---

[1] C. R. Acad. Sci., Paris 1893 S. 502, 748; Ind. électr. 1899 S. 137, 361; J. Physique Chim. 1902 S. 273.

[2] Electrician 1897 S. 636; J. Instn. electr. Engr. 1899 S. 1.

[3] Siemens-Z. 1930 S. 547, 598, 635. [4] ETZ 1903 S. 703.

Edelmann jun. hat einen dem Saitengalvanometer von Einthoven nachgebildeten Saitenoszillograph konstruiert, der den Vorzug besitzt, daß das unifilare System keinen Spiegel trägt, wodurch die Trägheit verringert wird.

Der störende Einfluß der Trägheit und Dämpfung bei den empfindlichen Galvanometern ist von H. Abraham[1] in seinem Rheograph (Carpentier, Paris) dadurch beseitigt worden, daß er ein Galvanometer von verhältnismäßig großer Trägheit (ca. $^1/_{10}$ sec Schwingungsdauer) an eine vom aufzunehmenden Strom J gespeiste Stromverzweigung anschließt.

Eine sehr große Empfindlichkeit zur Aufzeichnung von Wechselströmen bis $\nu = 3000$ Hz bei einer Stärke von etwa 10^{-6} A zeigt der Dreheisen-Oszillograph von R. Dubois[2] und der Verstärker-Oszillograph von S. K. Waldorf[3].

Erwähnt sei schließlich noch der Quecksilber-Wellenstrahl-Oszillograph von J. Hartmann[4].

Soll die Aufnahme der Kurven ohne Energieverbrauch, besonders bei hohen Spannungen oder kleinen Strömen, stattfinden, so verwendet man vorteilhaft einen elektrostatischen Oszillographen[5], wie er von H. Ho und S. Koto[6] angegeben ist.

c) Oszillographen ohne Trägheit und Dämpfung.

Dazu gehört die Braunsche Röhre. Sie beruht auf dem Prinzip, daß die Kathodenstrahlen durch magnetische Felder abgelenkt werden. Schickt man den zu untersuchenden Wechselstrom durch eine Spule, deren Achse senkrecht zu den Kathodenstrahlen steht, so zeigt der auf dem Kalziumsulfidschirm erscheinende Lichtpunkt Schwingungen senkrecht zum Magnetfeld, die sich durch einen rotierenden Spiegel sichtbar machen lassen. Besser ist es jedoch, die Kurve direkt zur Darstellung zu bringen, indem man nach Seefehlner[7] senkrecht zur Indikatorspule eine

---

[1] J. Physique Chim. 1897 S. 356; Ecl. électr. 1897 S. 145; C. R. Acad. Sci., Paris 1897 S. 758; Z. Instrumentenkde. 1898 S. 30.

[2] Rev. gén. Électr. Bd. 17 S. 977; ETZ 1926 S. 678.

[3] J. Amer. Inst. electr. Engr. 1928 S. 594; ETZ 1930 S. 179.

[4] Engineering Bd. 126 S. 345; ETZ 1929 S. 1853.

[5] Ind. électr. 1913 S. 571; ETZ 1914 S. 714.

[6] Electrician Bd. 72 (1913) S. 290; Z. Instrumentenkde. 1913 S. 95.

[7] ETZ 1899 S. 121.

Hilfsspule anordnet, die von einem linear mit der Zeit veränderlichen Strom gespeist wird. Zur Erzeugung eines solchen Stromverlaufs kann man einen mittels Synchronmotors veränderten Flüssigkeitswiderstand benutzen oder die Spule an ein kreisförmiges, von einer Gleichstromquelle gespeistes Widerstandsband[1] anschließen, das in jeder Periode des Wechselstromes eine Umdrehung macht.

Zur Aufnahme von Spannungskurven benutzt man die elektrostatische Ablenkung durch das von der zu untersuchenden Spannung zwischen zwei Kondensatorplatten erzeugte elektrische Feld, wie es von Ebert[2] und Wehnelt[3] angegeben ist.

Weitere Verbesserungen führten dann zur Konstruktion der sehr leistungsfähigen Kathodenstrahl-Oszillographen, über deren Bauart, Wirkungsweise und Verwendungsart Angaben von W. Rogowski[4], D. Gabor[5], E. Flegler[6], A. B. Wood[7], J. T. Mac Gregor-Morris[8], W. L. Lloyd und E. C. Starr[9], F. W. Peek[10], E. S. Lee[11], J. W. Legg[12], M. Knoll[13], L. Binder[14] gemacht worden sind. Erwähnt sei hier noch eine Oszillographenröhre der Western Electric Co[15], deren Kathodenstrahl durch eine Oxyd-Glühkathode erzeugt wird, so daß für die kleine Strahlspannung von 300 V bei 1 mA Stromstärke eine Trockenbatterie genügt. Da die Elektronen hierbei eine geringe Geschwindigkeit (weiche Strahlen) besitzen, lassen sie sich schon von schwachen Feldern genügend weit ablenken.

---

[1] ETZ 1892 S. 300; Wied. Ann. 1899 S. 838; Z. Instrumentenkde. 1900 S. 191.

[2] Wied. Ann. 1898 S. 240.

[3] Verh. dtsch. physik. Ges. 1903 S. 29, 178.

[4] Arch. Elektrotechn. Bd. 18 (1927) S. 479, 513; Bd. 19 (1927) S. 527; ETZ 1928 S. 227, 1307.

[5] Arch. Elektrotechn. Bd. 16 (1926) S. 296; Bd. 18 (1927) S. 48; Z. VDI 1929 S. 30.

[6] ETZ 1931 S. 13.

[7] J. Instn. electr. Engr. 1925 S. 1046; ETZ 1927 S. 1663.

[8] J. Instn. electr. Engr. 1925 S. 1056.

[9] J. Amer. Inst. electr. Engr. 1927 S. 1322; ETZ 1928 S. 1276.

[10] J. Amer. Inst. electr. Engr. 1927 S. 1390.

[11] Gen. electr. Rev. Bd. 31 S. 404; ETZ 1929 S. 1025.

[12] Electr. J. Bd. 24 S. 267, 293, 341, 397, 455; ETZ 1929 S. 1206.

[13] Z. techn. Physik 1929 S. 28. [14] ETZ 1931 S. 735.

[15] ETZ 1928 S. 1752 (C. Mende, Berlin W 35).

Auf einem anderen physikalischen Gesetz beruht der Glimmlicht-Oszillograph von E. Gehrcke[1], der sich besonders für hochgespannte Wechselströme und große Periodenzahlen eignet. Er besteht aus einer mit Stickstoff von 7...8 mm Druck gefüllten Geißlerschen Röhre von ca. 6 cm Durchmesser, in der zwei etwa 20 cm lange feinpolierte Nickeldrähte oder Bleche von 2 mm Durchmesser eingeschmolzen sind. Ein direkter Stromübergang ist durch eine dünne Scheidewand aus Glimmer mit einer seitlichen Öffnung vermieden. Legt man eine Gleichspannung (mindestens 300 V) an die Elektroden, so überzieht sich die Kathode mit einem bläulichen Glimmlicht, dessen Länge von der Spitze des Drahtes gemessen proportional der durch das Gas gehenden Entladestromstärke (0,04 A = 10 cm Glimmlicht) ist, wie Wilson[2] gezeigt hat. Bei Wechselstrom sind beide Elektroden von Glimmlicht überzogen. In einem rotierenden Spiegel betrachtet oder kinematographisch aufgenommen[3] erscheinen die zeitlich aufeinanderfolgenden Augenblickswerte der Länge des Glimmlichtes räumlich nebeneinander, deren Umgrenzungslinie die Form der Kurve zeigt.

Zur Aufnahme schwacher Wechselströme schalten V. Engelhardt und E. Gehrcke[4] der Glimmlichtröhre einen Verstärker vor.

d) Kurvenindikatoren.

Zur direkten Aufzeichnung der aufzunehmenden Kurven, wie man es bei den Dampfmaschinenindikatoren kennt, sind eine ganze Reihe von Apparaten angegeben. Halbautomatisch arbeitet der Kurvenindikator von A. Franke[5], da die Verstellung der Kontaktbürsten und Schreibvorrichtung von Hand aus geschieht. Ganz selbsttätig dagegen zeichnet der Ondograph von Hospitalier[6] die Kurven auf.

---

[1] Verh. dtsch. physik. Ges. 1904 S. 176; Z. Instrumentenkde. 1905 S. 33, 278.

[2] Philos. Mag. 1902 S. 608. [3] ETZ 1905 S. 143.

[4] Z. techn. Physik 1925 S. 153, 438; ETZ 1927 S. 697.

[5] ETZ 1899 S. 802; Z. Instrumentenkde. 1901 S. 11. Land- u. Seekabelwerke, Köln-Nippes.

[6] Électricien 1901 S. 194; Ecl. électr. 1901 S. 64; 1903 S. 479; Z. Instrumentenkde. 1902 S. 166; Electrician 1904 S. 298.

Schließlich sei noch der von E. B. Rosa[1] konstruierte Apparat erwähnt, der auf dem Prinzip der Kompensationsmethoden beruht und nur halbautomatische punktförmige Aufnahmen gestattet. Eine Verbesserung ist von E. Bonn[2] angegeben.

19. Analyse periodischer Schwingungen.

Erfüllen die mit der Zeit t veränderlichen Werte einer Schwingungsgröße, z. B. der Spannung, Stromstärke, Magnetfelder von Wechselstromapparaten, der Leuchtkraft von Wechselstromlampen u. dgl. die Bedingung, daß ihr Verlauf in Teile zerlegt werden kann, welche eine gleiche Gestalt besitzen, so nennt man sie periodische und die einem Teil entsprechende Zeitdauer eine Periode. Haben die beiden Halbwellen der Schwingung gleichen Flächeninhalt, dann nennt man die Kurve eine reine Schwingung, im anderen Fall dagegen eine wellenförmige. Ein reiner Wechselstrom J liefert demnach in einer Periode die Elektrizitätsmenge $Q = \int_0^T J_t \cdot dt = 0$, ein Wellenstrom J_w dagegen ergibt eine Menge $Q_w = \int_0^T J_{w_t} \cdot dt$, die einem Gleichstrom

$$J_g = \frac{Q_w}{T} = \frac{1}{T} \cdot \int_0^T J_{w_t} \cdot dt$$

entspricht. Man kann also den Wellenstrom auffassen als eine Übereinanderlagerung eines Gleichstromes über einen reinen Wechselstrom (z. B. Induktionsströme, Gleichrichterströme, kommutierte Wechselströme).

Zur Charakterisierung der betreffenden Kurvenform empfiehlt sich die Darstellung der Funktion durch eine Gleichung.

a) Arithmetische Analyse.

Fourier hat zuerst gezeigt, daß man jede beliebige periodische Funktion durch eine endliche oder ∞ große Anzahl harmonischer Sinusschwingungen darstellen kann.

---

[1] Electrician 1897 S. 126, 221, 318; 1898 S. 582; Physic. Rev. 1898 S. 17; Z. Instrumentenkde. 1898 S. 257.

[2] J. opt. Soc. Amer. Bd. 17 (1928) S. 207; Z. Instrumentenkde. 1929 S. 307; ETZ 1929 S. 1738.

Vereinigt man z. B. die beiden Kurven $y_1 = A_1 \cdot \sin\alpha$ und $y_2 = A_2 \cdot \sin 2\alpha$ miteinander durch Addition oder Subtraktion, so erhält man (Abb. 448) eine von der Sinusform stark abweichende Kurve $y = y_1 + y_2 = A_1 \cdot \sin\alpha + A_2 \cdot \sin 2\alpha$.

Für $y_1 = A_1 \cdot \sin\alpha$ und $y_3 = A_3 \cdot \sin 3\alpha$ wird die Form der Kurven $y = y_1 \pm y_3$ noch weniger sinusähnlich (Abb. 449).

Durch Vereinigung mehrerer Schwingungen oder Oberwellen verschiedener Ordnung und Phase ergeben sich beliebige neue Formen. Fourier stellte daher fest, daß jede Kurvenform als

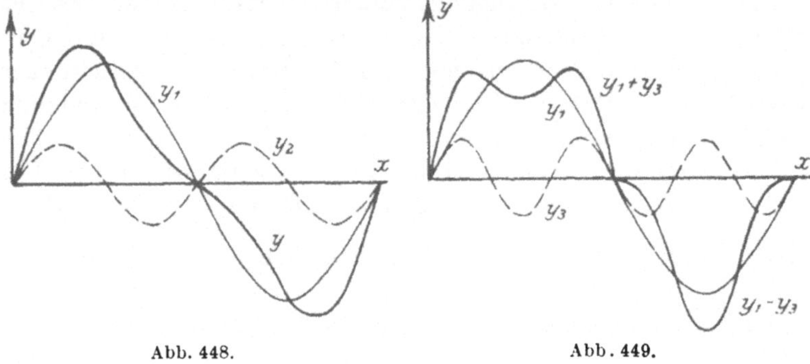

Abb. 448. Abb. 449.

eine Summe von Sinus- oder Kosinuskurven sich darstellen läßt durch die Gleichung

$$y = A_0 + A_1 \cdot \sin\alpha + A_2 \cdot \sin 2\alpha + A_3 \cdot \sin 3\alpha + \cdots A_n \cdot \sin n\alpha$$
$$+ B_1 \cdot \cos\alpha + B_2 \cdot \cos 2\alpha + B_3 \cdot \cos 3\alpha + \cdots B_n \cdot \cos n\alpha .$$

Hierin bedeutet $A_0 = B_0 \cdot \cos(0 \cdot \alpha)$ einen konstanten Wert, d. h. er entspricht nur einer Verschiebung der Abszissenachse, und stellt außerdem ein Glied gerader Ordnung dar. Fassen wir darin die Glieder gleicher Ordnung zusammen, so erhalten wir für das $k$te Glied:

$$A_k \cdot \sin k\alpha + B_k \cdot \cos k\alpha .$$

Erweitert man diese Summe mit $\sqrt{A_k^2 + B_k^2}$, so ergibt sich:

$$\sqrt{A_k^2 + B_k^2} \cdot \left[\frac{A_k}{\sqrt{A_k^2 + B_k^2}} \cdot \sin k\alpha + \frac{B_k}{\sqrt{A_k^2 + B_k^2}} \cdot \cos k\alpha \right]$$
$$= \sqrt{A_k^2 + B_k^2} \cdot [\cos\delta_k \cdot \sin k\alpha + \sin\delta_k \cdot \cos k\alpha]$$
$$= \sqrt{A_k^2 + B_k^2} \cdot \sin(k\alpha + \delta_k) = Z_k \cdot \sin(k\alpha + \delta_k),$$

worin

$$\cos \delta_k = \frac{A_k}{\sqrt{A_k^2 + B_k^2}} \quad \text{und} \quad \sin \delta_k = \frac{B_k}{\sqrt{A_k^2 + B_k^2}} \quad \text{oder} \quad \operatorname{tg} \delta_k = \frac{B_k}{A_k}$$

gesetzt ist. Setzt man $A_0 = Z_0$, so nimmt die Fouriersche Reihe auch folgende Form an:

$$\boldsymbol{y = f(\alpha) = Z_0 + Z_1 \cdot \sin(\alpha + \delta_1) + Z_2 \cdot \sin(2\alpha + \delta_2) + \cdots}$$
$$\boldsymbol{Z_k \cdot \sin(k \cdot \alpha + \delta_k) + Z_n \cdot \sin(n \cdot \alpha + \delta_n).}$$

Es soll nun unsere aufgenommene Kurve die Gleichung $y = f(\alpha)$ besitzen, so ließe sich diese angeben, wenn die Höchstwerte Z und Phasen δ der Einzelschwingungen bekannt wären. Durch einen einfachen mathematischen Kunstgriff läßt sich nun der Höchstwert Z_k und die Phase δ_k bestimmen. Multipliziert man nämlich die Gleichung $y = f(\alpha)$ mit $\sin k\alpha \cdot d\alpha$, integriert das Produkt zwischen den Grenzen 0 und 2π und multipliziert mit $\frac{1}{2\pi}$ so ergibt sich:

$$\frac{1}{2\pi} \cdot \int_0^{2\pi} y \cdot \sin k\alpha \cdot d\alpha = \frac{1}{2\pi} \cdot \int_0^{2\pi} Z_0 \cdot \sin k\alpha \cdot d\alpha$$
$$+ \frac{1}{2\pi} \cdot \int_0^{2\pi} Z_1 \cdot \sin(\alpha + \delta_1) \cdot \sin k\alpha \cdot d\alpha \cdots$$
$$+ \frac{1}{2\pi} \cdot \int_0^{2\pi} Z_n \cdot \sin(n\alpha + \delta_n) \cdot \sin k\alpha \cdot d\alpha .$$

Zur Auflösung der rechten Seite setzen wir die beiden Hilfsintegrale folgender Form als bekannt voraus:

$$\text{a)} \quad \frac{1}{2\pi} \cdot \int_0^{2\pi} \sin(k\alpha + \delta_k) \cdot \sin(k\alpha + \delta_k') \cdot d\alpha = \frac{1}{2} \cdot \cos(\delta_k - \delta_k').$$

$$\text{b)} \quad \frac{1}{2\pi} \cdot \int_0^{2\pi} \sin(k\alpha + \delta_k) \cdot \sin(n\alpha + \delta_n) \cdot d\alpha = 0 .$$

Alle Glieder der rechten Seite außer dem $k$ten besitzen nun die Form b, ergeben daher den Wert Null, während das $k$te Glied den Betrag $\frac{Z_k}{2} \cdot \cos(\delta_k - 0) = \frac{Z_k}{2} \cdot \cos \delta_k$ liefert. Hätte man daher die Augenblickswerte y der Kurve mit $\sin k\alpha$ multipliziert, die Fläche der neuen Kurve in ein Rechteck verwandelt und die Höhe desselben p_k gebildet, so erhielte man

$$\text{I.} \quad p_k = \frac{1}{2\pi} \cdot \int_0^{2\pi} y \cdot \sin k\alpha \cdot d\alpha = \frac{Z_k}{2} \cdot \cos \delta_k .$$

Auf ähnliche Weise erhalten wir durch Multiplikation der Gleichung $y = f(\alpha)$ mit $\cos k\alpha \cdot d\alpha$ einen Wert

$$\text{II.}\quad q_k = \frac{1}{2\pi} \cdot \int_0^{2\pi} y \cdot \cos k\alpha \cdot d\alpha = \frac{Z_k}{2} \cdot \sin \delta_k .$$

Aus Gleichung I und II folgt durch Quadrieren und Addieren

$$Z_k = 2 \cdot \sqrt{p_k^2 + q_k^2}$$

und durch Division $\operatorname{tg} \delta_k = \frac{q_k}{p_k}$. Multipliziert man $y = f(\alpha)$ mit $\cos 0\alpha \cdot d\alpha = d\alpha$, so wird

$$q_0 = \frac{1}{2\pi} \cdot \int_0^{2\pi} y \cdot d\alpha = Z_0$$

die Höhe eines Rechtecks über der Grundlinie 2π, welches gleich der Differenz der Flächen beider Halbperioden ist, d. h. Z_0 stellt nur eine Verschiebung der Abszissenachse dar.

Anstatt die Produktkurven $y \cdot \sin k\alpha$ bzw. $y \cdot \cos k\alpha$ zu konstruieren, kann man auch die einzelnen aufgenommenen Augenblickswerte mit $\sin k\alpha$ bzw. $\cos k\alpha$ multiplizieren und ihre algebraische Summe

$$\sum (y \cdot \sin k\alpha) \quad \text{bzw.} \quad \sum (y \cdot \cos k\alpha)$$

bilden. Sind z solcher Werte für eine Periode vorhanden, so ergibt sich

$$p_k = \frac{\sum (y \cdot \sin k\alpha)}{z} \quad \text{und} \quad q_k = \frac{\sum (y \cdot \cos k\alpha)}{z} .$$

Aus diesen Größen wird nun Höchstwert und Phase der einzelnen Schwingungen bestimmt und daraus die Gleichung der Kurve gebildet.

Im allgemeinen werden auch die Glieder gerader Ordnung Z_0, $Z_2 \cdot \sin(2\alpha + \delta_2)$, usw. ... bei Wechselstrommaschinen fehlen, und bei Gleichpoltypen, wo sie von der Veränderung der magnetischen Leitfähigkeit des Eisens und der Hysteresis herrühren, sind sie so gering, daß wir sie vernachlässigen können, und erhalten dann als vereinfachte Gleichung

$$y = Z_1 \cdot \sin(\alpha + \delta_1) + Z_3 \cdot \sin(3\alpha + \delta_3) + \cdots Z_n \cdot \sin(n\alpha + \delta_n) .$$

Die nach dieser Gleichung gezeichnete Kurve zeigt in den beiden Halbperioden einen gleichen zeitlichen Verlauf, d. h. die zweite Halbperiode ist das Spiegelbild der ersten. Diese Tatsache ist daher ein Merkmal für das Nichtvorhandensein von Schwingungen gerader Ordnung, man braucht daher die Integration resp. Summation nur über eine halbe Periode auszudehnen.

Zur Kontrolle der Richtigkeit der Gleichung wird man aus den einzelnen Gliedern den Effektivwert Y bilden und mit dem gemessenen E bzw. J vergleichen. Das geschieht in folgender Weise:

Nach der Definition des Effektivwertes $Y = \sqrt{\frac{1}{2\pi} \cdot \int_0^{2\pi} y^2 \cdot d\alpha}$ ergibt sich durch Einführen der rechten Seite aus der Gleichung für y:

$$Y^2 = \frac{1}{2\pi} \cdot \int_0^{2\pi} Z_1^2 \cdot \sin^2(\alpha + \delta_1) \cdot d\alpha + \frac{1}{2\pi} \cdot \int_0^{2\pi} Z_3^2 \cdot \sin^2(3\alpha + \delta_3) \cdot d\alpha$$

$$\cdots + \frac{1}{2\pi} \cdot \int_0^{2\pi} Z_n^2 \cdot \sin^2(n\alpha + \delta_n) \cdot d\alpha \cdots$$

$$+ \frac{1}{2\pi} \cdot \int_0^{2\pi} 2 \cdot Z_1 \cdot Z_3 \cdot \sin(\alpha + \delta_1) \cdot \sin(3\alpha + \delta_3) \cdot d\alpha \cdots$$

$$+ \frac{1}{2\pi} \cdot \int_0^{2\pi} 2 \cdot Z_k \cdot Z_n \cdot \sin(k\alpha + \delta_k) \cdot \sin(n\alpha + \delta_n) \cdot d\alpha .$$

Die quadratischen Glieder haben nach der Form a) allgemein den Wert $\frac{Z_n^2}{2} \cdot \cos(d_n - \delta_n) = \frac{Z_n^2}{2}$, die anderen entsprechen der Form b) und werden gleich Null. Somit ergibt sich:

$$Y = \sqrt{\frac{Z_1^2}{2} + \frac{Z_3^2}{2} + \cdots \frac{Z_n^2}{2}} = E \text{ bzw. } J.$$

Der Effektivwert ist demnach nur von dem Höchstwert der Einzelschwingungen abhängig, dagegen von der Phase (δ) unabhängig.

Hat man mit einer Spannungskurve

$$E_t = E_1 \cdot \sin(\alpha + \delta_1) + E_3 \cdot \sin(3\alpha + \delta_3) + \cdots E_n \cdot \sin(n\alpha + \delta_n)$$

noch die zugehörige Stromkurve

$$J_t = J_1 \cdot \sin(\alpha + \gamma_1) + J_3 \cdot \sin(3\alpha + \gamma_3) + \cdots J_n \cdot \sin(n\alpha + \gamma_n)$$

aufgenommen, so kann man daraus die Leistung N folgendermaßen bestimmen:

Nach der Gleichung $N = \frac{1}{2\pi} \cdot \int_0^{2\pi} E_t \cdot J_t \cdot dt$ erhält man

$$N = \frac{1}{2\pi} \cdot \int_0^{2\pi} E_1 \cdot J_1 \cdot \sin(\alpha + \delta_1) \cdot \sin(\alpha + \gamma_1) \cdot d\alpha \cdots$$

$$+ \frac{1}{2\pi} \cdot \int_0^{2\pi} E_n \cdot J_n \cdot \sin(n\alpha + \delta_n) \cdot \sin(n\alpha + \gamma_n) \cdot d\alpha \cdots$$

$$+ \frac{1}{2\pi} \cdot \int_0^{2\pi} E_1 \cdot J_3 \cdot \sin(\alpha + \delta_1) \cdot \sin(3\alpha + \gamma_3) \cdot d\alpha \cdots$$

$$+ \frac{1}{2\pi} \cdot \int_0^{2\pi} E_k \cdot J_n \cdot \sin(k\alpha + \delta_k) \cdot \sin(n\alpha + \gamma_n) \cdot d\alpha ,$$

worin die Glieder ungleicher Ordnung verschwinden, während die anderen allgemein den Wert $\frac{E_n \cdot J_n}{2} \cdot \cos(\delta_n - \gamma_n)$ ergeben, woraus dann

$$N = \frac{E_1 \cdot J_1}{2} \cdot \cos(\delta_1 - \gamma_1) + \frac{E_3 \cdot J_3}{2} \cdot \cos(\delta_3 - \gamma_3)$$
$$+ \cdots \frac{E_n \cdot J_n}{2} \cdot \cos(\delta_n - \gamma_n)$$

wird. Es setzen sich demnach nur die Schwingungen der Spannungs- und Stromkurven gleicher Ordnung zu einer Leistung zusammen. Für reine Sinusform wird

$$N = \frac{E_1 \cdot J_1}{2} \cdot \cos(\delta_1 - \gamma_1) = \frac{E_{\max} \cdot J_{\max} \cdot \cos\varphi}{2} = E \cdot J \cdot \cos\varphi ,$$

wo $\varphi = \delta_1 - \gamma_1$ die Phasenverschiebung zwischen E und J ist.

Der Leistungsfaktor wäre dann

$$f_l = \cos\varphi = \frac{N}{E \cdot J} = \frac{E_1 \cdot J_1 \cdot \cos(\delta_1 - \gamma_1) + \cdots E_n \cdot J_n \cdot \cos(\delta_n - \gamma_n)}{\sqrt{(E_1^2 + E_3^2 + \cdots E_n^2) \cdot (J_1^2 + J_3^2 + \cdots J_n^2)}} .$$

Aus den gemessenen oder Effektivwerten E bzw. J und dem durch Planimetrierung der aufgenommenen Kurve erhaltenen Mittelwert

$$E_{mi} = \frac{1}{\pi} \cdot \int_0^{\pi} E_t \cdot d\alpha$$

bzw. J_{mi} sind dann die von Fleming[1] als „Formfaktoren" be-

[1] ETZ 1896 S. 132.

zeichneten Quotienten

$$f_e = \frac{E}{E_{mi}} \quad \text{und} \quad f_i = \frac{J}{J_{mi}}$$ { und die **Scheitelfaktoren** f_s, **Mittelwertsfaktoren** f_m, **Kurvenfaktoren** f_k*

ebenfalls leicht zu bestimmen. Mißt man außer dem Effektivwert E mit Hilfe des von Rose und Kühns[1] angegebenen Halbperiodenkontakts die mittlere Spannung E_{mi}, so kann man f ohne Aufnahme der Kurve direkt berechnen.

Nach der Methode von Loppé[2] teilt man bei reinen Schwingungen mit ungeraden Obertönen die Abszisse einer Halbperiode z. B. in $p = 12$ gleiche Teile und mißt die Längen y_1, $y_2 \ldots y_{12}$ der zu den p Teilpunkten gehörenden Ordinaten. Dann schreibt man die Werte der $p = 12$ Ordinaten nach folgendem Schema untereinander und bildet die Summe s und Differenz d zweier übereinanderstehender Werte y.

	y_1	y_2	y_3	y_4	y_5	y_6
	y_{12}	y_{11}	y_{10}	y_9	y_8	y_7
Summe	s_1	s_2	s_3	s_4	s_5	s_6
Differenz	d_6	d_5	d_4	d_3	d_2	d_1

z. B. $s_1 = y_1 + y_{11}$, $s_6 = y_6$, $d_1 = y_5 - y_7$, $d_6 = - y_{12}$. Dann ist das $k = 1, 3, 5 \ldots (p-1)$te Glied der nach S. 580 aus Sinus- (A_k) und Kosinuskurven (B_k) bestehenden Funktion:

$$A_k = \frac{2}{p} \cdot \left[s_1 \cdot \sin k \frac{\pi}{p} + s_2 \cdot \sin k \frac{2\pi}{p} + s_3 \cdot \sin k \frac{3\pi}{p} + \cdots s_{\frac{p}{2}} \cdot \sin k \frac{\pi}{2} \right].$$

Setzt man darin die Werte für d statt s, so erhält man B_1, $-B_3$, B_5, $-B_7$, $\ldots + B_{p-3}$, $-B_{p-1}$. Schreiben wir zur Abkürzung

$$a_{k,1} = \frac{2}{p} \cdot \sin k \frac{\pi}{p}, \quad a_{k,2} = \frac{2}{p} \cdot \sin k \frac{2\pi}{p} \cdots \quad a_{k,\frac{p}{2}} = \frac{2}{p} \cdot \sin k \frac{\pi}{2},$$

so ergeben sich für $p = 12$ und das $k = 1$te Glied die Koeffizienten von s:

$a_{1.1} = 0{,}04314 = a_1$; $a_{1.2} = 0{,}08333 = a_2$; $a_{1.3} = 0{,}11785 = a_3$;
$a_{1.4} = 0{,}14434 = a_4$; $a_{1.5} = 0{,}16099 = a_5$; $a_{1.6} = 0{,}16667 = a_6$.

---

* Linker, A.: Grundl. d. Wechselstromtheorie, S. 110.

[1] ETZ 1903 S. 992. [2] Ecl. électr. 1899 S. 525; 1902 S. 287.

Die Koeffizienten aller Glieder der Fourierschen Reihe sind aus folgender Tabelle ($p = 12$ Teile) zu entnehmen:

$k =$	1	3	5	7	9	11
s_1 bzw. $d_1 \div d_6$	a_1	a_3	a_5	a_5	a_3	a_1
s_2	a_2	a_6	a_2	$-a_2$	$-a_6$	$-a_2$
s_3	a_3	a_3	$-a_3$	$-a_3$	a_3	a_3
s_4	a_4	0	$-a_4$	a_4	0	$-a_4$
s_5	a_5	$-a_3$	a_1	a_1	$-a_3$	a_5
s_6	a_6	$-a_6$	a_6	$-a_6$	a_6	$-a_6$
$\Sigma a \cdot s =$	A_1	A_3	A_5	A_7	A_9	A_{11}
$\Sigma a \cdot d =$	B_1	$-B_3$	B_5	$-B_7$	B_9	$-B_{11}$

Die Reihenfolge der Koeffizienten kann man auch mechanisch dadurch ermitteln, daß man in der Vertikalreihe für $k = 1$ über a_1 einen Koeffizienten $a_0 = 0$ setzt und von a_1 nach unten und zurück nach oben der Reihe nach von 1 bis zu der Ordnungszahl des Gliedes zählt, dessen Koeffizienten bestimmt werden sollen. Sobald man über a_0 gelangt ist, denkt man sich die Vorzeichen der Faktoren a umgekehrt. So gelangt man beispielsweise für das 7. Glied mit 1 von a_1 beginnend über $6 = a_6$ nach 7 zu a_5. Dann mit 1 von a_4 beginnend über $5 = a_0$ nach 7 zu $-a_2$ und weiter über $4 = a_6$ zu $7 = -a_3$ usw.

Will man eine beliebige periodische Funktion mit Gliedern gerader und ungerader Ordnung in ihre Harmonischen zerlegen, so kann man eine ähnliche Methode von Runge[1] anwenden, die gegenüber der vorigen einfachere Rechenoperationen erfordert. Nachdem man die aufgenommene Funktion $y = f(\alpha)$ gezeichnet hat, teilt man eine Periode in eine gerade Anzahl, beispielsweise in $p = 12$ gleiche Teile, und ermittelt für $\alpha = 0^0, 30^0, 60^0$ usw. die zugehörigen Ordinaten $y_0, y_1, \ldots y_{11}$. Diese schreibt man nun in folgender Form übereinander und bildet

	y_0	y_1	y_2	y_3	y_4	y_5	y_6
		y_{11}	y_{10}	y_9	y_8	y_7	
Summe	s_0	s_1	s_2	s_3	s_4	s_5	s_6
Differenz		d_1	d_2	d_3	d_4	d_5	

Aus den gefundenen Werten für s und d findet man nach folgendem Schema:

	s_0	s_1	s_2	s_3	d_1	d_2	d_3
	s_6	s_5	s_4		d_5	d_4	
Summe:	u_0	u_1	u_2	u_3	w_1	w_2	w_3
Differenz:	v_0	v_1	v_2		z_1	z_2	

[1] Z. Math. Physik 1903 S. 443; ETZ 1905 S. 247.

Setzt man nun $\sin 30^0 = \frac{1}{2} = a$, $\sin 60^0 = 0{,}866 = 1 - 0{,}134 = b$, so kann man sich folgende Tabelle[1] aufstellen:

1	2	1	2	1	2	1	1	2	1	2	1
u_0	u_1	$a \cdot v_2$	÷	$-a \cdot u_2$	$a \cdot u_1$	v_0	$a \cdot w_1$	÷	$b \cdot z_1$	÷	w_1
u_2	u_3	v_0	$b \cdot v_1$	u_0	$-u_3$	$-v_2$	w_3	$b \cdot w_2$	÷	$b \cdot z_2$	$-w_3$
S_1	S_2	S_1	S_2	S_1	S_2	S_1	S_1	S_2	S_1	S_2	S_1
$12\,A_0$		$6\,B_1$		$6\,B_2$		$6\,B_3$	$6\,A_1$		$6\,A_2$		$6\,A_3$
$12\,B_6$		$6\,B_5$		$6\,B_4$		÷	$6\,A_5$		$6\,A_4$		÷

Daraus bildet man in den Vertikalreihen 1 und 2 die Summen S_1 und S_2 und erhält aus der Summe $S_1 + S_2$ (vorletzte Reihe) bzw. Differenz $S_1 - S_2$ (letzte Reihe) jeder Doppelreihe die Koeffizienten A und B der Schwingung. Ist die Rechnung richtig durchgeführt, so müssen die beiden Gleichungen

$$\text{I.} \quad 2 \cdot s_0^2 + s_1^2 + s_2^2 + s_3^2 + s_4^2 + s_5^2 + 2\,s_6^2 = \frac{1}{3} \cdot \left[\frac{(12\,A_0)^2}{2} + (6\,B_1)^2 + (6\,B_2)^2 + (6\,B_3)^2 + (6\,B_4)^2 + (6\,B_5)^2 + \frac{(12\,B_6)^2}{2} \right]$$

$$\text{II.} \quad d_1^2 + d_2^2 + d_3^2 + d_4^2 + d_5^2 = \frac{1}{3} \cdot \left[(6\,A_1)^2 + (6\,A_2)^2 + (6\,A_3)^2 + (6\,A_4)^2 + (6\,A_5)^2 \right]$$

erfüllt sein.

Genügen 12 Teilpunkte nicht, so müßte man die Rechnung mit 24 Ordinaten ausführen, wie es ebenfalls von Runge (a. a. O.) gezeigt ist. Um die Zerlegung einer gegebenen periodischen Funktion in die Oberwellen ohne schwierige Rechnungen ausführen zu können, haben Runge und Emde dafür ein Rechnungsformular[2] entworfen.

Auch A. Schleiermacher[3] hat ein abgekürztes, aber trotzdem genaues Verfahren angegeben, das den Zweck hat, die Anzahl der unbequemen Multiplikationen zu vermindern und die dafür vorzunehmenden Additionen und Subtraktionen einfacher auszuführen, als bei der Methode von Runge.

K. Pichelmayer[4] zerlegt die vorgelegte Schwingung durch horizontale Gerade in einzelne Trapeze und bestimmt daraus

[1] Runge: Theorie und Praxis der Reihen.

[2] Braunschweig: Vieweg & Sohn 1913.

[3] ETZ 1910 S. 1246. [4] ETZ 1912 S. 129.

angenähert die einzelnen Harmonischen. Eine Abänderung ist von Meurer[1] angegeben, der die Kurve in horizontale Rechtecke zerlegt, die auf rechnerischem oder zeichnerischem Wege in ihre Oberwellen aufgelöst werden.

Eine leicht durchzuführende Methode ist von G. Duffing[2] angegeben.

b) Zeichnerische Analyse.

Die Projektionsmethode von Clifford und Finsterwalder[3] erfordert erst eine Umzeichnung der aufgenommenen Kurve.

Kommt es auf große Genauigkeit nicht an oder sind die Kurven verhältnismäßig einfach, so kann man eine von Houston und Kennelly[4] angegebene Methode verwenden.

Sie beruht auf folgendem Satz: Teilt man eine ungerade Anzahl w halber Sinuswellen durch p Senkrechte in gleiche Teile, dann wird,

a) wenn $\frac{w}{p}$ keine ganze Zahl ist, die Summe S_1 der ungeradzahligen Flächenstreifen ($f_1, f_3, \ldots$) weniger der Summe S_2 der geradzahligen ($f_2, f_4, \ldots$) gleich Null, also

$$f_1 + f_3 + f_5 + \cdots - (f_2 + f_4 + f_6 + \cdots) = S_1 - S_2 = 0 .$$

Dabei rechnen die oberhalb der Abszisse liegenden Flächen positiv, die unterhalb gelegenen negativ.

b) wenn $\frac{w}{p}$ eine ganze Zahl ist:

1. $S_1 - S_2 = p \cdot f_w$ (f_w = Fläche einer Halbwelle, sobald man die Teilpunkte in einem Nullpunkte der Sinuslinie beginnen läßt.

2. $S_1 - S_2 = 0$, sobald man die Teilung durch die Höchstwerte der Wellen legt.

Will man demnach den Höchstwert A_n der $n$ten Harmonischen einer Fourierschen Reihe, die nur Glieder ungerader Ordnung enthält, ermitteln, so teile man eine halbe Welle der vorgelegten Kurve von der Länge $\frac{L}{2}$ vom Nullpunkt beginnend in $p = n$ gleiche Teile und bilde die Differenz $D_{n_1} = S_1 - S_2$ aus den

---

[1] ETZ 1913 S. 121. [2] ETZ 1928 S. 1592.

[3] Z. Math. Physik 1898 S. 85; Z. Instrumentenkde. 1899 S. 283.

[4] Electr. Wld. 1898 S. 580; ETZ 1898 S. 714; Z. Instrumentenkde. 1899 S. 372.

Summen S_1 und S_2 der geradzahligen und ungeradzahligen Flächenstücke. Bei der Länge $\frac{L}{2n}$ einer Halbwelle und der mittleren Ordinate $\frac{2}{\pi} \cdot A_n$ der $n$ten Sinuswelle ist dann $f_w = \frac{2}{\pi} \cdot A_n \cdot \frac{L}{2n}$. Nun war nach dem Satz b, 1 die Differenz $S_1 - S_2 = n \cdot f_w = D_{n_1}$, so daß durch Einsetzen des Wertes von f_w folgt:

$$D_{n_1} = A_n \cdot \frac{L}{\pi} \quad \text{oder} \quad \boldsymbol{A_n = \frac{\pi \cdot D_{n_1}}{L}}.$$

Um den Höchstwert B_n zu bestimmen, legt man die Teilungslinien mitten zwischen die für A_n gezeichneten. Dann ist nach b, 2 die Differenz $S_1 - S_2 = 0$ für die Sinuslinien, dagegen für die Kosinuswellen, in deren Nullpunkte die Teilung jetzt beginnt, $S_1 - S_2 = D_{n_2}$. Daraus folgt, wie vorher:

$$\boldsymbol{B_n = \frac{\pi \cdot D_{n_2}}{L}}.$$

Bezeichnet F_1 den Flächeninhalt für eine Halbperiode der vorgelegten Kurve zwischen $\alpha = 0$ und $\alpha = 180^0$, so gilt die Beziehung:

$$F_1 = D_{1_1} + D_{3_1} + D_{5_1} + \cdots D_{n_1} = D_{1_1} + \Sigma D_{n_1}$$

und daraus:

$$\frac{\pi \cdot D_{1_1}}{L} = \frac{\pi}{L} \cdot (F_1 - \Sigma D_{n_1}) = A_1.$$

Mißt man dagegen den Flächeninhalt F_2 der Kurve zwischen den Ordinaten $\alpha = 90$ und $\alpha = 270^0$, so wird in ähnlicher Weise:

$$\frac{\pi \cdot D_{1_2}}{L} = \frac{\pi}{L} \cdot (F_1 - \Sigma D_{n_2}) = B_1.$$

Die Ungenauigkeit der Methode rührt daher, daß bei einer großen Anzahl (über 7) von Obertönen die Differenzen $D_{q \cdot n}$, wo q eine ungerade ganze Zahl > 1 ist, nicht herausfallen, sondern nach b, 2 in D_n als Fehler enthalten sind.

Man kann jedoch auch nachträglich an den niederen Wellen eine Korrektur anbringen, indem man für die höheren Wellen $A_{q \cdot n}$ ermittelt und abwechselnd mit positivem und negativem Vorzeichen zu A_n addiert.

Man könnte die Höchstwerte A_n und B_n der Obertöne auch durch Rechnung aus D_n einer genügenden Anzahl von Werten finden. Es ist nämlich

$$D_{n_1} = n \cdot (f_{w_n} + f_{w_{3n}} + f_{w_{5n}} + \cdots f_{w_{q.n}})$$
$$= n \cdot \frac{L}{\pi} \cdot \left(\frac{A_n}{n} + \frac{A_{3n}}{3 \cdot n} + \frac{A_{5n}}{5 \cdot n} + \cdots \frac{A_{q.n}}{q \cdot n}\right)$$
$$= \frac{L}{\pi} \cdot \left(A_n + \frac{1}{3} \cdot A_{3n} + \frac{1}{5} \cdot A_{5n} + \cdots \frac{1}{q} \cdot A_{q.n}\right)$$

und für die um $\frac{\pi}{2n}$ verschobenen Teilpunkte:

$$D_{n_2} = \frac{L}{\pi} \cdot \left(B_n + \frac{1}{3} \cdot B_{3n} + \frac{1}{5} \cdot B_{5n} + \cdots \frac{1}{q} \cdot B_{q.n}\right),$$

wobei das Vorzeichen der 1., 5. $= 1 + 4.$, $9 = 1 + 2.4$, $\ldots m = 1 + r \cdot 4$. Welle negativ zu setzen ist, da ihre ersten Halbwellen negativ sind. Eine Vereinfachung dieser Methode ist von Vavrecka[1] angegeben worden.

In ähnlicher, jedoch einfacherer Weise lassen sich die Einzelschwingungen nach J. Fischer-Hinnen[2] bestimmen, entsprechend dem folgenden mathematischen Satz: Teilt man w Perioden einer Sinuslinie in p gleiche Teile, dann ist die Summe der p Ordinaten gleich Null, wenn $\frac{w}{p}$ keine ganze Zahl ist, dagegen gleich der $p$fachen Anfangsordinate, wenn $\frac{w}{p}$ eine ganze Zahl ist.

Um danach einen Punkt der $n$ten Oberschwingung zu erhalten, addiere man die Ordinaten von n gleich weit um den Winkel $\frac{2\pi}{n}$ auseinanderliegenden Punkten und dividiere die Summe durch n.

Wiederholt man dieses Verfahren für mehrere Punkte, so läßt sich daraus der Verlauf der $n$ten Schwingung zeichnen. Vorteilhafter ist es jedoch, direkt die Höchstwerte der Einzelschwingungen zu ermitteln. Dazu teilt man eine ganze Periode der vorgelegten Kurve in $n = p$ Teile und addiert die n Ordinaten der Teilpunkte, deren Summe den Wert S_1 ergibt. Da $w = p = n$ ist, können nur Schwingungen von der Ordnungszahl n, $3n$, $7n \ldots q \cdot n$ einen Beitrag zu S liefern, der für jede Welle gleich der $n$fachen Anfangsordinate ist. Da diese für die Sinuswellen den Wert Null besitzt, für die Kosinuswellen dagegen den Höchstwert, so ist

$$S_{n_1} = n \cdot (B_n + B_{3n} + B_{5n} + \cdots B_{q.n}).$$

[1] ETZ 1907 S. 482. [2] ETZ 1901 S. 396.

Verschiebt man nun die Teilung um $\frac{1}{2n}$ Periode, so werden die Kosinuswellen den Beitrag Null, dagegen die Sinuswellen das $n$fache ihrer Höchstwerte zu der Ordinatensumme S_{n_2} liefern, somit gilt $S_{n_2} = n \cdot (A_n + A_{3n} + A_{5n} + \cdots A_{q.n})$, wobei die Höchstwerte der 3., 7., 11., ... $3 + r \cdot 4$. Welle negativ zu nehmen sind. Aus den $2\,n$-Gleichungen lassen sich dann algebraisch die einzelnen Werte von A_n und B_n bestimmen.

Eine Verbesserung dieser Methode ist von R. Beattie[1] und ihre Übertragung ins Experimentelle von Friedländer[2] angegeben.

Durch Anwendung eines sog. Richtungslineals (Schröder, Darmstadt) ermittelt v. Sonden[3] die Höchstwerte der einzelnen Sinus- und Kosinuswellen. Nach einer anderen Methode von R. Slaby[4] verschiebt man die vorgelegte Kurve

$$y = A_0 + \sum_1^\infty A_n \cdot \sin n\,\alpha + \sum_1^\infty B_n \cdot \cos n\,\alpha$$

in der Richtung der Abszissenachse zur Bestimmung von A_n um eine Strecke $h \cdot \cos n\alpha$ und ermittelt den Flächeninhalt F_{n_1} zwischen beiden Kurven. Dann verschiebt man zur Bestimmung von B_n die Kurve um $h \cdot \sin n\alpha$ und stellt F_{n_2} fest, so erhält man

$$A_n = \frac{F_{n_1}}{\pi \cdot n \cdot h} \quad \text{und} \quad B_n = -\frac{F_{n_2}}{\pi \cdot n \cdot h}\,.$$

Verschiebt man dagegen die Kurvenpunkte in der Richtung der Ordinaten[5] um eine Strecke $h \cdot \sin n\alpha$ bzw. $h \cdot \cos n\alpha$, so lassen sich die Höchstwerte der Oberwellen aus den Quadraten der Effektivwerte beider Kurven leicht ermitteln, wenn man die Kurven in Polar-, Kreis- oder Wellenlinien-Koordinaten aufzeichnet.

Stellt man nach Silbermann[6] die periodische Funktion auf Sinuspapier dar, dessen Abszisse eine Sinusteilung besitzt, so lassen sich die symmetrischen Sinus- und Kosinuswellen leicht zeichnerisch trennen. Die Grundwellen werden dann gerade Li-

---

[1] Electrician 1911 S. 326, 370, 847; Z. Instrumentenkde. 1912 S. 96.

[2] Helios, Lpz. 1928 S. 121.

[3] Arch. Elektrotechn. 1912 S. 42; ETZ 1912 S. 1143.

[4] Arch. Elektrotechn. 1913 S. 19; ETZ 1913 S. 1266.

[5] ETZ 1919 S. 535. [6] ETZ 1913 S. 936.

nien. K. Feussner[1] benutzt dafür ein Spezial-Sinuspapier, Kopeliowitsch[2] gibt Vereinfachungen der zeichnerischen Arbeiten an.

Ondracek[3] ersetzt die vorgelegte Kurve durch ihre umhüllenden Tangenten, deren Neigung gegen die Abszissenachse als Maß für die Differentialquotienten der Berührungspunkte die Höchstwerte der einzelnen Harmonischen zu berechnen gestatten.

Durch Verwendung einer Methode zur zeichnerischen Lösung von Differentialgleichungen überträgt J. Hak[4] die arithmetische Analyse ins Graphische. O. Hammerer[5] untersucht die verschiedenen Definitionen des Deformationskoeffizienten gemäß REM. Eine Zusammenstellung der verschiedenen Methoden ist von W. Grix[6] angegeben.

Aus den aufgenommenen Kurven für Spannung und Stromstärke läßt sich außerdem nach König[7] der Formfaktor f, nach Kuhn[8] die Elektrizitätsmenge Q, Arbeit A und Leistung N, nach Jakob[9] die Leistung N auf einfache Weise zeichnerisch ermitteln.

c) Experimentelle Analyse.

Eine verhältnismäßig umständliche und sehr zeitraubende Methode, die Koeffizienten der Fourierschen Reihe durch Messung direkt zu bestimmen, ist von Des Coudres[10] angegeben. Sie beruht auf dem S. 584 erwähnten Grundsatz, daß Spannungen und Ströme verschiedener Periodenzahl keine Leistung ergeben. Schickt man daher durch die feste Spule eines dynamometrischen Leistungsmessers den zu untersuchenden Wechselstrom $J_t = \sum\limits_1^n J_{n\max} \cdot \sin(n\alpha + \gamma_n)$ und durch die bewegliche Spule einen sinusförmigen Hilfsstrom $i_t = i_{n\max} \cdot \sin(n\alpha + \delta_n)$, dessen Periodenzahl das $n$fache von derjenigen des zu untersuchenden

[1] Z. Fernm.-Techn. 1924 S. 5.
[2] Bull. schweiz. elektrotechn. Ver. 1925 S. 409.
[3] Elektrotechn. u. Maschinenb. 1916 S. 609; ETZ 1917 S. 324.
[4] ETZ 1921 S. 484.
[5] ETZ 1927 S. 1321.
[6] Helios, Lpz. 1921 S. 145.
[7] El. Anz. 1903 S. 461.
[8] ETZ 1907 S. 217.
[9] ETZ 1907 S. 243.
[10] Verh. dtsch. physik. Ges. 1898 S. 129; ETZ 1900 S. 752, 770; Z. Instrumentenkde. 1899 S. 125 u. 1901 S. 187.

Stromes J beträgt, dann tritt eine konstante (nicht oszillierende) Ablenkung a_n im Instrument auf, für welche die Beziehung besteht:

$$\text{I.} \qquad c \cdot a_n = \frac{J_{n_{\max}} \cdot i_{n_{\max}}}{2} \cdot \cos(\gamma_n - \delta_n).$$

Die Hilfsströme erzeugt man durch einen Sinusinduktor. Er enthält eine in der Richtung eines Durchmessers magnetisierte Stahlscheibe von ca. 5 mm Dicke und 20 mm Durchmesser, die in einer rechteckigen Spule mittels veränderlicher Zahnradübersetzung von der Maschine gedreht wird. Legt man die Spule um 90^0 gegen die vorige Lage um, so hat der Hilfsstrom den Wert $i_t = i_{n_{\max}} \cdot \sin(n\alpha + \delta_n + 90^0)$, und es tritt eine Ablenkung b_n auf entsprechend

$$\text{II.} \qquad c \cdot b_n = \frac{J_{n_{\max}} \cdot i_{n_{\max}}}{2} \cdot \sin(\gamma_n - \delta_n).$$

Aus Gleichung I und II folgt:

$$A_n = J_{n_{\max}} = \frac{2 \cdot c}{i_{n_{\max}}} \cdot \sqrt{a_n^2 + b_n^2},$$

worin c die Konstante des Instrumentes bedeutet, und

$$\gamma_n = \operatorname{arc\,tg} \frac{b_n}{a_n} + \delta_n.$$

Man findet $\operatorname{tg} \delta_n = \frac{n \cdot \mathfrak{S} \cdot \omega}{R}$ aus dem Selbstinduktionskoeffizienten $\mathfrak{S}$ und dem Ohmschen Widerstand R des Hilfskreises.

Eine Verbesserung der Methode ist von Cockroft, Tyacke und Walker[1] und R. Th. Coe[2] angegeben, wobei das Dynamometer mit Hilfe abgestimmter Kreise fremderregt wird.

Eine bequeme und vollkommene Methode der experimentellen Kurvenanalyse rührt von Pupin[3] und Armagnat[4] her. Dabei wird nach Abb. 450 die zu untersuchende Spannung E an einen Stromkreis angeschlossen, der eine Spule $\mathfrak{S}$ mit veränderlicher Selbstinduktion, einen Kondensator C und einen kleinen induktionsfreien Hilfswiderstand r enthält. Das an den Klemmen von E liegende System O_1 eines Oszillographen dient zur Aufnahme der

[1] Electr. Rev. 1924 S. 95, 754; J. Instn. electr. Engr. 1925 S. 69.

[2] Rev. gén. Électr. Bd. 19 S. 203; J. Instn. electr. Engr. 1929 S. 1249; ETZ 1931 S. 244.

[3] Amer. J. Sci. 1894 S. 379, 473. [4] J. Physique Chim. 1902 S. 345.

Spannungskurve, während das zweite System O_2, das die Spannung an den Klemmen von r zeichnet, den Analysator darstellt. Verändert man $\mathfrak{S}$ und C so, daß O_2 eine möglichst sinusförmige Kurve zeichnet, dann besteht für die $k$te Oberschwingung von der Ordnungszahl der Kurve Resonanz zwischen $E_{k_{\max}}$ und dem von ihr bei einem Widerstande R (gemessen für kurzgeschlossenen Kondensator C) des Stromkreises erzeugten Strome

$$J_{k_{\max}} = \frac{E_{k_{\max}}}{\sqrt{R^2 + \left(k \cdot \omega \cdot \mathfrak{S} - \frac{1}{k \cdot \omega \cdot C}\right)^2}} = \frac{E_{k_{\max}}}{R},$$

da in diesem Fall $k \cdot \omega \cdot \mathfrak{S} = \frac{1}{k \cdot \omega \cdot C}$ ist. Die Ordnungszahl k der Oberschwingung läßt sich zugleich mit der Größe von $E_{\max}$ ermitteln, wenn man beide Systeme O_1 und O_2 Kurven für gleiche Koordinatenachsen zeichnen läßt. Der Widerstand r hat nur den Zweck, die Empfindlichkeit des Systems O_2 zu verringern, da ein Vorschaltwiderstand, wie man ihn bei O_1 verwenden würde, die Schärfe des Resonanzmaximums beeinträchtigt.

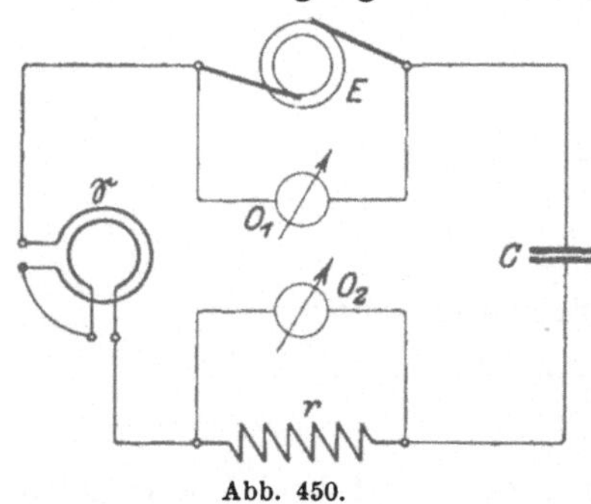

Abb. 450.

Zur Analyse von Stromkurven nimmt man die einzelnen Schwingungen der Spannung auf, die an einem von dem zu untersuchenden Strome durchflossenen induktionsfreien Widerstande herrscht.

Ein Instrument, welches direkt die Höchstwerte der einzelnen Oberwellen bis zu 1% der Grundwelle abzulesen gestattet, ist von A. Roth[1] angegeben.

Mit Hilfe einer Brückenschaltung bestimmt Belfils[2] sämtliche Oberwellen, nachdem die Grundwelle durch Resonanz ausgesiebt ist. Blondel und Lavanchy[3] benutzen die Resonanz,

[1] Diss. Berlin; Arch. Elektrotechn. Bd. 6 (1917) S. 359, 388; ETZ 1918 S. 290.

[2] Rev. gén. Électr. Bd. 14 S. 523; Bd. 17 (1925) S. 45; ETZ 1927 S. 888.

[3] Rev. gén. Électr. Bd. 18 S. 181; ETZ 1927 S. 547.

W. Geyger[1] die Kompensationsmethode, E. Lübcke[2] Kathodenstrahlröhren, Wegel und Moore[3] abgestimmte Schwingungskreise mit Röhren-Spannungsmesser zur Messung der Oberwellen.

Auf dem Prinzip des Drehfeldrichtungszeigers (S. 139) beruht das dreiphasige Verfahren von L. A. Doggett, J. W. Heim und M. W. White[4]. Dabei sind zwei dynamische Spannungsmesser gleichen Widerstandes mit einem veränderlichen Kondensator in Stern geschaltet. Mit Hilfe der Spannungsresonanz werden bei einem von E. Hüter[5] angegebenen Meßgerät der AEG die einzelnen Oberwellen direkt gemessen.

Ein einfaches Verfahren, das Ähnlichkeit mit dem von Boucherot[6] angegebenen hat, ist von Th. Laible und E. Binder[7] vorgeschlagen und seine Theorie behandelt.

d) Harmonische Analysatoren.

Darunter versteht man Apparate, die auf mechanischem Wege eine vorgelegte Kurve in ihre Einzelschwingungen zerlegen oder die Oberwellen direkt angeben.

Das erste derartige Instrument wurde von J. und W. Thomson (Lord Kelvin)[8] konstruiert. Genauer ist der Analysator von Henrici[9] und G. Coradi, Zürich. Er enthält so viel Integratoren, als Sinus- und Kosinusglieder in der Reihe enthalten sind und läßt die Koeffizienten $k \cdot A_k$ und $k \cdot B_k$ nach einmaligem Durchfahren der Kurve direkt ablesen. Am vollkommensten und teuersten ist der Analysator von Michelson und Stratton[10]. Man ist damit imstande, nach einer gegebenen Reihe die Kurve zu zeichnen oder zu einer gegebenen Kurve die einzelnen Koeffizienten zu ermitteln.

---

[1] Arch. Elektrotechn. Bd. 18 (1927) S. 629; ETZ 1927 S. 1779.
[2] Arch. Elektrotechn. Bd. 5 (1917) S. 314.
[3] J. Amer. Inst. electr. Engr. 1924 S. 1202.
[4] J. Amer. Inst. electr. Engr. 1926 S. 331; ETZ 1927 S. 618.
[5] ETZ 1931 S. 471. [6] Rev. gén. Électr. Bd. 17 (1925) S. 44.
[7] Bull. schweiz. elektrotechn. Ver. Bd. 21 S. 365; ETZ 1931 S. 939.
[8] Proc. Roy. Soc. 1876 S. 262, 266.
[9] Philos. Mag. 1894 S. 110; Proc. physic. Soc. 1895 S. 77; Theorie von Grabowski: Wien. Ber. 1901 S. 717.
[10] Amer. J. Sci. 1898 S. 1; Z. Instrumentenkde. 1898 S. 93.

Wesentlich einfacher in der Handhabung ist der Apparat von O. Mader[1]. Er beruht auf der von Clifford und Finsterwalder (S. 588) angegebenen zeichnerischen Methode der harmonischen Analyse und ist ähnlich konstruiert wie derjenige von Yule. Die Vorteile gegenüber allen anderen Formen bestehen darin, daß jedes Resultat ohne Nebenrechnungen ablesbar ist, jede beliebige Basis Verwendung finden kann und eine Umzeichnung der Kurve fortfällt. Bei seinem geringen Preise erfüllt er daher alle an einen praktisch brauchbaren Apparat zu stellenden Bedingungen.

Die Genauigkeit des Analysators ist von F. Ackerl[2] untersucht worden.

Nach der von R. Slaby (S. 591) angegebenen Methode arbeitet ein von Chubb gebauter Analysator, wie ihn Hartenheim[3] beschreibt. Dazu werden die periodischen Funktionen von dem Apparat erst in Kreislinienkoordinaten aufgenommen und dann mit Hilfe einer Schablone der Kurven die Oberwellen bestimmt.

Auf dem Resonanzprinzip beruht der Analysator von A. Meldahl[4] der ASEA, wobei die gesuchte Welle rechnerisch ermittelt wird. Der Apparat von E. Lübcke[5] ermöglicht Analyse und Synthese harmonischer Schwingungen. H. Tinsley & Co., London, bauen einen tragbaren Apparat nach M. Walker[6], der auf dem Dynamometerprinzip[7] beruht. Zu erwähnen wäre noch ein Gerät von H. Hullen[8].

Als weitere Hilfsmittel zur harmonischen Analyse dienen die Rechentafeln von L. Zipperer[9], L. W. Pollak[10] und Rechenschablonen von P. Terebesi[11].

---

[1] ETZ 1909 S. 847; Gebr. Staerzl, München.
[2] Z. Instrumentenkde. 1928 S. 375.
[3] ETZ 1917 S. 49, 65, 127. [4] Aseas Tidn. Bd. 17 S. 95.
[5] Physik. Z. 1915 S. 453; Z. Instrumentenkde. 1916 S. 236.
[6] J. sci. Instrum. 1928 S. 320; Z. Instrumentenkde. 1929 S. 255.
[7] Rev. gén. Électr. 1926. [8] D.R.P. 386655 v. 9. Sept. 1922.
[9] Berlin: Julius Springer 1922; vgl. auch H. v. Sanden: Mathem. Praktikum 1927.
[10] J. A. Barth 1926. [11] Berlin: Julius Springer 1930.

Tabelle einiger Naturkonstanten.

O = Ordnungszahl. Z = chem. Zeichen.
γ = Spezif. Gewicht (g/ccm) bei 15...20° C. Luft $129{,}3 \cdot 10^{-5}$ bei 0°, 760 Tor.
a = Atom- oder Verbindungsgewicht (O = 16,00).
ε = Elektrochemisches Äquivalentgewicht (mg/100 Cb). 1,03633 für $\frac{a}{w} = 1$.
w = Wertigkeit. Es bedeuten: * = Mittelwerte; † = 10^{-5}; (0°) = γ bei 0° C.
ϑ = Schmelzpunkt in ° C.
σ = Siedepunkt in ° C.
ϱ = Spezif. Widerstand (10^{-2} Ohm/1 m, 1 qmm) bei 20° C.
α = Temperaturkoeffizient (Ohm/1000 Ohm, 1° C).

O	Stoff	Z	γ	a	ε	w	ϑ/σ	ϱ	α
89	Aktinium	Ac	—	226	—	—	—	—	—
13	Aluminium	Al	2,70	26,97	9,316	3	658/2000	2,92	4,4
	— gewalzt	—	2,70	—	—	—	—	3,16	3,7
	— Bronze 8 Al, 92 Cu	—	7,7	—	—	—	—	2,0	1
51	Antimon	Sb	6,69	121,8	42,075	3	630/1440	41,2	4,14
18	Argon (0°)	A	178†	39,944	41,395	1	—190/—185,8	—	—
33	Arsen	As	5,72	74,93	25,88	3	817	35 (0°)	—
56	Barium	Ba	3,6	137,36	71,17	2	850	—	—
4	Beryllium	Be	1,85	9,02	4,67	2	1280	10,1	—
82	Blei	Pb	11,35	207,22	107,37	2	327/1540	20,63	3,96
5	Bor	B	1,73	10,82	3,798	3	2300	—	—
35	Brom (0°)	Br	3,14	79,916	82,819	1	—7,3/58,7	—	—
	Bronze 90 Cu, 10 Sn	—	8,7	—	—	—	900	3	2
48	Cadmium	Cd	8,64	112,41	58,24	2	321/770	7,14	3,73
55	Caesium	Cs	1,87	132,81	137,63	1	28,5/670	21,2	—
20	Calcium	Ca	1,55	40,07	20,76	2	809/1210	10,8	3,64
71	Cassiopejum	Cp	—	175,0	—	—	—	—	—
58	Cerium	Ce	6,8	140,13	48,41	3	630	77	—
17	Chlor (0°)	Cl	321†	35,457	36,755	1	—100,5/—33,9	—	—
24	Chrom	Cr	7,0	52,01	26,95	2	1520/2200	2,6 (0°)	—
	Chromnickel	—	8,03	—	—	—	1335	121	0,12
66	Dysprosium	Dy	—	162,46	56,12	3	—	—	—
26	Eisen, rein	Fe	7,86	55,84	28,93	2	1520/2450	9,78	7,2
	— Blech	—	7,86	—	—	—	1500	13	4,6
	Stahldraht	—	7,9	—	—	—	—	17	5
86	Emanium	Em	—	222	—	—	—71/—62	—	—
68	Erbium	Er	4,77 ?	167,64	57,91	3	—	—	—
63	Europium	Eu	—	152,0	—	—	—	—	—
9	Fluor	F	170†	19,00	19,69	1	—223/—187	—	—
64	Gadolinium	Gd	—	157,3	54,34	3	—	56,7	3,46
31	Gallium	Ga	5,9	69,72	24,08	3	29,75/2300	52,5(0°)	—
32	Germanium	Ge	5,35	72,60	18,81	4	960	—	—

O	Stoff	Z	γ	a	ε	w	ϑ/σ	ϱ	α
79	Gold	Au	19,3	197,2	68,12	3	1063/2677	2,34	3,65
72	Hafnium	Hf	12,1	178,6	—	—	—	—	—
2	Helium (0°)	He	17,8 †	4,002	4,147	1	—272/—268,8	—	—
67	Holmium	Ho	—	163,5	56,48	3	—	—	—
49	Indium	In	7,25	114,8	39,66	3	154/1000	9,16	4,77
77	Iridium	Ir	22,4	193,1	100,0	2	2350	6,5	3,67
53	Jod	J	4,942	126,932	131,54	1	114/184,35	—	—
19	Kalium	K	0,86	39,10	40,52	1	63,5/762	6,87	5,81
27	Kobalt	Co	8,83	58,94	30,54	2	1490/2375	6,21	5,5
6	Kohle, Graphit .	C	2,33	12,00	3,11	4	3500	700*	—0,5
	— Glühfaden ..	—	1,7	—	—	—	—	3680	—0,54
	Konstantan ... 58 Cu, 1 Mn, 41 Ni	—	8,82	—	—	—	—	50	0,025
	Kruppin Fe, Ni .	—	8,1	—	—	—	—	85	0,77
36	Krypton (0°)....	Kr	371 †	82,9	85,91	1	—169/—151,7	—	—
29	Kupfer, rein....	Cu	8,92	63,57	39,94	2	1083/2360	1,6925	4,0
	— international	—	8,89	—	—	—	—	1,724	3,93
	— normal VDE	—	8,89	—	—	—	—	1,784	3,81
57	Lanthan	La	6,1	138,90	47,98	3	810	60	—
3	Lithium	Li	0,534	6,940	7,19	1	180/> 1400	9,36	4,75
12	Magnesium	Mg	1,74	24,32	12,60	2	650/1120	4,46	3,89
25	Mangan	Mn	7,3	54,93	28,45	2	1250/1900	—	—
	Manganin ...... 84 Cu, 12 Mn, 4 Ni	—	8,3	—	—	—	—	43,0	0,015
	Messing	—	8,57	—	—	—	—	7,6	1,5
43	Masurium	Ma	—	—	—	—	—	—	—
42	Molybdän	Mo	10,2	96,0	49,74	2	2500/3560	5,63	4,8
11	Natrium	Na	0,97	22,997	23,832	1	97,7/880	4,60	5,08
60	Neodym	Nd	6,96	144,27	—	—	840	—	—
10	Neon (0°)	Ne	90 †	20,183	20,916	1	—248,7/—245,9	—	—
	Neusilber 26 Cu 37 Ni 37 Zn	—	8,30	—	—	—	—	51*	0,07*
	52 22 26	—	8,45	—	—	—	—	45*	0,1*
	63 6 31	—	8,50	—	—	—	—	30*	0,3*
28	Nickel	Ni	8,907	58,69	30,41	2	1452/2340	7,24	5,44
	Nickelin .... 54 Cu, 26 Ni, 20 Zn	—	8,62	—	—	—		43	0,22
41	Niobium	Nb	12,7	93,3	19,34	5	1950	—	—
85	Niton..........	Nt	—	222,4	—	—	—	—	—
76	Osmium	Os	22,48	190,8	98,86	2	2500	9,5	3,7
46	Palladium	Pd	11,5	106,7	55,47	2	1557	10,73	3,61
15	Phosphor, gelb .	P	1,83	31,02	10,71	3	44/280,5	—	—
	— metallisch ...	—	2,20	—	—	—	—	—	—
	— rot	—	2,18	—	—	—	/100	—	—
78	Platin	Pt	21,4	195,23	101,16	2	1771/3800	10,6	3,98
	Platiniridium ..	—	—	—	—	—	—	36,1	0,64
	Platinsilber.....	—	—	—	—	—	—	25,1	0,3
84	Polonium	Po	—	210	—	—	—	—	—
59	Praseodym	Pr	6,47	140,92	—	—	940	—	—
91	Protaktinium ...	Pa	—	230	—	—	—	—	—

O	Stoff	Z	γ	a	ε	w	ϑ/σ	ϱ	α
80	Quecksilber (0°).	Hg	13,551	200,61	207,90	1	—38,9/357	94,2 (0°)	0,9
88	Radium........	Ra	—	225,97	—	—	700	—	—
75	Rhenium.......	Re	21,4	186,31	—	—	> 3400	—	—
	Rheotan Cu Ni Zn	—	8,6	—	—	—	—	47,5	0,23
45	Rhodium	Rh	12,1	102,91	53,32	2	1970	5,1	4,23
37	Rubidium......	Rb	1,52	85,44	88,54	1	39/696	12,5	5,5
44	Ruthenium	Ru	12,26	101,7	52,70	2	> 1950	14,5	—
62	Samarium......	Sa	4,31	150,43	—	—	677	—	—
8	Sauerstoff (0°) ..	O	142,9†	16,0000	8,29	2	—252/—227	—	—
21	Scandium	Sc	—	45,10	—	—	940	—	—
16	Schwefel	S	2,07	32,06	16,61	2	119/445	—	—
34	Selen	Se	4,80	79,2	41,04	2	220/688	—	—
47	Silber	Ag	10,50	107,880	111,800	1	961/2000	1,622	3,61
14	Silicium	Si	2,35	28,06	7,27	4	1414/2400	60,7	4,0
7	Stickstoff (0°) ..	N	125†	14,008	4,838	3	—210,5/—195,7	—	—
38	Strontium......	Sr	2,60	87,63	45,40	2	800	22,8	—
	Superior Cu, Fe	—	8,5	—	—	—	—	86	0,96
73	Tantal.........	Ta	16,8	181,4	37,60	5	3030	16,8	3,0
52	Tellur	Te	6,25	127,5	66,07	2	452/1390	5900	—
65	Terbium	Tb	—	159,2	55,39	3	—	—	—
81	Thallium	Tl	11,85	204,39	70,61	3	302/1306	19,1	4,05
90	Thorium	Th	11,0	232,12	60,11	4	1842	18,6	—
69	Thulium	Tu	—	169,4	58,51	3	—	—	—
22	Titan..........	Ti	4,5	47,90	12,41	4	1800	125000	—
92	Uran	U	18,7	238,14	123,40	2	1300	—	—
23	Vanadin	V	5,69	50,95	—	—	1715	—	—
1	Wasserstoff (0°).	H	8,988†	1,0078	1,0444	1	—257/—253	—	—
83	Wismut	Bi	9,80	209,00	72,20	3	271/1500	114,8	3,9
74	Wolfram	W	19,1	184,0	95,34	2	3400/4850	5,6	5,4
54	Xenon (0°)......	X	584†	130,2	134,93	1	—140/—107	—	—
70	Ytterbium	Yb	—	173,5	59,93	3	—	—	—
39	Yttrium	Y	4,57	88,92	30,71	3	—	—	—
30	Zink...........	Zn	7,14	65,38	33,88	2	419,4/907	5,91	3,47
50	Zinn...........	Sn	7,28	118,70	61,51	2	232/1500	11,4	4,36
40	Zircon	Zr	6,53	91,22	23,63	4	1860	168	1,16

Namen- und Sachverzeichnis.